RUNA 瑞纳智能
SMART EQUIPMENT

集中供热是系统工程，不是单一产品组合。供热客户真正的需求是解决问题，而不是获得解决问题的工具和手段！供热系统的建设和使用过程中，通常会出现大量角色：房地产、设计院、供货商、安装公司、物业、热用户等等，由于本位利益和意识差异，导致建设质量差、运行能耗高，浪费的是供热企业宝贵的热源资源和后期不断增加的运营管理成本。如此下去，会造成恶性循环，增加使用成本、减少使用寿命。我们需要提供更富于性价比的建设方案，来降低供热企业使用代价、提高管理和使用感受、实现长期经济运营价值。

瑞纳智能作为一家智慧供热系统全产品线自有核心技术的企业，一贯秉持“承担风险、创造价值、实现共赢”的经营理念，深耕供热行业需求痛点，潜心研究技术应用趋势，结合自身数十年服务于供热行业一线的经验，细心打磨符合供热行业发展需求的全系列产品。

标准是一切工作目标成功实现的基石。在与国内大中型供热企业持续增进的合作过程中，我们深深体味到行业客户对中国供热自主技术创新的期许和支持，因此我们坚持立足实战、日拱一卒 ，用心提升着产品、服务品质和内涵。本着“善用其能，尽增其效”的原则，瑞纳智能建立了严谨细致的、高于行业标准的企业新能效工程标准。

山东省中部某市热力公司，在网面积1300余万平方米，供热面积900余万平方米。瑞纳智能在2017至2018采暖季前为该热力公司部署了瑞纳智慧供热管理平台（包括热网监控系统、计量管控系统、全网平衡系统、能耗分析系统、供热收费系统、客户服务系统、运维管理系统、掌上供热APP、微信公众号）并进行了188个热力站的自控改造。在2017至2018采暖季运行期间，平台切实帮助热力公司的系统使用人员高效完成了每日全网调度工作，从容应对热源的突发状况，轻松统计导出各分公司日运行能耗报表，灵活调整热力站的运行控制策略和方式，有效地借助多维相关信息（热源、热力站、楼栋、热用户计量与室温、客诉）作出正确的调控决策。在2018年4月供暖结束后，经双方统计与往年供暖运行相比，总计节省费用约1300万元，其中节省人工费用约270万元，节省电费约95万元，节省购热费用约935万元；并且在节能降耗的同时，显著提高了居民满意度和供热收费率。

瑞纳智能最近3年来，陆续在北京、山西、山东、新疆等多地承担热力站自控改造项目、新建热力站的设计与建设项目、智慧供热管理平台建设项目、计量温控一体化建设项目、计量抄表平台整合建设项目、二网水力平衡系统建设项目等，在实现节能降耗的基础上，提高了用户满意度，切实帮助热力公司摆脱了经营困难与技术匮乏的困境。

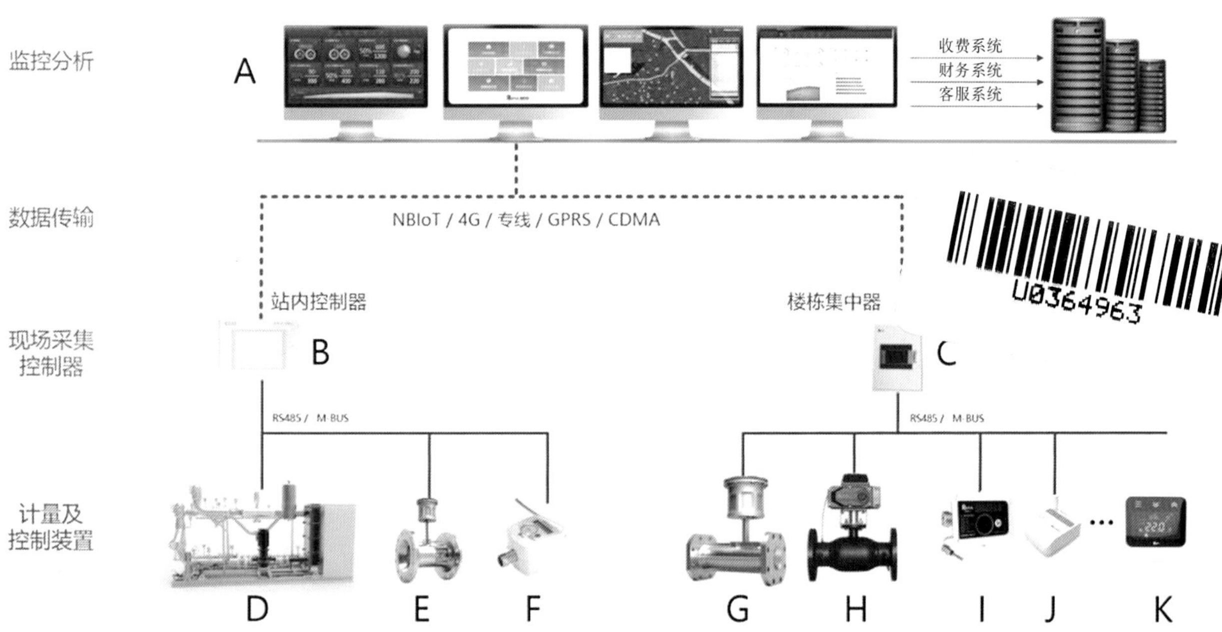

图例：A智慧供热管理平台，B供热自动化控制设备，C智能集中器/控制器/分摊器
D智能模块化机组, E超声波大口径热量表，F超声波水表，G超声波楼栋热量表
H智能水力平衡阀，I超声波户用热量表，J智能室温调节装置，K智能户用控制阀

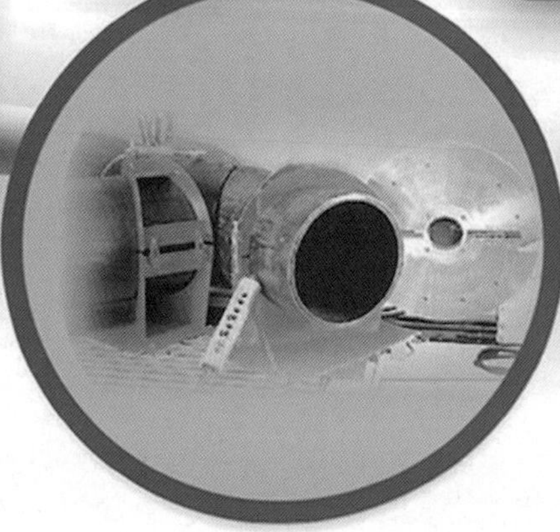

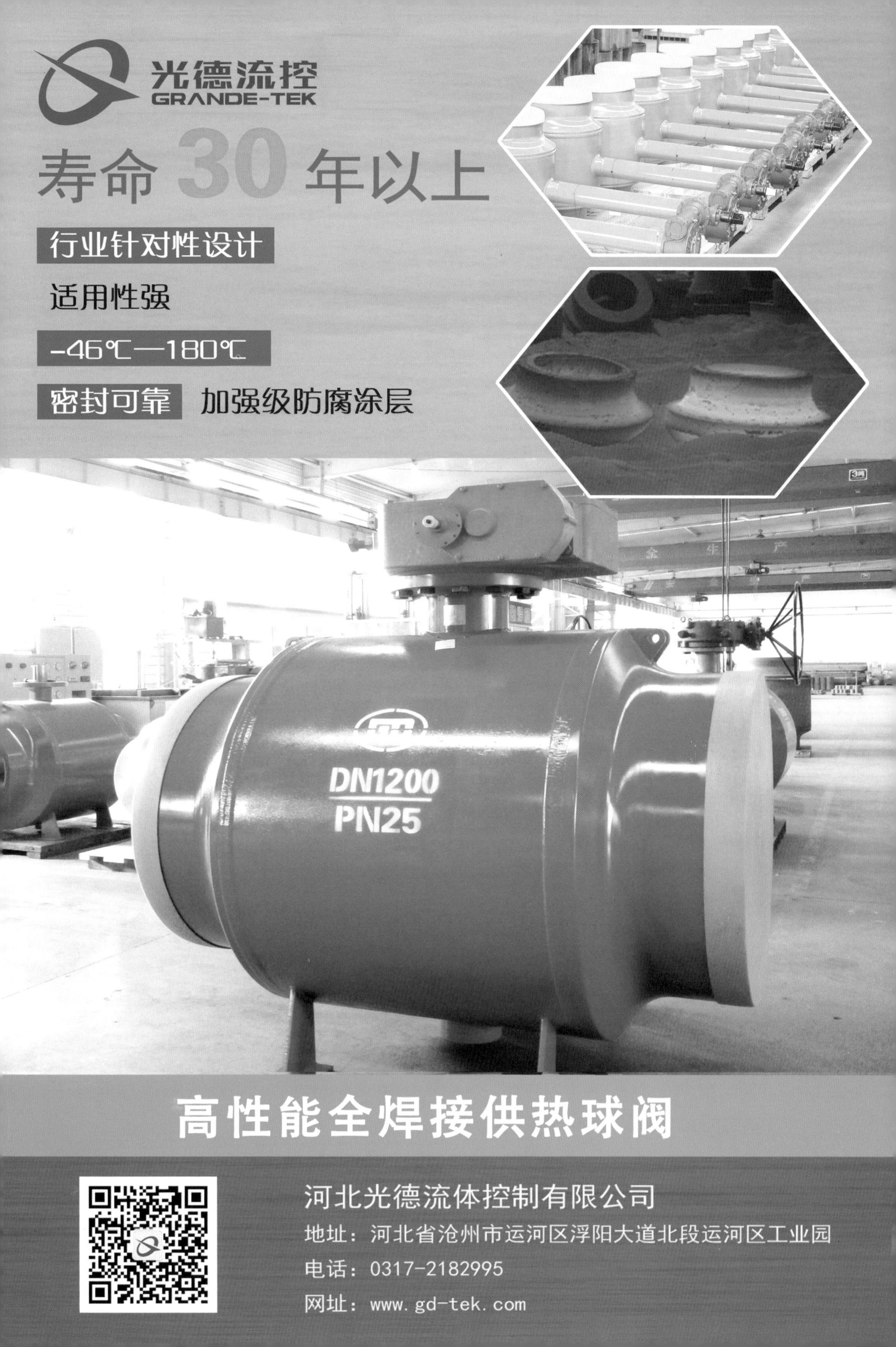
光德流控
GRANDE-TEK
寿命30年以上
行业针对性设计
适用性强
-46℃—180℃
密封可靠
加强级防腐涂层
DN1200
PN25
高性能全焊接供热球阀
河北光德流体控制有限公司
地址：河北省沧州市运河区浮阳大道北段运河区工业园
电话：0317-2182995
网址：www.gd-tek.com

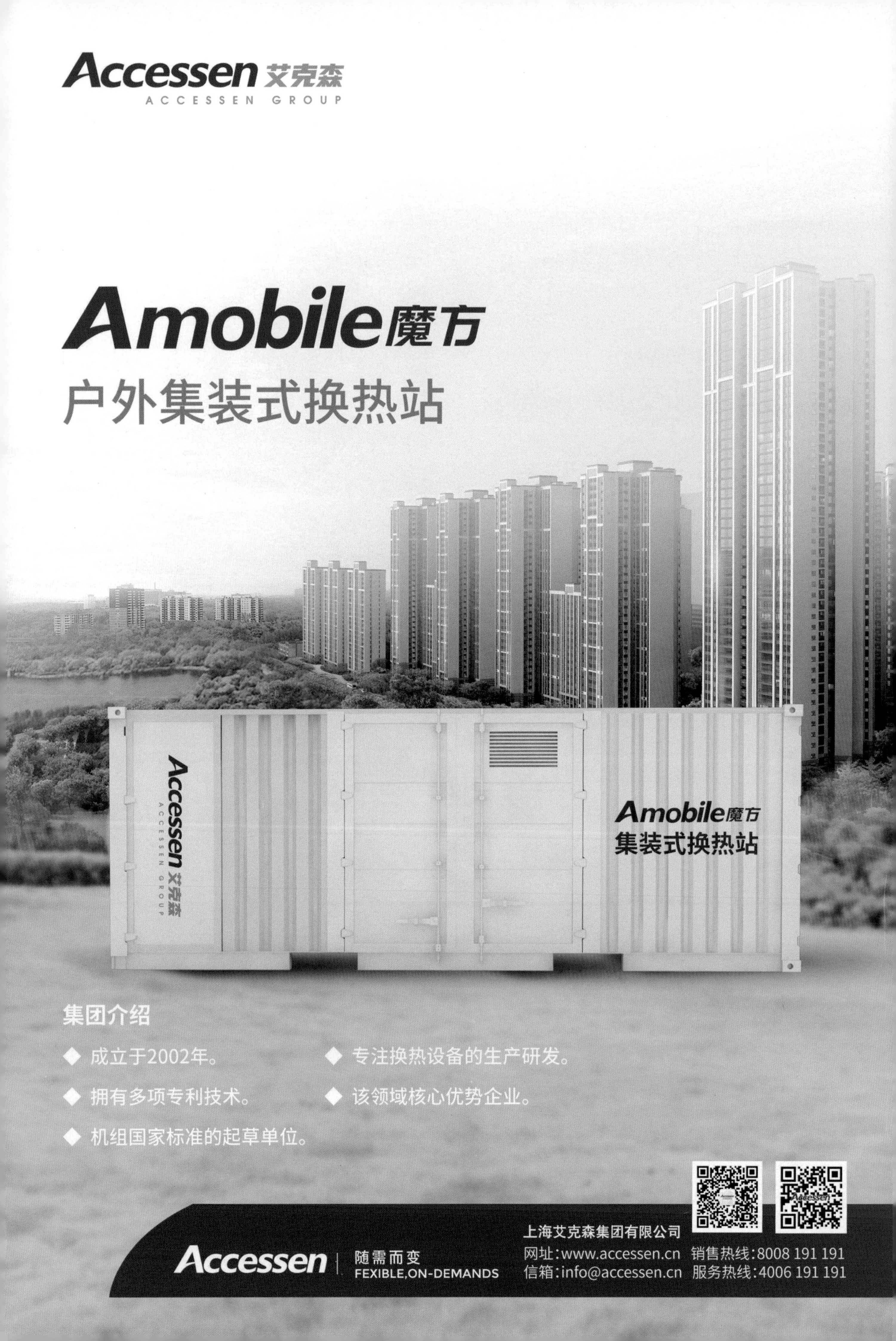
Accessen 艾克森
ACCESSEN GROUP
Amobile魔方
户外集装式换热站
Accessen 艾克森
ACCESSEN GROUP
Amobile魔方
集装式换热站
集团介绍
◆ 成立于2002年。
◆ 专注换热设备的生产研发。
◆ 拥有多项专利技术。
◆ 该领域核心优势企业。
◆ 机组国家标准的起草单位。
Accessen | 随需而变
FEXIBLE,ON-DEMANDS
上海艾克森集团有限公司
网址：www.accessen.cn
信箱：info@accessen.cn
销售热线：8008 191 191
服务热线：4006 191 191

供热技术标准汇编

热　力　卷

（第3版）

中国标准出版社　编

中国标准出版社
北　京

图书在版编目(CIP)数据

供热技术标准汇编. 热力卷/中国标准出版社编. —3 版. —北京:中国标准出版社,2019.6
ISBN 978-7-5066-9256-4

Ⅰ.①供… Ⅱ.①中… Ⅲ.①供热—标准—汇编—中国 Ⅳ.①TU833-65

中国版本图书馆 CIP 数据核字(2019)第 071632 号

中国标准出版社出版发行
北京市朝阳区和平里西街甲 2 号(100029)
北京市西城区三里河北街 16 号(100045)

网址 www.spc.net.cn
总编室:(010)68533533 发行中心:(010)51780238
读者服务部:(010)68523946
中国标准出版社秦皇岛印刷厂印刷
各地新华书店经销

*

开本 880×1230 1/16 印张 51.75 字数 1 567 千字
2019 年 6 月第三版 2019 年 6 月第三次印刷

*

定价 235.00 元

出版说明

《供热技术标准汇编》包括热力卷和供暖卷，涉及供热热源系统、热量分配系统、终端散热系统以及控制系统等供热工程的大部分内容。

本卷为《供热技术标准汇编　热力卷》(第3版)，收录了截至2019年3月底前发布的现行有效的技术文件共27项，其中国家标准21项、行业标准6项。

本汇编适用于从事供热技术设计、产品制造、安装调试、运行维护、节能监督等相关专业的工程技术人员，从事相关专业标准化工作的人员也可参考使用。

编　者

2019年4月

目　　录

ICS 27.060.30
J 75

中华人民共和国国家标准

GB/T 1576—2018
代替 GB/T 1576—2008

工业锅炉水质

Water quality for industrial boilers

2018-05-14 发布 2018-12-01 实施

国家市场监督管理总局
中国国家标准化管理委员会 发布

前言

本标准按照 GB/T 1.1—2009 给出的规则起草。

本标准代替 GB/T 1576—2008《工业锅炉水质》。与 GB/T 1576—2008 相比，除编辑性修改外主要技术变化如下：

——修改了“原水”“除盐水”的定义；将“回水”改为“蒸汽锅炉回水”，“锅内加药处理”改为“锅内水处理”，并修改了定义；增加了“天然碱度法”术语(见第 3 章，2008 年版的第 3 章)；

——增加了 4.1 通则(见 4.1)；

——统一了给水浊度的指标值；修改了给水 pH 值和锅水碱度；增加了锅水电导率指标(见表 1，2008 年版的表 1)；

——修改了锅内水处理适用范围和要求(见 4.3.1，2008 年版的 4.2.1)；

——增加了给水铁的指标(见表 2)；

——修改了给水溶解氧指标和直流锅炉给水碱度下限值；增加了贯流和直流锅炉给水和锅水的电导率指标(见表 3，2008 年版的表 5)；

——增加了蒸汽锅炉回水中铜的指标(见表 4)；

——删除了“油”指标；修改了锅水中 pH 上限值；增加了铁、油、酚酞碱度、溶解氧指标(见表 5，2008 年版的表 3 和表 4)；

——删除了补给水水质中锅炉排污率控制要求(见 2008 年版的 4.5.4)；

——水质分析方法中，浊度测定方法由 2008 年版附录 A 改为 GB/T 15893.1 方法；油的测定删除了 2008 年版附录 C 方法；全铁测定增加了 GB/T 14427 方法；溶解固形物测定增加了 GB/T 14415 方法，新增加了 GB/T 13689 铜的测定方法；氯化物测定(硫氰化铵滴定法)由 2008 年版附录 G 改为 GB/T 29340 方法(见第 5 章，2008 年版第 5 章、附录 A、附录 C 和附录 G)；

——修改了附录 B 的 B.4.2(见 B.4.2，2008 年版的 D.4.2)；

——删除了 2008 年版附录 A、附录 C 和附录 G(见 2008 年版的附录 A、附录 C 和附录 G)。

本标准由全国锅炉压力容器标准化技术委员会 (SAC/TC 262)提出并归口。

本标准起草单位：中国锅炉水处理协会、广州市特种承压设备检测研究院、宁波市特种设备检验研究院、江苏省特种设备安全监督检验研究院常州分院、河南省锅炉压力容器安全检测研究院、江苏省特种设备安全监督检验研究院无锡分院、山东省特种设备检验研究院淄博分院、上海昱真水处理科技有限公司、汇科琪(天津)水质添加剂有限公司、大连市锅炉压力容器检验研究院、北京康洁之晨水处理技术有限公司、北京英瀚环保设备有限公司、深圳市特种设备安全检验研究院。

本标准主要起草人：王骄凌、杨麟、周英、胡月新、卢丽芳、邓宏康、张文辉、王雅珍、冯培轩、赵博、张居光、王世杰、李向书、陈家聪、郭琳媛。

本标准所代替标准的历次版本发布情况为：

——GB 1576—1979、GB 1576—1985、GB 1576—1996、GB 1576—2001、GB/T 1576—2008。

工 业 锅 炉 水 质

1 范围

本标准规定了工业锅炉运行时给水、锅水、蒸汽回水以及补给水的水质要求。

本标准适用于额定出口蒸汽压力小于3.8 MPa,且以水为介质的固定式蒸汽锅炉、汽水两用锅炉和热水锅炉。

本标准不适用于铝材制造的锅炉。

2 规范性引用文件

下列文件对于本文件的应用是必不可少的。凡是注日期的引用文件,仅注日期的版本适用于本文件。凡是不注日期的引用文件,其最新版本(包括所有的修改单)适用于本文件。

GB/T 601 化学试剂 标准滴定溶液的制备

GB/T 603 化学试剂 试验方法中所用制剂及制品的制备

GB/T 6682 分析实验室用水规格和试验方法

GB/T 6903 锅炉用水和冷却水分析方法 通则

GB/T 6904 工业循环冷却水及锅炉用水中pH的测定

GB/T 6907 锅炉用水和冷却水分析方法 水样的采集方法

GB/T 6908 锅炉用水和冷却水分析方法 电导率的测定

GB/T 6909 锅炉用水和冷却水分析方法 硬度的测定

GB/T 6913 锅炉用水和冷却水分析方法 磷酸盐的测定

GB/T 12145 火力发电机组及蒸汽动力设备水汽质量

GB/T 12151 锅炉用水和冷却水分析方法 浊度的测定(福马肼浊度)

GB/T 12152 锅炉用水和冷却水中油含量的测定

GB/T 12157 工业循环冷却水和锅炉用水中溶解氧的测定

GB/T 13689 工业循环冷却水和锅炉用水中铜的测定

GB/T 14415 工业循环冷却水和锅炉用水中固体物质的测定

GB/T 14427 锅炉用水和冷却水分析方法 铁的测定

GB/T 15453 工业循环冷却水和锅炉用水中氯离子的测定

GB/T 15893.1 工业循环冷却水中浊度的测定 散射光法

GB/T 29340 锅炉用水和冷却水分析方法 氯化物的测定 硫氰化铵滴定法

DL/T 502.1 火力发电厂水汽分析方法 第1部分:总则

DL/T 502.25 火力发电厂水汽分析方法 第25部分:全铁的测定(磺基水杨酸分光光度法)

3 术语和定义

下列术语和定义适用于本文件。

3.1

原水 raw water

锅炉补给水的水源水。

3.2

软化水　softened water

除掉全部或大部分钙、镁离子后的水。

3.3

除盐水　desalted water

利用各种水处理工艺，除去悬浮物、胶体和阴、阳离子等水中杂质后，所得到的成品水。

注：本标准中的除盐水主要指经反渗透或反渗透加离子交换处理的水。

3.4

补给水　make-up water

用来补充锅炉及供热系统汽、水损耗的水。

3.5

给水　boiler feed water

直接进入锅炉的水，通常由补给水、回水和疏水等组成。

3.6

锅水　boiler water

锅炉运行时，存在于锅炉中并吸收热量产生蒸汽或热水的水。

3.7

蒸汽锅炉回水　back water

蒸汽锅炉产生的蒸汽做功或热交换冷凝后返回到锅炉给水中的水。

3.8

天然碱度法　water treatment by natural occurring alkalinity in raw water

当原水中碱度大于硬度 1 mmol/L 以上，仅靠原水中的碱度及合理的排污就能够有效避免或减缓锅炉结垢、腐蚀的水处理方法。

3.9

锅内水处理　internal treatment

通过投加药剂、部分软化或天然碱度法等处理，并结合合理排污，防止或减缓锅炉结垢、腐蚀等的水处理方法。

3.10

锅外水处理　external treatment

原水在进入锅炉前，将其中对锅炉运行有害的杂质经过必要的工艺进行处理的水处理方法。

4　水质标准

4.1　通则

4.1.1　水质指标中硬度和碱度计量单位均以一价离子为基本单元。

4.1.2　溶解氧指标均为经过除氧处理后的控制指标。

4.1.3　锅水中的电导率和溶解固形物可选其中之一作为锅水浓度的控制指标。

4.1.4　锅水中的亚硫酸根指标适用于加亚硫酸盐作除氧剂的锅炉，磷酸根指标适用于以磷酸盐作阻垢剂的锅炉。

4.1.5　停(备)用锅炉启动时，8 h 内或者锅水浓缩 10 倍后锅水的水质应达到本标准的要求。

4.2　采用锅外水处理的自然循环蒸汽锅炉和汽水两用锅炉水质

4.2.1　采用锅外水处理的自然循环蒸汽锅炉和汽水两用锅炉的给水和锅水水质应符合表 1 的规定。

4.2.2 对于供汽轮机用汽的锅炉，蒸汽质量按照 GB/T 12145 中额定蒸汽压力 3.8 MPa～5.8 MPa 汽包炉标准执行。

4.2.3 额定蒸发量大于或等于 10 t/h 的锅炉，给水应除氧；额定蒸发量小于 10 t/h 的锅炉如果发现局部氧腐蚀，也应采取除氧措施。

表 1 采用锅外水处理的自然循环蒸汽锅炉和汽水两用锅炉水质

水样	额定蒸汽压力/MPa		p≤1.0		1.0＜p≤1.6		1.6＜p≤2.5		2.5＜p＜3.8	
	补给水类型		软化水	除盐水	软化水	除盐水	软化水	除盐水	软化水	除盐水
给水	浊度/FTU		≤5.0							
	硬度/(mmol/L)		≤0.03							≤5×10^{-3}
	pH(25 ℃)		7.0～10.5	8.5～10.5	7.0～10.5	8.5～10.5	7.0～10.5	8.5～10.5	7.5～10.5	8.5～10.5
	电导率(25 ℃)/(μS/cm)		—		≤5.5×10^2	≤1.1×10^2	≤5.0×10^2	≤1.0×10^2	≤3.5×10^2	≤80.0
	溶解氧[a]/(mg/L)		≤0.10			≤0.050				
	油/(mg/L)		≤2.0							
	铁/(mg/L)		≤0.30					≤0.10		
锅水	全碱度[b]/(mmol/L)	无过热器	4.0～26.0	≤26.0	4.0～24.0	≤24.0	4.0～16.0	≤16.0	≤12.0	
		有过热器	—		≤14.0		≤12.0			
	酚酞碱度/(mmol/L)	无过热器	2.0～18.0	≤18.0	2.0～16.0	≤16.0	2.0～12.0	≤12.0	≤10.0	
		有过热器	—		≤10.0					
	pH(25 ℃)		10.0～12.0						9.0～12.0	9.0～11.0
	电导率(25 ℃)/(μS/cm)	无过热器	≤6.4×10^3		≤5.6×10^3		≤4.8×10^3		≤4.0×10^3	
		有过热器	—	—	≤4.8×10^3		≤4.0×10^3		≤3.2×10^3	
	溶解固形物/(mg/L)	无过热器	≤4.0×10^3		≤3.5×10^3		≤3.0×10^3		≤2.5×10^3	
		有过热器	—		≤3.0×10^3		≤2.5×10^3		≤2.0×10^3	
	磷酸根/(mg/L)		—	10～30					5～20	
	亚硫酸根/(mg/L)		—		10～30				5～10	
	相对碱度		≤0.2							

注 1：对于额定蒸发量小于或等于 4 t/h，且额定蒸汽压力小于或等于 1.0 MPa 的锅炉，电导率和溶解固形物指标可执行表 2。

注 2：额定蒸汽压力小于或等于 2.5 MPa 的蒸汽锅炉，补给水采用除盐处理，且给水电导率小于 10 μS/cm 的，可控制锅水 pH 值(25 ℃)下限不低于 9.0、磷酸根下限不低于 5 mg/L。

[a] 对于供汽轮机用汽的锅炉给水溶解氧应小于或等于 0.050 mg/L。

[b] 对蒸汽质量要求不高，并且无过热器的锅炉，锅水全碱度上限值可适当放宽，但放宽后锅水的 pH(25 ℃)不应超过上限。

4.3 采用锅内水处理的自然循环蒸汽锅炉和汽水两用锅炉水质

4.3.1 额定蒸发量小于或等于 4 t/h，并且额定蒸汽压力小于或等于 1.0 MPa 的自然循环蒸汽锅炉和汽水两用锅炉可以采用单纯锅内加药、部分软化或天然碱度法等水处理方式，但应保证受热面平均结垢速率不大于 0.5 mm/a，其给水和锅水水质应符合表 2 的规定。

4.3.2 采用加药处理的锅炉，其加药后的汽、水质量不得影响生产和生活。

表 2 采用锅内水处理的自然循环蒸汽锅炉和汽水两用锅炉水质

水样	项目	标准值
给水	浊度/FTU	≤20.0
	硬度/(mmol/L)	≤4
	pH(25 ℃)	7.0～10.5
	油/(mg/L)	≤2.0
	铁/(mg/L)	≤0.30
锅水	全碱度/(mmol/L)	8.0～26.0
	酚酞碱度/(mmol/L)	6.0～18.0
	pH(25 ℃)	10.0～12.0
	电导率(25 ℃)/(μS/cm)	≤8.0×10^3
	溶解固形物/(mg/L)	≤5.0×10^3
	磷酸根/(mg/L)	10～50

4.4 贯流和直流蒸汽锅炉水质

4.4.1 贯流和直流蒸汽锅炉给水和锅水水质应符合表 3 的规定。

4.4.2 贯流蒸汽锅炉汽水分离器中返回到下集箱的疏水量，应保证锅水符合本标准；直流蒸汽锅炉汽水分离器中返回到除氧热水箱的疏水量，应保证给水符合本标准。

表 3 贯流和直流蒸汽锅炉水质

水样	锅炉类型	贯流蒸汽锅炉			直流蒸汽锅炉		
	额定蒸汽压力/(MPa)	$p\leq1.0$	$1.0<p\leq2.5$	$2.5<p<3.8$	$p\leq1.0$	$1.0<p\leq2.5$	$2.5<p<3.8$
	补给水类型	软化或除盐水			软化或除盐水		
给水	浊度/(FTU)	≤5.0			—		
	硬度/(mmol/L)	≤0.03		≤5×10^{-3}	≤0.03		≤5×10^{-3}
	pH(25 ℃)	7.0～ 9.0			10.0～12.0		9.0～12.0
	溶解氧/(mg/L)	≤0.50			≤0.50		
	油/(mg/L)	≤ 2.0			≤ 2.0		
	铁/(mg/L)	≤ 0.30		≤ 0.10	—		
	全碱度/(mmol/L)	—			4.0～16.0	4.0～12.0	≤12.0
	酚酞碱度/(mmol/L)	—			2.0～12.0	2.0～10.0	≤10.0
	电导率(25 ℃)/(μS/cm)	≤4.5×10^2	≤4.0×10^2	≤3.0×10^2	≤5.6×10^3	≤4.8×10^3	≤4.0×10^3
	溶解固形物/(mg/L)	—			≤3.5×10^3	≤3.0×10^3	≤2.5×10^3
	磷酸根/(mg/L)	—			10～50		5～30
	亚硫酸根/(mg/L)	—			10～50	10～30	10～20

表 3（续）

水样	锅炉类型	贯流蒸汽锅炉			直流蒸汽锅炉		
	额定蒸汽压力/(MPa)	p≤1.0	1.0<p≤2.5	2.5<p<3.8	p≤1.0	1.0<p≤2.5	2.5<p<3.8
	补给水类型	软化或除盐水			软化或除盐水		
锅水	全碱度/(mmol/L)	2.0～16.0	2.0～12.0	≤12.0	—		
	酚酞碱度/(mmol/L)	1.6～12.0	1.6～10.0	≤10.0	—		
	pH(25 ℃)	10.0～12.0			—		
	电导率(25 ℃)/(μS/cm)	≤4.8×10³	≤4.0×10³	≤3.2×10³	—		
	溶解固形物/(mg/L)	≤3.0×10³	≤2.5×10³	≤2.0×10³	—		
	磷酸根/(mg/L)	10～50		10～20	—		
	亚硫酸根/(mg/L)	10～50	10～30	10～20	—		

注 1：直流锅炉给水取样点可设定在除氧热水箱出口处。

注 2：直流蒸汽锅炉给水溶解氧≤0.05 mg/L 的，给水 pH 下限可放宽至 9.0。

注 3：补给水采用除盐处理，且电导率小于 10 μS/cm 时，贯流锅炉的锅水和额定蒸汽压力不大于 2.5 MPa 的直流锅炉给水也可控制 pH(25 ℃)下限不低于 9.0、磷酸根下限不低于 5 mg/L。

4.5 蒸汽锅炉回水

4.5.1 蒸汽锅炉回水水质宜符合表 4 的规定。

4.5.2 回水用作锅炉给水应当保证给水质量符合本标准相应的规定。

4.5.3 应根据回水可能受到的污染介质，增加必要的检测项目。

表 4 蒸汽锅炉回水水质

硬度/(mmol/L)		铁/(mg/L)		铜/(mg/L)		油/(mg/L)
标准值	期望值	标准值	期望值	标准值	期望值	标准值
≤0.06	≤0.03	≤0.60	≤0.30	≤0.10	≤0.050	≤2.0

注：回水系统中不含铜材质的，可以不测铜。

4.6 热水锅炉水质

4.6.1 热水锅炉补给水和锅水水质应符合表 5 的规定。

4.6.2 对于有锅筒(壳)，且额定功率小于或等于 4.2 MW 承压热水锅炉和常压热水锅炉，可采用单纯锅内加药、部分软化或天然碱度法等水处理，但应保证受热面平均结垢速率不大于 0.5 mm/a。

4.6.3 额定功率大于或等于 7.0 MW 的承压热水锅炉应除氧，额定功率小于 7.0 MW 的承压热水锅炉，如果发现氧腐蚀，需采用除氧、提高 pH 或加缓蚀剂等防腐措施。

4.6.4 采用加药处理的锅炉，加药后的水质不得影响生产和生活。

表 5　热水锅炉水质

<table>
<tr><td colspan="2" rowspan="3">水样</td><td colspan="2">额定功率/MW</td></tr>
<tr><td>≤4.2</td><td>不限</td></tr>
<tr><td>锅内水处理</td><td>锅外水处理</td></tr>
<tr><td rowspan="5">补给水</td><td>硬度/(mmol/L)</td><td>≤6[a]</td><td>≤0.6</td></tr>
<tr><td>pH(25 ℃)</td><td colspan="2">7.0～11.0</td></tr>
<tr><td>浊度/FTU</td><td>≤20.0</td><td>≤5.0</td></tr>
<tr><td>铁/(mg/L)</td><td colspan="2">≤0.30</td></tr>
<tr><td>溶解氧/(mg/L)</td><td colspan="2">≤0.10</td></tr>
<tr><td rowspan="6">锅水</td><td>pH(25 ℃)</td><td colspan="2">9.0～12.0</td></tr>
<tr><td>磷酸根/(mg/L)</td><td>10～50</td><td>5～50</td></tr>
<tr><td>铁/(mg/L)</td><td colspan="2">≤0.50</td></tr>
<tr><td>油/(mg/L)</td><td colspan="2">≤2.0</td></tr>
<tr><td>酚酞碱度/(mmol/L)</td><td colspan="2">≥2.0</td></tr>
<tr><td>溶解氧/(mg/L)</td><td colspan="2">≤0.50</td></tr>
<tr><td colspan="4">[a] 使用与结垢物质作用后不生成固体不溶物的阻垢剂，补给水硬度可放宽至小于或等于 8.0 mmol/L。</td></tr>
</table>

4.7　余热锅炉水质

余热锅炉的水质指标应符合同类型、同参数锅炉的要求。

4.8　补给水水质

4.8.1　应根据锅炉的类型、参数、回水利用率、排污率、原水水质，选择补给水处理方式。

4.8.2　补给水处理方式应保证给水水质符合本标准。

4.8.3　软水器再生后出水氯离子含量不得大于进水氯离子含量 1.1 倍。

5　水质分析方法

5.1　试剂的纯度应符合 GB/T 6903 的规定；分析实验室用水应符合 GB/T 6682 二级水的规定。

5.2　标准溶液配制和标定的方法应符合 GB/T 601 的规定。

5.3　水样的采集方法应符合 GB/T 6907 的规定。

5.4　水质分析的工作步骤按 DL/T 502.1 规定的次序进行。平行试验的测定次数符合 GB/T 6903 的规定。

5.5　浊度的测定应根据具体条件选择 GB/T 12151 或 GB/T 15893.1 规定的方法进行，测定结果有争议时，以 GB/T 12151 为仲裁方法。

5.6　硬度的测定应根据水质范围选择 GB/T 6909 规定的方法进行。

5.7　pH 的测定应根据水的性质选择 GB/T 6904 规定的方法进行。

5.8　溶解氧的测定根据具体情况选择合适的方法，一般锅炉使用单位可按 GB/T 12157 规定的方法进行粗略测定，检验机构应按附录 A 规定的方法进行准确测定。

5.9　油的测定应根据具体条件选择 GB/T 12152 规定的方法进行。

5.10 铁的测定根据水中含铁量选择合适的方法，一般含铁量较高的水样可按 DL/T 502.25 规定的方法进行，含铁量较低的水样应按 GB/T 14427 规定的方法进行。

5.11 铜的测定按 GB/T 13689 规定的方法进行。

5.12 电导率的测定按 GB/T 6908 规定的方法进行。

5.13 溶解固形物的测定按 GB/T 14415 或附录 B 的分析方法进行测定。溶解固形物也可以采用附录 C 的方法来间接测定，但溶解固形物与电导率或氯离子的比值关系应根据试验确定，并定期进行复测和修正；当测定结果有争议时，以附录 B 为仲裁方法。

5.14 磷酸根的测定应根据具体情况选择合适的方法，一般锅炉使用单位可按附录 D 规定的方法进行粗略测定，检验机构应按 GB/T 6913 规定的方法进行准确测定。

5.15 氯离子的测定应根据水中干扰物质的成分选择合适的方法，一般水样按 GB/T 15453 规定的方法进行，当水样中存在影响氯离子测定的阻垢剂等物质时，按 GB/T 29340 规定的方法进行。

5.16 全碱度和酚酞碱度的测定按附录 E 规定的方法进行。

5.17 亚硫酸盐的测定按附录 F 规定的方法进行。

5.18 锅水相对碱度的测定按附录 E 分别测定酚酞碱度(JD_P)和全碱度(JD)，再按附录 B 或附录 C 测定溶解固形物。锅水相对碱度按式(1)计算：

$$JD_{XD}=\frac{(2\times JD_P-JD)\times 40}{RG} \quad \cdots\cdots(1)$$

式中：

JD_{XD}——锅水相对碱度；

JD_P ——锅水酚酞碱度，单位为毫摩尔每升(mmol/L)；

JD ——锅水全碱度，单位为毫摩尔每升(mmol/L)；

RG ——锅水溶解固形物，单位为毫克每升(mg/L)；

40 ——氢氧化钠(NaOH)的摩尔质量，40 g/mol。

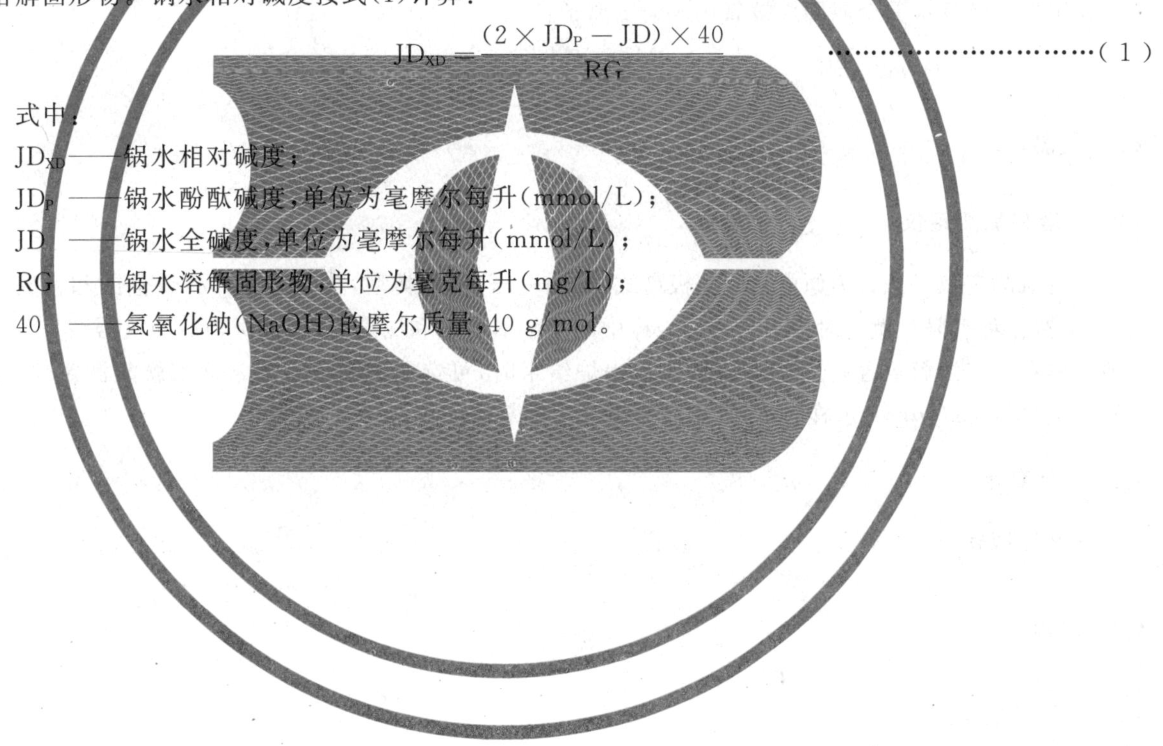

附 录 A
（规范性附录）
溶解氧的测定(氧电极法)

A.1 概要

溶解氧测定仪的氧敏感薄膜电极由两个与电解质相接触的金属电极(阴极/阳极)及选择性薄膜组成。选择性薄膜只能透过氧气和其他气体,水和可溶解性物质不能透过。当水样流过允许氧透过的选择性薄膜时,水样中的氧将透过膜扩散,其扩散速率取决于通过选择性薄膜的氧分子浓度和温度梯度。透过膜的氧气在阴极上还原,产生微弱的电流,在一定温度下其大小和水样溶解氧含量成正比。

在阴极上的反应是氧被还原成氢氧化物:

$$O_2 + 2H_2O + 4e \longrightarrow 4OH^-$$

在阳极上的反应是金属阳极被氧化成金属离子:

$$Me \longrightarrow Me^{2+} + 2e$$

A.2 仪器

A.2.1 溶解氧测定仪

溶解氧测定仪一般分为原电池式和极谱式(外加电压)两种类型,其中根据其测量范围和精确度的不同,又有多种型号。测定时应根据被测水样中的溶解氧含量和测量要求,选择合适的仪器型号。测定一般水样和测定溶解氧含量≤0.1 mg/L工业锅炉给水时,可选用不同量程的常规溶解氧测定仪;当测定溶解氧含量≤20 μg/L水样时,应选用高灵敏度溶解氧测定仪。

A.2.2 温度计

温度计精确至0.5 ℃。

A.3 试剂

A.3.1 亚硫酸钠。

A.3.2 二价钴盐($CoCl_2 \cdot H_2O$)。

A.4 测定方法

A.4.1 仪器的校正

A.4.1.1 按仪器使用说明书装配电极和流动测量池。

A.4.1.2 调节:按仪器说明书进行调节和温度补偿。

A.4.1.3 零点校正:将电极浸入新配置的每升含100 g亚硫酸钠和100 mg二价钴盐的二级水中,进行校零。

A.4.1.4 校准:按仪器说明书进行校准。一般溶解氧测定仪可在空气中校准。

A.4.2 水样测定

A.4.2.1 调整被测水样的温度在 5 ℃～40 ℃，水样流速在 100 mL/min 左右，水样压力小于 0.4 MPa。

A.4.2.2 将测量池与被测水样的取样管用乳胶管或橡皮管连接好，测量水温，进行温度补偿。

A.4.2.3 根据被测水样溶解氧的含量，选择合适的测定量程，启动测量开关进行测定。

A.5 注意事项

A.5.1 原电池式溶解氧测定仪接触氧可自发进行反应，因此不测定时，电极应保存在每升含 100 g 亚硫酸钠和 100 mg 二价钴盐的二级水中并使其短路，以免消耗电极材料，影响测定。极谱式溶解氧测定仪不使用时，应用加有适量二级水的保护套保护电极，防止电极薄膜干燥及电极内的电解质溶液蒸发。

A.5.2 电极薄膜表面要保持清洁，不要触碰器皿壁，也不要用手触摸。

A.5.3 当仪器难以调节至校正值，或仪器响应慢、数值显示不稳定时，应及时更换电极中的电解质和电极薄膜(原电池式仪器需更换电池)。电极薄膜在更换后和使用中应始终保持表面平整，没有气泡，否则需要重新更换安装。

A.5.4 更换电解质和电极薄膜后，或氧敏感薄膜电极干燥时，应将电极浸入到二级水中，使电极薄膜表面湿润，待读数稳定后再进行校准。

A.5.5 如水样中含有藻类、硫化物、碳酸盐等物质，长期与电极接触可能使电极薄膜表面污染或损坏。

A.5.6 溶解氧测定仪应定期进行校准。

附 录 B
(规范性附录)
溶解固形物的测定(重量法)

B.1 概要

B.1.1 溶解固形物是指已被分离悬浮固形物后的滤液经蒸发干燥所得的残渣。

B.1.2 测定溶解固形物有三种方法,第一种方法适用于碱度较低的一般水样;第二种方法适用于全碱度≥4 mmol/L 的水样;第三种方法适用于含有大量吸湿性很强的固体物质(如氯化钙、氯化镁、硝酸钙、硝酸镁等)的水样。

B.2 仪器

B.2.1 水浴锅或 400 mL 烧杯。

B.2.2 100 mL～200 mL 瓷蒸发皿。

B.2.3 分辨率为 0.1 mg 的分析天平。

B.3 试剂

B.3.1 碳酸钠标准溶液(1 mL 含 10 mg Na_2CO_3),配制和标定的方法见 GB/T 601。

B.3.2 $c(1/2\ H_2SO_4)=0.1$ mol/L 硫酸标准溶液,配制和标定的方法见 GB/T 601。

B.4 测定方法

B.4.1 第一种方法测定步骤

B.4.1.1 取一定量已过滤充分摇匀的澄清水样(水样体积应使蒸干残留物的称量在 100 mg 左右),逐次注入经烘干至恒重的蒸发皿中,在水浴锅上蒸干。

B.4.1.2 将已蒸干的样品连同蒸发皿移入 105 ℃～110 ℃的烘箱中烘 2 h。

B.4.1.3 取出蒸发皿放在干燥器内冷却至室温,迅速称量。

B.4.1.4 在相同条件下再烘 0.5 h,冷却后再次称量,如此反复操作直至恒重。

B.4.1.5 溶解固形物含量(RG)按式(B.1)计算:

$$\mathrm{RG}=\frac{m_1-m_2}{V}\times 1\,000 \qquad \cdots\cdots(\mathrm{B.1})$$

式中:

RG ——溶解固形物含量,单位为毫克每升(mg/L);

m_1 ——蒸干的残留物与蒸发皿的总质量,单位为毫克(mg);

m_2 ——空蒸发皿的质量,单位为毫克(mg);

V ——水样的体积,单位为毫升(mL)。

B.4.2 第二种方法测定步骤

B.4.2.1 按 B.4.1.1～B.4.1.4 的测定步骤进行操作。

B.4.2.2 另取 100 mL 已过滤充分摇匀的澄清锅炉水样注于 250 mL 锥形瓶中，加入 2 滴～3 滴酚酞指示剂(10 g/L)，若溶液若显红色，用 $c(1/2\ H_2SO_4)$ 0.1 mol/L 硫酸标准溶液滴定至恰好无色，记录耗酸体积 V_1，再加入 2 滴甲基橙指示剂(1 g/L)，继续用硫酸标准溶液滴定至橙红色，记录第二次耗酸体积 V_2(不包括 V_1)。

B.4.2.3 溶解固形物含量(RG)按式(B.2)计算：

$$RG=\frac{m_1-m_2}{V}\times 1\ 000+0.59cV_T\times 44 \qquad (B.2)$$

式中：

RG、m_1、m_2、V ——同式(B.1)；

c ——硫酸标准溶液准确浓度，单位为摩尔每升(mol/L)；

V_T ——滴定时碳酸盐所消耗的硫酸标准溶液体积，单位为毫升(mL)；(当 $V_1>V_2$ 时，$V_T=V_2$；当 $V_1\leqslant V_2$ 时，$V_T=V_1+V_2$)；

0.59 ——碳酸钠水解成 CO_2 后在蒸发过程中损失质量的换算系数；

44 ——CO_2 摩尔质量，单位为克每摩尔(g/mol)。

B.4.3 第三种方法测定步骤

B.4.3.1 取一定量充分摇匀的水样(水样体积应使蒸干残留物的称量在 100 mg 左右)，加入 20 mL 碳酸钠标准溶液，逐次注入经烘干至恒重的蒸发皿中，在水浴锅上蒸干。

B.4.3.2 按 B.4.1.2、B.4.1.3、B.4.1.4 的测定步骤进行操作。

B.4.3.3 溶解固形物含量(RG)按式(B.3)计算：

$$RG=\frac{m_1-m_2-10\times 20}{V}\times 1\ 000 \qquad (B.3)$$

式中：

RG、m_1、m_2、V ——同式(B.1)；

10 ——碳酸钠标准溶液的浓度，单位为毫克每毫升(mg/mL)；

20 ——加入碳酸钠标准溶液的体积，单位为毫升(mL)。

B.5 注意事项

B.5.1 为防止蒸干、烘干过程中落入杂物而影响试验结果，应在蒸发皿上放置玻璃三角架并加盖表面皿。

B.5.2 测定溶解固形物使用的瓷蒸发皿，可用石英蒸发皿代替。如果不测定灼烧减量，也可以用玻璃蒸发皿代替瓷蒸发皿。

B.6 精密度和准确度

B.6.1 分别取溶解固形物含量为 2 482 mg/L 和 3 644 mg/L 的同一水样，由 5 个实验室分别按 B.4.2 的方法进行溶解固形物的重复性测定和加标回收率试验。

B.6.2 重复性：实验室内最大相对标准偏差分别为 2.7％和 2.1％。

B.6.3 再现性：实验室间最大相对标准偏差分别为 3.9％和 2.6％。

B.6.4 准确度：加标回收率范围分别为 93.3％～102％和 92.7％～101％。

附　录　C
（规范性附录）
锅水溶解固形物的间接测定

C.1　固导比法

C.1.1　概要

C.1.1.1　溶解固形物的主要成分是可溶解于水的盐类物质。由于溶解于水的盐类物质属于强电解质，在水溶液中基本上都电离成阴、阳离子而具有导电性，而且电导率的大小与其浓度成一定比例关系。根据溶解固形物与电导率的比值（以下简称"固导比"），只要测定电导率就可近似地间接测定溶解固形物的含量，这种测定方法简称固导比法。

C.1.1.2　由于各种离子在溶液中的迁移速度不一样，其中以 H^+ 最大，OH^- 次之，K^+、Na^+、Cl^-、NO^{3-} 离子相近，HCO_3^-、$HSiO_3^-$ 等离子半径较大的一价阴离子为最小。因此，同样浓度的酸、碱、盐溶液电导率相差很大。采用固导比法时，对于酸性或碱性水样，为了消除 H^+ 和 OH^- 的影响，测定电导率时应预先中和水样。

C.1.1.3　本方法适用于离子组成相对稳定的锅水溶解固形物的测定。对于采用不同水源的锅炉，或采用除盐水作补给水的锅炉，如果离子组成差异较大，应分别测定其固导比。

C.1.2　固导比的测定

C.1.2.1　取一系列不同浓度的锅水，分别用 B.4.2 的方法测定溶解固形物的含量。

C.1.2.2　取 50 mL～100 mL 与 C.1.2.1 对应的不同浓度的锅水，分别加入 2 滴～3 滴酚酞指示剂（10 g/L），若显红色，用 $c(1/2H_2SO_4)=0.1$ mol/L 硫酸标准溶液滴定至恰好无色。再按 GB/T 6908 的方法测定其电导率。

C.1.2.3　用回归方程计算固导比 K_D。

C.1.3　溶解固形物的测定

C.1.3.1　取 50 mL～100 mL 的锅水，加入 2 滴～3 滴酚酞指示剂（10 g/L），若显红色，用 $c(1/2\ H_2SO_4)=0.1$ mol/L 硫酸标准溶液滴定至恰好无色，按 GB/T 6908 的方法测定其电导率 S。

C.1.3.2　按式（C.1）计算锅水溶解固形物的含量：

$$RG = S \times K_D \qquad \cdots\cdots(C.1)$$

式中：

RG ——溶解固形物含量，单位为毫克每升（mg/L）；

S ——水样在中和酚酞碱度后的电导率，单位为微西门子每厘米（μS/cm）；

K_D ——固导比［(mg/L)/(μS/cm)］。

C.1.4　注意事项

C.1.4.1　由于水源中各种离子浓度的比例在不同季节时变化较大，固导比也会随之发生改变。因此，应根据水源水质的变化情况定期校正锅水的固导比。

C.1.4.2　对于同一类天然淡水，以温度 25 ℃时为准，电导率与含盐量大致成比例关系，其比例约为：1 μS/cm 相当于 0.55 mg/L～0.90 mg/L。在其他温度下测定需加以校正，每变化 1 ℃含盐量大约变化 2%。

C.1.4.3 当电解质溶液的浓度不超过 20%时，电解质溶液的电导率与溶液的浓度成正比，当浓度过高时，电导率反而下降，这是因为电解质溶液的表观离解度下降。因此，一般用各种电解质在无限稀释时的等量电导来计算该溶液的电导率与溶解固形物的关系。

C.1.5 精密度和准确度

C.1.5.1 分别取溶解固形物含量为 2 482 mg/L 和 3 644 mg/L 的同一水样，由 5 个实验室分别按 C.1.3 方法进行溶解固形物的重复性测定，并与采用 B.4.2 方法的测定结果进行比对。

C.1.5.2 重复性：实验室内最大相对标准偏差分别为 2.4%和 1.6%。

C.1.5.3 再现性：实验室间最大相对标准偏差分别为 3.7%和 2.8%。

C.1.5.4 准确度：C.1.3 方法与 B.4.2 方法的测定结果相比对，相对误差范围为－4.3%～5.7%。

C.2 固氯比法

C.2.1 概要

C.2.1.1 在高温锅水中，氯化物具有不易分解、挥发、沉淀等特性，因此锅水中氯化物的浓度变化往往能够反映出锅水的浓缩倍率。在一定的水质条件下，锅水中的溶解固形物含量与氯离子的含量之比（以下简称"固氯比"）接近于常数，所以在水源水质变化不大和水处理稳定的情况下，根据溶解固形物与氯离子的比值关系，只要测出氯离子的含量就可近似地间接测得溶解固形物的含量，这个方法简称为固氯比法。该方法仅适用于锅炉使用单位在水源水和水处理方法及水处理药剂不变、加药量稳定的情况。

C.2.1.2 本方法适用于氯离子与溶解固形物含量之比值相对稳定的锅水溶解固形物的测定。本方法不适用于以除盐水作补给水的锅炉水溶解固形物的测定。

C.2.2 固氯比的测定

C.2.2.1 取一系列不同浓度的锅水，分别用 B.4.2 的方法测定溶解固形物的含量。

C.2.2.2 取一定体积的与 C.2.2.1 对应的不同浓度的锅水，按 GB/T 15453 或 GB/T 29340 的方法分别测定其氯离子含量。

C.2.2.3 用回归方程计算固氯比 K_L。

C.2.3 固氯比法测定溶解固形物

C.2.3.1 取一定体积的锅水按 GB/T 15453 或 GB/T 29340 的方法测定其氯离子含量。

C.2.3.2 按式（C.2）计算锅水溶解固形物的含量

$$RG = \rho_{Cl^-} \times K_L \qquad \cdots\cdots (C.2)$$

式中：

RG ——溶解固形物含量，单位为毫克每升（mg/L）；

ρ_{Cl^-} ——水样中氯离子含量，单位为毫克每升（mg/L）；

K_L ——固氯比。

C.2.4 注意事项

C.2.4.1 由于水源水中各种离子浓度的比例在不同季节时变化较大，固氯比也会随之发生改变。因此，应根据水源水质的变化情况定期校正锅水的固氯比。

C.2.4.2 离子交换器（软水器）再生后，应将残余的再生剂清洗干净（洗至交换器出水的 Cl^- 与进水 Cl^-

含量基本相同)，否则残留的 Cl^- 进入锅内，将会改变锅水的固氯比，影响测定的准确性。

C.2.4.3 采用无机阻垢药剂进行加药处理的锅炉，加药量应均匀，避免加药间隔时间过长或一次性加药量过大而造成囿氯比波动大，影响溶解固形物测定的准确性。

C.2.5 精密度和准确度

C.2.5.1 分别取溶解固形物含量为 2 482 mg/L 和 3 644 mg/L 的同一水样，由 5 个实验室分别按 C.2.3 方法进行溶解固形物的重复性测定，并与采用 B.4.2 方法的测定结果进行比对。

C.2.5.2 重复性：实验室内最大相对标准偏差分别为 5.3％和 4.6％。

C.2.5.3 再现性：实验室间最大相对标准偏差分别为 6.2％和 5.8％。

C.2.5.4 准确度：C.2.3 方法与 B.4.2 方法的测定结果相比对，相对误差范围为 7.3％～8.4％。

附 录 D
（规范性附录）
磷酸盐的测定（磷钼蓝比色法）

D.1 概要

D.1.1 在 $c(H^+)=0.6$ mol/L 的酸度下，磷酸根与钼酸铵生成磷钼黄，用氯化亚锡还原成磷钼蓝后，与同时配制的标准色进行比色测定。其反应为：

磷酸根与钼酸铵反应生成磷钼黄：

$$PO_4^{3-}+12MoO_4^{2-}+27H^+\rightarrow H_3[P(Mo_3O_{10})_4]+12H_2O \quad (磷钼黄)$$

磷钼黄被氯化亚锡还原成磷钼蓝：

$$[P(Mo_3O_{10})_4]^{3-}+4Sn^{2+}+11H^+\rightarrow H_3[P(Mo_3O_9)_4]+4Sn^{4+}+4H_2O \quad (磷钼蓝)$$

D.1.2 磷钼蓝比色法仅供现场测定，适用于磷酸盐含量为 2 mg/L～50 mg/L 的水样。

D.2 仪器

具有磨口塞的 25 mL 比色管。

D.3 试剂及其配制

D.3.1 磷酸盐标准溶液（1 mL 含 1 mg 磷酸根）：称取在 105 ℃干燥过的磷酸二氢钾（KH_2PO_4）1.433 g，溶于少量二级水中后，稀释至 1 000 mL。

D.3.2 磷酸盐工作溶液（1 mL 含 0.1 mg 磷酸根）：取磷酸盐标准溶液（D.3.1），用二级水准确稀释 10 倍。

D.3.3 钼酸铵-硫酸混合溶液：于 600 mL 二级水中缓慢加入 167 mL 浓硫酸（密度 1.84 g/cm³），冷却至室温。称取 20 g 钼酸铵[$(NH_4)_6Mo_7O_{24}\cdot 4H_2O$]，研磨后溶于上述硫酸溶液中，用二级水稀释至1 000 mL。

D.3.4 氯化亚锡甘油溶液（15 g/L）：称取 1.5 g 优级纯氯化亚锡于烧杯中，加 20mL 浓盐酸（密度为 1.19 g/cm³），加热溶解后，再加 80 mL 纯甘油（丙三醇），搅匀后将溶液转入塑料瓶中备用（此溶液易被氧化，需密封保存，室温下使用期限不应超过 20 天）。

D.4 测定方法

D.4.1 量取 0 mL、0.10 mL、0.20 mL、0.40 mL、0.60 mL、0.80 mL、1.00 mL、1.50 mL、2.00 mL、2.50 mL磷酸盐工作溶液（1 mL 含 0.1 mg 磷酸根）以及 5 mL 经中速滤纸过滤后的水样，分别注入一组比色管中，用二级水稀释至约 20 mL，摇匀。

D.4.2 在上述比色管中各加入 2.5 mL 钼酸铵-硫酸混合溶液，用二级水稀释至刻度，摇匀。

D.4.3 在每支比色管中加入 2 滴～3 滴氯化亚锡甘油（15 g/L）溶液，摇匀，待 2 min 后进行比色。

D.4.4 水样中磷酸根（PO_4^{3-}）的含量按式（D.1）计算：

$$\rho_{PO_4^{3-}}=\frac{0.1\times V_1}{V_S}\times 1\,000=\frac{V_1}{V_S}\times 100 \quad \cdots\cdots（D.1）$$

式中：

$\rho_{PO_4^{3-}}$ ——磷酸根含量，单位为毫克每升(mg/L)；

0.1 ——磷酸盐工作溶液的浓度，1 mL 含 0.1 mg PO_4^{3-}；

V_1 ——与水样颜色相当的标准色溶液中加入的磷酸盐工作溶液的体积，单位为毫升(mL)；

V_S ——水样的体积，单位为毫升(mL)。

D.5 注意事项

D.5.1 水样与标准色应同时配制显色。

D.5.2 为加快水样显色速度，以及避免硅酸盐干扰，显色时水样的酸度(H^+)应维持在 0.6 mol/L。

D.5.3 磷酸盐的含量不在 2 mg/L～50 mg/L 内时，应酌情增加或减少水样量。

D.6 精密度

磷酸盐测定的精密度见表 D.1。

表 D.1 磷酸盐测定的精密度

磷酸盐范围/(mg/L)	重复性/(mg/L)	再现性/(mg/L)
0～10	0.6	1.4
>10～20	1.0	2.6
>20～40	1.8	3.8

附 录 E
（规范性附录）
碱度的测定（酸碱滴定法）

E.1 概要

E.1.1 水的碱度是指水中含有能接受氢离子的物质的量，例如氢氧根、碳酸盐、重碳酸盐、磷酸盐、磷酸氢盐、硅酸盐、硅酸氢盐、亚硫酸盐、腐殖酸盐和氨等，都是水中常见的碱性物质，它们都能与酸进行反应。因此，选用适宜的指示剂，以酸的标准溶液对它们进行滴定，便可测出水中碱度的含量。

E.1.2 碱度可分为酚酞碱度和全碱度两种。酚酞碱度是以酚酞作指示剂时所测出的量，其终点的 pH 值为 8.3。全碱度是以甲基橙作指示剂时测出的量，终点的 pH 值为 4.2。若碱度很小时，全碱度宜以甲基红-亚甲基蓝作指示剂，终点的 pH 值为 5.0。

E.1.3 本试验方法有两种：第一种方法适用于测定碱度较大的水样，如锅水、澄清水、冷却水、生水等，单位用毫摩尔每升（mmol/L）表示；第二种方法适用于测定碱度小于 0.5 mmol/L 的水样，如凝结水、除盐水等，单位用微摩尔每升（μmol/L）表示。

E.2 试剂

E.2.1 酚酞指示剂（10 g/L，以乙醇为溶剂），按 GB/T 603 规定配制。

E.2.2 甲基橙指示剂（1 g/L），按 GB/T 603 规定配制。

E.2.3 甲基红-亚甲基蓝指示剂，按 GB/T 603 规定配制。

E.2.4 $c(1/2\ H_2SO_4)=0.1$ mol/L 硫酸标准溶液，按 GB/T 601 规定方法配制和标定。

E.2.5 $c(1/2\ H_2SO_4)=0.05$ mol/L 硫酸标准溶液，将 E.2.4 硫酸标准溶液用二级水准确稀释 1 倍。

E.2.6 $c(1/2\ H_2SO_4)=0.01$ mol/L 硫酸标准溶液，将 E.2.4 硫酸标准溶液用二级水准确稀释 10 倍。

E.3 仪器

E.3.1 25 mL 酸式滴定管。

E.3.2 5 mL 或 10 mL 微量滴定管。

E.3.3 250 mL 锥形瓶。

E.3.4 100 mL 量筒或 100 mL 移液管。

E.4 测定方法

E.4.1 碱度大于或等于 0.5 mmol/L 水样的测定方法（如锅水、化学净水、冷却水、生水等）

取 100 mL 透明水样注于 250 mL 锥形瓶中，加入 2 滴～3 滴 1%酚酞指示剂，此时溶液若显红色，则用 $c(1/2\ H_2SO_4)=0.0500$ mol/L 或 0.100 0 mol/L 硫酸标准溶液滴定至恰无色，记录耗酸体积 V_1，然后再加入 2 滴甲基橙指示剂，继续用硫酸标准溶液滴定至橙红色为止，记录第二次耗酸体积 V_2（不包括 V_1）。

E.4.2 碱度小于 0.5 mmol/L 水样的测定方法（如凝结水、除盐水等）

取 100 mL 透明水样，置于 250 mL 锥形瓶中，加入 2 滴～3 滴 1%酚酞指示剂，此时溶液若显红色，

则用微量滴定管以 $c(1/2\ H_2SO_4)=0.010\ 0$ mol/L 标准溶液滴定至恰无色，记录耗酸体积 V_1，然后再加入 2 滴甲基红-亚甲基蓝指示剂，再用硫酸标准溶液滴定，溶液绿色变为紫色，记录消耗酸体积 V_2（不包括 V_1）。

E.4.3 无酚酞碱度时的测定方法

上述两种方法，若加酚酞指示剂后溶液不显红色，可直接加甲基橙或甲基红-亚甲基蓝指示剂，用硫酸标准溶液滴定，记录消耗酸体积 V_2。

E.4.4 碱度的计算

上述被测定水样的酚酞碱度 JD_P、全碱度 JD 按式(E.1)、式(E.2)计算：

$$JD_P=\frac{c\times V_1}{V_S}\times 10^3 \qquad \cdots\cdots(E.1)$$

$$JD_P=\frac{c\times(V_1+V_2)}{V_S}\times 10^3 \qquad \cdots\cdots(E.2)$$

式中：

JD_P ——酚酞碱度，单位为毫摩尔每升(mmol/L)；

JD ——全碱度，单位为毫摩尔每升(mmol/L)；

c ——硫酸标准溶液的准确浓度，单位为摩尔每升(mol/L)；

V_1 ——第一次滴定终点硫酸标准溶液消耗的体积，单位为毫升(mL)；

V_2 ——第二次滴定终点硫酸标准溶液消耗的体积，单位为毫升(mL)；

V_S ——水样体积，单位为毫升(mL)。

E.5 注意事项

E.5.1 碱度计量单位(mmol/L)，以等一价离子为基本单元。

E.5.2 水样中若残余氯含量大于 1 mg/L，会影响指示剂的颜色，可加入 0.1 mol/L 硫代硫酸钠溶液 1～2 滴，消除残余氯(Cl_2)的影响。

E.6 精密度

碱度测定的精密度见表 E.1。

表 E.1 碱度测定的精密度

碱度范围/(mmol/L)	重复性/(mmol/L)	再现性/(mmol/L)
0～0.5	0.1	0.2
>0.5～5	0.2	0.3
>5～40	0.4	0.6

附　录　F
（规范性附录）
亚硫酸盐的测定(碘量法)

F.1　概要

F.1.1　在酸性溶液中,碘酸钾和碘化钾作用后析出的游离碘,将水中的亚硫酸根氧化成为硫酸根,过量的碘与淀粉作用呈现蓝色即为终点。其反应为:

$$KIO_3+5KI+6HCl \longrightarrow 6KCl+3I_2+3H_2O$$

$$SO_3^{2-}+I_2+H_2O \longrightarrow SO_4^{2-}+2HI$$

F.1.2　此法适用于亚硫酸根含量大于 1 mg/L 的水样。

F.2　试剂及配制

F.2.1　碘酸钾-碘化钾标准溶液(1 mL 相当于 1 mg 亚硫酸根):依次精确称取优级纯碘酸钾(KIO_3)0.891 8 g、碘化钾 7 g、碳酸氢钠 0.5 g,用二级水溶解后移入 1 000 mL 容量瓶中并稀释至刻度。

F.2.2　淀粉指示液(10 g/L):配制方法见 GB/T 603。

F.2.3　盐酸溶液(1+1)。

F.3　测定方法

F.3.1　取 100 mL 水样注于锥形瓶中,加 1 mL 淀粉指示剂和 1 mL 盐酸溶液(1+1)。

F.3.2　摇匀后,用碘酸钾-碘化钾标准溶液滴定至微蓝色,即为终点。记录消耗碘酸钾-碘化钾标准溶液的体积(V_1)。

F.3.3　在测定水样的同时,进行空白试验,作空白试验时记录消耗碘酸钾-碘化钾标准溶液的体积(V_2)。水样中亚硫酸根含量按式(F.1)计算:

$$\rho_{SO_3^{2-}} = \frac{(V_1 - V_2)\times 1.0}{V_S} \times 1\,000 \qquad \text{(F.1)}$$

式中:

$\rho_{SO_3^{2-}}$——亚硫酸根含量,单位为毫克每升(mg/L);

V_1　——水样消耗碘酸钾-碘化钾标准溶液的体积,单位为毫升(mL);

V_2　——空白消耗碘酸钾-碘化钾标准溶液的体积,单位为毫升(mL);

1.0　——碘酸钾-碘化钾标准溶液滴定度,1 mL 相当于 1.0 mgSO_3^{2-};

V_S　——水样的体积,单位为毫升(mL)。

F.4　测定水样时注意事项

F.4.1　在取样和进行滴定时均应迅速,以减少亚硫酸盐被空气氧化。

F.4.2　水样温度不可过高,以免影响淀粉指示剂的灵敏度而使结果偏高。

F.4.3　为了保证水样不受污染,取样瓶、烧杯等玻璃器皿,使用前均应用盐酸(1+1)煮洗。

F.5 精密度

亚硫酸盐测定的精密度见表 F.1。

表 F.1 亚硫酸盐测定的精密度

亚硫酸盐范围/(mg/L)	重复性/(mg/L)	再现性/(mg/L)
0～10	0.8	1.8
＞10～20	1.2	2.8
＞20～50	2.0	4.2

ICS 27.060.30;13.060.25
F 01

中华人民共和国国家标准

GB/T 16811—2018
代替 GB/T 16811—2005

工业锅炉水处理设施运行效果与监测

Running results and monitoring of industrial boilers water-treatment equipment

2018-05-14 发布

2018-12-01 实施

国家市场监督管理总局
中国国家标准化管理委员会 发布

前　言

本标准按照 GB/T 1.1—2009 给出的规则起草。

本标准代替 GB/T 16811—2005《工业锅炉水处理设施运行效果与监测》。与 GB/T 16811—2005 相比，除编辑性修改外主要技术变化如下：

——修改了范围(见第 1 章，2005 年版的第 1 章)；

——规范性引用文件中增加了 6 个引用标准(见第 2 章，2005 年版的第 2 章)；

——增加了术语和定义(见第 3 章)；

——修改了水处理设施分类，增加了反渗透设备、除铁设备等(见第 4 章，2005 年版的第 3 章)；

——增加了预处理设备、反渗透设备、除氧设备、除铁设备、排污装置、汽水取样装置和在线监测仪表运行效果要求，修改了离子交换器、加药装置和药剂运行效果要求，增加了对排污装置要求(见第 5 章，2005 年版的第 4 章)；

——修改了锅炉水质日常监测的规定(见第 6 章，2005 年版的第 5 章)；

——修改了运行效果定期检验检测与评价(见第 7 章，2005 年版的第 6 章)；

——附录中修改了工业锅炉水质监测报告、工业锅炉水处理设施经济运行效果监测报告，增加了离子交换树脂经济运行指标检测方法、反渗透运行指标检测方法、锅炉阻垢缓蚀剂效果检测方法，删除了 2005 年版的附录 C(见附录 A、附录 B、附录 C、附录 D、附录 E，2005 年版的附录 A、附录 B、附录 C)。

本标准由全国锅炉压力容器标准化技术委员会(SAC/TC 262)提出并归口。

本标准起草单位：中国锅炉水处理协会、广州市特种承压设备检测研究院、咸阳市质量技术监督局、北京康洁之晨水处理技术有限公司、江苏省特种设备安全监督检验研究院无锡分院、大连市锅炉压力容器检验研究院、深圳市特种设备安全检验研究院、新疆巴音郭楞蒙古自治州特种设备检验检测所、巴彦淖尔市特种设备检验所、汇科琪(天津)水质添加剂有限公司、珠海京工检测技术有限公司、河南四季青环保工程有限公司。

本标准主要起草人：金栋、杨麟、葛升群、王世杰、邓宏康、赵博、张居光、苏勇、张晓丽、冯培轩、郭琳媛、王磊、陈建兴。

本标准所代替标准的历次版本发布情况为：

——GB/T 16811—1997、GB/T 16811—2005。

工业锅炉水处理设施运行效果与监测

1 范围

本标准规定了工业锅炉水处理设施分类、运行效果、日常水质监测、运行效果定期检验与评价。

本标准适用于额定出口蒸汽压力小于3.8 MPa,且以水为介质的固定式蒸汽锅炉、汽水两用锅炉和热水锅炉的水处理设施。

2 规范性引用文件

下列文件对于本文件的应用是必不可少的。凡是注日期的引用文件,仅注日期的版本适用于本文件。凡是不注日期的引用文件,其最新版本(包括所有的修改单)适用于本文件。

GB/T 150(所有部分) 压力容器

GB/T 1576 工业锅炉水质

GB/T 6907 锅炉用水和冷却水分析方法 水样的采集方法

GB/T 12149 工业循环冷却水和锅炉用水中硅的测定

DL/T 502.21 火力发电厂水汽分析方法 第21部分:残余氯的测定(比色法)

DL/T 502.22 火力发电厂水汽分析方法 第22部分:化学耗氧量的测定(高锰酸钾法)

DL/T 588 水质 污染指数测定

3 术语和定义

下列术语和定义适用于本文件。

3.1

工业锅炉水处理设施 industrial boilers water-treatment equipment

防止或减缓工业锅炉及水汽系统腐蚀和结垢,防止汽水共腾,调节水质、监测水质的设备和装置。

3.2

预处理 pretreatment

使水质达到后续设备处理条件的前期处理措施。

3.3

除氧处理 deoxygenation treatment

通过物理或化学方法除去水中溶解氧的工艺措施。

3.4

除铁处理 deferrization treatment

通过机械截留或氧化-机械截留方法,除去水中铁的工艺措施。

3.5

加药处理 chemical dosing treatment

通过针对性投加化学水处理药剂,达到特定效果的水处理工艺措施。

3.6

在线监测仪表 on-line monitoring instrument

锅炉水汽系统设置的,连续自动监测水汽指标的分析仪表。

4 分类

工业锅炉水处理主要设施分类如下：

a) 预处理设备；

b) 离子交换设备；

c) 反渗透设备；

d) 除氧设备；

e) 除铁设备；

f) 加药装置；

g) 排污装置；

h) 取样装置和在线监测仪表。

5 运行效果要求

5.1 预处理设备运行效果要求

预处理设备运行效果应保证出水水质符合下一级水处理设施进水水质要求，前置于离子交换器和反渗透装置的预处理设备，出水应符合表1的规定。

表1 前置于离子交换器、反渗透装置的预处理设备出水要求

<table>
<tr><th>项 目</th><th>离子交换软化</th><th>离子交换除盐</th><th>反渗透</th></tr>
<tr><td>pH(25 ℃)</td><td colspan="2">—</td><td>3.0～11.0</td></tr>
<tr><td rowspan="2">浊度/FTU</td><td colspan="2">对流(逆流)再生≤2.0</td><td rowspan="2">≤1.0</td></tr>
<tr><td colspan="2">顺流再生≤5.0</td></tr>
<tr><td>游离余氯/(mg/L)</td><td colspan="3">≤0.1</td></tr>
<tr><td>铁/(mg/L)</td><td colspan="2">≤0.30</td><td>≤0.05</td></tr>
<tr><td>化学耗氧量 COD_{Mn}(以 O 计)/(mg/L)</td><td colspan="3">≤3</td></tr>
<tr><td>污染指数 SDI</td><td colspan="2">—</td><td>≤5</td></tr>
<tr><td rowspan="2">硬度/(mmol/L)</td><td>单级钠 ≤6.5</td><td colspan="2" rowspan="2">—</td></tr>
<tr><td>双级钠≤10.0</td></tr>
<tr><td>电导率(25 ℃)/(μS/cm)</td><td>—</td><td>≤400</td><td>—</td></tr>
<tr><td colspan="4">注1：当反渗透系统设有保安过滤器时，反渗透系统的进水水质是指保安过滤器的入口水质。
注2：当水源水硬度超过离子交换软化器进水要求时，宜采用沉淀软化法预除硬度。
注3：离子交换除盐系统进水电导率大于400 μS/cm，宜采用反渗透预除盐装置。</td></tr>
</table>

5.2 离子交换设备运行效果要求

离子交换设备出水水质应符合表2的规定，经济运行效果应符合表3的规定。

表 2　离子交换设备出水水质指标

系统类型	出水合格指标				
	硬度 mmol/L	二氧化硅 μg/L	电导率(25 ℃) μS/cm	碱度 mmol/L	出水氯离子/ 进水氯离子
钠离子软化	≤0.03	—		与进水相同	≤1.1
石灰-钠离子软化	≤0.03	—		0.8～1.2	
氢-钠软化	≤0.03	—		0.5～1.0	
一级化学除盐	≈0	≤100	≤10	—	—

表 3　离子交换设备经济运行指标

项　　目					合格指标
离子交换树脂	实际利用率/%	顺流再生			≥55
		对流(逆流)再生			≥80
	工作交换容量/(mol/m^3)	软化	树脂	NaCl 再生	≥800
		阳床	强酸阳树脂	HCl 再生	≥800
			弱酸、强酸联合工艺	HCl 再生	弱酸树脂≥2 000/强酸树脂≥1 000
		阴床	强碱阴树脂	NaOH 再生	≥250
离子交换树脂	正洗水耗/(m^3/m^3)	软化	树脂	顺流再生	≤6
				对流(逆流)再生	≤4
		阳床	强酸阳树脂	顺流再生	≤6
				对流(逆流)再生	≤3
			弱酸阳树脂	顺流或对流(逆流)再生	≤2.5
			弱酸、强酸联合工艺	对流(逆流)再生	≤3
		阴床	强碱阴树脂	顺流再生	≤12
				对流(逆流)再生	≤3
	年消耗率/%	固定床			≤7
		连续床			≤15
再生剂耗量	盐耗/(g/mol)	软化	树脂	顺流再生	≤120
				对流(逆流)再生	≤100
	酸耗/(g/mol)	阳床	强酸阳树脂	顺流再生	≤80
				对流(逆流)再生	≤55
			弱酸阳树脂	顺流或对流(逆流)再生	≤40
			弱酸、强酸联合工艺	对流(逆流)再生	≤50
	碱耗/(g/mol)	阴床	强碱阴树脂	顺流再生	≤120
				对流(逆流)再生	≤65

注 1：流动床、移动床为连续床，其余离子交换设备为固定床。

注 2：对流(逆流)再生固定床、双室床、浮动床(单、双室)、流动床、移动床、满室床需符合对流(逆流)再生指标。

5.3 反渗透设备运行效果要求

反渗透设备运行效果应符合表 4 的规定。

表 4 反渗透设备运行指标

项 目	合格指标		
	产水量＜4 m^3/h	产水量 4 m^3/h～40 m^3/h	产水量＞40 m^3/h
回收率/%	≥30	≥50	≥70
回收率比初始值下降率/%	≤10		
脱盐率/%	≥90		
脱盐率比初始值下降率/%	≤10		
产水量/（m^3/h）	符合设计要求		
产水量比初始值下降率/%	≤15		
段间压差/MPa	符合设计要求		
段间压差比初始值增加率/%	≤15		

5.4 除氧设备运行效果要求

5.4.1 经除氧处理后的锅炉用水应符合 GB/T 1576 对溶解氧指标的控制要求。

5.4.2 采用化学除氧时，除氧剂应加入给水系统，除氧剂中不得有造成锅炉发生电偶腐蚀的金属离子，除氧剂残余量应符合药剂生产厂要求。

5.4.3 采用热力除氧设备时，除氧器运行压力、负荷变化、除氧水箱水位、除氧温度、终温差应符合设计要求。

5.4.4 采用真空除氧设备时，除氧器真空度、水温、负荷变化应符合设计要求，并应采取防止外部空气泄漏进入除氧器的可靠措施。

5.4.5 锅炉给水除氧不宜采用二氧化碳解析除氧。

5.5 除铁设备运行效果要求

除铁设备运行流速、运行周期、反洗强度应符合设计要求，运行效果应符合表 5 的规定。

表 5 除铁设备运行指标

项目	合格指标
出水全铁含量/(mg/L)	≤0.30
出水 pH(25 ℃)	≥6.0
自耗水率/%	≤8

5.6 加药装置和药剂运行效果要求

加药装置应无泄漏、有可靠的安全保护措施，阻垢剂、除氧剂的残余量应符合 GB/T 1576 的规定，运行效果应符合表 6 的规定。

表 6 加药装置和药剂运行效果指标

项目	合格指标
加药流量/(L/min)	符合设计要求
流量调节精度/%	±10
阻垢剂的阻垢率 R_Z/%	≥85
锅炉年腐蚀速率/(mm/a)	≤0.075

5.7 排污装置运行要求

排污装置应无泄漏，排污扩容器应有可靠的安全保护措施，排污扩容器液位控制应符合设计要求。

5.8 汽水取样装置和在线监测仪表运行要求

汽水取样装置和在线监测仪表运行效果应符合表 7 的规定。

表 7 汽水取样装置和在线监测仪表的运行指标

项目	合格指标
取样器出水温度/℃	≤40
取样水样流量/(mL/min)	500～700
电导率仪整机基本误差/%	≤±5
pH 计整机基本误差	≤±0.04
硬度仪整机基本误差/%	≤±10

6 日常水质监测

锅炉水质日常监测应由锅炉使用单位持证上岗人员化验和记录，监测项目及频次应符合表 8、表 9 的规定；分析方法应按 GB/T 1576 执行。

表 8 蒸汽锅炉和汽水两用锅炉监测项目及频次

监测项目	给水		锅水	
	额定蒸发量<4 t/h	额定蒸发量≥4 t/h	额定蒸发量<4 t/h	额定蒸发量≥4 t/h
	监测频次	监测频次	监测频次	监测频次
总硬度	8 h	4 h	—	—
pH	8 h	4 h	8 h	4 h
氯离子含量	8 h	4 h	8 h	4 h
溶解氧[a]	—	8 h	—	—
全碱度	—	—	8 h	4 h
酚酞碱度	—	—	8 h	4 h

表 8(续)

监测项目	给水		锅水	
	额定蒸发量<4 t/h	额定蒸发量≥4 t/h	额定蒸发量<4 t/h	额定蒸发量≥4 t/h
	监测频次	监测频次	监测频次	监测频次
电导率或溶解固形物	—	—	8 h	8 h
磷酸根	—	—	8 h	4 h
亚硫酸根	—	—	8 h	4 h
相对碱度	—	—	8 h	4 h
[a] 采用除氧装置除氧的给水要求。				

表 9　热水锅炉监测项目及频次

监测项目	补给水		锅水	
	额定功率热≤4.2 MW	额定功率热>4.2 MW	额定功率热≤4.2 MW	额定功率热>4.2 MW
	监测频次	监测频次	监测频次	监测频次
硬度	8 h	4 h	—	—
pH(25 ℃)	8 h	4 h	8 h	4 h
酚酞碱度	—	—	8 h	4 h
磷酸根	—	—	8 h	4 h

7　运行效果定期检测与评价

7.1　锅炉水质检测与评价

7.1.1　检测频次及要求

锅炉水质定期检测应每半年至少进行一次,检测项目应覆盖 GB/T 1576 规定的相应指标。

7.1.2　取样要求

应按照 GB/T 6907 进行。

7.1.3　检测

7.1.3.1　所取的样品应在 72 h 内化验完毕,否则应重新取样。

7.1.3.2　检测方法应根据被测组分性质、含量和分析结果准确性要求确定,准备试验溶液和相应精度的仪器仪表。

7.1.3.3　溶解氧和采用除盐水作为补给水的给水电导率、pH 应在现场测定。

7.1.4　水汽质量评价

7.1.4.1　合格

水汽质量各项目检测结果全部符合 GB/T 1576 的要求。

7.1.4.2 基本合格

水汽质量检测结果有下列超标情况，但其他项目符合 GB/T 1576 的要求，不会造成锅炉快速腐蚀、结垢，可判定为基本合格：

a) 在锅水碱度、pH 合格情况下，给水硬度偏高量不超过标准值的 30%；
b) 在锅水 pH 合格情况下，给水 pH 不低于 6.5 或不高于 10.5；
c) 额定工作压力不大于 2.5 MPa 的蒸汽锅炉，锅水 pH 不低于 9.5 或不高于 12.2；
d) 补给水采用软化处理，并且给水硬度合格情况下，锅水碱度偏低量不超过标准下限值的 30%；
e) 采用锅内加磷酸盐阻垢剂或给水加亚硫酸盐除氧剂的情况下，锅水亚硫酸根、磷酸根偏低或偏高量不超过标准值的±50%；
f) 采用锅外水处理的自然循环蒸汽锅炉和汽水两用锅炉，当对蒸汽质量要求不高，且无过热器时，锅水全碱度偏高量不超过标准上限值 10%，溶解固形物或电导率不超过标准上限值的 10%。

7.1.4.3 不合格

水汽质量检测结果不符合相应标准的要求，并且容易引起锅炉结垢、腐蚀或造成回水不能回收利用的。

7.1.5 水质检测报告

锅炉水质检测报告参照附录 A 执行。

7.2 水处理设施检验要求

7.2.1 检验频次及项目

水处理设施运行效果定期检验每年至少进行一次。检验项目应包括水处理管理检查、水处理设施运行效果检验、锅炉水质日常监测检查。

7.2.2 水处理管理检查

查阅使用单位有关水处理技术、管理资料和各项记录、水汽质量检验报告，检查锅炉水处理管理是否符合以下要求：

a) 各项规章制度、操作规程齐全，能够有效实施；
b) 水处理设备、药剂、树脂、填料等产品质量合格证明文件(合格证)齐全；
c) 在岗的水处理作业人员持有相应类别的证书，并且在有效期限内；
d) 水汽质量化验记录齐全，化验项目、频次符合要求，水汽质量合格或者基本合格，核查回水回收利用率是否符合设计要求；
e) 水处理设备运行记录和加药记录齐全，不合格的水质得到及时处理(必要时查问水处理设备操作和加药方法是否正确)；
f) 水处理设备(系统)有维修、保养记录，水处理设备故障能及时修复；
g) 有防范水处理事故和处理水汽质量劣化的措施，并且能有效实施；
h) 停(备)用锅炉、水处理设备得到较为可靠的保护，记录齐全；
i) 查阅上一个检验周期以来的锅炉水汽质量检验报告、锅炉内部化验检验报告、锅炉化学清洗质量检验报告和上次锅炉水处理系统运行检验报告，报告中所提出的问题能够得到整改。

7.2.3 水处理设施运行效果检验

7.2.3.1 预处理设备运行效果检验要求：

a) 检查设备是否完好。

b) 检测出水水质能否满足本标准的规定。pH、浊度、总铁、硬度、电导率的检测应按 GB/T 1576 执行；游离余氯检测应按 DL/T 502.21 执行；化学耗氧量检测应按 DL/T 502.22 执行；污染指数检测应按 DL/T 588 执行。

c) 核查设备出力能否满足设计要求。

7.2.3.2 离子交换水处理设备运行效果检验要求：

a) 检查设备是否完好，能否正常运行。

b) 检测出水水质能否满足本标准的规定。硬度、碱度、电导率检测应按 GB/T 1576 执行；二氧化硅检测应按 GB/T 12149 执行。

c) 核查设备出力能否满足锅炉补给水量的要求。

d) 检测离子交换树脂实际利用率、工作交换容量、正洗水耗、年消耗量、再生剂耗量。检测方法应符合附录 B 的规定。

e) 检查各类水箱、溶液箱是否有渗漏，液位计指示是否正常，有无卡涩现象。

f) 检查离子交换水处理设备及系统是否有泄露、堵塞、严重锈蚀等缺陷。

7.2.3.3 反渗透水处理设备运行效果检验要求：

a) 检查设备是否完好，能否正常运行。

b) 检测回收率、回收率比初始值下降率、脱盐率、脱盐率比初始值下降率、产水量、产水量比初始值下降率、段间压差、段间压差比初始值增加率。检测方法应符合附录 C 的规定。

c) 检查各种安全保护装置是否符合设计要求。

7.2.3.4 除氧设备运行效果检验要求：

a) 检查设备是否完好，能否正常运行；

b) 检测除氧设备运行效果是否符合 GB/T 1576 相应锅炉用水溶解氧的要求，溶解氧检测应按 GB/T 1576 执行；

c) 检测化学除氧剂残余量，除氧剂残余量应符合药剂生产厂规定的指标，检测方法按照相应的标准执行；

d) 检查热力除氧器运行压力、出水温度、负荷变化、终温差是否符合设计要求；

e) 检查真空除氧器真空度、水温、负荷变化是否符合设计要求。

7.2.3.5 除铁设备运行效果检验要求：

a) 检查设备是否完好，能否正常运行；

b) 检查除铁设备出力、运行流速、运行周期、反洗强度是否符合设计要求；

c) 检测运行效果是否符合本标准的规定，其中全铁、pH 检测应按 GB/T 1576 执行；自耗水率 η_Y 按式(1)计算：

$$\eta_Y = \frac{q_F + q_Q}{q_Z} \times 100\% \quad \cdots\cdots(1)$$

式中：

η_Y ——自耗水率；

q_F ——反洗用水量，单位为立方米(m^3)；

q_Q ——清洗用水量，单位为立方米(m^3)；

q_Z ——周期制水量，单位为立方米(m^3)。

7.2.3.6 加药装置及药剂效果检验要求：

a) 检查加药装置是否完好,是否便于加药操作,是否有堵塞或泄露现象,安全保护措施是否可靠;
b) 查看加药记录,检查是否根据化验结果按时按量加药;
c) 检查加药流量和流量调节精度是否符合本标准的规定;
d) 检测缓蚀剂的缓蚀效果(年腐蚀速率)、阻垢剂的阻垢率,测试方法参见附录 D。

7.2.3.7 排污装置的检验要求:

a) 检查排污装置是否完好,是否有堵塞或泄露现象;
b) 检查排污扩容器安全保护措施是否可靠,排污扩容器液位控制是否符合设计要求;
c) 检查排污是否根据化验结果操作。

7.2.3.8 取样装置和在线监测仪表检验要求:

a) 检查取样装置是否能正常取样,冷却器的冷却效果和取样流量是否符合本标准的要求;
b) 检查取样装置是否有泄漏、堵塞、严重锈蚀等影响水汽样品代表性的缺陷;
c) 检测在线仪表的整机基本误差是否符合本标准的规定。电导率仪、pH 计、硬度仪整机基本误差检测时,在线监测仪表在标准条件下运行并校准后,通入规定的标准样品反复三次,按式(2)计算:

$$\delta_J = \frac{\overline{U} - U_0}{M} \times 100\% \qquad \cdots\cdots(2)$$

式中:

δ_J——仪表整机基本误差;

$\overline{U}$——仪表三次示值的平均值;

U_0——标准样品的实际值;

M——量程范围内最大值。

7.2.4 锅炉水质日常监测的检查

检查内容主要包括以下几点:

a) 各种分析试剂和标准溶液能否满足日常化验的需要,化验数据是否正确(必要时在现场查看化验员的化验操作)。
b) 化验分析的仪器、仪表的精度、准确度能否满足化验项目的要求。
c) 化验和记录是否符合本标准的规定。

7.2.5 水处理设施运行效果的评价

7.2.5.1 合格

同时符合下列条件,判定为合格:

a) 水处理管理工作符合本标准的规定;
b) 水处理设施运行效果符合本标准的规定;
c) 锅炉水质日常监测符合本标准的规定。

7.2.5.2 基本合格

有以下情况,但没有 7.2.5.3 提到的不合格情况,判定为基本合格:

a) 水处理管理工作有欠缺,但水处理制度和记录基本齐全,并配备相应级别的持证水处理作业人员;
b) 水处理设施运行效果有个别指标不符合要求,但出水质量及制水能力可满足锅炉给水要求,不影响锅炉安全、连续运行;

c） 个别分析仪器或监测仪表有缺陷，但能通过其他测定方法满足水质的控制要求，水质合格或基本合格。

7.2.5.3 不合格

有下列情况之一者，判定为不合格：

a） 无管理制度或管理制度未执行，无水处理操作和化验记录，无持证水处理作业人员或虽有持证人员但未进行水处理工作；
b） 水处理设施有严重缺陷，经济运行指标与本标准规定值偏离超过15%，或水处理设备出水质量及制水能力不满足锅炉给水要求，影响锅炉安全、经济、连续运行；
c） 水质化验数据和记录不符合本标准的规定，水汽质量经常不合格，或分析仪器、仪表及测定试剂不满足日常水汽质量测定要求。

7.2.6 水处理设施运行效果定期检验报告

水处理设施运行效果定期检验报告格式可参照附录E。

附　录　A
（资料性附录）
工业锅炉水质定期检验报告

工业锅炉水质定期检验报告格式参见表 A.1。

表 A.1　工业锅炉水质定期检验报告　　　　报告编号：

使用单位	名　称			
	安装地址			
	管理部门		联系人/联系电话	
锅炉情况	锅炉型号		单位内编号	
	设备代码		使用登记证编号	
	额定蒸发量（热功率）	t/h（MW）	额定压力（出水温度）	MPa（℃）
	锅炉循环方式	□自然循环　□直流　□贯流	过热器	□有　□无
水处理情况	水处理方法	□锅外水处理　□锅内水处理 □锅外水处理＋锅内水处理	水处理设备	
	取样冷却器	□有　□无	锅内处理药剂	
	蒸汽冷凝水	□回用　□部分回用　□未回用	采用原水	

水样名称	项　目	标准值	实测值	水样名称	项　目	标准值	实测值
原　水	硬　度/(mmol/L)			锅水	溶解固形物/(mg/L)		
	总碱度/(mmol/L)				电导率(25 ℃)/(μS/cm)		
	氯离子/(mg/L)				酚酞碱度/(mmol/L)		
	浊　度/FTU				全碱度/(mmol/L)		
	电导率(25 ℃)/(μS/cm)				pH(25 ℃)		
补给水	硬　度/(mmol/L)				氯离子/(mg/L)		
	二氧化硅(μg/L)				相对碱度		
	电导率(25 ℃)/(μS/cm)				亚硫酸根离子/(mg/L)		
	总碱度/(mmol/L)				磷酸根离子/(mg/L)		
	进水氯离子/出水氯离子				固氯比/固导比		
给　水	浊　度/FTU				排污率/%		
	硬　度/(mmol/L)			回水	硬度/(mmol/L)		
	pH(25 ℃)				全铁/(mg/L)		
	氯离子/(mg/L)				油/(mg/L)		
	总碱度/(mmol/L)						
	溶解氧/(mg/L)						
	全铁量/(mg/L)						
	电导率(25 ℃)/(μS/cm)						
	油/(mg/L)						
执行标准	GB/T 1576						
检验结论							

备注：		
检验人员：	年　　月　　日	（检验机构专用章）
审　　核：	年　　月　　日	
批　　准：	年　　月　　日	

附 录 B
（规范性附录）
离子交换树脂经济运行指标检测方法

B.1 树脂实际利用率

树脂实际利用率按式(B.1)计算：

$$\eta = \frac{Q \times A}{V_R \times E_Q} \times 100\% \qquad \cdots\cdots(B.1)$$

式中：

η ——树脂实际利用率；

Q ——周期制水量，单位为立方米(m^3)；

A ——水中被处理离子浓度，单位为毫摩尔每升(mmol/L)；

V_R——树脂填装体积(不包括压脂层)，单位为立方米(m^3)；

E_Q—— 树脂中的全交换容量，单位为摩尔每立方米(mol/m^3)。

B.2 树脂的工作交换容量

树脂的工作交换容量按式(B.2)计算：

$$E_G = \frac{(\sum C_J - \sum C_C) \times Q}{V_R} \qquad \cdots\cdots(B.2)$$

式中：

E_G ——树脂的工作交换容量，单位为摩尔每立方米(mol/m^3)；

Q ——周期制水量，单位为立方米(m^3)；

V_R ——树脂填装体积(不包括压脂层)，单位为立方米(m^3)；

$\sum C_J$——水中被处理离子浓度，单位为毫摩尔每升(mmol/L)；

$\sum C_C$——交换器出水残余的被处理的离子浓度，单位为毫摩尔每升(mmol/L)。

B.3 树脂的正洗水耗

树脂的正洗水耗按式(B.3)计算：

$$q_S = \frac{Q_C}{V_R} \qquad \cdots\cdots(B.3)$$

式中：

q_S ——正洗水耗，单位为立方米每立方米(m^3/m^3)；

Q_C ——正洗(快洗)过程耗水量，单位为立方米(m^3)；

V_R ——设备中树脂的填装体积(不包括压脂层)，单位为立方米(m^3)。

B.4 树脂年耗率

树脂年耗率按式(B.4)计算：

$$R_S = \frac{V_B}{V_R} \times 100\% \qquad \text{(B.4)}$$

式中：

R_S——树脂年耗；

V_B——设备中树脂年补充体积，单位为立方米(m^3)；

V_R——设备中树脂的填装体积(不包括压脂层)，单位为立方米(m^3)。

B.5 实际再生剂耗量

实际再生剂耗量按式(B.5)计算：

$$K = \frac{G}{Q \times A} \times 1\,000 \qquad \text{(B.5)}$$

式中：

K ——实际再生剂耗量(盐耗为 K_Y、酸耗为 K_S、碱耗为 K_J)，单位为克每摩尔(g/mol)；

Q ——周期制水量，单位为立方米(m^3)；

A ——水中被处理离子浓度，单位为毫摩尔每升(mmol/L)；

G ——再生一次所用纯再生剂的量，单位为千克(kg)。

附 录 C
（规范性附录）
反渗透运行指标检测

C.1 反渗透运行指标检测

反渗透设备各项运行指标的检测均应在设计规定的条件下进行。

C.2 回收率

回收率可按式(C.1)或式(C.2)进行计算：

$$Y=\frac{Q_{p}}{Q_{f}}\times 100\% \qquad \cdots\cdots (C.1)$$

$$Y=\frac{Q_{p}}{Q_{p}+Q_{r}}\times 100\% \qquad \cdots\cdots (C.2)$$

式中：

Y ——回收率；

Q_{p} ——产品水流量，单位为立方米每小时(m^{3}/h)；

Q_{f} ——原水流量，单位为立方米每小时(m^{3}/h)；

Q_{r} ——浓缩水排放流量，单位为立方米每小时(m^{3}/h)。

C.3 回收率比初始值下降率

回收率比初始值下降率按式(C.3)进行计算：

$$\Delta Y=\frac{Y_{C}-Y}{Y_{C}}\times 100\% \qquad \cdots\cdots (C.3)$$

式中：

ΔY ——回收率比初始值下降率；

Y_{C} ——初始回收率；

Y ——回收率。

C.4 脱盐率

脱盐率按式(C.4)计算：

$$R=\frac{C_{1}-C_{2}}{C_{1}}\times 100\% \qquad \cdots\cdots (C.4)$$

式中：

R ——脱盐率；

C_{1} ——原水电导率，单位为微西门子每厘米($\mu S/cm$)；

C_{2} ——产品水电导率，单位为微西门子每厘米($\mu S/cm$)。

C.5 脱盐率比初始值下降率

脱盐率比初始值下降率按式(C.5)计算：

$$\Delta R = \frac{R_C - R}{R_C} \times 100\% \quad \cdots\cdots\cdots\cdots\cdots\cdots\cdots\cdots\text{(C.5)}$$

式中：

ΔR ——脱盐率比初始值下降率；

R_C ——初始脱盐率；

R ——脱盐率。

C.6 产水量

产水量可通过产水流量计直接读取，也可按式(C.6)计算：

$$Q_p = Q_f - Q_r \quad \cdots\cdots\cdots\cdots\cdots\cdots\cdots\cdots\text{(C.6)}$$

式中：

Q_p——产品水流量，单位为立方米每小时(m^3/h)；

Q_f——原水流量，单位为立方米每小时(m^3/h)；

Q_r——浓缩水排放流量，单位为立方米每小时(m^3/h)。

C.7 产水量比初始值下降率

产水量比初始值下降率按式(C.7)计算：

$$\Delta Q = \frac{Q_C - Q_p}{Q_C} \times 100\% \quad \cdots\cdots\cdots\cdots\cdots\cdots\cdots\cdots\text{(C.7)}$$

式中：

ΔQ ——产水量比初始值下降率；

Q_C ——产品水初始流量，单位为立方米每小时(m^3/h)；

Q_p ——产品水流量，单位为立方米每小时(m^3/h)。

C.8 段间压差

段间压差可通过段间压差计直接读取，也可按式(C.8)计算：

$$\Delta P = P_J - P_N \quad \cdots\cdots\cdots\cdots\cdots\cdots\cdots\cdots\text{(C.8)}$$

式中：

ΔP ——段间压差，单位为兆帕(MPa)；

P_J —— 进水压力，单位为兆帕(MPa)；

P_N —— 浓水压力，单位为兆帕(MPa)。

C.9 段间压差比初始值增加率

段间压差比初始值增加率按式(C.9)计算：

$$\Delta P_Z = \frac{\Delta P - \Delta P_C}{\Delta P_C} \times 100\% \quad \cdots\cdots\cdots\cdots\cdots\cdots\cdots\cdots\text{(C.9)}$$

式中：

ΔP_Z——段间压差比初始值增加率；

ΔP ——段间压差，单位为兆帕(MPa)；

ΔP_C——初始段间压差，单位为兆帕(MPa)。

附　录　D
(资料性附录)
锅炉阻垢缓蚀剂效果的检测方法

D.1　检测条件

阻垢剂的阻垢效果和缓蚀剂的缓蚀效果应在模拟实际使用条件的情况下进行检测。

D.2　试验装置

D.2.1　装置主要组成

试验装置主要由高压釜、套管式加热管、自控连锁保护及调节装置等组成,其中高压釜设计制造应符合 GB/T 150 的要求,装置主体见图 D.1。

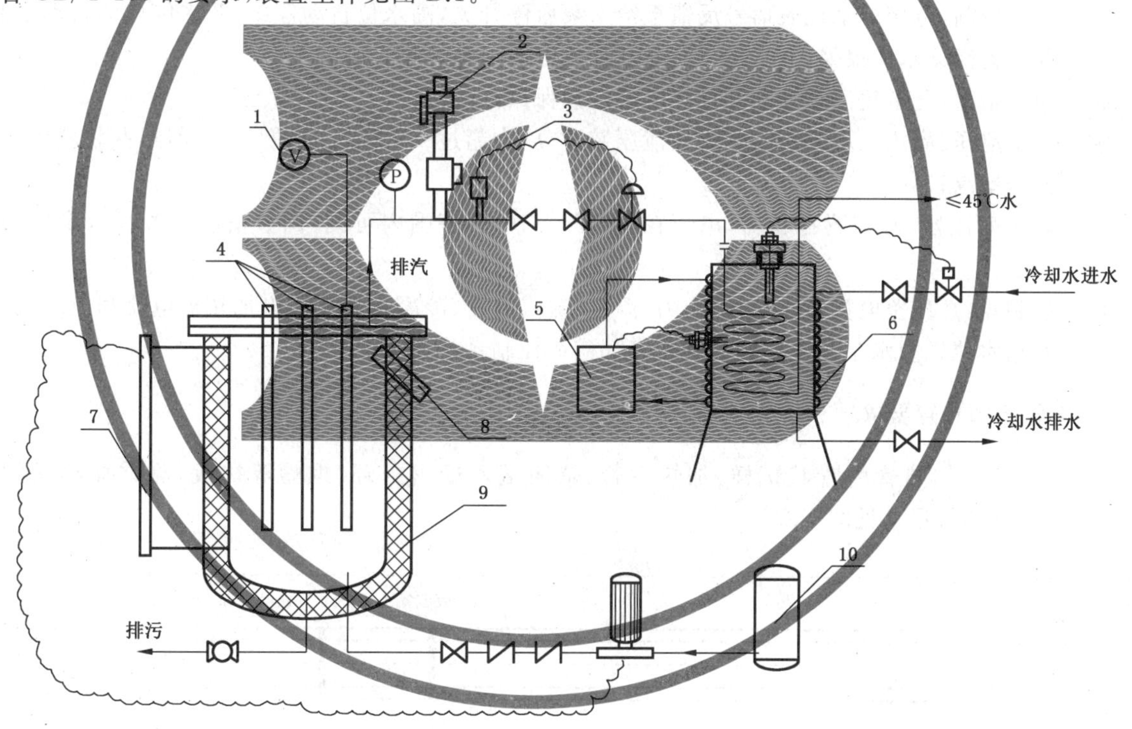

说明:
1——电加热功率调节装置;
2——安全阀;
3——压力自动调节装置;
4——套管式加热管;
5——制冷机;
6——恒温冷却器;
7——水位计及水位保护装置;
8——温度传感器及超温保护装置;
9——高压釜;
10——给水箱。

图 D.1　试验装置示意图

D.2.2 装置主要技术要求

D.2.2.1 高压釜应能承受3.8 MPa的试验压力，上盖与高压釜采用法兰连接，法兰螺栓在保温层外部。

D.2.2.2 高压釜上盖安装3套套管式电加热管，高压釜外壳应有良好的保温层，保温层外部用316不锈钢板包覆；高压釜侧面需安装面式液位计、电接点水位计、温度计，底部应安装排污管。

D.2.2.3 应配备出口压力大于4.0 MPa的给水泵，水泵流量为0.5 L/h～3.0 L/h，以满足高压釜产汽量0.5 L/h～2.0 L/h的需要；进水管口在高压釜侧面用法兰与水泵出口管连接，配备安全可靠的止回阀，防止蒸汽或高温水倒流。

D.2.2.4 高压釜上盖安装蒸汽出口管，蒸汽出口管安装压力表和压力自动调节装置，并安装不锈钢针型阀，可手动调节蒸汽流量；蒸汽管末端设置不锈钢盘管式冷凝器，可将产生的蒸汽冷凝至温度低于45 ℃的水。

D.2.2.5 调节装置及自控连锁保护应达到以下要求：

a) 压力调节装置：压力控制范围在0 MPa～3.8 MPa之间，可根据试验要求调节，压力表信号反馈至压力调节装置，能根据设定值压力传感器显示进行自动调节蒸汽出口压力，压力能自动稳定在试验压力±0.05 MPa，配有超压报警，超压自动断开加热电源连锁保护；

b) 水位控制：电接点水位表信号反馈至给水泵启停开关，高水位自动停泵，低水位自动启动水泵，并配备高低水位报警，低水位自动断开加热电源连锁保护；

c) 超温报警：配备超温自动断开加热电源连锁保护；

d) 安全泄压：高压釜上部应安装安全泄压装置，压力超过2.5 MPa时，能自动泄压，并将蒸汽排至安全地点；

e) 调压变压器：应配置稳压器，电压在50 V～110 V范围内可调，调节精度±0.5 V，采用数字显示；

f) 控制盘：高压釜电接点水位计、压力、温度(蒸汽温度、冷凝水温度)、电加热器电流和电压、制冷水箱水位以及水泵和电动调节阀状态都应在控制系统显示。

D.2.3 套管式加热管要求

D.2.3.1 套管式加热管由管状试样、加热主管、聚四氟乙烯密封环、螺帽等构成，测试加热面积约42 cm^2左右，加热管尺寸见图D.2。

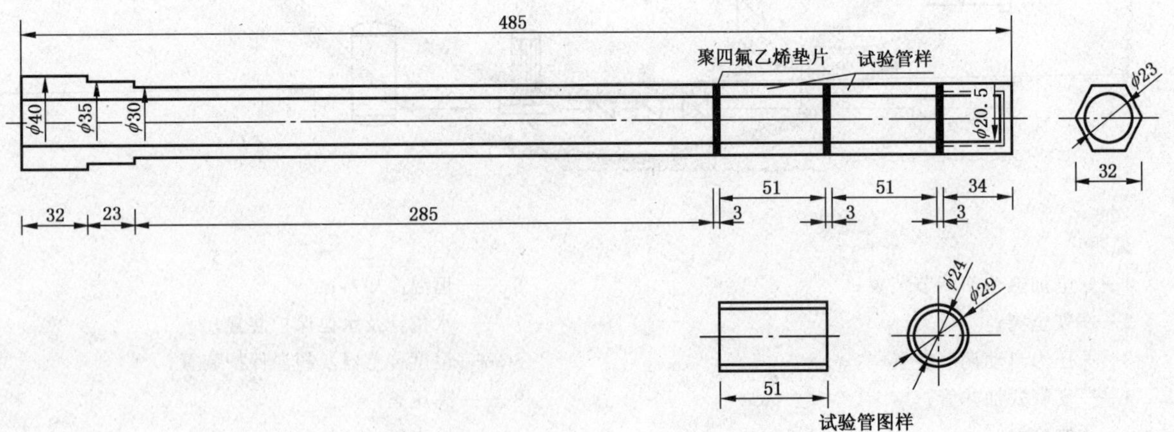

图 D.2 套管式电加热管示意图

D.2.3.2 加热管内固定安装20 Ω电加热丝，并与调压变压器连接，连接处应有绝缘绝热保护措施；电加热丝在套管式加热管内应采取固定措施，防止电加热丝高温变形过大。

D.2.3.3 用于检测缓蚀剂缓蚀率的管状试样用 20 G 钢材制作，用于检测阻垢剂阻垢率的管状试样用 316 不锈钢制作，管状试样质量宜小于 150 g。

D.2.3.4 管状试样表面应采用 400 目砂纸进行研磨，然后用游标卡尺测量其表面积（尺寸精确到 0.02 mm、面积精确到 1 mm^2），再用丙酮、无水乙醇浸泡去掉油脂，用冷风吹干后置于干燥器内，干燥至恒重后称量，精确至 0.2 mg，试验前管样应置于干燥器内备用。

D.3 试验用水

D.3.1 缓蚀率测定试验用水按以下要求配制：

$1/2Ca^{2+}$：0.00 mmol/L；$1/2Mg^{2+}$：0.00 mmol/L；Na^{+}：30.4 mmol/L；

$1/2SO_4{}^{2-}$：8.80 mmol/L；Cl^{-}：12.40 mmol/L；$HCO_3{}^{-}$：9.20 mmol/L。

D.3.2 阻垢率测定试验用水按以下要求配制：

$1/2Ca^{2+}$：15.32 mmol/L；$1/2Mg^{2+}$：2.58 mmol/L；Na^{+}：12.50 mmol/L；

$1/2SO_4{}^{2-}$：8.80 mmol/L；Cl^{-}：12.40 mmol/L；$HCO_3{}^{-}$：9.20 mmol/L。

D.4 年腐蚀速率的测定

D.4.1 测定步骤

D.4.1.1 将称量后备用的 20 G 钢材制作的管样套进电加热管上，拧紧螺帽；安装在试验装置的高压釜上，并紧固。

D.4.1.2 按 D.3.1 的要求，配制 36 L 试验用水，按缓蚀剂标称的剂量将缓蚀剂加到试验用水中，混匀，储存在给水箱内。

D.4.1.3 按以下控制条件进行试验：

a) 压力控制：按药剂产品说明书标称的应用压力设置试验压力，若说明书未标称应用压力，按其产品适用范围内的锅炉最高压力设置试验压力；

b) 液位控制：控制高压釜液位在正常液位；

c) 加热管电压控制：用稳压器调节电压至 70 V±0.5 V；

d) 试验用水蒸发浓缩 8 倍，即将 36 L 浓缩为 4 L，结束试验。

D.4.1.4 试验结束后取出加热套管，按下述步骤依次进行处理：

a) 将管样从加热套管取下，立即用水冲洗，放入用氨水调节 pH 为 9～10 的水中浸泡 1 min～2 min；

b) 将管样表面腐蚀产物清理干净，管样表面的腐蚀产物，宜采取机械方法，一般用毛刷、橡皮、滤纸、木制或竹制铲，避免损伤金属试样基体；

c) 将清理干净的管样放入无水乙醇中浸泡 1 min～2 min，取出后用滤纸擦干，再用冷风吹干，用滤纸包好，放置在干燥器中，干燥至恒重后称量，精确至 0.2 mg。

D.4.2 年腐蚀速率计算

根据金属失重法，按式(D.1)计算年腐蚀速率(v)：

$$v=\frac{m_1-m_2}{S\times t\times \rho}\times 8.76 \qquad \text{(D.1)}$$

式中：

v ——按腐蚀失重表示的年腐蚀速率，单位为毫米每年(mm/a)；

m_1 ——管样在试验前的质量，单位为克(g)；

m_2 ——管样在腐蚀试验后的质量,单位为克(g);

S ——管样外表面积,单位为平方米(m^2);

t ——腐蚀试验时间,单位为小时(h);

ρ ——试样材质密度,单位为克每立方厘米(g/cm^3);

8.76 ——单位换算因子(由小时换算为年,m^2、cm^3 和 mm 间换算而得)。

D.4.3 平行试验要求

年腐蚀速率测定应做六个平行试验,报告值取六个平行测定结果的算术平均值。

D.4.4 允许偏差

年腐蚀速率六个平行试验测定的相对偏差不应大于 5%,若某个平行试验测定结果与平均值相对偏差超过 5%,应重新试验,用符合允许偏差的平均值作为报告数据。

D.5 阻垢率的测定

D.5.1 测定步骤

D.5.1.1 将称量后备用的 316 不锈钢制作的管样套进电加热管上,拧紧螺帽;安装在试验装置的高压釜上,并紧固。

D.5.1.2 按 D.3.2 的要求,配制 36 L 试验用水,按阻垢剂标称的用量将阻垢剂加到试验用水中,混匀,储存在给水箱内。

D.5.1.3 按照与 D.4.1.3 相同的控制条件进行试验。

D.5.1.4 试验结束后取出加热套管,将取下的管样放入无水乙醇中浸泡 1 min~2 min,取出后用滤纸擦干,再用冷风吹干,用滤纸包好,放置在干燥器中,干燥至恒重后称量,精确至 0.2 mg。

D.5.1.5 空白试验:除了试验用水中不加阻垢剂,其他按照 D.5.1.1~D.5.1.4 在相同试验条件下进行空白试验。

D.5.2 阻垢率计算

D.5.2.1 管样单位面积结垢量 k 按式(D.2)计算:

$$k=\frac{m_3-m_1}{S} \qquad \cdots\cdots\cdots\cdots\cdots\cdots\cdots\cdots (\text{D.2})$$

式中:

k ——管样单位面积结垢量,单位为克每平方米(g/m^2);

m_1——管样在试验前的质量,单位为克(g);

m_3——管样在阻垢试验后的质量,单位为克(g);

S ——单位为平方米(m^2)。

D.5.2.2 阻垢率 η_Z按式(D.3)计算:

$$\eta_Z=\frac{k_0-k_1}{k_0}\times 100\% \qquad \cdots\cdots\cdots\cdots\cdots\cdots\cdots\cdots (\text{D.3})$$

式中:

η_Z——阻垢率;

k_1——加阻垢剂的试验测得的管样单位面积结垢量,单位为克每平方米(g/m^2);

k_0——空白试验测得的管样单位面积结垢量,单位为克每平方米(g/m^2)。

D.5.3 平行试验要求

阻垢剂的阻垢率测定应做六个平行试验，报告值取六个平行测定结果的算术平均值。

D.5.4 允许偏差

阻垢率六个平行试验测定的相对偏差不应大于10%，若某个平行试验测定结果与平均值相对偏差超过10%，应重新试验，用符合允许偏差的平均值作为报告数据。

附 录 E
（资料性附录）
水处理设施运行效果定期检验报告

水处理设施运行效果定期检验报告格式参见表 E.1。

表 E.1　水处理设施运行效果定期检验报告

报告编号：

<table>
<tr><td rowspan="3">使用单位</td><td>名　称</td><td colspan="3"></td></tr>
<tr><td>安装地址</td><td colspan="3"></td></tr>
<tr><td>管理部门</td><td></td><td>联系人</td><td></td></tr>
<tr><td rowspan="5">锅炉情况</td><td>联系电话</td><td colspan="3"></td></tr>
<tr><td>锅炉型号</td><td></td><td>单位内编号</td><td></td></tr>
<tr><td>设备代码</td><td></td><td>使用登记证编号</td><td></td></tr>
<tr><td>额定蒸发量
（热功率）</td><td>t/h
（MW）</td><td>额定压力
（出水温度）</td><td>MPa
（℃）</td></tr>
<tr><td>锅炉循环方式</td><td>□自然循环　□直流　□贯流</td><td>过热器</td><td>□有　□无</td></tr>
<tr><td>水处理设施概况</td><td colspan="4"></td></tr>
<tr><td>分项检验结论</td><td colspan="4">1)水处理管理工作：　□符合要求　□基本符合要求　□不符合要求
2)水处理设施运行效果：　□符合要求　□基本符合要求　□不符合要求
3)水质日常监测情况：　□符合要求　□基本符合要求　□不符合要求</td></tr>
<tr><td>执行标准</td><td colspan="4">GB/T 1576、GB/T 16811</td></tr>
<tr><td>检验结论</td><td colspan="4">□合格　□基本合格　□不合格</td></tr>
<tr><td colspan="5">备注：</td></tr>
<tr><td colspan="3">检验人员：　年　月　日</td><td colspan="2" rowspan="3">检验机构专用章</td></tr>
<tr><td colspan="3">审　　核：　年　月　日</td></tr>
<tr><td colspan="3">批　　准：　年　月　日</td></tr>
</table>

表 E.1（续）

报告编号：

检验项目及其内容			检验结果	备注
水处理管理情况	1）各项规章制度、操作规程及其实施情况			
	2）设备、药剂、树脂、填料产品质量合格证明			
	3）在岗水处理作业人员持证情况			
	4）水质化验记录、项目、频次及合格情况			
	5）设备运行和加药记录、水处理及时性			
	6）设备维修和故障排除情况			
	7）事故防范措施及事故处理的记录或者报告			
	8）停（备）用锅炉、水处理设备的维护保养			
	9）上次检验报告所提问题整改情况			
水处理设施运行效果	预处理	1）设备完好及运行状况		
		2）出水水质		
		3）设备出力		
	离子交换	1）设备完好及运行状况		
		2）出水水质		
		3）设备出力		
		4）树脂实际利用率		
		5）树脂工作交换容量		
		6）水处理设备运行周期		
		7）树脂正洗水耗		
		8）树脂年消耗量		
		9）树脂再生剂耗量		
	反渗透	1）设备完好及运行状况		
		2）回收率		
		3）回收率比初始值下降率		
		4）脱盐率		
		5）脱盐率比初始值下降率		
		6）产水量		
		7）产水量比初始值下降率		
		8）段间压差		
		9）段间压差比初始值增加率		
		10）各种安全保护装置状况		
	除氧设备	1）运行正常性、温度、压力（真空度）控制		
		2）出水溶解氧		
		3）自耗水率		
	除铁设备	1）设备完好及运行状况		
		2）出水水质		
		3）设备出力		
		4）自耗水率		
	加药装置	1）装置完好及运行状况		
		2）加药操作的正确性		
		3）锅炉年腐蚀速率		
		4）阻垢剂的阻垢率		
		5）锅炉受年结垢厚度		

表 E.1（续）

<table>
<tr><th colspan="3">检验项目及其内容</th><th>检验结果</th><th>备注</th></tr>
<tr><td rowspan="6">水处理
设施运行
效果</td><td rowspan="3">排污装置</td><td>1）装置完好及运行状况</td><td></td><td></td></tr>
<tr><td>2）排污操作的正确性</td><td></td><td></td></tr>
<tr><td>3）排污率</td><td></td><td></td></tr>
<tr><td rowspan="3">取样装置及
在线监测仪表</td><td>1）能否正常取样、冷却效果</td><td></td><td></td></tr>
<tr><td>2）水汽样品代表性</td><td></td><td></td></tr>
<tr><td>3）在线监测仪表的整机基本误差</td><td></td><td></td></tr>
<tr><td rowspan="3">水质日常
监测情况</td><td colspan="2">1）分析试剂和分析仪器</td><td></td><td></td></tr>
<tr><td colspan="2">2）分析仪器、仪表及在线检测仪表的完好性和校验</td><td></td><td></td></tr>
<tr><td colspan="2">3）水质化验项目、频次和记录</td><td></td><td></td></tr>
<tr><td>处理
意见</td><td colspan="4"></td></tr>
<tr><td colspan="2">检验：　　　　日期：</td><td colspan="3">审核：　　　　日期：</td></tr>
</table>

ICS 27.060
F 04

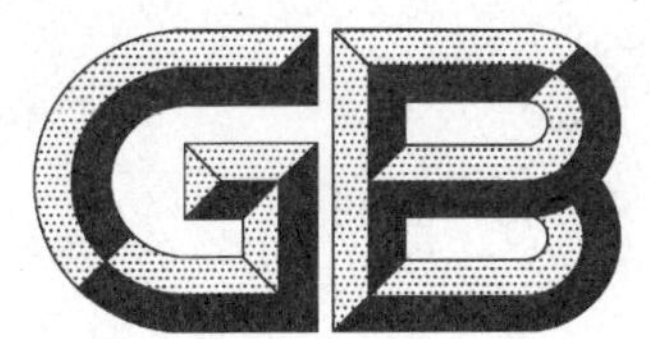

中华人民共和国国家标准

GB/T 17719—2009
代替 GB/T 17719—1999

工业锅炉及火焰加热炉烟气余热资源量计算方法与利用导则

Calculation method and utilization guides for waste heat resource's quantity of industrial boiler's and flame heating furnace's exhaust gas

2009-04-08 发布　　2009-12-01 实施

中华人民共和国国家质量监督检验检疫总局
中国国家标准化管理委员会　发布

前言

本标准代替 GB/T 17719—1999《工业锅炉及火焰加热炉烟气余热资源量计算方法与利用导则》。

本标准与 GB/T 17719—1999 相比主要变化如下：

——按 GB/T 1028 的规定对术语、分类进行了修改完善；

——按 GB/T 10180、GB/T 17954 等的要求对标准中引用的公式、符号和资料性附录数据进行了修订；

——根据余热资源“梯级利用，高质高用”原则，对 250 ℃～400 ℃的余热资源利用增加鼓励用于作功发电条款[见 5.1b)]；

——补充了工业锅炉和加热炉余热资源利用的原则，提出设置尾部受热面和余热资源回收装置要求的范围(见 5.4、5.5 和 5.6)；

——补充了余热资源回收利用的管理要求(见 6.6)；

——统一了计算公式中的习惯表达方式和标注[见式(2)、(3)、(5)、(6)，采用质量分数和体积分数表示]；

——对标准的附录 A、附录 B 和附录 C 进行了修订和补充完善。

本标准的附录 A、附录 B 和附录 C 均为资料性附录。

本标准由全国能源基础与管理标准化技术委员会提出并归口。

本标准负责起草单位：杭州锅炉集团股份有限公司、中国标准化研究院。

本标准参加起草单位：浙江省特种设备检验研究院、上海工业锅炉研究所。

本标准主要起草人：屠柏锐、薛以泰、王忠、秦业固、成建宏、成德芳、陈征宇、叶勉。

本标准所代替标准的历次版本发布情况为：

——GB/T 17719—1999。

工业锅炉及火焰加热炉烟气余热资源量计算方法与利用导则

1 范围

本标准规定了工业锅炉及火焰加热炉烟气的余热量和余热资源量的计算方法，以及余热资源的回收利用原则及管理要求。

本标准适用于GB/T 1921、GB/T 3166规定的锅炉及GB/T 3486中规定的连续式火焰加热炉（以下简称“加热炉”）的余热利用工程的规划、设计、技术改造与管理。

2 规范性引用文件

下列文件中的条款通过本标准的引用而成为本标准的条款。凡是注日期的引用文件，其随后所有的修改单（不包括勘误的内容）或修订版均不适用于本标准，然而，鼓励根据本标准达成协议的各方研究是否可使用这些文件的最新版本。凡是不注日期的引用文件，其最新版本适用于本标准。

GB/T 1028 工业余热术语、分类、等级及余热资源量计算方法

GB/T 1921 工业蒸汽锅炉参数系列

GB/T 3166 热水锅炉参数系列

GB/T 3486 评价企业合理用热技术导则

GB/T 10180 工业锅炉热性能试验规程

GB/T 15317 工业锅炉节能监测方法

GB/T 15319 火焰加热炉节能监测方法

GB/T 17954 工业锅炉经济运行

3 术语和定义

下列术语和定义适用于本标准。

3.1

烟气余热量 waste heat's quantity of exhaust gas

相对于环境温度为20 ℃，相对湿度为70%，烟气平均体积定压热容为1.359 kJ/(m^3·℃)条件下的烟气所携带的余热量，为宏观控制指标。

注：本标准中“m^3”指在标准状况（1.013 25×10^5 Pa，0 ℃）下测得的气体体积的单位。

3.2

烟气余热资源量 waste heat resource's quantity of exhaust gas

按国家、行业及本标准有关规定，经技术经济分析确定可利用的烟气余热量，为实际应用指标。

4 计算方法

4.1 烟气余热量计算

4.1.1 燃煤工业锅炉和加热炉烟气余热量的计算按式(1)计算：

$$Q_{yr} = B_1 V_{py1}(c_{py}t_{py} - 27.18) \times \frac{100 - q_4}{100} \quad \cdots\cdots(1)$$

式中：

Q_{yr}——年烟气余热量，单位为千焦每年(kJ/a)；

B_1——年平均耗煤量，单位为千克每年(kg/a)；

c_{py}——t_{py}温度下烟气的平均体积定压热容，单位为千焦每立方米摄氏度(kJ/(m³·℃))；

c_{py}值按实测烟气成分计算确定，用作规划时查附录A中的表A.1。

t_{py}——工业锅炉末级受热面或加热炉炉尾出口处排烟平均温度，单位为摄氏度(℃)；

t_{py}值由实测确定。用作规划时，工业锅炉参考附录B中的表B.1，加热炉参考附录B中的表B.2，并应结合实际情况确定。

q_4——燃料的固体未完全燃烧热损失，用百分数表示(%)；

工业锅炉的q_4值按附录C计算确定。用作规划时，链条炉排锅炉燃用Ⅲ类烟煤、贫煤和褐煤时的值取8～12，无烟煤和Ⅰ、Ⅱ类烟煤取10～15。

加热炉的q_4值按实测每千克煤所产生的平均灰渣量及灰渣含碳量确定。用作规划时，按3～5计值。

V_{py1}——工业锅炉末级受热面或加热炉炉尾出口处每千克煤的烟气体积，单位为立方米每千克(m³/kg)；

V_{py1}值按式(2)计算，用作规划时查附录A中的表A.2。

$$V_{py1} = 0.018\,66w(C_{ar}) + 0.007w(S_{ar}) + 0.111w(H_{ar}) + 0.008w(N_{ar}) + 0.012\,4M_{ar} + (1.016\alpha_{py} - 0.21)V_{01} \quad \cdots\cdots(2)$$

式中：

$w(C_{ar})$——燃料收到基碳，用质量分数表示(%)；

$w(H_{ar})$——燃料收到基氢，用质量分数表示(%)；

$w(S_{ar})$——燃料收到基硫，用质量分数表示(%)；

$w(N_{ar})$——燃料收到基氮，用质量分数表示(%)；

M_{ar}——燃料收到基水分，用质量分数表示(%)；

α_{py}——工业锅炉末级受热面或加热炉炉尾出口处烟气的过量空气系数。

α_{py}值按GB/T 15317或GB/T 15319计算，用作规划时，工业锅炉参考附录B中的表B.3，火焰加热炉参考附录B中的表B.4，并结合实际确定。

V_{01}——每千克煤燃烧理论空气量，单位为立方米每千克(m³/kg)；

V_{01}按式(3)计算：

$$V_{01} = 0.088\,9w(C_{ar}) + 0.265w(H_{ar}) + 0.033\,3w(S_{ar}) - 0.033\,3w(O_{ar}) \quad \cdots\cdots(3)$$

式中：

$w(O_{ar})$——燃料收到基氧，用质量分数表示(%)。

对于季节性使用的工业锅炉和加热炉，其燃料量以每年的使用期限为准。

4.1.2 燃油(或燃气)工业锅炉及加热炉烟气余热量按式(4)计算：

$$Q_{yr} = B_2V_{py2}(c_{py}t_{py} - 27.18) \quad \cdots\cdots(4)$$

式中：

B_2——年平均燃料消耗量，单位为千克每年(kg/a)[或立方米每年(m³/a)]；

V_{py2}——工业锅炉末级受热面或加热炉炉尾出口处每千克油(或每立方米干燃气)的烟气体积，单位为立方米每千克(m³/kg)[或立方米每立方米(m³/m³)]。

燃油工业锅炉及加热炉的V_{py2}值的计算方法同V_{py1}，用作规划时查附录A中的表A.3。燃气工业锅炉及加热炉的V_{py2}值按式(5)计算，用作规划时查附录A中的表A.4。

$$V_{py2} = 0.01\times[\varphi(CO_2) + \varphi(CO) + \varphi(H_2) + \varphi(N_2) + 2\varphi(H_2S) + \sum(m + 0.5n)\varphi(C_mH_n) + 0.124d_s] + (1.016\alpha_{py} - 0.21)V_{02} \quad \cdots\cdots(5)$$

式中：

$\varphi(CO_2)$——燃料收到基二氧化碳，用体积分数表示(%)；

$\varphi(CO)$——燃料收到基一氧化碳，用体积分数表示(%)；

$\varphi(H_2)$——燃料收到基氢气，用体积分数表示(%)；

$\varphi(N_2)$——燃料收到基氮气，用体积分数表示(%)；

$\varphi(H_2S)$——燃料收到基硫化氢，用体积分数表示(%)；

$\Sigma\varphi(C_mH_n)$——燃料收到基各种碳氢化合物，用体积分数表示(%)；

d_s——每立方米干燃气所带的水量，单位为克每立方米(g/m^3)；

V_{02}——每立方米干燃气燃烧理论空气量，单位为立方米每立方米(m^3/m^3)。

V_{02}值按式(6)计算：

$$V_{02} = 0.0476[0.5\varphi(CO) + 0.5\varphi(H_2) + 1.5\varphi(H_2S) + 2\varphi(CH_4) + \Sigma(m+0.25n)\varphi(C_mH_n) - \varphi(O_2)] \quad \cdots\cdots(6)$$

式中：

$\varphi(CH_4)$——燃料收到基甲烷，用体积分数表示(%)；

$\varphi(O_2)$——燃料收到基氧气，用体积分数表示(%)。

4.2 烟气余热资源量计算

4.2.1 燃煤工业锅炉及加热炉的烟气余热资源量按式(7)计算：

$$Q_{yz} = B_1V_{py1}(c_{py}t_{py} - c'_{py}t'_{py}) \times \frac{100-q_4}{100} \quad \cdots\cdots(7)$$

式中：

Q_{yz}——年烟气余热资源量，单位为千焦每年(kJ/a)；

t'_{py}——余热资源量的下限温度，单位为摄氏度(℃)；

选用t'_{py}的原则按5.1、5.2、5.3规定。

c'_{py}——t'_{py}温度下烟气平均体积定压热容，单位为千焦每立方米摄氏度[kJ/(m^3·℃)]。

4.2.2 燃油或燃气工业锅炉及加热炉的余热资源量按式(8)计算：

$$Q_{yz} = B_2V_{py2}(c_{py}t_{py} - c'_{py}t'_{py}) \quad \cdots\cdots(8)$$

5 余热资源回收利用原则

5.1 余热资源回收利用应按“梯级利用，高质高用”的原则确定最佳余热回收利用的方案，其中：

a) 对烟气温度≥400 ℃的余热资源应优先用于作功发电；

b) 对烟气温度为250 ℃～400 ℃的余热资源应优先用于生产蒸汽，鼓励用于作功发电；

c) 对烟气温度<250 ℃的余热资源可用于干燥物料、制冷、采暖或供应生活热水等。

5.2 烟气余热资源一般应优先考虑用于工业锅炉及加热炉本系统，例如：预热助燃空气、燃料等；当无法用于本系统或用后仍有富余，才用于本系统以外。

5.3 根据烟气温度，余热资源等级的高低，合理选用与之相适应的高温辐射换热器、陶瓷换热器、喷流换热器、蓄热式换热器、金属管状换热器、板式换热器、余热锅炉、热管换热器等余热利用设备或用作热泵的热源等。

5.4 对于额定蒸发量大于2 t/h的工业蒸汽锅炉或额定热功率大于1.4 MW的热水锅炉应设置尾部受热面，额定蒸发量不大于2 t/h的工业蒸汽锅炉或额定热功率不大于1.4 MW的热水锅炉鼓励设置尾部受热面。

5.5 对于额定炉容量不小于5 GJ/h、排烟温度不小于250 ℃的加热炉应设置余热资源回收装置。

5.6 应根据烟气成分和性质的不同，合理选用余热资源利用设备。对高灰分烟气应采用耐磨和防堵的装置；对含腐蚀性成分的烟气，应有防腐措施。

5.7 鼓励实行热能的综合利用和用能的合理配置，实现热、电、冷并供或热电联产。

6 余热资源回收利用管理

6.1 工业锅炉或加热炉的烟气余热回收利用建设或技术改造工程立项决策时，应先进行技术经济比较，并参照 GB/T 1028 的规定确定余热资源等级及余热利用工程项目的规划。

6.2 进行规划计算时，工业锅炉烟气余热资源量的下限温度按附录 B 中的表 B.5；加热炉烟气余热资源量的下限温度按附录 B 中的表 B.6。

6.3 进行技术经济比较时，余热资源量计算公式中的排烟温度 t_{py}，在建设工程中应采用工业锅炉或加热炉设计值；在技术改造工程中应采用工业锅炉或加热炉实测值。余热资源量的下限温度 t'_{py}，应参考附录 B 中的表 B.5 或附录 B 中的表 B.6 作经济比较。

6.4 应制定工业锅炉及加热炉烟气余热资源回收利用设备定期检修制度，保持设备完好、运转正常，并建立检修记录和档案。

6.5 应对工业锅炉及加热炉烟气余热资源回收利用设备运行参数进行测量记录，年终要做出经济核算。

6.6 工业锅炉或加热炉烟气余热资源回收利用未达到回收利用基本原则要求的使用单位，应由使用单位提出改进措施。

6.7 工业锅炉或加热炉烟气余热资源回收利用的节能检测符合 GB/T 15317 或 GB/T 15319 的规定，并由具有相应资质的检测单位进行。

附 录 A
（资料性附录）
烟气平均近似体积定压热容 c_{py} 与近似烟气量 V_{py}

A.1 不同温度下的烟气平均近似体积定压热容 c_{py} 见表 A.1 规定。

表 A.1

t_{py}/℃	c_{py}/[kJ/(m^3·℃)]	t_{py}/℃	c_{py}/[kJ/(m^3·℃)]
100	1.372	500	1.443
200	1.388	600	1.462
300	1.405	700	1.482
400	1.423	800	1.500
注：表中 m^3 是标准状况下的气体体积数表。			

A.2 燃烧每千克煤炭的近似烟气量 V_{py1} 见表 A.2 规定。

表 A.2

热值/(kJ/kg)		14 000	16 000	18 000	20 000	22 000	24 000	26 000	28 000	30 000
V_{01}/(m^3/kg)		3.88	4.36	4.84	5.32	5.81	6.29	6.77	7.25	7.73
与 α 相应的 V_{py1} 值/(m^3/kg)	α=1.2	5.41	5.92	6.45	6.96	7.49	8.01	8.53	9.05	9.58
	α=1.3	5.79	6.36	6.93	7.50	8.07	8.64	9.21	9.78	10.35
	α=1.4	6.18	6.79	7.42	8.03	8.65	9.27	9.89	10.50	11.12
	α=1.5	6.57	7.23	7.90	8.56	9.24	9.90	10.57	11.23	11.90
	α=1.6	6.96	7.66	8.38	9.09	9.82	10.52	11.24	11.95	12.67
	α=1.7	7.35	8.10	8.87	9.62	10.40	11.15	11.92	12.68	13.44
	α=1.8	7.73	8.54	9.35	10.16	10.98	11.78	12.60	13.40	14.21
注：表中热值是燃煤的收到基低位发热量的数值；α 为过量空气系数。										

A.3 燃烧每千克液体燃料的近似烟气量 V_{py2} 见表 A.3 规定。

表 A.3

热值/(kJ/kg)		30 000	32 000	34 000	36 000	38 000	40 000	42 000
V_{02}/(m^3/kg)		8.09	8.50	8.90	9.31	9.71	10.12	10.53
与 α 相应的 V_{py2} 值/(m^3/kg)	α=1.05	8.35	8.91	9.46	10.01	10.56	11.11	11.66
	α=1.10	8.76	9.33	9.86	10.47	11.04	11.61	12.18
	α=1.15	9.16	9.76	10.35	10.94	11.53	12.12	12.71
	α=1.20	9.57	10.18	10.79	11.40	12.01	12.62	13.24
	α=1.25	9.97	10.61	11.24	11.87	12.50	13.13	13.76
	α=1.30	10.38	11.03	11.68	12.33	12.98	13.64	14.29
	α=1.40	11.19	11.88	12.57	13.26	13.95	14.65	15.34
注：表中热值是燃烧液体燃料的低位发热量的数值；α 为过量空气系数。								

A.4 燃烧每立方米燃气产生的近似烟气量 V_{py2} 见表 A.4 规定。

表 A.4

热值/(kJ/kg)		3 400	4 200	5 000	6 000	8 000	10 000	12 000	15 000	18 000	21 000	35 000	38 000	41 000	45 000	50 000
V_{02}/(m^3/m^3)		0.71	0.88	1.04	1.25	1.67	2.09	2.51	3.91	4.69	5.47	9.11	9.89	10.67	11.72	13.02
与 α 相应的 V_{py2} 值/(m^3/m^3)	α=1.02	1.60	1.75	1.89	2.07	2.42	2.77	3.13	4.41	5.24	6.08	9.96	10.80	11.62	12.73	14.12
	α=1.05	1.63	1.77	1.92	2.10	2.47	2.83	3.21	4.53	5.38	6.24	10.24	11.09	11.94	13.09	14.51
	α=1.10	1.66	1.82	1.97	2.17	2.56	2.94	3.33	4.72	5.62	6.52	10.69	11.59	12.48	13.67	15.16
	α=1.15	1.70	1.86	2.03	2.23	2.64	3.04	3.46	4.92	5.85	6.78	11.15	12.08	13.01	14.26	15.81
	α=1.20	1.73	1.91	2.08	2.29	2.72	3.15	3.58	5.11	6.09	7.06	11.60	12.58	13.54	14.84	16.46
	α=1.30	1.80	1.99	2.18	2.42	2.89	3.36	3.83	5.50	6.56	7.61	12.51	13.57	14.61	16.02	17.77

注：表中热值是燃气的低位发热量的数值；α 为过量空气系数。

附　录　B
（资料性附录）
排烟温度、过量空气系数的合格指标与烟气余热资源量测算下限温度

B.1　排烟温度

B.1.1　工业锅炉排烟温度合格指标见表 B.1 规定。

表 B.1

有无尾部受热面	无尾部受热面[a]				有尾部受热面[b]	
锅炉类型	蒸汽锅炉		热水锅炉		蒸汽锅炉或热水锅炉	
使用燃料	煤	油，气	煤	油，气	煤	油，气
排烟温度/℃	<250	<230	<220	<200	<180	<160

[a] 仅指额定蒸发量≤2 t/h 的工业蒸汽锅炉或额定热功率≤1.4 MW 的热水锅炉。

[b] 对部分地区燃用高硫（$w(S_{ar})\geqslant 3\%$）煤的有尾部受热面的锅炉，其运行排烟温度可适当提高，但提高幅度不超过 30 ℃。

B.1.2　加热炉排烟温度合格指标见表 B.2 规定。

表 B.2

炉膛出口温度/℃		≤500	≤600	≤700	≤800	≤900	≤1 000	>1 000
排烟温度/℃	使用低发热量燃料时	≤350	≤400	≤460	≤530	≤580	≤670	710～470
	使用高发热量燃料时	≤340	≤380	≤440	≤510	≤560	≤650	670～400

注：低发热量燃料是指高炉煤气、发生炉煤气及发热量低于 8 360 kJ/m³ 的混合煤气；高发热量燃料是指天然气、焦炉煤气、煤、重油等。

B.2　烟气过量空气系数

B.2.1　工业锅炉烟气过量空气系数合格指标见表 B.3 规定。

表 B.3

使用燃料	煤[a]		油、燃气
燃烧方式	火床燃烧（层燃）	沸腾燃烧（流化床）	火室燃烧（室燃）
末级受热面出口过量空气系数	<1.65（无尾部受热面） <1.75（有尾部受热面）	<1.50	<1.20

[a] 燃用无烟煤的火床燃烧锅炉不受表内数值限制。

B.2.2　加热炉烟气过量空气系数合格指标见表 B.4 规定。

表 B.4

燃料名称	燃烧方式	过量空气系数
固体燃料	—	≤1.80
液体燃料	高压喷雾	≤1.25
	低压喷雾	≤1.20
气体燃料	有焰燃烧	≤1.25
	无焰燃烧	≤1.05

B.3 烟气余热资源量测算下限温度

B.3.1 工业锅炉烟气余热资源量测算下限温度见表B.5规定。

表 B.5

蒸汽锅炉额定蒸发量/(t/h)	<1	1~6	>6
热水锅炉额定热功率/MW	<0.7	0.7~4.2	>4.2
测算下限温度/℃	180	160	150

B.3.2 加热炉烟气余热资源量测算下限温度见表B.6规定。

表 B.6

炉容量类别	A	B	C
额定炉容量/(GJ/h)	5~19.9	20~80	>80
测算下限温度/℃	250	230	200

附　录　C
（资料性附录）
固体未完全燃烧热损失 q_4 的计算方法

固体未完全燃烧热损失 q_4 的计算按式(C.1)进行。

$$q_4=\left[a_{lz}\frac{C_{lz}}{100-C_{lz}}+a_{lm}\frac{C_{lm}}{100-C_{lm}}+a_{yh}\frac{C_{yh}}{100-C_{yh}}+a_{yl}\frac{C_{yl}}{100-C_{yl}}+a_{lh}\frac{C_{lh}}{100-C_{lh}}+a_{fh}\frac{C_{fh}}{100-C_{fh}}\right]\times\frac{328.664A_{ar}}{Q_r} \quad\cdots\cdots(\text{C.1})$$

式中：

q_4——固体未完全燃烧热损失，用百分数表示(%)；

a_{lz}——炉渣含灰量占入炉煤总灰量，用质量分数表示(%)，见式(C.2)；

C_{lz}——炉渣可燃物含量，用质量分数表示(%)；

a_{lm}——漏煤含灰量占入炉煤总灰量，用质量分数表示(%)，见式(C.4)；

C_{lm}——漏煤可燃物含量，用百分数表示(%)；

a_{yh}——烟道灰含灰量占入炉煤总灰量，用质量分数表示(%)，见式(C.5)；

C_{yh}——烟道灰可燃物含量，用百分数表示(%)；

a_{yl}——溢流灰含灰量占入炉煤总灰量，用质量分数表示(%)，见式(C.6)；

C_{yl}——溢流灰可燃物含量，用百分数表示(%)；

a_{lh}——冷灰含灰量占入炉煤总灰量，用质量分数表示(%)，见式(C.7)；

C_{lh}——冷灰可燃物含量，用百分数表示(%)；

a_{fh}——飞灰含灰量占入炉煤总灰量，用质量分数表示(%)，见式(C.8)；

C_{fh}——飞灰可燃物含量，用百分数表示(%)；

A_{ar}——燃料收到基灰分，用百分数表示(%)；

Q_r——输入热量，单位为千焦每千克(kJ/kg)，或千焦每立方米(kJ/m³)，见式(C.9)。

$$a_{lz}=\frac{G_{lz}(100-C_{lz})}{BA_{ar}}\times100 \quad\cdots\cdots(\text{C.2})$$

式中：

B——燃料消耗量，单位为千克每小时(kg/h)或立方米每小时(m³/h)；

G_{lz}——炉渣质量，单位为千克每小时(kg/h)，见式(C.3)。

$$G_{lz}=G_{slz}\left(1-\frac{W_{lz}}{100}\right) \quad\cdots\cdots(\text{C.3})$$

式中：

G_{slz}——湿炉渣质量，单位为千克每小时(kg/h)；

W_{lz}——炉渣淋水后含水量，用百分数表示(%)。

$$a_{lm}=\frac{G_{lm}(100-C_{lm})}{BA_{ar}}\times100 \quad\cdots\cdots(\text{C.4})$$

式中：

G_{lm}——漏煤质量，单位为千克每小时(kg/h)。

$$a_{yh}=\frac{G_{yh}(100-C_{yh})}{BA_{ar}}\times100 \quad\cdots\cdots(\text{C.5})$$

式中：

G_{yh}——烟道灰质量，单位为千克每小时(kg/h)。

$$a_{yl}=\frac{G_{yl}(100-C_{yl})}{BA_{ar}}\times 100 \qquad \cdots\cdots\cdots\cdots\cdots\cdots(C.6)$$

式中：

G_{yl}——溢流灰质量，单位为千克每小时(kg/h)。

$$a_{lh}=\frac{G_{lh}(100-C_{lh})}{BA_{ar}}\times 100 \qquad \cdots\cdots\cdots\cdots\cdots\cdots(C.7)$$

式中：

G_{lh}——冷灰质量，单位为千克每小时(kg/h)。

$$a_{fh}=100-(a_{lz}+a_{lm}+a_{yh}+a_{yl}+a_{lh}) \qquad \cdots\cdots\cdots\cdots\cdots\cdots(C.8)$$

$$Q_{r}=Q_{net,v,ar}+Q_{wl}+Q_{rx}+Q_{zy} \qquad \cdots\cdots\cdots\cdots\cdots\cdots(C.9)$$

式中：

$Q_{net,v,ar}$——燃料收到基低位发热量，单位为千焦每千克(kJ/kg)，或千焦每立方米(kJ/m^3)；

Q_{wl}——用外来热量加热燃料或空气时，相应于每千克或标准状态下每立方米燃料所给的热量，单位为千焦每千克(kJ/kg)，或千焦每立方米(kJ/m^3)；

Q_{rx}——燃料的物理热，单位为千焦每千克(kJ/kg)，或千焦每立方米(kJ/m^3)；

Q_{zy}——自用蒸汽带入炉内相应于每千克或标准状态下每立方米燃料的热量，单位为千焦每千克(kJ/kg)，或千焦每立方米(kJ/m^3)。

ICS 27.010
F 01

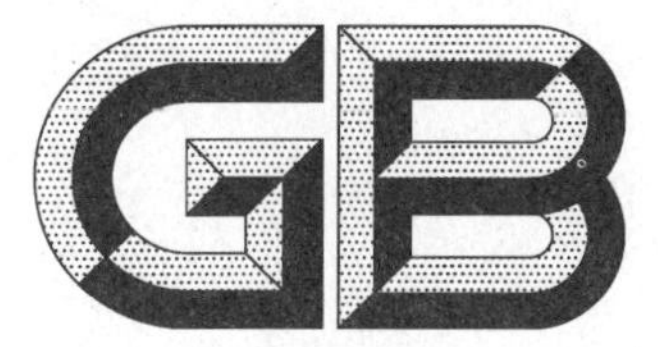

中华人民共和国国家标准

GB/T 17954—2007
代替 GB/T 17954—2000

工业锅炉经济运行

Economical operation of industrial boilers

2007-11-08 发布　　　　2008-06-01 实施

中华人民共和国国家质量监督检验检疫总局
中国国家标准化管理委员会　发布

前言

本标准代替GB/T 17954—2000《工业锅炉经济运行》,与GB/T 17954—2000相比,主要内容变化如下:

——调整、补充对工业锅炉经济运行的要求(第4章基本要求4.1、4.4、4.6、4.9、4.10、4.11、4.12、4.13、4.14、4.15、4.16);

——补充、完善管理原则,明确工业锅炉经济运行考核管理的要求(第5章管理原则5.1、5.2、5.3);

——全面调整工业锅炉运行热效率等各项技术指标,作出了技术指标综合评判规定(第6章技术指标6.1、6.2、6.3、6.4、6.5及表2、表3、表4、表5、表6);

——修改工业锅炉经济运行考核方法和时间间隔(第7章考核7.1、7.2、7.3、7.4、7.6);

——制定工业锅炉经济运行考核记录统一格式《工业锅炉经济运行考核表》(附录A);制定工业锅炉运行记录表格式《工业锅炉运行记录表》(附录B)。

本标准的附录A为规范性附录,附录B为资料性附录。

本标准由全国能源基础与管理标准化技术委员会提出并归口。

本标准负责起草单位:中国标准化研究院、西安交通大学、西安能源研究会、陕西省特种设备协会、陕西省锅炉压力容器检验所、贵州省锅炉压力容器检验中心。

本标准参加起草单位:上海昱真水处理科技有限公司、广州天鹿锅炉有限公司、重庆智得热工工业有限公司、西安大明电热锅炉有限公司、西安锅炉总厂、陕西省秦牛(集团)股份有限公司、陕西升基利科技有限公司。

本标准主要起草人:徐通模、贾铁鹰、史乐华、王俊民、葛升群、王雅珍、席代国、陈开忠、屈凯、吕连周、刘宽云、张兵、赵国凌。

本标准于2000年1月首次发布。

工业锅炉经济运行

1 范围

本标准规定了工业锅炉经济运行的基本要求、管理原则、技术指标与考核。

本标准适用于以煤、油、气为燃料、以水为介质的固定式钢制锅炉，包含 GB/T 1921 所列额定蒸汽压力大于 0.04 MPa 至小于 3.8 MPa 且额定蒸发量大于或等于 1 t/h 的各种参数系列的蒸汽锅炉和 GB/T 3166 所列额定出水压力大于 0.1 MPa 且额定热功率大于或等于 0.7 MW 的各种参数系列的热水锅炉。

本标准不适用于余热锅炉、电加热锅炉及有机热载体锅炉。

2 规范性引用文件

下列文件中的条款通过本标准的引用而成为本标准的条款。凡是注日期的引用文件，其随后所有的修改单(不包括勘误的内容)或修订版均不适用于本标准，然而，鼓励根据本标准达成协议的各方研究是否可使用这些文件的最新版本。凡是不注日期的引用文件，其最新版本适用于本标准。

GB 1576 工业锅炉水质

GB/T 1921 工业蒸汽锅炉参数系列

GB/T 3166 热水锅炉参数系列

GB/T 4272 设备及管道保温技术通则

GB 13271 锅炉大气污染物排放标准

GB/T 15317 工业锅炉节能监测方法

GB/T 16811 低压锅炉水处理设施运行效果与监测

GB 50041 锅炉房设计规范

GB 50273 工业锅炉安装工程施工及验收规范

3 术语和定义

下列术语和定义适用于本标准。

3.1

经济运行 economical operation

在保证安全可靠、保护环境和满足供热需求的前提下，通过科学管理、技术改造，提高运行操作水平，使工业锅炉实现高效率、低能耗的工作状态。

4 基本要求

4.1 工业锅炉使用单位应当使用符合安全技术、环境保护、节约能源等相关规范要求的锅炉及配套辅机产品。

4.2 工业锅炉房的设计、布置和建造应符合 GB 50041 的要求。

4.3 工业锅炉安装应符合 GB 50273 的规定，并符合设计要求。

4.4 要做好锅炉水处理工作，水处理设施应符合 GB/T 16811 的规定，给水和锅水水质应符合GB 1576 的要求。

4.5 工业锅炉及其附属设备和热力管道的保温应符合 GB/T 4272 的要求。

4.6 新安装工业锅炉的辅机应选用符合最新国家标准或行业标准要求的高效节能产品；原有工业锅炉所配套的辅机，如属国家公布的淘汰产品，应及时更换为节能产品。

4.7 工业锅炉运行时，应燃用设计燃料或与设计燃料相近的燃料。

4.8　工业锅炉运行中，应调整好燃烧工况，压力、温度、水位均应保持相对稳定。

4.9　工业锅炉运行中，当负荷变化时，应注意监视锅炉运行情况，并及时进行调整。燃煤锅炉的运行负荷不宜经常或长时间低于额定负荷的80%，燃油、气锅炉的运行负荷不宜经常或长时间低于额定负荷的60%。工业锅炉不应超负荷运行。

4.10　工业锅炉运行时大气污染物的排放除应符合 GB 13271 的规定外，还应符合锅炉使用单位属地相关环保标准的要求。

4.11　工业锅炉运行时受热面烟气侧应定时清灰，保持清洁。受热面汽水侧则应定期检查腐蚀及结垢情况，并防腐除垢。使用清灰剂、防腐剂、除垢剂等化学药剂时应保证安全环保和有效性。

4.12　工业锅炉运行中，应经常对锅炉燃料供应系统、烟风系统、汽水系统、仪表、阀门及保温结构等进行检查，确保其严密、完好。

4.13　工业锅炉运行应配备燃料计量装置、汽或水流量计、压力表、温度计等能表明锅炉经济运行状态的仪器和仪表。在用仪器、仪表应按规定定期校准或检定。

4.14　工业锅炉使用单位应执行《特种设备作业人员管理办法》，运行操作人员应进行安全经济运行培训考核，持证上岗。对总容量达到 10 t/h 或 7 MW 以上的工业锅炉房，宜配备专职专业技术人员。

4.15　工业锅炉使用单位应当建立健全在用锅炉安全技术档案，保证设备完好。安全技术档案的内容除应符合《特种设备安全监察条例》的有关规定外，还应包括安装投运验收记录、技术改造档案、节能环保监测档案等。

4.16　在用工业锅炉运行应做好原始记录，锅炉运行记录表格式见附录 B。运行工况原始记录的主要项目应符合表 1 的规定。

表 1　工业锅炉运行原始记录项目

锅炉类型	锅炉额定蒸发量 D_e 或额定热功率 Q_e	主要记录项目
蒸汽锅炉	≤4 t/h	燃料品种及消耗量累计值[a]；蒸汽压力、湿度、温度及流量；给水压力、温度及流量；排烟温度；排污量；炉渣或飞灰可燃物含量[b]；水处理化验数据[c]；运行时间；排烟含 O_2 量(或 CO_2 量)
	>4 t/h	燃料品种及消耗量累计值[a]；蒸汽压力、湿度、温度及流量；给水压力、温度及流量；排烟温度；排污量；炉膛出口或排烟处烟气分析数据；炉膛温度及压力；水处理化验数据[c]；除氧器压力及温度；送风温度及风压；炉渣或飞灰可燃物含量[b]；运行时间
热水锅炉	≤2.8 MW	燃料品种及消耗量累计值[a]；热水流量累计值补给水量累计值；进出水的压力、温度；排烟温度；排污量；炉渣或飞灰可燃物含量[b]；水处理化验数据[c]；运行时间；排烟含 O_2 量(或 CO_2 量)
	>2.8 MW	燃料品种及消耗量累计值[a]；热水流量累计值；补给水量累计值；进出水的压力、温度；排烟温度；排污量；炉膛出口或排烟处烟气分析数据；炉膛温度及压力；水处理化验数据[c]；送风温度及风压；炉渣或飞灰可燃物含量[b]；运行时间

注 1：对海拔 2 000 m 以上地区，应增加当地大气压力、湿度及温度的记录。

注 2：未注明记录时间的项目为每班至少一次。

注 3：对有省煤器、空气预热器、过热器的锅炉，应有相应的压力、温度等记录。

[a] 燃油、燃气锅炉应增加供油、供气压力的记录。

[b] 流化床锅炉为飞灰可燃物含量，层燃锅炉为炉渣可燃物含量。当煤种变化时应有化验记录，煤种无变化时，不大于 4 t/h 或不大于 2.8 MW 锅炉，应每六个月化验记录一次，大于 4 t/h 或大于 2.8 MW 的锅炉应每三个月化验记录一次。

[c] 每星期应化验记录一次，如采用简易试剂、试纸法，则应每天化验记录一次。

5 管理原则

5.1 工业锅炉经济运行的综合评判分三个运行级别：一级运行、二级运行及三级运行，三级运行为达到经济运行的基本要求，但对于本标准实施之日后新安装投运的锅炉，从锅炉使用证颁发之日起两年以内的以二级运行为达到经济运行的基本要求。

5.2 对工业锅炉经济运行考核评定结果，考核单位应及时向锅炉使用单位所在地政府管理部门报告。

5.3 根据工业锅炉经济运行考核评定结果，对达到一级运行的锅炉使用单位，可向其颁发“一级运行”标牌；对达不到经济运行基本要求的锅炉使用单位，应指明问题所在，提出改进措施，限期其进行整改。

6 技术指标

6.1 工业锅炉运行热效率指标分三个等级，各等级热效率指标应不小于表 2 的规定值。

表 2 工业锅炉运行热效率[a]

以%表示

锅炉额定蒸发量 D_e/(t/h) 或额定热功率 Q_e/MW	运行热效率 η 等级	使用燃料及其燃烧方式														
		层燃[b]								流化床燃烧						室燃	
		烟煤			贫煤	无烟煤			褐煤	低质煤[c]	烟煤			贫煤	褐煤	重油	轻柴油、气[d]
		Ⅰ类	Ⅱ类	Ⅲ类		Ⅰ类	Ⅱ类	Ⅲ类			Ⅰ类	Ⅱ类	Ⅲ类				
1～2 或 0.7～1.4	一等	73	76	78	75	70	68	72	74		73	76	78	75	76	87	89
	二等	70	74	76	72	65	63	68	72		70	73	75	72	73	86	88
	三等	67	72	74	69	62	60	64	70		67	70	72	69	70	85	87
2.1～8 或 1.5～5.6	一等	75	78	80	76	71	70	75	76	74	78	81	82	80	81	88	90
	二等	72	76	78	74	68	66	72	74	72	76	79	80	78	79	87	89
	三等	70	74	76	72	65	63	69	72	70	74	77	78	76	77	86	88
8.1～20 或 5.7～14	一等	76	79	81	78	74	73	77	78	76	79	82	83	81	82	89	91
	二等	74	77	79	76	71	69	74	76	74	77	80	81	79	80	88	90
	三等	72	75	77	74	68	66	72	74	72	75	78	79	77	78	87	89
>20 或 >14	一等	78	81	83	80	77	75	80	81	78	80	83	84	82	83	90	92
	二等	76	78	80	77	74	71	77	78	75	78	81	82	80	81	89	91
	三等	74	76	78	75	71	68	75	76	73	76	79	80	78	79	88	90

a 表中所列为锅炉在额定负荷下运行时的热效率值，非额定负荷下运行时的热效率值，可近似取为表中数值与负荷率的乘积，即 $\eta=\eta_e(D/D_e)$ 或 $\eta=\eta_e(Q/Q_e)$。

b 对抛煤机锅炉，其运行热效率比同等容量层燃锅炉高 1 个百分点。

c 指收到基灰分 $A_{ar}\approx50\%$，收到基低位发热量 $Q_{net,v,ar}\leqslant14.4$ MJ/kg 或折算灰分 $A_{ar,zs}\geqslant36$ g/MJ 的煤。

d 对燃用高炉煤气的工业锅炉，其运行热效率比表中燃用轻柴油、气锅炉的热效率值低 3 个百分点。

6.2 工业锅炉运行排烟温度指标应不超过表 3 的规定值。

表 3　工业锅炉运行排烟温度规定值[a]

单位为摄氏度

有无尾部受热面		无尾部受热面				有尾部受热面[b]	
锅炉类型		蒸汽锅炉		热水锅炉		蒸汽锅炉或热水锅炉	
使用燃料		煤	油、气	煤	油、气	煤	油、气
额定蒸发量 D_e/(t/h)（或额定热功率 Q_e/MW）	≤2(或≤1.4)	<250	<230	<220	<200	<180	<160
	>2(或>1.4)						

a　表中所列为锅炉在额定负荷下运行时的排烟温度值。

b　对部分地区燃用高硫(S_{ar}≥3%)煤的有尾部受热面的锅炉，其运行排烟温度可适当提高，但提高幅度不超过30℃。

6.3　燃煤工业锅炉运行灰渣可燃物含量指标应不超过表4的规定值。

表 4　燃煤工业锅炉运行灰渣可燃物含量规定值[c]

以%表示

锅炉额定蒸发量 D_e/(t/h)（或额定热功率 Q_e/MW）	使用燃料[b]								
	低质煤[a]	烟煤			贫煤	无烟煤			褐煤
		Ⅰ类	Ⅱ类	Ⅲ类		Ⅰ类	Ⅱ类	Ⅲ类	
1～2(或0.7～1.4)	20	18	18	16	18	18	21	18	18
2.1～8(或1.5～5.6)	18	15	16	14	16	15	18	15	16
≥8.1(或≥5.7)	14	12	13	11	13	12	15	12	14

a　表中数值除低质煤外均为层燃工业锅炉在额定负荷下运行时对炉渣可燃物含量的要求。

b　表中数值除无烟煤外，可作为流化床燃烧工业锅炉在额定负荷下运行时对飞灰可燃物含量的要求。

c　非额定负荷下运行时的灰渣可燃物含量，可近似取为表中数值与负荷率的乘积。

6.4　工业锅炉运行排烟处过量空气系数指标应不超过表5的规定值。

表 5　工业锅炉运行排烟处过量空气系数规定值

使用燃料	煤[a]		油、气
燃烧方式	火床燃烧（层燃）	沸腾燃烧（流化床）	火室燃烧（室燃）
空气系数	<1.65(无尾部受热面) <1.75(有尾部受热面)	<1.50	<1.20

a　燃用无烟煤的火床燃烧锅炉，不受表内数值限制。

6.5　6.1～6.4所列技术指标以6.1中表2为总控制指标，工业锅炉经济运行技术指标的最终评判以表2为基础，结合6.2～6.4各单项指标综合进行。评判采用百分法：燃煤锅炉热效率占70分，燃油、气锅炉热效率占80分，其中：达到一等热效率指标值为满分，二等按90%计分，三等按80%计分，低于三等计0分，单项指标每项达标占10分，不达标为0分，评判结果应符合表6的规定。

表 6　工业锅炉经济运行技术指标综合评判级别

技术指标总评分/分	100	90～99	70～89	<70
经济运行级别	一级运行	二级运行	三级运行	不合格

6.6　对于海拔2 000 m以上地区，工业锅炉经济运行技术指标，可由当地管理部门根据具体情况对照本标准6.1～6.4作合理调整。

7 考核

7.1 工业锅炉经济运行考核应由具有相关资格的监测单位进行，并应认真填写《工业锅炉经济运行考核表》，见附录A。

7.2 工业锅炉经济运行考核，首先应检查是否符合第4章基本要求中的各项要求，若其中有三条(含三条)以上不符合，则应整改后才能进行经济运行技术指标考核。

7.3 工业锅炉经济运行技术指标的综合评判，按6.5的规定进行。

7.4 工业锅炉经济运行考核的时间间隔不超过3年，其间，若管理部门认为有必要抽查时，可临时安排进行考核。对于本标准实施之日后新安装投运的锅炉，从锅炉使用证颁发之日起六个月内应进行首次经济运行考核。

7.5 工业锅炉经济运行技术指标监测方法按GB/T 15317中的规定进行。

附 录 A
（规范性附录）
工业锅炉经济运行考核表

表 A.1 工业锅炉经济运行考核表

<table>
<tr><td colspan="2">被考核单位</td><td></td><td>考核日期</td><td></td></tr>
<tr><td colspan="2">锅炉型号规格</td><td></td><td>燃料品种</td><td></td></tr>
<tr><td colspan="2">额定蒸发量/(t/h)或
额定热功率/MW</td><td></td><td>有无尾部受热面</td><td></td></tr>
<tr><td colspan="2">考核单位</td><td></td><td>考核监测负责人(签字)</td><td></td></tr>
<tr><td colspan="2">考核依据</td><td></td><td>考核监测负责人职称、职务</td><td></td></tr>
<tr><td>基 本
要 求
考 核</td><td colspan="4">考核结果：</td></tr>
<tr><td rowspan="7">技 术
指 标
考 核</td><td colspan="2">考核项目</td><td>规定值</td><td>测试结果</td></tr>
<tr><td rowspan="3">热效率/%</td><td>一等</td><td></td><td></td></tr>
<tr><td>二等</td><td></td><td></td></tr>
<tr><td>三等</td><td></td><td></td></tr>
<tr><td colspan="2">排烟温度/℃</td><td></td><td></td></tr>
<tr><td colspan="2">炉渣或飞灰可燃物含量/%</td><td></td><td></td></tr>
<tr><td colspan="2">排烟处过量空气系数</td><td></td><td></td></tr>
<tr><td rowspan="7">其 他
项 目
考 核</td><td>考核项目</td><td>结 果</td><td>考核项目</td><td>结 果</td></tr>
<tr><td>排污率/%</td><td></td><td>维护状况</td><td></td></tr>
<tr><td>锅炉负荷率/%</td><td></td><td>使用年限</td><td></td></tr>
<tr><td>汽水泄漏率/%</td><td></td><td>送风机电流/A</td><td></td></tr>
<tr><td>凝结水回收率/%</td><td></td><td>引风机电流/A</td><td></td></tr>
<tr><td>水质化验</td><td></td><td>水泵电流/A</td><td></td></tr>
<tr><td></td><td></td><td></td><td></td></tr>
<tr><td colspan="5">考核结论、处理意见及建议：

考核单位负责人：(签字)　　　　　　　　考核单位：(盖章)
年____月____日</td></tr>
</table>

附　录　B
（资料性附录）
工业锅炉运行记录表

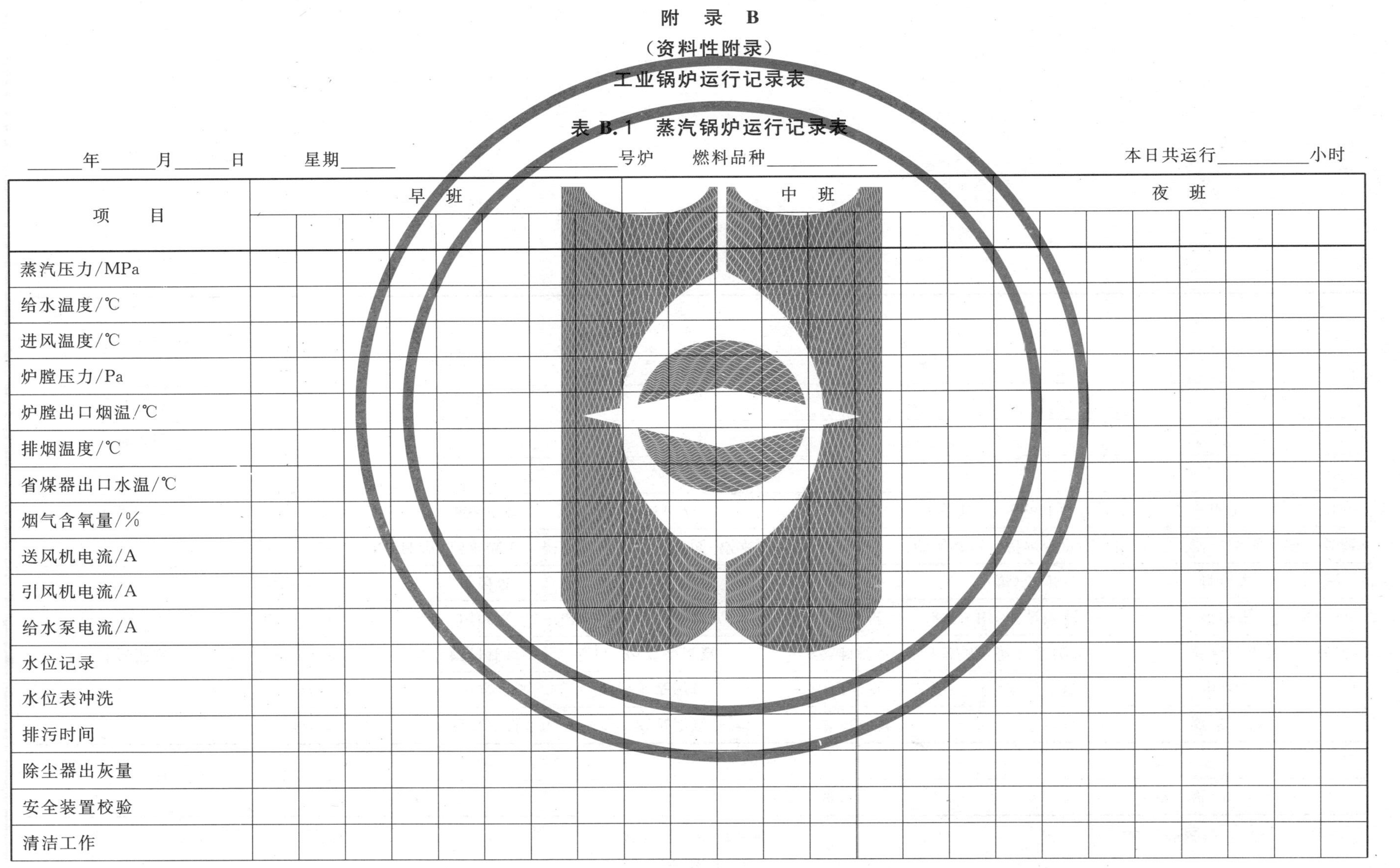

表 B.1　蒸汽锅炉运行记录表

______年______月______日　　星期______　　__________号炉　燃料品种____________　　本日共运行__________小时

项　目	早　班								中　班								夜　班							
蒸汽压力/MPa																								
给水温度/℃																								
进风温度/℃																								
炉膛压力/Pa																								
炉膛出口烟温/℃																								
排烟温度/℃																								
省煤器出口水温/℃																								
烟气含氧量/%																								
送风机电流/A																								
引风机电流/A																								
给水泵电流/A																								
水位记录																								
水位表冲洗																								
排污时间																								
除尘器出灰量																								
安全装置校验																								
清洁工作																								

表 B.1（续）

______年______月______日　　星期______　　__________号炉　燃料品种____________　　本日共运行__________小时

项　目	早　班				中　班				夜　班			
计量记录	汽表读数		蒸汽产量	t	汽表读数		蒸汽产量	t	汽表读数		蒸汽产量	t
	水表读数		用水量	t	水表读数		用水量	t	水表读数		用水量	t
	燃料表读数		燃料耗量	t 或 m^3	燃料表读数		燃料耗量	t 或 m^3	燃料表读数		燃料耗量	t 或 m^3
	电表读数		用电量	kW·h	电表读数		用电量	kW·h	电表读数		用电量	kW·h
	燃汽(水)比		排污量	t	燃汽(水)比		排污量	t	燃汽(水)比		排污量	t
水质记录	给水硬度	锅水 pH 值	锅水碱度	锅水氯根	给水硬度	锅水 pH 值	锅水碱度	锅水氯根	给水硬度	锅水 pH 值	锅水碱度	锅水氯根
	mmol/L	/	mmol/L	mg/L	mmol/L	/	mmol/L	mg/L	mmol/L	/	mmol/L	mg/L
水箱水位												
运行人员												
其他情况记录												

表 B.2 热水锅炉运行记录表

______年______月______日　　星期______　　__________号炉　燃料品种____________　　本日共运行__________小时

项目	早班								中班								夜班							
出水压力/MPa																								
进水温度/℃																								
出水温度/℃																								
进风温度/℃																								
炉膛压力/Pa																								
炉膛出口烟温/℃																								
排烟温度/℃																								
烟气含氧量/%																								
送风机电流/A																								
引风机电流/A																								
补水泵电流/A																								
循环泵电流/A																								
排污时间																								
除尘器出灰量																								
安全装置校验																								
清洁工作																								
计量记录	热水表读数				热水产量		t		热水表读数				热水产量		t		热水表读数				热水产量		t	
	补水表读数				补水量		t		补水表读数				补水量		t		补水表读数				补水量		t	
	燃料表读数				燃料耗量		t 或 m^3		燃料表读数				燃料耗量		t 或 m^3		燃料表读数				燃料耗量		t 或 m^3	
	电表读数				用电量		kW·h		电表读数				用电量		kW·h		电表读数				用电量		kW·h	

表 B.2(续)

____年____月____日　星期____　____号炉　燃料品种____　本日共运行____小时

项　目	早　班					中　班					夜　班				
水质记录	补水硬度	锅水 pH 值	锅水硬度	锅水碱度	锅水氯根	补水硬度	锅水 pH 值	锅水硬度	锅水碱度	锅水氯根	补水硬度	锅水 pH 值	锅水硬度	锅水碱度	锅水氯根
	mmol/L	/	mmol/L	mmol/L	mg/L	mmol/L	/	mmol/L	mmol/L	mg/L	mmol/L	/	mmol/L	mmol/L	mg/L
水箱水位															
运行人员															
其他情况记录															

ICS 91.140.60
P 40

中华人民共和国国家标准

GB/T 28185—2011

城镇供热用换热机组

Urban heating unit with heat exchanger

2011-12-30 发布 2012-10-01 实施

中华人民共和国国家质量监督检验检疫总局
中国国家标准化管理委员会 发布

前言

本标准按照GB/T 1.1—2009给出的规则起草。

本标准由中华人民共和国住房和城乡建设部提出。

本标准由全国城镇供热标准化技术委员会(SAC/TC 455)负责归口。

本标准起草单位:中国市政工程华北设计研究总院、城市建设研究院、天津市热电设计院、沈阳太宇机电设备有限公司、大连优力特换热设备制造有限公司、北京硕人时代科技有限公司、丹佛斯公司、天津艾耐尔热能设备有限公司、兰州兰石换热设备有限责任公司、辽阳北方换热设备制造有限公司、山东鲁润热能科技有限公司、北京格尔合力能源科技发展有限公司、天津市津能双鹤热力设备有限公司、哈瓦特换热机组(北京)有限公司、大连九圆热交换设备制造有限公司。

本标准主要起草人:王淮、廖荣平、杨健、黄鸾、邵慧发、信岩、史登峰、吴炜杰、刘毅、董强林、曹瑾、房玉刚、白文玉、何玉立、童文付、朱辉。

城镇供热用换热机组

1 范围

本标准规定了换热机组的术语和定义、型号、一般规定、要求、试验方法、检验规则、标志、使用说明书和产品合格证、标志、包装、运输和贮存要求。

本标准适用于供热(冷)等换热系统中使用的换热机组。

2 规范性引用文件

下列文件对于本文件的应用是必不可少的。凡是注日期的引用文件,仅注日期的版本适用于本文件。凡是不注日期的引用文件,其最新版本(包括所有的修改单)适用于本文件。

GB 151 管壳式换热器

GB/T 700—2006 碳素结构钢

GB/T 706—2006 热轧型钢

GB/T 2887 电子计算机场地通用规范

GB 3096 声环境质量标准

GB 4208 外壳防护等级(IP 代码)

GB/T 5657 离心泵技术条件(Ⅲ类)

GB 7251.1 低压成套开关设备和控制设备 第1部分:型式试验和部分型式试验 成套设备

GB 7251.2 低压成套开关设备和控制设备 第2部分:对母线干线系统(母线槽)的特殊要求

GB 7251.3 低压成套开关设备和控制设备 第3部分:对非专业人员可进入场地的低压成套开关设备和控制设备-配电板的特殊要求

GB 7251.4 低压成套开关设备和控制设备 第4部分:对建筑工地用成套设备(ACS)的特殊要求

GB/T 8163—2008 输送流体用无缝钢管

GB/T 8923—1988 涂装前钢材表面锈蚀等级和除锈等级

GB/T 9112—2010 钢制管法兰 类型与参数

GB/T 9969 工业产品使用说明书 总则

GB/T 12233 通用阀门 铁制截止阀与升降式止回阀

GB/T 12236 石油、化工及相关工业用的钢制旋启式止回阀

GB/T 12237 石油、石化及相关工业用的钢制球阀

GB/T 12238 法兰和对夹连接弹性密封蝶阀

GB/T 12243 弹簧直接载荷式安全阀

GB/T 12459—2005 钢制对焊无缝管件

GB/T 12668.2 调速电气传动系统 第2部分 一般要求 低压交流变频电气传动系统额定值的规定

GB 12706.1 额定电压 1 kV(U_m=1.2 kV)到 35 kV(U_m=40.5 kV) 挤包绝缘电力电缆及附件 第1部分:额定电压 1 kV(U_m=1.2 kV)和 3 kV(U_m=3.6 kV) 电缆

GB 12706.2 额定电压 1 kV(U_m=1.2 kV)到 35 kV(U_m=40.5 kV) 挤包绝缘电力电缆及附

件　第2部分：额定电压6 kV(U_m=7.2 kV)到30 kV(U_m=36 kV)　电缆

GB 12706.3　额定电压1 kV(U_m=1.2 kV)到35 kV(U_m=40.5 kV)　挤包绝缘电力电缆及附件　第3部分：额定电压35 kV(U_m=40.5 kV)　电缆

GB/T 12712　蒸汽供热系统凝结水回收及蒸汽疏水阀技术管理要求

GB/T 13384　机电产品包装通用技术条件

GB/T 14549　电能质量　公用电网谐波

GB 16409　板式换热器

GB 50015　建筑给水排水设计规范

GB 50054　低压配电设计规范

GB 50093　自动化仪表工程施工及验收规范

GB 50169　电气装置安装工程　接地装置施工及验收规范

GB 50174　电子信息系统机房设计规范

GB 50236—2011　现场设备、工业管道焊接工程施工规范

GB 50264　工业设备及管道绝热工程设计规范

CJJ 34　城镇供热管网设计规范

CJ 128　热量表

CJ/T 3047　半即热式换热器

JB/T 8680.2　三相异步电动机技术条件　第2部分：Y2-E系列(IP54)三相异步电动机(机座号80～280)

3　术语和定义

下列术语和定义适用于本文件。

3.1

换热机组　heat exchanger unit

由换热器、水泵、变频器、过滤器、阀门、电控柜、仪表、控制系统及附属设备等组成，以实现流体间热量交换的整体换热装置。

3.2

一次侧　primary circuit side

指热量或冷量的提供侧。

3.3

二次侧　secondary circuit side

指热量或冷量的接收侧。

3.4

汽-水换热机组　steam-water heat exchanger units

一次侧介质为蒸汽、二次侧介质为水的换热机组。

3.5

水-水换热机组　water-water heat exchanger units

一次侧、二次侧介质均为水的换热机组。

4　型号

4.1　型号编制

产品型号编制方法应符合下列规定：

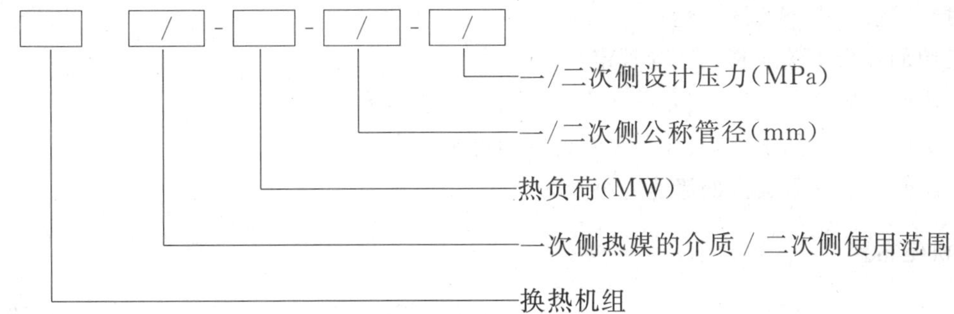

4.2 型号含义

换热机组型号含义如下:

a) 型号中第1位表示换热机组,用"换热器"和"机组"头两个字的汉语拼音大写字头表示。板式换热器机组—"BJ",管壳式换热器机组—"GJ",半即热式换热器机组—"JJ";

b) 第2位表示一次侧热媒的介质和二次侧使用范围。一次侧热媒的介质:热水—"R",蒸汽—"Q",冷水—"L";二次侧使用范围:生活热水系统—"S",空调系统—"K",散热器采暖系统—"C",地板辐射采暖系统—"F"。当二次侧使用范围有两种以上时,字母之间用"· "隔开;

c) 第3位表示额定热负荷(MW);

d) 第4位表示一、二次侧公称管径(mm);

e) 第5位表示一、二次侧设计压力(MPa)。

4.3 型号示例

BJ R/C-4.0-100/125-1.6/0.6

表示:板式换热机组,一次侧热媒的介质为高温热水,用于散热器采暖系统,热负荷为4.0 MW,一次侧管径DN 100,二次侧管径DN 125,一次侧设计压力1.6 MPa,二次侧设计压力0.6 MPa。

5 一般规定

5.1 基本参数

5.1.1 换热机组的额定热负荷宜为0.1 MW~7 MW。

5.1.2 换热机组的设计温度和设计压力应符合表1的规定。

表1 换热机组的设计温度和设计压力

项目		设计温度/℃		设计压力/MPa
		供水(汽)	回水	
一次侧	蒸汽	≤350	—	≤1.6
	热水	≤200	—	≤2.5
	空调冷水	≥0	—	≤1.6
二次侧	散热器采暖	≤95	≤70	—
	生活热水	≤60	—	—
	空调热水	60	50	—
	空调冷水	7	12	—
	地板辐射采暖	≤60	—	—

5.1.3 介质流速

换热机组的介质流速应符合下列规定：

a) 一次侧介质为蒸汽时，其介质在管道内的流速应小于 50 m/s；

b) 一次侧介质为热水时，其介质在管道内的流速应小于 2.5 m/s；

c) 二次侧介质在管道内的流速应小于 3 m/s。

5.2 换热机组布置

5.2.1 设备和管路的布置应结构合理、布线规范、检修方便、便于操作和观测，管道接口应流畅、阻力损失小。

5.2.2 换热器的两侧应留出维修空间。

5.2.3 换热器二次侧的入口和出口宜设置带阀门的旁通管道，其管径宜与水泵出口管径相同。

5.2.4 循环水泵电机功率大于 15 kW 的换热机组，在循环水泵的入口和出口应设置 1 个带止回阀的旁通管，其管径宜与循环水泵的出口管径相同。

5.2.5 在水-水换热机组中，一次侧应设置电动调节阀(或分布式变频水泵)和热量表，电动调节阀宜设置在供水管上，热量表宜设置在回水管上。

5.2.6 在汽-水换热机组中，一次侧的蒸汽管上应装设电动调节阀和流量计，电动调节阀的前后应设置阀门，并宜设置带阀门的旁通管道。

5.2.7 换热机组的二次侧宜设置流量计，流量计应安装在二次侧供水管上。补水侧应设置流量计。

5.2.8 在汽-水换热机组中，应设置能连续排水的疏水阀，疏水阀的选型应符合 GB/T 12712 的规定。

5.2.9 采暖系统和空调系统的换热机组补水点宜设置在循环水泵入口处。

5.2.10 换热机组应设置固定的吊装点，吊装点宜设置在机组的底座上，且应按照重心平衡选取吊装位置。

5.2.11 在一次侧的供水管道、二次侧的回水管道上(循环水泵入口处)应设置过滤器。

5.3 控制和测量

5.3.1 换热机组控制系统应由传感器、控制器、执行机构及通信系统组成。换热机组工艺控制流程应符合附录 A 的规定。

5.3.2 传感器应包括温度传感器(或温度变送器)、压力变送器、差压变送器、流量计、热量表、液位开关(或液位传感器)和温度开关。

5.3.3 执行机构应包括电动调节阀、变频器和电磁阀等。

5.3.4 换热机组监控应包括下列采集参数：

——一、二次侧的供、回水温度或蒸汽温度；

——一、二次侧的供、回水压力或蒸汽压力；

——一、二次侧过滤器前后的压差；

——一次侧瞬时热量、瞬时流量、累计热量、累计流量；

——二次侧瞬时流量、累计流量；

——补水流量、补水箱水位；

——循环水泵和补水泵的运行状态、故障状态及频率反馈信号等；

——电动调节阀的阀位反馈信号；

——电量信号采集：电压、电流、电量；

——室外温度。

5.3.5 换热机组报警联锁应符合下列规定：

a) 换热机组控制器应具有超温报警、超压报警、欠压报警功能，报警信号应上传至监控中心；
b) 换热机组控制器应具有对二级网超高压联锁保护、超低压联锁保护、超高温联锁保护；
c) 换热机组控制器应具有断电保护功能；
d) 当系统超过设定压力时应自动泄水；
e) 换热机组控制器应具有水箱液位指示、报警及联锁保护功能；
f) 换热机组控制器宜具有二级网防汽化联锁保护功能。

5.3.6 换热机组温度控制应满足下列规定：

a) 用于采暖的换热机组二次侧的供水温度、回水温度或供回水平均温度应能自动实现气候补偿控制，并能手动设定二次侧的供水温度、回水温度或供回水平均温度的给定值；
b) 用于采暖的水-水换热机组应能限制一次侧回水温度；
c) 用于空调和生活热水的换热机组应能调节一次侧流量控制二次侧供水温度；
d) 可根据时段来自动调整采暖和空调换热机组二次侧的供水温度、回水温度或供回水平均温度；
e) 换热机组温度控制精度不应低于±2 ℃。

5.3.7 换热机组压力控制应满足下列规定：

a) 换热机组应根据二次侧供水压力或供、回水压差调节二次侧流量；并能手动设定二次侧的供水压力或供回水压差；
b) 取压点位置应设置在换热机组的系统最不利用户的供、回水管上或在二次侧进出口管上；
c) 压力或压差控制精度不应低于±10 kPa。

5.3.8 换热机组应具有自动定压补水控制。

5.3.9 生活热水系统的循环水泵应由生活水的温度或时间装置控制泵的启停。

5.3.10 换热机组网络通信应符合下列规定：

a) 换热机组控制器应能实现与监控中心双向数据传输功能；
b) 通信应采用国际标准通用接口及协议；
c) 通信网络宜采用公共网络资源。

5.4 设备及附件

5.4.1 换热器

5.4.1.1 换热器的面积应按式(1)计算。

$$F=\frac{Q_n}{K\times\Delta t_m}\times10^{-3} \qquad \cdots\cdots(1)$$

式中：

F ——换热器的理论计算面积，单位为平方米(m^2)；

Q_n ——设计热负荷，单位为千瓦(kW)；

K ——传热系数，单位为瓦每平方米·度[W/(m^2·℃)]；

Δt_m——换热器的对数平均温差，单位为度(℃)。

5.4.1.2 单一工况下换热器不宜超过2台并联运行。

5.4.1.3 板式换热器应符合GB 16409的规定。

5.4.1.4 管壳式换热器应符合GB 151的规定，管壳式换热器的换热管宜采用强化传热管。

5.4.1.5 半即热式换热器应符合CJ/T 3047的规定。

5.4.2 循环水泵

5.4.2.1 循环水泵应符合GB/T 5657的规定。

5.4.2.2 循环水泵的进出口应设置软接头，循环水泵应有减振措施。

5.4.2.3　采暖系统和空调系统的循环水泵应采用变频控制，并联运行的循环泵均应设置变频器。变频器应符合 5.4.4 的规定。

5.4.2.4　采暖系统、空调系统循环水泵的流量应满足所有热用户设计流量之和，按式(2)计算。

$$G=\frac{3.6Q_n}{C_p(t_2-t_1)} \qquad \cdots\cdots(2)$$

式中：

G ——循环水泵流量，单位为吨每小时(t/h)；

t_1 ——二次侧循环水回水温度，单位为度(℃)；

t_2 ——二次侧循环水供水温度，单位为度(℃)；

Q_n ——设计热负荷，单位为千瓦(kW)；

C_p ——二次侧循环水的比热容，单位为千焦每千克·度[kJ/(kg·℃)]。

5.4.2.5　采暖系统、空调系统循环水泵的扬程应满足热力站内设备和管路、二级网和最不利热用户内部系统阻力之和，按式(3)计算。

$$H_0=H_1+H_2+H_3+H_4 \qquad \cdots\cdots(3)$$

式中：

H_0——循环水泵的扬程，单位为千帕(kPa)；

H_1——换热机组二次侧阻力，单位为千帕(kPa)；

H_2——热力站内部管道二次侧阻力，单位为千帕(kPa)；

H_3——二次侧室外管路最不利环路的阻力，单位为千帕(kPa)；

H_4——最不利用户内部系统阻力，单位为千帕(kPa)。

5.4.2.6　生活热水系统的循环水泵应按 GB 50015 的规定选取。

5.4.2.7　换热机组内的循环水泵不宜超过 2 台，可不设置备用泵。

5.4.2.8　水泵所配电机应符合 JB/T 8680.2 的规定，电机应能与水泵的容量配套运行。

5.4.2.9　电机的额定电压应为(380±19)V，电源频率应为(50±0.5)Hz。

5.4.2.10　电机应有密封的接线盒，接线端子应连接每个绕组的末端，电机防护等级为 IP54，绕组绝缘为 F 级，并保护接地。

5.4.3　补水泵

5.4.3.1　采暖系统、空调系统的换热机组应采用补水泵变频自动补水，变频器应符合 5.4.4 的规定。

5.4.3.2　补水泵应符合 GB/T 5657 的规定。

5.4.3.3　补水泵的电机应符合 5.4.2.8～5.4.2.10 的规定。

5.4.3.4　补水泵的流量：采暖系统应为循环水量的 4%，空调系统应为循环水量的 2%。

5.4.3.5　补水泵的扬程应按式(4)确定。

$$H=H_b+H_x+H_y-h+h_0 \qquad \cdots\cdots(4)$$

式中：

H ——补水泵的扬程，单位为千帕(kPa)；

H_b——系统补水点的压力，单位为千帕(kPa)；

H_x——补水泵的吸入管路阻力，单位为千帕(kPa)；

H_y——补水泵的出水管路阻力，单位为千帕(kPa)；

h ——补水箱最低水位高出系统补水点所产生的静压，单位为千帕(kPa)；

h_0 ——补水泵扬程计算富裕量，单位为千帕(kPa)。h_0 可按 30 kPa～50 kPa 取值。

5.4.3.6　换热机组内的补水泵宜设置 1 台。

5.4.4 变频器

5.4.4.1 变频器应符合 GB/T 12668.2 的规定。

5.4.4.2 变频器应符合电机容量和负载特性(专用于泵和风机类负载)的规定。

5.4.4.3 变频器宜配置进线谐波滤波器,谐波电压畸变率应满足 GB/T 14549 的规定。

5.4.4.4 变频器的额定值应符合下列规定:

a) 功率因数:$\cos\phi > 0.95$;

b) 频率控制范围:0 Hz～50Hz;

c) 频率精度:0.5%;

d) 过载能力:110%,且不小于 60 s;

e) 防护等级:不低于 IP20。

5.4.4.5 变频器应有下列保护功能:

——过载保护;

——过电压保护;

——瞬间停电保护;

——输出短路保护;

——欠电压保护;

——接地故障保护;

——过电流保护;

——内部温升保护;

——欠相保护。

5.4.4.6 变频器应具有模拟量及数字量的输入输出(I/O)信号,所有模拟量信号应为国际标准信号。

5.4.4.7 用于补水泵的变频器应具有睡眠功能。

5.4.4.8 变频器的操作面板应有下列功能:

——启动、停止;

——参数的设定和修改;

——显示设定点和运行参数;

——显示故障参数并声光报警;

——变频器前的操作面板上应有文字说明。

5.4.5 监控设备、仪器

5.4.5.1 控制器应具有以下功能:

——数据采集、控制调节和参数设置功能;

——人机界面、系统组态功能;

——控制器应具有与监控中心数据双向通信功能;

——日历时钟的功能;

——自动诊断、故障报警和掉电自恢复、不丢失数据功能;

——应具数据存储、数据运算和数据过滤功能;

——控制器的各种输入输出通道应具备可扩展功能。

5.4.5.2 控制器环境应符合下列规定:

——防护等级不应低于 IP20;

——存储温度:−20 ℃～70 ℃;

——运行温度:0 ℃～40 ℃;

——相对湿度：5%～90%(无结露)。

5.4.5.3 温度传感器/变送器应符合下列规定：

——测量误差不应大于±1 ℃；

——防护等级不应低于IP54；

——温度传感器应能在线拆装。

5.4.5.4 压力变送器应符合下列规定：

——压力测量范围应满足被测参数设计要求，传感器测量精度不应低于±0.5%；

——防护等级不应低于IP54。

5.4.5.5 热量表和流量计应符合下列规定：

——热量表应符合CJ 128的规定；

——热量表和流量计应具有标准信号输出或应具有标准通讯接口及采用标准通讯协议。

5.4.5.6 温度计及压力表应符合下列规定：

a) 温度计精度不应低于1.5级，压力表精度不应低于1.5级；

b) 安装位置应反映真实测量值，且应易于读取和方便维护；

c) 应按被测参数的误差要求和量程范围选用，最高测量值不应超过仪表上限量程值的70%。

5.4.5.7 电动调节阀及执行器应符合下列规定：

a) 调节阀应具有对数流量特性或线性流量特性；

b) 电动调节阀应具有手动调节装置；

c) 应按系统的介质类型、温度和压力等级选定阀体材料，满足运行和安全要求；

d) 阀门可调比率不应低于30，不能满足时应采用多阀并联；

e) 电动调节阀在调节过程中阀权度应不低于0.3，且应无汽蚀现象发生，阀权度按式(5)计算：

$$H=\frac{\Delta P_k}{\Delta P_s} \quad \cdots\cdots(5)$$

式中：

H ——阀权度；

ΔP_k——阀门全开时阀两端的压降，单位为千帕(kPa)；

ΔP_s——阀门全开时换热机组一次侧压降，单位为千帕(kPa)。

f) 蒸汽系统和高温水系统上使用的电动调节阀应具有断电自动关闭的功能；

g) 外壳防护等级不应低于IP54。

5.4.6 电控柜

5.4.6.1 电控柜应具有与机组控制器相结合实现自动检测、自动控制、声光报警和联锁保护及主动上传报警信号等功能。

5.4.6.2 现场电控柜应符合下列规定：

a) 电控柜应符合GB 7251.1～GB 7251.4和GB 4208的规定；

b) 柜体防护等级不应低于IP41；

c) 绝缘电压不应小于1 000 V；

d) 防尘应采用正压风扇和过滤层；

e) 柜门上应设置变频调速用触摸式手操器，应能调节各种参数，装有电压表、电流表、电机起停/急停控制按钮、信号灯、故障报警灯、电源工作指示灯等；

f) 应根据工艺要求具备本柜控制、机旁就地控制、计算机控制、多地控制选择功能，并应具备无源开关量；

g) 电源、电机起停/急停、故障报警信号触头容量不应小于5 A(220 V)；

h) 柜内应设置散热与检修照明、门控照明灯、联控排风扇等；

i) 在环境温度 0 ℃～30 ℃，相对湿度 90%下应能正常工作；

j) 现场应有人机界面。

5.4.6.3 电控柜应具有下列保护功能：

——短路保护；

——接地保护；

——过载保护；

——缺相保护；

——报警。

5.4.6.4 电控柜配电系统应符合下列规定：

a) 电控柜系统电压应为 380 V/220 V 且中性点接地的系统，短路电流能力应为 50 kA/s，380 V/50 Hz 相与相之间，220 V/50 Hz 相对中性点之间；

b) 配电系统保护接地型式应采用 TN-S 系统，PE 线不得串接，额定绝缘电压应大于 500 V。换热机组的接地保护装置应符合附录 B 的规定；

c) 电力进线宜采用交流三相四线制，应配置具有隔离功能的三极进线主开关(空气断路器或负荷隔离开关)以及电压表、电流表、电流互感器。根据需要配置三极或单极空气断路器、交流接触器、热继电器、中间继电器、控制按钮、指示信号灯等元器件；

d) 表类测量仪表精度等级不应低于 1.5 级，互感器类测量仪表精度等级不应低于 1.0 级。

5.4.7 电缆

5.4.7.1 电缆应符合 GB 12706.1～GB 12706.3 的规定，控制电缆应采用屏蔽线。

5.4.7.2 电缆铺设应符合 GB 50054 的规定。

5.4.8 阀门

5.4.8.1 水-水换热机组与外界管道接口处使用的关断阀宜选用球阀，球阀应符合 GB/T 12237 的规定。汽-水换热机组一次侧与外界管道接口处使用的关断阀宜选用截止阀，截止阀应符合 GB/T 12233 的规定。

5.4.8.2 水泵及换热器的进出口宜选用蝶阀，蝶阀应符合 GB/T 12238 的规定。

5.4.8.3 换热机组内循环水泵和补水泵的出口应设置止回阀。止回阀宜采用旋启式止回阀，并应符合 GB/T 12236 的规定。

5.4.8.4 换热机组内的二次侧管路上应设置安全阀，安全阀应符合 GB/T 12243 的规定。安全阀应按设计要求确定开启压力和回座压力。

5.4.8.5 在换热机组的低点应设置泄水阀，在换热机组的高点应设置放气阀，泄水阀和放气阀宜选用球阀。

5.4.9 管路附件

5.4.9.1 换热机组内的弯头、异径管、三通应符合 GB/T 12459 的规定。

5.4.9.2 换热机组内的法兰应符合 GB/T 9112 的规定。

5.4.9.3 过滤器前后应安装压力表，并应符合下列规定：

a) 过滤器应能除去大于或等于 2.0 mm 的杂物，且应满足换热器的要求，滤网应使用不锈钢；

b) 过滤器应按介质流向安装，其排污口应朝向便于检修的位置。

5.4.10 材料及连接

5.4.10.1 钢管、钢板、槽钢和法兰、垫片、三通、弯头、异径管等管路附件选用的材料应符合表 2 的规定。

表 2　换热机组管路附件的材料

材料名称	材　质	标　准
钢　板	Q235	GB/T 700—2006
钢　管	20# 或 10# 优质碳素钢	GB/T 8163—2008
法　兰	Q235B	GB/T 9112—2010
弯头、三通、异径接头	10# 或 20# 优质碳素钢	GB/T 12459—2005
槽　钢	Q235	GB/T 706—2006
角　钢	Q235	GB/T 706—2006

5.4.10.2　当采用其他材料加工制造时，其材料的机械性能和防腐蚀性能不得降低要求。

5.4.10.3　除焊接球阀外，管道与设备、阀门的连接应采用法兰连接，其他部分的连接均应采用焊接连接。当二次侧管道的公称直径小于或等于 50 mm 时，可采用螺纹连接。

5.4.10.4　管道的焊接应符合 GB 50236 的规定，所有焊接接头应进行全周长 20％射线检测或超声波检测无损检验，其质量不得低于 GB 50236—2011 中的Ⅲ级标准。

5.4.10.5　法兰垫片应使用非石棉垫片。

5.4.11　电气设备与仪表

5.4.11.1　电缆敷设应走桥架或穿线管，电力电缆采用多股同芯线时必须采用不开口线鼻子。强电线和弱电线应安装在不同的线槽内。

5.4.11.2　N 线和 PE 线应装于电控柜底部，电控柜的进出线应采用电缆下进下出方式。电控柜内配线应采用汇线槽方式。

5.4.11.3　电缆接线应采用压接方式，柜内强电弱电系统应独立设置。控制电缆端子板应设置防松件，并应采用格栅分开不同电压等级的端子。电缆端子部应有明显的相序标记、接线编号，电线和电缆线等应按照相关规范要求进行分色，电控柜内部元器件的接线应采用双回头线压接，电控柜内塑铜线不得有裸露部分。

5.4.11.4　电控柜内控制用导线应采用多股导线，端部应加不开口接线端子，导线中间不得有接头。带端子号的配线应与原理图相符合，号码应清晰，不褪色。

5.4.11.5　接线端子应有 10％的备用量，端子排额定电流不应小于 5 A。

5.4.11.6　电控柜内部结构布置应考虑电缆敷设空间及安装电缆头位置。电控柜内配线应排列整齐，捆扎成束或敷于专用阻燃塑料槽内卡在安装架上，配线应留有余量。

5.4.11.7　信号线宜从一侧进入电控柜，信号电缆的屏蔽层应在电控柜内单端接地。

5.4.11.8　电控柜内进风风扇宜安装在下部，出风风扇宜安装在柜体的上部。

5.4.11.9　操作面板不宜安装在靠近电缆和带有线圈的设备附近。

5.4.11.10　电控柜内应有接地汇流排。

5.4.12　底座和支撑结构

底座和支撑结构应有足够的强度和稳定性，换热机组内的管道及底座的预处理应达到 GB/T 8923—1988 中 St3 的规定。外表面应涂敷底漆和面漆各 2 道。

6 技术要求

6.1 外观要求

6.1.1 换热机组表面的漆膜应均匀、平整,不应有气泡、龟裂和剥落等缺陷,电控柜内应干燥、清洁、无杂物。

6.1.2 底座外形尺寸误差应小于5‰,设备定位中心距误差应小于2‰,设备安装螺栓孔与中心线误差应小于2 mm,管道的水平偏差和垂直偏差应小于10 mm。

6.1.3 法兰密封面与接管中心线平面垂直度偏差不应大于法兰外径的1%,且不大于3 mm。

6.1.4 汽、水流向、接管标记及换热机组标志牌应完整、正确。

6.2 严密性

换热机组在设计压力下,系统不得损坏或渗漏。

6.3 压力降

换热机组管路及设备的压力降,在设计条件下一、二次侧均不应大于100 kPa。

6.4 水泵运转

水泵运转时应无杂音和其他异常现象。

6.5 控制系统性能

6.5.1 控制系统应有参数测量功能。应能对温度、压力、流量、热量等参数模拟量进行实时检测,对水泵启停、运行等状态量进行监测,并能完成相应参数的数据处理物理量的上下限比较、数据过滤等。

6.5.2 控制系统应有数据存储功能。应能按设定的时间间隔采集和存储被测参数,储存的历史数据在掉电后不应丢失。

6.5.3 控制系统应有自我诊断、自恢复功能。控制器通电后应自动自检。

6.5.4 控制系统应有日历、时钟显示和密码保护功能。

6.5.5 控制系统应具备现场显示、操作功能。在现场应能通过操作键盘进行功能选取、对参数现场设定、报警设置等。

6.5.6 控制系统应有控制调节功能。控制器应能对热力站和其他现场过程设备进行自动控制和调节,满足对热力站的优化控制功能,应实现按需供热的要求。

6.5.7 控制系统的报警功能应符合下列规定:

a) 控制器应支持数据报警和故障报警;

b) 故障和报警记录应自动保存,掉电不应丢失;

c) 发生报警时,控制器显示屏上应有报警显示和在电控柜内有声或光报警。

6.5.8 控制器应在主动或被动方式下与监控中心进行数据通信。当有数据报警和故障报警时,控制器应能主动将报警信号上传至监控中心。

7 试验方法

7.1 外观检验

检查采用目测和尺寸测量检查,检查结果应符合6.1的规定。

7.2 严密性试验

7.2.1 严密性试验应按一、二次侧单独进行。

7.2.2 换热机组的整机严密性试验介质应采用清洁水，对于使用奥氏体不锈钢制造的换热器，其水中的 Cl^- 离子含量应小于 25 mg/L。

7.2.3 试验压力应按式(6)和式(7)确定，但不应低于 0.6 MPa：

a) 汽-水换热机组：

$$p_T = 1.25p\frac{[\sigma]}{[\sigma]^t} \qquad \cdots\cdots(6)$$

b) 水-水换热机组：

$$p_T = 1.25p \qquad \cdots\cdots(7)$$

式中：

p_T ——试验压力，单位为兆帕(MPa)；

p ——设计压力，单位为兆帕(MPa)；

$[\sigma]$ ——管材在试验温度下的许用应力，单位为兆帕(MPa)；

$[\sigma]^t$ ——管材在设计温度下的许用应力，单位为兆帕(MPa)。

7.2.4 试验的环境温度及试验水的温度不应低于 5 ℃。

7.2.5 换热器及管道内应充满水，待空气排净后，方可关闭放气阀。

7.2.6 系统充满水后先检查系统有无渗漏，无渗漏时对系统缓慢升压，当压力升到试验压力的 50% 时，保持 10 min，再次检查系统有无渗漏，无渗漏时将系统压力升至试验压力，并保持 10 min，然后降至设计压力并保持 30 min 后，带压进行检查，应符合 6.2 的规定。

7.2.7 严密性试验不合格时应进行返修，返修后应重新进行严密性试验。

7.2.8 严密性试验合格后应及时排空换热机组内的积水。

7.2.9 每次严密性试验应有记录，并存档。

7.3 压力降试验

将换热机组放置在测试台或现场，在换热机组的一次侧和二次侧的进出口分别安装压力表，换热机组按设计最大流量运行，读取进出口压力表的差值，应符合 6.3 的规定。

7.4 水泵运转试验

将换热机组放置在测试台上或现场，并接通水、电，按设计最大流量运行 30 min。检查水泵，应符合 6.4 的规定。

7.5 控制系统性能试验

7.5.1 控制系统整机试验可在常温下进行。

7.5.2 在控制器操作面板上读温度、压力等参数，并直接在控制器操作面板上启停补水泵、循环水泵、电磁阀等，增加或减少变频器的频率，增加或减少电动调节阀的开度，应符合 6.5.1 的规定。

7.5.3 让控制器连续运行 2 h 以上，然后断电后重新启动，应符合 6.5.2 的规定。

7.5.4 启动控制器，应符合 6.5.3 的规定。

7.5.5 查看控制器操作面板，应符合 6.5.4 的规定。

7.5.6 直接在控制器操作面板上设定温度、压力等参数的上下限，超压、超温及停电等报警信号，应符合 6.5.5 的规定。

7.5.7 设定供水温度和压力的上限值或下限值，检查系统供水温度和压力，应符合 6.5.6 的规定。

7.5.8 在控制器的操作面板上应显示报警，同时伴有声光报警；以突然断电的方式停止控制器的运行，再开启后，应符合 6.5.7 的规定。

7.5.9 控制器上有与监控中心连接的通讯接口，应符合 6.5.8 的规定。

8 检验规则

8.1 检验分类

产品检验分为出厂检验和型式检验。

8.2 出厂检验

8.2.1 每台机组应经制造厂质量检验部门检验，合格后方可出厂，出厂时应附检验合格报告。

8.2.2 出厂检验项目应符合表 3 的规定。

表 3 检验项目表

序号	检验项目	出厂检验	型式检验	技术要求	试验方法
1	外观	√	√	6.1	7.1
2	严密性	√	√	6.2	7.2
3	压力降	—	√	6.3	7.3
4	水泵运转	√	√	6.4	7.4
5	控制系统性能	—	√	6.5	7.5
注：“√”表示检验。					

8.3 型式检验

8.3.1 凡有下列情况之一者，应进行型式检验：

a) 新产品批量投产前；

b) 产品在设计、工艺、材料上有较大改变，可能对换热机组的热工性能和阻力产生较大影响时；

c) 停产满 1 年再次生产时；

d) 质量监督部门提出要求时。

8.3.2 型式检验项目应符合表 3 的规定。

8.3.3 型式检验的抽样应在出厂检验的合格品中，每年随机抽取不少于 1 台，且不同规格产品不少于 1 台。

8.3.4 检验过程中，如发现任何 1 项指标不合格时，应在同批产品中加倍抽样，复检其不合格项目，若仍不合格，则该批产品为不合格。

9 标志、使用说明书和产品合格证

9.1 标志

9.1.1 换热机组应在明显的位置设置清晰、牢固的金属材料标牌。

9.1.2 标牌应包括以下内容：

——制造厂名称和商标；

——产品名称、型号；
——设计热负荷(MW)；
——一、二次侧设计温度(℃)；
——一、二次侧设计压力(MPa)；
——一、二次侧设计压力降(kPa)；
——一、二次侧设计流量(t/h)；
——一、二次侧接管标记；
——换热面积(m^2)；
——外形尺寸(m)；
——净　重(kg)；
——充水后总重(kg)；
——额定电压(V)；
——额定电功率(kW)；
——出厂编号；
——生产日期。

9.2　使用说明书

9.2.1　每台机组应附产品说明书。

9.2.2　使用说明书应符合 GB/T 9969 的规定，并应包括以下内容：
——制造厂名和商标；
——工作原理和结构；
——技术参数、重量、外形尺寸及外连接口尺寸；
——使用介质和温度；
——主要零部件的材质；
——安装、使用、维护及保养说明，常见故障及排除方法；
——对运行管理人员的要求。

9.3　产品合格证

9.3.1　每台机组应附产品合格证。

9.3.2　产品合格证应包括以下内容：
——制造厂名和出厂日期；
——产品型号；
——执行标准；
——换热器、水泵、阀门、过滤器等设备的产品合格证明；
——出厂检验报告；
——产品编号、合格证号、检验日期、检验员标记。

10　包装、运输和贮存

10.1　包装

10.1.1　换热机组和附件、备件、技术文件(包括使用说明书、合格证、装箱单、产品总装图、产品系统图、电气原理图及接线图、出厂检验文件等)应牢固包装，紧固于箱内。包装箱应符合 GB/T 13384 的有关规定。

10.1.2　热机组内应无残余物，所有管道端口应封闭。法兰、盲板等密封面、各种零件的螺纹部分均应采取涂油防锈措施。

10.1.3　包装箱外面应标明以下内容：

——收货单位地址及名称；

——产品名称及型号；

——外形尺寸(m)；

——总重量(kg)；

——制造厂名及厂址；

——包装日期；

——“向上”、“防潮”等注意事项及标记。

10.2　运输和贮存

10.2.1　产品及其部件在运输过程中应防止剧烈震动，防止日晒、雨淋及化学物品的侵蚀。

10.2.2　产品及其部件应贮存在通风干燥、无易燃烧、无腐蚀性物质的仓库内，临时存放应用防雨布盖严。

附 录 A
（规范性附录）
换热机组工艺控制系统流程示意图

A.1 汽-水换热机组工艺控制流程示意图

汽-水换热机组工艺控制流程示意图见图 A.1，图例含义见表 A.1。

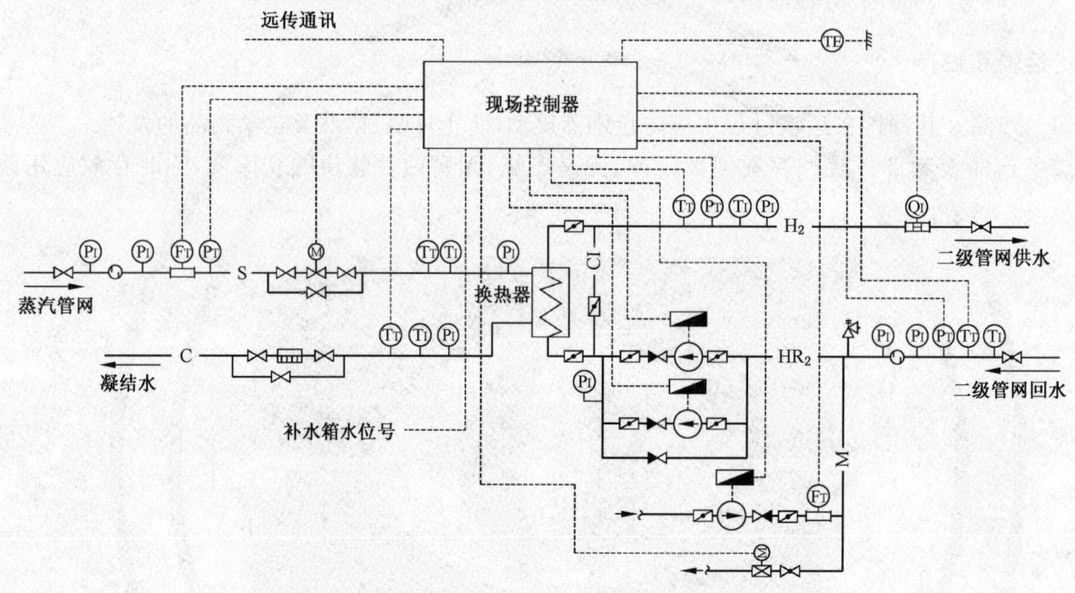

图 A.1 汽-水采暖换热机组工艺控制流程示意图

表 A.1 换热机组工艺控制系统流程示意图图例

图例	名 称	图例	名 称	图例	名 称	图例	名 称
—S—	蒸汽管	—H_1—	一级管网供水管	—H_2—	二级管网供水管	—M—	补水管
—C—	凝结水管	—HR_1—	一级管网回水管	—HR_2—	二级管网回水管	—CI—	循环水管
—DS—	生活热水供水管		疏水阀		截止阀		球阀
	蝶阀		止回阀		安全阀		除污器
	水泵		电动调节阀		流量计		热量表
FT	流量变送器	QI	积分仪	TE	室外温度传感器	TT	一体化温度变送器
PT	压力变送器	TI	温度计	PI	压力表		电磁阀
	变频控制柜						

A.2 水-水换热机组工艺控制流程示意图

水-水换热机组工艺控制流程示意图见图 A.2,图例含义见表 A.1。

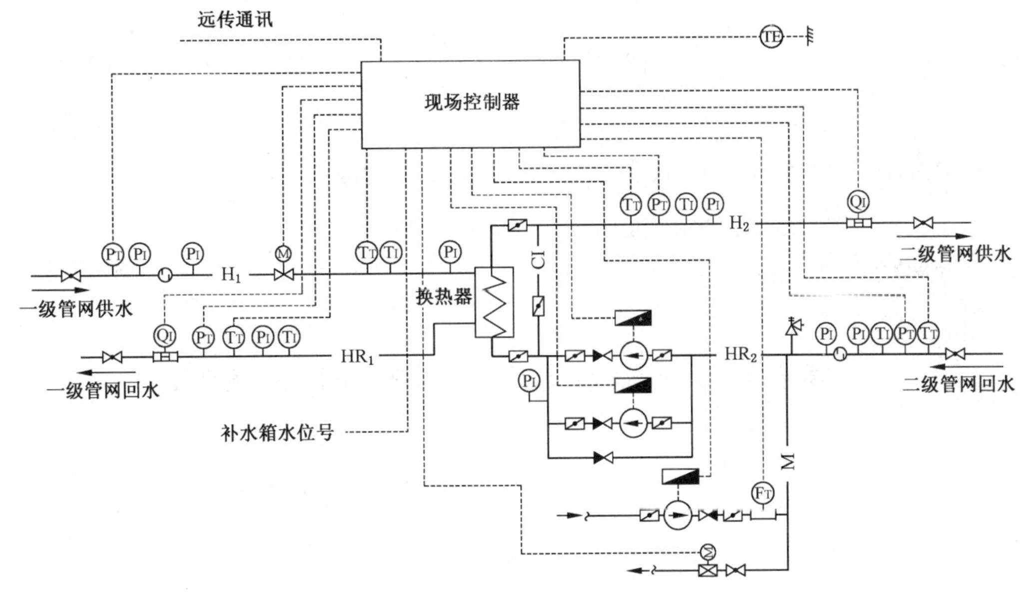

图 A.2 水-水采暖换热机组工艺控制流程示意图

A.3 汽-水生活热水换热机组工艺控制流程示意图

汽-水生活热水换热机组工艺控制流程示意图见图 A.3,图例含义见表 A.1。

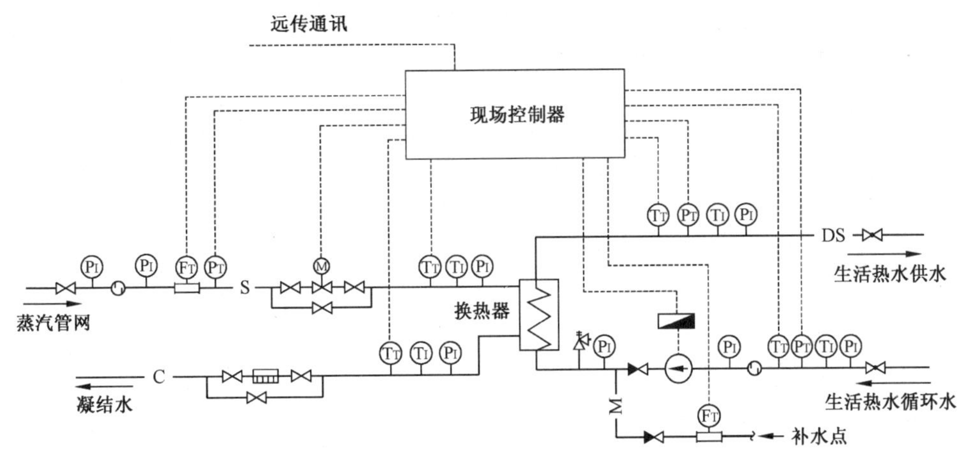

图 A.3 汽-水生活热水换热机组工艺控制流程示意图

A.4 水-水生活热水换热机组工艺控制流程示意图

水-水生活热水换热机组工艺控制流程示意图见图 A.4,图例含义见表 A.1。

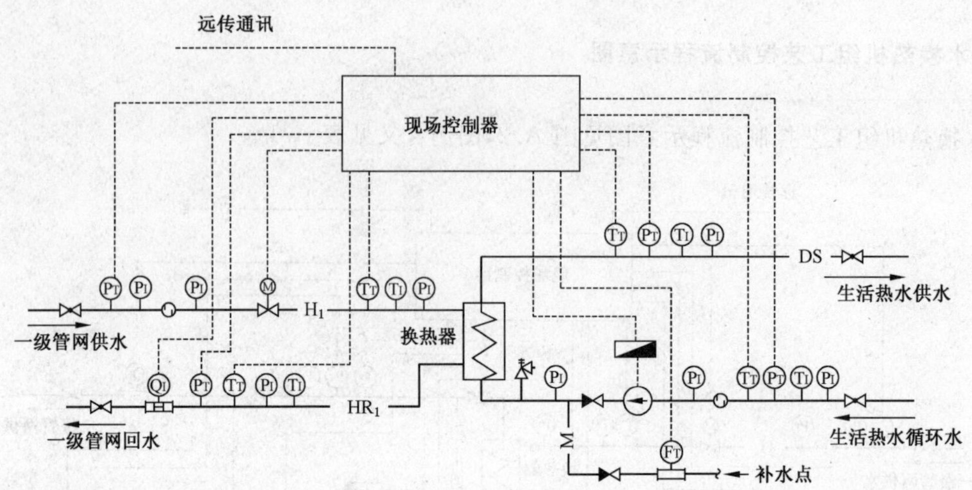

图 A.4　水-水生活热水换热机组工艺控制流程示意图

附　录　B
（规范性附录）
换热机组安装使用条件

B.1　控制环路可能出现的最大资用压差值大于 300 kPa 或大于调节阀的最大关闭压差时，在热力站内的一次侧应设置差压控制器。

B.2　换热机组的搬运应按照制造厂提供的安装使用说明书进行，不应将换热机组上的设备作为应力支点。

B.3　安装过程中应对易损仪表采取保护措施，可将易损仪表拆卸后保管，调试时再安装。

B.4　安装前应核对基础尺寸，无误后方可安装。

B.5　换热机组应有接地保护装置，仪表应与电气分别接地，接地电阻应小于或等于 4 Ω，并应符合 GB 50093、GB 50174 和 GB/T 2887 的规定。

B.5.1　单独热力站的接地应符合图 B.1 的规定。

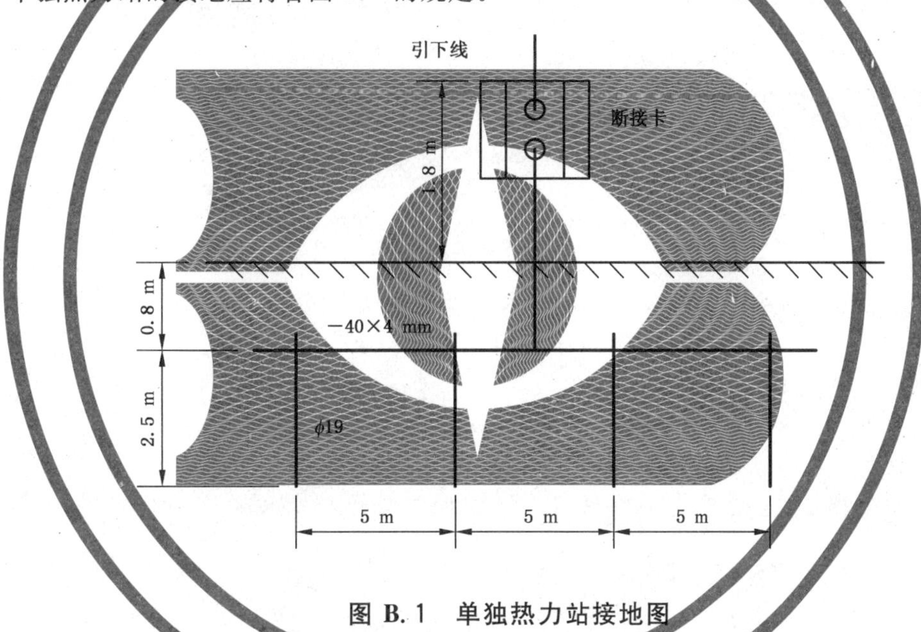

图 B.1　单独热力站接地图

a）　垂直、水平接地体应采用镀锌钢材，其截面应符合 GB 50169 的规定；

b）　距地面 1.8 m 处应设置断接卡，地面以上部分 2 m 内应安装塑料保护管。

B.5.2　热力站可利用建筑物基础内的钢筋做接地装置。

B.6　换热机组的绝热应符合 GB 50264 及下列规定：

a）　换热机组内的换热器和管道均应进行保温；

b）　用于采暖、空调、生活热水的换热机组保温后的外表面温度不应大于 50 ℃，用于制冷的水-水换热机组保温后其外表面不应结露；

c）　换热器的保温外护层应为可拆卸式的结构。

B.7　换热机组内的热媒水和补给水的水质应符合 CJJ 34 的规定。

B.8　热力站内环境温度应为 0 ℃～30 ℃，相对湿度应小于或等于 90％。

B.9　热力站内的配电柜应设置浪涌保护器。

B.10　换热机组在运行前，与之相连的系统应单独进行水压试验，并应已清洗完毕。

B.11　换热机组运行调试阶段，应按说明书的要求定期拆卸清洗过滤器。

B.12 运行人员应严格按照制造厂家提供的操作规程操作。

B.13 热力站运行噪声应符合 GB 3096 的规定。

B.14 换热机组停运后，应采取充水保养措施。

B.15 对需要带电维护的控制器及系统，换热机组停运后不应断电或定期进行通电维护。

ICS 91.140.01
P 46

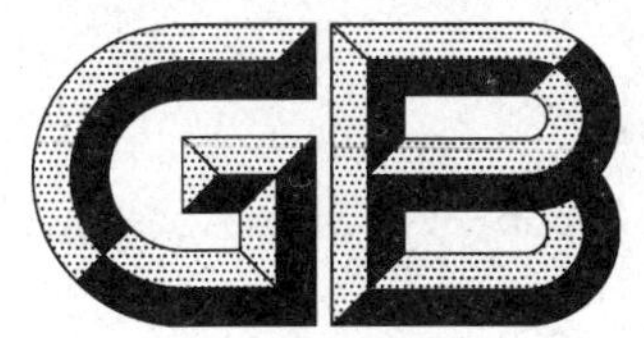

中华人民共和国国家标准

GB/T 28636—2012

采暖与空调系统水力平衡阀

Heating and air conditioning system hydraulic balance valve

2012-07-31 发布　　2013-02-01 实施

中华人民共和国国家质量监督检验检疫总局
中国国家标准化管理委员会　发布

前 言

本标准按照GB/T 1.1—2009给出的规则起草。

本标准由中华人民共和国住房和城乡建设部提出。

本标准由全国暖通空调及净化设备标准化技术委员会(SAC/TC 143)归口。

本标准负责起草单位:中国建筑科学研究院。

本标准参加起草单位:中国建筑设计研究院、上海建筑设计研究院有限公司、北京市建筑设计研究院、中国建筑东北设计研究院、中南建筑设计院、广东永泉阀门科技有限公司、欧文托普阀门系统(北京)有限公司、北京霍尼韦尔节能设备有限公司、河北平衡阀门制造有限公司、毅智机电系统(北京)有限公司、北京爱康环境技术开发公司、埃迈贸易(上海)有限公司、上海唯之嘉水暖器材有限公司、浙江盛世博扬阀门工业有限公司。

本标准主要起草人:黄维、郎四维、潘云钢、寿炜炜、万水娥、金丽娜、马友才、陈键明、马学东、张军工、刘万岭、丁世明、卜维平、冯铁栓、孔祥智、黄军、周玉图。

采暖与空调系统水力平衡阀

1 范围

本标准规定了采暖与空调系统水力平衡阀(以下简称平衡阀)的术语和定义,结构、分类、规格、公称压力与型号,材料,要求,试验方法,检验规则,以及标志、使用说明书及合格证、包装、运输和贮存等。

本标准适用于在集中供暖和空调循环水(或乙二醇水溶液)系统中,通过手动改变局部阻力调节循环水系统水力平衡的平衡阀;其工作压力不大于 2.5 MPa,公称通径为 DN15～DN400,工作温度为 −10 ℃～130 ℃。

2 规范性引用文件

下列文件对于本文件的应用是必不可少的。凡是注日期的引用文件,仅注日期的版本适用于本文件。凡是不注日期的引用文件,其最新版本(包括所有的修改单)适用于本文件。

GB/T 1047 管道元件 DN(公称尺寸)的定义和选用

GB/T 1220 不锈钢棒

GB/T 1414 普通螺纹 管路系列

GB/T 2828.1 计数抽样检验程序 第1部分:按接收质量限(AQL)检索的逐批检验抽样计划

GB/T 9112 钢制管法兰 类型与参数

GB/T 9969 工业产品使用说明书 总则

GB/T 12220 通用阀门 标志

GB/T 12221 金属阀门 结构长度

GB/T 12225 通用阀门 铜合金铸件技术条件

GB/T 12226 通用阀门 灰铸铁件技术条件

GB/T 12227 通用阀门 球墨铸铁件技术条件

GB/T 13808 铜及铜合金挤制棒

GB/T 13927—2008 工业阀门 压力试验

3 术语和定义

下列术语和定义适用于本文件。

3.1

采暖与空调系统水力平衡阀 heating and air conditioning system hydraulic balance valve

集中供暖/空调循环水系统中,能够使用流量测量仪表测量流经阀门的流量,通过手动调节阀门阻力,使水力管网达到系统水力平衡的专用调节阀门。

3.2

流通能力 flow capacity

采暖与空调系统水力平衡阀在某一开度下、阀门两端压差为 0.1 MPa、流体温度为 5 ℃～40 ℃时,所通过的流体体积流量。

3.3

最大流通能力　maximal flow capacity

采暖与空调系统水力平衡阀全开时的流通能力。

3.4

中间开度　middle of opening

采暖与空调系统水力平衡阀全开度的中间位置。

3.5

相对开度　relative opening

采暖与空调系统水力平衡阀实际开度与全开时开度的比值。

3.6

回差　hysteresis

在开启和关闭过程中,分别测得采暖与空调系统水力平衡阀在中间开度对应的流通能力,其差值与最大流通能力的比值。

3.7

测压嘴　pressure measuring taps

采暖与空调系统水力平衡阀阀体上用以测量阀体内流体压差的具有自密封功能的部件。

3.8

流量测量仪表　flow measuring meter

内部存储有相应采暖与空调系统水力平衡阀的阻力特性数据,能够测量采暖与空调系统水力平衡阀测压嘴压差并计算出流量值的采暖与空调系统水力平衡阀专用仪表。

3.9

开度限位　limit stop

采暖与空调系统水力平衡阀上的一个特殊机构,能够在任意位置锁定阀门的最大开度,且不影响阀门的正常关闭。

4　结构、分类、规格、公称压力与型号

4.1　结构

平衡阀由手轮和阀体两部分组成,见图1。

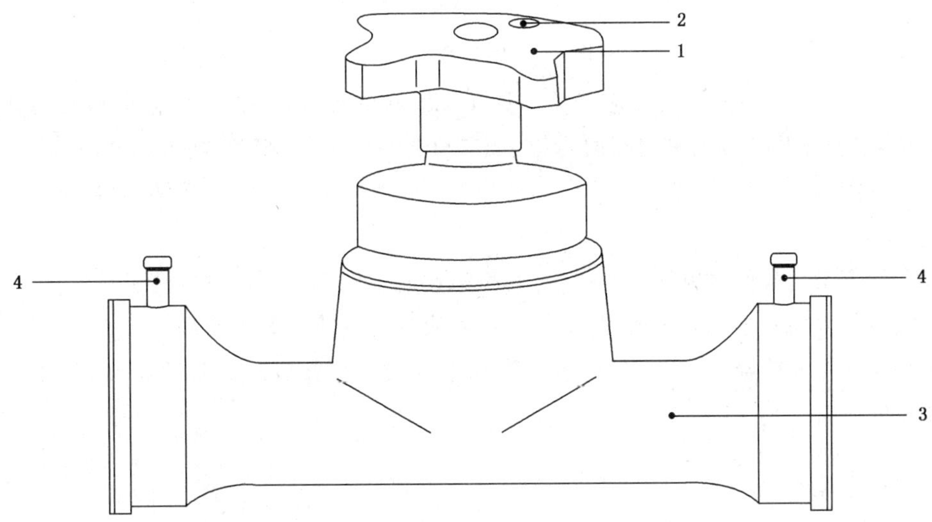

1——手轮；
2——开度显示；
3——阀体；
4——测压嘴。

图1 平衡阀外观示意图

4.2 分类

平衡阀按照连接方式分类，分为螺纹连接和法兰连接两种。

4.3 规格

平衡阀公称通径的规格系列应符合GB/T 1047的规定，规格系列表示为DN15、DN20、DN25、DN32、DN40、DN50、DN65、DN80、DN100、DN125、DN150、DN200、DN250、DN300和DN400。

4.4 公称压力

平衡阀公称压力按等级分为PN10、PN16、PN25。

4.5 型号

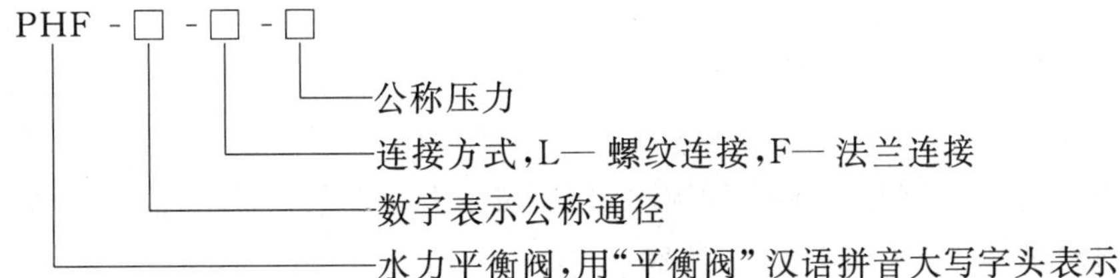

示例：

PHF-50-L-16：公称压力为1.6 MPa，采用螺纹连接的DN50平衡阀。

5 材料

5.1 阀门密封可采用氟橡胶或三元乙丙橡胶(EPDM),或耐热密封性能更好的其他材料。

5.2 阀体采用灰铸铁材料时,其性能应符合 GB/T 12226 的规定;采用铜合金材料时,其性能应符合 GB/T 12225 的规定,采用球墨铸铁材料时,其性能应符合 GB/T 12227 的规定。

5.3 阀杆采用黄铜棒材料时,其性能应符合 GB/T 13808 的规定;采用不锈钢棒材料时,其性能应符合 GB/T 1220 的规定。

5.4 平衡阀零件若采用其他材料加工制造时,其机械性能不应低于上述材料的机械性能指标。

5.5 平衡阀阀体外表面应进行防腐处理,金属零部件应进行电镀或氧化处理。

5.6 平衡阀螺纹连接应符合 GB/T 1414 的规定,法兰连接应符合 GB/T 9112 的规定。

5.7 平衡阀长度应符合 GB/T 12221 的规定。

6 要求

6.1 外观和动作要求

6.1.1 平衡阀的外观,要求表面应光洁,色泽一致,涂漆表面应均匀。无起皮、龟裂、气泡等缺陷并无明显的磕碰伤和锈蚀。

6.1.2 文字、图形符号、型号、示值和刻度线应清晰、端正和牢固,流向标志箭头、标志牌完整清晰。

6.1.3 阀门手轮或手柄不应松动,启闭应轻松、均匀,不应有卡阻现象。

6.1.4 平衡阀厂家应提供平衡阀专用流量测量仪表和工具,用于测量两个测压嘴的压差和流经平衡阀的瞬时流量。

6.1.5 平衡阀的开度应有清晰准确的数字显示,显示精度不宜低于 1/10 圈。

6.1.6 平衡阀在关闭状态下,开度显示应归零。

6.1.7 平衡阀应该具有开度限位的功能,开度限位只能通过专用工具改变。

6.2 机械性能要求

6.2.1 阀体强度

平衡阀在开启状态下,在试验液体压力为阀门最大工作压力 1.5 倍时,阀体不应发生结构损伤或液体渗漏。

6.2.2 上密封性能

平衡阀在全开状态下,在试验液体压力为阀门最大工作压力 1.1 倍时,阀杆处不应出现可见渗漏。

6.2.3 密封性能

平衡阀在关闭状态下,在阀门上游方向施加 1.1 倍工作压力(试验介质为液体),阀门不应发生结构损伤,最大允许泄漏量应符合 GB/T 13927—2008 中表 4 要求。

6.3 流量测量仪表准确度

使用生产厂家提供的流量测量仪表的流量测量误差不应大于±10%。

6.4 调节性能要求

6.4.1 最大流通能力

平衡阀的实测最大流通能力与设计最大流通能力之间的偏差不应大于±10%。

6.4.2 流量调节性能

平衡阀在三种不同开度下的流通能力，应符合以下要求：

a) 平衡阀相对开度为20%时的流通能力，应在实测最大流通能力的5%～30%之间；

b) 平衡阀相对开度为50%时的流通能力，应在实测最大流通能力的20%～65%之间；

c) 平衡阀相对开度为80%时的流通能力，应在实测最大流通能力的60%～90%之间。

6.4.3 回差

回差不应大于10%。

7 试验方法

7.1 外观和动作检查

外观和动作检查采用目测和手动方式检查，检查结果应符合6.1的规定。

7.2 机械性能试验

7.2.1 阀体强度试验

平衡阀在开启状态下，在试验液体压力为阀门最大工作压力1.5倍时，保持试验压力的最短时间应符合GB/T 13927—2008中表2的规定，试验结果应符合6.2.1的规定。

7.2.2 上密封性能试验

平衡阀在全开状态下，在试验液体压力为阀门最大工作压力1.1倍时，保持试验压力的最短时间应符合GB/T 13927—2008中表2的规定，试验结果应符合6.2.2的规定。

7.2.3 密封性能试验

平衡阀在关闭状态下，在阀门上游方向施加1.1倍工作压力(试验介质为液体)，保持试验压力的最短时间应符合GB/T 13927—2008中表2的规定，试验结果应符合6.2.3的规定。

7.3 流量测量仪表准确度试验

7.3.1 试验方法应符合附录A的规定。

7.3.2 试验步骤为任取三个开度值，通过生产厂家提供的流量测量仪表，分别测量记录平衡阀的压差和流量，与试验装置上的仪表读数进行比对，结果应符合6.3的规定，测量仪表应满足附录B的要求。

7.4 调节性能试验

7.4.1 最大流通能力试验

平衡阀在全开状态时，按照附录A中规定的试验方法，测量平衡阀的流通能力，应按6.4.1的要求进行检查。

7.4.2 流量调节性能试验

平衡阀在开启过程中,应按附录A规定的试验方法,分别测得相对开度为20%、50%和80%时的流通能力,应按6.4.2的要求进行检查。

7.4.3 回差试验

在开启和关闭过程中,分别测得平衡阀在中间开度的流通能力,计算出回差,应按6.4.3的要求进行检查。

8 检验规则

8.1 检验分类

产品检验分为出厂检验和型式检验。

8.2 出厂检验

检验项目按表1的规定执行,抽样方法及合格判定应符合GB/T 2828.1的规定,并应有产品质量合格证。

表1 检验项目

序号	检验项目	出厂检验	型式检验	要求	试验方法
1	外观和动作	√	√	6.1	7.1
2	阀体强度	√	√	6.2.1	7.2.1
3	上密封性能		√	6.2.2	7.2.2
4	密封性能		√	6.2.3	7.2.3
5	流量测量仪表准确度		√	6.3	7.3
6	最大流通能力		√	6.4.1	7.4.1
7	流量调节性能		√	6.4.2	7.4.2
8	回差		√	6.4.3	7.4.3

8.3 型式检验

8.3.1 凡有下列情况之一时,应进行型式检验。

a) 新产品批量投产前;

b) 产品在设计、工艺、材料上有较大改变时;

c) 停产满一年再次生产时;

d) 正常生产时每两年进行一次;

e) 出厂检验结果与上次型式检验有较大差异时;

f) 国家质量监督部门提出要求时。

8.3.2 检验项目应按表1的规定执行。

8.3.3 抽样方案、方法及判定

型式检验及其他检验时,检验项目应按照GB/T 2828.1的规定进行抽样、检验。

一般检验水平Ⅰ,采用正常检验二次抽样方案,其检验项目、接受质量限应符合表2的规定。批量范围不在表2规定范围时,可参照GB/T 2828.1规定进行抽样检验。

表2 平衡阀接受质量限

批量/个	样本量字码	样本	样本量/个	累计样本量/个	接受质量限(AQL)											
					阀体强度		密封性能		流量测量仪表准确度		最大流通能力		流量调节性能		滞后	
					1.0		4.0		4.0		2.5		2.5		6.5	
					Ac	Re	Ac	Re	Ac	Re	Ac	Re	Ac	Re	Ac	Re
91-150	D	第一	5	5	0	1	0	2	0	2	0	1	0	1	0	2
		第二	5	10	—	—	1	2	1	2	—	—	—	—	1	2
151-280	E	第一	8	8	0	1	0	2	0	2	0	2	0	2	0	3
		第二	8	16	—	—	1	2	1	2	1	2	1	2	3	4
281-500	F	第一	13	13	0	1	0	3	0	3	0	2	0	2	1	3
		第二	13	26	—	—	3	4	3	4	1	2	1	2	4	5

9 标志、使用说明书及合格证

9.1 标志

9.1.1 平衡阀应在明显部位设置清晰、牢固的型号标牌,型号标牌材料应用不锈钢、铜合金或铝合金制造,其内容应包括:

a) 平衡阀型号;
b) 平衡阀的工作压力;
c) 厂名和商标;
d) 生产日期。

9.1.2 产品应带有标签,标签上标明产品名称、标准编号、商标、生产企业名称、地址、种类和型号。

9.1.3 阀门标志应符合GB/T 12220的规定。

9.2 使用说明书

使用说明书应符合GB/T 9969的规定,其内容至少包括:

a) 制造厂名和商标;
b) 工作原理和结构说明;
c) 工作压力、公称通径、适用介质和温度;
d) 主要零件的材料;
e) 技术参数、重量及外型尺寸和连接尺寸;
 1) 最大允许的静压;
 2) 最大允许的压差;
 3) 最大允许的热水温度(若小于130 ℃);
 4) 最大流通能力;

5） 阀门各开度值与阀门流通能力值的对应表格或曲线。

f） 平衡阀选型计算方法；

g） 维护、保养、安装和使用说明；

h） 水力平衡调试(平衡阀的应用项目)服务承诺和准备条件；

i） 常见故障及排除方法。

9.3 合格证内容包括：

a） 制造厂名和出厂日期；

b） 产品型号、规格；

c） 执行标准编号；

d） 产品编号、合格证号、检验日期、检验员标记。

10 包装、运输和贮存

10.1 包装

10.1.1 平衡阀的包装应保证产品在正常运输中不致损坏。

10.1.2 平衡阀两端应用端盖加以保护，且易于装拆。

10.1.3 出厂包装外面应注明：

a） 产品名称、型号及数量；

b） 制造厂名及地址。

10.1.4 平衡阀包装时，应附有使用说明书和产品质量合格证。

10.2 运输

平衡阀在运输过程中，应防止剧烈震动，严禁抛掷、碰撞等，防止雨淋及化学物品的侵蚀。

10.3 贮存

平衡阀及其配件应贮存在干燥通风无腐蚀性介质的室内，并有入库登记。

附　录　A
（规范性附录）
采暖与空调系统水力平衡阀流量特性试验方法

A.1　试验装置原理图

采暖与空调系统水力平衡阀流量特性试验装置原理图，如图 A.1 所示。

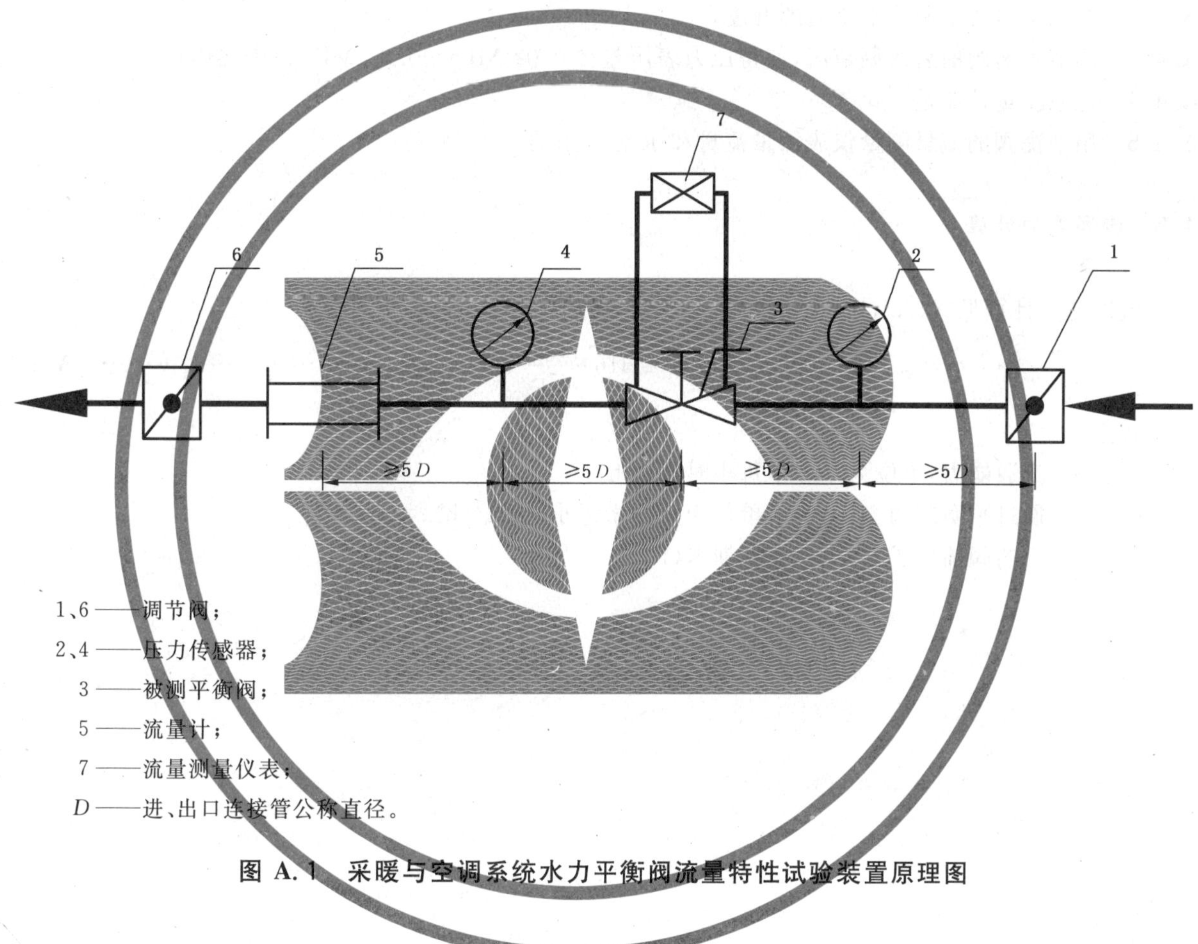

1、6——调节阀；
2、4——压力传感器；
3——被测平衡阀；
5——流量计；
7——流量测量仪表；
D——进、出口连接管公称直径。

图 A.1　采暖与空调系统水力平衡阀流量特性试验装置原理图

A.2　试验仪表

试验用的各类测量仪器仪表应在计量鉴定有效期内；其准确度应符合表 A.1 的规定。

表 A.1　测量仪表

测量参数	测量仪表		仪表准确度
压力	压力表	kPa	准确度应为 1.5 级以上
流量	流量计	%	量程内允许偏差不应大于 1%
		m^3/h	1

A.3 试验条件

A.3.1 试验介质为 5 ℃～40 ℃的水。

A.3.2 平衡阀前后压差：0.02 MPa～0.20 MPa

A.4 试验方法

A.4.1 系统满水，开启循环泵；

A.4.2 按照试验要求调节平衡阀的开度；

A.4.3 调节平衡阀前后的调节阀，使得压力表压差在 0.02 MPa～0.20 MPa 范围之内；

A.4.4 记录流量计流量；

A.4.5 用平衡阀的流量测量仪表测量流量和压差，并记录。

A.5 流通能力计算

流通能力计算见式(A.1)。

$$C = 316 \frac{Q}{\sqrt{\Delta P}} \qquad \cdots\cdots\cdots\cdots (A.1)$$

式中：

C ——流通能力，单位为立方米每小时(m^3/h)；

Q ——通过平衡阀的介质流量，单位为立方米每小时(m^3/h)；

ΔP ——平衡阀前后压差，单位为帕斯卡(Pa)。

附　录　B
（规范性附录）
采暖与空调系统水力平衡阀流量测量仪表性能要求

B.1　流量测量仪表应具有压差旁通或者过压保护功能，在测量压差过程中，避免单向压力过高损坏压差传感器。

B.2　流量测量仪表应具有压差归零的操作功能，以避免压差传感器漂移带来测量误差。

B.3　流量测量仪表压差测量范围应至少满足－8 kPa～200 kPa。

B.4　流量测量仪表应能在－10 ℃～130 ℃液体介质温度范围内工作。

ICS 91.140.60
P 40

中华人民共和国国家标准

GB/T 28638—2012

城镇供热管道保温结构散热损失测试与保温效果评定方法

Heat loss test for thermal insulation structure and evaluation methods for thermal insulation efficiency of district heating pipes

2012-07-31 发布　　　　2013-02-01 实施

中华人民共和国国家质量监督检验检疫总局
中国国家标准化管理委员会　发布

前　言

本标准按照 GB/T 1.1—2009 给出的规则起草。

本标准由中华人民共和国住房和城乡建设部提出。

本标准由全国城镇供热标准化技术委员会(SAC/TC 455)负责归口。

本标准主要起草单位:北京市公用事业科学研究所、北京市建设工程质量第四检测所、北京豪特耐管道设备有限公司、天津市管道工程集团有限公司保温管厂、大连益多管道有限公司、天津建塑供热管道设备工程有限公司、天津市宇刚保温建材有限公司、唐山兴邦管道工程设备有限公司、天津天地龙管业有限公司、北京市直埋保温管厂、青岛热电集团有限责任公司、北京鼎超供热管有限公司、青岛富莱特管道有限公司、河北华孚管道防腐保温有限公司、中国中元国际工程公司。

本标准主要起草人:杨金麟、白冬军、贾丽华、周曰从、刘瑾、江彪、叶连基、阎必行、刘秀清、于春清、李岩曙、冯文亮、邱华伟、叶锡豪、陈洁、王慕翔、段文波、陆君利、胡全喜、高雪、沈旭。

城镇供热管道保温结构散热损失测试与保温效果评定方法

1 范围

本标准规定了城镇供热管道保温结构散热损失测试与保温效果评定的术语和定义、测试方法、测试分级和条件、测试程序、数据处理、测试误差、测试结果评定及测试报告。

本标准适用于供热介质温度小于或等于 150 ℃的热水、供热介质温度小于或等于 350 ℃的蒸汽的城镇供热管道、管路附件以及管道接口部位保温结构散热损失测试与保温效果评定。

2 规范性引用文件

下列文件对于本文件的应用是必不可少的。凡是注日期的引用文件，仅注日期的版本适用于本文件。凡是不注日期的引用文件，其最新版本(包括所有的修改单)适用于本文件。

GB/T 4132 绝热材料及相关术语

GB/T 4272—2008 设备及管道绝热技术通则

GB/T 8174 设备及管道绝热效果的测试与评价

GB/T 10295 绝热材料稳态热阻及有关特性的测定 热流计法

GB/T 10296 绝热层稳态传热性质的测定 圆管法

GB/T 17357 设备及管道绝热层表面热损失现场测定 热流计法和表面温度法

GB 50411 建筑节能工程施工质量验收规范

JJF 1059—1999 测量不确定度评定与表示

EN 12828:2003 建筑物热水供热系统设计(Heating systems in buildings—Design for water-based heating systems)

3 术语和定义

GB/T 4132 和 GB/T 8174 界定的以及下列术语和定义适用于本文件。

3.1

热流传感器的亚稳态 pseudo steady state of heat flux transducer

在两个连续的 5 min 周期内，热流传感器的读数平均值相差不超过 2%时的传热状态。

3.2

实验室测试 test in laboratory

实验室中，模拟供热管道的环境条件和运行工况，所进行的管道保温结构散热损失测试。

3.3

供热管道保温结构表观导热系数 equivalent thermal conductivity of thermal insulation construction for heating pipeline

实验室测试时，由供热管道上测定的热流密度、工作管表面温度和外护管表面温度计算所得的保温结构绝热层导热系数。

4 测试方法

4.1 热流计法

4.1.1 采用热阻式热流传感器(热流测头)和测量指示仪表,直接测量供热管道保温结构的散热热流密度。当热流 Q 垂直流过热流传感器时,散热热流密度按式(1)计算:

$$q=c\times E \quad \cdots\cdots(1)$$

式中:

q——散热热流密度,单位为瓦每平方米(W/m^2);

c——测头系数,单位为瓦每平方米毫伏[$W/(m^2\cdot mV)$];

E——热流传感器的输出电势,单位为毫伏(mV)。

4.1.2 测头系数值应按 GB/T 10295 的方法,经标定后给出。可绘制出系数 $c(c=q/E)$ 与被测表面温度(视作热流传感器的温度)的标定曲线,该曲线应表示出工作温度和热流密度的范围。

4.1.3 热流计法的使用范围应符合下列规定:

a) 适用于现场和实验室的测试;

b) 适用于架空、地沟和直埋敷设的供热管道的测试;

c) 适用于保温结构内外表面存在一定温差、环境条件变化对测试结果产生的影响小、保温结构散热较均匀的代表性管段上进行的测试。

4.1.4 测试方法应按 GB/T 17357 的规定执行。

4.1.5 热流传感器的贴附应符合下列规定:

a) 热流传感器应与热流方向垂直,且热流传感器表面应处于等温面中;

b) 热流传感器宜预先埋设在保温结构的内部,不具备内部设置条件时,可贴附在保温结构的外表面;

c) 在保温结构外表面贴附时,热流传感器与被测表面的接触应良好。贴附表面应平整、无间隙和气泡;

d) 贴附前应清除贴附表面的尘土,在贴附面涂敷适量减小附着热阻的热接触材料,并可使用压敏胶带或弹性圈等材料压紧。热接触材料可采用黄油、硅脂、导热脂、导热环氧树脂等;

e) 在架空或管沟敷设的供热管道保温结构外表面贴附时,热流传感器表面的热发射率(表面黑度)应与被测管道表面的热发射率保持一致。当热流传感器表面的热发射率与被测管道表面的热发射率不一致时,可在传感器表面涂敷与被测表面热发射率相近的涂料或贴附热发射率相近的薄膜;当不能用上述方法进行处理时,则应按附录 A 给出的修正系数和公式对测试结果进行修正;

f) 保温结构外表面热发射率宜采用实际测试值,也可参照附录 B 的列表选定;

g) 直埋供热管道散热损失测试时,宜将传感器设置在保温结构外护管内。当地下水位较高,且在保温结构外表面贴附传感器时,应对热流传感器及其接线处采取防水措施,热接触面间不得有水渗入。

4.1.6 当热流传感器贴附部位的温度高于或低于传感器标定的温度时,应按产品检定证书给定的标定系数,按式(2)对仪表显示的热流密度值进行修正:

$$q_t=s\times q' \quad \cdots\cdots(2)$$

式中:

q_t——实际热流密度,单位为瓦每平方米(W/m^2);

s——热流传感器产品检定证书给定的与标定温度偏离时的修正系数;

q' ——仪表显示的热流密度值,单位为瓦每平方米(W/m^2)。

4.1.7 热流传感器输出电势的测量指示仪表或计算机输入转换模块的准确度应与热流传感器的准确度相匹配。当测定的热流密度因环境影响而波动时,宜使用累积式仪表。

4.1.8 现场应用热流传感器测定热流密度时,应符合下列规定:

a) 测试应在一维稳态传热条件下进行;

b) 应在达到亚稳态条件时读取测定数据;

c) 现场风速不应大于 0.5 m/s,不能满足时应设挡风装置;

d) 传感器不应受阳光直接辐射,宜选择阴天或夜间进行测定,或加装遮阳装置;

e) 不应在雨雪天气时进行测定。

4.1.9 测试现场环境温度、湿度的测点应在距热流密度测定位置 1 m 远处,且不得受其他热源的影响。

4.1.10 测试现场地温的测点应在距热流密度测定位置 10 m 远处,且在相同埋深的自然土壤中。

4.2 表面温度法

4.2.1 通过测定保温结构外表面温度、环境温度、风向和风速、表面热发射率及保温结构外形尺寸,散热热流密度按式(3)计算:

$$q = \alpha(t_W - t_F) \quad \cdots\cdots(3)$$

式中:

α ——总放热系数,单位为瓦每平方米·开[$W/(m^2 \cdot K)$];

t_W——保温结构外表面温度,单位为开(K);

t_F——环境温度,单位为开(K)。

4.2.2 总放热系数应按附录 C 的规定计算。

4.2.3 表面温度法的使用范围应符合下列规定:

a) 适用于现场和实验室的测定;

b) 适用于架空、地沟敷设的供热管道的测试。

4.2.4 测试方法应按 GB/T 17357 的规定执行。

4.2.5 保温结构外表面温度的测定可采用表面温度计法、热电偶法、热电阻法或红外辐射测温仪法。

4.2.5.1 表面温度计法直接测定保温结构的外表面温度应符合下列规定:

a) 表面温度计应采用热容小、反应灵敏、接触面积大、热阻小、时间常数小于 1 s 的传感器;

b) 表面温度计的传感器应与被测表面保持紧密接触;

c) 应减少对传感器周围被测表面温度场的干扰。

4.2.5.2 热电偶法应符合下列规定:

a) 热电偶丝的直径不应大于 0.4 mm,其表面应有良好绝缘层;

b) 热电偶与被测表面的接触良好,应采用以下的贴附方式:

1) 加集热铜片的贴附方式:将热电偶焊接在导热性好的集热铜片上,再将其整体贴附在被测表面上,如图 1a)所示;

2) 表面接触贴附方式:将热电偶沿被测表面紧密接触 10 mm~20 mm,如图 1b)所示;

3) 嵌入贴附方式:将热电偶嵌入被测表面上开凿的紧固槽或孔中,如图 1c)所示;

4) 埋入贴附方式:将热电偶端部的结点埋入被测体 3 mm~5 mm,如图 1d)所示。

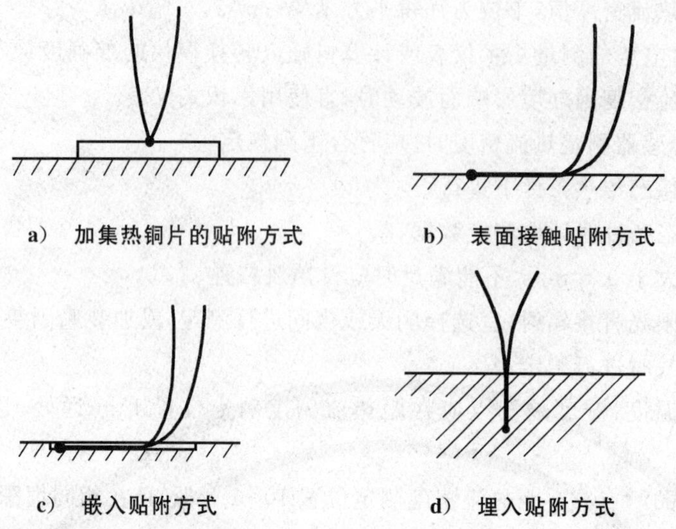

图 1 热电偶贴附方式

c) 应采用毫伏计、电位差计或计算机输入转换摸块读取测定值,并应进行参比端温度补偿。

4.2.5.3 热电阻法应符合下列规定:

a) 热电阻护套应紧密贴附在被测温度表面,使热电阻与被测表面接触良好;

b) 采用三线制测量线路,接入桥式或电位差的二次显示仪表,或接入计算机输入转换模块读取测定值。

注:热电阻法宜采用 Pt100B 级工业用热电阻。

4.2.5.4 红外辐射测温仪法应符合下列规定:

a) 采用非接触式红外辐射测温仪测定保温结构外表面温度时,应按仪表使用要求正确选择测温仪与被测点的距离及发射角;

b) 当保温结构外表面为有机材料或油漆和氧化表面时,应对被测表面比辐射率及环境辐射进行修正,应按仪表使用要求调整仪表的发射率读数。

4.2.6 环境温度的测定应使用符合精度等级要求的温度计,同步测定保温结构表面温度和环境温度,并按下列条件选择环境温度测点位置:

a) 架空敷设的供热管道,环境温度应在距保温结构外表面 1 m 处测定空气的温度;

b) 地沟敷设的供热管道,环境温度应在环地沟内壁附近测定平均空气温度。

4.2.7 环境风速测定应使用符合精度等级要求的风速仪,在测量保温结构外表面温度时,同步测量风向和风速。

4.3 温差法

4.3.1 通过测定供热管道保温结构各层材料厚度、各层分界面上的温度、以及各层材料在使用温度下的导热系数,计算保温结构的散热热流密度。

4.3.1.1 架空和地沟敷设的单层保温结构供热管道,散热热流密度和单位长度线热流密度按式(4)和式(5)计算:

$$q = \frac{q_l}{\pi D} \qquad \cdots\cdots(4)$$

$$q_l = \frac{(t - t_W)}{\frac{1}{2\pi\lambda} \times \ln(\frac{D}{d})} \qquad \cdots\cdots(5)$$

式中：

q_l ——单位长度线热流密度，单位为瓦每米(W/m)；

λ ——保温材料在使用温度下的导热系数，单位为瓦每米·开[W/(m·K)]；

t ——工作钢管中介质温度，单位为开(K)；

d ——保温层内径(可视为工作钢管外径)，单位为米(m)；

D ——保温结构外径，单位为米(m)。

4.3.1.2 架空和地沟敷设的多层保温结构供热管道，热流密度和单位长度线热流密度按式(4)和式(6)计算：

$$q_l = \frac{t - t_W}{\sum_{i=1}^{n} \frac{1}{2\pi\lambda_i} \ln \frac{d_i}{d_{i-1}}} \qquad \cdots\cdots(6)$$

式中：

λ_i ——第 i 层保温材料在使用温度下的导热系数，单位为瓦每米·开[W/(m·K)]；

d_i ——第 i 层保温材料外径，单位为米(m)；

d_{i-1} ——第 i 层保温材料内径，单位为米(m)；

n ——保温材料层数。

4.3.1.3 直埋供热管道的保温结构，热流密度和单位长度线热流密度计算，按式(4)和式(7)计算：

$$q_l = \frac{t - t_{SE}}{R_l + R_E} \qquad \cdots\cdots(7)$$

式中：

t_{SE} ——直埋管道周边环境温度(当 $H_E/D \leqslant 2$ 时，取地表大气温度；当 $H_E/D > 2$ 时，取直埋管道中心处地温)，单位为开(K)；

H_E ——直埋管道中心至地表面深度，单位为米(m)；

R_l ——管道保温结构综合热阻，单位为米·开每瓦(m·K/W)；

R_E ——直埋管道周围土壤热阻，单位为米·开每瓦(m·K/W)。

a) 管道保温结构综合热阻按式(8)计算：

$$R_l = \frac{1}{2\pi} \times \sum_{i=1}^{n} \left(\frac{1}{\lambda_i} \times \ln \frac{d_i}{d_{i-1}} \right) \qquad \cdots\cdots(8)$$

b) 直埋管道周围土壤热阻按式(9)和式(10)计算：

1) 当 $H_E/D \leqslant 2$ 时：

$$R_E = \frac{1}{2\pi \times \lambda_E} \times \operatorname{ar\,cosh} \frac{2H_E}{D} \qquad \cdots\cdots(9)$$

2) 当 $H_E/D > 2$ 时，可简化为：

$$R_E = \frac{1}{2\pi \times \lambda_E} \times \ln \frac{4 \times H_E}{D} \qquad \cdots\cdots(10)$$

式中：

λ_E ——实测土壤导热系数，单位为瓦每米·开[W/(m·K)]。

4.3.2 温差法的使用范围应符合下列规定：

a) 适用于现场和实验室的测试；

b) 适用于供热管道保温结构预制时及现场施工时预埋测温传感器的测试。

4.3.3 稳态传热时，保温材料首层内表面与工作钢管接触良好的条件下，供热管道内的介质温度可视为保温材料首层内表面温度。

4.3.4 当保温结构外护管较厚时，应将外护管作为保温结构中的一层来计算热流密度。

4.3.5　保温结构各层界面的温度可采用预埋的热电偶或热电阻测量，并应符合 4.2.5.2 和 4.2.5.3 的规定。测得的各层温度平均值，可作为该层保温材料导热系数实测时的使用温度。

4.3.6　直埋供热管道保温结构中温度传感器在外护管上的引线穿孔应进行密封，不得渗漏。

4.3.7　保温结构的各层外径，应为测试截面处的实际结构尺寸。

4.3.8　保温结构各层保温材料导热系数的确定，应在实际被测供热管道的保温结构中取样，并分别按实际平均工作温度测定。

4.3.9　直埋供热管道的土壤导热系数，应取管道工程现场的土壤试样测定。

4.4　热平衡法

4.4.1　在供热管道稳定运行工况下，现场测定被测管段的介质流量、管段起点和终点的介质温度和(或)压力，根据焓差法或能量平衡原理，计算该管段的全程散热损失值。

4.4.1.1　对于管段全程均为过热蒸汽的供热管道，全程散热损失按式(11)计算：

$$Q=0.278\,G_q\times(h_1-h_2) \qquad \cdots\cdots(11)$$

式中：

Q ——管段的全程散热损失，单位为瓦(W)；

G_q ——蒸汽质量流量，单位为千克每小时(kg/h)；

h_1、h_2——据蒸汽参数查得的被测管段进出口蒸汽比焓，单位为千焦每千克(kJ/kg)。

4.4.1.2　对于管段中有饱和蒸汽及冷凝水的供热管道，全程散热损失(冷凝水回收时，按实际计量的回收热量确定)按式(12)计算：

$$Q=0.278\times(G_{q1}\times h_1-G_{q2}\times h_2) \qquad \cdots\cdots(12)$$

式中：

G_{q1}、G_{q2}——管段进出口处测得的蒸汽质量流量，单位为千克每小时(kg/h)。

4.4.1.3　对于热水供热管道，可用测定的热水流量和管段进、出口热水温度和焓值，按式(11)计算全程散热损失，也可按式(13)计算：

$$Q=0.278\,G_s\times(c_1\times t_1-c_2\times t_2) \qquad \cdots\cdots(13)$$

式中：

G_s ——热水质量流量，单位为千克每小时(kg/h)；

c_1、c_2——据热水温度查得的被测管段进出口热水比热容，单位为千焦每千克·开[kJ/(kg·K)]；

t_1、t_2——被测管段进出口热水温度，单位为开(K)。

4.4.2　热平衡法的使用范围应符合下列规定：

a)　无支管、无途中泄漏和排放的供热管线或管段；

b)　架空、地沟和直埋敷设的供热管道保温结构散热损失测试；

c)　具有一定传输长度和一定介质温降的供热管道保温结构散热损失的现场测试，对于管段全程温降较小，测温传感器精度和分辨率不满足要求时，不应采用热平衡法。

4.4.3　被测管段进出口处应按测试等级精度要求设置流量、温度和(或)压力测量仪表。当使用管段进出口处已安装的仪表时，应检验其精度和有效性。

4.5　实验室测试

4.5.1　实验室模拟环境和运行条件下的供热管道保温结构散热损失测试方法，应按 GB/T 10296 的规定执行。

4.5.2　实验室测试的使用范围应符合下列规定：

a)　适用于架空、地沟和直埋敷设的供热管道保温结构散热损失的模拟测试，可作为提供保温结构设计计算和材料选择的依据；

b) 适用于对工程现场所采用的保温管道产品进行保温效果的检验测试和评定；

c) 适用于对保温管道生产企业的保温管道产品进行型式检验，可用作管道保温性能和加速老化性能测试。

4.5.3 实验室测试系统的加热热源，应设置对工作钢管内的介质温度调节、控制装置，并应符合下列规定：

a) 最高温度应大于或等于 350 ℃；

b) 温度控制精度应小于或等于±0.5 ℃。

4.5.4 实验室测试系统的恒温小室应符合下列规定：

a) 室内空气温度调节范围为 10 ℃～35 ℃，控制精度应小于或等于±1 ℃；

b) 室内空气相对湿度的调节范围为 30%RH～60%RH，控制精度应小于或等于±5%；

c) 测试段处的风速应小于或等于 0.5 m/s。

4.5.5 当被试验管道工作管的直径小于 500 mm 时，试验管段长度宜为 3 m；当工作管直径大于或等于 500 mm 时，试验管段长度应大于或等于 5 m。

4.5.6 在被试验管段保温结构的两端，距端头大于或等于 0.5 m 处，应按 GB/T 10296 的规定，采取隔缝防护。

4.5.7 在被试验管段中间选择 1 个～2 个垂直于管段轴线的测试截面，2 个测试截面的间距应为 100 mm～200 mm。

4.5.8 选择并列 2 个测试截面时，管段散热损失应取 2 个截面测试结果的平均值。

4.5.9 实验室模拟环境和运行条件下，宜采用热流计法直接测得架空、地沟敷设管道保温结构的散热损失。

4.5.10 对于直埋供热管道，实验室测试的结果还应按下列方法换算为直埋供热管道的散热损失，并应符合下列规定：

a) 由实验室测试中测得的管道保温结构单位长度线热流密度可用式(14)表达，并按式(15)计算保温结构的表观导热系数：

$$q_{l,av}=\frac{t-t_w}{\frac{1}{2\pi\lambda_p}\times\ln(\frac{D}{d})} \qquad \cdots\cdots(14)$$

$$\lambda_p=\frac{q_{l,av}\times\ln(\frac{D}{d})}{2\pi\times(t-t_w)} \qquad \cdots\cdots(15)$$

式中：

$q_{l,av}$——试验管段单位长度线热流密度，单位为瓦每米(W/m)；

λ_p ——试验管段保温结构的表观导热系数，单位为瓦每米·开[W/(m·K)]。

b) 直埋供热管道单管敷设时，散热损失按式(7)计算；

1) 管道保温结构综合热阻 R_l 按式(16)计算：

$$R_l=\frac{1}{2\pi\lambda_p}\times\ln\frac{D}{d} \qquad \cdots\cdots(16)$$

2) 土壤热阻 R_E 应按式(9)或式(10)计算。

c) 直埋供热管道双管敷设时，散热损失按式(17)计算：

$$q_l=\frac{t-t_{SE}}{R_l+R_E+R_S} \qquad \cdots\cdots(17)$$

式中：

R_S ——直埋管道双管敷设，因相互间温度场的影响产生的附加热阻，单位为米·开每瓦(m·K/W)。

1） 两条管道的附加热阻按式(18)和式(19)计算。

第一条管道的附加热阻：

$$R_{S1}=\frac{(t_{O2}-t_g)\times R_{l1}-(t_{O1}-t_g)\times R_{S12}}{(t_{O1}-t_g)\times R_{l2}-(t_{O2}-t_g)\times R_{S12}}\times R_{S12} \quad\cdots\cdots(18)$$

式中：

R_{S1} ——第一条管道的附加热阻，单位为米·开每瓦(m·K/W)；

t_{O1} ——第一条管道的介质温度，单位为开(K)；

t_{O2} ——第二条管道的介质温度，单位为开(K)；

t_g ——直埋管道中心埋深处的土壤自然温度，单位为开(K)；

R_{l1} ——第一条管道保温结构综合热阻，单位为米·开每瓦(m·K/W)；

R_{l2} ——第二条管道保温结构综合热阻，单位为米·开每瓦(m·K/W)；

R_{S12} ——双管敷设相互影响系数，单位为米·开每瓦(m·K/W)。

第二条管道的附加热阻：

$$R_{S2}=\frac{(t_{O1}-t_g)\times R_{l2}-(t_{O2}-t_g)\times R_{S12}}{(t_{O2}-t_g)\times R_{l1}-(t_{O1}-t_g)\times R_{S12}}\times R_{S12} \quad\cdots\cdots(19)$$

式中：

R_{S2}——第二条管道的附加热阻，单位为米·开每瓦(m·K/W)。

2） 双管敷设相互影响系数按式(20)和式(21)计算：

两条管道埋深相同时：

$$R_{S12}=\frac{\ln\sqrt{1+(2H_E/S)^2}}{2\pi\lambda_E} \quad\cdots\cdots(20)$$

式中：

S ——两条管道的中心距，单位为米(m)。

两条管道埋深不同时：

$$R_{S12}=\frac{\ln\sqrt{[S^2+(H_{E1}+H_{E2})^2]/[S^2+(H_{E1}-H_{E2})^2]}}{2\pi\lambda_E} \quad\cdots\cdots(21)$$

式中：

H_{E1}——第一条管道中心至地表深度，单位为米(m)；

H_{E2}——第二条管道中心至地表深度，单位为米(m)。

4.5.11 管道直埋时的实际保温结构外护管的表面温度，可根据实验室测试结果按式(22)计算：

$$t_W=t-q_l\times R_l \quad\cdots\cdots(22)$$

5 测试分级和条件

5.1 测试分级

5.1.1 现场测试选级应符合下列规定：

a） 采用新技术、新材料、新结构的供热管道鉴定测试，执行一级测试；

b） 供热管道新建、改建、扩建及大修工程的验收测试，执行二级以上的测试；

c） 供热工程的普查和定期监测，执行三级以上的测试。

5.1.2 实验室测试选级应符合下列规定：

a） 预制供热管道的生产鉴定，执行一级测试；

b） 预制供热管道的现场(包括施工和生产)抽样检测，执行二级以上的测试。

5.2 测试条件

5.2.1 一级测试应采用不少于两种的测试方法，并对照、同步进行；二级、三级测试可采用一种测试方法。

5.2.2 一级测试的测试截面和传感器的布置密度应相对二、三级测试的大。

5.2.3 不同等级的测试应选用相应等级准确度要求的测试仪器、仪表。

5.3 测试仪器、仪表

不同测试等级所选用的仪器、仪表及其准确度应符合表1的规定。

表1 测试用仪器、仪表的准确度

测试项目	测试仪器、仪表	单位	准确度		
			一级	二级	三级
外形尺寸	钢直尺、钢卷尺	mm	0.5	1.0	1.0
介质温度	温度计	℃	0.1	0.2	0.5
介质压力	压力表	%	0.4	1.0	1.0
热水流量	流量计	%	0.5	1.0	1.5
蒸汽流量	流量计	%	1.0	1.5	1.5
保温层厚度	游标卡尺	mm	0.02	0.02	0.02
保温层界面温度	热电偶、热电阻	℃	0.5	1.0	1.0
保温材料导热系数	导热仪	%	3	5	5
材料重量	天平，秤	g	0.1	0.5	1.0
外表面温度	热电偶、热电阻	℃	0.5	1.0	1.0
	表面温度计	℃	0.5	1.0	1.0
	红外测温仪	℃	0.5	1.0	1.0
材料辐射率	辐射率测量仪	%	2.0	2.0	2.0
热流密度	热流计	%	4	6	8
环境温度、地温	温度计	℃	0.5	1.0	1.0
空气相对湿度	湿度仪	%	5	10	10
环境风速	风速仪	%	5	10	10

6 测试程序

6.1 测试准备

6.1.1 按测试任务性质和要求确定测试等级。

6.1.2 对现场测试的供热管道进行调查，内容包括敷设方式、管线布置、保温结构类型与尺寸、管道总长度、管道运行工况和参数、施工及投产日期、土壤条件、气象资料等，并将相关资料录入附录D的表中。

6.1.3 结合测试任务及现场调查结果制订测试方案，并应符合下列规定：

a) 制订测试计划、确定测试人员；

b) 确定测试方法及相应测定参数；

c) 确定测试截面位置和测点传感器布置方案。

6.1.4 编制测试程序软件和记录表格。

6.2 现场测试截面和测点布置

6.2.1 测试截面的布置应符合下列规定：

a) 对于较复杂的供热管网，应按管道直径、分支情况、保温结构类型，分成不同的测试管段。每一管段应在首末端各设置一个直管段测试截面，并按管段实际长度、保温结构状况和测试等级要求，在其间再选择若干个直管段测试截面；

b) 每一管段中的管道接口处测试截面和管路附件处测试截面不应少于一个；

c) 架空敷设的水平和竖直供热管道，应分别选取测试截面。

6.2.2 每一测试截面上沿管道周向的测点布置应符合下列规定：

a) 供热管道架空敷设时，测点布置如图 2 所示；

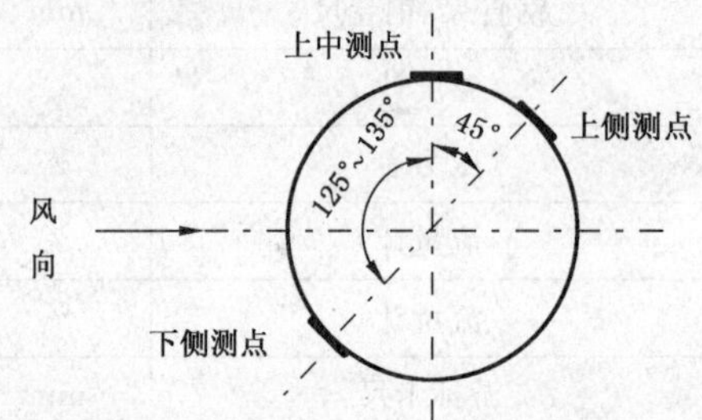

图 2 架空敷设测点布置

b) 供热管道地沟敷设或直埋单管敷设时，测点布置可按图 2 或其垂直对称位置布置；

c) 供热管道双管敷设时，测点布置如图 3 所示；

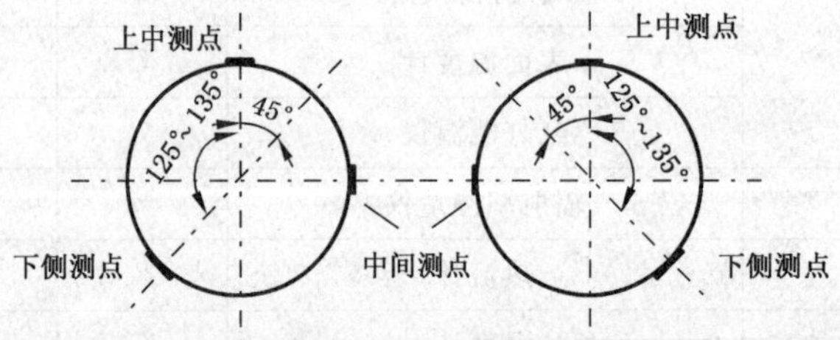

图 3 双管敷设测点布置

d) 一级测试和被测管道的工作管直径大于 500 mm 时，应预先选择不少于一个有代表性的测试截面，沿周向均匀设置 8 个测点，布置测试传感器进行预备测试。依照预备测试得出的管道保温结构表面热流和温度场分布结果，按热流密度平均值相等的原则合理确定测点的数量和位置。对于管道工作管直径大于 500 mm 的二、三级测试，可采用在图 2 和图 3 上各测点的对称位置处，增加 3 个测点的布置方案。

6.2.3 选配测试仪表，并校核其计量检定有效性。

6.2.4 清理管道的测点位置表面，测试传感器的设置过程中应保持保温结构的原来状态。对于现场开挖或剖开保温结构设置传感器的直埋管道，应按原始状态恢复保温结构，并按填埋要求及时回填。

6.3 实验室测试的测点布置

6.3.1 当被测管道的工作管直径小于 500 mm 时，应在测试管段中间相距 100 mm～200 mm 处选取两个测试截面，按 6.2.2a)或 b)的要求布置测点。

6.3.2 当被测管道的工作管直径大于或等于 500 mm 时，应在测试管段中间相距 500 mm 处选取两个测试截面，沿周向均匀设置 8 个测点。

6.4 稳态传热条件下的测试

6.4.1 各测试截面的测试传感器贴附完毕后(对于直埋管道还应符合 6.2.4 的规定)，管道应按设计的额定工况(或接近额定工况)稳定连续运行不少于 72 h。

6.4.2 连接测试数据采集系统，检查管道运行工况和测试截面处的测定数据是否稳定。可选择有代表性的测试截面进行预备测试，读取热流传感器的数据，观察测定数据的变化情况。

6.4.3 确认已达到亚稳态条件后，开始正式测试，采集和记录数据。

6.4.4 数据采集应每分钟 1 次，连续记录 10 min。

7 数据处理

7.1 数据整理

7.1.1 应将采集的可疑数据剔出，并标明原因。

7.1.2 同一测试截面相同参数所测数据，应按算术平均值的方法计算该参数值。

7.1.3 不同的测试方法应按对应的计算公式计算各测试截面处的平均热流密度值。

7.2 结果计算

7.2.1 被测同一管径管道直管段全长的平均线热流密度为该管道各个直管段测试截面处的线热流密度平均值和该管道直管段全长上的散热损失，分别按式(23)和式(24)计算：

$$\bar{q}_l = \frac{\sum_i^j \pi D \times q_i}{j} \quad \cdots\cdots(23)$$

$$Q_l = \bar{q}_l \times L_l \quad \cdots\cdots(24)$$

式中：

$\bar{q}_l$ ——直管段全长的平均线热流密度，单位为瓦每米(W/m)；

q_i ——第 i 个直管段测试截面处的平均热流密度，单位为瓦每平方米(W/m²)；

j ——直管段测试截面个数；

Q_l——被测管道直管段全长上的散热损失，单位为瓦(W)；

L_l——被测直管段全长，单位为米(m)。

7.2.2 同一管径管道接口处保温结构的散热损失测试，应在测得被测接口处的热流密度 q_r 后，全管段接口处的总散热损失按式(25)计算：

$$Q_{r,1} = \pi D \times q_r \times l \times m \quad \cdots\cdots(25)$$

式中：

$Q_{r,1}$——全管段接口处总散热损失，单位为瓦(W)；

q_r ——被测接口处热流密度，单位为瓦每平方米(W/m²)；

l ——一个接口处保温结构长度，单位为米(m)；

m ——接口数量。

7.2.3 供热管道中的阀门、管路附件的热流密度计算应符合下列规定：

a) 当采用热流计法时，直接测得散热热流密度；

b) 当测得的数据是阀门、管路附件的表面温度时，应符合下列规定：

1） 对于架空和管沟敷设的管道可采用实测的表面温度算术平均值，按表面温度法计算热流密度；

2） 对于直埋的阀门、管路附件可采用实测的表面温度算术平均值和实测的土壤温度、土壤导热系数值，按温差法计算出热流密度，再按阀门、管路附件的实际表面积折算出相对于该管道的当量长度，计算出该当量长度上的散热热流密度。并按实际数量计算出所有阀门、管路附件的总散热损失。

7.2.4 供热管道保温结构局部破损处的散热损失，应根据破损面积和实测表面温度的算术平均值，按表面温度法计算出热流密度和散热损失。

7.2.5 热平衡法测试结果即为管段全长的散热损失，其平均线热流密度按式(26)、式(27)和式(28)计算：

a） 蒸汽管道：

$$\bar{q}_l = \frac{0.278\,G_q(h_1 - h_2)}{L} \qquad \cdots\cdots(26)$$

或

$$\bar{q}_l = \frac{0.278 \times (G_{q1} \times h_1 - G_{q2} \times h_2)}{L} \qquad \cdots\cdots(27)$$

式中：

L ——被测管段长度，单位为米(m)。

b） 热水管道：

$$\bar{q}_l = \frac{0.278\,G_s(c_1 t_1 - c_2 t_2)}{L} \qquad \cdots\cdots(28)$$

7.2.6 年或供热周期平均温度条件下的热流密度值，应根据实测的热流密度、介质温度和环境温度，按式(29)计算：

$$q_m = q_0 \times \frac{t_0 - t_m}{t_0' - t_n} \qquad \cdots\cdots(29)$$

式中：

q_m ——年或供热周期平均温度条件下的热流密度相应值，单位为瓦每平方米(W/m^2)；

q_0 ——实测热流密度，单位为瓦每平方米(W/m^2)；

t_0 ——当地年或供热周期内平均介质温度，单位为开(K)；

t_0' ——测试时的介质温度，单位为开(K)；

t_m ——当地年或供热周期内平均环境温度(空气温度或地温)，单位为开(K)；

t_n ——测试时的环境温度(空气温度或地温)，单位为开(K)。

7.2.7 被测管段总散热损失按式(30)计算：

$$Q_b = Q_l + Q_{r,1} + Q_{r,2} + Q_{r,3} \qquad \cdots\cdots(30)$$

式中：

Q_b ——被测管段总散热损失，单位为瓦(W)；

$Q_{r,2}$ ——被测管段上全部阀门、管路附件的散热损失，单位为瓦(W)；

$Q_{r,3}$ ——被测管段保温结构破损处的散热损失，单位为瓦(W)。

7.2.8 管网总散热损失应为各管段散热损失之和，按式(31)计算：

$$Q_m = \sum_{i=1}^{k} Q_{bi} \qquad \cdots\cdots(31)$$

式中：

Q_m ——管网总散热损失，单位为瓦(W)；

Q_{bi} ——第 i 管段的散热损失，单位为瓦(W)；

k ——管网中的被测管段数。

7.2.9 将经过误差分析的测试结果和计算值录入附录 E 数据表中。

8 测试误差

8.1 误差分析

8.1.1 测试误差来源于仪表误差、测试方法误差、测试操作及读数误差、运行工况不稳定及环境条件变化形成的误差等。

8.1.2 若出现的误差较大，又较难做出分析时，应采用多种测试方法对比测试，或一种测试方法的重复测试，以确定测试误差和重复性误差。

8.2 误差范围

8.2.1 一级测试应按 JJF 1059—1999 对各参数的测定做出测量不确定度分析，按照 A 类和 B 类评定方法计算合成不确定度，并给出扩展不确定度评定。测试结果的综合误差不应超过 10%，重复性测试误差不应超过 5%。

8.2.2 二级测试应做出误差估计，测试结果的综合误差不应超过 15%，重复性测试误差不应超过 8%。

8.2.3 三级测试可不作误差分析和误差估计，但重复性测试误差不应超过 10%。

9 测试结果评定

9.1 评定依据

9.1.1 供热管道保温结构散热损失测试结果的评定，以下列三条要求中的一条为依据。

9.1.1.1 供热管道设计对保温结构最大允许散热损失值的要求。

9.1.1.2 测试委托协议或合同书中确定的对供热管道保温结构最大允许散热损失要求。

9.1.1.3 附录 F 中列出的供热管道保温结构允许最大散热损失值。

9.1.2 管网热输送效率应符合 GB 50411 的规定。

9.2 合格评定

同时符合以下两条时，评定为合格：

a) 经误差分析的管道保温结构散热损失测试结果，按照测试任务书和测试等级的要求，与 9.1.1 中的评定要求进行比较，未超过允许最大散热损失值。
b) 按测定的实际供热负荷和总散热损失值，核算其热输送效率，热输送效率应大于或等于 0.92。

10 测试报告

10.1 报告内容

测试报告应包括以下内容：

a) 测试任务书及测试项目概况，测试目的及测试等级要求；
b) 测试项目的实际运行参数、测试现场及气象条件调查；
c) 测试方案，测试主要参数，主要测试仪器、仪表及精度；
d) 测试日期，测试工作安排及主要技术措施；
e) 测试数据处理，计算公式，测量不确定度分析；

f) 测试结果评定和分析,提出建议。

10.2 资料保存

原始记录、数据处理资料及测试报告应及时存档备查。

附 录 A
（规范性附录）
热流传感器表面热发射率修正系数

A.1 修正系数

热流传感器表面热发射率与被测表面发射率不一致时的修正系数见表 A.1。

表 A.1 热流传感器表面热发射率修正系数

被测表面发射率	热流传感器表面热发射率修正系数							适用条件
	被测表面温度/℃							
	50	100	150	200	300	400	500	
0.4	0.73	0.73	0.72	—	—	—	—	适用于硅橡胶热流传感器（表面热发射率 0.9）
0.5	0.78	0.78	0.78	—	—	—	—	
0.6	0.85	0.85	0.84	—	—	—	—	
0.7	0.89	0.89	0.88	—	—	—	—	
0.8	0.96	0.96	0.95	—	—	—	—	
0.9	1.0	1.0	1.0	—	—	—	—	
0.9	1.41	1.41	1.45	1.50	1.58	1.68	1.76	适用于金属热流传感器（表面热发射率 0.4）
0.8	1.33	1.33	1.35	1.40	1.48	1.53	1.60	
0.7	1.25	1.25	1.28	1.30	1.34	1.40	1.47	
0.6	1.17	1.17	1.18	1.20	1.24	1.28	1.30	
0.5	1.09	1.09	1.10	1.11	1.12	1.13	1.16	
0.4	1.00	1.00	1.00	1.00	1.00	1.00	1.00	

A.2 测试值修正

热流计测试结果应按式(A.1)进行修正：

$$q_s = f \times q_A \qquad \cdots\cdots\cdots\cdots (A.1)$$

式中：

q_s ——经修正的热流密度值，单位为瓦每平方米（W/m^2）；

q_A ——热流计实测热流密度值，单位为瓦每平方米（W/m^2）；

f ——热发射率修正系数。

附 录 B
（资料性附录）
外护管材料表面热发射率

表 B.1 外护管材料的表面热发射率

外护管材料和表面状况	表面温度 t/℃	表面热发射率(ε)
粗制铝板	40	0.07
工业用铝薄板	100	0.09
严重氧化的铝	94～505	0.20～0.31
铝粉涂料	100	0.20～0.40
轧制钢板	40	0.66
极粗氧化面钢板	40	0.80
有光泽的镀锌铁皮	28	0.228
有光泽的黑漆	25	0.875
无光泽的黑漆	40～95	0.90～0.98
色薄油漆涂层	37.8	0.85
砂浆、灰泥、红砖	20	0.93
石棉板	40	0.96
胶结石棉	40	0.96
沥青油毡纸	20	0.93
粗混凝土	40	0.94
石灰浆粉刷层	10～38	0.91
油纸	21	0.91
硬质橡胶	40	0.94

附　录　C
（规范性附录）
供热管道保温结构外表面总放热系数及其近似计算

C.1　基本要求

应根据测试等级的要求，分别进行总放热系数的计算。一级测试按式(C.2)的方法计算；二级、三级测试按式(C.3)的方法计算。

C.2　外表面总放热系数

外表面总放热系数按式(C.1)计算：

$$\alpha = \alpha_r + \alpha_c \quad \cdots\cdots(C.1)$$

式中：

α ——总放热系数，单位为瓦每平方米·开[W/(m²·K)]；

α_r——辐射放热系数，单位为瓦每平方米·开[W/(m²·K)]；

α_c——对流放热系数，单位为瓦每平方米·开[W/(m²·K)]。

C.2.1　辐射放热系数取决于表面的温度和热发射率，材料表面热发射率定义为表面辐射系数与黑体辐射常数之比。辐射放热系数按式(C.2)、式(C.3)和式(C.4)计算。

$$\alpha_r = a_r \times C_r \quad \cdots\cdots(C.2)$$

式中：

a_r ——温度因子，单位为3次方开(K³)。

a)　温度因子可按式(C.3)计算：

$$a_r = \frac{(T_W)^4 - (T_F)^4}{T_W - T_F} \quad \cdots\cdots(C.3)$$

式中：

T_W ——保温结构外表面绝对温度，单位为开(K)；

T_F ——环境或相邻辐射表面的表面绝对温度，单位为开(K)。

b)　当温差不大于200 K时，温度因子可按式(C.4)近似计算：

$$a_r \approx 4 \times T_{av}^3 \quad \cdots\cdots(C.4)$$

式中：

T_{av}——保温结构外表面绝对温度与环境绝对温度的平均温度，单位为开(K)；

C_r ——材料表面辐射系数，单位为瓦每平方米4次方开[W/(m²·K⁴)]；由$C_r = \varepsilon \times \sigma$求出，也可从表C.1中选取；

ε ——保温结构外表面材料的热发射率；

σ ——斯蒂芬·玻尔兹曼常数，$\sigma = 5.67 \times 10^{-8}$，单位为瓦每平方米4次方开[W/(m²·K⁴)]。

C.2.2　对流放热系数通常取决于多种因素，诸如空气的流动状态、空气的温度、表面的相对方位、表面材料种类以及其他因素。对流放热系数的确定，应区分是建筑或管沟内部管道表面的对流放热系数，还是外部空间管道对空气的对流放热系数；也要区分是管道内表面的对流放热系数还是外表面的对流放热系数。

C.2.2.1　在建筑物或管沟内等内部空间敷设的管道，外表面对流放热系数的计算应符合下列规定。

a) 垂直管道，且空气为层流状态时($H_e^3 \times \Delta t \leqslant 10\ m^3 \cdot K$)，放热系数可按式(C.5)计算：

$$\alpha_c = 1.32 \times \sqrt[4]{\frac{\Delta t}{H_e}} \quad \cdots\cdots (C.5)$$

$$\Delta t = | t_w - t_F |$$

式中：

Δt ——保温结构外表面温度与环境空气温度的温差，单位为开(K)；

H_e——垂直管道高度，单位为米(m)。

b) 垂直管道，且空气为紊流状态时($H_e^3 \times \Delta t > 10\ m^3 \cdot K$)，放热系数可按式(C.6)计算：

$$\alpha_c = 1.74 \times \sqrt[3]{\Delta t} \quad \cdots\cdots (C.6)$$

c) 水平管道，且空气为层流状态时($D_e^3 \times \Delta t \leqslant 10\ m^3 \cdot K$)，放热系数可按式(C.7)计算：

$$\alpha_c = 1.25 \times \sqrt[4]{\frac{\Delta t}{D_e}} \quad \cdots\cdots (C.7)$$

式中：

D_e ——保温管道外护管直径，单位为米(m)。

d) 水平管道，且空气为紊流状态时($D_e^3 \times \Delta t > 10\ m^3 \cdot K$)，放热系数可按式(C.8)计算：

$$\alpha_c = 1.21 \times \sqrt[3]{\Delta t} \quad \cdots\cdots (C.8)$$

C.2.2.2 在外部空间敷设的管道，外表面对流放热系数的计算应符合下列规定：

a) 空气为层流状态时($v \times D_e \leqslant 8.55 \times 10^{-3}\ m^2/s$)，可按式(C.9)计算：

$$\alpha_c = \frac{8.1 \times 10^{-3}}{D_e} + 3.14 \times \sqrt{\frac{v}{D_e}} \quad \cdots\cdots (C.9)$$

式中：

v ——风速，单位为米每秒(m/s)。

b) 空气为紊流状态时($v \times D_e > 8.55 \times 10^{-3}\ m^2/s$)，可按式(C.10)计算：

$$\alpha_c = 8.9 \times \frac{v^{0.9}}{D_e^{0.1}} \quad \cdots\cdots (C.10)$$

C.3 外表面总放热系数的近似值

C.3.1 供热管道外表面总放热系数近似值，可按式(C.11)和式(C.12)计算：

a) 水平管道：

$$\alpha = C_A + 0.05 \times \Delta t \quad \cdots\cdots (C.11)$$

式中：

C_A ——水平管道外表面总放热系数近似值计算系数。

b) 垂直管道：

$$\alpha = C_B + 0.09 \times \Delta t \quad \cdots\cdots (C.12)$$

式中：

C_B ——垂直管道外表面总放热系数近似值计算系数。

水平管道的计算公式适用于保温结构外直径为 0.25 m～1.0 m 的供热管道；垂直管道的计算公式适用于所有管径。

C.3.2 系数 C_A、C_B 和热发射率 ε、辐射系数 C_r 可按表 C.1 取值。

表 C.1 常用管道保温结构外表面总放热系数近似值计算系数和 ε、C_r 值

表面材料		C_A	C_B	ε	C_r $\times 10^{-8}$ W/($m^2 \cdot K^4$)
铝材	光亮表面	2.5	2.7	0.05	0.28
	氧化表面	3.1	3.3	0.13	0.74
电镀金属薄板	洁净表面	4.0	4.2	0.26	1.47
	积满灰尘	5.3	5.5	0.44	2.49
奥氏体薄钢板		3.2	3.4	0.15	0.85
铝锌薄板		3.4	3.6	0.18	1.02
非金属表面材料		8.5	8.7	0.94	5.33

附 录 D
（资料性附录）
供热管道沿线情况及气象资料调查表

D.1 沿线情况调查表

供热管道沿线情况调查表可按表D.1的样式制定。

表D.1 供热管道沿线情况调查表

管道名称：____________________

调查日期：________年____月____日　　调查人：________　　审核人：________

管段序号	起点位置	终点位置	间距/m	敷设方式	高程或埋深/m	土壤类型	穿(跨)越/m		
							河流桥梁长度	公路铁路长度	地上建筑长度

D.2 气象资料调查表

气象资料调查表可按表D.2的样式制定。

表D.2 供热管道沿线年或供热季历年气象资料调查表

管道名称：____________________

调查日期：________年____月____日　　调查人：________　　审核人：________

日期	最高气温/℃	最低气温/℃	平均气温/℃	降雨量/mm	降雪量/mm	管道埋深处地温/℃

附　录　E
（资料性附录）
供热管道保温结构散热损失测试数据表

E.1　热平衡法散热损失测试数据表

供热管道热平衡法散热损失测试数据表可按表E.1的样式制定。

表E.1　供热管道热平衡法散热损失测试数据表

管道名称：________________

测试人员：________　　测试日期：________

日期	时间	始端介质参数				终端介质参数				气温/℃	地温/℃
		供流量/(kg/h)	供温度/℃	供压力/MPa	回温度/℃	供流量/(kg/h)	供温度/℃	供压力/MPa	回温度/℃		

E.2　散热损失测试报告数据表

供热管道保温结构散热损失测试报告数据表可按表E.2的样式制定。

表E.2　供热管道保温结构散热损失测试报告数据表

管道名称：________________

测试人员：________　　测试日期：________

结构层各外径	mm	钢管 d_0	保温一层 d_1	保温二层 d_2	保温三层 d_3	外护层 d_w
各界面温度	℃	钢管外表或介质 t_0	一层外表 t_1	二层外表 t_2	三层外表 t_3	护壳外表 t_w
各层导热系数	W/(m·K)	保温一层 λ_1	保温二层 λ_2	保温三层 λ_3	外护层 λ_w	土壤层 λ_E

表 E.2（续）

热流密度	W/m^2	
管道长度	m	
折算当地年或供热季平均温度下的热流密度	W/m^2	
线热流密度	W/m	
接口处散热损失	W	
阀门、管件设备处散热损失	W	
保温结构破损处散热损失	W	
环境空气温度	℃	
自然地温	℃	
全程散热损失	W	

附 录 F
（资料性附录）
供热管道保温结构的最大允许散热损失值

F.1 GB/T 4272—2008 对供热管道保温结构允许最大散热损失值的要求。

F.1.1 季节运行工况最大允许散热损失值见表 F.1。

表 F.1 季节运行工况最大允许散热损失值

工作钢管外表面温度	K	323	373	423	473	523	573
	℃	50	100	150	200	250	300
允许最大散热损失	W/m^2	104	147	183	220	251	272
	$kcal/(m^2 \cdot h)$	89	126	157	189	216	234

F.1.2 常年运行工况最大允许散热损失值见表 F.2。

表 F.2 常年运行工况最大允许散热损失值

工作钢管外表面温度	K	323	373	423	473	523	573	623	673	723	773
	℃	50	100	150	200	250	300	350	400	450	500
允许最大散热损失	W/m^2	52	84	104	126	147	167	188	204	220	236
	$kcal/(m^2 \cdot h)$	45	72	89	108	126	144	162	175	189	203

F.2 EN 12828:2003 对热水供热管道保温结构最大允许散热损失值的要求。

F.2.1 对应于热水供热管道保温结构不同等级、不同管道直径的最大散热损失系数见表 F.3。

表 F.3 保温结构等级与最大散热损失系数

保温结构等级	最大散热损失系数	
	外径 $D_e \leqslant 0.4$ m 的管道 /(W/m·K)[a]	外径 $D_e > 0.4$ m 的管道或平板表面[b] /($W/m^2 \cdot K$)[c]
0	—	—
1	$3.3\ D_e + 0.22$	1.17
2	$2.6\ D_e + 0.20$	0.88
3	$2.0\ D_e + 0.18$	0.66
4	$1.5\ D_e + 0.16$	0.49
5	$1.1\ D_e + 0.14$	0.35
6	$0.8\ D_e + 0.12$	0.22

[a] 单位管道长度的散热损失系数；
[b] 包括箱体和其他具有平面或曲面装置的表面，以及非圆截面的大口径管道表面；
[c] 管道单位表面积的散热损失系数。

F.2.2 按照规定的最大散热损失系数，计算各个等级、各种管径在保温结构内外温差为 30 ℃～120 ℃时的最大允许散热损失值。1 级～6 级各种管径的最大允许散热损失值见表 F.4。

表 F.4 1级～6级各种管径的最大允许散热损失值

保温结构等级	保温结构内外温差/℃	最大允许散热损失值/(W/m²)								
		工作钢管外径/保温结构外径/(mm)[a]								保温结构外径[c]
		57/140	76/160	89/180	108/200	133/225	159/250	219/315	273/400[b]	>0.4 m
1级	30	46.52	44.64	43.18	42.02	40.85	39.92	38.18	36.76	35.10
	50	77.53	74.40	71.97	70.03	68.08	66.53	63.64	61.27	58.50
	80	124.05	119.05	115.16	112.05	108.93	106.44	101.82	98.04	93.60
	100	155.06	148.81	143.95	140.06	136.17	133.05	127.27	122.55	117.0
	120	186.07	178.57	172.74	168.07	163.40	159.66	152.73	147.06	140.40
2级	30	38.47	36.76	35.44	34.38	33.32	32.47	30.89	29.60	26.40
	50	64.12	61.27	59.06	57.30	55.53	54.11	51.49	49.34	44.0
	80	102.59	98.04	94.50	91.67	88.84	86.58	82.38	78.94	70.40
	100	128.23	122.55	118.13	114.59	111.05	108.23	102.97	98.68	88.0
	120	153.88	147.06	141.75	137.51	133.27	129.87	123.56	118.41	105.60
3级	30	31.38	29.84	28.65	27.69	26.74	25.97	24.56	23.40	19.80
	50	52.29	49.74	47.75	46.15	44.56	43.29	40.93	38.99	33.0
	80	83.67	79.58	76.39	73.85	71.30	69.26	65.48	62.39	52.80
	100	104.59	99.47	95.49	92.31	89.13	86.58	81.85	77.99	66.0
	120	125.51	119.37	114.59	110.77	106.95	103.90	98.22	93.58	79.20
4级	30	25.24	23.87	22.81	21.96	21.11	20.44	19.17	18.14	14.70
	50	42.06	39.79	38.02	36.61	35.19	34.06	31.96	30.24	24.50
	80	67.30	63.66	60.83	58.57	56.31	54.49	51.13	48.38	39.20
	100	84.12	79.58	76.04	73.21	70.38	68.12	63.91	60.48	49.0
	120	100.95	95.49	91.25	87.85	84.46	81.74	76.70	72.57	58.80
5级	30	20.05	18.86	17.93	17.19	16.45	15.85	14.75	13.85	10.50
	50	33.42	31.43	29.89	28.65	27.41	26.42	24.58	23.08	17.50
	80	53.48	50.29	47.82	45.84	43.86	42.27	39.33	36.92	28.0
	100	66.85	62.87	59.77	57.30	54.82	52.84	49.16	46.15	35.0
	120	80.21	75.44	71.73	68.75	65.78	63.41	58.99	55.39	42.0
6级	30	15.82	14.80	14.01	13.37	12.73	12.22	11.28	10.50	6.60
	50	26.37	24.67	23.34	22.28	21.22	20.37	18.80	17.51	11.0
	80	42.20	39.47	37.35	35.65	33.95	32.59	30.07	28.01	17.60
	100	52.75	49.34	46.69	44.56	42.44	40.74	37.59	35.01	22.0
	120	63.30	59.21	56.02	53.48	50.93	48.89	45.11	42.02	26.40

[a] 最大允许散热损失值按保温结构等级和实际外径由表 F.3 的散热损失系数计算；

[b] 当保温结构外径 De>0.4 m时，均按 De=0.4 m 的散热损失系数计算允许最大散热损失值；

[c] 表中列出的 De>0.4 m 计算值供参考。

F.3 直埋蒸汽供热管道最大允许散热损失值

统计分析我国城镇供热直埋蒸汽管道散热损失测试的结果，归纳出的直埋蒸汽管道最大允许散热损失值见表 F.5。

表 F.5 直埋蒸汽供热管道最大允许散热损失值

工作钢管介质温度	K	423	473	523	573	623
	℃	150	200	250	300	350
允许最大散热损失	W/m^2	58	70	90	112	146
	$kcal/(m^2 \cdot h)$	50	60	77	96	126

ICS 91.140.60
P 40

中华人民共和国国家标准

GB/T 29046—2012

城镇供热预制直埋保温管道技术指标检测方法

Test methods of technical specification for pre-insulated directly buried district heating pipes

2012-12-31 发布　　2013-09-01 实施

中华人民共和国国家质量监督检验检疫总局
中国国家标准化管理委员会　发布

前　言

本标准按照GB/T 1.1—2009给出的规则起草。

本标准由中华人民共和国住房和城乡建设部提出。

本标准由全国城镇供热标准化技术委员会(SAC/TC 455)归口。

本标准起草单位:北京市公用事业科学研究所、北京豪特耐管道设备有限公司、城市建设研究院、河北昊天管业股份有限公司、北京市建设工程质量第四检测所、天津市管道工程集团有限公司保温管厂、大连开元管道有限公司、大连益多管道有限公司、天津市宇刚保温建材有限公司、唐山兴邦管道工程设备有限公司、天津津能管业有限公司、河南中科防腐保温工程有限公司、中国中元国际工程公司。

本标准主要起草人:杨金麟、白冬军、杨健、贾丽华、周曰从、张建兴、刘瑾、丛树界、叶连基、闫必行、邱华伟、江彪、于桂霞、郑中胜、牛三冲、张金玲、周抗冰、吴江、胡全喜、冯文亮、高雪、沈旭。

引　言

为使我国预制直埋保温管道产品进一步向着标准化、规范化生产的方向发展，严格控制产品的质量，切实保证管道的长期使用寿命，需要统一预制直埋保温管道产品的各项技术性能指标，并制定相应配套的、先进可操作的检验测试方法标准。

对于热水供热预制直埋保温管道的检测参考了 EN 253:2009《用于区域供热热水管网　由工作钢管、聚氨酯保温层和高密度聚乙烯外护管组成的预制直埋保温管》的性能检测试验方法及其 2003 版的部分性能检测试验方法；热水保温管件、保温接头、保温管道阀门的检测分别参考了 EN 448:2009《用于区域供热热水管网　由工作钢管、聚氨酯保温层和高密度聚乙烯外护管组成的预制直埋保温管件》、EN 489:2009《用于区域供热热水管网　由工作钢管、聚氨酯保温层和高密度聚乙烯外护管组成的预制直埋保温管道接头》、EN 488:2003《用于区域供热热水管网　由工作钢管、聚氨酯保温层和高密度聚乙烯外护管组成的预制直埋保温管道钢制阀门》的检测试验方法；对于蒸汽供热预制直埋保温管道的保温性能检测参考了 ASTM C653:1997(R2007)《低密度纤维毡热阻系数的测定方法》和 ASTM C411:2005《高温绝热材料热面性能试验方法》的检测试验方法。同时也采纳了一些在国内保温管道生产、施工和检测工作实践中认为科学、实用、操作性强的检测试验方法。

城镇供热预制直埋保温管道技术指标检测方法

1 范围

本标准规定了城镇供热预制直埋保温管道技术指标检测的术语、保温管道外观和结构尺寸检测、保温管道材料性能检测、热水直埋保温管道直管的性能检测、热水供热保温管道接头的性能检测、热水供热保温管道管件的质量检测、热水供热保温管道阀门的性能检测、保温管道报警线性能检测、蒸汽直埋保温管道性能检测、蒸汽直埋保温管道管路附件质量检测、蒸汽直埋保温管道外护管防腐涂层性能检测及主要测试设备、仪表及其准确度、数据处理和测量不确定度分析、检测报告等。

本标准适用于城镇供热预制直埋热水保温管道和城镇供热预制直埋蒸汽保温管道技术指标的检测;供热管道的各类预制直埋管路附件以及直埋管道接口部位技术指标的检测。

2 规范性引用文件

下列文件对于本文件的应用是必不可少的。凡是注日期的引用文件,仅注日期的版本适用于本文件。凡是不注日期的引用文件,其最新版本(包括所有的修改单)适用于本文件。

GB/T 241 金属管 液压试验方法

GB/T 699 优质碳素结构钢

GB/T 700 碳素结构钢

GB/T 1033.1 塑料 非泡沫塑料密度的测定 第1部分:浸渍法、液体比重瓶法和滴定法

GB/T 1447 纤维增强塑料拉伸性能试验方法

GB/T 1449 纤维增强塑料弯曲性能试验方法

GB/T 1463 纤维增强塑料密度和相对密度试验方法

GB/T 1549 纤维玻璃化学分析方法

GB 3087 低中压锅炉用无缝钢管

GB/T 3091 低压流体输送用焊接钢管

GB/T 3682 热塑性塑料熔体质量流动速率和熔体体积流动速率的测定

GB/T 5351 纤维增强热固性塑料管短时水压 失效压力试验方法

GB/T 5464 建筑材料不燃性试验方法

GB/T 5480 矿物棉及其制品试验方法

GB/T 5486 无机硬质绝热制品试验方法

GB/T 6343 泡沫塑料及橡胶 表观密度的测定

GB/T 6671 热塑性塑料管材 纵向回缩率的测定

GB/T 8163 输送流体用无缝钢管

GB/T 8237 纤维增强塑料用液体不饱和聚酯树脂

GB 8624 建筑材料及制品燃烧性能分级

GB/T 8804(所有部分) 热塑性塑料管材 拉伸性能测定

GB/T 8806 塑料管道系统 塑料部件 尺寸的测定

GB/T 8813 硬质泡沫塑料 压缩性能的测定

GB/T 9711　石油天然气工业　管线输送系统用钢管

GB/T 10294　绝热材料稳态热阻及有关特性的测定　防护热板法

GB/T 10295　绝热材料稳态热阻及有关特性的测定　热流计法

GB/T 10296　绝热层稳态传热性质的测定　圆管法

GB/T 10297　非金属固体材料导热系数的测定　热线法

GB/T 10299　保温材料憎水性试验方法

GB/T 10699　硅酸钙绝热制品

GB/T 10799　硬质泡沫塑料　开孔和闭孔体积百分率的测定

GB/T 11835　绝热用岩棉、矿渣棉及其制品

GB/T 13021　聚乙烯管材和管件炭黑含量的测定　热失重法

GB/T 13350　绝热用玻璃棉及其制品

GB/T 13464　物质热稳定性的热分析试验方法

GB/T 13927　工业阀门　压力试验

GB/T 14152　热塑性塑料管材耐外冲击性能试验方法　时针旋转法

GB/T 16400　绝热用硅酸铝棉及其制品

GB/T 17146　建筑材料水蒸气透过性能试验方法

GB/T 17391　聚乙烯管材与管件热稳定性试验方法

GB/T 17393　覆盖奥氏体不锈钢用绝热材料规范

GB/T 17430　绝热材料最高使用温度的评估方法

GB/T 18252　塑料管道系统　用外推法确定热塑性塑料材料以管材形式的长期静压强度

GB/T 18369　玻璃纤维无捻粗纱

GB/T 18370　玻璃纤维无捻粗纱布

GB/T 18475　热塑性塑料压力管材和管件用材料分级和命名　总体使用(设计)系数

GB/T 23257—2009　埋地钢质管道聚乙烯防腐层

GB 50683　现场设备、工业管道焊接工程施工质量验收规范

HG/T 3831　喷涂聚脲防护材料

JB/T 4730　承压设备无损检测

JC/T 618　绝热材料中可溶出氯化物、氟化物、硅酸盐及钠离子的化学分析方法

JC/T 647　泡沫玻璃绝热制品

SY/T 0315　钢质管道单层熔结环氧粉末外涂层技术规范

SY/T 5037　低压流体输送管道用　螺旋缝埋弧焊钢管

SY/T 5257　油气输送用钢制弯管

JJF 1059　测量不确定度评定与表示

ISO 8296　塑料　薄膜和薄板　湿润表面张力的测定(Plastics—Film and sheeting—Determination of wetting tension)

ISO 16770　塑料　聚乙烯环境应力断裂(ESC)的测定　全切口蠕变试验(ENCT)[Plastics—Determination of environmental stress cracking(ESC)of polyethylene—Full-notch creep test(FNCT)]

API SPEC 5L　管线钢管规范(Specification for Line Pipe)

3　术语和定义

下列术语和定义适用于本文件。

3.1

供热管道保温结构表观导热系数　equivalent thermal conductivity of thermal insulation construction for heating pipes

实验室模拟测试时，由供热管道上测定的热流密度、工作钢管表面温度和外护管表面温度计算所得的保温结构等效导热系数。

3.2

老化处理　ageing treatment

按照供热管道预期使用寿命与连续工作绝对温度之间的关系式，使外护管始终处于室温环境，将工作钢管升温至一个高于正常使用的温度，保持恒温至关系式中该温度所对应的时间。

3.3

抗长期蠕变性能测试　test for long term creep resistance

使供热管道工作钢管升温到比正常使用温度高的一定温度点，保持恒定。施加径向作用力，测定保温材料在使用期内的径向位移。

3.4

热面性能测试　hot surface performance test

模拟保温管道设计工况，保温结构热面为最高使用温度，冷面为室温环境。恒温稳定一定时间后，测试保温结构的保温性能，并检测保温结构和材料的状况。

4　保温管道外观和结构尺寸检测

4.1　外护管表面

采用目测检查保温管道外护管表面或防腐层有无凹坑、鼓包、裂纹及挤压变形等缺陷，采用卡尺和钢直尺测量其划痕和变形深度及长度。

4.2　端面垂直度

采用钢直尺和角度尺测量其端面与工作钢管轴线垂直度偏差，检查保温管两端保温结构是否平整。

4.3　保温层厚度

在管道的两个端面上，沿环向均匀分布位置，用钢直尺或深度尺分别测量不少于4处的保温层厚度尺寸，计算其算术平均值为保温层厚度。

4.4　管道端面聚氨酯保温层结构

4.4.1　目测检查聚氨酯保温层是否存在挤压变形。用钢直尺和深度尺测量挤压变形量值，并计算变形量占设计保温层厚度的百分数。

4.4.2　检查管端的聚氨酯泡沫与工作钢管及外护管是否紧密粘接。采用塞尺、钢直尺和钢围尺测量聚氨酯泡沫脱层的间隙径向尺寸、轴向深度和环向弧长。

4.5　工作钢管焊接预留段长度

用钢直尺测量工作钢管焊接预留段尺寸。

4.6　轴线偏心距

在管道的两个端面上，目测找到同一直径上的最大和最小保温层厚度位置，采用分度值为1 mm的钢直尺，分别测量不少于4个直径方向上的保温层厚度。当端面不垂直平整时，采用长钢直尺延伸外护管表面长度，再测量保温层厚度。保温管道外护管与工作钢管的最大轴线偏心距按式(1)计算：

$$C=\frac{h_1-h_2}{2} \qquad \cdots\cdots(1)$$

式中：

C ——最大轴线偏心距，单位为毫米(mm)；

h_1——保温层的最大厚度，单位为毫米(mm)；

h_2——与测量的 h_1 位于同一直径上的保温层最小厚度，单位为毫米(mm)。

5 保温管道材料性能检测

5.1 工作钢管

5.1.1 工作钢管材质、尺寸和性能的检测按 GB 3087、GB/T 3091、GB/T 8163、GB/T 9711、SY/T 5037、API SPEC 5L 的规定执行。钢管液压测试应按 GB/T 241 的规定执行。

5.1.2 采用分度值为 1 mm 的钢直尺、钢卷尺，精度为 0.02 mm 的游标卡尺测量工作钢管的公称直径、外径及壁厚。

5.1.3 采用目测检查工作钢管的表面质量。

5.2 保温材料

5.2.1 聚氨酯泡沫塑料

5.2.1.1 制备试样的基本要求

聚氨酯泡沫塑料各项性能检测的试样，应在室温(23±2)℃下存放 72 h 后的保温管道上切取，取样点应距管道保温层两端头大于 500 mm 处。取样时应去除紧贴工作钢管和外护管的泡沫皮层，去除皮层厚度分别为 5 mm 和 3 mm。多块试样应在保温层同一环形截面均匀分布的位置上切取。

5.2.1.2 泡孔尺寸

5.2.1.2.1 沿保温层环向均匀分布的 3 个位置上分别切取 1 块试样，每块试样的尺寸为 50 mm×50 mm×t mm，t 为保温层径向最大允许厚度，但不应小于 20 mm。

5.2.1.2.2 用切片器沿每块试样的任意一个切割面切取厚度为 0.1 mm～0.4 mm 的试片。

5.2.1.2.3 将两片 50 mm×50 mm 的载玻片，用胶布沿一边粘接成活页状，上层载波片上贴附 1 张印有 30 mm 长标准刻度的透明塑料膜片。

5.2.1.2.4 分别将 3 块试片夹在两载波片之间，再将载波片置于投影仪或放大 40 倍～100 倍有标准刻度的读数显微镜之下，调节成像清晰度。在 30 mm 直线长度上计数泡孔数目，并以 30 mm 除以泡孔数目，分别求得每块试片上泡孔的平均弦长。然后计算 3 块试片泡孔的平均弦长。当试片长度不足 30 mm，可在最大长度上计数泡孔数目，再将实际最大长度除以数得的泡孔数目，得到泡孔的平均弦长。

5.2.1.2.5 当泡孔结构尺寸在各个方向上明显不均匀时，则应在 3 块试样的 3 个正交方向上各切取试片，求取 9 块试片上泡孔的平均弦长。

5.2.1.2.6 平均泡孔尺寸按式(2)计算，计算结果保留两位有效数字。

$$D=\frac{L}{A} \qquad \cdots\cdots(2)$$

式中：

D ——泡孔平均尺寸，单位为毫米(mm)；

L ——泡孔平均弦长，单位为毫米(mm)；

A ——弦长与直径的换算系数，按 0.616 取值。

5.2.1.2.7 采用精度为 0.02 mm 的游标卡尺或千分尺测量试样尺寸。

5.2.1.3 闭孔率

5.2.1.3.1 泡沫闭孔率的测试应按 GB/T 10799 的规定执行。

5.2.1.3.2 试样应取 3 组，每组为 2 个正立方体或 2 个圆柱体。正立方体边长为 25 mm；圆柱体的直径不应小于 28 mm，高为 25 mm。

5.2.1.3.3 用干燥的氮气(或氦气)重复清扫仪器样品室、膨胀室和系统不少于 2 次；隔离膨胀室后，使样品室升压至 20 kPa，待气压稳定时，记录升压值；连通膨胀室系统，待气压稳定时，记录降压后的最终气压值。

5.2.1.3.4 根据升、降压的比值和试样室、膨胀室体积，计算出试样体积，并根据与试样几何体积的比值关系，计算出体积开孔率和闭孔率。

5.2.1.3.5 测试仪器设备：采用气体比重仪测试泡沫闭孔率，应校准仪器的试样室体积和膨胀参考体积，精确至 100 mm^3；标准压力传感器的测量范围为 0 kPa～175 kPa，线性精度为 0.1%；尺寸测量采用精度为 0.02 mm 的游标卡尺或千分尺。

5.2.1.4 空洞、气泡

5.2.1.4.1 在距管道外护管端头 1.5 m 处起，沿管道轴线方向每间隔 100 mm 长度，环向切割外护管和泡沫保温层，共切割 5 刀，形成 4 个环状切块，切面应垂直于保温管轴线。依次剥开 4 个环状切块，露出的保温层环形切面应平整完好。

5.2.1.4.2 测量环形切面上的空洞和气泡尺寸。对大于 6 mm 的空洞和气泡(平面上任意方向测量)，应在两个相互垂直方向上测量其尺寸，这两个尺寸的乘积定义为空洞或气泡的面积。小于 6 mm 的空洞和气泡不做测量。

5.2.1.4.3 计算各个环形切面上的所有被测空洞和气泡面积之和，该面积之和占总环形切面面积的百分率即为测定的空洞、气泡百分率。

5.2.1.4.4 测试仪器设备：分度值 1 mm 的钢直尺；精度为 0.02 mm 的游标卡尺。

5.2.1.5 密度

5.2.1.5.1 泡沫密度的测试应按 GB/T 6343 的规定执行。

5.2.1.5.2 从管道保温层泡沫的中心切取 3 块试样(不应含有空洞)，每块试样的尺寸为 30 mm×30 mm×t mm，其中 t 为保温层径向最大允许厚度，但不应大于 30 mm。试样也可按保温层轴线方向取 30 mm 长的圆柱体，圆柱体直径为保温层径向最大允许厚度，但不应大于 30 mm。

5.2.1.5.3 测量试样的尺寸，单位为毫米(mm)，计算尺寸的平均值，并计算试样体积；称量试样，单位为克(g)；计算表观密度，取平均值，精确至 0.1 kg/m^3。

5.2.1.5.4 测试仪器设备：分辨率 0.01 g 的电子秤或天平；精度为 0.02 mm 的游标卡尺。

5.2.1.6 压缩强度

5.2.1.6.1 泡沫压缩强度的测试应按 GB/T 8813 的规定执行。

5.2.1.6.2 从管道保温层泡沫的中心切取 5 块试样，试样尺寸为 30 mm×30 mm×t mm，或直径为 30 mm、高度为 t 的圆柱体。t 为保温层径向最大允许厚度，但不应小于 20 mm。

5.2.1.6.3 试验机以每分钟压缩试样初始径向厚度 10%的速率进行压缩，直到试样厚度变为初始厚度的 85%，记录力-位移曲线。

5.2.1.6.4 在试验曲线上找出使试样产生 10%相对形变的力，分别计算 5 块泡沫试样的径向压缩强度，并取平均值。

5.2.1.6.5 测试仪器设备：试验机的量程为 0 kN～20 kN，精度 0.5 级，试验力和变形示值误差为±0.5%，移动速度调节范围为 0.01 mm/min～500 mm/min、相对误差±1%；精度为 0.01 mm 的千分尺或精度 0.02 mm 的游标卡尺。

5.2.1.7 吸水率

5.2.1.7.1 从管道保温层泡沫的中心切取 3 块试样，试样尺寸为边长 25 mm 的正立方体；也可沿管道轴向取高度为 25 mm、直径为 25 mm 的圆柱体。试样表面用细砂纸磨光。

5.2.1.7.2 试验室室温保持在(23±2)℃。将试样放入温度设定为 50 ℃的干燥箱中，干燥 24 h。取出试样放入干燥器中自然冷却，待达到室温后称取并记录试样的质量；将试样重新放入干燥箱中干燥4 h，再放入干燥器中冷却到室温后称取、记录质量。如此反复进行烘干、冷却和称重，并对比连续两次称重的结果。当连续两次的称重值相差小于 0.02 g 时，则判定试样达到恒重要求，最后一次称重值为试样吸水前的质量 m_0。

5.2.1.7.3 测量试样线性尺寸，计算试样几何体积 V_0，精确到 10 mm^3。将试样放入盛有蒸馏水的烧杯中，采用不锈钢丝网压住试样，使水位高出试样上表面 50 mm，试样与试样之间不得互相接触，并用短毛刷除去试样表面的气泡。加热蒸馏水，水沸后保持 90 min。取出试样并立即浸入(23±2)℃水的烧杯中保持 1 h。取出试样后，用清洁滤纸轻轻吸去表面水分，立即称重，得到试样吸水后的质量 m_1。

5.2.1.7.4 吸水率按式(3)计算：

$$\eta_0=\frac{m_1-m_0}{V_0\times\rho}\times100\% \qquad \cdots\cdots(3)$$

式中：

η_0 ——试样吸水率；

m_0——试样吸水前质量，单位为克(g)；

m_1——试样吸水后质量，单位为克(g)；

V_0——试样的原始体积，单位为立方厘米(cm^3)；

ρ ——蒸馏水的密度，单位为克每立方厘米(g/cm^3)。

测试结果为 3 块试样数据的算术平均值，取 3 位有效数值。

5.2.1.7.5 测试仪器设备：温度范围为常温至 300 ℃、控温精度为±0.5 ℃的电热鼓风干燥箱；硅胶干燥器；分辨率为 0.01 g 的电子天平；1 000 mL 烧杯；1 kW 电炉；精度为 0.02 mm 的游标卡尺；分辨率 1 ℃的温度计；计时器。

5.2.1.8 导热系数

5.2.1.8.1 泡沫导热系数的测试可按 GB/T 10294、GB/T 10295、GB/T 10296、GB/T 10297 中的任一种方法，以 GB/T 10294 作为仲裁检测方法。

5.2.1.8.2 导热系数测试仪的精度为±3%～±5%；数显温度计的精度为±0.5 ℃。

5.2.2 泡沫玻璃绝热制品

5.2.2.1 体积密度

5.2.2.1.1 体积密度的测试应按 JC/T 647 规定的试验方法执行。

5.2.2.1.2 制作 3 块试样，每块试样的尺寸不应小于 200 mm×200 mm×25 mm。

5.2.2.1.3 称取试样质量，测量试样几何尺寸，计算体积密度，取 3 块试样体积密度的算术平均值，精确至 1 kg/m^3。

5.2.2.1.4 测试仪器设备：分辨率为 0.1 g 的天平；分度值为 1 mm 的钢直尺；精度为 0.02 mm 的游标卡尺。

5.2.2.2 **抗压强度**

5.2.2.2.1 抗压强度的测试应按 GB/T 5486 的规定执行。

5.2.2.2.2 制作 5 块试样,每块试样的尺寸为 100 mm×100 mm×40 mm。测试前,试样应在(110±5)℃温度下烘干至恒定质量。试样上下 100 mm×100 mm 的两受压面均匀涂刷乳化或熔化沥青,并覆盖沥青油纸,然后在干燥器中至少干燥 24 h。

5.2.2.2.3 在试验机上以(10±1)mm/min 的速度施加荷载,直至试样破坏,记录荷载-压缩变形曲线。

5.2.2.2.4 确定压缩变形 5%时的荷载为破坏荷载,并按受压面积计算抗压强度。剔除其中 1 块试样偏差较大的测试结果数据,取 4 块试样抗压强度的算术平均值为测试结果。

5.2.2.2.5 测试仪器设备:试验机的要求按 5.2.1.6.5 的规定;温度范围为常温至 300 ℃,控温精度为±0.5 ℃的电热鼓风干燥箱;量程为 2 kg,分辨率为 0.1 g 的天平;分度值为 1 mm 的钢直尺;精度为 0.02 mm的游标卡尺。

5.2.2.3 **抗折强度**

5.2.2.3.1 抗折强度的测试应按 GB/T 5486 的规定执行。

5.2.2.3.2 制作 5 块试样,每块试样的尺寸为 250 mm×80 mm×40 mm。测试前,试样应在(110±5)℃温度烘干至恒定质量。在试样的支撑点和施加荷载点位置处,均匀涂刷乳化或熔化沥青,并在涂层上覆盖沥青油纸,然后再在干燥器中至少干燥 24 h。

5.2.2.3.3 试验机支座辊轴与加压辊轴的直径应为(30±5)mm,调整两支座辊轴间距不应小于 200 mm,加压辊轴应位于两支座辊轴正中,且应保持互相平行。试验机以(10±1)mm/min 的速度施加荷载,记录试样的最大破坏荷载。

5.2.2.3.4 按试样尺寸和最大破坏荷载计算抗折强度,剔除其中 1 块试样偏差较大的测试结果数据,以 4 块试样抗折强度的算术平均值作为测试结果。

5.2.2.3.5 测试仪器设备:试验机的要求同 5.2.1.6.5 规定;温度范围为常温至 300 ℃,控温精度为±0.5 ℃ 的电热鼓风干燥箱;分度值为 1 mm 的钢直尺;精度为 0.02 mm 的游标卡尺。

5.2.2.4 **体积吸水率**

5.2.2.4.1 体积吸水率的测试应按 JC/T 647 规定的试验方法执行。

5.2.2.4.2 制作 3 块试样,每块试样的尺寸为 450 mm×300 mm×50 mm。

5.2.2.4.3 称取试样质量,测量试样几何尺寸。将试样放入盛有(20±5)℃自来水的水箱中,试样各边与水箱壁的距离不应少于 25 mm,浸泡时间为 2 h。

5.2.2.4.4 取出试样并吸干表面水分后,再称取试样质量。按吸水前后的质量差及其几何体积,计算其体积吸水率。以 3 块试样吸水率的算术平均值作为测试结果。

5.2.2.4.5 测试仪器设备:分辨率为 0.1 g 的天平;分度值为 1 mm 的钢直尺;精度为 0.02 mm 的游标卡尺。

5.2.2.5 **透湿系数**

5.2.2.5.1 透湿系数的测试应按 GB/T 17146 规定的干燥剂法进行。

5.2.2.5.2 制作 3 块试样,每块试样的厚度为 20 mm,长、宽不应小于 80 mm。

5.2.2.5.3 试样密封并夹紧在试样盘上,采用蜡封将试样边缘和不该暴露的部位封闭,测量试样在盘中暴露于水蒸汽的区域面积。试样下面放有干燥剂(无水氯化钙或硅胶),与试样下表面之间留有6 mm的间隙。将该试样盘组件放入温度为 23 ℃~32 ℃、相对湿度为(90±2)%的恒温恒湿箱内,使试样暴露面朝上,测定水蒸气通过试样进入干燥剂的速度。

5.2.2.5.4 定时对试样盘组件称重并记录质量、时间和温湿度。用质量变化值对时间作出一条曲线,开始时质量变化较快,逐渐变化速率达到稳定状态,测试曲线趋于直线,直线的斜率即为湿流量。当吸水量超过干燥剂初始质量的一定比例(无水氯化钙为10%、硅胶为4%)之前,结束试验。

5.2.2.5.5 结果计算:

a) 湿流密度按式(4)计算:

$$g=\frac{\Delta m/\Delta t}{A} \qquad \cdots\cdots(4)$$

式中:

g ——湿流密度,单位为克每平方米秒[g/(m^2·s)];

Δm ——质量变化,单位为克(g);

Δt ——时间间隔,单位为秒(s);

$\Delta m/\Delta t$——直线斜率即湿流量,单位为克每秒(g /s);

A ——试样暴露面积,单位为平方米(m^2)。

b) 透湿率按式(5)计算:

$$w_p=\frac{g}{\Delta p}=\frac{g}{p_s(R_{H1}-R_{H2})} \qquad \cdots\cdots(5)$$

式中:

w_p ——透湿率,单位为克每平方米秒帕[g/(m^2·s·Pa)];

Δp ——水蒸气压差,单位为帕(Pa);

p_s ——试验温度下的饱和水蒸气压(查表),单位为帕(Pa);

R_{H1}——高水蒸气压一侧(恒温恒湿箱内)的相对湿度,%;

R_{H2}——低水蒸气压一侧(干燥剂处)的相对湿度,%。

c) 透湿系数按式(6)计算:

$$\delta_p=w_p\times L \qquad \cdots\cdots(6)$$

式中:

δ_p ——透湿系数,单位为克每米秒帕[g/(m·s·Pa)];

L ——试样厚度,单位为米(m)。

以3块试样透湿系数的算术平均值作为测试结果。

5.2.2.5.6 测试仪器设备:温度范围为0 ℃~150 ℃、相对湿度为30%~98%的恒温恒湿箱;精度为±1 ℃的温度计、精度为±2%的湿度计;分辨率为0.01 g的天平。

5.2.2.6 导热系数

泡沫玻璃材料导热系数的测试方法同5.2.1.8。

5.2.2.7 浸出液的离子含量

5.2.2.7.1 浸出液离子含量的测试应按JC/T 618的规定执行。

5.2.2.7.2 称取20 g试样,磨碎后放入烧杯,加500 mL水搅拌2 min,称量烧杯、试样和水的总质量。煮沸并保持(30±5)min,冷却后加水至原总质量,搅拌均匀,制成浸出液。再以1 000 r /min高速离心3 min,将上层清液约300 mL作为试液。

5.2.2.7.3 浸出液离子含量测定方法:

a) 氯化物测定采用分光光度计法,试剂为硝酸、硝酸铁溶液和硫氰酸汞溶液;氯化物也可采用电位滴定法测定,试剂为乙醇、硝酸、硝酸钾和氯化钾溶液,以银-硫化银电极为测量电极,甘汞电极为参比电极,用硝酸银标准滴定溶液滴定,按电位突跃确定反应终点。

b） 氟化物测定采用分光光度计法，试剂为硝酸锆、依来铬菁R。

c） 硅酸盐测定采用硅钼黄法，试剂为乙醇、盐酸、钼酸铵和二氧化硅标准溶液，用分光光度计测定硅含量；硅酸盐测定也可采用硅钼蓝法，试剂为乙醇、盐酸、钼酸铵和二氧化硅标准溶液，再用抗坏血酸将试液还原成蓝色，用分光光度计测定硅含量。

d） 钠离子的测定采用原子吸收分光光度计法，试剂为盐酸、钠标准溶液和比对溶液，用原子吸收分光光度计测定钠含量。

5.2.2.7.4 测试仪器设备：分辨率为0.1 g的天平；精度为0.2 mV/格、量程为－500 mV～＋500 mV的电位计；银-硫化银测量电极；双液接型饱和甘汞参比电极；分度值为0.02 mL或0.01 mL微量滴定管；波长范围190 nm～1 100 nm、波长精度±0.5 nm、光度测定范围0.0%T～125%T的可见分光光度计；波长范围190 nm～900 nm、波长精度±0.5 nm、火焰/石墨炉系统原子吸收分光光度计。

5.2.3 绝热用玻璃棉及其制品

5.2.3.1 检测项目

绝热用玻璃棉及其制品性能检测项目应执行GB/T 13350的规定。

5.2.3.2 纤维平均直径

5.2.3.2.1 纤维平均直径的测试应按GB/T 5480的规定执行，可采用显微镜法或气流仪法测定纤维平均直径，以显微镜法为仲裁方法。

5.2.3.2.2 显微镜法：抽取1 g左右的纤维放在一块载玻片上，共计3块载玻片，分别用显微镜逐一地测100根纤维的平均格数，并换算成纤维平均直径。

5.2.3.2.3 气流仪法：使气流通过定容定量的纤维，利用特定条件下纤维直径与空气流量之间存在的函数关系来计算出纤维的平均直径。纤维试样应经过约550 ℃、30 min灼烧，去除粘结剂后缩分。

5.2.3.2.4 测试仪器设备：放大倍数800倍以上、分辨率为0.5 μm的显微镜；最大量程200 g、分辨率为0.01 g的天平；气流流量范围为1.0 L/min～6.5 L/min、压差为1 960 Pa的气流式纤维测定仪；最高温度为1 000 ℃，控温精度±10 ℃的高温炉。

5.2.3.3 渣球含量

5.2.3.3.1 渣球含量的测试应按GB/T 5480的规定执行。

5.2.3.3.2 制作3块试样，每块切取试样的全厚度，质量11 g左右。在(500±20)℃的高温炉中灼烧30 min以上，除尽粘结剂后称重，精确到0.01 g。

5.2.3.3.3 试样在压样器中压制后放入量杯内，加入50 mL表面活性剂溶液并充分搅拌，再倒入分离装置中加水分离，使纤维分散、悬浮，水流量为120 mL/min～180 mL/min，分离10 min；将排出的渣球经105 ℃～300 ℃烘干不少于20 min，再用孔径不大于0.25 mm的筛分装置进行15 min的筛分，然后称量渣球并计算渣球含量。以3块试样渣球含量的算术平均值作为测试结果。

5.2.3.3.4 测试仪器设备：内径为ϕ80 mm、总高度为380 mm的分离筒；量程到200 mL/min的玻璃转子流量计；最大量程为200 g，分辨率为0.01 g的天平；温度范围为常温至300 ℃，控温精度为±2 ℃的电热鼓风干燥箱；最高温度为1 000 ℃、控温精度±10 ℃的高温电炉。

5.2.3.4 含水率

5.2.3.4.1 含水率的测试应按GB/T 16400的规定执行。

5.2.3.4.2 称取试样10 g，精确到0.1 mg，共3份。

5.2.3.4.3 试样在(105±2)℃的干燥箱中反复干燥、称重，直至恒重，按烘干前后的质量变化计算含水率。以 3 份试样含水率的算术平均值作为测试结果。

5.2.3.4.4　测试仪器设备：温度范围为常温至 300 ℃，控温精度为±2 ℃的电热鼓风干燥箱；最大量程为 100 g，分辨率为 0.1 mg 的天平。

5.2.3.5　导热系数

玻璃棉材料导热系数的测试方法同 5.2.1.8。

5.2.3.6　尺寸及密度

5.2.3.6.1　玻璃棉及其制品的尺寸及密度测试应按 GB/T 5480 的规定执行。

5.2.3.6.2　毡的厚度可在翻转或抖动后立即测定。将毡制品平放在玻璃板上，在宽度方向距两边各 100 mm 的平行线上，用钢直尺或钢卷尺测量长度各 1 次，取两次测量结果的算术平均值为长度尺寸；在长度方向距两边各 100 mm 和中间位置的三条平行线上，用钢直尺或钢卷尺测量宽度各 1 次，取三次测量结果的算术平均值为宽度尺寸；用 4 个测点测量厚度：在长度方向距两端各 100 mm 的两条平行线上，分别在正中位置和距宽边 100 mm 位置各取 1 个测点，在宽度的中线上取 1 个测点，再在距宽边 100 mm 平行线的中间取 1 个测点，4 个测点应分散均匀分布。将针形厚度计压板轻放到各个厚度测点上，在针插入试样与玻璃板接触 1 min 后读取厚度尺寸，取 4 个测点测量结果的算术平均值为厚度尺寸。然后称出试样的质量，计算试样密度。

5.2.3.6.3　测试仪器设备：最大量程为 5 000 g，分辨率为 1 g 的电子秤；分度值为 1 mm，压板压强 49 Pa，压板尺寸为 200 mm×200 mm 的针形厚度计；分度值为 0.1 mm，压板压强 98 Pa 测厚仪；分度值为 1 mm 钢直尺或钢卷尺；精度为 0.02 mm 游标卡尺。

5.2.3.7　燃烧性能

5.2.3.7.1　燃烧性能的测试应按 GB 8624 规定的不燃材料级别要求，并按 GB/T 5464 规定的不燃性试验方法进行测试。

5.2.3.7.2　制作 5 块圆柱体试样，每块试样的直径 $\phi45^{+0}_{-2}$ mm，高(50±3)mm。当材料厚度小于 50 mm 时，试样高度可用叠加该材料的层数来保证。

5.2.3.7.3　试样先放入(60±5)℃的干燥箱中干燥 20 h～24 h，再置于干燥器中冷却至室温，称量并记录其质量。

5.2.3.7.4　稳定加热炉炉温在(750±5)℃至少 10 min，将放有试样的试样架装于炉中，立即启动计时器；当炉内、试样中心和试样表面的 3 支热电偶达到温度平衡，即 10 min 内温度变化不超过 2 ℃时，记录炉内、试样中心和试样表面的温升，记录试样的火焰持续时间，结束试验。将试样及试验后试样破碎或掉落的所有碳化物、灰和残屑一起放在干燥器中冷却至室温，然后称重。

5.2.3.7.5　计算 5 个试样炉内温升、试样中心和表面温升的算术平均值，炉内平均温升 Δt_f 不应超过 50 ℃；计算 5 个试样火焰持续时间的算术平均值，平均火焰持续时间不应超过 20 s；计算 5 个试样质量损失的算术平均值，平均质量损失不应超过原始质量的 50%。

5.2.3.7.6　测试仪器设备：控温精度为±2 ℃的加热炉系统；精度为±1 ℃的测温热电偶；温度范围为常温至 300 ℃，控温精度为±2 ℃的电热鼓风干燥箱；分辨率为 0.1 g 的天平；精度±1 s 的计时仪表。

5.2.3.8　热荷重收缩温度

5.2.3.8.1　热荷重收缩温度的测试应按 GB/T 11835 规定的试验方法进行。

5.2.3.8.2　制作 2 块圆柱体试样，每块试样的直径 ϕ47 mm～ϕ50 mm，高 50 mm～80 mm。

5.2.3.8.3　根据玻璃棉毡的种类和密度分级，在 250 ℃～400 ℃范围内选择热荷重收缩温度测试的预定温度点。将试样放入热荷重试验装置的加热容器中，试样上部加荷重板和杆，使压力达到 490 Pa。

以5 ℃/min的升温速率加热，当加热温度升到比预定温度点低约200 ℃时，升温速率降为3 ℃/min，直至试样厚度收缩率超过10%时，停止升温。

5.2.3.8.4 求出试样厚度收缩率为10%时的炉内温度，取2块试样测量结果的算术平均值；记录有无冒烟、颜色变化以及气味等现象。

5.2.3.8.5 测试仪器设备：温度范围为常温至900 ℃，升温速率控制精度为±2 ℃/min，荷重压力精度为±1%～±2%的热荷重试验装置。

5.2.3.9 腐蚀性

5.2.3.9.1 玻璃棉及其制品对金属的腐蚀性测试应按GB/T 11835规定的方法进行，测定玻璃棉在高温条件下对金属的相对腐蚀潜力。

5.2.3.9.2 制作30块玻璃棉毡状材料试样，其尺寸为114 mm×38 mm、厚度(25.4±1.6)mm；制作铜、铝、钢金属试板各10块，其尺寸为100 mm×25 mm，铜板厚度(0.8±0.13) mm、铝板厚度(0.6±0.13)mm、钢板厚度(0.5±0.13)mm(均选用型材)；将消毒棉用丙酮进行溶剂提取48 h，真空干燥后备用。

5.2.3.9.3 将3种各5块金属试板分别放入2块玻璃棉试样之间，外边用不锈钢丝网平整包裹固定，制成3组各5个组合试件；用同样方法将其余金属试板分别放入2块消毒棉之间，制成三组各5个对照组合试件，厚度与以上组合试件相近。

5.2.3.9.4 将试件同时垂直悬挂在温度为(49±2)℃、相对湿度为(95±3)%的恒温恒湿箱内。试验时间为：钢板试件(95±2)h；铜和铝板试件(720±5)h。

5.2.3.9.5 试验结束后，以消毒棉中的金属试板为对照样，检验夹入玻璃棉中金属试板的腐蚀程度。

5.2.3.9.6 测试仪器设备：控温精度为±2 ℃、控湿精度为±3% 的恒温恒湿箱。

5.2.3.10 吸湿率

5.2.3.10.1 吸湿率的测试应按GB/T 5480的规定方法进行。

5.2.3.10.2 毡状或板状玻璃棉制品试样尺寸应不小于150 mm×150 mm，厚度为制品原始厚度，制作3个试样。用钢直尺和针形厚度计测出试样尺寸。

5.2.3.10.3 试样先在(105±5)℃干燥箱中烘干至恒重，记下重量及烘干温度；再放入干燥箱使试样在不低于60 ℃的环境中达到均匀温度；然后放入温度(50±2)℃、相对湿度(95±3)%的恒温恒湿箱中保持(96±4)h。取出试样后冷却至室温，然后称重。

5.2.3.10.4 按试样尺寸和试验前后的称重记录数据，计算吸湿率。以3块试样吸湿率的算术平均值作为测试结果。

5.2.3.10.5 测试仪器设备：最大量程200 g，分辨率为0.01 g的天平；常温至300 ℃、控温精度±1 ℃的鼓风干燥箱；控温精度±1 ℃、相对湿度精度±3%、箱内置样区无凝露的恒温恒湿箱；分度值为1 mm钢直尺；分度值为1 mm，压板压强49 Pa的针形厚度计。

5.2.3.11 憎水率

5.2.3.11.1 憎水率测试应按GB/T 10299规定的方法进行。

5.2.3.11.2 毡状试样尺寸为300 mm×150 mm，厚度为制品的原始厚度。

5.2.3.11.3 试样经(105±5)℃干燥至恒重后称重，用钢直尺和测厚仪测量试样尺寸。

5.2.3.11.4 将试样放置在与水平位置成45°角的试样架上，调整喷头距试样上端75 mm点的高度为150 mm；以1 L/min的稳定水流量喷淋1 h后，用皱纹纸吸干表面水滴，立即称重。

5.2.3.11.5 根据喷淋前后试样质量的变化及尺寸计算憎水率。

5.2.3.11.6 测试仪器设备：憎水率试验仪，其凸圆形喷头上均布19个 ϕ0.9 mm的孔，附带玻璃转子流量计的流量范围为10 L/h～100 L/h,精度为±1%;常温至300 ℃、控温精度±1 ℃的鼓风干燥箱;分度值为1 mm的钢直尺;精度为0.02 mm的游标卡尺;分度值为0.1 mm、压板压强98 Pa的测厚仪;分辨率为0.01 g的天平。

5.2.3.12 吸水率

5.2.3.12.1 吸水率测试应按GB/T 5480的规定执行。

5.2.3.12.2 试样尺寸为150 mm×150 mm,厚度为制品原始厚度。制作6块试样。

5.2.3.12.3 测量试样尺寸后在干燥箱中(105±5)℃干燥至恒重并称重;然后将试样置于常温水面下方25 mm处保持2 h;取出试样,沥干5 min并擦去浮水,称取试样的湿重。

5.2.3.12.4 按试样干、湿重及其尺寸,计算吸水率。以6块试样吸水率的算术平均值作为测试结果。

5.2.3.12.5 测试仪器设备:量程200 g,分辨率为0.1 g的天平;分度值为1 mm的钢直尺;分度值为0.1 mm、压板压强98 Pa的测厚仪;常温至300 ℃、控温精度±1 ℃的鼓风干燥箱。

5.2.3.13 有机物含量

5.2.3.13.1 有机物含量的测试应按GB/T 11835矿物棉及其制品有机物含量试验方法的规定执行。

5.2.3.13.2 称取干燥试样10 g以上,放入经过灼烧和称重的蒸发皿或坩埚内,在鼓风干燥箱里105 ℃～110 ℃烘干至恒重后,置于干燥器中冷却至室温,将试样连同器皿一起称重。

5.2.3.13.3 然后放入马弗炉内,以(500±20)℃灼烧30 min以上,再置于干燥器中冷却至室温后一起称重,计算有机物含量。

5.2.3.13.4 测试仪器设备:量程100 g,分辨率为0.1 mg的天平;常温至300 ℃、控温精度±1 ℃的鼓风干燥箱;最高温度为1 000 ℃,控温精度±10 ℃的高温炉;干燥器。

5.2.3.14 最高使用温度

5.2.3.14.1 最高使用温度测试应按GB/T 17430的规定执行。

5.2.3.14.2 截取一段长度不小于2.5 m、用玻璃棉制作保温层的保温管道为试样,按圆管法试验方法,使保温结构内层热面温度为最高使用温度,外层为室温,保持恒温96 h进行测试。

5.2.3.14.3 试验后,目测检查玻璃棉保温层是否完整,观察外观的变化。检测玻璃棉密度、导热系数的变化。

5.2.3.14.4 测试仪器设备:圆管法热传递测试装置,含控温热源、精度为±0.5 ℃的温度传感器、精度为±4%的热流传感器;精度为0.02 mm的游标卡尺;长度为1 m的钢直尺。

5.2.4 绝热用硅酸铝棉

5.2.4.1 体积密度

5.2.4.1.1 硅酸铝棉的体积密度测试应按GB/T 5480规定的密度测量桶方法执行。

5.2.4.1.2 将用天平称量的100 g试样均匀放入密度测量桶的外桶内,使内桶与棉贴实,5 min后测量内、外桶高度差。计算体积密度。

5.2.4.1.3 测试仪器设备:最大量程200 g,分辨率0.01 g的天平;密度测量桶:外桶内径150 mm,内桶外径149 mm、质量8.8 kg,内外桶高度均为150 mm;分度值为1 mm钢直尺;精度为0.02 mm的游标卡尺。

5.2.4.2 含水率

含水率测试同5.2.3.4。

5.2.4.3 导热系数

硅酸铝棉的导热系数测试方法同5.2.1.8。

5.2.4.4 吸湿率

吸湿率测试同5.2.3.10,按GB/T 5480的规定执行。

5.2.4.5 燃烧性能测试

燃烧性能测试同5.2.3.7,按GB/T 5464规定的不燃性试验方法执行。

5.2.4.6 浸出液的离子含量

浸出液的离子含量测试同5.2.2.7,按JC/T 618的规定执行。

5.2.5 硅酸钙管壳

5.2.5.1 外观质量

5.2.5.1.1 外观质量检测应按GB/T 10699外观质量试验方法的规定进行检测。测试管壳的尺寸、缺棱缺角、端部垂直度和纵向翘曲度偏差。

5.2.5.1.2 量具工具:分度值为1 mm的钢直尺;分度值为1 mm的钢卷尺;分度值为1 mm的钢直角尺,其中一个臂的长度为500 mm;精度为0.02 mm的游标卡尺;卡钳。

5.2.5.2 密度和质量含湿率

5.2.5.2.1 应按GB/T 10699密度和质量含湿率试验方法的规定进行测试。

5.2.5.2.2 制取3块不小于75 mm×75 mm×原始厚度的试样分别称重,经(110±5)℃烘干至恒重,冷却后称重并测量几何尺寸。

5.2.5.2.3 根据烘干前后的质量和试样几何尺寸,计算试样的密度和质量含湿率。以3块试样密度和质量含湿率的平均值作为测试结果。

5.2.5.2.4 测试仪器设备:常温至300 ℃、控温精度±1 ℃的鼓风干燥箱;最大量程2 000 g、分辨率为1 g的天平;分度值为1 mm的钢直尺;分度值为1 mm的钢卷尺;分度值为1 mm的钢直角尺,其中一个臂的长度等于500 mm;精度为0.02 mm的游标卡尺。

5.2.5.3 线收缩率和裂缝

5.2.5.3.1 线收缩率和裂缝检测应按GB/T 10699匀温灼烧试验方法的规定执行。

5.2.5.3.2 制取3块长、宽约120 mm、厚度不小于25 mm的试样,经(110±5)℃烘干至恒重并冷却至室温;然后在表面长、宽两个方向用刀片分别划出二条相距100 mm的平行线,再划二条分别垂直于平行线的辅助线,测量平行线各与辅助线交点间的距离。

5.2.5.3.3 将试样水平放于高温炉中,按要求以100 ℃/h～150 ℃/h的升温速率升温到650 ℃或1 000 ℃,并在该温度下恒温16 h;冷却至室温后再测量平行线各与辅助线交点间的距离,计算其线收缩率,并用放大镜检查裂缝和翘曲情况。

5.2.5.3.4 测试仪器设备:最高工作温度1 000 ℃、恒温精度±10 ℃、升温速率为100 ℃/h～150 ℃/h的高温炉;常温至300 ℃、控温精度±1 ℃的鼓风干燥箱;精度为0.02 mm的游标卡尺;干燥器;4倍放大镜。

5.2.5.4 导热系数

硅酸钙管壳的导热系数测试方法同 5.2.1.8。

5.2.5.5 抗压强度

5.2.5.5.1 抗压强度测试应按 GB/T 10699 规定的方法执行。

5.2.5.5.2 制取 3 块 100 mm×100 mm、厚度不小于 25 mm 无裂缝的试样。经(110±5)℃烘干至恒重并冷却至室温;测量其长、宽、厚尺寸,计算受压面积。

5.2.5.5.3 在试验机上以 10 mm/min 的速度对试样施加荷载,直至试样破坏。由荷载与变形曲线上变形速度明显增加或变形为 5%时的荷载(取较小值)求得试样破坏时的荷载,计算抗压强度。以 3 块试样抗压强度的平均值作为测试结果。

5.2.5.5.4 测试仪器设备:试验机要求同 5.2.1.6.5 规定;常温至 300 ℃、控温精度±1 ℃的鼓风干燥箱;分度值为 1 mm 的钢直尺;分度值为 1 mm 的钢卷尺;精度为 0.02 mm 的游标卡尺。

5.2.5.6 抗折强度

5.2.5.6.1 抗折强度测试应按 GB/T 10699 规定的方法执行。

5.2.5.6.2 制取 3 块长度约 250 mm～300 mm、宽度为 75 mm～150 mm、厚度不小于 25 mm 的试样,放大镜检查应无裂纹;经(110±5)℃烘干至恒重并冷却至室温,测量每块试样的宽度和厚度。

5.2.5.6.3 在试验机上,试样置于两根间距为 200 mm、直径(30±5)mm、长度不小于 150 mm 的圆形下支承肋上,同样尺寸的上支承肋以 10 mm/min 的下降速度加荷,直至试样压坏,记录最大荷载,计算抗折强度。以 3 块试样的抗折强度算术平均值作为测试结果。

5.2.5.6.4 测试仪器设备:试验机要求同 5.2.1.6.5 规定;常温至 300 ℃、控温精度±1 ℃的鼓风干燥箱;钢直尺和游标卡尺;4 倍放大镜。

5.2.5.7 可溶性氯离子浓度

硅酸钙管壳中的可溶性氯离子浓度测试方法同 5.2.2.7。

5.2.5.8 憎水性

硅酸钙管壳憎水性测试方法同 5.2.3.11,应按 GB/T 10299 的规定执行。试样为无破坏裂纹的管壳,长度为 300 mm,横截面为半环形或扇形,厚度为原始壁厚。

5.2.6 辐射(反射)层材料性能

5.2.6.1 材料辐射率

应采用辐射率测试仪法、红外测温仪和热电偶比较测试法进行材料辐射率测试。

5.2.6.1.1 辐射率测试仪法应符合下列要求:

a) 制取尺寸约为 100 mm×100 mm、厚度为原始厚度的材料试样,采用辐射率测试仪测定试样单位面积辐射的热量与黑体材料在相同温度、相同条件下的辐射热量之比,黑体的辐射率为 1.0。测量结果保留两位有效数字。

b) 辐射率测试仪测量范围:$\varepsilon=0.01\sim0.99$,精度为±1%。

5.2.6.1.2 红外测温仪和热电偶比较测试法应符合下列要求:

a) 制取尺寸约为 100 mm×100 mm、厚度为原始厚度的材料试样,并通过相关传热学资料对被测材料辐射率预先进行查询,得参考值为 ε_0。

b) 设定测试区域环境温度为被测材料的实际使用温度，将试样放置在该使用温度条件下，用红外测温仪对材料测温，并将红外测温仪的输入辐射率设定为 ε_0，记录测得的材料表面温度 T_1。然后使用热电偶对相同温度条件下的试样再次测温，记录测得的表面温度 T_2。

c) 按式(7)计算使用温度下的材料辐射率：

$$\varepsilon'_1=\varepsilon_0\left(\frac{T_1}{T_2}\right)^4 \quad\cdots\cdots(7)$$

式中：

ε'_1——以材料辐射率参考值 ε_0 为依据，用比较测试法测试、计算所得的材料辐射率值；

ε_0——相关资料中查得的辐射率参考值；

T_1——红外测温仪测得的材料表面温度，单位为摄氏度(℃)；

T_2——热电偶测得的材料表面温度，单位为摄氏度(℃)。

再次以材料辐射率参考值 ε_0 为依据，重复上述测试步骤，得材料辐射率 ε''_1。取该两次结果 ε'_1、ε''_1 的算术平均值作为被测材料辐射率的第一次测试结果 ε_1。

d) 重复 b)、c)中的步骤，将每次所得的辐射率值作为参考值，输入红外测温仪重新进行测试和计算，当连续两次结果的差值不大于 2%时，以最后一次的结果作为被测材料的辐射率。

e) 测试仪器设备：红外测温仪，精度±0.2 ℃；热电偶，精度±0.2 ℃。

5.2.6.2 材料耐温平直度

将尺寸为 500 mm×500 mm 的辐射(反射)层材料试样贴附在平板上，放置到常温至 300 ℃、控温精度±1 ℃的鼓风干燥箱里。调温至该材料的最高使用温度，保持恒温不少于 2 h。取出试样检查其平直度，不应出现明显的鼓泡和褶皱。

5.2.7 土壤导热系数

5.2.7.1 现场测试

5.2.7.1.1 测试点应沿供热管道轴线、按设计埋深的管道中心位置选取(对运行中的管道应距管道轴线约 10 m 的管道中心位置选取)，应包含管道沿线不同类型土壤和不同地下水位处的测点，每种类型和水位条件的测点数量不应少于 3 个。在尽量不破坏土壤结构和原始特性的条件下，进行测点布置。

5.2.7.1.2 土壤导热系数按 GB/T 10297 规定的方法测定，测定现场土壤温度条件下的导热系数，土壤温度用数显温度计在测试点附近测量。

5.2.7.2 实验室测试

5.2.7.2.1 测点选取同 5.2.7.1.1。

5.2.7.2.2 在测点位置，保证不破坏土壤结构和特性的条件下，采用圆桶型取样器，取 3 块尺寸为 ϕ150 mm × 150 mm 圆柱体形的完整试样，立即称重后迅速装入塑料密封袋中，放置在阴凉处，避免阳光直射。测定取样处的土壤温度。

5.2.7.2.3 在实验室中，按现场土壤测试温度的条件下，对土壤试样称重。若与现场称重数值比较出现偏差，应采用喷雾方法向试样加入与失去重量相同的水量。待水分渗透均匀后，按 GB/T 10297 方法测定土壤导热系数。

5.2.7.3 测试结果

测试给定温度下的土壤导热系数时，要求温度测试精度为±1 ℃；导热系数测试结果保留至小数点后 3 位有效数字，精确至±0.001 W/(m·K)。

5.2.7.4 测试仪器设备

导热系数仪的精度为±3%～±5%；数显温度计的精度为±0.5 ℃。

5.3 外护管管材

5.3.1 高密度聚乙烯外护管

5.3.1.1 试样

外护管检测试样应从室温(23±2)℃下存放16 h后的保温管上切取。

5.3.1.2 表面质量

内外表面质量检测,采用无放大目测,检查内外表面是否有影响其性能的沟槽,是否存在气泡、裂纹、凹陷、杂质、颜色不均等缺陷;管端截面与轴线的垂直度偏差检测同4.2的方法。

5.3.1.3 外径和壁厚

5.3.1.3.1 外径和壁厚测试应按GB/T 8806的规定执行。

5.3.1.3.2 测试仪器:分度值为1 mm的钢直尺;分度值为0.5 mm~1.0 mm的钢卷尺(钢围尺);精度为0.02 mm游标卡尺;精度为0.01 mm的千分尺。

5.3.1.4 管材的分级核定

高密度聚乙烯管材分级核定应根据PE管材原料最小要求强度MRS的分级规定,查验管道生产企业提供的材料分级检测报告。当出现对材料级别的异议时,应依据GB/T 18475和GB/T 18252的规定对管材进行长期静液压强度测定,进行分级核定。

5.3.1.5 密度

5.3.1.5.1 密度的测试应按GB/T 1033.1规定的浸渍法或滴定法执行。

5.3.1.5.2 浸渍法:将在空气中已称量、悬挂在金属丝上不大于10 g的试样浸入浸渍液的容器中再称量,然后按称量的质量和浸渍液密度计算试样的密度。

5.3.1.5.3 滴定法:将薄片试样沉入较低密度的浸渍液中。通过向低密度浸渍液中滴入重浸渍液,直至最重和最轻的试样片都能稳定悬浮在混合液中至少1 min,用比重瓶法测定混合液的密度来求取被测试样的密度。

5.3.1.5.4 测试仪器设备:分辨率为0.1 mg的分析天平;大口径浸渍容器;精度±0.1 ℃温度计;比重瓶;恒温浴。浸渍液和分度值为0.1 mL的滴定管。

5.3.1.6 炭黑含量

5.3.1.6.1 炭黑含量的测试应按GB/T 13021规定的热失重法执行。

5.3.1.6.2 取3份管材试样,每份约1 g,粉碎后称重。

5.3.1.6.3 管式电炉升温至(550±50)℃,通入经活性铜和乙酸锰脱氧的氮气,流速为200 mL/min,吹扫约5 min。然后将放入样品舟中的试样推入管式电炉中心,调节氮气流速为100 mL/min,使试样在(550±50)℃环境中热解45 min。再将样品舟移至管式电炉的低温位置,继续保持通气10 min。取出样品舟,在干燥器中冷却后称重。

5.3.1.6.4 将样品舟置于调节温度至(900±50)℃的马弗炉中进行煅烧,直至炭黑全部消失,再次冷却后称重。

5.3.1.6.5 按式(8)计算炭黑含量:

$$c=\frac{m_2-m_3}{m_1}\times 100 \qquad \cdots\cdots(8)$$

式中：

c ——炭黑含量，%；

m_1——试样质量，单位为克(g)；

m_2——试样连同样品舟在(550±50)℃热解后的质量，单位为克(g)；

m_3——试样连同样品舟在(900±50)℃煅烧后的质量，单位为克(g)。

取3份试样炭黑含量的算术平均值为测试结果。

其中的灰分含量按式(9)进行计算：

$$c_1=\frac{m_3-m}{m_1}\times 100 \qquad \cdots\cdots(9)$$

式中：

c_1——灰分含量，%；

m——样品舟的质量，单位为克(g)。

取3次灰分含量的算术平均值为测试结果。

5.3.1.6.6 测试仪器设备：分辨率0.1 mg称重天平；测温精度±1 ℃的温度计；由活性铜和乙酸锰除氧器、管式电炉、马弗炉、40 mL/min～400 mL/min气体流量计配置而成的炭黑含量测定装置；50 mm～60 mm长的石英样品舟。

5.3.1.7 炭黑弥散度

5.3.1.7.1 炭黑弥散度测试的试样应在外护管的同一横截面上，沿环向均匀切取，共切取6个厚度约为25 μm、面积约为15 mm^2 的切片。

5.3.1.7.2 在放大倍数不低于100倍的显微镜下，检查切片是否存在炭黑的结块、气泡、空洞和杂质，并测量其尺寸；检查是否存在黑白相间的色差条纹。

5.3.1.7.3 测试仪器设备：薄片刨刀；放大100倍显微镜；精度为±0.01 mm数显游标卡尺。

5.3.1.8 熔体质量流动速率

5.3.1.8.1 外护管材料熔体质量流动速率的测试应按GB/T 3682规定执行。

5.3.1.8.2 试样从外护管或PE焊料上切取，制成3 g～6 g的粉状或薄片状试样。

5.3.1.8.3 试验之前先按选定的试验温度190 ℃预热测定仪料筒，保持恒温不少于15 min。然后将试样装入料筒并压实，活塞上加5 kg砝码负荷，保持料桶温度190 ℃不变。

5.3.1.8.4 随着活塞在重力作用下下降，口模下挤出试样细条。当活塞下标线到达料筒顶面时，用切断器切断挤出物，将带有气泡的挤出段丢弃。直到挤出段不出现气泡时，逐一收集按一定时间间隔切下的挤出段，每条挤出段的长度应不短于10 mm。当活塞上标线到达料筒顶面时，终止切割。

5.3.1.8.5 逐一称量挤出段的质量，偏差超过15%的挤出段应予去除。计算至少3段质量的算术平均值，再按切割的时间间隔，求出熔体质量流动速率的平均值。

5.3.1.8.6 测试仪器设备：熔体流动速率测定仪，料筒内径为(9.55±0.025)mm、口模内径为(2.095±0.005)mm；精度为±0.1 s的秒表；分辨率为0.5 mg的天平。

5.3.1.9 热稳定性

5.3.1.9.1 外护管材料热稳定性的测试应按GB/T 17391规定执行。测定试样在高温氧气条件下开始发生自动催化氧化反应的时间(氧化诱导期)来判定聚乙烯管材的热稳定性。

5.3.1.9.2 试样制备时应首先在管道和管件外护管上截取1块20 mm～30 mm宽的圆环，从圆环上截取1个20 mm长的弧形段，在弧形段上切取一个直径略小于热分析仪样品皿的圆柱体，最后从圆柱体上切割一个重(15±0.5)mg的圆片状试样。每组试样数量为5个，试样应避免直接暴露在阳光下。

5.3.1.9.3 首先按 GB/T 13464 规定的方法,用高纯度校准物质的相转变温度来校准差热分析仪。再接通氧气和氮气,转换气体切换装置分别调节两种气体的流量,使之均达到(50±5)mL/min,然后切换至氮气。将盛有(15±0.5)mg 试样的开口铝皿置于热分析仪的样品支持架上,以 20 ℃/min 的速率升温至(210±0.1)℃,并使该温度恒定。开始记录热曲线(温度-时间关系曲线)(图 1)。保持恒温5 min后,迅速切换成氧气。当热曲线上记录到氧化放热达到最大值时终止试验。

5.3.1.9.4 在记录的热曲线图上,标出由氮气切换成氧气时的点 A_1,并在曲线出现明显变化时的最大斜率处画切线,标注此切线与基线延长线的交点为 A_2,该两点间的时间即表示试样热稳定性的氧化诱导期(min)。

取 5 次试验氧化诱导期的算术平均值为试验结果。

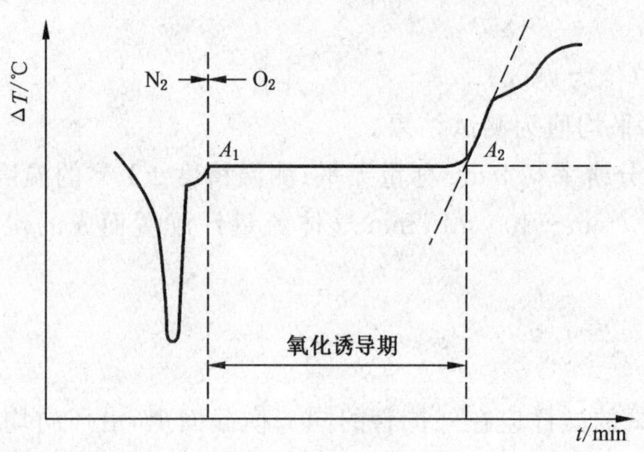

图 1 热曲线图

5.3.1.9.5 测试仪器设备:能连续记录试样温度的同步热分析仪,精度为±0.1 ℃;分辨率为 0.1 mg 的天平;量程为 10 mL/min～100 mL/min、0.5 级气体流量计;氧气和高纯度氮气的供气及气体切换装置。

5.3.1.10 拉伸屈服强度与断裂伸长率

5.3.1.10.1 拉伸屈服强度及断裂伸长率测试应按 GB/T 8804 的规定执行。

5.3.1.10.2 试样样条的纵向应平行于管材的轴线,沿环向均匀分布位置切取,长度约 150 mm。试样数量不得少于 3 个,管材外径大于和等于 450 mm 时,应制取 8 个试样。管材壁厚小于或等于 12 mm时,可按标准尺寸采用哑铃形裁刀冲制或机械加工方法制样;壁厚大于 12 mm 时,应采用机械加工方法制样。

5.3.1.10.3 在试验机上测试时,应按试样壁厚、类型和制作方法的不同,在 10 mm/min～100 mm/min范围内分别选取、设定试验速度,进行机械拉伸试验。

5.3.1.10.4 试验机自动显示、记录管材的拉伸屈服强度及断裂伸长率,或按记录的拉力、试样尺寸和变形量计算拉伸屈服强度及断裂伸长率。以多个试样拉伸屈服强度及断裂伸长率的算术平均值为测试结果。

5.3.1.10.5 测试仪器设备:试验机要求同 5.2.1.6.5 规定;精度为 0.01 mm 的数显卡尺。

5.3.1.11 外护管电晕处理后的表面张力

5.3.1.11.1 按照 ISO 8296 规定的方法进行测试。应用表面张力测试笔,将已知表面能量的测试涂料涂画在被测表面上,以判定测试涂料的表面张力与被测材料的表面张力是否一致。

5.3.1.11.2 选择一个能量等级的测试笔在被测表面上涂画约 100 mm 长的线条,然后在 2 s 之内观察涂料的 90%以上边缘是否发生收缩、形成滴状。如果出现收缩,则应更换低一级表面能量的测试笔重画，直至不出现收缩时，表明此测试涂料的表面能量与被测材料的表面能量相对应，即其表面张力一致。相反，如果第一次的画线上未出现收缩，则应更换高一级表面能量的测试笔重画，直至出现收缩时，就可判定前一支测试笔的能级与被测材料的表面能量相一致。采用此种方法测出的材料表面张力误差约为±1 mN/m。

5.3.1.12 纵向回缩率

5.3.1.12.1 纵向回缩率测试应按 GB/T 6671 的规定执行。

5.3.1.12.2 试样为(200±20)mm 长、原始壁厚的管材。

5.3.1.12.3 沿试样长度方向刻画两条间距为 100 mm 的圆周标线，任意一条标线距管材端部的距离不少于 10 mm。然后将试样置于(110±2)℃的鼓风干燥箱中 120 min，测量加热前后试样标线间的距离，求出相对于原始长度的变化百分率。

5.3.1.12.4 测试仪器设备：常温至 300 ℃、控温精度±1 ℃的鼓风干燥箱；测量精度±0.5 ℃的温度计；精度为 0.01 mm 的数显卡尺。

5.3.1.13 外护管外径增大率

5.3.1.13.1 选取一根用作保温管道外护管、并已进行圆整的高密度聚乙烯管材为外径增大率测试试样。

5.3.1.13.2 在管材试样发泡之前，沿轴线方向间隔一定距离选择 3 点位置测量周长。当保温管道完成发泡定型后，在同样位置测量发泡后的周长。

5.3.1.13.3 按式(10)计算外径增大量占原外径的百分比：

$$\nu = \frac{D_1 - D_0}{D_0} \times 100 \qquad \cdots\cdots(10)$$

式中：

ν ——外径增大率，%；

D_1——发泡后的外径，单位为毫米(mm)；

D_0——发泡前的外径，单位为毫米(mm)。

计算 3 点位置的外径增大率，以其算术平均值为测试结果。

5.3.1.13.4 测试仪器设备：分度值为 0.5 mm～1 mm 的钢卷尺(钢围尺)。

5.3.1.14 耐环境应力开裂

5.3.1.14.1 耐环境应力开裂测试应按 ISO 16770 的规定执行。

5.3.1.14.2 试样制备应符合下列规定：

a) 在外护管同一圆周截面的均匀分布位置沿轴线方向切取试样，管道工作钢管直径小于500 mm时，切取 4 个试样，当管道工作钢管直径大于等于 500 mm 时，切取 6 个试样。试样的型式可以是图 2 所示的哑铃形；也可以是宽度为 10 mm、具有平行边的长条形，试样厚度为外护管的原始壁厚，试样的长度应能保证在两端夹头之间还具有 4 倍壁厚的距离。切取试样可以采用铣、切或冲的方法。

b) 在试样长度方向的中间，垂直于轴线同一截面的 4 个边上，用刻痕刀具刻制出 4 条相连接的刻痕。该刻痕刀具应设计成能使刻痕底部尖顶的半径不超过 10 μm。试样厚度不同，刻痕的深度也随之变化，一般深度约为 1.6 mm。由于外护管具有弧形表面，刻痕的深度会出现不均，但是每一面上都不得存在无刻痕的现象。

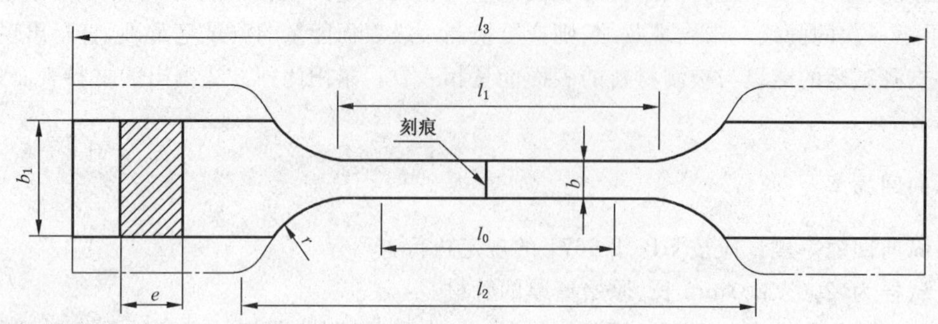

单位为毫米

参考线间距 l_0	校正长度 l_1	总长 l_3	夹具间初始距离 l_2	壁厚 e	半径 r	校正宽度 b	端部宽度 b_1
50±2	60±2	≥150	115±2	外护管原壁厚	60±1	10±0.4	>20

图 2　外护管耐环境应力开裂测试试样图

5.3.1.14.3　按下列步骤进行测试：

a) 调制试验装置环境室内的溶液，即在水中加入 2.0% 表面活性剂（壬酚聚乙二醇醚或仲辛基聚氯乙烯醚[TX-10]）。

b) 测量已刻痕试样的实际带状面积，即试样横截面积去除四周刻痕后的实际净面积；将试样安装在夹头上，并保证刻痕部位完全浸入环境溶液中。

c) 施加按式(11)计算的砝码质量，使试样承受(4.0±0.04)MPa 的恒定拉伸应力。

$$M=\frac{A_n\times\sigma}{9.81\times R} \qquad \cdots\cdots(11)$$

$$R=\frac{L_2}{L_1}$$

式中：

M　——施加的负载砝码质量，单位为千克(kg)；

A_n　——试样的实际带状面积，单位为平方毫米(mm^2)；

σ　——拉伸应力，单位为兆帕(MPa)；

L_1、L_2——杠杆臂长；

R　——杠杆臂长之比，当负载直接加在试样上时，则 $R=1$。

d) 调节溶液温度为(80±1)℃，保持恒温。不断搅拌溶液，防止表面活性剂沉淀。

e) 环境室溶液达到恒温后开始计时，进行 4 个或 6 个试样的试验测试。

f) 连续测试 300 h，不断检查试样是否发生破坏。期间出现试样破坏时，终止试验。

5.3.1.14.4　测试仪器设备：测试设备应能提供为试样施加轴向应力负载的装置，并能保证试样浸泡在控温的表面活性剂溶液环境中。典型的装置如图 3 所示。要求施加轴向应力负载的精度为±1%；溶液环境控温精度为±1 ℃；测温仪表的精度为±0.1 ℃；计时仪表精度为±1 min。

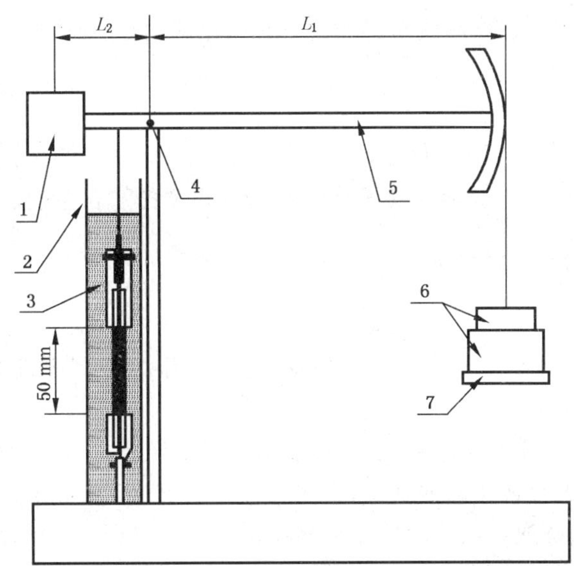

说明：

1 ——平衡重；
2 ——环境室；
3 ——溶液；
4 ——低摩擦铰链滚轴；
5 ——平衡杠杆臂；
6 ——砝码；
7 ——砝码盘；
L_1、L_2——杠杆臂长。

图 3 耐环境应力开裂试验装置示意图

5.3.1.15 长期机械性能

5.3.1.15.1 外护管材料长期机械性能测试的试样尺寸应符合 GB/T 8804 中类型 1 的规定。当外护管直径小于 800 mm 时，切取 6 个试样，当外护管直径大于等于 800 mm 时，切取 12 个试样。试样应均匀分布在外护管的同一截面上，其长度沿外护管轴线方向。

5.3.1.15.2 将试样装卡在恒温浴中的拉伸夹具上，并完全浸入其中的水溶液里。水溶液含有 2.0% 的表面活性剂(壬酚聚乙二醇醚或仲辛基聚氯乙烯醚[TX-10])，通过不断搅拌防止水溶液中表面活性剂沉淀。调节水溶液温度为(80±1)℃，并对试样施加(4.0±0.04)MPa 的恒定拉应力。

5.3.1.15.3 当水溶液温度达到恒定的(80±1)℃时，开始计时。记录试样破坏的时间，计时精确到 ±12 h。试验进行至 2 000 h 时，停止试验。

5.3.1.15.4 测试仪器设备：具有恒温浴和轴向拉伸装置的长期机械性能测试仪，其拉力传感器精度为 ±0.5%；测温仪表的精度为±1 ℃；计时仪表精度为±1 min。

5.3.2 玻璃纤维增强塑料外护管

5.3.2.1 试样

检测试样应从室温(23±2)℃下存放 16 h 后的保温管上切取。

5.3.2.2 表面质量

采用外表面无放大目测方法。外护管颜色应为不饱和聚酯树脂本色或所添加的颜色，检查外护管表面是否有漏胶、纤维外露、气泡、层间脱离、显著性褶皱、色调明显不均等。

5.3.2.3 材料成分

应按 GB/T 18369、GB/T 18370 的规定检测外护管材料中无碱纤维无捻纱、布的主要性能指标，按 GB/T 1549 的规定检测无碱、中碱玻璃纤维无捻粗纱碱金属氧化物含量，按 GB/T 8237 的规定检测不饱和聚酯树脂的主要性能指标。

5.3.2.4 密度

5.3.2.4.1 密度测试应按 GB/T 1463 的规定执行。采用浮力法测定纤维增强塑料外护管材料的密度。

5.3.2.4.2 制取 5 块试样，质量为 1 g～5 g，试样表面应平整光滑。

5.3.2.4.3 采用适当长度的金属丝悬挂试样，金属丝直径小于 0.125 mm。分别称量试样和金属丝的质量，精确到 0.1 mg。将用金属丝悬挂的试样全部浸入量杯内(23±0.5)℃的蒸馏水中，除去试样上的气泡，称量水中的试样质量，精确到 0.1 mg。

5.3.2.4.4 根据每次称量的质量数据和蒸馏水密度计算试样材料的密度。以 5 块试样密度的算术平均值为测试结果。

5.3.2.4.5 测试仪器：分辨率为 0.1 mg 的精密天平；精度为±0.5 ℃的温度计；烧杯或其他容器。

5.3.2.5 拉伸强度

5.3.2.5.1 拉伸强度测试应按 GB/T 1447 的规定执行。

5.3.2.5.2 试样从外护管同一截面上的环向均匀分布位置切取，数量不少于 5 个，玻璃纤维缠绕的外护管应按纤维方向取样。试样型式可为哑铃形或长条形，哑铃形试样长度为 180 mm、标距为(50±0.5)mm、中间平行段宽度为(10±0.2)mm，长条形试样长度为 250 mm、标距为(100±0.5)mm、中间平行段宽度为(25±0.5)mm，试样厚度均为外护管原始厚度。采用机械加工方法制作。

5.3.2.5.3 测量试样工作段任意 3 处的宽度和厚度，其算术平均值为该试样的宽度和厚度。将试样夹持到试验机的夹具上，对准上下夹具与试样的中心线。调整试验机加载速度为 10 mm/min，连续加载直至试样破坏，记录试样的屈服载荷、破坏载荷或最大载荷，以及试样的破坏形式。

5.3.2.5.4 按式(12)计算拉伸强度：

$$\sigma_t = \frac{F}{b \times h} \qquad \cdots\cdots(12)$$

式中：

σ_t——拉伸强度(拉伸屈服应力、拉伸断裂应力)，单位为兆帕(MPa)；

F——屈服载荷、破坏载荷或最大载荷，单位为牛顿(N)；

b——试样的宽度，单位为毫米(mm)；

h——试样的厚度，单位为毫米(mm)。

以 5 个试样拉伸强度的算术平均值作为测试结果。

5.3.2.5.5 测试仪器设备：试验机要求同 5.2.1.6.5 规定；精度为 0.02 mm 的游标卡尺。

5.3.2.6 弯曲强度

5.3.2.6.1 弯曲强度测试应按 GB/T 1449 的规定执行。

5.3.2.6.2 试样从外护管同一截面上的环向均匀分布位置切取，数量不少于 5 个。试样长度不应小于 80 mm，宽度为(15±0.5)mm，厚度为管材原始厚度。

5.3.2.6.3 测量试样中间三分之一长度内任意 3 点位置的宽度和厚度，其算术平均值为该试样的宽度和厚度。试验机的加载上压头圆柱面半径为(5±0.1)mm,支座圆角半径为(2±0.2)mm。以16倍±1倍的试样厚度尺寸为支座跨距,采用无约束支撑,连续加载速度为10 mm/min,测定弯曲强度。对挠度达到1.5倍试样厚度之前呈现破坏的材料,记录最大载荷或破坏载荷;对挠度达到1.5倍试样厚度时仍不呈现破坏的材料,记录该挠度下的载荷。

5.3.2.6.4 按式(13)计算弯曲强度:

$$\sigma_f = \frac{3P \times l}{2b \times h^2} \quad \cdots\cdots (13)$$

式中:

σ_f——弯曲强度(或挠度为1.5倍试样厚度时的弯曲应力),单位为兆帕(MPa);

P——破坏载荷(或最大载荷,或挠度为1.5倍试样厚度时的载荷),单位为牛顿(N);

l——跨距,单位为毫米(mm);

b——试样的宽度,单位为毫米(mm);

h——试样的厚度,单位为毫米(mm)。

以5个试样弯曲强度的算术平均值作为测试结果。

5.3.2.6.5 测试仪器设备同5.3.2.5.5。

5.3.2.7 渗水性

5.3.2.7.1 渗水性测试应按GB/T 5351的规定执行。

5.3.2.7.2 试样为外护管上截取的管段,当外护管管径D小于或等于150 mm时,管段的试验段长度L应大于或等于$5D$,且不小于300 mm;当外护管管径D大于150 mm时,管段的试验段长度L应大于或等于$3D$,且不小于750 mm。在试验段长度以外,还应在两端分别延长50 mm~100 mm,为密封段长度。

5.3.2.7.3 试样两端加装密封后,浸入常温密封水槽中,水槽加压至0.05 MPa,保持稳压1 h。将取出试样的两端密封拆除,检查有无渗透。

5.3.2.7.4 测试仪器设备:水压试验装置;1级精度压力表。

5.3.2.8 长期机械性能

玻璃纤维增强塑料外护管材料的长期机械性能测试方法同5.3.1.15。

5.3.2.9 外径和壁厚尺寸

玻璃纤维增强塑料外护管外径和壁厚尺寸检测方法同5.3.1.3。

6 热水直埋保温管道直管的性能检测

6.1 管道的保温性能

6.1.1 管道保温结构表观导热系数λ_{50}和保温层材料导热系数λ_i

6.1.1.1 试样制备

6.1.1.1.1 试样应从保温管道产品中间、距离管端大于或等于500 mm、垂直于管道轴线截取。当测试管段的工作钢管直径小于500 mm时,其长度宜为3 m;当工作钢管直径大于或等于500 mm时,其长度不应小于5 m。型式试验时,作导热系数测试的管道试样应采用生产4周~6周以后的管道。

6.1.1.1.2 在管道试样两端距端头大于或等于0.5 m处,应按GB/T 10296的要求,在保温结构上垂直于管道轴线直至工作钢管切割出宽度不大于4 mm的隔热缝,并在缝中填充绝热性能好的纤维棉,阻隔轴向传热。

6.1.1.1.3 在测试管段中间按不同的测试精度要求，选择1个～3个垂直于管段轴线的并列测试截面，两个测试截面的间距应为100 mm～200 mm。测试截面个数按测试精度要求选取，测试精度要求高时，测试截面增至3个。选择并列多个测试截面时，管段上的测试参数取多个截面测试结果的平均值。在每个测试截面上，沿外护管表面的环向布置温度和热流传感器。当工作钢管直径小于或等于500 mm时，分别在每一个截面的顶部、沿环向45°处和225°处各布置温度和热流传感器；当工作钢管直径大于500 mm时，则在每一个截面上沿环向均布8个温度和热流传感器。

6.1.1.1.4 测试段长度的测量精度为±1.0 mm；外护管的平均外直径和工作钢管的外直径测量精度均为±0.5 mm；外护管厚度的测量精度为±0.1 mm。

6.1.1.2 测试步骤

6.1.1.2.1 设定工作钢管内的温度为(80±10)℃，温度控制精度应小于或等于±0.5 ℃。

6.1.1.2.2 管道外护管处于室内环境中，试验室内封闭环境的温度控制为(23±2)℃，试验过程中温度变化不得超过±1 ℃，室内空气平静、无扰动。

6.1.1.2.3 试验运行至少4 h后，观察测试系统传热是否达到稳态。连续3次间隔0.5 h的观测值不超过该3次的平均值，而且不表现为单向增减的趋势，则认为已达到稳态，采集并记录测试数据。工作钢管和外护管表面的温度测量精度为±0.1 ℃；外护管表面的热流测量精度在4% 以内。计算测试截面上热流、温度的算术平均值和各截面的平均值。

6.1.1.3 导热系数计算

6.1.1.3.1 表观导热系数λ_{50}的确定应符合下列规定：

a) 管道保温结构在平均工作温度为50 ℃时的表观导热系数λ_{50}应按式(14)进行计算：

$$\lambda_{50}=\frac{q_{l,av}\times\ln\dfrac{D_W}{D_S}}{2\times\pi\times(t-t_W)} \quad\cdots\cdots(14)$$

式中：

λ_{50} ——管道保温结构的表观导热系数，单位为瓦每米开尔文[W/(m·K)]；

$q_{l,av}$——单位长度平均线热流密度，单位为瓦每米(W/m)；

t ——保温结构内表面温度，单位为开尔文(K)；

t_W ——保温结构外表面温度，单位为开尔文(K)；

D_S ——保温结构内径，单位为米(m)；

D_W ——保温结构外径(外护管外径)，单位为米(m)。

b) 管道保温结构的平均表观导热系数，是在(80±10)℃范围内选取3个不同的工作钢管运行温度进行测试，由测得的数据按线性回归的方法计算求得。对于型式试验，要测定3个不同管径、不同管道温度下的平均值来确定其表观导热系数λ_{50}。导热系数值要圆整到0.001 W/(m·K)。

6.1.1.3.2 保温层材料导热系数λ_i的确定应符合下列规定：

a) 计算管道保温结构中保温层材料的导热系数λ_i，应加上外护管热阻的修正项，预先测定外护管的壁厚，计算外护管内径，计及外护管材料的导热系数(高密度聚乙烯的导热系数值宜为0.40 W/(m·K))。工作钢管的热阻可忽略不计。

b) 保温层材料导热系数λ_i按式(15)进行计算：

$$\lambda_i=\frac{\ln\left(\dfrac{D_C}{D_S}\right)}{\dfrac{2\times\pi\times(t_W-t)}{q_{l,av}}-\dfrac{1}{\lambda_c}\ln\left(\dfrac{D_W}{D_C}\right)} \quad\cdots\cdots(15)$$

式中：

λ_i ——保温层材料导热系数，单位为瓦每米开尔文[W/(m·K)]；

λ_c ——外护管材料导热系数，单位为瓦每米开尔文[W/(m·K)]；

D_C——外护管内径，单位为米(m)。

6.1.1.4 试验设备

6.1.1.4.1 加热热源：能对工作钢管内提供温度不低于 200 ℃的加热介质，温度控制精度应小于或等于±0.5 ℃；

6.1.1.4.2 实验室环境条件可调，环境空气温度控制精度应小于或等于±1 ℃，空气相对湿度变化应小于或等于±5%，环境风速应小于或等于 0.5 m/s。

6.1.2 人工加速老化处理后管道的保温性能

6.1.2.1 管道老化处理

6.1.2.1.1 老化处理前的管道试样制备同 6.1.1.1。

6.1.2.1.2 老化处理之前，试样管道两端应进行充分密封，以防止气体渗透、扩散。

6.1.2.1.3 老化处理步骤：设定管道工作钢管内的介质温度为(90±1)℃，温度控制精度应小于或等于±0.5 ℃。管道外护管处于室内环境中，室内温度控制为(23±2)℃，试验过程中温度变化不得超过±1 ℃。试验室应确保密闭，防止气体扩散、渗透，以保证保温材料泡孔中的气体成分不发生明显变化。连续运行 150 天。

6.1.2.2 保温性能测试

老化处理后管道保温性能测试同 6.1.1.2。导热系数计算同 6.1.1.3。老化处理的试验设备要求同 6.1.1.4。

6.2 聚氨酯保温层直埋热水管道的剪切强度

6.2.1 常温下保温管道轴向剪切强度

6.2.1.1 试样制备

试样测试段应是一截长度为保温层厚度 2.5 倍，且不应短于 200 mm 的保温管道。在保温结构两端，保留适当长度的工作钢管，以便于试验操作。试样应在距管端部 500 mm～1 000 mm 处、垂直于管道轴线截取。共制作 3 段试样。

6.2.1.2 测试步骤

如图 4 所示，试样处于常温(23±2)℃环境条件下，由试验装置按 5 mm/min 的速度对工作钢管一端施加轴向力，直至保温结构的结合面破坏分离。记录最大轴向力值，并计算轴向剪切强度。试验可在管道轴线置于垂直方向或水平方向的两种情况下进行，当管道轴线处于垂直方向时，轴向力中应计入工作钢管的重量。

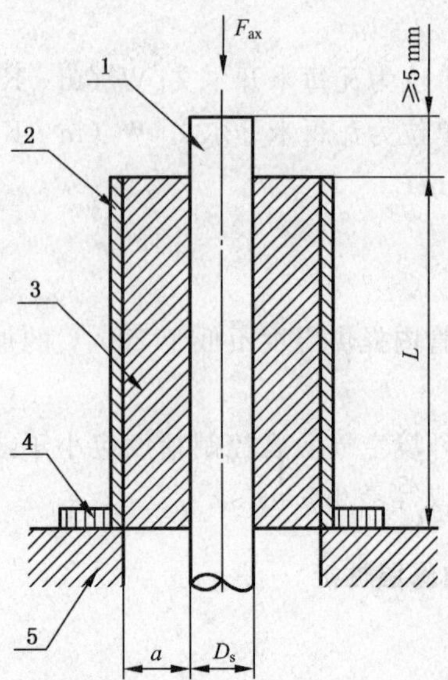

F_{ax}——轴向力；

D_s——工作钢管外径；

a——保温层厚度；

L——试样长度，$L=2.5\times a\geqslant 200$ mm；

1——工作钢管；

2——外护管；

3——保温层；

4——导向环；

5——试验装置底座。

图4　轴向剪切强度测试装置示意图

6.2.1.3　轴向剪切强度计算

轴向剪切强度应按式(16)进行计算：

$$\tau_{ax}=\frac{F_{ax}}{L\times\pi\times D_s} \tag{16}$$

式中：

τ_{ax}——轴向剪切强度，单位为兆帕(MPa)；

F_{ax}——轴向施加的力，单位为牛(N)；

L——试样的长度，单位为毫米(mm)；

D_s——工作钢管外径，单位为毫米(mm)。

取三个试样分别测试结果的算术平均值作为最终测试结果。

6.2.1.4　测试仪器设备

测试仪器设备为 200 kN～1 000 kN 压力试验机；精度为±0.5%的测力传感器。

6.2.2　常温下保温管道切向剪切强度

6.2.2.1　试样制备

6.2.2.1.1　试样应为一截长度是工作钢管直径 0.75 倍的保温管道，且不得小于 100 mm。在保温结构两端，保留适当长度的工作钢管，用于固定试样和方便试验操作。试样应在距管端部 500 mm～

1 000 mm 处、垂直于管道轴线截取。共制作 3 段试样。

6.2.2.1.2 如图 5 所示，将工作钢管一端固定在固定支架 1 上；试样外护管表面被传力夹具 3 环抱，传力夹具的内环面上具有足够数量直径约为 5 mm 的半球状突起，突起嵌入外护管表面未被完全钻透的凹孔中，但不应对外护管产生径向压力；传力夹具上对称安装两根杠杆 2，每一根杠杆端头与保温管道中心线的距离，即力臂长度 a=1 000 mm。

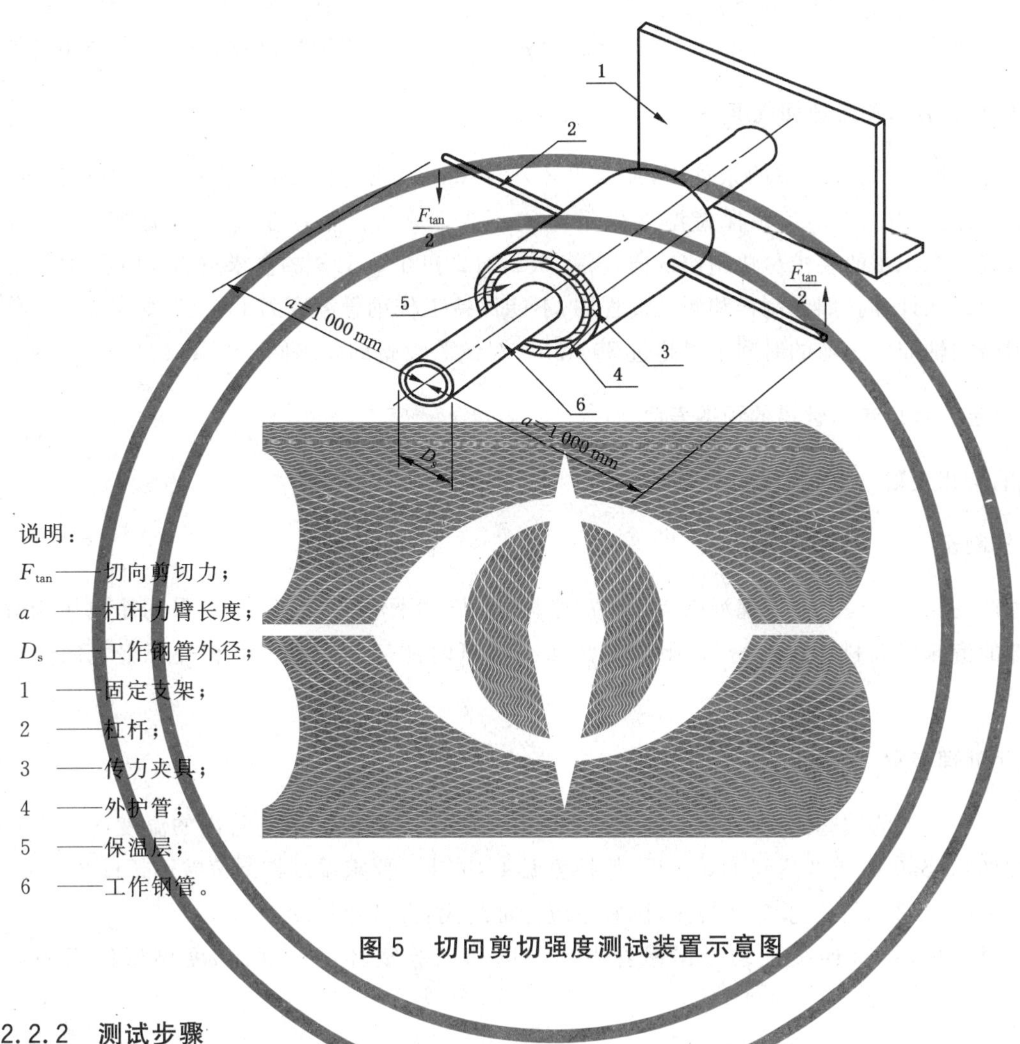

说明：

F_{tan}——切向剪切力；

a ——杠杆力臂长度；

D_s ——工作钢管外径；

1 ——固定支架；

2 ——杠杆；

3 ——传力夹具；

4 ——外护管；

5 ——保温层；

6 ——工作钢管。

图 5 切向剪切强度测试装置示意图

6.2.2.2 测试步骤

试样处于常温(23±2)℃环境条件下，通过两根对称杠杆，试验装置按 25 mm/min 的速度连续施加切向力，直至保温结构的结合面破坏分离，记录最大切向力值。切向力垂直作用于杠杆上，在每一根杠杆上施加的切向力为 $F_{tan}/2$。

6.2.2.3 切向剪切强度计算

切向剪切强度应按式(17)计算：

$$\tau_{tan}=\frac{F_{tan}}{\pi\times D_s\times L\times\frac{D_s}{2}\times\frac{1}{a}} \qquad \cdots\cdots(17)$$

式中：

τ_{tan}——切向剪切强度，单位为兆帕(MPa)；

F_{tan}——切向剪切力，单位为牛(N)；

L ——试样长度,单位为毫米(mm);

D_s ——工作钢管外径,单位为毫米(mm);

a ——每一根杠杆的长度,单位为毫米(mm)。

取三个试样分别测试结果的平均值作为最终测试结果。

6.2.2.4 测试仪器设备

测试仪器设备 200 kN～1 000 kN 压力试验机;精度为±0.5%的测力传感器;专用传力夹具。

6.2.3 140 ℃时管道的轴向剪切强度

试验室环境温度为(23±2)℃的条件下,使长度不小于 3.5 m 被测保温管道的工作钢管升温,在30 min时间内达到(140±2)℃,并保持温度稳定时间不少于 4 h。然后在离管道端部 500 mm～1 000 mm处,按 6.2.1.1 的要求尽快制作试样,再按 6.2.1.2 和 6.2.1.3 的要求进行 140 ℃时管道的轴向剪切强度测试和计算。如在制样和测试过程中,不能保持工作钢管温度为 140 ℃,则应保证工作钢管开始降温到施加轴向力之前的时间不得超过 30 min。对试验设备的要求同 6.1.1.4 和 6.2.1.4。

6.3 聚氨酯保温层直埋热水管道的预期寿命

6.3.1 管道的老化处理

6.3.1.1 试样制备

从批量生产的保温管道上截取保温结构完整的管段,其长度不应小于 3.5 m。采用涂覆树脂等方法对管段端部的泡沫保温材料进行密封,阻断泡沫保温材料内部气体向外扩散和外部空气向其内部渗透。

6.3.1.2 老化处理步骤

在按 6.1.1.4 要求的试验设备上,将保温管段的工作钢管升温。使工作钢管内的温度达到 160 ℃后,保持恒温时间 3 600 h;或者达到 170 ℃后,保持恒温 1 450 h。要求温度控制偏差不超过 0.5 ℃,外护管始终保持在(23±2)℃的试验室环境中,试验室应保证封闭,无气流扰动。

老化处理过程中,要求连续记录工作钢管内的温度和试验室环境温度,温度测试仪表精度为±0.1 ℃。

6.3.2 老化处理后管道的剪切强度

6.3.2.1 常温条件下的轴向剪切强度

将经过老化处理、并已冷却至室温的管道,去除受氧化不利影响的管端部分材料,在离管道端部500 mm～1 000 mm 处,按 6.2.1.1 的试样制备方法,截取轴向剪切强度测试的试样管段。试验室环境温度(23±2)℃的条件下,按 6.2.1.2 和 6.2.1.3 的规定进行轴向剪切强度测试和计算。测试仪器设备同 6.2.1.4。

6.3.2.2 140 ℃时管道的轴向剪切强度

将经过老化处理后的管道,按 6.2.3 中的规定,使工作钢管升温,在 30 min 时间内达到(140±2)℃,并保持温度稳定时间不少于 4 h。然后按 6.2.1.1 的要求尽快制作试样,再按 6.2.1.2 和6.2.1.3的要求进行 140 ℃时管道的轴向剪切强度测试和计算。测试仪器设备同 6.1.1.4 和 6.2.1.4。

6.3.2.3 常温条件下的切向剪切强度

将经过老化处理、并已冷却至室温的管道，去除受氧化不利影响的管端部分材料，在离管道端部500 mm～1 000 mm处，按6.2.2.1的试样制备方法，截取切向剪切强度测试的试样管段。试验室环境温度(23±2)℃的条件下，按6.2.2.2和6.2.2.3的规定进行切向剪切强度的测试和计算。测试仪器设备同6.2.2.4。

6.4 聚氨酯保温层直埋热水管道连续运行温度超过120 ℃的管道预期寿命

6.4.1 测试要求

对于连续运行温度超过120 ℃的直埋保温管道，应测试其在保证30年使用寿命条件下的连续运行最高耐受温度。选择至少于3个不同的老化处理温度，分别进行1 000 h以上的管道老化处理，然后检测老化处理后的管道在140 ℃条件下的切向剪切强度，其结果均应大于或等于管道运行中要求达到的切向剪切强度值(0.13 MPa)。

6.4.2 试验管段制备

从批量生产的保温管道上截取保温结构完整的试验管段，其长度不应小于3.5 m。采用涂覆树脂等方法对管段端部的泡沫保温材料进行密封，阻断泡沫保温材料内部气体向外扩散和外部空气向其内部渗透。

6.4.3 测试步骤

6.4.3.1 选择一个老化处理温度 T_k，在试验装置上使试验管段工作钢管内通入温度为 T_k 的介质，进行老化处理，温度控制精度为±0.5 ℃。管道外护管处于室内环境中，试验室密闭，室内温度控制为(23±2)℃，试验过程中室内温度变化不得超过±1 ℃。在此老化处理温度 T_k 下，实际老化处理时间 L_k 应保证大于或等于1 000 h，否则应重新选择老化处理温度 T_k。试验期间应连续记录工作钢管温度和室内环境温度。

6.4.3.2 对老化处理后的管段，按6.2.3规定的方法，在30 min时间内使工作钢管升温到(140±2)℃，并保持温度稳定时间不少于4 h。然后在离管道端部至少500 mm处，按6.2.2.1的要求尽快制作切向剪切强度测试试样，再按6.2.2.2和6.2.2.3的要求进行140 ℃条件下管道的切向剪切强度测试和计算。

6.4.3.3 共计选择不少于3个不同的老化处理温度点，各个温度点之间的温差应大于或等于3 ℃，其最高温度与最低温度之差应大于或等于10 ℃。分别在各个温度点之下，按照6.4.3.1规定的步骤进行老化处理，按照6.4.3.2规定的步骤进行140 ℃条件下的切向剪切强度测试和计算，老化处理的时间应大于或等于1 000 h。老化试验1 000 h以后，开始在140 ℃条件下，进行切向剪切强度试验，检测的最大时间间隔为7天。

6.4.3.4 每一个老化处理温度(T_k)点之下，测得的管道在140 ℃条件下的切向剪切强度值与老化处理时间(L_k)成线性关系，作出其关系曲线。其中切向剪切强度降至0.13 MPa之前及之后的三次检测应在7天之内完成。通过查看曲线上相邻两个切向剪切强度值大于和小于0.13 MPa的点，采用内插法可得出该保温管道切向剪切强度值等于0.13 MPa时实际应采用的老化处理时间(L_k)，及其所对应的老化处理温度(T_k)。

6.4.4 计算连续运行保温管道的最高耐受温度

6.4.4.1 根据实际应采用的老化处理温度 T_k 和老化处理时间 L_k，按式(18)运用线性回归的方法计算

Arrhenius 关系式中的系数 C 和 D：

$$\ln L_k=\frac{C}{T_k}+D \qquad (18)$$

式中：

L_k——老化处理温度点 T_k 下的老化处理时间，单位为小时(h)；

T_k——老化处理温度，单位为摄氏度(℃)；

C——回归系数；

D——回归系数。

按式(19)计算相关系数 r：

$$r=\frac{\sum_k[(y_k-\overline{y_k})\times(x_k-\overline{x_k})]}{\sqrt{\sum_k(y_k-\overline{y_k})^2\times\sum_k(x_k-\overline{x_k})^2}} \qquad (19)$$

式中：

x_k——老化处理温度的倒数，$x_k=\frac{1}{T_k}$，单位为℃$^{-1}$；

y_k——老化处理时间的自然对数 $y_k=\ln L_k$；

$\overline{x_k}$、$\overline{y_k}$——x_k 和 y_k 的平均值。

当相关系数 r 小于 0.98 时，所测数据无效，应扩大取样范围、重新选择老化处理温度点进行测试。

6.4.4.2 保温管道的计算连续运行最高耐受温度，即按式(20)计算在保证连续运行寿命 30 年条件下保温管道的最高耐受温度：

$$\mathrm{CCOT}=\frac{C}{\ln 262\,800-D} \qquad (20)$$

式中：

CCOT——30 年使用寿命条件下的连续运行温度值，单位为摄氏度(℃)。

6.4.5 测试仪器设备

测试仪器设备同 6.1.1.4 和 6.2.2.4。

6.5 直埋热水保温管道抗冲击性能

6.5.1 管道抗冲击性能的测试应按照 GB/T 14152 的规定执行。

6.5.2 测试的试样应从批量生产的保温管道上截取，其长度不应小于 1.5 m。在试样上画出等距离的标线。

6.5.3 测试之前先将试样置于(−20±1)℃的温度环境下，时间应不少于 3 h。然后在 10 s 之内将试样从低温环境处理设备中移出，调整冲击试验机的落锤高度为 2 m，落锤质量为 3.0 kg，在标线范围内完成抗冲击性能测试。

6.5.4 抗冲击性能测试后，目测检查管道外护管上是否出现裂纹等缺陷。

6.5.5 测试仪器设备：低温范围达到−30 ℃的低温箱；冲击试验机，落锤质量 3.0 kg，其半球形冲击面直径为 25 mm。

6.6 140 ℃时的直埋热水保温管道抗长期蠕变性能

6.6.1 试样制备

6.6.1.1 试样应从正规生产的保温管道中间部分截取，抗蠕变性能测试的试样管段，要求其工作钢管外径为 60 mm，外护管外径为 125 mm，保温层材料是聚氨酯硬质泡沫塑料。共制备 3 段试样。

6.6.1.2 如图 6，试样包括一个测试段 A 和两个位于测试段两端的隔热段 B。测试段 A 的长度为 100 mm，隔热段 B 的长度各为 50 mm，在测试段与隔热段之间还要切割出宽度小于 4 mm 的两个隔热切口。该两个切口应贯穿外护管和保温层直达工作钢管表面、对称地垂直于工作钢管轴线。

6.6.2 测试步骤

6.6.2.1 用试样两端外伸的一段工作钢管直接将试样支撑，在测试段 A 的长度上设有施加径向力的挂具，见图 6 。

单位为毫米

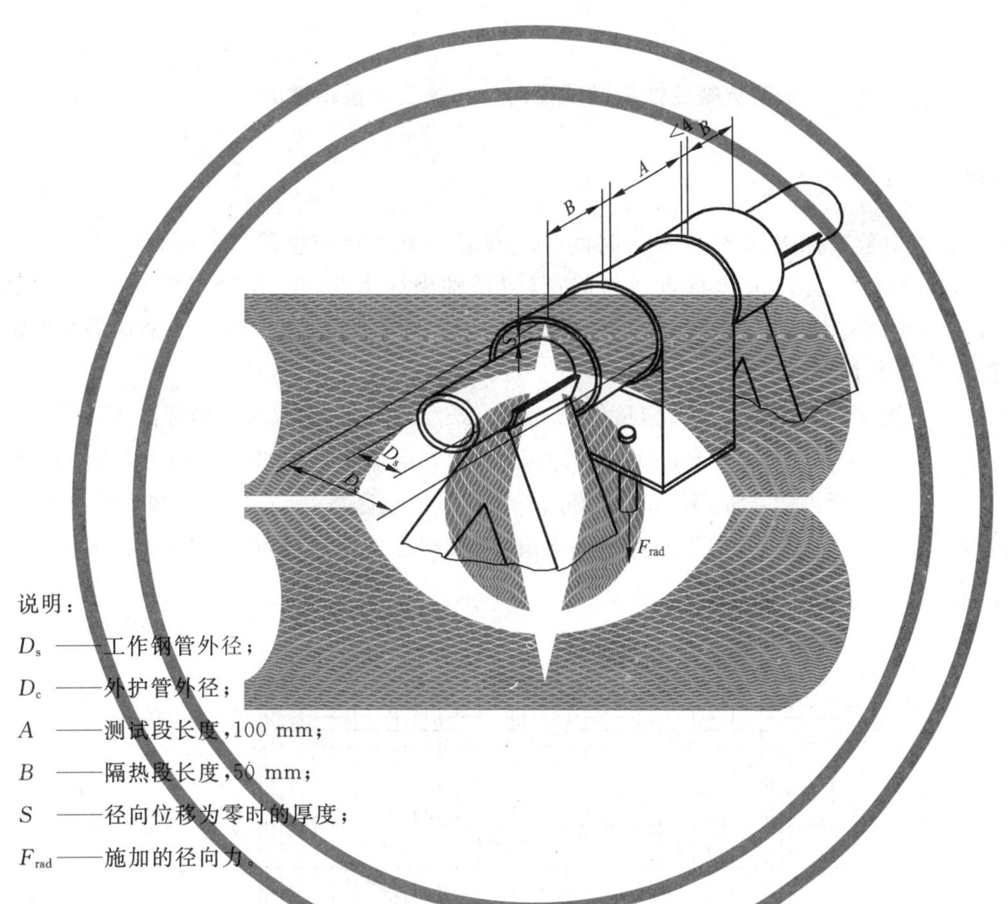

说明：

D_s ——工作钢管外径；

D_c ——外护管外径；

A ——测试段长度，100 mm；

B ——隔热段长度，50 mm；

S ——径向位移为零时的厚度；

F_{rad}——施加的径向力。

图 6 长期抗蠕变性能测试的试样和加载装置示意图

6.6.2.2 试样置于温度为(23±2)℃的环境中，测量聚氨酯泡沫塑料保温层的厚度 S。

6.6.2.3 对试样工作钢管加热，升温到(140±2)℃后，保持温度恒定不变。周围环境温度也保持(23±2)℃不变，进行抗蠕变性能测试。

6.6.2.4 工作钢管恒温时间达到 500 h 时，采用在挂具下方吊挂砝码的方法施加径向作用力 F_{rad}。砝码及挂具的重量定为(1.5±0.01)kN。该作用力负载应是恒定的，施加时要求无冲击和震动。

6.6.2.5 如图 7 所示，在测试段外护管顶部的中间位置，设置位移量测试仪表，沿作用力方向测量保温材料的径向位移 ΔS。在施加径向作用力之前，加热周期达到 500 h 时，测试仪表显示的径向位移量 $\Delta S=0$。

6.6.2.6 保持工作钢管温度不变的条件下，分别在施加作用力 F_{rad}后达到 100 h 和 1 000 h 的时刻，记录径向位移量 ΔS_{100}和 $\Delta S_{1\,000}$。

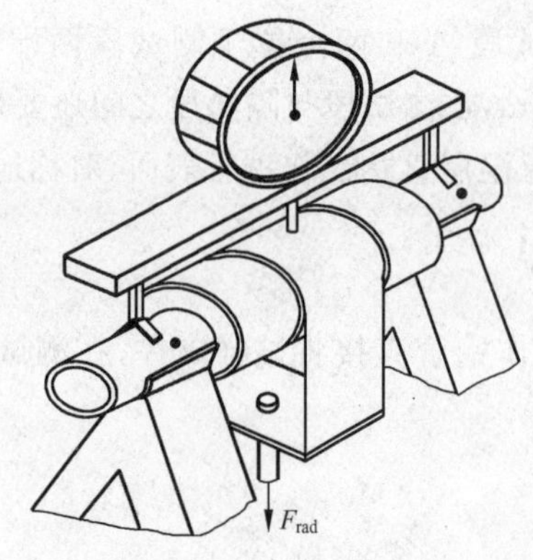

图7 长期抗蠕变性能测试径向位移测定装置示意图

6.6.3 测试结果

6.6.3.1 创建一张双对数坐标图，横轴坐标为时间(h)，纵轴坐标为径向位移 ΔS(mm)。在双对数坐标图上，以6.6.2.5中测定的 $\Delta S=0$ 坐标点作为起点，将横轴坐标为30年、纵轴坐标径向位移 $\Delta S=$ 20 mm的坐标交点 ΔS_{30y} 作为终点，在两点之间连成直线，见图8。该直线用于对聚氨酯保温层材料长期抗蠕变性能测试结果的判定。

6.6.3.2 将6.6.2.6测试记录的两次位移测量值 ΔS_{100} 和 $\Delta S_{1\,000}$ 标示在该双对数坐标图上。若测得的 ΔS_{100} 和 $\Delta S_{1\,000}$ 值落于该直线上，或落于该直线以下的区域，则判定该聚氨酯泡沫保温层材料的长期抗蠕变性能测试结果合格；若测得的 ΔS_{100} 和 $\Delta S_{1\,000}$ 值位于该直线以上区域，则其长期抗蠕变性能不合格。

相同保温管道产品三个试样测试结果的算术平均值，用来判定该聚氨酯泡沫保温层材料的长期抗蠕变性能测试结果。

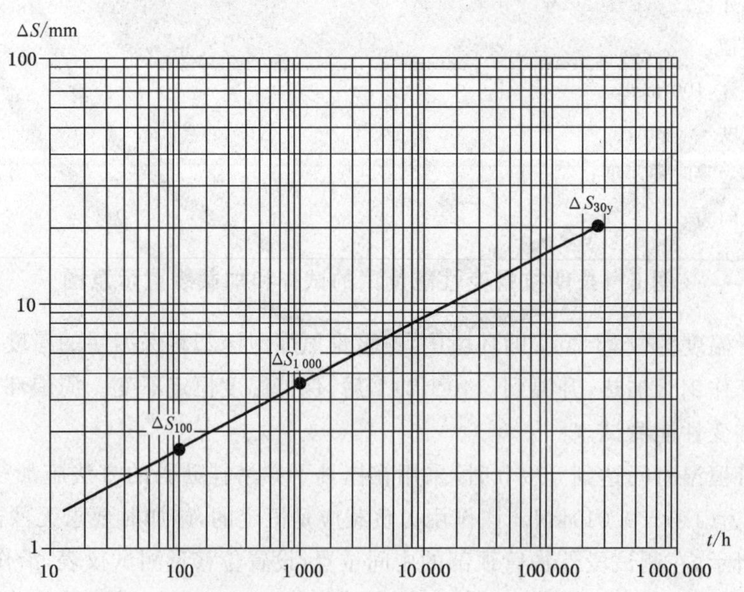

图8 长期抗蠕变性能测试径向蠕变量坐标图

6.6.4 测试仪器设备

加热及室温控制同6.1.1.4；1.5 kN砝码及砝码挂具；精度为±0.1%的百分表。

7 热水保温管道接头的性能检测

7.1 管道接头承受土壤应力条件下的性能(砂箱试验)

7.1.1 试样制备

管道对接接头承受土壤应力条件下的性能测试试样为一条中间具有完整保温结构接头的管段,其长度不应小于 2.5 m。型式试验时,需取 3 个试样。

7.1.2 测试步骤

7.1.2.1 将试样埋在砂箱的砂层中,测量填砂高度,计算砂和压板重量,模拟 1 m 埋深时管道表面承受的垂直土壤应力为 18 kN/m^2。

7.1.2.2 测试之前,先使工作钢管内介质加温至(120±2)℃,保持恒温 24 h。然后降至室温,开始试验测试。

7.1.2.3 启动推拉动力装置,调节推进速度为 10 mm/min,后退速度为 50 mm/min,位移量是 75 mm。

7.1.2.4 连续不停顿地往复推拉各 100 次,完成试验测试。

7.1.3 测试结果

7.1.3.1 目测检查管道接头处保温结构是否出现撕裂或破损。

7.1.3.2 目测检查未发现问题时,进行水密封性测试,并应符合下列规定:

7.1.3.2.1 将接头试件浸入密闭的水箱中,水温(23±2)℃,使水着色并增压至 30 kPa,保持恒压 24 h;

7.1.3.2.2 取出试件,切开接头部分,检查是否有水渗入接头内部。

7.1.4 测试仪器设备

7.1.4.1 试验采用的砂箱最小尺寸如图 9 所示,测试接头管段埋于砂箱中,顶部配备刚性压板以模拟土壤应力。

7.1.4.2 采用室温状态下干燥的自然砂,其含湿量不超过 0.5%,粒度分布要求如图 10 所示。

7.1.4.3 往复运动的动力装置与工作钢管连接,可调节推拉测试管段前进和后退的速度。

7.1.4.4 加热装置要求同 6.1.1.4.1。

单位为毫米

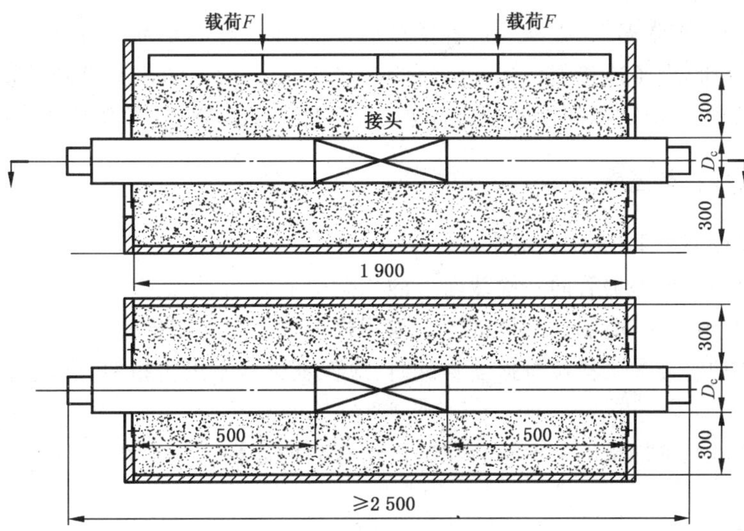

图 9 砂箱最小尺寸图

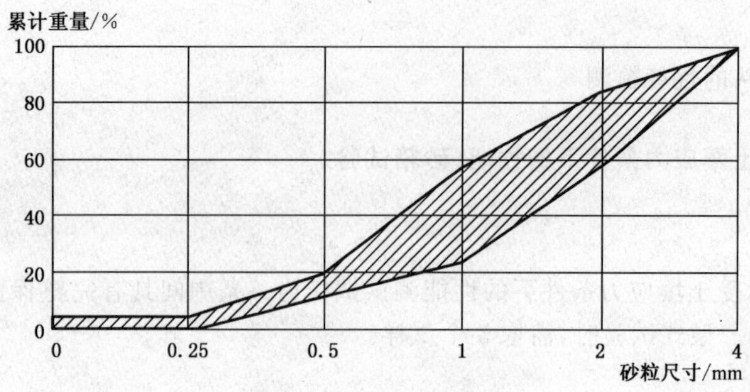

图 10 标准砂质量图

7.2 接头气密性

7.2.1 接头外护管结构制作完成后，在其表面钻孔安装充气接头。

7.2.2 外护管结构上的温度降至 40 ℃以下时，经接头充入空气或氮气，充气压力为 0.02 MPa，稳定压力 2 min 后，在接头连接部位涂刷肥皂水，进行接头气密性检查。

7.2.3 接头气密性测试和发泡之后，应及时堵塞开孔，严格密封。

7.3 接头保温层聚氨酯泡沫性能

7.3.1 接头保温层聚氨酯泡沫性能测试试样应从室温下储存不少于 72 h 的管道接头上切取。

7.3.2 接头保温层聚氨酯泡沫的型式试验应进行空洞和气泡百分率检测、泡孔尺寸检测、泡沫压缩强度测试、泡沫密度测试、泡沫闭孔率测试、泡沫吸水率测试、泡沫导热系数测试。测试按 5.2.1 聚氨酯保温管道直管对聚氨酯泡沫性能的方法进行。

7.4 热缩式高密度聚乙烯外护管接头的外观和剥离强度

7.4.1 外观

目测检查热缩带边缘有无均匀的热熔胶溢出，有无过烧、鼓包、翘边和漏烤现象。

7.4.2 热缩带剥离强度

当热缩带自然冷却至常温后，在与外护管搭接缝处撬出一条宽度为 20 mm～30 mm 的开口，用同宽度的夹子夹住热缩带，夹子连接测力计(弹簧秤)，以 50 mm/min 的速率沿圆周切线方向均匀拉开热缩带。将测量记录的拉力值除以开口的剥离宽度(cm)，即为剥离强度，单位按 N/cm。

7.5 热熔焊式接头的拉剪强度

7.5.1 测试方法应按 GB/T 8804 规定执行。

7.5.2 试样应从保温管道外护管同一横截面上的均匀分布位置截取，试样数量不得少于 3 个，外护管外径大于和等于 450 mm 时，应制取 8 个试样。采用机械加工方法制样。

7.5.3 热熔焊式外护管接头试样拉剪强度测试时，应保证试样不发生扭曲，试验机宜采用如图 11 所示的对中式夹头。

7.5.4 拉剪强度按试验机记录的最大拉力和试样结合面的面积进行计算，以多个试样拉剪强度的算术平均值为测试结果。

7.5.5 测试仪器设备：同 5.2.1.6.5。

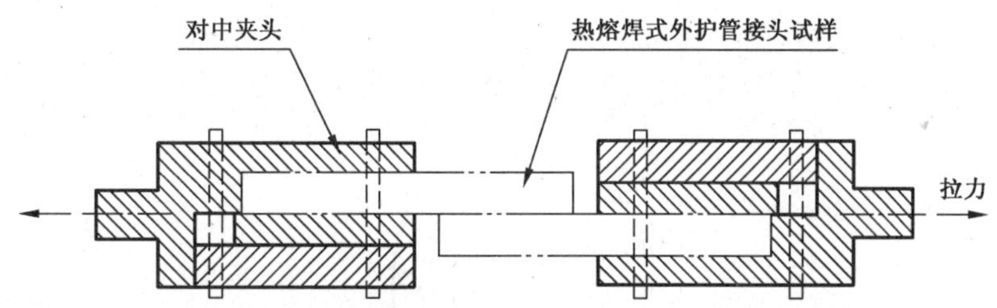

图 11 拉剪强度测试的对中夹头示意图

8 热水保温管道管件的质量检测

8.1 钢制管件

8.1.1 材质、尺寸公差及性能

钢制管件的材质、尺寸公差及性能的检测应按 GB/T 699 或 GB/T 700 的规定执行。

8.1.2 公称直径与壁厚

8.1.2.1 钢制管件的公称直径与壁厚的检测应按 SY/T 5257 的规定执行。

8.1.2.2 将钢制管件外弧中心的表面清除干净，直径在钢制管件弯曲部分采用卡钳或精度 1 mm 的卡尺测量；壁厚在管件外弧中心采用精度不大于 0.2 mm 超声波测厚仪至少测量 5 次，取其平均值。

8.1.3 表面质量

钢制管件外观的表面质量采用目测和量尺进行检测。

8.1.4 弯曲部分褶皱的凹凸高度

8.1.4.1 弯曲部分褶皱的检测应按 SY/T 5257 的规定执行。

8.1.4.2 目测检查弯头与弯管的弯曲部分是否有褶皱及波浪形起伏。在目测波浪形起伏凹点与凸点偏差最大处，用卡尺和钢直尺检测凹点与凸点距弯头和弯管表面的最大高度。

8.1.5 弯曲部分椭圆度

8.1.5.1 弯曲部分椭圆度的检测应按 SY/T 5257 的规定执行。

8.1.5.2 在弯曲部分始端、中间、终端，每一截面处用卡钳或精度 1 mm 卡尺至少均匀取 4 点检测。椭圆度按式(21)进行计算：

$$O=\frac{2(d_{\max}-d_{\min})}{d_{\max}+d_{\min}}\times 100\% \qquad \cdots\cdots(21)$$

式中：

O ——椭圆度；

$d_{\max}$——弯曲部分截面的最大管外径，单位为毫米(mm)；

$d_{\min}$——弯曲部分截面的最小管外径，单位为毫米(mm)。

8.1.6 弯头的弯曲半径

8.1.6.1 弯头的弯曲半径的检测应按 SY/T 5257 的规定执行。

8.1.6.2 找出两端直管段的中心线，量出直管段长度，找出两端直管段与弯曲部分中心线上的交点，过交点作两条垂直于直管段的垂线，两垂线交于 B 点(如图 12)，再用分度值 1 mm 钢直尺测量弯头弯曲半径。

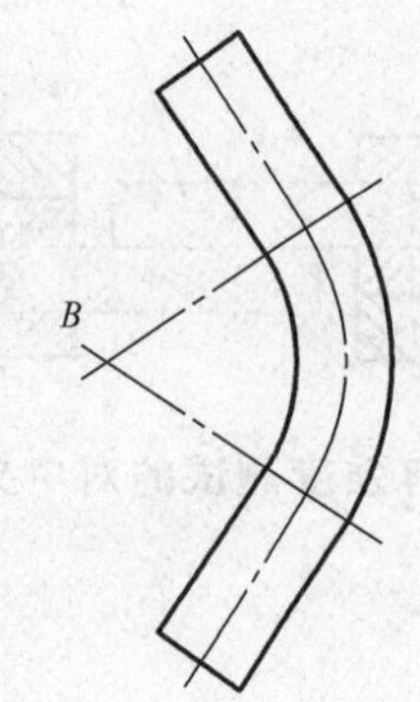

图 12 弯头的弯曲半径测量示意图

8.1.6.3 仪器设备：直角尺、2 000 mm 钢直尺、卡钳、平台。

8.1.7 管端椭圆度及直管段长度

8.1.7.1 管端椭圆度及直管段尺寸的检测应按 SY/T 5257 的规定执行。

8.1.7.2 在弯头与弯管的直管段管端 200 mm 长度范围内，分别选取一个截面用卡钳或精度 1 mm 卡尺至少均匀取 4 点测量其外径，椭圆度计算同 8.1.5。用精度 1 mm 钢直尺或钢卷尺测量直管段长度。

8.1.8 弯曲角度偏差

8.1.8.1 弯曲角度偏差的检测应按 SY/T 5257 的规定执行。

8.1.8.2 将弯管放在平台上，然后用直角尺在弯管两端的直管段上分别找出 N 点($N \geqslant 6$)投影到平台上(如图 13)。将弯管从平台上拿走，按照这些点找出两端直管段的中心线，交于 A 点，再用精度为 1°的角度尺测量出弯曲角度 α。

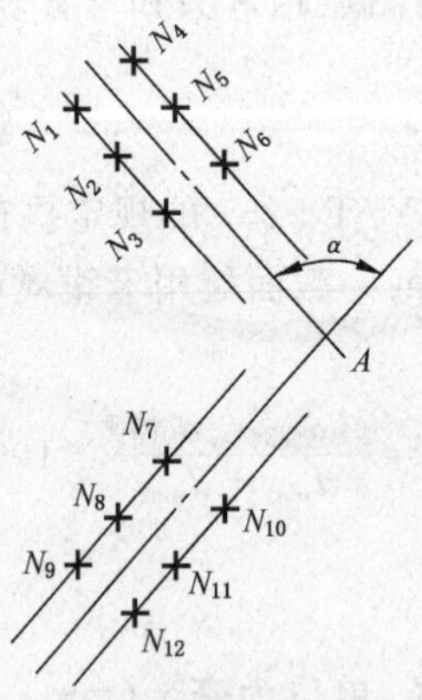

图 13 弯曲角度偏差测量示意图

8.1.8.3 仪器设备：角度尺、平台、2 000 mm 钢直尺、直角尺。

8.1.9 三通支管与主管角度偏差

8.1.9.1 三通支管与主管之间允许角度偏差检测应按 SY/T 5257 的规定执行。

8.1.9.2 按8.1.6.2的方法找出三通支管与主管段中心线，用精度为1°角度尺测量三通支管与主管之间的角度。

8.1.9.3 仪器设备：直角尺、2 000 mm钢直尺、角度尺、平台。

8.1.10 焊缝质量

8.1.10.1 焊缝外观质量检查按GB 50683的规定执行。

8.1.10.1 射线和超声波探伤按JB/T 4730的规定执行。

8.1.11 密封性

8.1.11.1 水密性测试应符合下列规定：

8.1.11.1.1 使用洁净水，试验压力为1.3倍管件设计压力，保压10 min应无渗漏。

8.1.11.1.2 测试仪器设备：管件端封夹具；水压试验装置、计时器。

8.1.11.2 气密性试验应符合下列规定：

8.1.11.2.1 管件两端封闭，一端安装充气接头。

8.1.11.2.2 经充气接头向管件内部充入空气，气压为0.02 MPa，保持压力30 s。

8.1.11.2.3 管件的焊缝处涂刷肥皂水，或将管件置于水中，检查管件应无渗漏。

8.1.11.2.4 测试仪器设备：管件端封夹具、气压试验装置、计时器。

8.2 保温层

8.2.1 材料性能

管件保温层材料的性能检测按5.2.1～5.2.5的规定执行。

8.2.2 最小保温层厚度

剥离外护管后，用精度1 mm探针在管件弯曲部分背弧侧中心截面处，沿环向均布取3点测量保温层厚度；或在该截面的剖面上均布3点位置，用精度为0.02 mm卡尺测量保温层厚度。取测量值的最小值作为测量结果。

8.3 外护管

8.3.1 材料性能

管件保温结构中高密度聚乙烯外护管材料性能检测按5.3.1的规定执行。

8.3.2 外径增大率

高密度聚乙烯外护管外径增大率检测按5.3.1.13的规定执行。

8.3.3 最小弯曲角度

8.3.3.1 外护管焊缝最小弯曲角度测试试样应在焊缝位置沿外护管轴线方向切取。对于对接焊缝，要在一条焊缝上按均匀分布位置切取5个试样；对于挤出焊缝，要在一条焊缝上按均匀分布位置切取6个试样。

试样尺寸和弯曲试验装置尺寸按外护管壁厚e的范围确定，见表1。

表 1 试样尺寸和弯曲试验装置尺寸

单位为毫米

外护管壁厚 e	试样尺寸		试验装置尺寸	
	宽度 b	长度 l_t	支辊间距 l_s	弯曲压头直径 d
$3<e\leqslant5$	15	150	80	8
$5<e\leqslant10$	20	200	90	8
$10<e\leqslant16$	30	200	100	12

8.3.3.2 最小弯曲角度测试步骤应符合下列规定：

a) 测试前应清除试样受压一侧的焊珠，修平试样边缘。

b) 如图 14 所示，将试样置于两个直径 50 mm 的平行支辊上，支辊的间距尺寸 l_s 和弯曲压头直径 d 按表 1 要求。对于对接焊缝，5 个试样的内表面都向上，与压头接触；对于挤出焊缝，3 个试样内表面向上，另 3 个试样外表面向上。

c) 在压力试验机上，缓慢向压头施加均匀压力，同时采用万能角度尺测量试样焊缝两边部分的夹角 α，直至达到按图 15 所示与壁厚对应的最小弯曲角时为止。

d) 检查试样弯曲到最小弯曲角后焊缝及其周边是否出现裂纹。

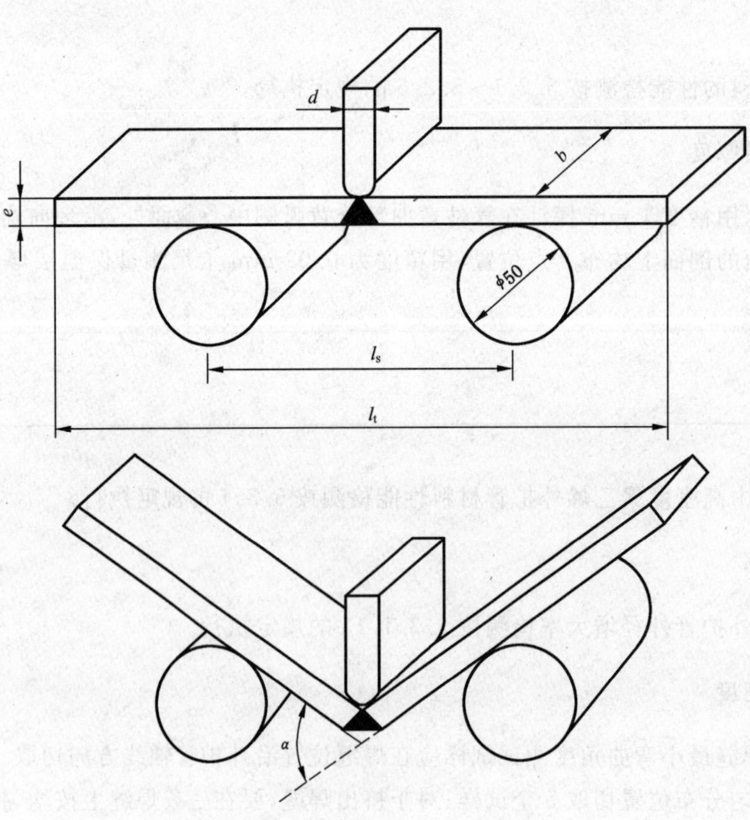

图 14 外护管焊缝的弯曲试验装置示意图

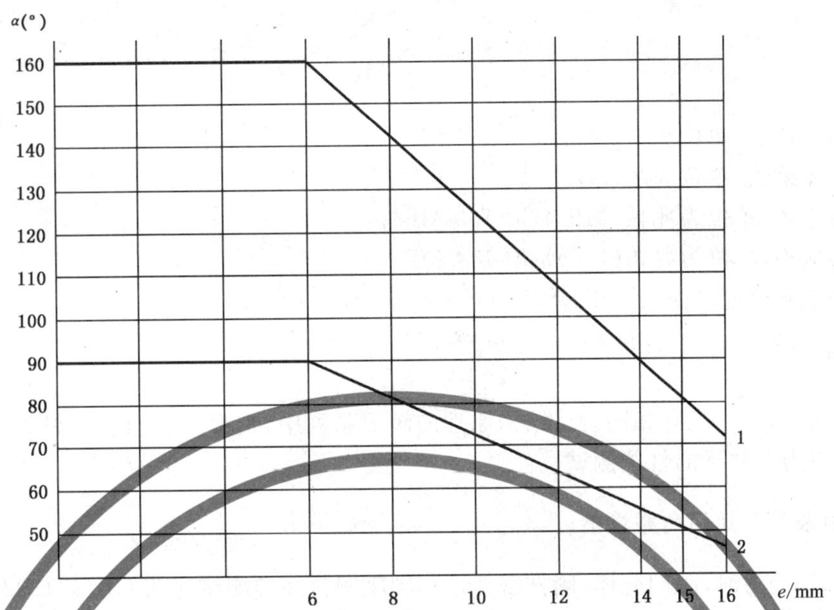

说明：

1——对接焊缝；

2——挤出焊缝。

图 15 最小弯曲角度图

8.4 保温管件的轴向偏心距、钢制管件与外护管间的角度偏差和主要结构尺寸偏差

8.4.1 轴向偏心距检测时，应测量管件端头保温结构垂直截面同一直径上的保温层最大厚度 h_1 和最小厚度 h_2 值，然后按式(1)进行计算。

8.4.2 角度偏差检测宜在管件垂直地面静止情况下，分别用数显角度水平尺沿钢管轴线方向和沿外护管轴线方向读数，求出角度偏差。

8.4.3 主要结构尺寸偏差采用钢直尺、卡尺、钢围尺、数显角度水平尺、平台等量具检测保温管件的各结构尺寸，计算尺寸偏差。

8.5 焊接聚乙烯外护管的密封性

聚乙烯外护管焊接后，目测检查全部焊缝质量。发泡之后，焊接外护管表面(除端口外)不得有聚氨酯泡沫塑料溢出。

9 热水保温管道阀门的性能检测

9.1 阀门承压能力

阀门承压能力检测应按 GB/T 13927 规定的压力试验执行。

9.2 阀门承受轴向应力条件下的性能

9.2.1 受轴向应力阀门

对安装在非预应力系统中的阀门，应进行承受轴向应力条件下的性能测试。

9.2.2 轴向力计算

作用在阀门上的轴向力按式(22)、式(23)计算：

$$F_t = \sigma_{yt} \times A_s \quad \cdots\cdots(22)$$

$$F_c = \sigma_{yc} \times A_s \quad \cdots\cdots(23)$$

式中：

F_t ——轴向拉伸力，单位为牛(N)；

F_c ——轴向压缩力，单位为牛(N)；

σ_{yt} ——拉伸应力，单位为兆帕(MPa)，取 163 MPa；

σ_{yc} ——压缩应力，单位为兆帕(MPa)，取 144 MPa；

A_s ——工作钢管管壁的横截面积，单位为平方毫米(mm^2)。

9.2.3 阀门试样

按型式试验的要求，在具有相同设计结构原理的阀门系列中，选择一台有代表性的、平均规格尺寸的阀门进行轴向应力条件下的性能测试。

9.2.4 轴向应力条件下阀门负载性能

9.2.4.1 未施加轴向力时，阀门壳体、阀杆密封性和阀座密封性的测试应按 GB/T 13927 的规定执行。

9.2.4.2 阀门施加轴向压缩力时应按下列步骤进行负载试验：

a) 阀门处于开启状态，两端施加按 9.2.2 计算的轴向压缩力，使阀内充满(140±2)℃的试验介质，增压至阀门冷态最大允许工作压力(CWP)，开始负载试验。

b) 负载试验共进行 14 天，每天测量和记录 1 次轴向压缩力、试验介质温度和压力、阀门开关的力矩值。

9.2.4.3 负载试验以后，卸载轴向压缩力，阀内充满(140±2)℃的试验介质，再进行阀座的严密性测试。

9.2.4.4 阀门施加轴向拉伸力时应按下列步骤进行负载试验：

a) 阀门处于开启状态，两端施加按 9.2.2 计算的轴向拉伸力，使阀内充满环境温度的试验介质，增压至阀门冷态最大允许工作压力(CWP)，开始负载试验。

b) 负载试验共进行 14 天，每天测量和记录 1 次轴向拉伸力、试验介质压力、阀门开关的力矩值。

9.2.4.5 保持阀门的轴向拉伸力进行阀座的严密性测试。

9.2.4.6 轴向拉伸力卸载后，再进行阀门壳体和阀杆的密封性测试。

9.2.5 测试仪器设备

9.2.5.1 阀门轴向力采用液压试验机产生，按不同阀门口径，选择的试验机最大拉、压力不应小于 1 000 kN，并配备阀门端口密封压板。施加拉力时，阀门端口需焊接封闭的拉力板。

9.2.5.2 高温高压热水机，热水温度(140±2)℃；热水流量 12 L/min；水压 2.5 MPa。

9.2.5.3 测量试验介质压力、温度和泄漏率的仪表应符合 GB/T 13927 中的规定。阀门开关扭矩采用精度为±0.5%FS 的扭矩传感器或扭矩扳手测量。轴向力宜按试验机液压和工作缸径面积进行计算，也可采用精度为±1%FS 的测力传感器测量。

9.3 阀门组件保温结构外护管和保温层材料性能

阀门保温结构中保温层和外护管材料的性能检测同 5.2.1 和 5.3.1 中直管材料的检测方法。

10 保温管道报警线性能检测

10.1 报警线端头外观与尺寸

目测检查保温管道产品的报警线外露端头部分是否损坏，其长度是否比工作钢管外露部分长 20 mm。

10.2 报警线导通性能

采用如图16的回路对报警线进行导通性能测试,电源电压应小于或等于24 VDC,回路短路电流应小于100 mA。连通报警线两端时,有声光显示表明其导通性合格。

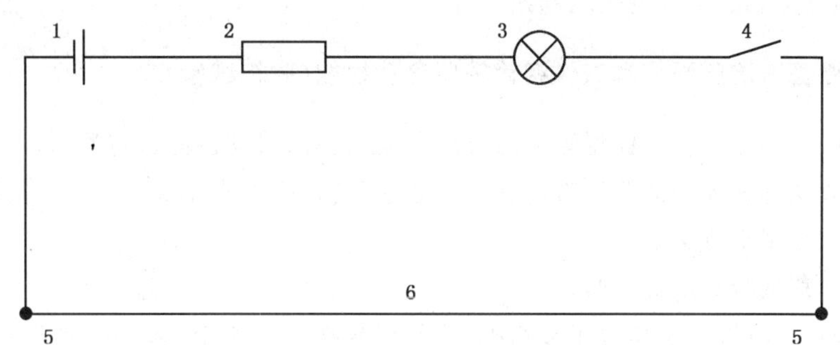

说明:

1——直流电源;

2——电阻器;

3——光或声显示器;

4——开关;

5——接点;

6——报警线。

图16 报警线导通性能测试示意图

10.3 报警线绝缘性能

采用1 000 VDC的兆欧表进行报警线绝缘性能测试,测试时间为1 min。报警线与工作钢管之间以及报警线与管道中其他导体之间的绝缘电阻不应小于500 MΩ。

11 蒸汽直埋保温管道性能检测

11.1 保温管道保温结构热面性能

11.1.1 测试方法

11.1.1.1 保温管道保温结构热面性能的测试应按GB/T 17430的规定执行。

11.1.1.2 管道试样的制备(不设试样管道端头的隔热缝)、测试截面的确定、温度和热流传感器的设置,均与6.1.1.1中热水保温管道保温性能测试中的要求和方法相同。

11.1.1.3 设定保温结构热表面温度为管道的最高使用温度,将工作钢管内通入该温度的介质,管道外护管处于室温环境,开始试验测试。当测试系统达到要求的温度并稳定后,保持恒温96 h。恒温期间每间隔12 h,测量记录1次温度和热流参数。然后停止热源供热,将整个装置冷却到室温。

11.1.1.4 测试仪器设备:热源温度为350 ℃,其余仪器设备同6.1.1.4的规定。

11.1.2 保温性能参数计算

按保温管道的结构参数、实测温度和热流参数的平均值,计算管道保温结构在工作温度状态下的表观导热系数λ_p、计算保温层材料的导热系数λ_i。计算方法和公式同6.1.1.3的规定。

11.1.3 保温结构尺寸和质量

检查经热面性能测试并冷却后的保温结构。检查保温材料是否出现开裂和裂缝的数量,测量裂逢长度、宽度和深度。观察保温材料是否出现分层,观察管道下部有无保温层材料脱落现象。用钢直尺沿管长方向放置,再测量保温层中部的最大翘曲尺寸。

11.2 蒸汽直埋保温管道抗压强度和工作钢管轴向移动性能(砂箱试验)

11.2.1 采用砂箱试验对蒸汽直埋保温管道的抗压强度和轴向移动性能进行测试。

11.2.2 试样管段应从批量生产的蒸汽直埋管道上截取,其长度不应小于2.5 m,对具有滑动支架的蒸汽管道应至少保有2个滑动支架。

11.2.3 测试分为空载试验和加载试验。

11.2.3.1 空载试验时,将管道试样置于砂箱中,使其裸露在砂层之上,将外护管与箱体固定。然后以10 mm/min的速度往复推拉工作钢管,使其轴向位移量为100 mm,进行空载试验。连续往复推拉各3次,检查工作钢管移动是否有卡涩现象,用测力传感器测定每次推拉力的大小,计算该6次推拉力的平均值。

11.2.3.2 加载试验时,将管道试样埋入砂中,计算填砂层高度和压板加载共同产生的管道试样表面平均载荷,使其达到0.08 MPa。然后以10 mm/min的速度往复推拉工作钢管,轴向位移量为100 mm,进行加载试验。连续往复推拉各3次,记录每次推拉力的大小,并计算该6次推拉力的平均值。

11.2.4 结果计算。

计算空载平均推拉力与加载平均推拉力的比值,其结果不应小于0.8。

11.2.5 测试仪器设备。

对试验设备砂箱和往复移动动力装置的要求同7.1.4中的规定;推、拉力的测定采用精度应为±1%的测力传感器。

11.3 蒸汽直埋保温管道抗冲击性能

11.3.1 玻璃纤维增强塑料外护管蒸汽直埋保温管道整体抗冲击性能的测试应按6.5热水直埋保温管道抗冲击性能测试方法执行。

11.3.2 钢制外护管蒸汽直埋保温管道抗冲击性能测试是对其外防腐层抗冲击性能的测试。应根据实际的防腐层材料,按13.1.5中的规定进行抗冲击性能的测试。

12 蒸汽直埋保温管道管路附件的质量检测

12.1 管路附件的外观和尺寸偏差

检测方法按8.1中对热水直埋保温管道管件的该项目检测方法执行。

12.2 管路附件中保温层材料

根据保温层使用的材料按5.2中对该类材料规定的检测项目进行检测。

12.3 管路附件外护管的密封性

管路附件外护管的密封性测试宜采用气体压力试验。将端口密封后,向管路附件内部施加0.2 MPa压力,稳压30 min。试压期间用肥皂水等检漏。

12.4 管路附件的抗冲击性能

抗冲击性能检测应按11.3的规定执行。

13 蒸汽直埋保温管道外护管防腐涂层性能检测

13.1 聚乙烯防腐层

13.1.1 性能

聚乙烯防腐层性能检测应按GB/T 23257—2009的规定执行。挤压聚乙烯防腐层分为底层为胶粘剂、外层为聚乙烯的二层结构和底层为环氧粉末涂料、中间层为胶粘剂、外层为聚乙烯的三层结构。

13.1.2 外观

采用目测检查,检查表面是否平滑,无暗泡、麻点、皱折和裂纹,色泽是否均匀。

13.1.3 厚度

防腐层的厚度应采用磁性测厚仪进行测量。每根管沿顶面等间距测量3次,然后把管旋转3次,每次旋转90°,每次旋转后再沿顶面等间距测量3次。记录12个防腐层厚度数据,得出平均值、最小值和最大值。

13.1.4 漏点

防腐层的漏点应采用电火花检漏仪进行检测。按照防腐层厚度,计算和确定检漏电压峰值。当防腐层厚度 T_C 小于1 mm时,检漏电压 V 为 $3\ 294\sqrt{T_C}$;当 T_C 大于或等于1 mm时,检漏电压 V 为 $7\ 843\sqrt{T_C}$。调整检漏仪电压检查漏点。检漏时,探头移动速度不应大于0.3 m/s。

13.1.5 抗冲击强度

13.1.5.1 从防腐管上截取尺寸为350 mm×170 mm×δ(管道壁厚,mm)的试样一组5块,其中350 mm为沿管道轴向长度。

13.1.5.2 对试样先进行25 kV的电火花检漏,并对无漏点的试样距各边缘大于38 mm范围内用磁性测厚仪测量4点的防腐层厚度,计算其平均厚度。

13.1.5.3 用测得的防腐层厚度乘以8 J,作为试验冲击能,并据此调整冲击试验机,对每块试样距边缘不小于30 mm的点进行冲击,相邻冲击点之间的距离也不应小于30 mm,5块试样共冲击30次。

13.1.5.4 对冲击后的试样进行25 kV的电火花检漏,不出现漏点时表明该防腐层抗冲击强度大于8 J倍的防腐层厚度。

13.1.6 粘结力

13.1.6.1 防腐层的粘结力大小是通过测定其剥离强度来进行检验的。

13.1.6.2 将管道防腐层沿环向划开20 mm～30 mm宽、长度大于100 mm的长条,深度直至外护钢管表面。撬起一端用测力计(弹簧秤)以10 mm/min的速率与管壁成90°匀速拉开,如图17所示。记录拉开时测力计的数值。测试时的温度宜为(20±5)℃,用表面温度计监测防腐层外表面温度。

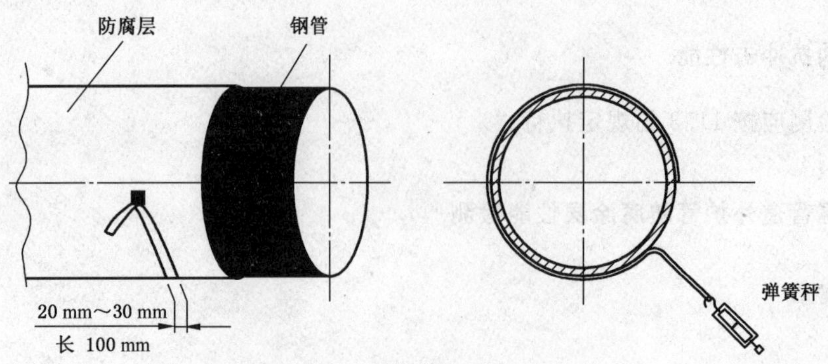

图 17 剥离强度测试示意图

13.1.6.3 将测量记录的拉力值除以防腐层的剥离宽度(cm),即为剥离强度,单位为 N/cm。以 3 次测定数据的平均值为测定结果。

13.2 熔结环氧粉末外涂层

13.2.1 性能

熔结环氧粉末外涂层性能检测应按 SY/T 0315 的规定执行。

13.2.2 外观

涂层外观应进行目测检查,检查表面是否平整、色泽均匀、无气泡、无开裂及缩孔。

13.2.3 厚度

涂层厚度检测采用磁性测厚仪,检测方法按 13.1.3 的规定。

13.2.4 漏点

漏点检测应采用电火花检漏仪,在涂层完全固化且温度低于 100 ℃的状态下进行漏点检测,检测电压应根据涂层的最小厚度(μm)数值确定,以 5 V/μm 进行计算。

13.2.5 附着力

13.2.5.1 从防腐管上截取尺寸为 100 mm×100 mm×δ(管道壁厚,mm)的试件 3 块。烘箱内烧杯中的新鲜水已预热到(75±3)℃,将试件浸泡在烧杯中,保持该温度至少 24 h 不变。然后取出试件,在试件温热的条件下,用小刀在涂层上划出一个 30 mm×15 mm 的长方形,划透涂层直至钢管表面。

13.2.5.2 待试件冷却到(23±2)℃后,将刀尖插入长方形任一角的涂层下面,以水平方向的力撬剥涂层,直至涂层剥完或明显难以剥离。

13.2.5.3 按下列标准评定涂层附着力等级:明显不能被剥离的涂层为 1 级;被剥离小于或等于 50%的涂层为 2 级;被剥离大于 50%的涂层为 3 级;容易被剥离成条状或大块碎屑的涂层为 4 级;整片被剥离的涂层为 5 级。

13.2.6 抗冲击性能

13.2.6.1 从防腐管上截取尺寸为 200 mm×25 mm×δ(管道壁厚,mm)的试件 3 块,其中 200 mm 为沿管道轴线方向。

13.2.6.2 将试件放入(−30±3)℃的冷冻箱内保持不少于 1 h。

13.2.6.3 冷冻箱中取出试件放在冲击试验机上,与半径为 40 mm、硬度为(55±5)HRC 的弧面砧块对正,以 1 kg 落锤、16 mm 直径的冲头、调整冲击试验机的冲击能至少为 5 J,在取出试件后的 30 s 之内冲击试件 3 次,各个冲击点间相距至少 50 mm。

13.2.6.4 将试件升温到(20±5)℃,使用电火花检漏仪调整电压为 5 000 V 进行检漏。

13.3 玻璃钢防腐层

13.3.1 防腐层外观表面质量的检测按 5.3.2.2 的规定执行。

13.3.2 防腐层材料的检测按 5.3.2.3 的规定执行。

13.3.3 防腐层厚度应采用磁性测厚仪检测,检测方法按 13.1.3 的规定执行。

13.3.4 防腐层漏点检测应采用电火花检漏仪,检测方法按 13.1.4 的规定执行。

13.3.5 防腐层抗冲击性能的测试按 6.5 的规定执行。

13.4 聚脲外防腐层

13.4.1 性能

聚脲外防腐层性能测试应按 HG/T 3831 的规定执行。

13.4.2 外观

采用目测检查防腐层外观。检查防腐层是否连续,是否无漏涂、无流痕、无气泡和无皱褶。

13.4.3 厚度

防腐层厚度应采用磁性测厚仪检测,检测方法按 13.1.3 的规定执行。

13.4.4 漏点

防腐层漏点检测应采用电火花检漏仪,检漏电压按防腐层厚度 μm 数值确定,以 5 V/μm 进行计算,检漏仪探头以 0.15 m/s～0.3 m/s 的速度移动。

13.4.5 抗冲击性能

13.4.5.1 冲击试验机的重锤质量为 1.36 kg,半球形锤头直径为 15.9 mm,1.52 m 长的下落导管附有分度值为 2.5 mm 的标尺。

13.4.5.2 在有代表性的防腐层管段上截取试件 7 块,其尺寸为 410 mm×50 mm×δ(管道壁厚,mm),其中 410 mm 为沿管道轴线方向。测试前试件应在(23±2)℃室温下放置 24 h。

13.4.5.3 在(23±2)℃条件下进行测试。对无漏点的试件首先选择一个足以使防腐层破损的高度进行冲击,电火花检漏确认破损后,降低 50%的冲击高度,再在新区域进行冲击,直至用此方法反复降低高度进行冲击而不出现破损时为止。在不出现破损的前一个高度重做试验,如果出现破损,则降低一个高度增量;如果没有破损,就增加一个高度增量。相邻冲击点的高度增量保持不变,完成 20 个相继的冲击。

13.4.5.4 冲击强度按式(24)进行计算:

$$M=9.81\times10^{5}\left[h_0+d\left(\frac{A}{N}\pm\frac{1}{2}\right)\right]W \qquad \cdots\cdots(24)$$

式中:

M ——冲击强度的平均值,单位为焦(J);

h_0 ——发生次数较少的最低冲击高度,单位为厘米(cm);

d ——冲击高度增量,单位为厘米(cm);

N ——20 次冲击中发生或不发生破损的总次数中,取少者为 N 值;

A ——N 值中，高于 h_0 值的增量个数与该高度发生次数乘积的和；

W ——锤重，单位为克(g)。

式中的±号选取：当 N 值为发生破损的总次数时，取负号；当 N 值为不发生破损的总次数时，取正号。

13.4.6 剥离强度

防腐层剥离强度的测试按 13.1.6 的规定执行。

14 主要检测设备、仪表及其准确度

按测试项目要求选择测试设备、仪表，其准确度范围应符合表 2 的规定。

表 2 测试用设备、仪表及其准确度

测试项目	测试设备、仪表	测量单位	准确度范围
尺寸测量	钢直尺、钢卷尺	mm	±0.5～±1.0
	游标卡尺	mm	±0.01～±0.02
	千分尺	mm	±0.01
	针形厚度计	mm	±0.1～±1.0
	塞尺	mm	±0.05
垂直度、角度偏差	角度水平尺	度	±0.2～±1.0
泡孔尺寸	读数显微镜	放大倍数	40～100
纤维直径	800 倍显微镜	μm	±0.5
	气体流量计	L/min	±1.0%
材料质量	天平	g	±0.000 1～±1.0
液体温度	温度计	℃	±0.1～±0.5
土壤温度	地温温度计	℃	±0.5～±1.0
表面温度	热电偶、热电阻	℃	±0.1～±0.5
	表面温度计	℃	
	红外测温仪	℃	
液体压力	压力表	MPa 级	0.4 级～1.6 级
液体流量	流量计	L/min	±0.5%～±1.5%
液压强度试验	液压试验装置	MPa	0.4 级～1.0 级
泡沫闭孔率	闭孔率测试仪	标准压力传感器 kPa	±0.1%
		气体比重仪体积校准 mm^3	±50～±100
热流密度	热流计	W/m^2	±4%～±6%
材料导热系数	导热系数测试仪	W/(m·K)	±3%～±5%
材料辐射率 ε	辐射率测量仪	ε 精度	±1.0%
	红外测温仪	℃	±0.1～±0.5

表 2（续）

测试项目	测试设备、仪表	测量单位	准确度范围
有机物含量	高温马弗炉	℃	±2～±5
	称重天平	mg	±0.1
渣球含量	分离装置	r/min	±10
	称重天平	g	±0.01
材料机械性能测试	环境应力开裂试验仪	应力 MPa	±1%
	长期机械性能测试仪	温度℃	±1.0
材料浸出液离子含量	电位计	mV/格	±0.2
	微量滴定管	mL	±0.01～±0.02
	光度计	nm	±0.5
材料机械力学性能	材料试验机	力 N	±0.5%
		变形 mm	±0.5%
		横梁速度 mm/min	±1%
聚乙烯炭黑含量	炭黑含量测定仪	高温炉温度 ℃	±1
	称重天平	mg	±0.1
聚乙烯氧化诱导时间	同步热分析仪	热量 mW	±0.1%
		温度℃	±0.1
		气体流量 L/min	±0.5%
	称重天平	mg	±0.1
聚乙烯电晕后表面张力	表面张力测试笔	mN/m	±1
报警线绝缘性能	1 000 V 兆欧表	MΩ	0.1～1
聚乙烯熔融速率	熔体质量流动速率仪	温度℃	±1.0
	称重天平	mg	±0.1
热荷重收缩温度	常温至 900 ℃热荷重测试装置	升温速率℃/min	±2～±3
		负荷 kPa	±1%～±2%
材料憎水率	憎水试验装置	流量 L/min	±1%
	称重天平	g	±0.01
材料不燃性	1 000 ℃加热炉	续燃、阻燃时间 s	±1
		测温热电偶℃	±1
材料透湿性等	恒温恒湿箱	温度℃	±0.5～±1.0
		相对湿度%	±3～±5
	称重天平	g	±0.01
抗冲击性能	0～2 000 mm 冲击试验机	高度定位 mm	±1～±2
		落锤质量 g	±2～±5
材料烘干	常温至 300 ℃鼓风干燥箱	℃	±0.5～±1.0

表 2（续）

测试项目	测试设备、仪表	测量单位	准确度范围
材料干燥	硅胶干燥器	绿色硅胶	—
阀门轴向负载试验	1 000 kN 压力试验机	压力 MPa 级	1
	试验介质	温度℃	±1
	力传感器	轴向力 kN	±1%
	扭矩仪	扭矩 Nm	±0.5%
管道保温性能	圆管法热传递测试装置	热源温度 ℃	±0.5～±1.0
		热流 W/m^2	±4%
		界面温度 ℃	±0.1～±0.5
冲击试验	−30 ℃低温冷冻箱	℃	±1.0
管道土壤应力、抗压强度和轴向位移试验	砂箱试验装置	位移 mm	±1.0
	工作钢管温度	℃	±1.0
防腐层厚度	20 μm～6 mm 磁性测厚仪	mm	±0.001
防腐层漏点	0.5 kV～25 kV 电火花检漏仪	kV	±5%
防腐层剥离强度	500 N 弹簧秤	N	±10

15 数据处理和测量不确定度分析

15.1 采集的可疑数据应剔出，并标明原因。

15.2 同一测试参数所测数据应按算术平均值的方法计算。

15.3 对出现的测试误差应进行误差来源分析，改进测试方法，调整测试仪器，必要时进行重复测试，确定重复性误差。

15.4 测试结果应按 JJF 1059 的规定做出测量不确定度分析，按照 A 类和 B 类评定方法计算合成不确定度，并给出扩展不确定度评定。

16 检测报告

16.1 检测报告应包括以下内容：

a) 检测任务书及检测项目概况；

b) 检测方案，检测主要参数，主要测试仪器设备及其精度；

c) 检测日期，检测工作安排及主要技术措施；

d) 检测单位、人员及职责；

e) 检测数据处理，计算公式，测量不确定度分析；

f) 检测结果分析评定及建议。

16.2 原始记录、数据处理资料及检测报告应存档。

ICS 91.140.60
P 40

中华人民共和国国家标准

GB/T 29047—2012

高密度聚乙烯外护管硬质聚氨酯泡沫塑料预制直埋保温管及管件

Prefabricated directly buried insulating pipes and fittings with polyurethane [PUR]foamed-plastics and high density polyethylene [PE]casing pipes

2012-12-31 发布　　2013-09-01 实施

中华人民共和国国家质量监督检验检疫总局
中国国家标准化管理委员会　发布

前　言

本标准按照 GB/T 1.1—2009 给出的规则起草。

本标准由中华人民共和国住房和城乡建设部提出。

本标准由全国城镇供热标准化技术委员会(SAC/TC 455)归口。

本标准起草单位:北京豪特耐管道设备有限公司、城市建设研究院、北京市建设工程质量第四检测所、天津市管道工程集团有限公司保温管厂、河北昊天管业股份有限公司、大连益多管道有限公司、天津市宇刚保温建材有限公司、唐山兴邦管道工程设备有限公司、大连开元管道有限公司。

本标准主要起草人:杨帆、贾丽华、杨健、白冬军、周曰从、叶勇、郑中胜、叶连基、闫必行、邱华伟、丛树界、周抗冰。

引　言

本标准针对我国集中供热行业的国情，参考了 EN 253《用于区域供热热水管网—由工作钢管、聚氨酯保温层和高密度聚乙烯外护管组成的预制直埋保温管》、EN 448《用于区域供热热水管网—由工作钢管、聚氨酯保温层和高密度聚乙烯外护管组成的预制直埋保温管件》及 EN 489《用于区域供热热水管网—由工作钢管、聚氨酯保温层和高密度聚乙烯外护管组成的预制直埋保温管道接头》的 2003 版及 2009 版。

本标准包含直埋保温管、直埋保温管件及直埋保温接头三部分内容。本标准中针对直埋保温管在生产及现场施工过程中比较薄弱的保温管件及保温接头的相关性能提出更明确、更具体的规定。

高密度聚乙烯外护管硬质聚氨酯泡沫塑料预制直埋保温管及管件

1 范围

本标准规定了由高密度聚乙烯外护管(以下简称外护管)、硬质聚氨酯泡沫塑料保温层(以下简称保温层)、工作钢管或钢制管件组成的预制直埋保温管(以下简称保温管)及其保温管件和保温接头的产品结构、要求、试验方法、检验规则及标识、运输与贮存等。

本标准适用于输送介质温度(长期运行温度)不高于 120 ℃,偶然峰值温度不高于 140 ℃的预制直埋保温管、保温管件及保温接头的制造与检验。

2 规范性引用文件

下列文件对于本文件的应用是必不可少的。凡是注日期的引用文件,仅注日期的版本适用于本文件。凡是不注日期的引用文件,其最新版本(包括所有的修改单)适用于本文件。

GB/T 8163 输送流体用无缝钢管

GB/T 8923.1 涂装前钢材表面锈蚀等级和除锈等级

GB/T 9711 石油天然气工业 管线输送系统用钢管

GB/T 12459 钢制对焊无缝管件

GB/T 13401 钢板制对焊管件

GB/T 18475—2001 热塑性塑料压力管材和管件用材料分级和命名 总体使用(设计)系数

GB/T 29046—2012 城镇供热预制直埋保温管道技术指标检测方法

GB 50236—2011 现场设备、工业管道焊接工程施工规范

CJJ 28 城镇供热管网工程施工及验收规范

CJJ/T 81 城镇直埋供热管道工程技术规程

JB 4708 承压设备焊接工艺评定

JB/T 4730 承压设备无损检测

SY/T 5257 油气输送用钢制弯管

TSG Z6002 特种设备焊接操作人员考核细则

API SPEC 5L 管线钢管规范(Specification for line pipe)

3 术语和定义

下列术语和定义适用于本文件。

3.1

三位一体式结构 bonded insulation structure

工作钢管(或钢制管件)和外护管通过保温层紧密地粘接在一起,形成的一体式保温管(或保温管件)结构。

3.2

钢制管件 steel fitting

钢制异径管、三通、弯头、弯管和固定节等管道部件。

3.3

弯曲角度　bend angle

弯头或弯管圆弧段对应的圆心角。

3.4

推制无缝弯头　heat-extruded elbow

采用无缝钢管管段加热后经芯模顶推制作的弯头。

3.5

压制对焊弯头　forge-welded bend

由钢板压制成型后纵向焊接而成的弯头。

3.6

压制对焊弯管　forge-welded elbow

由钢板压制成型后纵向焊接而成的弯曲半径大于或等于 2.5 倍公称直径的弯管。

3.7

热煨弯管　heat baked bend

由钢管加热煨制成型的弯曲半径大于或等于 2.5 倍公称直径的弯管。

3.8

焊接三通　welded T-branch

用钢管支管直接焊接在主管开孔上制成的三通。

3.9

冷拔三通　extruded T-branch

在常温下，对管道内腔施加液压，拔出分支管圆口而制成的三通。

3.10

热缩带式接头　joint with sleeve

由高密度聚乙烯外护层、热缩带及保温层组成的接头结构形式。

3.11

电熔焊式接头　electric fusion weld joint

由电熔焊式带状套筒及保温层组成的接头结构形式。电熔焊式带状套筒由高密度聚乙烯外护层及嵌在其中的电热熔丝组成。

3.12

拉剪强度　tensile and shear strength of weld area in electric fusion weld joint

外护管电熔焊式接头焊接区域受到拉伸、剪切和剥离三种作用力下的抗拉伸和抗剪切的强度。

3.13

剥离强度　peel strength

单位宽度的防腐层从基材表面剥离所需的力。

3.14

计算连续运行温度　calculated continuous operating temperature

CCOT

通过假定一个温度和寿命之间的阿列纽斯(Arrhenius)关系，计算出保证 30 年预期使用寿命下的连续运行温度。

3.15

热寿命　thermal life

在 CCOT 试验过程中，保温管连续运行于选定的老化试验温度下，其切向剪切强度降低到 0.13 MPa(140 ℃)时所用的时间。

3.16

蠕变性能　creep behavior

外护管和聚氨酯泡沫塑料在温度和应力作用下缓慢而渐进性的应变。

3.17

预期寿命　expected life

根据阿列纽斯(Arrhenius)方程,保温管在实际连续运行温度条件下所对应的工作时间。

4　产品结构

4.1　保温管或保温管件应由工作钢管或钢制管件、保温层和外护管紧密结合的三位一体式结构,保温层内可有支架和报警线。

4.2　产品结构见图1。

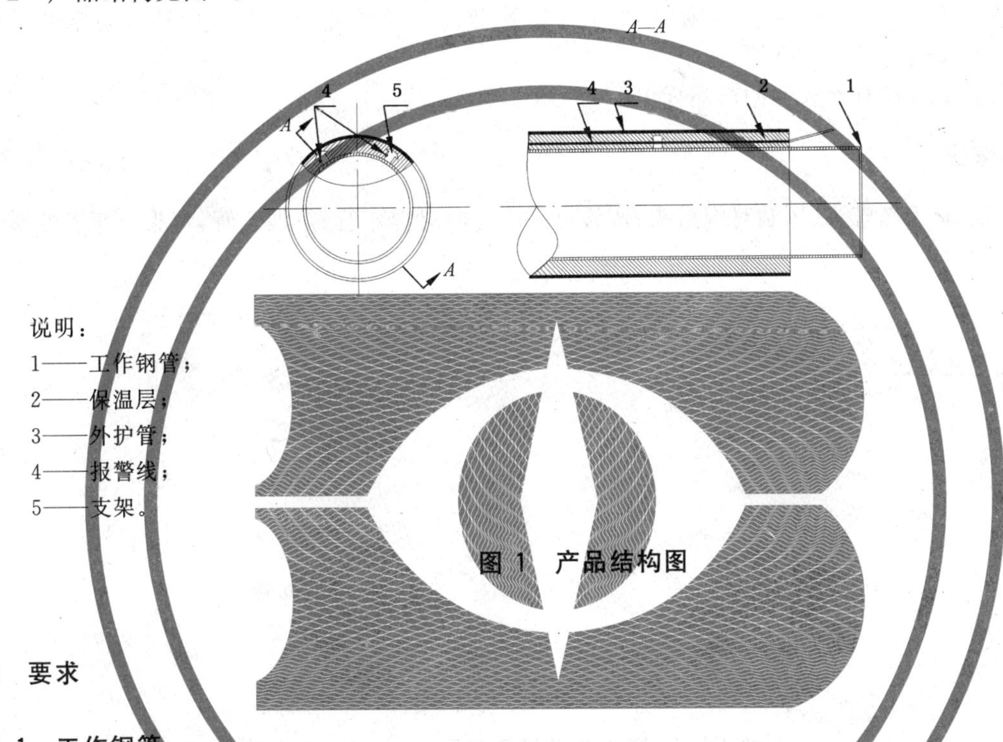

说明:

1——工作钢管;

2——保温层;

3——外护管;

4——报警线;

5——支架。

图1　产品结构图

5　要求

5.1　工作钢管

5.1.1　工作钢管的尺寸公差及性能应符合GB/T 9711或GB/T 8163或API SPEC 5L的规定。

5.1.2　工作钢管的材质、公称直径、外径及壁厚应符合设计要求,单根钢管不应有环焊缝。

5.1.3　工作钢管外观应符合下列要求:

a)　工作钢管表面锈蚀等级应符合GB/T 8923.1中的A、B、C级的规定;

b)　发泡前工作钢管表面应进行预处理,去除铁锈、轧钢鳞片、油脂、灰尘、漆、水分或其他沾染物,工作钢管外表面除锈等级应符合GB/T 8923.1中Sa 2½的规定。

5.2　钢制管件

5.2.1　材料

5.2.1.1　材质、尺寸公差及性能

钢制管件的材质、尺寸公差及性能应符合GB/T 13401、GB/T 12459和SY/T 5257的规定。

5.2.1.2　公称直径与壁厚

钢制管件的公称直径与壁厚应符合下列规定:

a)　公称直径应与工作钢管一致;

b) 壁厚应符合设计的规定，且不应低于工作钢管的壁厚。

5.2.1.3 外观

钢制管件的外观应符合下列规定：

a) 钢制管件表面锈蚀等级应符合 GB/T 8923.1 中的 A、B、C 级的规定；
b) 钢制管件表面应光滑，当有结疤、划痕及重皮等缺陷时应进行修磨，修磨处应圆滑过渡，并进行渗透或磁粉探伤，修磨后的壁厚应符合 5.2.1.2 的规定；
c) 钢制管件发泡前应对其表面进行预处理，去除铁锈、轧钢鳞片、油脂、灰尘、漆、水分或其他沾染物；
d) 钢制管件管端 200 mm 长度范围内，由工作钢管椭圆造成的外径公差不应超过规定外径的 ±1%，且不应大于公称壁厚；
e) 钢制管件表面应有永久性的产品标识。

5.2.2 弯头与弯管

弯头可采用推制无缝弯头、压制对焊弯头；弯管可采用压制对焊弯管、热煨弯管，弯头与弯管的形式见图 2。

a) 弯管　　　　b) 弯头

说明：
A——直管段长度。

图 2 弯头与弯管示意图

5.2.2.1 弯曲部分外观

弯头与弯管的弯曲部分外表面不应有褶皱，可有波浪型起伏，凹点与凸点距弯头或弯管表面的最大高度不应超过弯头与弯管公称壁厚的 25%。

5.2.2.2 弯曲部分最小壁厚

弯头与弯管弯曲部分任意一点的实际最小壁厚应分别符合 GB/T 13401、GB/T 12459 和 SY/T 5257的规定。

5.2.2.3 弯曲部分椭圆度

弯头与弯管的弯曲部分椭圆度不应超过 6%，椭圆度应按式(1)计算：

$$O=\frac{2(d_{\max}-d_{\min})}{d_{\max}+d_{\min}}\times 100\% \quad \cdots\cdots(1)$$

式中：
O ——椭圆度；
$d_{\max}$——弯曲部分截面的最大管外径，单位为毫米(mm)；

d_{min}——弯曲部分截面的最小管外径，单位为毫米(mm)。

5.2.2.4 弯头的弯曲半径

弯头的弯曲半径不应小于1.5倍的公称直径。

5.2.2.5 直管段长度

弯头和弯管两端的直管段长度应满足焊接的要求，且不应小于400mm，直管段示意图见图2。

5.2.2.6 弯曲角度偏差

弯头与弯管的弯曲角度与设计的弯曲角度之差应符合表1的规定。弯曲角度示意图见图3。

表1 弯头及弯管的弯曲角度偏差

公称直径 DN	允许偏差/(°)
≤200	±2.0
>200	±1.0

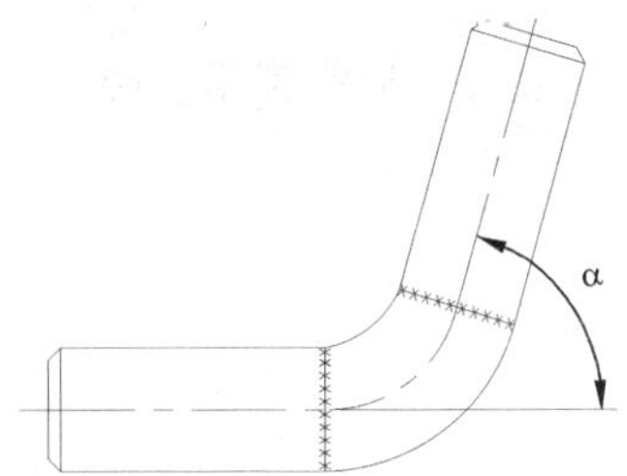

图3 弯曲角度示意图

5.2.3 三通

三通的形式见图4。

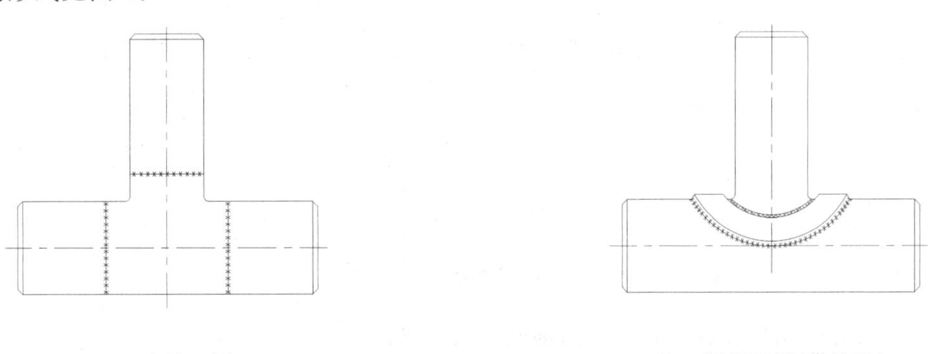

a) 冷拔三通　　b) 焊接三通(带补强)

图4 三通示意图

5.2.3.1 冷拔三通

冷拔三通主管和支管的壁厚应按设计提出的径向和轴向荷载要求确定。

5.2.3.2 焊接三通

焊接三通主管和支管的壁厚应按设计提出的径向和轴向荷载要求确定。焊接三通主管上马鞍型接口焊缝外围应焊接披肩式补强板,补强板的厚度及尺寸应按设计提出的径向和轴向荷载要求确定。

5.2.3.3 三通支管与主管角度偏差

支管应与主管垂直,允许角度偏差为±2.0°。

5.2.4 异径管

异径管应符合 GB/T 12459 或 GB/T 13401 的规定,并应符合设计提出的径向和轴向荷载要求。异径管的形式见图 5。

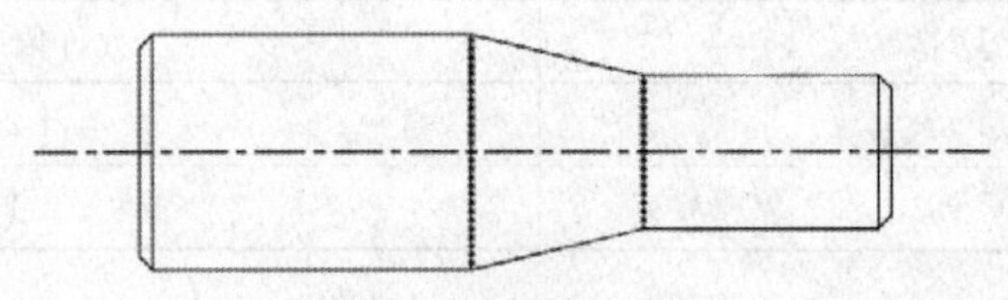

图 5 异径管示意图

5.2.5 固定节

固定节的形式见图 6。

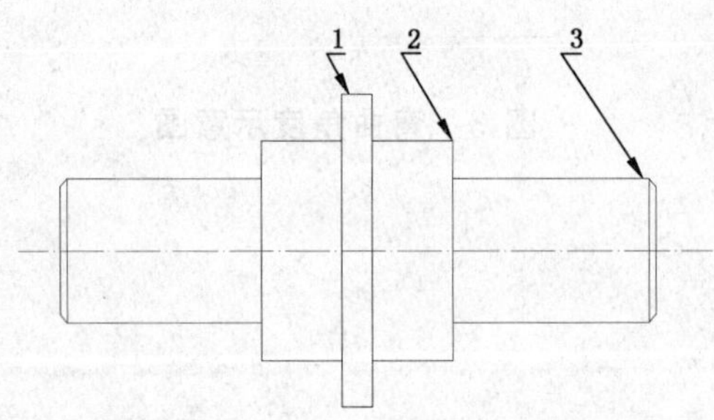

说明:

1——支撑板;

2——钢裙套;

3——工作钢管。

图 6 固定节示意图

5.2.5.1 固定节整体结构设计应符合管道轴向推力要求。

5.2.5.2 钢裙套与外护管之间配合间隙应小于或等于 3 mm,两者之间应使用热缩带密封。

5.2.5.3 钢裙套长度应保证其运行使用时与热缩带接触处的温度不超过 50 ℃。

5.2.6 焊接

5.2.6.1 焊接工艺应按 JB 4708 进行焊接工艺评定后确定。焊工应持有符合 TSG Z 6002 规定的有效资格证书。

5.2.6.2 钢制管件的焊接应采用氩弧焊打底配以 CO_2 气体保护焊或电弧焊盖面。焊缝处的机械性能不应低于工作钢管母材的性能。当管件的壁厚大于或等于 5.6 mm 时,应至少焊两遍。

5.2.6.3 焊接坡口尺寸及型式应符合下列规定:

a) 钢制管件的坡口处理应按 GB 50236 的规定执行。

b) 三通支管的焊接预处理见图 7。

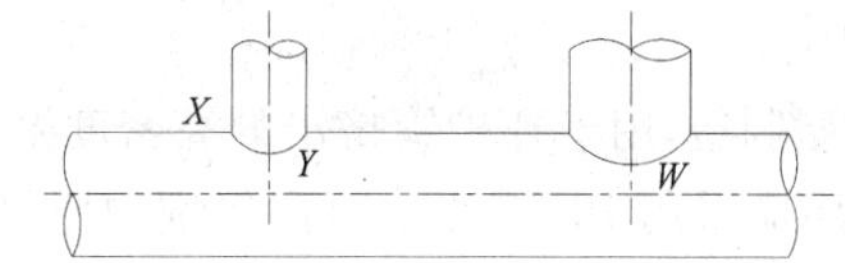

单位为毫米

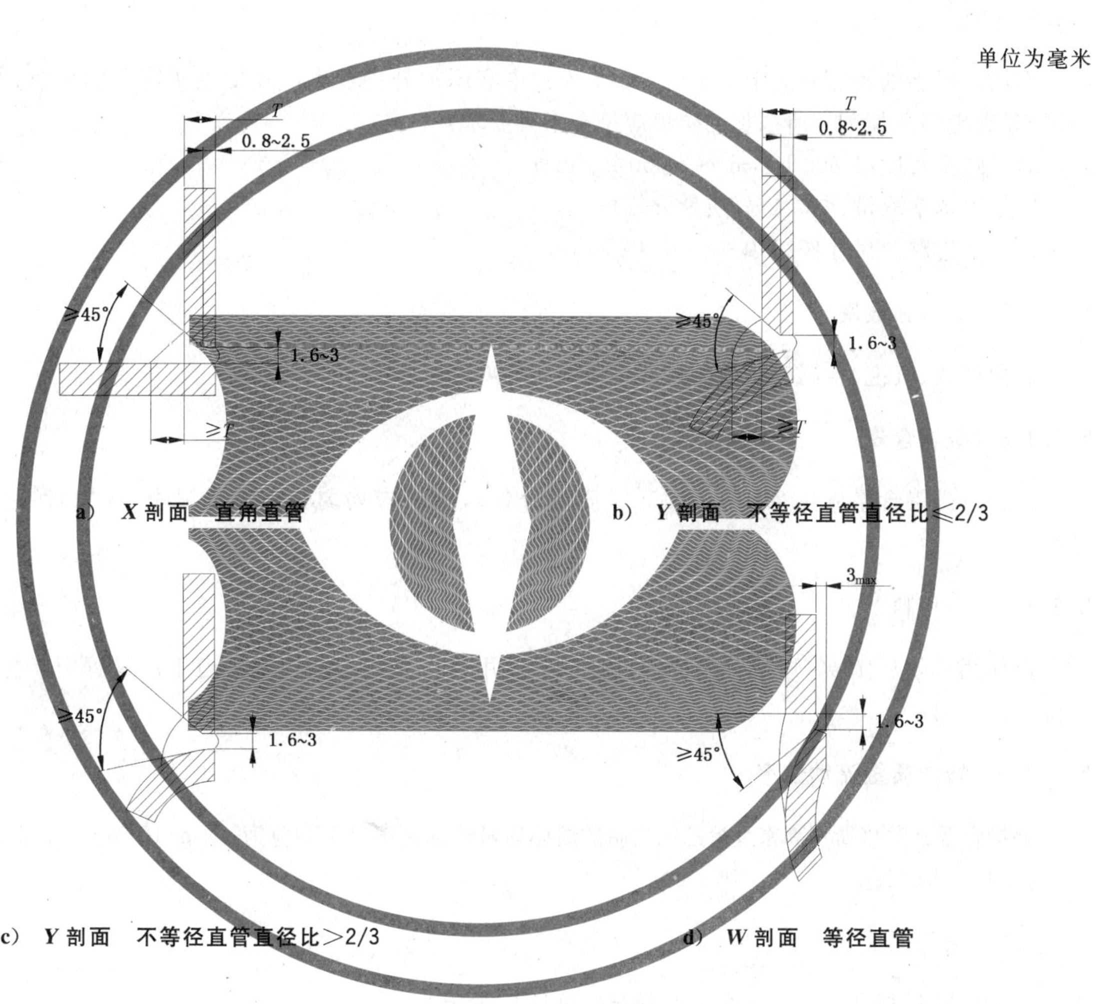

图 7 三通支管焊接预处理图

5.2.6.4 焊缝质量应符合下列规定:

a) 外观检查:焊缝的外观质量不应低于 GB 50236—2011 规定的Ⅱ级质量。

b) 无损检测:钢制管件的焊缝可选用射线探伤或超声波探伤。无损检测的抽检比例应符合表 12 的规定。所检钢制管件的焊缝全长应进行 100%射线探伤或 100%超声波探伤。当采用超声波探伤时,还应采用射线探伤进行复验,复验比例不应小于焊缝全长的 20%;

c) 射线和超声波探伤应按 JB/T 4730 的规定执行,射线探伤不应低于Ⅱ级质量,超声波探伤不应低于Ⅰ级质量;

d) 对于公称壁厚小于或等于 6.0 mm 的焊接三通,其角焊缝无法进行射线或超声波探伤时,可采用水压试验及着色探伤进行替代,着色探伤不应低于Ⅰ级质量。

5.2.6.5 焊接质量检验合格后，应对管件进行密封性试验，管件不得有损坏和泄漏。密封性试验可采用水密性试验或气密性试验。

5.3 外护管

5.3.1 原材料

外护管应使用高密度聚乙烯树脂制造，用于外护管挤出的高密度聚乙烯树脂应按GB/T 18475—2001的规定进行分级，高密度聚乙烯树脂应采用PE80级或更高级别的原料。

5.3.1.1 密度

聚乙烯树脂的密度应大于935 kg/m^3。树脂中应添加外护管生产及使用所需要的抗氧剂、紫外线稳定剂、碳黑等添加剂。所添加的碳黑应符合下列要求：

a) 碳黑密度：1 500 kg/m^3～2 000 kg/m^3；

b) 甲苯萃取量：≤0.1%（质量分数）；

c) 平均颗粒尺寸：0.010 μm～0.025 μm。

5.3.1.2 碳黑弥散度

碳黑结块、气泡、空洞或杂质的尺寸不应大于100 μm。

5.3.1.3 碳黑含量

外护管碳黑含量应为2.5%±0.5%（质量分数），碳黑应均匀分布于母材中，外护管不应有色差条纹。

5.3.1.4 回用料

可使用不超过15%（质量分数）的回用料，但回用料应是制造商本厂管道生产过程中产生的干净、未降解的材料。

5.3.1.5 熔体质量流动速率

外护管及其焊接所用高密度聚乙烯树脂的熔体质量流动速率(MFR)应为0.2 g/10 min～1.4 g/10 min（试验条件5 kg，190 ℃）。

5.3.1.6 热稳定性

外护管原材料在210 ℃下的氧化诱导时间不应少于20 min。

5.3.1.7 长期机械性能

外护管原材料的长期机械性能应符合表2的规定，以试样发生脆断失效的时间作为测试时间的判定依据。当1个试样在165 h的测试模式下的失效时间小于165 h时，应使用1 000 h的参数重新测试。

表2 高密度聚乙烯原材料的长期机械性能

轴向应力/MPa	最短破坏时间/h	测试温度/℃
4.6	165	80
4.0	1 000	80

5.3.2 外护管管材

5.3.2.1 外观

外护管外观应符合下列规定：

a) 外护管应为黑色，其内外表面目测不应有影响其性能的沟槽，不应有气泡、裂纹、凹陷、杂质、颜色不均等缺陷；

b) 外护管两端应切割平整，并与外护管轴线垂直，角度误差不应大于2.5°。

5.3.2.2 密度

外护的管的密度应大于940 kg/m^3。

5.3.2.3 拉伸屈服强度与断裂伸长率

外护管任意位置的拉伸屈服强度不应小于19 MPa、断裂伸长率不应小于350%。取样数量应符合表3的规定。

表3 外护管取样数量

单位为个

外径/mm	$75 \leqslant D_c \leqslant 250$	$250 < D_c \leqslant 450$	$450 < D_c \leqslant 800$	$800 < D_c \leqslant 1\ 200$	$1\ 200 < D_c \leqslant 1\ 700$
样条数	3	5	8	10	12

5.3.2.4 纵向回缩率

外护管任意管段的纵向回缩率不应大于3%，管材表面不应出现裂纹、空洞、气泡等缺陷。

5.3.2.5 耐环境应力开裂

外护管耐环境应力开裂的失效时间不应小于300 h。

5.3.2.6 长期机械性能

外护管的长期机械性能应符合表4的规定。

表4 外护管长期机械性能

拉应力/MPa	最短破坏时间/h	试验温度/℃
4	2 000	80

5.3.2.7 外径和壁厚

外护管的外径和壁厚应符合下列规定：

a) 外护管外径和最小壁厚应符合表5的规定；

表5 外护管外径和最小壁厚

单位为毫米

外径(D_c)	最小壁厚(e_{min})
$75 \leqslant D_c \leqslant 160$	3.0
200	3.2

表 5（续）

单位为毫米

外径(D_c)	最小壁厚(e_{min})
225	3.5
250	3.9
315	4.9
$365 \leqslant D_c \leqslant 400$	6.3
$420 \leqslant D_c \leqslant 450$	7.0
500	7.8
$560 \leqslant D_c \leqslant 600$	8.8
$630 \leqslant D_c \leqslant 655$	9.8
760	11.5
850	12.0
$960 \leqslant D_c \leqslant 1\,200$	14.0
$1\,300 \leqslant D_c \leqslant 1400$	15.0
$1\,500 \leqslant D_c \leqslant 1\,700$	16.0
注：可按设计要求，选用其他外径的外护管，其最小壁厚应用内插法确定。	

b） 发泡前，外护管外径公差应符合下列规定：

平均外径 D_{cm} 与外径 D_c 之差（$D_{cm}-D_c$）应为正值，表示为 $+x/0$，x 应按式(2)确定：

$$0 < x \leqslant 0.009 \times D_c \quad \cdots\cdots(2)$$

计算结果圆整到 0.1 mm，小数点后第二位大于零时进一位。

注：平均外径（D_{cm}）是指外护管管材或管件插口端任意横断面的外圆周长除以 π（圆周率）并向大圆整到 0.1 mm 得到的值，单位为毫米（mm）。

c） 发泡前，外护管壁厚公差应符合下列规定：

公称壁厚 e_{nom} 应大于或等于最小壁厚 e_{min}；任何一点的壁厚 e_i 与公称壁厚之差（e_i-e_{nom}）应为正值，表示为 $+y/0$，y 应按式(3)和式(4)确定：

当 $e_{nom} \leqslant 7.0$ mm 时：

$$y = 0.1 \times e_{nom} + 0.2 \quad \cdots\cdots(3)$$

当 $e_{nom} > 7.0$ mm 时：

$$y = 0.15 \times e_{nom} \quad \cdots\cdots(4)$$

计算结果圆整到 0.1 mm，小数点后第二位大于零时进一位。

5.4 保温层

5.4.1 保温层材料

保温层应采用硬质聚氨酯泡沫塑料。

5.4.2 泡孔尺寸

聚氨酯泡沫塑料应无污斑、无收缩分层开裂现象。泡孔应均匀细密，泡孔平均尺寸不应大于0.5 mm。

5.4.3 空洞、气泡

聚氨酯泡沫塑料应均匀地充满工作钢管与外护管间的环形空间。任意保温层截面上空洞和气泡的面积总和占整个截面积的百分比不应大于5%，且单个空洞的任意方向尺寸不应超过同一位置实际保温层厚度的1/3。

5.4.4 密度

保温层任意位置的聚氨酯泡沫塑料密度不应小于60 kg/m^3。

5.4.5 压缩强度

聚氨酯泡沫塑料径向压缩强度或径向相对形变为10%时的压缩应力不应小于0.3 MPa。

5.4.6 吸水率

聚氨酯泡沫塑料吸水率不应大于10%。

5.4.7 闭孔率

聚氨酯泡沫塑料的闭孔率不应小于88%。

5.4.8 导热系数

未进行老化的聚氨酯泡沫塑料在50 ℃状态下的导热系数λ_{50}不应大于0.033[W/(m·K)]。

5.4.9 保温层厚度

保温层厚度应符合设计规定，并应保证运行时外护管表面温度不大于50 ℃。

5.5 保温管

5.5.1 管端垂直度

保温管管端的外护管宜与聚氨酯泡沫塑料保温层平齐，且与工作钢管的轴线垂直，角度误差应小于2.5°。

5.5.2 挤压变形及划痕

保温层受挤压变形时，其径向变形量不应超过其设计保温层厚度的15%。外护管划痕深度不应超过外护管最小壁厚的10%，且不应超过1mm。

5.5.3 管端焊接预留段长度

工作钢管两端应留出150 mm～250 mm无保温层的焊接预留段，两端预留段长度之差不应大于40 mm。

5.5.4 外护管外径增大率

保温管发泡前后，外护管任意位置同一截面的外径增大率不应大于2%。

5.5.5 轴线偏心距

保温管任意位置外护管轴线与工作钢管轴线间的最大轴线偏心距应符合表6的规定。

表 6 外护管轴线与工作钢管轴线间的最大轴线偏心距 单位为毫米

外护管外径	最大轴线偏心距
$75 \leqslant D_c \leqslant 160$	3.0
$160 < D_c \leqslant 400$	5.0
$400 < D_c \leqslant 630$	8.0
$630 < D_c \leqslant 800$	10.0
$800 < D_c \leqslant 1\,400$	14.0
$1\,400 < D_c \leqslant 1\,700$	18.0

5.5.6 预期寿命与长期耐温性

5.5.6.1 保温管的预期寿命与长期耐温性应符合下列规定：

a) 在正常使用条件下，保温管在 120 ℃的连续运行温度下的预期寿命应大于或等于 30 年，保温管在 115 ℃的连续运行温度下的预期寿命应至少为 50 年，在低于 115 ℃的连续运行温度下的预期寿命应高于 50 年。实际连续工作条件与预期寿命按附录 A 的规定执行。工作在不同温度下，聚氨酯泡沫塑料最短预期寿命的计算按附录 B 的规定执行。

b) 连续运行温度介于 120 ℃与 140 ℃之间时，保温管的预期寿命及耐温性应符合附录 C 的规定。

5.5.6.2 保温管的剪切强度应符合下列规定：

a) 老化试验前和老化试验后保温管的剪切强度应符合表 7 的规定；

表 7 老化试验前和老化试验后保温管的剪切强度要求

试验温度/℃	最小轴向剪切强度/MPa	最小切向剪切强度/MPa
23±2	0.12	0.20
140±2	0.08	—

b) 老化试验条件应符合表 8 的规定。

表 8 老化试验条件

工作钢管温度/℃	热老化试验时间/h
160	3 600
170	1 450

c) 老化试验前的剪切强度应按表 10 选择 23 ℃及 140 ℃条件下的轴向剪切强度，或按表 10 选择 23 ℃条件下的切向剪切强度；

d) 老化试验后的剪切强度应按表 10 的要求执行。

5.5.7 抗冲击性

在－20 ℃条件下，用 3.0 kg 落锤从 2 m 高处落下对外护管进行冲击，外护管不应有可见裂纹。

5.5.8 蠕变性能

100 h 下的蠕变量 ΔS100 不应超过 2.5 mm，30 年的蠕变量不应超过 20 mm。

5.5.9 报警线

保温管中的报警线应连续不断开，且不得与工作钢管短接，报警线与报警线、报警线与工作钢管之间的电阻值不应小于 500 MΩ，报警线材料及安装应符合 CJJ/T 81 的规定。

5.6 保温管件

5.6.1 管端垂直度

保温管件管端的外护管宜与聚氨酯泡沫塑料保温层平齐，且与工作钢管的轴线垂直，角度误差应小于 2.5°。

5.6.2 挤压变形及划痕

保温层受挤压变形时，其径向变形量不应超过其设计保温层厚度的 15%。外护管划痕深度不应超过外护管最小壁厚的 10%，且不应超过 1 mm。

5.6.3 管端焊接预留段长度

工作钢管两端应留出 150 mm～250 mm 无保温层的焊接预留段，两端预留段长度之差不应大于 40 mm。

5.6.4 外护管外径增大率

保温管件发泡前后，外护管任意位置同一截面的外径增大率不应大于 2%。

5.6.5 钢制管件与外护管角度偏差

在距保温管件保温端部 100 mm 长度内，钢制管件的中心线和外护管中心线之间的角度偏差不应超过 2°。

5.6.6 轴线偏心距

保温管件任意位置外护管轴线与工作钢管轴线间的最大轴线偏心距应符合表 6 的规定。

5.6.7 最小保温层厚度

保温弯头与保温弯管上任何一点的保温层厚度不应小于设计保温层厚度的 50%，且任意点的保温层厚度不应小于 15 mm。

5.6.8 外护管焊接

5.6.8.1 熔体质量流动速率差值应符合下列规定：

a) 端面熔融焊接：两段焊接外护管的熔体质量流动速率的差值不应大于 0.5 g/10 min(试验条件为 5 kg，190 ℃)。

b) 挤出焊接：焊接粒料与焊接外护管之间的熔体质量流动速率的差值不应大于 0.5 g/10 min(试验条件为 5 kg，190 ℃)。

5.6.8.2 弯头与弯管的外护管管段之间的角度和最小长度应符合下列规定：

a) 弯头与弯管外护管的相邻两个外护管段之间的最大角度 α 不应超过 45°,见图 8。弯头与弯管的外护管管段之间的角度与焊接分段应以符合 5.6.7 规定的最小保温层厚度来确定;

b) 弯头与弯管靠近焊接预留段处的外护管段的最小长度不应小于 200 mm,见图 8。

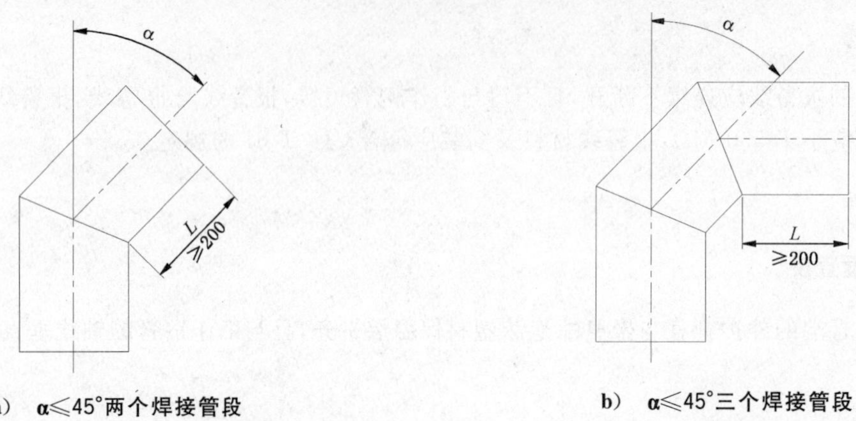

a) α≤45°两个焊接管段　　　　b) α≤45°三个焊接管段

图 8 弯头与弯管外护管的相邻两个外护管段之间的最大角度

5.6.8.3 外护管焊接宜采用端面熔融焊接,对于无法采用端面熔融焊接的部分可采用挤出焊接。聚乙烯焊接设备、焊接工艺要求参见附录 D。

5.6.8.4 外护管端面熔融焊接应符合下列规定:

a) 两条对接焊缝的融合点处形成凹槽的底部应高于外护管表面;

b) 在整个焊缝长度上,端口内外表面的对接错口不应超过外护管壁厚的 20%,对于特殊配件,如马鞍口处,在整个焊缝长度上任意点内外表面的径向错位量不应超过壁厚的 30%。当外护管壁厚不等时,其焊缝错位量应按照较小的壁厚计算;

c) 两条对接焊缝应均匀并有大致相同的外观及壁厚;

d) 在整个焊缝长度上两条熔融焊道应有大致相同的形状和尺寸,且两焊道的总宽度应是 0.6 倍~1.2 倍的外护管壁厚,若壁厚小于 6 mm,则为 2 倍壁厚;

e) 整条焊缝上的两条熔融焊道应是弧形光滑的,不能有焊瘤、裂纹、凹坑等。

5.6.8.5 外护管挤出焊接应符合下列规定:

a) 挤出焊料的性能应符合 5.3 和 5.6.8.1 的规定;

b) 挤出焊料应填满整个焊缝处的 V 形坡口,不应有裂纹、咬边、未焊满及深度超过 1mm 的划痕等表面缺陷;

c) 对于任何破坏性检验,在焊缝的任何方向上,焊肉与外壳之间都不应有可见的不粘性区域;

d) 焊缝表面应是类似半圆形的光滑凸起,而且应高于外护管表面,高度为外护管壁厚的10%~40%;

e) 挤出焊料形成的焊缝应覆盖 V 形焊口外护管边缘至少 2 mm;

f) 挤出焊缝的起始点和终止点搭接处应去除多余的焊料,且表面不应留有划痕;

g) 根部高出内表面的高度应小于壁厚的 20%;

h) 局部凹坑和空洞不应超出外护管壁厚的 15%;

i) 在圆周焊口上任何一点,两个端口的径向错位量不应超过壁厚的 30%。对于不同壁厚的外护管焊缝错位量应按较小的壁厚计算。

5.6.8.6 焊缝最小弯曲角度应根据图 9 确定,图 9 中 e 为表 4 中的外护管最小壁厚。试验中最小弯曲角度达到之前,焊缝不得出现裂纹。

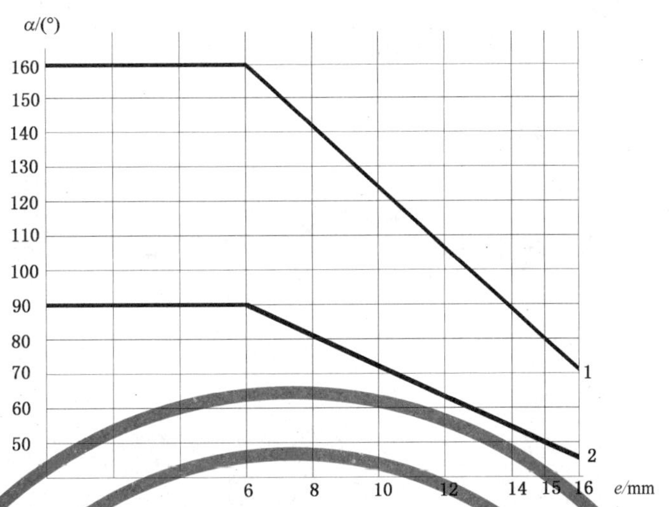

说明：

1——端面熔融焊缝；

2——挤出焊缝。

图 9 最小弯曲角度

5.6.8.7 焊接外护管的密封性：焊接外护管应进行100%的密封性检查，焊接外护管在发泡之后，管件外部(端口除外)不应有泡沫溢出，否则该焊接外护管应予以更换。

5.6.9 保温固定节

5.6.9.1 保温固定节的外护管与钢裙套的搭接处应采用热缩带密封。

5.6.9.2 保温固定节宜先发泡后收缩。

5.6.9.3 外观：热缩带收缩后边缘应有均匀的热熔胶溢出，不应出现过烧、鼓包、翘边或局部漏烤等现象，封端盖片应胶结严密。

5.6.9.4 热缩带的剥离强度在20 ℃±5 ℃下不应小于60 N/cm。

5.6.10 报警线

保温管件中的报警线应连续不断开，且不得与工作钢管短接，报警线与报警线、报警线与工作钢管之间的电阻值不应小于500 MΩ，报警线材料及安装应符合CJJ/T 81的规定。

5.6.11 主要尺寸允许偏差

保温管件主要尺寸允许偏差应符合表9和图10的规定。

表 9 保温管件主要尺寸允许偏差

单位为毫米

管道公称直径 DN	主要尺寸允许偏差	
	H	L
≤300	±10	±20
>300	±25	±50

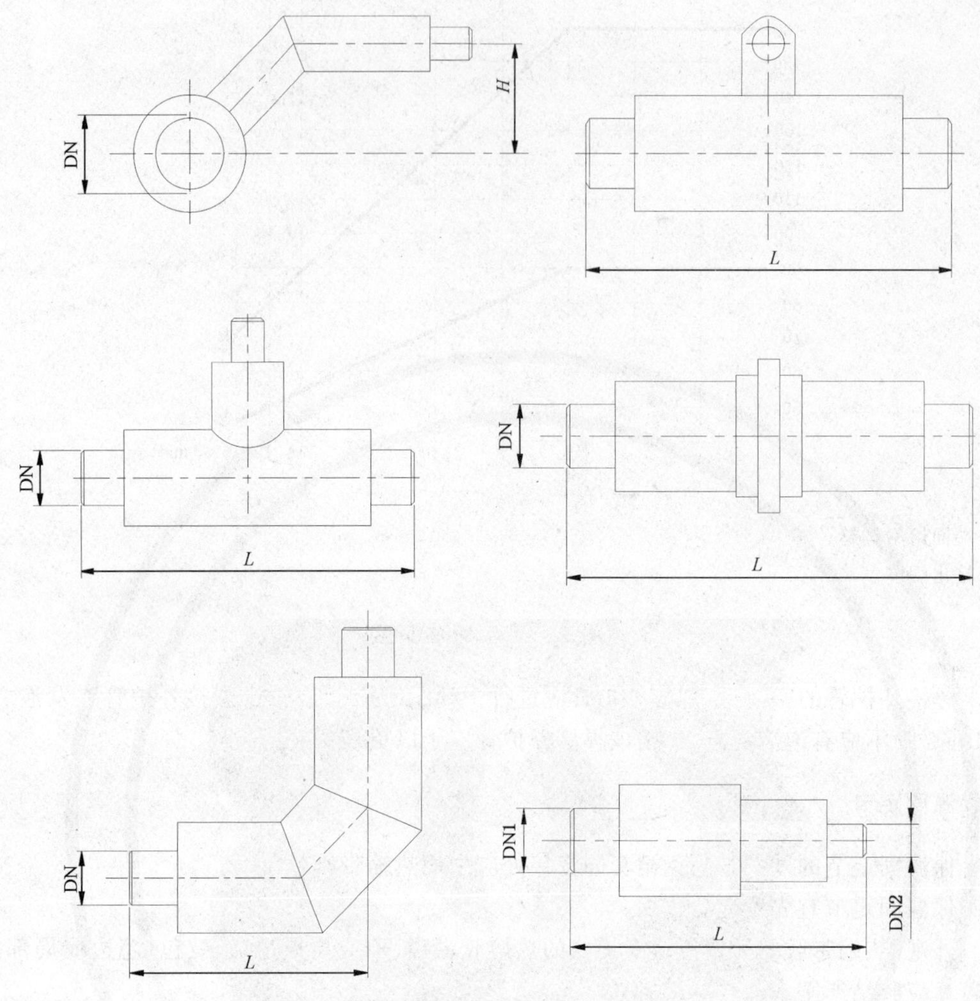

图 10 保温管件主要尺寸允许偏差示意图

5.7 保温接头

5.7.1 保温接头性能

5.7.1.1 保温接头处保温层的材料及性能应符合 5.4 的规定。

5.7.1.2 保温接头外护层材料及性能应符合 5.3 的规定。热熔接头的外护层与保温管外护管的熔体质量流动速率的差值不应大于 0.5 g/10 min(试验条件为 5 kg,190 ℃)。

5.7.1.3 保温接头应能整体承受管道运动时产生的剪切力和弯矩。

5.7.1.4 保温接头应能整体承受由于温度和温度变化带来的影响。

5.7.1.5 耐土壤应力性能:保温接头应进行土壤应力砂箱试验,循环往返 100 次以上应无破坏、无渗漏。

5.7.1.6 热缩带式接头所用热缩带的剥离强度不应小于 60 N/cm,收缩后应能将管道外护管和接头外护层搭接处密封;热缩带收缩后,边缘处的热熔胶应均匀溢出,不应出现过烧、鼓包、翘边或局部漏烤等现象。封端盖片及发泡孔盖片应粘结严密。

5.7.1.7 电熔焊式接头应采用专用可控温塑料焊接设备,焊接后搭接熔合区试样在室温下的拉剪强度不应低于外护管母材的强度,且断裂点应位于熔焊区之外。

5.7.1.8 密封性:保温接头应密封,不得渗水。现场所有的保温接头外护层都应做气密性试验。保温接头的气密性试验应采用空气或其他类气体。试验应在接头冷却到 40 ℃以下后进行。试验压力应为 0.02 MPa,保压 2 min 后,密封处涂上肥皂水,不应有气泡产生。

5.7.2 保温接头形式

当工作钢管管径小于或等于 DN 200 时,宜采用热缩带式接头;当大于等于 DN 250,且小于或等于 DN 450 时,可采用热缩带式接头或电熔焊式接头;当大于等于 DN 500 时,宜采用电熔焊式接头。根据现场工况条件或设计要求可以选择双密封接头。当采用双密封接头时,其中的每种接头密封形式和双密封组合形式都应符合 5.7.1 的相关规定。

5.7.3 保温接头安装

5.7.3.1 保温接头安装应符合 CJJ 28 的规定。

5.7.3.2 接头处的表面清理应符合下列规定:

a) 接头处工作钢管表面应进行清理,去除铁锈、轧钢鳞片、油脂、灰尘、漆、水分或其他沾染物;

b) 管端潮湿的聚氨酯泡沫塑料应清除;

c) 接头外护层内表面应干燥无污物;

d) 管道外护管表面与接头外护层搭接处应干净、干燥,应对搭接处表面进行打磨处理。

5.7.3.3 接头处报警系统的安装应符合 CJJ/T 81 的规定。

5.7.3.4 保温接头发泡应符合下列规定:

a) 保温接头应使用机器发泡;

b) 接头发泡时应采取排气措施,聚氨酯泡沫塑料应充满整个接头,接头处的保温层与保温管的保温层之间不得产生空隙;

c) 发泡后发泡孔处应有少量泡沫溢出;

d) 保温接头气密性检验及发泡后,应对外护管开孔处及时进行密封处理。

6 试验方法

本标准的检测方法按照 GB/T 29046—2012 的规定执行,检测要求应符合表 10 的规定。

表 10 检测条款对照表

检验项目			与 GB/T 29046—2012 对应的试验条款
工作钢管		材质、尺寸公差及性能	5.1.1
		公称直径、外径及壁厚	5.1.2
		外观	5.1.3
钢制管件	材料	材质、尺寸公差及性能	8.1.1
		公称直径与壁厚	8.1.2
		外观	8.1.3
	弯头与弯管	弯曲部分外观	8.1.4
		弯曲部分最小壁厚	8.1.2
		弯曲部分椭圆度	8.1.5
		弯头的弯曲半径	8.1.6
		直管段长度	8.1.7
		弯曲角度偏差	8.1.8
	三通支管与主管角度偏差		8.1.9
	焊缝质量[a]		8.1.10
	密封性		8.1.11

表 10（续）

检验项目			与 GB/T 29046—2012 对应的试验条款
外护管	原材料	密度	5.3.1.5
		碳黑弥散度	5.3.1.7
		碳黑含量	5.3.1.6
		熔体质量流动速率	5.3.1.8
		热稳定性	5.3.1.9
		长期机械性能	5.3.1.15
	外护管管材	外观	5.3.1.2
		密度	5.3.1.5
		拉伸屈服强度与断裂伸长率	5.3.1.10
		纵向回缩率	5.3.1.12
		耐环境应力开裂	5.3.1.14
		长期机械性能	5.3.1.15
		外径和壁厚	5.3.1.3
保温层	泡孔尺寸		5.2.1.2
	空洞、气泡		5.2.1.4
	密度		5.2.1.5
	压缩强度		5.2.1.6
	吸水率		5.2.1.7
	闭孔率		5.2.1.3
	导热系数		5.2.1.8
	保温层厚度		4.3
保温管	管端垂直度		4.2
	挤压变形及划痕		4.1
	管端焊接预留段长度		4.5
	外护管外径增大率		5.3.1.13
	轴线偏心距		4.6
	预期寿命与长期耐温性	老化前剪切强度	6.2
		老化后剪切强度	6.3 和 6.4
	抗冲击性		6.5
	蠕变性能		6.6
	报警线		10
保温管件	管端垂直度		4.2
	挤压变形及划痕		4.4.1
	管端焊接预留段长度		4.5
	外护管外径增大率		5.3.1.13
	钢制管件与外护管角度偏差		8.4.2
	轴线偏心距		8.4.1
	最小保温层厚度		8.2.2
	外护管焊接	熔体质量流动速率差值	5.3.1.8
		焊缝最小弯曲角度	8.3.3
		焊接外护管的密封性	8.5
	保温固定节	外观	7.4.1
		热缩带剥离强度	7.4.2
	报警线		10
	主要尺寸允许偏差		8.4.3

表 10（续）

检验项目		与 GB/T 29046—2012 对应的试验条款
保温接头	保温层材料和性能	7.3
	外护层材料和性能	5.3.1
	耐土壤应力性能	7.1
	热缩带剥离强度	7.4.2
	拉剪强度	7.5
	密封性	7.2
[a] 射线探伤或超声波探伤抽检应在每年的生产过程中均匀分期进行。		

7 检验规则

7.1 检验分类

产品检验分为出厂检验和型式检验。

7.2 出厂检验

7.2.1 产品应经制造厂质量检验部门检验，合格后方可出厂，出厂时应附检验合格报告。

7.2.2 出厂检验分为全部检验和抽样检验，检验项目应符合表 11 的规定。

表 11 检验项目表

检验项目			出厂检验		型式检验			执行条款
			全部检验	抽样检验	保温管	保温管件	保温接头	技术要求
工作钢管		材质、尺寸公差及性能	—	√	—	—	—	5.1.1
		公称直径、外径及壁厚	—	√	—	—	—	5.1.2
		外观	—	√	—	—	—	5.1.3
钢制管件	材料	材质、尺寸公差及性能	—	√	—	—	—	5.2.1.1
		公称直径与壁厚	√	—	—	—	—	5.2.1.2
		外观	√	—	—	—	—	5.2.1.3
	弯头与弯管	弯曲部分外观	√	—	—	—	—	5.2.2.1
		弯曲部分最小壁厚	√	—	—	—	—	5.2.2.2
		弯曲部分椭圆度	—	√	—	—	—	5.2.2.3
		弯头的弯曲半径	√	—	—	—	—	5.2.2.4
		直管段长度	√	—	—	—	—	5.2.2.5
		弯曲角度偏差	√	—	—	—	—	5.2.2.6
	三通支管与主管角度偏差		√	—	—	—	—	5.2.3.3
	焊缝质量		—	√	—	—	—	5.2.6.4
	密封性		√	—	—	—	—	5.2.6.5

表 11（续）

检验项目			出厂检验		型式检验			执行条款
			全部检验	抽样检验	保温管	保温管件	保温接头	技术要求
外护管	原材料	密度	—	√	√	√	√	5.3.1.1
		碳黑弥散度	—	√	√	√	√	5.3.1.2
		碳黑含量	—	√	√	√	√	5.3.1.3
		熔体质量流动速率	—	√	√	√	√	5.3.1.5
		热稳定性	—	√	√	√	√	5.3.1.6
		长期机械性能	—	—	√	√	√	5.3.1.7
	外护管管材	外观	√	—	√	√	√	5.3.2.1
		密度	—	√	√	√	√	5.3.2.2
		拉伸屈服强度与断裂伸长率	—	√	√	√	√	5.3.2.3
		纵向回缩率	—	—	√	√	√	5.3.2.4
		耐环境应力开裂	—	√	√	√	√	5.3.2.5
		长期机械性能	—	—	√	√	√	5.3.2.6
		外径和壁厚	—	√	√	√	√	5.3.2.7
保温层	泡孔尺寸		—	√	√	√	√	5.4.2
	空洞、气泡		—	√	√	√	√	5.4.3
	密度		—	√	√	√	√	5.4.4
	压缩强度		—	√	√	√	√	5.4.5
	吸水率		—	√	√	√	√	5.4.6
	闭孔率		—	√	√	√	√	5.4.7
	导热系数		—	√	√	√	√	5.4.8
	保温层厚度		√	—	√	√	√	5.4.9
保温管	管端垂直度		√	—	√	√	—	5.5.1
	挤压变形及划痕		√	—	√	√	—	5.5.2
	管端焊接预留段长度		√	—	√	√	—	5.5.3
	外护管外径增大率		—	√	√	√	—	5.5.4
	轴线偏心距		√	—	√	√	—	5.5.5
	预期寿命与长期耐温性	老化前剪切强度	—	√	—	—	—	5.5.6.2
		老化后剪切强度	—	—	√	—	—	5.5.6.2
	抗冲击性		—	—	√	√	√	5.5.7
	蠕变性能		—	—	√	—	—	5.5.8
	报警线		√	—	√	√	√	5.5.9

表 11（续）

<table>
<tr><th colspan="3" rowspan="2">检验项目</th><th colspan="2">出厂检验</th><th colspan="3">型式检验</th><th>执行条款</th></tr>
<tr><th>全部检验</th><th>抽样检验</th><th>保温管</th><th>保温管件</th><th>保温接头</th><th>技术要求</th></tr>
<tr><td rowspan="14">保温管件</td><td colspan="2">管端垂直度</td><td>√</td><td>—</td><td>√</td><td>√</td><td>—</td><td>5.6.1</td></tr>
<tr><td colspan="2">挤压变形及划痕</td><td>√</td><td>—</td><td>√</td><td>√</td><td>—</td><td>5.6.2</td></tr>
<tr><td colspan="2">管端焊接预留段长度</td><td>√</td><td>—</td><td>√</td><td>√</td><td>—</td><td>5.6.3</td></tr>
<tr><td colspan="2">外护管外径增大率</td><td>—</td><td>√</td><td>√</td><td>√</td><td>—</td><td>5.6.4</td></tr>
<tr><td colspan="2">钢制管件与外护管角度偏差</td><td>—</td><td>√</td><td>—</td><td>√</td><td>—</td><td>5.6.5</td></tr>
<tr><td colspan="2">轴线偏心距</td><td>√</td><td>—</td><td>√</td><td>√</td><td>—</td><td>5.6.6</td></tr>
<tr><td colspan="2">最小保温层厚度</td><td>—</td><td>√</td><td>—</td><td>√</td><td>—</td><td>5.6.7</td></tr>
<tr><td rowspan="3">外护管焊接</td><td>熔体质量流动速率差值</td><td>—</td><td>√</td><td>√</td><td>√</td><td>√</td><td>5.6.8.1</td></tr>
<tr><td>焊缝最小弯曲角度</td><td>—</td><td>—</td><td>—</td><td>√</td><td>—</td><td>5.6.8.6</td></tr>
<tr><td>焊接外护管的密封性</td><td>√</td><td>—</td><td>—</td><td>√</td><td>—</td><td>5.6.8.7</td></tr>
<tr><td rowspan="2">保温固定节</td><td>外观</td><td>√</td><td>—</td><td>—</td><td>√</td><td>—</td><td>5.6.9.3</td></tr>
<tr><td>热缩带剥离强度</td><td>—</td><td>√</td><td>—</td><td>√</td><td>—</td><td>5.6.9.4</td></tr>
<tr><td colspan="2">报警线</td><td>√</td><td>—</td><td>√</td><td>√</td><td>√</td><td>5.6.10</td></tr>
<tr><td colspan="2">主要尺寸允许偏差</td><td>—</td><td>√</td><td>—</td><td>√</td><td>—</td><td>5.6.11</td></tr>
<tr><td rowspan="6">保温接头</td><td colspan="2">保温层材料和性能</td><td>—</td><td>√</td><td>—</td><td>—</td><td>√</td><td>5.7.1.1</td></tr>
<tr><td colspan="2">外护层材料和性能</td><td>—</td><td>√</td><td>—</td><td>—</td><td>√</td><td>5.7.1.2</td></tr>
<tr><td colspan="2">耐土壤应力性能</td><td>—</td><td>—</td><td>—</td><td>—</td><td>√</td><td>5.7.1.5</td></tr>
<tr><td colspan="2">热缩带剥离强度</td><td>—</td><td>√</td><td>—</td><td>—</td><td>√</td><td>5.7.1.6</td></tr>
<tr><td colspan="2">拉剪强度</td><td>—</td><td>√</td><td>—</td><td>—</td><td>√</td><td>5.7.1.7</td></tr>
<tr><td colspan="2">密封性</td><td>√</td><td>—</td><td>—</td><td>—</td><td>√</td><td>5.7.1.8</td></tr>
<tr><td colspan="9">注：“√”为检测项目，“—”为非检测项目。</td></tr>
</table>

7.2.3 全部检验

要求全部检验的项目应对所有产品逐件进行检验。

7.2.4 抽样检验

7.2.4.1 保温管抽样检验应按每台发泡设备生产的保温管每季度抽检 1 次，每次抽检 1 根，每季度累计生产量达到 60 km 时，应增加 1 次检验。检验应均布于全年的生产过程中，抽检项目应按表 11 的规定执行。

7.2.4.2 保温管件抽样检验应符合下列规定：

a) 每台发泡设备生产的保温管件应每季度抽检 1 次，每次抽检 1 件，每季度累计生产量达到 2 000件时，应增加 1 次检验，抽检项目应按表 11 的规定执行；

b) 管件钢焊缝无损检测抽检比例应符合表 12 的规定。

表 12 管件钢焊缝无损检测抽检比例

公称外径	射线探伤比例	超声波探伤比例
DN＜300	5％	20％
300≤DN＜600	15％	50％
DN≥600	100％	—

7.2.4.3 保温接头抽样检验应按每 500 个接头抽检 1 次，每次抽检 1 个，抽检项目应按表 11 的规定执行。

7.2.4.4 保温接头抽样检验合格判定应符合下列规定：

a) 当出现不合格样本时，应加抽 1 件，仍不合格，则视为该批次不合格。复验结果作为最终判定依据；

b) 不合格批次未经剔除不合格品时，不应再次提交检验。

7.3 型式检验

7.3.1 凡有下列情况之一者，应进行型式检验：

a) 新产品的试制、定型鉴定或老产品转厂生产时；

b) 正常生产时，每两年或不到两年，但当保温管累计产量达到 600 km、保温管件累计产量达到 15 000件时；

c) 正式生产后，如主要生产设备、工艺及材料的牌号及配方等有较大改变，可能影响产品性能时；

d) 产品停产 1 年后，恢复生产时；

e) 出厂检验结果与上次型式检验有较大差异时；

f) 国家质量监督机构提出进行型式检验的要求时。

7.3.2 型式检验项目应符合表 11 的规定。

7.3.3 型式检验抽样应符合下列规定：

a) 对于 7.3.1 中规定的 a)、b)、c)、d)四种情况的型式检验取样范围仅代表 a)、b)、c)、d)四种状况下所生产的规格，每一选定规格仅代表向下 0.5 倍直径，向上 2 倍直径的范围；

b) 对于 7.3.1 中规定的 e)、f)两种状况的型式检验取样范围应代表生产厂区的所有规格，每一选定规格仅代表向下 0.5 倍直径，向上 2 倍直径的范围；

c) 每种选定的规格抽取 1 件。

7.3.4 型式检验任何 1 项指标不合格时，应在同批产品中加倍抽样，复检其不合格项目，若仍不合格，则该批产品为不合格。

8 标识、运输与贮存

8.1 标识

8.1.1 保温管或保温管件可用任何不损伤外护管性能的方法进行标识，标识应能经受住运输、贮存和使用环境的影响。

8.1.2 外护管的标识内容如下：

a) 外护管原材料商品名称及代号；

b) 外护管外径尺寸和壁厚；

c) 生产日期；

d) 厂商标志。

8.1.3 保温管/保温管件的标识内容如下：

a) 壁厚；

b) 钢材材质；

c) 生产者标志；

d) 产品标准代号；

e) 发泡日期或生产批号。

8.2 运输

保温管/保温管件应采用吊带或其他不伤及保温管/保温管件的方法吊装，严禁用吊钩直接吊装管端。在装卸过程中严禁碰撞、抛摔和在地面直接拖拉滚动。长途运输过程中，保温管/保温管件应固定牢靠，不应损伤外护管及保温层。

8.3 贮存

8.3.1 保温管/保温管件堆放场地应符合下列规定：

a) 地面应平整、无碎石等坚硬杂物；

b) 地面应有足够的承载能力，保证堆放后不发生塌陷和倾倒事故；

c) 堆放场地应挖排水沟，场地内不允许积水；

d) 堆放场地应设置管托，以防保温层受雨水浸泡；

e) 保温管/保温管件的贮存应采取措施，避免滑落，必须保证产品安全和人身安全；

f) 保温管/保温管件的两端应有管端防护端帽。

8.3.2 保温管/保温管件不应受烈日照射、雨淋和浸泡，露天存放时应用蓬布遮盖。堆放处应远离热源和火源。在环境温度低于−20 ℃时，不宜露天存放。

附 录 A
（规范性附录）
实际连续工作条件与加速老化试验条件

采用阿列纽斯(Arrhenius)方程(该方程建立了保温管预期寿命的对数与持续工作绝对温度的倒数关系式)和高温老化试验数据，反推出在实际工作温度下预期寿命值。活化能值采用 150 kJ/(mol·K)。

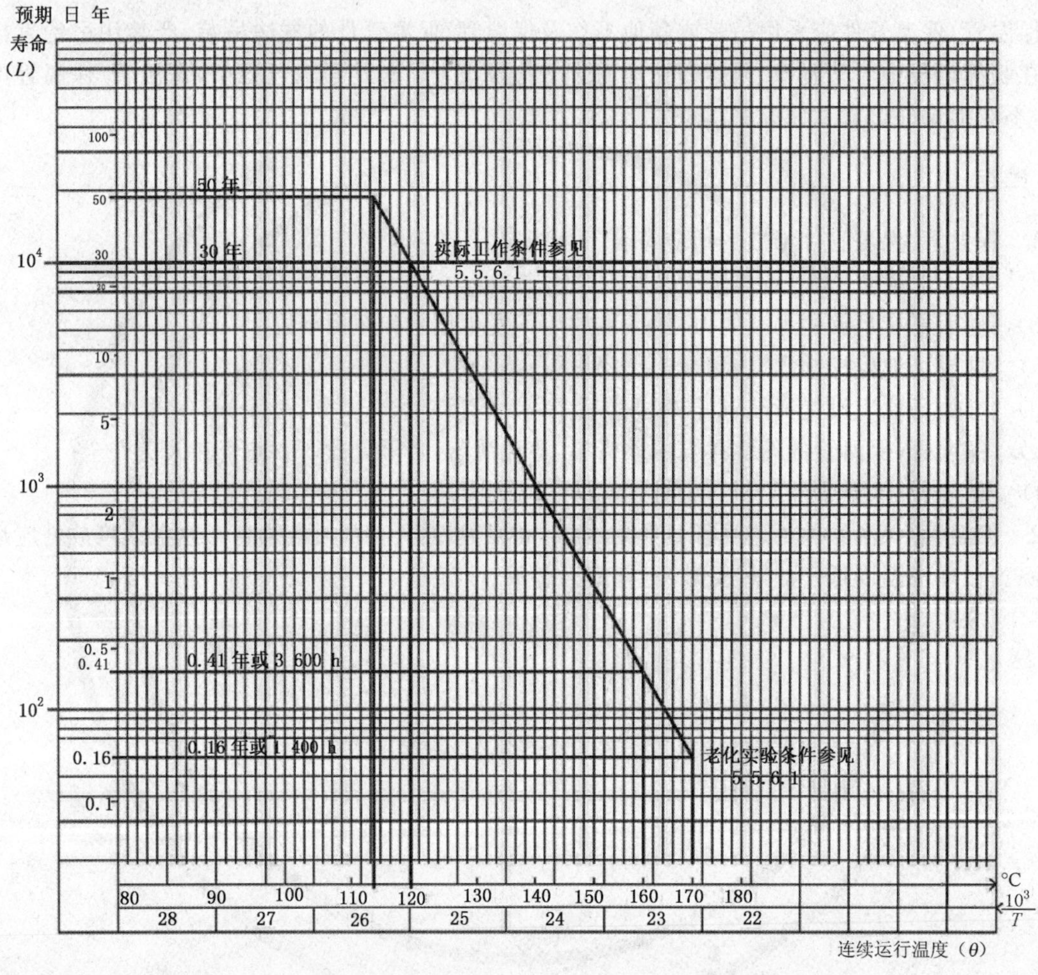

图 A.1 连续运行温度 θ 之下的预期寿命与 5.5.6.1 要求的温度之下的加速老化试验之间的关系

阿列纽斯(Arrhenius)方程可用图 A.1 表示，从图中可得出满足 30 年最短预期寿命要求，应进行 160 ℃，3 600 h 或 170 ℃，1 450 h 的老化试验。

如果热水管网设计最短寿命为 30 年，最高持续工作温度不是 120 ℃，则测试温度或测试时间应加以修改。

a) 当测试时间为 3 600 h，则测试温度按式(A.1)计算：

$$\theta' = \frac{1}{(\theta + 273)^{-1} - 2.38 \times 10^{-4}} - 273 \qquad \text{(A.1)}$$

式中：

θ'——测试温度，单位为摄氏度(℃)；

θ ——设计 30 年连续工作温度，单位为摄氏度(℃)。

b) 当测试温度为 160 ℃，则测试时间按式(A.2)计算：

$$T = e^{\left(54.097 - \frac{18\,041.86}{\theta + 273}\right)} \quad \text{(A.2)}$$

式中：

T ——测试时间，单位为小时(h)；

θ ——设计 30 年连续工作温度，单位为摄氏度(℃)。

附 录 B
（规范性附录）
工作在不同温度下的聚氨酯泡沫塑料最短预期寿命的计算

热水管网的寿命将取决于聚氨酯泡沫塑料及其成分、工作钢管、外护管和管网设计与运行中周期性温度变化引起的各种机械应力。

式(B.1)仅适用于图 A.1 所示的正常运行温度范围内温度有缓慢或偶然变化(如:满足供热的季节性要求)的管网中直管段的寿命计算,而未考虑机械应力。

设定每年的运行温度循环波动是相同的,其预期寿命则可按式(B.1)计算：

$$L=\left(\frac{t_1}{L_1}+\frac{t_2}{L_2}+\cdots+\frac{t_n}{L_n}\right)^{-1} \qquad \text{(B.1)}$$

L_1、L_2 从图 A.1 所示阿列纽斯(Arrhenius)图中选取。

式中：

L ——系统的预期寿命,单位为年；

L_1——持续运行温度为 θ_1 时的系统预期寿命,单位为年；

L_2——持续运行温度为 θ_2 时的系统预期寿命,单位为年；

L_n——持续运行温度为 θ_n 时的系统预期寿命,单位为年；

t_1 ——一年中系统以温度 θ_1 运行的时间比例；

t_2 ——一年中系统以温度 θ_2 运行的时间比例；

t_n ——一年中系统以温度 θ_n 运行的时间比例。

附 录 C
（规范性附录）
长期连续运行温度介于 120 ℃～140 ℃之间的保温管的要求及试验

C.1 一般要求

连续运行温度介于 120 ℃～140 ℃之间的直埋保温管，其性能除应符合 5.5 所有的性能要求外，还应进行耐温性试验并计算其在保证 30 年寿命下所能耐受的最高连续运行温度(即 CCOT)，并应保证此温度高于其实际长期运行温度。

保温管的寿命除了受热应力的影响外，还会受到氧化、机械过程、产品质量、施工质量及管网运行的影响。本附录中连续运行温度的计算只考虑了热应力的影响。

C.2 老化和剪切强度试验要求

热寿命是指聚氨酯泡沫塑料在选定的热老化试验温度下进行试验，并在 140 ℃条件下测定其切向剪切强度，当该值下降到 0.13 MPa 时所用的时间。老化试验应选择不少于三个温度点进行，试验所选择的每一个老化试验温度，应保证试样至少有 1 000 h 以上的热寿命。基于保温管在三个不同温度下切向剪切强度的检测和阿列纽斯(Arrhenius)方程关系式，计算出其所能耐受的连续运行温度(CCOT)。

所选的各个温度点之间的差值不应小于 3 K，且最高老化试验温度和最低老化试验温度之差不应小于 10 K。试验期间应控制并记录工作钢管的温度，整个试验过程中偏离设定的温度值不应超过 0.5 K。老化试验过程中，保温管端口的保温层应进行充分的密封处理，以防止气体扩散。

注：用于热寿命定义的切向剪切强度值 0.13 MPa 高于管网运行中所需的剪切强度，所以管道的实际使用寿命将超过热寿命值。

切向剪切强度检测应在介质温度 140 ℃，距工作钢管端头不小于 500 mm 的位置进行。切向剪切强度降到 0.13 MPa 之前及之后的 3 次检测中，每两次检测的时间间隔应不大于 7 天。

C.3 长期连续运行耐受最高温度的计算

C.3.1 确定在不同老化试验温度下的热寿命

对于每个老化试验温度 T_k，保温管的切向剪切强度值与老化试验时间成线性关系。计算并做出切向剪切强度值与老化试验时间的关系曲线，在曲线上找出切向剪切强度 0.13 MPa 附近的两个检测时间点，通过内插法确定切向剪切强度为 0.13 MPa 时的具体老化试验时间，即该聚氨酯泡沫塑料材料的热寿命 L_k。

C.3.2 采用阿列纽斯(Arrhenius)关系式

由实测的热寿命值 L_k 和相应的热老化试验温度 T_k，通过线性回归的方法计算阿列纽斯(Arrhenius)关系式(C.1)中的系数 C 和 D。

$$\ln L_k = \frac{C}{T_k} + D \qquad \text{(C.1)}$$

式中：

L_k ——老化试验温度 T_k 下的热寿命，单位为小时(h)；

T_k ——老化试验温度，单位为开尔文(K)；

C ——回归系数；

D ——回归系数。

当相关系数 r 小于 0.98 时，所测数据无效，应扩大取样范围或重做试验。相关系数 r 应按式(C.2)计算：

$$r=\frac{\sum_k[(y_k-\overline{y_k})\times(x_k-\overline{x_k})]}{\sqrt{\sum_k(y_k-\overline{y_k})^2\times\sum_k(x_k-\overline{x_k})^2}} \qquad \cdots\cdots(C.2)$$

式中：

$x_k=1/T_k$

$y_k=\ln(L_k)$

r ——为相关系数；

$\overline{x_k}$ ——为 x_k 平均值；

$\overline{y_k}$ ——为 y_k 的平均值。

C.3.3 长期连续运行耐受最高温度的计算

30 年(262 800 h)预期寿命的连续运行耐受最高温度应按式(C.3)计算：

$$CCOT=\frac{C}{\ln 262\,800-D} \qquad \cdots\cdots(C.3)$$

式中：

$CCOT$——30 年预期寿命下的计算连续运行温度，单位为开尔文(K)。

C.4 测试报告

30 年预期寿命下的计算连续运行温度报告中应包括保温层聚氨酯泡沫塑料的密度、泡孔尺寸、闭孔率及发泡剂种类。

附 录 D
（资料性附录）
外护管焊接指南

D.1 一般要求

D.1.1 对于外护管件的对接焊口，宜采用端面熔融焊接工艺。

D.1.2 挤出焊接工艺适用于马鞍型焊缝、搭接焊缝、纵向和环向焊缝。

D.1.3 热风焊接工艺仅适用于不宜采用端面熔融焊接和挤出焊接工艺的特殊情况。

D.1.4 定期校准焊接设备上的计量仪表。

D.1.5 具有用于设备和生产工艺操作的作业指导书。

D.1.6 操作者具有相应的操作资质，厂内有其培训考核的合格记录。

D.2 对工位、机器设备和被焊管段的要求

D.2.1 工位干净、无灰土、无油、不潮湿、无风，光线充足以保证焊工进行焊接作业并能监测整个焊接工艺和对焊缝进行外观检查。

D.2.2 定期维护机器设备，以确保正常的生产工艺。

D.2.3 通过焊缝试样检验以确定机器设备的功能是否正常。

D.2.4 焊接工作开始之前，清洁加热元件和焊接卡具，并检查其表面的损伤程度。

D.2.5 加热元件的表面涂有聚四氟乙烯(PTFE)或类似产品的涂层，挤出焊靴采用聚四氟乙烯(PTFE)或类似产品制作。

D.2.6 焊接前，已备完料的塑料管管段进行表面和端口边的清理。

D.2.7 塑料管管段与机器周围环境的温差不超过 5 ℃。

D.3 端面熔融焊接

D.3.1 设备

D.3.1.1 加热元件(热板)的工作面应平整，平行度偏差符合表 D.1 的规定。

表 D.1 热板平面平行度允许偏差

外护管外径 D_c/mm	平面平行度允许偏差/mm
$D_c<250$	≤0.2
$250\leqslant D_c\leqslant 500$	≤0.4
$D_c>500$	≤0.8

D.3.1.2 加热板的温度为自动控制，焊接过程中温度偏差应符合表 D.2 的规定，热板两面温差不应大于 5 ℃。

表 D.2 允许最大温度偏差

外护管外径 D_c/mm	温度偏差/℃
D_c<380	±5
380≤D_c≤650	±8
D_c>650	±10

D.3.1.3 焊接设备的卡具和导向工具具备足够的耐挤压性能，以保证焊接设备在焊接加压的过程中产生的焊接表面的平行误差不能超过表 D.3 的规定。

表 D.3 焊接表面的平行误差的最大值

外护管外径 D_c/mm	焊接表面的平行误差最大值/mm
D_c≤355	0.5
355<D_c≤630	1.0
630<D_c≤800	1.3
800<D_c≤1 400	1.5
1 400<D_c≤1 700	1.8

D.3.2 焊接工艺

D.3.2.1 在熔化压力 0.01 MPa 下，固定在夹具上的两个管段的端口平面最大平行误差不应大于 1.0 mm，当管径不小于 630 mm 时，其最大误差不应超过 1.3 mm。

D.3.2.2 焊接步骤

D.3.2.2.1 在 0.15 MPa 的压力下加热，直到焊接表面与加热板完全接触。

D.3.2.2.2 按照规定的时间，在 0.01 MPa 的压力下加热。

D.3.2.2.3 将被夹持的塑料件卸压、移走加热板的时间及焊接表面加压对接在一起的时间应尽可能短。

D.3.2.2.4 在 1 s～15 s(根据壁厚而定)内焊接压力加至 0.15 MPa。

D.3.2.3 在保压而不受其他外力的情况下自然冷却至小于 70 ℃。焊接后焊缝均不允许强制冷却，焊缝在受重压之前要完全冷却。

D.4 挤出焊接

D.4.1 焊接工艺

D.4.1.1 焊接设备在两个管段的焊缝接口及附近区域连贯预热。

D.4.1.2 焊接填料符合 5.3.1 的规定。

D.4.1.3 焊接时管段坡口面上的熔深不小于 0.5 mm。

D.4.1.4 通过具有足够焊接压力的焊靴将合格均匀的塑性焊接材料挤压到 V 形焊接区，焊靴形状应与焊缝形式相适应，见图 D.1 和表 D.4。

D.4.1.5 焊缝搭接处使用合适的带有聚四氟乙烯(PTFE)或类似材料涂层的手动工具压至光滑。

D.4.1.6 焊接后焊缝均不应强制冷却，焊缝在受重压之前完全自然冷却。

表 D.4 焊靴的最小尺寸

单位为毫米

壁厚	长度	
	L_A	L_N
e≤15	≥35	10
15<e≤20	≥45	15
20<e≤30	≥55	20
注：L_A——压脚长度；L_N——突出长度。		

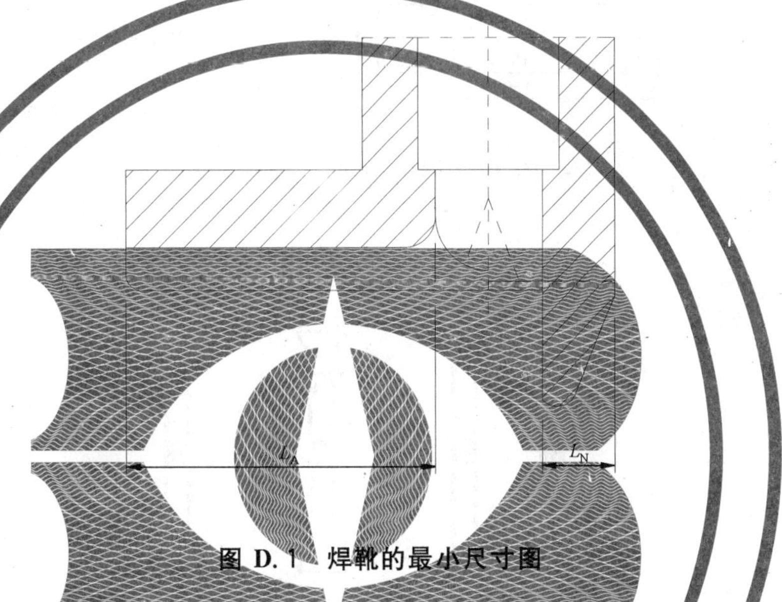

图 D.1 焊靴的最小尺寸图

D.4.1.7 表 D.4 焊靴尺寸适用于不超过 200 mm/min 的焊接速度，对于较高的焊接速度需要用较长的压脚。

D.5 焊缝的破坏性试验

D.5.1 标准试样

试样的尺寸见图 D.2，取样应与焊缝平面成 90°，沿环向均匀取样，取样数量符合表 D.5 的规定，样条的宽度大于塑料管壁厚。

表 D.5 塑料焊取样数量

单位为个

外径/mm	75≤D_c≤250	250<D_c≤450	450<D_c≤800	800<D_c≤1 200	1 200<D_c≤1 700
样条数	3	5	8	10	12

D.5.2 试验按表 10 的规定进行，当试样的断裂面位于焊接区内或焊接区的根部时，为不合格试样，当断裂面位于焊接区外，则为合格试样，见图 D.3。

单位为毫米

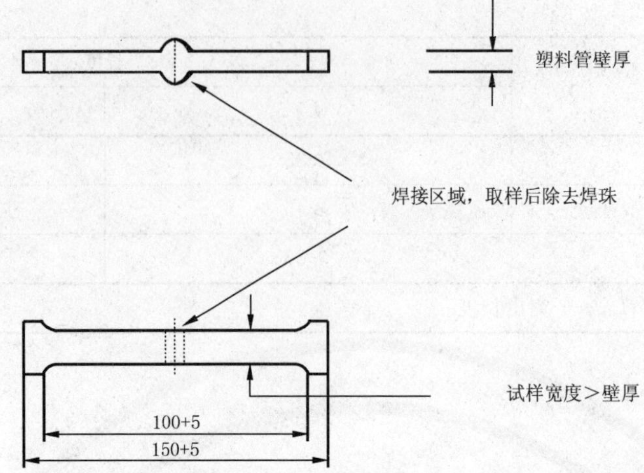

图 D.2　拉伸实验试样尺寸图

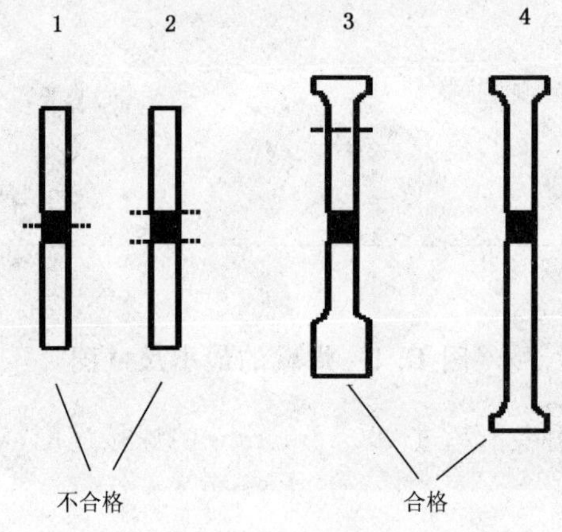

图示：

■　焊接区

---　断裂线

图 D.3　合格的拉伸试样图

参 考 文 献

[1] EN 253 District heating pipes—Pre-insulated bonded pipe systems for directly buried hot water networks—Pipe assembly of steel service pipe, polyurethane thermal insulation and outer casing of polyethylene

[2] EN 448 District heating pipes-pre-insulated bonded pipe systems for directly buried hot water networks-joint assembly for steel service pipes polyurethane thermal insulation and outer casing of polyethylene

[3] EN 489 District heating pipes-pre-insulated bonded pipe systems for directly buried hot water networks-joint assembly for steel service pipes polyurethane thermal insulation and outer casing of polyethylene

[4] EN 14419 District heating pipes—Pre-insulated bonded pipe systems for directly buried hot water networks—Surveillance systems

ICS 91.140
Q 76

中华人民共和国国家标准

GB/T 29735—2013

采暖空调用自力式流量控制阀

Self-operating flow control valve for heating and cooling system

2013-09-18 发布　　　　2014-06-01 实施

中华人民共和国国家质量监督检验检疫总局
中国国家标准化管理委员会　发布

前 言

本标准由中华人民共和国住房和城乡建设部提出。

本标准由全国暖通空调及净化设备标准化技术委员会(SAC/TC 143)归口。

本标准负责起草单位:中国建筑科学研究院。

本标准参加起草单位:建研爱康(北京)科技发展公司、山西建工申华暖通设备有限公司、毅智机电系统(北京)有限公司、欧文托普阀门系统(北京)有限公司、河北平衡阀门制造有限公司、河北同力自控阀门制造有限公司、丹佛斯(上海)自动控制有限公司、天津龙泰吉科技发展有限公司、北京天箭星节能科技有限公司、河北金桥平衡阀门有限公司、杭州春江阀门有限公司、浙江沃孚阀门有限公司、浙江沃尔达暖通科技有限公司、北京建工一建工程建设有限公司。

本标准主要起草人:杜朝敏、卜维平、冯铁栓、刘克勤、李军华、杨丹、刘健康、马利、张寒晶、陈振双、柳箭、迟晓光、柴为民、陈鸣、卓旦春、黄勃。

采暖空调用自力式流量控制阀

1 范围

本标准规定了采暖空调用自力式流量控制阀的术语和定义，分类和标记，基本规定，要求，试验方法，检验规则，以及标志、包装、运输和贮存等。

本标准适用于集中供热和集中空调循环水(或乙二醇溶液)系统中，无需系统外部动力驱动，能够依靠自身的机械结构，利用系统压差保持流量稳定的自力式流量控制阀(以下简称控制阀)。

2 规范性引用文件

下列文件对于本文件的应用是必不可少的。凡是注日期的引用文件，仅注日期的版本适用于本文件。凡不注日期的引用文件，其最新版本(包括所有的修改单)适用于本文件。

GB/T 1047 管道元件 DN(公称尺寸)的定义和选用

GB/T 1048 管道元件 PN(公称压力)的定义和选用

GB/T 1220 不锈钢棒

GB/T 1239.2—2009 冷卷圆柱螺旋弹簧技术条件 第2部分:压缩弹簧

GB/T 1414 普通螺纹 管路系列

GB/T 12220 通用阀门 标志

GB/T 12225 通用阀门 铜合金铸件技术条件

GB/T 12226 通用阀门 灰铸铁件技术条件

GB/T 12227 通用阀门 球墨铸铁件技术条件

GB/T 12229 通用阀门 碳素钢铸件技术条件

GB/T 13808 铜及铜合金挤制棒

GB/T 13927 工业阀门 压力试验

GB/T 17241.6 整体铸铁法兰

JB/T 10507 阀门用金属波纹管

3 术语和定义

下列术语和定义适用于本文件。

3.1

自力式流量控制阀 self-operating flow control valve

一种无需系统外部动力驱动，依靠自身的机械动作，能够在工作压差范围内保持流量稳定的控制阀。

3.2

工作压差 operating pressure differential

作用于控制阀两端，使控制阀能够正常实现流量控制功能的压差。

3.3

固定流量型 fixed flow type

在出厂前已按照客户的要求设定控制流量，出厂后不可再调整控制流量的控制阀类型。

3.4

可调流量型　adjustable flow type

可在工程现场对控制流量予以调整的控制阀类型。

4　分类和标记

4.1　分类

4.1.1　控制阀按照调节功能分为可调流量型和固定流量型。

4.1.2　控制阀按照连接方式分为螺纹连接型和法兰连接型。

4.2　规格

控制阀的规格用公称通径表示，公称通径系列应符合 GB/T 1047 的规定，分为 DN15、DN20、DN25、DN32、DN40、DN50、DN65、DN80、DN100、DN125、DN150、DN200、DN250、DN300 和 DN350。

4.3　标记

控制阀型号标记的构成如下：

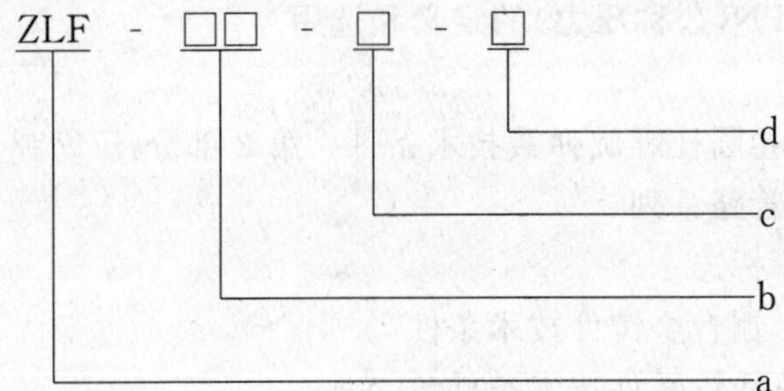

控制阀型号标记的含义如下：

a）控制阀型号标记的第一部分为名称段，用“自力、流量、阀”的汉语拼音大写字头 ZLF 表示；

b）控制阀型号标记的第二部分为分类段，用“可调”或“固定”的汉语拼音大写字头 K 或 G 表示调节功能；用“螺纹”或“法兰”的汉语拼音大写字头 L 或 F 表示连接方式；

c）控制阀型号标记的第三部分为规格段，用公称通径系列中的数字表示；

d）控制阀型号标记的第四部分为承压段，用公称压力等级中的数字表示。

示例 1：

ZLF-KL-40-16 表示可调流量，螺纹连接，规格为 DN40，承压 1.6 MPa 的自力式流量控制阀。

示例 2：

ZLF-GF-150-25 表示固定流量，法兰连接，规格为 DN150，承压 2.5 MPa 的自力式流量控制阀。

5　基本规定

5.1　参数

5.1.1　公称压力

控制阀的公称压力等级应符合 GB/T 1048 的规定，可分为 PN10、PN16 和 PN25 三档。

5.1.2　介质温度范围

控制阀的介质温度范围应由供方确定，应在产品的技术文件中明示。

5.1.3 工作压差范围

5.1.3.1 固定流量型控制阀的工作压差范围应由供方确定，应在产品的技术文件中明示。
5.1.3.2 可调流量型控制阀的工作压差范围应在产品的技术文件中明示，且不应小于表1的规定。

表1 可调流量型控制阀的最小工作压差范围

序号	规　格	最小工作压差范围/MPa
1	DN15～DN25	0.02～0.20
2	DN32～DN100	0.03～0.30
3	DN125～DN350	0.04～0.40

5.1.4 控制流量值

各个规格固定流量型控制阀的控制流量值应由供方确定，应在产品的技术文件中明示。

5.1.5 控制流量范围

可调流量型控制阀的控制流量范围应在产品的技术文件中明示，且不应小于表2的规定。

表2 可调流量型控制阀的最小控制流量范围

序号	规　格	最小控制流量范围/(m^3/h)
1	DN15	0.08～0.80
2	DN20	0.1～1.0
3	DN25	0.2～2.0
4	DN32	0.5～4.0
5	DN40	1～6
6	DN50	2～10
7	DN65	3～15
8	DN80	5～25
9	DN100	10～35
10	DN125	15～50
11	DN150	20～80
12	DN200	40～160
13	DN250	75～300
14	DN300	100～450
15	DN350	200～650

5.2 材料

5.2.1 控制阀阀体宜采用铜合金、灰铸铁、球墨铸铁或铸钢材料加工制造。控制阀的公称压力为PN25时，阀体应采用牌号不低于HT250的灰铸铁、球墨铸铁或铸钢材料加工制造。

5.2.2 阀芯和阀杆宜采用铜合金、黄铜棒或不锈钢棒材料加工制造。

5.2.3 当阀体、阀芯和阀杆采用铜合金材料时，其性能应符合 GB/T 12225 的规定；当采用灰铸铁材料时，其性能应符合 GB/T 12226 的规定；当采用球墨铸铁材料时，其性能应符合 GB/T 12227 的规定；当采用铸钢材料时，其性能应符合 GB/T 12229 的规定；当采用黄铜棒材料时，其性能应符合 GB/T 13808 的规定；当采用不锈钢棒材料时，其性能应符合 GB/T 1220 的规定。当采用其他材料时，其机械性能不应低于上述材料的机械性能指标。

5.2.4 密封元件宜采用三元乙丙橡胶(EPDM)、丁腈橡胶(NBR)、氟橡胶(FPM)。当介质温度低于 3 ℃ 时，控制阀密封元件应采用氟橡胶(FPM)。

5.2.5 感压元件应采用三元乙丙橡胶(EPDM)、金属波纹管，或其他适用材料。当采用金属波纹管时，应符合 JB/T 10507 的规定。

5.2.6 弹簧应采用不锈钢或铜合金材料，成品检验应符合 GB/T 1239.2—2009 的规定，其精度等级不应低于Ⅱ级。

5.2.7 塑料元件应采用 ABS 工程塑料或其他适用的工程塑料。

5.3 结构

5.3.1 控制阀的结构应保证安装、使用和维护方便，运行安全可靠。

5.3.2 法兰尺寸和密封面应符合 GB/T 17241.6 的规定。

5.3.3 螺纹尺寸应符合 GB/T 1414 的规定。

6 要求

6.1 外观

6.1.1 控制阀的阀体表面应平整光洁，无明显的砂眼、凹坑、鼓包、磕碰伤和锈蚀。油漆或喷塑涂层应厚度均匀，色泽一致，无起皮、龟裂、皱褶和气泡。

6.1.2 除不锈钢制和铜制件外，其他不适宜涂漆和喷塑的金属元件应进行电镀或氧化处理。

6.1.3 流量刻度盘的数字和刻度线应准确、清晰、不易褪色和脱落。

6.1.4 阀体上的公称通径、公称压力和流动方向等标志，以及其他文字和图形应准确、清晰、端正和牢固。

6.1.5 可调流量型控制阀的流量调节装置应反应灵敏、操作简便，不应有阻滞和卡死现象。

6.2 机械性能

6.2.1 阀体强度和密封性能

控制阀的阀体和密封部位在 1.5 倍的工作压力下，不得发生结构损伤和渗漏。

6.2.2 感压元件强度

控制阀的感压元件在工作压差范围从最小值到最大值往复变换 3 000 次后，不得发生塑性变形。

6.2.3 耐久性

控制阀在工作压差范围从最小值到最大值往复变换 3 000 次后，仍能满足流量控制精确性要求。

6.3 控制性能

6.3.1 流量控制精确性

控制阀在每个测试工况点的实测流量值与所有工况点的实测流量值的平均值的相对误差不应大

于7%。

6.3.2 流量指示准确性

控制阀流量刻度盘指示的控制流量值与所有测试工况点的实测控制流量值的平均值的相对误差不应大于5%。

7 试验方法

7.1 外观检查

外观检查采用目测和手工方式检查，检查结果应符合6.1的规定。

7.2 机械性能试验

7.2.1 阀体强度和密封性能试验

阀体强度和密封性能应按GB/T 13927的规定进行试验，试验结果应符合6.2.1的规定。

7.2.2 感压元件强度试验

将控制阀的控制流量设置在最小，阀门两端的压差从工作压差范围的最小值到最大值往复变换3 000次，试验时间控制在72 h之内，试验结果应符合6.2.2的规定。

7.2.3 耐久性试验

将控制阀的控制流量设置在最小，阀门两端的压差从工作压差范围的最小值到最大值往复变换3 000次，试验时间控制在72 h之内，试验结果应符合6.2.3的规定。

7.3 控制性能试验

7.3.1 试验装置和试验步骤

控制阀控制性能试验装置和试验步骤应符合附录A的规定。

7.3.2 流量控制精确性试验

7.3.2.1 固定流量型控制阀，在控制流量值下测试控制阀的控制流量相对误差。

7.3.2.2 可调流量型控制阀，将控制阀的流量刻度线分别调整到控制流量范围的最大值、最大最小值的平均值和最小值，并分别在这3个控制流量值下测试控制阀的控制流量相对误差。

7.3.2.3 在控制阀工作压差范围内从小到大均匀地取不少于5个的压差工况点，再从大到小取相同的压差工况点，在每个工况点上读取控制阀的控制流量值。

7.3.2.4 控制阀的控制流量相对误差按式(1)计算：

$$T_{QK(i)}=\frac{|Q_{s(i)}-Q_p|}{Q_p}\times 100\% \qquad \cdots\cdots(1)$$

式中：

$T_{QK(i)}$——各个工况点的控制流量相对误差；

$Q_{s(i)}$——各个工况点的实测控制流量值，单位为立方米每小时(m^3/h)；

Q_p——所有工况点的实测控制流量值的算术平均值，单位为立方米每小时(m^3/h)。

7.3.2.5 按式(1)计算的控制阀在各个工况点的控制流量相对误差值应符合6.3.1的规定。

7.3.3 流量指示准确性试验

7.3.3.1 控制阀按照 7.3.2 的规定进行试验后，将所取得的试验数据代入式(2)，计算控制阀的流量指示相对误差：

$$T_{QZ}=\frac{|Q_z-Q_p|}{Q_p}\times 100\% \qquad \cdots\cdots(2)$$

式中：

T_{QZ}——控制阀的流量指示相对误差；

Q_z ——控制阀的标称控制流量值或流量刻度盘指示的控制流量值，单位为立方米每小时(m^3/h)；

Q_p ——所有工况点的实测控制流量值的算术平均值，单位为立方米每小时(m^3/h)。

7.3.3.2 按式(2)计算的控制阀的流量指示相对误差应符合 6.3.2 的规定。

8 检验规则

8.1 出厂检验

出厂检验项目应按表 3 的规定逐台进行检验。

表 3 检验项目和条款

序号	检验项目	出厂检验	抽样检验	型式检验	要求	试验方法
1	外观	√	—	√	6.1	7.1
2	阀体强度和密封性能	√	—	√	6.2.1	7.2.1
3	感压元件强度	—	√	√	6.2.2	7.2.2
4	耐久性	—	√	√	6.2.3	7.2.3
5	流量控制精确性	—	√	√	6.3.1	7.3.2
6	流量指示准确性	√	—	√	6.3.2	7.3.3

8.2 抽样检验

8.2.1 出厂产品批量超过 200 台时，应进行抽样检验。检验样品应在出厂检验合格的产品中随机抽取，每次抽样不少于批量台数的 1%，并且不同规格的产品不少于 1 台。

8.2.2 检验过程中，发现任何一项抽样检验指标不合格时，应在同批产品中加倍抽样，复检不合格项目，如果仍然不合格，则判定该批产品为不合格。

8.2.3 抽样检验项目应按表 3 的规定执行。

8.3 型式检验

8.3.1 有下列情况之一时，应进行型式检验：

a) 试制的新产品定型或老产品转厂时；

b) 产品结构和制造工艺，材料等更改对性能有影响时；

c) 产品停产超过一年后，恢复生产时；

d) 出厂检验结果与上次型式检验有较大差异时；

e) 正常生产时，超过两年未进行型式检验时；

f) 国家质量监督机构提出进行型式检验的要求时。

8.3.2 型式检验项目按表 3 的规定执行。

9 标志、说明书和合格证

9.1 标志

9.1.1 控制阀应在明显部位设置清晰和牢固的铭牌，铭牌应采用不锈钢、铜合金、铝合金或工程塑料等材料制造，铭牌上的内容应包括：

a) 生产企业的名称和商标；

b) 产品的名称和型号。

9.1.2 控制阀阀体上的明显部位应有永久性阀门标志，标志应符合 GB/T 12220 的规定。

9.2 说明书

9.2.1 控制阀包装箱内应附带产品说明书。

9.2.2 产品说明书的内容应包括：

a) 生产企业的名称和商标；

b) 产品的名称和型号；

c) 产品的适用范围；

d) 产品的基本结构和零部件材质；

e) 产品的技术参数；

f) 产品的选型计算方法；

g) 安装、使用、维护和保养说明；

h) 常见故障及排除方法。

9.3 合格证

9.3.1 控制阀包装箱内应附带产品合格证。

9.3.2 产品合格证的内容应包括：

a) 生产企业的名称和商标；

b) 产品的名称和型号；

c) 产品生产所执行的标准号；

d) 检验日期和检验合格标记。

10 包装、运输和贮存

10.1 包装

10.1.1 控制阀的包装箱应足够牢固，保证产品在正常的搬运和运输过程中不发生破损。

10.1.2 包装箱的外表面上应标明：

a) 产品的名称、规格和数量；

b) 产品的防护标志。

10.1.3 产品装入包装箱后，应使用包装带捆扎紧密。

10.2 运输

控制阀在运输过程中，应防止剧烈震动、碰撞和摔跌，防止雨淋、水浸和化学物品的侵蚀，不应抛掷。

10.3 贮存

控制阀及其配件应贮存在干燥通风无腐蚀性介质的库房内，并有入库登记。

附 录 A
（规范性附录）
控制阀控制性能试验方法

A.1 试验装置

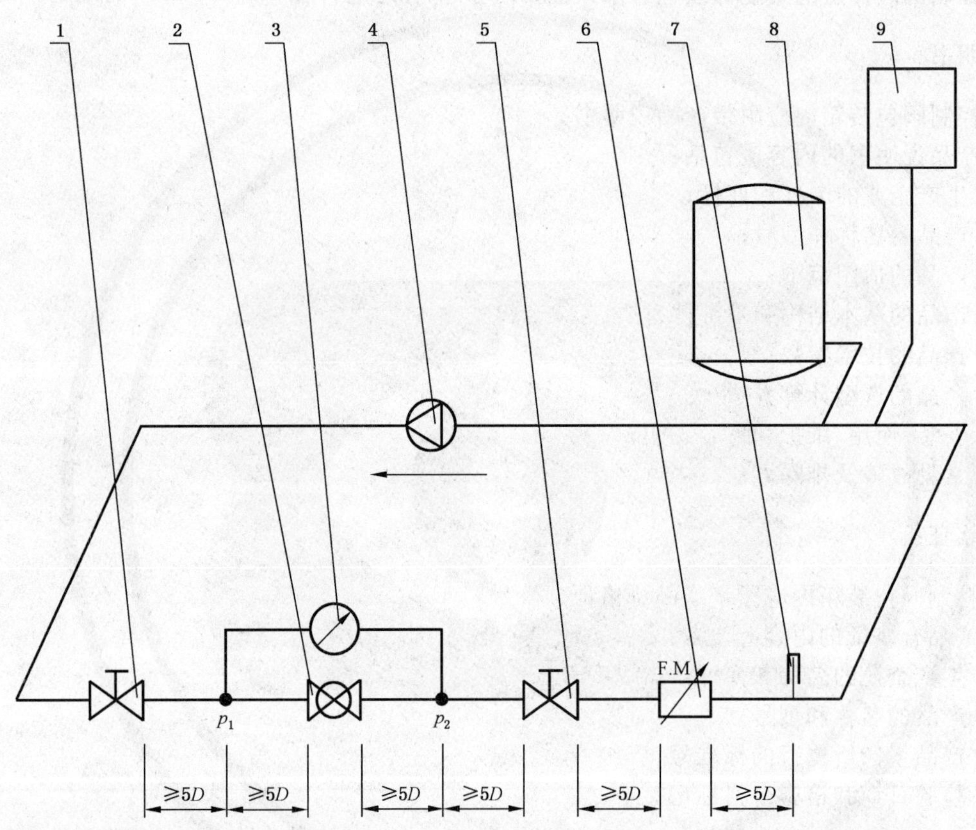

说明：

1——调节阀 A；

2——被试控制阀；

3——压差计；

4——循环泵；

5——调节阀 B；

6——流量计；

7——温度计；

8——稳压缸；

9——水箱；

D——进、出口连接管公称通径；

p_1、p_2——工作压力。

图 A.1 控制阀控制性能试验装置示意图

A.2 试验步骤

A.2.1 固定流量型控制阀，调整图 A.1 中的调节阀 A 和调节阀 B，使 $p_1 - p_2$ 从工作压差范围的最小值开始，到工作压差范围的最大值为止，从小到大均匀地取不少于 5 个的测试工况点，再从大到小取相同的测试工况点，并在每个工况点上读取控制阀的控制流量值。

A.2.2 可调流量型控制阀，将控制阀的流量刻度线分别调整到控制流量范围的最大值、最大最小值的平均值和最小值。并分别在这 3 个控制流量值下，调整图 A.1 中的调节阀 A 和调节阀 B，使 $p_1 - p_2$ 从工作压差范围的最小值开始，到工作压差范围的最大值为止，从小到大均匀地取不少于 5 个的测试工况点，再从大到小取相同的测试工况点，并在每个工况点上读取控制阀的控制流量值。

A.3 试验数据整理

将测试数据分别代入式(1)和式(2)，计算控制阀的控制流量相对误差和流量指示相对误差。

A.4 试验仪器

A.4.1 试验用的各类测量仪器应在计量检定有效期内。

A.4.2 测量仪器的准确度应符合表 A.1 的规定。

表 A.1 测量仪器的准确度

序号	测量参数	测量仪器	仪器准确度
1	压差	压差计	1.5 级以上
		压差变送器	2%
2	流量	流量计	1%
3	水温度	温度计	±0.3 ℃

A.5 试验条件

A.5.1 试验介质应为 5 ℃～40 ℃的水。

A.5.2 试验装置的供、回水压差应大于 0.36 MPa。

A.5.3 试验装置的介质循环流量应大于被测控制阀控制流量范围上限值的 1.2 倍。

ICS 91.140.60
P 40

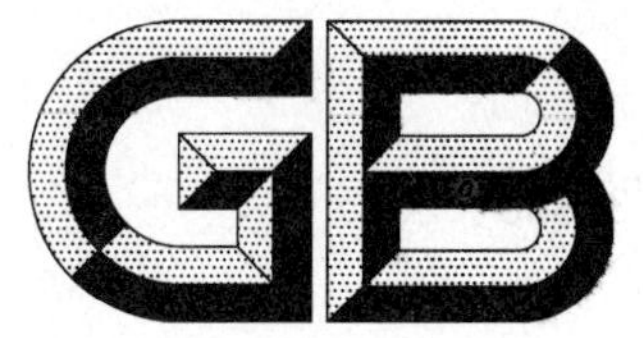

中华人民共和国国家标准

GB/T 31388—2015

电子式热量分配表

Heat cost allocators with electrical energy supply

2015-02-04 发布　　　　2015-11-01 实施

中华人民共和国国家质量监督检验检疫总局
中国国家标准化管理委员会　发布

前言

本标准按照 GB/T 1.1—2009 给出的规则起草。

本标准由中华人民共和国住房和城乡建设部提出。

本标准由全国暖通空调及净化设备标准化技术委员会(SAC/TC 143)归口。

本标准起草单位:中国建筑科学研究院、天津大学、天津市供热管理办公室、北京市计量检测科学研究院、依斯塔计量技术服务(北京)有限公司、米诺国际能源服务(北京)有限公司、乐米特科技发展(天津)有限公司、北京华仪乐业节能服务有限公司、苏州恩泽迅扬节能科技有限公司、邢台市热力公司、北京建工一建工程建设有限公司。

本标准主要起草人:黄维、李忠、王兆立、娄承芝、田雨辰、张立谦、张俊朝、瓢林、杨旭彬、何明豹、孙志谦、黄勃。

电子式热量分配表

1 范围

本标准规定了电子式热量分配表的术语和定义、一般要求、要求、试验方法、检验规则、标志、包装、运输及贮存。

本标准适用于建筑室内热水供暖系统中用以测定散热器供热量比例并分摊计算散热量的电子式热量分配表(以下简称"热量分配表"),不适用于强制对流散热器、蒸汽散热器和壁面(地面和顶板等)辐射供暖系统。

2 规范性引用文件

下列文件对于本文件的应用是必不可少的。凡是注日期的引用文件,仅注日期的版本适用于本文件。凡是不注日期的引用文件,其最新版本(包括所有的修改单)适用于本文件。

GB 4208 外壳防护等级(IP 代码)

GB/T 13754 采暖散热器散热量测定方法

GB/T 17626.2—2006 电磁兼容 试验和测量技术 静电放电抗扰度试验

JGJ 173 供热计量技术规程

3 术语和定义

GB/T 13754 和 JGJ 173 界定的以及下列术语和定义适用于本文件。为了便于使用,以下重复列出了 GB/T 13754 和 JGJ 173 中的某些术语和定义。

3.1

电子式热量分配表 heat cost allocators with electrical energy supply

由外壳、导热板、温度传感器、微处理器、显示器、电源、固定件及封印等组成,工作时固定于散热器表面特定位置、用以计算过余温度对供暖时间的积分值的仪表,可通过数据远传处理系统计算每组散热器散热量占热量结算点内所有散热器总散热量的比值,再依据该比值和在热量结算点得出的热量值,计算分摊到每组散热器的散热量。

3.2

过余温度 excess temperature

散热器进出水平均温度与基准点空气温度的差值。

注:改写 GB/T 13754—2008,定义 3.8。

3.3

基准点空气温度 reference air temperature

测试小室内,距离散热器的散热面前方 1.5 m、距地 0.75 m 处测量的空气温度。

注:改写 GB/T 13754—2008,定义 3.7。

3.4

热量结算点 heat settlement site

供热方和用热方之间通过热量表计量的热量值直接进行贸易结算的地理位置。

[JGJ 173—2009,定义 2.0.3]

3.5

显示值　displayed value

通过计算过余温度对供暖时间的积分值,热量分配表得到并输出的无量纲数值。

3.6

显示值变化率　counting rate

在单位时间内显示值的增量。

3.7

C 值　C-value

用于表示热量分配表的温度传感器测得的温差和散热器实际过余温度之间耦合程度的数值。

3.8

数据远传处理系统　remote data processing system

与热量分配表相匹配的用于现场设定、采集数据、检修和辅助测试的仪器仪表、无线数据远传系统、数据计算处理软件的统称。

3.9

启动温差　start temperature difference

用于热量分配表启动工作的内部设定值,当热量分配表的温度传感器测得的温差大于该设定值时,热量分配表开始计数工作。

4　一般要求

4.1　热量分配表的标准测试工况应符合以下规定:

——试验环境装置应符合 GB/T 13754 的规定;

——热媒流经散热器的方式为同侧上端进水、下端回水;

——热媒流量按照 GB/T 13754 的规定进行测定;

——热媒平均温度为 40 ℃～60 ℃;

——基准点空气温度为(20±0.1)℃。

4.2　C 值应由式(1)计算得出:

$$C = 1 - \frac{\Delta t_s}{\Delta t_m} \qquad \cdots\cdots(1)$$

式中:

Δt_s ——热量分配表内两个温度传感器测得的温差,单位为开(K);

Δt_m ——过余温度,单位为开(K)。

$$\Delta t_s = t_{sx} - t_{nx} \qquad \cdots\cdots(2)$$

式中:

t_{sx}——热量分配表内散热器温度传感器测出的温度,单位为摄氏度(℃);

t_{nx}——热量分配表内室温传感器测出的温度,单位为摄氏度(℃)。

$$\Delta t_m = (t_{gs} + t_{hs})/2 - t_{sw} \qquad \cdots\cdots(3)$$

式中:

t_{gs}——散热器供水温度,单位为摄氏度(℃);

t_{hs}——散热器回水温度,单位为摄氏度(℃);

t_{sw}——基准点空气温度,单位为摄氏度(℃)。

4.3　热量分配表在一个完整供暖季内正常工作状态下,其显示值不应溢出。

4.4 热量分配表外壳防护等级应符合 GB 4208 中 IP52 的规定。
4.5 热量分配表应有防自行拆卸的封印措施。
4.6 热量分配表的内装电池设计使用寿命不应小于 6 年。
4.7 在电池电量不足时,热量分配表的显示器应显示提示信息。
4.8 热量分配表的安装与使用方法参见附录 A。
4.9 热量分配表应有配套数据远传处理系统,其显示值和传感器测量温度可远程读取。
4.10 在标准测试工况下,当热量分配表在某种散热器上测得的 C 值大于 0.72 时,该热量分配表不能应用于这种散热器。

5 要求

5.1 显示器

5.1.1 显示数字的高度不应小于 4 mm。
5.1.2 显示数值应按十进制显示。

5.2 显示值变化率

在标准测试工况下,在热量分配表表体上目测读取的显示值变化量每 3 h 不应小于 1,远程读取的显示值变化量每 5 min 应大于 0。

5.3 启动温差

热量分配表应在温度传感器测得的温差大于启动温差时开始计数,启动温差不应大于 5 K。

5.4 C 值

在标准测试工况下,同一型号的热量分配表测出的 C 值之间的差值不应大于 0.02。

5.5 相对误差

同一支热量分配表在不同的热媒过余温度下得出的相对误差应符合表 1 的规定,相对误差应按式(4)计算。

$$\delta=\left|1-\frac{L_{\Delta t}/Q_{\Delta t}}{L_{50}/Q_{50}}\right| \qquad \cdots\cdots(4)$$

式中:
δ ——相对误差,%;
$L_{\Delta t}$——热量分配表在过余温度为 Δt 时的显示值变化率,单位为每小时(h^{-1});
$Q_{\Delta t}$——过余温度为 Δt 时的散热量散热功率,单位为千瓦(kW);
L_{50}——热量分配表在过余温度为 50 K 时的显示值变化率,单位为每小时(h^{-1});
Q_{50}——过余温度为 50 K 时的散热量散热功率,单位为千瓦(kW)。

表 1 热量分配表的相对误差范围

过余温度/K	相对误差(δ)
$5\leqslant\Delta t<10$	$\leqslant16\%$
$10\leqslant\Delta t<15$	$\leqslant11\%$

表 1（续）

过余温度/K	相对误差(δ)
15≤Δ*t*<40	≤8%

5.6 静电放电抗扰度

静电放电抗扰度应符合 GB/T 17626.2—2006 第 5 章的规定，试验等级为 2 级，接触放电电压应为 4 kV。性能判据：

——试验时允许功能暂时丧失，试验后应能自动恢复；

——显示值不应改变。

5.7 抗热干扰性

在标准测试工况下，改变基准点空气温度为 35 ℃时得出的显示值变化率，应大于基准点空气温度为 25 ℃时的显示值变化率。

6 试验方法

6.1 显示器

应通过目测和量尺测量显示器的显示性能。

6.2 显示值变化率

将热量分配表安装在散热器上，在标准测试工况下工作，读取其显示值并计算显示值变化率。

6.3 启动温差

将热量分配表安装在散热器上，通过数据远传处理系统读取两个传感器的测量温度。通过调节散热器平均温度，使热量分配表的温度传感器的测量温差在 5.0 K～6.0 K 范围内，观察其显示值是否变化。

6.4 C 值

在标准测试工况下，在同一散热器相同位置分别安装 3 只同一型号的热量分配表，分别测算出 C 值并比较其一致性。

6.5 相对误差

将热量分配表安装在散热器上，基准点空气温度恒定为(20±2)℃，调节散热器热媒过余温度分别为(50±1.5)K、15 K～40 K、10 K～15 K、5 K～10 K，各个试验工况的稳定测试时间不应小于 30 min，测量各显示值变化率，分别计算相对误差。

6.6 静电放电抗扰度

在热量分配表外壳的表面上放电，接触放电电压为 4 kV，放电方式为单击，次数 10 次，连续放电时间的间隔应大于 10 s，结束后检查电子热量分配表显示值。

6.7 抗热干扰性

在标准测试工况下，调节基准点空气温度分别为(25±1.5)℃和(35±1.5)℃，读取并比较两个工况下的显示值变化率。

7 检验规则

7.1 检验分类

产品检验分为出厂检验和型式检验。

7.2 出厂检验

7.2.1 检验项目

检验项目包括全部检验项目和抽样检验项目，检验项目应符合表2的规定。

表2 热量分配表检验项目表

项目	出厂检验		型式检验	要求	试验方法
	全部检验	抽样检验			
显示器	√	√	√	5.1	6.1
显示值变化率	—	—	√	5.2	6.2
启动温差	—	—	√	5.3	6.3
C值	—	√	√	5.4	6.4
相对误差	—	—	√	5.5	6.5
静电放电抗扰度	—	√	√	5.6	6.6
抗热干扰性	—	—	√	5.7	6.7

全部检验项目应检验每一只产品，不合格产品不得出厂。

7.2.2 抽样方案与方法

抽样应在出厂检验合格产品中，以1 000只产品为一批，不足1 000只按一批计，每批次随机抽取不少于3只。

7.2.3 判定规则与复验规则

检验过程中，发现任何一项指标不合格时，应在同批产品中加倍抽样，复检其不合格项目；若仍不合格，则该批产品为不合格。

7.3 型式检验

7.3.1 检验项目

型式检验项目应符合表2的规定。

7.3.2 检验条件

有下列情况之一时，应进行型式检验：

——新产品或老产品转厂生产的试制定型鉴定；
——正式生产后，如结构、材料、工艺有较大改变，可能影响产品性能时；
——正式生产时，每3年进行一次；
——产品停产1年后，恢复生产时；
——出厂检验结果与上次有较大差异时；
——发生重大质量事故时。

7.3.3 抽样方案与方法

抽样应在出厂检验合格产品中，以100只产品为一批，不足100只按一批计，每批次随机抽取不少于3只。

7.3.4 判定规则与复验规则

检验过程中，发现任何一项指标不合格时，应在同批产品中加倍抽样，复检其不合格项目；若仍不合格，则该批产品为不合格。

8 标志、包装、运输及贮存

8.1 标志

8.1.1 热量分配表应在明显部位设置清晰、牢固的型号标牌，标牌内容应包括：
——商标；
——出厂编号；
——温度范围。

8.1.2 产品应带有标签，标签上标明产品名称、标准编号、商标、生产企业名称、地址。

8.2 包装

产品包装箱内随机文件应包括以下内容：
——产品合格证；
——使用说明书；
——装箱单。

8.3 运输及贮存

8.3.1 热量分配表在运输过程中，应防止剧烈震动，不应抛掷、碰撞等，防止雨淋及化学物品的侵蚀。

8.3.2 贮存环境应符合下列规定：
——环境B类：－25 ℃～＋55 ℃；
——相对湿度：＜80％；
——仓库内应无酸、碱、易燃、易爆、有毒等化学物品和其他具有腐蚀性的气体及物品，应防止强烈电磁场作用和阳光直射。

附　录　A
（资料性附录）
电子式热量分配表的安装和应用

A.1　安装

热量分配表的安装应可靠，并应防止故意损害。

A.2　安装位置

A.2.1　安装位置应保证热量分配表与散热器良好接触，使热量分配表的显示值能够充分体现散热器的散热情况。

A.2.2　对于热媒垂直流动的柱型、管型、板型散热器，热量分配表中心位置的安装高度应选在散热器由下至上总高度66%～80%的位置。当散热器装有温控阀时，宜安装在散热器由上至下总高度75%的位置。

A.2.3　热量分配表水平位置的安装，应选在散热器水平方向的中心或接近中心的位置。

A.2.4　在一个热量结算点内，热量分配表在相同类型散热器上的安装位置应一致，安装位置在高度上的偏差不应大于10 mm。

A.3　热量分配表的一致性

在一个热量结算点内，应使用同一生产厂商的热量分配表。

A.4　维护和读表

A.4.1　读数时，应对热量分配表的整体状况、安装的牢固性、封印的完好程度做检查。

A.4.2　更换电池时，应注意检查接线端子或其他接线元件是否由于氧化、结晶、污垢等导致接触电阻升高，更换电池后应重新封印。

A.5　热量分摊方法

安装热量分配表的散热器，其分摊热量应按照式（A.1）计算。

$$Q_i = L_i \times K_{qi} \times K_{ci} \times \frac{Q}{\sum_{i=1}^{n} L_i \times K_{qi} \times K_{ci}} \qquad \cdots\cdots(\text{A.1})$$

式中：

Q_i ——第 i 组散热器在分摊周期内的散热量，单位为千瓦时（kW·h）；

L_i ——第 i 组散热器的热量分配表在分摊周期内的显示值变化量；

K_{qi} ——第 i 组散热器额定功率的无量纲数值；

K_{ci} ——散热器的类型修正系数；

Q ——由在热量结算点安装的热量表计量并计算得出的分摊周期内的热量值增加量，单位为千瓦时(kW·h)；

n ——在热量结算点内参与热量分摊的散热器数量。

ICS 91.140.60
P 40

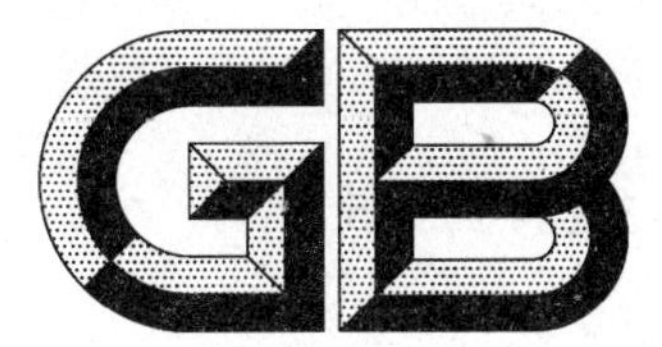

中华人民共和国国家标准

GB/T 32224—2015

热　　量　　表

Heat meters

2015-12-10 发布　　　　2016-11-01 实施

中华人民共和国国家质量监督检验检疫总局
中国国家标准化管理委员会　发布

前言

本标准按照 GB/T 1.1—2009 给出的规则起草。

本标准由中华人民共和国住房和城乡建设部提出。

本标准由全国城镇供热标准化技术委员会(SAC/TC 455)归口。

本标准起草单位:城市建设研究院、广州柏诚智能科技有限公司、沈阳航发热计量技术有限公司、唐山汇中仪表股份有限公司、辽宁思凯科技股份有限公司、沈阳佳德联益能源科技有限公司、久茂自动化(大连)有限公司、利尔达科技有限公司、北京真兰仪表有限公司、北京德宝豪特能源科技有限公司、河南新天科技股份有限公司、天津计量监督检测科学研究院、徐州润物科技发展有限公司、北京添瑞祥仪器仪表有限公司、西门子(中国)有限公司。

本标准主要起草人:吕士健、杨健、谭文胜、倪志军、史健君、王魁林、张力新、冯磊、刘巍、梁源、张礼祥、杨翼、楚栋庭、王松、徐德峰、汪宝兵。

热　量　表

1　范围

本标准规定了热量表的术语和定义、技术特性、要求、试验方法、检验规则、标志、包装、运输和贮存。

本标准适用于使用介质为水的热量表的生产与检验。

2　规范性引用文件

下列文件对于本文件的应用是必不可少的。凡是注日期的引用文件，仅注日期的版本适用于本文件。凡是不注日期的引用文件，其最新版本(包括所有的修改单)适用于本文件。

GB/T 191　包装储运图示标志

GB/T 2423.1　电工电子产品环境试验　第2部分：试验方法　试验A：低温

GB/T 2423.2　电工电子产品环境试验　第2部分：试验方法　试验B：高温

GB/T 2423.4　电工电子产品环境试验　第2部分：试验方法　试验Db：交变湿热 12 h+12 h 循环

GB/T 26831.1　社区能源计量抄收系统规范　第1部分：数据交换

GB/T 26831.2　社区能源计量抄收系统规范　第2部分：物理层与链路层

GB/T 26831.3　社区能源计量抄收系统规范　第3部分：专业应用层

GB 4208—2008　外壳防护等级(IP代码)

GB 4706.1—2005　家用和类似用途电器的安全　第1部分：通用要求

GB/T 9113　整体钢制管法兰

GB/T 17241.6　整体铸铁法兰

GB/T 17626.2　电磁兼容　试验和测量技术　静电放电抗扰度试验

GB/T 17626.3　电磁兼容　试验和测量技术　射频电磁场辐射抗扰度试验

GB/T 17626.4　电磁兼容　试验和测量技术　电快速瞬变脉冲群抗扰度试验

GB/T 17626.5　电磁兼容　试验和测量技术　浪涌(冲击)抗扰度试验

GB/T 17626.8　电磁兼容　试验和测量技术　工频磁场抗扰度试验

GB/T 17626.9　电磁兼容　试验和测量技术　脉冲磁场抗扰度试验

GB/T 17626.11　电磁兼容　试验和测量技术　电压暂降、短时中断和电压变化的抗扰度试验

GB/T 17626.29　电磁兼容　试验和测量技术　直流电源输入端口电压暂降、短时中断和电压变化的抗扰度试验

CJJ 34　城镇供热管网设计规范

JB/T 8622—1997　工业铂热电阻技术条件及分度表

JB/T 9329　仪器仪表运输　运输贮存　基本环境条件及试验方法

3　术语和定义

下列术语和定义适用于本文件。

3.1

热量表　heat meter

用于测量及显示水流经热交换系统所释放或吸收热能量的仪表。

3.2

冷量表　cooling meter

用于测量及显示水流经热交换系统所吸收热能量的仪表。

3.3

冷热量表　meters for heating and cooling

用于测量及显示水流经热交换系统所释放和吸收热能量的仪表。

3.4

整体式热量表　complete heat meter

由流量传感器、计算器和配对温度传感器等部件所组成的不可分解的热量表。

3.5

组合式热量表　combined heat meter

由流量传感器、计算器、配对温度传感器等部件组合而成的热量表。

3.6

流量传感器　flow sensor

安装在热交换系统中,用于采集水流量并发出流量信号的部件。

3.7

温度传感器　temperature sensor

安装在热交换系统中,用于采集水的温度并发出温度信号的部件。

3.8

配对温度传感器　temperature sensor pair

在同一个热量表上,分别用来测量热交换系统的供水和回水温度的一对计量特性一致或相近的温度传感器。

3.9

计算器　calculator

接收来自流量传感器和配对温度传感器的信号,进行热量计算、存储和显示系统所交换的热量值的部件。

3.10

温差　temperature difference

热交换系统供水和回水的温度差值。

3.11

最小温差　minimum temperature difference

温差的下限值,在此温差下,热量表准确度不应超过误差限。

3.12

最大温差　maximum temperature difference

温差的上限值,在此温差下,热量表准确度不应超过误差限。

3.13

最小流量　minimum flow-rate

在满足热量表准确度不超过误差限的条件下,水流经热量表时的下限流量。

3.14

常用流量　the permanent flow-rate

在满足热量表准确度不超过误差限的条件下,热量表长期连续运行时的上限流量。

3.15

最大流量　maximum flow-rate

在满足热量表准确度不超过误差限的条件下，在短时间（<1 h/d；<200 h/y）内，热量表运行的极限流量。

3.16

累积流量　total volume

流经热量表水的体积或质量的总和。

3.17

温度上限　the highest temperature

在热量表准确度不超过误差限时，水允许达到的最高温度。

3.18

温度下限　the lowest temperature

在热量表准确度不超过误差限时，水允许达到的最低温度。

3.19

最大允许工作压力　maximum admissible working pressure

在温度上限持续工作时，热量表所能承受的最大工作压力。

3.20

允许压力损失　admissible pressure loss

在常用流量时，水流经热量表的压力损失的限定值。

3.21

最大计量热功率　maximum thermal power

在热量表准确度不超过误差限时，计量热功率可能达到的最大值。

4　技术特性

4.1　热量测量

4.1.1　热量测量方法

热量的测量可采用焓差法或热系数法。

4.1.2　焓差法

水流经安装在热交换系统中的整体式热量表或组合式热量表时，根据流量传感器给出的流量和配对温度传感器给出的供回水温度信号，以及水流经的时间，通过计算器计算并显示该系统所释放或吸收的热量。系统释放或吸收的热量按式（1）计算：

$$Q=\int_{\tau_0}^{\tau_1} q_{\mathrm{m}} \times \Delta h \times \mathrm{d}\tau=\int_{\tau_0}^{\tau_1} \rho \times q_{\mathrm{v}} \times \Delta h \times \mathrm{d}\tau \qquad (1)$$

式中：

Q ——系统释放或吸收的热量，单位为焦（J）；

q_{m} ——流经热量表的水的质量流量，单位为千克每小时（kg/h）；

q_{v} ——流经热量表的水的体积流量，单位为立方米每小时（$\mathrm{m^3/h}$）；

ρ ——流经热量表的水的密度，单位为千克每立方米（$\mathrm{kg/m^3}$）；

Δh ——在热交换系统供水和回水温度下的水的焓值差，单位为焦每千克（J/kg）；

τ ——时间，单位为小时（h）。

4.1.3 热系数法

水流经在热交换系统中安装整体式热量表或组合式热量表时，根据配对温度传感器给出的供、回水温差信号，以及流量传感器给出的水的累积流量(体积)，通过计算器计算并显示该系统释放或吸收的热量。系统释放或吸收的热量按式(2)和式(3)计算：

$$Q=\int_{V_0}^{V_1} k\times\Delta\theta\times \mathrm{d}V \qquad \cdots\cdots(2)$$

$$k=\rho\,\frac{\Delta h}{\Delta\theta} \qquad \cdots\cdots(3)$$

式中：

V ——流经热量表的水的体积，单位为立方米(m^3)；

$\Delta\theta$ ——在热交换系统供水和回水的温差，单位为开(K)；

k ——热系数，单位为焦每立方米开($J/m^3\cdot K$)。

4.1.4 密度和焓的取值

式(1)和式(3)中的密度和焓值应按附录A选取。当温度为非整数时，密度和焓值应进行插值修正。

4.2 结构和材料

4.2.1 热量表的结构

热量表由流量传感器、配对温度传感器和计算器构成。热量表进水口宜安装过滤装置。

4.2.2 流量传感器的结构和材料

流量传感器应根据温度、压力等使用条件，选用适合的结构形式和材料，并应具有足够的机械强度和耐蚀性。

4.2.3 温度传感器的结构和材料

4.2.3.1 温度测量宜采用配对铂电阻温度传感器，其结构和安装应符合附录B的规定。

4.2.3.2 温度传感器与管路采用螺纹连接时，螺纹规格应符合附录B的规定。

4.2.3.3 温度传感器的绝缘性能应符合JB/T 8622—1997的规定。

4.3 流量

4.3.1 热量表的常用流量应符合表1的规定。

4.3.2 常用流量与最小流量之比应为25、50、100、250。常用流量小于或等于10 m^3/h的热量表，常用流量与最小流量之比不应小于50。

4.3.3 最大流量和常用流量之比不应小于2。

4.4 温差

热量表的最大温差与最小温差之比不应小于10。最小温差应为1 K、2 K、3 K；冷量表的最小温差不应大于2 K。

4.5 连接尺寸和方式

4.5.1 流量传感器的接口尺寸和螺纹连接方式可按表1、表2和图1的规定执行。

4.5.2 工作压力大于 1.6 MPa 或公称直径大于 DN40 的热量表，应采用法兰连接，其法兰规格应符合 GB/T 9113 或 GB/T 17241.6 的规定。

表 1 常用流量及流量传感器连接尺寸和方式

常用流量 q_p m^3/h	选择 1			选择 2			选择 3		
	公称直径 mm	螺纹连接	表长 mm	公称直径 mm	螺纹连接	表长 mm	公称直径 mm	螺纹连接	表长 mm
0.3	15	$G\frac{3}{4}B$	110	15	$G\frac{3}{4}B$	130	20	G 1 B	190
0.6	15	$G\frac{3}{4}B$	110	15	$G\frac{3}{4}B$	130	20	G 1 B	190
1.0	15	$G\frac{3}{4}B$	110	15	$G\frac{3}{4}B$	130	20	G 1 B	190
1.5	15	$G\frac{3}{4}B$	110	15	$G\frac{3}{4}B$	165	20	G 1 B	130 190
2.5	20	G 1 B	130	20	G 1 B	190	25	$G1\frac{1}{4}B$	160 260
3.5	25	$G1\frac{1}{4}B$	160	25	$G1\frac{1}{4}B$	260	25	$G1\frac{1}{4}B$	130
6	32	$G1\frac{1}{2}B$	180	32	$G1\frac{1}{2}B$	260	25	$G1\frac{1}{4}B$	260
10	40	G 2 B	200	40	G 2 B	300	—	—	—
15	50	—	200	50	—	300	50	—	270
25	65	—	200	65	—	300	—	—	—
40	80	—	225	80	—	350	80	—	300
60	100	—	250	100	—	350	100	—	360
100	125	—	250	125	—	350	—	—	—
150	150	—	300	150	—	500	—	—	—
250	200	—	350	200	—	500	—	—	—
400	250	—	400 450	250	—	600	—	—	—
600	300	—	500	300	—	800	—	—	—
1 000	400	—	600	400	—	800	—	—	—

表 2 流量传感器螺纹接口尺寸

接口螺纹	螺纹长度/mm	
	a_{min}	b_{min}
$G\frac{3}{4}B$	10	12
G 1 B	12	14
$G1\frac{1}{4}B$	12	16
$G1\frac{1}{2}B$	13	18
G 2 B	13	20

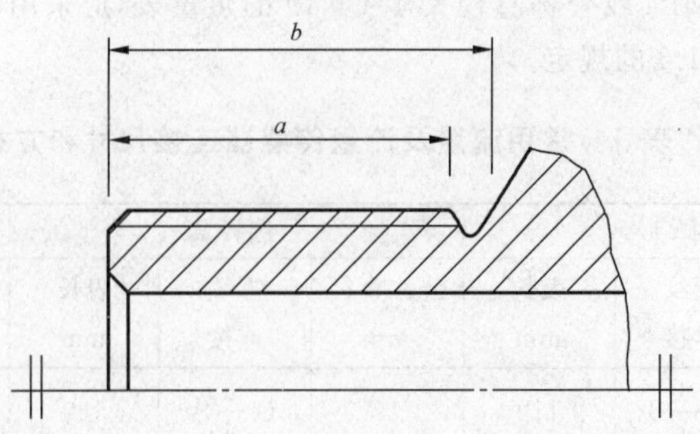

图 1 流量传感器螺纹长度示意图

5 要求

5.1 使用条件

5.1.1 热量表所使用的水质应符合 CJJ 34 规定。

5.1.2 热量表的使用分为 4 个环境类别,其环境条件应符合表 3 的规定。

表 3 环境条件

环境条件	环境类别			
	A	B	C	D
温度/℃	5～55	−25～55	5～55	−25～55
相对湿度/%	<93	<93	<93	⩾93
安装地点	建筑内	建筑外	工业环境	可能被水浸泡的环境
磁场范围	普通磁场	普通磁场	磁场强度较高	普通磁场

5.2 显示

5.2.1 显示内容

5.2.1.1 热量表应显示热量、流量、累积流量、供回水温度、温差和累积工作时间。

5.2.1.2 热量的显示单位应采用 J 或 W・h 及其十进制倍数;流量的显示单位应采用 m^3/h;累积流量的显示单位应采用 m^3;温度的显示单位应采用℃;温差的显示单位应采用 K;累积工作时间的显示单位应采用 h。

5.2.1.3 显示数字的可见高度不应小于 4 mm。显示数值的小数部分应与数值的其他部分能够明显区分。当采用多页显示时,每页显示的数值应完整。

5.2.2 显示分辨力

5.2.2.1 使用模式时,最低显示分辨力应符合下列规定:

a) 热量值:1 kW・h、1 MW・h 或 1 MJ、1 GJ;

b) 温度值:0.1 ℃;

c) 温差值:0.1 K;

d) 累积流量值：

1) 公称直径 DN15～DN25：0.01 m^3；

2) 公称直径 DN32～DN400：0.1 m^3。

5.2.2.2 检定模式时，最低显示分辨力应符合下列规定：

a) 热量值：0.001 kW·h 或 0.001 MJ；

b) 温度值：0.01 ℃；

c) 温差值：0.01 K；

d) 累积流量值：

1) 公称直径 DN15～DN25：0.000 01 m^3；

2) 公称直径 DN32～DN100：0.000 1 m^3；

3) 公称直径 DN125～DN400：0.001 m^3。

5.2.2.3 显示值和显示单位应标注清晰、明确，显示值应为有效数字。

5.2.3 热量显示值

5.2.3.1 热量表在最大计量热功率下持续运行 3 000 h，热量不应超过最大显示值。

5.2.3.2 热量表在最大计量热功率下持续运行 1 h，最小有效显示数字应至少加 1。

5.3 数据存储

5.3.1 数据存储应按月存储热量、累积流量和相对应的时间。

5.3.2 数据存储不应少于最近 18 个月的数据。

5.4 强度和密封性

热量表在介质温度为温度上限减 5 ℃～15 ℃，压力为最大工作压力的 1.5 倍时，不得损坏或渗漏。

5.5 准确度

5.5.1 热量表计量准确度

5.5.1.1 热量表计量准确度分为 3 级，采用相对误差限表示，并按式(4)计算：

$$E=\frac{V_d-V_c}{V_c}\times 100\% \qquad (4)$$

式中：

E ——相对误差限；

V_d ——显示的测量值；

V_c ——常规真实值。

5.5.1.2 整体式热量表的计量准确度应按式(5)、式(6)、式(7)确定：

1 级表：

$$E=\pm\left(2+4\frac{\Delta\theta_{\min}}{\Delta\theta}+0.01\frac{q_p}{q}\right)\times 100\% \qquad (5)$$

2 级表：

$$E=\pm\left(3+4\frac{\Delta\theta_{\min}}{\Delta\theta}+0.02\frac{q_p}{q}\right)\times 100\% \qquad (6)$$

3 级表：

$$E=\pm\left(4+4\frac{\Delta\theta_{\min}}{\Delta\theta}+0.05\frac{q_p}{q}\right)\times 100\% \qquad (7)$$

式中：

$\Delta\theta_{\min}$——最小温差，单位为开(K)；

$\Delta\theta$ ——使用范围内的温差，单位为开(K)；

q_{p} ——常用流量，单位为立方米每小时(m^3/h)；

q ——使用范围内的流量，单位为立方米每小时(m^3/h)。

5.5.1.3 组合式热量表的计量准确度应按计算器准确度、配对温度传感器准确度、流量传感器准确度3项误差绝对值的算术和确定。

5.5.2 计算器准确度

计算器准确度 E_c 按式(8)确定：

$$E_c = \pm\left(0.5 + \frac{\Delta\theta_{\min}}{\Delta\theta}\right)\times 100\% \qquad \cdots\cdots (8)$$

5.5.3 配对温度传感器准确度

配对温度传感器准确度 E_θ 按式(9)确定：

$$E_\theta = \pm\left(0.5 + 3\,\frac{\Delta\theta_{\min}}{\Delta\theta}\right)\times 100\% \qquad \cdots\cdots (9)$$

5.5.4 流量传感器准确度

流量传感器准确度 E_q 分别按式(10)、式(11)和式(12)计算：

1级表：

$$E_q = \pm\left(1 + 0.01\,\frac{q_p}{q}\right)\times 100\% \qquad \cdots\cdots (10)$$

2级表：

$$E_q = \pm\left(2 + 0.02\,\frac{q_p}{q}\right)\times 100\% \qquad \cdots\cdots (11)$$

3级表：

$$E_q = \pm\left(3 + 0.05\,\frac{q_p}{q}\right)\times 100\% \qquad \cdots\cdots (12)$$

1级表的流量传感器准确度不应大于±3.5%，2级和3级表的流量传感器准确度不应大于±5%。

5.6 允许压力损失

热量表在常用流量下运行时，允许压力损失不应大于 0.025 MPa 。

5.7 电源

5.7.1 基本要求

热量表可采用内置电池或外部电源。公称直径小于或等于DN40的热量表，应采用内置电池。

5.7.2 内置电池使用寿命

内置电池的使用寿命应大于(5+1)年。

5.7.3 外部电源

5.7.3.1 外接交流电源电压应为 $V_n = (220^{+22}_{-33})$ V，频率 $f_n = (50 \pm 1)$ Hz 。

5.7.3.2 外接直流电源电压可为(5±0.25)V、(12±0.6)V或(24±1.2)V。

5.8 重复性

热量表的重复性误差不得大于最大允许误差限。

5.9 耐久性

热量表的有效使用周期应大于5年,有效使用周期应采用耐久性试验考核。

5.10 安全性能

5.10.1 断电保护

当电源停止供电时,热量表应能保存断电前存储的热量、累积流量和相对应的时间数据及5.3中的历史数据,恢复供电后应能自动恢复正常工作。

5.10.2 电池电压欠压提示

当电池的电压降低到设置的欠压值时,热量表应有欠压提示信息,同时应处于正常工作状态。

5.10.3 抗磁场干扰

当受到强度不大于100 kA/m的磁场干扰时,热量表应能正常工作,且数据不发生异常。

5.10.4 电气绝缘

当热量表使用交流电源时,电气绝缘性能应符合GB 4706.1—2005中I类器具的规定。

5.10.5 外壳防护等级

外壳防护等级的分类按GB 4208—2008的规定执行。

使用环境为A类和B类的热量表,外壳防护等级应为IP54;使用环境为C类的热量表,外壳防护等级应为IP65;使用环境为D类的热量表,外壳防护等级应为IP65/IP68。冷量表、冷热量表的外壳防护等级应为IP65。热量表外壳应有防护等级标志。

5.10.6 封印

热量表应有可靠封印,在不破坏封印的情况下,不能拆卸热量表及相关部件。

5.11 光学接口

热量表应具有光学接口,其结构和光学特性应符合附录C的规定。

5.12 数据通讯

热量表的数据通讯可选配M-bus、RS-485和无线传输等接口,通讯协议应符合附录C的规定。

5.13 运输

运输的环境条件应按JB/T 9329的规定执行,温度条件应按表3的规定执行。

5.14 电磁兼容和环境

5.14.1 整体式热量表或带有电子元器件的流量传感器、温度传感器及计算器均应进行环境试验。在低温、高温、交变湿热环境条件下,热量表的功能不应改变,热量表应能正常工作。

5.14.2 热量表应进行电磁兼容试验。在静电放电、射频电磁场辐射、电快速瞬变脉冲群、浪涌(冲击)、工频磁场、脉冲磁场、电压变化条件下,热量表的功能不应改变,热量表应能正常工作。

6 试验方法

6.1 试验环境条件和试验装置

6.1.1 环境条件

试验环境条件应符合下列规定:

a) 温度:15 ℃～35 ℃;

b) 相对湿度:25%～75%;

c) 大气压力:80 kPa～106 kPa。

6.1.2 试验装置

试验装置应能符合被测器具计量学特性,测量不确定度不应大于被测仪器误差限的 1/5 。

6.2 显示

6.2.1 显示内容

采用量尺和目测的方法检验显示器,其显示内容、单位、外观等应符合 5.2.1 的规定。

6.2.2 显示分辨力

6.2.2.1 目测热量表,其使用模式时的显示分辨力应符合 5.2.2.1 的规定。

6.2.2.2 从热量表的光学接口输出热量表的各项参数,检定模式时的显示分辨力应符合 5.2.2.2 的规定。

6.2.3 热量显示值

使热量表在最大计量热功率下连续工作 1 h,分别记录试验开始和结束时的热量显示值,采用目测和计算,热量显示值应符合 5.2.3 的规定。

6.3 数据存储

模拟热量表 18 个月的运行,检查数据存储的内容和周期,应符合 5.3 的规定。

6.4 强度和密封性

6.4.1 强度

对安装在封闭管路中的热量表加载介质温度为温度上限减 5 ℃～15 ℃,压力为最大工作压力的 1.5 倍的水,稳定 30 min 后,检查热量表应符合 5.4 的规定。

6.4.2 密封性

对热量表加载介质温度为温度上限减 5 ℃～15 ℃,压力为最大工作压力的 1.5 倍的水,稳定 30 min 后,检查热量表应符合 5.4 的规定。

6.5 准确度

6.5.1 热量表计量准确度

热量表计量准确度的测试与计算应按附录 D 的规定进行。

6.5.2 计算器准确度

计算器准确度的测试与计算应按附录 E 的规定进行。

6.5.3 配对温度传感器准确度

配对温度传感器准确度的测试与计算应按附录 F 的规定进行。

6.5.4 流量传感器准确度

流量传感器准确度的测试和计算应按附录 G 的规定进行。

6.6 允许压力损失

6.6.1 试验系统应符合下列规定：

a） 试验管段的内径应与被测热量表接头的内径相同，直管段长度应符合图 2 的规定，其中 DN 为管道内径；

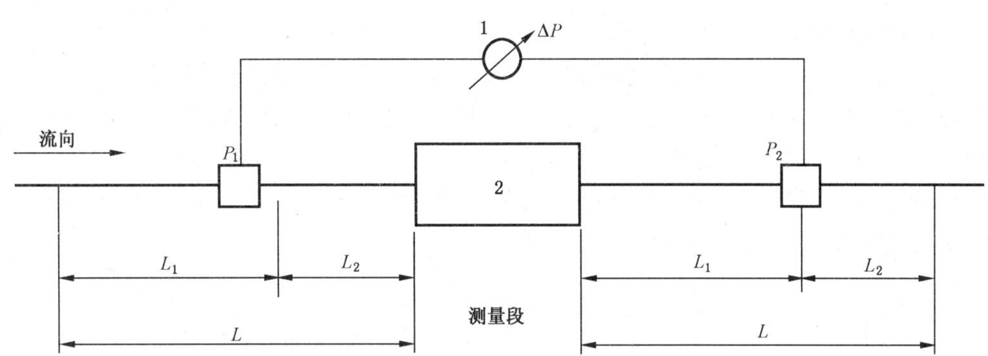

说明：

1 ——差压计；

2 ——热量表；

P_1、P_2——前、后取压点；

$L \geqslant 15$ DN；$L_1 \geqslant 10$ DN；$L_2 \geqslant 5$ DN。

图 2 压力损失试验示意图

b） 压力损失采用差压计测量，其测量结果的扩展不确定度(覆盖因子 $k=2$)不应大于 5%。

6.6.2 试验按以下步骤进行：

a） 将热量表安装在试验台上，使其在下列条件下正常运行：

1） 流量：常用流量；

2） 水温：热量表为(50±5)℃，冷量表为(15±5)℃。

b） 试验时应先将热量表、差压计及管路中的空气排出干净，当压力稳定后，测出前后取压点的压差值。

c） 试验应分别测出安装热量表和未安装热量表(用同口径直管段代替)时的前后取压点的压差值，两次测量值的差值为热量表的允许压力损失。

d) 允许压力损失应符合 5.6 的规定。

6.7 电源

内置电池使用寿命试验按下列方法进行：

a) 将热量表安装在试验台上，使其在下列条件下正常运行。

b) 流量：常用流量。

c) 水温：热量表为(50±5)℃，冷量表为(15±5)℃。

d) 测量热量表的电源电流工作曲线，时间不少于 10 个完整的工作周期，根据电池额定容量值的 80%作为参考数据，计算热量表电源电流有效值及相应的电池使用时间，应符合 5.7.2 的规定。

6.8 重复性

按热量表计量准确度的测试要求，将热量表在相同试验条件下，同一试验点重复测试准确度 3 次，任意 2 次测试值之间的最大差值应符合 5.8 的规定。

6.9 耐久性

6.9.1 流量传感器耐久性

6.9.1.1 流量传感器的耐久性应进行耐久性测试 A 和耐久性测试 B。

6.9.1.2 耐久性测试 A 应符合下列规定：

a) 测试介质温度应为热量表的使用温度上限，当热量表使用温度上限大于 95 ℃时，测试温度取 95 ℃，测试温度偏差$_{-5}^{\ 0}$℃；

b) 常用流量 q_p 和 1.5 倍最小流量 q_i的偏差为±5%；最大流量 q_s的偏差为$_{-5}^{\ 0}$%；

c) 测试过程在 3 种不同流量下连续进行 100 个周期，每个周期持续 24 h。每个周期从 $1.5q_i$ 开始——15 min 将流量提高到 q_p——在 q_p 下运行 8 h——15 min 将流量提高到 q_s——在 q_s下运行 1 h——15 min 将流量降低到 q_p——在 q_p 下运行 8 h——15 min 将流量降低到$1.5q_i$——在 $1.5q_i$ 下运行 6 h，流量随时间变化见图 3。

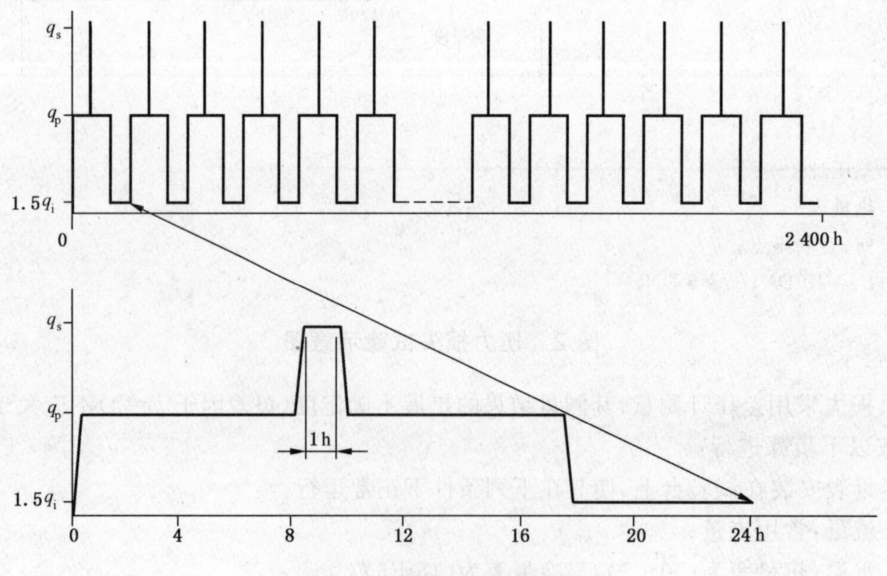

图 3 流量随时间变化图

6.9.1.3 耐久性测试 B 应符合下列规定：

a) 测试介质温度应为热量表的使用温度上限，当热量表使用温度上限大于 95 ℃时，测试温度取 95 ℃，测试温度偏差 $_{-5}^{0}$℃；
b) 流量应为热量表的最大流量 q_s，偏差为 $_{-5}^{0}$%；
c) 流量传感器连续运行 300 h。

6.9.1.4 耐久性测试 A 和耐久性测试 B 完成后，热量表应在(50±5)℃，冷量表在(15±5)℃的水温下，检查热量表的流量传感器准确度，应符合 5.5.4 的规定。

6.9.2 温度传感器耐久性

温度传感器的耐久性测试应符合下列规定：

a) 将配对温度传感器放置在恒温槽中，将温度缓慢升温至产品标定的使用温度的上限，然后置于室温空气中，将温度缓慢降至产品标定的使用温度的下限，升降温重复 10 次。
b) 试验过程中，温度传感器在每个温度边界，浸入深度应为其总长的 90%～99%，并应修正其温度。
c) 测试完成后，检测配对温度传感器的准确度应符合 5.5.3 的规定；绝缘性能应符合 4.2.3.3 的规定。

6.10 安全性能

6.10.1 断电保护

使计算器在最大温差和常用流量条件下运行 24 h，然后停止运行 24 h，记录热量表的储存数据，中断热量表的电源，中断时间大于 24 h，恢复对热量表正常供电，并检查电源中断前后的储存数据，应符合 5.10.1 的规定。

6.10.2 电池电压欠压提示

电池电压欠压提示测试应符合下列规定：

a) 测试仪器为：
稳压电源：电压 0 V～6 V 连续可调，输出电流满足测试要求；
电压表：量程与被测量热量表使用电压相适应，计量准确度 1 级。
b) 取出被测热量表的电池，将稳压电源与被测热量表连接，并将电压表连接在测试系统中。
c) 将稳压电源调整至热量表的正常工作电压，闭合开关，使热量表正常工作，然后缓慢下调稳压电源的电压至热量表的设计欠压值，此时热量表的电池欠压提示应符合 5.10.2 的规定。

6.10.3 抗磁场干扰

将流量传感器、计算器整体放置在磁场强度为 100 kA/m 的环境下运行，检测热量表应能正常工作，且数据不发生突变。

6.10.4 电气绝缘

电气绝缘等级试验按 GB 4706.1—2005 的规定执行，其结果应符合 5.10.4 的规定。

6.10.5 外壳防护等级

目测检查外壳防护等级标志，应符合 5.10.5 的规定。

6.10.6 封印

目测所有影响计量的可拆卸部件的封印破坏结果，应符合5.10.6的规定。

6.11 光学接口

通过光学接口读取和设定热量表的数据，各项数据应能正常读出和设定。

6.12 数据通讯

读取热量表的数据，通讯协议应符合附录C的规定。

6.13 运输

运输试验方法按JB/T 9329的规定执行，试验后检测热量表的准确度应符合5.5.1的规定。

6.14 电磁兼容和环境

电磁兼容和环境试验按表4的规定及相关标准执行，其结果应符合5.14的规定。

表4 电磁兼容和环境试验项目表

序号	试验项目	试验环境条件	试验模拟参数	试验方法标准
1	低温	环境A类：温度(5±3)℃； 环境B类：温度(−25±3)℃； 环境C类：温度(5±3)℃； 环境D类：温度(−25±3)℃； 时间2 h，温度变化率小于1 ℃/min。 非散热试验样品，温度渐变	—	GB/T 2423.1
2	高温	温度(55±2)℃，湿度≤20%，时间2 h，温度变化率小于1 ℃/min。 散热试验样品，温度渐变，无人工冷却，无强迫空气循环	回水水温(55±5)℃，温差 $1.1\Delta\theta_{min}$，流量 $1.1q_i$	GB/T 2423.2
3	交变湿热	环境A类、C类：温度上限(40±2)℃， 温度下限(25±3)℃； 环境B类、D类：温度上限(55±2)℃， 温度下限(25±3)℃； 湿度>93%，循环周期12 h+12 h，循环次数2次，每循环1次恢复1 h～2 h	回水水温(55±5)℃，温差 $1.1\Delta\theta_{min}$，流量 $1.1q_i$	GB/T 2423.4
4	静电放电	放电电压：空气放电8 kV或接触放电4 kV，放电方式为单击，次数10次，连续放电时间间隔>10 s	—	GB/T 17626.2
5	射频电磁场辐射	环境A、B、D类：场强3 V/m； 环境C类：场强10 V/m。 频率范围26 MHz～1 000 MHz； 调制方式AM(1 kHz)80%	—	GB/T 17626.3

表 4(续)

序号	试验项目	试验环境条件	试验模拟参数	试验方法标准
6	电快速瞬变脉冲群	环境A、B、D类交流电供电：电压峰值(2.0±0.2)kV，重复频率5 kHz。 环境C类交流电供电：电压峰值(4.0±0.4)kV，重复频率2.5 kHz。 直流供电且信号线或电源线的长度大于1.2 m时，电压峰值(1.0±0.1)kV，重复频率5 kHz	—	GB/T 17626.4
7	浪涌(冲击)	交流供电时，线对地试验电压为(2.0±0.2)kV，线对线试验电压(1.0±0.1)kV； 直流供电且线缆长度大于10 m时，开路试验电压为(0.5 ±0.05)kV	—	GB/T 17626.5
8	工频磁场	稳定持续试验磁场强度：100 A/m； 1 s～3 s短时试验磁场强度：300 A/m	—	GB/T 17626.8
9	脉冲磁场(环境C类)	脉冲磁场磁场强度：100 A/m	—	GB/T 17626.9
10	电压变化	①外接交流电源：电压187 V～242 V间变化；频率49 Hz～51 Hz间变化。 ② 外接直流电源：(5±0.25)V、(12±0.6)V或(24±1.2)V	回水水温(55±5)℃，温差$1.1\Delta\theta_{min}$，流量$1.1q_i$	GB/T 17626.11 GB/T 17626.29

7 检验规则

7.1 检验分类

热量表检验分为出厂检验和型式检验。

7.2 出厂检验

7.2.1 出厂检验项目应按表5的规定执行。

7.2.2 出厂检验应对每块热量表逐项检验，所有项目合格时为合格。

7.2.3 出厂检验合格后方可出厂，出厂时应附检验合格报告。

7.3 型式检验

7.3.1 热量表在下列情况时应进行型式检验：

a) 新产品或老产品转厂生产的试制定型鉴定时；

b) 正式生产后，当结构、材料、工艺有较大改变，可能影响产品性能时；

c) 停产1年后恢复生产时；

d) 正常生产时，每3年；

e) 国家质量监督机构提出要求时。

7.3.2 型式检验项目应按表5的规定执行。

表5 检验项目表

项目名称		出厂检验	型式检验	要求	试验方法
显示	显示内容	√	√	5.2.1	6.2.1
	显示分辨力	×	√	5.2.2	6.2.2
	热量显示值	×	√	5.2.3	6.2.3
数据存储		×	√	5.3	6.3
强度和密封性		√	√	5.4	6.4
准确度	热量表计量准确度	√	√	5.5.1	6.5.1
	计算器准确度	√	√	5.5.2	6.5.2
	配对温度传感器准确度	√	√	5.5.3	6.5.3
	流量传感器准确度	√	√	5.5.4	6.5.4
允许压力损失		×	√	5.6	6.6
内置电池使用寿命		×	√	5.7.2	6.7
重复性		×	√	5.8	6.8
耐久性		×	√	5.9	6.9
安全性能	断电保护	×	√	5.10.1	6.10.1
	电池电压欠压提示	√	√	5.10.2	6.10.2
	抗磁场干扰	×	√	5.10.3	6.10.3
	电气绝缘	√	√	5.10.4	6.10.4
	外壳防护等级	×	√	5.10.5	6.10.5
	封印	√	√	5.10.6	6.10.6
光学接口		√	√	5.11	6.11
数据通讯		√	√	5.12	6.12
运输		×	√	5.13	6.13
电磁兼容和环境		×	√	5.14	6.14
注：打“√”的表示要求检测的项目，打“×”的表示不要求检测的项目。					

7.3.3 型式检验应在出厂检验的合格品中进行抽样，每批次抽检3块表。

7.3.4 每块表所有检验项目合格为合格，3块表均合格则该批产品为合格。

7.3.5 当检验结果有不合格项目时，应在同批产品中加倍重新抽样复检其不合格项目，当复验项目合格时，则该批产品合格。如仍不合格，则该批产品不合格。

8 标志、包装、运输和贮存

8.1 标志

8.1.1 在流量传感器上应用箭头标出水流方向。

8.1.2 每套热量表在明显位置上应标识如下内容：

——制造厂名称、商标和出厂编号；
——生产日期；
——安装位置和方式；
——产品名称、型号、公称直径、温度范围、温差范围、压力等级、准确度等级、最小流量、常用流量、最大流量、外部供电的电压值；
——环境类别；
——防护等级标志；
——制造计量器具许可证标志、编号。

8.2 包装

包装箱外按 GB/T 191 的规定印刷向上、防潮、小心轻放标志；标注制造厂名称、地址、计量器具许可证标志、编号、净重和制造日期。

箱内随机文件应包括：
——产品合格证；
——使用说明书；
——装箱单。

8.3 运输

热量表在运输时应按标志放置，不得受雨、霜、雾直接影响，并不应受挤压、撞击等损伤。

8.4 贮存

8.4.1 产品垫离地面的高度不应小于 0.3 m，距离四壁不应小于 1 m，距离采暖设备不应小于 2 m。

8.4.2 仓库的环境条件应符合下列规定：

a) 温度：
——环境 A 类和环境 C 类：5 ℃～55 ℃；
——环境 B 类和环境 D 类：−25 ℃～55 ℃。

b) 相对湿度：<80%。

c) 仓库内应无酸、碱、易燃、易爆、有毒及腐蚀性等物品。应防止强烈电磁场作用和阳光直射。

附 录 A
（规范性附录）
水的密度和焓值表

A.1 当工作压力小于或等于 1.0 MPa 时，水的密度和焓值采用表 A.1 的数据。

表 A.1 P＝0.600 0 MPa，温度为 1 ℃～150 ℃ 时水的密度和焓值表

温度 ℃	密度 kg/m³	焓 kJ/kg	温度 ℃	密度 kg/m³	焓 kJ/kg	温度 ℃	密度 kg/m³	焓 kJ/kg
1	1 000.2	4.784 1	29	996.17	122.10	57	984.93	239.12
2	1 000.2	8.996 3	30	995.87	126.28	58	984.43	243.30
3	1 000.2	13.206	31	995.56	130.46	59	983.93	247.48
4	1 000.2	17.412	32	995.25	134.63	60	983.41	251.67
5	1 000.2	21.616	33	994.93	138.81	61	982.90	255.85
6	1 000.2	25.818	34	994.59	142.99	62	982.37	260.04
7	1 000.1	30.018	35	994.25	147.17	63	981.84	264.22
8	1 000.1	34.215	36	993.91	151.35	64	981.31	268.41
9	1 000.0	38.411	37	993.55	155.52	65	980.77	272.59
10	999.94	42.605	38	993.19	159.70	66	980.22	276.78
11	999.84	46.798	39	992.81	163.88	67	979.67	280.97
12	999.74	50.989	40	992.44	168.06	68	979.12	285.15
13	999.61	55.178	41	992.05	172.24	69	978.55	289.34
14	999.48	59.367	42	991.65	176.41	70	977.98	293.53
15	999.34	63.554	43	991.25	180.59	71	977.41	297.72
16	999.18	67.740	44	990.85	184.77	72	976.83	301.91
17	999.01	71.926	45	990.43	188.95	73	976.25	306.10
18	998.83	76.110	46	990.01	193.13	74	975.66	310.29
19	998.64	80.294	47	989.58	197.31	75	975.06	314.48
20	998.44	84.476	48	989.14	201.49	76	974.46	318.68
21	998.22	88.659	49	988.70	205.67	77	973.86	322.87
22	998.00	92.840	50	988.25	209.85	78	973.25	327.06
23	997.77	97.021	51	987.80	214.03	79	972.63	331.26
24	997.52	101.20	52	987.33	218.21	80	972.01	335.45
25	997.27	105.38	53	986.87	222.39	81	971.39	339.65
26	997.01	109.56	54	986.39	226.57	82	970.76	343.85
27	996.74	113.74	55	985.91	230.75	83	970.12	348.04
28	996.46	117.92	56	985.42	234.94	84	969.48	352.24

表 A.1（续）

温度 ℃	密度 kg/m³	焓 kJ/kg	温度 ℃	密度 kg/m³	焓 kJ/kg	温度 ℃	密度 kg/m³	焓 kJ/kg
85	968.84	356.44	107	953.44	449.07	129	935.86	542.35
86	968.19	360.64	108	952.69	453.30	130	935.01	546.61
87	967.53	364.84	109	951.93	457.52	131	934.15	550.87
88	966.87	369.04	110	951.17	461.75	132	933.29	555.13
89	966.21	373.25	111	950.40	465.98	133	932.43	559.40
90	965.54	377.45	112	949.63	470.20	134	931.56	563.67
91	964.86	381.65	113	948.86	474.44	135	930.69	567.93
92	964.18	385.86	114	948.08	478.67	136	929.81	572.21
93	963.50	390.07	115	947.29	482.90	137	928.93	576.48
94	962.81	394.27	116	946.51	487.14	138	928.05	580.76
95	962.12	398.48	117	945.71	491.37	139	927.16	585.04
96	961.42	402.69	118	944.92	495.61	140	926.26	589.32
97	960.72	406.90	119	944.11	499.85	141	925.37	593.60
98	960.01	411.11	120	943.31	504.09	142	924.46	597.88
99	959.30	415.33	121	942.50	508.34	143	923.56	602.17
100	958.58	419.54	122	941.68	512.58	144	922.64	606.46
101	957.86	423.76	123	940.86	516.83	145	921.73	610.76
102	957.14	427.97	124	940.04	521.08	146	920.81	615.05
103	956.41	432.19	125	939.21	525.33	147	919.88	619.35
104	955.67	436.41	126	938.38	529.58	148	918.95	623.65
105	954.93	440.63	127	937.54	533.83	149	918.02	627.95
106	954.19	444.85	128	936.70	538.09	150	917.08	632.26

A.2 当工作压力大于 1.0 MPa，且小于或等于 2.5 MPa 时，水的密度和焓值采用表 A.2 的数据。

表 A.2 当 P＝1.600 0 MPa 时，温度为 1 ℃～150 ℃ 水的密度和焓值表

温度 ℃	密度 kg/m³	焓 kJ/kg	温度 ℃	密度 kg/m³	焓 kJ/kg	温度 ℃	密度 kg/m³	焓 kJ/kg
1	1 000.7	5.796 4	7	1 000.6	31.004	13	1 000.1	56.142
2	1 000.7	10.004	8	1 000.6	35.197	14	999.95	60.327
3	1 000.7	14.209	9	1 000.5	39.389	15	999.80	64.511
4	1 000.7	18.411	10	1 000.4	43.579	16	999.64	68.693
5	1 000.7	22.611	11	1 000.3	47.768	17	999.47	72.875
6	1 000.7	26.808	12	1 000.2	51.956	18	999.29	77.057

表 A.2(续)

温度 ℃	密度 kg/m³	焓 kJ/kg	温度 ℃	密度 kg/m³	焓 kJ/kg	温度 ℃	密度 kg/m³	焓 kJ/kg
19	999.10	81.237	53	987.30	223.25	87	967.99	365.62
20	998.89	85.417	54	986.83	227.42	88	967.33	369.82
21	998.68	89.596	55	986.35	231.60	89	966.66	374.02
22	998.45	93.774	56	985.86	235.78	90	965.99	378.22
23	998.22	97.952	57	985.37	239.96	91	965.32	382.43
24	997.98	102.13	58	984.87	244.14	92	964.64	386.63
25	997.72	106.31	59	984.36	248.33	93	963.96	390.83
26	997.46	110.48	60	983.85	252.51	94	963.27	395.04
27	997.19	114.66	61	983.33	256.69	95	962.58	399.24
28	996.91	118.84	62	982.81	260.87	96	961.88	403.45
29	996.62	123.01	63	982.28	265.05	97	961.18	407.66
30	996.32	127.19	64	981.75	269.24	98	960.48	411.87
31	996.01	131.36	65	981.21	273.42	99	959.77	416.08
32	995.69	135.54	66	980.66	277.61	100	959.05	420.29
33	995.37	139.72	67	980.11	281.79	101	958.33	424.51
34	995.04	143.89	68	979.55	285.98	102	957.61	428.72
35	994.69	148.07	69	978.99	290.16	103	956.88	432.93
36	994.35	152.24	70	978.43	294.35	104	956.15	437.15
37	993.99	156.42	71	977.85	298.54	105	955.41	441.37
38	993.62	160.59	72	977.27	302.72	106	954.67	445.59
39	993.25	164.77	73	976.69	306.91	107	953.92	449.81
40	992.87	168.94	74	976.10	311.10	108	953.17	454.03
41	992.49	173.12	75	975.51	315.29	109	952.41	458.25
42	992.09	177.30	76	974.91	319.48	110	951.65	462.48
43	991.69	181.47	77	974.30	323.67	111	950.89	466.70
44	991.28	185.65	78	973.70	327.86	112	950.12	470.93
45	990.87	189.82	79	973.08	332.06	113	949.34	475.16
46	990.44	194.00	80	972.46	336.25	114	948.57	479.39
47	990.02	198.18	81	971.84	340.44	115	947.78	483.62
48	989.58	202.36	82	971.76	344.64	116	947.00	487.85
49	989.14	206.53	83	970.21	348.83	117	946.21	492.08
50	988.69	210.71	84	969.93	353.03	118	945.41	496.32
51	988.23	214.89	85	969.29	357.23	119	944.61	500.56
52	987.77	219.07	86	968.64	361.42	120	943.81	504.80

表 A.2（续）

温度 ℃	密度 kg/m³	焓 kJ/kg	温度 ℃	密度 kg/m³	焓 kJ/kg	温度 ℃	密度 kg/m³	焓 kJ/kg
121	943.00	509.04	131	934.67	551.54	141	925.91	594.24
122	942.19	513.28	132	933.82	555.80	142	925.01	598.53
123	941.37	517.52	133	932.95	560.07	143	924.10	602.81
124	940.55	521.77	134	932.09	564.33	144	923.19	607.10
125	939.72	526.02	135	931.22	568.60	145	922.28	611.39
126	938.89	530.27	136	930.35	572.87	146	921.36	615.68
127	938.06	534.52	137	929.47	577.14	147	920.44	619.97
128	937.22	538.77	138	928.58	581.41	148	919.51	624.27
129	936.37	543.03	139	927.70	585.69	149	918.58	628.57
130	935.52	547.28	140	926.81	589.96	150	917.65	632.87

附 录 B
（规范性附录）
铂电阻温度传感器的结构和安装

B.1 结构

B.1.1 用于管道公称直径小于DN400的温度传感器，有3种不同的结构。

B.1.2 直接插入管道的短温度传感器，型号DS，标准结构尺寸见图B.1，非标准结构尺寸见图B.2。DS型温度传感器应用固定的引线电缆连接。

单位为毫米

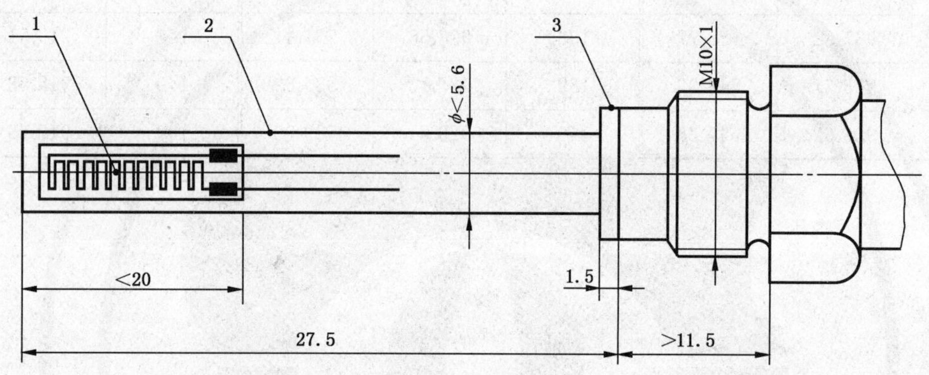

说明：

1——测温元件(铂电阻)；

2——测温元件保护管；

3——密封圈。

图B.1 DS型温度传感器标准结构尺寸图

单位为毫米

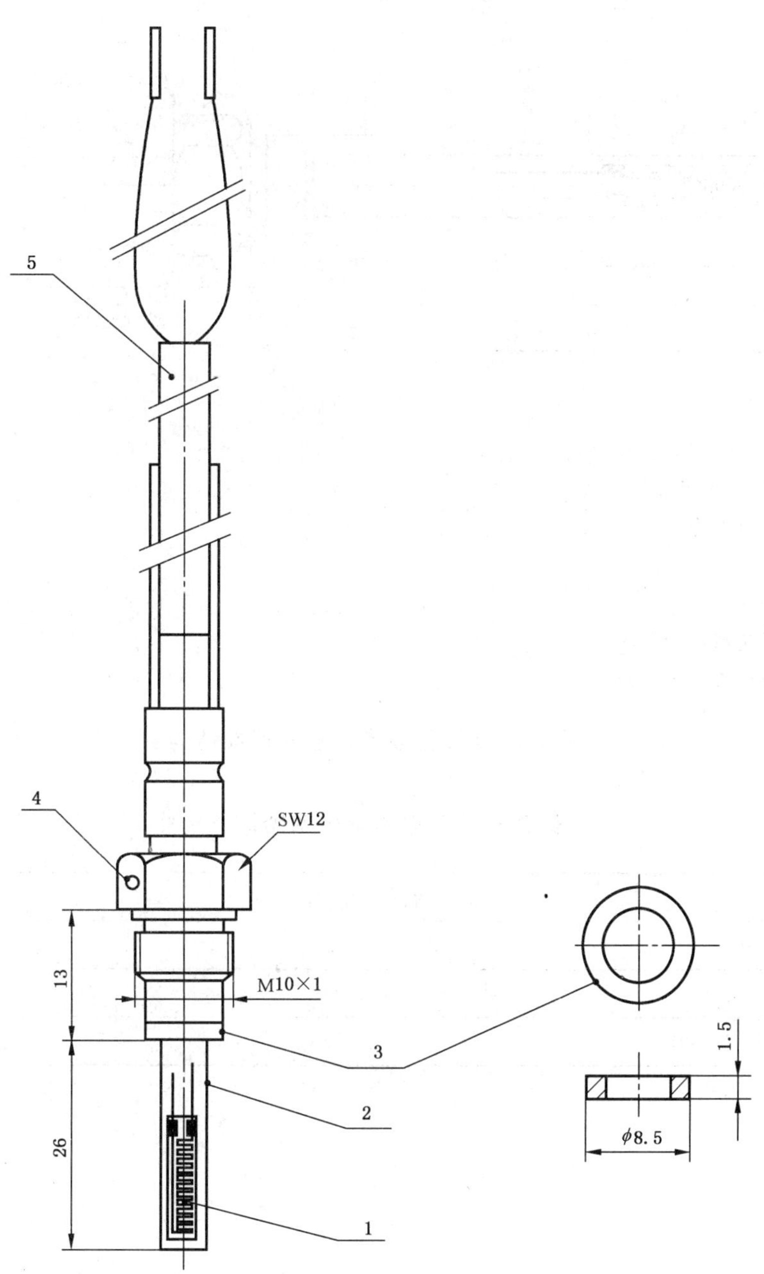

说明：

1——测温元件(铂电阻)；

2——测温元件保护管；

3——密封圈；

4——铅封备用孔；

5——连接导线。

图 B.2 DS 型温度传感器非标准结构尺寸图

B.1.3 直接插入管道的长温度传感器，型号 DL，标准结构尺寸见图 B.3 和表 B.1，非标准结构尺寸见图 B.4 和图 B.5。DL 型温度传感器可采用接线盒或固定引线两种连接方式。

单位为毫米

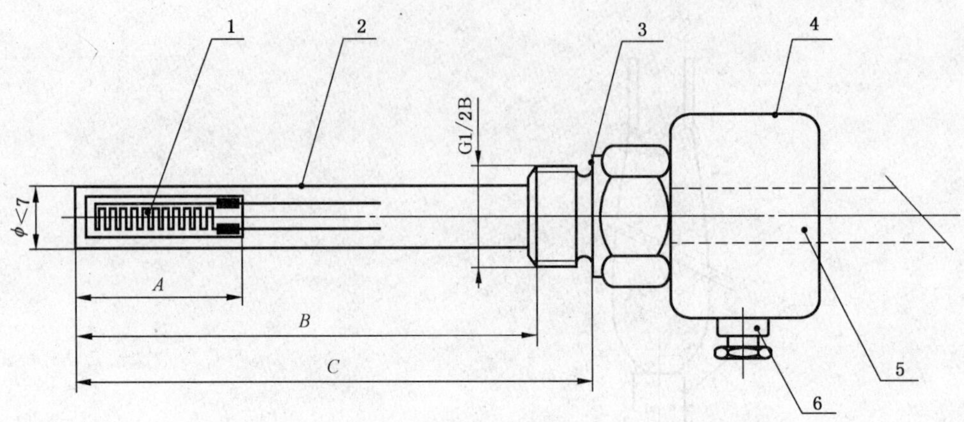

说明：

1——测温元件(铂电阻)；

2——测温元件保护管；

3——密封圈；

4——接线盒外形；

5——固定引线轮廓；

6——传感器导线直径，≤9 mm。

图 B.3 DL 型温度传感器标准结构图

表 B.1 DL 型温度传感器标准尺寸

选择长度/mm		
A	*B*	*C*
<30	85	105
≤50(Pt 1 000)	120	140

单位为毫米

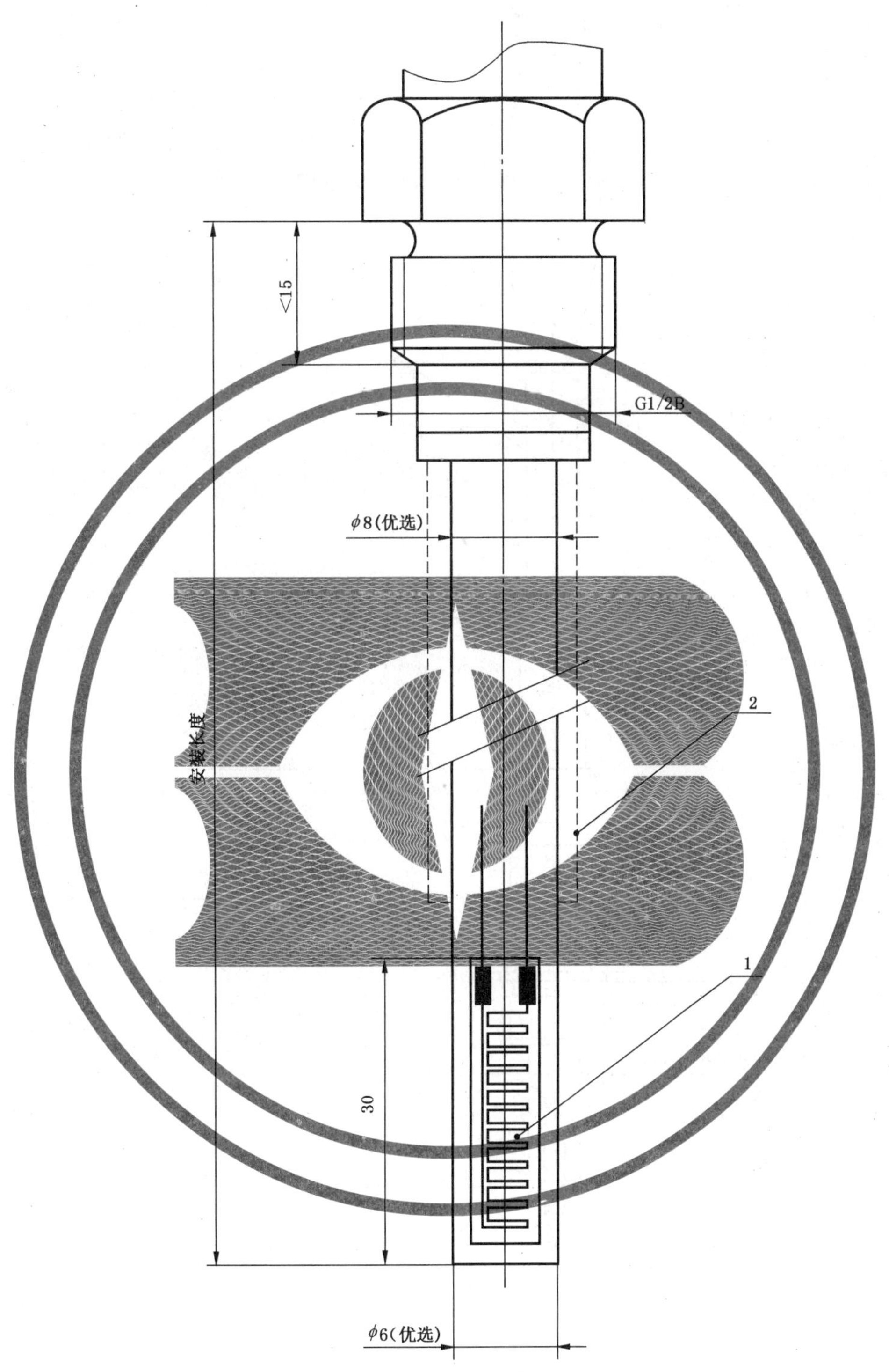

说明：

1——测温元件(铂电阻)；

2——测温元件保护管。

图 B.4 DL 型温度传感器非标准结构尺寸图(之一)

单位为毫米

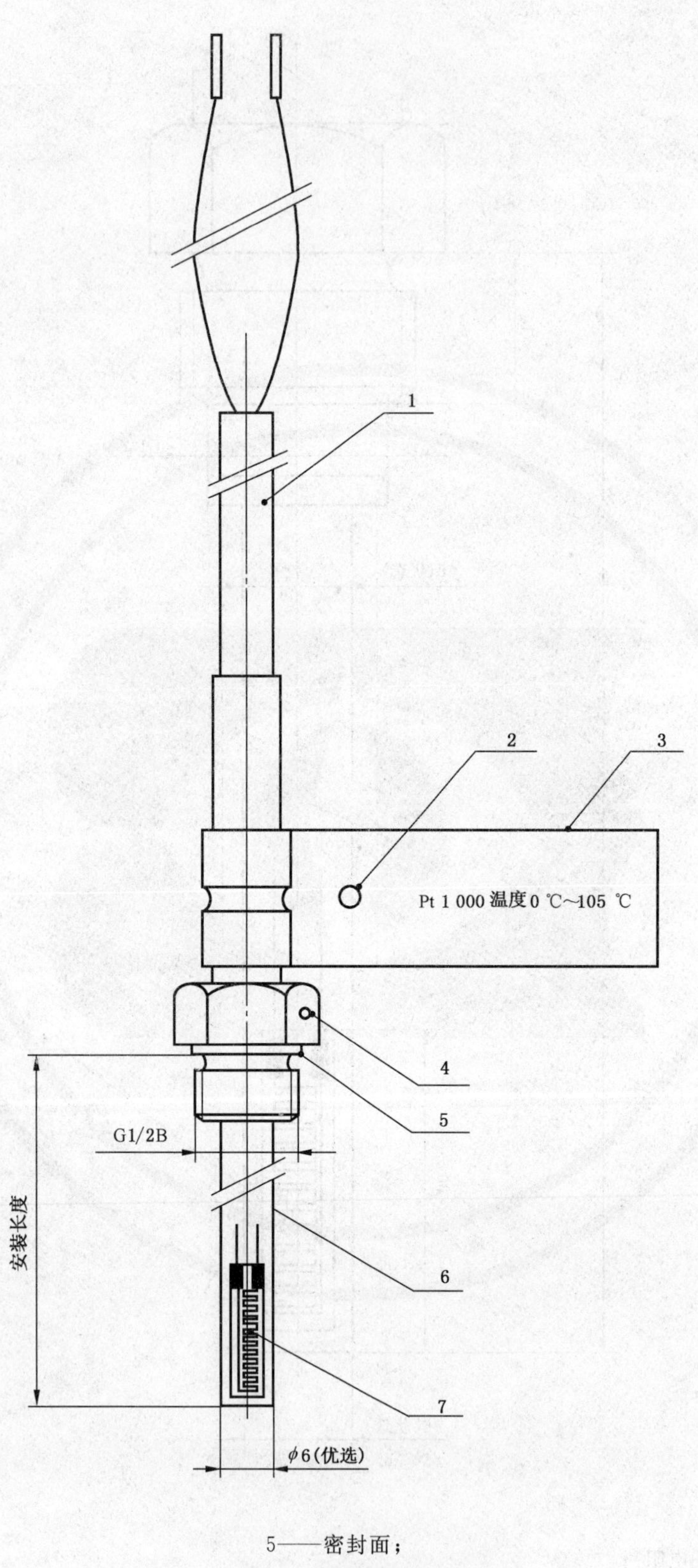

说明：

1——连接导线；
2——铅封备用孔；
3——数据牌(例)；
4——铅封备用孔；
5——密封面；
6——测温元件保护管；
7——测温元件(铂电阻)。

图 B.5　DL 型温度传感器非标准结构尺寸图(之二)

B.1.4 温度传感器插在套管中，套管固定在管道上的长温度传感器，型号 PL，标准结构尺寸见图 B.6 和表 B.2，非标准结构尺寸见图 B.7 和图 B.8。PL 型温度传感器可采用接线盒或固定引线两种连接方式。

PL 型温度传感器必须与对应的插入套管配套使用，插入套管结构尺寸见图 B.9 和表 B.3。在安装时，先在管道上焊接一个焊接接头，然后把插入套管拧入焊接接头，PL 型温度传感器再插在插入套管中。用于垂直水流方向安装的焊接接头见图 B.10，用于与水流方向成 45°角安装的焊接接头见图 B.11。

单位为毫米

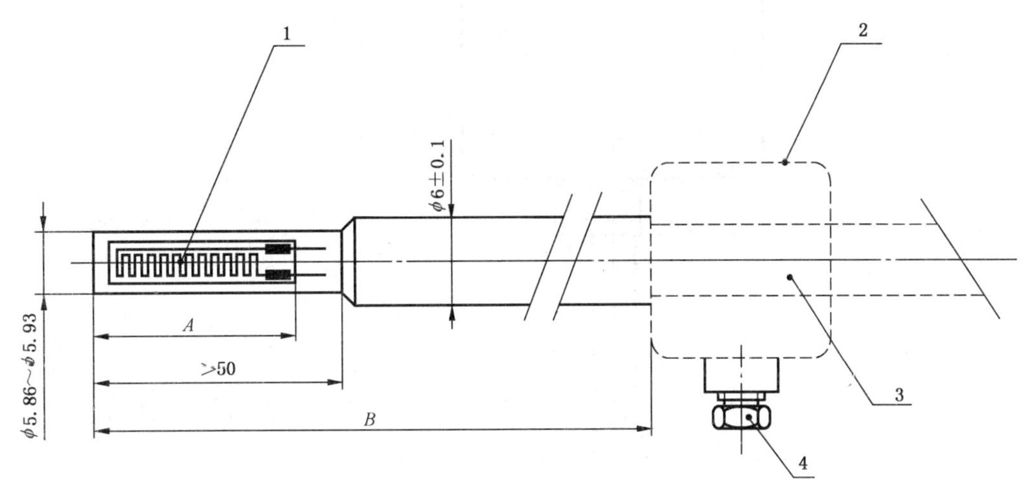

说明：

1——测温元件(铂电阻)；

2——接线盒外形；

3——固定的引线轮廓；

4——传感器导线直径，≤9 mm。

图 B.6 PL 型温度传感器标准结构图

表 B.2 PL 型温度传感器标准尺寸

选择则长度/mm	
A	*B*
<30	105
≤50(Pt 1 000)	140
—	230

单位为毫米

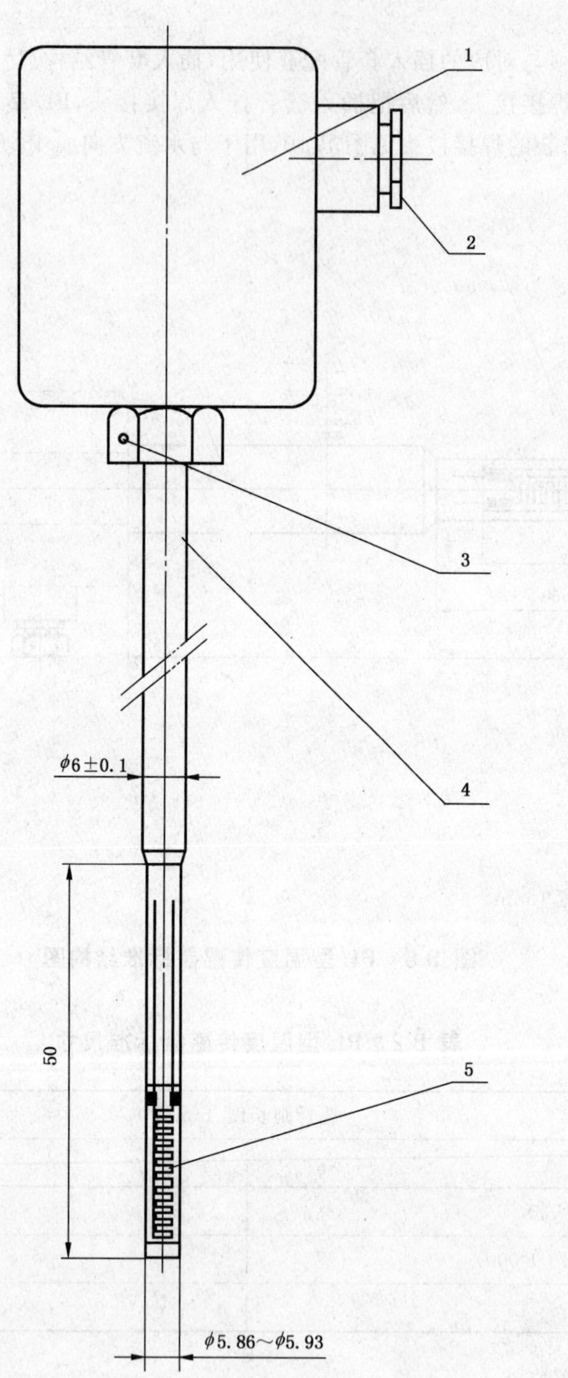

说明：

1——接线盒(典型)；

2——信号电缆螺旋接头；

3——铅封备用孔；

4——测温元件保护管；

5——测温元件(铂电阻)。

图 B.7 PL 型温度传感器非标准结构尺寸图(之一)

单位为毫米

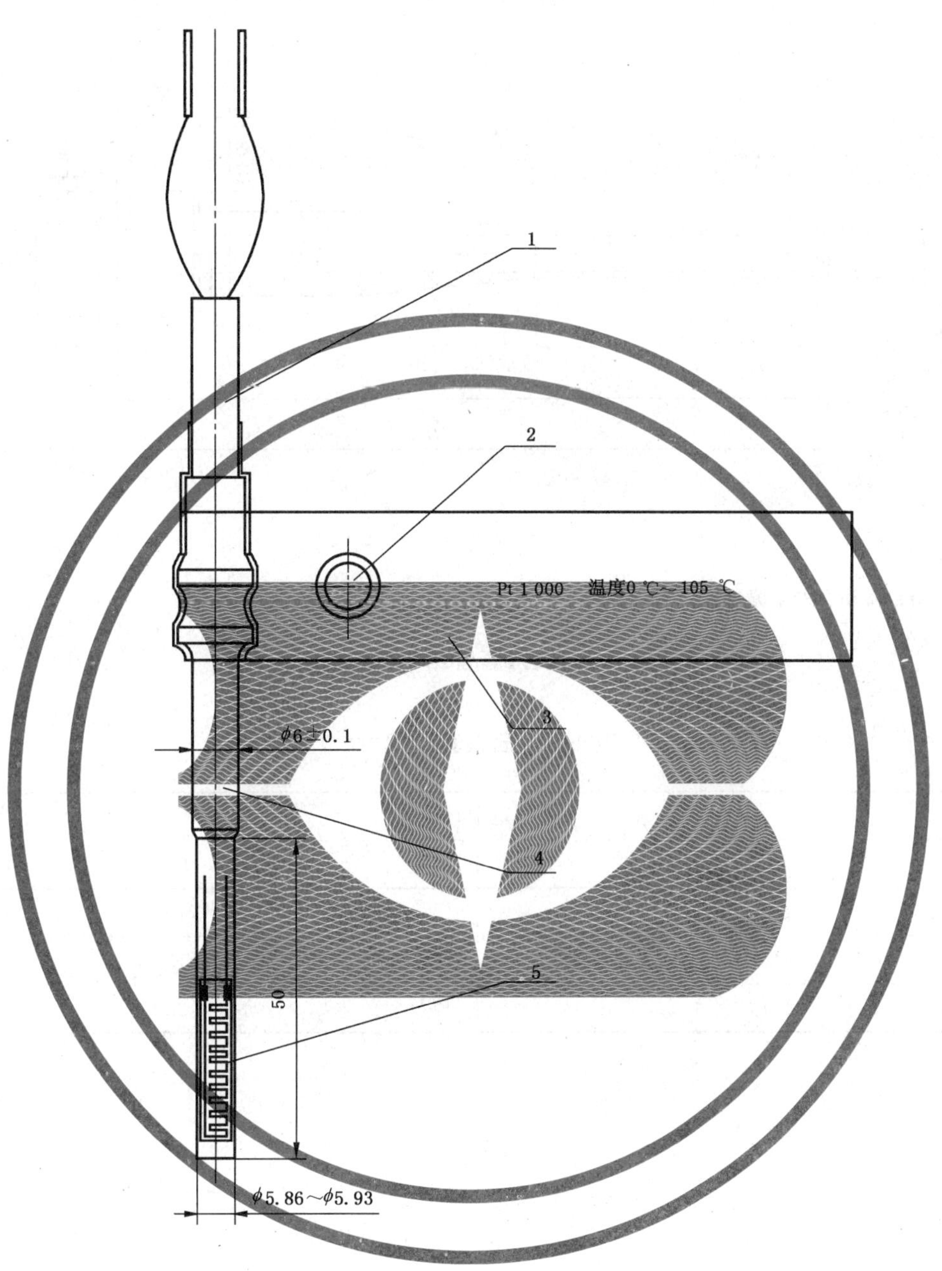

说明：

1——连接导线；

2——铅封备用孔；

3——数据牌(例)；

4——测温元件保护管；

5——测温元件(铂电阻)。

图 B.8　PL 型温度传感器非标准结构尺寸图(之二)

单位为毫米

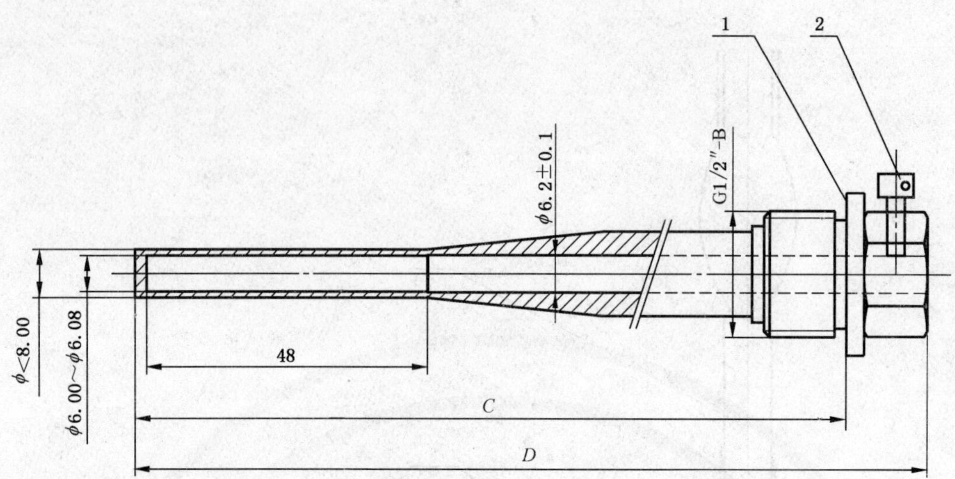

说明：

1——密封面；

2——带有铅封备用孔的上紧螺栓。

图 B.9 插入套管结构尺寸图

表 B.3 插入套管尺寸

选择范围/mm	
C	*D*
85	≤100
120	≤135
210	≤225

单位为毫米

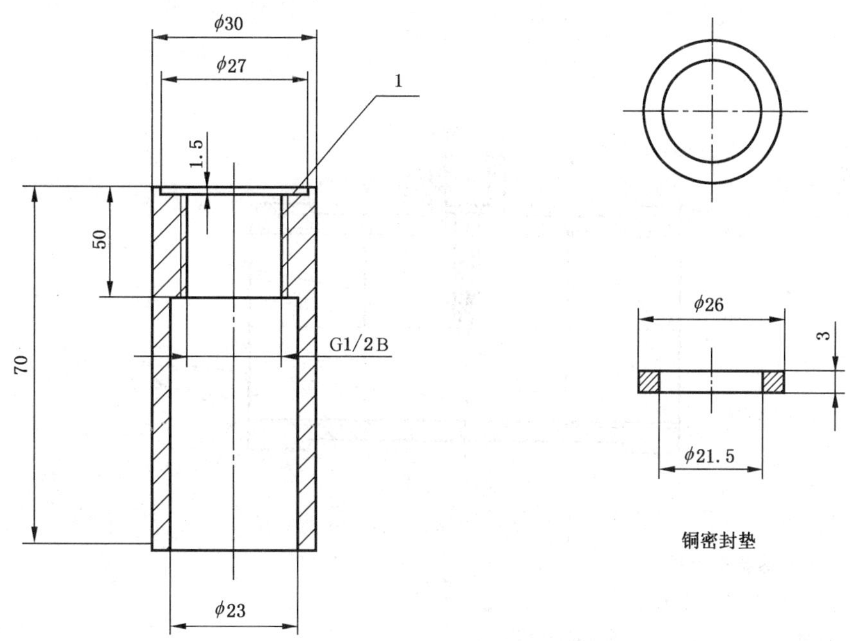

说明：
1——用于安装密封圈。

图 B.10　垂直水流方向安装的焊接接头结构尺寸图

单位为毫米

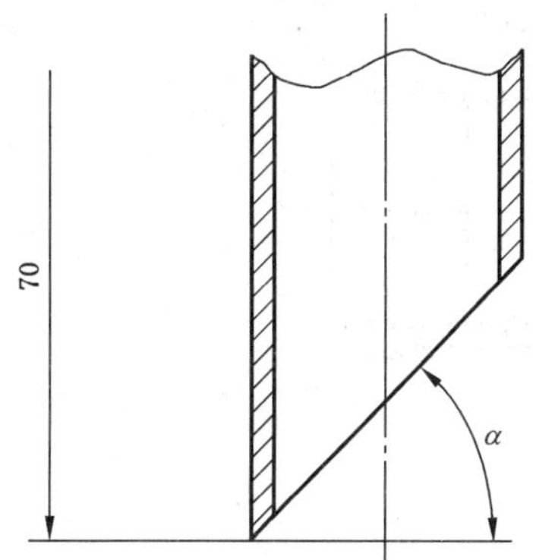

说明：
$\alpha = 45°$；
其他尺寸同图 B.10。

图 B.11　与水流方向成 45°角安装的焊接接头结构尺寸图

B.1.5　DS 型和 DL 型温度传感器的保护管和与 PL 型温度传感器配套的插入套管应采用导热率良好，坚固，耐磨的材料来制造。在有套管和无套管两种情况下的测量差值，应小于最大允许误差的 1/3。

B.2　安装

B.2.1　管道公称直径为 DN15～DN32 时，应选用 DS 型温度传感器。温度传感器内的测温元件应达到管道的中心处。DS 型温度传感器垂直水流方向安装，见图 B.12，螺纹接头安装管件，见图 B.13 和表 B.4。DS 型温度传感器直接插入球阀安装，见图 B.14。

单位为毫米

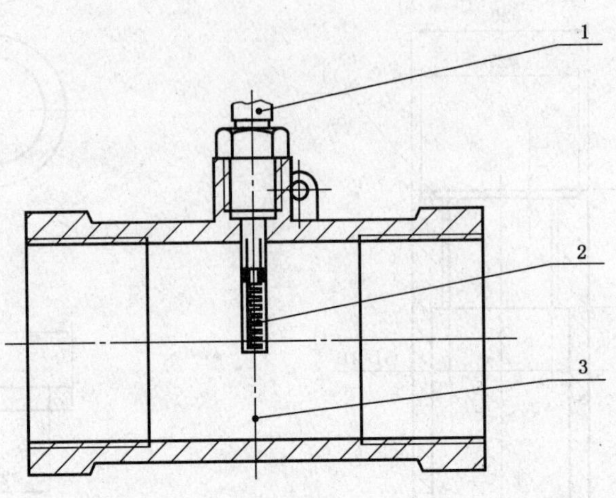

说明：

1——DS 型温度传感器；

2——测温元件应插至管道中心轴线；

3——温度传感器轴线应垂直于管道中心轴线。

图 B.12　DS 型温度传感器垂直水流方向安装图

单位为毫米

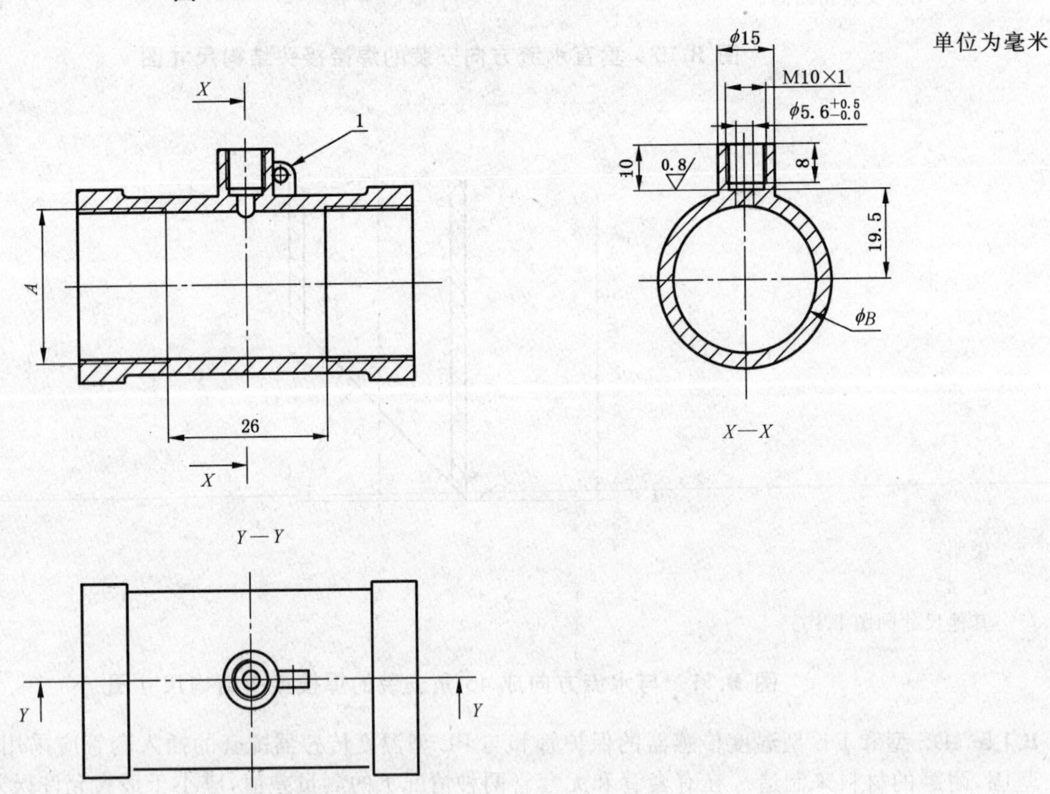

注：加工尺寸极限偏差±0.5 mm。

说明：

1——铅封备用孔。

图 B.13　配有 G1/2B、G3/4B 和 G1B 螺纹接头安装管件图

表 B.4　安装管件尺寸

接口螺纹尺寸 A	丝扣内径/mm ϕB
G1/2B	18.5
G3/4B	24
G1B	30.5

单位为毫米

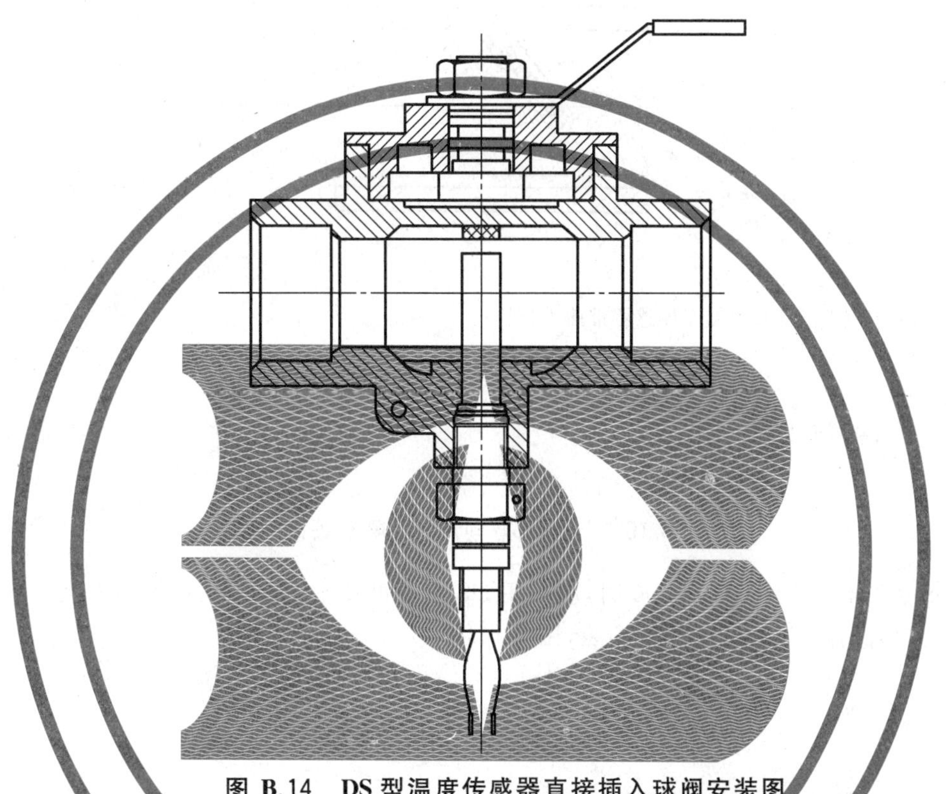

图 B.14　DS 型温度传感器直接插入球阀安装图

B.2.2　管道公称直径为 DN40、DN50 时，应选用 DL 型温度传感器或者选用带插入套管的 PL 型温度传感器。温度传感器内的测温元件应达到管道的中心线。在管道弯头处安装，温度传感器的底部应逆水流方向，见图 B.15；使用焊接接头(图 B.11)与水流方向成 45°角安装，见图 B.16。

单位为毫米

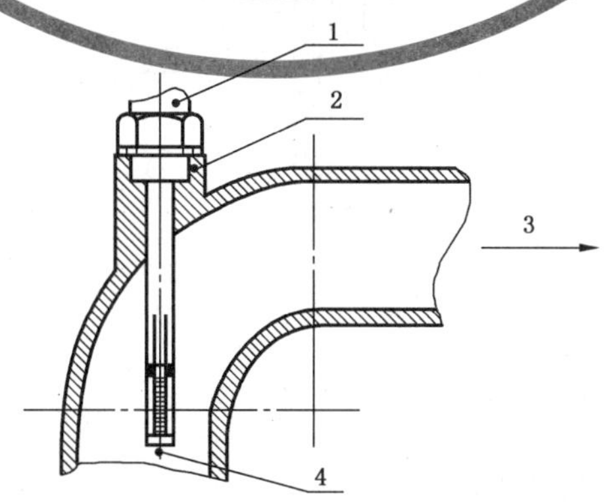

说明：

1——DL 型温度传感器或 PL 型温度传感器带插入套管；

2——焊接接头；

3——水流方向；

4——温度传感器的轴线应与管道中心轴线一致。

图 B.15　温度传感器管道弯头处安装图

单位为毫米

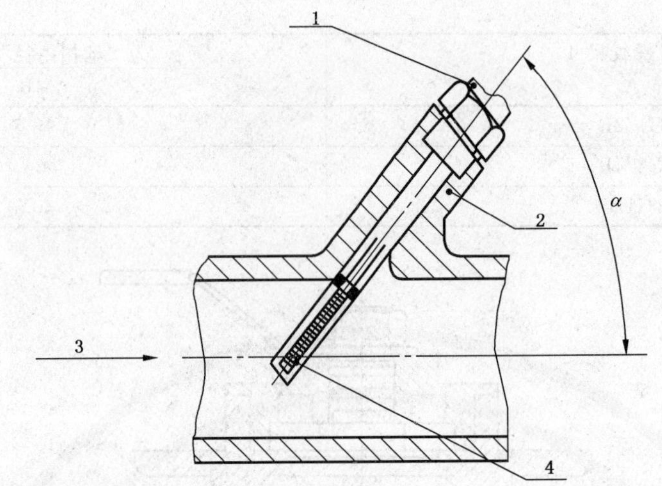

说明：

1——DL 型温度传感器或 PL 型温度传感器带插入套管；

2——焊接接头；

3——水流方向；

4——测温元件插到管道中心处；

$\alpha = 45°$。

图 B.16　与水流方向成 45°角安装图

B.2.3　管道公称直径为 DN65～DN400 时，应采用 DL 型温度传感器或者选用带插入套管的 PL 型温度传感器。温度传感器可垂直水流方向安装，见图 B.17。

单位为毫米

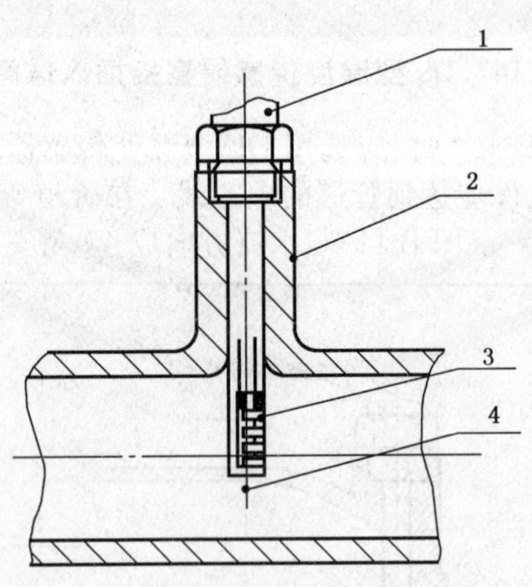

说明：

1——DL 型温度传感器或 PL 型温度传感器带插入套管；

2——焊接接头；

3——温度传感器轴线应垂直于管道中心轴线；

4——测温元件插到管道中心处。

图 B.17　垂直水流方向安装图

B.2.4 在下列环境条件下，温度传感器插入深度大于正常深度而引起的配对误差不应超过 0.1 K。

——温度标准装置的温度：(90±5)℃；

——环境温度：(23±3)℃。

B.3 温度传感器引线电缆

B.3.1 温度传感器的引线电缆一般由制造厂配套提供。已匹配成对的温度传感器，所采用电缆的导体截面和长度都应相同，且供应商提供的信号导线的长度不得被改变。

B.3.2 温度传感器采用两线制时，其电缆长度应符合下列规定：

a) Pt100 温度传感器导线允许的最大长度应符合表 B.5 的规定。

表 B.5 Pt100 温度传感器导线允许的最大长度

导线导体截面积/mm^2	最大长度/m
0.22	2.5
0.50	5.0
0.75	7.5
1.50	15.0

b) 使用 Pt100 温度传感器，导线的电阻不大于 2×0.2 Ω 时，信号导线的长度可以忽略不计。

B.3.3 当温度传感器电缆长度超过 25 m 时，温度传感器应采用四线制。接线盒型温度传感器的导线截面积宜采用 0.5 mm^2，电缆型温度传感器的导线截面积不应小于 0.22 mm^2。

B.4 温度传感器测量误差及其他要求

B.4.1 每一只温度传感器应符合 JB/T 8622—1997 标准的 B 级，且应进行配对。配对时在 3 个温度点上进行测量，温度点选择范围按附录 F 的规定执行。配对温度传感器的准确度应符合 5.5.3 的规定。制造商在产品说明中应给出单只温度传感器的热响应时间。

B.4.2 由配对温度传感器设计制作的套管材料和结构而引起的温差偏差不应超过 0.1 K。

B.4.3 铂电阻温度传感器的设计应符合 JB/T 8622—1997 的规定，所有的检测完成后，应提供每一对(每只)温度传感器的测试数据报告。

B.4.4 配对温度传感器标牌应标明以下内容：

——型号规格；

——温度范围；

——安装位置标记；

——配对标记；

——供货商名称。

附 录 C
（规范性附录）
光学接口及数据通讯

C.1 光学接口

光学接口应符合 GB/T 26831.1 的规定。

C.2 光学接口唤醒

热量表的光学接口在以下规定的初始唤醒消息后，光电接口应能被唤醒，并进入正常工作状态：

a) 唤醒消息是在 2.1 s～2.3 s 时间内的一串 NUL 字符(代码 00H)。

b) 该消息中两个 NULL 字符间最大允许延迟时间为 5 ms。

c) 在唤醒消息的最后一个字符后，唤醒设备应等待 1.5 s～1.7 s，直到能发送请求消息为止。

d) 唤醒通讯波特率为 300 bit/s 或 2 400 bit/s。唤醒后采用 C.3 描述的数据通讯规定进行数据通讯。

e) 传输结束：热量表发送完数据消息后，数据传输便完成。若传输出错，唤醒设备应等待 1.5 s，才可发新的唤醒信号。

C.3 数据通讯

C.3.1 传输基本要求

C.3.1.1 传输次序：所有多字节数据域，应先传送低位字节，后传送高位字节。

C.3.1.2 传输响应：每次通信都是由主站向按信息帧地址域选择的从站发出请求命令帧开始，被请求的从站接收到命令后作出响应。

收到命令帧后的响应延时　Td：20 ms≤Td≤500 ms。

字节之间停顿时间　Tb：Tb≤500 ms

C.3.1.3 差错控制：当接收方检测到校验和、偶校验或格式出错时，应放弃该信息帧，不予响应。

C.3.1.4 通信速率：2 400 bit/s。

C.3.2 报文

所有报文和报文结构应符合 GB/T 26831.2 的规定。

C.3.3 专业应用层

C.3.3.1 所有应用层应符合 GB/T 26831.3 的规定。

C.3.3.2 进入测试状态和测试状态下应符合下列规定：

a) 主站发送从站进入测试状态命令 CI＝50 h，CI 后面字节为 90 h。

b) 从站应答 E 5 h，从站进入检定状态；此状态下，数据光学接口应能保持唤醒状态。

c) 测试状态下，主站可通过发送 REQ_UD2 要求从站发送检定数据(高精度热量，高精度流量，高精度供水温度，高精度回水温度)，跟踪从站数据变化。

d） 需要同步时，主站发送从站同步测试命令 CI＝50 h，CI 后面字节为 D 0 h。

e） 从站得到同步命令时，计算测试的最后一次能量同时，停止计算器的积分计算，并应答 E 5 h，主站根据从站应答，按 c）过程同步测量数据；完成测试过程。

f） 主站发送从站结束测试状态命令 CI＝50 h，CI 后面字节为 00 h；从站可自动退出测试状态。

g） 超时退出测试状态：当主站停止访问从站（连续 1 200 s 未访问）时，从站可自动退出测试状态。

附　录　D
（规范性附录）
热量表计量准确度的测试与计算

D.1　热量表整体测量装置

热量表整体测量装置除符合 6.1.2 的规定外，还应能直接显示热量值。

D.2　环境条件

测试按下列环境条件：
室内温度：15 ℃～35 ℃；
相对湿度：25%～75%；
大气压力：80 kPa～106 kPa。

D.3　测量点

测量点应在下列 3 项条件中，每项选择一点测量 1 次。流量传感器测量的水温应按 G.3 的规定执行：

a）　$\Delta\theta_{min} \leqslant \Delta\theta \leqslant 1.2\Delta\theta_{min}$、$0.9q_p \leqslant q \leqslant q_p$；

b）　$10 \leqslant \Delta\theta \leqslant 20$ 、$0.1\ q_p \leqslant q \leqslant 0.11q_p$；

c）　$(\Delta\theta_{max}-5) \leqslant \Delta\theta \leqslant \Delta\theta_{max}$、$q_i \leqslant q \leqslant 1.1q_i$。

D.4　测试与计算

D.4.1　热量表整体测量时，配对温度传感器应能分别放入不同温度的恒温槽内，热量计算按 4.1 的规定计算，其误差限应符合 5.5.1 的规定。

D.4.2　热量表整体测量时，应同时测量对应的流量传感器的准确度。

D.4.3　热量表整体测量时，应能按照附录 C 的规定，通过光学接口进入和退出测试模式，并按通讯协议的规定向主机发送高精度能量数据、接收和相应同步命令。

附　录　E
（规范性附录）
计算器准确度的测试与计算

E.1　电信号标准装置

电信号标准装置应符合6.1.2的规定。

E.2　环境条件

测试按下列环境条件：
室内温度：15 ℃～35 ℃；
相对湿度：25%～75%；
大气压力：80 kPa～106 kPa。

E.3　测量点

计算器测试应在下列条件下进行：
a）　回水温度为 $\theta_{min}+5$ ℃，温差为 $\Delta\theta_{min}$、5 K、20 K 的3个测量点；
b）　进水温度为 $\theta_{max}-5$ ℃，温差为10 K、20 K、$\Delta\theta_{max}$的3个测量点；
c）　水流量为 q_i～q_s范围内任一点。

E.4　测试

E.4.1　准确度测试每个点测量3次。
E.4.2　每次测量包括电信号标准装置的读数和计算器有效读数。
E.4.3　对于不能将电信号直接接入的热量表，除采用上述方法外，可利用热量表自模拟流量信号与实际提供的温差示值经计算后作为提供给计算器的标准热量值，用于检验计算器的计算误差。
E.4.4　如果温度传感器和计算器不可拆分，可采用组件的整表的试验条件进行试验，误差范围限制不应大于配对温度传感器和计算器最大允许误差绝对值之和。
E.4.5　计算器测量时，应能按照附录C的规定通过光学接口进入和退出测试模式，并按通讯协议的规定向主机发送高精度能量数据、接收和响应同步命令。

E.5　测试结果计算

计算器第 j 个测量点的第 k 次的基本误差按式(E.1)计算；第 j 个测量点的基本误差按式(E.2)计算。

$$E_{jk}=\frac{c_{jk}-c_{sjk}}{c_{sjk}}\times 100\% \qquad \cdots\cdots(E.1)$$

式中：
E_{jk}——计算器第 j 个测量点的第 k 次的基本误差；

c_{jk} ——第 j 个点第 k 次的计算器的读数值($j=1,2\cdots\cdots n$),($k=1,2\cdots\cdots m$);

c_{sjk} ——第 j 个点第 k 次的标准装置读数值。

$$E_j=\frac{1}{m}\sum_{k=1}^{m}E_{jk} \qquad \cdots\cdots\cdots\cdots(\text{E.2})$$

式中:

E_j——第 j 个测量点的基本误差。

将给定温差逐个点代入式(8),计算出计算器各点误差限,而 E_j 全部的值应在这个误差界限内,若有一次不合格,则该点应重复测试 2 次,2 次均合格为产品合格,否则为不合格。

附 录 F
（规范性附录）
温度传感器准确度的测试与计算

F.1 温度标准装置

温度标准装置应符合 6.1.2 的规定。

F.2 环境条件

测试按下列环境条件：
室内温度：15 ℃～35 ℃；
相对湿度：25%～75%；
大气压力：80 kPa～106 kPa。

F.3 测量点

F.3.1 温度传感器在测试时不应带外护套管。温度传感器应在以下温度范围中选择 3 个测量点，其高温、中温、低温应在热量表工作温度范围内均匀分布：

(5±5)℃、(40±5)℃、(70±5)℃、(90±5)℃、(130±5)℃、(160±10)℃

F.3.2 配对温度传感器温差的误差测试应在同一标准温槽中进行，配对温度传感器测试时不应带保护套管，其 3 个测量温度点的选择按表 F.1。

表 F.1 配对温度传感器温差的误差测试点

测试温度点	温度下限 θ_{min}	测试温度点的范围	
		供热系统	制冷系统
1	< 20 ℃	θ_{min}～(θ_{min} + 10 K)	0 ℃～10℃
	≥ 20 ℃	35 ℃～45 ℃	—
2	—	75 ℃～85 ℃	35 ℃～45 ℃
3	—	(θ_{max} − 30 K)～θ_{max}	75 ℃～85 ℃

温度传感器在测试时，浸入深度不应小于其总长的 90%。

F.4 测试

F.4.1 准确度测试每个点测量 3 次。
F.4.2 每次测量包括温度标准装置的读数和温度传感器有效读数。
F.4.3 当温度传感器和计算器不可拆分时，可对组件采用本附录的试验条件进行试验。配对温度传感器在各温度点测量的温度值与标准温度计测量的温度值之差的绝对值不应大于 2 ℃；配对温度传感器的供水温度传感器与回水温度传感器在同一温度点测量的温度值之差应满足最小温差在式(8)与式(9)

之和的准确度规定。

F.4.4 温度测量时，应能按照附录C的规定，通过光学接口进入和退出测试模式，并按通讯协议的规定向主机发送高精度温度数据、同步数据。

F.5 测试结果计算

F.5.1 单只温度传感器误差

温度传感器第 j 个测量点第 k 次的基本误差按式(F.1)计算；第 j 个测量点的基本误差按式(F.2)计算；温度传感器的基本误差按式(F.3)计算。

$$R_{jk}=\theta_{jk}-\theta_{sjk} \qquad \text{(F.1)}$$

式中：

R_{jk}——温度传感器第 j 个检测点第 k 次的基本误差值，单位为摄氏度(℃)；

θ_{jk}——第 j 个点第 k 次的温度传感器的读数($j=1,2\cdots\cdots n$)，($k=1,2\cdots\cdots m$)，单位为摄氏度(℃)；

θ_{sjk}——第 j 个点第 k 次的标准装置读数值，单位为摄氏度(℃)。

$$R_j=\frac{1}{m}\sum_{k=1}^{m}R_{jk} \qquad \text{(F.2)}$$

$$R=(R_j)_{\max} \qquad \text{(F.3)}$$

式中：

R_j——第 j 个测量点的基本误差值，单位为摄氏度(℃)；

R——温度传感器的基本误差值，单位为摄氏度(℃)；

$(R_j)_{\max}$——测试中各测量点基本误差的最大值，单位为摄氏度(℃)。

温度传感器的基本误差应符合B.4.1的规定。

F.5.2 配对温度传感器温差误差

测量计算温度标准装置温差和配对温度传感器温差有效读数，并按式(F.4)计算相对误差：

$$E_{jk}=\frac{\Delta\theta_{jk}-\Delta\theta_{sjk}}{\Delta\theta_{sjk}}\times 100\% \qquad \text{(F.4)}$$

式中：

E_{jk}——相对误差；

$\Delta\theta_{jk}$——第 j 个检测点第 k 次的配对温度传感器温差值($j=1,2\cdots\cdots n$)，($k=1,2\cdots\cdots m$)，单位为开(K)；

$\Delta\theta_{sjk}$——第 j 个检测点第 k 次的标准装置温差读数值，单位为开(K)。

标准装置第 j 个测量点 m 次测量值的平均温差按式(F.5)计算：

$$\Delta\theta_{sj}=\frac{1}{m}\sum_{k=1}^{m}\Delta\theta_{sjk} \qquad \text{(F.5)}$$

式中：

$\Delta\theta_{sj}$——标准装置第 j 个测量点 m 次测量值的平均温差，单位为开(K)。

将 $\Delta\theta_{sj}$ 计算结果代入式(9)，计算出配对温度传感器温差误差限曲线 $E_\theta=f(\Delta\theta_{sj})$

第 j 点的配对温度传感器温差误差 E_j 按式(F.6)计算。

$$E_j=\frac{1}{m}\sum_{k=1}^{m}E_{jk} \qquad \text{(F.6)}$$

各点的 E_j 值在 $E_j=f(\Delta\theta_{sj})$ 界限曲线内为合格，若有不合格点，则该点应重复测试2次，2次均合格为合格，否则为不合格。

附 录 G
（规范性附录）
流量传感器准确度的测试与计算

G.1 流量标准装置

G.1.1 流量标准装置应符合 6.1.2 的规定。

G.1.2 进行测试时，流量传感器的前后管道应为直管段，直管段长度应按被测流量传感器的规定执行。

G.2 环境条件

测试按下列环境条件：

室内温度：15 ℃～35 ℃；

相对湿度：25%～75%；

大气压力：80 kPa～106 kPa。

G.3 流量传感器测试水温

测试在下列水温下进行：

a) 热量表：

出厂检验：(50±5)℃；

型式检验：(θ_{min}+5)℃；(50±5)℃；(85±5)℃。

b) 冷量表：

出厂检验：(15±5)℃；

型式检验：(5±1)℃；(15±5)℃。

c) 冷热量两用表：

出厂检验：(50±5)℃；

型式检验：(5±1)℃；(15±5)℃；(50±5)℃；(85±5)℃。

G.4 流量测量点

G.4.1 出厂检验的 3 个测量点为：

$q_i \leqslant q \leqslant 1.1q_i$；

$0.1q_p \leqslant q \leqslant 0.11q_p$；

$0.9q_p \leqslant q \leqslant 1.0q_p$。

G.4.2 型式检验的 5 个测量点为：

$q_i \leqslant q \leqslant 1.1q_i$；

$0.1q_p \leqslant q \leqslant 0.11q_p$；

$0.3q_p \leqslant q \leqslant 0.33q_p$；

$0.9q_p \leqslant q \leqslant 1.0q_p$；

$0.9q_s \leqslant q \leqslant 1.0q_s$。

G.5 测试

G.5.1 准确度测试每个点测量1次。

G.5.2 每次测量包括流量标准装置的读数和流量传感器有效读数。

G.5.3 当流量计和计算器不可拆分时，可对组件采用本附录的试验条件进行试验。

G.5.4 流量测量时，应能按照附录C的规定，通过光学接口进入和退出测试模式，并按通讯协议的规定向主机发送高精度流量数据、同步数据。

G.6 测试结果计算

流量传感器第 j 个测量点的相对误差 E_j 按式(G.1)计算。

$$E_j = \frac{q_j - q_{sj}}{q_{sj}} \times 100\% \qquad \cdots\cdots\cdots\cdots (G.1)$$

式中：

E_j——流量传感器第 j 个测量点的相对误差；

q_j——第 j 个点流量传感器的读数，($j=1,2\cdots\cdots n$)，单位为立方米(m^3)；

q_{sj}——第 j 个点的标准装置读数，单位为立方米(m^3)。

将 q_{sj} 代入5.5.4的公式计算，最大误差限不超过5%时，计算出该流量传感器的误差限曲线。而实测传感器的相对误差限 E_j 在上述标准装置的误差界限内为合格。若有不合格点，应重复测试2次，2次均合格为合格，否则为不合格。

ICS 91.140.10
P 46

中华人民共和国国家标准

GB/T 33833—2017

城镇供热服务

Urban heating service

2017-05-31 发布　　　　2018-04-01 实施

中华人民共和国国家质量监督检验检疫总局
中国国家标准化管理委员会　发布

前　言

本标准按照 GB/T 1.1—2009 给出的规则起草。

本标准由中华人民共和国住房和城乡建设部提出。

本标准由全国城镇供热标准化技术委员会(SAC/TC 455)归口。

本标准起草单位:中国城市建设研究院有限公司、中国城镇供热协会、北京市热力集团有限责任公司、洛阳热力有限公司、牡丹江热电有限公司、唐山市热力总公司、北京城建科技促进会、北京特泽热力工程设计有限责任公司、太原市热力设计有限公司、大连博控能源管理有限公司、北京路鹏达市政工程有限责任公司、北京商和投资有限公司、北京硕人时代科技股份有限公司、沧州昊天节能热力有限公司、唐山兴邦管道工程设备有限公司、北京物业管理行业协会、沈阳佳德联益能源科技股份有限公司。

本标准主要起草人员:罗琤、刘荣、唐卫、陈鸿恩、于黎明、韩建明、鲁丽萍、董乐意、张玉成、梁鹏、曾永春、屈新龙、殷明辉、史登峰、郑中胜、邱华伟、宋宝程、王魁林。

城镇供热服务

1 范围

本标准规定了城镇供热服务的术语和定义、总则、供热质量、运行与维护、业务与信息、文明施工、保险与理赔及服务质量评价。

本标准适用于以热水为介质供应民用建筑供热系统参与供热过程各方应达到的服务要求，包括：

a） 城镇供热经营企业向热用户提供的供热服务；

b） 热用户合理用热；

c） 热用户、相关管理部门及机构对供热服务质量的评价。

2 规范性引用文件

下列文件对于本文件的应用是必不可少的。凡是注日期的引用文件，仅注日期的版本适用于本文件。凡是不注日期的引用文件，其最新版本(包括所有的修改单)适用于本文件。

GB 5749 生活饮用水卫生标准

GB 12523 建筑施工场界环境噪声排放标准

GB/T 19001 质量管理体系 要求

GB 50736—2012 民用建筑供暖通风与空气调节设计规范

GB/T 50893 供热系统节能改造技术规范

CJ 343 污水排入城镇下水道水质标准

CJJ 34 城镇供热管网设计规范

CJJ 88 城镇供热系统运行维护技术规程

CJJ 203 城镇供热系统抢修技术规程

3 术语和定义

下列术语和定义适用于本文件。

3.1

热用户 heat consumers

从供热系统获得热能的单位或居民用户。

3.2

供热服务 heating service

为满足热用户用热的需要，供热经营企业向热用户提供供热产品的相关活动。

3.3

供热经营企业 heating operation enterprise

利用热源单位提供的或自身生产的热能从事供热经营的企业总称。

3.4

供热设施 heating facilities

供热经营企业用于供热的各种设备、管道及附件。

3.5

运行事故率　rate of operation accident

供热运行期间，因供热经营企业事故造成的停热时间和停热面积的乘积与应正常供热时间和应正常供热面积的乘积的比值。

3.6

室内自用供暖设施　self-use heating facilities for indoor

热用户室内支管、散热器(含地埋管)及其附属设备的总称。

3.7

服务场所　service location

供热经营企业为热用户提供服务和受理业务的地点或平台。

3.8

上门服务　on-site service

供热经营企业的服务人员到热用户用热场所提供的相关活动。

4　总则

4.1　服务体系

供热经营企业应建立与其供热规模和热用户数量相适应的服务体系，并应能满足热用户的合理需求。

4.2　服务原则

4.2.1　一般要求

4.2.1.1　供热服务应遵循安全第一、诚信为本、文明规范、用户至上的原则。

4.2.1.2　供热经营企业应优化企业内部管理流程，提高服务效能。

4.2.2　合法性

4.2.2.1　供热经营企业和热用户应遵守国家和地方的法律、法规。

4.2.2.2　供热经营企业应自觉接受社会监督，并应及时收集、分析和处理热用户意见。

4.2.2.3　供热主管部门应建立健全监督管理制度，对供热经营企业依法进行监督和检查。

4.2.3　安全性

4.2.3.1　供热经营企业应向热用户提供安全、稳定、合格的供热产品。

4.2.3.2　供热经营企业供热应为社会公共危机处理提供安全保障。

4.2.3.3　供热经营企业应在供暖期内提供全天候应急服务。

4.2.3.4　供热服务过程中应保障人员和供热设施的安全，不应因服务质量问题对人身安全、生产、生活及环境等构成不良影响和危害。

4.2.3.5　供热经营企业应依法保护热用户信息。

4.2.4　透明性

供热经营企业应向热用户公示服务业务流程、条件、时限、收费标准、服务电话等信息。

4.2.5 及时性

供热经营企业应在规定或承诺的时限内，响应热用户在用热时对供热质量、维修和安全等方面的合理诉求。

4.2.6 公平性

供热经营企业在其供热范围内，应对符合用热条件的热用户提供均等化服务。

4.2.7 便利性

供热经营企业应向热用户提供方便、快捷的服务。

5 供热质量

5.1 供暖温度

在正常天气条件下，且供热系统正常运行时，供热经营企业应确保热用户的卧室、起居室内的供暖温度不应低于18 ℃。

注1：正常天气条件指各地建筑物供暖系统设计时限定的室外日平均气温。具体依据GB 50736—2012中附录A“室外空气计算温度”的规定执行。室外日平均气温以专业气象部门发布的数据为准。

注2：可自主设定、调节室内温度的除外。

注3：已实行热计量计费的热用户按已签订的供热合同约定执行。

5.2 供热时间

5.2.1 供暖期应按GB 50736的规定执行，各地方政府可根据当地气象情况调整供暖期时间。

5.2.2 生活热水供应时间应按各供热经营企业与热用户合同约定执行。

5.3 供热水质

5.3.1 供热水质应符合CJJ 34的要求。

5.3.2 开放式热水热网补给水水质除应符合5.3.1的规定外，还应符合GB 5749的规定。

6 运行与维护

6.1 运行管理

6.1.1 供热经营企业应采用节能、高效、环保、安全、经济的供热技术和工艺，不宜超负荷运行。

6.1.2 供热经营企业应制定合理的供热系统运行方案，并应加强运行工况的调节。

6.1.3 供热经营企业在当地法定供暖期内不应延后开始、中止或提前结束供热。

6.1.4 供热经营企业应建立健全供热运行管理制度和安全操作规程，并应采取有效措施降低运行事故率。供热经营企业应按CJJ 88的规定对供热设施进行运行维护。

6.1.5 供热经营企业应在供暖期前进行供热系统注水、试压、排气、试运行等工作，并应提前进行公告。

6.1.6 供热经营企业应对供热设施进行维修、养护和更新，供热经营企业对供热系统的节能改造应按GB/T 50893的规定执行。

6.1.7 向供热经营企业供应热能、水、电、燃料的单位，应按约定参数保障供应。

6.2 供热安全

6.2.1 供热经营企业应按 CJJ 88 的规定对供热系统进行管理。

6.2.2 供热经营企业应制定安全技术操作规程及相关的安全管理制度，并应定期更新；应建立应急预案管理体系，并应定期组织演练。

6.2.3 供热经营企业应对生产岗位工作人员定期进行技术培训，并应按国家相关规定持证上岗。

6.2.4 供热经营企业应按规定设置安全和警示标志。

6.2.5 供热经营企业应指导热用户科学安全用热，并应向热用户发放供热安全使用手册。供热安全使用手册应包括下列内容：

a) 安全用热的基本知识；

b) 供热使用的安全条件；

c) 热用户用热的权利、责任和义务；

d) 供热经营企业的责任和义务；

e) 热用户应遵循的正确、科学用热行为；

f) 保障供热使用安全所要求的事项；

g) 防范和处置供热事故的方法；

h) 违法用热的危害及后果。

6.2.6 热用户在供暖期前应对室内自用供暖设施进行检查，并应对存在隐患的室内自用供暖设施及时进行整改。

6.3 检修与维修

6.3.1 供热经营企业应建立供热设施巡检制度。当发现存在隐患的供热设施时，应及时处理，消除隐患。

6.3.2 因热用户自身原因导致供热设施损坏或影响正常供热时，维修人员应向热用户解释原因并要求其及时修复。

6.3.3 供热经营企业应热用户要求对室内自用供暖设施进行维修时，应事先向热用户明示维修项目、收费标准、消耗材料等清单，经热用户签字确认后实施维修。

6.4 应急处置

6.4.1 供热经营企业应对自然灾害、极端气候、社会治安、生产事故等严重影响正常供热服务的事件制定应急预案，并应遵照执行。

6.4.2 应急预案应包括组织机构、应急响应措施、应急保障等内容。

6.4.3 供热经营企业应建立与供热安全管理相适应的应急抢修队伍，并应配备应急抢修设备、物资、车辆及通讯设备等。供暖期间应实行 24 h 全天应急备勤。

6.4.4 供热经营企业应按 CJJ 203 的规定对发生故障的供热设施进行抢修。

6.4.5 当因故障临时中断供热时，供热经营企业应采取下列措施：

a) 供热管道发生泄漏或突发性事件造成停热时，应连续进行抢修，直至修复投用；

b) 当预计停热时间超过 24 h 以上时，应通过新闻媒体等渠道及时告知受影响热用户及交通、城管等相关部门，通知内容应包括停热原因、停热范围、停热开始时间、预计恢复供热时间、抢修路段等，再次停热或超时停热时应再次通知热用户；

c) 当供热设施发生突发性故障需立即实施抢修时，供热经营企业可先行进行抢修，之后再告知新闻媒体以及相关单位,相关单位和热用户应予以配合。

6.4.6 当发生供热设施泄漏等紧急情况需实施入户抢险、抢修作业,且无法联系到热用户时,应通知当地公安部门予以配合。

7 业务与信息

7.1 人员

7.1.1 供热经营企业的服务人员应进行岗位培训。

7.1.2 服务人员应统一着装、统一标识、统一服务用语、统一工作规范、统一作业流程。

7.1.3 服务人员应着装整洁、举止文明、用语规范、熟悉业务、遵守职业道德、有较好的沟通能力及服务技巧,宜使用普通话。

7.1.4 上门服务应实行预约制度,并应符合下列要求:

a) 服务人员应携带工具箱和鞋套;
b) 在搬动热用户物品时应轻拿轻放;
c) 服务完成后应清理现场,并应带走作业垃圾;
d) 作业记录应准确,并应请热用户签字确认。

7.1.5 服务人员在上门服务完成或解决投诉问题后应进行信息反馈。信息反馈内容应包括服务人员姓名、热用户信息、处置时间、处置结果、热用户满意度等。

7.2 信息

7.2.1 供热经营企业应建立服务信息系统,满足热用户查询、咨询、预约、投诉、交费等业务需求。

7.2.2 供热经营企业应建立健全热用户服务档案。

7.2.3 供热经营企业应向热用户公布供热服务信息,并可包括下列内容:

a) 政策法规;
b) 服务承诺;
c) 客服热线;
d) 供热时间;
e) 供热质量;
f) 收费标准;
g) 供用热双方的权利与义务;
h) 报修电话。

7.2.4 信息服务可包括下列提供渠道:

a) 电子服务平台,可包括供热经营企业网站及短信、微博、微信等;
b) 电话、传真和自助终端设施;
c) 营业及维修站点;
d) 热费账单;
e) 供热安全使用手册及其他宣传材料;
f) 电视、报纸及其他媒体。

7.2.5 信息服务渠道应保持畅通,并应根据供热规模的发展及时满足热用户需要。

7.3 服务场所

7.3.1 服务场所应安全、整洁、布局合理,可设置值班、储物、休息等区域。服务窗口应设置服务内容公示牌。

7.3.2 服务场所外应设置规范的标志和营业时间牌，内部应设置意见箱或意见簿，并应按7.2.3的规定明示供热服务信息。

7.3.3 服务场所应向热用户提供查询相关资料的方式，可设置热用户自助查询的计算机终端。

7.3.4 服务窗口宜安装实时录音及图像装置。

7.3.5 当因特殊原因影响业务办理时，应张贴通知公告。

7.4 业务受理

7.4.1 在受理申请用热业务时，服务人员应明确向申请人说明需提供的相关资料，办理业务流程、相关收费项目和标准，以及政策依据。

7.4.2 供热经营企业对用热申请的审核应在规定时限内进行受理。

7.4.3 供热经营企业不应拒绝符合用热条件的用热申请者。对超出供热专营区域供热管道负荷能力的用热申请者，应告知原因和解决建议。

7.4.4 供热经营企业应与热用户签订供用热合同。供用热合同除应符合国家对于供用热合同的规定外，还可包括下列内容：

a) 供热的种类、质量和相关数据；

b) 热用户的计费标准、违约责任及滞纳金标准；

c) 供热设施安装、维修、更新的责任；

d) 供热经营企业免费服务的项目、内容；

e) 双方约定的其他供热服务细节。

7.4.5 办理增、减、停、复热等业务时，供热经营企业应核实热用户提交的相关资料，做好备查登记，并依据相关政策及标准进行热费结算。

7.5 投诉处理

7.5.1 供热经营企业应建立供热服务投诉接待管理制度，并应为热用户提供多种方式的投诉渠道。

7.5.2 供热经营企业应设客户服务热线，并应设专人24 h接待热用户的电话投诉，对投诉处理情况应全程记录。

7.5.3 供热经营企业受理热用户投诉后应在1 h内做出响应。

7.5.4 供热经营企业应在当地供热主管部门规定的时间内办结热用户的投诉。在规定处理期限内不能办结的投诉，应向热用户说明原因，并应确定解决时间。因非供热经营企业原因无法处理的，应向投诉人做出解释。

7.6 室温抽测

7.6.1 供暖期内供热经营企业应建立热用户室内供暖温度抽测制度，并应定期对用户室内供暖温度进行检测。

7.6.2 室温抽测结果应由检测员和热用户当场签字，不应随意填写或改写。

7.6.3 室温抽测点的选择应综合考虑热用户与热源或热力站的距离，以及不同楼栋、不同朝向、不同楼层等因素。

7.6.4 室温抽测应按下列要求进行：

a) 应在正常供热时进行；

b) 应记录测量环境的即时状态；

c) 应在关闭户门和外窗 30 min 后进行；

d) 抽测时散热装置应无覆盖物；

e) 传感器应避免阳光直射或其他冷、热源干扰；

f) 读数时检测员不应走动。

7.7 查表收费

7.7.1 对未安装热计量表、热费按房屋建筑面积收取的热用户，房屋面积应按房屋产权证面积为基数进行计算。

7.7.2 对安装热计量表、热水表的热用户，供热经营企业应按约定的时间周期抄表。

7.7.3 热费价格调整时，供热经营企业应及时告知热用户。

7.8 报修

7.8.1 供热经营企业应合理设置维修网点并公布维修电话，供暖期内应安排维修人员 24 h 值班，及时处置热用户的报修。

7.8.2 供热经营企业服务人员接到热用户报修后，应在 1 h 内回复热用户，并应与其约定上门服务时间。

8 文明施工

8.1 施工应保障人员安全，并应采取有效措施减少对交通的影响，保护周边环境。

8.2 施工期间应合理安排施工工序和施工工艺，选用耗能较少的施工工艺，降低施工设备能耗。

8.3 施工应在现场设立公示牌，并应注明工程名称、施工单位、施工路段、工期、项目负责人和联系电话。

8.4 施工现场应采取安全措施，悬挂安全标志，并应设置安全围挡和警示灯。

8.5 施工现场噪声排放值应符合 GB 12523 的规定。

8.6 施工现场污水排放应符合 CJ 343 的要求。

8.7 施工现场应采取防止扬尘的措施。施工结束后，应立即清扫，不应留有废料和污迹。

8.8 施工结束后，应及时恢复因施工破坏的市政设施。

9 保险与理赔

9.1 供热经营企业宜设立公众责任保险。

9.2 损失发生后，供热经营企业应第一时间通知保险公司到达现场，和热用户共同清点损失物品、确定损失程度，并应留有影像资料。

9.3 当造成用户或第三者人身伤亡时，供热服务人员应立即拨打出险报警及急救电话，将伤者就近送至医院；报险时应告知保险公司伤者所在医院，并应保留好现场照片和相关医疗票据。

9.4 保险承保范围及赔偿应以保单为准。应由供热经营企业赔付的，双方就赔偿数额达成一致后，应在 30 个工作日内将赔偿款交付受损热用户。

9.5 供热经营企业在下列情况之一时不应承担赔偿责任：

a) 热用户自行拆改过的设施发生事故或故障所造成的损失；

b) 建设单位负责维保期间发生的事故，应由建设单位进行抢修并承担责任；

c) 间接损失。

9.6 供热服务人员应配合保险公司调查取证工作，并应妥善保存属于理赔范围的损坏部件，取得相关方同意之后再行处理。

9.7 供热服务人员接到理算报告后，应及时将理算金额通知受损热用户。

10 服务质量评价

10.1 评价方式

供热服务质量的评价应实行企业自我评价和社会评价结合的方式。

10.2 自我评价

供热经营企业应依据本标准建立供热服务质量自我评价体系。供热经营企业自我评价可按GB/T 19001的规定实施。

10.3 社会评价

10.3.1 社会评价应包括以下内容：

a) 定期开展热用户满意度测评；

b) 政府主管部门、协会、社会评价机构以及消费者组织等对供热服务质量进行的评价；

c) 利用媒体公布供热服务质量评价结果。

10.3.2 评价数据可由以下渠道获得：

a) 市民信访、投诉；

b) 社会评价及调查机构对供热服务质量进行的评价；

c) 热用户调查、专项服务项目咨询、社会征求意见、专家评议以及对企业服务窗口的调查。

10.4 评价指标

10.4.1 供热设施抢修响应率应按式(1)计算：

$$Q=\frac{n}{N}\times 100\% \qquad \cdots\cdots(1)$$

式中：

Q ——供热设施抢修响应率；

n ——规定时间内抢修合格次数；

N ——抢修总次数。

10.4.2 投诉处理及时率应按式(2)计算：

$$P=\frac{t}{T}\times 100\% \qquad \cdots\cdots(2)$$

式中：

P ——投诉处理及时率；

t ——规定时间内及时处理投诉次数；

T ——合理投诉总次数。

10.4.3 投诉办结率应按式(3)计算：

$$B=\frac{m}{T}\times 100\% \qquad \cdots\cdots(3)$$

式中：

B ——投诉办结率；

m ——规定时间内投诉办结次数。

10.4.4 报修处理响应率应按式(4)计算：

$$R_1 = \frac{w_1}{W} \times 100\% \qquad \cdots\cdots(4)$$

式中：

R_1——报修处理响应率；

w_1——规定时间内报修处理响应次数；

W ——报修处理总次数。

10.4.5 报修处理及时率应按式(5)计算：

$$R_2 = \frac{w_2}{W} \times 100\% \qquad \cdots\cdots(5)$$

式中：

R_2——报修处理及时率；

w_2——规定时间内报修及时处理次数。

10.4.6 供热经营企业应定期向热用户公布供热设施抢修响应率、投诉处理及时率、投诉办结率、报修处理响应率和报修处理及时率数据。

10.4.7 评价指标目标值见表1。

表1 评价指标目标值

评价指标	计算方法	目标值
供热设施抢修响应率	10.4.1	100%
投诉处理及时率	10.4.2	100%
投诉办结率	10.4.3	≥95%
报修处理响应率	10.4.4	100%
报修处理及时率	10.4.4	≥98%

ICS 91.140.10
P 46

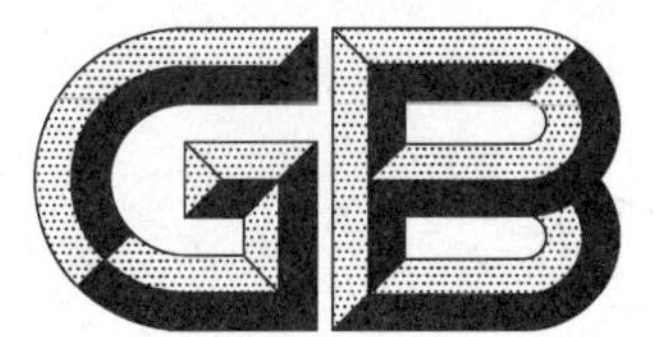

中华人民共和国国家标准

GB/T 34187—2017

城镇供热用单位和符号

Units and symbols for urban heating

2017-09-07 发布 2018-08-01 实施

中华人民共和国国家质量监督检验检疫总局
中国国家标准化管理委员会 发布

前　言

本标准按照 GB/T 1.1—2009 给出的规则起草。

本标准由中华人民共和国住房和城乡建设部提出。

本标准由全国城镇供热标准化技术委员会(SAC/TC 455)归口。

本标准起草单位:中国城市建设研究院有限公司、中国市政工程华北设计研究总院有限公司、北京市煤气热力工程设计院有限公司、中国中元国际工程公司、哈尔滨工业大学、北京市热力工程设计有限责任公司、北京市热力集团有限责任公司、唐山市热力工程设计院、唐山市热力总公司、沈阳惠天热电股份有限公司、北京市公用事业科学研究所、昊天节能装备有限责任公司、北京豪特耐管道设备有限公司、沈阳佳德联益能源科技股份有限公司。

本标准主要起草人:钱琦、周游、张磊、周立标、刘江涛、杨宏斌、李春林、邹平华、牛小化、张书臣、魏明浩、郭华、栾晓伟、白冬军、郑中胜、周抗冰、王魁林。

城镇供热用单位和符号

1 范围

本标准规定了城镇供热领域中常用的单位和符号。

本标准适用于城镇供热行业工程建设、产品制造、文献出版所使用的单位和符号。

2 常用单位和符号

常用单位和符号应按表 1 的规定执行。

表 1 常用单位和符号

序号	量的名称	量的符号	单位		说明
			名称	符号	
1	热负荷	Q	兆瓦[特]	MW	单位时间内热用户(或用热设备)的需热量(或耗热量)
1.1	设计热负荷	Q_d	兆瓦[特]	MW	给定设计条件下的热负荷
1.2	最大热负荷	Q_{max}	兆瓦[特]	MW	实际条件下可能出现的热负荷的最大值
1.3	实时热负荷	Q_{ac}	兆瓦[特]	MW	供热系统不同时间实际发生的热负荷
1.4	基本热负荷	Q_b	兆瓦[特]	MW	由基本热源供给的最大热负荷
1.5	尖峰热负荷	Q_p	兆瓦[特]	MW	基本热源供热能力不能满足时,由尖峰热源提供的,实时热负荷与基本热负荷差额
1.6	平均热负荷	Q_{ave}	兆瓦[特]	MW	对应室外采暖平均温度下的热负荷
1.7	供暖热负荷	Q_h	兆瓦[特]	MW	维持供暖房间在要求温度下的热负荷
1.8	通风热负荷	Q_v	兆瓦[特]	MW	加热从通风系统进入室内的空气的热负荷
1.9	空调热负荷	Q_a	兆瓦[特]	MW	与空气调节室外计算气象参数对应的热负荷
1.10	生活热水热负荷	Q_w	兆瓦[特]	MW	制备生活热水需要的热负荷
1.11	生产工艺热负荷	Q_{pr}	兆瓦[特]	MW	生产工艺过程中,用热设备需要的热负荷
2	面积热指标	q	瓦[特]每平方米	W/m^2	单位建筑面积的设计热负荷
2.1	供暖热指标	q_h	瓦[特]每平方米	W/m^2	单位建筑面积的供暖设计热负荷
2.2	通风热指标	q_v	瓦[特]每立方米	W/m^3	单位建筑物外围体积在单位室内外设计温差下的通风设计热负荷

表 1（续）

序号	量的名称	量的符号	单位		说明
			名称	符号	
2.3	空调热指标	q_a	瓦[特]每平方米	W/m²	与空气调节室外计算气象参数对应的单位建筑面积热负荷
2.4	生活热水供应热指标	q_w	瓦[特]每平方米	W/m²	单位建筑面积的生活热水供应平均热负荷
3	供暖体积热指标	q_{vol}	瓦[特]每立方米	W/m³	单位建筑物外围体积在单位室内外设计温差下的供暖设计热负荷
4	综合供暖热指标	q_{ave}	瓦[特]每平方米	W/m²	按不同建筑物的热指标，按面积加权平均后的数值
5	年耗热量	Q^a	吉焦[耳] 每年	GJ/a	热用户或者供热系统一年内的总耗热量
5.1	供暖年耗热量	Q^a_h	吉焦[耳]每年	GJ/a	采暖热用户在一个供暖期内的总耗热量
5.2	通风年耗热量	Q^a_v	吉焦[耳]每年	GJ/a	通风热用户在一个供暖期内的总耗热量
5.3	空调年耗热量	Q^a_a	吉焦[耳]每年	GJ/a	空调热用户在一年内的总耗热量
5.4	热水供应年耗热量	Q^a_w	吉焦[耳]每年	GJ/a	热水供应热用户在一年内的总耗热量
6	供热量	Q_s	吉焦[耳]	GJ	热源在一定时间内输出的热量之和
7	最大热负荷利用[小]时数	n	[小]时	h	在一定时间（供暖期或年）内总耗热量按设计热负荷折算的工作小时数
8	平均热负荷系数	ε	一	1	供热区域平均热负荷占设计热负荷的份额，为$\frac{Q_{ave}}{Q_d}$
9	热化系数	α	一	1	热电联产的额定供热能力占供热区域设计热负荷的份额
10	供热半径	r	米	m	热源至最远热用户的管道沿程长度
11	供热面积	A	平方米	m²	供暖建筑物的建筑面积
12	集中供热普及率	ψ	百分率	%	特定范围内，集中供热的供热面积与总供暖建筑物的建筑面积的百分比

注 1：表中部分计量单位为使用方便及习惯使用，采用 SI 单位的倍数单位。使用过程中可通过 SI 单位的倍数单位适当选择，使数值处于实用范围内。

注 2：无量纲的量计量单位名称采用数字一，符号采用 1。

注 3：单位的最大值可用下标 max、最小值可用下标 min 表示，表中不再单独列出。

注 4：无方括号的量的名称与单位名称均为全称。方括号中的字，在不致引起混淆、误解的情况下可以省略。去掉方括号中的字即为其名称的简称。

3 热源用单位和符号

热源用单位和符号应按表2的规定执行。

表2 热源用单位和符号

序号	量的名称	量的符号	单位		说明
			名称	符号	
1	额定热功率	Q_0	兆瓦[特]	MW	热水锅炉在额定参数(压力、温度)、额定流量、使用设计燃料并保证热效率时单位时间的连续产热量
2	额定出水压力	P_0	兆帕[斯卡]	MPa	保证热水锅炉正常工作的最高压力
3	额定出口温度	t_s	摄氏度	℃	热水锅炉在额定工况下的设计出口处温度
4	额定进口温度	t_r	摄氏度	℃	热水锅炉在额定工况下的设计进口处温度
5	额定蒸发量	D	吨每[小]时	t/h	蒸汽锅炉在额定参数(如蒸汽压力、蒸汽温度)、额定给水温度、使用设计燃料并保证热效率时单位时间的连续蒸发量
6	额定出口蒸汽压力	P	兆帕[斯卡]	MPa	蒸汽锅炉在规定的给水压力和负荷范围内、长期连续运行所必须保证的锅炉出口的蒸汽压力
7	额定出口蒸汽温度	t	摄氏度	℃	蒸汽锅炉在规定的给水压力和负荷范围内、在额定出口蒸汽压力下,长期连续运行所能保证的锅炉出口的蒸汽温度
8	锅炉热效率	η	百分率	%	单位时间内锅炉有效利用热量与所消耗燃料输入低位热量的百分比
9	固体(或液体)燃料耗量	B	千克每[小]时	kg/h	热源运行时,单位时间内固体、液体燃料消耗量
10	气体燃料耗量	B_g	立方米每[小]时	m^3/h	热源运行时,单位时间内气体燃料消耗量
11	耗电量	B_e	千瓦[特][小]时	kW·h	热源运行时,电能消耗量
12	耗水量	B_w	立方米每[小]时	m^3/h	热源运行时,单位时间内水的消耗量

注1:表中部分计量单位为使用方便及习惯使用,采用SI单位的倍数单位。使用过程中可通过SI单位的倍数单位适当选择,使数值处于实用范围内。

注2:单位的最大值可用下标max、最小值可用下标min表示,表中不再单独列出。

注3:无方括号的量的名称与单位名称均为全称。方括号中的字,在不致引起混淆、误解的情况下可以省略。去掉方括号中的字即为其名称的简称。

4 管网用单位和符号

管网用单位和符号应按表3的规定执行。

表3 管网用单位和符号

序号	量的名称	量的符号	单位		说明
			名称	符号	
1	设计压力	P^{d}	兆帕[斯卡]	MPa	设计工况下供热管道或设备承受的压力
2	工作压力	P^{w}	兆帕[斯卡]	MPa	运行工况下供热管道或设备承受的压力
3	工作温度	t^{w}	摄氏度	℃	运行工况下供热管道或设备承受的温度
4	设计供水温度	t_{s}^{d}	摄氏度	℃	设计工况下所选定的供水温度
5	设计回水温度	t_{r}^{d}	摄氏度	℃	设计工况下所选定的回水温度
6	实际供水温度	t_{s}	摄氏度	℃	运行时的供水温度
7	实际回水温度	t_{r}	摄氏度	℃	运行时的回水温度
8	管网设计流量	G^{d}	立方米每[小]时	m^{3}/h	设计工况下用来选择供热管网各管段管径及计算管网阻力损失的流量
9	管网实际流量	G	立方米每[小]时	m^{3}/h	实际运行时供热管网各管段通过的流量
10	一级网供水温度	t_{1s}	摄氏度	℃	热源供给热力站的热水温度
11	一级网回水温度	t_{1r}	摄氏度	℃	从热力站返回热源的热水温度
12	一级网水温差	Δt_{1}	摄氏度	℃	$t_{1s}-t_{1r}$
13	一级网供水压力	P_{1s}	兆帕[斯卡]	MPa	热源出口处的热水压力
14	一级网回水压力	P_{1r}	兆帕[斯卡]	MPa	热源入口处的热水压力
15	二级网热力站供水温度	t_{2s}	摄氏度	℃	热力站出口处二级网供水管水温
16	二级网热力站回水温度	t_{2r}	摄氏度	℃	热力站出口处二级网回水管水温
17	二级网供回水温差	Δt_{2}	摄氏度	℃	$t_{2s}-t_{2r}$
18	二级网供水压力	P_{2s}	兆帕[斯卡]	MPa	热力站出口处二级网供水管压力
19	二级网回水压力	P_{2r}	兆帕[斯卡]	MPa	热力站出口处二级网回水管压力
20	热损失	ΔQ	瓦[特]	W	单位时间内,管道、管路附件或设备向周围环境散失的热量
21	单位面积热损失	ΔQ_{A}	瓦[特]/平方米	W/m^{2}	单位时间内,以每平方米绝热外层表示的散热损失量
22	单位长度热损失	ΔQ_{L}	瓦[特]/米	W/m	单位时间内,以每米长管道表示的散热损失量
23	温度降	t_{Δ}	摄氏度	℃	供热介质温度的降低值

表 3（续）

序号	量的名称	量的符号	单位		说明
			名称	符号	
24	压力降	P_{Δ}	帕[斯卡]	Pa	供热介质的压力损失值
25	比摩阻	R	帕[斯卡]每米	Pa/m	供热管道单位长度沿程阻力损失
26	平均比摩阻	R_{ave}	帕[斯卡]每米	Pa/m	供热管道单位长度沿程阻力损失的平均值
27	经济比摩阻	R_{eco}	帕[斯卡]每米	Pa/m	用技术经济分析的方法，根据供热系统在规定的补偿年限内年总计算费用最小的原则确定的平均比摩阻
28	局部阻力当量长度	L_{eq}	米	m	将管道局部阻力折算为同管径沿程阻力的直管道长度
29	局部阻力系数	ξ	—	1	流体流经设备及管道附件所产生的局部阻力与相应动压的比值。用于计算流体受局部阻力作用时的能量损失
30	管路阻力特性系数	S	帕[斯卡]每立方米每[小]时二次方	$Pa/(m^3/h)^2$	单位水流量下管路的阻力损失
31	混水系数	u	—	1	混水装置中局部系统的回水量与混合前供热管网的供水流量的比值
32	水力稳定性系数	C_{st}	—	1	热水供热系统中热力站(或热用户)的规定流量和工况变化后可能达到的最大流量的比值
33	水力失调度	C_m	—	1	热水供热系统水力失调时，热力站(或热用户)的规定流量与实际流量之比值
34	补水量	G_m	立方米每[小]时	m^3/h	为保证供热系统内必须的工作压力，单位时间内向热水供热系统补充的水量
35	补水率	ω	百分率	%	热水供热系统单位时间的补水量占系统循环流量的百分比值
36	凝结水量	G_c	立方米每[小]时	m^3/h	蒸汽供热系统热用户用热后，蒸汽冷凝形成的凝结水的流量
37	凝结水回收率	ψ_c	百分率	%	凝结水回收系统回收的凝结水量与其从蒸汽供热系统获取的蒸汽流量之百分比
38	水溶解氧含量	O_x	毫克每升	mg/L	热源给水或补水中氧气含量
39	水硬度	H_0	毫摩尔每升	mmol/L	热源给水或补水中钙、镁离子的总浓度，其中包括碳酸盐硬度和非碳酸盐硬度

表 3（续）

序号	量的名称	量的符号	单位		说明
			名称	符号	
40	外护管外径	D_p	毫米	mm	包括外保护厚度、保温材料厚度、壁厚度在内的输送供热介质的管道的外缘直径
41	工作管内径	D_i	毫米	mm	输送供热介质的管道内缘直径
42	工作管外径	D_o	毫米	mm	包括壁厚度在内的输送供热介质的管道外缘直径
43	保温层外径	D_{ex}	毫米	mm	包括保温材料厚度、壁厚度在内的输送供热介质的管道的外缘直径
44	保温层厚度	δ	毫米	mm	管道保温材料(包含空气层)厚度
45	管道中心线自然环境温度	t_c	摄氏度	℃	供热管道中心线深度处的自然环境温度，用来计算管道热损失
46	保温层外表面温度	t_e	摄氏度	℃	保温层最外的表面温度
47	管顶覆土深度	H	米	m	管道保温结构顶部至地表的距离
48	管道中心覆土深度	H_c	米	m	地表至管道中心线的距离
49	管道轴向荷载	W_{ax}	千牛[顿]	kN	沿管道轴线方向的各种合成作用力
50	管道水平荷载	W_h	千牛[顿]	kN	管道水平方向的荷载。包括轴向水平荷载和侧向水平荷载
51	管道垂直荷载	W_v	千牛[顿]	kN	管道承受的垂直方向的荷载。包括管道自重和其他外荷载在垂直方向的分力
52	管道自重	W_0	千牛[顿]每米	kN/m	单位长度管道、管路附件、保温结构和管内介质的自身重力总和
53	管道内压不平衡力	ΔF	千牛[顿]	kN	管道上设置异径管、补偿器、弯头、阀门及堵板等管路附件处，由于横截面面积或流向发生变化，这些部件上承受的介质压力引起的作用力
54	补偿器反力	F_R	千牛[顿]	kN	由于弯管补偿器、波纹管补偿器、自然补偿管段等的弹性力或由于套筒补偿器摩擦力等对管道产生的作用力
55	单位长度摩擦力	F_L	千牛[顿]每米	kN/m	保温管的外护管与管外土体(或滑动支架)之间沿轴线方向单位长度的摩擦力
56	固定支座(架)轴向推力	F_{ax}	牛[顿]	kN	沿管道轴线方向施加给固定支座(架)的作用力
57	固定支座(架)侧向推力	F_s	牛[顿]	kN	水平面上垂直于管道轴线方向施加给固定支座(架)的作用力

表 3（续）

序号	量的名称	量的符号	单位		说明
			名称	符号	
58	固定支座(架)水平推力	F_h	牛[顿]	kN	沿水平方向施加给固定支座(架)的作用力。包括轴向力和侧向力
59	作用力抵消系数	K_c	—	1	固定支座两侧管段方向相反的作用力合成时，荷载较小方向作用力所乘的小于或等于1的系数
60	计算安装温度	t_i	摄氏度	℃	计算所采用的供热管道安装时当地温度
61	工作循环最高计算温度	$t_{o,max}$	摄氏度	℃	计算二次应力和管道热伸长量时所利用的管道循环计算最低温度
62	工作循环最低计算温度	$t_{o,min}$	摄氏度	℃	计算二次应力和管道热伸长量时所利用的最低计算温度
63	管道挠度	Y_s	毫米	mm	在弯矩作用平面内，管道轴线上某点由挠曲引起的垂直于轴线方向的线位移
64	固定支座间距	L_f	米	m	两相邻固定支座中心线之间的距离
65	活动支座间距	L_m	米	m	两相邻活动支座中心线之间的距离
66	过渡段长度	L_p	米	m	直埋管道升温时，受摩擦力作用形成的由锚固点至活动端的管段长度
67	弯头变形段长度	L_e	米	m	温度变化时，弯头两臂产生侧向位移的管段长度
68	管壁横截面积	A	平方米	m^2	供热管道的管壁横截面积
69	工作管计算壁厚	δ_c	毫米	mm	管道在设计压力、温度下，理论计算的最小壁厚
70	土壤压缩反力系数	C_0	牛[顿]每三次方米	N/m^3	由于管段横向位移，使土壤随横向压缩变形，土对管道产生压缩反作用力
71	活动端对管道伸缩阻力	F_f	牛[顿]	N	直埋管道受热时，管道上补偿器和弯管等能补偿热位移的部位对管道伸缩的阻力
72	预热管段长度	L_{pr}	米	m	预热管段长度，用于计算预热管段热伸长量
73	转角管段计算臂长	L_{c1}、L_{c2}	米	m	水平转角管段的计算臂长
74	转角管段平均计算臂长	L_{cm}	米	m	水平转角管段的平均计算臂长，即 $L_{cm}=\frac{L_{c1}+L_{c2}}{2}$
75	竖向转角管段变形段长度	L_{td}	米	m	竖向转角管段在臂长为过渡段长度时的变形段长度

表 3（续）

序号	量的名称	量的符号	单位		说明
			名称	符号	
76	管段热伸长量	ΔL	毫米	mm	直埋管道由于温度上升变化引起的热膨胀量
77	锚固段轴向力	$F_{r,ax}$	千牛[顿]	kN	直埋管道在工作循环最高温度下，锚固段内的轴向力
78	计算截面最大轴向力	$F_{s,max}$	千牛[顿]	kN	管道工作循环最高温度下，考虑活动端对管道伸缩阻力后，计算截面距活动端距离与管道最大单长摩擦力相对应的轴向力
79	计算截面最小轴向力	$F_{s,min}$	千牛[顿]	kN	管道工作循环最高温度下，考虑活动端对管道伸缩阻力后，计算截面距活动端距离与管道最小单长摩擦力相对应的轴向力
80	弯头曲率半径	R_b	米	m	管道中心到弯头圆心的距离
81	固定支座承受推力减小值	F'	千牛[顿]	kN	当固定支座受力产生微量位移时，固定支座承受的推力减小值
82	工作管径向最大变形量	ΔX	毫米	mm	工作管受到较大静土压和机动车动土压时，管道出现的最大径向形变量
83	转角管段折角	ϕ	弧度	rad	转角管段的折角角度
84	屈服温差	ΔT_y	摄氏度	℃	直埋供热管道在满足安定性条件下进入塑性屈服时的温度与计算安装温度的差值

注 1：表中部分计量单位为使用方便及习惯使用，采用 SI 单位的倍数单位。使用过程中可通过 SI 单位的倍数单位适当选择，使数值处于实用范围内。

注 2：单位的最大值可用下标 max、最小值可用下标 min 表示，表中不再单独列出。

注 3：无方括号的量的名称与单位名称均为全称。方括号中的字，在不致引起混淆、误解的情况下可以省略。去掉方括号中的字即为其名称的简称。

注 4：无量纲的量计量单位名称采用数字一，符号采用 1。

5 主要设备用单位和符号

主要设备用单位和符号应按表 4 的规定执行。

表 4 主要设备用单位和符号

序号	量的名称	量的符号	单位		说明
			名称	符号	
1	换热器传热系数	K	瓦[特]每平方米摄氏度	W/(m^2·℃)	换热器冷、热流体之间单位温差作用下，单位面积通过的热流量

表 4（续）

序号	量的名称	量的符号	单位		说明
			名称	符号	
2	换热器换热面积	A	平方米	m^2	换热器中实际参与热交换的面积
3	换热器污垢修正系数	β	一	1	换热表面污垢影响的传热系数与相同条件下清洁换热表面的传热系数之比值
4	泵流量	G	立方米每[小]时	m^3/h	单位时间内，水泵输送液体的体积
5	泵扬程	H	米	m	用被送流体柱高度表示的单位体积液体通过水泵后获得的机械能
6	风机风量	G_f	立方米每[小]时	m^3/h	单位时间内，风机输送气体的体积
7	风机风压	P	帕[斯卡]	Pa	用被送气体压头表示的单位质量气体通过风机后获得的机械能
8	泵(或风机)功率	N	千瓦[特]	kW	单位时间内，水泵(或风机)输送一定流量、扬程(风压)的流体所需的功
9	泵(或风机)转数	n	转每分	r/min	泵(或风机)轴每分钟的旋转次数
10	补偿器疲劳次数	X	一	1	补偿器产生裂纹或断裂的应力循环次数
11	补偿器补偿量	X_0	毫米	mm	补偿器所能承担的最大补偿量
12	补偿器刚度	K_x	牛[顿]每毫米	N/mm	补偿器在伸长 1 mm 所产生的弹性力
13	阀门流量系数	K_v	一	1	阀门在全开状态下，两端压差为 10^5 Pa，流体密度为 1 g/cm^3 时，流经阀门的以 m^3/h 计的流量数值
14	阀权度	S	一	1	阀门处于全开，通过设计流量时的压差与处于全关时的压差之比
15	减压阀压力调节范围	$[\Delta P]$	兆帕[斯卡]	MPa	指减压阀输出压力的可调范围，在此范围内要求达到规定的精度
16	设备(阀)前压力	P_1	兆帕[斯卡]	MPa	除污器、疏水器、汽动泵、减压阀等设备或阀入口压力
17	设备(阀)后压力	P_2	兆帕[斯卡]	MPa	除污器、疏水器、汽动泵、减压阀等设备或阀出口压力
18	名义工况性能系数	COP	一	1	在标准规定名义工况下，机组以同一单位表示的制冷量(或制热量)除以总输入电功率得出的比值

注 1：表中部分计量单位为使用方便及习惯使用，采用 SI 单位的倍数单位。使用过程中可通过 SI 单位的倍数单位适当选择，使数值处于实用范围内。

注 2：单位的最大值可用下标 max、最小值可用下标 min 表示，表中不再单独列出。

注 3：无方括号的量的名称与单位名称均为全称。方括号中的字，在不致引起混淆、误解的情况下可以省略。去掉方括号中的字即为其名称的简称。

注 4：无量纲的量计量单位名称采用数字一，符号采用 1。

6 通用单位和符号

城镇供热工程通用单位和符号应按表5的规定执行。

表5 通用单位和符号

序号	量的名称	量的符号	单位	
			名称	符号
1	[平面]角	$\alpha,\beta,\gamma,\theta,\varphi$	弧度	Rad
			度	°
2.1	长度	l,L	米	m
2.2	宽度	b	米	m
2.3	高度	h	米	m
2.4	厚度	d,δ	米	m
2.5	半径	r,R	米	m
2.6	直径	d,D	米	m
2.7	距离	d,r	米	m
3	面积	$A,(S)$	平方米	m^2
4	体积	V	立方米	m^3
5	时间， 时间间隔， 持续时间	t	秒	s
			分	min
			[小]时	h
			日，(天)	d
			年	a
6	速度	υ c u,υ,ω	米每秒	m/s
7.1	加速度	a	米每二次方秒	m/s^2
7.2	自由落体加速度 重力加速度	g		
8	质量	m	千克(公斤)	kg
			吨	t
9	体积质量， [质量]密度	ρ	千克每立方米	kg/m^3
			吨每立方米	t/m^3
			千克每升	kg/L
10	转动惯量，(惯性矩)	$J,(I)$	千克二次方米	$kg \cdot m^2$
11	动量	p	千克米每秒	$kg \cdot m/s$
12.1	力	F	牛[顿]	N
12.2	重量	$W,(P,G)$		

表 5（续）

序号	量的名称	量的符号	单位	
			名称	符号
13	力矩	M	牛[顿]米	N·m
14.1	压力,压强	p	帕[斯卡]	Pa
14.2	正应力	σ		
14.3	切应力	τ		
15	线应变,(相对变形)	ε, e	—	1
16	泊松比,泊松数	μ, ν	—	1
17	弹性模量	E	帕[斯卡]	Pa
18	截面二次矩,截面二次轴距,(惯性矩)	$I_a,(I)$	四次方米	m^4
19.1	动摩擦因数	$\mu,(f)$	—	1
19.2	静摩擦因数	$\mu_s,(f_s)$		
20	[动力]黏度	$\eta,(\mu)$	帕[斯卡]秒	Pa·s
21	运动黏度	ν	二次方米每秒	m^2/s
22	质量流量	q_m	千克每秒	kg/s
23	体积流量	q_V	立方米每秒	m^3/s
24	功率	P	瓦[特]	W
25	效率	η	—	1
26	热力学温度	$T,(\Theta)$	开尔文	K
27	摄氏温度	t, θ	摄氏度	℃
28	热,热量	Q	焦[耳]	J
29	热流量	Φ	瓦[特]	W
30	面积热流量,热流[量]密度	q, φ	瓦[特]每平方米	W/m^2
31	热导率,(导热系数)	$\lambda,(\kappa)$	瓦[特]每米开[尔文]	W/(m·K)
32.1	传热系数	$K,(k)$	瓦[特]每平方米开[尔文]	$W/(m^2 \cdot K)$
32.2	表面传热系数	$h,(\alpha)$		
33	热阻	R	开[尔文]每瓦[特]	K/W
34	热容	C	焦[耳]每开[尔文]	J/K
35.1	质量热容,比热容	c	焦[耳]每千克开[尔文]	J/(kg·K)
35.2	质量定压热容,比定压热容	c_p		
35.3	质量定容热容,比定容热容	c_V		

表 5（续）

序号	量的名称	量的符号	单位	
			名称	符号
36.1	能[量]	E	焦[耳]	J
36.2	焓	H		
37	质量焓，比焓	h	焦[耳]每千克	J/kg

注 1：表中部分计量单位为使用方便及习惯使用，采用 SI 单位的倍数单位。使用过程中可通过 SI 单位的倍数单位适当选择，使数值处于实用范围内。

注 2：单位的最大值可用下标 max、最小值可用下标 min 表示，表中不再单独列出。

注 3：无方括号的量的名称与单位名称均为全称。方括号中的字，在不致引起混淆、误解的情况下可以省略。去掉方括号中的字即为其名称的简称。

注 4：无量纲的量计量单位名称采用数字一，符号采用 1。

注 5：当一个量给出两个或两个以上名称或符号，而未加以区别时，则它们处于同等的地位。

注 6：在括号中的符号为“备用符号”，供在特定情况下主符号以不同意义使用时使用。

ICS 91.120.10
Q 25

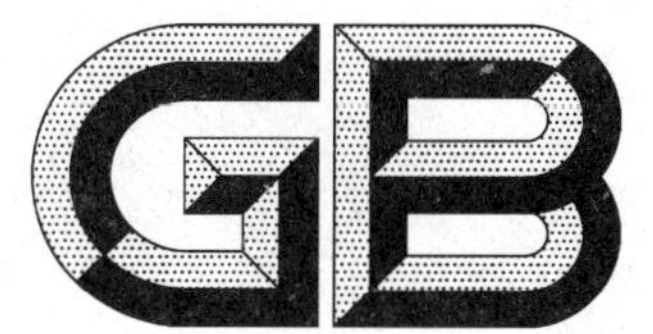

中华人民共和国国家标准

GB/T 34336—2017

纳米孔气凝胶复合绝热制品

Reinforced nanoporous aerogel products for thermal insulation

2017-10-14 发布　　2018-09-01 实施

中华人民共和国国家质量监督检验检疫总局
中国国家标准化管理委员会　发布

前　言

本标准按照GB/T 1.1—2009给出的规则起草。

本标准由中国建筑材料联合会提出。

本标准由全国绝热材料标准化技术委员会(SAC/TC 191)归口。

本标准负责起草单位：南京玻璃纤维研究设计院有限公司、纳诺科技有限公司、陕西盟创纳米新型材料股份有限公司、广东埃力生高新科技有限公司、贵州航天乌江机电设备有限责任公司、南京工业大学、同济大学物理科学与工程学院、国防科技大学、上海大音希声新型材料有限公司、河北金纳科技有限公司、常州循天能源环境科技有限公司、北京建工新型建材有限责任公司、上海宥纳新材料科技有限公司、爱彼爱和新材料有限公司、珠海国佳新材股份有限公司、深圳市纳能科技有限公司、山西天一纳米材料科技有限公司、苏州市君悦新材料科技股份有限公司、浙江润惠新材料有限公司、厦门纳美特新材料科技有限公司、中国科学院苏州纳米技术与纳米仿生研究所、航天特种材料及工艺技术研究所、北京博天子睿科技有限公司、天津朗华科技发展有限公司、江苏汉微纳米材料有限公司、天津摩根坤德高新科技发展有限公司、泰安双赢新材料股份有限公司、山东鲁阳节能材料股份有限公司、河北神州保温建材集团有限公司、深圳中凝科技有限公司、浙江贝来新材料有限公司、国家玻璃纤维产品质量监督检验中心。

本标准主要起草人：崔军、王佳庆、张蓉艳、姚献东、张君、但梁丰、宋大为、崔升、沈军、冯坚、王志平、高振举、于振林、任富建、栾玉成、董海兵、王海波、谢秋鑫、赵建卿、马汝军、王虹、邹军峰、范文韬、刘汉东、史衍仲、刘长蕾、王天赋、王贝尔、姜法兴、袁兵、陈国、田冠宇、张剑红、唐健、崔程琳、侯鹏、丁晴、屈会力。

纳米孔气凝胶复合绝热制品

1 范围

本标准规定了纳米孔气凝胶复合绝热制品(简称气凝胶制品)的术语和定义、分类和标记、要求、试验方法、检验规则、标志、包装、运输及贮存。

本标准适用于工业及建筑用纳米孔二氧化硅基气凝胶复合绝热制品。其他类型的气凝胶制品也可参考采用。

2 规范性引用文件

下列文件对于本文件的应用是必不可少的。凡是注日期的引用文件,仅注日期的版本适用于本文件。凡是不注日期的引用文件,其最新版本(包括所有的修改单)适用于本文件。

GB/T 191 包装储运图示标志

GB/T 4132 绝热材料及其术语

GB/T 5480 矿物棉及其制品试验方法

GB 8624—2012 建筑材料及制品燃烧性能分级

GB/T 10294 绝热材料稳态热阻及有关特性的测定 防护热板法

GB/T 10295 绝热材料稳态热阻及有关特性的测定 热流计法

GB/T 10299 绝热材料憎水性试验方法

GB/T 11835—2016 绝热用岩棉、矿渣棉及其制品

GB/T 13480 建筑用绝热制品 压缩性能的测定

GB/T 17393 覆盖奥氏体不锈钢用绝热材料规范

GB/T 17430 绝热材料最高使用温度的评估方法

GB/T 17911—2006 耐火材料 陶瓷纤维制品试验方法

3 术语和定义

GB/T 4132 和 GB/T 5480 界定的以及下列术语和定义适用于本文件。

3.1

气凝胶 aerogel

通过溶胶凝胶法,用一定的干燥方式使气体取代凝胶中的液相而形成的一种纳米级多孔固态材料。

3.2

纳米孔气凝胶复合绝热制品 reinforced nanoporous aerogel products for thermal insulation

通过溶胶凝胶法,将增强材料与溶胶复合,然后用一定的干燥方式使气体取代凝胶中的液相形成的纳米级多孔复合制品。

3.3

压缩回弹率 resilience rate

气凝胶毡的厚度在一定压强下维持一段时间后的复原能力,用卸载后的恢复厚度与初始厚度之比表示。

3.4

振动质量损失率　mass loss rate after vibration

气凝胶制品在振动和摩擦情况下质量损失情况，用振筛前后试样的质量损失率表示。

4　分类和标记

4.1　分类

产品按产品形态分为：毡、板和异形制品。

产品按分类温度分为以下四类：

——Ⅰ型，分类温度 200 ℃；

——Ⅱ型，分类温度 450 ℃；

——Ⅲ型，分类温度 650 ℃；

——Ⅳ型，由厂家标称分类温度，大于 650 ℃。

注：长期使用温度一般比分类温度低 50 ℃～150 ℃。

产品按导热系数分为 A 类、B 类、S 类。

4.2　标记

产品标记由：产品名称、产品技术特征和本标准号三部分组成。

毡、板产品技术特征包括：

a)　分类温度类型：Ⅰ、Ⅱ、Ⅲ、Ⅳ，其中Ⅳ型后应列出具体分类温度，单位为摄氏度(℃)；

b)　导热系数类型：A、B 和 S；

c)　标称体积密度，单位为千克每立方米(kg/m³)；

d)　标称尺寸：长度×宽度×厚度，单位为毫米(mm)；

e)　标称燃烧性能等级，依据 GB 8624—2012 的规定；

f)　其他标记，放在燃烧等级后，如憎水型等。

异型产品技术特征由供需双方协商。

示例 1：

标称体积密度为 220 kg/m³、长度、宽度和厚度分别为 15 000 mm、1 500 mm、10 mm，燃烧等级为 A(A2)的Ⅲ型 A 类憎水型纳米孔气凝胶复合绝热毡标记为：

气凝胶毡ⅢA 220-15 000×1 500×10 A(A2) 憎水型 GB/T ×××××—××××。

示例 2：

标称体积密度为 160 kg/m³、长度、宽度和厚度分别为 10 000 mm、1 200 mm、6 mm，燃烧等级为 B1(C)级的Ⅰ型 B 类纳米孔气凝胶复合绝热毡标记为：

气凝胶毡ⅠB 160-10 000×1 200×6 B1(C) GB/T ×××××—××××。

示例 3：

标称体积密度为 320 kg/m³、长度、宽度和厚度分别为 1 200 mm、600 mm、20 mm，燃烧等级为 A(A2)级，分类温度为 1 000 ℃的Ⅳ型 A 类纳米孔气凝胶复合绝热板标记为：

气凝胶板Ⅳ1000A 320-1 200×600×20 A(A2) GB/T ×××××—××××。

5　要求

5.1　通用要求

5.1.1　导热系数

导热系数的要求应符合表 1 的规定。

表 1　气凝胶制品的导热系数要求

<table>
<tr><td rowspan="2">分类温度类型</td><td colspan="3">导热系数
W/(m·K)</td></tr>
<tr><td>平均温度 25 ℃</td><td>平均温度 300 ℃</td><td>平均温度 500 ℃</td></tr>
<tr><td>Ⅰ</td><td rowspan="3">A 类≤0.021
B 类≤0.023
S 类≤0.017</td><td>—</td><td>—</td></tr>
<tr><td>Ⅱ</td><td rowspan="2">A 类≤0.036
B 类≤0.042</td><td>—</td></tr>
<tr><td>Ⅲ</td><td>—</td></tr>
<tr><td>Ⅳ</td><td>≤0.025</td><td>—</td><td>A 类≤0.072
B 类≤0.084</td></tr>
<tr><td colspan="4">注:“—”表示不作要求。</td></tr>
</table>

5.1.2　燃烧性能等级

应符合标称的 GB 8624—2012 规定的燃烧性能等级的要求,且Ⅰ型不得低于 B1(C)级,Ⅱ、Ⅲ型、Ⅳ型不得低于 A(A2)级。

5.1.3　加热永久线变化

Ⅰ型、Ⅱ型、Ⅲ型应不小于−2.0%,Ⅳ型应不小于−5.0%。

5.1.4　振动质量损失率

应不大于 1.0%。

5.2　毡

5.2.1　外观

表面应平整,不得有妨碍使用的伤痕、污迹、破损。

5.2.2　尺寸及允许偏差

毡的尺寸及允许偏差应符合表 2 的规定。

表 2　毡的尺寸及允许偏差

单位为毫米

<table>
<tr><td>项目</td><td>规格</td><td>允许偏差</td></tr>
<tr><td>长度</td><td>—</td><td>不允许负偏差</td></tr>
<tr><td>宽度</td><td>—</td><td>+15
−3</td></tr>
<tr><td rowspan="3">厚度 δ</td><td>δ<5</td><td>+2.0
不允许负偏差</td></tr>
<tr><td>5≤δ<10</td><td>+2.0
−1.0</td></tr>
<tr><td>δ≥10</td><td>+3.0
−1.0</td></tr>
</table>

5.2.3　体积密度

实测体积密度与标称体积密度的偏差应不大于20%。

5.2.4　压缩回弹率

应不小于90%。

5.2.5　抗拉强度

Ⅰ、Ⅱ、Ⅲ型的横向、纵向抗拉强度均应不小于200 kPa，Ⅳ型的横向、纵向抗拉强度均应不小于21 kPa。

5.3　板

5.3.1　外观

表面应平整，不得有妨碍使用的裂痕、污迹、破损、缺角缺棱。

5.3.2　尺寸允许偏差

板的尺寸及允许偏差应符合表3的规定。

表3　板的尺寸及允许偏差

单位为毫米

项目	允许偏差
长度	+5 −3
宽度	+5 −3
厚度	+2.0 −1.0

5.3.3　体积密度

实测体积密度与标称体积密度的偏差应不大于15%。

5.3.4　直角偏离度

应不大于5 mm/m。

5.3.5　平整度偏差

应不大于3 mm。

5.3.6　弯曲破坏载荷

应不小于60 N。

5.3.7　压缩强度

变形10%时应不小于200 kPa。

5.4 异形制品

异形制品的尺寸及允许偏差由供需双方确定。

5.5 特殊要求

5.5.1 最高使用温度

使用温度大于200 ℃时，应进行高于工况温度至少100 ℃的最高使用温度的评估。

试验中任何时刻试样内部温度不应超过热面温度90 ℃，且试验后，应无熔融、烧结、降解等现象，除颜色外外观应无显著变化，整体厚度变化应不大于5.0%。

如对实验前后其他性能的变化有要求，例如导热系数、憎水率等，指标可由供需双方商定或由制造商给出，并应明确这些要求是针对试样整体还是指定某一层的样品，例如接触热板的一层或最外一层。

5.5.2 防水性能

有防水防潮要求时，质量吸湿率应不大于5.0%，体积吸水率应不大于1.0%，憎水率应不小于98.0%。

5.5.3 柔性和刚性

有鉴别产品形态要求时，毡类产品应符合柔性的要求，板类产品应符合刚性的要求。

5.5.4 毡的压缩强度

有承重要求时，毡类产品变形25%时的压缩强度应不小于80 kPa。

5.5.5 腐蚀性

5.5.5.1 覆盖奥氏体不锈钢

用于覆盖奥氏体不锈钢时，应符合GB/T 17393的要求。

5.5.5.2 覆盖铝、铜、钢

用于覆盖铝、铜、钢材时，采用90%置信度的秩和检验法，对照样的秩和应不小于21。

6 试验方法

6.1 状态调节

在(23±5)℃，(50±10)%相对湿度的环境下放置不少于24 h。

6.2 外观

在光照明亮的条件下进行目测观察。

6.3 尺寸

按附录A的规定。

6.4 体积密度

按附录A的规定。

6.5 导热系数

按GB/T 10294或GB/T 10295的规定,按实测厚度进行测试,以GB/T 10294为仲裁方法。测试时冷热板温差不超过30℃。

6.6 燃烧性能等级

按GB 8624—2012的规定。

6.7 加热永久线变化

按GB/T 17911—2006第7章的规定。试验温度为4.1规定的分类温度,加热方法使用慢热法,保温时间24 h。

6.8 振动质量损失率

按附录B的规定。

6.9 压缩回弹率

按附录C的规定。

6.10 抗拉强度

按GB/T 17911—2006中第9章的规定。

6.11 直角偏离度

按GB/T 5480的规定。

6.12 平整度

按GB/T 5480的规定。

6.13 压缩强度

按GB/T 13480的规定,样品尺寸200 mm×200 mm,取样时应避开边缘100 mm部分。毡以25%变形时的压缩应力为压缩强度,预压力350 Pa;板以10%变形时的压缩应力为压缩强度。

6.14 弯曲破坏载荷

按附录D的规定。

6.15 最高使用温度

按GB/T 17430的规定。热板温度、试验总厚度及升温速率等试验参数应由供需双方商定或由制造商给出,但热板温度高于工况温度至少100 ℃,试验时由多块样品叠加进行测试,其总厚度不得低于表4规定的最小总厚度。

如试验参数未给出,则热板温度根据产品类型采用4.1给出的分类温度,试验总厚度采用表4规定的最小总厚度,升温速率按 GB/T 17430 的规定。

表 4 最高使用温度评估最小总厚度

热板温度 T ℃	最小总厚度 mm
300≤T≤450	50
450<T≤650	80
T>650	100

6.16 吸湿性

按 GB/T 5480 的规定。

6.17 吸水性

按 GB/T 5480 的规定,测试全浸体积吸水率。

6.18 憎水性

按 GB/T 10299 的规定。

6.19 柔性

按附录 E 的规定。

6.20 刚性

按附录 F 的规定。

6.21 腐蚀性

用于覆盖奥氏体不锈钢时,按 GB/T 17393 的规定;用于覆盖铝、铜、钢材时,按 GB/T 11835—2016 附录 F 的规定。

7 检验规则

7.1 出厂检验

产品出厂时,应进行出厂检验。出厂检验项目为:外观、尺寸、体积密度、振动质量损失率、导热系数(25 ℃)。

7.2 型式检验

型式检验是指为考核产品质量而对标准中规定的技术要求进行的全项检验。有下列情况之一时,应进行型式检验:

a) 新产品或老产品转厂生产的试制定型鉴定;
b) 正式生产后,原材料,工艺有较大的改变,可能影响产品性能时;
c) 正常生产时,每年至少进行一次;
d) 产品停产 1 个月后,恢复生产时;

e) 出厂检验结果与上次型式检验有较大差异时；

f) 国家质量监督机构提出进行型式检验要求时。

毡的检验项目包括5.1与5.2规定的所有性能及5.5中规定的需要进行测试的性能，卷毡类产品可不进行长度和宽度的测试；板的检验项目包括5.1与5.3规定的所有性能及5.5中规定的需要进行测试的性能。

7.3 组批

以同一原料，同一生产工艺，同一品种，稳定连续生产的产品为一个检查批，但最多不超过3 200 m^2。

7.4 抽样

所有的单位产品被认为是质量相同的，样本可以由一个或多个单位产品构成，单位产品应从检查批中随机抽取。抽样数量应能满足测试需求，卷状产品随机抽取一卷或在该卷上裁取不少于2 m长一块，块状产品随机抽取不少于三块。

7.5 判定规则

7.5.1 所有的性能应看作独立的，以测定结果的修约值进行判定。

7.5.2 批质量判定规则：所有指标均符合标准要求判该批产品合格，否则判该批产品不合格。

8 标志

在标志、标签或使用说明书上应标明：

a) 标记，按4.2的规定；

b) 生产企业名称、详细地址；

c) 生产日期或批号；

d) 标志符号按GB/T 191的规定；

e) 注明指导安全使用的警语或图示。例如：使用本产品，热面温度应小于×××℃；

f) 包装单元中产品的数量。

标志文字及图案应醒目清晰，易于识别，且具有一定的耐久性。

9 包装、运输及贮存

9.1 包装

包装材料应具有防潮性能，每一包装中应放入同一规格的产品，特殊包装由供需双方商定。

9.2 运输

产品运输工具应具备干燥防雨措施、搬运时应轻拿轻放，避免受重压。

9.3 贮存

产品应在干燥、通风、防雨、远离火源、热源和化学溶剂的条件下贮存。应按品种、规格分别堆放，避免重压。

附　录　A
（规范性附录）
尺寸、体积密度测试方法

A.1　范围

本附录规定了纳米孔气凝胶复合绝热毡、板制品尺寸及体积密度的测试方法。

A.2　试验仪器

A.2.1　测厚仪

如图 A.1 所示。百分表量程不小于 30 mm，精度 0.01 mm。配备 200 mm×200 mm 表面平整度 *Ra*5 金属压板一块，总压强(350±7)Pa，底座平台 00 级。

单位为毫米

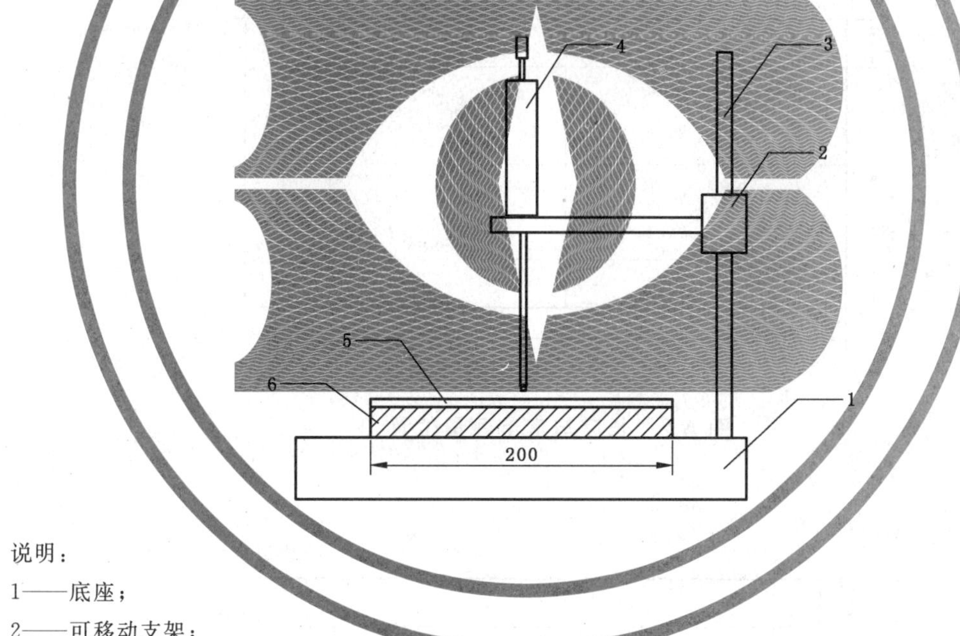

说明：
1——底座；
2——可移动支架；
3——支柱；
4——百分表；
5——金属压板；
6——试样。

图 A.1　厚度测试仪

A.2.2　游标卡尺

量程满足测试需求，精度 0.02 mm。

A.2.3　钢卷尺

量程满足测试需求，精度 1 mm。

A.2.4 电子秤

量程满足测试需求,精度 1 g。

A.3 试验步骤

A.3.1 毡的测试方法

卷状产品随机抽取一卷进行尺寸、密度测试,抽样时可随机裁取 600 mm 长试样 3 块,宽度为试样幅宽;块状产品随机抽取 3 块进行尺寸、密度测试。使用电子秤分别称量试样的质量,精确至 1 g。使用钢卷尺测量样品的长和宽,测量位置为距边缘 100 mm 处及中心位置,如图 A.2 所示,各测三个,测量时应保证样品平整不卷曲。在每块试样对角及中心位置切取(200±1)mm×(200±1)mm 试件 3 块,位置如图 A.3 所示,尽量避开卷曲、褶皱严重的部位。使用 A.2.1 条中规定的测厚仪分别测量 3 块试件的厚度,应确保压板与试样对齐,百分表垂直测量其中心位置。

单位为毫米

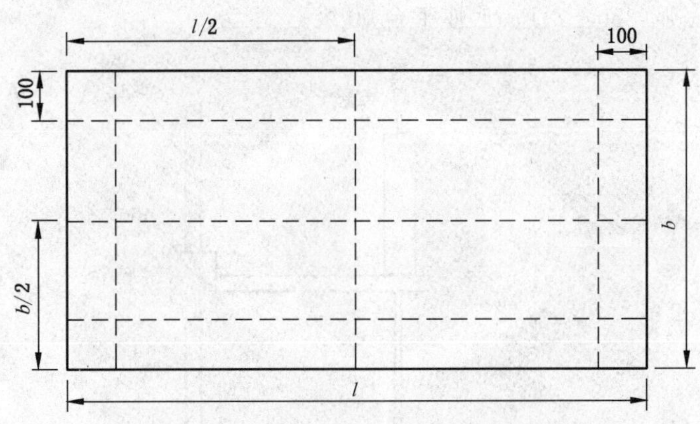

图 A.2 长度与宽度测量位置

单位为毫米

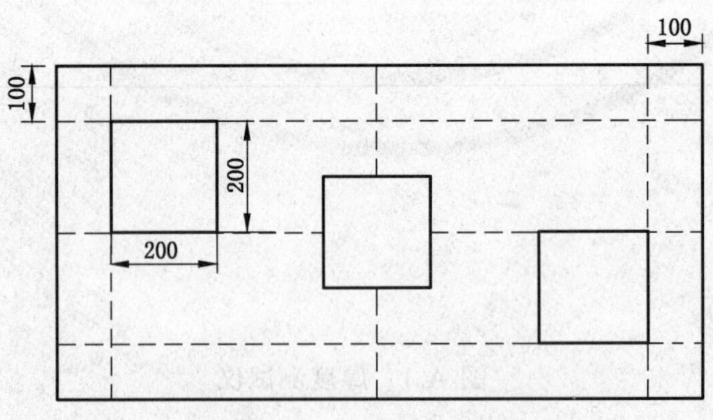

图 A.3 厚度取样位置

A.3.2 板的测试方法

随机抽取 3 块试样,分别称量试样质量,测量样品的长和宽,测试位置为距边缘 100 mm 处及中心位置,各测三个,如图 A.2 所示。在四个边缘中心处,使用测厚仪或游标卡尺等设备测量厚度,共测四个,精确至 0.02 mm。

A.4 结果计算

分别计算各试样长度、宽度、厚度的平均值,其中长度、宽度修约至 1 mm,厚度修约至 0.1 mm,以平均值为最终结果。

试样的体积密度按式(A.1)计算:

$$\rho=\frac{m}{\overline{l}\cdot\overline{b}\cdot\overline{h}} \qquad \cdots\cdots(A.1)$$

式中:

ρ ——体积密度,单位为千克每立方米(kg/m^3);

m——质量,单位为千克(kg);

$\overline{l}$ ——平均长度,单位为米(m);

$\overline{b}$ ——平均宽度,单位为米(m);

$\overline{h}$ ——平均厚度,单位为米(m)。

结果修约至整数,以平均值为最终结果。

附　录　B
（规范性附录）
振动质量损失率试验方法

B.1　试验原理

使用振筛机和试验筛模拟产品在运输、施工过程中所受的碰撞及摩擦，观察质量损失情况。在规定时间内振筛试样，计算质量损失率。

B.2　试验仪器

B.2.1　标准试验筛

不锈钢丝编织网标准试验筛，ϕ200 mm，60 目（孔径 0.250 mm）。

B.2.2　电机式标准振筛机

振动频率：(1 400±6)次/min；

振幅：3 mm。

B.2.3　电子天平

精度 0.01 g。

B.3　试样

随机裁取(100±1)mm×(100±1)mm 试样三块，取样时避开样品边缘 100 mm 处。

B.4　试验步骤

称取试样质量 m_0。将试样放入标准试验筛中，如果样品有卷曲现象，则凸面向下放置。将试验筛放置在振筛机上，振筛(5±0.1)min 后，取出试样，用软毛刷轻轻刷掉试样表面的浮尘，然后称取其振筛后质量 m'。

B.5　质量损失率的计算

按式(B.1)计算质量损失率。

$$L=\frac{m_0-m'}{m_0}\times 100\% \qquad \cdots\cdots\cdots\cdots(\text{B.1})$$

式中：

L ——质量损失率；

m_0 ——初始质量，单位为克(g)；

m' ——振筛后质量，单位为克(g)。

计算三个样品质量损失率的平均值为最终结果，修约至 0.1%。

附 录 C
（规范性附录）
压缩回弹率测试方法

C.1 试验仪器

C.1.1 测厚仪

符合 A.2.1 的要求。

C.1.2 试验机

能按规定的速率施加压力，并具有测量压力的装置。

C.2 试样

取(200±1)mm×(200±1)mm 试样三块。

C.3 试验步骤

使用测厚仪测量样品初始厚度 h_0，精确至 0.01 mm。试验机压缩速度 2 mm/min，将样品压至(100±5)kPa 时停止压缩并使试验机保持该位置(5±0.5)min，取出恢复(5±0.5)min，使用测厚仪测量样品恢复厚度 h'，精确至 0.01 mm。

C.4 压缩回弹率的计算

按式(C.1)计算压缩回弹率。

$$R = \frac{h'}{h_0} \times 100\% \qquad \cdots\cdots(\text{C.1})$$

式中：

R ——压缩回弹率；

h_0 ——初始厚度，单位为毫米(mm)；

h' ——恢复厚度，单位为毫米(mm)。

计算三个样品压缩回弹率的平均值为最终结果，修约至 1%。

附　录　D
（规范性附录）
弯曲破坏载荷试验方法

D.1　原理

将规定尺寸的试样平放在两支撑台上，在跨距中点，对试样施加载荷，记录试样所承受的最大载荷和挠度。

D.2　仪器

D.2.1　试验机。

试验机应包括：

a)　弯曲破坏载荷试验装置，见图 D.1。

单位为毫米

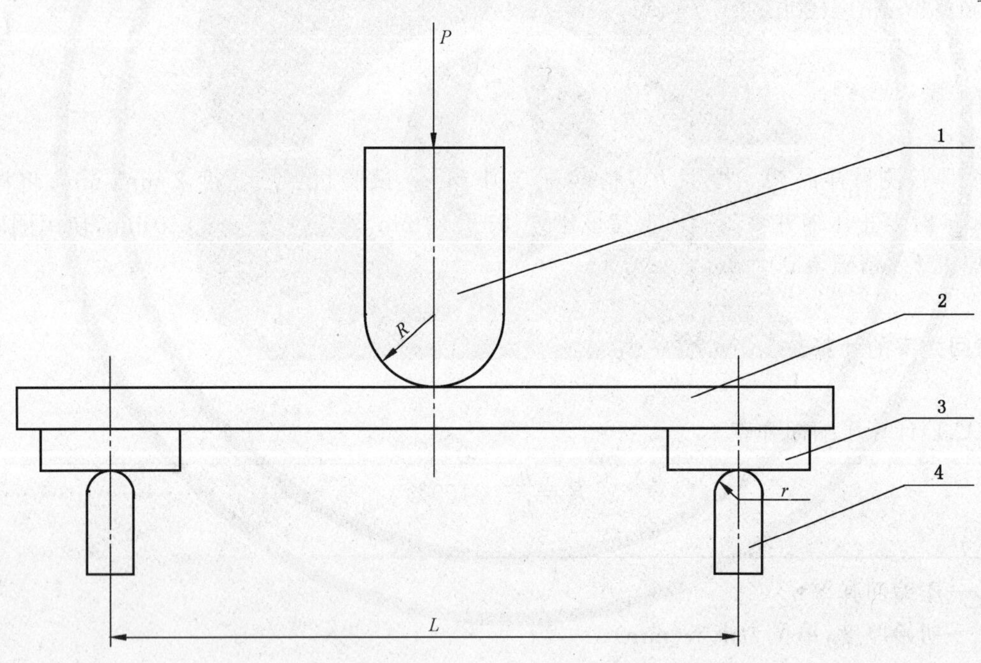

说明：
1 ——加载上压头；
2 ——试样；
3 ——支撑板；
4 ——支座；
P ——载荷；
R ——加载上压头半径；
r ——支座圆面半径；
L ——跨距。

图 D.1　弯曲破坏载荷试验装置

加载上压头半径 R 为(25±0.5)mm 的圆柱面,两支座为半径 r 为(5±0.1)mm 的圆柱面,支撑板用硬质材料制成,其尺寸为:宽 40 mm,厚 10 mm,跨距 L 为 150 mm,加载装置应保证试样在整个宽度上受到均匀一致的载荷。

b) 对试样施加压力的机构。

c) 记录或指示试样载荷值的装置。该装置在规定的试验速度下,应无惯性,载荷值的误差不超过 1%。

D.2.2 合适的切裁工具如刀、锯等。

D.3 试样

裁取 6 个尺寸为(150±1)mm×(200±1)mm,沿样品的纵横两个方向各取 3 个试样。

D.4 试验条件

试验应在温度(23±5)℃,相对湿度(50±10)%的实验室条件下进行。

D.5 步骤

D.5.1 将裁好的试样放置于(105±5)℃的干燥箱内(120±5)min 后,冷却至室温。

D.5.2 按附录 A 的规定,测量试样的厚度。

D.5.3 调节跨距及加载上压头的位置,使两支座中点间的距离为 150 mm±0.5 mm,加载上压头位于支座中间,且上压头和两支座相平行。

D.5.4 将支撑台放在支座上,试样放于支撑台上,饰面层朝下对称放置,试样的长度方向与支座和加载上压头相垂直。

D.5.5 调节加载速度为(50±2)mm/min。

D.5.6 对试样施加载荷,直至破坏,记录破坏时的载荷,若挠度等于 1.5 倍试样厚度时试样仍未破坏,则记录该挠度下的载荷,并将该值作为弯曲破坏载荷。

D.5.7 重复 D.5.4~D.5.6 的步骤,直到得到 6 个有效的测定值。

D.6 结果表示

以试样弯曲破坏载荷测试值的算术平均值作为最终结果,修约至整数。

附 录 E
（规范性附录）
柔性试验方法

E.1 试验仪器

直径(21.3±0.5)mm，长度不小于 300 mm 的钢管一根。

E.2 试样

随机切取(300±5)mm×(300±5)mm 试件三块，标记其长度方向。

E.3 试验步骤

将试件中心位置沿长度方向绕钢管折至 90°，观察其是否产生开裂、分层现象。

E.4 结果

若三块试件均未发生开裂、分层现象，则判定该产品为柔性。

附 录 F
（规范性附录）
刚性试验方法

F.1 试验仪器

F.1.1 刚性测试仪

包括两根外径(21.3±0.5)mm，长度不小于605 mm的钢管，水平、平行的放置于架子上，两钢管轴线距离可调。

F.1.2 钢直尺

量程满足测试需求，分度值1 mm。

F.2 试样

裁取(810±5)mm×(600±5)mm试样三块，如长度、宽度小于该尺寸，则取原长度、宽度。

F.3 试验步骤

试样长度为810 mm时，调整钢管轴线距离为760 mm，试样长度小于810 mm时，调整钢管轴线距离小于其长度50 mm，将试样水平放置在钢管上，两端应与钢管边缘平行、对齐，如图F.1所示，放置(5±0.5)min。观察其是否掉落，若未掉落则测量其下垂挠度s，即下表面最低点与两钢管上表面的距离。

单位为毫米

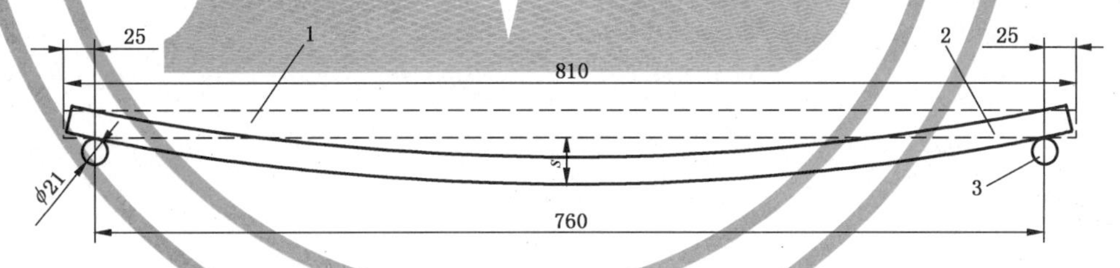

说明：

1——下垂前的试样；

2——下垂后的试样；

3——钢管；

s——下垂挠度。

图 F.1 刚性测试示意图

F.4 结果

若试验中，样品均未掉落，且下垂挠度均小于13 mm，则判定该产品为刚性。

ICS 91.140.60
P 46

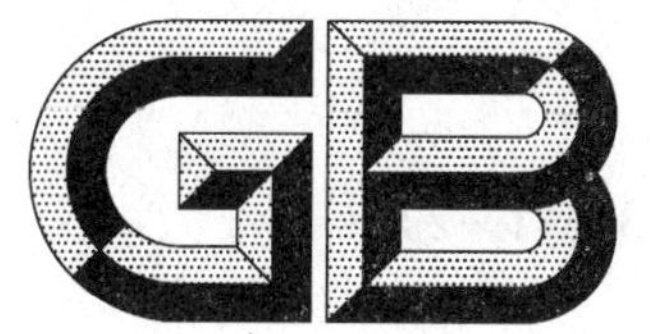

中华人民共和国国家标准

GB/T 34611—2017

硬质聚氨酯喷涂聚乙烯缠绕预制直埋保温管

Rigid polyurethane spray polyethylene winding prefabricated directly buried insulating pipes

2017-10-14 发布　　2018-09-01 实施

中华人民共和国国家质量监督检验检疫总局
中国国家标准化管理委员会　发布

前言

本标准按照GB/T 1.1—2009给出的规则起草。

本标准由中华人民共和国住房和城乡建设部提出。

本标准由全国城镇供热标准化技术委员会(SAC/TC 455)归口。

本标准起草单位:中国市政工程华北设计研究总院有限公司、北京市建设工程质量第四检测所、天津市管道工程集团有限公司保温管厂、唐山兴邦管道工程设备有限公司、哈尔滨朗格斯特节能科技有限公司、河北昊天能源投资集团有限公司、天津市宇刚保温建材有限公司、天津天地龙管业股份有限公司、辽宁鸿象钢管有限公司、天津市津能管业有限公司、大连科华热力管道有限公司、上海科华热力管道有限公司、天津开发区泰达保温材料有限公司、烟台市顺达聚氨酯有限责任公司、万华化学集团股份有限公司、河南三杰热电科技股份有限公司、巴斯夫聚氨酯(天津)有限公司、科思创聚合物(中国)有限公司、北京豪特耐管道设备有限公司、北京市煤气热力工程设计院有限公司、天华化工机械及自动化研究设计院有限公司、德士达(天津)管道设备有限公司、江丰管道集团有限公司、天津市乾丰防腐保温工程有限公司、天津旭迪聚氨酯保温防腐设备有限公司。

本标准主要起草人:廖荣平、王淮、蒋建志、赵志楠、白冬军、周曰从、李志、邱华伟、胡春峰、王志强、王忠生、赖贞澄、郑中胜、闫必行、丁彧、张峰、于桂霞、杨秋、陈雷、瞿桂然、李忠贵、辛波、高杰、刘崴崴、汪先木、贾丽华、孙蕾、贾宏庆、李楠、张晏将、刘云江、张迪。

硬质聚氨酯喷涂聚乙烯缠绕预制直埋保温管

1 范围

本标准规定了采用聚氨酯喷涂工艺和聚乙烯缠绕工艺生产的硬质聚氨酯喷涂聚乙烯缠绕预制直埋保温管(简称喷涂缠绕保温管)的术语和定义、产品结构、一般规定、要求、试验方法、检验规则、标志、运输和贮存。

本标准适用于输送介质温度(长期运行温度)不高于 120 ℃,偶然峰值温度不高于 140 ℃的硬质聚氨酯喷涂聚乙烯缠绕预制直埋保温管的制造与检验。

2 规范性引用文件

下列文件对于本文件的应用是必不可少的。凡是注日期的引用文件,仅注日期的版本适用于本文件。凡是不注日期的引用文件,其最新版本(包括所有的修改单)适用于本文件。

GB/T 3091 低压流体输送用焊接钢管

GB/T 6671 热塑性塑料管材 纵向回缩率的测定

GB/T 8163 输送流体用无缝钢管

GB/T 8923.1—2011 涂覆涂料前钢材表面处理 表面清洁度的目视评定 第1部分:未涂覆过的钢材表面和全面清除原有涂层后的钢材表面的锈蚀等级和处理等级

GB/T 9711 石油天然气工业 管线输送系统用钢管

GB/T 18475—2001 热塑性塑料压力管材和管件用材料分级和命名 总体使用(设计)系数

GB/T 29046—2012 城镇供热预制直埋保温管道技术指标检测方法

GB/T 29047 高密度聚乙烯外护管硬质聚氨酯泡沫塑料预制直埋保温管及管件

CJJ/T 254—2016 城镇供热直埋热水管道泄漏监测系统技术规程

3 术语和定义

下列术语和定义适用于本文件。

3.1

聚氨酯喷涂 polyurethane spraying

采用聚氨酯喷涂设备将混合均匀的聚氨酯原料连续喷涂到钢管外表面,形成聚氨酯保温层的工艺方法。

3.2

聚乙烯缠绕 polyethylene winding

采用挤出设备将熔融的聚乙烯片材连续缠绕到聚氨酯保温层外表面,形成连续密实的聚乙烯外护层的工艺方法。

3.3

外护层 out casing

由聚乙烯制造,用以保护保温层和工作钢管免受水、潮气侵蚀和机械损伤的材料层。

4 产品结构

4.1 喷涂缠绕保温管应为工作钢管、硬质聚氨酯泡沫塑料保温层(以下简称保温层)和高密度聚乙烯外护层(以下简称外护层)紧密结合的一体式结构。

4.2 产品结构示意见图1。

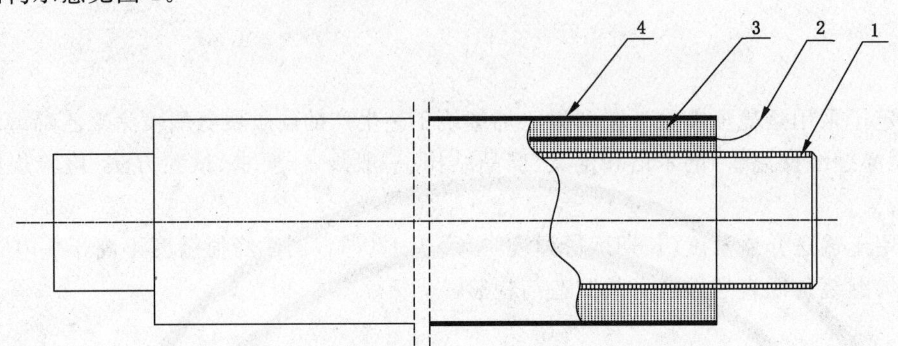

说明:

1——工作钢管;

2——报警线;

3——保温层;

4——外护层。

图1 产品结构示意图

5 一般规定

5.1 单根工作钢管不应有环向焊缝。

5.2 外护层材料应使用高密度聚乙烯树脂,用于外护层挤出的高密度聚乙烯树脂应按 GB/T 18475—2001 的规定进行定级,并应采用不低于 PE80 级的原料。

5.3 外护层可使用不大于5%(质量分数)洁净、未降解的回用料,且回用料应是同一制造商在产品生产过程中产生的。回用料在使用时应分散均匀。

5.4 高密度聚乙烯树脂中应仅添加外护层生产及使用所需要的抗氧剂、紫外线稳定剂、炭黑等添加剂。所添加的炭黑应符合下列规定:

a) 密度:1 500 kg/m^3~2 000 kg/m^3;

b) 甲苯萃取量:≤0.1%(质量分数);

c) 平均颗粒尺寸:0.010 μm~0.025 μm。

5.5 保温层材料应采用硬质聚氨酯泡沫塑料。

5.6 保温层宜设置报警线。

6 要求

6.1 工作钢管

6.1.1 尺寸公差及性能

6.1.1.1 当使用无缝钢管时,应符合 GB/T 8163 的规定。

6.1.1.2 当使用焊接钢管时，应符合 GB/T 9711、GB/T 3091 的规定。

6.1.2 材质、公称直径、外径和壁厚

工作钢管的材质、公称直径、外径和壁厚应符合设计要求。

6.1.3 外观及除锈

工作钢管外观及除锈应符合下列规定：

a) 工作钢管表面除锈前锈蚀等级不应低于 GB/T 8923.1—2011 中的 C 级。

b) 发泡前工作钢管表面应进行去除铁锈、轧钢鳞片、油脂、灰土、漆、水分或其他粘染物等预处理。工作钢管外表面除锈等级应符合 GB/T 8923.1—2011 中的 Sa2½的规定。

6.2 外护层

6.2.1 原材料

6.2.1.1 密度

高密度聚乙烯树脂的密度不应小于 935 kg/m^3。

6.2.1.2 熔体质量流动速率

高密度聚乙烯树脂的熔体质量流动速率(MFR)应为 0.2 g/10 min～1.4 g/10 min(试验条件 5 kg，190 ℃)。

6.2.1.3 热稳定性

高密度聚乙烯树脂在 210 ℃下的氧化诱导时间不应小于 20 min。

6.2.1.4 长期力学性能

高密度聚乙烯树脂的长期力学性能应符合表 1 的规定，以试样发生脆断失效的时间作为测试时间的判断依据，当 1 个试样在 165 h 的测试模式下的脆断失效时间小于 165 h 时，应使用 1 000 h 的参数重新测试。

表 1 高密度聚乙烯树脂的长期力学性能

轴向应力 MPa	最短脆断失效时间 h	测试温度 ℃
4.6	165	80
4.0	1 000	80

6.2.2 成品外护层

6.2.2.1 外观

外护层应为黑色，外表面目测不应有气泡、裂纹、杂质、颜色不均等缺陷。

6.2.2.2 密度

外护层密度不应低于 940 kg/m^3，且不应高于 960 kg/m^3。

6.2.2.3 炭黑含量

外护层炭黑含量应为 2.5%±0.5%(质量分数),炭黑应均匀分布于母材中,外护层不应有色差条纹。

6.2.2.4 炭黑弥散度

炭黑结块、气泡、空洞或杂质尺寸不应大于 100 μm。

6.2.2.5 拉伸屈服强度与断裂伸长率

外护层任意位置的拉伸屈服强度不应小于 19 MPa,断裂伸长率不应小于 450%,取样数量应符合表 2 的规定。

表 2 外护层拉伸屈服强度与断裂伸长率取样数量

外护层外径 D_c/mm	$393<D_c\leqslant485$	$485<D_c\leqslant850$	$850<D_c\leqslant1\ 254$	$1\ 254<D_c\leqslant1\ 678$
样条数/个	5	8	10	12

6.2.2.6 耐环境应力开裂

外护层环境应力开裂的失效时间不应小于 300 h。

6.2.2.7 长期力学性能

外护层的长期力学性能应符合表 3 的规定。

表 3 外护层长期力学性能

拉应力 MPa	最短脆断失效时间 h	测试温度 ℃
4.0	2 000	80

6.2.2.8 环向热回缩率

外护层任意位置环向热回缩率不应大于 3%,试验后外护层表面不应出现裂纹、空洞、气泡等缺陷。

6.2.2.9 外径与壁厚

6.2.2.9.1 外护层外径和最小壁厚应符合表 4 的规定。

表 4 外护层外径和最小壁厚 单位为毫米

工作钢管公称直径 (DN)	保温层厚度	外护层外径 (D_c)	外护层最小壁厚 (e_{min})
300	30～50	393～433	4.0
350	30～50	445～485	4.0
400	30～60	494～554	4.0

表 4（续） 单位为毫米

工作钢管公称直径 (DN)	保温层厚度	外护层外径 (D_c)	外护层最小壁厚 (e_{min})
450	30～60	547～607	4.5
500	30～60	598～658	4.5
600	30～60	700～760	5.0
700	30～60	790～850	5.0
800	30～60	891～951	5.5
900	30～60	992～1 052	6.0
1 000	30～60	1 093～1 153	6.5
1 100	30～60	1 194～1 254	7.0
1 200	40～100	1 316～1 436	8.0
1 400	50～120	1 538～1 678	9.0
注：可按设计要求选用其他外径的外护层，但同直径钢管外护层的最小壁厚应相同。			

6.2.2.9.2 外护层外径公差应符合下列规定：

平均外径 D_{cm} 与外径 D_c 之差($D_{cm}-D_c$)应为正值，表示为 $\pm^{x}_{0}$，x 应按式(1)确定。外径计算结果圆整到 0.1 mm，小数点后第二位大于零时进一位。

$$0 < x \leqslant 0.03 \times D_c \qquad \cdots\cdots(1)$$

注：平均外径 D_{cm} 是指外护层任意横断面的外圆周长除以 π(圆周率)并向大圆整到 0.1 mm 得到的值，单位为毫米(mm)。

6.2.2.9.3 外护层任一点的壁厚 e_i 不应小于最小壁厚 e_{min}。

6.3 保温层

6.3.1 泡孔尺寸

聚氨酯泡沫塑料应洁净、颜色均匀，且不应有收缩、烧心开裂现象。泡孔应均匀细密，泡孔平均尺寸不应大于 0.5 mm。

6.3.2 密度

保温层任意位置的聚氨酯泡沫塑料密度不应小于 60 kg/m³。

6.3.3 压缩强度

保温层任意位置聚氨酯泡沫塑料径向压缩强度或径向相对变形为 10%的压缩应力不应小于 0.35 MPa。

6.3.4 吸水率

保温层任意位置聚氨酯泡沫塑料的吸水率不应大于 8%。

6.3.5 闭孔率

保温层任意位置聚氨酯泡沫塑料的闭孔率不应小于 90%。

6.3.6 导热系数

未进行老化的聚氨酯泡沫塑料在 50 ℃状态下的导热系数 λ_{50} 不应大于 0.033[W/(m·K)]。

6.3.7 保温层厚度

保温层厚度最小值不应小于设计厚度，并应使运行时外护层表面温度不大于 50 ℃。

6.4 喷涂缠绕保温管

6.4.1 表面平整度

喷涂缠绕保温管表面平整度不应超过设计保温层厚度的 15%。

6.4.2 管端垂直度

喷涂缠绕保温管管端外护层应与保温层平齐，且与工作钢管的轴线垂直，角度公差不应大于 2.5°。

6.4.3 管端焊接预留段长度

工作钢管两端应预留出 150 mm～250 mm 无保温层的焊接预留段，两端预留段长度之差不应大于 40 mm。

6.4.4 挤压变形及划痕

喷涂缠绕保温管的保温层受挤压变形时，其径向变形量不应大于其设计保温层厚度的 15%。外护层划痕深度不应大于外护层最小壁厚的 10%，且不应大于 1.0 mm。

6.4.5 轴线偏心距

喷涂缠绕保温管任意位置外护层轴线与工作钢管轴线间的最大轴线偏心距应符合表 5 的规定。

表 5 外护层轴线与工作钢管轴线间的最大轴线偏心距　　单位为毫米

工作钢管公称直径(DN)	最大轴线偏心距
300～500	5
600～800	6
900～1 100	8
1 200～1 400	10

6.4.6 外护层环向收缩率

外护层任意位置同一截面的环向收缩率不应大于 2%。

6.4.7 预期寿命与长期耐温性

6.4.7.1 喷涂缠绕保温管的预期寿命与长期耐温性应符合下列规定：

a) 在正常使用条件下，喷涂缠绕保温管在 120 ℃连续运行温度下的预期寿命应大于或等于 30 年；喷涂缠绕保温管在 115 ℃连续运行温度下的预期寿命应至少为 50 年，在低于 115 ℃连续运行温度下的预期寿命应大于 50 年。实际连续工作条件与预期寿命应按 GB/T 29047 的规定执行；在不同工作温度下，聚氨酯泡沫塑料最短预期寿命的计算应按 GB/T 29047 的规定执行。

b) 连续运行温度介于 120 ℃与 140 ℃之间时，喷涂缠绕保温管的预期寿命及耐温性应符合 GB/T 29047 的规定。

6.4.7.2 喷涂缠绕保温管的剪切强度应符合下列规定：

a) 老化试验前和老化试验后保温管的剪切强度均应符合表 6 的规定；

表 6 老化试验前和老化试验后保温管的剪切强度

试验温度 ℃	最小轴向剪切强度 MPa	最小切向剪切强度 MPa
23±2	0.12	0.20
140±2	0.08	—

b) 老化试验条件应符合表 7 的规定；

表 7 老化试验条件

工作钢管温度 ℃	热老化试验时间 h
160	3 600
170	1 450

c) 老化试验前的剪切强度应按表 6 选择 23 ℃及 140 ℃条件下的轴向剪切强度，或选择 23 ℃条件下的切向剪切强度；

d) 老化试验后的剪切强度测试应按 GB/T 29047 的规定执行。

6.4.8 抗冲击性

在－20 ℃±1 ℃条件下，用 3.0 kg 落锤，其半球形冲击面直径为 25 mm，从 2 m 高处落下对外护层进行冲击，外护层不应有可见的裂纹。

6.4.9 蠕变性能

100 h 下的蠕变量 ΔS100 不应大于 2.5 mm，30 年的蠕变量不应大于 20 mm。

6.4.10 报警线

喷涂缠绕保温管中的报警线应连续不断开，且不应与工作钢管短接。报警线与工作钢管的距离不应小于 10 mm。报警线与报警线、报警线与工作钢管之间的电阻值不应小于 500 MΩ。报警线材料及安装应符合 CJJ/T 254—2016 的规定。

7 试验方法

7.1 外护层环向热回缩率检验应按附录 A 的规定执行。

7.2 外护层环向收缩率检验应按附录 B 的规定执行。

7.3 其他检测方法应按照 GB/T 29046—2012 的规定执行，检测要求应符合表 8 的规定。

表 8 检测条款对照表

检测项目			与 GB/T 29046—2012 对应的检测条款
工作钢管	材质、尺寸公差及性能		5.1.1
	公称直径、外径及壁厚		5.1.2
	外观		5.1.3
外护层	原材料	密度	5.3.1.5
		熔体质量流动速率	5.3.1.8
		热稳定性	5.3.1.9
		长期力学性能	5.3.1.15
	外护层材料	外观	5.3.1.2
		密度	5.3.1.5
		炭黑含量	5.3.1.6
		炭黑弥散度	5.3.1.7
		拉伸屈服强度与断裂伸长率	5.3.1.10
		耐环境应力开裂	5.3.1.14
		长期力学性能	5.3.1.15
		环向热回缩率	—
		外径与壁厚	5.3.1.3
保温层	泡孔尺寸		5.2.1.2
	密度		5.2.1.5
	压缩强度		5.2.1.6
	吸水率		5.2.1.7
	闭孔率		5.2.1.3
	导热系数		5.2.1.8
	保温层厚度		4.3
喷涂缠绕保温管	管端垂直度		4.2
	管端焊接预留段长度		4.5
	挤压变形及划痕		4.1
	轴线偏心距		4.6
	外护层环向收缩率		—
	预期寿命与长期耐温性	老化前剪切强度	6.2
		老化后剪切强度	6.3 和 6.4
	抗冲击性		6.5
	蠕变性能		6.6
	报警线		10

8 检验规则

8.1 检验分类

产品检验分为出厂检验和型式检验，检验项目应按表9的规定执行。

表9 检验项目表

检验项目			出厂检验		型式检验	要求的条款	试验方法的条款
			全部检验	抽样检验			
工作钢管		尺寸公差及性能	—	√	—	6.1.1	7.3
		材质、公称直径、外径和壁厚	—	√	—	6.1.2	7.3
		外观及除锈	—	√	—	6.1.3	7.3
外护层	原材料	密度	—	√	√	6.2.1.1	7.3
		熔体质量流动速率	—	√	√	6.2.1.2	7.3
		热稳定性	—	√	√	6.2.1.3	7.3
		长期力学性能	—	—	√	6.2.1.4	7.3
	成品外护层	外观	√	—	√	6.2.2.1	7.3
		密度	—	√	√	6.2.2.2	7.3
		炭黑含量	—	√	√	6.2.2.3	7.3
		炭黑弥散度	—	√	√	6.2.2.4	7.3
		拉伸屈服强度与断裂伸长率	—	√	√	6.2.2.5	7.3
		耐环境应力开裂	—	√	√	6.2.2.6	7.3
		长期力学性能	—	—	√	6.2.2.7	7.3
		环向热回缩率	—	√	√	6.2.2.8	7.1
		外径与壁厚	—	√	√	6.2.2.9	7.3
保温层		泡孔尺寸	—	√	√	6.3.1	7.3
		密度	—	√	√	6.3.2	7.3
		压缩强度	—	√	√	6.3.3	7.3
		吸水率	—	√	√	6.3.4	7.3
		闭孔率	—	√	√	6.3.5	7.3
		导热系数	—	√	√	6.3.6	7.3
		保温层厚度	√	—	√	6.3.7	7.3
喷涂缠绕保温管		表面平整度	√	—	√	6.4.1	7.3
		管端垂直度	√	—	√	6.4.2	7.3
		管端焊接预留段长度	√	—	√	6.4.3	7.3
		挤压变形及划痕	√	—	√	6.4.4	7.3
		轴线偏心距	√	—	√	6.4.5	7.3

表 9（续）

<table>
<tr><th colspan="3" rowspan="2">检验项目</th><th colspan="2">出厂检验</th><th rowspan="2">型式检验</th><th rowspan="2">要求的条款</th><th rowspan="2">试验方法的条款</th></tr>
<tr><th>全部检验</th><th>抽样检验</th></tr>
<tr><td rowspan="6">喷涂缠绕保温管</td><td colspan="2">外护层环向收缩率</td><td>—</td><td>√</td><td>√</td><td>6.4.6</td><td>7.2</td></tr>
<tr><td rowspan="2">预期寿命与长期耐温性</td><td>老化前剪切强度</td><td>—</td><td>√</td><td>√</td><td>6.4.7</td><td>7.3</td></tr>
<tr><td>老化后剪切强度</td><td>—</td><td>—</td><td>√</td><td>6.4.7</td><td>7.3</td></tr>
<tr><td colspan="2">抗冲击性</td><td>—</td><td>—</td><td>√</td><td>6.4.8</td><td>7.3</td></tr>
<tr><td colspan="2">蠕变性能</td><td>—</td><td>—</td><td>√</td><td>6.4.9</td><td>7.3</td></tr>
<tr><td colspan="2">报警线</td><td>√</td><td>—</td><td>√</td><td>6.4.10</td><td>7.3</td></tr>
<tr><td colspan="8">注：“√”为检验项目，“—”为非检验项目。</td></tr>
</table>

8.2 出厂检验

8.2.1 产品应经制造厂质量检验部门检验，合格后方可出厂，出厂时应附检验合格报告。

8.2.2 出厂检验分为全部检验和抽样检验。

8.2.3 要求全部检验的项目应对所有的产品逐件进行检验。

8.2.4 抽样检验应符合下列规定：

a) 抽样检验应按每台喷涂设备生产的保温管每季度抽样 1 次，每次抽样 1 根，每季度累计生产量达到 60 km 时，应增加 1 次检验。检验应均布于全年的生产过程中；

b) 外护层外径与壁厚检验应按喷涂缠绕保温管生产量的 5% 抽取，环向收缩率检验应按喷涂缠绕保温管生产量的 1% 抽取；

c) 外护层拉伸屈服强度与断裂伸长率检验应按每 100 根抽取 1 根进行；

d) 保温层密度、压缩强度和吸水率检验应按每 100 根抽取 1 根进行。

8.3 型式检验

8.3.1 凡有下列情况之一，应进行型式检验：

a) 新产品的试制、定型鉴定或老产品转厂生产时；

b) 正常生产时，每 2 年或累计产量达 600 km 时；

c) 正式生产后，当主要生产设备、工艺及材料的牌号及配方等有较大改变，可能影响产品性能时；

d) 产品停产 1 年后，恢复生产时；

e) 出厂检验结果与上次型式检验有较大差异时。

8.3.2 型式检验抽样应符合下列规定：

a) 对于 8.3.1a)、b)、c)、d)规定的 4 种情况的型式检验取样范围仅代表 a)、b)、c)、d)4 种状况下所生产的规格，每一选定规格仅代表向下 0.5 倍直径，向上 2 倍直径的范围；

b) 对于 8.3.1e)规定的状况的型式检验取样范围应代表生产厂区的所有规格，每一选定规格仅代表向下 0.5 倍直径，向上 2 倍直径的范围；

c) 每种选定的规格抽取 1 件。

8.3.3 型式检验任何 1 项指标不合格时，应在同批产品中加倍抽样，复验其不合格项目，若仍不合格，则该批产品为不合格。

9 标志、运输和贮存

9.1 标志

9.1.1 喷涂缠绕保温管的标志不应损伤外护层性能,标志应能经受住运输、贮存和使用环境的影响。

9.1.2 喷涂缠绕保温管至少应标志以下内容:

a) 产品名称;

b) 产品规格;

c) 产品标准编号;

d) 生产日期或批号;

e) 企业名称和地址;

f) 厂商标志。

9.2 运输

9.2.1 喷涂缠绕保温管应采用吊带或其他不伤及保温管的方法吊装,不应用钢丝绳直接吊装。

9.2.2 在装卸过程中不应碰撞、抛摔或在地面直接拖拉滚动。

9.2.3 长途运输过程中,喷涂缠绕保温管应固定牢靠,不应损伤外护层及保温层。

9.3 贮存

9.3.1 喷涂缠绕保温管堆放场地应符合下列规定:

a) 地面应平整,且应无碎石等坚硬杂物;

b) 地面应有足够的承载能力,并应采取防止发生地面塌陷和保温管倾倒的措施;

c) 堆放场地应设排水沟,场地内不应积水;

d) 堆放场地应设置管托,保温管不应受雨水浸泡;

e) 贮存时应采取防止保温管滑落的措施。

9.3.2 保温管两端应有管端防护端帽。

9.3.3 喷涂缠绕保温管不应受烈日照射、雨淋和浸泡,露天存放时应用蓬布遮盖。堆放处应远离热源和火源。当环境温度低于－20 ℃时,不宜露天存放。

附 录 A
(规范性附录)
外护层环向热回缩率检验方法

A.1 检验聚乙烯外护层环向热回缩率时,应从在室温下放置至少 16 h 的保温管外护层上截取。

A.2 试样采集应符合下列规定:

a) 在喷涂缠绕保温管两端,距聚乙烯外护层端面不低于 100 mm 处,沿环向切取宽度 100 mm 圆环,并截取 200 mm±20 mm 长的切片试样,外护层取样数量应符合表 A.1 的规定,试样应沿环向均匀切取。

表 A.1 外护层取样数量

外护层外径/mm	$393 \leqslant D_c \leqslant 951$	$951 < D_c \leqslant 1\,436$	$1\,436 < D_c$
样条数/个	6	8	10

b) 切取前,用彩笔沿整个圆周划两条平行线,平行偏差不大于 2 mm,两条平行线应垂直于管道轴线。

c) 去除聚乙烯外护层内壁的聚氨酯泡沫塑料,使用划线器,在聚乙烯外护层试样外表面上划两条相距 100 mm 的标线,并使其一标线距任一端至少 10 mm。

A.3 环向热回缩率检验应按 GB/T 6671 的规定执行。

附 录 B
（规范性附录）
外护层环向收缩率检验方法

B.1 检验聚乙烯外护层环向收缩率时，应从在室温下至少放置 16 h 的保温管外护层上截取。

B.2 在距聚乙烯外护层端面不低于 100 mm 处沿环向切取宽度不大于 100 mm 圆环。

B.3 切取前，用彩笔沿整个圆周划两条平行线，平行偏差不大于 2 mm，两条平行线应垂直于管道轴线。沿圆环划一条平行于管道轴向的划线。

B.4 在圆环切取前，用精度 1 mm 的钢卷尺对圆环两侧划线的周长进行测量并做好标记。

B.5 采用切割工具对圆环的环向划线和轴向划线进行切割，切割应平整。

B.6 圆环切开放置 20 min 后，用精度 1 mm 的钢卷尺分别测量环向两侧划线的长度。按式(B.1)分别计算圆环两侧外护层的环向收缩率，检验结果取两侧的平均值。

$$\alpha = \frac{L_0 - L_1}{L_0} \times 100\% \quad \cdots\cdots (B.1)$$

式中：

α ——环向收缩率，%；

L_0——切开前的周长，单位为毫米(mm)；

L_1——切开后的长度与锯口宽度之和，单位为毫米(mm)。

ICS 91.140.60
P 40

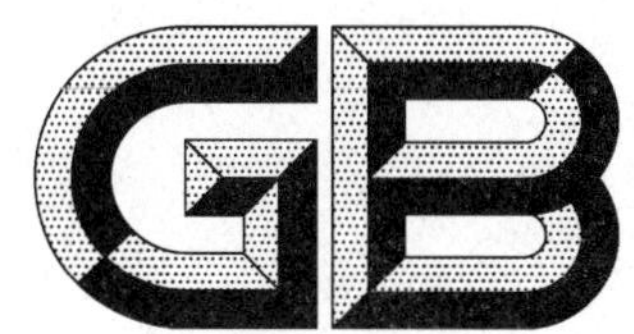

中华人民共和国国家标准

GB/T 34617—2017

城镇供热系统能耗计算方法

Evaluation method of energy consumption for district heating system

2017-10-14 发布 2018-09-01 实施

中华人民共和国国家质量监督检验检疫总局
中国国家标准化管理委员会 发布

前言

本标准按照 GB/T 1.1—2009 给出的规则起草。

本标准由中华人民共和国住房和城乡建设部提出。

本标准由全国城镇供热标准化技术委员会(SAC/TC 455)归口。

本标准起草单位:北京市煤气热力工程设计院有限公司、北京北燃供热有限公司、中国市政工程华北设计研究总院有限公司、哈尔滨工业大学、北京市住宅建筑设计研究院有限公司、北京市建设工程质量第四检测所、牡丹江热力设计有限责任公司、北京市热力集团有限责任公司、乌鲁木齐市热力总公司、睿能太宇(沈阳)能源技术有限公司、依斯塔计量技术服务(北京)有限公司、北京豪特耐管道设备有限公司、昊天节能装备股份有限责任公司、沈阳航发热计量技术有限公司、威海市天罡仪表股份有限公司、大连博控能源管理有限公司、唐山兴邦管道工程设备有限公司。

本标准主要起草人:王建国、刘江涛、杨宏斌、孙蕾、张晓松、冯继蓓、王峥、方修睦、常俊志、胡颐蘅、郑海莼、刘芃、冯文亮、白冬军、李庆平、赵军、马磊、于登武、李国鹏、高斌、藏洪泉、郑中胜、郎魁元、倪志军、唐鲁、曾永春、谢圆平、王少辉、靳磊、贾丽华、付涛、邱晓霞。

城镇供热系统能耗计算方法

1 范围

本标准规定了城镇供热系统、热源、热力网、热力站、街区供热管网的能耗计算方法。

本标准规定的计算方法适用于城镇供热系统能耗评价时的计算。

本标准适用于热源至建筑物热力入口,且以热水为介质供应建筑采暖的城镇供热系统。其中,热源能耗计算仅适用于消耗一次能源的热源。

2 术语和定义、符号

2.1 术语和定义

下列术语和定义适用于本文件。

2.1.1

供暖期 the heating period

供暖开始至供暖结束的时间区间。

2.1.2

测试期 the test period

检测开始至检测结束的时间区间。

2.1.3

评价期 the evaluation period

供暖期内进行能耗评价的时间区间。

2.1.4

热力网 district heating network

自热源经市政道路至热力站的供热管网。

2.1.5

用户热源 consumer heating source

用户锅炉房、热力站、热泵机房、直燃机房等与建筑物室内供暖系统直接连接的热源。

2.1.6

街区供热管网 block heating network

自用户热源至建筑物热力入口,设计压力不大于 1.6 MPa,设计温度不大于 95 ℃,与建筑物内部系统连接的室外热水供暖管网。

2.1.7

补水站 make-up water supply station

设置在热源外的热力网补水系统。

2.1.8

隔压换热站 branch-line substation

为分隔管网压力而设置在供热干线上的换热站。

2.2 符号

下列符号适用于本文件。

A_k ——供热面积；
B ——锅炉房供热的实物燃料消耗量；
$B_{av,a}$ ——全国热电厂供热的年燃料消耗量；
$B_{boiler,i}$ ——锅炉房供热的燃料消耗量；
B_c ——测试期实物燃料消耗量；
$B_{power,i}$ ——热电厂供热的燃料消耗量；
$B_{re,i}$ ——可再生能源及电能供热的燃料消耗量；
$B_{waste,i}$ ——工业余热、废热供热的燃料消耗量；
b ——供热系统单位供热量燃料消耗量；
b_A ——单位供热面积燃料消耗量；
$b_{A,z}$ ——室内标准温度单位供热面积折算燃料消耗量；
$b_{boiler,i}$ ——热源单位供热量燃料消耗量；
c ——水的比热容；
e ——供热系统单位供热量能耗；
e_i ——热源单位供热量能耗；
$G_{b,i}$ ——热源补水量；
$G_{b,j}$ ——用户热源补水量；
$G_{c,i}$ ——热源平均循环流量；
$G_{c,j}$ ——用户热源平均循环流量；
G_i ——热源耗水量；
G_j ——热力站补水量；
G_l ——热力网其他补水量；
$G_{m,j}$ ——热力站一次侧循环水量测量值；
$G_{m,k}$ ——建筑物热力入口循环水量测量值；
$G_{0,j}$ ——热力站一次侧循环水量设计值；
$G_{0,k}$ ——建筑物热力入口循环水量设计值；
$G_{1,c}$ ——热力网累计循环水量；
$G_{2,c}$ ——街区供热管网累计循环水量；
g ——供热系统单位供热量耗水量；
g_A ——单位供热面积耗水量；
$g_{c,A}$ ——单位供热面积循环流量；
g_i ——热源单位供热量耗水量；
g_1 ——热力网单位热量输送耗水量；
g_2 ——街区供热管网单位热量输送耗水量；
$HB_{1,c}$ ——热力网水力失调度；
$HB_{2,c}$ ——街区供热管网水力失调度；
L ——管段起点至管段末点管道长度；
m ——热源数量；
n ——建筑物热力入口数量；
P_i ——热源耗电量；
P_j ——热力站耗电量；
P_l ——热力网耗电量；
$P_{p,i}$ ——热源循环水泵耗电量；

$P_{p,j}$ ——用户热源循环水泵耗电量；
$P_{p1,j}$ ——热力站一次侧分布式热力网循环泵耗电量；
$P_{p1,l}$ ——热力网水泵耗电量；
$P_{p2,l}$ ——街区供热管网水泵耗电量；
$P_{re,i}$ ——产热装置耗电量；
p ——供热系统单位供热量耗电量；
p_i ——热源单位供热量耗电量；
p_A ——单位供热面积耗电量；
p_1 ——热力网单位热量输送耗电量；
p_2 ——街区供热管网单位热量输送耗电量；
Q ——评价期热量；
$Q_{av,a}$ ——全国热电厂的年供热量；
$Q_{boiler,i}$ ——锅炉房的供热量；
Q_c ——测试期热量；
$Q_{dw,0}$ ——标准煤低位发热值；
Q_{dw} ——实物燃料平均低位发热值；
$Q_{in,j}$ ——热力站一次侧的输入热量；
Q_j ——用户热源的输出热量；
Q_k ——建筑物热力入口处的供热量；
$Q_{out,j}$ ——热力站二次侧的输出热量；
$Q_{power,i}$ ——热电厂的供热量；
$Q_{re,i}$ ——可再生能源及电能的供热量；
$Q_{waste,i}$ ——工业余热、废热的供热量；
q_A ——单位供热面积耗热量；
$q_{A,z}$ ——室内标准温度单位供热面积折算耗热量；
r ——热力站数量；
s ——用户热源数量；
t_{ir} ——热源回水平均温度；
t_{is} ——热源供水平均温度；
t_{kr} ——建筑物热力入口回水平均温度；
t_n ——评价期室内平均温度；
$t_{n,b}$ ——评价期室内标准温度；
$t_{n,c}$ ——测试期室内平均温度；
t_w ——评价期室外平均温度；
$t_{w,c}$ ——测试期室外平均温度；
$t_{1,b}$ ——热力网补水平均温度；
t_e ——管段末点供水温度；
$t_{1,jr}$ ——热力站一次侧回水平均温度；
t_s ——管段起点供水温度；
$t_{2,b}$ ——用户热源补水平均温度；
$t_{2,jr}$ ——用户热源回水平均温度；
$t_{2,js}$ ——用户热源供水平均温度；
ΔT_e ——评价期小时数；

ΔT_m ——测试期小时数；

$\Delta t_{1,as}$ ——热力网单位长度温降；

$\Delta t_{2,as}$ ——街区供热管网单位长度温降；

u ——中继泵站、隔压换热站、补水站数量；

w ——建筑物热力入口混水泵、加压泵数量；

β ——电力折标系数；

$\delta_{1,ar}$ ——热力网回水平均温度偏差相对值；

$\delta_{2,ar}$ ——街区供热管网回水平均温度偏差相对值；

η_1 ——热力网输热效率；

$\eta_{1,b}$ ——热力网补水热损失率；

η_2 ——街区供热管网输热效率；

$\eta_{2,b}$ ——街区供热管网补水热损失率；

η_e ——供热系统综合能源利用效率；

$\eta_{e,i}$ ——热源能源利用率；

$\eta_{e,j}$ ——热力站能源利用率；

η_i ——热源热效率；

η_q ——供热系统热效率；

η_{s2} ——热力站热效率；

$\psi_{1,c}$ ——热力网平均补水率；

$\psi_{2,c}$ ——街区供热管网平均补水率。

3 基本规定

3.1 本标准中数据宜采用能耗评价期的测试数据。

3.2 测试数据应准确反映测试期供热运行状况，且应剔除非正常数据。

3.3 耗水量、耗电量、室内外温度应采用评价期的测试数据。

3.4 燃料量及热量的测试期宜在评价期内或与评价期一致。

3.5 燃料量及热量的测试期与评价期不一致时，测试期数据应折算至评价期数据。测试期数据折算至评价期数据的折算方法应按附录A的规定执行。

3.6 不具备热计量条件的建筑物，可根据具有测量条件的相似建筑物面积比例折算热量。

3.7 供热系统单位供热面积能耗计算宜按附录B的规定执行。

4 供热系统

4.1 供热系统单位供热量燃料消耗量

4.1.1 供热系统单位供热量燃料消耗量应按式(1)计算：

$$b=\frac{\sum_{i=1}^{m}B_{\mathrm{boiler},i}+\sum_{i=1}^{m}B_{\mathrm{power},i}+\sum_{i=1}^{m}B_{\mathrm{re},i}+\sum_{i=1}^{m}B_{\mathrm{waste},i}}{\sum_{k=1}^{n}Q_k} \qquad \cdots\cdots(1)$$

式中：

b ——供热系统单位供热量燃料消耗量，单位为千克标准煤每吉焦(kgce/GJ)；

m ——热源数量；

$B_{boiler,i}$ ——锅炉房供热的燃料消耗量,单位为千克标准煤(kgce);

$B_{power,i}$ ——热电厂供热的燃料消耗量,单位为千克标准煤(kgce);

$B_{re,i}$ ——可再生能源及电能供热的燃料消耗量,单位为千克标准煤(kgce);

$B_{waste,i}$ ——工业余热、废热供热的燃料消耗量,单位为千克标准煤(kgce);

n ——建筑物热力入口数量;

Q_k ——建筑物热力入口处的供热量,单位为吉焦(GJ)。

4.1.2 锅炉房供热的燃料消耗量应按式(2)计算:

$$B_{boiler,i}=\frac{B\times Q_{dw}}{Q_{dw,0}} \qquad (2)$$

式中:

$B_{boiler,i}$——锅炉房供热的燃料消耗量,单位为千克标准煤(kgce);

B ——锅炉房供热的实物燃料消耗量,单位为千克或标准立方米(kg 或 Nm^3);

Q_{dw} ——实物燃料平均低位发热值,单位为兆焦每千克或兆焦每标准立方米(MJ/kg 或 MJ/Nm^3);

$Q_{dw,0}$ ——标准煤低位发热值,单位为兆焦每千克标准煤(MJ/kgce),可取 29.307 6。

4.1.3 热电厂供热的燃料消耗量应按式(3)计算:

$$B_{power,i}=Q_{power,i}\times\frac{B_{av,a}}{Q_{av,a}} \qquad (3)$$

式中:

$B_{power,i}$——热电厂供热的燃料消耗量,单位为千克标准煤(kgce);

$Q_{power,i}$——热电厂的供热量,单位为吉焦(GJ);

$B_{av,a}$ ——全国热电厂供热的年燃料消耗量,单位为千克标准煤(kgce);

$Q_{av,a}$ ——全国热电厂的年供热量,单位为吉焦(GJ)。

注 1: $B_{av,a}$ 可按中国电力企业联合会发布的上一年度的电厂燃料消耗中供热消耗标准煤量取值。

注 2: $Q_{av,a}$ 可按中国电力企业联合会发布的上一年度的电厂供热量取值。

4.1.4 可再生能源及电能供热的燃料消耗量应按式(4)计算:

$$B_{re,i}=\beta\times P_{re,i} \qquad (4)$$

式中:

$B_{re,i}$——可再生能源及电能供热的燃料消耗量,单位为千克标准煤(kgce);

β ——电力折标系数,单位为千克标准煤每千瓦小时[kgce/(kW·h)];

$P_{re,i}$——产热装置耗电量,单位为千瓦小时(kW·h)。

注: β 可按中国电力企业联合会发布的上一年度的电厂供电标准煤耗取值。

4.1.5 工业余热、废热供热的燃料消耗量应按式(5)计算:

$$B_{waste,i}=Q_{waste,i}\times\frac{B_{av,a}}{Q_{av,a}} \qquad (5)$$

式中:

$B_{waste,i}$——工业余热、废热供热的燃料消耗量,单位为千克标准煤(kgce);

$Q_{waste,i}$——工业余热、废热的供热量,单位为吉焦(GJ);

$B_{av,a}$ ——全国热电厂供热的年燃料消耗量,单位为千克标准煤(kgce);

$Q_{av,a}$ ——全国热电厂的年供热量,单位为吉焦(GJ)。

注 1: $B_{av,a}$ 可按中国电力企业联合会发布的上一年度的电厂燃料消耗中供热消耗标准煤量取值。

注 2: $Q_{av,a}$ 可按中国电力企业联合会发布的上一年度的电厂供热量取值。

4.2 供热系统单位供热量耗电量

供热系统单位供热量耗电量应按式(6)计算:

$$p=\frac{\sum_{i=1}^{m}P_i+\sum_{j=1}^{r}P_j+\sum_{l=1}^{u}P_l}{\sum_{k=1}^{n}Q_k} \quad \cdots\cdots(6)$$

式中：

p ——供热系统单位供热量耗电量，单位为千瓦小时每吉焦(kW·h/GJ)；

m ——热源数量；

P_i ——热源耗电量，单位为千瓦小时(kW·h)；

r ——热力站数量；

P_j ——热力站耗电量，单位为千瓦小时(kW·h)；

u ——中继泵站、隔压换热站、补水站数量；

P_l ——热力网耗电量，单位为千瓦小时(kW·h)；

n ——建筑物热力入口数量；

Q_k ——建筑物热力入口处的供热量，单位为吉焦(GJ)。

注1：当建筑物热力入口处的供热量不能确定时，Q_k 可按用户热源的输出热量计算。

注2：热源耗电量不包括电锅炉、电动热泵等产热装置的耗电量。

注3：热力网耗电量包括中继泵站、隔压换热站、补水站等耗电量。

4.3 供热系统单位供热量耗水量

供热系统单位供热量耗水量应按式(7)计算：

$$g=\frac{\sum_{i=1}^{m}G_i+\sum_{j=1}^{r}G_j+\sum_{l=1}^{u}G_l}{\sum_{k=1}^{n}Q_k} \quad \cdots\cdots(7)$$

式中：

g ——供热系统单位供热量耗水量，单位为千克每吉焦(kg/GJ)；

m ——热源数量；

G_i ——热源耗水量，单位为千克(kg)；

r ——热力站数量；

G_j ——热力站补水量，单位为千克(kg)；

u ——中继泵站、隔压换热站、补水站数量；

G_l ——热力网其他补水量，单位为千克(kg)；

n ——建筑物热力入口数量；

Q_k ——建筑物热力入口处的供热量，单位为吉焦(GJ)。

注：热力网其他补水量包括中继泵站、隔压换热站、补水站等处的补水量。

4.4 供热系统单位供热量能耗

供热系统单位供热量能耗应按式(8)计算：

$$e=\frac{\sum_{i=1}^{m}B_{\mathrm{boiler},i}+\sum_{i=1}^{m}B_{\mathrm{power},i}+\sum_{i=1}^{m}B_{\mathrm{re},i}+\sum_{i=1}^{m}B_{\mathrm{waste},i}+\beta\times\left(\sum_{i=1}^{m}P_i+\sum_{j=1}^{r}P_j+\sum_{l=1}^{u}P_l\right)}{\sum_{k=1}^{n}Q_k} \quad \cdots\cdots(8)$$

式中：

e ——供热系统单位供热量能耗，单位为千克标准煤每吉焦(kgce/GJ)；
m ——热源数量；
$B_{\mathrm{boiler},i}$ ——锅炉房供热的燃料消耗量，单位为千克标准煤(kgce)；
$B_{\mathrm{power},i}$ ——热电厂供热的燃料消耗量，单位为千克标准煤(kgce)；
$B_{\mathrm{re},i}$ ——可再生能源及电能供热的燃料消耗量，单位为千克标准煤(kgce)；
$B_{\mathrm{waste},i}$ ——工业余热、废热供热的燃料消耗量，单位为千克标准煤(kgce)；
β ——电力折标系数，单位为千克标准煤每千瓦小时[kgce/(kW·h)]；
P_i ——热源耗电量，单位为千瓦小时(kW·h)；
r ——热力站数量；
P_j ——热力站耗电量，单位为千瓦小时(kW·h)；
u ——中继泵站、隔压换热站、补水站数量；
P_l ——热力网耗电量，单位为千瓦小时(kW·h)；
n ——建筑物热力入口数量；
Q_k ——建筑物热力入口处的供热量，单位为吉焦(GJ)。

注 1：β 可按中国电力企业联合会发布的上一年度的电厂供电标准煤耗取值。

注 2：热源耗电量不含电锅炉、电动热泵等产热装置的耗电量。

注 3：热力网耗电量包括中继泵站、隔压换热站、补水站等耗电量。

4.5 供热系统热效率

供热系统热效率应按式(9)计算：

$$\eta_{\mathrm{q}}=\frac{10^3\times\sum_{k=1}^{n}Q_k}{Q_{\mathrm{dw},0}\times\left(\sum_{i=1}^{m}B_{\mathrm{boiler},i}+\sum_{i=1}^{m}B_{\mathrm{power},i}+\sum_{i=1}^{m}B_{\mathrm{re},i}+\sum_{i=1}^{m}B_{\mathrm{waste},i}\right)}\times 100\% \qquad\cdots\cdots\cdots\cdots(9)$$

式中：

η_{q} ——供热系统热效率，%；
n ——建筑物热力入口数量；
Q_k ——建筑物热力入口处的供热量，单位为吉焦(GJ)；
$Q_{\mathrm{dw},0}$ ——标准煤低位发热值，单位为兆焦每千克标准煤(MJ/kgce)，可取 29.307 6；
m ——热源数量；
$B_{\mathrm{boiler},i}$ ——锅炉房供热的燃料消耗量，单位为千克标准煤(kgce)；
$B_{\mathrm{power},i}$ ——热电厂供热的燃料消耗量，单位为千克标准煤(kgce)；
$B_{\mathrm{re},i}$ ——可再生能源及电能供热的燃料消耗量，单位为千克标准煤(kgce)；
$B_{\mathrm{waste},i}$ ——工业余热、废热供热的燃料消耗量，单位为千克标准煤(kgce)。

4.6 供热系统综合能源利用效率

供热系统综合能源利用效率应按式(10)计算：

$$\eta_{\mathrm{e}}=\frac{10^3\times\sum_{k=1}^{n}Q_k}{Q_{\mathrm{dw},0}\times\left[\sum_{i=1}^{m}B_{\mathrm{boiler},i}+\sum_{i=1}^{m}B_{\mathrm{power},i}+\sum_{i=1}^{m}B_{\mathrm{re},i}+\sum_{i=1}^{m}B_{\mathrm{waste},i}+\beta\times\left(\sum_{i=1}^{m}P_i+\sum_{j=1}^{r}P_j+\sum_{l=1}^{u}P_l\right)\right]}\times 100\% \qquad\cdots\cdots\cdots\cdots(10)$$

式中：

η_{e} ——供热系统综合能源利用效率，%；

n ——建筑物热力入口数量；
Q_k ——建筑物热力入口处的供热量，单位为吉焦(GJ)；
$Q_{dw,0}$ ——标准煤低位发热值，单位为兆焦每千克标准煤(MJ/kgce)，可取 29.307 6；
m ——热源数量；
$B_{boiler,i}$ ——锅炉房供热的燃料消耗量，单位为千克标准煤(kgce)；
$B_{power,i}$ ——热电厂供热的燃料消耗量，单位为千克标准煤(kgce)；
$B_{re,i}$ ——可再生能源及电能供热的燃料消耗量，单位为千克标准煤(kgce)；
$B_{waste,i}$ ——工业余热、废热供热的燃料消耗量，单位为千克标准煤(kgce)；
β ——电力折标系数，单位为千克标准煤每千瓦小时[kgce/(kW·h)]；
P_i ——热源耗电量，单位为千瓦小时(kW·h)；
r ——热力站数量；
P_j ——热力站耗电量，单位为千瓦小时(kW·h)；
u ——中继泵站、隔压换热站、补水站数量；
P_l ——热力网耗电量，单位为千瓦小时(kW·h)。

注 1：β 可按中国电力企业联合会发布的上一年度的电厂供电标准煤耗取值。

注 2：热源耗电量不含电锅炉、电动热泵等产热装置的耗电量。

注 3：热力网耗电量包括中继泵站、隔压换热站、补水站等耗电量。

5 热源

5.1 热源单位供热量燃料消耗量

热源单位供热量燃料消耗量应按式(11)计算：

$$b_{boiler,i}=\frac{B_{boiler,i}}{Q_{boiler,i}} \qquad \cdots\cdots(11)$$

式中：

$b_{boiler,i}$ ——热源单位供热量燃料消耗量，单位为千克标准煤每吉焦(kgce/GJ)；
$B_{boiler,i}$ ——锅炉房供热的燃料消耗量，单位为千克标准煤(kgce)；
$Q_{boiler,i}$ ——锅炉房的供热量，单位为吉焦(GJ)。

5.2 热源单位供热量耗电量

热源单位供热量耗电量应按式(12)计算：

$$p_i=\frac{P_i}{Q_{boiler,i}} \qquad \cdots\cdots(12)$$

式中：

p_i ——热源单位供热量耗电量，单位为千瓦小时每吉焦(kW·h/GJ)；
P_i ——热源耗电量，单位为千瓦小时(kW·h)；
$Q_{boiler,i}$ ——锅炉房的供热量，单位为吉焦(GJ)。

注：热源耗电量不包括电锅炉、电动热泵等产热装置的耗电量。

5.3 热源单位供热量耗水量

热源单位供热量耗水量应按式(13)计算：

$$g_i=\frac{G_i}{Q_{boiler,i}} \qquad \cdots\cdots(13)$$

式中：

g_i ——热源单位供热量耗水量，单位为千克每吉焦(kg/GJ)；
G_i ——热源耗水量，单位为千克(kg)；

$Q_{boiler,i}$ ——锅炉房的供热量,单位为吉焦(GJ)。

5.4 热源单位供热量能耗

热源单位供热量能耗应按式(14)计算:

$$e_i = \frac{B_{boiler,i} + \beta \times P_i}{Q_{boiler,i}} \quad \cdots\cdots (14)$$

式中:

e_i ——热源单位供热量能耗,单位为千克标准煤每吉焦(kgce/GJ);

$B_{boiler,i}$ ——锅炉房供热的燃料消耗量,单位为千克标准煤(kgce);

β ——电力折标系数,单位为千克标准煤每千瓦小时[kgce/(kW·h)];

P_i ——热源耗电量,单位为千瓦小时(kW·h);

$Q_{boiler,i}$ ——锅炉房的供热量,单位为吉焦(GJ)。

注 1:热源耗电量不包括电锅炉、电动热泵等产热装置的耗电量。

注 2:β 可按中国电力企业联合会发布的上一年度的电厂供电标准煤耗取值。

5.5 热源热效率

热源热效率应按式(15)计算:

$$\eta_i = \frac{10^3 \times Q_{boiler,i}}{B_{boiler,i} \times Q_{dw,0}} \times 100\% \quad \cdots\cdots (15)$$

式中:

η_i ——热源热效率,%;

$Q_{boiler,i}$ ——锅炉房的供热量,单位为吉焦(GJ);

$B_{boiler,i}$ ——锅炉房供热的燃料消耗量,单位为千克标准煤(kgce);

$Q_{dw,0}$ ——标准煤低位发热值,单位为兆焦每千克标准煤(MJ/kgce),可取 29.307 6。

5.6 热源能源利用率

热源能源利用率应按式(16)计算:

$$\eta_{e,i} = \frac{10^3 \times Q_{boiler,i}}{(B_{boiler,i} + \beta \times P_i) \times Q_{dw,0}} \times 100\% \quad \cdots\cdots (16)$$

式中:

$\eta_{e,i}$ ——热源能源利用率,%;

$Q_{boiler,i}$ ——锅炉房的供热量,单位为吉焦(GJ);

$B_{boiler,i}$ ——锅炉房供热的燃料消耗量,单位为千克标准煤(kgce);

β ——电力折标系数,单位为千克标准煤每千瓦小时[kgce/(kW·h)];

P_i ——热源耗电量,单位为千瓦小时(kW·h);

$Q_{dw,0}$ ——标准煤低位发热值,单位为兆焦每千克标准煤(MJ/kgce),可取 29.307 6。

注 1:热源耗电量不包括电锅炉、电动热泵等产热装置的耗电量。

注 2:β 可按中国电力企业联合会发布的上一年度的电厂供电标准煤耗取值。

6 热力网

6.1 热力网单位热量输送耗电量

热力网单位热量输送耗电量应按式(17)计算:

$$p_1=\frac{\sum_{i=1}^{m}P_{p,i}+\sum_{j=1}^{r}P_{p1,j}+\sum_{l=1}^{u}P_{p1,l}}{\sum_{j=1}^{r_1}Q_{in,j}} \quad \cdots\cdots(17)$$

式中：

p_1 ——热力网单位热量输送耗电量，单位为千瓦小时每吉焦(kW·h/GJ)；

m ——热源数量；

$P_{p,i}$ ——热源循环水泵耗电量，单位为千瓦小时(kW·h)；

r ——热力站数量；

$P_{p1,j}$ ——热力站一次侧分布式热力网循环泵耗电量，单位为千瓦小时(kW·h)；

u ——中继泵站、隔压换热站、补水站数量；

$P_{p1,l}$ ——热力网水泵耗电量，单位为千瓦小时(kW·h)；

$Q_{in,j}$ ——热力站一次侧的输入热量，单位为吉焦(GJ)。

注：热力网水泵耗电量包括中继泵站加压泵、隔压换热站热力网循环水泵等水泵耗电量。

6.2 热力网单位热量输送耗水量

热力网单位热量输送耗水量应按式(18)计算：

$$g_1=\frac{\sum_{i=1}^{m}G_{b,i}+\sum_{l=1}^{u}G_l}{\sum_{j=1}^{r}Q_{in,j}} \quad \cdots\cdots(18)$$

式中：

g_1 ——热力网单位热量输送耗水量，单位为千克每吉焦(kg/GJ)；

m ——热源数量；

$G_{b,i}$ ——热源补水量，单位为千克(kg)；

u ——中继泵站、隔压换热站、补水站数量；

G_l ——热力网其他补水量，单位为千克(kg)；

r ——热力站数量；

$Q_{in,j}$ ——热力站一次侧的输入热量，单位为吉焦(GJ)。

注：热力网其他补水量包括中继泵站、隔压换热站、补水站等处的补水量。

6.3 热力网平均补水率

热力网平均补水率应按式(19)计算：

$$\psi_{1,c}=\frac{\sum_{i=1}^{m}G_{b,i}+\sum_{l=1}^{u}G_l}{G_{1,c}}\times 100\% \quad \cdots\cdots(19)$$

式中：

$\psi_{1,c}$ ——热力网平均补水率，%；

m ——热源数量；

$G_{b,i}$ ——热源补水量，单位为千克(kg)；

u ——中继泵站、隔压换热站、补水站数量；

G_l ——热力网其他补水量，单位为千克(kg)；

$G_{1,c}$ ——热力网累计循环水量，单位为千克(kg)。

注：热力网其他补水量包括中继泵站、隔压换热站、补水站等处的补水量。

6.4 热力网补水热损失率

热力网补水热损失率应按式(20)计算：

$$\eta_{1,b}=10^{-6}\times g_1\times c\times\left(\frac{t_{is}+t_{ir}}{2}-t_{1,b}\right)\times100\% \qquad \cdots\cdots(20)$$

式中：

$\eta_{1,b}$——热力网补水热损失率，%；

g_1 ——热力网单位热量输送耗水量，单位为千克每吉焦(kg/GJ)；

c ——水的比热容，单位为千焦每千克摄氏度[kJ/(kg·℃)]；

t_{is} ——热源供水平均温度，单位为摄氏度(℃)；

t_{ir} ——热源回水平均温度，单位为摄氏度(℃)；

$t_{1,b}$——热力网补水平均温度，单位为摄氏度(℃)。

6.5 热力网单位长度温降

热力网单位长度温降应按式(21)计算：

$$\Delta t_{1,as}=\frac{t_s-t_e}{L} \qquad \cdots\cdots(21)$$

式中：

$\Delta t_{1,as}$——热力网单位长度温降，单位为摄氏度每米(℃/m)；

t_s ——管段起点供水温度，单位为摄氏度(℃)；

t_e ——管段末点供水温度，单位为摄氏度(℃)；

L ——管段起点至管段末点管道长度，单位为米(m)。

6.6 热力网输热效率

热力网输热效率应按式(22)计算：

$$\eta_1=\frac{\sum_{j=1}^{r}Q_{in,j}}{\sum_{i=1}^{m}Q_{boiler,i}+\sum_{i=1}^{m}Q_{power,i}+\sum_{i=1}^{m}Q_{re,i}+\sum_{i=1}^{m}Q_{waste,i}}\times100\% \qquad \cdots\cdots(22)$$

式中：

η_1 ——热力网输热效率，%；

r ——热力站数量；

$Q_{in,j}$ ——热力站一次侧的输入热量，单位为吉焦(GJ)；

m ——热源数量；

$Q_{boiler,i}$——锅炉房的供热量，单位为吉焦(GJ)；

$Q_{power,i}$——热电厂的供热量，单位为吉焦(GJ)；

$Q_{re,i}$ ——可再生能源及电能的供热量，单位为吉焦(GJ)；

$Q_{waste,i}$——工业余热、废热的供热量，单位为吉焦(GJ)。

6.7 热力网水力失调度

热力网水力失调度应按式(23)计算：

$$HB_{1,c}=\frac{G_{m,j}}{G_{0,j}}\times\frac{\sum_{j=1}^{r}G_{0,j}}{\sum_{j=1}^{r}G_{m,j}} \qquad \cdots\cdots(23)$$

式中：

$HB_{1,c}$——热力网水力失调度；

$G_{m,j}$ ——热力站一次侧循环水量测量值，单位为千克每秒(kg/s)；

$G_{0,j}$ ——热力站一次侧循环水量设计值，单位为千克每秒(kg/s)；

r ——热力站数量。

注1：当热力站供热区域按设计实施并且设计图纸上已标注热力站一次侧循环水量设计数据时，$G_{0,j}$ 取设计图纸标注的数据。

注2：当热力站供热区域按设计实施，设计图纸未标注热力站一次侧循环水量设计值时，$G_{0,j}$ 按设计图纸标注的热力站设计热负荷及热力站一次侧供回水设计温差计算。

注3：当热力站供热区域按设计实施，设计图纸未标注热力站一次侧循环水量设计值及设计热负荷时，$G_{0,j}$ 按实测热负荷或估算热负荷及设计图纸标注的热力站一次侧供回水设计温差计算。

注4：当热力站供热区域内的供热建筑规模改变或建筑进行过改造，$G_{0,j}$ 按实测热负荷或估算热负荷及设计图纸标注的热力站一次侧供回水设计温差计算。

6.8 热力网回水平均温度偏差相对值

热力网回水平均温度偏差相对值应按式(24)计算：

$$\delta_{1,ar}=\frac{t_{1,jr}-t_{ir}}{t_{ir}}\times 100\% \qquad (24)$$

式中：

$\delta_{1,ar}$——热力网回水平均温度偏差相对值，%；

$t_{1,jr}$ ——热力站一次侧回水平均温度，单位为摄氏度(℃)；

t_{ir} ——热源回水平均温度，单位为摄氏度(℃)。

7 热力站

7.1 热力站热效率

热力站热效率应按式(25)计算：

$$\eta_{s2}=\frac{Q_{out,j}}{Q_{in,j}}\times 100\% \qquad (25)$$

式中：

η_{s2} ——热力站热效率(%)；

$Q_{out,j}$——热力站二次侧的输出热量，单位为吉焦(GJ)；

$Q_{in,j}$ ——热力站一次侧的输入热量，单位为吉焦(GJ)。

7.2 热力站能源利用率

热力站能源利用率应按式(26)计算：

$$\eta_{e,j}=\frac{10^3\times Q_{out,j}}{10^3\times Q_{in,j}+Q_{dw,0}\times\beta\times P_j}\times 100\% \qquad (26)$$

式中：

$\eta_{e,j}$ ——热力站能源利用率，%；

$Q_{out,j}$ ——热力站二次侧的输出热量，单位为吉焦(GJ)；

$Q_{in,j}$ ——热力站一次侧的输入热量，单位为吉焦(GJ)；

$Q_{dw,0}$ ——标准煤低位发热值，单位为兆焦每千克标准煤(MJ/kgce)，可取 29.307 6；

β ——电力折标系数，单位为千克标准煤每千瓦小时[kgce/(kW·h)]；

P_j ——热力站耗电量，单位为千瓦小时(kW·h)。

注：β 可按中国电力企业联合会发布的上一年度的电厂供电标准煤耗取值。

8 街区供热管网

8.1 街区供热管网单位热量输送耗电量

街区供热管网单位热量输送耗电量应按式(27)计算：

$$p_2=\frac{\sum_{j=1}^{s}P_{p,j}+\sum_{l=1}^{w}P_{p2,l}}{\sum_{k=1}^{n}Q_k} \qquad (27)$$

式中：

p_2 ——街区供热管网单位热量输送耗电量，单位为千瓦小时每吉焦(kW·h/GJ)；

s ——用户热源数量；

$P_{p,j}$ ——用户热源循环水泵耗电量，单位为千瓦小时(kW·h)；

w ——建筑物热力入口混水泵、加压泵数量；

$P_{p2,l}$ ——街区供热管网水泵耗电量，单位为千瓦小时(kW·h)；

n ——建筑物热力入口数量；

Q_k ——建筑物热力入口处的供热量，单位为吉焦(GJ)。

注：街区供热管网水泵耗电量包括建筑物热力入口混水泵、加压泵等处热量输送耗电量。

8.2 街区供热管网单位热量输送耗水量

街区供热管网单位热量输送耗水量应按式(28)计算：

$$g_2=\frac{\sum_{j=1}^{s}G_{b,j}}{\sum_{k=1}^{n}Q_k} \qquad (28)$$

式中：

g_2 ——街区供热管网单位热量输送耗水量，单位为千克每吉焦(kg/GJ)；

s ——用户热源数量；

$G_{b,j}$ ——用户热源补水量，单位为千克(kg)；

n ——建筑物热力入口数量；

Q_k ——建筑物热力入口处的供热量，单位为吉焦(GJ)。

8.3 街区供热管网平均补水率

街区供热管网平均补水率应按式(29)计算：

$$\psi_{2,c}=\frac{\sum_{j=1}^{s}G_{b,j}}{G_{2,c}}\times 100\% \qquad (29)$$

式中：

$\psi_{2,c}$ ——街区供热管网平均补水率，%；

s ——用户热源数量；

$G_{b,j}$ ——用户热源补水量，单位为千克(kg)；

$G_{2,c}$——街区供热管网累计循环水量,单位为千克(kg)。

8.4 街区供热管网补水热损失率

街区供热管网补水热损失率应按式(30)计算:

$$\eta_{2,b}=10^{-6}\times g_2\times c\times\left(\frac{t_{2,js}+t_{2,jr}}{2}-t_{2,b}\right)\times 100\% \qquad \cdots\cdots(30)$$

式中:

$\eta_{2,b}$——街区供热管网补水热损失率,%;

g_2——街区供热管网单位热量输送耗水量,单位为千克每吉焦(kg/GJ);

c——水的比热容,单位为千焦每千克摄氏度[kJ/(kg·℃)];

$t_{2,js}$——用户热源供水平均温度,单位为摄氏度(℃);

$t_{2,jr}$——用户热源回水平均温度,单位为摄氏度(℃);

$t_{2,b}$——用户热源补水平均温度,单位为摄氏度(℃)。

8.5 街区供热管网单位长度温降

街区供热管网单位长度温降应按式(31)计算:

$$\Delta t_{2,as}=\frac{t_s-t_e}{L} \qquad \cdots\cdots(31)$$

式中:

$\Delta t_{2,as}$——街区供热管网单位长度温降,单位为摄氏度每米(℃/m);

t_s——管段起点供水温度,单位为摄氏度(℃);

t_e——管段末点供水温度,单位为摄氏度(℃);

L——管段起点至管段末点管道长度,单位为米(m)。

8.6 街区供热管网输热效率

街区供热管网输热效率应按式(32)计算:

$$\eta_2=\frac{\sum_{k=1}^{n}Q_k}{\sum_{j=1}^{s}Q_j}\times 100\% \qquad \cdots\cdots(32)$$

式中:

η_2——街区供热管网输热效率,%;

n——建筑物热力入口数量;

Q_k——建筑物热力入口处的供热量,单位为吉焦(GJ);

s——用户热源数量;

Q_j——用户热源的输出热量,单位为吉焦(GJ)。

8.7 街区供热管网水力失调度

街区供热管网水力失调度应按式(33)计算:

$$HB_{2,c}=\frac{G_{m,k}}{G_{0,k}}\times\frac{\sum_{k=1}^{n}G_{0,k}}{\sum_{k=1}^{n}G_{m,k}} \qquad \cdots\cdots(33)$$

式中：

$HB_{2,c}$——街区供热管网水力失调度；

$G_{m,k}$ ——建筑物热力入口循环水量测量值，单位为千克每秒(kg/s)；

$G_{0,k}$ ——建筑物热力入口循环水量设计值，单位为千克每秒(kg/s)；

n ——建筑物热力入口数量。

注1：当建筑物按设计实施并且设计图纸上已标注建筑物热力入口循环水量数据时，$G_{0,k}$取设计图纸标注的数据。

注2：当建筑物按设计实施，设计图纸未标注建筑物热力入口循环水量设计值时，$G_{0,k}$按设计图纸已标注的建筑物设计热负荷及供回水设计温差计算。

注3：当设计图纸未标注建筑物热力入口循环水量设计值及设计热负荷时，$G_{0,k}$按实测热负荷或估算热负荷及设计图纸标注的供回水设计温差计算。

注4：当建筑物规模改变或建筑物进行过改造，$G_{0,k}$按实测热负荷或估算热负荷及设计图纸标注的供回水设计温差计算。

8.8 街区供热管网回水平均温度偏差相对值

街区供热管网回水平均温度偏差相对值应按式(34)计算：

$$\delta_{2,ar}=\frac{t_{kr}-t_{2,jr}}{t_{2,jr}}\times 100\% \qquad \cdots\cdots(34)$$

式中：

$\delta_{2,ar}$——街区供热管网回水平均温度偏差相对值，%；

t_{kr} ——建筑物热力入口回水平均温度，单位为摄氏度(℃)；

$t_{2,jr}$——用户热源回水平均温度，单位为摄氏度(℃)。

附 录 A
（规范性附录）
测试期数据折算至评价期数据的折算方法

A.1 测试期热量折算至评价期热量

测试期热量折算至评价期热量应按式(A.1)计算：

$$Q = Q_c \times \frac{t_n - t_w}{t_{n,c} - t_{w,c}} \times \frac{\Delta T_e}{\Delta T_m} \quad \cdots\cdots\cdots\cdots(A.1)$$

式中：

Q ——评价期热量，单位为吉焦(GJ)；
Q_c ——测试期热量，单位为吉焦(GJ)；
t_n ——评价期室内平均温度，单位为摄氏度(℃)；
t_w ——评价期室外平均温度，单位为摄氏度(℃)；
$t_{n,c}$ ——测试期室内平均温度，单位为摄氏度(℃)；
$t_{w,c}$ ——测试期室外平均温度，单位为摄氏度(℃)；
ΔT_e ——评价期小时数，单位为小时(h)；
ΔT_m ——测试期小时数，单位为小时(h)。

A.2 锅炉房供热的测试期实物燃料消耗量折算至评价期实物燃料消耗量

锅炉房供热的测试期实物燃料消耗量折算至评价期实物燃料消耗量应按式(A.2)计算：

$$B = B_c \times \frac{t_n - t_w}{t_{n,c} - t_{w,c}} \times \frac{\Delta T_e}{\Delta T_m} \quad \cdots\cdots\cdots\cdots(A.2)$$

式中：

B ——锅炉房供热的实物燃料消耗量，单位为千克或标准立方米(kg 或 Nm^3)；
B_c ——测试期实物燃料消耗量，单位为千克或标准立方米(kg 或 Nm^3)；
t_n ——评价期室内平均温度，单位为摄氏度(℃)；
t_w ——评价期室外平均温度，单位为摄氏度(℃)；
$t_{n,c}$ ——测试期室内平均温度，单位为摄氏度(℃)；
$t_{w,c}$ ——测试期室外平均温度，单位为摄氏度(℃)；
ΔT_e ——评价期小时数，单位为小时(h)；
ΔT_m ——测试期小时数，单位为小时(h)。

附 录 B
（资料性附录）
供热系统单位供热面积能耗计算

B.1 供热系统单位供热面积燃料消耗量

供热系统单位供热面积燃料消耗量应按式(B.1)计算：

$$b_{A}=\frac{\sum_{i=1}^{m}B_{boiler,i}+\sum_{i=1}^{m}B_{power,i}+\sum_{i=1}^{m}B_{re,i}+\sum_{i=1}^{m}B_{waste,i}}{A_{k}} \qquad \text{(B.1)}$$

式中：

b_A ——单位供热面积燃料消耗量，单位为千克标准煤每平方米($kgce/m^2$)；

m ——热源数量；

$B_{boiler,i}$ ——锅炉房供热的燃料消耗量，单位为千克标准煤(kgce)；

$B_{power,i}$ ——热电厂供热的燃料消耗量，单位为千克标准煤(kgce)；

$B_{re,i}$ ——可再生能源及电能供热的燃料消耗量，单位为千克标准煤(kgce)；

$B_{waste,i}$ ——工业余热、废热供热的燃料消耗量，单位为千克标准煤(kgce)；

A_k ——供热面积，单位为平方米(m^2)。

B.2 室内标准温度单位供热面积折算燃料消耗量

室内标准温度单位供热面积折算燃料消耗量应按式(B.2)计算：

$$b_{A,z}=b_{A}\times\frac{t_{n,b}-t_{w}}{t_{n,c}-t_{w,c}} \qquad \text{(B.2)}$$

式中：

$b_{A,z}$ ——室内标准温度单位供热面积折算燃料消耗量，单位为千克标准煤每平方米($kgce/m^2$)；

b_A ——单位供热面积燃料消耗量，单位为千克标准煤每平方米($kgce/m^2$)；

$t_{n,b}$ ——评价期室内标准温度，单位为摄氏度(℃)，取 18 ℃；

t_w ——评价期室外平均温度，单位为摄氏度(℃)；

$t_{n,c}$ ——测试期室内平均温度，单位为摄氏度(℃)；

$t_{w,c}$ ——测试期室外平均温度，单位为摄氏度(℃)。

B.3 供热系统单位供热面积耗电量

供热系统单位供热面积耗电量应按式(B.3)计算：

$$p_{A}=\frac{\sum_{i=1}^{m}P_{i}+\sum_{j=1}^{r}P_{j}+\sum_{l=1}^{u}P_{l}}{A_{k}} \qquad \text{(B.3)}$$

式中：

p_A ——单位供热面积耗电量，单位为千瓦小时每平方米($kW\cdot h/m^2$)；

m ——热源数量；

P_i——热源耗电量,单位为千瓦小时(kW·h);

r ——热力站数量;

P_j——热力站耗电量,单位为千瓦小时(kW·h);

u ——中继泵站、隔压换热站、补水站数量;

P_l——热力网耗电量,单位为千瓦小时(kW·h);

A_k——供热面积,单位为平方米(m^2)。

注1:热源耗电量不含电锅炉、电动热泵等产热装置的耗电量。

注2:管网耗电量包括中继泵站、隔压换热站、补水站等耗电量。

B.4 供热系统单位供热面积耗水量

供热系统单位供热面积耗水量应按式(B.4)计算:

$$g_A = \frac{\sum_{i=1}^{m} G_i + \sum_{j=1}^{r} G_j + \sum_{l=1}^{u} G_l}{A_k} \quad \cdots\cdots(B.4)$$

式中:

g_A——单位供热面积耗水量,单位为千克每平方米(kg/m^2);

m ——热源数量;

G_i——热源耗水量,单位为千克(kg);

r ——热力站数量;

G_j——热力站补水量,单位为千克(kg);

u ——中继泵站、隔压换热站、补水站数量;

G_l——热力网其他补水量,单位为千克(kg);

A_k——供热面积,单位为平方米(m^2)。

注:热力网其他补水量包括中继泵站、隔压换热站、补水站等其他补水量。

B.5 街区供热管网单位供热面积循环流量

街区供热管网单位供热面积循环流量应按式(B.5)计算:

$$g_{c,A} = \frac{\sum_{j=1}^{s} G_{c,j}}{A_k} \quad \cdots\cdots(B.5)$$

式中:

$g_{c,A}$——单位供热面积循环流量,单位为千克每平方米小时[$kg/(m^2 \cdot h)$];

s ——用户热源数量;

$G_{c,j}$——用户热源平均循环流量,单位为千克每小时(kg/h);

A_k ——供热面积,单位为平方米(m^2)。

B.6 单位供热面积耗热量

单位供热面积耗热量应按式(B.6)计算:

$$q_A = \frac{\sum_{k=1}^{n} Q_k}{A_k} \quad \cdots\cdots(B.6)$$

式中：

q_A——单位供热面积耗热量，单位为吉焦每平方米(GJ/m^2)；

n——建筑物热力入口数量；

Q_k——建筑物热力入口处的供热量，单位为吉焦(GJ)；

A_k——供热面积，单位为平方米(m^2)。

注：当建筑物热力入口处的供热量不能确定时，Q_k 可按用户热源的输出热量计算。

B.7 室内标准温度建筑物单位供热面积折算耗热量

室内标准温度建筑物单位供热面积折算耗热量应按式(B.7)计算：

$$q_{A,z}=q_A\times\frac{t_{n,b}-t_w}{t_{n,c}-t_{w,c}} \qquad \cdots\cdots (B.7)$$

式中：

$q_{A,z}$——室内标准温度单位供热面积折算耗热量，单位为吉焦每平方米(GJ/m^2)；

q_A——单位供热面积耗热量，单位为吉焦每平方米(GJ/m^2)；

$t_{n,b}$——评价期室内标准温度，单位为摄氏度(℃)，取 18 ℃；

t_w——评价期室外平均温度，单位为摄氏度(℃)；

$t_{n,c}$——测试期室内平均温度，单位为摄氏度(℃)；

$t_{w,c}$——测试期室外平均温度，单位为摄氏度(℃)。

B.8 热源单位供热面积耗电量

热源单位供热面积耗电量应按式(B.8)计算：

$$p_A=\frac{P_i}{A_k} \qquad \cdots\cdots (B.8)$$

式中：

p_A——单位供热面积耗电量，单位为千瓦小时每平方米($kW\cdot h/m^2$)；

P_i——热源耗电量，单位为千瓦小时($kW\cdot h$)；

A_k——供热面积，单位为平方米(m^2)。

注：热源耗电量不含电锅炉、电动热泵等产热装置的耗电量。

B.9 热源单位供热面积耗水量

热源单位供热面积耗水量应按式(B.9)计算：

$$g_A=\frac{G_i}{A_k} \qquad \cdots\cdots (B.9)$$

式中：

g_A——单位供热面积耗水量，单位为千克每平方米(kg/m^2)；

G_i——热源耗水量，单位为千克(kg)；

A_k——供热面积，单位为平方米(m^2)。

B.10 热力站单位供热面积耗电量

热力站单位供热面积耗电量应按式(B.10)计算：

$$p_A = \frac{P_j}{A_k} \quad \text{…………………………(B.10)}$$

式中：

p_A——单位供热面积耗电量，单位为千瓦小时每平方米($kW \cdot h/m^2$)；

P_j——热力站耗电量，单位为千瓦小时($kW \cdot h$)；

A_k——供热面积，单位为平方米(m^2)。

B.11 热力站单位供热面积耗水量

热力站单位供热面积耗水量应按式(B.11)计算：

$$g_A = \frac{G_j}{A_k} \quad \text{…………………………(B.11)}$$

式中：

g_A——单位供热面积耗水量，单位为千克每平方米(kg/m^2)；

G_j——热力站补水量，单位为千克(kg)；

A_k——供热面积，单位为平方米(m^2)。

B.12 热力网单位供热面积循环流量

热力网单位供热面积循环流量应按式(B.12)计算：

$$g_{c,A} = \frac{\sum_{j=1}^{m} G_{c,i}}{A_k} \quad \text{…………………………(B.12)}$$

式中：

$g_{c,A}$——单位供热面积循环流量，单位为千克每平方米小时[$kg/(m^2 \cdot h)$]；

m ——热源数量；

$G_{c,i}$——热源平均循环流量，单位为千克每小时(kg/h)；

A_k ——供热面积，单位为平方米(m^2)。

ICS 91.140.60
P 40

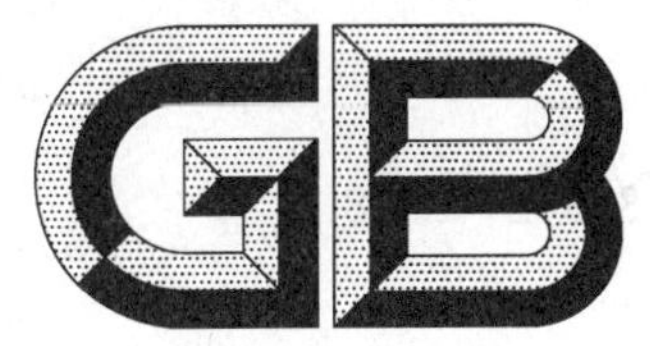

中华人民共和国国家标准

GB/T 35842—2018

城镇供热预制直埋保温阀门技术要求

Technical requirements for pre-insulated directly buried valve of urban heating

2018-02-06 发布　　2019-01-01 实施

中华人民共和国国家质量监督检验检疫总局
中国国家标准化管理委员会　发布

前　言

本标准按照 GB/T 1.1—2009 给出的规则起草。

本标准由中华人民共和国住房和城乡建设部提出。

本标准由全国城镇供热标准化技术委员会(SAC/TC 455)归口。

本标准起草单位:北京豪特耐管道设备有限公司、北京市热力集团有限责任公司、上海市特种设备监督检验技术研究院、北京市热力工程设计有限责任公司、北京市建设工程质量第四检测所、北京威克斯威阀门有限公司、乌鲁木齐市热力总公司、中国中元国际工程公司、北京阀门总厂(集团)有限公司、唐山兴邦管道工程设备有限公司、大连益多管道有限公司、河北昊天能源投资集团有限公司、河北通奥节能设备有限公司。

本标准主要起草人:王孝国、高洪泽、张书臣、白冬军、符明海、贾丽华、刘炬、梁晨、何宏声、李国鹏、郭姝娟、穆金华、胡全喜、郝志忠、邱晓霞、郑中胜、孙永林、叶连基、冯文亮、张红莲、王志强。

城镇供热预制直埋保温阀门技术要求

1 范围

本标准规定了城镇供热预制直埋保温阀门的一般要求、要求、试验方法、检验规则、标识、运输和贮存等。

本标准适用于输送介质连续运行温度大于或等于 4 ℃、小于或等于 120 ℃,偶然峰值温度小于或等于 140 ℃,工作压力小于或等于 2.5 MPa 的直埋敷设的预制保温阀门的制造与检验。

2 规范性引用文件

下列文件对于本文件的应用是必不可少的。凡是注日期的引用文件,仅注日期的版本适用于本文件。凡是不注日期的引用文件,其最新版本(包括所有的修改单)适用于本文件。

GB/T 12224 钢制阀门 一般要求

GB/T 13927—2008 工业阀门 压力试验

GB/T 29046 城镇供热预制直埋保温管道技术指标检测方法

GB/T 29047 高密度聚乙烯外护管硬质聚氨酯泡沫塑料预制直埋保温管及管件

CJJ/T 81 城镇供热直埋热水管道技术规程

JB/T 12006 钢管焊接球阀

3 术语和定义

下列术语和定义适用于本文件。

3.1

保温阀门 valve assembly

由高密度聚乙烯外护管(以下简称外护管)、硬质聚氨酯泡沫塑料保温层(以下简称保温层)、钢制焊接阀门、阀门直管段组成的元件。

3.2

阀门直管段 valve extension pipes

为便于阀门保温和安装,焊接在阀门两端的钢管。

3.3

阀门焊接端口 welding end on valve

阀门直管段与工作钢管连接处的端口。

3.4

开关扭矩 breakaway thrust/breakaway torque

在最大压差下开启和关闭阀门所需的扭矩。

3.5

弯矩 bending moment

阀门在承受弯曲荷载时产生的力矩。

3.6

无荷载状态　valve unload

阀门无轴向力和弯矩时的状态。

4　一般要求

4.1　保温阀门结构示意图如图 1 所示。

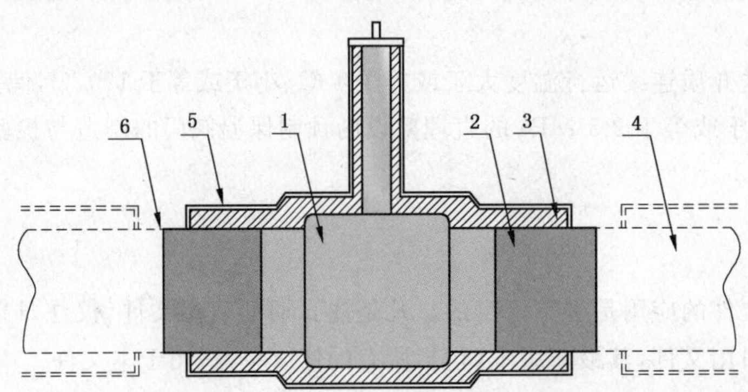

说明：

1——阀门；

2——阀门直管段；

3——保温层；

4——工作钢管；

5——外护管；

6——阀门焊接端口。

图 1　保温阀门结构示意图

4.2　阀门应采用钢制全焊接式球阀或蝶阀。球阀应采用双向密封，且应符合 JB/T 12006 的规定；蝶阀应采用双向金属密封，且应符合 GB/T 12224 的规定。

4.3　阀门的结构应符合下列规定：

a)　应能承受管道的轴向推力；

b)　应使阀门能在保温层之外进行开/闭操作；

c)　应能承受冷、热、潮气、地下水和盐水等地下条件的影响。

4.4　阀门应为顺时针旋转关闭，逆时针旋转打开。

4.5　除阀杆密封系统外，法兰或螺栓等可分离的连接方式不应用于阀门的承压区域。

4.6　阀杆的结构和长度应能使阀门在操作面上用 T 型操纵杆进行操作。

4.7　当阀杆采用两层或多层 O 型圈时，顶端的 O 型圈应能在不破坏保温层的情况下予以调整或更换。

4.8　保温阀门防腐保护应符合下列规定：

a)　在保温阀门的工作年限内，阀门应进行防腐保护。

b)　阀杆穿出保温层的部分，应采取防止水进入保温层的密封措施。

c)　保温层外的阀杆结构应由抗腐蚀的金属材料制成或进行永久性的防腐保护。阀杆末端防腐保护的长度 M 不应小于 100 mm，阀门主要尺寸偏差及防腐保护示意图如图 2 所示。

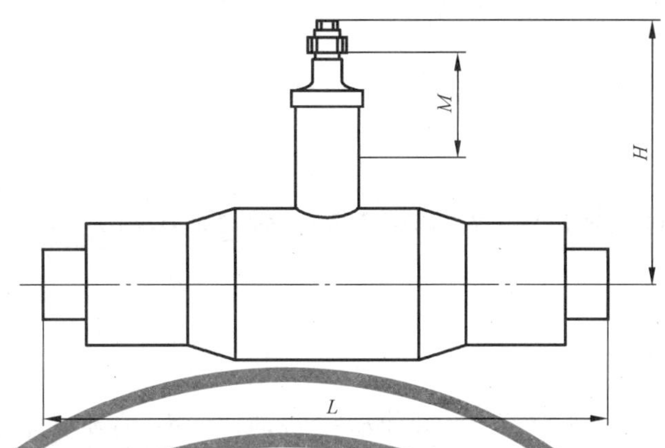

说明：
H ——阀杆顶端距管中心线的高度；
L ——阀门两接口端面之间的长度；
M ——阀杆末端防腐保护的长度。

图 2 阀门主要尺寸偏差及防腐保护示意图

4.9 公称直径大于或等于 DN300 的蝶阀和公称直径大于或等于 DN200 的球阀，应带有移动便携式或固定式齿轮机构。

4.10 驱动器连接部分键槽的尺寸宜为 60 mm、70 mm 和 90 mm。

4.11 阀门上应装有止动装置，并应能在不去除保温层的情况下予以调整或更换。

4.12 与阀门连接的直管段应符合 GB/T 29047 的规定。

4.13 阀门直管段的焊接应符合下列规定：

a) 蝶阀应在完全关闭的状态下进行焊接，关闭前应清洁阀座密封圈和阀板表面；
b) 球阀应在完全开启的状态下进行焊接。

4.14 在阀门保温制作过程中不应拆装阀门的齿轮箱。

4.15 保温阀门的预期寿命与长期耐温性及蠕变性能应符合 GB/T 29047 的规定。

5 要求

5.1 阀门

5.1.1 壳体

壳体的密封应符合 GB/T 13927—2008 的规定。

5.1.2 阀座密封性

5.1.2.1 阀座的密封应符合 GB/T 13927—2008 的规定。

5.1.2.2 阀座的双向最大允许泄漏率均不应大于 GB/T 13927—2008 中 C 级的规定。

5.1.3 无荷载状态下阀门开关扭矩

无荷载状态下开、关阀门所需的最大力不应大于 360 N。

5.1.4 轴向压力

阀门的轴向压力应符合设计要求。当设计无要求时，应符合附录 A 中表 A.1 的规定。

5.1.5 轴向拉力

阀门轴向拉力应符合设计要求。当设计无要求时,应符合表 A.1 的规定。

5.1.6 径向弯矩

阀门径向弯矩应符合设计要求。当设计无要求时,应符合表 A.1 的规定。

5.2 保温阀门

5.2.1 外护管

外护管的外观、密度、拉伸屈服强度与断裂伸长率、纵向回缩率、耐环境应力开裂、外径和壁厚应符合 GB/T 29047 的规定。

5.2.2 保温层

保温层的泡孔尺寸、空洞、气泡、密度、压缩强度、吸水率、闭孔率、导热系数、保温层厚度应符合 GB/T 29047 的规定。

5.2.3 外护管焊接

外护管焊接应符合 GB/T 29047 的规定。

5.2.4 阀杆末端密封性

阀杆穿出保温层的部分应进行密封,不应渗水。

5.2.5 挤压变形及划痕

保温层受挤压变形时,其径向变形量不应超过其设计保温层厚度的 15%。外护管划痕深度不应超过外护管最小壁厚的 10%,且不应超过 1 mm。

5.2.6 管端垂直度

保温阀门管端垂直度应符合 GB/T 29047 的规定。

5.2.7 管端焊接预留段长度

保温阀门两端应留出 150 mm~250 mm 无保温层的焊接预留段,两端预留段长度之差不应大于 40 mm。

5.2.8 轴线偏心距

保温阀门任意位置外护管轴线与工作钢管轴线间的最大轴线偏心距应符合 GB/T 29047 的规定。

5.2.9 保温层厚度

保温层厚度应符合 GB/T 29047 的规定,最小保温层厚度不应小于保温管保温层厚度的 50%,且任意点的保温层厚度不应小于 15 mm。

5.2.10 主要尺寸偏差

5.2.10.1 阀门两接口端面之间的长度 L 示意图见图 2,长度偏差值应符合表 1 的规定。

5.2.10.2 阀杆顶端距管中心线的高度 H 示意图如图 2，高度偏差值应符合表 1 的规定。

表 1 阀门尺寸偏差

单位为毫米

公称直径 DN	阀门两接口端面之间的长度偏差值	阀杆顶端距管中心线的高度偏差值
≤300	±5	±20
>300	±10	±50

5.2.11 报警线

保温阀门的报警线应符合 GB/T 29047 的规定。

5.2.12 阀门直管段焊接

阀门直管段的焊接应符合 GB/T 29047 的规定。

6 试验方法

6.1 阀门

6.1.1 试验阀门选取

试验应选取未使用过的阀门。选取的阀门应具有代表性，且应在同一个阀门上依次进行下列试验。

6.1.2 试验介质

试验介质应采用清洁水。

6.1.3 壳体

壳体试验应按 GB/T 13927—2008 的规定执行。

6.1.4 阀座密封性

6.1.4.1 阀座密封性试验应按 GB/T 13927—2008 的规定执行。

6.1.4.2 试验压力不应小于阀门在 20 ℃时允许的最大工作压力的 1.1 倍。

6.1.5 无荷载状态下的阀门开关扭矩

6.1.5.1 在测量扭矩之前，阀门应关闭 24 h。阀门内应注满 23 ℃±2 ℃的水。

6.1.5.2 打开和关闭阀门时，测量并记录阀门所需的扭矩。阀门应能正常开启关闭。

6.1.6 轴向压力

6.1.6.1 将阀门处于开启位置，施加附录 A 表 A.1 中规定的轴向压力。测试条件如下：

a) 阀门内的水压为阀门公称压力；

b) 水温为 140 ℃±2 ℃。

6.1.6.2 测试中施加的最大扭矩值不应高于阀门出厂技术参数规定最大值的 110%。

6.1.6.3 测试持续时间为 48 h，当打开和关闭阀门时，测量并记录轴向压力、水温和开关扭矩，每天应测量 2 次。2 次测量的最小时间间隔为 6 h。按 6.1.4 和 6.1.5 的规定分别测量阀座的密封性和开关扭矩。

6.1.6.4 以上测试结束后，阀门应在无荷载状态下，按 6.1.4 和 6.1.5 的规定分别测试阀座的密封性和开关扭矩。

6.1.7 轴向拉力

6.1.7.1 试验水温应为 23 ℃±2 ℃。

6.1.7.2 试验时阀门应处于开启位置,向阀门内注入水,水的压力为阀门公称压力,然后施加表 A.1 中规定的轴向拉力。

6.1.7.3 试验持续时间为 48 h。当打开和关闭阀门时,测量并记录轴向拉力、水温和开关扭矩,每天应测量 2 次。2 次测量的最小时间间隔为 6 h。在不卸载阀门轴向拉力的状态下,按 6.1.4 的规定测试阀座的密封性。

6.1.8 径向弯矩

6.1.8.1 试验应在环境温度 23 ℃±2 ℃的条件下进行。如使用一个新的阀门单独进行径向弯矩试验,应将阀门从环境温度加热至 140 ℃(阀体温度),循环加热 2 次。

6.1.8.2 所有规格的阀门应按附录 B 进行四点弯曲试验测试,测试应在两个平面上进行,一个平面在阀杆的轴线平行,另一个平面垂直于阀杆的轴线。当 DN 小于或等于 200 时也可按附录 B 中 B.2.2 的规定进行测试。加荷载后,打开和关闭阀门所施加的扭矩不应大于阀门出厂技术参数规定最大值的 110%。

6.1.8.3 径向弯矩测试完成后,按 6.1.4 的规定测试阀座的密封性。

6.2 保温阀门

6.2.1 外护管

6.2.1.1 外护管的外观、密度、拉伸屈服强度与断裂伸长率、纵向回缩率、耐环境应力开裂、外径和壁厚应按 GB/T 29046 的规定进行测试。

6.2.1.2 发泡后,阀门外护管的焊接密封性应按 GB/T 29046 的规定进行测试。

6.2.2 保温层

保温层的泡孔尺寸、空洞、气泡、密度、压缩强度、吸水率、闭孔率、导热系数、保温层厚度应按 GB/T 29046 的规定进行测试。

6.2.3 外护管焊接

外护管焊接应按 GB/T 29046 的规定进行测试。

6.2.4 阀杆末端密封性

将阀杆末端密封处完全浸入密闭的水箱,水温 23 ℃±2 ℃,使水着色并增压至 30 kPa,保持恒压 24 h 后,切开密封部分,检查是否有水渗入密封处的内部保温层。

6.2.5 挤压变形及划痕

挤压变形及划痕应按 GB/T 29046 的规定进行测试。

6.2.6 管端垂直度

管端垂直度应按 GB/T 29046 的规定进行测试。

6.2.7 管端焊接预留段长度

管端焊接预留段长度应按 GB/T 29046 的规定进行测试。

6.2.8 轴线偏心距

保温阀门任意位置外护管轴线与工作钢管轴线间的最大轴线偏心距应按 GB/T 29046 的规定进行测试。

6.2.9 保温层厚度

保温层厚度应按 GB/T 29046 的规定进行测试。

6.2.10 主要尺寸偏差

主要尺寸偏差应按 GB/T 29046 的规定进行测试。

6.2.11 报警线

报警线应按 GB/T 29046 的规定进行测试。

6.2.12 阀门直管段焊接

阀门直管段焊接完成后应按 GB/T 29047 的规定进行检测。

7 检验规则

7.1 检验分类

产品检验分为出厂检验和型式检验。

7.2 出厂检验

7.2.1 出厂检验分为全部检验和抽样检验，检验项目应符合表 2 的规定。

表 2 检验项目表

<table>
<tr><th colspan="3" rowspan="2">检验项目</th><th colspan="2">出厂检验</th><th rowspan="2">型式检验</th><th rowspan="2">要求</th><th rowspan="2">试验方法</th></tr>
<tr><th>全部检验</th><th>抽样检验</th></tr>
<tr><td rowspan="6">阀门</td><td colspan="2">壳体</td><td>√</td><td>—</td><td>√</td><td>5.1.1</td><td>6.1.3</td></tr>
<tr><td colspan="2">阀座密封性</td><td>√</td><td>—</td><td>√</td><td>5.1.2</td><td>6.1.4</td></tr>
<tr><td colspan="2">无荷载状态下的阀门开关扭矩</td><td>—</td><td>—</td><td>√</td><td>5.1.3</td><td>6.1.5</td></tr>
<tr><td colspan="2">轴向压力</td><td>—</td><td>—</td><td>√</td><td>5.1.4</td><td>6.1.6</td></tr>
<tr><td colspan="2">轴向拉力</td><td>—</td><td>—</td><td>√</td><td>5.1.5</td><td>6.1.7</td></tr>
<tr><td colspan="2">径向弯矩</td><td>—</td><td>—</td><td>√</td><td>5.1.6</td><td>6.1.8</td></tr>
<tr><td rowspan="6">保温阀门</td><td rowspan="6">外护管</td><td>外观</td><td>√</td><td>—</td><td>√</td><td rowspan="6">5.2.1</td><td rowspan="6">6.2.1</td></tr>
<tr><td>密度</td><td>—</td><td>√</td><td>√</td></tr>
<tr><td>拉伸屈服强度与断裂伸长率</td><td>—</td><td>√</td><td>√</td></tr>
<tr><td>纵向回缩率</td><td>—</td><td>—</td><td>√</td></tr>
<tr><td>耐环境应力开裂</td><td>—</td><td>—</td><td>√</td></tr>
<tr><td>外径和壁厚</td><td>—</td><td>√</td><td>√</td></tr>
</table>

表 2（续）

<table>
<tr><th colspan="3" rowspan="2">检验项目</th><th colspan="2">出厂检验</th><th rowspan="2">型式检验</th><th rowspan="2">要求</th><th rowspan="2">试验方法</th></tr>
<tr><th>全部检验</th><th>抽样检验</th></tr>
<tr><td rowspan="18">保温阀门</td><td rowspan="8">保温层</td><td>泡孔尺寸</td><td>—</td><td>√</td><td>√</td><td rowspan="8">5.2.2</td><td rowspan="8">6.2.2</td></tr>
<tr><td>空洞、气泡</td><td>—</td><td>√</td><td>√</td></tr>
<tr><td>密度</td><td>—</td><td>√</td><td>√</td></tr>
<tr><td>压缩强度</td><td>—</td><td>√</td><td>√</td></tr>
<tr><td>吸水率</td><td>—</td><td>√</td><td>√</td></tr>
<tr><td>闭孔率</td><td>—</td><td>√</td><td>√</td></tr>
<tr><td>导热系数</td><td>—</td><td>√</td><td>√</td></tr>
<tr><td>保温层厚度</td><td>√</td><td>—</td><td>√</td></tr>
<tr><td colspan="2">外护管焊接</td><td>—</td><td>√</td><td>√</td><td>5.2.3</td><td>6.2.3</td></tr>
<tr><td colspan="2">阀杆末端密封性</td><td>—</td><td>—</td><td>√</td><td>5.2.4</td><td>6.2.4</td></tr>
<tr><td colspan="2">挤压变形及划痕</td><td>√</td><td>—</td><td>√</td><td>5.2.5</td><td>6.2.5</td></tr>
<tr><td colspan="2">管端垂直度</td><td>√</td><td>—</td><td>√</td><td>5.2.6</td><td>6.2.6</td></tr>
<tr><td colspan="2">管端焊接预留段长度</td><td>√</td><td>—</td><td>√</td><td>5.2.7</td><td>6.2.7</td></tr>
<tr><td colspan="2">轴线偏心距</td><td>√</td><td>—</td><td>√</td><td>5.2.8</td><td>6.2.8</td></tr>
<tr><td colspan="2">保温层厚度</td><td>√</td><td>—</td><td>√</td><td>5.2.9</td><td>6.2.9</td></tr>
<tr><td colspan="2">主要尺寸偏差</td><td>√</td><td>—</td><td>√</td><td>5.2.10</td><td>6.2.10</td></tr>
<tr><td colspan="2">报警线</td><td>√</td><td>—</td><td>√</td><td>5.2.11</td><td>6.2.11</td></tr>
<tr><td colspan="2">阀门直管段焊接</td><td>√</td><td>—</td><td>√</td><td>5.2.12</td><td>6.2.12</td></tr>
</table>

7.2.2 保温阀门出厂检验应按 GB/T 29047 中保温管件的规定执行。所有检验项目合格时为合格。保温阀门应在出厂检验合格后方可出厂，出厂时应附检验合格报告。

7.2.3 全部检验的项目应对所有产品逐件进行检验。

7.2.4 抽样检验应每月抽检 1 次，检验应均布于全年的生产过程中，抽检项目应按表 2 的规定执行，其中壳体试验和阀座密封性试验由阀门制造商负责并提供出厂检验报告。

7.3 型式检验

7.3.1 在下列情况时应进行型式检验：

a) 新产品或老产品转厂生产的试制定型鉴定时；

b) 正式生产后，当结构、材料、工艺有较大改变，可能影响产品性能时；

c) 停产 1 年后恢复生产时；

d) 正常生产时，每 2 年。

7.3.2 型式检验项目应按表 2 的规定执行，其中阀门制造商负责提供阀门的型式检验报告，保温阀门厂家提供保温阀门的型式检验报告。

7.3.3 型式检验试验样品由型式检验机构在制造单位成品库或者生产线经检验合格等待入库的产品中采用随机抽样方法抽取，每一选定规格仅代表向下 0.5 倍直径、向上 2 倍直径的范围。

7.3.4 型式检验任何一项指标不合格时，应在同批、同规格产品中加倍抽样，复检其不合格项目。如复检项目合格，则该结构型式产品为合格，如复检项目仍不合格，则该结构型式产品为不合格。

8 标识、运输和贮存

8.1 标识

8.1.1 保温阀门可用任何不损伤外护管性能的方法标志，标识应能经受住运输、贮存和使用环境的影响。

8.1.2 保温阀门应在明显位置上标识如下内容：

a) 外护管外径尺寸和壁厚；

b) 阀门的公称直径和公称压力；

c) 阀门直管段外径、壁厚、材质；

d) 保温阀门制造商标志；

e) 生产日期和执行标准；

f) 永久性的开闭位置标志。

8.2 运输

8.2.1 保温阀门在移动及装卸过程中，不应碰撞、抛摔和在地面拖拉滚动。不应损伤阀门的执行机构、手轮、外护管及保温层。

8.2.2 移动阀门时，应使用吊装带，不应从阀门执行机构和手轮处吊装阀门。

8.2.3 运输过程中，保温阀门应固定牢靠。

8.3 贮存

8.3.1 贮存场地地面应有足够的承载力，且应平整、无碎石等坚硬杂物。

8.3.2 保温阀门应贮存于干净且干燥处，管端端口应进行防尘保护。

8.3.3 保温阀门应单件码放，贮存过程中不应损伤阀门的执行机构。

8.3.4 露天存放时应用蓬布遮盖，避免受烈日照射、雨淋和浸泡。

8.3.5 贮存场地应有排水措施，地面不应有积水。

8.3.6 贮存处应远离热源和火源。

8.3.7 当温度低于－20 ℃时，不宜露天存放。

附　录　A
(规范性附录)
轴向力和弯矩表

轴向力和弯矩见表 A.1。

表 A.1　轴向力和弯矩

阀门公称直径 DN/mm	工作钢管外径 D_0/mm	壁厚 δ/mm	轴向力		弯矩[d,e]/N·m
			拉力[f]/kN	压力[a,b,c]/kN	
DN15	21	3	42	28	214
DN20	27	3	56	37	390
DN25	34	3	72	48	664
DN32	42	3	91	60	1 066
DN40	48	3.5	121	80	1 617
DN50	60	3.5	154	102	2 642
DN65	76	4	224	149	4 929
DN80	89	4	264	175	6 920
DN100	108	4	324	215	10 437
DN125	133	4.5	450	298	17 981
DN150	159	4.5	541	359	26 132
DN200	219	6	994	659	66 281
DN250	273	6	1 483	792	100 425
DN300	325	7	2 060	1 101	120 937
DN350	377	7	2 397	1 281	141 449
DN400	426	7	2 715	1 451	161 961
DN450	478	7	3 052	1 631	182 473
DN500	529	8	3 858	2 062	202 985
DN600	630	9	5 173	2 765	223 497
DN700	720	11	7 219	3 858	406 537
DN800	820	12	8 975	4 796	656 410
DN900	920	13	10 914	5 832	1 005 815
DN1000	1 020	14	13 036	6 967	1 477 985
DN1200	1 220	16	17 831	9 529	2 895 609
DN1400	1 420	19	24 638	12 607	5 417 659
DN1600	1 620	21	31 080	15 903	8 902 324

[a] 按供热运行温度 130 ℃、安装温度 10 ℃计算。

[b] DN≥250 mm 时，采用 Q235B 钢材，弹性模量 E＝198 000 MPa、线膨胀系数 α＝0.000 012 4 m/m·℃；DN≤200 mm 时，采用 20＃钢材，弹性模量 E＝181 000 MPa、线膨胀系数 α＝0.000 011 4 m/m·℃。

[c] 最不利工况按管道泄压时的工况计算轴向压力。

[d] 当 DN≤250 mm 时，弯矩值取圆形横截面全塑性状态下的弯矩。全塑性弯矩为最大弹性弯矩的 1.3 倍，依据最大弹性弯曲应力计算得出最大弹性弯矩。计算所用应力为屈服应力。

[e] 当 DN≥600 mm 时，弯矩值为管沟及管道的下沉差异(100 mm/15 m)形成的弯矩；当 250 mm＜DN＜600 mm 时，介于 DN250 和 DN600 之间的弯矩值随着规格的增大采用等值递增的方式取值。

[f] 拉伸应力取 0.67 倍的屈服极限。DN≥250 mm 时，采用 Q235B 钢材，δ≤16 mm 时拉伸应力$[\sigma]_L$＝157 MPa，δ＞16 mm 时拉伸应力$[\sigma]_L$＝151 MPa；DN≤200 mm 时，采用 20＃钢材，拉伸应力$[\sigma]_L$＝164 MPa，如管道的材质、壁厚和温度发生变化应重新进行校核。

附　录　B
（规范性附录）
径向弯矩试验方法

B.1　弯矩测试值计算

B.1.1　当阀门公称直径小于或等于 250 mm 时，总弯矩应按式(B.1)计算：

$$M=1\,300\frac{\pi(D_0^4-D_i^4)}{32D_0}\times\sigma_b \qquad \cdots\cdots(\text{B.1})$$

式中：

M ——总弯矩，单位为牛毫米(N·mm)；

D_0——工作钢管外径，单位为毫米(mm)；

D_i——工作钢管内径，单位为毫米(mm)；

σ_b ——钢材抗拉强度最小值，单位为兆帕(MPa)。

B.1.2　当阀门公称直径大于或等于 600 mm 时，总弯矩应按式(B.2)计算：

$$M=\frac{W_A\times 3E\times I}{L^2} \qquad \cdots\cdots(\text{B.2})$$

式中：

M ——总弯矩，单位为牛毫米(N·mm)；

W_A——挠度，单位为毫米(mm)，可按 100 mm 取值；

E ——弹性模量，单位为兆帕(MPa)；

I ——截面惯性弯矩，单位为四次方毫米(mm^4)；

L ——阀门端口到受力点距离，单位为毫米(mm)，取值为 15 000 mm。

B.1.3　当阀门公称直径大于或等于 250 mm 小于或等于 600 mm 时，总弯矩可在公称直径 250 mm 和公称直径 600 mm 的阀门弯矩值之间取值，取值方式随着规格的增大等值递增。

B.2　抗弯曲测试方法

B.2.1　标准测试方法(四点弯曲测试方法)

B.2.1.1　按图 B.1 连接保温阀门。阀门应能承受弯矩 M。弯矩 M 在测试中由 M_D、M_F 和 M_C 共同形成，最终测试结果以满足 M 为合格。测试前，需先计算形成弯矩 M_D 的测试荷载 F 值。

B.2.1.2　测试荷载 F 形成的弯矩 M_D 见图 B.1，并应按式(B.3)计算：

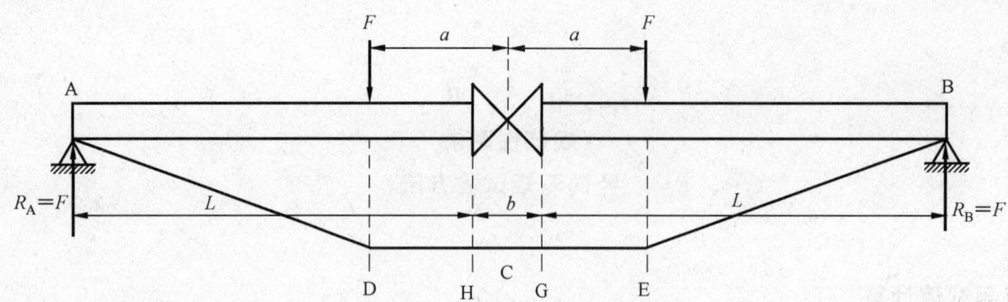

说明：

A/B ——支撑点；

C ——试件的中心点；

D/E ——测试力的施加点；

F ——测试力；

H/G ——阀门端面；

L ——阀门端面到支撑点(A/B)间的距离；

R_A/R_B——支撑点(A/B)产生的反作用力；

a ——阀门中心到施力点(D/E)间的距离；

b ——阀门长度。

图 B.1 测试荷载 F 形成的弯矩 M_D

$$M_D = F \times \left(L + \frac{b}{2} - a\right) \qquad \text{(B.3)}$$

式中：

M_D ——荷载 F 形成的弯矩,单位为牛毫米(N·mm)；

F ——荷载(测试力),单位为牛(N)；

L ——阀门端面到支撑点(A/B)间的距离,单位为毫米(mm)；

b ——阀门长度,单位为毫米(mm)；

a ——阀门中心到施力点(D/E)的距离,单位为毫米(mm)。

B.2.1.3 均布荷载 q 形成的弯矩 M_F 见图 B.2,并应按式(B.4)计算：

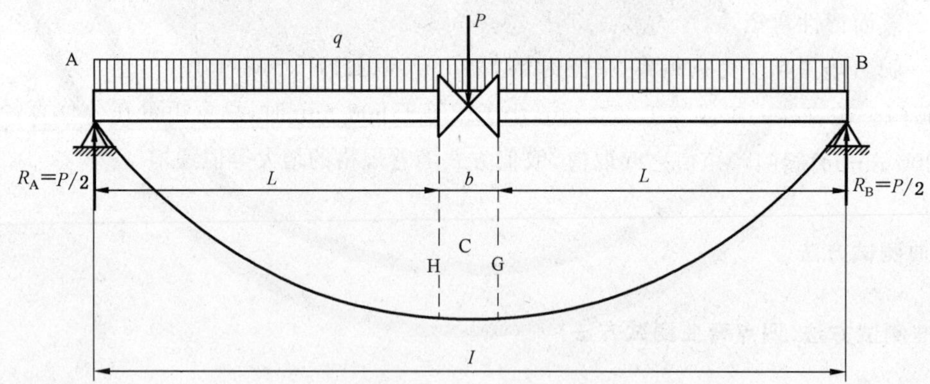

说明：

A/B ——支撑点；

C ——试件的中心点；

H/G ——阀门端面；

I ——支撑点(A/B)间的距离；

L ——阀门端面到支撑点(A/B)间的距离；

P ——管道重量；

R_A/R_B——支撑点(A/B)产生的反作用力；

b ——阀门长度；

q ——均布荷载和水产生的弯矩。

图 B.2 均布荷载 q 形成的弯矩 M_F

$$M_F = \frac{P}{2} \times \frac{L(L+b)}{2L+b} \qquad \text{(B.4)}$$

式中：

M_F ——均布荷载 q 形成的弯矩，单位为牛毫米(N·mm)；

P ——管道重量(管道自重和管道中水的重量)，单位为牛(N)；

L ——阀门端面到支撑点的长度，单位为毫米(mm)；

b ——阀门的长度，单位为毫米(mm)。

B.2.1.4 阀门重量形成的弯矩 M_C 见图 B.3，并应按式(B.5)计算：

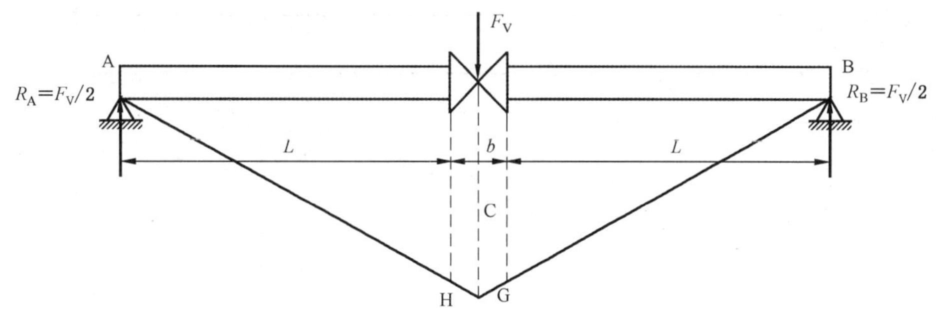

说明：

A/B ——支撑点；

C ——试件的中心点；

F_V ——阀门的重量；

H/G ——阀门端面；

L ——阀门端面到支撑点(A/B)间的距离；

R_A/R_B——支撑点(A/B)产生的反作用力；

b ——阀门长度。

图 B.3 阀门重量形成的弯矩 M_C

$$M_C = \frac{F_V}{2} \times L \qquad \text{(B.5)}$$

式中：

M_C ——阀门重量形成的弯矩，单位为牛毫米(N·mm)；

F_V ——阀门重量，单位为牛(N)；

L ——阀门端面到支撑点(A/B)间的距离，单位为毫米(mm)。

B.2.1.5 确定荷载 F 值应符合下列规定：

a) 荷载 F 值应按式(B.6)计算：

$$F = \left[M - \frac{P \times L}{2}\left(\frac{L+b}{2L+b}\right) - \frac{F_V \times L}{2}\right] \times \left(\frac{2}{2L+b-2a}\right) \qquad \text{(B.6)}$$

式中：

F ——测试力，单位为牛(N)；

M ——总弯矩，单位为牛毫米(N·mm)；

P ——管道自重和管道中水的重量之和，单位为牛(N)；

F_V——阀门重量，单位为牛(N)；

L ——阀门端面到支撑点(A/B)间的距离，单位为毫米(mm)；

b ——阀门的长度，单位为毫米(mm)；

a ——阀门中心到施力点(D/E)距离，单位为毫米(mm)。

b) 按照计算得出的测试荷载 F 值进行试验，阀座应符合严密性要求。

B.2.2 替代测试方法

B.2.2.1 当管道公称直径小于或等于 200 mm 时，也可按图 B.4 进行弯矩测试，图 B.4 中，阀门/法兰的焊接点的弯矩应按式(B.7)计算：

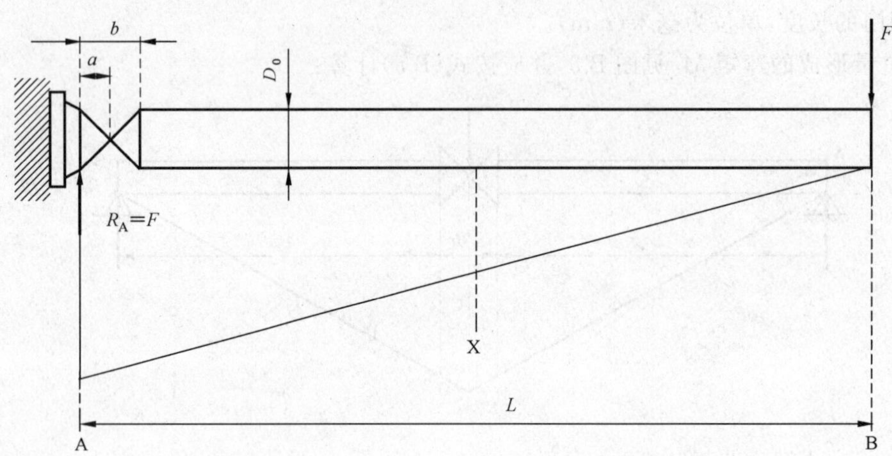

说明：

A ——支撑点；

B ——施力点；

D_0——工作钢管外径；

F ——测试力；

L ——阀门端面到支撑点(A)和施力点(B)间的距离；

R_A——支撑点(A)产生的反作用力；

X ——测试结构整体重心点；

a ——阀门中心到施力点(D/E)的距离；

b ——阀门长度。

图 B.4 F 形成的弯矩 M_A

$$M_A = F \times L \quad \cdots\cdots\cdots\cdots(B.7)$$

式中：

M_A ——阀门/法兰的焊接点弯矩，单位为牛毫米(N·mm)，不应小于表 A.1 中的弯矩；

F ——测试力，单位为牛(N)；

L ——阀门端面到支撑点(A)和施力点(B)间的距离，单位为毫米(mm)。

B.2.2.2 作用力 F 最小的偏移长度(L)应按式(B.8)计算：

$$L = 7D_0 \quad \cdots\cdots\cdots\cdots(B.8)$$

式中：

L ——阀门端面到支撑点(A)和施力点(B)间的距离，单位为毫米(mm)；

D_0——工作钢管外径，单位为毫米(mm)。

B.2.2.3 阀杆轴到固定点的距离 a 不应超过 2 倍的管道外径，如果同时满足 L 和 a 的要求，在计算最大弯矩时，可忽略管道的重量和阀门的重量。

B.2.2.4 图 B.4 中阀门/法兰的焊接点在测试过程中应无永久变形产生。

B.2.2.5 按照式(B.7)和式(B.8)计算得出测试荷载 F 值，按图 B.5 和图 B.6 分别将阀杆朝上和阀杆水平依次进行弯矩测试 1 和测试 2，弯矩测试完成后，阀座应符合严密性要求。

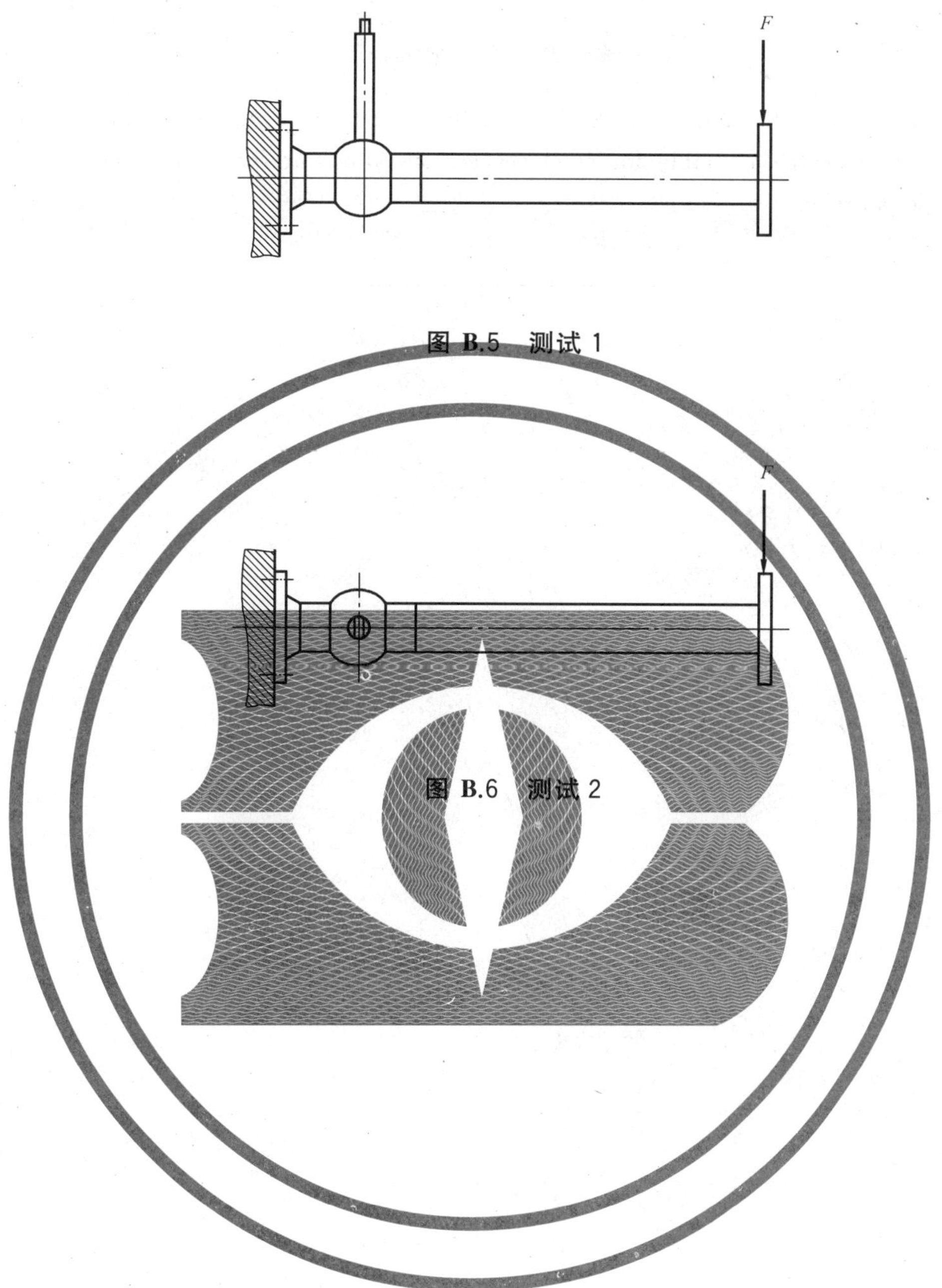

图 B.5 测试 1

图 B.6 测试 2

参 考 文 献

[1] EN 488 District heating pipes—Pre-insulated bonded pipe systems for directly buried hot water networks—Steel valve assembly for steel service pipes, polyurethane thermal insulation and outer casing of polyethylene

ICS 77.140.75
H 48

中华人民共和国国家标准

GB/T 35990—2018

压力管道用金属波纹管膨胀节

Metal bellows expansion joints for pressure piping

2018-03-15 发布 2018-10-01 实施

中华人民共和国国家质量监督检验检疫总局
中国国家标准化管理委员会 发布

前　言

本标准按照GB/T 1.1—2009给出的规则起草。

本标准由中国机械工业联合会提出。

本标准由全国管路附件标准化技术委员会(SAC/TC 237)归口。

本标准起草单位:南京晨光东螺波纹管有限公司、航天晨光股份有限公司、中机生产力促进中心、国家仪器仪表元器件质量监督检验中心、江苏省特种设备安全监督检验研究院、秦皇岛市泰德管业科技有限公司、上海永鑫波纹管有限公司、秦皇岛北方管业有限公司、宁波星箭波纹管有限公司、石家庄巨力科技有限公司、沈阳仪表科学研究院有限公司、洛阳双瑞特种装备有限公司。

本标准主要起草人:陈立苏、胡毅、刘永、王召娟、程勇、吴建伏、冯峰、于振毅、朱庆南、陈广斌、马力维、魏守亮、沈冠群、朱惠红、黄乃宁、陈四平、钟玉平、张爱琴。

压力管道用金属波纹管膨胀节

1 范围

本标准规定了压力管道用金属波纹管膨胀节的术语和定义、资格与职责、分类、典型应用、材料、设计、制造、要求、试验方法和检验规则，以及标志、包装、运输和贮存。

本标准适用于压力管道用整体成型的波纹管金属波纹管膨胀节(以下简称膨胀节)。

2 规范性引用文件

下列文件对于本文件的应用是必不可少的。凡是注日期的引用文件，仅注日期的版本适用于本文件。凡是不注日期的引用文件，其最新版本(包括所有的修改单)适用于本文件。

GB/T 150.3 压力容器 第3部分：设计

GB/T 699 优质碳素结构钢

GB/T 713 锅炉和压力容器用钢板

GB/T 1591 低合金高强度结构钢

GB/T 1958 产品几何量技术规范(GPS) 形状和位置公差 检测规定

GB/T 2829—2002 周期检验计数抽样程序及表(适用于对过程稳定性的检验)

GB/T 3077 合金结构钢

GB/T 3274 碳素结构钢和低合金结构钢热轧钢板和钢带

GB/T 3280 不锈钢冷轧钢板和钢带

GB/T 3621 钛及钛合金板材

GB/T 3880 一般工业用铝及铝合金板材

GB/T 9112 钢制管法兰 类型与参数

GB/T 9113 整体钢制管法兰

GB/T 9114 带颈螺纹钢制管法兰

GB/T 9115 对焊钢制管法兰

GB/T 9116 带颈平焊钢制管法兰

GB/T 9117 带颈承插焊钢制管法兰

GB/T 9118 对焊环带颈松套钢制管法兰

GB/T 9119 板式平焊钢制管法兰

GB/T 9120 对焊环板式松套钢制管法兰

GB/T 9121 平焊环板式松套钢制管法兰

GB/T 9122 翻边环板式松套钢制管法兰

GB/T 9124 钢制管法兰 技术条件

GB/T 12777 金属波纹管膨胀节通用技术条件

GB/T 13402 大直径钢制管法兰

GB/T 20801.2—2006 压力管道规范 工业管道 第2部分：材料

GB/T 20801.4—2006 压力管道规范 工业管道 第4部分：制作与安装

GB/T 20878 不锈钢和耐热钢 牌号及化学成分

GB/T 24511 承压设备用不锈钢钢板及钢带
GB 50236—2011 现场设备、工业管道焊接工程施工规范
GB/T 35979—2018 金属波纹管膨胀节选用、安装、使用维护技术规范
HG/T 20592 钢制管法兰(PN 系列)
HG/T 20615 钢制管法兰(Class 系列)
HG/T 20623 大直径钢制管法兰(Class 系列)
SH/T 3406 石油化工钢制管法兰
JB/T 74 钢制管路法兰 技术条件
JB/T 75 钢制管路法兰 类型与参数
JB/T 79 整体钢制管法兰
JB/T 81 板式平焊钢制管法兰
JB/T 82 对焊钢制管法兰
JB/T 83 平焊环板式松套钢制管法兰
JB/T 84 对焊环板式松套钢制管法兰
JB/T 85 翻边板式松套钢制管法兰
JB/T 4711 压力容器涂敷与运输包装
NB/T 47008 承压设备用碳素钢和合金钢锻件
NB/T 47013.2 承压设备无损检测 第 2 部分:射线检测
NB/T 47013.3 承压设备无损检测 第 3 部分:超声检测
NB/T 47013.4 承压设备无损检测 第 4 部分:磁粉检测
NB/T 47013.5 承压设备无损检测 第 5 部分:渗透检测
NB/T 47014 承压设备焊接工艺评定
NB/T 47018 承压设备用焊接材料订货技术条件
TSG Z 0004 特种设备制造、安装、改造、维修质量保证体系基本要求
TSG Z 6002 特种设备焊接操作人员考核细则
YB/T 5354 耐蚀合金冷轧板

3 术语和定义

GB/T 35979—2018 中界定的以及下列术语和定义适用于本文件。

3.1

波纹管 bellows

由一个或多个波纹和直边段构成的柔性元件。

3.2

波纹 convolution

构成波纹管的基本柔性单元。

3.3

直边段 end tangent

波纹管端部无波纹的一段直筒。

3.4

套箍 collar

仅用于加强直边段的筒或环。

3.5

辅助套箍 assisting collar

为方便焊接而箍住直边段的环。

3.6

加强件 reinforcingmember

适用于加强 U 形和 Ω 形波纹管,包含加强套箍、加强环和均衡环。加强套箍是用于加强直边段及波谷的筒或环。加强环和均衡环是用于加强波纹管波谷或波峰的装置,均衡环还具有限制单波总当量轴向位移范围的功能。

3.7

压力推力 pressure thrust

波纹管因压力引起的静态轴向推力。

3.8

中性位置 neutral position

波纹管处于位移为零的位置。

3.9

整体成型波纹管 integral forming bellows

无环向焊缝的波纹管。

4 资格与职责

4.1 资格

属于《特种设备目录》范围内的膨胀节,制造单位与人员应具有下列资格:

a) 制造单位应按 TSG Z 0004 的规定建立适用的质量保证体系,并取得《特种设备制造许可证》;

b) 焊接人员应按 TSG Z 6002 的规定持有相应项目的特种设备作业人员证;

c) 无损检测人员应按照国家特种设备无损检测人员考核的相关规定取得相应无损检测人员资格。

4.2 职责

4.2.1 用户或系统设计方的职责

用户或系统设计方应以书面形式向膨胀节设计单位提出设计条件,并对其完整性和准确性负责。

4.2.2 膨胀节设计单位(部门)职责

4.2.2.1 设计单位(部门)应对设计文件的完整性和正确性负责。

4.2.2.2 膨胀节的设计文件至少应包括设计计算书和设计图样,必要时还应包括安装使用说明。

4.2.2.3 设计应考虑膨胀节在使用中可能出现的所有失效模式,采取相应的防止失效的措施,必要时向用户出具风险评估报告。

4.2.2.4 设计单位(部门)应在膨胀节设计使用期内保存全部设计文件。

4.2.3 制造单位职责

4.2.3.1 制造单位应严格执行有关法规、安全技术规范及其相应标准,按照设计图纸制造、检验和验收膨胀节。

4.2.3.2 制造单位应按设计图纸进行制造,设计文件的变更必须由原设计单位(部门)进行,制造单位对原设计的修改以及对承压元件(见 5.2.1 中的 A、B)的材料代用,应事先取得原设计单位(部门)的书面批准。

4.2.3.3 每批膨胀节出厂时,制造单位至少应向用户提供以下技术文件和资料:

a) 竣工图;

b) 如果制造中发生了材料代用、无损检测方法改变、加工尺寸变更等,制造单位按照设计单位书面批准文件的要求在竣工图上作出清晰标注,标注处有修改人的签字及修改日期;

c) 本标准规定的出厂资料,包括合格证、产品质量证明文件和安装使用说明书。

5 分类

5.1 膨胀节分类

5.1.1 按照自身能否承受压力推力分类

根据膨胀节自身能否承受压力推力将膨胀节分为非约束型和约束型两种型式,常用结构型式见表 1。

a) 非约束型:自身不能承受压力推力的膨胀节,称为非约束型膨胀节。

b) 约束型:自身能承受压力推力的膨胀节,称为约束型膨胀节。

5.1.2 按照吸收位移类型分类

根据膨胀节吸收位移的类型将膨胀节分为轴向型、角向型、横向型和万向型四种型式,常用结构型式见表 1。

a) 轴向型:主要用于吸收轴向位移。可以设计成非约束型或约束型。

b) 角向型:约束型膨胀节。用于吸收角向位移。当设置铰链时,用于吸收单平面角向位移;当设置万向环时,用于吸收多平面角向位移。

c) 横向型:约束型膨胀节。用于吸收横向位移。当膨胀节中设置两根拉杆时,可用于吸收垂直于两拉杆构成平面的角向位移;设置双铰链或双万向环的膨胀节也可用于吸收角向位移。

d) 万向型:用于吸收多个方向位移。可以设计成非约束型或约束型。

表 1 常用膨胀节结构型式

自身能否承受压力推力类型	吸收位移类型	型式	示意图	位移				
				轴向	横向		角向	
					单个平面	多个平面	单个平面	多个平面
非约束型	轴向型	单式轴向型	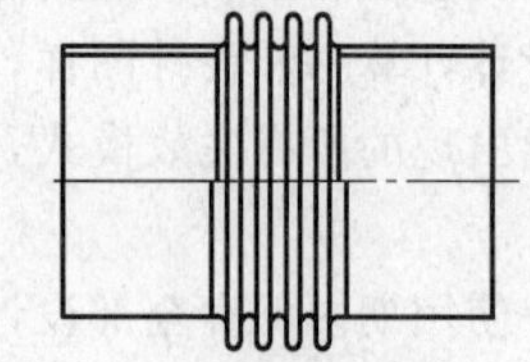	●	○	○	○	○
非约束型		外压轴向型	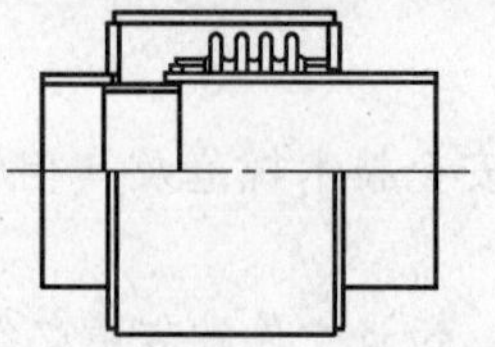	●	○	○	○	○

表 1（续）

自身能否承受压力推力类型	吸收位移类型	型式	示意图	位移				
				轴向	横向		角向	
					单个平面	多个平面	单个平面	多个平面
约束型	轴向型	直管压力平衡型	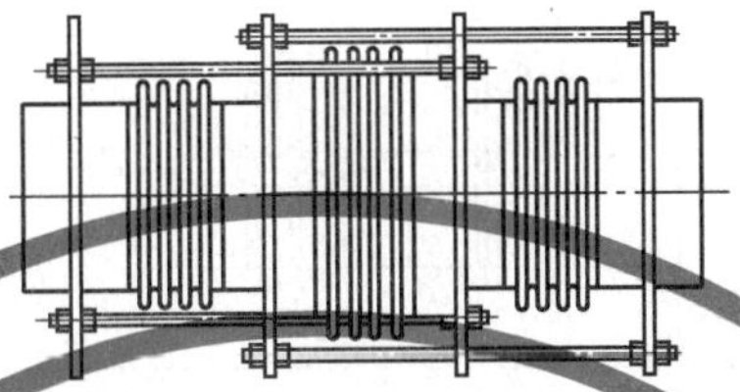	●	×	×	×	×
约束型	轴向型	旁通直管压力平衡型	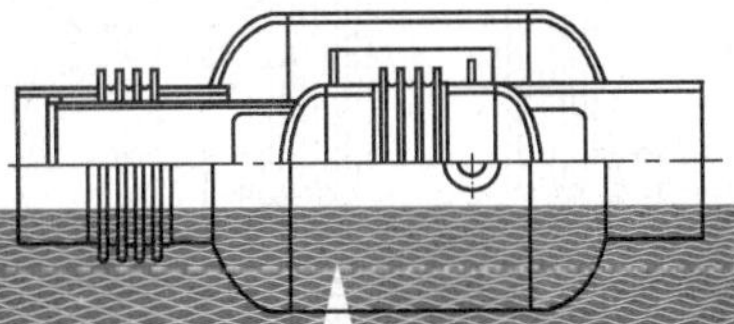	●	×	×	×	×
约束型	轴向型	弯管压力平衡型	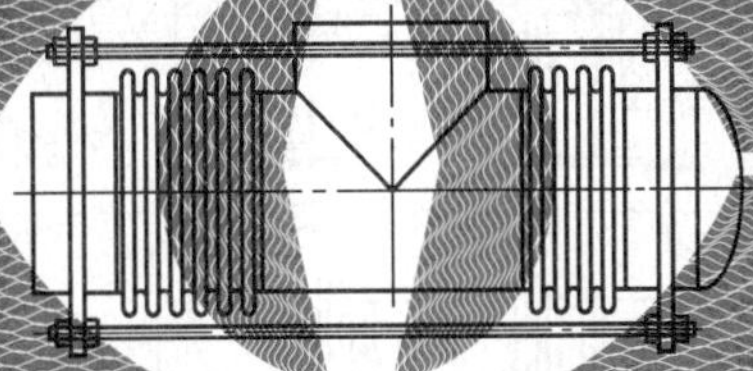	●	○	○	◎ 只有2根拉杆	×
约束型	角向型	单式铰链型	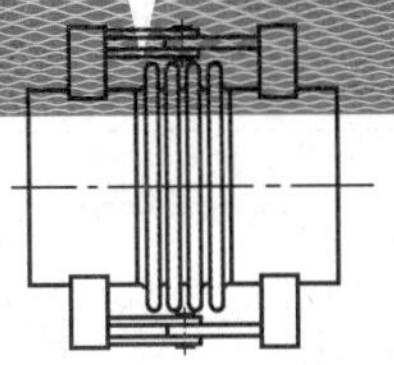	×	×	×	●	×
约束型	角向型	单式万向铰链型	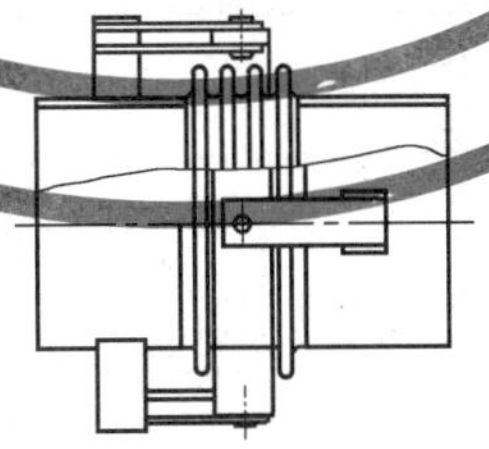	×	×	×	●	●
约束型	横向型	复式拉杆型	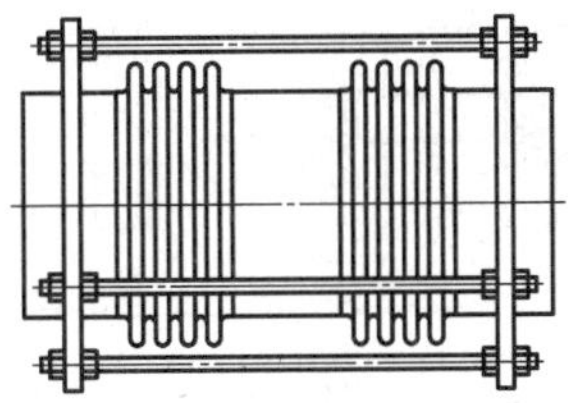	×	●	●	◎ 只有2根拉杆	×

表 1（续）

自身能否承受压力推力类型	吸收位移类型	型式	示意图	位移				
				轴向	横向		角向	
					单个平面	多个平面	单个平面	多个平面
约束型	横向型	复式万向铰链型	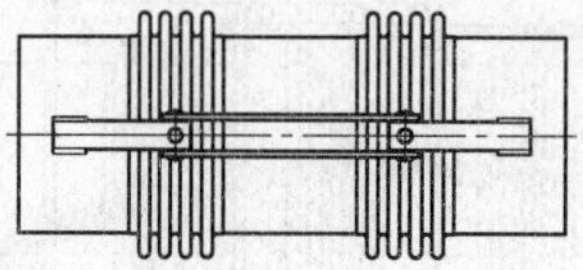	×	●	●	●	×
约束型		复式铰链型	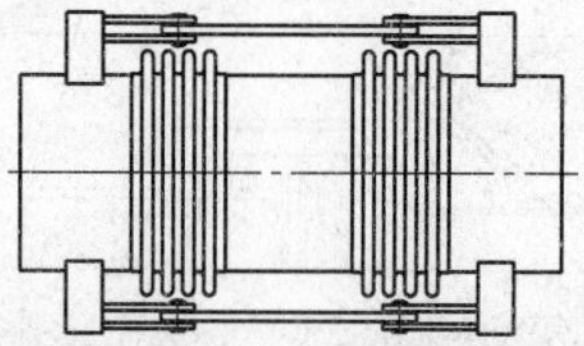	×	●	×	●	×
约束型		复式万向角型	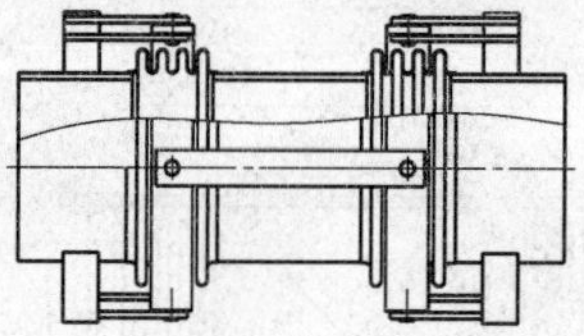	×	●	●	●	●
非约束型	万向型	复式自由型	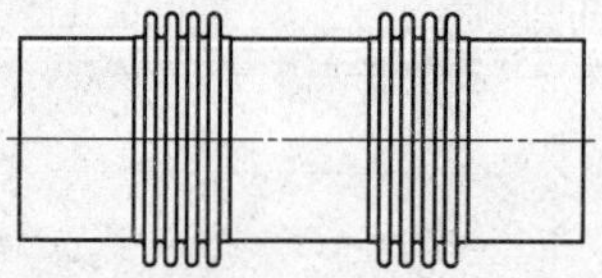	●	●	●	●	●
约束型		弯管压力平衡型	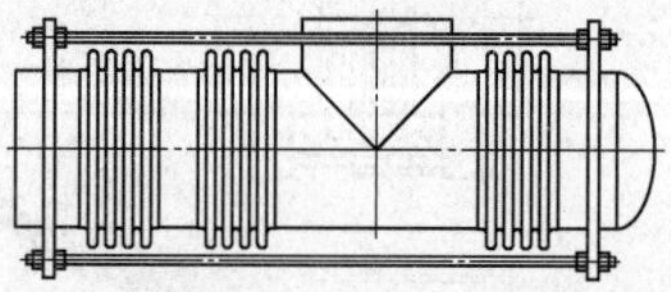	●	●	●	◎只有2根拉杆	×
约束型		直管压力平衡拉杆型	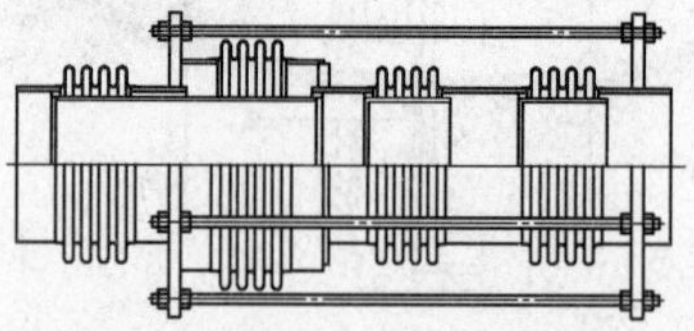	●	●	●	◎只有2根拉杆	×
约束型		直管压力平衡万向铰链型	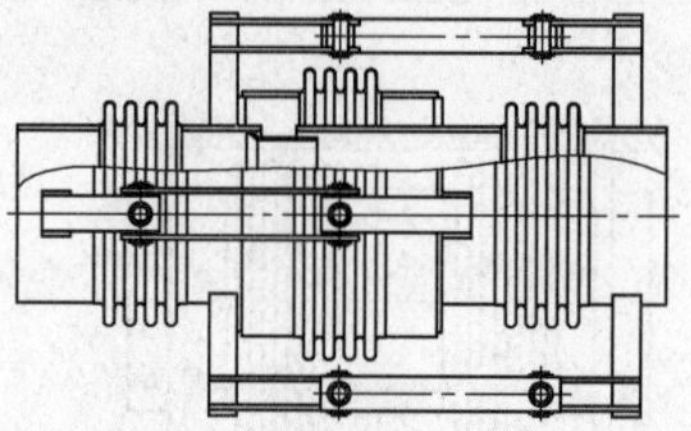	●	●	●	●	●
注：●——适用；◎——有条件适用；○——有限范围适用；×——不适用。								

5.2 膨胀节的元件分类

5.2.1 承压元件

5.2.1.1 主要承压元件(A)

组成压力边界的元件(含套箍及加强件),其失效会导致压力突发释放,见图 1。

5.2.1.2 非主要承压元件(B)

承受压力推力的元件,见图 1。

5.2.2 非承压元件

5.2.2.1 与主要承压元件及非主要承压元件连接的部件(C)

直接与 A 或 B 焊接的元件,见图 1。

5.2.2.2 其他元件(D)

除 A、B 或 C 部件以外的其他元件,见图 1。

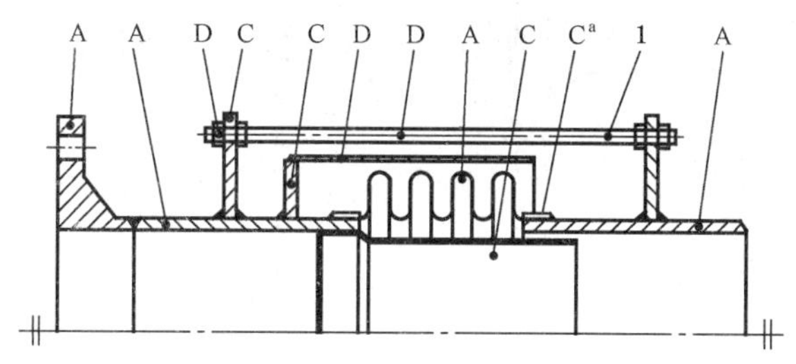

a) 单式轴向型

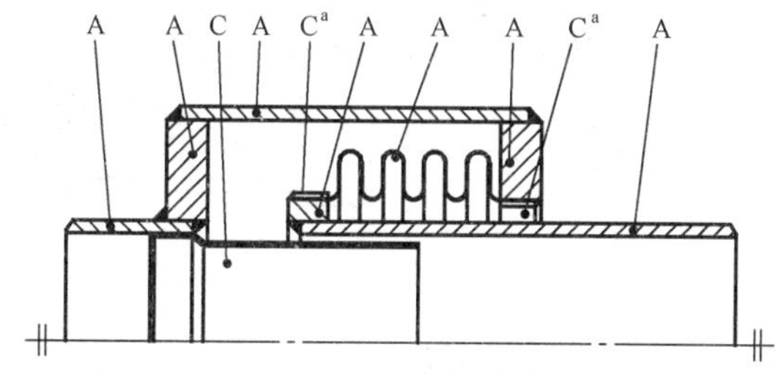

b) 外压轴向型

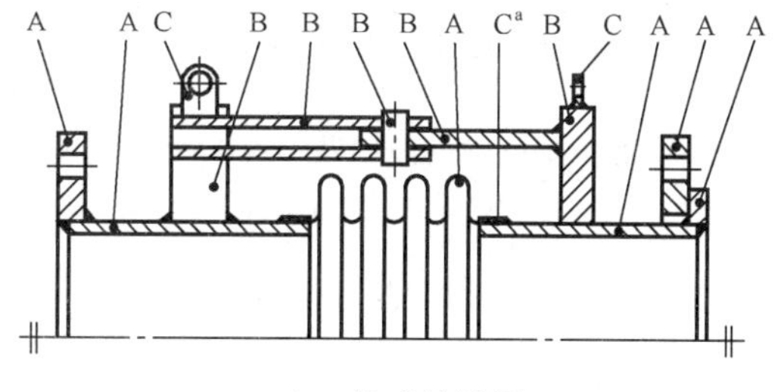

c) 单式铰链型

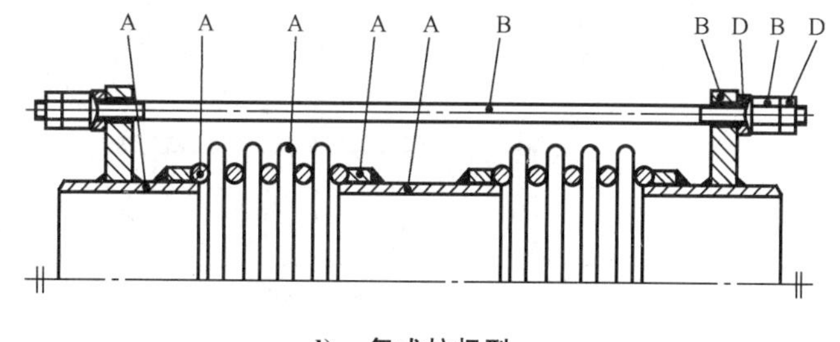

d) 复式拉杆型

说明:

A ——主要承压元件;

B ——非主要承压元件;

C ——与主要承压元件及非主要承压元件连接的部件;

D ——其他元件;

1 ——预拉伸或运输拉杆;

[a] 如果是套箍或加强套箍,属 A 类元件。

图 1 常用膨胀节元件分类示意图

5.3 焊接接头分类

典型膨胀节焊接接头分为:W1～W7 七类,见图 2 所示:

——W1　承压管类、套箍及加强件纵向对接接头；
——W2　波纹管纵向对接接头；
——W3　承压管类环向对接接头、承压环类拼接对接接头；
——W4　波纹管与连接件的焊接接头(塞焊对接接头、搭接接头、端部熔焊对接接头)；
——W5　除 W3、W4 外的连接承压元件(A 与 A、A 与 B)间的焊接接头；
——W6　连接非主要承压元件(B 与 B)间的焊接接头；
——W7　非承压元件(C 与 D)的焊接接头。

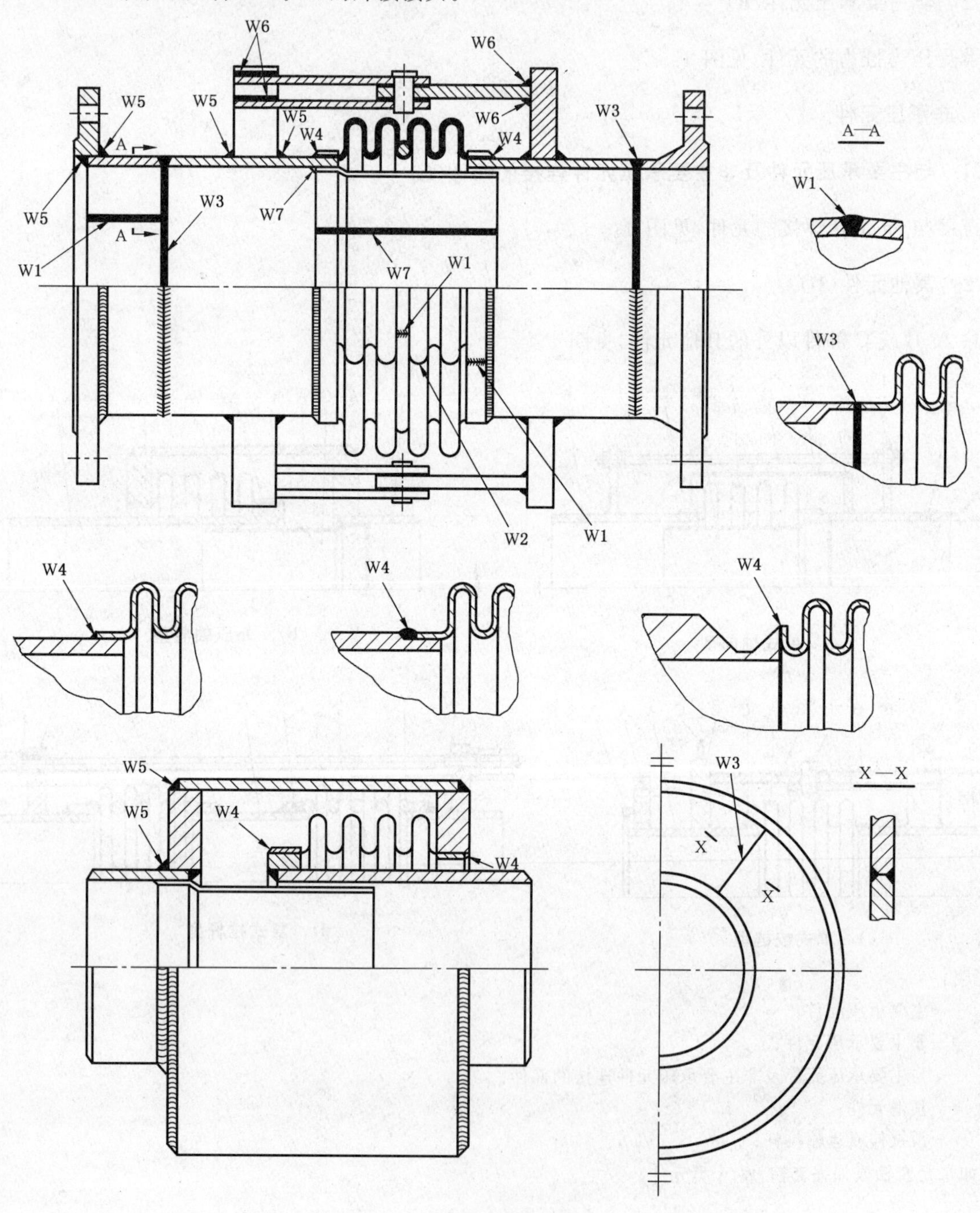

图 2　焊接接头分类

6 典型应用

膨胀节的典型应用见 GB/T 35979—2018 中第 4 章的规定。

7 材料

7.1 通用规定

7.1.1 选材应考虑材料的力学性能、化学性能、物理性能和工艺性能，应与其要实现的功能、工作条件和预期制造技术相适应。

7.1.2 与承压元件相连接的元件，所使用的材料不应影响与其相连接的承压元件的使用，尤其是通过焊接连接的各元件还应考虑材料的焊接性能。

7.1.3 膨胀节承压元件用材料的质量、规格与标志应符合相应材料标准的规定。

a) 膨胀节制造单位从材料制造单位取得膨胀节承压元件用材料时，材料制造单位应保证质量，并符合下列要求：
   1) 按相应标准规定提供材料质量证明书（原件），材料质量证明书的内容应齐全、清晰，并且盖有材料制造单位质量检验章；
   2) 按相应标准规定，在材料的明显部位作出清晰的标志。

b) 膨胀节制造单位从非材料制造单位取得膨胀节承压元件用材料时，应当取得材料制造单位提供的质量证明书原件或者加盖材料供应单位检验公章和经办人章的复印件；膨胀节制造单位应当对所取得的膨胀节用材料及材料质量证明书的真实性和一致性负责。

7.1.4 膨胀节制造单位应按材料质量证明书对材料进行验收。

7.2 波纹管

7.2.1 选用的材料应对系统生命周期内有可能遇到的所有腐蚀媒介有足够的耐腐蚀能力。通常波纹管采用比系统中其他元件使用的更高耐腐蚀性能的材料制造。

7.2.2 所选用的材料应能满足波纹管成型和焊接工艺的要求。

7.2.3 波纹管选用多层结构时允许每层材料不一样，但材料不宜超过两种。

7.2.4 常用的波纹管材料参见附录 A。

7.3 其他承压元件

7.3.1 与介质接触的元件选用的材料，应与安装膨胀节的管道中的管子的材料相同或不得低于管子材料，与管子焊接连接时应有良好的焊接性能，常用的材料见 GB/T 20801.2—2006。

7.3.2 非主要承压元件用材料应考虑其承压力推力等载荷下的安全性和可靠性，常用材料参见附录 A。

8 设计

8.1 设计条件

8.1.1 注意事项

用户或系统设计方应至少按表 2 的内容提供设计条件，并应注意以下事项：

a) 应按 GB/T 35979—2018 中第 4 章的规定，考虑管线支承型式、位置，以及所要吸收位移的方向和大小，确定最适合使用的膨胀节的型式、位移及刚度，以满足管系及设备的受力要求。应避免波纹管受扭，当扭转不可避免时，应提出扭矩的具体要求。

b) 波纹管的材料应与介质、外界环境和工作温度相适应，且考虑可能出现的腐蚀(特别注意应力腐蚀)。所选用的材料也应能够适应水处理或清洗管道所使用的化学药剂。当有绝热层时，绝热层中渗透出的具有腐蚀性的物质也可能引起腐蚀。

c) 如果介质的流速会引起波纹管共振，或对波纹产生冲蚀，应按 B.5 的规定设置内衬筒。

d) 应按实际情况给出和确定最高工作压力、设计压力和试验压力，不应随意提高。根据过高的压力设计，会过度加大波纹管的厚度，反而会降低波纹管的疲劳寿命，增加膨胀节对管系的作用力。

e) 应按实际情况规定最高工作温度和最低工作温度。在管线施工期间温度可能发生较大变化的地方，安装膨胀节时可能需要进行预变位。

f) 应按实际情况规定位移值，采用过高的安全系数会提高膨胀节的柔性，降低膨胀节在承压状态下的稳定性。膨胀节所要吸收的位移包括管道的伸缩量、与膨胀节相连接的设备、固定支架等装置的位移，以及在安装过程中可能出现的偏差(应避免膨胀节的安装偏差超出设计允许值)。如果位移是循环性的，还应规定预期的疲劳寿命。

g) 对于会积聚或凝固的介质，应采取措施防止其滞留凝结在波纹内损坏膨胀节或管线。

h) 内衬筒一般应顺着介质流动的方向设置。若要避免流动介质在内衬筒后部受阻滞留，应说明需要在内衬筒上开设排泄孔或装设吹扫接管。当可能出现回流时，应规定采用加厚的内衬筒，防止内衬筒屈曲。

i) 如果波纹管受到外来的机械振动(例如，往复式或脉动式机械所形成的振动)，应说明振动的振幅和频率。设计膨胀节应避免波纹管共振，以排除突然发生疲劳破坏的可能性。在现场可能还必须对膨胀节或系统的其他部件进行修改。

表 2　设计条件

序号	设计条件	
1	膨胀节型式	
2	公称尺寸 DN、相关直径及安装尺寸	
3	连接端	材料
		尺寸
		标准
4	压力(内压/外压)/MPa	设计压力(公称压力)
		最高工作压力
		试验压力
5	温度/℃	最高工作温度
		最低工作温度
		最高环境温度
		最低环境温度

表 2（续）

<table>
<tr><th>序号</th><th colspan="4">设计条件</th></tr>
<tr><td rowspan="3">6</td><td colspan="3" rowspan="3">介质</td><td>名称</td></tr>
<tr><td>流速</td></tr>
<tr><td>流向</td></tr>
<tr><td rowspan="16">7</td><td rowspan="16">位移量及疲劳寿命</td><td colspan="2" rowspan="4">安装</td><td>轴向（拉伸/压缩）/mm</td></tr>
<tr><td>横向/mm</td></tr>
<tr><td>角向/(°)</td></tr>
<tr><td>循环次数</td></tr>
<tr><td rowspan="12">工作</td><td rowspan="4">工况 1</td><td>轴向（拉伸/压缩）/mm</td></tr>
<tr><td>横向/mm</td></tr>
<tr><td>角向/(°)</td></tr>
<tr><td>循环次数</td></tr>
<tr><td rowspan="4">工况 2</td><td>轴向（拉伸/压缩）/mm</td></tr>
<tr><td>横向/mm</td></tr>
<tr><td>角向/(°)</td></tr>
<tr><td>循环次数</td></tr>
<tr><td rowspan="4">工况 i</td><td>轴向（拉伸/压缩）/mm</td></tr>
<tr><td>横向/mm</td></tr>
<tr><td>角向(°)</td></tr>
<tr><td>循环次数</td></tr>
<tr><td rowspan="2">8</td><td colspan="3" rowspan="2">材料</td><td>波纹管材料（与介质、外界环境和工况适应）</td></tr>
<tr><td>其他材料（如内衬筒）</td></tr>
<tr><td>9</td><td colspan="3">绝热层</td><td>绝热层的方式</td></tr>
<tr><td>10</td><td colspan="3">附加载荷</td><td>膨胀节的内部载荷：
——膨胀节内衬重量；
——膨胀节内流动介质的自重；
——因介质流动产生的动态载荷。
相邻管道或设备产生的外部载荷：
——相邻管道/设备未经支撑的重量（如管道和内衬等）；
——管道预应力；
——热载荷；
——环境载荷（即雪载荷、风载等）；
——相邻设备的振动（即泵、压缩机、机器等）；
——冲击载荷（即地震、爆炸载荷等）；
——因介质流动产生的动态载荷。</td></tr>
</table>

表 2（续）

序号	设计条件	
11	刚度要求	轴向/(N/mm)
		横向/(N/mm)
		角向/(N·mm/°)
12	扭转	扭矩/(N·mm)
13	其他附加信息(如无损检测、外形尺寸、安装方位、压力试验产生的临时载荷等)	

8.1.2 设计压力

8.1.2.1 设计压力应不低于设计条件中规定的最高工作压力，宜为最高工作压力；需按公称压力选取时，设计压力取就近的公称压力。

8.1.2.2 当膨胀节同时承受内压和外压或在真空条件下运行时，设计压力应考虑在正常工作情况下可能出现的最大内外压力差。

8.1.3 设计温度

8.1.3.1 最高设计温度应不低于设计条件中规定的最高工作温度，最高设计温度不高于设计条件中规定的最低工作温度。

8.1.3.2 对于承力构件设计温度的确定，见 B.7.3 的要求。

8.1.3.3 在确定最低设计温度时，应充分考虑在运行过程中，大气环境低温条件对膨胀节金属温度的影响。大气环境低温条件是指历年来月平均最低气温(当月各天的最低气温值之和除以当月天数)的最低值。

8.2 焊接接头系数

焊接接头系数 Φ 见表 3。

表 3 焊接接头系数 Φ

焊缝类别	无损检测方法及检测范围	焊接接头系数 Φ
W1、W3	不做无损检测	0.7
	局部 RT 或 UT	0.85
	100% RT 或 UT	1
W2	100%PT 或 RT	1
W4	100%PT	1
W5、W6	不做无损检测	0.85
	有无损检测	1
W7	—	1

8.3 许用应力

8.3.1 许用应力应符合相应材料标准规定。

8.3.2 波纹管设计温度低于 20 ℃时,材料许用应力取 20 ℃的许用应力。

8.3.3 对于由不同材料组合的多层波纹管,其设计温度下许用应力按式(1)确定:

$$[\sigma]^t=\frac{[\sigma]_1^t\delta_1+[\sigma]_2^t\delta_2+\cdots+[\sigma]_i^t\delta_i}{\delta_1+\delta_2+\cdots+\delta_i} \qquad\cdots\cdots(1)$$

式中:

$[\sigma]_i^t$ ——第 i 层材料在设计温度下的许用应力,单位为兆帕(MPa);

δ_i ——组合材料中第 i 层的名义厚度,单位为毫米(mm)。

8.4 膨胀节的设计

8.4.1 概述

膨胀节的设计主要包括波纹管、波纹管连接焊缝结构、法兰、接管、内衬筒、外护套和非主要承压元件的设计。其中,波纹管、内衬筒、外护套和非主要承压元件的具体设计方法见附录 B。有振动场合的膨胀节,还应进行相应的振动校核,具体方法参见附录 C。

8.4.2 波纹管

8.4.2.1 概述

波纹管应有满足要求的耐压能力和吸收位移的能力。设计中涉及众多的变量,例如波纹管的形式、材料、直径、壁厚、层数、波高、波距、波数、制造过程等,都会影响波纹管的性能。波纹管的设计至少应考虑以下方面:

a) 计算压力(内、外压)在波纹管内产生的最大压力应力,并限定最大应力值满足允许数值,从而解决压力失效问题;

b) 计算基于失稳的极限设计压力从而解决因压力所造成的柱失稳(仅内压)和平面失稳的失效问题;

c) 计算外压周向稳定性,从而解决因外压造成的周向失稳的失效问题;

d) 计算位移在波纹管内产生的最大应力和疲劳寿命,从而解决疲劳失效问题。

8.4.2.2 波纹管设计

8.4.2.2.1 形式

波纹管形式有:无加强 U 形、加强 U 形及 Ω 形。

8.4.2.2.2 疲劳寿命

疲劳寿命应符合下列要求:

a) 疲劳寿命计算

附录 B 给出的疲劳寿命的计算公式,仅适用于工作温度低于相关材料标准规定的蠕变温度范围。若工作温度在蠕变温度范围内,其疲劳寿命的计算应借助高温测试数据,或经相同或更恶劣的工况下规格、形状类似波纹管的成功运行史证实。

b) 累积疲劳

若波纹管在不同工况下,其累积疲劳利用系数 U 应按式(2)计算:

$$U=\frac{n_1}{N_1}+\frac{n_2}{N_2}+\cdots+\frac{n_k}{N_k}=\sum_1^k\frac{n_i}{N_i}\leqslant 1.0 \qquad\cdots\cdots(2)$$

式中:

n_i ——设计寿命内第 i 种工况下总应力范围的疲劳寿命;

N_i——第 i 种工况下应力变化范围 σ_{ti} 单独作用时允许的最大疲劳寿命。

8.4.2.2.3 内压失稳

内压失稳计算应符合下列要求：

a) 附录 B 给出的柱失稳计算公式是基于膨胀节两端固定的柱失稳极限设计压力(p_{sc})，其他支承条件，应按以下方法计算：
   ——固定/铰支：$0.5p_{sc}$
   ——铰支/铰支：$0.25p_{sc}$
   ——固定/横向导向：$0.25p_{sc}$
   ——固定/自由：$0.06p_{sc}$

b) 只有在工作条件下的实际波纹管金属温度低于蠕变温度范围，才能使用附录 B 中的平面失稳校核公式计算。若实际波纹管金属温度在蠕变温度范围内，其失稳的计算应借助高温试验数据，或经相同或更恶劣工况下规格、形状类似波纹管成功运行史证实。

8.4.2.2.4 波纹管刚度、工作力和力矩

图 3 是简化表示的波纹管位移-力特性，图中的 AB 段斜率为波纹管的理论弹性刚度，AC 段斜率为波纹管的有效刚度。当计算膨胀节在管道系统中的力和力矩时，通常采用弹性刚度或有效刚度。但当膨胀节用于敏感设备，需要更精确的力和力矩值时，应使用工作刚度进行计算。波纹管的工作刚度在有效刚度的基础上考虑了压力、位移因素，侧壁偏转角及多层承压波纹管变形层间摩擦的影响。对于横向和角向膨胀节，还应考虑内压影响产生的铰链的摩擦力，以及初始角位移的影响。波纹管的有效刚度和工作刚度的及工作力和力矩计算公式详见 B.4。

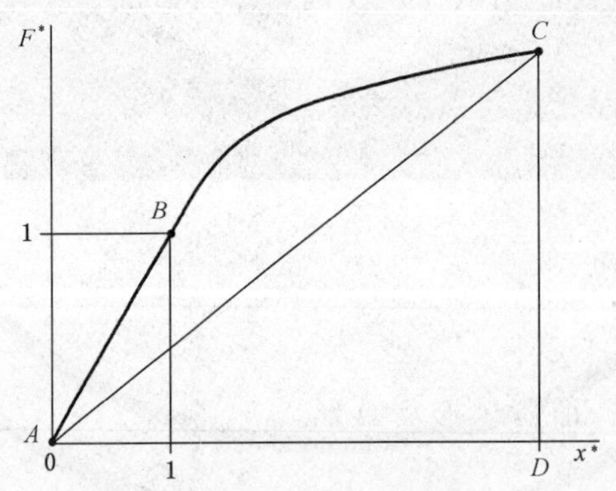

图 3 波纹管位移-力特性

8.4.2.2.5 多层波纹管

多层波纹管应符合下列要求：

a) 对于承受内压的多层波纹管，在波纹管的每个外层的直边段上可开泄流孔，且泄流孔应保证除了内部密封层之外的所有层都有一个与外部环境连通的孔；

b) 多层波纹管相对于单层的设计，在承压能力、稳定性、疲劳寿命以及刚度方面有所不同，表 4 中列出了几种不同的应用中多层相对于单层波纹管的特性。

表 4 多层波纹管性能

波纹管设计准则	当波形参数一致时多层波纹管相对于单层结构的特性			
	$tt=\delta$	$tt/n=\delta$	$tt/n>\delta$	$tt>\delta$ $tt/n<\delta$
薄膜应力	相同	减小	减小	减小
子午向弯曲应力	增大	减小	减小	一般减小
疲劳寿命	一般增加	影响不大	减少	增加
刚度	减小	增大	增大	一般增大
平面稳定性	降低	提高	提高	一般提高
柱稳定性	降低	提高	提高	一般提高
注：tt ——多层波纹管总壁厚； n ——层数； δ ——单层波纹管壁厚。				

8.4.3 **波纹管连接焊缝结构**

波纹管连接焊缝结构应根据表 5 中给出的示意图设计。

表 5 波纹管连接焊缝

焊接类型		变化形式(允许 A 到 D 的组合)			
序号	通常设计	颈部加强	套箍	辅助套箍	
		A	B	C(单个)	D(两个)
1	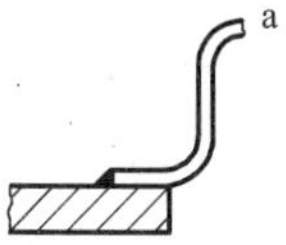 a 外搭接/角焊缝	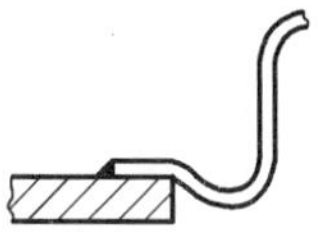	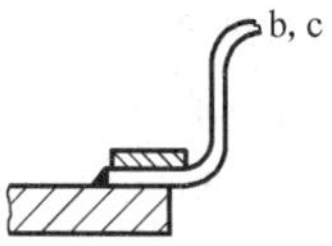 b, c	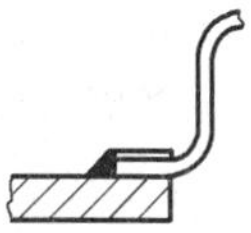	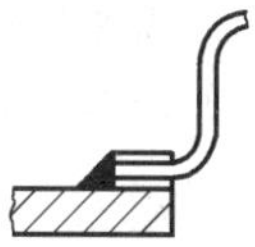
2	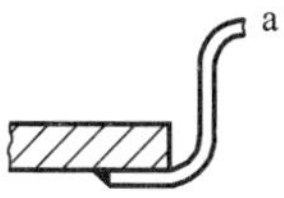 a 内搭接/角焊缝	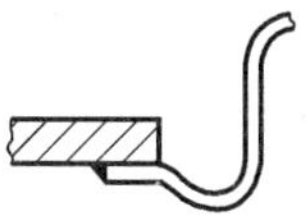	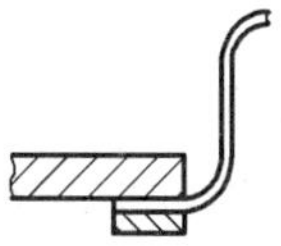	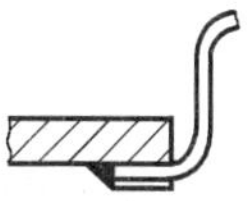	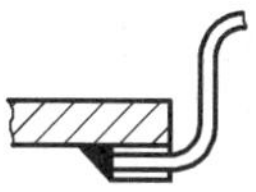
3	 外搭接/坡口焊缝	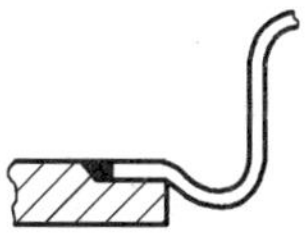	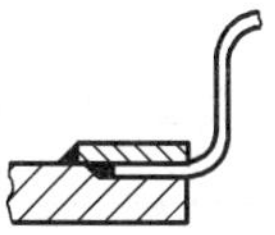		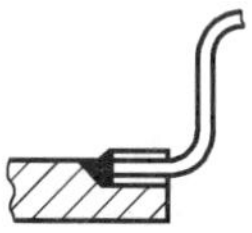
4	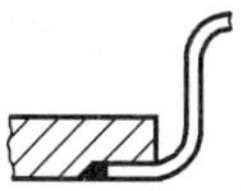 内搭接/坡口焊缝	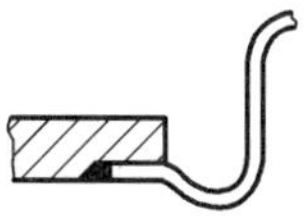	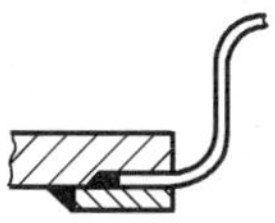	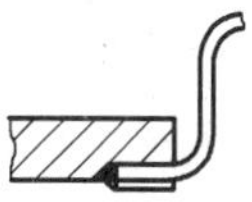	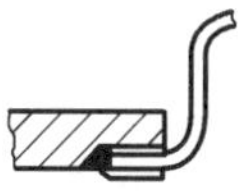

表 5（续）

焊接类型		变化形式（允许 A 到 D 的组合）			
序号	通常设计	颈部加强	套箍	辅助套箍	
		A	B	C（单个）	D（两个）
5	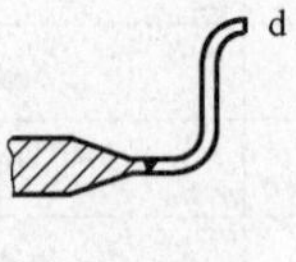 对接焊缝	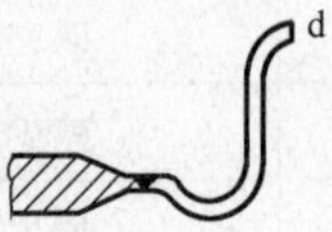		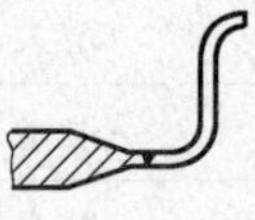	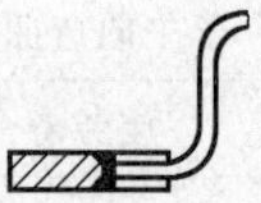
6	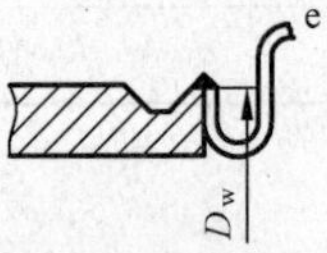 径向端焊缝（内焊或外焊）	—	—	—	—
7	 轴向端焊缝（内焊或外焊）	—	—	—	—

注 1：在波纹管承压侧反面的连接件、套箍及加强套箍，其与波纹管和直边段接触的一侧应倒圆或倒角。

注 2：有加强套箍的波纹管连接焊缝类型同套箍。

[a] 若是角焊缝，焊缝高度"a"应当符合公式：$a \geqslant 0.7n\delta$。

[b] 如果波纹管直边段长度 $L_t \geqslant 0.5\sqrt{\delta D_b}$，建议增加加强套箍。

[c] 套箍及加强套箍应通过焊接或机械装置沿轴向固定。

[d] 对于对接焊缝，焊接多层波纹管有必要使用专用工具。

[e] 焊缝处直径 D_W 应满足：$D_W \leqslant D_m + 0.2h$，否则在波纹管稳定性计算中应将波纹管的波数增加一个进行。

8.4.4 法兰

法兰的选用应满足膨胀节的设计条件，并应与其相连接的管道或设备上所配带的法兰相匹配，常用法兰标准见表 6。非标法兰及非约束型膨胀节法兰的设计应按设计条件中规定的相应标准进行设计计算。

表 6 常用法兰标准

标准号	标准名称
GB/T 9112	钢制管法兰　类型与参数
GB/T 9113	整体钢制管法兰
GB/T 9114	带颈螺纹钢制管法兰
GB/T 9115	对焊钢制管法兰

表 6（续）

标准号	标准名称
GB/T 9116	带颈平焊钢制管法兰
GB/T 9117	带颈承插焊钢制管法兰
GB/T 9118	对焊环带颈松套钢制管法兰
GB/T 9119	板式平焊钢制管法兰
GB/T 9120	对焊环板式松套钢制管法兰
GB/T 9121	平焊环板式松套钢制管法兰
GB/T 9122	翻边环板式松套钢制管法兰
GB/T 9124	钢制管法兰　技术条件
GB/T 13402	大直径钢制管法兰
HG/T 20592	钢制管法兰(PN 系列)
HG/T 20615	钢制管法兰(Class 系列)
HG/T 20623	大直径钢制管法兰(Class 系列)
JB/T 74～85	钢制管路法兰
SH/T 3406	石油化工钢制管法兰
JB/T 74	钢制管路法兰　技术条件
JB/T 75	钢制管路法兰　类型与参数
JB/T 79	整体钢制管法兰
JB/T 81	板式平焊钢制管法兰
JB/T 82	对焊钢制管法兰
JB/T 83	平焊环板式松套钢制管法兰
JB/T 84	对焊环板式松套钢制管法兰
JB/T 85	翻边板式松套钢制管法兰

8.4.5　**接管**

连接端的接管尺寸及壁厚应满足膨胀节的设计条件，并应与其相连接的管道或设备的接管相匹配。中间接管的尺寸可以与连接端不同，但其壁厚应按设计条件中规定的相应标准进行设计计算。

8.4.6　**内衬筒**

内衬筒的设置和计算应符合 B.5 的规定。

8.4.7　**外护套**

外护套的设置应符合 B.6 的规定。

8.4.8　**承力构件**

承力构件的设计应符合弹性理论，设计规则见 B.7，具体计算参考 GB/T 12777 中相关内容。

9 制造

9.1 文件

制造前制造单位应至少具备表 7 所示的文件。

表 7 文件

文件类别	文件
设计	图纸
工艺	制造质量计划或流转卡
	波纹管成型工艺文件
	焊接工艺规程/焊接作业指导书
	热处理工艺(适用时)
	酸洗钝化工艺(适用时)
	无损检测工艺
	压力测试工艺

9.2 材料复验、分割与标志移植

9.2.1 材料复验

9.2.1.1 对于下列材料应进行复验：

a) 铬钼合金钢、含镍低温钢、不锈钢、镍及镍合金、钛及钛合金材料应采用光谱分析或其他方法进行主要合金元素定性复查；

b) 不能确定质量证明书真实性或者对性能和化学成分有怀疑的主要承压元件材料；

c) 设计文件要求进行复验的材料。

9.2.1.2 材料复验结果应符合相应材料标准的规定或设计文件的要求。

9.2.2 材料分割

材料分割可采用冷切割或热切割方法。当采用热切割方法分割材料时，应清除表面熔渣和影响制造质量的表面层。

9.2.3 材料标志移植

9.2.3.1 制造承压元件(A、B)的材料应有可追溯的标志。在制造过程中，如原标志被裁掉或材料分成几块时，制造单位应规定标志的表达方式，并在材料分割前完成标志的移植。

9.2.3.2 波纹管用材料、低温用钢、不锈钢及有色金属不得使用硬印标记。当不锈钢和有色金属材料采用色码(含记号笔)标记时，印色不应含有对材料产生损害的物质，如硫、铅、氯等。

9.3 焊接

9.3.1 焊接材料

应符合 GB 50236—2011 中第 4 章和 NB/T 47018 的规定。

9.3.2 焊接环境

9.3.2.1 焊接宜在 0 ℃以上、相对湿度不大于 90%的室内进行；当施焊环境出现下列任一情况，且无有效防护措施时，禁止施焊：

a) 焊条电弧焊时，风速大于 8 m/s；
b) 气体保护焊时，风速大于 2 m/s；
c) 相对湿度大于 90%；
d) 雨、雪环境；
e) 焊件温度低于－20 ℃。

9.3.2.2 焊件温度低于 0 ℃但不低于－20 ℃时，应在施焊处 100 mm 范围内预热到 15 ℃以上。

9.3.3 焊接工艺

9.3.3.1 膨胀节施焊前，承压元件焊缝、与承压元件相焊的焊缝、熔入永久焊缝内的定位焊缝、承压元件母材表面堆焊与补焊，以及上述焊缝的返修(工)焊缝都应按 NB/T 47014 进行焊接工艺评定或者具有经过评定合格的焊接工艺支持。

9.3.3.2 应在承压元件(除波纹管外)焊接接头附近的指定部位做焊工代号硬印标记，或者在焊接记录中记录焊工代号。其中，低温用钢、不锈钢及有色金属不得采用硬印标记。

9.3.3.3 焊接工艺评定技术档案应保存至该工艺评定失效为止，焊接工艺评定试样保存期应不少于 5 年。

9.3.4 焊前准备

9.3.4.1 施焊前波纹管与连接件的间隙应不大于波纹管总壁厚，且不大于表 8 的规定。

表 8 波纹管与连接件的间隙

单位为毫米

公称直径	波纹管与连接件的间隙
DN<200	1.0
200≤DN<500	1.5
500≤DN<1 000	2.0
1 000≤DN<2 000	2.5
DN≥2 000	3.0

9.3.4.2 其他应符合 GB/T 20801.4—2006 中 7.4 的规定。

9.3.5 焊接接头

9.3.5.1 W1、W3 类焊接接头应符合下列要求：

a) 焊缝余高应不大于表 9 的规定。

表 9 焊缝余高

单位为毫米

对接接头中厚度较薄者的名义厚度 T_w	焊缝余高
$T_w \leqslant 6$	1.5
$6 < T_w \leqslant 13$	3.0
$13 < T_w \leqslant 25$	4.0
$T_w > 25$	5.0

b） 卷制接管同一接管上的两 W1 焊缝间距不应小于 200 mm；组对时，相邻接管两 W1 焊缝间距应大于 100 mm；

9.3.5.2 W2 类焊接接头应符合下列要求：

a） 管坯纵向焊接接头应无裂纹、气孔、咬边和对口错边，凹坑、下塌和余高均应不大于母材厚度的 10％，焊缝表面应呈银白色或金黄色，可呈浅蓝色；

b） 波纹管管坯上两相邻纵向焊接接头的间距应大于等于 250 mm，纵向焊接接头的条数以焊接接头的条数最少为原则，按所用材料宽度为基础进行计算；

c） 管坯纵向焊接接头应采用机动或自动氩弧焊、等离子焊、激光焊等方法施焊；

d） 多层波纹管套合时，各层管坯间纵向焊接接头的位置应沿圆周方向均匀错开。

9.3.5.3 W4 类焊接接头的焊缝余高应不大于波纹管总壁厚，且不大于 1.5 mm。

9.3.5.4 W1 与 W1/W2 间纵向焊接接头间的最小距离 100 mm；

9.3.5.5 所有焊接接头表面应无裂纹、未焊透、未熔合、表面气孔、弧坑、未填满、夹渣和飞溅物；所有焊缝表面不应有咬边(W7 允许咬边深度不大于 1.5 mm)。焊缝与母材应圆滑过渡；角焊缝的外形应圆滑过渡。

9.3.6 焊接返修(返工)

波纹管管坯纵向焊缝同一部位缺陷允许补焊一次，成型后的波纹管不允许返修；W4 类连接焊缝同一部位缺陷允许补焊两次，其他焊缝同一部位的返修次数不宜超过两次。返修次数、部位和返修情况应记入产品的质量证明文件；如超过 2 次，返修前应经制造单位技术负责人批准。

9.4 波纹管成形

9.4.1 多层波纹管，各层管坯间不应有水、油、夹渣、多余物等。

9.4.2 波纹管应采用整体成形的方法制造，常用的方法有：液压成形、机械胀形、滚压成型等。

9.4.3 波纹管波峰、波谷曲率半径的极限偏差应为±15％的名义曲率半径。Ω波形曲率半径的极限偏差应为±15％的名义曲率半径，开口距离的极限偏差应为±15％的名义开口距离。

9.5 热处理

9.5.1 波纹管热处理

当设计文件或相应规范有要求时，波纹管成形后应按相关材料标准的要求或按照材料生产厂家所推荐的方法进行相应的热处理。

9.5.2 其他零部件

除波纹管外的其他零部件，应按相应规范的规定执行。

10 要求

10.1 外观

10.1.1 波纹管表面不准许有裂纹、焊接飞溅物及大于板厚下偏差的划痕和凹坑的缺陷。不大于板厚下偏差的划痕和凹坑应修磨使其圆滑过渡。波峰、波谷与波侧壁间应圆滑过渡。允许有液压成型产生的模压痕、分型面。

10.1.2 波纹管处于自由状态下，加强环或均衡环表面应与波纹管材料贴合。

10.1.3 产品表面应光滑平整，无明显凹凸不平现象、无焊接飞溅物。

10.1.4　产品的焊接接头表面应无裂纹、气孔、夹渣、焊接飞溅物和凹坑。

10.1.5　产品的不锈钢表面不宜涂漆。产品的碳钢结构件外表面应涂漆，漆层应色泽均匀无明显流挂、漏底缺陷的存在，但距端管焊接坡口 50 mm 范围内不宜涂漆。销轴表面、球面垫圈与锥面垫圈配合面应涂防锈油脂。

10.2　尺寸及形位公差

10.2.1　波纹管波高、波距的极限偏差应符合表 10 的规定。

表 10　波高、波距极限偏差

单位为毫米

尺寸		≤12	>12～25	>25～38	>38～50	>50～63	>63～76	>76～88	>88～100	>100
波高 h 极限偏差	$\delta \leqslant 0.8$	±5%h								
	$\delta > 0.8$	±7%h					±4.2	±4.5	±4.7	±5.0
波距 q 极限偏差		±1.5	±3.0	±3.4	±3.7	±4.0	±4.2	±4.5	±4.7	±5.0

10.2.2　同一件波纹管中最大、最小的波高之差及波距之差应符合表 11 中的规定。

表 11　波高、波距之差

单位为毫米

尺寸		≤12	>12～25	>25～38	>38～50	>50～60	>60～76	>76～88	>88～100	>100
波高 h 之差	$\delta \leqslant 0.8$	5%h 且不大于 4.5								
	$\delta > 0.8$	7%h					4.2	4.5	4.5	4.5
波距 q 之差		1.5	3.0	3.4	3.7	4.0	4.2	4.5	4.5	4.5

10.2.3　产品出厂长度的极限偏差应符合表 12 的规定。

表 12　出厂长度的极限偏差

单位为毫米

出厂长度	≤1 000	1 000～3 650	>3 650
极限偏差	±3	±6	±9

10.2.4　产品端面对产品轴线的垂直度公差应为 1% 的波纹管管坯直径，且不大于 3.0 mm。

10.2.5　产品两端面轴线对产品轴线的同轴度应符合表 13 的规定。

表 13　同轴度

单位为毫米

产品公称直径	≤200	>200
同轴度	Φ1.6	±1% 的产品公称直径，且不大于 Φ5.0

10.2.6　连接端的公差(法兰、焊接端、螺纹连接) 按设计条件相关标准执行。

10.3　无损检测

10.3.1　无损检测的实施时机

10.3.1.1　焊接接头的无损检测应在形状尺寸检测，外观、目视检测合格后进行。

10.3.1.2 有延迟裂纹倾向的材料，应当至少在焊接完成 24 h 后进行无损检测，有再热裂纹倾向的材料，应在热处理后增加一次无损检测。

10.3.2 W1、W3 的无损检测要求

10.3.2.1 W1、W3 对接接头应采用射线检测，名义厚度大于 30 mm 的对接接头可采用超声检测，检测的技术要求应符合表 14 的规定。

表 14 W1、W3 的无损检测要求

检测方法	检测技术等级	检测范围	合格级别
射线检测	AB	全部	NB/T 47013.2 中Ⅱ
		局部(20%)	NB/T 47013.2 中Ⅲ
超声检测	B	全部	NB/T 47013.3 中Ⅰ
		局部(20%)	NB/T 47013.3 中Ⅱ

10.3.2.2 无损检测范围应符合如下要求：

a) 凡符合下列条件之一的焊接接头，应进行全部(100%)射线或超声检测：
   1) 设计压力大于或等于 4.0 MPa，且设计温度高于或等于 400 ℃或工作介质为可燃的；
   2) 设计压力大于或等于 10.0 MPa 的；
   3) 工作介质为极度或高度危害的；
   4) 焊接接头系数取 1.0 的 W1、W3 对接接头；
   5) 钛及钛合金、镍及镍基合金。
b) 属于特种设备目录范围内的膨胀节，应对其焊接接头进行各焊接接头长度的 20%，且不得小于 250 mm 的局部射线或超声检测。

10.3.3 W2 的无损检测要求

10.3.3.1 波纹管管坯

10.3.3.1.1 应对波纹管管坯焊接接头进行 100%的渗透检测或射线检测。

10.3.3.1.2 对于波纹管管坯厚度小于 2 mm 的焊接接头应进行渗透检测，渗透检测时不应存在下列显示：

a) 所有的裂纹等线性显示；
b) 4 个或 4 个以上边距小于 1.5 mm 的成行密集圆形显示；
c) 任一 150 mm 焊接接头长度内 5 个以上直径大于 1/2 管坯壁厚的随机散布圆形显示。

10.3.3.1.3 对于波纹管管坯厚度不小于 2 mm 且小于 5 mm 的焊接接头应进行射线检测，检测技术等级 AB 级，射线检测合格级别应不低于 NB/T 47013.2 中规定的Ⅱ级且不准许存在条形缺陷。

10.3.3.1.4 对于波纹管管坯厚度不小于 5 mm 的焊接接头应进行射线检测，检测技术等级 AB 级，射线检测合格级别应不低于 NB/T 47013.2 中规定的Ⅱ级。

10.3.3.2 波纹管(成形后)

波纹管成形后应按表 15 的要求对其焊接接头进行渗透检测，检测结果应符合 10.3.3.1.2 的规定。

表 15 波纹管成形后 W2 的检测要求

单位为毫米

<table>
<tr><td rowspan="3">DN</td><td colspan="3">单层波纹管</td><td colspan="3">多层波纹管</td></tr>
<tr><td rowspan="2">δ</td><td colspan="2">波纹管成形方法</td><td rowspan="2">δ</td><td colspan="2">波纹管成形方法</td></tr>
<tr><td>液压或相似方法</td><td>机械胀形、滚压</td><td>液压或相似方法</td><td>机械胀形、滚压</td></tr>
<tr><td rowspan="2">≤300</td><td>≤1.5</td><td>—</td><td rowspan="2">可及的内、外表面</td><td>≤1.0</td><td>—</td><td>—</td></tr>
<tr><td>>1.5</td><td>可及的外表面</td><td>>1.0</td><td>—</td><td>—</td></tr>
<tr><td rowspan="2">>300</td><td>≤2.0</td><td>—</td><td rowspan="2">可及的内表面</td><td>≤1.2</td><td>—</td><td>—</td></tr>
<tr><td>>2.0</td><td>可及的外表面</td><td>>1.2</td><td colspan="2">接触工作介质的可及表面</td></tr>
</table>

10.3.4 W4 的无损检测要求

W4 焊接接头应进行 100%渗透检测，检测结果应符合 10.3.3.1.2 的规定。

10.3.5 W5、W6 的无损检测要求

凡符合下列条件之一的焊接接头，应进行 100%渗透检测或磁粉检测(铁磁性材料应优先采用磁粉检测)，检测合格级别不低于 NB/T 47013.5 规定的Ⅰ级或 NB/T 47013.4 规定的Ⅰ级。

a) 设计温度低于－40 ℃；

b) 设计温度为－20 ℃以下的主要承压元件材料中最低等级的材料为碳素钢、低合金钢、奥氏体-铁素体(双相)型不锈钢和铁素体型不锈钢的膨胀节，以及设计温度低于 －196 ℃的主要承压元件材料中最低等级的材料为奥氏体型不锈钢的膨胀节，且焊接接头厚度大于 25 mm 的膨胀节；

c) 设计压力 p 大于或等于 1.6 MPa，且公称直径 DN 大于或等于 500 mm 或 p(MPa)×DN(mm)大于或等于 800；

d) 工作介质为极度或高度危害的；

e) 铁素体型不锈钢、其他 Cr-Mo 合金钢；

f) 标准抗拉强度下限值 R_m 在 540 MPa 及以上的合金钢；

g) 异种钢焊接接头、具有再热裂纹倾向或者延迟裂纹倾向的焊接接头；

h) 钢材厚度大于 20 mm 的奥氏体型不锈钢、奥氏体-铁素体(双相)型不锈钢的焊接接头。

10.4 耐压性能

10.4.1 产品在规定的试验压力下应无渗漏，结构件应无明显变形，波纹管应无失稳和局部坍塌现象。对于无加强 U 形波纹管，试验压力下的波距与加压前的波距相比最大变化率大于 15%，对于加强 U 形波纹管和 Ω 形波纹管，试验压力下的波距与加压前的波距相比最大变化率大于 20%，即认为波纹管已失稳。试验一般采用水压试验，对于不适合作水压试验的应进行气压试验；试验时应采取有效安全措施。

10.4.2 内压水压试验压力应按式(3)和式(4)计算，取其中的较小值。外压水压试验压力应按式(3)计算。

$$p_t = 1.5p\frac{[\sigma]_b}{[\sigma]_b^t} \qquad \cdots\cdots(3)$$

$$p_t = 1.5p_{sc}\frac{E_b}{E_b^t} \qquad \cdots\cdots(4)$$

10.4.3 内压气压试验压力应按式(5)和式(6)计算，取其中的较小值。外压气压试验压力应按式(5)

计算。

$$p_t = 1.15p \frac{[\sigma]_b}{[\sigma]_b^t} \quad \cdots\cdots(5)$$

$$p_t = 1.15p_{sc} \frac{E_b}{E_b^t} \quad \cdots\cdots(6)$$

式中：

p_t ——试验压力的数值，单位为兆帕(MPa)；

p ——设计压力的数值，单位为兆帕(MPa)；

$[\sigma]_b$ ——室温下的波纹管材料的许用应力的数值，单位为兆帕(MPa)；

$[\sigma]_b^t$ ——设计温度下波纹管材料的许用应力的数值，单位为兆帕(MPa)；

p_{sc} ——波纹管两端固支时柱失稳的极限设计内压的数值，单位为兆帕(MPa)；

E_b ——波纹管材料室温下的弹性模量的数值，单位为兆帕(MPa)；

E_b^t ——波纹管材料设计温度下的弹性模量的数值，单位为兆帕(MPa)。

10.5 气密性(泄漏试验)

工作介质为极度或高度危害以及可燃流体的产品应进行气密性试验，试验压力等于设计压力，试验时产品应无泄漏、无异常变形。当产品用气压替代水压试验时，免作气密性试验。

10.6 刚度

产品用波纹管实测轴向刚度对公称刚度(厂家给定，且可按位移分段)的允许偏差为－55%～＋30%。

10.7 稳定性

产品在试验水压 p_s 及波纹管处于设计允许最大位移情况下，应无渗漏，波纹管应无失稳和局部坍塌现象。试验水压 p_s 按式(7)和式(8)计算，取其中的较小值。

$$p_s = 1.15p \frac{[\sigma]_b}{[\sigma]_b^t} \quad \cdots\cdots(7)$$

$$p_s = 1.15p \frac{E_b}{E_b^t} \quad \cdots\cdots(8)$$

式中：

p_s ——试验压力，单位为兆帕(MPa)；

p ——设计压力，单位为兆帕(MPa)；

E_b^t ——按相关标准取值的波纹管材料设计温度下的弹性模量，单位为兆帕(MPa)；

E_b ——按相关标准取值的波纹管材料室温的弹性模量，单位为兆帕(MPa)；

$[\sigma]_b$——按相关标准取值的试验温度下波纹管材料的许用应力，单位为兆帕(MPa)；

$[\sigma]_b^t$——按相关标准取值的设计温度下波纹管材料的许用应力，单位为兆帕(MPa)。

10.8 疲劳寿命

产品在设计位移量下，试验循环次数应不小于设计疲劳寿命的2倍。

10.9 爆破试验

产品在爆破试验水压 p_b 下，应无破损、无渗漏。试验水压 p_b 按式(9)计算。

$$p_b = 3p \frac{[\sigma]_b}{[\sigma]_b^t} \quad \cdots\cdots(9)$$

式中：

p_b ——爆破试验压力，单位为兆帕(MPa)；

p ——设计压力，单位为兆帕(MPa)；

$[\sigma]_b$——按相关标准取值的试验温度下波纹管材料的许用应力，单位为兆帕(MPa)；

$[\sigma]_b^t$——按相关标准取值的设计温度下波纹管材料的许用应力，单位为兆帕(MPa)。

11 试验方法

11.1 外观

用目视的方法进行。结果应符合 10.1 的规定。

11.2 尺寸及形位公差

尺寸公差用精度符合公差等级要求的量具进行，形位公差按 GB/T 1958 的规定进行。结果应符合 10.2 的规定。

11.3 无损检测

射线检测按 NB/T 47013.2 规定进行，超声检测按 NB/T 47013.3 规定进行，磁粉检测按 NB/T 47013.4 规定进行，渗透检测按 NB/T 47013.5 规定进行。结果应符合 10.3 的规定。

11.4 耐压性能

11.4.1 试验设备

11.4.1.1 非约束型产品，试验时试验装置应保证膨胀节两端有效密封和有效固定；约束型产品，试验时试验装置应保证膨胀节两端有效密封和除产品长度方向外的 5 个自由度进行有效约束。

11.4.1.2 水压试验用水的氯化物离子最大含量为 25 mg/L，气压试验介质应为干燥洁净的无腐蚀性气体。

11.4.1.3 耐压性能试验应用两个量程相同的压力表，其精确度不低于 1.6 级。压力表的量程为试验压力的 2 倍左右，但不应低于 1.5 倍和高于 4 倍的试验压力。

11.4.2 试验方法

11.4.2.1 将被测产品两端密封，并使产品处于出厂长度状态。

11.4.2.2 沿圆周方向均分四个位置分别测量各个波的波距。

11.4.2.3 加压到设计压力后，再缓慢升压至规定的试验压力，保压至少 10 min，目视检测膨胀节，结果应符合 10.4 的规定。

11.4.2.4 测量原各个测量点处的波距，按式(10)计算加压前后最大波距变化率，结果应符合 10.4 的规定。

$$\lambda = \left| \frac{q_{Pij} - q_{0ij}}{q_{0ij}} \right|_{max} \times 100\% \qquad \cdots\cdots(10)$$

式中：

λ ——加压前后最大波距变化率；

q_{Pij}——加压后第 i 测量位置第 j 个波的波距，单位为毫米(mm)；

q_{0ij}——加压前第 i 测量位置第 j 个波的波距，单位为毫米(mm)。

11.4.2.5 型式检验和一批产品的首件检验时，应测量波纹管的最大波距变化率。

11.5 气密性(泄漏试验)

11.5.1 试验设备

11.5.1.1 试验装置应保证产品两端有效密封和有效固定。

11.5.1.2 试验介质应为干燥洁净的无腐蚀性气体。

11.5.1.3 试验检测用水的氯化物离子最大含量为 25 mg/L。

11.5.1.4 试验应用两个量程相同的压力表，其精确度不低于 1.6 级。压力表的量程为试验压力的 2 倍左右，但不应低于 1.5 倍和高于 4 倍的试验压力。

11.5.2 试验方法

11.5.2.1 将被测产品两端密封固定，使产品处于出厂长度状态。

11.5.2.2 缓慢升压至规定的试验压力，保压至少 10 min，目视检测。

11.5.2.3 产品应浸入氯化物离子最大含量为 25 mg/L 的水中检测；对不宜浸入水中的产品可用皂泡法对焊接接头检漏，结果应符合 10.5 的规定。

11.6 刚度

11.6.1 试验设备

试验设备应符合下列要求：

a) 刚度测量装置；

b) 位移测量分度值优于 0.1 mm；

c) 力指示精确度不低于 1.0%。

11.6.2 试样要求

试验应用与产品相同的波纹管进行(当成品用波纹管由 2 个不同规格组成时，应各取 2 件，共 4 件波纹管)，当产品为单式轴向型时，可直接用产品原样进行。

11.6.3 试验方法

11.6.3.1 将产品用波纹管试样按图样规定的原始设计长度安装在刚度测量装置上，并连接固定好。

11.6.3.2 在设计位移范围内，按公称刚度分段范围，逐渐施加压缩、拉伸位移，记录其相应的力值读数和位移读数，绘制曲线，并按式(11)、式(12)计算刚度，其结果应符合 10.6 的规定。

压缩刚度：

$$K_Y = \left|\frac{F_{Y2} - F_{Y1}}{S_{Y2} - S_{Y1}}\right| \qquad \cdots\cdots(11)$$

拉伸刚度：

$$K_L = \left|\frac{F_{L2} - F_{L1}}{S_{L2} - S_{L1}}\right| \qquad \cdots\cdots(12)$$

式中：

F_{Y1}——压缩位置每个分段开始时的力值读数，单位为牛(N)；

F_{Y2}——压缩位置每个分段结束时的力值读数，单位为牛(N)；

F_{L1}——拉伸位置每个分段开始时的力值读数，单位为牛(N)；
F_{L2}——拉伸位置每个分段结束时的力值读数，单位为牛(N)；
S_{Y1}——压缩位置每个分段开始时的位移读数，单位为毫米(mm)；
S_{Y2}——压缩位置每个分段结束时的位移读数，单位为毫米(mm)；
S_{L1}——拉伸位置每个分段开始时的位移读数，单位为毫米(mm)；
S_{L2}——拉伸位置每个分段结束时的位移读数，单位为毫米(mm)；
K_Y——压缩刚度(每个分段)，单位为牛每毫米(N/mm)；
K_L——拉伸刚度(每个分段)，单位为牛每毫米(N/mm)。

11.7 稳定性

11.7.1 试验设备

11.7.1.1 试验装置应保证产品两端有效密封和有效固定。

11.7.1.2 耐压性能试验应用两个量程相同的压力表，其精确度不低于1.6级。压力表的量程为试验压力的2倍左右，但不应低于1.5倍和高于4倍的试验压力。

11.7.2 试验方法

11.7.2.1 将被测产品两端密封固定，使产品处于最大位移状态。

11.7.2.2 沿圆周方向均分4个位置分别测量各个波的波距。

11.7.2.3 加压到设计压力后，再缓慢升压至规定的试验压力，保压至少10 min，目视检测膨胀节，结果应符合10.7的规定。

11.7.2.4 测量原各个测量点处的波距，按式(10)计算加压前后最大波距变化率，结果应符合10.7的规定。

11.8 疲劳寿命

11.8.1 试验设备

专用疲劳试验机，位移控制精度为±0.1 mm且应保证试验轴向位移与波纹管轴线同轴；位移的速率应小于25 mm/s且应保证位移平稳、均匀。

11.8.2 试样要求

11.8.2.1 试验用产品其波纹管波数不少于3个(除用户特殊要求外)。

11.8.2.2 试验应用与产品相同的波纹管进行(当成品用波纹管由2个不同规格组成时，应各取2件，共4件波纹管)，当产品为单式轴向型时，可直接用产品原样进行。

11.8.3 试验方法

11.8.3.1 试验时将产品两端分别联接到专用疲劳试验机上，试验压力为设计压力，试验过程中压力波动值应不大于设计压力的±10%，试验介质为水、空气。

11.8.3.2 试验时波纹管每波的平均位移量为设计单波当量轴向位移量(见附录B)。

11.8.3.3 记录位移循环次数，结果应符合10.8的规定。

11.9 爆破试验

11.9.1 试验设备

11.9.1.1 试验装置应保证产品两端有效密封和有效固定。

11.9.1.2 试验应用两个量程相同的压力表，其精确度不低于1.6级。压力表的量程为试验压力的2倍左右，但不应低于1.5倍和高于4倍的试验压力。

11.9.2 试验方法

11.9.2.1 将被测产品两端密封固定，使产品处于出厂原始直线状态。

11.9.2.2 缓慢升压至设计压力后，再以不大于0.4 MPa/min的速度缓慢升压至规定的试验压力，保压至少10 min，目视检测，结果应符合10.9的规定。

12 检验规则

12.1 检验分类

产品的检验分为出厂检验和型式检验。

12.2 出厂检验

12.2.1 检验原则

每件产品应经制造厂检验部门检验合格并出具合格证后方可出厂。

12.2.2 检验项目和顺序

出厂检验项目和检验顺序见表16。

表16 检验项目和顺序

序号	项目名称	要求的章条号	试验方法的章条号	缺陷类别	出厂检验	型式检验			
						项目	试样编号		
							1# 2#	3#	管坯
1	外观	10.1	11.1	C	●	●	●	●	—
2	尺寸及形位公差	10.2	11.2	C	●	●	●	●	—
3	无损检测	10.3	11.3	C	●	●	●	●	●
4	耐压性能	10.4	11.4	A	●	●	●	●	—
5	气密性(泄漏试验)	10.5	11.5	A	●	●	●	●	—
6	刚度	10.6	11.6	C	—	●	●	●	—
7	稳定性	10.7	11.7	A	—	●	●	●	—
8	疲劳寿命	10.8	11.8	A	—	●	●	—	—
9	爆破试验	10.9	11.9	A	—	●	—	●	—

注1：●表示检验项目；—表示不检项目。

注2：型式检验时，在产品制造方允许的情况下，可用经疲劳寿命试验而未破坏的产品做爆破试验。

注3：缺陷类别A、C定义见GB/T 2829—2002中第3章的规定。

12.2.3 出厂资料

12.2.3.1 产品出厂时,制造厂应提供产品合格证、产品质量证明文件和安装使用说明书。

12.2.3.2 产品质量证明文件至少包括以下内容:

a) 主要承压元件(波纹管和承压筒节、法兰、封头)和焊材的质量证明文件;
b) 无损检测报告;
c) 热处理自动记录曲线及报告;
d) 耐压性能、气密性(泄漏试验)报告;
e) 产品外观、尺寸及形位公差检验报告。

12.3 型式检验

12.3.1 检验规定

有下列情况之一时,应进行型式检验:

a) 新产品鉴定或投产前;
b) 如工艺、结构、材料有较大改变,可能影响产品性能时;
c) 正常生产,每四年时;
d) 长期停产,恢复生产时;
e) 合同中有规定时;
f) 国家质量监督机构提出进行型式检验的要求时。

12.3.2 试样数量

12.3.2.1 型式检验的试样至少为2件(用经疲劳寿命试验而未破坏的产品做爆破试验时)或3件成品,一支管坯。

12.3.2.2 成品应从出厂检验合格的产品中随机抽取。

12.3.2.3 管坯应与成品波纹管所用管坯相同,取其中一层即可;对于多层不同壁厚、材料组合的波纹管,每个壁厚、材料取一支管坯。

12.3.3 检验项目和顺序

检验项目和检验顺序见表16。

12.3.4 判定

12.3.4.1 每个检验项目中,若有一件不合格,则判该项目不合格。

12.3.4.2 产品检验中,若有两个或两个以下C类项目不合格,判该次型式检验合格;否则判该次型式检验不合格。

13 标志、包装、运输和贮存

13.1 标志

13.1.1 产品标志

每件产品上都应有永久固定、耐腐蚀的标志,标志上至少应注明下列内容:

——产品名称、型号;
——公称直径、设计压力、位移;

——出厂编号；
——制造单位许可证编号(适用时)；
——产品执行标准；
——制造厂名称；
——出厂日期。

13.1.2 包装标志

产品的包装箱上至少应有下列内容：
——产品名称、型号；
——合同号；
——收货单位。

13.1.3 介质流向标志

对于安装有流向要求的产品，应在产品外表面醒目标出永久性的介质流向箭头。

13.1.4 运件标志

产品的装运件应涂黄色油漆。

13.2 包装、运输

产品的运输安全装置、预拉或装运件在安装前不应拆除，包装运输应符合 JB/T 4711 的规定。

13.3 贮存

产品应贮存在清洁、干燥和无腐蚀性气氛的环境中。注意防止由于堆放、碰撞和跌落等原因造成波纹管机械损伤。装有导流筒的膨胀节竖直放置时，导流筒开口端应朝下。

14 安装

按 GB/T 35979—2018 执行。

附 录 A
（资料性附录）
常 用 材 料

A.1 波纹管材料

表 A.1 给出了常用波纹管材料及近似对照。

表 A.1 常用波纹管材料及近似对照

序号	中国		美国		欧洲		推荐使用温度 ℃
	材料代号	标准号	材料代号	标准号	材料代号	标准号	
1	06Cr19Ni10	GB/T 3280/GB 24511	S30400	ASME SA-240	1.4301	EN10028-7	−196～525
2	022Cr19Ni10	GB/T 3280/GB 24511	S30403	ASME SA-240	1.4306	EN10028-7	−253～425
3	06Cr25Ni20	GB/T 3280/GB 24511	S31008	ASME SA-240	1.4845	EN10028-7	−196～525
4	06Cr17Ni12Mo2	GB/T 3280/GB 24511	S31600	ASME SA-240	1.4401	EN10028-7	−253～525
5	022Cr17Ni12Mo2	GB/T 3280/GB 24511	S31603	ASME SA-240	1.4404	EN10028-7	−253～425
6	06Cr17Ni12Mo2Ti	GB/T 3280/GB 24511	S31635	ASME SA-240	1.4571	EN10028-7	−253～500
7	06Cr18Ni11Ti	GB/T 3280/GB 24511	S32100	ASME SA-240	1.4541	EN10028-7	−253～525
8	022Cr23Ni5Mo3N	GB/T 3280/GB 24511	S32205	ASME SA-240	1.4462	EN10028-7	−20～300
9	015Cr21Ni26Mo5Cu2	GB/T 3280/GB 24511	N08904	ASME SA-240	1.4539	EN10028-7	−20～350
10	—	—	S31254	ASME SA-240	1.4547	EN10028-7	−196～400
11	NS1101	YB/T 5354	N08800	ASME SB-409	1.4876	EN10095	−196～800
12	NS1102	YB/T 5354	N08810	ASME SB-409	1.4876	EN10028-7	−196～900
13	NS1402	YB/T 5354	N08825	ASME SB-424	—	—	−270～540
14	NS3102	YB/T 5354	N06600	ASME SB-168	2.4816	EN10095	−196～625
15	NS3304	YB/T 5354	N10276	ASME SB-575	—	—	−196～400
16	NS3305	YB/T 5354	N06455	ASME SB-575	—	—	−196～400
17	NS3306	YB/T 5354	N06625	ASME SB-443	2.4856	EN10095	−196～675
18	5052	GB/T 3880	5052	ASME SB-209	—	—	−269～200
19	TA2	GB/T 3621	GR2	ASME SB-265	—	—	−60～300
20	TA7	GB/T 3621	GR6	ASME SB-265	—	—	−60～300
21	TA10	GB/T 3621	GR12	ASME SB-265	—	—	−60～300

A.2 非主要承压元件材料

表 A.2 给出了非主要承压元件材料及其推荐使用温度。

表 A.2 常用非主要承压元件材料

序号	材料代号	标准号	推荐使用温度/℃
1	06Cr19Ni10	GB 24511	−196～525
2	Q235B	GB/T 3274	20～300
3	Q345B	GB/T 1591	20～350
4	Q345R	GB 713	−20～350
5	Q245R	GB 713	−20～400
6	35	GB/T 699	0～350
7	40Cr	GB/T 3077	0～400
8	35CrMoA	GB/T 3077	−20～425
9	35CrMo	NB/T 47008	−20～425
10	16Mn	NB/T 47008	−20～400

附 录 B
（规范性附录）
膨胀节的设计

B.1 符号

A_c ——U形波纹管单个波金属横截面积的数值，单位为平方毫米(mm^2)；

$$A_c = n\delta_m\left[2\pi r_m + 2\sqrt{\left(\frac{q}{2} - 2r_m\right)^2 + (h - 2r_m)^2}\right] \qquad (B.1)$$

A_y ——圆形波纹管有效面积的数值，单位为平方毫米(mm^2)；

$$A_y = \frac{\pi D_m^2}{4} \qquad (B.2)$$

A_f ——一个用于加强件的连接件(含紧固件和连接板)金属横截面积的数值，单位为平方毫米(mm^2)；

A_r ——一个加强件金属横截面积的数值，单位为平方毫米(mm^2)；

A_{tc} ——一个直边段上(加强)套箍金属横截总面积的数值，单位为平方毫米(mm^2)；

A_{tp} ——长度为 L_p 的管道金属横截面积的数值，单位为平方毫米(mm^2)；

A_{tr} ——长度为 L_r 的加强环金属横截面积的数值，单位为平方毫米(mm^2)；

B_1 ——Ω形波纹管 σ_5 的计算修正系数，见表 B.1；

B_2 ——Ω形波纹管 σ_6 的计算修正系数，见表 B.1；

B_3 ——Ω形波纹管 f_{it} 的计算修正系数，见表 B.1；

C_c ——端部加强件弯曲应力的计算系数；

$$C_c = -0.243\,1 + 0.016\,8n_g + 0.302\,4n_g^2 \qquad (B.3)$$

C_d ——U形波纹管 σ_6 的计算修正系数，见表 B.2；

C_f ——U形波纹管 σ_5、f_{iu}、f_{ir} 的计算修正系数，见表 B.3；

C_m ——低于蠕变温度的材料强度系数；

$$C_m = 1.5\text{，用于退火态波纹管} \qquad (B.4)$$

$$C_m = 1.5Y_{sm}\text{，用于成形态波纹管}(1.5 \leqslant C_m \leqslant 3.0) \qquad (B.5)$$

C_p ——U形波纹管 σ_4 的计算修正系数，见表 B.4；

C_r ——加强U形波纹管波高系数；

$$C_r = 0.36\ln\left(\frac{h}{e}\right)\left(2.5 \leqslant \frac{h}{e} \leqslant 16\right) \qquad (B.6)$$

C_W ——纵向焊接接头有效系数，下标 b、c、f、p 和 r 分别表示波纹管、套箍、连接件、管子和加强件材料；

C_θ ——由初始角位移引起的柱失稳压力降低系数；

$$C_\theta = \min(R_\theta, 1.0)\text{，对于单式波纹管} \qquad (B.7)$$

$$C_\theta = 1\text{，对于复式波纹管} \qquad (B.8)$$

D_b ——波纹管直边段和波纹内径的数值，单位为毫米(mm)；

D_c ——波纹管直边段(加强)套箍平均直径的数值，单位为毫米(mm)；

$$D_c = D_b + 2n\delta + \delta_c \qquad (B.9)$$

D_i ——管道内径的数值，单位为毫米(mm)；

D_m ——波纹管平均直径的数值,单位为毫米(mm);

$$D_m = D_b + h + n\delta \quad \cdots\cdots(B.10)$$

D_o ——圆环截面外径的数值,单位为毫米(mm);

D_r ——加强件平均直径的数值,单位为毫米(mm);

d_H ——主要受力铰链直径的数值,单位为毫米(mm);

E ——室温下的弹性模量的数值。下标 b、c、f、p、s 和 r 分别表示波纹管、套箍、连接件、接管、导流筒和加强件的材料,单位为兆帕(MPa);

E^t ——设计温度下的弹性模量的数值。下标 b、c、f、p、s 和 r 分别表示波纹管、套箍、连接件、接管、导流筒和加强件的材料,单位为兆帕(MPa);

e ——计算单波总当量轴向位移的数值,单位为毫米(mm);

$[e]$ ——由$[N_c]$得到的设计单波额定轴向位移的数值,单位为毫米(mm);

e_c ——单波当量轴向压缩位移的数值,单位为毫米(mm);

e_e ——单波当量轴向拉伸位移的数值,单位为毫米(mm);

$[e_c]$ ——由$[e]$得到的单波额定当量轴向压缩位移的数值,单位为毫米(mm);

$[e_e]$ ——由$[e]$得到的单波额定当量轴向拉伸位移的数值,单位为毫米(mm);

e_{cmax} ——允许最大单波当量轴向压缩位移的数值,单位为毫米(mm);

e_{emax} ——允许最大单波当量轴向拉伸位移的数值,单位为毫米(mm);

e_x ——轴向位移"x"引起的单波轴向压缩或拉伸位移的数值,单位为毫米(mm);

e_{xsc} ——长波纹管或一系列无导向而相连的波纹管基于失稳的最大轴向压缩位移的数值,单位为毫米(mm);

e_y ——横向位移"y"引起的单波当量轴向位移的数值,单位为毫米(mm);

e_θ ——角位移"θ"引起的单波当量轴向位移的数值,单位为毫米(mm);

e_{yp} ——具有初始角位移的单式波纹管,由内压引起的最大单波轴向位移,单位为毫米(mm);

$$e_{yp} = \frac{\pi p D_m K_{\theta l} \sin(\theta/2)\ (L_b \pm x)}{4 f_i} \quad \cdots\cdots(B.11)$$

式中,拉伸时取"+"压缩时"−";

F_g ——波纹管波纹环面的轴向推力的数值,单位为牛顿(N);

$$F_g = 0.25\pi(D_m^2 - D_b^2)p + e_c N K_{ex},\text{低于蠕变温度时} \quad \cdots\cdots(B.12)$$

$$F_g = 0.25\pi(D_m^2 - D_b^2)p,\text{在蠕变温度时} \quad \cdots\cdots(B.13)$$

F_p ——压力推力的数值,单位为牛顿(N);

F_{wx} ——膨胀节端部由轴向位移引起的工作力的数值,单位为牛顿(N);

F_{wy} ——膨胀节端部由横向位移引起的工作力的数值,单位为牛顿(N);

f_c ——σ_t 的增大系数,一般不小于 1.35,当有试验证实时也可取介于 1 和 2 之间的其他数值;

f_i ——波纹管单波轴向理论弹性刚度的数值,下标 u、r、t 分别表示无加强 U 形、加强 U 形和 Ω 形波纹管,单位为牛顿每毫米(N/mm);

f_{irsc} ——用于计算操作工况下加强 U 形波纹管的柱稳定性用单波轴向弹性刚度的数值,单位为牛顿每毫米(N/mm);

f_θ ——角位移的压力影响系数;

$$f_\theta = \frac{e_\theta + e_{yp}}{e_\theta},\text{对于单式波纹管} \quad \cdots\cdots(B.14)$$

$$f_\theta = 1,\text{对于复式波纹管} \quad \cdots\cdots(B.15)$$

G ——设计温度下波纹管材料的剪切弹性模量的数值,单位为兆帕(MPa);

$$G = \frac{E_b^t}{2(1+v)} \quad \cdots\cdots(B.16)$$

H ——压力引起的作用于一个波纹和一个加强件上的环向合力的数值,单位为牛顿(N);

$$H = pD_{m}q \qquad \text{(B.17)}$$

h ——波高的数值,单位为毫米(mm);

K_2 ——平面失稳系数;

$$K_2 = \frac{\sigma_2}{p} \qquad \text{(B.18)}$$

K_4 ——平面失稳系数;

$$K_4 = \frac{h^2 C_p}{2n\delta_m^2} \qquad \text{(B.19)}$$

K_B ——单个波纹管整体轴向刚度的数值,单位为牛顿每毫米(N/mm)

$$K_B = \frac{f_i}{N} \qquad \text{(B.20)}$$

K_f ——成形方法系数,对于滚压成形或机械胀形 K_f 为 1,对于液压成形 K_f 为 0.6;

K_r ——周向应力系数,取下列算式中较大值且不小于 1.0;

$$K_r = \frac{2(q + e_x) + f_\theta e_\theta + e_y}{2q} \text{(在设计压力 } p \text{ 时,} e_x \text{ 和 } e_y \text{ 处于拉伸状态)} \qquad \text{(B.21)}$$

$$K_r = \frac{2(q - e_x) + f_\theta e_\theta + e_y}{2q} \text{(在设计压力 } p \text{ 时,} e_x \text{ 和 } e_y \text{ 处于压缩状态)} \qquad \text{(B.22)}$$

K_s ——截面形状系数,见表 B.5;

K_t ——膨胀节整体扭转刚度的数值,单位为牛顿毫米每度[N·mm/(°)];

K_u ——e_y 的计算系数;

$$K_u = \frac{3L_u^2 - 3L_b L_u}{3L_u^2 - 6L_b L_u + 4L_b^2} \qquad \text{(B.23)}$$

K_x ——膨胀节整体轴向刚度的数值,下标 e,w 分别表示有效刚度和工作刚度,单位为牛顿每毫米(N/mm);

K_y ——膨胀节整体横向刚度的数值,下标 e,w 分别表示有效刚度和工作刚度,单位为牛顿每毫米(N/mm);

K_θ ——膨胀节整体弯曲刚度的数值,下标 e,w 分别表示有效刚度和工作刚度,单位为牛顿毫米每度[N·mm/(°)];

$K_{\theta 1}$ ——横向位移波距影响系数;

$$K_{\theta 1} = 1 + 0.009\,4y\left(\frac{L_b}{D_m}\right)^{1.33} \text{,对于单式波纹管} \qquad \text{(B.24)}$$

$$K_{\theta 1} = 1 \text{,对于复式波纹管} \qquad \text{(B.25)}$$

k ——σ_1、σ_1' 的计算系数;

$$k = \frac{L_t}{1.5\sqrt{D_b \delta}} \quad \text{且 } k \leqslant 1 \qquad \text{(B.26)}$$

L_b ——波纹管的波纹长度的数值,单位为毫米(mm);

$$L_b = Nq \qquad \text{(B.27)}$$

L_c ——波纹管直边段(加强)套箍长度的数值,单位为毫米(mm);

L_d ——U 形波纹管单波展开长度的数值,单位为毫米(mm);

$$L_d = 2\pi r_m + 2\sqrt{\left(\frac{q}{2} - 2r_m\right)^2 + (h - 2r_m)^2} \qquad \text{(B.28)}$$

L_f ——一个连接件的有效长度的数值,单位为毫米(mm);

L_o ——Ω 形波纹管波纹开口距离的数值,单位为毫米(mm);

L_p ——管道有效长度的数值，单位为毫米(mm)；

$$L_p = \frac{1}{3}\sqrt{D_p \delta_p} \quad \cdots\cdots(B.29)$$

L_{pm} ——δ_{pe}厚度下所需的最小管道长度的数值，单位为毫米(mm)；

$$L_{pm} = 1.5\sqrt{D_p \delta_p} \quad \cdots\cdots(B.30)$$

注：供参考。

L_r ——加强环有效长度的数值，单位为毫米(mm)；

$$L_r = \frac{1}{3}\sqrt{D_r \delta_r} \quad \cdots\cdots(B.31)$$

注：供参考。

L_{rt} ——加强环总长度的数值，单位为毫米(mm)；

L_t ——波纹管直边段长度的数值，单位为毫米(mm)；

L_{tm} ——波纹管直边段长度伸出(加强)套箍最大长度的数值，单位为毫米(mm)；

$$L_{tm} = 1.5\sqrt{\frac{n\delta^2 \ [\sigma]_b^t}{p}} \quad \cdots\cdots(B.32)$$

注：供参考。

L_u ——复式膨胀节中两波纹管波纹最外端间距离的数值，单位为毫米(mm)；

L_W ——外焊波纹管连接环焊缝到第一个波中心的长度的数值，单位为毫米(mm)；

L^* ——复式膨胀节中两波纹管中心距离的数值，单位为毫米(mm)；

$$L^* = L_u - L_b \quad \cdots\cdots(B.33)$$

M_{wy} ——膨胀节端部由横向位移引起的工作力矩的数值，单位为牛顿米(N·mm)；

$M_{w\theta}$ ——膨胀节端部由角位移引起的工作力矩的数值，单位为牛顿米(N·mm)；

N ——一个波纹管波数的数值；

N_c ——波纹管设计疲劳寿命的数值，周次；

$[N_c]$ ——设计条件规定的疲劳寿命的数值，周次；

n ——厚度为"δ"波纹管材料层数的数值；

n_g ——每个套箍所均布的挡板数量；

p ——设计压力的数值，单位为兆帕(MPa)；

p_{sc} ——波纹管两端固支时柱失稳的极限设计内压的数值，单位为兆帕(MPa)；

p_{si} ——波纹管平面失稳的极限设计压力的数值，单位为兆帕(MPa)；

q ——波距的数值，单位为毫米(mm)；

R_1 ——波纹管承受的压力作用力与整体加强件所承受的压力作用力之比；

$$R_1 = \frac{A_c E_b^t}{A_r E_r^t} \quad \cdots\cdots(B.34)$$

R_2 ——波纹管承受的压力作用力与用连接件连接的加强件所承受的压力作用力之比；

$$R_2 = \frac{A_c E_b^t}{D_m}\left(\frac{L_f}{A_f E_f^t} + \frac{D_m}{A_r E_r^t}\right) \quad \cdots\cdots(B.35)$$

R_θ ——单式波纹管极限设计内压比值；

$$R_\theta = \frac{1.18N^2 \ (q \pm e_x)^2}{\pi^2 D_m K_{\theta l} \sin(\theta/2) \ (L_b \pm x)}\text{(有初始角位移)} \quad \cdots\cdots(B.36)$$

式中，$+e_x$ 和 $+x$ 为轴向拉伸；$-e_x$ 和 $-x$ 为轴向压缩

$$R_\theta = 1.0\text{(无初始角位移)} \quad \cdots\cdots(B.37)$$

r ——Ω形波纹管波纹平均半径的数值，单位为毫米(mm)；

r_{ic} ——U 形波纹管波峰内壁曲率半径的数值,单位为毫米(mm);

r_{ir} ——U 形波纹管波谷外壁曲率半径的数值,单位为毫米(mm);

r_m ——U 形波纹管波峰(波谷)平均曲率半径的数值,单位为毫米(mm);

$$r_m = \frac{r_{ic} + r_{ir} + n\delta}{2} \qquad \text{(B.38)}$$

r_t ——Ω 形波纹管开口圆弧平均直径的数值,单位为毫米(mm);

T ——扭矩的数值,单位为牛顿米(N·mm);

t_f ——介质温度的数值,单位为摄氏度(℃);

W ——高温焊接接头强度降低系数,下标 b、c、r 和 f 分别表示波纹管、套箍、加强件和连接件材料;

W_z ——复式膨胀节中间接管重量的数值,单位为牛顿(N);

x ——波纹管轴向压缩位移或轴向拉伸位移的数值,单位为毫米(mm);

x_z ——因中间接管重量无支撑引起的轴向位移的数值,单位为毫米(mm);

y ——波纹管横向位移的数值,单位为毫米(mm);

Y_{sm} ——屈服强度系数,对于奥氏体不锈钢 Y_{sm} 按式(B.39)计算,对于镍合金 Y_{sm} 按式(B.40)计算,对于其他材料 Y_{sm} 按式(B.41);

$$Y_{sm} = 1 + 9.94 \times 10^{-2}(K_f\varepsilon_f) - 7.59 \times 10^{-4}(K_f\varepsilon_f)^2 - 2.4 \times 10^{-6}(K_f\varepsilon_f)^3 + 2.21 \times 10^{-8}(K_f\varepsilon_f)^4 \qquad \text{(B.39)}$$

$$Y_{sm} = 1 + 6.8 \times 10^{-2}(K_f\varepsilon_f) - 9.11 \times 10^{-4}(K_f\varepsilon_f)^2 + 9.73 \times 10^{-6}(K_f\varepsilon_f)^3 - 6.43 \times 10^{-8}(K_f\varepsilon_f)^4 \qquad \text{(B.40)}$$

$Y_{sm} = 1$(若有试验数据支持,可采用高于 1 的值) ……(B.41)

Z_c ——端部加强件相对于中性轴的抗弯截面模量的数值,单位为三次方毫米(mm^3);

α ——平面失稳应力相互作用系数;

$$\alpha = 1 + 2\eta^2 + \sqrt{1 - 2\eta^2 + 4\eta^4} \qquad \text{(B.42)}$$

η ——平面失稳应力比;

$$\eta = \frac{K_4}{3K_2} \qquad \text{(B.43)}$$

δ ——波纹管一层材料的名义厚度的数值,单位为毫米(mm);

δ_c ——直边段(加强)套箍材料的名义厚度的数值,单位为毫米(mm);

δ_m ——波纹管成形后一层材料的名义厚度的数值,单位为毫米(mm);

$$\delta_m = \delta\sqrt{\frac{D_b}{D_m}} \qquad \text{(B.44)}$$

δ_p ——与波纹管相连的接管的名义厚度的数值,单位为毫米(mm);

δ_r ——加强环厚度的数值,单位为毫米(mm);

ε_f ——波纹管成型应变的数值,%;

$$\varepsilon_f = 100\sqrt{\left[\ln\left(1 + \frac{2h}{D_b}\right)\right]^2 + \left[\ln\left(1 + \frac{nt_p}{2r_m}\right)\right]^2} \qquad \text{(B.45)}$$

θ ——波纹管角位移的数值,单位为度(°);

θ_u ——复式膨胀节相对水平面的角度的数值,单位为度(°);

$$\theta_u = \frac{3(L_u - L_b)y}{3L_u^2 - 6L_uL_b + 4L_b^2} \qquad \text{(B.46)}$$

注:供参考。

θ_t ——扭转角的数值,单位为度(°);

μ ——摩擦系数,波纹管层间摩擦系数,对于不锈钢 $\mu=0.3$;

ν ——材料的泊松比,对于不锈钢 $\nu=0.3$;

σ_1 ——压力引起的波纹管直边段周向薄膜应力的数值,单位为兆帕(MPa);

σ_1' ——压力引起的(加强)套箍周向薄膜应力的数值,单位为兆帕(MPa);

σ_1'' ——压力引起的(加强)套箍周向弯曲应力的数值,单位为兆帕(MPa);

σ_1''' ——对于内焊波纹管,压力引起的接管周向薄膜应力的数值,单位为兆帕(MPa);

σ_2 ——压力引起的波纹管周向薄膜应力的数值,单位为兆帕(MPa);

σ_2' ——压力引起的波纹管加强件周向薄膜应力的数值,单位为兆帕(MPa);

σ_2'' ——压力引起的加强件的连接件薄膜应力的数值,单位为兆帕(MPa);

σ_3 ——压力引起的波纹管子午向薄膜应力的数值,单位为兆帕(MPa);

σ_4 ——压力引起的波纹管子午向弯曲应力的数值,单位为兆帕(MPa);

σ_5 ——位移引起的波纹管子午向薄膜应力的数值,单位为兆帕(MPa);

σ_6 ——位移引起的波纹管子午向弯曲应力的数值,单位为兆帕(MPa);

$R_{0.2y}$ ——成形态或热处理态的波纹管材料在设计温度下的的屈服强度的数值,单位为兆帕(MPa);

$$R_{0.2y}=\frac{0.67C_{\mathrm{m}}R_{0.2\mathrm{m}}R_{\mathrm{p0.2}}^{\mathrm{t}}}{R_{\mathrm{p0.2}}} \qquad \text{(B.47)}$$

$R_{\mathrm{p0.2}}$ ——室温下的波纹管材料的屈服强度的数值,单位为兆帕(MPa);

$R_{\mathrm{p0.2}}^{\mathrm{t}}$ ——设计温度下的波纹管材料的屈服强度的数值,单位为兆帕(MPa);

$R_{0.2\mathrm{m}}$ ——波纹管材料质量证明书中屈服强度的数值,单位为兆帕(MPa);

$[\sigma]^{\mathrm{t}}$ ——设计温度下材料的许用应力的数值,下标 b、c、f、p、r 分别表示波纹管、(加强)套箍、连接件、接管和加强件材料,单位为兆帕(MPa);

σ_{t} ——子午向总应力范围的数值,单位为兆帕(MPa);

τ_{t} ——扭转剪应力的数值,单位为兆帕(MPa);

表 B.1 Ω形波纹管 σ_5、σ_6、f_{it} 的计算修正系数

$\frac{6.61r^2}{D_{\mathrm{m}}\delta_{\mathrm{m}}}$	B_1	B_2	B_3
0	1.0	1.0	1.0
1	1.1	1.0	1.1
2	1.4	1.0	1.3
3	2.0	1.0	1.5
4	2.8	1.0	1.9
5	3.6	1.0	2.3
6	4.6	1.1	2.8
7	5.7	1.2	3.3
8	6.8	1.4	3.8
9	8.0	1.5	4.4
10	9.2	1.6	4.9
11	10.6	1.7	5.4

表 B.1（续）

$\frac{6.61r^2}{D_m\delta_m}$	B_1	B_2	B_3
12	12.0	1.8	5.9
13	13.2	2.0	6.4
14	14.7	2.1	6.9
15	16.0	2.2	7.4
16	17.4	2.3	7.9
17	18.9	2.4	8.5
18	20.3	2.6	9.0
19	21.9	2.7	9.5
20	23.3	2.8	10.0
中间值采用差值法计算。			

表 B.2　U 形波纹管 σ_6 的计算修正系数 C_d

$\frac{2r_m}{h}$	$\frac{1.82r_m}{\sqrt{D_m\delta_m}}$												
	0.2	0.4	0.6	0.8	1.0	1.2	1.4	1.6	2.0	2.5	3.0	3.5	4.0
0.0	1.000	1.000	1.000	1.000	1.000	1.000	1.000	1.000	1.000	1.000	1.000	1.000	1.000
0.05	1.061	1.066	1.105	1.079	1.057	1.037	1.016	1.006	0.992	0.980	0.970	0.965	0.955
0.10	1.128	1.137	1.195	1.171	1.128	1.080	1.039	1.015	0.984	0.960	0.945	0.930	0.910
0.15	1.198	1.209	1.277	1.271	1.208	1.130	1.067	1.025	0.974	0.935	0.910	0.890	0.870
0.20	1.269	1.282	1.352	1.374	1.294	1.185	1.099	1.037	0.966	0.915	0.885	0.860	0.830
0.25	1.340	1.354	1.424	1.476	1.384	1.246	1.135	1.052	0.958	0.895	0.855	0.825	0.790
0.30	1.411	1.426	1.492	1.575	1.476	1.311	1.175	1.070	0.952	0.875	0.825	0.790	0.755
0.35	1.480	1.496	1.559	1.667	1.571	1.381	1.220	1.091	0.947	0.840	0.800	0.760	0.720
0.40	1.547	1.565	1.626	1.753	1.667	1.457	1.269	1.116	0.945	0.833	0.775	0.730	0.685
0.45	1.614	1.633	1.691	1.832	1.766	1.539	1.324	1.145	0.946	0.825	0.750	0.700	0.655
0.50	1.679	1.700	1.757	1.905	1.866	1.628	1.385	1.181	0.950	0.815	0.730	0.670	0.625
0.55	1.743	1.766	1.822	1.973	1.969	1.725	1.452	1.223	0.958	0.800	0.710	0.645	0.595
0.60	1.807	1.832	1.886	2.037	2.075	1.830	1.529	1.273	0.970	0.790	0.688	0.620	0.567
0.65	1.872	1.897	1.950	2.099	2.082	1.943	1.614	1.333	0.988	0.785	0.670	0.597	0.538
0.70	1.937	1.963	2.014	2.160	2.291	2.066	1.710	1.402	1.011	0.780	0.657	0.575	0.510
0.75	2.003	2.029	2.077	2.221	2.399	2.197	1.819	1.484	1.042	0.780	0.642	0.555	0.489
0.80	2.070	2.096	2.141	2.283	2.505	2.336	1.941	1.578	1.081	0.785	0.635	0.538	0.470
0.85	2.138	2.164	2.206	2.345	2.603	2.483	2.080	1.688	1.130	0.795	0.628	0.522	0.452
0.90	2.206	2.234	2.273	2.407	2.690	2.634	2.236	1.813	1.191	0.815	0.625	0.510	0.438
0.95	2.274	2.305	2.344	2.467	2.758	2.789	2.412	1.957	1.267	0.845	0.630	0.502	0.428
1.0	2.341	2.378	2.422	2.521	2.800	2.943	2.611	2.121	1.359	0.890	0.640	0.500	0.420
中间值采用差值法计算。													

表 B.3 U 形波纹管 σ_5、f_{iu}、f_{ir} 的计算修正系数 C_f

$\frac{2r_m}{h}$	$\frac{1.82r_m}{\sqrt{D_m\delta_m}}$												
	0.2	0.4	0.6	0.8	1.0	1.2	1.4	1.6	2.0	2.5	3.0	3.5	4.0
0.0	1.000	1.000	1.000	1.000	1.000	1.000	1.000	1.000	1.000	1.000	1.000	1.000	1.000
0.05	1.116	1.094	1.092	1.066	1.026	1.002	0.983	0.972	0.948	0.930	0.920	0.900	0.900
0.10	1.211	1.174	1.163	1.122	1.052	1.000	0.962	0.937	0.892	0.867	0.850	0.830	0.820
0.15	1.297	1.248	1.225	1.171	1.077	0.995	0.938	0.899	0.836	0.800	0.780	0.750	0.735
0.20	1.376	1.319	1.281	1.217	1.100	0.989	0.915	0.860	0.782	0.730	0.705	0.680	0.655
0.25	1.451	1.386	1.336	1.260	1.124	0.983	0.892	0.821	0.730	0.665	0.640	0.610	0.590
0.30	1.524	1.452	1.392	1.300	1.147	0.979	0.870	0.784	0.681	0.610	0.580	0.550	0.525
0.35	1.597	1.517	1.449	1.340	1.171	0.975	0.851	0.750	0.636	0.560	0.525	0.495	0.470
0.40	1.669	1.582	1.508	1.380	1.195	0.975	0.834	0.719	0.595	0.510	0.470	0.445	0.420
0.45	1.740	1.646	1.568	1.422	1.220	0.976	0.820	0.691	0.557	0.470	0.425	0.395	0.370
0.50	1.812	1.710	1.630	1.465	1.246	0.980	0.809	0.667	0.523	0.430	0.380	0.350	0.325
0.55	1.882	1.775	1.692	1.511	1.271	0.987	0.799	0.646	0.492	0.392	0.342	0.303	0.285
0.60	1.952	1.841	1.753	1.560	1.298	0.996	0.792	0.627	0.464	0.360	0.300	0.270	0.252
0.65	2.020	1.908	1.813	1.611	1.325	1.008	0.787	0.611	0.439	0.330	0.271	0.233	0.213
0.70	2.087	1.975	1.871	1.665	1.353	1.022	0.783	0.598	0.416	0.300	0.242	0.200	0.182
0.75	2.153	2.045	1.929	1.721	1.382	1.038	0.780	0.586	0.394	0.275	0.212	0.174	0.152
0.80	2.217	2.116	1.987	1.779	1.415	1.056	0.779	0.576	0.373	0.253	0.188	0.150	0.130
0.85	2.282	2.189	2.048	1.838	1.451	1.076	0.780	0.569	0.354	0.230	0.167	0.130	0.109
0.90	2.349	2.265	2.119	1.896	1.492	1.099	0.781	0.563	0.336	0.206	0.146	0.112	0.090
0.95	2.421	2.345	2.201	1.951	1.541	1.125	0.785	0.560	0.319	0.188	0.130	0.092	0.074
1.0	2.501	2.430	2.305	2.002	1.600	1.154	0.792	0.561	0.303	0.170	0.115	0.081	0.061
中间值采用差值法计算。													

表 B.4 U 形波纹管 σ_4 的计算修正系数 C_p

$\frac{2r_m}{h}$	$\frac{1.82r_m}{\sqrt{D_m\delta_m}}$												
	0.2	0.4	0.6	0.8	1.0	1.2	1.4	1.6	2.0	2.5	3.0	3.5	4.0
0.0	1.000	1.000	0.980	0.950	0.950	0.950	0.950	0.950	0.950	0.950	0.950	0.950	0.950
0.05	0.976	0.962	0.910	0.842	0.841	0.841	0.840	0.841	0.841	0.840	0.840	0.840	0.840
0.10	0.946	0.926	0.870	0.770	0.744	0.744	0.744	0.731	0.731	0.732	0.732	0.732	0.732
0.15	0.912	0.890	0.840	0.722	0.657	0.657	0.651	0.632	0.632	0.630	0.630	0.630	0.630
0.20	0.876	0.856	0.816	0.700	0.592	0.579	0.564	0.549	0.549	0.550	0.550	0.550	0.550

表 B.4（续）

$\frac{2r_m}{h}$	$\frac{1.82r_m}{\sqrt{D_m\delta_m}}$												
	0.2	0.4	0.6	0.8	1.0	1.2	1.4	1.6	2.0	2.5	3.0	3.5	4.0
0.25	0.840	0.823	0.784	0.680	0.559	0.518	0.495	0.481	0.481	0.480	0.480	0.480	0.480
0.30	0.803	0.790	0.753	0.662	0.536	0.501	0.462	0.432	0.421	0.421	0.421	0.421	0.421
0.35	0.767	0.755	0.722	0.640	0.541	0.502	0.460	0.426	0.388	0.367	0.367	0.367	0.367
0.40	0.733	0.720	0.696	0.627	0.548	0.503	0.458	0.420	0.369	0.332	0.328	0.322	0.312
0.45	0.702	0.691	0.670	0.610	0.551	0.503	0.455	0.414	0.354	0.315	0.299	0.287	0.275
0.50	0.674	0.665	0.646	0.593	0.551	0.503	0.453	0.408	0.342	0.300	0.275	0.262	0.248
0.55	0.649	0.642	0.624	0.585	0.550	0.502	0.450	0.403	0.332	0.285	0.258	0.241	0.225
0.60	0.627	0.622	0.605	0.579	0.547	0.500	0.447	0.398	0.323	0.272	0.242	0.222	0.205
0.65	0.610	0.606	0.590	0.574	0.544	0.497	0.444	0.394	0.316	0.260	0.228	0.208	0.190
0.70	0.596	0.593	0.585	0.569	0.540	0.494	0.442	0.391	0.309	0.251	0.215	0.194	0.176
0.75	0.585	0.583	0.577	0.563	0.536	0.491	0.439	0.388	0.304	0.242	0.203	0.182	0.163
0.80	0.577	0.576	0.569	0.557	0.531	0.488	0.437	0.385	0.299	0.235	0.195	0.171	0.152
0.85	0.571	0.571	0.566	0.553	0.526	0.485	0.435	0.384	0.296	0.230	0.188	0.161	0.142
0.90	0.566	0.566	0.558	0.546	0.521	0.482	0.433	0.382	0.294	0.224	0.180	0.152	0.134
0.95	0.560	0.560	0.550	0.540	0.515	0.479	0.432	0.381	0.293	0.219	0.175	0.146	0.126
1.0	0.550	0.550	0.543	0.533	0.510	0.476	0.431	0.380	0.292	0.215	0.171	0.140	0.119
中间值采用差值法计算。													

表 B.5 截面形状系数

截面形状	图　例	截面形状系数 K_s
实心矩形		$K_s=1.5$
实心圆形		$K_s=1.7$
空心圆形		$K_s=\frac{1.7(D_o^4-D_i^3D_o)}{D_o^4-D_i^4}$
空心矩形、工字钢、槽钢		$K_s=\frac{1.5H\left[d^2t_w+4Wt_f(d+t_f)\right]}{WH^3-d^3(W-t_w)}$ $d=H-2t_f$

表 B.5（续）

截面形状	图 例	截面形状系数 K_s
工字钢、T形钢	t_f 中性轴 t_w H $2t_f$ W	$K_s=\dfrac{1.5W\left[2W^2t_f+t_w{}^2d\right]}{2W^3t_f-t_w{}^3d}$ $d=H-2t_f$
槽钢、T形钢		$K_s=1.5$ 或计算值

B.2 波纹管的设计

B.2.1 适用范围

B.2.1.1 波纹管应符合下列要求：

a) 一个波纹管包含一个或多个相同的波纹，每个波纹是轴对称的；

b) 波纹管应符合：$L_b/D_b \leqslant 3$；

c) 总壁厚应符合：$n\delta \leqslant 10$ mm；

B.2.1.2 波纹尺寸应符合下列要求：

a) U形波纹

1) 波峰内半径 r_{ic} 和波谷内半径 r_{ir}（r_{ic} 和 r_{ir} 定义见图 B.1）应按式(B.48)～式(B.50)设计：

$$r_{ic} \geqslant 3\delta \qquad \cdots\cdots(\text{B.48})$$

$$r_{ir} \geqslant 3\delta \qquad \cdots\cdots(\text{B.49})$$

$$|r_{ic}-r_{ir}| \leqslant 0.2r_m \qquad \cdots\cdots(\text{B.50})$$

2) 侧壁相对于中性位置的偏斜角 β_0（见图 B.1）应按式(B.51)和式(B.52)设计：

$$-15° \leqslant \beta_0 \leqslant 15° \qquad \cdots\cdots(\text{B.51})$$

式中，

$$\beta_0=\left(\frac{180}{\pi}\right)\arcsin\left\{\sqrt{\frac{q}{2r_m}-2+\left(\frac{h}{2r_m}-1\right)^2}-\left(\frac{h}{2r_m}-1\right)\right\} \qquad \cdots\cdots(\text{B.52})$$

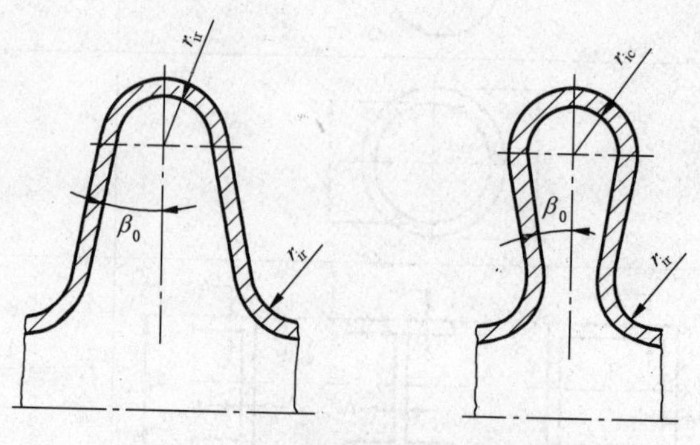

图 B.1 中性位置的U形波纹

b) Ω 形波纹

1) 中性位置时应按式(B.53)设计(见图 B.2)：

$$0.8 \leqslant \frac{d_1}{2h_1} \leqslant 1.2 \qquad \text{(B.53)}$$

2) 最大拉伸量时开口距离应按式(B.54)设计：

$$L_{o,e\max} < 0.75r \qquad \text{(B.54)}$$

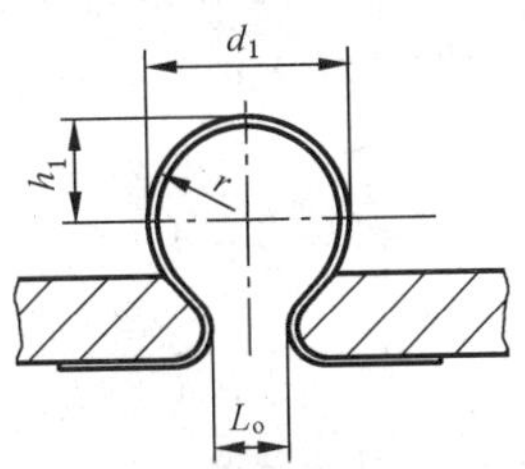

图 B.2 中性位置的 Ω 形波纹

B.2.2 无加强 U 形波纹管

B.2.2.1 无加强 U 形波纹管结构见图 B.3。

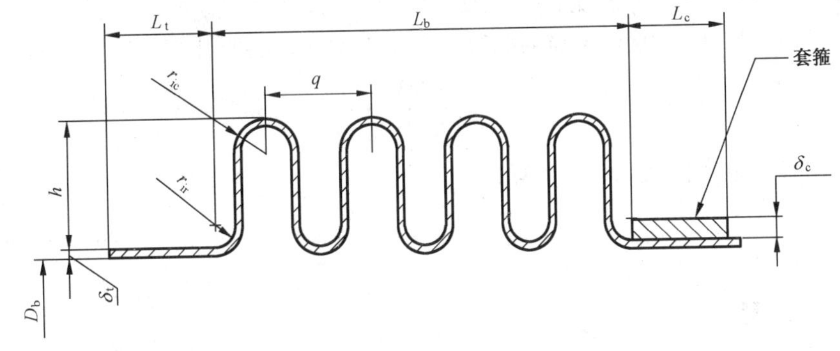

图 B.3 无加强 U 形波纹管

B.2.2.2 压力应力计算及其校核按式(B.55)～式(B.61)。

$$\sigma_1 = \frac{p\ (D_b + n\delta)^2 L_t E_b^t k}{2[n\delta L_t (D_b + n\delta) E_b^t + kA_{tc} D_c E_c^t]} \leqslant C_{wb} W_b\ [\sigma]_b^t \qquad \text{(B.55)}$$

$$\sigma'_1 = \frac{pD_c^2 L_t E_c^t k}{2[n\delta L_t (D_b + n\delta) E_b^t + kA_{tc} D_c E_c^t]} \leqslant C_{wc} W_c\ [\sigma]_c^t \qquad \text{(B.56)}$$

$$\sigma_2 = \frac{HK_r}{2A_c} \leqslant C_{wb} W_b\ [\sigma]_b^t \qquad \text{(B.57)}$$

$$\sigma_3 = \frac{ph}{2n\delta_m} \qquad \text{(B.58)}$$

$$\sigma_4 = \frac{ph^2 C_p}{2n\delta_m^2} \qquad \text{(B.59)}$$

$$\sigma_3 + \sigma_4 \leqslant C_m [\sigma]_b^t \text{(蠕变温度以下)} \qquad \text{(B.60)}$$

$$\sigma_3 + \frac{\sigma_4}{1.25} \leqslant [\sigma]_b^t \text{(蠕变温度范围内)} \qquad \text{(B.61)}$$

B.2.2.3 疲劳寿命按式(B.62)～式(B.67)计算。

$$N_c=\left(\frac{2.7\times10^6}{145f_c\sigma_t-78\ 300}\right)^{3.4}\geqslant[N_c]\text{(适用于 NS3306)} \quad\cdots\cdots\text{(B.62)}$$

$$N_c=\left(\frac{2.33\times10^6}{145f_c\sigma_t-67\ 500}\right)^{3.4}\geqslant[N_c]\text{(适用于 NS1402、NS3304 和 NS3305)} \quad\cdots\cdots\text{(B.63)}$$

$$N_c=\left(\frac{1.86\times10^6}{145f_c\sigma_t-54\ 000}\right)^{3.4}\geqslant[N_c]\text{(适用于奥氏体型不锈钢以及除}$$

NS3306、NS1402、NS3304、NS3305 以外的其他耐蚀或耐热合金）…………（B.64）

$$\sigma_t=0.7(\sigma_3+\sigma_4)+\sigma_5+\sigma_6 \quad\cdots\cdots\text{(B.65)}$$

$$\sigma_5=\frac{E_b\delta_m^2 e}{2h^3C_f} \quad\cdots\cdots\text{(B.66)}$$

$$\sigma_6=\frac{5E_b\delta_m e}{3h^2C_d} \quad\cdots\cdots\text{(B.67)}$$

式(B.62)～式(B.64) 用于预测成型态或退火态波纹管的疲劳寿命，仅适用于预期疲劳寿命 N_c在10^2～10^6之间，且波纹管金属壁温低于材料蠕变温度范围的波纹管。

B.2.2.4 稳定性按式(B.68)和式(B.69)计算：

a) 波纹管两端为固支时，柱失稳的极限设计内压按式(B.68)计算：

$$p_{sc}=\frac{0.34\pi C_\theta f_{iu}}{N^2q} \quad\cdots\cdots\text{(B.68)}$$

对于复式膨胀节，计算 p_{sc}时，N 为两个波纹管波数总和；

b) 波纹管两端为固支时，平面失稳的极限设计压力按式(B.69)计算：

$$p_{si}=\frac{1.3A_cR_{0.2y}}{K_rD_mq\sqrt{\alpha}} \quad\cdots\cdots\text{(B.69)}$$

B.2.2.5 单波轴向弹性刚度按式(B.70)计算：

$$f_{iu}=\frac{1.7D_mE_b^t\delta_m^3 n}{h^3C_f} \quad\cdots\cdots\text{(B.70)}$$

B.2.3 加强 U 形波纹管

B.2.3.1 加强 U 形波纹管结构见图 B.4。

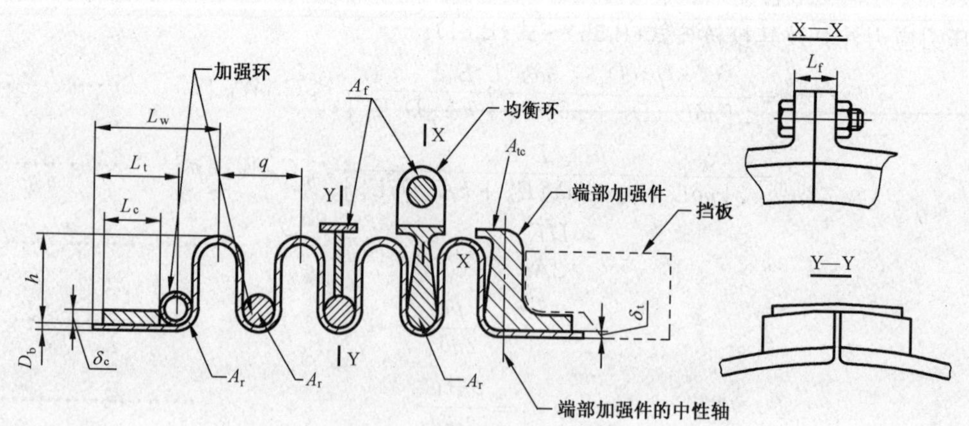

图 B.4 加强 U 形波纹管

B.2.3.2 应力计算及其校核按式(B.71)～式(B.81)。

$$\sigma_1 = \frac{p\ (D_b + n\delta)^2 L_w E_b^t}{2[(n\delta L_t + A_c/2)\ (D_b + n\delta) E_b^t + A_{tc} D_c E_c^t + A_r D_r E_r^t]} \leqslant C_{wb} W_b\ [\sigma]_b^t \quad \cdots\cdots(B.71)$$

$$\sigma'_1 = \frac{p D_c^2 L_w E_c^t}{2[(n\delta L_t + A_c/2)\ (D_b + n\delta) E_b^t + A_{tc} D_c E_c^t + A_r D_r E_r^t]} \leqslant C_{wc} W_c\ [\sigma]_c^t \quad \cdots\cdots(B.72)$$

$$\sigma''_1 = \frac{F_g D_c}{4\pi C_c Z_c} \quad \cdots\cdots(B.73)$$

$$\sigma_2 = \frac{K_r HR}{2A_c(R+1)} \leqslant C_{wb} W_b\ [\sigma]_b^t \quad \cdots\cdots(B.74)$$

$$\sigma'_2 = \frac{K_r H}{2A_r(R_1+1)} \leqslant C_{wr} W_r\ [\sigma]_r^t \quad \cdots\cdots(B.75)$$

$$\sigma''_2 = \frac{K_r H}{2A_f(R_2+1)} \leqslant [\sigma]_f^t \quad \cdots\cdots(B.76)$$

$$\sigma_3 = \frac{0.76p(h - r_m)}{2n\delta_m} \quad \cdots\cdots(B.77)$$

$$\sigma_4 = \frac{0.76p\ (h - r_m)^2 C_p}{2n\delta_m^2} \quad \cdots\cdots(B.78)$$

$$\sigma'_1 + \sigma''_1 \leqslant K_s C_{wc} W_c\ [\sigma]_c^t \quad \cdots\cdots(B.79)$$

$$\sigma_3 + \sigma_4 \leqslant C_m [\sigma]_b^t \text{（蠕变温度以下）} \quad \cdots\cdots(B.80)$$

$$\sigma_3 + \frac{\sigma_4}{1.25} \leqslant [\sigma]_b^t \text{（蠕变温度范围内）} \quad \cdots\cdots(B.81)$$

B.2.3.3 疲劳寿命按式(B.82)～式(B.87)计算。

$$N_c = \left(\frac{2.7 \times 10^6}{145 f_c \sigma_t - 78\ 300}\right)^{3.4} \geqslant [N_c] \text{（适用于 NS3306）} \quad \cdots\cdots(B.82)$$

$$N_c = \left(\frac{2.33 \times 10^6}{145 f_c \sigma_t - 67\ 500}\right)^{3.4} \geqslant [N_c] \text{（适用于 NS1402、NS3304 和 NS3305）} \quad \cdots\cdots(B.83)$$

$$N_c = \left(\frac{1.86 \times 10^6}{145 f_c \sigma_t - 5\ 4000}\right)^{3.4} \geqslant [N_c] \text{（适用于奥氏体型不锈钢以及除 NS3306、NS1402、NS3304、NS3305 以外的其他耐蚀或耐热合金）} \quad \cdots\cdots(B.84)$$

$$\sigma_t = 0.9[0.7(\sigma_3 + \sigma_4) + \sigma_5 + \sigma_6] \quad \cdots\cdots(B.85)$$

$$\sigma_5 = \frac{E_b \delta_m^2 e}{2\ (h - r_m)^3 C_f} \quad \cdots\cdots(B.86)$$

$$\sigma_6 = \frac{5 E_b \delta_m e}{3\ (h - C_r r_m)^2 C_d} \quad \cdots\cdots(B.87)$$

式(B.82)～式(B.84) 用于预测成型态或退火态波纹管的疲劳寿命，仅适用于预期疲劳寿命 N_c 在 $10^2 \sim 10^6$，且波纹管金属壁温低于材料蠕变温度范围的波纹管。

B.2.3.4 波纹管两端为固支时，柱失稳的极限设计内压按式(B.88)计算。

$$p_{sc} = \frac{0.3\pi C_\theta f_{ir}}{N^2 q} \quad \cdots\cdots(B.88)$$

对于复式膨胀节，计算 p_{sc} 时，N 为两个波纹管波数总和。

B.2.3.5 单波轴向弹性刚度按式(B.89)和式(B.90)计算。

$$f_{irsc} = \frac{1.7 D_m E_b^t \delta_m^3 n}{(h - C_r r_m)^3 C_f} \text{，用于操作工况下柱稳定性} \quad \cdots\cdots(B.89)$$

$$f_{ir} = \frac{1.7 D_m E_b^t \delta_m^3 n}{(h - r_m)^3 C_f} \text{，用于作用力计算和试验条件下中性位置时} \quad \cdots\cdots(B.90)$$

B.2.4 Ω 形波纹管

B.2.4.1 Ω 形波纹管结构见图 B.5。

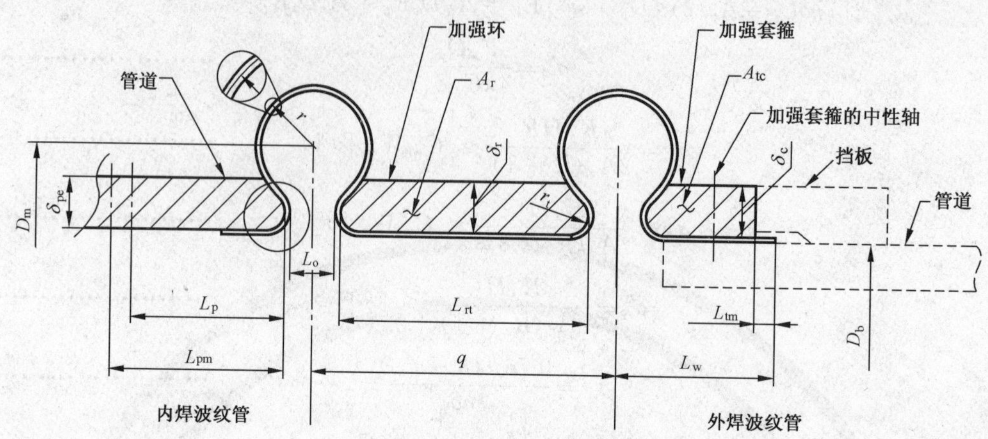

图 B.5　Ω 形波纹管

B.2.4.2 压力应力的计算及其校核按式(B.91)～式(B.99)。

$$\sigma_1=\frac{pD_b{}^2L_wE_b^t}{2A_{tc}D_cE_c^t}\leqslant C_{wb}W_b\ [\sigma]_b^t \quad\cdots\cdots(\text{B.91})$$

$$\sigma'_1=\frac{pD_cL_w}{2A_{tc}}\leqslant C_{wc}W_c\ [\sigma]_c^t \quad\cdots\cdots(\text{B.92})$$

$$\sigma''_1=\frac{F_gD_c}{4\pi C_cZ_c} \quad\cdots\cdots(\text{B.93})$$

$$\sigma'''_1=\frac{pD_p(L_p+L_o/2+n\delta)}{2A_{tp}}\leqslant C_{wp}W_p\ [\sigma]_p^t \quad\cdots\cdots(\text{B.94})$$

$$\sigma'_1+\sigma''_1\leqslant K_sC_{wc}W_c\ [\sigma]_c^t \quad\cdots\cdots(\text{B.95})$$

$$\sigma_2=\frac{pr}{2n\delta_m}\leqslant C_{wb}W_b\ [\sigma]_b^t \quad\cdots\cdots(\text{B.96})$$

$$\sigma'_2=\frac{pD_r(L_{rt}+L_o+2n\delta)}{2A_r}\leqslant C_{wr}\ [\sigma]_r^t,\text{当}\ L_{rt}\leqslant\frac{2}{3}\sqrt{D_r\delta_r} \quad\cdots\cdots(\text{B.97})$$

$$\sigma'_2=\frac{pD_r(L_{rt}+L_o/2+n\delta)}{2A_{tr}}\leqslant C_{wr}\ [\sigma]_r^t,\text{当}\ L_{rt}>\frac{2}{3}\sqrt{D_r\delta_r} \quad\cdots\cdots(\text{B.98})$$

$$\sigma_3=\frac{pr(D_m-r)}{n\delta_m(D_m-2r)}\leqslant[\sigma]_b^t \quad\cdots\cdots(\text{B.99})$$

B.2.4.3 疲劳寿命按式(B.100)～式(B.105)计算。

$$N_c=\left(\frac{2.7\times10^6}{145f_c\sigma_t-78\ 300}\right)^{3.4}\geqslant[N_c]\text{(适用于 NS3306)} \quad\cdots\cdots(\text{B.100})$$

$$N_c=\left(\frac{2.33\times10^6}{145f_c\sigma_t-67\ 500}\right)^{3.4}\geqslant[N_c]\text{(适用于 NS1402、NS3304 和 NS3305)} \quad\cdots\cdots(\text{B.101})$$

$$N_c=\left(\frac{1.86\times10^6}{145f_c\sigma_t-54\ 000}\right)^{3.4}\geqslant[N_c]\text{(适用于奥氏体型不锈钢}$$

以及除 NS3306、NS1402、NS3304、NS3305 以外的其他耐蚀或耐热合金）……(B.102)

$$\sigma_t=3\sigma_3+\sigma_5+\sigma_6 \quad\cdots\cdots(\text{B.103})$$

$$\sigma_5 = \frac{E_b \delta_m^2 e B_1}{34.3 r^3} \quad \text{(B.104)}$$

$$\sigma_6 = \frac{E_b \delta_m e B_2}{5.72 r^2} \quad \text{(B.105)}$$

式(B.100)～式(B.102)用于预测成型态或退火态波纹管的疲劳寿命，仅适用于预期疲劳寿命 N_c 在 10^2～10^6之间，且波纹管金属壁温低于材料蠕变温度范围的波纹管。

B.2.4.4 波纹管两端为固支时，柱失稳的极限设计内压按式(B.106)计算。

$$p_{sc} = \frac{0.3\pi C_\theta f_{it}}{N^2 r} \quad \text{(B.106)}$$

对于复式膨胀节，计算 p_{sc}时，N 为两个波纹管波数总和。

B.2.4.5 单波轴向弹性刚度按式(B.107)计算。

$$f_{it} = \frac{D_m n \delta_m{}^3 E_b^t B_3}{10.92 r^3} \quad \text{(B.107)}$$

B.2.5 外压

B.2.5.1 多层波纹管有效层数的确定

承受外压的多层无加强和加强 U 形波纹管，公式中层数和波高的数值仅取决于有效承受外压的层。在双层的情况下，有效层数及有效层的外压设计压力的确定按式(B.108)和式(B.109)计算：

$$P_e = P_o - P_i [\text{当} P_m \leqslant (P_o + P_i)/2 \text{时，两层都有效}] \quad \text{(B.108)}$$

$$P_e = P_m - P_i [\text{当} P_m > (P_o + P_i)/2 \text{时，仅内层有效}] \quad \text{(B.109)}$$

式中：

p_e——外压设计压力的数值，单位为兆帕(MPa)；

p_i——波纹管内部绝对压力的数值，单位为兆帕(MPa)；

p_m——多层波纹管层与层之间绝对压力的数值，单位为兆帕(MPa)；

p_o——波纹管外部绝对压力的数值，单位为兆帕(MPa)。

B.2.5.2 与内压的承压能力差异

U 形波纹管承压能力按式(B.58)、式(B.60)、式(B.61)和式(B.62)进行设计，外部套箍和外部加强件均不包含在外压能力的计算范围内。本附录不涉及 Ω 形波纹管承受外压的设计。

B.2.5.3 周向稳定性校核

当膨胀节用于真空条件或承受外压时，除应进行应力和疲劳寿命核算外，还应对 U 形波纹管及其相连的接管(见图 B.6)进行外压周向稳定性校核。

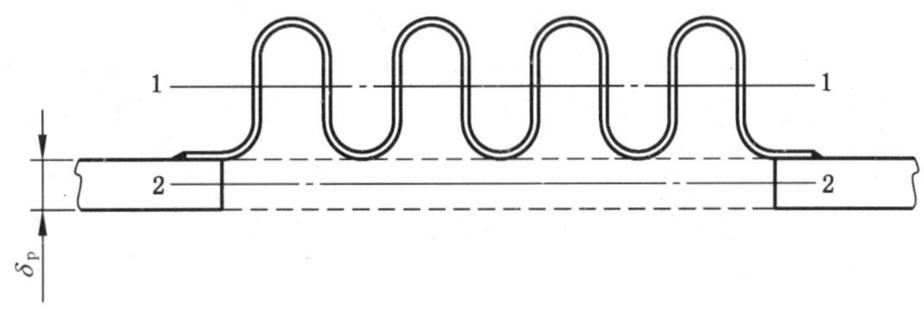

图 B.6 截面形心轴

波纹管中性位置时的截面对 1—1 轴的惯性矩按式(B.110)计算，在位移情况下，应考虑位移的影响：

$$I_1 = Nn\delta_m\left[\frac{(2h-q)^3}{48}+0.4q\ (h-0.2q)^2\right] \quad \cdots\cdots\cdots\cdots(\text{B.110})$$

被波纹管取代的管子部分截面对 2—2 轴的惯性矩按式(B.111)计算：

$$I_2 = \frac{L_b\delta_p^3}{12(1-\nu^2)} \quad \cdots\cdots\cdots\cdots(\text{B.111})$$

当$\frac{E_b^t}{E_p^t}I_1 < I_2$时，将波纹管视为长度为$L_b$、外径为$D_m$、厚度为$\sqrt[3]{\frac{12I_1}{L_b}}$的当量圆筒进行外压周向稳定性校核。

当$\frac{E_b^t}{E_p^t}I_1 \geqslant I_2$时，将波纹管视为管子的一部分，作为连续管子进行外压周向稳定性校核。外压接管周向稳定性核算方法按 GB/T 150.3 的规定。

B.2.6 波纹管扭矩

无加强 U 形和加强 U 形波纹管绕轴线扭转时产生的扭转剪应力和扭转角分别按式(B.112)和式(B.113)计算。

$$\tau_t = \frac{2T}{\pi n\delta D_b^2} \leqslant 0.25\ [\sigma]_b^t\text{(或其他经实验证明的值)} \quad \cdots\cdots\cdots\cdots(\text{B.112})$$

$$\theta_t = \frac{720TL_dN}{\pi^2 n\delta G D_b{}^3} \quad \cdots\cdots\cdots\cdots(\text{B.113})$$

B.3 膨胀节的位移

B.3.1 膨胀节的位移定义

膨胀节的位移定义如下：

a) 轴向位移定义见图 B.7，图中所示的初始位置“1”和工作位置“2”用于计算单波当量轴向拉伸位移 e_e 和单波当量轴向压缩位移 e_c，e_x、e_y 和 e_θ 的计算是基于波纹管从中性位置到相应位置的位移。

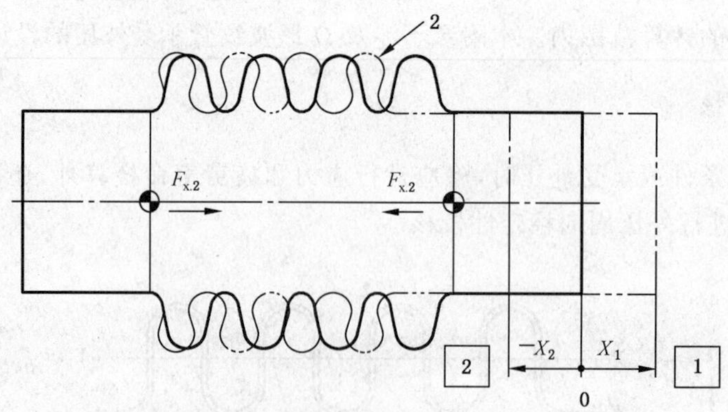

图 B.7 轴向位移(单式膨胀节)

b) 角向位移定义见图 B.8；

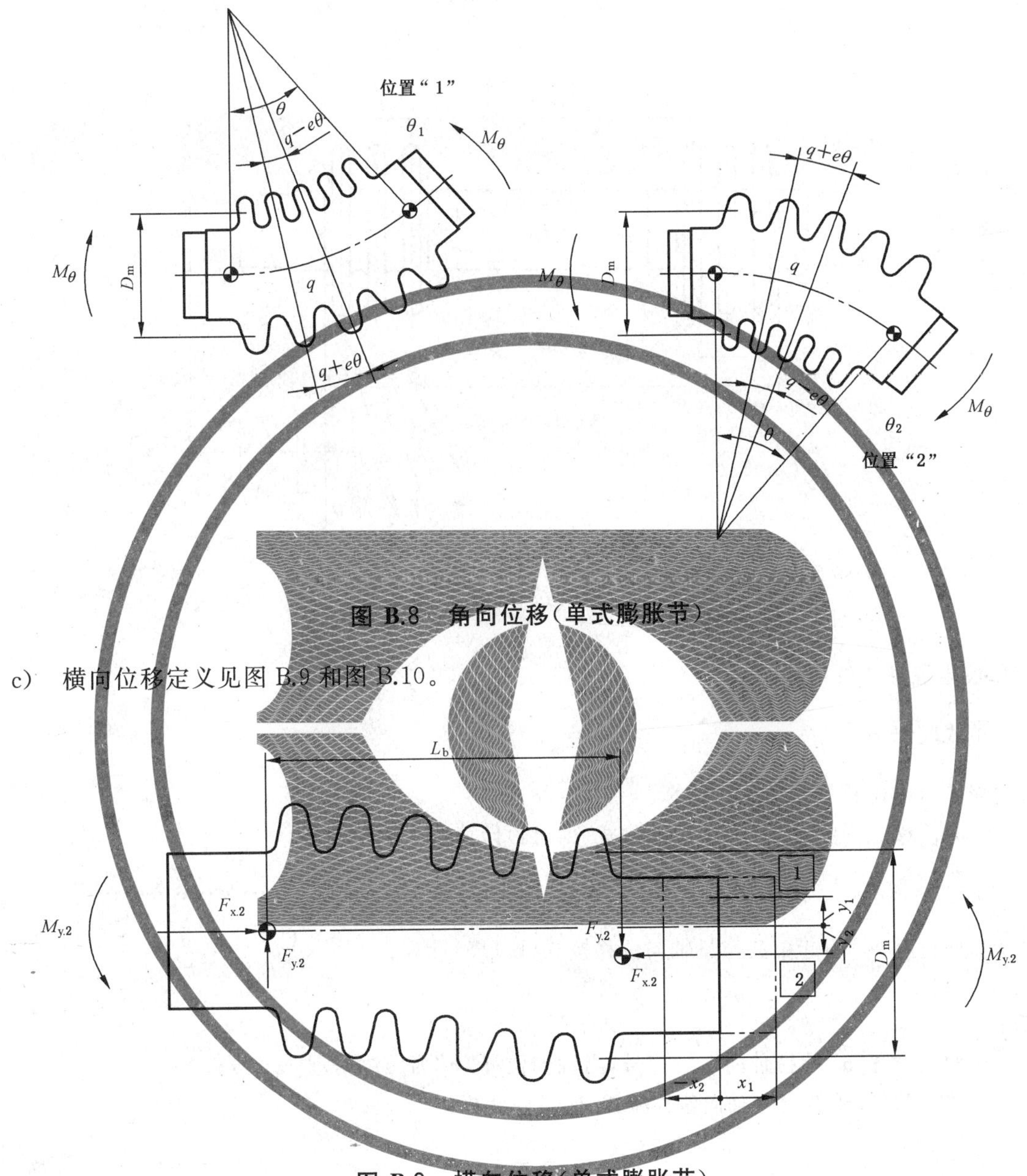

图 **B.8**　角向位移(单式膨胀节)

c)　横向位移定义见图 B.9 和图 B.10。

图 **B.9**　横向位移(单式膨胀节)

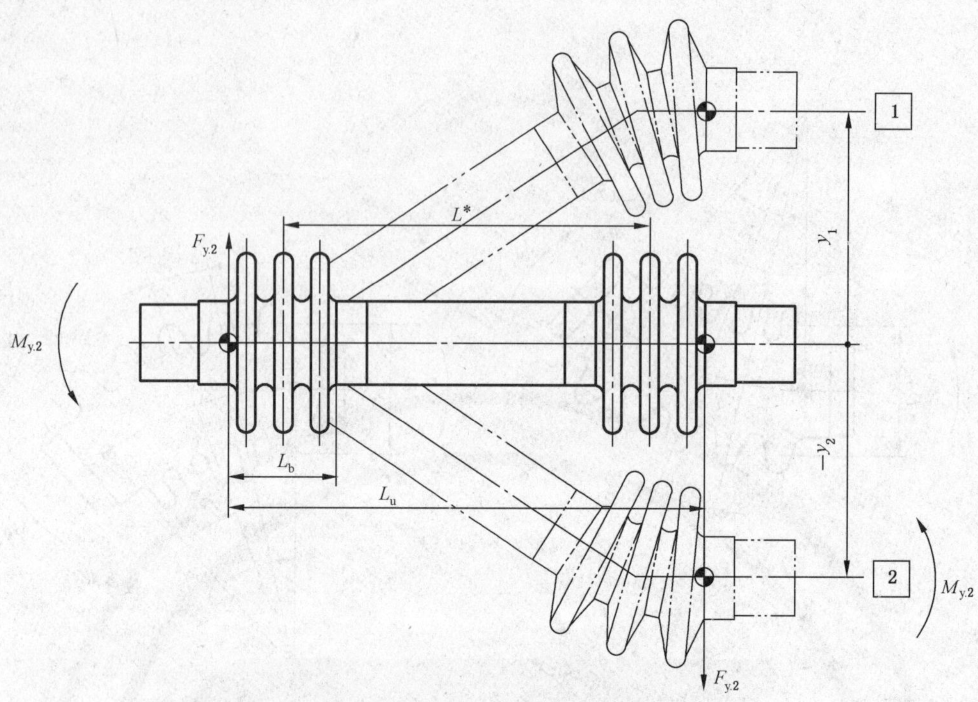

图 B.10　横向位移(复式膨胀节)

B.3.2　单波当量轴向位移

B.3.2.1　单式膨胀节

单式膨胀节的位移按下列公式计算：

a)　轴向位移"x"引起单波轴向位移按式(B.114)计算：

$$e_x = \frac{x}{N} \qquad \text{(B.114)}$$

b)　横向位移"y"引起单波当量轴向位移按式(B.115)计算：

$$e_y = \frac{3D_m y}{N(L_b \pm x)} \qquad \text{(B.115)}$$

当轴向位移"x"为拉伸时取"＋"号，当轴向位移"x"为压缩时取"－"号；

c)　位移"θ"引起单波当量轴向位移按式(B.116)计算：

$$e_\theta = \frac{\pi \theta D_m}{360N} \qquad \text{(B.116)}$$

B.3.2.2　两个波纹管中间带接管的复式膨胀节

两个波纹管中间带接管的复式膨胀节的位移按下列公式计算：

a)　轴向位移"x"引起单波轴向位移按式(B.117)计算：

$$e_x = \frac{x}{2N} \qquad \text{(B.117)}$$

式中，x 应包含两个波纹管之间接管的热膨胀；

b)　横向位移"y"引起单波当量轴向位移按式(B.118)计算：

$$e_y = \frac{K_u D_m y}{2N(L_u - L_b \pm x/2)} \qquad \text{(B.118)}$$

当轴向位移"x"为拉伸时取"＋"号，当轴向位移"x"为压缩时取"－"号。

B.3.3 组合位移

B.3.3.1 单波当量轴向位移按式(B.119)和式(B.120)计算。

$$e_c = \max\begin{Bmatrix} e_y + e_\theta + |e_x| \\ e_\theta f_\theta + |e_x| \end{Bmatrix} \quad \cdots\cdots(B.119)$$

$$e_e = \max\begin{Bmatrix} e_y + e_\theta - |e_x| \\ e_\theta f_\theta - |e_x| \end{Bmatrix} \quad \cdots\cdots(B.120)$$

式中,设定“x”为压缩位移,当“x”为拉伸位移时,应改变上式中$|e_x|$前的正负号;假定“y”和“θ”发生在同一平面内,当“y”和“θ”不在同一平面内时,须求其矢量和,然后与“e_x”计算,以确定e_c和e_e的最大值。

B.3.3.2 单波当量轴向位移按式(B.121)~式(B.126)校核。

a) 由几何形状确定的允许最大单波压缩位移和拉伸位移按式(B.121)和式(B.122)计算:

$$e_{cmax} = q - 2r_m - n\delta \quad \cdots\cdots(B.121)$$

$$e_{emax} = 6r_m - q \quad \cdots\cdots(B.122)$$

对于带均衡环的膨胀节,e_{cmax}还应小于均衡环之间的距离;

b) 波纹管单波当量轴向压缩位移和拉伸位移按式(B.123)和式(B.124)校核:

$$e_c \leqslant [e_c] \leqslant e_{cmax} \quad \cdots\cdots(B.123)$$

$$e_e \leqslant [e_e] \leqslant e_{emax} \quad \cdots\cdots(B.124)$$

c) 因中间接管重量无支持引起的非周期性位移按式(B.125)和式(B.126)计算:

$$x_z = \frac{W_z \sin\theta_u N}{2f_i} \quad \cdots\cdots(B.125)$$

$$y_z = \frac{W_z \cos\theta_u N\ (L_b \pm x)^2}{3f_i D_m^2} \quad \cdots\cdots(B.126)$$

应将该位移与设计中的其他位移综合后确定总单波当量轴向位移e_c和e_e,且不超过e_{cmax}和e_{cmax}。此外,在设计压力下总应力幅值$\sigma_t \leqslant 1.5C_m\ [\sigma]_b^t$;

d) 长波纹管或一系列无导向而相连的波纹管基于失稳的最大轴向压缩位移按式(B.127):

$$e_{xsc} = \frac{1.25D_m^2}{N^2 q} \quad \cdots\cdots(B.127)$$

式中,对于一系列无导向而相连的波纹管,N为无导向而相连波纹管的总波数。

B.3.4 单波当量轴向位移范围

单波当量轴向位移的变化范围e是膨胀节从它在管系中的初始位置“1”,移动到工作位置“2”而产生的。若膨胀节在安装时未进行预变位,e为中性位置“0”到运行位置“2”而得出的e_c和e_e中的较大值;若采用了预变位,则由中性位置“0”到预变位位置(相当于图B.7~图B.10中各自的轴向、角向、横向初始位置“1”)所产生的e_c和e_e表示为e_{c1}和e_{e1},与由中性位置“0”到工作位置“2”所产生的e_c和e_e表示为e_{c2}和e_{e2},单波当量轴向位移的变化范围$e = \max[(e_{c1}+e_{e2}),(e_{c2}+e_{e1})]$,用于计算波纹管由位移引起的应力的变化范围。

B.4 膨胀节的刚度、力和力矩

B.4.1 符号

除B.1的符号,增加下列符号:

a ——室温下有效刚度计算因子,下标t表示设计温度下,见表B.6;

b ——室温下有效刚度计算因子，下标 t 表示设计温度下，见表 B.6；

$e_{\overline{x}}$ ——轴向位移范围的平均值“$\overline{x}$”引起的单波轴向压缩或拉伸位移的数值，按式(B.114)和式(B.117)计算，单位为毫米(mm)；

$e_{\overline{y}}$ ——横向位移范围的平均值“$\overline{y}$”引起的单波当量轴向位移的数值，按式(B.115)和式(B.118)计算，单位为毫米(mm)；

$e_{\overline{\theta}}$ ——角向位移范围的平均值“$\overline{\theta}$”引起的单波当量轴向位移的数值，按式(B.116)计算，单位为度(°)；

$l_{\rm R}$ ——拉杆长度(受力球面中心点之间的距离)的数值，单位为毫米(mm)；

$l_{\rm Rc}$ ——拉杆长度(是带有锥面或类似转动件的转动球面接触点之间的长度)的数值，单位为毫米(mm)；

$K_{\rm F}$ ——影响工作力和力矩的承力部件摩擦系数，下标 y，θ 分别表示横向和角向，单位为平方毫米($\mathrm{mm^2}$)或立方毫米($\mathrm{mm^3}$)；

$K_{\rm Py}$ ——影响横向工作力和力矩的压力系数，上标 f，m 分别表示用于计算力和力矩，单位为毫米(mm)或平方毫米($\mathrm{mm^2}$)；

$K_{\rm P\theta}$ ——影响横向工作力矩的压力系数，单位为三次方毫米每度[$\mathrm{mm^3/(°)}$]；

K_{β} ——侧壁偏转角的影响系数，下标 x，y，θ 分别表示轴向位移、横向位移、角向位移，单位为牛顿每二次方毫米($\mathrm{N/mm^2}$)或牛顿毫米每度[$\mathrm{Nmm/(°)}$]；

K_{μ} ——层间的摩擦影响系数，下标 x，y，θ 分别表示轴向位移、横向位移、角向位移，单位为牛顿每平方毫米($\mathrm{N/mm^2}$)或牛顿每立方毫米($\mathrm{N/mm^3}$)；

$m_{\rm t}$ ——刚度计算指数，见表 B.6；

$\overline{\mu}_{\rm p}$ ——等效摩擦系数；

$\mu_{\rm H}$ ——铰链摩擦系数，取决于铰链转动的形式，$0.005 \leqslant \mu_{\rm H} \leqslant 0.5$，滚柱转动时值最小，钢对钢无润滑时值最大；

$\overline{x}$ ——轴向位移范围平均值的数值，按式(B.128)计算，单位为毫米(mm)；

$$\overline{x}=0.5|x_1 \pm x_2| \quad \cdots\cdots(\text{B.128})$$

式中，x_1 和 x_2 分别表示波纹管在初始位置“1”和工作位置“2”的轴向拉伸或者压缩位移，当 x_1 和 x_2 相对“0”位方向一致时取“－”号，相反时取“＋”号；

x^* ——无量纲化轴向位移的数值，按式(B.129)～式(B.131)计算；

$$x^*=\frac{5\delta_{\rm m}e_{\overline{x}}E_{\rm b}}{3(1-m)h^2C_{\rm d}R_{\rm p0.2}^{\rm t}}\text{，对于无加强 U 形波纹管} \quad \cdots\cdots(\text{B.129})$$

$$x^*=\frac{5\delta_{\rm m}e_{\overline{x}}E_{\rm b}}{3(1-m)(h-C_{\rm r}r_{\rm m})^2C_{\rm d}R_{\rm p0.2}^{\rm t}}\text{，对于加强 U 形波纹管} \quad \cdots\cdots(\text{B.130})$$

$$x^*=\frac{5\delta_{\rm m}e_{\overline{x}}E_{\rm b}B_2}{5.72(1-m)r^2R_{\rm p0.2}^{\rm t}}\text{，对于 Ω 形波纹管} \quad \cdots\cdots(\text{B.131})$$

$\overline{y}$ ——横向位移范围平均值的数值，按式(B.132)计算，单位为毫米(mm)；

$$\overline{y}=0.5|y_1 \pm y_2| \quad \cdots\cdots(\text{B.132})$$

式中，y_1 和 y_2 分别表示波纹管在初始位置“1”和工作位置“2”的横向位移，当 y_1 和 y_2 相对“0”位方向一致时取“－”号，相反时取“＋”号；

y^* ——无量纲化横向位移的数值，按式(B.133)～式(B.135)计算；

$$y^*=\frac{5\delta_{\rm m}e_{\overline{y}}E_{\rm b}}{3(1-m)h^2C_{\rm d}R_{\rm p0.2}^{\rm t}}\text{，对于无加强 U 形波纹管} \quad \cdots\cdots(\text{B.133})$$

$$y^*=\frac{5\delta_{\rm m}e_{\overline{y}}E_{\rm b}}{3(1-m)(h-C_{\rm r}r_{\rm m})^2C_{\rm d}R_{\rm p0.2}^{\rm t}}\text{，对于加强 U 形波纹管} \quad \cdots\cdots(\text{B.134})$$

$$y^* = \frac{5\delta_m e_{\bar{y}} E_b B_2}{5.72(1-m) r^2 R^t_{p0.2}}$$，对于 Ω 形波纹管 …………………（B.135）

$\bar{\theta}$ ——角向位移范围平均值的数值，按式(B.136)计算，单位为度(°)；

$$\bar{\theta} = 0.5 |\theta_1 \pm \theta_2|$$ ……………………（B.136）

式中，θ_1 和 θ_2 分别表示波纹管在初始位置"1"和工作位置"2"的角向位移，当 θ_1 和 θ_2 相对"0"位方向一致时取"－"号，相反时取"＋"号；

θ^* ——无量纲化角位移的数值，按式(B.137)～式(B.139)计算；

$$\theta^* = \frac{5\delta_m e_{\bar{\theta}} E_b}{3(1-m) h^2 C_d R^t_{p0.2}}$$，对于无加强 U 形波纹管 ……………（B.137）

$$\theta^* = \frac{5\delta_m e_{\bar{\theta}} E_b}{3(1-m)(h - C_r r_m)^2 C_d R^t_{p0.2}}$$，对于加强 U 形波纹管 ……………（B.138）

$$\theta^* = \frac{5\delta_m e_{\bar{\theta}} E_b B_2}{5.72(1-m) r^2 R^t_{p0.2}}$$，对于 Ω 形波纹管 ……………（B.139）

表 B.6 有效刚度计算因子

<table>
<tr><th>材料</th><th>m
室温下</th><th>m_t
设计温度下</th></tr>
<tr><td>06Cr19Ni10</td><td>0.09</td><td rowspan="12">$m_t = m \cdot \left(\frac{R_{p0.2}}{R^t_{p0.2}}\right)$</td></tr>
<tr><td>022Cr19Ni10</td><td>0.1</td></tr>
<tr><td>06Cr17Ni12Mo2</td><td>0.09</td></tr>
<tr><td>022Cr17Ni12Mo2</td><td>0.09</td></tr>
<tr><td>015Cr21Ni26Mo5Cu2</td><td>0.09</td></tr>
<tr><td>06Cr18Ni11Ti</td><td>0.1</td></tr>
<tr><td>06Cr17Ni12Mo2Ti</td><td>0.09</td></tr>
<tr><td>16Cr20Ni14Si2</td><td>0.12</td></tr>
<tr><td>NS3304</td><td>0.07</td></tr>
<tr><td>NS3305</td><td>0.09</td></tr>
<tr><td>NS3306</td><td>0.09</td></tr>
<tr><td>06Cr18Ni11Nb</td><td>0.14</td></tr>
<tr><td>NS1101</td><td>0.1</td><td rowspan="6">$m_t = m$</td></tr>
<tr><td>NS1102</td><td>0.12</td></tr>
<tr><td>NS3102</td><td>0.12</td></tr>
<tr><td>NS1402</td><td>0.09</td></tr>
<tr><td>MONEL 400</td><td>0.12</td></tr>
<tr><td colspan="1">室温下</td><td colspan="2">$a = 1.67 - 0.5m$
$b = 0.68 - 0.3m$</td></tr>
<tr><td colspan="1">设计温度下</td><td colspan="2">$a_t = 1.67 - 0.5m_t$
$b_t = 0.68 - 0.3m_t$</td></tr>
</table>

B.4.2 刚度、工作力和力矩

B.4.2.1 轴向位移

轴向位移时刚度、工作力和力矩按下列公式计算：

a) 只考虑材料弹塑性特性的轴向有效刚度按式(B.140)计算：

$$K_{ex}=K_B\begin{cases}1, & x^*\leqslant 1+m_t\\ \left[a_t(x^*)^{m_t-1}-b_t(x^*)^{-3}\right], & x^*>1+m_t\end{cases} \quad\cdots\cdots\cdots\cdots(\text{B.140})$$

b) 影响工作刚度的额外因素：

1) 侧壁偏转角的影响系数按式(B.141)计算：

$$K_{\beta x}=\frac{\pi n\delta_m E_b^t}{24D_m N^2} \quad\cdots\cdots\cdots\cdots(\text{B.141})$$

2) 层间的摩擦影响系数按式(B.142)计算：

$$K_{\mu x}=\overline{\mu}_p\pi D_m\delta_m(n-1) \quad\cdots\cdots\cdots\cdots(\text{B.142})$$

式中，等效摩擦系数按式(B.143)计算：

$$\overline{\mu}_p=\mu\left[1-(n\delta)^{-x^*}\right] \quad\cdots\cdots\cdots\cdots(\text{B.143})$$

c) 轴向工作刚度按式(B.144)计算：

$$K_{wx}=K_{ex}+xK_{\beta x}+\frac{pK_{\mu x}}{x} \quad\cdots\cdots\cdots\cdots(\text{B.144})$$

d) 轴向工作力按式(B.145)计算：

$$F_{wx}=xK_{wx} \quad\cdots\cdots\cdots\cdots(\text{B.145})$$

B.4.2.2 横向位移

B.4.2.2.1 单式膨胀节

单式膨胀节横向位移时刚度、工作力和力矩按下列公式计算：

a) 横向有效刚度按式(B.146)计算：

$$K_{ey}=\frac{1.5D_m^2K_B(1-\nu^2)}{(L_b\pm x)^2}\begin{cases}1, & y^*\leqslant 1+m_t\\ \left[a_t(y^*)^{m_t-1}-b_t(y^*)^{-3}\right], & y^*>1+m_t\end{cases} \quad\cdots\cdots(\text{B.146})$$

当轴向位移"x"为拉伸时取"+"号，当轴向位移"x"为压缩时取"−"号；

b) 影响横向工作力和力矩的额外因素：

1) 侧壁偏转角的影响系数按式(B.147)计算：

$$K_{\beta y}=\frac{{D_m}^2 n\delta_m E_b^t}{2L_b^3N^2} \quad\cdots\cdots\cdots\cdots(\text{B.147})$$

2) 层间的摩擦影响系数按式(B.148)计算：

$$K_{\mu y}=\frac{2\overline{\mu}_p D_m^2\delta_m(n-1)}{L_b} \quad\cdots\cdots\cdots\cdots(\text{B.148})$$

式中，等效摩擦系数按式(B.149)计算：

$$\overline{\mu}_p=\mu\left[1-(n\delta)^{-y^*}\right] \quad\cdots\cdots\cdots\cdots(\text{B.149})$$

3) 承力部件的摩擦系数 K_{Fy} 按式(B.150)计算：

$$K_{Fy}=\frac{\mu_H A_y d_H}{l_R} \quad\cdots\cdots\cdots\cdots(\text{B.150})$$

4) 压力系数 K_{Py}^f 按式(B.151)计算：

$$K_{Py}^f=-A_y\left(\frac{1.2}{L_b}-\frac{1}{l_{Rc}}\right) \quad\cdots\cdots\cdots\cdots(\text{B.151})$$

若不存在约束件的话，$1/l_{Rc}$取 0；

5) 压力系数 K_{Py}^{m}按式(B.152)计算：

$$K_{Py}^{m}=-0.1A_y \qquad \text{(B.152)}$$

c) 横向工作刚度按式(B.153)计算：

$$K_{wy}=K_{ey}+yK_{\beta y} \qquad \text{(B.153)}$$

d) 横向工作力和力矩按式(B.154)和式(B.155)计算：

$$F_{wy}=yK_{wy}+p(K_{\mu y}+K_{Fy})+ypK_{Py}^{f} \qquad \text{(B.154)}$$

$$M_{wy}=0.5L_b[yK_{wy}+p(K_{\mu y}+K_{Fy})]+ypK_{Py}^{m} \qquad \text{(B.155)}$$

B.4.2.2.2 带中间接管的复式膨胀节

带中间接管的复式膨胀节横向位移时刚度、工作力和力矩按下列公式计算：

a) 横向有效刚度按式(B.156)计算：

$$K_{ey}=\frac{3D_m^2K_B(1-\nu^2)}{4(L_b\pm x)^2[1+3(L^*/L_b)^2]}\begin{cases}1, & y^*\leqslant 1+m_t\\ [a_t(y^*)^{m_t-1}-b_t(y^*)^{-3}], & y^*>1+m_t\end{cases} \qquad \text{(B.156)}$$

当轴向位移“x”为拉伸时取“+”号，当轴向位移“x”为压缩时取“-”号；

b) 影响横向工作力和力矩的额外因素：

1) 侧壁偏转角的影响系数按式(B.157)计算：

$$K_{\beta y}=\frac{n\delta_m D_m{}^2(1+L^*/L_b)E_b^t}{8N^2L_b^3[1+3(L^*/L_b)^2]^2} \qquad \text{(B.157)}$$

2) 层间的摩擦影响系数按式(B.158)计算：

$$K_{\mu y}=\frac{2\overline{\mu}_p D_m^2\delta_m(n-1)}{L_u} \qquad \text{(B.158)}$$

式中，等效摩擦系数$\overline{\mu}_p$ 根据式(B.149)计算；

3) 承力部件摩擦系数 K_{Fy}按式(B.159)计算：

$$K_{Fy}=\frac{\mu_H A_y d_H}{l_R} \qquad \text{(B.159)}$$

4) 压力系数 K_{Py}^{f}按式(B.160)计算：

$$K_{Py}^{f}=-A_y\left\{\frac{1.2}{L_b}\left[\frac{2.5(L^*/L_b)-0.5}{1+3(L^*/L_b)^2}\right]-\frac{1}{l_{Rc}}\right\} \qquad \text{(B.160)}$$

若不存在约束件的话，$1/l_{Rc}$取 0；

5) 压力系数 K_{Py}^{m}按式(B.161)计算：

$$K_{Py}^{m}=-\frac{A_y(1+L^*/L_b)}{[1+3(L^*/L_b)^2]^2}\left[1.1-\frac{1.5}{L^*/L_b}+\frac{0.6}{(L^*/L_b)^2}\right] \qquad \text{(B.161)}$$

c) 横向工作刚度按式(B.162)计算：

$$K_{wy}=K_{ey}+yK_{\beta y} \qquad \text{(B.162)}$$

d) 横向工作力和力矩按式(B.163)和式(B.164)计算：

$$F_{wy}=yK_{wy}+p(K_{\mu y}+K_{Fy})+ypK_{Py}^{f} \qquad \text{(B.163)}$$

$$M_{wy}=0.5L_u[yK_{wy}+p(K_{\mu y}+K_{Fy})]+ypK_{Py}^{m} \qquad \text{(B.164)}$$

B.4.2.3 角向位移

膨胀节角向位移时刚度、工作力和力矩按下列公式计算：

a) 角向有效刚度按式(B.16)计算：

$$K_{e\theta}=\frac{\pi D_{m}^{2}K_{B}(1-\nu^{2})}{1.44\times10^{3}}\begin{cases}1, & \theta^{*}\leqslant 1+m_{t}\\ \left[a_{t}(\theta^{*})^{m_{t}-1}-b_{t}(\theta^{*})^{-3}\right], & \theta^{*}>1+m_{t}\end{cases}\quad\cdots\cdots(B.165)$$

b) 影响角向工作力矩的额外因素：

1) 侧壁偏转角的影响系数按式(B.166)计算：

$$K_{\beta\theta}=\frac{\pi^{2}n\delta_{m}D_{m}{}^{2}E_{b}^{t}}{4.7\times10^{6}N^{2}}\quad\cdots\cdots(B.166)$$

2) 层间的摩擦影响系数按式(B.167)计算：

$$K_{\mu\theta}=\overline{\mu}_{p}D_{m}^{2}\delta_{m}(n-1)\quad\cdots\cdots(B.167)$$

式中，等效摩擦系数按式(B.168)计算：

$$\overline{\mu}_{p}=\mu\left[1-(n\delta)^{-\theta^{*}}\right]\quad\cdots\cdots(B.168)$$

3) 计算力矩的承力部件的轴摩擦系数按式(B.169)计算：

$$K_{F\theta}=\frac{\pi\mu_{H}D_{m}^{2}d_{H}}{8}\quad\cdots\cdots(B.169)$$

4) 压力系数按式(B.170)计算：

$$K_{P\theta}=\frac{\pi^{2}D_{m}^{2}L_{b}}{4\ 320}\quad\cdots\cdots(B.170)$$

c) 角向工作刚度按式(B.171)计算：

$$K_{w\theta}=K_{e\theta}+\theta K_{\beta\theta}\quad\cdots\cdots(B.171)$$

d) 角向工作力矩按式(B.172)计算：

$$M_{w\theta}=\theta K_{e\theta}+p(K_{F\theta}+K_{\mu\theta})+p\theta K_{P\theta}\quad\cdots\cdots(B.172)$$

B.4.2.4 膨胀节整体扭转刚度

整体扭转刚度按式(B.173)计算：

$$K_{t}=\frac{\pi^{2}n\delta GD_{b}{}^{3}}{720L_{d}N}\quad\cdots\cdots(B.173)$$

B.4.3 压力推力

压力推力按式(B.174)计算：

$$F_{p}=pA_{y}\quad\cdots\cdots(B.174)$$

B.5 内衬筒的设计

B.5.1 设置准则

当有下列情况之一时应设置内衬筒：

a) 要求保持摩擦损失最小及流动平稳时；
b) 介质流速较高，可能引起波纹管共振；
c) 存在磨蚀可能时，应设置厚型内衬筒；
d) 介质温度高，需降低波纹管金属温度时；
e) 存在反向流动时，应设置厚型内衬筒或对插式内衬筒。

B.5.2 符号

除 B.1 定义的符号外，增加下列符号：

C_L ——长度系数，按式(B.175)计算；

$$C_L=\begin{cases}1 & L_S\leqslant 450\text{ mm}\\ \sqrt{L_S/450} & L_S>450\text{ mm}\end{cases} \qquad\text{(B.175)}$$

C_S ——流动加速度系数，见表 B.7；

C_t ——温度系数，按式(B.176)计算；

$$C_t=\begin{cases}1 & t\leqslant 150\ ℃\\ E_S^{150}/E_S^t & t>150\ ℃\end{cases} \qquad\text{(B.176)}$$

C_v ——流速系数，按式(B.177)计算；

$$C_v=\begin{cases}1 & v_e\leqslant 30\text{ m/s}\\ \sqrt{v_e/30} & v_e>30\text{ m/s}\end{cases} \qquad\text{(B.177)}$$

E_s^{150} ——内衬筒在 150 ℃下的弹性模量，单位为兆帕(MPa)；

E_S^t ——内衬筒在设计温度下的弹性模量，单位为兆帕(MPa)；

K_i ——介质流动影响系数，对于液体 $K_i=1$；对于气体 $K_i=2$；

L_S ——内衬筒长度的数值，单位为毫米(mm)；

m_{eff} ——波纹管质量，包括加强件和波纹间液体的质量，单位为千克(kg)；

v_f ——介质流速的数值，单位为米每秒(m/s)；

v_{alw} ——允许流速的数值，单位为米每秒(m/s)；

v_e ——通过波纹管或内衬筒的当量流速的数值，按式(B.178)计算，单位为米每秒(m/s)；

$$v_e=v_fC_s \qquad\text{(B.178)}$$

δ_S ——内衬筒设计厚度的数值，单位为毫米(mm)；

δ_{min} ——内衬筒推荐最小厚度的数值，单位为毫米(mm)，见表 B.8。

表 B.7　流动加速度系数 C_s

C_S	上游直管长度[a]	上　游　元　件
1.0	≥10D_i	任意
1.5	<10D_i	1 个或 2 个弯头
2.0	<10D_i	3 个或更多弯头
2.5	<10D_i	1 个阀门、三通或旋风装置
4.0	<10D_i	2 个或更多阀门、三通或旋风装置

[a] 元件和波纹管之间。

表 B.8　最小内衬筒厚度　　单位为毫米

膨胀节公称直径 DN	最小内衬筒壁厚 δ_{min}
50～80	0.61
100～250	0.91
300～600	1.22
650～1 200	1.52
1 400～1 800	1.91
>1 800	2.29

B.5.3 流速限制

B.5.3.1 当量流速 v_e 不超过表 B.9 时可不设置内衬筒。

表 B.9 允许流速

介质	气体					液体				
波纹管层数 n	1	2	3	4	5	1	2	3	4	5
公称直径/mm	允许流速 v_{alw}/(m/s)[a]									
50	2.44	3.35	4.27	4.88	5.49	1.22	1.83	2.13	2.44	2.74
100	4.88	7.01	8.53	9.75	10.97	2.13	3.05	3.66	4.27	4.88
≥150	7.32	10.36	12.80	14.63	16.46	3.05	4.27	5.18	6.10	6.71

[a] 对于中间通径的流速值通过插值得出。

B.5.3.2 当量流速 v_e 大于表 B.9 时,但不超过表 B.10 时可不设置内衬筒。

表 B.10 允许流速

单位为米每秒

介质	气体	液体
允许流速 v_{alw}	19.8	7.6
	$v_{alw}=0.026qK_i\sqrt{\dfrac{nK_B}{m_{eff}}}$	

B.5.4 推荐设计

B.5.4.1 内衬筒的设计不得限制膨胀节的位移。

B.5.4.2 膨胀节用于蒸汽或液体场合且流向垂直向上,内衬筒上应设置排水孔或其他排水方式。

B.5.4.3 内衬筒的材料通常情况下与波纹管材料相同,其他适用应用场合的材料也可以使用。

B.5.4.4 内衬筒厚度 δ_s 按式(B.179)计算:

$$\delta_s \geqslant C_L C_v C_t \delta_{min} \qquad \text{(B.179)}$$

B.6 外护套

B.6.1 设置准则

当有下列情况之一时应设置外护套:

a) 当外部自由流引起的漩涡脱落频率与波纹管自振频率接近,共振作用会导致波纹管破坏时;

b) 由外部横向流动产生的牵引力而引起的单个波纹管非周期性位移超过设计准则时;

c) 膨胀节在运输、安装过程中,波纹管可能受到破坏时。

B.6.2 符号

除 B.1 和 B.5.2 定义的符号外,增加下列符号:

m ——波纹管质量的数值,包括波纹间液体的质量,单位为千克(kg);

v_o ——波纹管外部流动介质流速,单位为米每秒(m/s);

v_{omax}——波纹管外部最大自由流速，下标 x 和 y 分别表示轴向和横向，单位为米每秒(m/s)；

y_V ——由外部横向流动引起的单个波纹管非周期性位移，单位为毫米(mm)；

ρ ——波纹管外部流动介质的密度，单位为千克每立方米(kg/m^3)。

B.6.3 外部流速限制

外部自由流速不得大于表 B.11 中的计算值。

表 B.11 外部自由流速

单位为米每秒

流速限制	轴向	横向
波纹管外部最大自由流速 v_{omax}	$v_{oxmax}=0.066h\sqrt{\frac{K_B}{m}}$	$v_{oymax}=\frac{0.029{D_m}^2}{{L_b}^2}\sqrt{\frac{K_B}{m}}$

B.6.4 牵引力限制

由外部横向流动引起的单个波纹管非周期性位移按式(B.180)计算。

$$y_V=\frac{\rho {V_o}^2 N\ (L_b+x)^3}{10^7 f_i D_m} \quad \cdots\cdots(B.180)$$

应将该位移与设计中的其他位移综合后确定总单波位移 e_c 和 e_e，且不超过 e_{cmax} 和 e_{cmax}。此外，在设计压力下基于该横向位移的总应力幅值 $\sigma_t \leqslant 1.5C_m\ [\sigma]_b^t$。

B.6.5 推荐设计

外护套厚度计算可参照内衬筒厚度计算。

B.7 承力构件的设计

B.7.1 符号

除 B.1 定义的符号外，增加下列符号：

d_p ——销轴直径的数值，单位为毫米(mm)；

F_{alw} ——耳板钻孔横截面的允许拉伸力的数值，单位为牛顿(N)；

H_B ——铰链板带孔横截面宽度的数值，单位为毫米(mm)；

k_1 ——载荷系数；

k_2 ——铰链板钻孔横截面修正系数；

L ——销轴中心线到耳板端部距离的数值，单位为毫米(mm)；

P_m ——一次总体薄膜应力的数值，单位为兆帕(MPa)；

P_L ——一次局部薄膜应力的数值，单位为兆帕(MPa)；

P_b ——一次弯曲应力的数值，单位为兆帕(MPa)；

Q ——二次应力的数值，单位为兆帕(MPa)；

S_L ——耳板钻孔横截面厚度的数值，单位为毫米(mm)；

t ——构件的设计温度的数值，单位为摄氏度(℃)；

σ ——正应力的数值，单位为兆帕(MPa)；

τ ——剪应力的数值，单位为兆帕(MPa)。

B.7.2 应力极限

对于一般设计条件下的最大设计应力应符合表 B.12 中的应力极限。对于偶然载荷最大许用应力可以增加载荷系数 $k_1=1.2$。

表 B.12 承力构件设计许用应力

序号	名称	图 例	应力类型	应力极限
1	拉杆	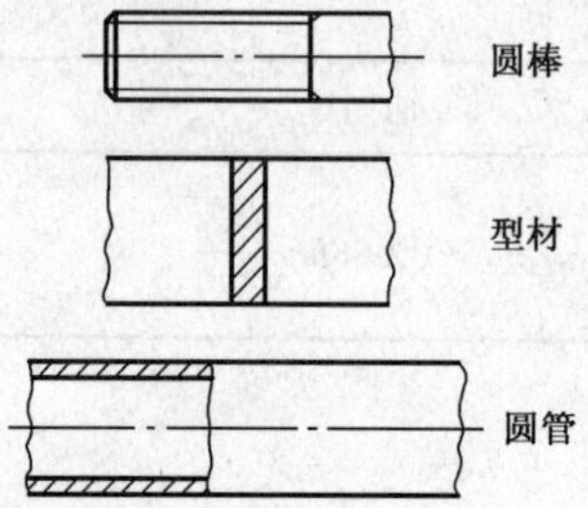 圆棒 型材 圆管	拉应力	$[\sigma]^t$
			压应力	$[\sigma]^t$
2	销轴	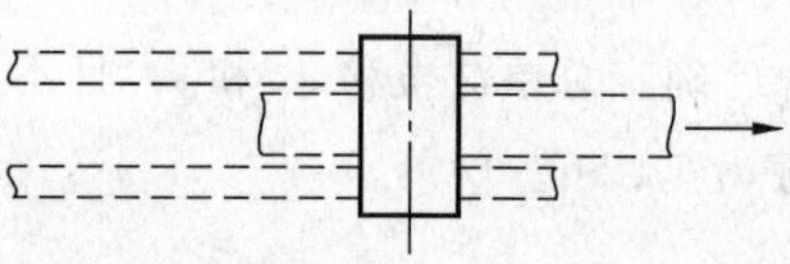	考虑弯曲时 最大薄膜应力	1.25 $[\sigma]^t$
			平均剪应力	0.6 $[\sigma]^t$
			挤压应力	1.3 $[\sigma]^t$
3	铰链板	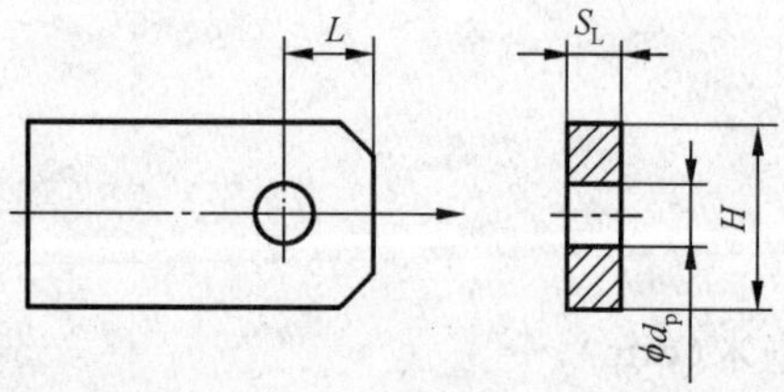 L　S_L　H　ϕd_p 钻孔横截面	拉应力	$[\sigma]^t$
			挤压应力(孔)	1.3 $[\sigma]^t$
4	万向环	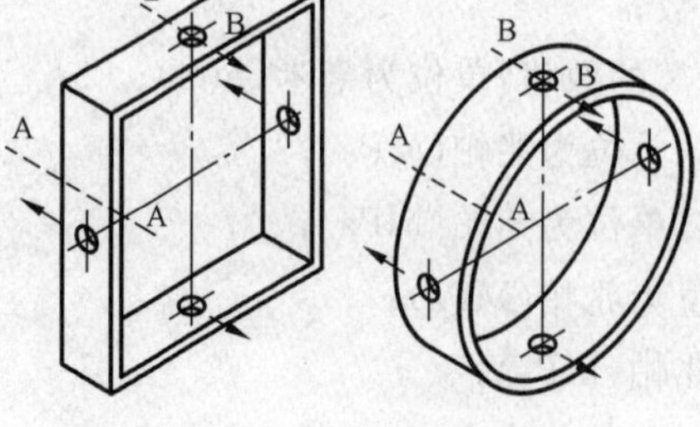 A　B 方形　圆形 A-A 横截面 B-B 钻孔横截面	平均剪应力	0.6 $[\sigma]^t$
			等效应力+弯曲应力 $1.73\tau+\sigma_b$	1.5 $[\sigma]^t$
			挤压应力(孔)	1.3 $[\sigma]^t$

表 B.12（续）

序号	名称	图例	应力类型		应力极限
5	环板	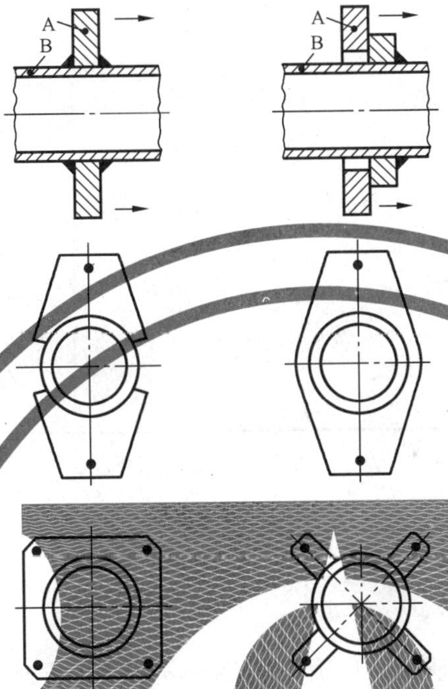 说明： A——板； B——接管	板	平均剪应力	0.6 $[\sigma]^t$
				等效应力+弯曲应力 $1.73\tau+\sigma_b$	1.5 $[\sigma]^t$
			接管	一次薄膜应力 P_m	$[\sigma]^t$
				一次薄膜应力+一次弯曲应力 P_L+P_b	1.5 $[\sigma]^t$
				一次局部薄膜应力+一次弯曲应力+二次应力 P_L+P_b+Q	3 $[\sigma]^t$
6	立板	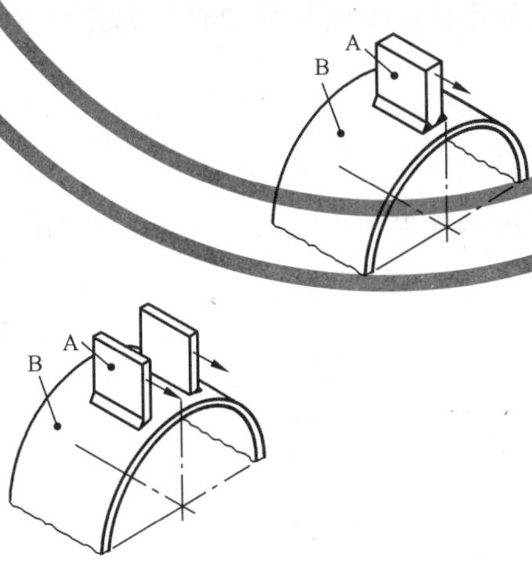 说明： A——立板 B——接管	立板	平均剪应力	0.6 $[\sigma]^t$
				等效应力+弯曲应力	1.5 $[\sigma]^t$
			接管	一次薄膜应力 P_m	$[\sigma]^t$
				一次薄膜应力+一次弯曲应力 P_L+P_b	1.5 $[\sigma]^t$
				一次局部薄膜应力+一次弯曲应力+二次应力 P_L+P_b+Q	3 $[\sigma]^t$
				要特别注意接管的变形(椭圆)，尤其是与波纹连接的端部	

表 B.12（续）

序号	名称	图 例	应力类型	应力极限
7	焊接接头	所有焊缝[b]	拉应力	$\Phi\ [\sigma]^{t}$
			弯曲应力	$1.5\Phi\ [\sigma]^{t}$[a]
			平均剪应力	$0.6\Phi\ [\sigma]^{t}$
			弯曲应力＋剪应力 $\sqrt{\sigma^2+3\tau^2}+\sigma_b$	$1.5\Phi\ [\sigma]^{t}$

[a] 对于矩形截面有效；

[b] 焊接接头系数 Φ 见 8.2。

B.7.3 设计温度

不同承力构件的设计温度 t 根据介质温度 t_f 确定，并且应不小于以下规定：

a) 绝热

——与接管直接连接的承力构件，如环板、立板（表 B.12 中序号 5 和 6），$t=t_f$；

——不直接连接到接管上的承力构件，如浮动部件拉杆、耳板、万向环（表 B.12 中序号 1～4），$t=0.9t_f$。

b) 不绝热

——未绝热且不直接连接到接管的部件（不绝热或绝热）：$t=0.33t_f$，但不低于 80 ℃；

——直接连接到接管的部件和不绝热或仅仅部分绝热的部件表现为 t_f 到 $0.5t_f$ 温度递减分布，具体取决于设计和应用。

B.7.4 变形

除了以上的应力限制，对于万向环、环板、耳板和接管还应考虑变形的限制。

B.7.5 主要元件设计因素

B.7.5.1 拉杆

表 B.12 序号 1 中的拉杆约束拉伸和/或压缩载荷（如膨胀节在真空操作状态），设计如下：

——拉伸，应考虑螺纹的影响；

——压缩，应考虑压杆稳定性；

——既拉伸又压缩时，应分别考虑。

B.7.5.2 销轴

在表 B.12 序号 2 中销轴承受载荷，设计应考虑承受弯曲、剪切和挤压。

B.7.5.3 铰链板

在表 B.12 序号 3 中的铰链板承受拉伸载荷,设计应考虑承受孔的挤压,以及拉伸和剪切作用力。铰链板的形状决定了耳板带孔横截面上的应力,还影响许用力。许用力 F_{alw}的计算应符合表 B.13 的规定。

表 B.13 许用力的计算

单位为牛顿

名　　称		铰链板尺寸	
极限	H/d_p	1.8～2	2～4
	$L/0.5H$	≥0.9	—
	L/d_p	—	≥ 0.9
	k_2	≤1.0	≤1.4
许用力		$F_{alw}=k_2(H-d_p)s_L\ [\sigma]^t$	$F_{alw}=k_2 d_p s_L\ [\sigma]^t$
修正系数 k_2		$k_2=0.7[L/(0.5H)]$	$k_2=0.7(L/d_p)$
注:若超过了给出的极限,应验证计算的有效性。			

B.7.5.4 万向环

表 B.12 序号 4 所示的万向环,既可以是圆形也可以是方形,主要承担中心线方向的纵向载荷,设计时应考虑承受弯曲、剪切、弯曲加剪切以及在孔中的挤压。

B.7.5.5 环板

表 B.12 序号 5 所示的连接到接管的环板,既可以是封闭环板也可以是不封闭的板。板与接管连接方式既可以是直接焊接于接管上也可以是间接连接在浮动系统上(仅适用于封闭的环板),接管主要承受纵向载荷。环板设计应考虑承载弯曲、剪切以及弯曲加剪切。接管设计应校核一次膜应力、一次局部膜应力、一次弯曲应力和二次应力。应考虑相邻管道的刚度影响。波纹管不应认为是刚性加强件。

B.7.5.6 立板

表 B.12 序号 6 所示的立板,是纵向连接在接管上的立板,主要承受纵向载荷。立板设计校核弯曲应力和剪切应力。接管设计则需要校核一次薄膜应力,一次弯曲应力,以及"一次局部薄膜应力"加"一次弯曲应力"加"二次应力"的组合。应考虑相邻管道的刚度影响。波纹管不应认为是刚性加强件。

B.7.5.7 焊接接头

表 B.12 中序号 7 所有焊接接头应能够承受拉伸、弯曲、剪切作用,并考虑焊接接头系数 Φ(见 8.2 表 3)。

附 录 C
（资料性附录）
振动校核

C.1 概述

金属波纹管可用于高频低幅振动的场合，为了避免膨胀节与系统发生共振，膨胀节自振频率应低于2/3的系统频率或至少大于2倍的系统频率。单式和复式波纹管总成及内衬筒的自振频率计算公式见C.2。

C.2 膨胀节的自振频率

C.2.1 符号

除B.1和B.5.2中定义的符号外，增加下列符号：

D_s ——内衬筒名义直径的数值，单位为毫米(mm)；

f_n ——膨胀节的自振频率，单位为赫兹(Hz)；

V ——U形波纹管所有波纹间体积的数值，按式(C.1)计算，单位为立方毫米(mm^3)；

$$V=\frac{\pi}{4}(D_m^2-D_b^2)L_b-\frac{\pi}{2}Nn\delta_m D_m(2h+0.571q) \qquad \cdots\cdots(C.1)$$

C.2.2 自振频率的计算

C.2.2.1 单式膨胀节轴向振动自振频率 f_n 按式(C.2)计算。

$$f_n=C_n\sqrt{\frac{K_B}{m_1}} \qquad \cdots\cdots(C.2)$$

式中：

C_n ——用于计算振动频率的常数，对于前五阶振型，C_n 的取值见表C.1；

m_1 ——包括加强件的波纹管质量的数值，介质为液体时 m_1 还应包括仅波纹间的液体质量的数值，单位为千克(kg)。

表 C.1 C_n 值

波数	C_1	C_2	C_3	C_4	C_5
1	14.23	—	—	—	—
2	15.41	28.50	37.19	—	—
3	15.63	30.27	42.66	52.32	58.28
4	15.71	30.75	44.76	56.99	66.97
5	15.75	31.07	45.72	59.24	71.16
6	15.78	31.23	46.20	60.37	73.57
7	15.78	31.39	46.53	61.18	75.02

表 C.1（续）

波数	C_1	C_2	C_3	C_4	C_5
8	15.79	31.39	46.69	61.66	75.99
9	15.79	31.39	46.85	61.98	76.63
10	15.79	31.55	47.01	62.30	77.12
≥11	15.81	31.55	47.01	62.46	77.44

C.2.2.2 单式膨胀节横向振动自振频率 f_n 按式(C.3)计算。

$$f_n=\frac{C_n D_m}{L_b}\sqrt{\frac{K_B}{m_2}} \quad \cdots\cdots\cdots\cdots (C.3)$$

式中：

C_n ——用于计算振动频率的常数，对于前五阶振型，C_n 的取值见表 C.2；

m_2 ——包括加强件的波纹管质量的数值，介质为液体时 m_2 还应包括一个直径为 D_m、长度为 L_b 的液柱质量的数值，单位为千克(kg)。

表 C.2 C_n 值

C_1	C_2	C_3	C_4	C_5
39.93	109.80	214.12	355.79	531.27

C.2.2.3 复式膨胀节轴向振动自振频率 f_n 按式(C.4)计算。

$$f_n=7.13\sqrt{\frac{K_B}{m_3}} \quad \cdots\cdots\cdots\cdots (C.4)$$

式中：

m_3 ——包括加强件的一个波纹管质量＋中间接管质量＋所有连接到中间接管附件的质量(包括内衬、外护套、耳轴、支腿、管嘴、耐火衬里及绝热层)的数值，介质为液体时 m_3 还应包括一个波纹管的仅波纹间的液体质量的数值，单位为千克(kg)。

C.2.2.4 复式膨胀节中间管两端同相横向振动自振频率 f_n 按式(C.5)计算。

$$f_n=\frac{8.73D_m}{L_b}\sqrt{\frac{K_B}{m_4}} \quad \cdots\cdots\cdots\cdots (C.5)$$

式中：

m_4 ——包括加强件的一个波纹管质量＋中间接管质量＋所有连接到中间接管附件的质量(包括内衬、外护套、耳轴、支腿、管嘴、耐火衬里及绝热层)的数值，介质为液体时 m_4 还应包括一个直径为 D_m、长度为 L_b 的液柱质量＋一个直径为 D_i、长度为(L_u-2L_b)的液柱质量的数值，单位为千克(kg)。

C.2.2.5 复式膨胀节中间管两端异相横向振动自振频率 f_n 按式(C.6)计算。

$$f_n=\frac{15.1D_m}{L_b}\sqrt{\frac{K_B}{m_5}} \quad \cdots\cdots\cdots\cdots (C.6)$$

式中：

m_5 ——包括加强件的一个波纹管质量＋中间接管质量＋所有连接到中间接管附件的质量(包括内衬、外护套、耳轴、支腿、管嘴、耐火衬里及绝热层)的数值，介质为液体时 m_5 还应包括一个

直径为 D_m、长度为 L_b 的液柱质量＋一个直径为 D_i、长度为 $(L_u - 2L_b)$ 的液柱质量的数值，单位为千克(kg)。

C.2.2.6 一端被刚性固定的单个内衬筒在设计温度下的自振频率 f_n 按式(C.7)计算。

$$f_n = \frac{3\ 329.93}{L_s}\sqrt{\frac{\delta_s E_s^t}{D_s}} \qquad \text{(C.7)}$$

参 考 文 献

[1] ASME SA-240,Specification for Chromium and Chromium-Nickel Stainless Steel Plate,Sheet,and Strip for Pressure Vessels and for General Applications(压力容器用耐热铬和铬-镍不锈钢板、薄材和带材用规范)

[2] ASME SB-168,Specification for Nickel-Chromium-Iron Alloys(UNS N06600,N06601,N06603,N06690,N06693,N06025,and N06045) and Nickel-ChromiumCobalt-Molybdenum Alloy (UNS N06617) Plate,Sheet,and Strip(镍-铬-铁合金(UNS N06600、N06601、N06603、N06690、N06693、N06025 和 N06045)和镍-铬-钴-钼合金(UNS N06617)板、薄板和带材用规范)

[3] ASME SB-209,Specification for Aluminum and Aluminum-Alloy Sheet and Plate(铝和铝合金薄板和板材用规范)

[4] ASME SB-265,Specification for Titanium and Titanium Alloy Strip,Sheet,and Plate(钛和钛合金带材、薄板及中厚板规格)

[5] ASME SB-409,Specification for Nickel-Iron-Chromium Alloy Plate,Sheet,and Strip(镍-铁-铬合金板材、薄板和带材用规范)

[6] ASME SB-424,Specification for Ni-Fe-Cr-Mo-Cu Alloy(UNS N08825,UNSN 08221,and UNS N06845) Plate,Sheet,and Strip(镍-铁-铬-钼-铜合金(UNS N08825,UNS N08221 和 UNS N06845)板材、薄板和带材用规范)

[7] ASME SB-443,Specification for Nickel-Chromium-Molybdenum-Columbium Alloy(UNS N06625) and Nickel-Chromium-Molybdenum-Silicon Alloy(UNS N06219) Plate,Sheet,and Strip(镍-铬-钼-钶合金(UNS N06625)和镍-铬-钼-硅合金(UNS N06219)板材、薄板和带材用规范)

[8] ASME SB-575,Specification for Low-Carbon Nickel-Chromium-Molybdenum,Low-Carbon NickelChromium-Molybdenum-Copper,Low-Carbon Nickel-Chromium-Molybdenum-Tantalum,and Low-Carbon Nickel-Chromium-Molybdenum-Tungsten Alloy Plate,Sheet and Strip(低碳镍-钼-铬、低碳镍-铬-钼、低碳镍-铬-钼-铜、低碳镍-铬-钼-钽和低碳镍-铬-钼-钨合金板材、薄板和带材用规范)

[9] EN 10028-7,Flat products made of steels for pressure purposes-Part 7:Stainless steels(压力容器用扁平钢轧材 第7部分:不锈钢)

[10] EN 10095,Heat resisting steels and nickel alloys(耐热钢和镍合金)

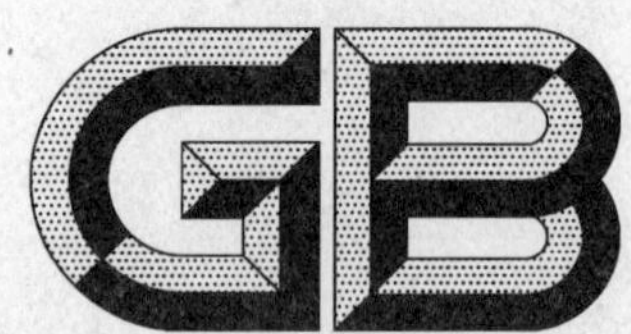

中华人民共和国国家标准

GB/T 50893—2013

供热系统节能改造技术规范

Technical code for retrofitting of heating system on energy efficiency

2013-08-08 发布　　　　2014-03-01 实施

中华人民共和国住房和城乡建设部
中华人民共和国国家质量监督检验检疫总局　联合发布

中华人民共和国住房和城乡建设部
公　　告

第 111 号

住房城乡建设部关于发布国家标准《供热系统节能改造技术规范》的公告

现批准《供热系统节能改造技术规范》为国家标准，编号为 GB/T 50893—2013，自 2014 年 3 月 1 日起实施。

本规范由我部标准定额研究所组织中国建筑工业出版社出版发行。

中华人民共和国住房和城乡建设部

2013 年 8 月 8 日

前 言

根据住房和城乡建设部《关于印发〈2012年工程建设标准规范制订、修订计划〉的通知》(建标[2012]5号)的要求,规范编制组经广泛调查研究,认真总结实践经验,参考有关国外的先进标准,并在广泛征求意见的基础上,编制本规范。

本规范的主要内容:1.总则;2.术语;3.节能查勘;4.节能评估;5.节能改造;6.施工及验收;7.节能改造效果评价。

本规范由住房和城乡建设部负责管理,由北京城建科技促进会负责具体技术内容的解释。请各单位在执行本规范过程中,注意总结经验,积累资料,随时将有关意见和建议寄交北京城建科技促进会(地址:北京市西城区广莲路甲5号北京建设大厦1001A室,邮政编码:100055)。

本规范主编单位:北京城建科技促进会
泛华建设集团有限公司

本规范参编单位:北京硕人时代科技有限公司
北京市热力集团有限责任公司
北京建筑技术发展有限责任公司
石家庄工大科雅能源技术有限公司
辽宁直连高层供暖技术有限公司
北京华远意通供热科技发展有限公司
北京晟龙世纪科技发展有限责任公司
沈阳佳德联益能源科技有限公司
北京中通诚益科技发展有限责任公司
北京金房暖通节能技术股份有限公司
中国人民解放军总后建筑工程研究所
哈尔滨市住房保障和房产管理局供热科技处
沈阳市供热管理办公室

本规范主要起草人:鲁丽萍 刘慧敏 史登峰 刘兰斌 谭利华 郭维祈 赫迎秋 孙作亮
刘 荣 黄 维 齐承英 赵长春 蔡 波 刘梦真 王魁林 董景俊
林秀麟 丁 琦 赵廷伟 邹 志 侯 冰 张森栋 尹 强 葛斌斌

本规范主要审查人:许文发 廖荣平 张建伟 李先瑞 陈鸿恩 于黎明 李德英 郭 华
李春林 冯继蓓 王 军

1 总　　则

1.0.1 为贯彻国家节约能源和保护环境的法规和政策，规范既有供热系统的节能改造工作，实现节能减排，制定本规范。

1.0.2 本规范适用于既有供热系统的节能改造工程。

1.0.3 供热系统包括供热热源、热力站、供热管网及建筑物内供暖系统。供热系统的热源包括热电厂首站、区域锅炉房或其他热源形式。

1.0.4 供热系统的节能改造工作应包括供热系统节能查勘、供热系统节能评估、供热系统节能改造及节能改造后的效果评价。

1.0.5 供热系统节能改造工程宜以一个热源或热力站的供热系统进行实施。

1.0.6 供热系统节能改造工程除应符合本规范外，尚应符合国家现行有关标准的规定。

2 术　　语

2.0.1 供热集中监控系统　heating centralized monitor and control system

由监控中心、现场控制器、传感器、执行器和通信系统组成，具有实现对供热系统的热源、管网、热力站及用户的供热参数自动采集、远程监测和自动调节功能，以保障供热系统节能、安全运行为目的的系统。

2.0.2 锅炉房集中监控系统　boiler plant centralized monitor and control system

在锅炉本体的控制系统基础上，实现锅炉全自动优化运行的系统。

2.0.3 气候补偿系统　outdoor reset control system

根据室外气象条件和室内温度，自动调节供热量的系统。

2.0.4 分时分区控制系统　zone control system

根据建筑物的供暖需求和用热规律，分区域、分时段对建筑物供热参数进行自动独立管理的控制系统。

2.0.5 烟气冷凝回收装置　heat recovery by flue gas condensation

在锅炉烟道中回收烟气中的显热和汽化潜热的冷凝热的装置。

2.0.6 锅炉负荷率　load rate of boiler

锅炉实际运行热功率与额定热功率的比值。

2.0.7 节能率　energy saving ratio

节能改造后的单位供暖建筑面积减少的能耗与节能改造前单位供暖建筑面积能耗的比值。

2.0.8 供热管网输送效率　heat transfer efficiency of heating network

供热管网输出总热量与供热管网输入总热量的比值。

2.0.9 多热源系统　multi-source heating system

具有两个或两个以上热源的集中供热系统。

2.0.10 一级供热管网　primary heating network

在设置热力站的供热系统中，由热源至热力站的供热管网。

2.0.11 二级供热管网　secondary heating network

在设置热力站的供热系统中，由热力站至建筑物的供热管网。

2.0.12 热电厂首站　the first station in cogeneration power plant

由基本加热器、尖峰加热器及一级供热管网循环水泵等设备组成，以热电厂为供热热源，利用供热机组抽(排)汽换热的供热换热站。

2.0.13 补水比 ratio of make-up water

供暖期日补水量占供暖系统水容量的百分比。

2.0.14 隔压站 pressure insulation station

多级供热管网中,由水-水换热器、循环水泵等设备组成,起隔绝和降低供热介质压力作用、将换热设备两侧供热管网的水力工况完全隔开的热力站。

3 节能查勘

3.1 一般规定

3.1.1 供热系统在进行节能改造前,应对供热系统进行节能查勘和评估。节能查勘工作应包括收集、查阅相关技术资料,并应实地查勘供热系统的配置、运行情况及节能检测等。

3.1.2 供热系统各项参数的节能检测应在供热系统稳定运行后,且单台热源设备负荷率大于50%的条件下进行。各项指标的检测应在同一时间内进行,检测持续时间不应小于48 h。

3.1.3 供热系统节能检测方法应符合国家现行标准《工业锅炉热工性能试验规程》GB/T 10180、《采暖通风与空气调节工程检测技术规程》JGJ/T 260、《居住建筑节能检测标准》JGJ/T 132、《公共建筑节能检测标准》JGJ/T 177的有关规定。

3.1.4 供热系统节能检测使用的仪表应具有法定计量部门出具的检定合格证或校准证书,且应在有效期内。

3.1.5 节能查勘所收集的供热运行资料应是近1年～2年的实际运行资料。

3.2 热电厂首站

3.2.1 热电厂首站节能查勘应收集、查阅下列资料:

1 竣工图纸、设计图纸及相关设备技术资料、产品样本;

2 供热范围、供热面积、设计供热参数、区域设计供热负荷、首站设计供热负荷;

3 与其连接的热力站的名称、用热单位类型、投入运行的时间及供热天数;

4 多热源系统运行调节模式及调度情况;

5 供热期供热量、供电量、耗汽量、耗水量、耗电量及余热利用量;

6 运行记录:

1) 温度、压力、流量、热负荷等参数;

2) 供热量、耗汽量、耗水量、耗电量及系统充水量、补水量、凝结水回收量;

7 维修改造记录;

8 电价、水价、热价等运行费用基价。

3.2.2 热电厂首站节能现场查勘应记录下列内容:

1 供热机组型号、台数、背压、抽汽压力、抽汽量;

2 基本加热器型号、台数、额定供水、回水温度、压力;

3 尖峰加热器型号、台数、额定供水、回水温度、压力;

4 凝结水回收方式、凝结水回收设备型号、台数、额定参数、疏水器类型;

5 一级供热管网补水水源,补水、循环水水处理设备型号、台数;

6 一级供热管网定压方式、定压点;补水泵型号、台数、额定参数;

7 一级供热管网循环泵型号、台数、额定参数;

8 一级供热管网供热量调节方式:

1） 供、回水温度调节方式；

2） 循环水泵定流量或变流量运行调节方式；

3） 供热机组蒸汽量自动调节方式；冬、夏季热、电负荷平衡调节方式；

4） 供热集中监控系统采用情况；

5） 其他耗能设备调节方式；

9 蒸汽流量、供热量、水量计量仪表类型：

1） 基本加热器、尖峰加热器蒸汽流量计量仪表；

2） 一级供热管网供热量计量仪表；

3） 一级供热管网循环水量计量仪表；

4） 补水量、凝结水量计量仪表；

10 供配电系统：

1） 供电来源、电压等级、负荷等级；

2） 电气系统容量及结构；

3） 无功补偿装置；

4） 配电回路设置、用电设备的额定功率；

5） 首站总用电量计量方式；

6） 主回路计量、各支回路分项计量方式；

11 一级供热管网系统：

1） 各支路名称；

2） 管径；

3） 调节阀门设置；

12 加热器、管道的保温状况、凝结水回收利用情况及已采取的节能措施等。

3.2.3 热电厂首站节能改造节能检测应包括下列内容：

1 基本加热器、尖峰加热器：

1） 热源侧的蒸汽压力、温度、流量、热负荷；

2） 负荷侧的一级供热管网供水、回水压力、温度、循环水量、热负荷、供热量；

3） 加热器凝结水压力、温度、流量；

4） 加热器、热力管道表面温度；

5） 当有多个供热回路时，应检测每个回路的供水、回水压力、温度、流量、热负荷、供热量；

2 一级供热管网循环水泵：

1） 水泵进口、出口压力；

2） 水泵流量；

3 水质、补水量：

1） 加热器凝结水水质；

2） 供热管网循环水、补水水质；

3） 供热管网补水量；

4 供配电系统：

1） 变压器负载率、电动机及仪表运行状况；

2） 三相电压不平衡度、功率因数、谐波电压及谐波电流含量、电压偏差；

5 循环水泵、补水泵、凝结水泵等用电设备的输入功率。

3.3 区域锅炉房

3.3.1 区域锅炉房节能改造应收集、查阅下列资料：

1 竣工图纸、设计图纸及相关设备技术资料、产品样本；

2 维修改造记录；

3 运行记录：

1） 温度、压力、流量、热负荷、产汽量等参数；

2） 燃料消耗量、供热量、供汽量、耗水量、耗电量及系统充水量、补水量、凝结水回收量等；

4 供热范围、供热面积、设计供热参数、锅炉房设计供热负荷、与锅炉房连接的热力站名称、热用户类型、负荷特性、投入运行的时间、供热天数；

5 多热源系统运行调节方式及调度情况；

6 供暖期供热量、耗汽量、耗水量、耗电量、燃料消耗量；

7 燃料价、电价、水价、热价等运行费用基价；

8 设计燃料种类、实际燃用燃料种类，燃煤的工业分析、入炉煤的粒度、入场和入炉燃料低位热值等。

3.3.2 区域锅炉房节能改造现场查勘应记录下列内容：

1 热水锅炉的型号、台数、额定供水、回水温度、压力、额定热负荷、额定循环水量；蒸汽锅炉的型号、台数、额定供汽压力、温度、额定供汽量；

2 锅炉配套辅机的炉排、鼓风机、引风机、除尘、脱硫、脱硝设备的型号、台数、额定参数；

3 锅炉运煤、除灰、除渣：

1） 皮带运输机、碎煤机、磨煤机、除渣机、灰渣泵等型号、台数；

2） 额定参数；

4 蒸汽锅炉给水泵、凝结水泵型号、台数、额定参数；连续排污、定期排污设备型号、台数、额定参数；凝结水回收方式、疏水器类型；

5 锅炉给水水处理设备、除氧设备型号、容量，炉水处理方式；一级供热管网补水水源，补水、循环水水处理设备型号、台数、额定功率；

6 一级供热管网定压方式、定压点；补水泵型号、台数、额定参数；

7 一级供热管网循环泵型号、台数、额定参数；

8 一级供热管网供热量调节方式：

1） 供、回水温度调节方式；

2） 循环水泵流量调节方式；

3） 燃烧系统调节方式，鼓、引风机及炉排转速调节方式；

4） 供热集中监控系统采用情况；

5） 各台锅炉运行时间段调节方式；

6） 其他耗能设备调节方式；

9 蒸汽流量、供热量、水量计量仪表及燃料耗量计量设备类型：

1） 蒸汽流量计量仪表；

2） 供热量计量仪表；

3） 供热管网循环水量计量仪表；

4） 补水量、凝结水量、排污水量计量仪表；

5） 燃料计量方式及计量设备；

10 供配电系统：

1） 供电来源、电压等级、负荷等级；电气系统容量及结构、无功补偿方式；

2） 变压器型号、台数、额定参数；配电回路设置、用电设备的额定功率；

3） 锅炉房总用电量计量方式；主回路计量、各支回路分项计量方式；

11 一级供热管网系统划分情况：各支路名称、管径、调节阀门设置；

12　热回收设备及已采取的节能措施等。

3.3.3　区域锅炉房节能改造节能检测应包括下列内容：

1　锅炉：

1)　燃料消耗量、炉排转速；

2)　热水锅炉的供水、回水压力、温度、循环水量、热负荷、供热量；蒸汽锅炉的蒸汽压力、温度、流量、热负荷；给水压力、温度、流量；

3)　凝结水压力、温度、流量；锅炉排污量；

4)　锅炉、热力管道表面温度；

5)　多个供热回路的每个回路的供水、回水压力、温度、流量、热负荷、供热量；

6)　炉膛温度、过量空气系数(含氧量)、炉膛负压、排烟温度、灰渣可燃物含量等；

2　一级供热管网循环水泵：

1)　水泵进口、出口压力；

2)　水泵流量；

3　水质、补水量：

1)　锅炉炉水、给水、凝结水水质；

2)　供热管网循环水、补水水质；

3)　供热管网补水量等；

4　供配电系统：

1)　变压器负载率、电动机及仪表运行状况；

2)　三相电压不平衡度、功率因数、谐波电压及谐波电流含量、电压偏差；

5　用电设备的输入功率：

1)　循环水泵、补水泵、蒸汽锅炉给水泵、凝结水泵；

2)　锅炉配套辅机包括炉排、鼓风机、引风机、除尘、脱硫设备；

3)　锅炉运煤除渣包括磨煤机、皮带运输机、提升机、除渣机等。

3.4　热　力　站

3.4.1　热力站节能改造应收集、查阅下列资料：

1　竣工图纸、设计图纸及相关设备技术资料、产品样本；

2　维修改造记录；

3　运行记录：

1)　温度、压力、流量、热负荷等运行参数；

2)　供热量、耗汽量、耗电量及系统充水量、补水量等；

4　供热范围、供热面积、设计供热参数、热力站设计供热负荷、与其连接的用户名称、用热单位类型、负荷特性、投入运行的时间及供暖期供热天数；

5　一级供热管网供热参数、热力站与一级供热管网连接方式；

6　供暖期供热量、耗汽量、耗热量、补水量、耗电量；

7　电价、水价、热价等运行费用基价。

3.4.2　热力站节能改造现场查勘应记录下列内容：

1　换热设备类型、台数、换热面积、水容量、额定参数、额定工况传热系数、供热参数；

2　一级供热管网分布式循环水泵型号、台数、额定参数；

3　混水泵型号、台数、额定参数；

4　凝结水回收方式、凝结水回收设备型号、台数、额定参数；疏水器类型；

5　二级供热管网补水水源，水处理设备型号、台数，补水方式和水处理方式；

6 二级供热管网定压方式、定压点，补水泵型号、台数、额定参数；

7 二级供热管网循环泵型号、台数、额定参数等；

8 二级供热管网供热量调节方式：

1） 供、回水温度调节方式；

2） 循环水泵定流量或变流量运行调节方式；

3） 一级供热管网供热量、蒸汽量调节方式；

4） 热力站供热系统自动监控技术采用情况；

5） 其他耗能设备调节方式等；

9 蒸汽流量、供热量、水量计量仪表类型：

1） 汽-水换热设备蒸汽流量计量仪表；

2） 水-水换热设备、混水设备供热量计量仪表；

3） 二级供热管网循环水量计量仪表；

4） 补水量、凝结水量计量仪表等；

10 供配电系统应包括：

1） 供电来源、电压等级、负荷等级；

2） 电气系统容量及结构；

3） 无功补偿装置；

4） 配电回路设置、用电设备的额定功率；

5） 热力站总用电量计量方式、主回路计量、各支回路分项计量方式；

11 二级供热管网系统各支路名称、管径、调节阀门设置划分情况；

12 热回收设备及已采取的节能措施等。

3.4.3 热力站节能改造节能检测应包括下列内容：

1 换热设备、混水设备：

1） 热源侧包括一级供热管网供、回水压力、温度、循环水量、供热量、热负荷，蒸汽压力、温度、流量、热负荷；

2） 负荷侧包括二级供热管网供水、回水压力、温度、流量、热负荷、供热量；

3） 汽水换热设备凝结水压力、温度、流量、凝结水回收量，凝结水回收方式；

4） 换热设备、混水设备、热力管道表面温度；

5） 当有多个供热回路时，应检测每个回路的供水、回水压力、温度、流量、热负荷、供热量等；

2 一级供热管网分布式水泵、二级供热管网循环水泵、混水泵：

1） 水泵进口、出口压力；

2） 水泵流量；

3 水质、补水量：

1） 换热设备凝结水水质；

2） 供热管网循环水、补水水质；

3） 供热管网补水量等；

4 供配电系统：

1） 变压器负载率、电动机及仪表运行状况；

2） 三相电压不平衡度、功率因数、谐波电压及谐波电流含量、电压偏差；

5 循环水泵、补水泵、凝结水泵等用电设备的输入功率。

3.4.4 隔压站的节能查勘内容按本节执行。

3.4.5 热水供热管网中设置的中继泵站的节能检测内容应按本规范第 3.4.3 条第 2 款执行。

3.5 供热管网

3.5.1 供热管网节能改造应收集、查阅下列资料：

1 竣工图纸、设计图纸及相关设备技术资料、产品样本；

2 维修改造记录；

3 温度、压力、系统充水、补水量等运行记录；

4 供热范围、供热面积、供热半径、供热管网类型、介质类型、负荷类型、设计供热参数、设计供热负荷、投入运行的时间、供暖期供热天数；

5 供热管网沿途设置：

1） 热源或多热源名称、位置；

2） 热力站、隔压站名称、位置；中继泵站名称、位置；

3） 检查室名称、位置；

4） 与供热管网连接的用户名称、位置等；

6 一级供热管网与热力站的连接方式、二级供热管网与用户的连接方式等。

3.5.2 供热管网节能改造现场查勘应记录下列内容：

1 管道敷设方式、敷设距离；

2 检查室、管沟工作环境、管道的保温结构及工作状况；

3 管道材质、主干管管径；

4 调控阀门、泄水阀门、放气阀门、疏水器位置、开启状态；补偿器、支座类型、位置、工作状况；

5 已采取的节能措施等。

3.5.3 供热管网节能检测应包括下列内容：

1 检查室、管沟内热力管道的外表面温度；

2 热力站内一级供热管网供水、回水压力、温度、循环水量，蒸汽压力、温度、流量；

3 用户热力入口供水、回水压力、温度、循环水量；

4 供热管网管道沿途温降等。

3.6 建筑物供暖

3.6.1 建筑物供暖节能改造应收集、查阅下列资料：

1 竣工图纸、设计图纸及相关设备技术资料、产品样本；

2 维修改造记录；

3 温度、压力、供热量等运行记录；

4 供暖建筑面积、层数、建筑类型、建筑物设计年限、投入运行的时间、负荷特性、供暖时间、供暖期供热天数；

5 设计供热负荷、循环水量、阻力、供回水设计温度、室内设计温度等。

3.6.2 建筑物供暖节能改造现场查勘应包括下列内容：

1 建筑物围护结构保温状况、门窗类型；

2 热力入口位置、环境、保温状况；

3 热力入口与供热管网的连接方式；

4 热力入口阀门、仪表、计量设施；

5 供暖系统形式；

6 室内供暖设备类型；

7 用户热分摊方式、室内温控装置；

8 已采取的节能措施等。

3.6.3 建筑物供暖节能改造检测应包括下列内容：

1 典型房间室内温度；

2 供暖系统水力失调情况；

3 用户热分摊仪表计量数据；

4 热力入口供、回水温度、循环水量，供水、回水压力；

5 热力入口热计量数据；

6 必要时对围护结构的传热系数进行检测等。

4 节能评估

4.1 一般规定

4.1.1 供热系统节能评估工作应包括现有供热系统主要运行指标的合格判定和总体评价、不合格指标的原因分析和节能改造建议，并应编写供热系统节能评估报告。

4.1.2 供热系统主要运行指标应包括主要能耗、主要设备能效、主要参数控制水平。

4.2 主要能耗

4.2.1 锅炉房单位供热量燃料消耗量的检测持续时间不宜小于 48 h，检测结果锅炉房单位供热量燃料消耗量应符合表 4.2.1 的规定，否则应判定检测结果不合格。锅炉房单位供热量燃料消耗量应按下式计算：

$$B_{Q}=\frac{G}{Q} \tag{4.2.1}$$

式中：

B_{Q}——锅炉房单位供热量燃料捎耗量(燃煤：kgce/GJ；燃气：Nm^3/GJ；燃油：kg/GJ)；

G——检测期间燃料消耗量(燃煤：kgce；燃气：Nm^3；燃油：kg)；

Q——检测期间供热量(GJ)。

表 4.2.1 锅炉房单位供热量燃料消耗量

燃煤锅炉(kgce/GJ)	燃气锅炉(Nm^3/GJ)	燃油锅炉(kg/GJ)
＜48.7	＜31.2	＜26.5

4.2.2 锅炉房、热力站供暖建筑单位面积燃料消耗量、耗电量应符合下列规定：

1 供暖建筑单位面积燃料消耗量应符合表 4.2.2-1 的规定，否则应判定检测结果不合格。供暖建筑单位面积燃料消耗量应按下式计算：

$$B_{A}=\frac{G_{0}}{A} \tag{4.2.2-1}$$

式中：

B_{A}——供暖建筑单位面积燃料消耗量(燃煤：kgce/m^2；燃气：Nm^3/m^2；燃油：kg/m^2)；

G_{0}——供暖期燃料消耗量(燃煤：kgce；燃气：Nm^3；燃油：kg)；

A——供暖建筑面积(m^2)。

表 4.2.2-1 供暖建筑单位面积燃料消耗量

地 区	供暖建筑单位面积燃料消耗量			
	热电厂 (GJ/m^2)	燃煤锅炉 ($kgce/m^2$)	燃气锅炉 (Nm^3/m^2)	燃油锅炉 (kg/m^2)
寒冷地区(居住建筑)	0.25～0.38	12～18	8～12	7～10
严寒地区(居住建筑)	0.40～0.55	19～26	12～17	10～15

2 供暖建筑单位面积耗电量应符合表 4.2.2-2 的规定,否则应判定检测结果为不合格。供暖建筑单位面积耗电量应按下式计算:

$$E_A = \frac{E_0}{A} \qquad (4.2.2\text{-}2)$$

式中:

E_A——供暖建筑单位面积耗电量($kW \cdot h/m^2$);

E_0——供暖期耗电量($kW \cdot h$);

A——供暖建筑面积(m^2)。

表 4.2.2-2 供暖建筑单位面积耗电量

地 区	供暖建筑单位面积耗电量($kW \cdot h/m^2$)		
	燃煤锅炉房	燃气、燃油锅炉房	热力站
寒冷地区(居住建筑)	2.0～3.0	1.5～2.0	0.8～1.2
严寒地区(居住建筑)	2.5～3.7	1.8～2.5	1.0～1.5

4.2.3 供暖建筑单位面积耗热量应符合表 4.2.3 的规定,否则应判定检测结果不合格。供暖建筑单位面积耗热量应按下式计算:

$$Q_{yA} = \frac{Q_{y0}}{A_y} \qquad (4.2.3)$$

式中:

Q_{yA}——供暖建筑单位面积耗热量(GJ/m^2);

Q_{y0}——供暖期建筑物热力入口供热量(GJ);

A_y——建筑物供暖建筑面积(m^2)。

表 4.2.3 供暖建筑单位面积耗热量

地 区	建筑物单位供暖建筑面积供暖期耗热量(GJ/m^2)
寒冷地区(居住建筑)	0.23～0.35
严寒地区(居住建筑)	0.37～0.50

4.2.4 供热系统补水比、供暖建筑单位面积补水量应符合下列规定:

1 补水比的检测期持续时间不应小于 24 h,补水比应符合表 4.2.4 的规定,否则应判定检测结果不合格。补水比应按下式计算:

$$W_V = \frac{W_d}{V} \qquad (4.2.4\text{-}1)$$

式中:

W_V——补水比(%);

W_d——检测期间日补水量(m^3);

V——供热系统水容量(m^3)。

2 供暖期供暖建筑单位面积补水量应符合表 4.2.4 的规定,否则应判定检测结果不合格。供暖建筑单位面积补水量应按下式计算：

$$W_A = \frac{1\,000 W_0}{A} \qquad \cdots\cdots\cdots\cdots(4.2.4\text{-}2)$$

式中：

W_A——供暖建筑单位面积补水量（L/m² 或 kg/m²）；

W_0——供暖期供暖系统补水量（m²）；

A——供暖建筑面积（m²）。

表 4.2.4 补水比、供暖建筑单位面积补水量

地　区	补水比（%）		供暖期供暖建筑单位面积补水量 W_A（L/m² 或 kg/m²）	
	一级供热管网	二级供热管网	一级供热管网	二级供热管网
寒冷地区（居住建筑）	＜1	＜3	＜15	＜30
严寒地区（居住建筑）			＜18	＜35

4.3 主要设备能效

4.3.1 锅炉运行热效率、灰渣可燃物含量、排烟温度、过量空气系数应符合下列规定：

1 锅炉运行热效率应符合表 4.3.1-1 的规定，否则应判定检测结果不合格。锅炉运行热效率按下式计算：

$$\eta_g = \frac{Q_g}{q_{gc} \times G_g} \qquad \cdots\cdots\cdots\cdots(4.3.1)$$

式中：

η_g——锅炉运行热效率（%）；

Q_g——检测期间锅炉供热量（GJ）；

q_{gc}——燃料低位发热量（燃煤：GJ/kgce；燃气：GJ/Nm³；燃油：GJ/kg）；

G_g——检测期间锅炉燃料输入量（燃煤：kgce；燃气：Nm³；燃油：kg）。

2 锅炉运行灰渣可燃物含量、排烟温度、过量空气系数应符合表 4.3.1-2 规定，否则应判定检测结果不合格。

表 4.3.1-1 锅炉运行热效率

额定蒸发量（t/h）或热功率（MW）	额定运行热效率（%）																		
	燃煤层状燃烧								燃煤流化床燃烧						抛煤机链条炉			燃气、燃油锅炉	
	烟煤			贫煤	无烟煤			褐煤	低质煤	烟煤			贫煤	褐煤	烟煤		贫煤	重油	燃气轻油
	Ⅰ	Ⅱ	Ⅲ		Ⅰ	Ⅱ	Ⅲ			Ⅰ	Ⅱ	Ⅲ			Ⅱ	Ⅲ			
1～2 或 0.7～1.4	73	76	78	75	70	68	72	74	—	73	76	78	75	76	—	—	—	87	89
2.1～8 或 1.5～5.6	75	78	80	76	71	70	75	76	74	78	81	82	80	81	80	82	79	88	90
8.1～20 或 5.7～14	76	79	81	78	74	73	77	78	76	79	82	83	81	82	80	82	79	89	91
21～40 或 15～29	78	81	83	80	77	75	80	81	78	80	83	84	82	83	81	83	80	90	92

表 4.3.1-1（续）

额定蒸发量(t/h)或热功率(MW)	额定运行热效率(%)																		
	燃煤层状燃烧								燃煤流化床燃烧						抛煤机链条炉			燃气、燃油锅炉	
	烟煤			贫煤	无烟煤			褐煤	低质煤	烟煤			贫煤	褐煤	烟煤		贫煤	重油	燃气轻油
	Ⅰ	Ⅱ	Ⅲ		Ⅰ	Ⅱ	Ⅲ			Ⅰ	Ⅱ	Ⅲ			Ⅱ	Ⅲ			
＞40 或＞29	80	82	84	81	78	76	81	82	—	—	—	—	—	—	—	—	—	—	—
64 MW～70 MW热水锅炉	—	83	—	—	—	—	—	—	—	—	—	—	—	—	—	—	—	—	—
116 MW 热水锅炉	—	—	—	—	—	—	—	—	—	—	—	—	88	—	—	—	—	—	—

注：燃气冷凝式热水锅炉的运行热效率应大于或等于 97%；燃气冷凝式蒸汽锅炉的运行热效率应大于或等于 95%。

表 4.3.1-2 锅炉运行灰渣可燃物含量、排烟温度、过量空气系数

额定蒸发量(t/h)或热功率(MW)	灰渣可燃物含量(%)									排烟温度(℃)						过量空气系数			
	低质煤	烟煤			贫煤	无烟煤			褐煤	无尾部受热				有尾部受热面蒸汽、热水锅炉		燃煤层燃		燃煤流化床	燃气燃油锅炉
										蒸汽锅炉		热水锅炉				无尾部受热面	有尾部受热面		
		Ⅰ	Ⅱ	Ⅲ		Ⅰ	Ⅱ	Ⅲ		煤	油、气	煤	油、气	煤	油、气				
1～2 或 0.7～1.4	20	18	18	16	18	18	21	18	18	＜250	＜230	＜220	＜200						
2.1～8 或 1.5～5.6	18	15	16	14	16	15	18	15	16	—	—	—	—	＜180	＜160	＜1.65	＜1.75	＜1.50	＜1.20
≥8.1 或 ≥5.7	14	12	13	11	13	12	15	12	14	—	—	—	—						
64 MW～70 MW 热水锅炉	—	—	9	—	—	—	—	—	—	—	—	—	—	＜150	—	—	—	—	—
116 MW 热水锅炉	—	—	—	—	8	—	—	—	—	—	—	—	—	＜130	—	—	—	—	—

4.3.2 水泵运行效率小于额定工况效率的 90%时，应判定检测结果不合格。水泵运行效率应按下式计算：

$$\eta_b = \frac{G_b \times H_b}{3.6 N_b} \times 100\% \qquad (4.3.2\text{-}1)$$

$$H_b = H_2 - H_1 \qquad (4.3.2\text{-}2)$$

式中：

η_b——水泵运行效率(%)；

G_b——检测期间水泵循环流量(m^3/h)；

H_b——检测期间水泵扬程(MPa)；

N_b——检测期间水泵输入轴功率(kW)；

H_2——水泵出口压力(MPa)；

H_1——水泵进口压力(MPa)。

4.3.3 换热设备换热性能、运行阻力应符合下列规定：

1 当换热性能小于额定工况的90%时，应判定检测结果不合格。换热性能应按下式计算：

$$kF = \frac{Q_1}{\Delta t_p \times \tau} \quad \cdots\cdots(4.3.3\text{-}1)$$

$$\Delta t_p = \frac{\Delta t_d - \Delta t_x}{\ln(\Delta t_d / \Delta t_x)} \quad \cdots\cdots(4.3.3\text{-}2)$$

式中：

kF——换热设备换热性能[GJ/(℃·h)]；

Q_1——检测期间热力站输入热量(GJ)；

Δt_p——检测期间换热设备对数平均换热温差(℃)；

Δt_x——检测期间换热设备温差较小一端的介质温差(℃)；

Δt_d——检测期间换热设备温差较大一端的介质温差(℃)；

τ——检测持续时间(h)。

2 当换热设备热源侧、负荷侧运行阻力大于0.1 MPa时，应判定检测结果不合格。运行阻力应按下式计算：

$$\Delta h = h_1 - h_2 \quad \cdots\cdots(4.3.3\text{-}3)$$

式中：

Δh——换热设备热源侧、负荷侧阻力(MPa)；

h_2——检测期间换热设备出水压力(MPa)；

h_1——检测期间换热设备进水压力(MPa)。

4.3.4 供热管网输送效率应符合下列规定：

1 当一级供热管网输送效率小于95%时，应判定检测结果不合格。一级供热管网输送效率应按下式计算：

$$\eta_1 = \frac{\sum Q_1}{Q} \times 100\% \quad \cdots\cdots(4.3.4\text{-}1)$$

式中：

η_1——一级供热管网输送效率(%)；

$\sum Q_1$——检测期间各热力站输入热量之和(GJ)；

Q——检测期间热电厂首站或区域锅炉房输出热量(GJ)。

2 当二级供热管网输送效率小于92%时，应判定检测结果不合格。二级供热管网输送效率应按下式计算：

$$\eta_2 = \frac{\sum Q_y}{Q_2} \times 100\% \quad \cdots\cdots(4.3.4\text{-}2)$$

式中：

η_2——二级供热管网输送效率(%)；

$\sum Q_y$——检测期间各用户供热量之和(GJ)；

Q_2——检测期间热力站输出热量(GJ)。

4.3.5 当供热管网沿程温降不满足表4.3.5的规定时，应判定检测结果不合格。供热管网沿程温降应按下式计算：

$$\Delta t_L = \frac{t_{L1} - t_{L2}}{L} \quad \cdots\cdots(4.3.5)$$

式中：

Δt_L——供热管网沿程温降（℃/km）；

t_{L1}——供热管网检测段首端供热介质温度（℃）；

t_{L2}——供热管网检测段末端供热介质温度（℃）；

L——供热管网检测段长度（km）。

表 4.3.5　供热管网沿程温降

敷设方式	供热管网沿程温降（℃/km）	
	热水管道	蒸汽管道
地下敷设	≤0.1	≤1.0
地上敷设	≤0.2	

4.4　主要参数控制

4.4.1　供热管网的供水温度及供水、回水温差应符合下列规定：

1　当一级供热管网的供水温度高于供热调节曲线设定的温度或供水、回水温差小于设计温差的80%时，应判定检测结果不合格。供水、回水温差应按下式计算：

$$\Delta T = T_1 - T_2 \qquad (4.4.1\text{-}1)$$

式中：

ΔT——一级供热管网供水、回水温差（℃）；

T_1——一级供热管网供水温度（℃）；

T_2——一级供热管网回水温度（℃）。

2　当二级供热管网的供水温度高于供热调节曲线设定的温度或供水、回水温差不在10 ℃～15 ℃的范围内，应判定检测结果不合格。供水、回水温差应按下式计算：

$$\Delta t = t_1 - t_2 \qquad (4.4.1\text{-}2)$$

式中：

Δt——二级供热管网供水、回水温差（℃）；

t_1——二级供热管网供水温度（℃）；

t_2——二级供热管网回水温度（℃）。

4.4.2　供热管网的流量比、水力平衡度应符合下列规定：

1　当流量比小于0.9或大于1.2时，应判定检测结果不合格。流量比应按下式计算：

$$n = \frac{g_y}{g_{yj}} \qquad (4.4.2\text{-}1)$$

式中：

n——建筑物热力入口处检测循环水量与设计循环水量的比值；

g_y——建筑物热力入口处检测循环水量（m^3/h）；

g_{yj}——建筑物热力入口处设计循环水量（m^3/h）。

2　水力平衡度大于1.33时，应判定检测结果不合格。水力平衡度应按下式计算：

$$n_0 = \frac{n_{max}}{n_{min}} \qquad (4.4.2\text{-}2)$$

式中：

n_0——水力平衡度；

n_{max}——各建筑物热力入口流量比的最大值；

n_{min}——各建筑物热力入口流量比的最小值。

4.4.3　供暖建筑室内温度、围护结构内表面温度应符合下列规定：

1 室内温度应满足下列公式：

$$t_{ymin} \geqslant t_j - 2 \qquad \text{(4.4.3-1)}$$

$$t_{ymax} \leqslant t_j + 1 \qquad \text{(4.4.3-2)}$$

式中：

t_{ymin}——建筑物室内最低温度(℃)；

t_{ymax}——建筑物室内最高温度(℃)；

t_j——建筑物室内设计温度(℃)。

2 围护结构内表面温度应满足下式：

$$t_n \geqslant t_l \qquad \text{(4.4.3-3)}$$

式中：

t_n——建筑物围护结构内表面温度(℃)；

t_l——建筑物室内温度的露点温度(℃)。

4.5 节能评估报告

4.5.1 供热系统节能评估报告应包括下列主要内容：

1 现有供热系统概述；

2 现有供热系统主要能耗、主要设备能效、主要参数控制水平指标的评估及结论；

3 不合格指标的原因分析；

4 现有供热系统总体评价；

5 节能改造可行性分析及建议；

6 预期节能改造效果。

4.5.2 现有供热系统概述应根据收集、查阅的有关技术资料及到现场查勘的情况编写。

4.5.3 现有供热系统主要能耗、主要设备能效、主要参数控制水平的评估应根据本规范第3章检测所获得的数据，按本规范第4.2～4.4节的规定进行定性评估。

4.5.4 对现有供热系统主要能耗、主要设备能效、主要参数控制水平的不合格指标应进行综合分析，并应提出造成指标不合格的主要因素。

4.5.5 现有供热系统总体评价应提出存在的问题及产生原因，并应拟定节能改造的项目。

4.5.6 节能改造可行性分析及建议应包括下列主要内容：

1 可行性分析应按拟定的节能改造的项目，根据现有供热系统的实际情况、节能改造的投资及节能收益等因素，逐一进行经济技术分析，提出需要进行节能改造的项目。

2 对需要进行节能改造的项目，应提出节能改造建议，并应符合下列规定：

1） 节能改造建议应明确改造的主要内容、参数控制指标、节能潜力分析；

2） 各节能改造项目的实施顺序，验收合格要求等。

4.5.7 预期节能改造效果应计算节能率及投资回收期。

5 节能改造

5.1 一般规定

5.1.1 供热系统节能改造内容应包括供热热源、热力站、供热管网及建筑物内供暖系统。

5.1.2 供热系统节能改造方案应根据节能评估报告制定，并应符合国家现行标准《严寒和寒冷地区居住建筑节能设计标准》JGJ 26、《城镇供热系统节能技术规范》CJJ/T 185、《锅炉房设计规范》GB 50041、《城镇供热管网设计规范》CJJ 34及《供热计量技术规程》JGJ 173的规定。节能改造方案应包括下列内容：

1 技术方案文件，并应包括项目概述、节能评估报告简述、方案论证及设备选型、节能效果预测、经济效益分析等；

2 设计图；

3 设计计算书。

5.1.3 供热系统节能改造工程不得使用国家明令禁止或限制使用的设备、材料。

5.1.4 供热面积大于100万m^2或热力站数量大于10个的供热系统，宜设置供热集中监控系统，并应符合本规范附录A的规定。

5.1.5 热电厂首站、锅炉房总出口、热力站一次侧应安装热计量装置。

5.1.6 建筑物热力入口应设置楼前热量表。

5.1.7 项目改造单位应组织专家对节能改造方案进行评审。

5.2 热电厂首站

5.2.1 热电厂首站应具备供热量自动调节功能。

5.2.2 热电厂首站出口的循环水泵应设置调速装置。

5.2.3 一个供热区域有多个热源时，宜将多个热源联网运行。

5.2.4 以供暖负荷为主的蒸汽供热系统，宜改造为高温水供热系统。

5.2.5 小型热电机组供热可采用热电厂低真空循环水供热。

5.2.6 大型热电机组供热可采用基于吸收式换热技术的热电联产。

5.2.7 热电联产供热系统宜全年为用户提供生活热水。

5.3 区域锅炉房

5.3.1 锅炉房应设置燃料计量装置。燃煤锅炉应实现整车过磅计量，同时宜设置皮带计量、分炉计量，应满足场前、带前、炉前三级计量；燃气(油)锅炉的燃气(油)量应安装连续计量装置，并应实现分炉计量。

5.3.2 燃煤锅炉房有三台以上锅炉或单台锅炉容量大于或等于7 MW(或10 t/h)、燃气(油)锅炉房有两台以上锅炉同时运行时，应设置锅炉房集中监控系统，宜由不间断电源供电，并应符合本规范附录B的规定。

5.3.3 链条炉排的燃煤锅炉宜采用分层、分行给煤燃烧技术。

5.3.4 燃气(油)锅炉房应根据供热系统的调节模式、锅炉燃烧控制方式采用气候补偿系统，气候补偿系统应符合本规范附录C的规定。

5.3.5 炉排给煤系统宜设调速装置，锅炉鼓风机、引风机应设调速装置。鼓风机、引风机的运行效率应符合现行国家标准《通风机能效限定值及能效等级》GB 19761的有关规定。

5.3.6 当1.4 MW以上燃气(油)锅炉燃烧机为单级火调节时，宜改造为多级分段式或比例式燃烧机。

5.3.7 燃气(油)锅炉排烟温度和运行热效率不符合本规范表4.3.1-1、表4.3.1-2的规定时，宜设置烟气冷凝回收装置。烟气冷凝回收装置应满足耐腐蚀和锅炉系统寿命要求，并应使锅炉系统在原动力下安全运行。烟气冷凝回收装置的设置及选型应符合本规范附录D的规定。

5.3.8 当供热锅炉的运行效率不符合本规范表4.3.1-1的规定，且锅炉改造或更换的静态投资回收期小于或等于8年时，宜进行相应的改造或更换。

5.3.9 同一锅炉房向不同热需求用户供热时应采用分时分区控制系统，分时分区控制系统应符合本规范附录E的规定。

5.3.10 当供热系统由一个区域锅炉房和多个热力站组成，且供热负荷比较稳定时，宜采取分布式变频水泵系统。

5.3.11 锅炉房直供系统应按下列要求进行节能改造：

1 当各主要支路阻力差异较大时，宜改造成二级泵系统；

2 当锅炉出口温度与室内供暖系统末端设计参数不一致时，应改成混水供热系统或局部间接供热系统；

3 当供热范围较大，水力失调严重时，应改造成锅炉房间接或直供间供混合供热系统。

5.3.12 循环水泵的选用应符合下列规定：

1 变流量和热计量的系统其循环水泵应设置变频调速装置；循环水泵进行变频改造时，应在工频工况下检测循环水泵的效率；

2 循环水泵改造为大小泵配置时，大、小循环水泵的流量宜根据初期、严寒期、末期负荷变化的规律确定；

3 当锅炉房的循环水泵并联运行台数大于3台时，宜减少水泵台数。

5.3.13 换热器、分集水器等大型设备应进行外壳保温。

5.3.14 锅炉房内的水系统应进行阻力平衡优化。

5.3.15 当锅炉房的供配电系统功率因数低于0.9或动力设备无用电分项计量回路时，应进行节能改造。

5.3.16 当锅炉房的炉水、给水不符合现行国家标准《工业锅炉水质》GB/T 1576的规定时，应对设施进行改造。

5.3.17 开式凝结水回收系统应改造为闭式凝结水回收系统。

5.4 热力站

5.4.1 热力站循环水泵应设置变频调速装置。

5.4.2 热力站应采用气候补偿系统或设置其他供热量自动控制装置。

5.4.3 热力站水系统应进行阻力平衡优化。

5.4.4 热力站应对热量、循环水量、补水量、供回水温度、室外温度、供回水压力、电量及水泵的运行状态进行实时监测。

5.4.5 当二次侧的循环水、补水水质不符合现行行业标准《城镇供热管网设计规范》CJJ 34的规定时，应对水处理设施进行改造。

5.4.6 热力站换热器宜选用板式换热器。

5.4.7 开式凝结水回收系统应改造为闭式凝结水回收系统。

5.5 供热管网

5.5.1 当供热管网输送效率不符合本规范第4.3.4条的规定时，应根据管网保温效果、非正常失水控制及水力平衡度三方面的查勘结果进行节能改造。

5.5.2 当系统补水量不符合本规范表4.2.4的规定时，应根据查勘结果分析失水原因，并进行节能改造。

5.5.3 当供热管网的水力平衡度不符合本规范第4.4.2条的规定时，应进行管网水力平衡调节和管网水力平衡优化，管网水力平衡优化应符合本规范附录F的规定。

5.5.4 当供热管网进行更新改造时，应按现行行业标准《城镇供热系统节能技术规范》CJJ/T 185和《城镇供热管网设计规范》CJJ 34的规定执行。

5.5.5 供热系统的中继泵站水泵的节能改造应符合本规范第5.3.12条的规定。

5.5.6 根据检测结果，在一级供热管网、热力站、二级供热管网、热力入口处应安装水力平衡装置。

5.5.7 供热管网宜采用直埋敷设方式。

5.6 建筑物供暖系统

5.6.1 室内供暖系统应设置用户分室(户)温度调节、控制装置及分户热计量的装置或设施。

5.6.2 住宅室内供暖系统热计量改造应符合现行行业标准《供热计量技术规程》JGJ 173的有关规定。
5.6.3 室内供暖系统应在建筑物内安装供热计量数据采集和远传系统，楼栋热量表、分户计量装置、室温监测装置等的数据采集应在本地存储，并应定期远传至热计量集控平台。
5.6.4 室内垂直单管顺流式供暖系统应改为垂直单管跨越式或垂直双管式系统。
5.6.5 室内供暖系统进行节能改造时，应对散热器配置、水力平衡进行复核验算。
5.6.6 楼栋内由多个环路组成的供暖系统中，应根据水力平衡的要求，安装水力平衡装置。
5.6.7 楼栋热力入口可采用混水技术进行节能改造。
5.6.8 供暖系统宜安装用户室温监测系统。

6 施工及验收

6.1 一般规定

6.1.1 供热系统节能改造施工应由具有相应资质的单位承担。
6.1.2 工程施工应按设计文件进行，修改设计或更换材料应经原设计部门同意，并应有设计变更手续。
6.1.3 供热系统节能改造施工及验收应符合国家现行标准《锅炉安装工程施工及验收规范》GB 50273、《城镇供热管网工程施工及验收规范》CJJ 28及《建筑节能工程施工质量验收规范》GB 50411的有关规定。
6.1.4 供热系统节能改造安装调试不应降低原系统及设备的安全性能。

6.2 自动化仪表安装调试

6.2.1 供热系统自动化仪表工程施工及验收应符合现行国家标准《自动化仪表工程施工及质量验收规范》GB 50093及本规范附录A的规定。
6.2.2 供热系统自动化仪表工程安装完毕后，应进行单机试运行、调试及联合试运行、调试。
6.2.3 自动化仪表工程的调试应按产品的技术文件和节能改造设计文件进行。
6.2.4 供热系统调节控制装置的节能测试应在室内温控调节装置验收合格、系统水力平衡调节符合要求后进行。

6.3 烟气冷凝回收装置安装调试

6.3.1 烟气冷凝回收装置的安装应符合下列规定：
1 烟气冷凝回收装置及被加热水系统应进行保温；
2 烟气流向、被加热水流向应有标识；
3 烟气进出口均应设置温度、压力测量装置；
4 被加热水进出口均应设置温度及压力测量装置，并宜设置热计量装置或热水流量计。
6.3.2 烟气冷凝回收装置调试应按下列步骤进行：
1 烟气侧应进行吹扫，水侧应进行冲洗，水、气管道应畅通；
2 被加热水系统充水后应进行冷态循环，每台烟气冷凝回收装置的被加热水量应达到最低安全值；
3 应进行热态调试，锅炉和被加热水系统的连锁控制应运行正常；启炉时，应先开启被加热水系统，后启动锅炉；停炉时，应先停炉，待烟温降低后，再停止被加热水系统；
4 进行单机调试时，应校核烟道阻力和背压、调节燃烧器、控制燃气和空气的比例、测试烟气成分。烟气余热回收装置对锅炉燃烧系统、烟风系统影响应降到最小；
5 单机试运行及调试后，应进行联合试运行及调试，并应达到设计要求。
6.3.3 烟气冷凝回收装置的节能测试应分别在供热系统正常运行后的供暖初期、供暖末期及严寒期进行。测试时锅炉实际运行负荷率不应小于85%，每期测试次数不应少于2次，每次连续测试时间不应少于2 h，取2次测试值平均值，节能测试数据按表D.0.5填写。对于设有辅机动力的烟气冷凝回收装置，计算节能率时应将辅机能耗计入输入值。

6.4 水力平衡装置安装调试

6.4.1 水力平衡装置的安装位置、预留空间应符合产品说明书要求。

6.4.2 与水力平衡装置配套的过滤器、压力表等辅助元件的安装应符合设计要求。

6.4.3 供热系统水力平衡调试的结果应符合本规范第4.4.2条的规定。

6.5 热计量装置安装调试

6.5.1 热计量装置应在系统清洗完成后安装。

6.5.2 热量表的安装应符合下列规定：

1 热量表的前后直管段长度应符合热量表产品说明书的要求；

2 热量表应根据设计要求水平或垂直安装，热量表流向标识应与介质的流动方向一致；

3 热量表与两端连接管应同轴，且不得强行组对；

4 热量表的流量传感器应安装在供水管或回水管上，高低温传感器应安装在对应的管道上；

5 当温度传感器插入护套时，探头应处于管道中心位置；

6 热量表时钟应设定准确；

7 热量表数据储存应能满足当地供暖期供暖天数的日供热量的储存要求，宜具备功能扩展的能力及数据远传功能；

8 热量表安装后应对影响计量性能的可拆卸部件进行封印保护。

6.5.3 热计量装置的工作环境应与其性能相互适应，当环境不能满足要求时，应采取保护措施。

6.5.4 热计量装置采用外接电源或连网通信时，应按照产品说明书的要求进行外部接线，并应采用屏蔽电缆线和接地等保护措施，对雷击多发区，应有防雷击措施。

6.6 竣工验收

6.6.1 节能改造后，系统应实现供热系统自动调节和节能运行，并应符合下列规定：

1 锅炉房、热力站应能按用户负荷变化自动调节供热量；

2 热用户应能根据需求调节用热量，室温应能主动调节和自动控制。

6.6.2 节能改造后，系统应能实现供热计量，并应符合下列规定：

1 锅炉房、热力站应能实现供热量计量；

2 楼栋、热力入口应能实现热量计量；

3 居住建筑应能实现分户计量；

4 热量计量、分户计量宜具备数据远传功能。

6.6.3 工程竣工后，应对技术资料进行归档，并应包括下列文件：

1 方案的论证文件及有关批复文件；

2 设计文件；

3 所采用的设备材料的合格证明文件、性能检测报告；

4 工程验收检测报告等；

5 竣工验收文件。

7 节能改造效果评价

7.0.1 节能改造工程完成后应对实际达到的节能效果进行跟踪分析和进行能效评价，并应出具节能改造效果评价报告。

7.0.2 节能改造效果评价报告应包括下列内容：

1 节能改造设备运行情况及设备维修保养制度；

2 供热质量和调节控制水平；

3 供热系统的运行效率和能耗指标及其与改造前的对比分析等。

7.0.3 供热系统的供热质量、运行效率、调控水平应达到节能评估报告和节能改造方案的要求。

7.0.4 供热系统的能耗测试应包括供热锅炉效率、循环水泵运行效率、补水比、单位面积补水量、供热管网的输送效率、水力平衡度、建筑物室内温度等。

7.0.5 能耗评价应包括下列主要指标：

1 供暖期年燃料(标准煤、燃气、燃油)、热量、水量、电量总消耗量；

2 单位供热量的燃料(标准煤、燃气、燃油)、水量、电量消耗量；

3 单位供暖建筑面积的燃料(标准煤、燃气、燃油)、热量、水量、电量消耗量。

7.0.6 节能改造后应通过对热源能耗进行计量和对系统测试分析核算节能率，并应进行总体改造效果分析，与改造方案进行比较。

7.0.7 供热系统节能改造工程完成后，应在资金回收周期内每年对节能率进行复核，当不能达到预期的节能效果或存在其他问题时，应及时采取补救措施。

附录A 供热集中监控系统

A.1 系统结构及控制参数

A.1.1 供热集中监控系统应包括锅炉房集中控制系统、热力站控制系统、热电厂首站控制系统和中继泵站控制系统（图A.1.1）。

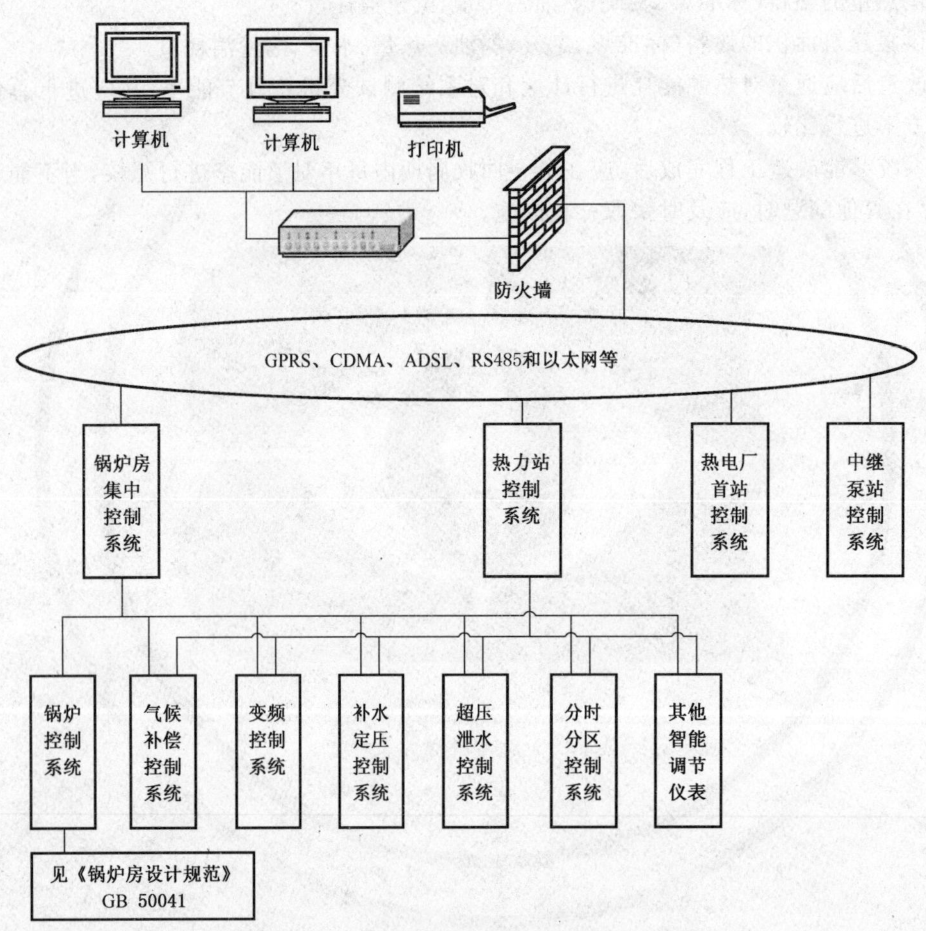

图A.1.1 供热集中监控系统结构示意

A.1.2 锅炉系统控制参数应包括下列内容：

1 锅炉进、出口水温和水压；

2 锅炉循环水流量；

3 风、烟系统各段压力、温度和排烟污染物浓度；具体监控参数包括排烟温度、排烟含氧量、炉膛出口烟气温度、对流受热面进、出口烟气温度、省煤器出口烟气温度、湿式除尘器出口烟气温度、空气预热器出口热风温度、炉膛烟气压力、对流受热面进、出口烟气压力、省煤器出口烟气压力、空气预热器出口烟气压力、除尘器出口烟气压力、一次风压及风室风压、二次风压、给水调节阀开度、给煤（粉）机转速、鼓、引风进出口挡板开度或调速风机转速等；

4 耗煤量计量、耗油量计量或耗气量计量；

5 锅炉水循环系统总进出口温度、压力；

6 循环水泵变频频率反馈与控制；

7 自动补水变频频率反馈与控制和补水箱水位；

8 自动电磁泄压阀状态与控制；

9 各支路供水、回水温度和压力；

10 鼓、引风进出口挡板开度或调速风机转速；

11 炉膛温度、压力、含氧量及锅炉启停状态；

12 超温、超压或低温、低压、低水位报警。

A.1.3 热力站系统控制参数应包括下列内容：

1 一、二级网供水、回水温度、压力；

2 一、二级网的热量(流量)以及室内外温度；

3 循环泵的启停状态与控制、频率反馈与控制；

4 自动补水变频，频率的反馈与控制；

5 热量监测与控制，一级网电动阀门的开度反馈与控制；

6 自动泄压保护；

7 超温、超压或低温、低压、低水位报警等。

A.1.4 分时分区系统控制参数应包括下列内容：

1 楼前供水、回水温度、室内温度；

2 电动调节阀或变速泵的状态与控制。

A.2 系统功能

A.2.1 集中监控系统应具备下列主要功能：

1 实时检测供热系统运行参数功能；

2 自动调节水力工况功能；

3 调控热源供热量功能；

4 诊断系统故障功能；

5 建立运行档案功能。

A.2.2 监控中心软件应具备下列主要功能：

1 监测显示功能；

2 控制功能；

3 报警功能；

4 数据库管理及报表功能；

5 统计分析功能；

6 远程传输和访问功能；

7 数据交换功能。

A.2.3 现场控制系统应具备下列主要功能：

1 参数测量功能；

2 数据存储功能；

3 自我诊断、自恢复功能；

4 日历、时钟和密码保护功能；

5 现场显示、人机界面操作功能；

6 气候补偿、分时分区、水泵变频调节等控制功能；

7 在主动或被动方式下与监控中心进行数据通信功能，通信系统可以根据现场实际情况进行选择，对于有远程监控内容的系统宜选择已有的GPRS、CDMA或ADSL等公共通信网络；

8 故障报警、故障停机功能。

A.2.4 现场控制系统的报警功能应符合下列规定：

1 控制器应支持数据报警和故障报警；

2 故障和报警记录应自动保存，掉电不应丢失；

3 发生报警时，控制器显示屏上应有报警显示，并应在控制柜内有声、光报警。

A.3 硬件设备配置

A.3.1 监控中心设备配置应符合下列规定：

1 监控中心应包括服务器、操作员站、工程师站、不间断电源、交换机、路由器等；

2 系统应配置不少于 30 min 的不间断电源。

A.3.2 现场控制器配置应符合下列规定：

1 应具有数据采集、控制调节和参数设置功能；

2 应具有人机界面、系统组态、图形显示功能；

3 应具有串口、RJ45 接口，并应具有能与监控中心数据双向通信功能，通信方式可采用以太网、ADSL 宽带以及无线通信等；

4 应具有日历时钟的功能；

5 应具有自动诊断、故障报警功能；

6 应具有掉电自动恢复，且不丢失数据功能；

7 应具有数据存储、数据运算和数据过滤功能；

8 控制器的输入输出应采用光电隔离或继电器隔离，隔离电压应大于或等于 1 000 V；

9 控制器宜为模块化结构，输入输出模块应具备可扩展功能；

10 控制器可通过相关的通信方式向上位机报警直至收到确认信息，内容应包括超温、超压、液位高低以及停电等信息；

11 宜具备 Web 访问远程维护功能，可授权用户在任何地方通过有线或无线等方式了解控制器运行情况；

12 控制器环境应符合下列规定：

1） 防护等级不应低于 IP20；

2） 存储温度范围应为 −10 ℃～70 ℃；

3） 运行温度范围应为 0 ℃～40 ℃；

4） 相对湿度范围应为 5%～90%（无结露）。

A.3.3 温度传感器/变送器应符合下列规定：

1 测量误差应为 ±1 ℃，准确度等级不应低于 B 级；

2 管道内温度传感器热响应时间不应大于 25 s，室外或室内安装热响应时间不应大于 150 s；

3 防护等级不应低于 IP65；

4 温度传感器应能在线拆装。

A.3.4 压力变送器应符合下列规定：

1 压力测量范围应满足被测参数设计要求；传感器测量误差范围应为 ±0.5%；

2 过载能力不应低于标准量程的 2.5 倍；

3 稳定性应满足 12 个月漂移量范围为 URL 的 ±0.1%；

4 防护等级不应低于 IP54。

A.3.5 热量表及流量计应符合下列规定：

1 热量表应符合现行行业标准《热量表》CJ 128 的有关规定；

2 流量计准确度不应低于 2 级；

3 流量计和热量表应具有标准信号输出或具有标准通信接口及采用标准通信协议。

A.3.6 温度计及压力表应符合下列规定：

1 温度计准确度等级不应低于1.5级，压力表准确度等级不应低于2级；

2 温度计及压力表应按被测参数的误差要求和量程范围选用，最高测量值不应超过仪表上限量程值的70%。

A.3.7 电动调节阀及执行器配置应符合下列规定：

1 调节阀应具有对数流量特性或线性流量特性，电压等级宜为交流或直流24 V；

2 电动调节阀应具有手动调节装置；

3 电动调节阀应按系统的介质类型、温度和压力等级选定阀体材料；

4 阀门可调比率不应低于30%，当不能满足要求时应采用多阀并联；

5 电动调节阀在调节过程中的阀权度不应低于0.3，且不得发生汽蚀现象；

6 蒸汽系统中使用的电动调节阀应具有断电自动复位关闭的功能；

7 外壳防护等级不应低于IP54；

8 电动调节阀应具有阀位反馈功能。

A.3.8 变频器配置应符合下列规定：

1 变频器应符合现行国家标准《调速电气传动系统　第2部分：一般要求低压交流变频电气传动系统额定值的规定》GB/T 12668.2的有关规定；

2 变频器应满足电机容量和负载特性的要求；

3 变频器宜配置进线谐波滤波器，谐波电压畸变率应符合现行国家标准《电能质量　公用电网谐波》GB/T 14549的有关规定；

4 变频器的额定值应符合下列要求：

1） 功率因数$\cos\phi$应大于0.95；

2） 频率控制范围应为0 Hz～50Hz；

3） 频率精度应为0.5%；

4） 过载能力应为110%、最小60 s；

5） 防护等级不应低于IP20；

5 变频器应有下列保护功能：

1） 过载保护；

2） 过压保护；

3） 瞬间停电保护；

4） 输出短路保护；

5） 欠电压保护；

6） 接地故障保护；

7） 过电流保护；

8） 内部温升保护；

9） 缺相保护；

6 变频器应具有模拟量及数字量的输入输出(I/O)信号，所有模拟量信号应为国际标准信号；

7 操作面板应有下列功能：

1） 变频器的启动、停止；

2） 变频器参数的设定控制；

3） 显示设定点和参数；

4） 显示故障并报警；

5） 变频器前的操作面板上应设有文字说明。

A.3.9 现场控制柜体配置应符合下列规定：

1 控制柜应符合现行国家标准《低压成套开关设备和控制设备 第1部分：型式试验和部分型式试验成套设备》GB 7251.1～《低压成套开关设备和控制设备 第4部分：对建筑工地用成套设备（ACS）的特殊要求》GB 7251.4和《外壳防护等级（IP代码）》GB 4208的有关规定；

2 柜体防护等级不得低于IP41；

3 绝缘电压不应小于1 000 V；

4 防尘应采用正压风扇和过滤层；

5 对于装有变频的现场控制柜，柜门上应设置可调节各种参数变频调速用旋钮，并应安装有电压表、电流表、电机启停/急停控制按钮、信号灯、故障报警灯、电源工作指示灯等；

6 根据工艺要求应具备本柜控制、机旁就地控制、计算机控制多地控制选择功能，并应具备无源开关量外传监控信号；电源、电机启停/急停、故障报警信号触头容量不应小于5 A；

7 柜内宜设置散热与检修照明、门控照明灯、联控排风扇等；

8 在环境温度0 ℃～30 ℃，相对湿度90%的条件下应能正常工作。

A.4 供热系统自动化仪表工程安装

A.4.1 现场控制柜安装应符合下列规定：

1 应符合现行国家标准《低压成套开关设备和控制设备 第1部分：型式试验和部分型式试验成套设备》GB 7251.1和《低压成套开关设备和控制设备 第4部分：对建筑工地用成套设备（ACS）的特殊要求》GB 7251.4的有关规定；

2 控制柜应远离高温热源、远离强电柜和强电电缆；

3 控制柜应远离易燃易爆物品，当受条件限制安装在易燃易爆环境中时，控制元件应加装防爆隔离装置；

4 安装位置应通风良好；

5 现场控制柜内强电弱电系统应独立设置，并且应有良好的接地。

A.4.2 电缆安装应符合下列规定：

1 电缆应符合现行国家标准《额定电压1 kV（Um＝1.2 kV）到35 kV（Um＝40.5 kV）挤包绝缘电力电缆及附件 第1部分：额定电压1 kV（Um＝1.2 kV）和3 kV（Um＝3.6 kV）电缆》GB/T 12706.1和《额定电压1 kV（Um＝1.2 kV）到35 kV（Um＝40.5 kV）挤包绝缘电力电缆及附件 第3部分：额定电压35 kV（Um＝40.5 kV）电缆》GB/T 12706.3的有关规定；

2 信号线应采用屏蔽电缆；

3 强电线和弱电线应安装在不同的线槽内；

4 信号线应采用屏蔽线，单独穿管或布于走线槽内；

5 电缆接线应符合现行国家标准《电力电缆导体用压接型铜、铝接线端子和连接管》GB/T 14315的有关规定；控制电缆端子板应设置防松件，并应采用格栅分开不同电压等级的端子；电缆端子部应有明显的相序标记、接线编号，电线和电缆线应进行分色，控制柜内部元器件的接线应采用双回头线压接，控制柜内塑铜线不得有裸露部分。

A.4.3 仪表设备安装应符合下列规定：

1 温度传感器/变送器：

1） 室外温度传感器应安装于室外靠北侧、远离热源、通风良好，防雨、没有阳光照射到的位置；

2） 温度传感器准确度等级不应低于0.5级；

3） 管道内安装的温度传感器热响应时间不应大于25 s，室外或室内安装的温度传感器热响应时间不应大于150 s；

4） 防护等级不应低于IP65；

5） 除产品本身配置不允许拆装外，温度传感器应能在线拆装；

6） 室内温度传感器应安装于通风情况好、远离热源、没有阳光直射的位置。

2 当热计量装置和流量计的安装没有特别说明时，上游侧直管段长度应大于或等于 5 倍管径，下游侧直管段长度应大于或等于 2 倍管径；

3 压力变送器：

1） 压力测量范围应满足被测参数设计要求，最高测量值不应大于设计量程的 70%，传感器测量准确度等级不应低于 0.5 级；

2） 过载能力不应低于标准量程的 2.5 倍；

3） 12 个月漂移量应为 URL 的±0.1%；

4） 防护等级不应低于 IP65。

附录B 锅炉房集中监控系统

B.1 系统结构及功能

B.1.1 燃煤锅炉房监控系统包括燃烧控制、上煤除渣控制等(图 B.1.1)。

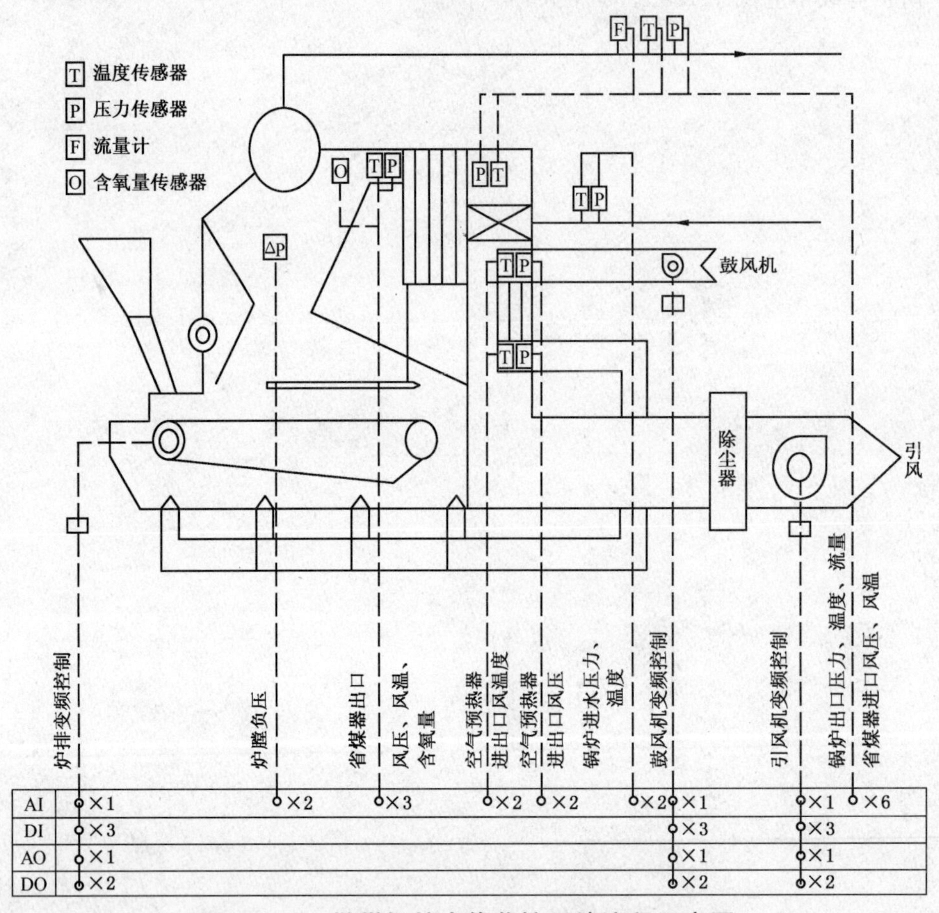

图 B.1.1 燃煤锅炉本体监控系统流程示意图

B.1.2 锅炉房集中监控系统包括多台锅炉群控、水系统监控等(图 B.1.2)。

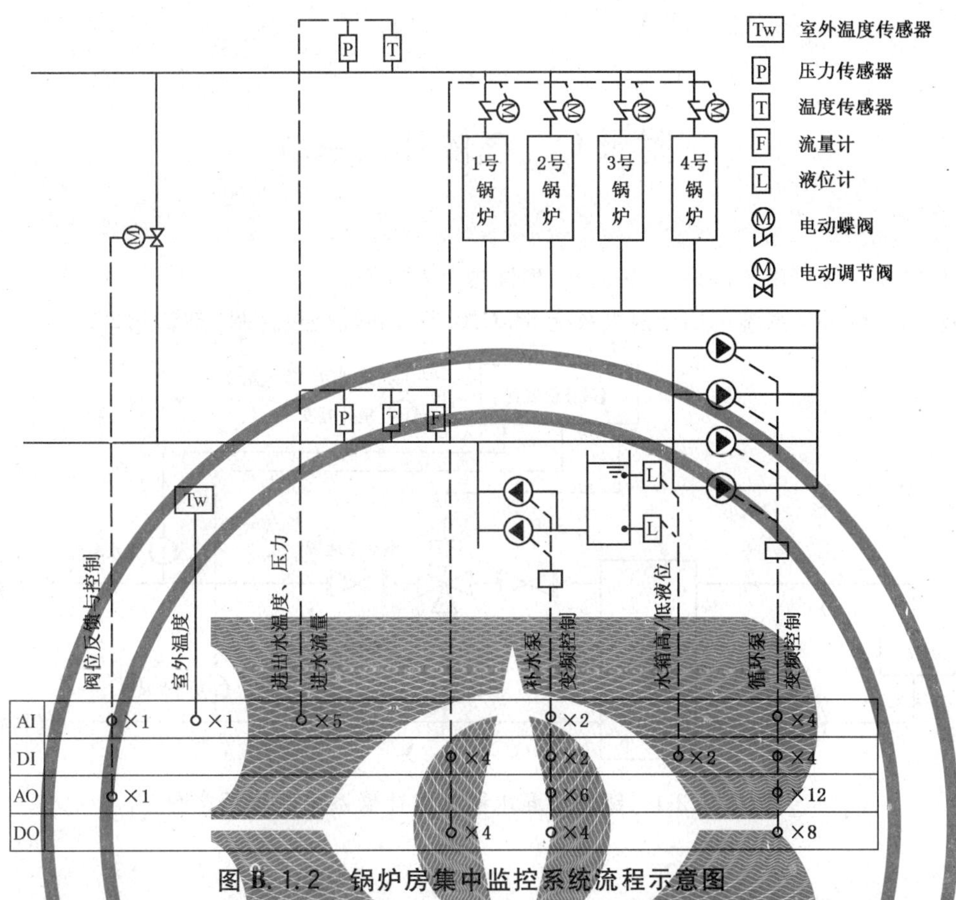

图 B.1.2 锅炉房集中监控系统流程示意图

B.1.3 锅炉房集中监控应具有下列功能：

1 燃煤锅炉鼓风机、引风机、炉排应设置变频装置，应实现电气连锁，并应能按供热量自动调节风煤比；

2 当间接连接的供热系统多台锅炉并联运行时，应能自动关闭不运行的锅炉水系统；

3 应能对系统的供水温度实现室外气候补偿控制；

4 应能提供不同的供水温度，实现分时分区控制；

5 燃气(油)锅炉控制宜具有分档调节或比例调节功能；

6 应能实现系统定压补水功能；

7 应能实现适合供热系统特点的循环水流量调节。

B.2 硬件设备配置

B.2.1 监控中心设备配置应包括服务器、操作员站、工程师站、不间断电源、交换机、路由器等。

B.2.2 现场设备配置应包括控制柜、通信设备、各种传感器和变送器、执行器和变频器、电动阀、电磁阀等。

附录C 气候补偿系统

C.0.1 气候补偿系统可用于锅炉房、热力站、楼栋热力入口等。

C.0.2 锅炉房气候补偿系统可用于混水系统(图 C.0.2-1)和燃烧机控制(图 C.0.2-2)。

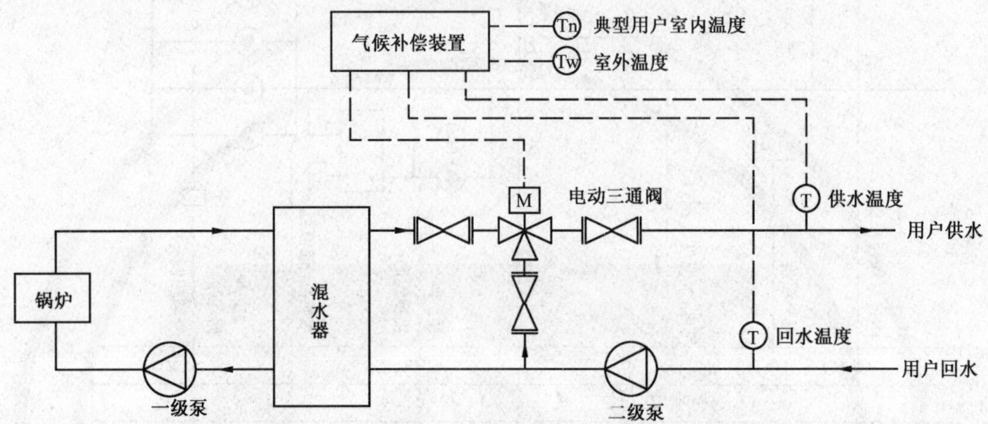

图 C.0.2-1 锅炉房混水器气候补偿系统流程示意图

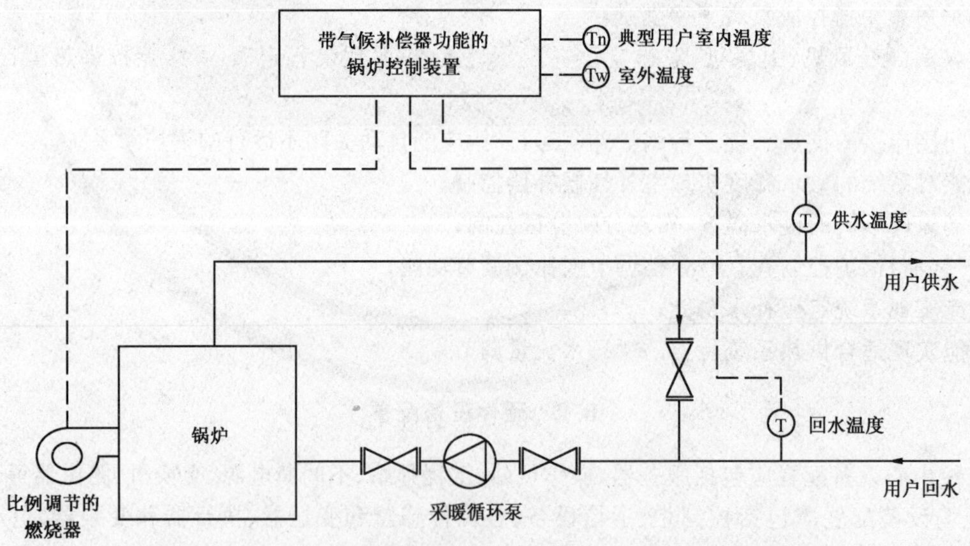

图 C.0.2-2 锅炉房燃烧机控制气候补偿系统流程示意图

C.0.3 热力站气候补偿系统可用于水-水换热系统三通阀门方式(图 C.0.3-1)、水-水换热系统两通阀门控制方式(图 C.0.3-2)、水-水换热系统一次侧分布式变频方式(图 C.0.3-3)和汽-水换热方式(图 C.0.3-4)。

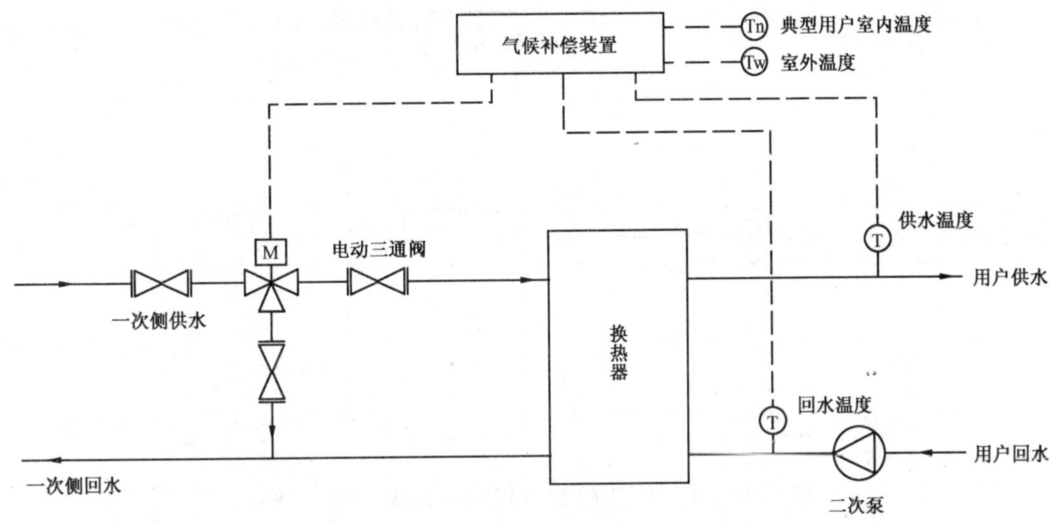

图 C.0.3-1 水-水换热系统采用电动三通分流阀气候补偿系统流程示意图

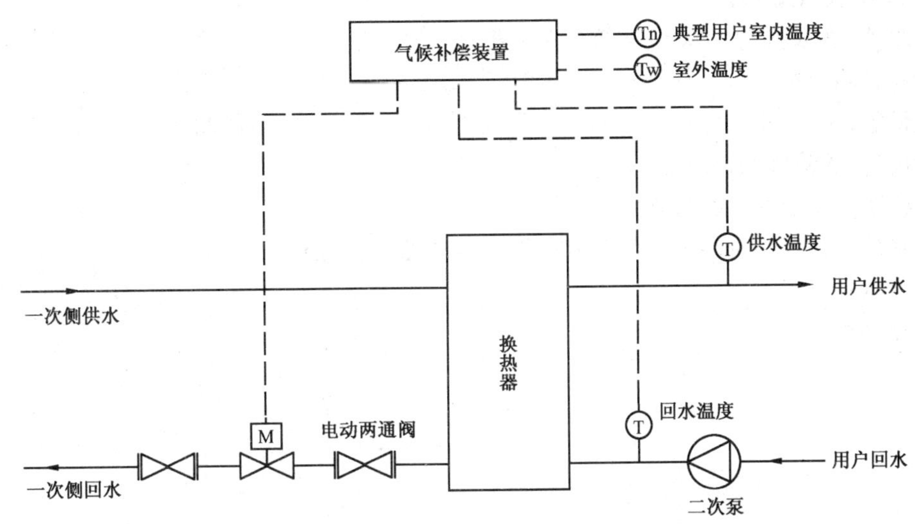

图 C.0.3-2 水-水换热系统采用电动两通阀气候补偿系统流程示意图

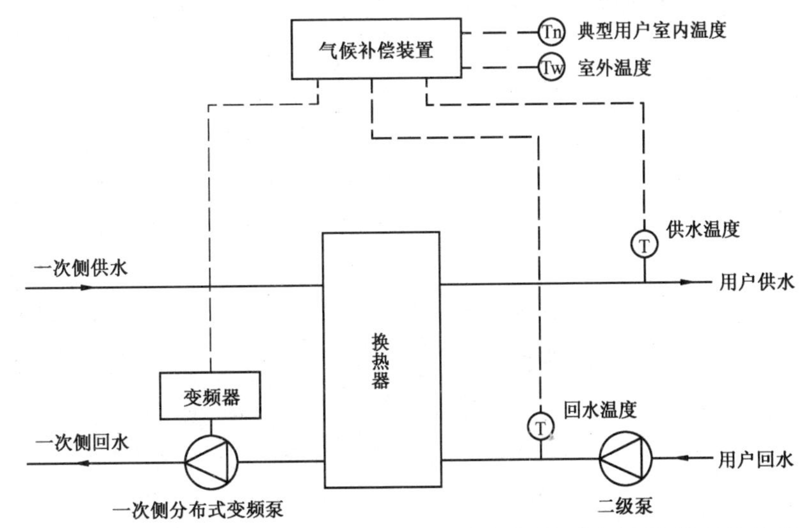

图 C.0.3-3 水-水换热系统采用一次侧分布式变频控制气候补偿系统流程示意图

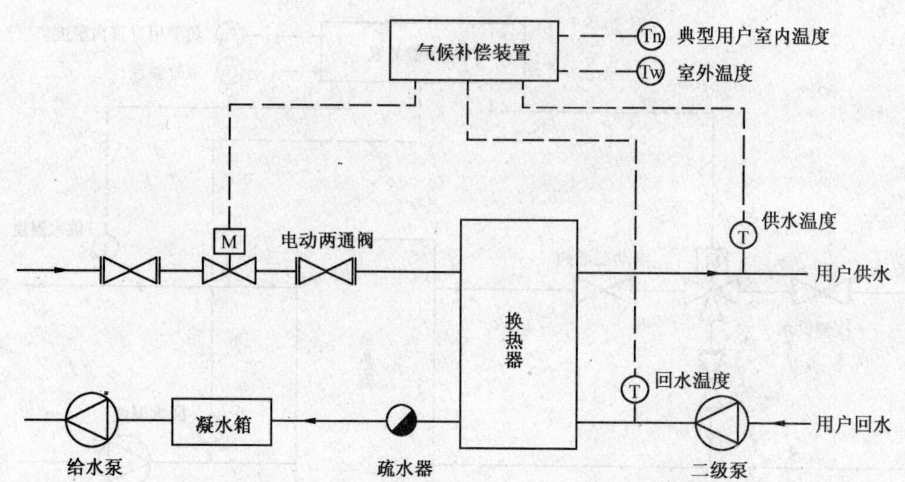

图 C.0.3-4 汽-水换热气候补偿系统流程示意图

C.0.4 气候补偿系统应具有下列功能：

1 人机对话、图文显示；

2 室外温度、供水温度、回水温度等数据采集；

3 手动和自动切换；

4 参数设置；

5 故障报警、故障查询；

6 PID或模糊控制等运算调节；

7 根据室外气候条件及用户的负荷需求的供热曲线自动调节；

8 数据存储；

9 控制器自检。

附录D　烟气冷凝回收装置

D.0.1　烟气冷凝回收装置可用于工业与民用燃气热水锅炉、蒸汽锅炉、直燃机等设备。

D.0.2　烟气冷凝回收装置应由换热器主体、烟气系统、被加热水系统或其他介质、排气与泄水装置、调节阀、温度和压力传感器等组成。

D.0.3　烟气冷凝回收装置的设置应符合下列规定：

1　应设计安装在靠近锅炉尾部出烟口处，并应设置独立支撑结构；

2　宜设置旁通烟道，当不具备设置旁通烟道时，应采取防止被加热水干烧的措施；

3　应设烟气冷凝水排放口，并应对冷凝水收集处理；

4　装置最高点应设置自动排气阀，最低点应设置泄水阀；

5　宜设置安全阀。

D.0.4　烟气冷凝回收装置的选型应符合下列规定：

1　应选用耐腐蚀材料，并应满足锅炉设备使用寿命和承压要求；

2　装置的烟气阻力应小于100 Pa，不得影响锅炉的正常燃烧和原有出力；

3　装置的承压能力应满足热水系统的压力要求。

D.0.5　烟气冷凝回收装置安装测试内容及数据记录应按表D.0.5的规定执行。

表D.0.5　烟气冷凝回收装置安装测试内容及数据记录

项目	流量（m^3）	温度（℃）			压力（Pa）			热量（MJ）	备注
		进口	出口	温差	进口	出口	阻力		
烟气	—							—	
被加热水									回收热量
燃气（油）		—	—	—	—	—	—		输入热量
锅炉供热量					—	—	—		输出热量

D.0.6　烟气冷凝回收装置安装测试使用的测试仪表应符合下列规定：

1　被加热水流量测试应采用超声波流量计；

2　水温测试应采用铂电阻温度计，烟气温度测试应采用热电偶；

3　烟气压力测试应采用U型压力计，被加热水测试应采用压力表；

4　被加热水热量和锅炉供热量测试应采用超声波热量表。

附录E　分时分区控制系统

E.0.1　分时分区控制系统可用于不同供暖需求、不同用热规律的建筑物(图E.0.1)。

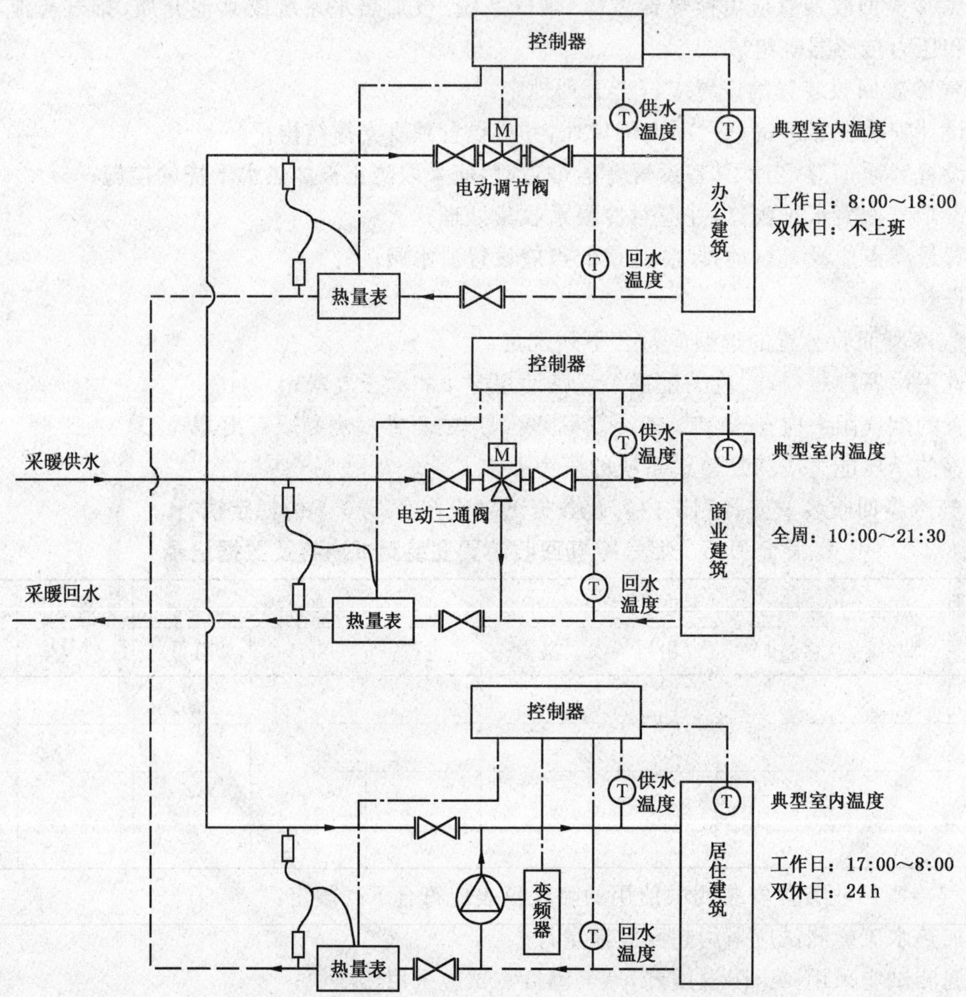

图E.0.1　分时分区控制系统流程示意图

E.0.2　分时分区控制系统应具备自动分时分区按需供热功能、防冻保护功能、全自动调节功能、手动调节功能、多时段功能、故障保护功能和通信功能。

附录F 管网水力平衡优化

F.0.1 水力平衡优化应符合下列规定：

1 优化管网布局及调整管径应使并联环路之间压力损失相对差额的计算值达到最小；

2 在干、支管道或换热末端处应设置水力平衡及调节阀门；

3 在经济技术比较合理前提下，一次管网可采用分布式变频泵方式；

4 在经济技术比较合理前提下，二次管网可采用末端混水方式。

F.0.2 水力平衡装置及调控阀门的选用应根据下列条件确定：

1 供热管网形式；

2 供热管网运行调节模式；

3 热计量及温控形式；

4 设计流量、压差；

5 产品的相关技术参数。

F.0.3 水力平衡调节阀门的应用应符合下列原则：

1 水力平衡阀应用于定流量系统、部分负荷时压差和流量变化较小的变流量系统，不应用于部分负荷时压差和流量变化较大的变流量系统；

2 自力式流量控制阀应用于特定位置流量恒定的定流量系统，不应用于变流量系统；

3 自力式压差控制阀应用于部分负荷时压差和流量变化较大的变流量系统、被改造为变流量系统的定流量系统，或其他需要维持系统内某环路资用压差相对恒定的场合；

4 动态压差平衡型电动调节阀可用于变流量系统的末端温控，或其他需兼顾水力平衡与控制的场合。

F.0.4 对于下列情况，可通过增加楼前混水装置(图F.0.4)进行调节：

1 建筑供暖系统供水温度、供回水温差及资用压差参数与供热管网不符，且条件受限，无法实现建筑内采暖系统与供热管网间接连接时；

2 实现供热管网大温差小流量、楼内供暖系统小温差大流量用热时；

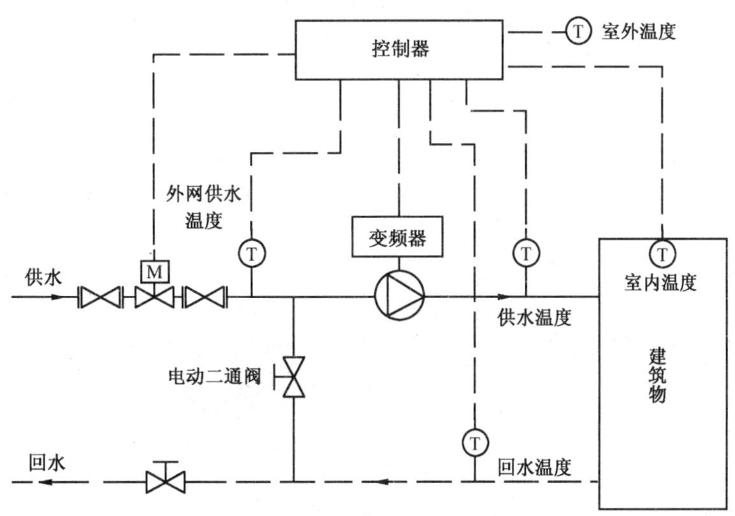

图F.0.4 楼前混水系统示意图

3 供热系统水力失衡。

本规范用词说明

1 为便于在执行本规范条文时区别对待，对要求严格程度不同的用词说明如下：

1） 表示很严格，非这样做不可的用词：

正面词采用"必须"，反面词采用"严禁"；

2） 表示严格，在正常情况下均应这样做的用词：

正面词采用"应"，反面词采用"不应"或"不得"；

3） 表示允许稍有选择，在条件许可时首先应这样做的用词：

正面词采用"宜"，反面词采用"不宜"；

4） 表示有选择，在一定条件下可以这样做的用词，采用"可"。

2 条文中指明应按其他有关标准执行的写法为："应符合……的规定"或"应按……执行"。

引用标准名录

1 《锅炉房设计规范》GB 50041

2 《自动化仪表工程施工及质量验收规范》GB 50093

3 《锅炉安装工程施工及验收规范》GB 50273

4 《建筑节能工程施工质量验收规范》GB 50411

5 《工业锅炉水质》GB/T 1576

6 《外壳防护等级(IP 代码)》GB 4208

7 《低压成套开关设备和控制设备》GB 7251.1～7251.4

8 《工业锅炉热工性能试验规程》GB/T 10180

9 《调速电气传动系统 第 2 部分：一般要求低压交流变频电气传动系统额定值的规定》GB/T 12668.2

10 《额定电压 1 kV(Um=1.2 kV)到 35 kV(Um=40.5 kV)挤包绝缘电力电缆及附件 第 1 部分：额定电压 1 kV(Um=1.2 kV)和 3 kV(Um=3.6 kV)电缆》GB/T 12706.1

11 《额定电压 1 kV(Um=1.2 kV)到 35 kV(Um=40.5 kV)挤包绝缘电力电缆及附件 第 3 部分：额定电压 35 kV(Um=40.5 kV)电缆》GB/T 12706.3

12 《电力电缆导体用压接型铜、铝接线端子和连接管》GB/T 14315

13 《电能质量 公用电网谐波》GB/T 14549

14 《通风机能效限定值及能效等级》GB 19761

15 《严寒和寒冷地区居住建筑节能设计标准》JGJ 26

16 《居住建筑节能检测标准》JGJ/T 132

17 《供热计量技术规程》JGJ 173

18 《公共建筑节能检测标准》JGJ/T 177

19 《采暖通风与空气调节工程检测技术规程》JGJ/T 260

20 《城镇供热管网工程施工及验收规范》CJJ 28

21 《城镇供热管网设计规范》CJJ 34

22 《城镇供热系统节能技术规范》CJJ/T 185

23 《热量表》CJ 128

中华人民共和国国家标准

供热系统节能改造技术规范

GB/T 50893—2013

条 文 说 明

制 订 说 明

《供热系统节能改造技术规范》GB/T 50893—2013 经住房和城乡建设部 2013 年 8 月 8 日以住房和城乡建设部第 111 号公告批准、发布。

为便于广大设计、施工、科研、院校等单位有关人员在使用本规范时能正确理解和执行条文规定,《供热系统节能改造技术规范》编制组按章、节、条顺序编制了本规范的条文说明,对条文规定的目的、依据以及执行中需注意的有关事项进行了说明。但是,本条文说明不具备与规范正文同等的法律效力,仅供使用者作为理解和把握规范规定的参考。

1 总 则

1.0.1 《中华人民共和国节约能源法》规定,节约资源是我国的基本国策。国家实施节约与开发并举、把节约放在首位的能源发展战略。根据《关于进一步深入开展北方采暖地区既有居住建筑供热计量及节能改造工作的通知》(财建[2011]12号)的精神,对实行集中供热的建筑分步骤实行供热分户计量、按照用热量收费的制度。新建建筑或者对既有建筑进行节能改造,应当按照规定安装用热计量装置、室内温度调控装置和供热系统调控装置。需要制定相应的技术标准来规范和监督供热系统节能改造工作。

1.0.3 以热电厂为热源的集中供热系统一般包括:热电厂首站、一级供热管网、热力站、二级供热管网及建筑物内供暖系统;以区域锅炉房为热源的集中供热系统一般包括:锅炉房、一级供热管网、热力站、二级供热管网及建筑物内供暖系统。锅炉房包括:燃煤锅炉房、燃气(油)锅炉房;锅炉介质包括:蒸汽、热水。

1.0.4 供热系统节能查勘工作包括:收集、查阅相关技术资料;到现场查勘供热系统的配置、运行情况及进行必要的节能检测工作等。

1.0.5 供热系统节能改造是一个系统工程,必须全面统筹进行,应以供热系统为单元开展工作。

2 术 语

2.0.1 供热集中监控系统是对供热系统运行参数实现集中监测,根据负荷变化自动调节供热量,具有气候补偿、分时分区控制和锅炉房集中监控等功能中的一种或多种,可实现按需供热。对系统故障及时报警,确保安全运行;健全运行档案,达到量化管理,全面实现节能目标。

2.0.2 锅炉房集中监控系统具有监测锅炉或热源厂运行的所有参数及控制功能,例如燃煤锅炉鼓风机、引风机、炉排的变频控制、单台或多台锅炉安全经济、联合运行的控制等。

2.0.3 气候补偿系统是根据室外气候条件及用户负荷需求的变化,通过自动控制技术实现按需供热的一种供热量调节技术。气候补偿系统是独立的或集成在供热自动控制系统软件中一个功能模块的技术,根据室外温度的变化及用户不同时段的室温需求,按照设定的"供水温度-室外温度"的供热曲线,自动调节供水温度符合设定值,然后按照规定的控制算法,通过电动调节阀或风机、水泵频率器等执行机构来调节供水温度,实现按需供热的一种节能技术。该技术能否起到节能作用的关键是应具备合理的调节策略,这也是气候补偿系统应用需特别注意的问题。

2.0.4 分时分区控制系统是通过可编程控制器、传感器和相应的执行机构,自动控制不同供暖需求、不同用热规律建筑物的供热量。在集中供热系统中存在居住建筑、办公楼、学校、大礼堂、体育场、工厂、商场等用热规律、用热需求不一致的供暖用户,或在同一建筑物内存在用热需求不一致的区域,在保证连续供暖用户正常供热的同时,采用分时分区控制系统,按不同地区、时段和用热需求进行供热量调节,实现按需供热,节约能源。

2.0.5 烟气冷凝回收技术是通过在燃气(油)锅炉尾部增设烟气冷凝换热装置,降低排烟温度,回收利用排烟显热和烟气中水蒸气凝结时放出的汽化潜热的节能技术。

2.0.6 保持一定的锅炉负荷率是经济运行的基本保证,尤其是燃煤锅炉。

2.0.7 节能率是考核进行节能改造后的节能效果的计算方法,当实际的供暖期度日数与设计的度日数出入较大时,可对节能率进行修正。度日数是在供暖期内,室内温度18 ℃与当年供暖期室外平均温度的差值,乘以当年供暖期天数。

2.0.13 补水比用于日常监测,是控制供热系统每日的补水量,让运行人员知道正常运行时,每日的补水量不应超过某个数。

3 节能查勘

3.1 一般规定

3.1.1 由于供热系统的设计年限不同,热源设备、系统的能效不同及供热企业管理的水平不同,影响各供热系统能耗高的关键问题可能有所不同。在进行节能改造时首先查阅设计图纸,了解维修改造记录、运行记录等技术文件;到现场查勘供热系统配置,了解运行情况;对供热系统热源、供热管网、热力站及建筑物内供暖系统进行必要的节能检测,找出影响能耗高的关键问题,是节能改造的先导工作。本章列出需要收集、查阅近1年～2年的资料。

3.1.2 热源设备主要指锅炉,规定单台设备负荷率大于50%时检测。这是因为当单台设备负荷率大于50%、燃煤锅炉的日平均运行负荷率达60%以上,燃气(油)锅炉的瞬时运行负荷率达30%以上,锅炉日累计运行小时数在10 h以上时,各项参数趋于稳定,检测数据比较接近设计工况。

3.1.3 所列相关国家现行标准对供热系统各项参数的检测方法有具体规定,本规范不再重复。

3.2 热电厂首站

3.2.1 热电联产是发展集中供热的根本途径。供热机组有"背压式供热机组"、"抽汽式供热机组";也有采用"凝汽式机组"循环水供热方式。热电厂在"首站"设置专为供热系统用的加热器、循环水泵等设备。节能查勘工作主要针对"首站"内的设备。

3.2.2 热电厂首站节能现场查勘记录。

1 对于严寒、寒冷地区,当采用单台背压式或抽汽式供热机组供热时,了解是否有备用汽源;当采用凝汽式机组冷凝器循环水供热时,了解凝汽式机组型号、台数及凝汽器真空度等;

4 凝结水回收方式指开式或闭式。

3.2.3 热电厂首站节能改造节能检测内容。

3 补水水质:当由热电厂水处理设备供给时,认为合格,可不检测;

4 当由热电厂厂用电供给时,认为合格,可不检测。

3.3 区域锅炉房

3.3.1 投入供热时间较长的供热系统,由于运行中用户热负荷的增减,与最初设计院图纸会有很大变化,需要进行现场调查,才能确定比较准确的供热范围、供热面积等。热用户类型指:居民小区、政府机关、科研单位、学校、医院、宾馆、饭店、商场、体育场馆、工业企业等。负荷特性指:用户在供暖期内、一日内的负荷变化规律。

3.3.2 锅炉房配置燃煤、燃气(油)不同类型锅炉及热媒介质为热水或蒸汽时,应分别进行查勘。

1 当锅炉房配备电热水锅炉时,查勘还包括:电热水锅炉的蓄热水箱容积及蓄热水温度;电热水锅炉的运行时间段:电锅炉在谷电阶段蓄热量能否满足平峰用电时间段用热需求。其中谷用电时间段:22:00～次日5:00;峰用电时段:7:30～11:30和17:00～21:00;其余时段为平时段,共9 h;

6 补水定压方式包括:高位膨胀水箱、常压密闭式膨胀水箱、隔膜式压力膨胀水罐、补水泵和气压罐等;

8 一级供热管网供热量调节方式:

2)、3) 循环水泵、鼓、引风机及炉排是否有变频调速装置;

4) 供热系统采用了哪些自动控制技术;锅炉控制方式指单台锅炉控制、多台锅炉计算机集中控制等方式;供热量调节方式包括锅炉出力的调节及对热用户分区、分温、分时段的供热量调节方式等;

5) 指供暖期连续运行或调峰；

6) 其他耗能设备调节方式包括：锅炉运煤、除灰、除渣；皮带运输机、碎煤机、磨煤机、除渣机、灰渣泵等的调节方式；

9 供热量计量仪表的查勘为本规范第5章的节能改造提供依据；

11 一级供热管网系统划分包括：各支路及高低区划分等；

12 热回收设备包括：空气预热器、省煤器、排污余热利用装置等；已采取的节能措施包括：烟气冷凝回收装置、变频装置、分层燃烧、凝结水回收利用等。

3.3.3 对供暖系统主要耗能设备的节能检测是为本规范第4章衡量主要耗能设备耗能情况提供依据。

1 锅炉：

1) 对于燃煤锅炉，燃料输入计量应包括"整车过秤、皮带、炉前"计量；

6) 炉膛温度、过量空气系数（烟气含氧量）、炉膛负压、排烟温度、灰渣可燃物含量可按锅炉房监测数据或按《工业锅炉热工性能试验规程》GB/T 10180 检测；如有锅炉烟气环境监测报告，可作为参考；

2 如循环水泵已进行了变频改造，在工频工况下进行检测；

4 供配电系统为用电设备提供动力，用电设备的耗电量可以反映运行是否合理、节能；变压器负载率在60%～70%的范围时，为合理节能运行状况；功率因数补偿应符合设计和当地供电部门的要求；用电设备周期性负荷变化较大时，是否有可靠的无功补偿调节方式；大量的谐波将威胁供配电系统的安全运行，尤其是有多台变频设备存在的系统应特别注意；

5 如循环水泵、鼓、引风机等转动设备已进行了变频改造，在工频工况下进行检测。

3.4 热力站

3.4.1 投入供热时间较长的供热系统，由于运行中用户热负荷的增减，与最初设计院图纸会有很大变化，需要进行现场调查，才能确定比较准确的供热范围、供热面积等。用热单位类型指：居民小区、政府机关、科研单位、学校、医院、宾馆、饭店、商场、体育场馆、工业企业等。

5 热力站连接形式包括间接连接、混水连接和直接连接。

3.4.2 热力站节能改造现场查勘记录内容。

1 换热设备类型注明：板式、壳管式、浮动盘管式等；额定参数包括：一次水设计供回水温度、压力，二次水设计供回水温度、压力，额定供热量及传热系数等；

2、3 热力站内水泵包括：一级供热管网分布式加压循环水泵等；

5、6 补水定压方式包括：高位膨胀水箱、常压密闭式膨胀水箱、隔膜式压力膨胀水罐、补水泵和气压罐等；

8 二级供热管网供热量调节方式包括：热力站是否装有气候补偿、分时分区控制系统；

10 供配电系统：

5) 一级分布式加压循环水泵、二级循环水泵是否分项计量；分项计量循环水泵及补水泵耗电、照明等用电，有利于加强热力站的管理，降低电耗；

11 二级供热管网系统划分指：环路划分、高低区划分等情况；

12 如循环水泵变频、气候补偿、分时分区控制系统等。

3.4.3 热力站节能改造节能检测内容。

2 二级供热管网循环水泵流量检测：应注明供、回水之间有无混水流量控制。

3.5 供热管网

3.5.1 供热管网节能改造收集、查阅资料。

4 供热管网类型指：一级供热管网、二级供热管网；枝状供热管网、环状供热管网或多热源供热管网；介质类型指：蒸汽或热水；负荷类型指：供暖、生活热水、生活用汽或工艺用汽等；

6 一级供热管网与热力站的连接方式、二级供热管网与用户的连接方式指：直接连接，间接连接，混水连接。

3.5.2 供热管网节能改造现场查勘记录内容。

1 管道敷设方式包括：地沟、直埋、架空敷设；

2 检查室、管沟工作环境包括：管沟内是否存水、支架是否牢固、沟壁有无坍塌；供热管网主保温材料、保温层状况：有无脱落、是否潮湿；

4 调控阀门工作状况：开启是否灵活、有无漏水；

5 已采取的节能措施包括：加强保温、增加平衡阀等。

3.5.3 供热管网节能检测内容。

1 管道外表面温度：可以反映供热管网保温层的有效程度；

2 热力站内一级供热管网供水温度、流量：用于计算一级供热管网的水力平衡度；

3 用户热力入口供水温度、流量：用于计算二级供热管网的水力平衡度。

3.6 建筑物供暖

3.6.2 建筑物供暖节能改造现场查勘内容。

1 建筑物围护结构保温状况、门窗类型：是影响建筑能耗的主要因素；

2 热力入口位置、环境、保温状况：安装在地下室、首层楼梯间或管沟内，有无积水、保温层是否完好，直接影响计量器具的正常工作；

3 热力入口与供热管网的连接方式包括：直接连接、间接连接、混水连接；

5 供暖系统形式包括：共用立管一户一环、传统单管串联、上行下给双管；

6 室内供暖设备类型包括：散热器的材质、地面辐射采暖管道的材质及热风采暖、大空间辐射采暖设备的类型；

7 用户热分摊方式包括：热量表法、通断时间面积法、散热器分配计法、流温法、温度面积法等；室内温控包括：分户控温、分室控温。

3.6.3 建筑物供暖节能改造检测内容。

1 检测室内温度是为了判断热用户是属于多供还是欠供、判断末端水力平衡情况、室内采暖系统是否需要改造的主要依据。

4 节能评估

4.1 一般规定

4.1.1 明确“供热系统节能评估”工作的内容。供热系统节能评估工作不仅要对现有运行指标进行合格判定和评价，更重要的是要对不合格指标进行原因分析，并针对性地提出改造建议，做到对症下药。

4.1.2 供热系统的主要能耗，主要设备能效和主要参数控制水平三个方面的指标基本涵盖了供热系统节能挖潜的各个方面，其指标的大小也基本反映了供热系统的能耗水平和节能潜力。如单位供热面积的燃料消耗（热，煤、气、油）、水耗和电耗是评估供热系统能耗水平的关键指标。锅炉运行热效率、循环水泵实际运行效率、换热设备换热性能是评估供热系统关键设备的运行能效的关键指标。

4.2 主要能耗

4.2.1 本章所提到的“不合格”项，不一定进行节能改造，是否进行节能改造应进行经济技术分析，确定需要改造时应提出相应的节能改造建议。

单位供热量燃料消耗量可按锅炉房整体计算。

表 4.2.1:锅炉平均效率是影响该指标的主要因素。一般来说,对于燃煤锅炉,容量大小对效率影响很大,但是调研表明对于 14 MW 及以上锅炉来说,70%是一个较为容易实现的数值,对于 14 MW 以下的小锅炉,其平均效率可能达不到70%,因此,燃煤锅炉平均效率统一按 70%核算。对于燃气(油)锅炉来说,锅炉容量对效率几乎没有影响,因此统一按 90%核算,其中燃气热值按 8 500 kcal/Nm^3,燃油热值按 10 000 kcal/kg 核算。为防止检测时间过短,一些偶然因素造成较大的误差或不能充分反映锅炉实际运行状况,保证检测时间连续且持续时间不小于 48 h(2 d)。

4.2.2 锅炉房供热:供暖期供暖建筑单位面积燃料消耗量、耗电量可按锅炉房整体计算。

1 供暖建筑单位面积燃料消耗量合格指标:按寒冷地区、严寒地区节能居住建筑分别给出;表 4.2.2-1:合格指标是对热源处计量能耗的统计,其影响因素很多,包括不同纬度地区、不同围护结构状况、不同供热天数等,表内数值是结合不同地区的调研数据给出的,其中以节能居住建筑为主、供暖期相对较短的供热系统取下限值,以非节能建筑为主、供暖期长的取上限值;同样,燃煤锅炉平均效率按 70%,燃气(油)锅炉平均效率按 90%核算,燃气热值按 35 565 kJ/Nm^3(8 500 kcal/Nm^3),燃油热值按 41 841 kJ/kg(10 000 kcal/kg)核算;

2 供暖建筑单位面积耗电量合格指标:按寒冷地区、严寒地区节能居住建筑分别给出;表 4.2.2-2:燃煤锅炉配备鼓、引风机,输煤等辅机,耗电量相比燃气(油)锅炉房高,不同热源的合格指标是根据调研数据统计给出。寒冷地区和严寒地区由于供热运行天数不同,合格指标有所不同。

4.2.3 供暖建筑单位面积耗热量合格指标:按寒冷地区、严寒地区节能建筑分别给出。《中国建筑节能年度发展研究报告 2011》给出了我国北方省份供暖需热量的一个状况分布,如表 1 所示,可供参考。

表 1 北方地区供暖需热量状况分布

地区	需热量范围[GJ/(m^2·a)]	平均需热量[GJ/(m^2·a)]	分布范围[GJ/(m^2·a)]			
北京	0.18～0.45	0.30	0.3～0.45	0.25～0.3	0.2～0.25	<0.2
			5%	70%	13%	12%
天津	0.18～0.45	0.29	0.3～0.45	0.25～0.3	0.2～0.25	<0.2
			8%	74%	9%	9%
河北	0.15～0.5	0.32	0.4～0.5	0.3～0.4	0.2～0.3	0.15～0.2
			5%	75%	13%	7%
山西	0.2～0.5	0.32	0.4～0.5	0.3～0.4	0.2～0.3	—
			4%	87%	9%	—
内蒙古	0.3～0.7	0.48	0.5～0.7	0.4～0.5	0.3～0.4	—
			3%	87%	10%	—
辽宁	0.2～0.55	0.36	0.45～0.55	0.35～0.45	0.25～0.35	0.2～0.25
			6%	76%	9%	9%
吉林	0.23～0.6	0.42	0.5～0.6	0.4～0.5	0.3～0.4	0.23～0.3
			4%	80%	10%	6%
黑龙江	0.25～0.7	0.48	0.55～0.7	0.4～0.55	0.3～0.4	0.25～0.3
			7%	83%	9%	1%
山东	0.2～0.4	0.27	0.3～0.4	0.25～0.3	0.2～0.25	—
			3%	76%	21%	—

表 1（续）

地区	需热量范围[GJ/(m²·a)]	平均需热量[GJ/(m²·a)]	分布范围[GJ/(m²·a)]			
河南	0.13～0.35	0.24	0.3～0.35	0.25～0.3	0.2～0.25	0.13～0.2
			3%	76%	15%	6%
西藏	0.3～0.8	0.44	0.5～0.8	0.4～0.5	0.3～0.4	—
			4%	77%	19%	—
陕西	0.2～0.5	0.30	0.3～0.5	0.25～0.3	0.2～0.25	—
			3%	84%	13%	—
甘肃	0.2～0.55	0.36	0.4～0.55	0.35～0.4	0.25～0.35	—
			5%	84%	11%	—
青海	0.25～0.9	0.47	0.55～0.9	0.4～0.5	0.3～0.4	0.25～0.3
			2%	64%	23%	11%
宁夏	0.25～0.55	0.37	0.45～0.55	0.35～0.4	0.25～0.35	—
			3%	88%	9%	—
新疆	0.22～0.9	0.36	0.45～0.9	0.35～0.45	0.22～0.35	—
			4%	87%	9%	—

4.2.4 对本条说明如下：

1 补水比用于日常监测；

2 供暖建筑单位面积补水量用于供暖期考核。

《供热术语》CJJ/T 55 第7.1.27条"补水率"：热水供热系统单位时间的补水量与总循环水量的百分比。《锅炉房设计规范》GB 50041、《城镇供热管网设计规范》CJJ 34、《建筑节能工程施工质量验收规范》GB 50411、《城镇供热系统评价标准》GB/T 50627 沿用这个概念。

《采暖通风与空气调节工程检测技术规程》JGJ/T 260 第3.6.8条"补水率"：检测持续时间内，采暖系统单位建筑面积单位时间内的补水量与该系统单位建筑面积单位时间设计循环水量的比值。《居住建筑节能检测标准》JGJ/T 132 沿用这个概念。

《民用建筑供暖通风与空气调节设计规范》GB 50736 第8.11.15条：锅炉房、换热机房的设计补水量(小时流量)可按系统水容量的1%计算；《高效燃煤锅炉房设计规程》CECS 150 和《供热采暖系统水质及防腐技术规程》DBJ01-619 沿用这个概念。

由于供热系统供回水温差相差很大，即使承担相同的供热负荷，循环水量相差也很大，且有的供热系统采用变流量运行方式，以"循环流量"为基数考核补水量，有一定难度，也不是很科学；而"系统水容量"是固定值，且表征管网的规模，以此为基数考核补水量，操作性较强。本标准按"系统水容量"为基数考核供热系统补水量，由于不同标准对"补水率"的定义并不相同，容易造成混淆，为区别"补水率"的概念，用"补水比"表示。"补水比"W_V 控制供热系统每日的补水量，让运行人员知道正常运行时，每日的补水量不应超过某个数；W_A 是考核整个供暖期的"补水量"。

4.3 主要设备能效

4.3.1 锅炉运行热效率、灰渣可燃物含量、排烟温度、过量空气系数设备能效。

1 锅炉运行热效率：锅炉运行时，一般达不到额定负荷，可将表4.3.1-1给出的额定效率按负荷率修正后，再与之比较；如已进行了分层燃烧、烟气冷凝回收等节能改造的，取改造后的热效率；

2 如已进行了分层燃烧、烟气冷凝回收等节能改造，锅炉运行灰渣可燃物含量、排烟温度、过量空气系数等为改造后的；本表参考《工业锅炉经济运行》GB/T 17954、《锅炉节能技术监督管理规程》TSG G0002编制。

4.3.2 水泵实际运行效率一直不太被设计和运行人员重视，大量工程测试表明，额定效率为70%的水泵，由于选型不当，实际运行效率仅在50%左右，甚至更低，因此保证水泵在高效点工作是水泵节电的重要措施之一。第3章“收集、查阅有关技术资料”部分要求收集“相关设备技术资料、产品样本”，水泵额定工况的效率可按设计工况从水泵产品样本获得。公式(4.3.2-1)、式(4.3.2-2)为简化计算公式，未计水泵进出口高差，g 按 10 m/s^2 取值，ρ 按 1 000 kg/m^3 取值。

4.3.3 换热设备换热性能、运行阻力的规定。

1 额定工况的 kF 值为换热设备在设计工况的传热系数和换热面积的乘积，设计工况的传热系数及换热面积可从设计文件或产品样本得到。换热设备在运行过程中，由于污物堵塞、换热面结垢以及偏离设计工况运行，导致传热系数降低，换热效果变差。实际运行的 kF 值可通过检测换热设备热源侧、负荷侧进出水温度、热力站输入热量计算得到。实际的 kF 值与额定工况的 kF 值比较，可判断换热设备换热性能的变化，如堵塞、换热面结垢的程度。

2 换热设备热源侧、负荷侧运行阻力参照《城镇供热用换热机组》GB/T 28185 的规定：换热机组管路及设备压力降在设计条件下，一、二次侧均不应大于 0.1 MPa。

4.3.4 供热管网输送效率的规定。

1 一级供热管网输送效率：一般管理较好，所以要求较高；

2 二级供热管网输送效率：因与用户直接连接、布置分散，要求略低于一级供热管网。

4.3.5 按《城镇供热系统节能技术规范》CJJ/T 185 第6.0.9条文说明：保温层满足经济厚度和技术厚度的同时，应控制管道散热损失，检测沿程温度降比计算管网输送热效率更容易操作。按《设备及管道绝热技术通则》GB/T 4272 给出的季节运行工况允许最大散热损失值，计算 DN 200～DN 1200 直埋管道在介质温度 130 ℃、流速 2 m/s 时的最大沿程温降为 0.07 ℃/km～0.1 ℃/km。综合考虑各种管径的保温层厚度，地下敷设热水管道的温降定为 0.1 ℃/km。

4.4 主要参数控制

4.4.1 供水、回水温度及供水、回水温差是保证供热质量的重要参数，是节能检测必须获得的数据。锅炉房、热力站供回水温度一般可以代表供热系统的供热质量。

4.4.2 供热管网的流量比、水力平衡度的规定。

1 流量比：用户流量在合理的范围内，是保证供热质量的基本要求；

2 水力平衡度：各用户流量比在合理的范围内，是保证“均衡”供热和节能运行的基本要求。

4.4.3 供暖建筑室内温度、围护结构内表面温度的规定。

1 室内检测温度与室内设计温度的偏差应在合理的范围内，室内温度可以直接代表供热质量，是保证节能运行的基本要求；

2 围护结构内表面温度是衡量建筑物围护结构热工性能的数据，如不符合要求，必要时应对建筑物围护结构的热工性能进行检测。

4.5 节能评估报告

4.5.1 “供热系统节能评估报告”是对“供热系统节能查勘”、“供热系统节能评估”工作的书面总结，也是节能改造工作的基础，因此应涵盖查勘、评估工作的所有内容。

4.5.2 第3章的第3.2.1、3.2.2、3.3.1、3.3.2、3.4.1、3.4.2、3.5.1、3.5.2、3.6.1、3.6.2条对收集、查阅有关技术资料及到现场查勘提出了具体要求，可作为编写供热系统概述的依据。

4.5.4 节能改造工作能否做到事半功倍，关键是诊断出造成指标不合格的主要原因，从而在节能改造方案制定时做到对症下药。

4.5.6 “节能改造可行性分析及建议”是供热系统节能评估完成后，对下一步工作的指导性意见，也是节能改造是否实施，如何实施的决策依据，应综合节能需求、经济效益综合考虑，做到科学、详细、可实施。

4.5.7 预期节能改造效果是节能改造工作的最终目标，应有明确的量化指标。

5 节能改造

5.1 一般规定

5.1.1 供热热源主要包括热电厂首站和区域锅炉房。

5.1.2 改造项目的实施难度大，方案中应说明改造部位、改造内容、系统配合、实施顺序、施工标准、调试检测、运行要求。经济效益分析应说明投资回收年限。

5.1.4 目前直供系统的供热面积一般不超过100万m^2，超过这个面积的供热系统一般都采用了间接连接，热力站供热面积一般为10万m^2左右，热力站小型化已成为趋势。所以为了说明供热系统大小，采用100万m^2或10个热力站为分界线。

规模较大的供热系统，容易出现水力失调、冷热不均、管理困难等问题，采用供热集中监控系统能缓解冷热不均、保证按需供热、确保安全运行、达到量化管理、健全供热档案，全面实现节能运行。

5.1.5、5.1.6 本条规定是根据《严寒和寒冷地区居住建筑节能设计标准》JGJ 26的第5.2.9强条做出的。楼前设置热量表是作为该建筑物采暖耗热量的热量结算点。

5.1.7 目前节能技术有很多种，改造方案也就多样化。节能改造方案应由项目改造单位组织专家进行评审，改造方案是否可行，选择的节能技术是否成熟可靠，节能效果是否最佳，技术经济比较是否合理，以及实施中应该注意的事项等。

5.2 热电厂首站

5.2.1 热电厂首站供热量自动调节功能，一般可通过在蒸汽侧设置蒸汽电动阀自动调节进入换热器的蒸汽量实现。供热量自动调节功能对热网的节能运行来说非常重要，建筑物的供暖负荷是波动的，如果供大于求，会造成热量浪费。

5.2.2 当热网的运行调节采用分阶段变流量的质调节、量调节或质量并调，首站的循环水泵设置调速装置，以降低电耗，方便热网的运行调节。调速装置有变频、液力耦合、内馈等多种形式。

5.2.3 一个供热区域有多个供热系统，每个系统单独一个热源时，如果地势高差在管网压力允许范围内，这几个系统改造成联网运行的一个系统。形成多热源联网运行不仅节能，也可以提高系统的安全性。

5.2.4 改造为高温水系统可以避免蒸汽供热系统热损失大、供热半径小、调节不便、蓄热能力小、热稳定性差等问题。

5.2.5 热电厂低真空循环水供热是指在机组安全运行的前提下，将凝汽机组或抽凝机组的凝汽器真空度降低，利用排汽加热循环冷却水直接供热或作为一级加热器热源的一种供热方式。2001年，原国家经贸委、国家发展计划委、建设部发布的《热电联产项目可行性研究科技规定》第1.6.7条规定：“在有条件的地区，在采暖期间可考虑抽凝机组低真空运行，循环水供热采暖的方案，在非采暖期恢复常规运行”。由于采用循环水供热可以提高汽轮机组的热效率，能够得到较好的节能效果。自20世纪70年代开始，我国北方一些电厂陆续将部分装机容量小于或等于50 MW的汽轮机采用此方式，实践表明，该技术可靠，机组运行稳定，节能效果明显。

5.2.6 通过在城市集中供热系统的用户热力站设置新型吸收式换热机组，将一次网供回水温度由传统的130/70 ℃变为130/20 ℃，这样一次网供回水温差就由60 ℃升高到110 ℃，相同的管网输送能力可提高80%；同时，20 ℃的一次网回水返厂后，由于水温较低，辅以电厂设置的余热回收专用热泵机组，就可以完全回收凝汽器内30 ℃左右的低温汽轮机排汽余热。已经有案例表明：当应用于目前国内主流的燃煤热电联产机组(200 MW～300 MW机组),可以在不增加总的燃煤量和不减少发电量的前提下,使目前的热电联产热源增加产热量30%～50%,城市热力管网主干管的输送能力提高70%～80%。

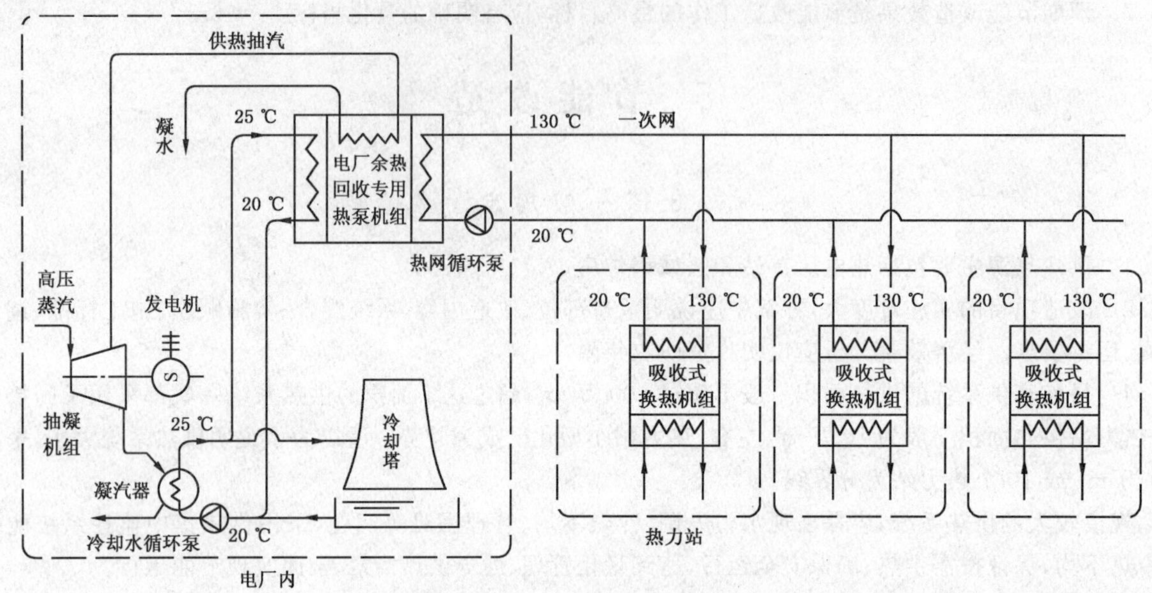

图1　基于吸收式换热的热电联产集中供热技术流程

5.2.7　为提高热电联产的能源综合利用效率,在有条件的地区,可根据实际情况,由传统的"供热、发电、供蒸汽"改造为"供热、发电、供蒸汽、供生活热水"四联供系统。对于全年提供生活热水的供热系统,需为供热管理维护部门留出检修时间。

5.3　区域锅炉房

5.3.1　锅炉对燃料计量,是为了核算改造后单位面积燃料消耗量,判断是否达到节能效果的重要指标。

5.3.2　锅炉房集中监控系统是通过计算机对多台锅炉实行集中控制,根据热负荷的需求自动投入或停运锅炉的台数,达到按需供热,均衡并延长锅炉的使用寿命,充分发挥每台锅炉的能力,保证每台锅炉处于较高负荷率下运行。《锅炉房设计规范》GB 50041规定:单台蒸汽锅炉额定蒸发量大于等于10 t/h或单台热水锅炉额定热功率大于等于7 MW的锅炉房,宜设置集中控制系统。对于供热系统的节能改造而言,上述规定比较合理。技术要求见附录B。

5.3.3　目前城市集中供热锅炉房多采用链条炉排,燃煤多为煤炭公司供应的混煤,着火条件差,炉膛温度低,燃烧不完全,炉渣含碳量高,锅炉热效率普遍偏低。采用分层、分行燃烧技术对减少炉渣含碳量、提高锅炉热效率,有明显的效果。

对于粉末含量高的燃煤,可以采用分层燃烧及型煤技术。该技术是将原煤在入料口先通过分层装置进行筛分,使大颗粒煤直接落至炉排上,小颗粒及粉末送入炉前型煤装置压制成核桃大小形状的煤块,然后送入炉排,以提高煤层的透气性,从而强化燃烧,提高锅炉热效率和减少环境污染。

5.3.4　气候补偿系统是供热量自动控制技术的一种。目前尚无"气候补偿系统"行业标准,本规范编制组提出了气候补偿系统在锅炉房的应用,气候补偿系统能够根据室外气候条件及用户负荷需求的变化,通过自动控制技术实现按需供热的一种供热量调节,实现节能目的。具体使用方法及控制参数见附录C。

5.3.5　锅炉厂家配置的鼓、引风机及炉排给煤机容量按额定工况配置,有较大的节能空间。通过鼓、引风机变频及炉排给煤机调节满足系统实际工况的需要,并实现节约电能;炉排给煤机要随负荷的变化调节给煤量。锅炉烟风系统优化配置,设备能效指标要符合相关标准规定。现行行业标准《城镇供热系统节能技术规范》CJJ/T 185第3.3.6～3.6.8条规定炉排给煤系统宜设调速装置,锅炉鼓风机、引风机应设调速装置。

5.3.6 燃气(油)锅炉改造为“多级分段式”或比例式燃烧机节能效果更好。

5.3.7 锅炉排烟温度较高，烟气回收的节能潜力较大，在有条件情况下，安装烟气冷凝回收装置；烟气冷凝回收装置的使用条件见附录D。

5.3.9 分时分区控制是供热量自动控制装置的一种。办公楼、学校、大礼堂、体育场馆等非全日使用的建筑，可改造为自动分时分区供暖系统，在锅炉房、热力站或建筑物热力入口处设自动控制阀门，由设置在锅炉房和热力站的分时分区控制器控制电动阀，实现按需供热，达到节能的效果。分时分区控制系统的应用要求见附录E。

5.3.10 一次水一级泵设在区域锅炉房，一级泵只负责锅炉房内一次水的循环阻力，定流量运行；各热力站设的一次水二级泵应能克服一次水从区域锅炉房至本热力站的循环阻力。分布式二级泵应为变频泵，并由供热量自动控制装置控制。分布式二级泵可降低一次水管网总的耗电量，同时可以兼顾解决一次水管网平衡的问题，在经济技术比较合理的前提下，可进行选用。

5.3.11 锅炉房的二级泵变频泵系统一般可在锅炉房进出口总管处设旁通管，旁通管将系统分为锅炉房和外网两部分，锅炉房与外网分别设置循环水泵，锅炉房的循环水泵成为一级泵，外网循环水泵成为二级泵，第二级泵应设调速装置。二级泵系统的设置有利于降低供热系统总的循环水泵的电耗。供热范围较大的锅炉房直供系统，改造成锅炉房间接供热系统或混水供热后，系统变小了，有利于各项节能技术的实施，有利于达到节能效果。

5.3.12 锅炉房内设计为二级泵系统时一级泵为定流量水泵，其他变流量系统水泵应设置变频调速装置。多台循环水泵并联运行，影响每台循环水泵的效率，一般不能达到耗电输热比的要求。循环水泵的台数和运行参数的选择应根据热网运行调节的方式来确定。

5.3.14 目前很多集中供热系统由于阀门、过滤器设置不合理或水泵选型太大，为防止电机超载关小总阀门的做法造成了过大的压降，这种不合理的压降可以占水泵有效扬程的30%甚至更多，因此应通过对整个系统的阻力进行优化，减少不必要的阀门、过滤器等造成过大的压降。

5.3.15 分项计量：热力站可分为循环水泵、补水泵、照明等耗电，对各项用电分项计量有利于加强热力站的管理，降低电耗。当锅炉房采用多项变频措施进行节能改造时：如循环水泵、炉排给煤机、鼓、引风机及燃烧机等应注意谐波含量对供配电支路的影响。

5.4 热力站

5.4.2 “气候补偿系统”是一种供热量自动调节技术，可在整个供暖期间根据室外气象条件的变化调节供热系统的供热量，保持热力站的供热量与建筑物的需热量一致，达到最佳的运行效率和稳定的供热质量。热力站的热力系统控制方式是指热力站热源侧的调节方式和用户侧负荷的调节方式。“气候补偿系统”应具备的功能，见附录C。

5.4.4 热力站对热量、循环水量、补水量、供回水温度、室外温度、供回水压力、电量及水泵的运行状态进行实时监测，方便进行供热量调节。

5.4.6 板式换热器相比其他方式换热器具有传热系数高、换热效果好、结构紧凑、体积小等优点，便于供热系统的运行调节。

5.5 供热管网

5.5.1 供热管网输送效率受管网保温效果、非正常失水控制及水力平衡度的影响，当供热管网输送效率低于90%时，要通过查勘结果，从以上三方面分析耗能因素进行节能改造。

5.5.2 供热管网补水有两个原因：正常失水和非正常失水。供热设备、水泵等运行中的排污、临时维修和少量阀门不严的滴漏属于正常失水；用户私自放水属于非正常失水。本规程供热管网补水量按第4.2.4条两个指标考核。

5.5.3 水力失衡现象是造成供热系统能耗过高的主要原因之一。水力失衡造成近端用户过热开窗散热、远端用户温度过低投诉。热计量、变流量、气候补偿系统、锅炉房集中监控技术、室温调控、水泵变频控制等节能技术的实施及高效运行都离不开水力平衡技术,水力平衡是保证其他节能措施可靠实施的前提。当供热系统的循环水泵集中设在锅炉房或热力站时,设计要求各并联环路之间的压力损失差值不应大于15%。现场可采用检测热力站或楼栋的流量与设计流量的比值或供回水平均温度来判断平衡度,当水力平衡度不满足要求时应首先通过无成本的水力平衡调节来解决,只有当仅通过调节仍无法解决问题时,才需要进一步采取其他管网水力平衡措施。

5.5.4 供热管网使用多年,由于原设计缺陷、负荷变化等原因,管网一般都存在水力不平衡现象。可借供热管网更新改造的机会,优化管网布局及调整管径,最大可能消除水力不平衡现象。现行行业标准《城镇供热系统节能技术规范》CJJ/T 185 第3.6.4规定:新建管网和既有管网改造时应进行水力计算,当各并联环路的计算压力损失差值大于15%时,应在热力入口处设自力式压差控制阀。

5.5.6 一个锅炉房与多个热力站组成的一次水供热系统中,各热力站可能相距较远、阻力相差悬殊,为稳定各热力站的一次水的供水压差,宜在各环路干、支管道及热力站的一次水入口设性能可靠的水力平衡阀门,最不利的热力站无必要设。

一个热力站与多个环路组成的二次水供热系统中,可在各环路干、支管道及楼栋二次水入口总供水管上设水力平衡阀门;为尽量减少供热系统的水流阻力,热源出口总管上、热力站出口总管上不应再串联设置自力式流量控制阀,最不利的楼栋无必要设。

5.6 建筑物供暖系统

5.6.1 本条是根据《严寒和寒冷地区居住建筑节能设计标准》JGJ 26 中第5.3.3条的规定。热计量装置包括热量表、热分摊装置。

5.6.3 在建筑物内安装供热计量数据采集和远传系统的优点非常明显:不仅能实时了解热量分配情况,还可以帮助供热管理部门实时了解供热效果,同时它还是供热计量得到实施的关键步骤。因此建议有条件的场合争取安装供热计量数据集控中心。

5.6.4 垂直单管顺流式供暖系统改为垂直单管跨越式或垂直双管式系统,由于干管、立管、支管及散热器配置的变化,需要进行水力平衡复核验算,以保证节能改造后的室温并避免垂直和水平失调。

5.6.6 实行热计量后,户内或室内设有温控设施,用户流量可自行调节,水力平衡阀门的类型要适应所采用的热计量分摊、温控的方式。水力平衡阀门的选用按"附录F"规定。

5.6.7 目前混水技术得到了灵活应用,该技术对缓解水力、热力失调,匹配同一系统不同供暖末端等有很大作用。

5.6.8 检验供热效果就是保证用户室温达到要求,即使是实行热计量后,用户室温也需要实时了解。用户室温监测是一个实时系统,可以对典型用户进行连续监测。

6 施工及验收

6.1 一般规定

6.1.1 要求具有相应资质的单位承担,是为了保证工程质量和预期的节能效果。

6.1.2 施工中如需要修改原设计方案,应有设计变更或工程洽商的正规手续。

6.1.3 供热系统节能改造施工验收除应符合国家现行标准《锅炉安装工程施工及验收规范》GB 50273、《城镇供热管网工程施工及验收规范》CJJ 28及《建筑节能工程施工质量验收规范》GB 50411外,还应符合《自动化仪表工程施工及质量验收规范》GB 50093、《风机、压缩机、泵安装工程施工及验收规范》GB 50275、《机械设备安装工程施工及验收通用规范》GB 50231、《通风与空调工程施工质量验收规范》GB 50243、《建筑给水排水及采暖工程施工质量验收规范》GB 50242的要求。当所采用的设备有特殊要求时，应符合相应的企业标准。

6.1.4 如为防止锅炉和换热器安装调试期间发生汽化，应有安全流量的保障措施。

6.2 自动化仪表安装调试

6.2.1 供热系统自动化仪表工程施工及验收包括“供热系统集中自动控制”、“锅炉房集中监控”、“气候补偿系统”、“分时分区控制系统”、“烟气冷凝回收装置”、“水泵风机变频装置”及“热计量装置”等各项节能技术的自动化仪表安装调试。

6.2.2 “单机试运行及调试”和“联合试运行及调试”是《建筑节能工程施工质量验收规范》GB 50411 的要求。“联合试运行及调试”是指在供热系统的热源、管网及室内采暖系统带负荷试运转情况下，进行调试。

6.2.3 自动化仪表工程的调试应按产品的技术文件和节能改造设计文件进行，一般按下列要求进行：

1 电气设备检查：

1） 电气回路和控制回路的接线是否正确、牢固；

2） 电气系统是否可靠接地；

3） 在通电状态下，电气元件动作是否正常；

2 现场控制系统性能试验：

1） 控制系统整机试验；

2） 在控制器人机界面上读温度、压力等参数，并直接在控制器人机界面上按手动方式启停补水泵、循环水泵、电磁阀等，增加或减少变频器的频率，增加或减少电动调节阀的开度，应符合工艺要求；

3） 直接在控制器人机界面上设定温度、压力等参数的上下限，超压、超温及停电等相关参数，应符合工艺要求；

3 监控中心的功能测试：

1） 监控中心功能试验包括：显示、处理、操作、控制、报警、诊断、通信、打印、拷贝等基本功能检查试验；

2） 控制方案、控制和连锁程序的检查；

4 带负荷热态试验：

1） 控制系统应在带负荷热态运行过程中，满足 168 h 无故障运行要求；

2） 控制系统节能效果试验应符合《建筑节能工程施工质量验收规范》GB 50411—2007 的要求。

6.3 烟气冷凝回收装置安装调试

6.3.1 烟气冷凝回收装置安装调试及运行时，要特别注意及时排除冷凝水，防止冷凝水进入锅炉。目前尚无“烟气冷凝回收装置”行业标准，“烟气冷凝回收装置”的安装要符合企业标准的要求。

6.3.2 “单机试运行及调试”和“联合试运行及调试”是《建筑节能工程施工质量验收规范》GB 50411 的要求。被加热水量的安全值要求、锅炉与被加热水系统的连锁控制的主要目的是防止干烧，保护设备。烟风系统的调节要求是由于安装烟气余热回收装置后烟风系统阻力会有所增加，可能会影响到燃烧器的燃烧。

6.3.3 烟气冷凝回收装置的节能测试数据包括：燃气耗量、燃气低位热值、烟气进出口温度、烟气进出口压力、烟气冷凝水量、烟气冷凝水温度；被加热水流量、被加热水进出口温度、被加热水进出口压力等。

6.4 水力平衡装置安装调试

6.4.1 不同的水力平衡装置产品对于安装位置、阀门前后直管段、阀门方向、操作空间等方面均有不同要求，应根据产品说明书要求进行安装。

6.4.2 水力平衡装置根据产品及应用的不同，需要配套安装相应的过滤器、压力表等辅助元件以方便调试、故障诊断或保护水力平衡装置，安装时应符合设计要求。

6.5 热计量装置安装调试

6.5.3 工作环境包括：温度、湿度、电磁环境、介质温度、介媒质压力等，热量表的工作环境一般要符合《热量表》CJ 128 的规定。

6.5.4 当节能改造的建筑无防雷击措施时，注意要综合考虑有效的防雷击措施。

6.6 竣工验收

6.6.3 供热系统节能改造工程的技术资料要正式归档，以便日后运行时对照参考。

7 节能改造效果评价

7.0.1 对节能改造工程投入运行后的实际节能效果进行分析和评价，目的是验证节能技术方案的合理性，并为节能改造工程的技术经济性分析提供依据。也为同类节能改造技术方案在其他供热系统中实施提供参考依据。

7.0.2 节能改造效果评价应包括供热质量的评价内容，是因为一般来说，供热系统的节能改造有助于改善供热质量，在节能评价时，包括供热质量的分析，有利于评价的全面性和客观性。

7.0.4 本条提出了供热系统能耗测试的主要内容，在实际节能改造工程节能效果评价时，应根据所采用的节能改造技术方案，选择相应的测试内容。

7.0.5 本条提出了供热系统能耗评价的主要指标，在实际节能改造工程能效评价时，应根据所采用的节能改造技术方案，合理选择具体指标进行评价分析。

7.0.6 节能率按本规程第 2.0.7 条计算：(改造前的单位供暖建筑面积能耗—改造后的单位供暖建筑面积能耗)/改造前的单位供暖面积能耗，必要时考虑修正。

7.0.7 前期的节能检测评估工作不准确、不到位或节能改造方案制定不合理时，会导致达不到预期的节能效果。对于这种情况，必要时重新做节能检测评估、重新制定节能改造方案，完善节能改造措施。

附录F　管网水力平衡优化

F.0.2　供热管网形式分为变流量系统及定流量系统。变流量系统指管网内流量随负荷变化而变化；与之相对应的定流量系统运行时，管网内流量基本保持不变，不随负荷变化而变化。变流量系统由于系统在部分负荷工作时，流量和系统内压力分布发生改变，其所产生的水力平衡问题有异于定流量系统，在选择水力平衡及调节阀门时，应予区分。

管网运行调节模式主要有质调节、量调节、质量并调、分时分区控制，对不同使用功能的建筑进行分时分区温度和流量控制、分阶段变流量(系统为定流量系统时，随气候变化进行水泵运行台数或频率调节)等调节模式，水力平衡及调节阀门的选取应与系统形式及运行调节模式相适应。

热计量改革在得到大面积推广后，配合室内温控措施，随着终端用户、热网运行管理单位用热及管理运营思路的改变，供热管网的整体运行模式将产生较大改变。因此针对不同的热计量及温控方式的特点，应采取不同的水力平衡及调节阀门。

不同厂家对于水力平衡及调节阀门的选型、安装均有不同要求，应根据系统要求，进行选用及安装。

F.0.3　水力平衡阀，又称手动平衡阀、数字锁定平衡阀。其工作原理为：通过阀门节流，消耗阀门所在回路富裕压降，使回路流量等于设计值；其特殊调试方式需逐级安装，即各级支、干管分支处均应安装。

自力式流量控制阀，又称动态流量平衡阀、流量限制器、自力式流量平衡阀。其工作原理为：通过自力式机构，在系统压力变化时，维持系统中某回路流量恒定。

自力式压差控制阀，又称压差控制器、动态压差平衡阀。其工作原理为：通过自力式机构，在系统压力变化时，维持系统中某回路或两点间压差恒定。除与静态平衡阀联用实现流量限制及测量外，一般不需与其他形式水力平衡阀门联用。

动态压差平衡型电动调节阀，又称恒压差电动调节阀。其工作原理为：此阀门由自力式压差平衡阀与电动调节阀复合而成，由自力式压差平衡阀控制电动调节阀两端压降恒定，以实现在系统压力波动时，通过阀门的流量不受影响。其具有水力平衡与控制两项，一般仅在需要温度控制的末端安装即可，不需与其他形式水力平衡阀门联用。

F.0.4　末端楼前混水装置只需较小的占地空间以及相对较少的投资和设备安装量就可解决个别楼宇的特殊用热参数需求，如新老建筑或地板辐射低温末端与散热器末端共存同一供热系统中时所需要的供热参数不一致，与此同时还可兼顾解决局部水力失衡现象。

采用末端楼前混水装置可实现供热管网大温差小流量供热，楼内供热系统小温差大流量用热，有利于削弱建筑内热力失调，节约水泵输送能耗，同时兼顾解决系统水力失衡问题。

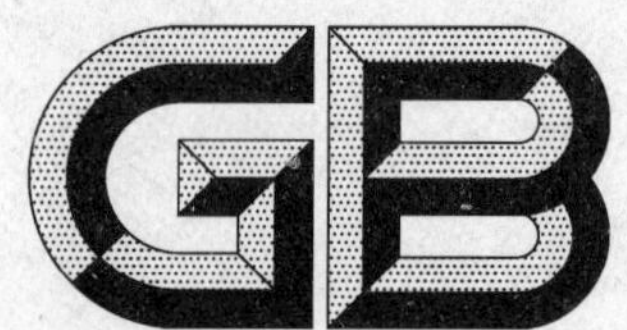

中华人民共和国国家标准

GB/T 51074—2015

城市供热规划规范

Code for urban heating supply planning

2015-01-21 发布　　　　2015-09-01 实施

中华人民共和国住房和城乡建设部
中华人民共和国国家质量监督检验检疫总局　联合发布

中华人民共和国住房和城乡建设部
公　　告

第 726 号

住房城乡建设部关于发布国家标准《城市供热规划规范》的公告

现批准《城市供热规划规范》为国家标准，编号为 GB/T 51074—2015，自 2015 年 9 月 1 日起实施。本规范由我部标准定额研究所组织中国建筑工业出版社出版发行。

中华人民共和国住房和城乡建设部
2015 年 1 月 21 日

前　言

根据原建设部《关于印发〈2005年工程建设标准规范制订、修订计划（第一批）〉的通知》（建标［2005］84号）的要求，规范编制组经广泛调查研究，认真总结实践经验，参考有关国际标准和国外先进标准，并在广泛征求意见的基础上，编制了本规范。

本规范的主要技术内容是：1.总则；2.术语；3.基本规定；4.热负荷；5.供热方式；6.供热热源；7.热网及其附属设施。

本规范由住房和城乡建设部负责管理，由北京市城市规划设计研究院负责具体技术内容的解释。执行过程中如有意见或建议，请寄送北京市城市规划设计研究院（地址：北京市西城区南礼士路60号，邮政编码：100045）。

本规范主编单位：北京市城市规划设计研究院

本规范参编单位：北京清华城市规划设计研究院
杭州市城市规划设计研究院
沈阳市规划设计研究院
北京市煤气热力工程设计院有限公司

本规范主要起草人员：仝德良　钟　雷　高建珂　付　林　李永红　徐承华　冯一军　刘芷英
周易冰　段洁仪　李　林

本规范主要审查人员：王静霞　赵以忻　洪昌富　秦大庸　宋　波　章增明　李建军　孙　刚
和坤玲　董乐意

1 总 则

1.0.1 为贯彻执行国家城市规划、能源、环境保护、土地等相关法规和政策，提高城市供热规划和管理的科学性，制定本规范。

1.0.2 本规范适用于城市规划中的供热规划。

1.0.3 城市供热规划应结合国民经济、城市发展规模、地区资源分布和能源结构等条件，并应遵循因地制宜、统筹规划、节能环保的基本原则。

1.0.4 城市供热规划应近、远期相结合，并应正确处理近期建设和远期发展的关系。

1.0.5 城市供热规划的主要内容应包括：预测城市热负荷，确定供热能源种类、供热方式、供热分区、热源规模，合理布局热源、热网系统及配套设施。

1.0.6 城市供热规划除应执行本规范外，尚应符合国家现行有关标准的规定。

2 术 语

2.0.1 城市热负荷 urban heating load

城市供热系统的热用户在计算条件下，单位时间内所需的最大供热量。

2.0.2 热负荷指标 heating load index

在计算条件下，单位建筑面积、单位产品、单位工业用地在单位时间内消耗的需由供热设施供给的热量或单位产品的耗热定额。

2.0.3 采暖综合热指标 integrated heating load index

不同节能状况的各类建筑单位建筑面积平均热指标。

2.0.4 供热方式 heating mode

以不同能源和不同热源规模为用户供热的类型总称，包括不同能源的选择，集中或分散供热形式的选择。

2.0.5 集中供热热源 centralized heating source

热源规模较大，通过供热管网为城市较大区域内的热用户供热的热源。

2.0.6 分散供热热源 decentralized heating source

热源和供热管网规模较小，仅为较小区域热用户供热的热源。

2.0.7 热化系数 share of cogenerated heat in maximum heating load

热电联产中汽轮机组的最大供热能力占供热区域最大热负荷的份额。

3 基本规定

3.0.1 城市供热规划应符合城市发展的要求，并应符合所在地城市能源发展规划和环境保护的总体要求。

3.0.2 城市供热规划应与城市规划阶段、期限相衔接，应与城市总体规划和详细规划一致。

3.0.3 总体规划阶段的供热规划应依据城市发展规模预测供热设施的规模；详细规划阶段的供热规划应依据详细规划的主要技术经济指标预测供热设施的规模。供热规划的编制内容宜符合本规范附录A的规定。

3.0.4 城市供热规划应重视城市供热系统的安全可靠性。

3.0.5 城市供热规划应与道路交通规划、地下空间利用规划、河道规划、绿化系统规划以及城市供水、排水、供电、燃气、通信等市政公用工程规划相协调。在现状道路下安排规划供热管线时，应考虑管线位置的可行性。

3.0.6 城市供热规划应充分考虑节能要求。

4 热负荷

4.1 城市热负荷分类

4.1.1 城市热负荷宜分为建筑采暖(制冷)热负荷、生活热水热负荷和工业热负荷三类。

4.2 城市热负荷预测

4.2.1 城市热负荷预测内容宜包括规划区内的规划热负荷以及建筑采暖(制冷)、生活热水、工业等分项的规划热负荷。

4.2.2 采暖热负荷预测宜采用指标法,采暖热负荷可按下式计算:

$$Q_{\mathrm{h}} = \sum_{i=1}^{n} q_{\mathrm{h}i} \cdot A_i \times 10^{-3} \tag{4.2.2}$$

式中:Q_{h}——采暖热负荷(kW);

$q_{\mathrm{h}i}$——建筑采暖热指标或综合热指标(W/m^2);

A_i——各类型建筑物的建筑面积(m^2);

i——建筑类型。

4.2.3 生活热水热负荷预测宜采用指标法,生活热水热负荷可按下式计算:

$$Q_{\mathrm{s}} = \sum_{i=1}^{n} q_{si} \cdot A_i \times 10^{-3} \tag{4.2.3}$$

式中:Q_{s}——生活热水热负荷(kW);

q_{si}——生活热水热指标(W/m^2);

A_i——供应生活热水的各类建筑物的建筑面积(m^2);

i——建筑类型。

4.2.4 工业热负荷宜采用相关分析法和指标法。采用指标法预测工业热负荷时,可按下式计算:

$$Q_{\mathrm{g}} = \sum_{i=1}^{n} q_{gi} \cdot A_i \times 10^{-3} \tag{4.2.4}$$

式中:Q——工业热负荷(t/h);

q_{gi}——工业热负荷指标[$t/(h \cdot km^2)$];

A_i——不同类型工业的用地面积(km^2);

i——工业类型。

4.2.5 热负荷延续时间曲线应根据城市的历年气象资料及有关热负荷数据绘制。

4.3 规划热指标

4.3.1 规划热指标应包括建筑采暖综合热指标、建筑采暖热指标、生活热水热指标、工业热负荷指标、制冷用热负荷指标。

4.3.2 建筑采暖综合热指标可按下式计算:

$$q = \sum_{i=1}^{n} [q_i(1-\alpha_i) + q'_i\alpha_i]\beta_i \tag{4.3.2}$$

式中:q——建筑采暖综合热指标(W/m^2);

q_i——未采取节能措施建筑采暖热指标(W/m^2);

q'_i——采取节能措施建筑采暖热指标(W/m^2);

α_i——采取节能措施的建筑面积比例(%)；

β_i——为各建筑类型的建筑面积比例(%)；

i——不同的建筑类型。

4.3.3 建筑采暖热指标、生活热水热指标、工业热负荷指标宜按表 4.3.3-1～表 4.3.3-3 选取。

表 4.3.3-1 建筑采暖热指标(W/m^2)

建筑物类型	低层住宅	多高层住宅	办公	医院托幼	旅馆	商场	学校	影剧院展览馆	大礼堂体育馆
未采取节能措施	63～75	58～64	60～80	65～80	60～70	65～80	60～80	95～115	115～165
采取节能措施	40～55	35～45	40～70	55～70	50～60	55～70	50～70	80～105	100～150

注：1. 表中数值适用于我国东北、华北、西北地区；

2. 热指标中已包括 5%管网热损失。

表 4.3.3-2 生活热水热指标(W/m^2)

用水设备情况	热指标
住宅无生活热水，只对公共建筑供热水	2～3
住宅及公共建筑均供热水	5～15

注：1 冷水温度较高时采用较小值，冷水温度较低时采用较大值；

2 热指标已包括约 10%的管网热损失。

表 4.3.3-3 工业热负荷指标[$t/(h \cdot km^2)$]

工业类型	单位用地面积规划蒸汽用量
生物医药产业	55
轻工	125
化工	65
精密机械及装备制造产业	25
电子信息产业	25
现代纺织及新材料产业	35

4.3.4 制冷用热负荷指标的选取，宜符合下列规定：

1 制冷用热负荷指标可按下式计算：

$$q = q_c / COP \tag{4.3.4}$$

式中：q——制冷用热负荷指标(W/m^2)；

q_c——空调冷负荷指标(W/m^2)；

COP——制冷机的制冷系数，取 0.7～1.3。

注：单效吸收式制冷机取下限值。

2 空调冷负荷指标宜按表 4.3.4 选取。

表 4.3.4 空调冷负荷指标(W/m^2)

建筑物类型	办公	医院	宾馆、饭店	商场、展览馆	影剧院	体育馆
冷负荷指标	80～110	70～110	70～120	125～180	150～200	120～200

注：体型系数大，使用过程中换气次数多的建筑取上限。

5 供热方式

5.1 供热方式分类

5.1.1 城市供热能源可分为煤炭、燃气、电力、油品、地热、太阳能、核能、生物质能等。

5.1.2 集中供热方式可分为燃煤热电厂供热、燃气热电厂供热、燃煤集中锅炉房供热、燃气集中锅炉房供热、工业余热供热、低温核供热设施供热、垃圾焚烧供热等。

5.1.3 分散供热方式可分为分散燃煤锅炉房供热、分散燃气锅炉房供热、户内燃气采暖系统供热、热泵系统供热、直燃机系统供热、分布式能源系统供热、地热和太阳能等可再生能源系统供热等。

5.2 供热方式选择

5.2.1 以煤炭为主要供热能源的城市，应采取集中供热方式，并应符合下列规定：

1 具备电厂建设条件且有电力需求时，应选择以燃煤热电厂系统为主的集中供热。

2 不具备电厂建设条件时，宜选择以燃煤集中锅炉房为主的集中供热。

3 有条件的地区，燃煤集中锅炉房供热应逐步向燃煤热电厂系统供热或清洁能源供热过渡。

5.2.2 大气环境质量要求严格并且天然气供应有保证的地区和城市，宜采取分散供热方式。

5.2.3 对大型天然气热电厂供热系统应进行总量控制。

5.2.4 对于新规划建设区，不宜选择独立的天然气集中锅炉房供热。

5.2.5 在水电和风电资源丰富的地区和城市，可发展以电为能源的供热方式。

5.2.6 能源供应紧张和环境保护要求严格的地区，可发展固有安全的低温核供热系统。

5.2.7 城市供热应充分利用资源，鼓励利用新技术、工业余热、新能源和可再生能源，发展新型供热方式。

5.2.8 太阳能条件较好地区，应选择太阳能热水器解决生活热水需求，并应增加太阳能供暖系统的规模。

5.2.9 历史文化街区或历史地段，宜采用电、天然气、油品、液化石油气和太阳能等为能源的供热系统；设施建设应符合遗产保护和景观风貌的要求。

5.3 供热分区划分

5.3.1 总体规划阶段的供热规划应依据所确定的供热方式和热负荷分布划分供热分区。

5.3.2 详细规划阶段的供热规划应依据热源规模、供热方式，对供热分区进行细化，确定每种热源的供热范围。

6 供热热源

6.1 一般规定

6.1.1 总体规划阶段的供热规划应结合供热方式、供热分区及热负荷分布，综合考虑能源供给、存储条件及供热系统安全性等因素，合理确定城市集中供热热源的规模、数量、布局及其供热范围，并应提出供热设施用地的控制要求。

6.1.2 详细规划阶段的供热规划应依据总体规划落实热源位置、用地或经过技术经济论证分析，选择供热方式，确定供热热源的规模、数量、位置及其供热范围，并应提出设施用地的控制要求。

6.2 热电厂

6.2.1 燃煤或燃气热电厂的建设应"以热定电"，合理选取热化系数，并应符合以下规定：

1 以工业热负荷为主的系统，季节热负荷的峰谷差别及日热负荷峰谷差别不大的，热化系数宜取0.8～0.9；

2 以供暖热负荷为主的系统，热化系数宜取0.5～0.7；

3 既有工业热负荷又有采暖热负荷的系统，热化系数宜取0.6～0.8。

6.2.2 燃煤热电厂与单台机组发电容量400 MW及以上规模的燃气热电厂规划应符合下列规定：

1 燃煤热电厂应有良好的交通运输条件；

2 单台机组发电容量400 MW及以上规模的燃气热电厂应具有接入高压天然气管道的条件；

3 热电厂厂址应便于热网出线和电力上网；

4 热电厂宜位于居住区和主要环境保护区的全年最小频率风向的上风侧；

5 热电厂厂址应满足工程建设的工程地质条件和水文地质条件，应避开机场、断裂带、潮水或内涝区及环境敏感区，厂址标高应满足防洪要求；

6 热电厂应有供水水源及污水排放条件。

6.2.3 热电厂用地指标宜符合表6.2.3的规定。

表6.2.3 热电厂用地指标

机组总容量（MW）	机组构成（MW）（台数×机组容量）	厂区占地（hm^2）
燃煤热电厂	50(2×25)	5
	100(2×50)	8
	200(4×50)	17
	300(2×50+2×100)	19
	400(4×100)	25
	600(2×100+2×200)	30
	800(4×200)	34
	1 200(4×300)	47
	2 400(4×600)	66
燃气热电厂	≥400 MW	360 m^2/MW

6.3 集中锅炉房

6.3.1 燃煤集中锅炉房规划设计应符合下列规定：

1 应有良好的道路交通条件，便于热网出线；

2 宜位于居住区和环境敏感区的采暖季最大频率风向的下风侧；

3 应设置在地质条件良好，满足防洪要求的地区。

6.3.2 燃气集中锅炉房规划设计应符合下列规定：

1 应便于热网出线；

2 应便于天然气管道接入；

3 应靠近负荷中心；

4 地质条件良好，厂址标高应满足防洪要求，并应有可靠的防洪排涝措施。

6.3.3 燃煤集中锅炉房、燃气集中锅炉房用地宜符合表6.3.3的规定。

表 6.3.3 锅炉房用地指标(m^2/MW)

设 施	用地指标
集中燃煤锅炉房	145
集中燃气锅炉房	100

6.4 其他热源

6.4.1 低温核供热厂厂址的选择应符合国家相关规定,并应远离易燃易爆物品的生产与存储设施,及居住、学校、医院、疗养院、机场等人口稠密区。

6.4.2 清洁能源分散供热设施应结合用地规划、建筑布局、规划建设实施时序等因素确定位置,不宜设置在居住建筑的内部。

7 热网及其附属设施

7.1 热网介质和参数选取

7.1.1 当热源供热范围内只有民用建筑采暖热负荷时,应采用热水作为供热介质。

7.1.2 当热源供热范围内工业热负荷为主要负荷时,应采用蒸汽作为供热介质。

7.1.3 当热源供热范围内既有民用建筑采暖热负荷,也存在工业热负荷时,可采用蒸汽和热水作为供热介质。

7.1.4 热源为热电厂或集中锅炉房时,一级热网供水温度可取 110 ℃～150 ℃,回水温度不应高于 70 ℃。

7.1.5 蒸汽管网的热源供汽温度和压力应按沿途用户的生产工艺用汽要求确定。

7.1.6 多热源联网运行的城市热网的热源供回水温度应一致。

7.2 热网布置

7.2.1 热网布局应结合城市近、远期建设的需要,综合热负荷分布、热源位置、道路条件等多种因素,经技术经济比较后确定。

7.2.2 热网的布置形式包括枝状和环状两种方式,并应符合下列规定:

1 蒸汽管网应采用枝状管网布置方式;

2 供热面积大于 1 000 万 m^2 的热水供热系统采用多热源供热时,各热源热网干线应连通,在技术经济合理时,热网干线宜连接成环状管网。

7.2.3 热网应采用地下敷设方式,工业园区的蒸汽管网在环境景观、安全条件允许时可采用地上架空敷设方式。

7.2.4 一级热网与热用户宜采用间接连接方式。

7.3 热网计算

7.3.1 热水管网管径应根据介质、参数和经济比摩阻通过水力计算确定。

7.3.2 经济比摩阻应综合考虑热网的运行管理、城市建设发展、经济等因素确定。

7.3.3 当管网供汽压力与用户用汽压力相比有余额时,蒸汽管网管径应根据控制最大允许流速计算确定;余额不足时,应根据供汽压力和用户用汽压力确定允许的压力降,根据允许的压力降选择管道直径。

7.3.4 水压图宜根据热网计算结果绘制。

7.4 中继泵站及热力站

7.4.1 中继泵站的位置、数量、水泵扬程应在管网水力计算和绘制水压图的基础上，经技术经济比较后确定。

7.4.2 热网与用户采取间接连接方式时，宜设置热力站。

7.4.3 热力站合理供热规模应通过技术经济比较确定，供热面积不宜大于30万m^2。

7.4.4 居住区热力站应在供热范围中心区域独立设置，公共建筑热力站可与建筑结合设置。

附录 A 供热规划的编制内容

A.0.1 总体规划阶段的供热规划主要内容应包括：

1 分析供热系统现状、特点和存在问题；

2 依据城市总体规划确定的城市发展规模，预测城市热负荷和年供热量；

3 依据所在地城市总体规划、环境保护规划、能源规划，确定城市供热能源种类，热源发展原则、供热方式和供热分区；

4 依据城市用地功能布局、热负荷分布，确定供热方式、供热分区、供热热源规模和布局，包括热源种类、个数、容量和布局；

5 依据供热热源规模、布局以及供热负荷分布，确定城市热网主干线布局；

6 依据城市近期发展要求、环境治理要求以及供热系统改造要求，确定近期建设重点项目。

A.0.2 详细规划阶段的供热规划主要内容应包括：

1 分析供热设施现状、特点以及存在问题；

2 依据详细规划提出的技术经济指标，计算热负荷和年供热量；

3 依据城市总体规划确定供热方式；

4 依据详细规划的用地布局，落实供热热源规模、位置及用地；

5 依据供热负荷分布，确定热网布局、管径，热力站规模、位置及用地；

6 供热设施的投资估算。

本规范用词说明

1 为便于在执行本规范条文时区别对待，对要求严格程度不同的用词说明如下：

1）表示很严格，非这样做不可的：

正面词采用“必须”，反面词采用“严禁”；

2）表示严格，在正常情况下均应这样做的：

正面词采用“应”，反面词采用“不应”或“不得”；

3）表示允许稍有选择，在条件许可时首先这样做的：

正面词采用“宜”，反面词采用“不宜”；

4）表示有选择，在一定条件下可以这样做的，可采用“可”。

2 条文中指明应按其他有关标准执行的写法为：“应符合……的规定”或“应按……执行”。

中华人民共和国国家标准

城市供热规划规范

GB/T 51074—2015

条文说明

制 订 说 明

《城市供热规划规范》GB/T 51074—2015，经住房和城乡建设部2015年1月21日以第726号公告批准、发布。

本规范编制过程中，编制组进行了广泛的调查研究，对不同地区进行了热负荷指标、供热方式的调查研究，总结了我国供热行业建设发展的实践经验，强调供热规划要与城市社会经济发展相适应，供热设施与城市空间布局、用地规划相协调，供热系统安全与城市安全相统一。

为了便于广大规划设计、建设、管理、科研、学校等单位有关人员在使用本规范时能正确理解和执行条文规定，《城市供热规划规范》编制组按章、节、条顺序编制本规范的条文说明，对条文规定的目的、依据以及执行中需要注意的有关事项进行了说明。但是，本条文说明不具备与规范正文同等的法律效力，仅供使用者作为理解和把握规范的参考。

1 总 则

1.0.1 条文明确规定了本规范编制的目的和依据。城市供热规划是城市规划的重要组成部分，具有政策性、综合性、供热专业技术性强的特点。目前尚无城市供热规划国家规范，全国各地城市规划中的供热规划内容深度不统一，缺乏对环境保护、能源供应以及土地利用效益等因素的综合考虑。这种状况不利于城市供热规划编制水平的提高，也不利于城市规划的审批与管理。

城市供热规划既是技术文件，也是公共政策，在规划编制过程中，主要依据的法律、法规包括《中华人民共和国城乡规划法》、《中华人民共和国物权法》、《中华人民共和国土地法管理法》、《中华人民共和国环境保护法》、《中华人民共和国能源法》、《中华人民共和国节约能源法》、《中华人民共和国可再生能源法》、《中华人民共和国行政许可法》、《国务院关于促进节约集约用地的通知》、《民用建筑节能条例》等。

1.0.2 本条明确了本规范的适用范围，即《中华人民共和国城乡规划法》所规定的城市规划各规划阶段中的供热规划编制。

1.0.3 本条明确了城市供热规划应遵守的基本原则。城市性质和规模决定了环境保护目标；环境保护目标决定了城市供热污染物排放控制要求；能源结构和供应条件决定了供热系统的用能选择要求；国民经济和社会发展制约着供热系统的经济性及承受能力。城市供热规划需要与国民经济和社会发展规划、环境保护规划、能源发展战略等综合性规划相互衔接、相互协调，才能充分发挥其功能和作用。因此，城市供热规划不能单纯考虑供热系统自身的经济性，还要考虑社会综合效益，包括环境效益、土地利用效益、节能效益等。同时，城市供热规划还要体现节能要求，从供热方案的制定和供热系统的建设（如热计量设施的建设），再到新技术的应用都要体现节能效益。

总之，城市供热规划是一项全局性、综合性、战略性很强的工作，在规划编制过程中应加强各相关部门之间的协作，广泛征求意见，科学决策。

1.0.4 城市供热规划近远期结合应遵循近期建设的可操作性与供热系统合理布局相结合的原则。在近期建设项目的可操作性与总体最优方案（包括布局、供热方式和分区）的衔接上，应以总体方案为基本依据，近期建设项目对总体方案有重大调整的需要重新论证或修改。

在近远期结合的问题上，规划方案要有前瞻性，能适应未来城市建设发展情况的变化（包括技术进步对方案的影响），并具有一定的弹性。

1.0.5 本条规定了城市供热规划的主要任务和规划内容。在考虑城市供热设施布局和安排用地时，应按照节约土地和高效使用城市空间资源的原则进行确定，在满足功能要求的最小用地条件下，考虑到发展应适当留有余地。特别在《中华人民共和国城乡规划法》、《中华人民共和国物权法》、《中华人民共和国土地法管理法》、《中华人民共和国行政许可法》颁布实施后，还应协调各相关方的利益，并避免与人居环境发生矛盾。

3 基本规定

3.0.1 城市供热规划是城市规划的组成部分，城市发展的要求是城市供热规划的基本依据，城市发展总体要求是宏观目标，供热规划及其方案是具体目标，应体现宏观目标的要求，并对宏观目标的要求提出修正意见，达到宏观和微观统一、环境保护和经济发展统一、资源供应和消费统一等。环境保护规划中城市环境发展目标、污染物排放总量控制与减排的要求，城市供热污染物排放分摊份额等，是确定城市供热发展方向、供热用能、供热方式、供热分区的重要依据，是刚性要求。地区能源条件是供热规划的前提条件之一，能源规划中的能源结构与发展方向，是供热能源发展方向和能源结构的引导。供热系统自身的发展要求也对能源发展和结构提出了协调要求。

3.0.2 城市供热规划是城市规划的专项规划，应与《中华人民共和国城乡规划法》要求的城市规划阶段相衔接，总体规划是详细规划的依据，同时已确定的详细规划项目应纳入总体规划；城市供热规划的期限划分应与城市规划相一致，与总体规划和详细规划的编制同步进行，互相协调。只有这样才能使规划的内容、深度和实施进度做到与城市整体发展同步，使城市土地利用、环境保护及城市供热协调发展，有效解决供热设施与其他工程设施之间的矛盾，取得最佳的社会、经济、环境综合效益。

3.0.3 在城市总体规划中，城市规模体现为人口规模、城镇建设用地规模、人均建设用地指标等数据。依据这些数据可以初步分析出城市建设总量，通过综合分析现状不同性质建筑比例、耗热指标以及建筑节能改造等多种因素，可以计算出采暖综合热指标，并据此预测出城市供热负荷及供热设施规模。在详细规划阶段有明确的技术经济指标表，包括用地性质、用地大小、容积率等指标，可以通过建筑面积、建筑性质、建筑采暖热指标等来预测供热负荷及供热设施规模。

3.0.4 城市供热系统的安全可靠性主要从如下几个方面考虑。第一，考虑供热能源的资源可靠性，宜采用多种供热能源。第二，考虑供热能源供应的可靠性，包括能源运输通道、运输能力、存储能力等方面，保证城市供热系统具有抵御突发事件、极端天气造成的能源供应紧张的能力。第三，热源应考虑在事故条件下，仍能够保证一定比例的供热能力，有条件的可考虑不同热源之间的互联互通。第四，重要的供热区域宜考虑集中供热，重要的用户宜考虑多热源供热或双燃料热源。第五，有条件的情况下，宜实现热网的互联互通，以便多热源联网运行，提高可靠性。第六，设施布局应避开地震、防洪等不利气象、地质条件的影响。

3.0.5 城市供热、供水、排水、电力、燃气、通信管网等均属城市市政管线设施，一般沿城市道路下敷设。由于城市道路地下空间资源有限，在城市供热规划编制过程中，应与其他市政设施规划之间很好的协调配合，避免造成供热管线与其他管线的矛盾，特别是在现状道路下安排供热管线时，应考虑管线位置的可行性，以保证供热规划得以顺利实施。

4 热负荷

4.1 城市热负荷分类

城市热负荷的分类方法很多，从不同角度出发可以有不同的分类。本节中热负荷分类主要从城市供热规划中的热负荷预测工作需要出发，总结了国内不同城市热负荷预测工作的经验，研究、分析了不同规划阶段的热负荷预测内容及其特征、用热性质的区别，在此基础上加以分别归类。

热负荷的性质、参数及其大小是编制供热规划和设计的重要依据。按照用热性质分类，可分为建筑采暖(制冷)、生活热水、工业。这种分类方法与供热行业部门的统计口径相一致，有利于调研、收集城市热负荷历史统计数据及现状资料。在需要空调冷负荷的城市如考虑夏季用热介质制冷，还需要考虑制冷用热负荷。

4.2 城市热负荷预测

4.2.1 热负荷预测是编制城市供热规划的基础和重要内容，是合理确定城市热源、热网规模和设施布局的基本依据。热负荷预测要有科学性、准确性，其关键是应能收集、积累负荷预测所需要的基础资料和开展扎实的调研工作，掌握反映客观规律性的基础资料和数据，选用符合实际的负荷预测参数。根据基础资料，科学预测目标年的供热负荷水平，使之适应国民经济发展和城市现代化建设的需要。

具体的预测工作应建立在经常性收集、积累负荷预测所需资料的基础上，应了解所在城市的人口及国民经济、社会发展规划，分析研究影响城市供热负荷增长的各种因素；了解城市现状和规划有关资料，包括各类建筑的面积及分布，工业类别、规模、发展状况及其分布等。对现有的工业与民用(采暖、空调、生活热水)热负荷进行详细调查，对各热负荷的性质、用热参数、用热工作班制等加以分析。

4.2.2～4.2.4 热负荷预测宜根据不同的规划阶段采用不同的方法预测。总体规划阶段宜采用采暖综合热指标预测采暖热负荷。由于此阶段只是提出了各种类别规划用地的分布及规模，因此还应根据城市发展规模、现状各类用地建筑容积率、分析将来城市建设对各类建筑容积率的要求；同时根据建筑节能规划及阶段要求，分析分阶段实施建筑节能标准的新建建筑和实施节能改造的既有建筑的比例；在上述研究分析以及现状热指标调查的基础上，确定采暖综合热指标，进行热负荷预测。详细规划阶段宜采用分类建筑采暖热指标预测建筑采暖热负荷。即根据详细规划阶段技术经济指标确定的各类建筑面积及相应的建筑采暖热指标，并考虑现状建筑的节能状况进行计算。

在供热系统中，生活热水热负荷在我国目前阶段和未来的很长时期内，与采暖热负荷及工业热负荷相比，比重很小，因此，在总体规划阶段不单独进行分类计算。详细规划阶段宜采用分类建筑生活热水热指标预测建筑生活热水热负荷。即根据详细规划阶段技术经济指标确定的各类建筑面积及相应的生活热水热指标进行计算。

总体规划阶段工业热负荷预测采用相关分析法，主要依据城市社会经济发展目标、国民经济规划、工业规划、工业园区规划等，分析其历史数据与工业热负荷历史数据的相关关系，拟合相关性曲线；并参照同类城市地区的发展经验，预测未来工艺蒸汽需求，包括总量、分布、强度等。详细规划阶段应对现有的工业热负荷进行详细准确地调查，并逐项列出现有热负荷、已批准项目的热负荷及规划期发展的热负荷。但是，由于规划编制时，规划项目不确定，上述数据难以获得，故可采用按不同行业项目估算指标中典型生产规模进行计算或采用相似企业的设计耗热定额估算热负荷的方法。对并入同一热网的最大生产工艺热负荷应在各热用户最大热负荷之和的基础上乘以同时使用系数，同时使用系数可取 0.6～0.9。

4.2.5　当热网由多个热源供热，对各热源的负荷分配进行技术经济分析时，宜绘制热负荷延续时间曲线，以计算各热源的全年供热量及用于基本热源和尖峰热源承担供热负荷的配置容量分析，这是合理选择热电厂供热机组供热能力的重要工具。按照所规划城市的历年气象资料及有关数据绘制规划集中供热区域的热负荷延续曲线，采暖热负荷持续曲线与所在城市的气候、地理以及采暖方式等因素有关，同一城市的采暖热负荷延续曲线基本一致，最大负荷利用小时数基本一致。工业热负荷持续曲线与工业类别、生产方式、工艺要求等因素有关，受社会经济发展的影响，最大负荷利用小时数可能变化很大。在城市供热规划中根据城市用地布局、功能分区、热负荷分布及地形地貌条件，往往要将城市分成几个独立的集中供热区域，因此还有必要分区绘制规划区域的年热负荷延续时间曲线，用于指导分区调峰热源容量的配置。对以供蒸汽为主的工业区，在规划阶段没有落实实际项目的，可适当简化，不做强制要求绘制年热负荷延续时间曲线。

在采暖热负荷延续时间曲线图中，横坐标的左方为室外温度 t_w，纵坐标为采暖热负荷 Q_n，横坐标的右方表示小时数，如横坐标 n_1 代表供暖期中室外温 $t_w \leqslant t_{w1}$ 出现的总小时数。

在图 1 中由曲线与坐标轴围成的面积（斜线部分）代表相应的年供热量。随着室外温度变化，采暖热负荷在数值上变化很大，数值越大，持续时间越短。这部分持续时间短的热负荷应当配备尖峰热源来承担，持续时间长的基本热负荷应当由热电厂供热机组承担，这样可以充分发挥热电厂的作用，获得最大的节能效果。

工业热负荷持续曲线图与采暖热负荷持续曲线图不同之处在于没有横坐标的左方室外温度 t_w，只有右方工业热负荷 Q_n（纵坐标），与持续小时数（横坐标）的关系。

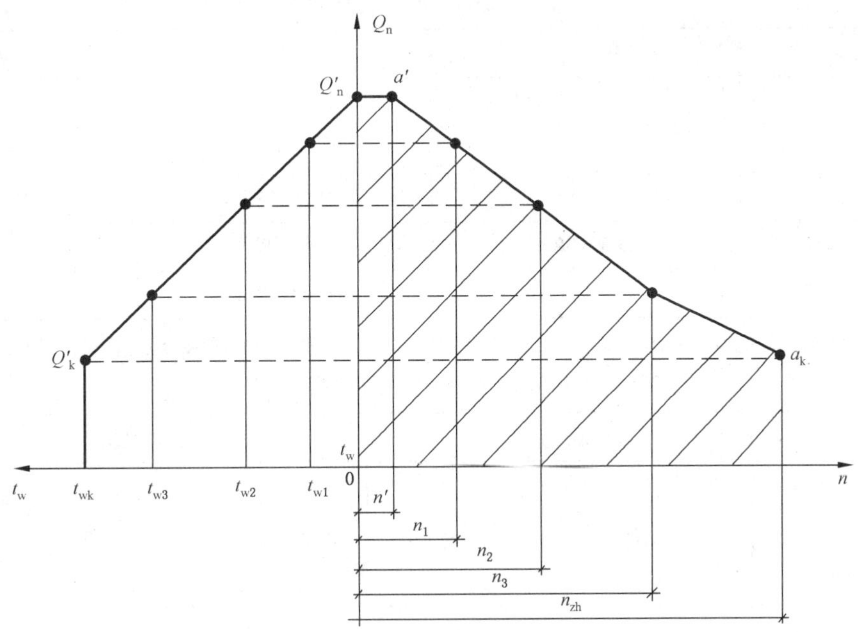

图 1　采暖热负荷延续时间曲线图

4.3　规划热指标

4.3.1　热指标的分类很多，本节中的分类是我国目前及未来一段时期内的供热规划中经常使用的主要分类方式。

4.3.2　建筑采暖综合热指标的确定应综合城市总体规划中的人均建设用地指标、建设用地分类、估算容积率、现状供热设施供应水平和现状建筑节能改造程度等因素，在调查的基础上，确定采暖综合热指标。

4.3.3　建筑采暖热指标是针对不同建筑类型，综合不同时期节能状况的单位建筑面积平均热指标。不同地区、不同年代的建筑采暖热指标均有一些差异。

1. 建筑采暖热指标

1）行业规范使用的建筑采暖热指标

建筑采暖热指标与室外温度、建筑维护结构、保温材料的传热系数、窗体的传热系数、建筑物体型系数、新风量大小、热损失等都有关系，致使同类建筑的热指标有所差异，各地的热指标更有所差异。下表给出了《城镇供热管网设计规范》CJJ 34—2010 中的推荐值。

表 1　建筑采暖热指标推荐值（W/m^2）

建筑物类型	住宅	居住区综合	学校办公	医院托幼	旅馆	商店	食堂餐厅	影剧院展览馆	大礼堂体育馆
未采取节能措施	58～64	60～67	60～80	65～80	60～70	65～80	115～140	95～115	115～165
采取节能措施	40～45	45～55	50～70	55～70	50～60	55～70	100～130	80～105	100～150

注：1. 表中数值适用于我国东北、华北、西北地区；
2. 热指标中已包括约 5% 的管网热损失。

2）部分城市建筑设计采用的采暖热指标

部分城市建筑设计院目前做建筑单体设计采用的热指标如下：

表 2　北京采用的建筑采暖热指标（W/m²）

建筑物类型	热指标	建筑物类型	热指标
住宅	45～70	图书馆	45～75
单层住宅	80～105	商店	65～75
办公楼	60～80	食堂、餐厅	115～140
医院、幼儿园	65～80	影剧院	90～115
旅馆	60～70	大礼堂、体育馆	115～160

注：外围护结构热工性能好、窗墙面积比小、总建筑面积大、体型系数小的建筑取下限值，反之取上限值。

表 3　沈阳采用的建筑采暖热指标（W/m²）

建筑物类型		住宅建筑			公共建筑					
		多层	小高层	高层	商场	办公	学校	旅馆	医院 幼儿园 托儿所	体育馆
热指标	采取节能措施	35	33	32	65	60	60	65	70	85
	未采取节能措施	60	60	58	90	80	80	90	90	115

3）规范编制调研中收集的资料

有关单位在 2005～2006 年采暖季对北京一些建筑采暖系统进行了测试诊断工作，根据各单位建筑内的室内温度逐时记录、管网供回水温度逐时记录、室外温度逐时记录，以及各建筑的供水量，计算得到建筑实测耗热量，这里根据测试的采暖能耗数据经过整理折算成北京计算室外温度下的采暖热指标，详见表 4、表 5。

表 4　部分居住、办公小区采暖热指标

建筑功能	测试数量（个）	建造年代（年）	围护结构	折算采暖热指标（W/m²）
多层住宅	11	2003	外墙 K 小于 1.16 外保温，塑钢窗双玻	30～36
多层住宅	12	1990	370 mm 砖墙、无外保温，塑钢窗、铝合金窗、普通钢窗	30～35
多层住宅	4	1990	240 mm 砖墙、无保温，单层钢窗、塑钢窗	40～48
多层住宅	4	1980	370 mm 砖墙、无保温，塑钢窗、部分单层木窗	31～34
多层住宅	5	1970	370 mm 砖墙、无保温，塑钢窗、部分单层木窗	36～40
高层住宅	3	1980	180 mm 现浇混凝土外墙，单层钢窗、塑钢窗	39～46
普通办公楼	3	1950	370 mm 砖墙、无保温，塑钢窗、部分单层木窗	38～45
普通办公楼	1	1950	500 mm 外墙，单层铝合金窗	30
宾馆	3	1950	370 mm 砖墙、无保温，单层铝合金窗	31～40
宾馆	4	1950	500 mm 外墙，单层铝合金窗	39～45
商场	1	2003	外墙 K 小于 1.16 外保温，塑钢窗双玻	56

注：住宅类建筑采暖设计热负荷指标折算成室外供暖计算温度 −9 ℃、室内温度 18 ℃的耗热指标。宾馆、办公类建筑采暖设计热负荷指标折算成室外供暖计算温度 −9 ℃、室内温度 20 ℃的耗热指标。

表 5 是通过测量 500 多个不同换热站单位采暖面积耗热量，分析折算的建筑采暖热指标。

表 5　通过换热站折算的建筑采暖热指标

建筑类型	热力站数量(个)	热指标(W/m^2)
普通住宅	140	52.8
高档住宅	120	44.6
高档办公楼	35	45.2
普通办公楼	70	59.1
学校	81	58.4
宾馆饭店	65	53.7
博物馆展览馆体育馆影剧院	30	65.7
医院	22	66.4
商场	19	38.2

注：除住宅、学校按室温 18 ℃折算外，其他按 20 ℃折算。室外温度已经折算至标准气象年，指标中包含管网损失。

表 6 是通过对济南 9 个换热站进行调研，根据换热站的运行参数分析折算出的建筑采暖热指标，数值中包括采暖建筑本身热负荷和二级热网的管网损失。供热区域内住宅主要为 20 世纪 80～90 年代建筑。

表 6　济南几种典型建筑采暖热指标(W/m^2)

建筑类型	住宅	商业金融	教育科研
采暖热指标	47.1	52.6	49.4

4）居住建筑采暖热指标的推算

由表 2～6 可以看出，由于各地情况不同，考虑因素不同，而且多数数据不能区分是否采取节能措施，很难从上述资料直接分析出比较适用的建筑采暖热指标。为此，按照建筑节能的要求，编制组对国内部分城市的建筑采暖热指标进行了推算，见表 7。

本节提出的部分城市居住建筑采暖热指标是参照《民用建筑节能设计标准(采暖居住建筑部分)》JGJ 26—95 和《严寒和寒冷地区居住建筑节能设计标准》JGJ 26—2010 中全国主要城镇采暖期有关参数及建筑物耗热量、采暖耗煤量指标表中的有关数据，根据建筑物耗热量指标与采暖设计热负荷指标的关系式折算得到。《民用建筑节能设计标准(采暖居住建筑部分)》JGJ 26—95 和《严寒和寒冷地区居住建筑节能设计标准》JGJ 26—2010 主要针对居住建筑采暖能耗分别降低 50%和 65%左右作为节能目标。

建筑物耗热量指标与采暖设计热负荷指标(不含管网及失调热损失)的关系式如下：

$$q = q_h \frac{t_n - t_w}{t_{ne} - t_{we} - t_d} \tag{1}$$

式中：q——采暖设计热负荷指标(W/m^2)；

q_h——建筑物耗热量指标(W/m^2)；

t_n——室内采暖设计温度(18 ℃)；

t_w——采暖期的室外计算温度(℃)；

t_{we}——采暖期室外日平均温度(℃)；

t_{ne}——采暖期室内平均温度(16 ℃)；

t_d——太阳辐射及室内自由热引起的室内空气自然温升(℃)，一般为(3～5)℃，居住建筑取3.8 ℃。

表7 推算的全国部分城市居住建筑采暖热指标

地名	供暖室外计算温度 t_w（℃）	供暖期日平均温度 t_{we}（℃）	供暖期日（d）	耗热量指标 q_h（W/m²）	未采取节能措施建筑采暖热指标 q（W/m²）	采暖能耗降低50%建筑采暖热指标 q（W/m²）	采暖能耗降低65%建筑采暖热指标 q（W/m²）
北京	−9	−1.6	125	20.6	61.8	40.3	28.7
天津	−9	−1.2	119	20.5	63.4	41.3	29.4
石家庄	−8	−0.6	112	20.3	63.3	41.2	29.3
承德	−14	−4.5	144	21	61.7	40.2	28.6
唐山	−11	−2.9	127	20.8	61.3	39.9	28.4
保定	−9	−1.2	119	20.5	63.4	41.3	29.4
大连	−12	−1.6	131	20.6	68.7	44.8	31.8
丹东	−15	−3.5	144	20.9	67.4	43.9	31.2
锦州	−15	−4.1	144	21	65.2	42.5	30.2
沈阳	−19	−5.7	152	21.2	69.0	45.0	32.0
本溪	−20	−5.7	151	21.2	69.0	45.0	32.0
赤峰	−18	−6	160	21.3	64.6	42.1	30.0
长春	−23	−8.3	170	21.7	66.6	43.4	30.9
通化	−24	−7.7	168	21.6	69.9	45.6	32.4
四平	−23	−7.4	163	21.5	69.0	45.0	32.0
延吉	−20	−7.1	170	21.5	64.9	42.3	30.1
牡丹江	−24	−9.4	178	21.8	65.0	42.4	30.1
齐齐哈尔	−25	−10.2	182	21.9	64.5	42.0	29.9
哈尔滨	−26	−10	176	21.9	66.6	43.4	30.9
嫩江	−33	−13.5	197	22.5	68.5	44.6	31.8
海拉尔	−35	−14.3	209	22.6	69.3	45.2	32.1
呼和浩特	−20	−6.2	166	21.3	67.5	44.0	31.3
银川	−15	−3.8	145	21	66.4	43.3	30.8
西宁	−13	−3.3	162	20.9	64.1	41.8	29.7
酒泉	−17	−4.4	155	21	67.9	44.3	31.5
兰州	−11	−2.8	132	20.8	61.7	40.2	28.6
乌鲁木齐	−23	−8.5	162	21.8	66.2	43.2	30.7
太原	−12	−2.7	135	20.8	64.2	41.9	29.8
榆林	−16	−4.4	148	21	66.0	43.0	30.6
延安	−12	−2.6	130	20.7	64.4	42.0	29.8
西安	−5	0.9	100	20.2	63.1	41.1	29.2
济南	−7	0.6	101	20.2	66.8	43.5	31.0
青岛	−7	0.9	110	20.2	68.6	44.7	31.8

表 7（续）

地名	供暖室外计算温度 t_w（℃）	供暖期日平均温度 t_{we}（℃）	供暖期日（d）	耗热量指标 q_h（W/m²）	未采取节能措施建筑采暖热指标 q（W/m²）	采暖能耗降低50%建筑采暖热指标 q（W/m²）	采暖能耗降低65%建筑采暖热指标 q（W/m²）
徐州	−6	1.4	94	20	68.2	44.4	31.6
郑州	−5	1.4	98	20	65.3	42.6	30.3
甘孜	−9	−0.9	165	20.5	64.8	42.3	30.0
拉萨	−6	0.5	142	20.2	63.6	41.4	29.5
日喀则	−8	−0.5	158	20.4	64.1	41.8	29.7

5）不均匀热损失与管网热损失

不均匀热损失是由供热管网难以调节或没有进行有效的初调节，导致存在各种失调现象而产生的。主要包括高温热力管网调节不均匀，热力站之间失调；小区室外管网调节不均，建筑物之间的失调；室内管网无法调节，房间之间失调。出现失调现象后，为满足末端用户的供热要求，系统加大供热量，同时末端无有效的调节手段和激励调节的机制，部分用户为防止室内过热，只能开窗调节，使得建筑物的实际散热量显著增加。对北京几个小区多个建筑单元的测试结果表明，室外管网调节不均匀是导致不均匀热损失的主要原因，这部分损失甚至比管网的直接热损失还要大。大多数集中供热系统现有的调节手段和调节水平很难减少这部分损失，在目前的调节水平下，集中供热的不均匀热损失为(4～8)W/m²。

管网热损失包括保温热损失和漏水热损失，根据实测和调研，管网漏水热损失占管网热损失的比例很小。表 8 为实测的北京几个小区从锅炉房或换热站至建筑物热入口之间的热损失。可以看出，保温热损失是管网热损失的主要部分。同时，不同的管网热损失差别很大，这与管网敷设方式、建造年代、保温水平、管网规模、供回水温度和维护水平等都有关。一般室外管网热损失为(2～5)W/m²。

表 8 集中供热系统管网损失测试结果（W/m²）

不同小区	A	B	C	D	E	F	G	H	I
保温热损失	2.6	3	4.9	4.2	4.5	4.1	3	2	1.8
漏水热损失	0.03	0.1	0.2	0.4	0.4	0.5	0.3	0.1	0.2
管网热损失合计	2.63	3.1	5.1	4.6	4.9	4.6	3.3	2.1	2

城市一级管网与居住区二级管网相比，保温水平和管理水平远高于二级管网，因此热损失较小。以北京为例，目前北京城市热网热源供水温度与大多数热力站处测出的供水温度之差均小于 2 ℃，则总损失温差在 3 ℃左右。目前供热高峰期供回水温差约为 65℃，因此，城市高温热力管网热损失不超过输送热量的 5%，约为 2 W/m²。

随着分户计量手段的完善，采暖收费制度的改革，用热激励调节机制的健全，使采暖用户有效的调节手段增加。不均匀热损失会大幅度降低。考虑到现有建筑存在一定的改造难度，不均匀热损失不能完全消除，初步按 2 W/m² 考虑。综上，不均匀热损失与管网热损失约为(4～7)W/m²。

6）采暖热指标推荐值

本规范推荐的建筑采暖热指标是以《城镇供热管网设计规范》CJJ 34—2010 中的数据为基础，在建筑分类和采暖热指标数值上进行部分调整得出的。

在建筑分类方面：推荐的指标为了适应规划的使用习惯，在类别中将学校与办公分开。学校指中小学，高等学校可以参照办公指标。近几年，城市周边和郊区，兴建了一些低层别墅；中小城市的居住建筑，则仍以多层和低层为主；小城镇居住建筑则主要是平房和低层建筑。低层建筑由于体型系数较大，外围护结构传热损失较大，热指标相比多高层住宅高。因此，将《城镇供热管网设计规范》CJJ 34—2010 表中的住宅分为低层住宅和多高层住宅。原表中的居住区综合类，在规划中多为采暖综合热指标，其数值的确定应综合当地不同时期建筑建设标准、建筑节能标准、现状建筑情况、节能改造情况及居民的生活水平等因素进行理论分析，并结合实测数据进行研究，故本次规范制定将该类别去除。

在采暖热指标数据方面：本次仅对住宅类建筑的采暖热指标进行调整。对于其他类别建筑，因规范编制过程中未能收集到足够的数据进行分析，因此没有对相关内容进行修正。国家颁布的节能标准有一步节能标准和二步节能标准，根据表7可知，采取二步节能措施的多高层住宅建筑采暖热指标在30 W/m^2左右，采取一步节能措施的多高层住宅建筑采暖热指标在43 W/m^2左右。考虑到全国范围内供热设施建设水平的差异，不均匀热损失、管网损失等存在较大差异，多高层住宅建筑采暖热指标推荐值取(35～45)W/m^2。二步节能标准的多高层住宅建筑取下限，一步节能标准的多高层住宅建筑取上限。根据表4的实测数据分析，低层住宅采暖热指标比多高层住宅采暖热指标高(5～10)W/m^2，推荐值取(40～55)W/m^2。

2. 生活热水热指标

生活热水热指标是对有生活热水需求，且采用供热系统供应的建筑，单位面积平均热指标。生活热水可以由热网供应，也可以由太阳能热水器、燃气热水器、电热水器等设施供应。若采用热网供应方式，应将生活热水负荷指标纳入热指标中。

本节计算生活热水热负荷的方法采用指标法，生活热水热指标参照《城镇供热管网设计规范》CJJ 34—2010给出的居住区生活热水日平均热指标。具体在选择指标时可根据各地的人均热水用水定额、人均建筑面积及计算冷水温度综合考虑。

3. 工业热负荷指标

工业热负荷指标是对不同工业的单位用地平均热指标。本规范采用的热负荷指标值是通过对天津、上海已建工业园区热负荷调研及资料整理，同时结合设计规范和相应的设计技术措施，得出不同类型产业、单位用地面积的平均热负荷。由于不同工业类型、不同工艺的蒸汽需求差异较大，用工业区单位占地面积热负荷指标估算规划热负荷的方法还不太成熟，需要进一步总结和积累经验。为了提高工业热负荷预测的科学性和可靠性，还应该进行大量的实地调查研究，对大量的已建成区域的不同类型的工业区域进行总结、分析。

4.3.4 制冷用热负荷指标

制冷用热负荷指标是针对不同建筑制冷的单位建筑面积平均热指标。空调夏季冷负荷主要包括围护结构传热、太阳辐射、人体及照明散热等形成的冷负荷和新风冷负荷。设计时需根据空调建筑物的不同用途、人员的群集情况、照明等设备的使用情况确定空调冷指标。其中空调冷指标对应的是单位空调面积的冷负荷指标，空调面积一般占总建筑面积的百分比为70%～90%。然后根据所选热制冷设备的*COP*折算成热负荷指标。

5 供热方式

5.1 供热方式分类

5.1.1 本条列出了主要的供热能源种类。从目前我国能源资源和使用情况看，煤炭是最主要的供热能源，其次是天然气。低温核供热虽已经有了成熟的技术并具有商业化利用的经济效益，但其使用受到诸多敏感因素的影响，目前还不具备大规模推广利用的条件。油品分为轻油和重油，受国家资源条件制约，一般不鼓励发展油品供热。太阳能作为未来能源利用的研究重点，目前在供热领域是一种辅助形式。生物质能蕴藏在植物、动物和微生物等可以生长的有机物中，它是由太阳能转化而来的。有机物中除矿物燃料以外的所有来源于动植物的能源物质均属于生物质能，通常包括木材及森林废弃物、农业废弃物、水生植物、油料植物、城市和工业有机废弃物、动物粪便等。其中垃圾焚烧的热能可用于城市供热。

5.1.2、5.1.3 供热方式分类很多，本节中的分类，结合了能源种类与热源规模。过去对于集中供热没有明确的定义，只是简单定义为“规模较大的为集中供热，规模较小或分散的为分散供热”。参考原建设部规定的集中锅炉房规模定义和北京等城市集中供热发展的实践，本规范所指的集中供热是指热源规模为3台及以上14 MW或20 t/h锅炉，或供热面积50万m^2以上的供热系统。本规范所指的分散供热是指供热面积在50万m^2以下，且锅炉房单台锅炉容量在14 MW或20 t/h以下。

需要注意的是，对于清洁能源供热方式，由于污染较小，有利于分散建设，所以不鼓励清洁能源集中供热方式，但是不包括特定情况下的大型热源（低温核供热、燃气热电厂等）以及大型调峰热源等。

5.2 供热方式选择

从供热用能的特点看，供热能源品种具有可替代性，即使用不同的能源均可实现供热的目的。而从我国目前乃至未来一段时间内，能源消费仍然是城市大气环境重要污染源之一，更是人类活动造成的温室气体排放的主要来源，其中供热能源占据重要份额。所以城市的能源消费结构以及供热用能取决于城市的环境目标和能源利用技术。从实现人与自然和谐的目标出发，在我国目前城市大气环境污染均较为严重的情况下，把实现大气环境目标和污染物减排目标作为供热用能的刚性要求，有利于实现可持续发展。

一个地区及其周边可调配的能源资源以及能源品种，是总体规划阶段选择供热用能源，确定供热方式的重要制约因素，为保证供热用能的充足与稳定，宜选择资源丰富、供应可靠的能源品种，同时应结合能源规划中有关的能源品种结构要求，适当选择其他能源品种作为供热能源的补充。各种供热方式的技术经济性（其中供热设施的占地大小也影响供热方式的技术经济性）、综合能源利用效率是选择城市供热方式以及供热发展方向的基础依据。从目前和未来我国以及国际上的能源价格趋势看，煤炭价格依然相对较低，接下来依次是天然气、油品、电力。能源价格和能源利用技术是影响供热方式经济性的重要因素。如采用电力驱动的热泵技术冷热兼供的系统，比采用天然气直燃机冷热兼供的系统，经济性和节能效益均优越一些（北京地区实例分析的结果）；采用高效脱硫除尘和脱氮技术的燃煤供热设施，可以大幅度降低污染物排放量，同时增加了运行成本，其与天然气供热方式的经济性需要进一步详细分析和比较。在成本最小化和能效最大化的多方案优化选择过程中，还要考虑城市安全、城市景观、土地综合利用效益以及公众的意见等因素，以体现社会效益最大化。优化过程可采用方案对比、情景分析、线性规划和多目标优化等方法。因此，总体规划阶段的供热规划应符合当地环境保护目标，以地区能源资源条件、能源结构要求以及投资等为约束条件，以各种供热方式的技术经济性和节能效益为基本依据，并统筹供热系统的安全性和社会效益，按照成本最小化、效益最大化的原则进行优化选择，最终确定供热能源结构和不同的供热方式。

详细规划阶段的供热规划应根据总体规划，经过方案比较，确定详细规划区内的供热方式。详细规划阶段以总体规划阶段的供热规划为指导，落实总体规划阶段确定的供热方式。如果详细规划区内有多种供热方式可以选择，则需要根据详细规划区内的具体条件进行多方案比较选择供热方式。例如，某一公建区，在总体规划阶段的供热规划中确定为清洁能源供热方式，可以选择直燃机冷热兼供系统、热泵冷热兼供系统、分布式能源系统等，这些方式需要根据详细规划区内地下水、中水、河湖水资源以及天然气管网供应条件等进行综合分析论证后确定。又例如某一小区，总体规划阶段的供热规划中确定为煤和天然气混合供热方式，则在详细规划阶段需要依据总体规划阶段确定的原则，并结合小区的区位特点、建筑性质、用户特点和意愿、现状供热情况以及供热体制等，经分析后明确主要的供热方式，对于现状燃煤分散锅炉房供热的，可采取“以大代小”或“煤改气”的方式，对于规模小的居住区或别墅区，可考虑街区式燃气锅炉房，对于公建区可以考虑直燃机冷热兼供系统、热泵冷热兼供系统、分布式能源系统等。

5.2.1 以煤炭为主要供热能源的城市，必须采用集中供热方式，目的是为了集中和有效地解决燃煤污染问题。

目前我国及世界上先进的燃煤热电厂，可切实实现高效脱硫、除尘和脱氮，如果配备低硫低灰优质煤炭作为电厂燃料，则电厂烟囱出口处的烟气中，尘的浓度可低于 10 mg/Nm^3，二氧化硫的浓度可低于 15 mg/Nm^3，氮氧化物的浓度可低于 100 mg/Nm^3，完全可以达到国家或地方排放标准的要求。燃煤集中锅炉房虽然可配置脱硫设备及布袋除尘器，但由于运行管理及设计上的原因，在实际运行中一般烟囱出口处烟气中，各种污染物的浓度往往达不到排放标准要求，甚至还有旁路烟道直接排入大气的现象。因此，从实际的污染效果出发，应首先研究选用燃煤热电厂的可行性。但是，如果规划热负荷全部由热电联产供应，就有可能出现发电能力远大于本地电力需求的情况，因此，在选择热电厂供热方式时，还需结合本地区能源资源供应、环境容量条件以及电力需求或对外送电的可能性等因素，统筹研究后确定合适的规模。

燃煤热电厂作为城市的重要热源，其建设周期长、投资大，在时间与空间上不一定都能满足城市建设发展的需求，因此，建设燃煤集中锅炉房进行补充是较好的选择。但从长远上看，为了城市的整体环境效益，燃煤集中锅炉房宜作为补充或过渡的供热方式。

目前乃至未来较长时间内，我国能源资源仍将以煤炭为主，煤炭仍将是我国城市供热中的主力能源。为此，必须切实控制并降低燃煤所造成的大气环境污染，如采用严格的洁净煤技术(提倡煤炭消费的全程清洁管理)，同时在某些有条件的特大城市，还需要考虑燃煤造成的温室气体排放问题，控制燃煤量或减少燃煤量而发展清洁能源供热方式，为我国今后应对全球气候变化打下基础。

5.2.2 发展清洁能源供热的前提是城市的大气环境质量要求严格和充足的清洁能源供应。清洁能源供热应采用分散供热方式，主要原因是为了节约管网投资和减少输配损失，同时也能达到理想的环境效果。中型天然气热电冷联产系统(指 B 级与 E 级燃气联合循环热电厂，其单台机组发电容量为 200 MW 及以下规模)、分布式能源系统是清洁能源高效的利用方式，也是国内外清洁能源供热的发展趋势，但是其应用条件需要有常年稳定的热负荷，且需要进行合理的热电容量配置，才能保证既有节能效益又有经济效益。对于户内式分散供热方式(不含家用空调)，由于运行维护、设备寿命、安全隐患、污染物低空排放等原因，不宜在居住区中使用，但可应用于别墅区等建筑相对分散的地区。

5.2.3 对于大型天然气热电厂(指 F 级及以上燃气联合循环热电厂，其单台机组发电容量为 400 MW 及以上规模)虽然节能效益显著，但由于约 85%的天然气全部用于发电，只有少部分天然气用于能取得较大环境效益的供热领域，不仅对区域电价造成很大压力，还需要较大的热网投资，因此需要进行总量控制，以合适的发电能力和适度的电价水平为边界条件，适度发展大型天然气热电厂系统供热。

5.2.4 大型天然气集中锅炉房供热系统，不仅需要较大的热网投资，还降低了供热系统能效，因此，除了现状大型燃煤集中锅炉房利用原厂址进行天然气替煤改造可选择该供热方式以外，对于新规划建设区通常不宜发展独立的大型天然气集中锅炉房供热系统。

5.2.5 在以电为能源的供热方式中，如果发电能源是煤炭、天然气或油品，供热系统的一次能源综合利用效率将很低，因此不鼓励直接电采暖方式，但如采用热泵供热方式，则可以大幅提高能源综合利用效率，因此在有条件的情况下，可以依据热泵供热系统的能效和经济性进行决策。如果发电能源是水能、风能、核能或太阳能等，则在技术经济条件许可的情况下，不仅可以鼓励发展电动热泵供热方式，也可以鼓励直接电采暖方式。

5.2.6 从目前的技术经济条件看，城市主要的供热方式有两种，一是燃煤热电厂系统，另一个是天然气分散供热系统。这两种途径均不能从根本上解决能源资源与环境污染的双重压力，而在新能源和可再生能源的供热方式中，地热和热泵受地热资源和地温能资源的制约发展规模有限，所以需要找出新的措施，从根本上解决能源资源和环境保护的双重压力，并实现供热能源多元化，保证供热能源安全。低温核供热系统是可行的措施，其不仅具有固有安全性，而且经济性也可与天然气供热方式相比较，正常及事故运行方式下污染物排放低于天然气供热等常规供热方式，在极端情况下也不会危及公共安全。因此，有条件的地区可进行试点，并逐步在我国城市供热领域内推广。

5.2.7 能源利用新型式以及新能源和可再生能源为燃料的新型供热方式是未来的发展趋势，包括地热、热泵系统，太阳能采暖系统，分布式热电冷三联供系统，燃料电池系统等。这些方式是治理大气污染和减排温室气体的重要手段，也是国家政策支持的发展方向，各地应鼓励发展。从目前技术水平和经济效益条件看，地热与热泵系统具有很好的商业化利用价值，分布式能源系统、太阳能系统、燃料电池系统等商业利用效益不大，有待于在技术进步和用户扩展方面逐步推广。各地可以结合当地的资源、经济、技术条件适当采用。

5.2.8 太阳能热利用已经完全商业化，并且具有很好的经济效益、节能效益和环境效益，所以首选太阳能解决部分生活热水问题是十分必要的。太阳能采暖系统受到太阳能资源以及系统投资的制约，可在平房区、别墅区、农村地区适度发展，太阳能资源较好地区，应视本地区资金和政府财政状况，适当加大发展力度。

5.2.9 历史文化街区或历史地段通常位于城市重要地区，一般要求保持历史格局（如保持原有道路格局、建筑型式和布局等），宜采用清洁能源供热方式。经研究，宽度 6 m 的道路，只有在统一建设的情况下，才能安排建设多种市政管道，特别是燃气管道，而历史文化街区或历史地段的道路大都十分狭窄，一般不超过 6 m，因此一般来说历史文化街区或历史地段内宜采用电采暖为主的供热方式。如果地区太阳能资源丰富，且有大量投资进行建筑改造，也可采用太阳能采暖为主的供热方式。

5.3 供热分区划分

5.3.1、5.3.2 总体规划阶段的供热规划，需要结合确定的供热方式，现状和规划的集中热源规模，城市组团和功能布局，河湖、铁路、公路等重要干线的分割，划分集中供热分区和分散供热分区。

在集中供热分区和分散供热分区中又包括各类集中和分散热源的供热范围或供热分区，可在详细规划阶段，依据合理的热源规模进一步详细确定。

6 供热热源

6.1 一般规定

6.1.1 在总体规划阶段的供热规划编制过程中，各种集中供热热源规模的确定，受其自身合理规模的影响，同时还要结合河湖、铁路、公路等干线的分割，与其供热范围内的热负荷相匹配，又要考虑城市近期建设进度（主要影响单台设备容量）、能源供给、存储等因素。

燃煤热电厂的合理规模受当地热力需求、电力需求、铁路运输、热网规模等因素的影响，原则上机组规模越大，参数越高，节能效果越好，单位投资相对越小，环境保护治理措施越有保证，但同时供热范围也越大，将导致热网投资增加。各城市可根据本地具体情况分析论证。

燃煤集中锅炉房的合理规模受热负荷、汽车运输、热网规模、现状及近期增加的热负荷等因素的影响。目前，我国常用的热水锅炉单台容量有 14 MW、29 MW、45 MW、58 MW、64 MW、70 MW 和 116 MW，这些不同容量锅炉的热效率差别不大，在环境保护治理措施上 45 MW 以上的锅炉相对经济、可靠。因此，对于近期热负荷较大的集中锅炉房，宜选择较大容量的锅炉。根据锅炉房设计规范，新建锅炉房不宜超过 5 台，扩建锅炉房不宜超过 7 台，规划中考虑到汽车运输的运力以及运输过程对锅炉房周边局部地区环境的影响，规模过大也会造成热网投资的增加。因此，集中锅炉房总规模不宜超出 6×64 MW。

低温核供热设施是新型的供热方式，目前国内还没有应用实例。由于低温核供热设施的建设在选址要求上非常严格，所以其合理规模与燃煤集中锅炉房有所区别。需要注意的是由于低温核供热设施投资大而运行费低，因此宜考虑配置一定容量的调峰热源。

分散热源中的分布式能源系统是小型热电冷联供系统，目前受国内上网电价的影响，发电自用有一定的经济性，但上网售电则受到多种制约。因此，分布式能源系统的规模受用户的热负荷和电力负荷需求的双重制约。当热负荷较大时，按照以热定电的原则配置机组和尖峰容量，一般会造成发电容量大于用户自身电力负荷需求，此时需要考虑按照电力负荷需求的基本负荷配置机组容量，同时增大相应的供热调峰热源。

对于工业余热利用，除少部分高温热水（如钢厂的冲渣水）可以直接用于供热，其他大多数余热利用（例如电厂冷却水或工业过程冷却水）主要采用热泵技术供热。考虑到利用热泵技术单独供热投资较大，成本较高，一般宜采用低温热泵以降低投资，用户以采用地板辐射采暖方式为宜，所以供热规模或供热范围不宜过大。如果把工业生产过程中的低温热水用管道送到用户端，而同时在用户端建设分散热泵系统，来实现工业余热利用，则受到低温热水输送管网的制约，规模或供热范围也不宜过大。

6.1.2 在详细规划阶段的供热规划编制过程中，需要依据总体规划的要求，落实在规划区内的城市级的集中热源位置和用地边界。核实为局部地区服务的集中热源规模、位置和用地边界，并且在必要情况下（如总体规划预留的热源能力不足时），需要适当调整热源规模和用地，或增加热源数量。同时，依据用地的建设规模和建设进度确定相关分散热源规模、位置和用地边界。

6.2 热 电 厂

6.2.1 燃煤热电厂和单台机组发电容量 400 MW 及以上规模的燃气蒸汽联合循环热电厂以及低温核供热厂等大型热源一般应该供应基本热负荷，以便更好地体现节能效益和集中供热系统的经济性。热化系数的选取应根据各地区的投资和能源价格水平、节能要求、各供热系统的负荷特性，综合分析后确定。基荷热源承担供应基本热负荷的功能，尖峰热源承担供应尖峰热负荷的功能，基荷热源和尖峰热源供应能力应大于等于热负荷。通常情况下，以工业热负荷为主的系统，如果季节热负荷的峰谷差别以及日热负荷峰谷差别不大热化系数宜取 0.8～0.9；以供暖热负荷为主的系统热化系数宜取 0.5～0.7；既有工业热负荷又有采暖热负荷的系统热化系数宜取 0.6～0.8。

6.2.2 热源布局除了考虑合理的供热半径、靠近负荷中心（以降低热网投资和运行费）外，还需要考虑规划建设用地的土地利用效率，城市景观等对供热设施的制约因素。例如，热源位于负荷中心是供热专业的经济技术要求，但是供热设施安排在建设用地边缘，更有利于土地的开发和综合利用，这样做虽然会增加供热系统的成本，但取得的综合效益可能更大，还有利于人居环境的和谐，避免可能发生的各类矛盾。

6.3 集中锅炉房

6.3.1 通常情况不鼓励发展天然气集中锅炉房，但作为热电厂供热系统中的调峰热源是必要和可行的措施之一。为减少热网整体投资水平，与燃煤热电厂和燃气热电厂不同，调峰热源应建在负荷端或负荷中心，此外，调峰热源与热电厂分开建设有利于提高热网系统的安全可靠性。

6.4 其 他 热 源

6.4.1 对于低温核供热设施的厂址选择，应考虑两个方面的问题：一方面是核设施的运行（包括事故）对周围环境的影响；另一方面是外部环境对核设施安全运行的影响。目前，在厂址选择工作中，主要参照国家核安全局发布的核电厂厂址选择的有关规定和导则，同时还应符合核设施安全管理、环境保护、辐射防护和其他方面有关规定。

由于核供热堆具有很好的安全特性，无论是正常运行还是事故工况下对环境和公众的影响皆很小。一体化壳式核供热堆经过国家核安全局的审查，即使在重大事故的情况下，也不需要厂外居民采取隐蔽和撤离措施，这一点和核电站不一样。因此，核供热堆可建造在大城市附近为用户提供热源。但考虑到核供热堆的建设、安全、经济和社会诸因素，核供热堆还需建造在离开人口稠密区有一定距离的地方，目前参照核安全法规技术文件《低温核供热堆厂址选择安全准则》HAF J0059 的推荐意见，核供热堆周围设置 250 m 的非居住区和 2 km 的规划限制区。250 m 非居住区内严禁有常住居民，由核供热工程营运单位对该区域内的土地拥有产权和全部管辖权。在 2 km 规划限制区内不应有大型易燃、易爆、有害物品的生产和储存设施、其他大型工业设施，不得建设大的企业事业单位和居民点、大的医院、学校、疗养院、机场和监狱等设施。因此,供热堆选址时必须调查厂址周围的人口分布情况,包括城市、乡镇的距离,居民点的分布等等。出于谨慎考虑,第一座核供热堆需要设置 2 km 的规划限制区。核供热示范工程首堆建成后,核供热技术的成熟性和先进性以及技术安全可靠性会得到验证。随着建设、运营经验的积累,以及核供热堆安全性的进一步提高,对于后续建设的核供热堆,对半径区域为 2 km 区域内的限制发展要求可能会降低,届时对城市建设用地的影响将更小。

7 热网及其附属设施

7.1 热网介质和参数选取

7.1.1 热水管网具有热能利用率高,便于调节,供热半径大且输送距离远的优点。

7.1.3 既有采暖又有工艺蒸汽负荷,可设置热水和蒸汽两套管网。当蒸汽负荷量小且分散而又没有其他必须设置集中供应的理由时,可只设置热水管网,蒸汽负荷由各企业自行解决,但热源宜采用清洁能源或满足地区环境排放总量控制要求。

7.1.4 当热源提供的热量仅来自于热电厂汽轮机抽汽时,热水管网供水温度可取低值;当热源提供的热量来自于热电厂汽轮机抽汽且采用调峰热源加热时,热水管网供水温度可取高值;当以集中锅炉房为热源时,供热规模较大时宜采用高值;供热规模较小时宜采用低值。

7.1.6 多热源联网运行的供热系统,为保证热网运行参数的稳定,各热源供热介质温度应一致。当锅炉房与热电厂联网运行时,从供热系统运行最佳经济性考虑,应以热电厂最佳供回水温度作为多热源联网运行的供热介质温度。

7.2 热网布置

7.2.1 热网干线沿城市道路布置,并位于热负荷比较集中的区域,可以减少投资,便于运行和维护管理。在考虑干线是沿现状道路还是沿规划道路布置时,在管网总体布局基本合理、现状道路下有路由条件且拆迁量不大时,宜首先考虑沿现状道路布置,然后沿近期建设道路布置,最后考虑沿远期规划道路布置,以保证基础设施的先行建设。

7.2.2 随着社会经济的快速发展,城市建设用地不断扩大,供热范围和供热规模迅速增大,因此安全供热和事故状态时能否快速处理关系到政府的信誉、社会的稳定。采用环状管网布置形式和多热源联网供热时各热源主干线之间设置连通线,可提高供热系统的安全性和可靠性,为供热安全运行以及事故状态下的应急保障措施创造了条件。

7.2.3 为满足城市景观环境的要求,热网敷设应采用地下敷设方式。地下敷设分为有地沟敷设和直埋敷设两种方式。直埋敷设因其具有技术成熟、占地小、施工进度快、保温性能好、使用年限长、工程造价低、节省人力的诸多优点,为城市热网敷设的首选方式。地上架空敷设方式具有施工周期短、工程量小、工程造价相对地下敷设方式低的优点,但对环境景观影响较大,且安全性低,只有在上述条件允许时,工业园区的蒸汽管网方可采用。

7.2.4 间接连接的优点是提高城市热网的供水温度,降低热网的循环水流量和热源补水量,从而减少了热网建设投资,便于大型城市热网管理。

7.3 热网计算

7.3.1、7.3.2 经济比摩阻是综合考虑管网及泵站投资与运行电耗及热损失费用得出的最佳管道设计比摩阻值。经济比摩阻应根据工程具体条件计算确定。当具体计算有困难时,可参考采用推荐比摩阻数据。热水管网主干线经济比摩阻推荐值可采用 30 Pa/m～70 Pa/m。

7.3.3 确定蒸汽热网管径时,最大允许流速推荐采用下列数值:

1 过热蒸汽管道

$DN>200$ mm 的管道 80 m/s；

$DN\leqslant 200$ mm 的管道 50 m/s。

2 饱和蒸汽管道

$DN>200$ mm 的管道 60 m/s；

$DN\leqslant 200$ mm 的管道 35 m/s。

7.3.4 水压图对于分析热网参数和经济性十分重要。但考虑到总体规划阶段尚有部分不确定因素，因此总规阶段宜绘制水压图，而详细规划阶段则应绘制水压图。

7.4 中继泵站及热力站

7.4.1 大型城市热水供热管网设置中继泵站，是为了不用加大管径就可以增大供热距离，节省管网建设投资，但相应增加了泵站投资，因此是否设置中继泵站，应根据具体情况经技术经济比较后确定。

7.4.3 热水管网热力站最佳供热规模应按各地具体条件经技术经济比较确定。一般每座热力站的合理供热规模为 10 万 m^2～30 万 m^2。新建热力站供热范围以不超过所在地块范围为最大规模。

7.4.4 居住区热力站应在供热范围中心区域独立设置，其目的是提高居住环境质量，减少热力站运行时产生的噪声对周边居住的影响。

ICS 91.140.10
P 46

中华人民共和国城镇建设行业标准

CJ/T 246—2018
代替 CJ/T 200—2004,CJ/T 246—2007

城镇供热预制直埋蒸汽保温管及管路附件

Preformed directly buried steam insulating pipes and fittings for urban heating

2018-08-24 发布　　2019-04-01 实施

中华人民共和国住房和城乡建设部　发布

前　言

本标准按照 GB/T 1.1—2009 给出的规则起草。

本标准代替 CJ/T 200—2004《城镇供热预制直埋蒸汽保温管技术条件》和 CJ/T 246—2007《城镇供热预制直埋蒸汽保温管管路附件技术条件》。与 CJ/T 200—2004 和 CJ/T 246—2007 相比，除编辑性修改外主要技术内容变化如下：

——修改了范围中适用管道的工作压力；

——修改了部分术语和定义；

——删除了玻璃纤维外护管的内容；

——修改了工作管壁厚的要求；

——修改了钢制部件的焊接要求；

——修改了保温性能要求；

——修改了各部分材料要求和试验方法。

本标准由住房和城乡建设部标准定额研究所提出。

本标准由住房和城乡建设部城镇供热标准化技术委员会归口。

本标准起草单位：中国城市建设研究院有限公司、浙江大学能源工程设计研究院有限公司、北京市建设工程质量第四检测所、上海科华热力管道有限公司、大连科华热力管道有限公司、北京豪特耐管道设备有限公司、昊天节能装备有限责任公司、上海新华建筑设计有限公司、天津市管道工程集团有限公司保温管厂、江苏宏鑫管道设计有限公司、宁波万里管道有限公司。

本标准主要起草人：吕士健、陆建初、张晓虹、白冬军、陈雷、杨秋、贾丽华、郑中胜、方向军、李志、宋章根、何其霖、王蔚蔚、周游。

本标准所代替标准的历次版本发布情况为：

——CJ/T 200—2004；

——CJ/T 246—2007。

城镇供热预制直埋蒸汽保温管及管路附件

1 范围

本标准规定了城镇供热预制直埋蒸汽保温管(以下简称保温管)和管路附件的术语和定义、一般要求、要求、试验方法、检验规则、标志、运输和贮存。

本标准适用于输送蒸汽介质工作压力小于或等于2.5 MPa,温度小于或等于350 ℃的直接埋地钢制外护蒸汽保温管和管路附件的制造和检验。

2 规范性引用文件

下列文件对于本文件的应用是必不可少的。凡是注日期的引用文件,仅注日期的版本适用于本文件。凡是不注日期的引用文件,其最新版本(包括所有的修改单)适用于本文件。

GB/T 985.1 气焊、焊条电弧焊、气体保护焊和高能束焊的推荐坡口

GB/T 985.2 埋弧焊的推荐坡口

GB/T 3087 低中压锅炉用无缝钢管

GB/T 3091 低压流体输送用焊接钢管

GB/T 3198 铝及铝合金箔

GB/T 8163 输送流体用无缝钢管

GB/T 8923.1—2011 涂覆涂料前钢材表面处理 表面清洁度的目视评定 第1部分:未涂覆过的钢材表面和全面清除原有涂层后的钢材表面的锈蚀等级和处理等级

GB/T 9711 石油天然气工业 管线输送系统用钢管

GB/T 12459 钢制对焊管件 类型与参数

GB/T 12777 金属波纹管膨胀节通用技术条件

GB/T 13401 钢制对焊管件 技术规范

GB/T 17393 覆盖奥氏体不锈钢用绝热材料规范

GB/T 17430 绝热材料最高使用温度的评估方法

GB/T 28638—2012 城镇供热管道保温结构散热损失测试与保温效果评定方法

GB/T 29046 城镇供热预制直埋保温管道技术指标检测方法

GB/T 29047—2012 高密度聚乙烯外护管硬质聚氨酯泡沫塑料预制直埋保温管及管件

CJJ 28 城镇供热管网工程施工及验收规范

CJJ/T 104 城镇供热直埋蒸汽管道技术规程

JC/T 618 绝热材料中可溶出氯化物、氟化物、硅酸盐及钠离子的化学分析方法

NB/T 47013.2—2015 承压设备无损检测 第2部分:射线检测

NB/T 47013.3—2015 承压设备无损检测 第3部分:超声检测

NB/T 47013.4—2015 承压设备无损检测 第4部分:磁粉检测

SY/T 5037 普通流体输送管道用埋弧焊钢管

SY/T 5257 油气输送用感应加热弯管

ASTM C1371-04a 使用便携式辐射率仪测定接近室温的材料的发射率的标准试验方法

3 术语和定义

下列术语和定义适用于本文件。

3.1

保护垫层 protective layer

在工作管与硬质无机保温层之间，为减振和防止无机保温层损伤而设置的夹层。

3.2

钢制部件 steel components

与工作管直接连接的，用于制作管路附件的金属构件，如弯管、三通、异径管、固定支座 、补偿器、疏水节、防水端封、隔断元件等。

3.3

推力传递构件 force transfer components

固定支座中，将工作管推力传递至外护管的装置。

4 一般要求

4.1 产品基本结构

4.1.1 保温管和管路附件基本结构为工作管—保温层—外护管(包括防腐层)。

4.1.1.1 保温管分为内滑动保温管和外滑动保温管，保温管基本结构示意见图 1。

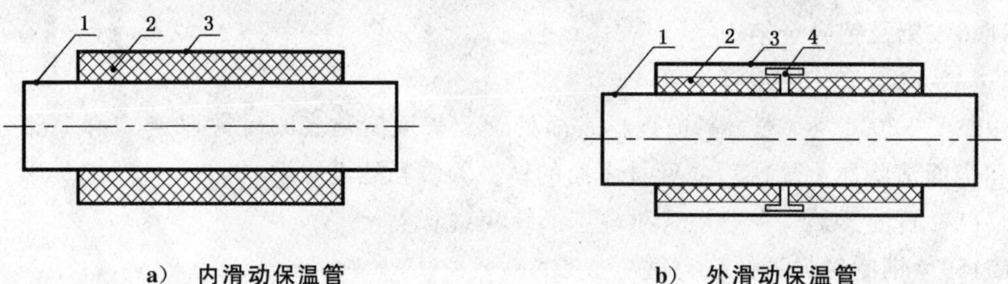

说明：

1——工作管；

2——保温层；

3——外护管(包括防腐层)；

4——支座。

图 1 保温管基本结构示意图

4.1.1.2 保温弯管基本结构示意见图 2。

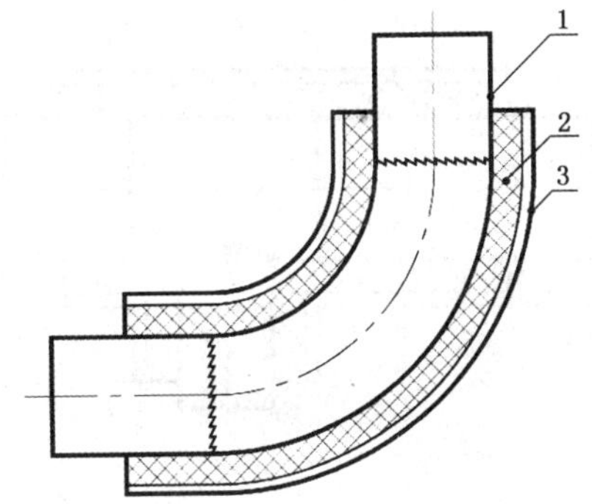

说明：

1——钢制部件；

2——保温层；

3——外护管。

图 2　保温弯管基本结构示意图

4.1.1.3　保温补偿弯管基本结构示意见图 3。

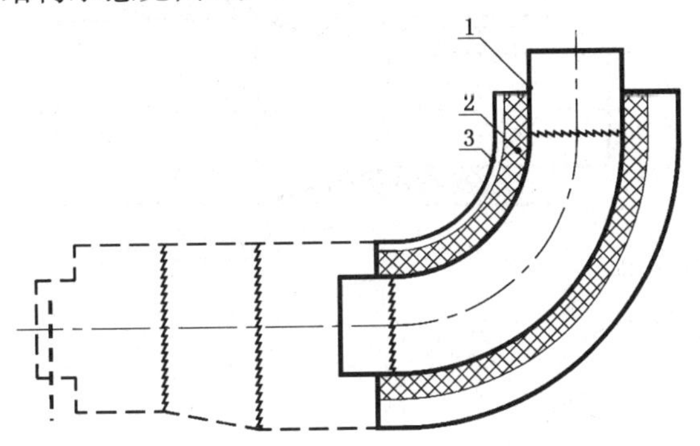

说明：

1——钢制部件；

2——保温层；

3——外护管(包括防腐层)。

图 3　保温补偿弯管基本结构示意图

4.1.1.4　保温三通基本结构示意见图 4。

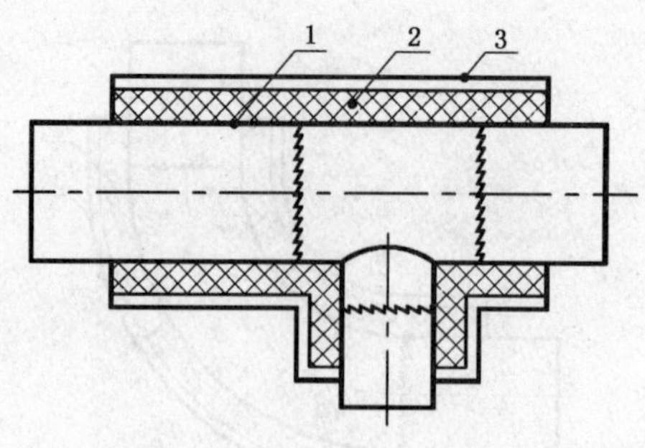

说明：

1——钢制部件；

2——保温层；

3——外护管(包括防腐层)。

图 4　保温三通基本结构示意图

4.1.1.5　保温异径管基本结构示意见图 5。

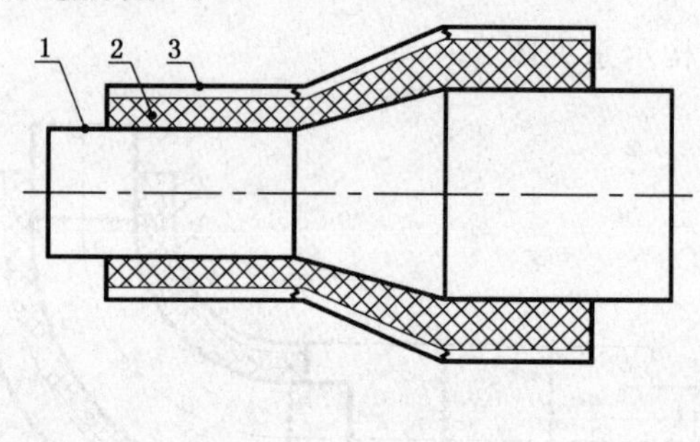

说明：

1——钢制部件；

2——保温层；

3——外护管(包括防腐层)。

图 5　保温异径管基本结构示意图

4.1.1.6　保温管内固定支座基本结构示意见图 6。

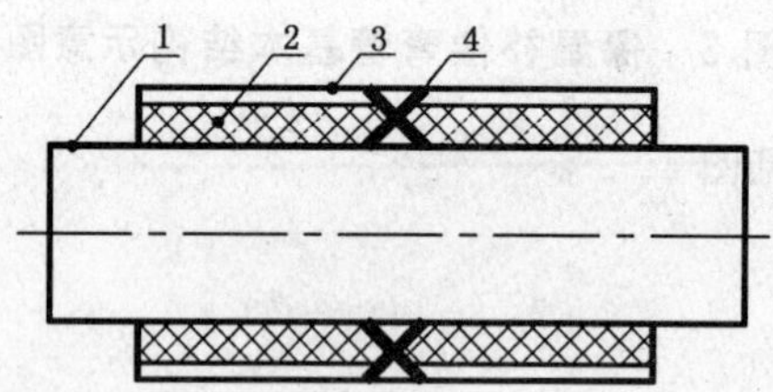

说明：

1——工作管；

2——保温层；

3——外护管(包括防腐层)；

4——推力传递构件。

图 6　保温管内固定支座基本结构示意图

4.1.1.7　保温管外固定支座基本结构示意见图 7。

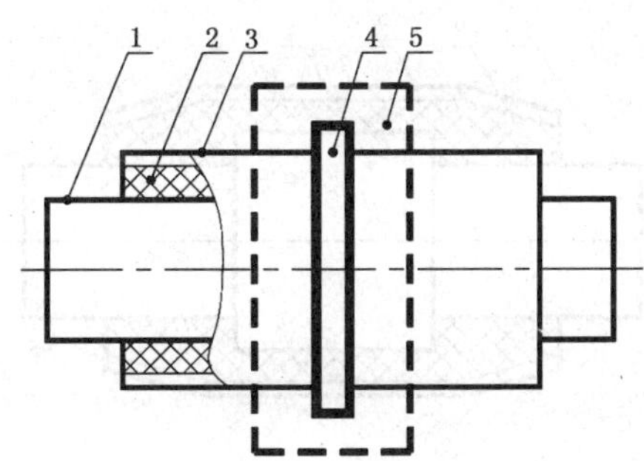

说明：

1——工作管；

2——保温层；

3——外护管(包括防腐层)；

4——固定板；

5——混凝土墩。

图 7 保温管外固定支座基本结构示意图

4.1.1.8 保温管内外固定支座基本结构示意见图 8。

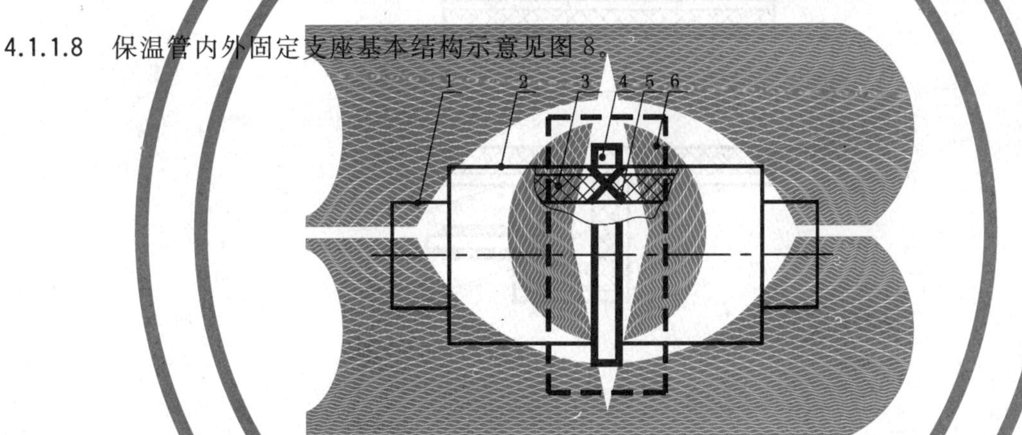

说明：

1——工作管；

2——保温层；

3——外护管(包括防腐层)；

4——推力传递构件；

5——固定板；

6——混凝土墩。

图 8 保温管内外固定支座基本结构示意图

4.1.1.9 保温补偿器基本结构示意见图 9。

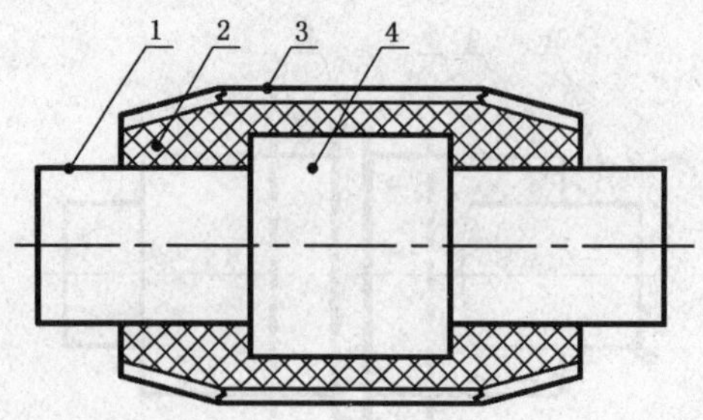

说明：

1——钢制部件；

2——保温层；

3——外护管(包括防腐层)；

4——补偿器。

图 9　保温补偿器基本结构示意图

4.1.1.10　保温疏水节基本结构示意见图 10。

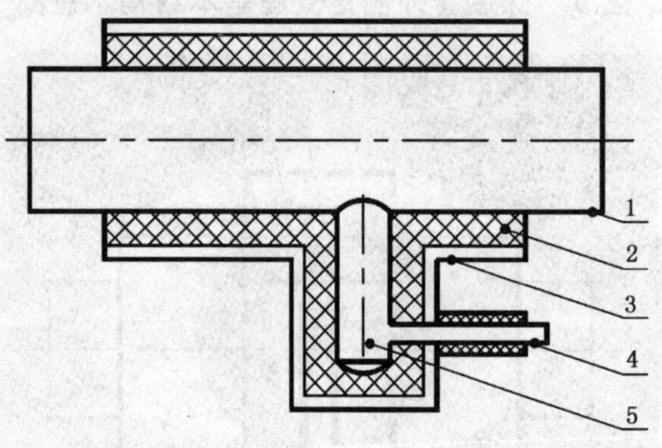

说明：

1——钢制部件；

2——保温层；

3——外护管(包括防腐层)；

4——疏水管；

5——集水罐。

图 10　保温疏水节基本结构示意图

4.1.1.11　保温排潮管基本结构示意见图 11。

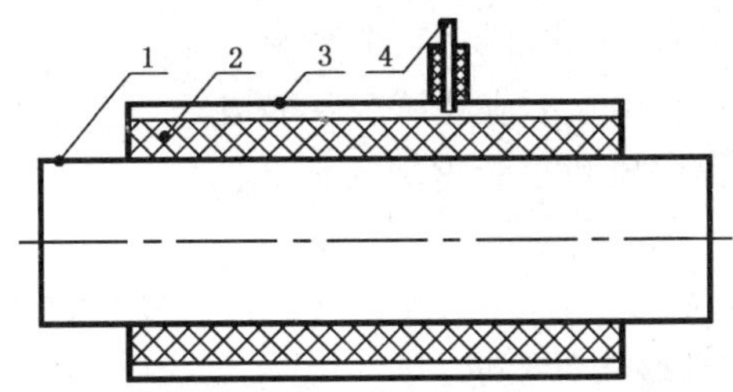

说明：
1——工作管；
2——保温层；
3——外护管(包括防腐)；
4——排潮管。

图 11 保温排潮管基本结构示意图

4.1.1.12 保温防水端封基本结构示意见图 12。

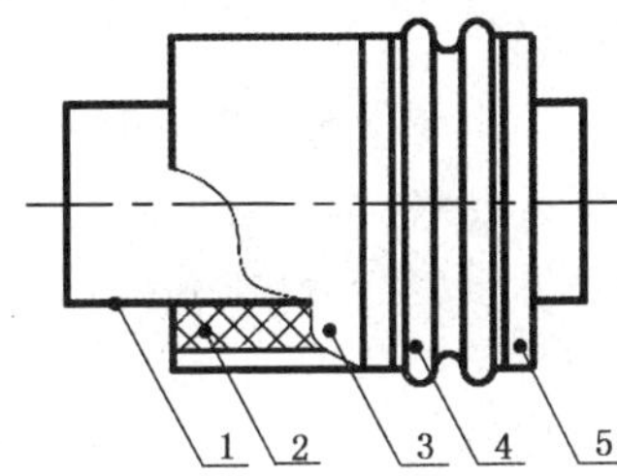

说明：
1——钢制部件；
2——保温层；
3——外护管(包括防腐层)；
4——波纹管；
5——端面密封环板。

图 12 保温防水端封基本结构示意图

4.1.1.13 保温隔断基本结构示意见图 13。

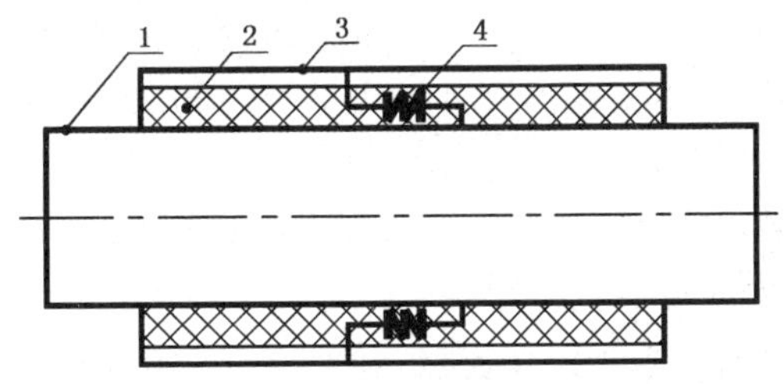

说明：
1——工作管；
2——保温层；
3——外护管(包括防腐层)；
4——隔断元件。

图 13 保温隔断基本结构示意图

4.1.2 保温管和管路附件的结构组成，还可包括保护垫层、辐射隔热层、支座等。

4.1.3 保护垫层的材料在使用年限内应满足耐温、耐磨的要求。

4.1.4 排潮管应从易排潮的部位引出,且不应破坏保温结构。

4.1.5 当使用焊制三通时,应根据内压和主管道轴向荷载的联合作用进行强度验算,当强度不能满足要求时,应进行补强。

4.1.6 固定支座推力传递构件应分别与工作管、外护管焊接连接,承受推力应符合设计要求。

4.1.7 补偿弯头(弯管)的结构应符合设计要求。

4.1.8 波纹管补偿器应符合 GB/T 12777 的规定。

4.2 保温层

4.2.1 保温层结构可采用单一保温材料层或多种保温材料的复合层。复合层中可含空气层、辐射隔热层等。

4.2.2 保温层厚度应符合设计要求。保温层结构应使保温管在设计条件下运行时,其外表面温度不大于 50 ℃;复合保温层界面温度不应大于外层保温材料允许使用温度的 0.8 倍;接触工作管的保温材料,其最高使用温度应大于工作介质温度 100 ℃。

4.2.3 管路附件保温层宜采用软质保温材料。

4.2.4 当使用包敷的保温材料时,层数应不少于 2 层,各层材料厚度应不大于 100 mm,且各单层材料厚度宜相同。包敷时应分层错缝,嵌缝密实包敷。

4.2.5 软质保温材料包敷时,应采用不锈钢带(丝)分段捆扎。

4.2.6 当采用外滑动结构,空气层厚度应小于或等于 15 mm。

4.2.7 当保温层中设置辐射隔热层,可采用铝箔,并应符合下列规定:

a) 铝箔设置应不少于 2 层,铝箔的反射表面应相互对应,2 层铝箔间应有空气间隙;
b) 辐射隔热层宜设置在保温层的高温区域;
c) 应选用软质退火铝箔,含铝成分应不小于 99.6%,并应符合 GB/T 3198 的规定;
d) 铝箔表面应清洁、光滑平整,不应有油污、褶皱、霉斑、起鼓和砂眼等缺陷。

4.2.8 补偿器的保温结构应考虑补偿器活动端位移,且不应造成保温结构破坏。预拉伸的波纹管补偿器在进行保温制作时,波纹管补偿器的预拉伸不应被释放。

4.3 外护管

4.3.1 外护管的壁厚应符合设计要求,当设计无要求时,其外径与最小壁厚之比应不大于 140;对于带空气层的保温结构的保温管,其钢外护管的外径与最小壁厚之比应不大于 100。

4.3.2 管路附件外护管的壁厚不应小于保温管外护管壁厚。当管路附件外护管外径大于保温管外护管外径时,管路附件外护管的壁厚应按设计要求确定。

4.3.3 异径管宜采用偏心(底平)异径管,异径管的角度应满足管道轴向力传递的要求。

4.3.4 补偿弯管外护管的管径和长度应按设计要求确定。

4.3.5 疏水管、排潮管及其外套管应采用焊接连接,并应按设计要求进行补强。疏水管、排潮管与外套管之间应填充保温材料。

4.4 支座

4.4.1 外滑动结构保温管支座的间距应由钢管的强度和刚度计算确定,也可按表 1 执行。

表 1　支座间距

工作管公称直径 /mm	间距/m
<125	3.0
≥125	6.0

4.4.2　支座应采取隔热措施，且不应阻碍工作管及钢制部件的位移。

4.5　使用寿命

保温管和管路附件的各种材料与结构在正常使用条件下，总体使用寿命应不低于25年。

5　要求

5.1　工作管

5.1.1　材质、性能应符合设计要求，并应符合 GB/T 3087 或 GB/T 8163 或 GB/T 9711 的规定。

5.1.2　尺寸公差应符合 GB/T 3087 或 GB/T 8163 或 GB/T 9711 的规定。

5.1.3　公称直径及壁厚应符合设计的要求，最小壁厚应符合 CJJ/T 104 的规定。

5.1.4　表面锈蚀等级应符合 GB/T 8923.1—2011 中 A 级或 B 级的规定。

5.2　钢制部件

5.2.1　材料

5.2.1.1　材质、性能应符合设计要求，并应符合 GB/T 13401 的规定。

5.2.1.2　尺寸公差：当采用推制时，应符合 GB/T 12459 的规定；当采用钢板焊制时，应符合 GB/T 13401的规定；当弯管采用煨制弯管时，应符合 SY/T 5257 的规定。

5.2.1.3　公称直径及壁厚应符合设计的要求，且不应小于工作管的壁厚。

5.2.1.4　表面锈蚀等级应符合 GB/T 8923.1—2011 中 A 级或 B 级的规定。

5.2.2　疏水管、排潮管及其外套管

疏水管、排潮管及其外套管的公称直径及壁厚应符合设计要求。

5.2.3　防水端封

防水端封的外形尺寸和补偿量应符合设计要求。

5.2.4　焊接

5.2.4.1　焊接应采用对接焊连接，坡口尺寸及型式应符合 GB/T 985.1 或 GB/T 985.2 的规定。

5.2.4.2　焊缝表面不应有裂纹、焊瘤、未焊满和弧坑等缺陷，其对接焊缝错边应不大于 0.35 倍的壁厚且应不大于 3.0 mm。深度大于 0.6 mm、长度大于 0.5 倍壁厚的焊缝咬边应进行修磨。

5.2.4.3　对接焊缝应进行 100% 射线检测，焊缝质量应达到 NB/T 47013.2—2015 中Ⅱ级的规定。

5.2.4.4　角焊缝应进行 100%磁粉检测，焊缝质量应达到 NB/T 47013.4—2015 中Ⅱ级的规定。

5.2.5　强度

5.2.5.1　钢制部件的强度应符合 CJJ 28 的规定。

5.2.5.2 保温隔断在 0.2 MPa 压力下,不应产生塑性变形和损坏。

5.2.6 严密性

5.2.6.1 钢制部件的严密性应符合 CJJ 28 的规定。

5.2.6.2 保温隔断在 0.2 MPa 压力下,不应渗漏。

5.3 保温层

5.3.1 无机材料

5.3.1.1 导热系数:平均温度 70 ℃时,其导热系数应小于 0.06 W/(m·K);平均温度 220 ℃时,其导热系数应小于 0.08 W/(m·K)。

5.3.1.2 容重应符合设计的要求。

5.3.1.3 质量含水率应符合所采用的保温材料的要求。

5.3.1.4 硬质保温材料抗压强度应不低于 0.4 MPa。

5.3.1.5 硬质保温材料抗折强度应不低于 0.2 MPa。

5.3.1.6 溶出的 Cl^- 含量应不大于 0.0025%。

5.3.2 有机材料性能

当采用聚氨酯泡沫塑料有机保温材料时,其泡沫结构、泡沫密度、压缩强度、吸水率和导热系数应符合 GB/T 29047—2012 的规定。

5.3.3 辐射隔热层反射率

辐射隔热层的反射率应大于 50%。

5.3.4 隔热材料耐温性能

固定支座隔热材料的使用温度应大于最高使用介质温度 100 ℃。

5.3.5 热桥隔热性能

保温管及管路附件热桥处应采取隔热措施,在正常运行工况下,保温管及管路附件的外表面温度应不大于 60 ℃。

5.4 外护管

5.4.1 材料

5.4.1.1 材质、性能应符合 GB/T 3091、GB/T 9711、SY/T 5037 的规定。

5.4.1.2 尺寸公差应符合 GB/T 3091、GB/T 9711、SY/T 5037 的规定。当采用非标准规格的钢制外护管时,公差应符合以上标准相近规格的要求。

5.4.1.3 公称直径及壁厚应符合设计的要求。

5.4.1.4 表面锈蚀等级应符合 GB/T 8923.1—2011 中 A 级或 B 级或 C 级的规定。

5.4.2 焊接

焊接应按 5.2.4 的规定执行,当焊缝部位不能采用射线检测条件时,应采用 100%超声检测,焊缝质量应达到 NB/T 47013.3—2015 中Ⅱ级的规定。

5.4.3 严密性

外护管不应渗漏。

5.4.4 防腐

5.4.4.1 外护管防腐前，钢管外表面应采用抛(喷)射除锈，除锈质量应达到 GB/T 8923.1—2011 中 Sa2.5 级的规定。

5.4.4.2 防腐层耐温性能应不低于 70 ℃。

5.4.4.3 防腐层抗冲击强度应不小于 5 J/mm 。

5.4.4.4 防腐层质量应符合相应防腐材料的要求。

5.5.4.5 防腐层厚度应符合设计和防腐等级要求。

5.5.4.6 防腐层的划痕深度不应大于防腐层厚度的 20%。

5.5.4.7 防腐层应进行 100%的漏点检查，不应有漏点。

5.5 保温管及管路附件

5.5.1 外观

5.5.1.1 保温管及管路附件外观表面应无明显凹坑、鼓包及裂纹等缺陷。

5.5.1.2 保温层端面应有临时性防水密封，保温管及管路附件的工作管口应有防护端帽。

5.5.2 裸露端尺寸

5.5.2.1 工作管和钢制部件管口应有长度为 150 mm～250 mm 的无保温层裸露端，外护管应有 80 mm～100 mm 的无防腐层裸露端。

5.5.2.2 疏水管、排潮管伸出外套管的长度应不小于 100 mm，外套管无防腐层裸露端应不小于 80 mm。

5.5.3 尺寸偏差

5.5.3.1 在保温管及管路附件端口，工作管/钢制部件与外护管的轴线偏心距应符合表 2 的规定。

表 2 工作管/钢制部件与外护管的轴线偏心距

单位为毫米

外护管外径 ϕ	轴线偏心距
$180 \leqslant \phi < 400$	<4.0
$400 \leqslant \phi < 630$	<5.0
$\phi \geqslant 630$	<6.0
注：轴线偏心距不包括补偿弯头。	

5.5.3.2 在管路附件端部的直管段处，钢制部件的中心线和外护管中心线之间的角度偏差应不大于 2°。

5.5.4 机械性能

5.5.4.1 保温管总体抗压强度应不小于 0.08 MPa。在 0.08 MPa 荷载下，保温管的结构不应被破坏，工作管相对于外护管应能轴向移动，不应有卡涩现象。

5.5.4.2 保温管无外荷载时的移动推力与加 0.08 MPa 荷载时的移动推力之比应不小于 0.8。

5.5.5 保温性能

保温管及管路附件的保温性能应符合设计的要求，当设计无规定时，保温管与管路附件的允许散热损失应符合表 3 的规定。

表 3 保温管允许散热损失

工作介质温度	K	423	473	523	573	623
	℃	150	200	250	300	350
允许散热损失	W/m²	58	70	90	112	146
	kcal/(m² · h)	50	60	77	96	126

6 试验方法

6.1 工作管

6.1.1 材质、性能的检验应按 GB/T 3087 、GB/T 8163 、GB/T 9711 的规定执行，出厂检验方法为检查产品合格证。

6.1.2 尺寸公差的检验应按 GB/T 29046 的规定执行。

6.1.3 公称直径及壁厚的检验应按 GB/T 29046 的规定执行。

6.1.4 表面锈蚀等级的检验应按 GB/T 8923.1—2011 的规定执行。

6.2 钢制部件

6.2.1 材料

6.2.1.1 材质、性能的型式检验应按 GB/T 13401 的规定执行，出厂检验方法为检查产品合格证。

6.2.1.2 尺寸公差的检验应按 GB/T 29046 的规定执行。

6.2.1.3 公称直径及壁厚的检验应按 GB/T 29046 的规定执行。

6.2.1.4 表面锈蚀等级的检验应按 GB/T 8923.1—2011 的规定执行。

6.2.2 疏水管、排潮管及其外套管

疏水管、排潮管及其外套管的公称直径及壁厚的检验应采用量具测量。

6.2.3 防水端封

防水端封的外形尺寸和补偿量的检验应采用量具测量。

6.2.4 焊接

6.2.4.1 焊缝外观质量应采用焊缝量规测量。

6.2.4.2 焊缝无损检测的检验应按 NB/T 47013.2—2015 或 NB/T 47013.4—2015 的规定执行。

6.2.5 强度

钢制部件的强度检验应按 CJJ 28 的规定执行。

6.2.6 严密性

钢制部件的严密性检验应按 CJJ 28 的规定执行。

6.3 保温层

6.3.1 无机材料

6.3.1.1 导热系数、容重、质量含水率、抗压强度、抗折强度的检验应按 GB/T 29046 的规定执行。
6.3.1.2 溶出的 Cl^- 的检验方法应按 JC/T 618 或 GB/T 17393 的规定执行。

6.3.2 有机材料性能

聚氨酯泡沫塑料的泡沫结构、泡沫密度、压缩强度、吸水率和导热系数的检验应按 GB/T 29046 的规定执行。

6.3.3 辐射隔热层反射率

辐射隔热层反射率的检验应按 ASTM C1371-04a 的规定执行。

6.3.4 隔热材料耐温性能

固定支座的隔热材料的耐温性能的检验应按 GB/T 17430 的规定执行。

6.3.5 热桥隔热性能

保温管及管路附件热桥处表面温度的检验应按 GB/T 29046 的规定执行。

6.4 外护管

6.4.1 材料

6.4.1.1 材质、性能的型式的检验应按 GB/T 3091、GB/T 9711、SY/T 5037 的规定执行，出厂检验方法应检查产品合格证。
6.4.1.2 尺寸公差的检验应按 GB/T 29046 的规定执行。
6.4.1.3 公称直径及壁厚的检验应按 GB/T 29046 的规定执行。
6.4.1.4 表面锈蚀等级的检验应按 GB/T 8923.1—2011 的规定执行。

6.4.2 焊接

焊接质量的检验应按 6.2.4 的规定执行，当采用超声检测时，应按 NB/T 47013.3—2015 的规定执行。

6.4.3 严密性

严密性的检验应按 GB/T 29047—2012 的规定执行。

6.4.4 防腐

6.4.4.1 除锈质量的检验应按 GB/T 8923.1—2011 的规定执行。
6.4.4.2 防腐层耐温性能的检验应按 GB/T 29046 的规定执行。
6.4.4.3 防腐层的抗冲击强度的检验应按 GB/T 29046 的规定执行。
6.4.4.4 防腐层质量的检验应按 GB/T 29046 的规定执行。
6.4.4.5 防腐层厚度的检验应采用精度为 1 mm 量尺测量。
6.4.4.6 防腐层的划痕深度的检验应按 GB/T 29046 的规定执行。
6.4.4.7 防腐层漏点的检验应采用电火花检漏仪进行检漏，不打火花为合格。检漏电压应根据防腐材料和防腐等级按 CJJ/T 104 的规定确定。

6.5 保温管及管路附件

6.5.1 外观

外观的检验采用目测。

6.5.2 裸露端尺寸

裸露端尺寸的检验应采用精度为 1 mm 量尺测量。

6.5.3 尺寸偏差

保温管和管路附件尺寸偏差的检验应按 GB/T 29046 的规定执行。

6.5.4 机械性能

保温管的机械性能的检验应按 GB/T 29046 的规定执行。

6.5.5 保温性能

保温管和管路附件的保温性能的检验应按照 GB/T 28638—2012 中 4.5 的规定执行。

7 检验规则

7.1 检验分类

产品检验分为出厂检验和型式检验，检验项目应符合表 4 的规定。

表 4 检验项目

项目			出厂检验	型式检验	要求	试验方法
工作管	材质、性能[a]		√	√	5.1.1	6.1.1
	尺寸公差		√	√	5.1.2	6.1.2
	公称直径及壁厚		√	√	5.1.3	6.1.3
	表面锈蚀等级		√	√	5.1.4	6.1.4
钢制部件	材料	材质、性能[a]	√	√	5.2.1.1	6.2.1.1
		尺寸公差	√	√	5.2.1.2	6.2.1.2
		公称直径及壁厚	√	√	5.2.1.3	6.2.1.3
		表面锈蚀等级	√	√	5.2.1.4	6.2.1.4
	疏水管、排潮管及其外套管的公称直径及壁厚		√	√	5.2.2	6.2.2
	防水端封的外形尺寸和补偿量		√	√	5.2.3	6.2.3
	焊接		√	√	5.2.4	6.2.4
	强度		√	√	5.2.5	6.2.5
	严密性		√	√	5.2.6	6.2.6

表 4（续）

<table>
<tr><th colspan="3">项目</th><th>出厂检验</th><th>型式检验</th><th>要求</th><th>试验方法</th></tr>
<tr><td rowspan="10">保温层</td><td rowspan="6">无机材料</td><td>导热系数[a]</td><td>√</td><td>√</td><td>5.3.1.1</td><td rowspan="5">6.3.1.1</td></tr>
<tr><td>容重</td><td>—</td><td>√</td><td>5.3.1.2</td></tr>
<tr><td>质量含水率</td><td>—</td><td>√</td><td>5.3.1.3</td></tr>
<tr><td>硬质保温材料抗压强度</td><td>√</td><td>√</td><td>5.3.1.4</td></tr>
<tr><td>硬质保温材料抗折强度</td><td>√</td><td>√</td><td>5.3.1.5</td></tr>
<tr><td>溶出的 Cl^- 含量</td><td>—</td><td>√</td><td>5.3.1.6</td><td>6.3.1.2</td></tr>
<tr><td colspan="2">有机材料性能</td><td>—</td><td>√</td><td>5.3.2</td><td>6.3.2</td></tr>
<tr><td colspan="2">辐射隔热层反射率</td><td>—</td><td>√</td><td>5.3.3</td><td>6.3.3</td></tr>
<tr><td colspan="2">隔热材料耐温性能</td><td>—</td><td>√</td><td>5.3.4</td><td>6.3.4</td></tr>
<tr><td colspan="2">热桥隔热性能</td><td>—</td><td>√</td><td>5.3.5</td><td>6.3.5</td></tr>
<tr><td rowspan="13">外护管</td><td rowspan="4">材料</td><td>材质、性能[a]</td><td>√</td><td>√</td><td>5.4.1.1</td><td>6.4.1.1</td></tr>
<tr><td>尺寸公差</td><td>√</td><td>√</td><td>5.4.1.2</td><td>6.4.1.2</td></tr>
<tr><td>公称直径及壁厚</td><td>√</td><td>√</td><td>5.4.1.3</td><td>6.4.1.3</td></tr>
<tr><td>表面锈蚀等级</td><td>√</td><td>√</td><td>5.4.1.4</td><td>6.4.1.4</td></tr>
<tr><td colspan="2">焊接</td><td>√</td><td>√</td><td>5.4.2</td><td>6.4.2</td></tr>
<tr><td colspan="2">严密性</td><td>√</td><td>√</td><td>5.4.3</td><td>6.4.3</td></tr>
<tr><td rowspan="7">防腐层</td><td>除锈质量</td><td>√</td><td>√</td><td>5.4.4.1</td><td>6.4.4.1</td></tr>
<tr><td>耐温性能</td><td>—</td><td>√</td><td>5.4.4.2</td><td>6.4.4.2</td></tr>
<tr><td>抗冲击强度</td><td>√</td><td>√</td><td>5.4.4.3</td><td>6.4.4.3</td></tr>
<tr><td>防腐层质量</td><td>—</td><td>√</td><td>5.4.4.4</td><td>6.4.4.4</td></tr>
<tr><td>厚度</td><td>√</td><td>√</td><td>5.4.4.5</td><td>6.4.4.5</td></tr>
<tr><td>划痕深度</td><td>√</td><td>√</td><td>5.4.4.6</td><td>6.4.4.6</td></tr>
<tr><td>漏点</td><td>√</td><td>√</td><td>5.4.4.7</td><td>6.4.4.7</td></tr>
<tr><td rowspan="5">保温管及管路附件</td><td colspan="2">外观</td><td>√</td><td>√</td><td>5.5.1</td><td>6.5.1</td></tr>
<tr><td colspan="2">裸露端尺寸</td><td>√</td><td>√</td><td>5.5.2</td><td>6.5.2</td></tr>
<tr><td colspan="2">尺寸偏差</td><td>√</td><td>√</td><td>5.5.3</td><td>6.5.3</td></tr>
<tr><td colspan="2">机械性能</td><td>—</td><td>√</td><td>5.5.4</td><td>6.5.4</td></tr>
<tr><td colspan="2">保温性能</td><td>—</td><td>√</td><td>5.5.5</td><td>6.5.5</td></tr>
<tr><td colspan="7">注：“√”表示应检项目；“—”表示不检项目。</td></tr>
<tr><td colspan="7">[a] 出厂检验只提供质量合格证书。</td></tr>
</table>

7.2 出厂检验

7.2.1 出厂应逐件进行检验，检验合格后方可出厂，并应附检验合格报告。

7.2.2 检验合格的为合格品，当出现不合格项时，在应进行返修，返修后对原不合格项目应重新进行检验，重新返修检验仍不合格的产品判定为不合格品。

7.3 型式检验

7.3.1 当出现下列情况之一时，应进行型式检验：

a) 新产品的试制定型鉴定；

b) 常年生产，每满2年时；

c) 停产满1年再次生产时；

d) 产品在设计、材料、工艺等有较大改变，影响产品性能时；

e) 出厂检验结果与上次型式检验有较大差异时。

7.3.2 型式检验抽样应符合下列规定：

a) 对于7.3.1中规定的a)、b)、c)、d)四种情况，型式检验取样范围仅代表a)、b)、c)、d)四种状况下所生产的规格，每一选定规格仅代表向下0.5倍直径，向上2倍直径的范围；

b) 对于7.3.1中规定的e)，型式检验取样范围应代表生产厂区的所有规格，每一选定规格仅代表向下0.5倍直径，向上2倍直径的范围；

c) 每种选定的规格抽取1件。

7.3.3 型式检验任何1项指标不合格时，应在同批产品中加倍抽样，复检其不合格项目，若仍不合格，则该批产品为不合格。

8 标志、运输和贮存

8.1 标志

8.1.1 标志方法不应损伤外护管，标识在正常运输和储存时不应被损坏。

8.1.2 标志内容应至少包括下列内容：

a) 适用介质温度、压力；

b) 工作管材质、外径及壁厚；

c) 保温管外径与管长；

d) 对有安装方向要求的管路附件，应在外表面做出安装方向标识；

e) 生产日期和生产批号；

f) 生产厂商标或名称。

8.2 运输

8.2.1 保温管和管路附件应采用吊带等不损伤外护管和防腐层的方法吊装，不应使用钢丝绳直接吊钩工作管及外护管。在装卸过程中，保温管和管路附件不应碰撞、抛摔和在地面上拖拉滚动。

8.2.2 保温管和管路附件在长途运输过程中应固定牢靠，固定时不应损伤保温结构和外护管防腐结构。

8.2.3 保温管和管路附件应设置轴向和径向临时定位装置。

8.2.4 对有防水、防腐特殊要求的管路附件，运输过程应采取防水和防腐措施。

8.3 贮存

8.3.1 保温管和管路附件堆放场地应符合下列规定：

a) 地面应平整、无碎石等坚硬杂物；

b) 地面应有足够的承载能力，堆放后不应发生塌陷和倾倒；

c) 场地应设置沟排水，不应积水；

d) 堆放处应远离火源和腐蚀性物质；

e) 场地应设置管托，保温管和管路附件应放置在管托上，不应直接接触地面。

8.3.2 保温管和管路附件堆放应固定牢靠，保温管堆放高度应不大于 3.0 m。

8.3.3 保温管和管路附件保温层的临时性防水密封和管口防护端帽应完整。

8.3.4 保温管和管路附件不应曝晒、雨淋和浸泡。

8.3.5 对有防水、防腐特殊要求的管路附件，存放环境应采取防水和防腐措施。

ICS 91.140.60
P 46

中华人民共和国城镇建设行业标准

CJ/T 487—2015
代替 CJ/T 3016.2—1994

城镇供热管道用焊制套筒补偿器

Sleeve expansion joint for district heating system

2015-11-23 发布　　2016-04-01 实施

中华人民共和国住房和城乡建设部　发布

前言

本标准按照 GB/T 1.1—2009 给出的规则起草。

本标准代替 CJ/T 3016.2—1994《城市供热补偿器焊制套筒补偿器》。与 CJ/T 3016.2—1994 相比，主要技术变化如下：

——新增了术语、分类及型号标记方法；

——增加了设计位移循环次数要求及试验方法；

——修改了公称直径范围、补偿量范围、密封材料要求、尺寸偏差等。

本标准由住房和城乡建设部标准定额研究所提出。

本标准由住房和城乡建设部供热标准化技术委员会归口。

本标准起草单位：北京市煤气热力工程设计院有限公司、航天晨光股份有限公司、洛阳双瑞特种装备有限公司、北京市建设工程质量第四检测所、大连益多管道有限公司、北京市热力集团有限责任公司、沈阳市浆体输送设备制造有限公司、昊天节能装备有限责任公司。

本标准主要起草人：贾震、冯继蓓、孙蕾、蔺百锋、张爱琴、白冬军、贾博、郭姝娟、于海、金南、郑中胜、范昕、朱正。

本标准所代替标准的历次版本发布情况为：

——CJ/T 3016.2—1994。

城镇供热管道用焊制套筒补偿器

1 范围

本标准规定了城镇供热管道用焊制套筒补偿器的术语和定义、分类和标记、一般要求、要求、试验方法、检验规则、干燥与涂装、标志、包装、运输和贮存。

本标准适用于设计压力不大于2.5 MPa,热水介质设计温度不大于200 ℃,蒸汽介质设计温度不大于350 ℃,管道公称直径不大于1 400 mm,仅吸收轴向位移的城镇供热管道用焊制套筒补偿器的生产和检验等。

本标准不适用于生活热水介质。

2 规范性引用文件

下列文件对于本文件的应用是必不可少的。凡是注日期的引用文件,仅注日期的版本适用于本文件。凡是不注日期的引用文件,其最新版本(包括所有的修改单)适用于本文件。

GB 150.2 压力容器 第2部分:材料

GB 150.3 压力容器 第3部分:设计

GB/T 197 普通螺纹 公差

GB 713 锅炉和压力容器用钢板

GB/T 985.1 气焊、焊条电弧焊、气体保护焊和高能束焊的推荐坡口

GB/T 985.2 埋弧焊的推荐坡口

GB/T 1804—2000 一般公差 未注公差的线性和角度尺寸的公差

GB/T 2828.1 计数抽样检验程序 第1部分:按接收质量限(AQL)检索的逐批检验抽样计划

GB/T 3274 碳素结构钢和低合金结构钢热轧厚钢板和钢带

GB/T 4237 不锈钢热轧钢板和钢带

GB/T 8163 输送流体用无缝钢管

GB/T 9286—1998 色漆和清漆 漆膜的划格试验

GB/T 11379 金属覆盖层 工程用铬电镀层

GB/T 12834 硫化橡胶 性能优选等级

GB/T 13912 金属覆盖层 钢铁制件热浸镀锌层技术要求及试验方法

GB/T 13913 金属覆盖层 化学镀镍-磷合金镀层 规范和试验方法

GB/T 14976 流体输送用不锈钢无缝钢管

JB/T 4711 压力容器涂敷与运输包装

JB/T 7370 柔性石墨编织填料

JC/T 1019 石棉密封填料

NB/T 47013.2 承压设备无损检测 第2部分:射线检测

NB/T 47013.3 承压设备无损检测 第3部分:超声检测

NB/T 47013.5 承压设备无损检测 第5部分:渗透检测

3 术语和定义

下列术语和定义适用于本文件。

3.1

套筒补偿器 sleeve expansion joint

芯管和外套管能相对滑动,用于吸收管道轴向位移的装置。以下简称补偿器。

3.2

芯管 slip pipe

补偿器中可伸缩运动的内管。

3.3

外套管 body pipe

补偿器中容纳芯管伸缩运动的部件。

3.4

密封填料 seal packing

用以充填外套管与芯管的间隙,防止供热介质泄漏的材料。

3.5

填料函 seal box

外套管与芯管间填充密封填料的空间。

3.6

填料压盖 packing ring

将密封填料压紧在填料函中的部件。

3.7

防脱结构 anti-drop structure

保证补偿器在拉伸到极限位置时,芯管不被拉出外套管的部件。

3.8

设计位移循环次数 design displacement cycles

补偿器位移达到设计补偿量,且密封不渗漏的伸缩次数。

3.9

压紧部件 clamping device

补偿器上用于压紧填料压盖的部件。

3.10

单向补偿器 single direction sleeve expansion joint

具有一个芯管的补偿器。

3.11

双向补偿器 double direction sleeve expansion joint

具有两个相向安装的芯管,共用一个外套管的补偿器。

3.12

无约束型补偿器 no constraint sleeve expansion joint

不能承受管道内介质所产生的压力推力的补偿器。

3.13

压力平衡型补偿器 pressure balancing sleeve expansion joint

能承受管道内介质所产生的压力推力的补偿器。

3.14

单一密封补偿器 single sealed sleeve expansion joint

只具有一种密封结构型式的补偿器。

3.15

组合密封补偿器 composite sealed sleeve expansion joint

由多种密封结构型式组合形成密封的补偿器。

3.16

成型填料补偿器 molding sealed sleeve expansion joint

由密封填料制成的成型密封圈进行密封的补偿器。

3.17

非成型填料补偿器 plasticity sealed sleeve expansion joint

由压注枪压入可塑性密封填料进行密封的补偿器。

4 分类和标记

4.1 分类

4.1.1 补偿器按位移补偿型式可分为单向补偿器和双向补偿器,位移补偿型式代号见表 1。单向补偿器结构示意图见图 1,双向补偿器结构示意图见图 2。

表 1 位移补偿型式及代号

位移补偿型式	代号
单向	D
双向	S

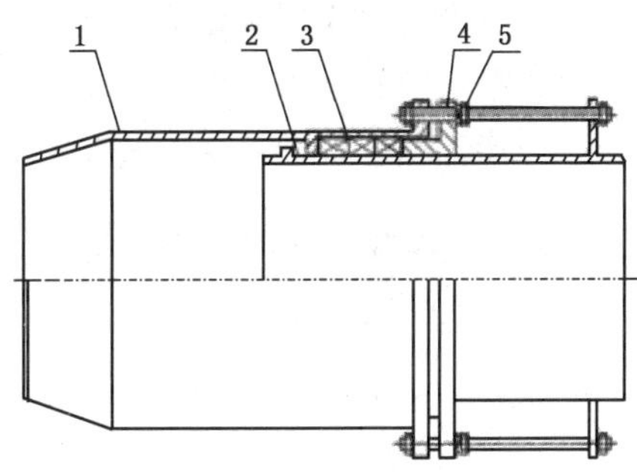

说明:

1——外套管;

2——芯管;

3——密封填料;

4——填料压盖;

5——压紧部件。

图 1 单向补偿器结构示意图

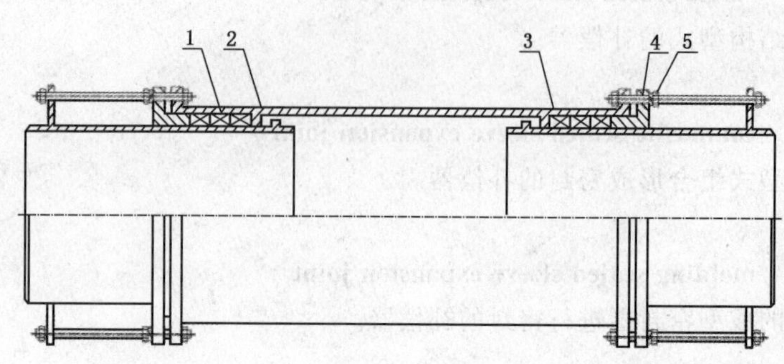

说明：

1——外套管；

2——芯管；

3——密封填料；

4——填料压盖；

5——压紧部件。

图 2 双向补偿器结构示意图

4.1.2 补偿器按约束型式可分为无约束型补偿器和压力平衡型补偿器，约束型式代号见表 2。

表 2 约束型式及代号

约束型式	代号
无约束型	W
压力平衡型	Y

4.1.3 补偿器按密封结构型式可分为单一密封补偿器和组合密封补偿器。

4.1.4 补偿器按密封填料型式可分为成型填料补偿器和非成型填料补偿器。

4.1.5 补偿器按端部连接型式可分为焊接连接补偿器和法兰连接补偿器，端部连接型式代号见表 3。

表 3 端部连接型式及代号

端部连接型式	代号
焊接	H
法兰	F

4.1.6 补偿器按适用介质种类可分为热水补偿器和蒸汽补偿器。

4.2 标记

4.2.1 标记的构成及含义

标记的构成及含义应符合下列规定：

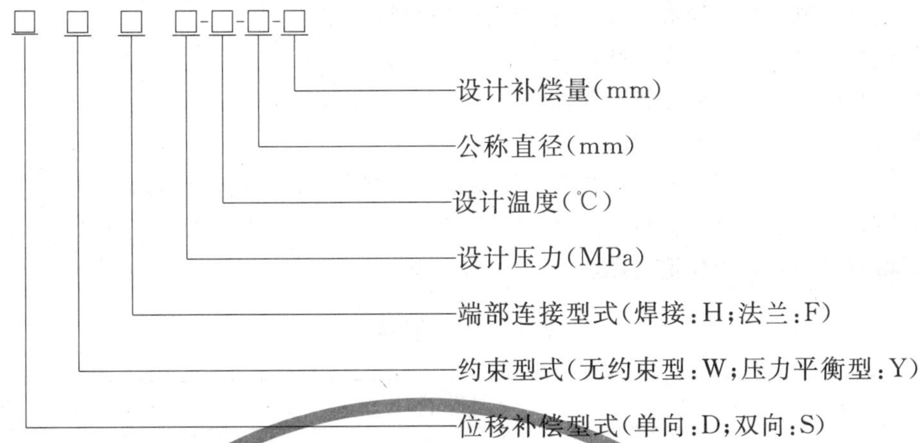

4.2.2 标记示例

设计补偿量为400 mm、公称直径为1 000 mm、设计温度为150 ℃、设计压力为1.6 MPa、端部连接型式为焊接连接、约束型式为无约束型、位移补偿型式为单向补偿的补偿器标记为:DWH1.6-150-1000-400。

5 一般要求

5.1 设计压力分级

补偿器的设计压力分级为1.0 MPa、1.6 MPa、2.5 MPa。

5.2 设计温度分级

5.2.1 热水管道用补偿器的设计温度分级为100 ℃、150 ℃、200 ℃。

5.2.2 蒸汽管道用补偿器的设计温度分级为150 ℃、200 ℃、250 ℃、300 ℃、350 ℃。

5.3 材料

5.3.1 补偿器的外套管及芯管宜选用碳素钢,化学成分及力学性能不应低于表4的规定。当采用不锈钢制造时,应符合GB/T 4237、GB/T 14976的规定。

表4 外套管及芯管材料

供热介质种类	材料	质量标准
热水	20	GB/T 8163
	Q235B/C	GB/T 3274
	Q345	GB/T 8163,GB/T 3274
蒸汽	20	GB/T 8163
	Q235B/C	GB/T 3274
	Q345	GB/T 8163,GB/T 3274
	Q245R	GB 713
	Q345R	GB 713

5.3.2 补偿器的密封填料应符合下列规定:

a) 密封填料应选用与补偿器设计温度相匹配的材料；
b) 密封填料的设计温度应高于补偿器设计温度 20 ℃；
c) 密封填料应对芯管和外套管无腐蚀；
d) 密封填料应对供热介质无污染；
e) 密封填料应具有相应温度下耐温老化试验报告及国家质量部门出具的有效质量合格证明；
f) 密封填料不应使用再生材料；
g) 密封填料可按表 5 的规定选择。

表 5 密封填料

供热介质种类	材料	相应质量标准
热水	橡胶	GB/T 12834
	柔性石墨	JB/T 7370
	石棉	JC/T 1019
蒸汽	柔性石墨	JB/T 7370
	石棉	JC/T 1019

5.3.3 补偿器的填料压盖及其他受力部件，应采用碳素结构钢制造。

5.4 结构

5.4.1 补偿器材料的许用应力应按 GB 150.2 的规定选取。

5.4.2 补偿器的外套管应能承受设计压力和压紧填料的作用力。外套管的圆周环向应力应不大于设计温度下材料许用应力的 50%。

5.4.3 补偿器的芯管应能承受设计压力和压紧填料的作用力。芯管的圆周环向应力应不大于设计温度下材料许用应力的 50%，并应按 GB 150.3 规定的方法进行外压稳定性的校核。

5.4.4 补偿器填料函的结构型式及尺寸应能满足设计压力、设计温度下密封的要求。

5.4.5 补偿器应设有防脱结构，防脱结构可设置在补偿器的内部或外部，强度应能承受管道固定支架失效时管道内介质所产生的压力推力。

5.4.6 芯管与外套管之间的环向支撑结构应不小于 2 道，且工作状态下芯管与外套管间隙的偏差应不大于 3 mm。

5.4.7 补偿器配合尺寸的公差应考虑部件在工作温度造成变形的影响。

5.5 密封表面粗糙度

滑动密封面粗糙度应不大于 $Ra1.6$，固定密封面粗糙度应不大于 $Ra3.2$。

5.6 管道连接端口

5.6.1 与管道焊接连接的补偿器，端口应加工坡口，坡口结构见图 3，坡口尺寸应符合表 6 的规定。

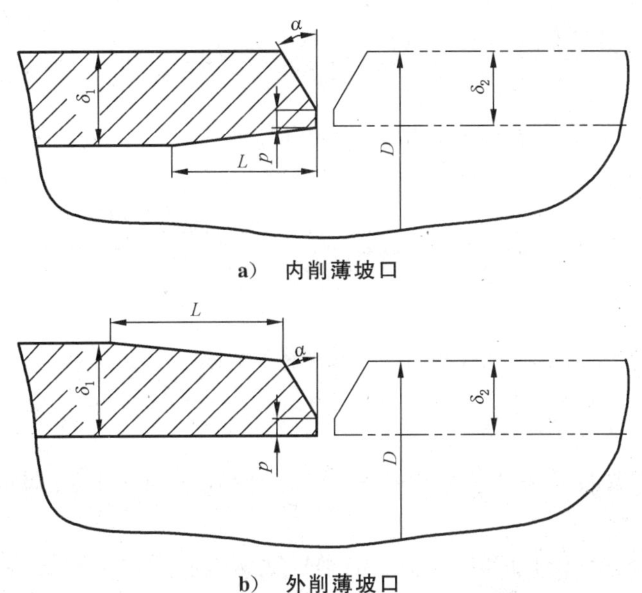

a) 内削薄坡口

b) 外削薄坡口

说明：

α ——坡口角度；

p ——钝边；

δ_1——外套管或芯管壁厚；

δ_2——连接管道壁厚；

D ——连接管道外径；

L ——削薄长度。

图 3 焊接端口的坡口型式示意图

表 6 补偿器焊接端口尺寸

项目	管道壁厚 δ_2/mm	
	3～9	9～26
坡口角度 α/(°)	30～32.5	27.5～30
钝边 p/mm	0～2	0～3
削薄长度 L/mm	$\geqslant(\delta_1-\delta_2)\times 4$	

5.6.2 与管道法兰连接的补偿器，法兰尺寸及法兰密封面型式应与管道法兰一致。

5.7 热处理

在机加工前，应对卷焊的外套管、芯管毛坯、拼焊后的填料压盖毛坯等进行消除焊接应力的热处理。

5.8 紧固件表面处理

紧固件应进行防锈蚀处理。

5.9 装配

5.9.1 装配及吊装过程中应保持密封面干净，不应有划痕及损伤。

5.9.2 成型填料补偿器的密封填料宜采用无接口的整体密封环。当采用有接口的密封环时，接口应与填料轴线成 45°的斜面，各成型填料的接口应相互错开，并应逐圈压紧。非成型填料补偿器，填注密封填料时应依次均匀压注。

5.10 使用寿命

在设计温度和设计压力条件下的使用寿命:热水补偿器应不小于10年,蒸汽补偿器应不小于5年。

6 要求

6.1 外观

补偿器外观应平整、光滑,不应有气泡、龟裂和剥落等缺陷。

6.2 尺寸偏差

6.2.1 补偿器未注尺寸偏差的线性公差应符合 GB/T 1804—2000 中 m 级的规定,螺纹公差应符合 GB/T 197 的规定。

6.2.2 补偿器与管道连接端口相对补偿器轴线的垂直度偏差应不大于补偿器公称直径的1%,且应不大于 4 mm;同轴度偏差应不大于补偿器公称直径的1%,且应不大于 3 mm。

6.2.3 补偿器与管道连接端口的圆度偏差应不大于补偿器公称直径的0.8%,且应不大于 3 mm。

6.2.4 补偿器与管道连接端口的外径偏差应不大于补偿器公称直径的±0.5%,且应不大于±2 mm。

6.3 表面涂层

补偿器芯管与密封填料接触的表面应进行防腐减摩处理。当采用镀层时,应符合 GB/T 13912、GB/T 13913、GB/T 11379 的规定。当采用含氟聚合物涂层时,厚度应为 30 μm～35 μm,涂层附着力应不低于 GB/T 9286—1998 中1级的规定。

6.4 补偿量

单向补偿器的最大设计补偿量宜按表7的规定执行,双向补偿器的总补偿量应为单向补偿器的2倍。

表7 单向补偿器最大设计补偿量

单位为毫米

补偿器公称直径 DN	最大设计补偿量	
	用于热水管道	用于蒸汽管道
50～65	160	220
80～125	160	275
150～300	230	330
350～500	320	440
600～1 400	360	440

6.5 焊接

6.5.1 外观应符合下列规定:

a) 焊接接头的型式与尺寸应符合 GB/T 985.1 或 GB/T 985.2 的规定。坡口表面不应有裂纹、分层、夹渣等缺陷;

b) 焊缝的错边量应不大于板厚的10%;

c) 焊缝的咬边深度应不大于 0.5 mm,咬边连续长度应不大于 100 mm,焊缝两侧咬边总长度应不大于焊缝总长度的 10%；

d） 焊缝表面应与母材圆滑过渡；

e） 焊缝和热影响区表面不应有裂纹、气孔、弧坑和夹渣等缺陷。

6.5.2 无损检测应符合下列规定：

a） 外套管和芯管组件等受压元件的纵向和环向对接焊缝应采用全熔透焊接，焊接后应进行 100%射线检测，且应符合 NB/T 47013.2 的规定，合格等级为Ⅱ级；

b） 外套管组件上法兰和外套管挡环的拼接焊缝应进行 100%超声波检测，且应符合 NB/T 47013.3 的规定，合格等级为Ⅰ级；

c） 外套管组件上法兰、挡环与外套管的组焊焊缝应进行 100%渗透检测，且应符合 NB/T 47013.5 的规定，合格等级为Ⅰ级。

6.5.3 当焊缝产生不允许的缺陷时应进行返修，返修部位应重新进行无损检测。同一部位焊缝返修次数应不大于 2 次。

6.6 承压

补偿器在设计压力和设计温度下应能正常工作，不应有泄漏。

6.7 摩擦力

补偿器的密封填料与芯管表面的静摩擦系数应不大于 0.15。

6.8 设计位移循环次数

6.8.1 补偿器的设计位移循环次数应不小于 1 000 次。

6.8.2 间歇运行及停送频繁的供热系统应根据实际运行情况与用户协商确定设计位移循环次数。

7 试验方法

7.1 外观

外观采用目测进行检验。

7.2 尺寸偏差

尺寸偏差采用量具进行检验，检验量具及其准确度应按表 8 的规定执行。

表 8 测试用量具及其准确度范围

测量项目	量具	测量单位	准确度范围
尺寸测量	钢直尺、钢卷尺	mm	±1.0 mm
	游标卡尺	mm	±0.02 mm
	千分尺	mm	0.01 mm
	超声测厚仪	mm	±(0.5%H+0.04)mm（H 为测量范围）
	涂层测厚仪	μm	±(3%H+1)μm（H 为测量范围）
	螺纹量规	mm	U=0.003 mm　k=2
	塞尺	mm	±0.05 mm

表 8（续）

<table>
<tr><th colspan="3">测量项目</th><th>量具</th><th>测量单位</th><th>准确度范围</th></tr>
<tr><td colspan="3">垂直度、角度偏差</td><td>角度尺</td><td>(°)</td><td>±0.2°</td></tr>
<tr><td rowspan="7">焊缝检查</td><td rowspan="3">高度</td><td>平面高度</td><td rowspan="7">焊缝规
焊缝检验尺</td><td rowspan="3">mm</td><td>±0.2 mm</td></tr>
<tr><td>角焊缝高度</td><td>±0.2 mm</td></tr>
<tr><td>角焊缝厚度</td><td>±0.2 mm</td></tr>
<tr><td colspan="2">宽度</td><td>mm</td><td>±0.3 mm</td></tr>
<tr><td colspan="2">焊缝咬边深度</td><td>mm</td><td>±0.1 mm</td></tr>
<tr><td colspan="2">焊件坡口角度</td><td>度</td><td>±30′</td></tr>
<tr><td colspan="2">间隙尺寸</td><td>mm</td><td>±0.1 mm</td></tr>
</table>

7.3 表面涂层

镀层的试验方法应按 GB/T 13912、GB/T 13913、GB/T 11379 的规定执行。补偿器芯管与密封填料接触的表面防护涂层厚度使用涂层测厚仪进行检测，量具准确度应符合表 8 的规定。

7.4 补偿量

补偿量应使用钢直尺或钢卷尺进行检测，量具准确度应符合表 8 的规定。

7.5 焊接

7.5.1 焊缝外观采用目测和量具进行检测，量具应使用焊缝规和焊缝检验尺，量具准确度应符合表 8 的规定。

7.5.2 无损检测应符合下列规定：

a) 射线检测方法应按 NB/T 47013.2 的规定执行。

b) 超声波检测方法应按 NB/T 47013.3 的规定执行。

c) 渗透检测方法应按 NB/T 47013.5 的规定执行。

7.6 承压

7.6.1 压力试验介质应采用洁净水，水温应不小于 15 ℃。当补偿器材料为不锈钢时，水的氯离子含量应不大于 25 mg/L。

7.6.2 水压检测应采用 2 个经过校正且量程相同的压力表，压力表的精度应不低于 1.5 级，量程应为试验压力的 1.5 倍～2 倍。

7.6.3 试验压力应为设计压力的 1.5 倍。

7.6.4 试验时压力应缓慢上升，达到试验压力后应保压 10 min。试验压力不应有任何变化。在规定的试验压力和试验持续时间内试件的任何部位不应渗漏和有明显的变形、开裂等缺陷。

7.7 摩擦力

7.7.1 摩擦力试验应在补偿器承压试验合格后进行。

7.7.2 摩擦力测量应采用压力传感器及相应的测量仪表进行，试验前应对测量仪表进行检定，试验用压力表的数量、精度和量程应符合 7.6.2 的规定。

7.7.3 摩擦力试验应采用洁净水，水温应不低于 15 ℃。当补偿器材料为不锈钢时，水的氯离子含量应不大于 25 mg/L。

7.7.4 摩擦力试验应按下列步骤进行：

a) 按图 4 a)或图 4 b)所示将两个串联反向安装的补偿器两端封堵并固定于试验台上，水压加至补偿器的设计压力。

b) 采用液压千斤顶在图 4 中加力装置处缓慢加力，通过压力传感器及测量仪表测量芯管与外套管相对运动瞬间的荷载 F_i。

c) 在整个试验过程中，补偿器的密封结构不应出现渗漏，试件中的水压应保持设计压力。压力偏差应不大于±1%。

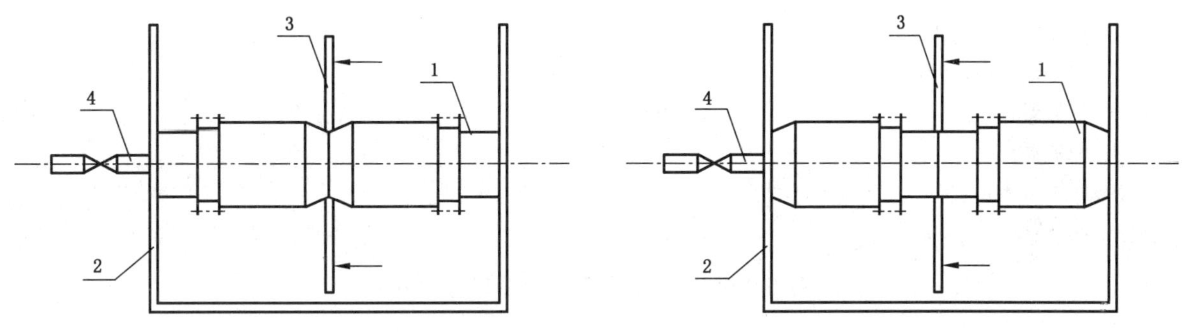

a) 摩擦力试验安装方式一　　b) 摩擦力试验安装方式二

说明：

1——补偿器；

2——试验台；

3——加力装置；

4——注水管。

图 4 摩擦力试验示意图

7.7.5 同一型号补偿器的试验样品数量宜不小于 2 对。

7.7.6 补偿器摩擦力应按式(1)、式(2)计算：

$$F=\frac{\overline{F_l}}{2} \qquad \cdots\cdots(1)$$

$$\overline{F_l}=\frac{\sum_1^N F_i}{N} \qquad \cdots\cdots(2)$$

式中：

F ——单个补偿器静摩擦力，单位为牛(N)；

$\overline{F_l}$ ——试验样品荷载的平均值，单位为牛(N)；

F_i ——试验样品芯管与外套管相对运动瞬间的荷载，单位为牛(N)；

N ——试验荷载的测量次数。

7.8 设计位移循环次数

7.8.1 设计位移循环次数试验应在补偿器承压试验合格后进行。

7.8.2 设计位移循环次数试验应在如图 5 所示的试验台上进行。

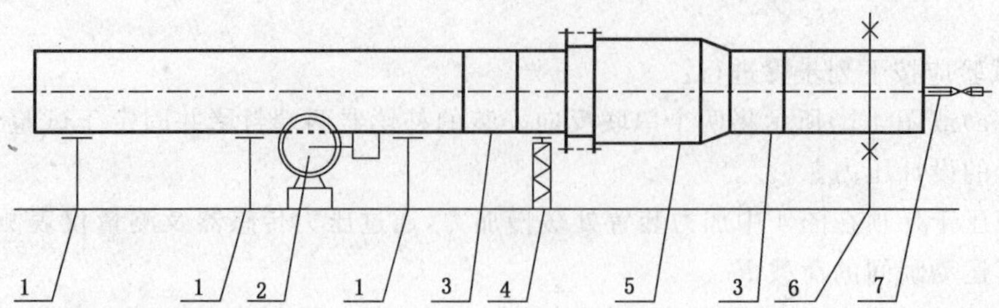

说明：
1——滑动支座；
2——减速器及电动机；
3——试验配合用短管；
4——计数器；
5——补偿器；
6——固定支座；
7——注水管。

图 5 设计位移循环次数试验示意图

7.8.3 设计位移循环次数试验应采用洁净水，水温应不低于 15 ℃。当补偿器材料为不锈钢时，水的氯离子含量应不大于 25 mg/L。

7.8.4 在整个试验过程中，试件中的水压应保持设计压力，压力偏差应不大于±1%，试验用压力表的数量、精度和量程应符合 7.6.2 的规定。

7.8.5 试验时应采用电动机带动补偿器芯管往复移动，移动的距离应为设计补偿量。补偿器芯管往复移动次数应采用计数器记录，补偿器设计位移循环次数为密封结构不出现任何渗漏时记录的最大往复移动次数。

8 检验规则

8.1 检验类别

补偿器的检验分为出厂检验和型式检验。检验项目应按表 9 的规定执行。

表 9 检验项目

序号	检验项目	出厂检验	型式检验	要求	试验方法
1	外观	√	√	6.1	7.1
2	尺寸偏差	√	√	6.2	7.2
3	表面涂层	—	√	6.3	7.3
4	补偿量	—	√	6.4	7.4
5	焊接	√	√	6.5	7.5
6	承压	√	√	6.6	7.6
7	摩擦力	—	√	6.7	7.7
8	设计位移循环次数	—	√	6.8	7.8
注：“√”为检验项目，“—”为非检验项目。					

8.2 出厂检验

8.2.1 产品应经制造厂质量检验部门逐个检验，合格后方可出厂。同类型、同规格的补偿器 20 只为 1 个检验批。

8.2.2 合格判定应符合下列规定：

a) 按照表 9 第 1 项检验，当不符合要求时，则判定该批补偿器出厂检验不合格；

b) 按照表 9 第 2、5、6 项检验，当全部检验项目符合要求时，则判定该补偿器出厂检验合格，否则判定为不合格。

8.3 型式检验

8.3.1 当出现下列情况之一时，应进行型式检验：

a) 新产品或转产生产试制产品时；

b) 产品的结构、材料及制造工艺有较大改变时；

c) 停产 1 年以上，恢复生产时；

d) 连续生产每 4 年时；

e) 出厂检验结果与上次型式检验有较大差异时。

8.3.2 检验样品数量应符合下列规定：

a) 同一类型的补偿器取 2 只不同规格的检验样品，摩擦力试验检验样品数量按 7.7 确定；

b) 抽样方法应按 GB/T 2828.1 的规定执行。

8.3.3 合格判定应符合下列规定：

a) 当所有样品全部检验项目符合要求时，判定补偿器型式检验合格；

b) 按照表 9 第 1 项检验，当不符合要求时，则判定补偿器型式检验不合格；

c) 按照表 9 第 2～8 项检验，当有不符合要求的项目时，应加倍取样复验，若复验符合要求，则判定补偿器型式检验合格；当复验仍有不合格项目时，则判定补偿器型式检验不合格。

9 干燥与涂装

9.1 干燥

承压试验、摩擦力试验和设计位移循环次数试验后应将试件中的水排尽，并应对表面进行干燥。

9.2 表面涂装

9.2.1 补偿器检验合格后，外表面应涂防锈油漆，可采用防锈漆两道。芯管组件镀层外露表面及焊接坡口处应涂防锈油脂。

9.2.2 补偿器装运用的临时固定部件应涂黄色油漆。

10 标志、包装、运输和贮存

10.1 标志

在每个补偿器外套管上应设铭牌或喷涂、打印标志。标志应标注下列内容：

a) 制造单位名称和出厂编号；

b) 产品名称和型号；

c) 公称直径(mm)；

d) 设计压力(MPa)；

e) 设计温度(℃)；

f) 设计补偿量(mm)；

g) 产品最小长度(mm)；

h) 适用介质种类；

i) 设计位移循环次数；

j) 质量(kg)；

k) 制造日期。

10.2 包装

10.2.1 补偿器的包装应符合 JB/T 4711 的规定。

10.2.2 补偿器应提供下列文件：

a) 产品合格证；

b) 密封填料、芯管和外套筒的材料质量证明文件；

c) 承压试验、无损检测结果报告；

d) 安装及使用维护保养说明书；

e) 组装图及主要部件明细表。

10.3 运输和贮存

10.3.1 补偿器运输及贮存时应垂直放置。

10.3.2 补偿器运输及贮存时应对补偿器端口进行临时封堵。

10.3.3 补偿器在运输及贮存过程中不应损伤。

10.3.4 吊装时应使用吊装带。

10.3.5 运输、贮存时不应受潮和雨淋。

中华人民共和国行业标准

CJJ/T 55—2011
备案号 J1220—2011

供热术语标准

Standard for terminology of heating

2011-07-13 发布　　2012-03-01 实施

中华人民共和国住房和城乡建设部　发布

中华人民共和国住房和城乡建设部

公　　告

第 1064 号

关于发布行业标准《供热术语标准》的公告

现批准《供热术语标准》为行业标准，编号为 CJJ/T 55－2011，自 2012 年 3 月 1 日起实施。原《供热术语标准》CJJ 55—93 同时废止。

本标准由我部标准定额研究所组织中国建筑工业出版社出版发行。

中华人民共和国住房和城乡建设部
2011 年 7 月 13 日

前言

根据住房和城乡建设部《关于印发〈2008年工程建设标准规范制订、修订计划(第一批)〉的通知》(建标[2008] 102号)的要求,标准编制组经广泛调查研究,认真总结实践经验,参考有关国际标准和国外先进标准,并在广泛征求意见的基础上,修订本标准。

本标准主要技术内容是:1.总则;2.基本术语;3.热负荷及耗热量;4.供热热源;5.供热管网;6.热力站与热用户;7.水力计算与强度计算;8.热水供热系统水力工况与热力工况;9.施工验收、运行管理与调节。

本次修订的主要内容为:

1 调整了原标准部分章节划分内容,完善了涉及供热热源、保温和防腐、热补偿的内容,增加了部分有关施工验收、阀门、热补偿和运行调节的内容;

2 扩充了反映近年来供热技术发展现状与趋势的新技术、新设备、新产品等相关术语;

3 删减了使用频率较低的少量术语,修正了少数定义不清楚的条款,使规定更清晰、明确。

本标准由住房和城乡建设部负责管理,由哈尔滨工业大学负责具体技术内容的解释。执行过程中如有意见或建议,请寄送哈尔滨工业大学(地址:哈尔滨市南岗区黄河路73号;邮政编码:150090)。

本标准主编单位:哈尔滨工业大学

本标准参编单位:北京市煤气热力工程设计院有限公司
泛华建设集团沈阳设计分公司
城市建设研究院
清华大学
北京蓝图工程设计有限公司

本标准主要起草人员:邹平华 冯继蓓 廖嘉瑜 杨 健 狄洪发 吴全华 周志刚

本标准主要审查人员:闻作祥 罗继杰 吴玉环 罗荣华 蔡启林 孙玉庆 李德英 王曙明 伍小亭 王 淮 王 飞

1 总　　则

1.0.1 为统一供热术语及其定义，实现供热术语的标准化，促进供热技术发展，利于国内外交流，制定本标准。

1.0.2 本标准适用于供热及有关领域。

1.0.3 采用供热术语及其定义除应符合本标准外，尚应符合国家现行有关标准的规定。

2 基本术语

2.1 供　　热

2.1.1 供热 heating

向热用户供应热能的技术。

2.1.2 供热工程 heating engineering

生产、输配和应用热能的工程。

2.1.3 集中供热 centralized heating

从一个或多个热源通过供热管网向城市或城市部分地区热用户供热。

2.1.4 分散供热 decentralized heating

热用户较少、热源和供热管网规模较小的单体或小范围的供热方式。

2.1.5 区域供热 district heating

城市某一个区域的集中供热。

2.1.6 城际供热 interurban heating

若干个城市共有热源或分别具有各自的热源、供热管网可连通的集中供热。

2.1.7 热电联产 cogeneration

热电厂同时生产电能和可用热能的联合生产方式。

2.1.8 热电分产 separate heat and power

电厂和供热锅炉房分别生产电能和热能的生产方式。

2.1.9 热化 thermalization

热电联产基础上的集中供热。

2.1.10 热化系数 coefficient of thermalization

热电联产的最大供热能力占供热区域设计热负荷的份额。

2.1.11 供热规划 development program of municipal heating

确定集中供热发展规模和制定建设计划的工作。

2.1.12 供热能力 capacity of heating

供热系统或供热设备所能提供的最大供热功率。

2.1.13 供热半径 range of heating

水力计算时热源至最远热力站（或最远热用户）的管道沿程长度。

2.1.14 供热面积 area of heating

供暖建筑物的建筑面积。

2.1.15 集中供热普及率 coverage factor of centralized heating

集中供热的供热面积与需要供暖建筑物的建筑面积的百分比。

2.1.16 供热成本 cost of heating

为生产和输配热能所发生的各项费用与折旧费之和。

2.1.17 供热标煤耗率 standard coal rate of heating

供出单位热能消耗的燃料所折算的标准煤数量。

2.1.18 热价 heat price

单位热量的价格。

2.2 供热介质及其参数

2.2.1 供热介质 heating medium

在供热系统中,用以传送热能的媒介物质。

2.2.2 低温水 low-temperature hot water

水温低于或等于100 ℃的热水。

2.2.3 高温水 high-temperature hot water

永温超过100 ℃的热水。

2.2.4 供水 supply water

从热源供给热力站或热用户的热水。

2.2.5 回水 return water

从热力站或热用户返回热源的热水。

2.2.6 生活热水 domestic hot-water

满足民用及公用建筑日常生活用的热水。

2.2.7 饱和蒸汽 saturated steam

温度等于对应压力下的饱和温度的水蒸气。

2.2.8 过热蒸汽 superheated steam

温度高于对应压力下的饱和温度的水蒸气。

2.2.9 凝结水 condensate

蒸汽冷凝形成的水。

2.2.10 二次蒸汽 flash steam

凝结水因压力降低到低于与其温度相对应的饱和压力,再汽化产生的蒸汽。

2.2.11 沿途凝结水 condensate in steam pipeline

蒸汽在管道中输送时产生的凝结水。

2.2.12 补给水 make-up water

由外界向供热系统补充的水。

2.2.13 供热介质参数 parameters of heating medium

表述供热介质状态特征的各种物理量。

2.2.14 供水温度 temperature of supply water

从热源供给热力站或热用户的热水温度。

2.2.15 回水温度 temperature of return water

从热力站或热用户返回热源的热水温度。

2.2.16 设计供水温度 design temperature of supply water

设计工况下所选定的供水温度。

2.2.17 设计回水温度 design temperature of return water

设计工况下所选定的回水温度。

2.2.18 实际供水温度 actual temperature of supply water

运行时的供水温度。

2.2.19 实际回水温度 actual temperature of return water
运行时的回水温度。

2.2.20 最佳供水温度 optimal temperature of supply water
经技术经济分析所确定的供水温度的最佳值。

2.2.21 最佳回水温度 optimal temperature of return water
经技术经济分析所确定的回水温度的最佳值。

2.2.22 设计供回水温差 design temperature difference between supply water and return water
设计供水温度与设计回水温度之差。

2.2.23 实际供回水温差 actual temperature difference between supply water and return water
实际供水温度与实际回水温度之差。

2.2.24 最佳供回水温差 optimal temperature difference between supply water and return water
经技术经济分析所确定的供水温度与回水温度之差的最佳值。

2.2.25 供水压力 pressure of supply water
热水供热系统供水管道中、热源设备出口、热用户入口处的热水压力。

2.2.26 回水压力 pressure of return water
热水供热系统回水管道中、热源设备入口、热用户出口处的热水压力。

2.2.27 设计压力 design pressure
设计工况下供热管道或设备承受的压力。
同义词：计算压力。

2.2.28 工作压力 working pressure
运行工况下供热管道或设备承受的压力。

2.2.29 允许压力 permissible pressure
供热设备、管道及其管路附件允许承受的最大工作压力。

2.2.30 富裕压力 safety pressure redundancy
制定水压图时为了保证热水供热系统安全可靠运行，增加的压力安全裕量。

2.2.31 汽化压力 saturation steam pressure
水在一定温度下从液态变为气态时所对应的饱和压力。

2.2.32 试验压力 test pressure
对供热管道和(或)设备进行强度试验或严密性试验的压力。

2.2.33 供汽温度 temperature of supply steam
蒸汽供热系统供汽管道中、热源设备出口、热用户或用汽设备入口处的蒸汽温度。

2.2.34 供汽压力 pressure of supply steam
蒸汽供热系统供汽管道中、热源设备出口、热用户或用汽设备入口处的蒸汽压力。

2.2.35 过冷度 degree of subcooling
蒸汽供热系统中凝结水的温度低于相应压力下饱和蒸汽温度的数值。

2.2.36 背压 back pressure
蒸汽供热系统中供热设备、疏水器及用热设备出口供热介质的压力。

2.3 供热系统

2.3.1 供热系统 heating system
由热源通过供热管网向热用户供应热能的设施总称。

2.3.2 热电厂供热系统 heating system based upon cogeneration power plant
以热电厂为主要热源的供热系统。

2.3.3 锅炉房供热系统 heating system based upon boiler plant
以供热锅炉房为主要热源的供热系统。
2.3.4 工业余热供热系统 heating system based upon industrial waste heat
利用工业余热为主要热源的供热系统。
2.3.5 地热能供热系统 heating system based upon geothermal energy
通过地热井,利用地下热水或地下蒸汽以及人工方法从干热岩体中获得的热水与蒸汽的热量为主要热源的供热系统。
2.3.6 垃圾焚化厂供热系统 heating system based upon garbage incineration plant
主要热源以焚烧垃圾为燃料的供热系统。
2.3.7 低温核能供热系统 heating system based upon low temperature nuclear reactor
以低温核能供热堆为主要热源的供热系统。
2.3.8 热泵供热系统 heating system based upon heat pump
以热泵为主要热源的供热系统。
2.3.9 热水供热系统 hot-water heating system
供热介质为热水的供热系统。
2.3.10 闭式热水供热系统 closed-type hot-water heating system
热用户消耗供热系统热能而不直接取用热水的供热系统。
2.3.11 开式热水供热系统 open-type hot-water heating system
热用户不仅消耗供热系统的热能,而且还直接取用热水的供热系统。
2.3.12 低温水供热系统 low-temperature hot water heating systern
供热介质为低温水的供热系统。
2.3.13 高温水供热系统 high-temperature hot water heating system
供热介质为高温水的供热系统。
2.3.14 分布式水泵供热系统 distributed pumps heating system
在若干热力站(或热用户)处设置循环水泵的供热系统。
2.3.15 多热源供热系统 multi-source heating system
具有两个或两个以上热源的集中供热系统。
2.3.16 蒸汽供热系统 steam heating system
供热介质为蒸汽的供热系统。
2.3.17 凝结水回收系统 condensate recover system
将蒸汽供热系统用热设备的凝结水和蒸汽管道的沿途凝结水汇集起来,并使之返回热源的系统。
2.3.18 开式凝结水回收系统 open-type condensate recover system
与大气相通的凝结水回收系统。
2.3.19 闭式凝结水回收系统 closed-type condensate recover system
不与大气相通的凝结水回收系统。
2.3.20 余压凝结水回收系统 back-pressure condensate recover system
利用疏水器背压为动力的凝结水回收系统。
2.3.21 重力凝结水回收系统 gravity condensate recover system
以可资利用的凝结水位能为动力的凝结水回收系统。
2.3.22 加压凝结水回收系统 forced condensate recover system
利用水泵或其他设备强制回收凝结水的系统。
2.3.23 混合式凝结水回收系统 combined condensate recover system
综合利用余压、重力、加压等几种方式回收凝结水的系统。

2.3.24 地热直接供热系统 geothermal direct heating system

地热流体直接进入热用户用热设备的供热系统。

2.3.25 地热间接供热系统 geothermal indirect heating system

地热流体通过换热器将热量传给供热系统的循环水,后者在换热器中得到热量后进入热用户用热设备的供热系统。

2.4 供热可靠性

2.4.1 供热的规定功能 required function of heating system

按规定的供热介质和运行参数,提供一定流量的能力。

2.4.2 供热可靠性 reliability of heating system

供热系统在规定的运行周期内,完成规定功能,保持不间断运行的能力。

2.4.3 供热可靠度 degree of rcliability of heating system

供热系统在规定的运行周期内,完成规定功能的概率。

2.4.4 供热可靠性评价 reliability assessment of heating system

对供热系统或系统组成部分的可靠性所达到的水平进行分析和确认的过程。

2.4.5 供热可靠性评估 reliability evaluation of heating system

对供热系统或元部件的工作或固有能力或性能是否满足规定可靠性准则而进行分析、预计和认定的过程。

2.4.6 供热可靠性计算 reliability accounting of heating systern

确定和分配供热系统或元件的定量可靠性要求,预测和评估系统或元件的可靠性量值而进行的一系列数学工作。

2.4.7 供热系统故障 damage accident of heating system

供热系统出现不正常工作的事件。

2.4.8 故障率 failure rate

在一定运行时间内元部件因故障不能执行规定功能的次数与系统中该类元部件总数的比值。

2.4.9 供热系统事故 breakdown accident of heating system

供热系统完全丧失或部分丧失完成规定功能的事件。

2.4.10 修复时间 repair time

发生事故后,确认故障并使元件或系统恢复到能执行规定功能状态所用的时间。包括事故定位时间、事故修理时间和管道放水、充水时间。

2.4.11 限额供热系数 limit heating coefficient

供热系统事故工况下限定供给的热负荷与设计热负荷之比。

2.4.12 限额流量系数 limit flow rate coefficient

供热系统事故工况限定供给的最低流量与设计流量之比。

2.4.13 供热备用性能 reservation characteristic of heating system

供热系统在事故状态下,具有一定供热能力的性能。

2.4.14 双向供热 two-way heating

环形管网或有连通管的枝状管网可从供热干线两个方向,向支干线或支线供热的供热方式。

3 热负荷及耗热量

3.1 热 负 荷

3.1.1 热负荷 heating load

单位时间内热用户(或用热设备)的需热量(或耗热量)。

3.1.2　设计热负荷　design heating load

在给定的设计条件下的热负荷。

3.1.3　最大热负荷　maxlmum heating load

在实际条件下可能出现的热负荷的最大值。

3.1.4　实时热负荷　actual heating load

供热系统的管道系统或设备不同时间实际发生的热负荷。

3.1.5　基本热负荷　base heating load

由基本热源供给的热负荷。

3.1.6　尖峰热负荷　peak heating load

基本热源供热能力不能满足的、由调峰热源提供的实际热负荷与基本热负荷差额热负荷。

3.1.7　平均热负荷　average heating load

全年或供暖期热负荷的平均值

3.1.8　平均热负荷系数　average heating load coefficient

一年或一个供暖期内平均热负荷与设计热负荷的比值。

3.1.9　最大热负荷利用小时数　number of working hours based on maximum design heating load

在一定时间(年或供暖期)内总耗热量按设计热负荷折算的工作小时数。

3.1.10　季节性热负荷　seasonal heating load

只在一年中某些季节才需要的热负荷。

3.1.11　供暖热负荷　heating load for space heating

维持采暖房间在要求温度下的热负荷。

同义词:采暖热负荷。

3.1.12　供暖设计热负荷　design heating load for space heating

与供暖室外计算温度对应的供暖热负荷。

同义词:采暖设计热负荷。

3.1.13　供暖期供暖平均热负荷　average space-heating load during heating period

供暖期内不同室外温度下的供暖热负荷的平均值,即对应于供暖期室外平均温度下的供暖热负荷。

同义词:供暖期采暖平均热负荷;采暖期采暖平均热负荷。

3.1.14　通风热负荷　heating load for ventilation

加热从通风系统进入室内的空气的热负荷。

3.1.15　通风设计热负荷　design heating load for ventilation

与冬季通风室外计算温度对应的通风热负荷。

3.1.16　供暖期通风平均热负荷　average heating load for ventilation during heating period

供暖期内不同室外温度下的通风热负荷的平均值。

3.1.17　空调热负荷　heating load for air-conditioning

满足建筑物空气调节要求的热负荷。

3.1.18　空调冬季设计热负荷　design heating load for winter air-conditioning

与冬季空气调节室外计算气象参数对应的空调热负荷。

3.1.19　空调夏季设计热负荷　design heating load for summer air-conditioning

与夏季空气调节室外计算气象参数对应的空调热负荷。

3.1.20　供暖期空调平均热负荷　average heating load for air-conditioning during heating period

供暖期内不同室外温度下的空调热负荷的平均值。

3.1.21　常年性热负荷　year-round heating load

与气象条件关系不大的、常年都需要的热负荷。

3.1.22 生产工艺热负荷 heating load for process

生产工艺过程中用热设备的热负荷。

3.1.23 热水供应热负荷 heating load for hot-water supply

生活及生产耗用热水的热负荷。

3.1.24 生活热水供应热负荷 heating load for living hot-water supply

制备生活热水消耗的热负荷。

3.1.25 热水供应最大热负荷 maxlmum heating load for hot-water supply

最大用水量日热水供应的最大热负荷。

3.1.26 热水供应平均热负荷 average heating load for hot-water supply

一周之内平均日热水供应平均热负荷。

3.2 热指标和耗热量

3.2.1 热指标 heating load index for load estimation

单位建筑面积的设计热负荷、单位体积与单位室内外设计温差下的设计热负荷或按单位产品计算的设计热负荷。

3.2.2 供暖面积热指标 space-heating load index per unit floor area

单位建筑面积的供暖设计热负荷。

同义词:采暖面积热指标。

3.2.3 供暖体积热指标 space-heating load index per unit building volume

单位建筑物外围体积在单位室内外设计温差下的供暖设计热负荷。

同义词:采暖体积热指标。

3.2.4 通风体积热指标 ventilation heating load index per unit building volume

单位建筑物外围体积在单位室内外设计温差下的通风设计热负荷。

3.2.5 热水供应热指标 heating load index perunit of hot-water supply

单位建筑面积的热水供应平均热负荷或按用水单位额定用水量计算的热水供应热指标。

3.2.6 耗热量 heat consumption

供热系统或热用户(或用热设备)在某一段时间内消耗的热量。

3.2.7 年耗热量 annual heat consumption

计算时间为“年”的耗热量。

3.2.8 供暖年耗热量 annual heat consumption on space-heating

供热系统中所有采暖热用户或一个采暖热用户在一个供暖期内的总耗热量。

同义词:采暖年耗热量。

3.2.9 通风供暖期耗热量 heat consumption on ventilation during heating period

供热系统中所有通风热用户或一个通风热用户在一个供暖期内的总耗热量。

3.2.10 空调年耗热量 annual heat consumption on air-conditioning

供热系统中所有空调热用户或一个空调热用户一年内的总耗热量。

3.2.11 生产工艺年耗热量 annual heat consumption on process

供热系统中所有生产工艺热用户或一个生产工艺热用户一年内的总耗热量。

3.2.12 热水供应年耗热量 annual heat consumption on hot-water supply

供热系统中所有热水供应热用户或一个热水供应热用户在一年内的总耗热量。

3.2.13 耗热定额 heat consumption quota

生产工艺过程中为完成某一生产任务或生产某种产品所预定的热量消耗数额。

3.2.14 单位产品耗热定额　heat consumption quota per unit of product

生产工艺生产单位产品的热量消耗数额。

3.2.15 平均小时耗汽量　average hourly steam consumption

用汽设备或生产单位在一定时段内的蒸汽总消耗量按相应时间段小时数的平均值。

3.2.16 最大小时耗汽量　maxlmum hourly steam consumption

用汽设备或生产单位每小时消耗蒸汽量的最大值。

3.2.17 热水供应小时用热量　hourly heat consumption on hot-water supply

按热水供应热指标计算出的热水供应系统每小时所消耗的热量。

3.3 热负荷图和热负荷延续时间图

3.3.1 热负荷图　heating load diagram

供热系统中热负荷随时间变化的曲线图。

3.3.2 年热负荷图　monthly variation graph of heat load in one year

供热系统一年中热负荷逐月变化状况的曲线图。

3.3.3 月热负荷图　daily variation graph of heat load in one month

供热系统一个月中热负荷逐日变化状况的曲线图。

3.3.4 日热负荷图　hourly variation graph of heat load in one day

供热系统一日中热负荷逐时变化状况的曲线图。

3.3.5 热水供应日耗水量图　hourly variation graph of hot-water consumption in one day

热水供应系统在一昼夜间所消耗水量逐时变化的曲线图。

3.3.6 热负荷延续时间图　heating load duration graph

全年或供暖期内不同室外温度下的热负荷变化情况及与之对应的延续时间的关系曲线图。

4 供热热源

4.1 供热热源

4.1.1 供热热源　heat source of heating system

将天然或人造的能源形态转化为符合供热要求的热能形态的设施，简称为热源。

4.1.2 锅炉房　boiler plant

锅炉以及保证锅炉正常运行的锅炉辅助设备和设施的综合体。

4.1.3 供热厂　heating plant

以供热锅炉房为供热热源的综合体。

4.1.4 热电厂　cogeneration power plant

可实现热电联产的电厂。

4.1.5 工厂自备热电厂　factory-owned cogeneration power plant

工厂为保证本厂用电和用热自行设置的热电厂。

4.1.6 核能热电厂　nuclear-powered cogeneration power plant

用原子核裂变所产生的热能作为热源的热电厂。

4.1.7 低温核能供热堆　low-temperature nuclear heating reactor

产生低温、低压载热介质向供热系统供热的核反应堆。

4.1.8 工业余热　industrial waste heat

工业生产过程中产品、排放物、设备及工艺流程中放出的可资利用的热量。

4.1.9 地热热源 geothermal heat source

利用地下热水或地下蒸汽以及人工方法从干热岩体中获得的热水与蒸汽的热量作为能量来源的热源。

4.1.10 基本热源 base-load heat source

在供热期满负荷运行时间最长的热源。

4.1.11 调峰热源 peak-load heat source

基本热源的产热能力不能满足实际热负荷的要求时，投入运行的热源。

4.1.12 备用热源 stand-by heat source

在事故工况下投入运行的热源。

4.2 锅 炉 房

4.2.1 供热锅炉 heating boiler

利用燃料燃烧释放的热能或其他热能加热给水或其他工质，以获得规定参数（温度和压力）和品质的蒸汽、热水或其他工质向热用户供热的设备。

4.2.2 燃煤锅炉 coal fired boiler

以煤为燃料的锅炉。

4.2.3 燃气锅炉 gas fired boiler

以可燃气体（天然气、高炉煤气和焦炉煤气等）为燃料的锅炉。

4.2.4 燃油锅炉 oil fired boiler

以油为燃料的锅炉。

4.2.5 锅炉辅助设备 boiler auxiliaries

除锅炉本体以外，参与锅炉运行的汽水、上煤、鼓引风、除灰、出渣、除尘系统的设备和监控系统的总称。

4.2.6 鼓风机 forced draft fan

将燃烧所需的空气送入炉膛的通风机。

4.2.7 引风机 induced draft fan

将锅炉炉膛中的燃烧产物吸出并送入烟囱排入大气的通风机。

4.2.8 除尘器 solids separator

将气体夹带的尘粒分离出来加以捕集的设备。

4.2.9 锅炉给水泵 boiler feed-water pump

将水送入蒸汽锅炉，保持锅筒内安全水位的水泵。

4.2.10 事故给水泵 accident feed-water pump

为防止蒸汽锅炉发生严重缺水而设置的给水泵。

4.2.11 热水锅炉循环水泵 hot-water boiler circulation pump

提供热水锅炉锅内水循环压头的水泵。

4.2.12 供热管网循环水泵 circulation pump of heating network

使水在热水供热系统里循环流动的水泵。

4.2.13 供热管网补水泵 make-up water pump of heating net-work

为保持供热系统充满水，并稳定在设定的压力范围，向系统内补充水的水泵。

4.2.14 事故补水泵 accident make-up water pump

供热系统发生泄漏事故时，为增加补水量而设置的补水泵。

4.2.15 调速水泵 variable speed pump

采用变频器或液力耦合器等方法改变转速的水泵。

4.2.16 变频泵 variable frequency pump

通过改变水泵电动机的电流频率来改变交流电动机的转速，从而使转速可连续发生变化的水泵。

4.2.17 备用水泵 stand-by pump

为检修、处理事故或保证正常运行而设置的水泵。

4.2.18 水处理 water treatment

用物理的和(或)化学的方法使供热系统的水质符合安全和经济运行要求的措施。

4.2.19 锅外水处理 boiler feed-water treatment

对锅炉的补给水在进入锅炉前进行的水处理。

4.2.20 加药水处理 chemical water treatment

将具有防垢或缓蚀作用的物质掺入水里的水处理。

4.2.21 锅水加药处理 boiler water chemical treatment

对锅水进行的加药水处理。

4.2.22 真空除氧 vacuum deoxygenation

使水在真空压力下沸腾，从而释放溶解在水中的气体及氧气。

4.2.23 热力除氧 thermal deoxygenation

将水加热至沸腾，并扩大气水界面，从而去除溶解在水中的气体及氧气。

4.2.24 解吸除氧 desorption deoxygenation

使水和不含氧的气体强烈混合，从而去除溶解在水中的氧。

4.2.25 化学除氧 chemical deoxygenation

使水和适当物质接触，借这类物质和水中溶解的氧化合去除溶解在水中的氧。

4.2.26 软化水 softened water

钙离子和镁离子浓度低于某一给定指标的水。

4.2.27 离子交换 ion exchange

水中某些阳离子或阴离子通过离子交换材料的滤床被另一些离子取代的过程。

4.2.28 热水锅炉额定热功率 rated heating capacity of hot water boiler

热水锅炉在额定参数(压力、温度)、额定流量、使用设计燃料并保证效率时单位时间的连续产热量。

4.2.29 蒸汽锅炉额定蒸发量 rated capacity of steam boiler

蒸汽锅炉在额定参数(蒸汽压力和蒸汽温度)、额定给水温度、使用设计燃料并保证效率时单位时间的连续蒸发量。

4.2.30 锅炉热效率 boiler thermal efficiency

单位时间内锅炉有效利用热量与所消耗燃料输入热量的百分比。

4.2.31 烟气冷凝回收 heat recovery by flue gas condensation

在锅炉烟道中加装冷凝热回收装置，回收烟气中的显热和汽化潜热。

4.3 热 电 厂

4.3.1 涡轮机 turbine

把流体的能量转化为机械功的具有叶片的旋转式动力机械。

4.3.2 汽轮机 steam turbine

蒸汽膨胀变热能为机械功的涡轮机。

4.3.3 凝汽式汽轮机 condensing turbine

进入汽轮机的蒸汽膨胀作功后，被排入具有高真空度的凝汽器中冷凝的汽轮机。

4.3.4 供热式汽轮机 cogeneration turbine

既能生产电能又能向外供热的汽轮机。

4.3.5 背压式汽轮机 back-pressure turbine

进入汽轮机的蒸汽膨胀作功，尾端排汽口的排汽压力大于当地大气压力的汽轮机。

4.3.6 抽汽式汽轮机 extraction turbine

进入汽轮机的蒸汽膨胀作功，部分蒸汽在流到尾端排汽口前，被从汽轮机可调节抽汽口抽出对外供热的汽轮机。

4.3.7 抽汽背压式汽轮机 back-pressure turbine with interme-diate bleed-off

带有中间可调节抽汽口的背压式汽轮机。

4.3.8 燃气轮机 gas turbine

变燃料燃烧产物的热能为机械功的涡轮机。

4.3.9 汽轮机抽汽 extracted steam from turbine

汽轮机里的蒸汽未流到尾端之前就被抽出机外利用的蒸汽。

4.3.10 汽轮机抽汽压力 pressure of extracted steam from turbine

汽轮机抽汽流出抽汽口时具有的压力。

4.3.11 基本加热器 primary calorifier

热电厂为热源时，供暖期自始至终运行利用较低压力的抽汽加热供热管网循环水的换热器。

4.3.12 尖峰加热器 peak-load calorifier

热电厂为热源时，与基本加热器串联，在基本加热器不能满足供热要求时，投入使用的利用较高压力蒸汽加热供热管网循环水的换热器。

4.3.13 减压减温装置 desuperheater

将过热蒸汽节流、加湿，使之成为较低压力、较低温度蒸汽的装置。

4.3.14 恶化真空运行 operating with reduced vacuum

降低凝汽式汽轮机凝汽器内的真空度，利用凝汽器中蒸汽的冷凝热量向外供热的运行方式。

4.3.15 打孔抽汽 extracted steam by drilling hole

从汽轮机叶片级间的中间导管上开孔抽出作过部分功的蒸汽。

4.3.16 燃气—蒸汽联合循环 gas-steam combined cycle

由燃气和蒸汽两种不同介质的热力循环叠置组合而成总的热力循环。

4.3.17 燃气—蒸汽联合循环电厂 gas-steam combined cycle power plants

利用燃气—蒸汽联合循环原理生产电能和热能的电厂。

4.4 其他热源及设备

4.4.1 地热田 geothermal field

有开发利用价值的地热资源富集区。

4.4.2 地热流体 geothermal fluid

温度高于25 ℃的地下热水、蒸汽和热气体的总称。

4.4.3 地热井 geothermal well

抽取或回灌地热流体的管井。

4.4.4 地热回灌 geothermal reinjection

将利用后的地热流体通过回灌井重新注入热储层。

4.4.5 同层回灌 geothermal reinjection for same reservoir bed

将利用后的地热流体回灌至同一热储层的地热回灌。

4.4.6 异层回灌 geothermal reinjection for different reservoir bed

将利用后的地热水回灌至不同热储层的地热回灌。

4.4.7 热泵 heat pump

利用高位能将热量从低温热源转移向高温热源的装置。

4.4.8　地源热泵　ground-source heat pump

以岩土体、地下水或地表水为低温热源的热泵。

4.4.9　空气源热泵　air-source heat pump

以空气作为低温热源的热泵。

4.4.10　溴化锂吸收式热泵机组　LiBr absorption unit

利用溴化锂水溶液作为工质和吸收式热力循环的原理，以热能为高位能的热泵。

4.4.11　蓄热器　thermal energy storage equlpment

在热源的供热量多于热用户的需热量时可把多余的热量存储起来，并在热源的供热量不足时再把所存热量释放出来的设备。

5　供热管网

5.1　供热管网

5.1.1　供热管网　heating network

由热源向热用户输送和分配供热介质的管道系统。

同义词：热网、热力网。

5.1.2　枝状管网　tree-shaped heating network

呈树枝状布置的供热管网。

5.1.3　环状管网　ring-shaped heating network

干线构成环状的供热管网。

5.1.4　蒸汽供热管网　steam heating network

供热介质为蒸汽的供热管网。

5.1.5　单制式蒸汽供热管网　single model for steam heating network

由热源引出一种供汽压力蒸汽管的蒸汽供热管网。

5.1.6　双制式蒸汽供热管网　double model for steam heating network

由热源引出两种供汽压力蒸汽管的蒸汽供热管网。

5.1.7　多制式蒸汽供热管网　multi-model for steam heating network

由热源引出两种以上供汽压力蒸汽管的蒸汽供热管网。

5.1.8　热水供热管网　hot-water heating network

供热介质为热水的供热管网。

5.1.9　单管制热水供热管网　one-pipe model for hot-water heating network

只有供水干管，无返回热源的回水干管的开式热水供热管网。

5.1.10　双管制热水供热管网　two-pipe model for hot-water heating network

由一根供水干管和一根回水干管组成的热水供热管网。

5.1.11　多管制热水供热管网　multi-pipe model for hot-water heating network

供、回水干管的总数在两根以上的热水供热管网。

5.1.12　一级管网　primary network

在设置一级换热站的供热系统中，由热源至换热站的供热管网。

5.1.13　二级管网　secondary network

在设置一级换热站的供热系统中，由换热站至热用户的供热管网。

5.1.14　多级管网　multiple network

设置两级以及两级以上换热站的供热管网。

5.1.15 管网选线 route selection of network

在供热区域根据各种条件,选择并确定供热管网管线的平面走向。

5.1.16 供热管网输送效率 heat transfer efficiency of heating network

供热管网输出总热量与供热管网输入总热量的比值。

5.2 供热管线

5.2.1 供热管线 heating pipeline

输送供热介质的室外管道及其沿线的管路附件和附属构筑物的总称。

5.2.2 供热管路附件 fittings and accessories in heating pipeline

供热管路上的管件、阀门、补偿器、支座(架)和器具的总称。

5.2.3 干线 mainline

由热源至各热力站(或热用户)分支管处的所有管线。

5.2.4 主干线 trunk mainline

单热源供热系统的供热管网中由热源至最远热力站(或最远热用户)分支管处的干线;多热源供热系统中由热源经水力汇流点(或水力分流点)至最远热力站(或最远热用户)分支管处的干线。

5.2.5 支干线 main branch

从主干线上引出的、至热力站(或热用户)分支管处的管线。

5.2.6 支线 branch line

自干线引出至一个热力站(或一个热用户)的管线。

5.2.7 输送干线 transfer mainline

自热源至主要负荷区且长度较长,无支干线(或支线)接出的供热干线。

5.2.8 输配干线 transmission and distribution mainline

管线沿途有支干线(或支线)接出的供热干线。

5.2.9 供热管网连通管线 interconnecting pipe in heating network

将两个供热系统或同一供热系统的干线连接起来带有关断阀的管段。

5.2.10 热水供应循环管 circulation pipe of hot-water supply

热水供应系统中为保证用水点的供水温度,在热用户不取水时能使热水循环流动而增设的管道。

5.2.11 管线沿途排水管 blind drains under heating pipeline

为了降低供热管道所在处局部的地下水位,并列敷设在供热管道下有多孔或条缝的排水管道。

5.2.12 放水装置 drain valve connections

放水阀及其前后的管道和管路附件。

5.2.13 放气装置 vent valve connections

放气阀及其前后的管道及管路附件。

5.2.14 疏水装置 steam trap connections

疏水器及其前后的管道及管路附件。

5.2.15 启动疏水装置 warming-up condensate drain-off connections

为了排除蒸汽供热系统启动时产生的凝结水而设置的疏水装置。

5.2.16 经常疏水装置 normal operating condensate drain-off connections

为了排除蒸汽供热系统运行时蒸汽管道或设备所产生的凝结水而设置的疏水装置。

5.3 供热管道敷设

5.3.1 供热管道敷设 installation of heating pipeline

将供热管道及其管路附件按设计条件组成整体并使之就位的工作。

5.3.2 地上敷设 above-ground installation

管道敷设位置在地面以上的敷设方式。

5.3.3 地下敷设 underground installation

管道敷设位置在地面以下的敷设方式。

5.3.4 管沟敷设 in-duct installation

管道敷设在管沟内的敷设方式。

5.3.5 管沟 pipe duct

用于布置供热管道,沿管线设置的专用围护构筑物。

5.3.6 通行管沟 accessible duct

人员可直立通行并可在内部完成检修的管沟。

5.3.7 半通行管沟 semi-accessible duct

人员可弯腰通行并可在内部完成一般检修的管沟。

5.3.8 不通行管沟 inaccessible duct

净空尺寸仅能满足敷设管道的基本要求,不考虑人行通道的管沟。

5.3.9 直埋敷设 directly buried installation

管道直接埋设于土壤中的地下敷设方式。

5.3.10 隧道敷设 in-tunnel installation

管道敷设在岩土层中的地下工程构筑物内的地下敷设方式。

5.3.11 套管敷设 casing pipe installation

管道设置于套管内的地下敷设方式。

5.3.12 覆土深度 thickness of earth-fill cover

管沟敷设时管沟盖板顶部或直埋敷设时保温结构顶部至地表的距离。

5.3.13 埋设深度 depth of burial

管沟敷设时管沟垫层底部或直埋敷设时保温结构底部至地表的距离。

5.3.14 检查室 inspection well

地下敷设管线上,在需要经常操作、检修的管路附件处设置的专用构筑物。

5.3.15 检查室人孔 inspection well manhole

检查室顶部供人员从地面进出检查室用的出入口。

5.3.16 管沟事故人孔 safety exit of pipe duct

在通行管沟和半通行管沟盖板上,发生事故时人员的紧急出入口。

5.3.17 管沟安装孔 installation hole of pipe duct

设置在通行管沟或半通行管沟盖板上,用于施工、维修和事故抢修时管道、管路附件和设备出入专用的孔口。

5.3.18 集水坑 gully pit

用于汇集地下敷设管道沿线的水,位于检查室内低洼处的专用小坑。

5.3.19 操作平台 operating platform

操作、维修供热管道和管路附件的平台。

5.4 管道支座和支架

5.4.1 管道支座 pipe support

直接支承管道并承受管道作用力的管路附件。

5.4.2 活动支座 movable support

允许管道和支承结构有相对位移的管道支座。

5.4.3 滑动支座 sliding support

管道在支承结构上做相对滑动的管道活动支座。

5.4.4 滚动支座 roller support

固定在管道上的滚动部件在支承结构上做相对滚动的管道活动支座。

5.4.5 固定支座 fixing support

不允许管道和支承结构有相对位移的管道支座。

5.4.6 固定墩 directly buried fixing support

嵌固直埋管道固定节(固定支座),并与其共同承受直埋管道所受推力的钢筋混凝土构件。

5.4.7 内固定支座 inside fixed support

设置于钢质外护管内,将钢质预制直埋供热管的工作钢管和钢外护管与推力传递结构嵌固在一起承受工作钢管所受推力的预制保温管道固定支座。

5.4.8 外固定支座 outside fixed support

焊接在预制直埋供热管的钢外护管外壁上,与固定墩嵌固在一起承受钢外护管所受推力的预制保温管道固定支座。

5.4.9 内外固定支座 inside and outside fixed support

通过焊接在钢外护管上的固定板和推力传递构件将预制直埋供热管的工作钢管、钢外护管与固定墩嵌固在一起,并共同承受工作钢管和外护管所受推力的预制保温管道固定支座。

5.4.10 固定节 anchor

将工作管的推力传给固定墩的预制直埋保温管的管路附件。

5.4.11 管道支架 pipeline trestle

将管道或支座所承受的作用力传到建筑结构或地面的管道构件。

5.4.12 高支架 high trestle

地上敷设管道保温结构底净高在 4 m 及其以上的管道支架。

5.4.13 中支架 medium-height trestle

地上敷设管道保温结构底净高大于等于 2 m、小于 4 m 的管道支架。

5.4.14 低支架 low trestle

地上敷设管道保温结构底净高小于 2 m 的管道支架。

5.4.15 固定支架 fixing trestle

不允许管道与其有相对位移的管道支架。

5.4.16 活动支架 movable trestle

允许管道与其有相对位移的管道支架。

5.4.17 导向支架 guiding trestle

只允许管道轴向位移的活动支架。

5.4.18 吊架 pipe hanger

管道悬吊在支架下,除允许管道有水平方向的位移外,还允许有少量垂直位移的活动支架。

5.4.19 弹簧支(吊)架 pipe spring trestle or hanger

装有弹簧,除允许管道有水平方向的轴向位移和侧向位移外,还能补偿适量的垂直位移的管道悬支吊架。

5.4.20 刚性支架 rigid trestle

柱脚与基础嵌固连接,柱身刚度大,柱顶位移小,承受管道水平推力的管道支架。

5.4.21 柔性支架 flexible trestle

柱脚与基础嵌固连接,但柱身刚度小、能适应管道热位移,承受管道较小水平推力的管道支架。

5.4.22　铰接支架　hinged-type trestle

柱脚与基础沿管轴向铰接、径向固接，柱身可随管道伸缩摆动，仅承受管道垂直荷载的管道支架。

5.4.23　独立式支架　single trestle

由支承管道的立柱或立柱加横梁组成的管道支架。

5.4.24　悬臂式支架　cantilever trestle

采用悬臂结构支承管道的支架。

5.4.25　梁式支架　beam trestle

支架之间用沿管轴的纵向梁连成整体结构的管道支架。

5.4.26　桁架式支架　trussed trestle

支架之间用沿管轴纵向桁架连成整体的管道支架。

5.4.27　悬索式支架　suspended trestle

用悬索作支承结构的管道支架。

5.5　保温和防腐

5.5.1　保温　insulation

为减少供热管道和设备的散热损失，在其外表面设置保温结构的措施。

5.5.2　填充式保温　loosely filled insulation

将松散的或纤维状保温材料填充在管道外的沟槽或管道(或设备)外的壳体中，形成保温层的保温方法。

5.5.3　灌注式保温　poured insulation

将流动状态的保温材料灌注在管道(或设备)外表面，成型硬化后，形成整体保温结构的保温方法。

5.5.4　涂抹式保温　pasted insulation

将调成胶泥状的保温材料，分层湿抹于管道(或设备)外表面形成保温层的保温方法。

5.5.5　捆扎式保温　wrapped insulation

将成型、柔软、具有弹性的保温制品直接包裹在管道(或设备)外表面构成保温层的保温方法。

5.5.6　缠绕式保温　wounded insulation

将条绳状或片状保温材料缠绕在管道(或设备)外表面构成保温层的保温方法。

5.5.7　预制式保温　prefabricated insulation

将预制的板状、弧状、半圆形保温材料制品捆扎或粘接于管道(或设备)外表面形成保温层，或者将保温结构与管道一起预制成型的保温方法。

5.5.8　保温结构　insulation construction

保温层和保护层的总称。

5.5.9　整体保温结构　integral insulation construction

连续无缝、形成整体并牢固地贴附于管道表面的保温结构。

5.5.10　可拆卸式保温结构　detachable insulation construction

容易拆卸及便于修复的保温结构。

5.5.11　复合保温结构　complex insulation construction

由不同的保温材料(包含空气层)组成的多层保温层的保温结构。

5.5.12　界面温度　interface temperature

复合保温结构中不同的保温材料层之间的温度。

5.5.13　保温材料　insulating material

导热系数低、密度小、有一定机械强度等性能，用于保温的材料。

5.5.14　工作管　working pipe

在保温管中，用于输送供热介质的管道。

5.5.15 保温层 insulating layer

保温材料(包含空气层)构成的结构层。

5.5.16 保护层 protective cover

保温层外阻挡外力和环境对保温层的破坏和影响，有足够机械强度和可靠防水性能的材料构成的结构层。

5.5.17 外护管 outer protective pipe

保温层外阻挡外力和环境对保温层的破坏和影响，有足够机械强度和可靠防水性能的套管。

5.5.18 排潮管 casing drain

用于排除预制保温管的工作管与外护管之间保温层内水汽的钢管。

5.5.19 辐射隔热层 radiation heat insulation layer

在带有空气层的保温管道中设置的具有表面低发射率和高反射率特性的结构层。

5.5.20 空气层 air layer

钢外护管预制保温管道中封闭在保温材料层外表面与钢外护管内表面之间的环形空气层。

5.5.21 真空层 vacuum layer

钢外护管预制真空复合保温管道中在保温材料层外表面与钢外护管内表面之间封闭的具有一定真空度的环形空气层。

5.5.22 防腐 anticorrosion protection

减缓管道和设备金属被腐蚀所采取的措施。

5.5.23 防腐层 antiseptic layer

覆盖在管道或设备金属表面能与其紧密结合的、具有防腐性能的薄膜状材料层。

5.5.24 预制保温管 prefabricated insulating pipe

在工厂将保温结构与输送供热介质的工作管结合一起预制成整体的保温管。

5.5.25 预制保温管件 prefabricated insulating fitting

在工厂将管路附件与保温结构预制成整体的保温管管路附件。

5.5.26 套袖 casing of insulated joint

保温接头的外护管。

5.5.27 防水端封 waterproof stop

用于预制保温管或预制保温管路附件端部，防止水分渗入保温层的封头。

5.5.28 末端套筒 end muff

用于管道封头的预制保温管路附件。

5.5.29 保温隔断装置 separating fitting

钢质外护管预制保温管中，在工作管外表面与钢质外护管内表面之间、填充保温层的空间设置隔断元件将管线保温结构分段密封的装置。

5.5.30 穿墙套袖 wall entry sleeve

供保温管穿过构筑物或建筑物的结构时，设置于管外、埋设于结构内的短套管。

5.5.31 保温管报警系统 integral surveillance system

在预制直埋保温管的保温层中设报警线，在管道上设检测节点，根据保温层中湿度的变化确定管道上故障点的电路及监测报警系统。

5.5.32 热损失 pipe line heat loss

在一定条件下，管道、管路附件或设备向周围环境散失的热量。

5.5.33 允许热损失 permissible heat loss

用单位长度计量的保温管道或单位散热面积计量的设备在一定条件下散热损失的限额。

5.5.34　直线管道热损失　straight pipe heat loss

不含管路附件的直线管道的热损失。

5.5.35　局部热损失　local heat loss

阀门、补偿器、支座等管路附件的热损失。

同义词:管路附件热损失。

5.5.36　局部热损失当量长度　equivalent length of pipe for local heat loss

将局部热损失折算为相同直径、同等保温质量的直线管道单位长度热损失所相当的管道长度。

5.5.37　局部热损失系数　coefficient of local heat loss

计算管段上局部热损失与直线管道热损失之比值。

同义词:管路附件热损失附加系数。

5.5.38　供热管道保温效率　insulation efficiency of heating pipe

评价供热管道保温结构保温效果的系数。它等于不保温管道与保温管道热损失之差与不保温管道热损失之比值。

5.5.39　保温层经济厚度　economical thickness of insulating layer

保温工程投资的年分摊费用与年散热损失费用之和为最小值时的保温层计算厚度。

5.5.40　管道允许温度降　allowable temperature drop of heating medium in pipeline

按使用要求或有关规定所确定的管内供热介质温度的允许降低值。

5.6　热　补　偿

5.6.1　热补偿　compensation of thermal expansion

管道热胀冷缩时防止其变形或破坏所采取的措施。

5.6.2　热伸长　thermal expansion

供热管道由于管内供热介质温度或环境温度升高而引起的长度增加现象。

5.6.3　热位移　thermal movement

因温度变化产生热胀或冷缩时,管道上某点位置的变化。

5.6.4　自然补偿　self-compensation

利用管道自身的弯曲管段进行热补偿。

5.6.5　补偿器　expansion joint

起热补偿作用的管路附件。

5.6.6　补偿器补偿能力　compensating capacity of expansion joint

补偿器所能承担的最大补偿量。

5.6.7　轴向补偿器　axial expansion joint

用于补偿管道轴向位移的补偿器。

5.6.8　横向补偿器　transverse expansion joint

用于补偿单平面或多平面垂直管段横向位移的补偿器。

5.6.9　角向补偿器　angle expansion joint

以角偏转的方式补偿单平面或多平面弯曲管段位移的补偿器。

5.6.10　弯管补偿器　expansion loop and bend

用与供热直管同径的钢管构成呈弯曲形状的补偿器。

5.6.11　方形补偿器　U-shaped expansion joint

由四个90°弯头构成"Π"形的弯管补偿器。

5.6.12　波纹管补偿器　bellow style expansion joint

依托有连续波状突起部件的波形变化实现热补偿的补偿器。

同义词:波纹管膨胀节。

5.6.13 套筒补偿器 sleeve expansion joint

由用填料密封的芯管和外套管组成的、两者同心套装并可轴向伸缩运动的补偿器。

5.6.14 球形补偿器 ball joint compensator

球体相对壳体折曲角的改变进行热补偿的补偿器。

5.6.15 旋转补偿器 rotated sleeve compensator

由填料密封的芯管和外套筒组成,芯管和外套筒可同心旋转运动的补偿器。

5.6.16 一次性补偿器 single action compensator

供热管道预热安装时,只起一次补偿作用后即将其套管与芯管焊接成整体的补偿器。

5.6.17 冷紧 cold pull

安装补偿器时,对其在热伸长反方向上进行的预拉伸。

5.6.18 冷紧系数 coefficient of cold-pull

管道安装时的冷紧量与设计热伸长量的比值。

5.7 阀 门

5.7.1 截流件 closure member

位于阀体内的介质流动通道上,用于调节或限制介质流动通道的活动部件。

5.7.2 行程 travel

阀门从关闭到全开过程中,截流件从关闭位置起发生的位移。

5.7.3 阀权度 valve authority

阀门处于全开、设计流量时的压差与处于全关时的压差之比。

5.7.4 阀门特性 valve characteristic

在一定压差时,阀门的流量与行程之间的关系,以最大值的百分数来表示。

5.7.5 阀门流量系数 flow coefficient

阀门在规定行程下,两端压差为 10^5 Pa,流体密度为 1 g/cm^3 时,流经阀门的以 m^3/h 计的流量数值。

5.7.6 关断阀 shut off valve

只起开启、关闭作用的阀门。

5.7.7 分段阀 sectioning valve

间隔一定距离设置在热水供热管网干管上,在运行、维修或发生事故时可用其隔离部分管段而设置的关断阀。

5.7.8 放水阀 drain valve

为排水或充水装设在设备和管道低点的阀门。

5.7.9 放气阀 vent valve

为排气或进气装设在设备和管道的高点的阀门。

5.7.10 安全阀 safety valve

安装在设备或管道上,当设备或管道中的介质压力超过规定值时能自动开启卸压的阀门。

5.7.11 减压阀 pressure reducing valve

自动调整阀门的开度,对管道内的介质进行节流,使阀后介质的压力降低并稳定在给定值的阀门。

5.7.12 疏水器 steam trap

能自动排除凝结水,阻止蒸汽通过的器具。

5.7.13 调节阀 control valve

通过改变阀门开度来调节或限制介质参数和流量的阀门。

5.7.14 调节阀流量特性 flow characteristics of control valve

流过调节阀的介质的相对流量与调节阀的相对开度之间的关系。

5.7.15 调节阀流通能力 rated flow coefficient of control valve

当调节阀全开且阀门两端压差为 10^5 Pa，流体密度为 1 g/cm。时，流经阀门的以 m^3/h 计的流量数值。

5.7.16 调节阀调节能力 regulation ratio of control valve

在某行程下，调节阀两端压差为 10^5 Pa，流体密度为 1 g/cm^3 时，流经阀门的以 m^3/h 计的流量数与流通能力的比值。

5.7.17 流量调节阀 flow control valve

以流量为控制参数的调节阀。

5.7.18 温度调节阀 temperature control valve

以温度为控制参数的调节阀。

5.7.19 压力调节阀 pressure control valve

以压力为控制参数的调节阀。

5.7.20 手动调节阀 hand control valve

通过人力改变阀门开度的调节阀。

5.7.21 自动调节阀 automatic control valve

依据对被调参数变化的反应，自行调整阀门开度的调节阀。

5.7.22 电动调节阀 power operated control valve

带有电动执行机构的自动调节阀。

5.7.23 自力式调节阀 self-operated control valve

无需外部动力输入的自动调节阀。

6 热力站与热用户

6.1 热力站与中继泵站

6.1.1 热力站 heating station

用来转换供热介质种类、改变供热介质参数、分配、控制及计量供给热用户热量的综合体。

6.1.2 用户热力站 consumer heating station

为单幢或数幢建筑物供热的热力站。

同义词：热力点。

6.1.3 民用热力站 civil heating station

为民用和公用建筑物供热的热力站。

6.1.4 工业热力站 industrial heating station

为工业企业供热的热力站。

6.1.5 中继泵 booster pump

热水供热管网中根据水力工况要求设置在供热干线上，为提高供热介质压力而设置的水泵。

6.1.6 中继泵站 booster pump station

热水供热管网中设置中继泵的综合体。

6.1.7 混水装置 water admixing installation

在热水供热系统中使供热管网的供水与局部系统的部分回水相混合的设备或器具。

6.1.8 混水泵 mixing pump

使供热系统中同一地理位置的供水与部分回水混合的水泵。

6.1.9 水喷射器 water ejector

在供热管网供回水压差作用下，利用喷射原理用供热管网供水引射供暖热用户部分回水与供热管网供水混合的混水装置。

6.1.10 蒸汽喷射器 steam ejector

利用喷射原理，用高压蒸汽引射供暖系统回水，加热回水并提升其压力作为热水供热系统的动力源的混合装置。

6.1.11 凝结水泵 condensate pump

凝结水回收系统中用于输送凝结水的水泵。

6.1.12 分水器 supply water distribution header

热水供热系统中用于连接三个及三个以上分支系统的供水管，并分配水量的管状容器。

6.1.13 集水器 return water collecting header

热水供热系统中用于连接三个及三个以上分支系统的回水管，并汇集水量的管状容器。

6.1.14 均压罐 pressure-equalizing tank

供热系统中连接热源供、回水管和热用户供、回水管或连接热力站供、回水管和热用户供、回水管的罐体。

6.1.15 除污器 strainer

热水供热系统中用于阻留、收集并便于清除循环水中的污物和杂质的装置。

6.1.16 除污装置 strainer installation

除污器及前后管道和管路附件。

6.1.17 调压孔板 orifice plate

热水供热系统中用来消耗管网多余作用压头的孔板。

6.1.18 旁通管 bypass pipe

与热用户、设备和(或)阀门的管路并联，装有关断阀的管段。

6.1.19 分汽缸 steam distribution header

蒸汽供热系统中用于连接三个及三个以上分支管路的供汽管，并分配蒸汽的管状容器。

6.1.20 安全水封 water seal

凝结水回收系统中利用水柱静压头起防超压、隔气和溢水作用的安全装置。

6.1.21 热水储水箱 hot-water storage tank

热水供应系统中用来调节热源供水量与热用户用水量不均等，并储存热水的容器。

6.1.22 二次蒸发箱 flash tank

凝结水回收系统中用于凝结水扩容，并分离凝结水中二次蒸汽的筒体状容器。

6.1.23 凝结水箱 condensate tank

凝结水回收系统中汇集和储存凝结水的水箱。

6.1.24 开式凝结水箱 open-type condensate tank

凝结水回收系统中采用的与大气相通的凝结水箱。

6.1.25 闭式凝结水箱 closed-type condensate tank

凝结水回收系统中采用的不与大气相通的凝结水箱。

6.2 换 热 器

6.2.1 直接加热 direct heating

两种不同温度的流体混合，而使低温流体获得热量的方法。

6.2.2 间接加热 indirect heating

两种不同温度的流体互不接触，通过间壁使低温流体获得热量的方法。

6.2.3 换热器 heat exchanger

两种不同温度的流体进行热量交换的设备。

6.2.4 表面式换热器 surface heat exchanger

通过传热表面间接加热的换热器。

6.2.5 汽—水换热器 steam-water heat exchanger

加热介质为蒸汽、被加热介质为水的表面式换热器。

6.2.6 水—水换热器 water-water heat exchanger

加热介质与被加热介质均为水的表面式换热器。

6.2.7 容积式换热器 volumetric heat exchanger

被加热水流通截面大、水流速度低,除了换热外还有储存热水功能的表面式换热器。

6.2.8 快速换热器 instantaneous heat exchanger

加热介质与被加热介质都以较高的流速流动,以求得强烈热交换的表面式换热器。

6.2.9 半即热式换热器 semi-instantaneous water heater

被加热水在壳体内,供热介质在盘管内,具有较少储水量快速换热的管壳式换热器。

6.2.10 管式换热器 tubular heat exchanger

利用薄壁金属管的管壁换热的表面式换热器。

6.2.11 管壳式换热器 shell-and-tube heat exchanger

由圆筒形壳体和装配在壳体内的管束所组成的管式换热器。

6.2.12 套管式换热器 concentric tube heat exchanger

由管道制成的管套管等构件组成的管式换热器。

6.2.13 板式换热器 plate heat exchanger

不同温度的流体在多层紧密排列的薄壁金属板间流道内交错流动传热的表面式换热器。

6.2.14 热管式换热器 heat-pipe heat exchanger

利用封闭在管壳内的工作流体的蒸发、输送、凝结等过程实现热交换的换热器。

6.2.15 混合式换热器 direct contact heat exchanger

两种不同温度的流体直接接触进行热交换与质交换的换热器。

6.2.16 淋水式换热器 cascade heat exchanger

水通过若干级淋水盘上的细孔呈分散状态流下与蒸汽直接接触的混合式换热器。

6.2.17 喷管式换热器 jet-pipe heat exchanger

被加热水流过喷管时,与从喷管管壁上许多斜向小孔喷入的蒸汽直接接触的混合式换热器。

6.2.18 换热器污垢修正系数 fouling coefficient of heat exchanger

考虑换热表面污垢影响的传热系数与相同条件下清洁换热表面的传热系数之比值。

6.2.19 换热机组 heat exchanger unit

由换热器、水泵、变频器、过滤器、阀门、电控柜、仪表、控制系统及附属部件等组成,以实现流体间热量交换的整体换热装置。

6.3 热用户及其连接方式

6.3.1 热用户 heat consumer

从供热系统获得热能的用热系统。

6.3.2 供暖热用户 space-heating consumer

供暖期为保持一定的室内温度而消耗热量的供暖系统。

同义词:采暖热用户。

6.3.3 通风热用户 ventilation consumer

对供给建筑物的空气进行加热而消耗热量的通风系统。

6.3.4 空调热用户 air conditioning consumer

为了创建空调建筑物的室内环境(保持要求的温度、湿度和空气洁净度等),直接或间接地消耗热量的空调系统。

6.3.5 热水供应热用户 hot-water supply consumer

满足生产和生活所需热水而消耗热量的热水供应系统。

6.3.6 生产工艺热用户 process consumer

生产工艺过程中消耗热能的系统。

6.3.7 热力入口 consumer heat inlet

热用户与供热管网相连接处的管道及设施。

6.3.8 热用户连接方式 connecting method of consumer with heating network

热用户利用热力入口设施与供热管网连接的方式。

6.3.9 直接连接 direct connection

供热介质从热源经供热管网直接流入热用户的连接方式。

6.3.10 简单直接连接 simple direct connection

热水管网与热用户的供水管、热水管网与热用户的回水管分别通过阀门连接的直接连接。

6.3.11 混水连接 water-mixing direct connection

采用混水装置利用混入局部供热管网或热用户的回水降低供热管网或热用户供水温度的直接连接。

6.3.12 混水系数 admixing coefficient

混水装置中局部系统的回水流量与混合前供热管网的供水流量的比值。

6.3.13 间接连接 indirect connection

热用户通过表面式换热器与供热管网相连接的连接方式。

7 水力计算与强度计算

7.1 水力计算

7.1.1 水力计算 hydraulic analysis

为使供热管网达到设计(或运行)要求,根据流体力学原理,确定管径、流量和阻力损失所进行的运算。

7.1.2 静态水力计算 static hydraulic analysis

不考虑供热系统的工况随时间变化所进行的水力计算。

7.1.3 动态水力计算 dynamical hydraulic analysis

考虑供热系统的工况随时间变化所进行的水力计算。

7.1.4 事故工况水力计算 fault condition hydraulic analysis

热源或供热管网发生事故,对隔离故障元部件后形成的系统进行的水力计算。

7.1.5 最大允许流速 allowable maximum velocity

为保证管道内介质正常流动、防止噪声、振动或过速冲蚀,在水力计算时规定介质流速不得超过的限定值。

7.1.6 允许压力降 allowable pressure drop

根据水力计算结果或技术经济条件而限定的阻力损失。

7.1.7 比摩阻 friction loss per unit length

供热管道单位长度沿程阻力损失。

7.1.8 平均比摩阻 average friction loss per unit length

供热管道单位长度沿程阻力损失的平均值。

7.1.9 经济比摩阻 optimal friction loss per unit length

用技术经济分析的方法，根据供热系统在规定的补偿年限内年总计算费用最小的原则确定的平均比摩阻。

7.1.10 比压降 pressure loss per unit length

供热管路单位长度的总阻力损失。

7.1.11 水力汇流点 hydraulic confluence point

环状供热管网或多热源枝状供热管网中供水干线上两个方向来的水流交汇，并流向一条支干线(或支线)的位置。

7.1.12 水力分流点 hydraulic deliverer point

环状供热管网或多热源枝状供热管网中一条支干线(或支线)来的水流，在回水干线上向两个方向流去的位置。

7.1.13 枝状热水供热管网计算主干线 calculated main of tree-shaped hot-water heating network

设计计算枝状热水供热管网时，所选的从热源到某热力站(热用户)分支管处平均比摩阻最小的干线。

7.1.14 环状热水供热管网计算主干线 calculated main of ring-shaped hot-water heating network

设计计算环状热水供热管网时，所选的从热源经过环形干线到某热力站分支管处平均比摩阻最小的干线。

7.1.15 热水供热管网计算最不利环路 most unfavorable main of hot-water heating network

设计计算热水供热管网时，所选的由热源、计算主干线和热力站(热用户)及其支线组成的环路。

7.1.16 蒸汽供热管网计算最不利管路 most unfavorable main of steam heating network

设计计算蒸汽供热管网时，从热源到热用户平均比摩阻最小的管路。

7.1.17 局部阻力当量长度 equivalent length of local flow-resistance

将管道局部阻力折算为同管径沿程阻力的直管道长度。

7.1.18 管路阻力特性系数 flow-resistance characteristic coefficient of pipeline

单位水流量下供热管路的阻力损失。

7.1.19 用户阻力特性系数 flow-resistance characteristic coefficient of consumer heating system

单位水流量下用户内部系统的阻力损失。

7.1.20 供热管网设计流量 design flow of heating network

设计工况下用来选择供热管网各管段管径及计算阻力损失的流量。

7.1.21 供热管网实际流量 actual flow of heating network

实际运行时供热管网各管段通过的流量。

7.1.22 供热管网总循环流量 circulation flow of heating network

热水供热系统中通过设置在热源的供热管网循环水泵的热水总流量。

7.1.23 供热管网事故工况流量 accident quantity of flow in abnormal condition

供热管网发生故障工况时，关断故障元部件后供热系统仍能向热用户供给的流量。

7.1.24 补水量 flow of water make-up

为保证供热系统内必需的工作压力，单位时间内向热水供热系统补充的水量。

7.1.25 事故补水量 flow of accident water make-up

事故工况下，单位时间内向热水供热系统补充的水量。

7.1.26 失水率 rate of water loss

热水供热系统的单位时间漏失水量与总循环流量的百分比。

7.1.27 补水率 rate of make-up water percentage

热水供热系统单位时间的补水量与总循环流量的百分比。

7.1.28 正常补水率 rate of normalization water make-up

正常运行工况下的热水供热系统补水率。

7.1.29 事故补水率 rate of accident water make-up

事故工况运行时的热水供热系统补水率。

7.1.30 凝结水量 condensate flow

蒸汽供热系统热用户用热后,蒸汽冷凝形成的凝结水的流量。

7.1.31 最大凝结水量 maximum condensate flow

凝结水回收系统回收凝结水量的最大值。

7.1.32 凝结水回收率 condensate recovery percentage

凝结水回收系统回收的凝结水量与其从蒸汽供热系统获取的蒸汽流量之百分比或热用户(用汽设备)回收的凝结水量与其从系统获取的蒸汽流量之百分比。

7.1.33 满管流 full-section pipe-flow

管道横断面全部被水充满的流动状态。

7.1.34 非满管流 partly-filled pipe-flow

管道横断面没有被水全部充满的流动状态。

7.1.35 两相流 two-phase flow

在一个流动系统中同时存在固相、液相和气相中的两种"相"的流动。

7.1.36 零压差点 pressure equal point

供热系统中,同一地理位置供水管压力与回水管压力相等的点。

7.1.37 资用压头 available head

供热系统中用于克服管路阻力损失的、同一热用户热力入口或同一地理位置的供水管与回水管的压差。

7.2 供热管道强度计算

7.2.1 供热管道应力计算 mechanic analysis of heating pipes

考虑供热管道因热胀冷缩、内压和外载作用所引起的作用力、力矩和应力进行的计算。

7.2.2 屈服温差 temperature difference of yielding

管道在伸缩完全受阻的工作状态下,钢管管壁开始屈服时的工作温度与安装温度之差。

7.2.3 失稳 instability

承受压应力作用的管道,在强度条件均能满足的情况下,不能保持自己原有形状而失效的现象。

7.2.4 稳定性验算 stability analysis

对承受轴向(或环向)压力的管道,为保证管道在工作时不发生轴向(或环向)失稳的验算。

7.2.5 管道轴向荷载 axial load on pipe

沿管道轴线方向的各种作用力。

7.2.6 管道水平荷载 horizontal load on pipe

管道承受的水平方向的荷载。包括轴向水平荷载和侧向水平荷载。

7.2.7 管道垂直荷载 veridical load on pipe

管道承受的垂直方向的荷载。包括管道自重和其他外荷载在垂直方向的分力。

7.2.8 管道自重 self weight of pipeline

管子、管路附件、保温结构和管内介质的自身重力总和。

7.2.9 管道内压不平衡力 unbalanced force from internal pressure

管道上设置异径管、补偿器、弯头、阀门及堵板等管路附件处，由于横截面面积或流向发生变化，这些部件上承受的介质压力引起的、作用于固定支座的力。

7.2.10 补偿器反力 reaction force from thermal compensator

由于弯管补偿器、波纹管补偿器、自然补偿管段等的弹性力或由于套筒补偿器产生的摩擦力等对管道产生的作用力。

7.2.11 单位长度摩擦力 friction of unit lengthwise pipeline

直埋预制保温管的外护管与管外土体之间沿轴线方向单位长度的摩擦力。

7.2.12 固定支座(架)水平推力 horizontal thrust on fixing support

沿水平方向施加给固定支座(架)的作用力。包括轴向推力和侧向推力。

7.2.13 固定支座(架)轴向推力 axial thrust on fixing support

沿管道轴线方向施加给固定支座(架)的作用力。

7.2.14 固定支座(架)侧向推力 side thrust on fixing support

水平面上垂直于管道轴线方向施加给固定支座(架)的作用力。

7.2.15 作用力抵消系数 cancelled coefficient of force

固定支座两侧管段方向相反的作用力合成时，荷载较小方向作用力所乘的小于或等于1的系数。

7.2.16 热态应力验算 stress checking for design operation condition

验算供热管道在最高设计温度下的应力。

7.2.17 冷态应力验算 stress checking for non-operation condition

验算供热管道在投入运行前或停止运行后，冷状态下的应力。

7.2.18 应力分类法 classification of stress

根据由不同特征的荷载产生的应力，分别给以不同限定值的应力计算方法。

7.2.19 一次应力 primary stress

管道由内压和持续外载作用而产生的应力。

7.2.20 二次应力 secondary stress

管道由温度变化引起的热胀、冷缩和其他变形受约束而产生的应力。

7.2.21 峰值应力 peak stress

管道或管路附件(如三通等)由于局部结构不连续或局部热应力等产生的应力增量。

7.2.22 热应力 thermal stress

管道由于温度变化引起的热胀、冷缩等变形受约束而产生的应力。

7.2.23 钢材许用应力 allowable stresses of steel

钢材单向拉压时强度和耐久性得到保证的应力最大许用值。

7.2.24 许用合成应力 allowable resultant stress

为简化强度计算，只考虑外载负荷和热补偿同时作用所产生的合成应力许用值。

7.2.25 当量应力 equivalent stress

按一定的强度理论，将结构内的多向应力折算成单向应力形式的等效应力。

7.2.26 许用外载综合应力 allowable combined stress due to external load

为简化强度计算，只考虑外载负荷所引起的综合应力许用值。

7.2.27 许用补偿弯曲应力 allowable bending stress due to thermal compensation

为简化强度计算，只考虑补偿器反力所产生的应力许用值。

7.2.28 工作循环最高温度 operating cycle maximum temperature

计算二次应力和管道热伸长量时所利用的最高计算温度。

7.2.29 工作循环最低温度 operating cycle minimum temperature

计算二次应力和管道热伸长量时所利用的最低计算温度。

7.2.30 计算安装温度 installation temperature for calculation

计算所采用的、供热管道安装时的当地温度。

7.2.31 管道挠度 bending deflection of pipe

在弯矩作用平面内，管道轴线上某点由挠曲引起的垂直于轴线方向的线位移。

7.2.32 管道最大允许挠度 maximum allowable bending deflection of pipe

在荷载作用下按刚度条件计算的管道挠度的最大允许值。

7.2.33 固定支座间距 distance between adjacent fixing supports

两相邻固定支座中心线之间的距离。

7.2.34 活动支座间距 distance between movable supports

两相邻活动支座中心线之间的距离。

7.2.35 固定支座最大允许间距 maximum allowable distance between fixing supports

由强度条件、稳定条件和补偿器补偿能力确定的管道固定支座间距最大值。

7.2.36 活动支座最大允许间距 maximum allowable distance between movable supports

由强度条件和刚度条件等确定的管道活动支座间距最大值。

7.2.37 固定点 fixed point

直埋敷设管道上采用强制固定措施不能发生位移的点。

7.2.38 直埋管锚固点 natural fixed point of directly buried heating pipeline

管道温度升高或降低到某一定值时，直埋敷设的直线管道上发生热位移和不发生热位移的自然分界点。

7.2.39 直埋管活动端 free end of directly buried heating pipeline

直埋敷设管道上安装补偿器和弯管等能补偿热位移的部位。

7.2.40 驻点 stagnation point

两端为过渡段的直埋敷设的直线直埋敷设管道，当管道温度变化且全线管道产生朝向两端或背向两端的热位移，管道上位移为零的点。

7.2.41 锚固段 fully restrained section

直埋敷设管道温度发生变化时，不产生热位移的直埋管段。

7.2.42 过渡段 partly restrained section

直埋敷设管道一端固定(指固定点或驻点或锚固点)，另一端为活动端，当管道温度变化时，能产生热位移的管段。

7.2.43 过渡段最小长度 minimum friction length of partly restrained section

直埋敷设管道第一次升温到工作循环最高温度时，受最大摩擦力作用形成的由锚固点至活动端的管段长度。

7.2.44 过渡段最大长度 maximum friction length of partly restrained section

直埋敷设管道经若干次温度变化，摩擦力减至最小时，在工作循环最高温度下形成的由锚固点至活动端的管段长度。

7.2.45 弯头变形段长度 length of expansion leg

温度变化时，弯头两臂产生侧向位移的管段长度。

7.2.46 补强 reinforcement

保障管道开孔边缘处的强度和稳定性的加强措施。

8 热水供热系统水力工况与热力工况

8.1 热水供热系统定压

8.1.1 定压 pressurization

热水供热系统中循环水泵运行和停止工作时,保持定压点水的压力稳定在某一允许范围内波动的技术措施。

8.1.2 定压点 pressurization point

热水供热系统中实现定压的位置。

8.1.3 定压压力 pressurization pressure

热水供热系统中定压点的压力设定值。

8.1.4 定压方式 pressurization methods

热水供热系统中实现定压的技术方案及所采用的定压装置。

8.1.5 定压装置 pressurization installation

实现热水供热系统中某点压力稳定采用的设备及其附属装置。

8.1.6 膨胀水箱定压 pressurization by elevated expansion tank

利用高置膨胀水箱来实现热水供热系统定压的方式。

8.1.7 补水泵定压 pressurization by make-up water pump

利用补水泵补水,实现热水供热系统定压的方式。

8.1.8 补水泵连续补水定压 pressurization by continuously running make-up water pump

利用补水泵连续运行、补水的补水泵定压方式。

8.1.9 补水泵间歇补水定压 pressurization by intermittently running make-up water pump

利用补水泵间歇运行、补水的补水泵定压方式。

8.1.10 补水泵变频补水定压 pressurization by variable frequency running make-up water pump

利用变频器改变补水泵转速,从而改变补水量和水泵扬程的补水泵定压方式。

8.1.11 旁通管定压 pressurization by bypass pipe

定压点设在热水供热系统循环水泵入口和出口之间的旁通管上某点的补水泵定压方式。

8.1.12 氮气定压 pressurization by nitrogen gas

控制氮气定压罐内氮气的压力,实现热水供热系统定压的方式。

8.1.13 空气定压 pressurization by compressed air

控制密闭容器中空气的压力,实现热水供热系统定压的方式。

8.1.14 蒸汽定压 pressurization by steam

控制蒸汽的压力,实现热水供热系统定压的方式。

8.1.15 蒸汽锅筒定压 pressurization by steam cushion in boiler drum

控制汽—水两用锅炉锅筒汽空间的蒸汽压力,实现热水供热系统定压的方式。

8.1.16 淋水式换热器蒸汽定压 pressurization by steam cushion in cascade heat exchanger

控制淋水式换热器内蒸汽压力,实现热水供热系统定压的方式。

8.1.17 补水点 make-up water point

补给水管路与供热系统相连接、用于对热水供热系统实施补水的位置。

8.1.18 静压分区 partitioning static pressure

同一热水供热系统中,定压压力不同的压力分区。

8.2 水 压 图

8.2.1 水压图 pressure diagram

在热水供热系统中用以表示热源和管道的地形高度、热用户(或热力站)高度以及热水供热系统运行和停止工作时系统内各点测压管水头高度的图形。

8.2.2 设计水压图 design pressure diagram

对应于热水供热系统设计工况下的水压图。

8.2.3 运行水压图 operation pressure diagram

对应于热水供热系统实际运行工况下的水压图。

8.2.4 事故工况水压图 accident pressure diagram

对应于热水供热系统事故工况下的水压图。

8.2.5 供暖期水压图 pressure diagram during heating period

根据热水供热系统供暖期水力工况绘制的水压图。

8.2.6 非供暖期水压图 pressure diagram during nonheating period

根据热水供热系统非供暖期水力工况绘制的水压图。

8.2.7 静水压线 static pressure line

热水供热系统停止运行时网路上各点测压管水头高度的连接线。

8.2.8 动水压线 operation pressure line

热水供热系统运行时网路上各点测压管水头高度的连接线。

8.2.9 供水管动水压线 operation pressure line of supply pipeline

热水供热系统供水管的动水压线。

8.2.10 回水管动水压线 operation pressure line of return pipeline

热水供热系统回水管的动水压线。

8.2.11 充水高度 height of consumer heating system

热水供热系统中水充满热用户(或热力站)时,相对于某一基准高度计量的水柱高度。

8.2.12 用户预留压头 available pressure head in the consumer

设计时为保证热用户(或热力站)正常工作,热水供热管网需预留的作用压头的估计值。

8.2.13 汽化 vaporization

热水供热系统内由于某点水的压力低于该点水温下的汽化压力使水蒸发的现象。

8.2.14 倒空 drop of water level in consumer heating system

供热系统运行或停止运行时,与热用户(或热力站)系统相连接的供热管道的测压管水头低于热用户(或热力站)系统的充水高度而产生的热用户系统水未充满的现象。

8.2.15 超压 overpressure

供热系统的设备和管道中,流体的压力超过规定的允许压力的现象。

8.3 水力工况与热力工况

8.3.1 水力工况 hydraulic regime

热水供热系统中流量和压力的分布状况。

8.3.2 设计水力工况 design hydraulic regime

热水供热系统在设计条件下的水力工况。

8.3.3 运行水力工况 operation hydraulic regime

热水供热系统在实际运行条件下的水力工况。

8.3.4 事故水力工况 accident hydraulic regime

热水供热系统在事故条件下的水力工况。

8.3.5　水击　water hammer

热水供热系统中的水在阀门或泵突然关闭时，其瞬间动量发生急剧变化从而引起水的压力大幅波动的现象。

8.3.6　汽水冲击　steam-water shock

热水供热系统中有蒸汽存在或蒸汽供热系统中的蒸汽管内有凝结水存在造成的汽水撞击。

8.3.7　水力稳定性　hydraulic stability

热水供热系统中各热力站(或热用户)在其他热力站(或热用户)流量改变时，保持本身流量不变的能力。

8.3.8　水力稳定性系数　coefficient of hydraulic stability

热水供热系统中热力站(或热用户)的规定流量和工况变化后可能达到的最大流量的比值。

8.3.9　水力失调　hydraulic misadjustment

热水供热系统各热力站(或热用户)在运行中的实际流量与规定流量的不一致性。

8.3.10　水力失调度　degree of hydraulic misadjustment

热水供热系统水力失调时，热力站(或热用户)的实际流量与规定流量之比值。

8.3.11　水力平衡　hydraulic balance

热水供热系统运行时供给各热力站(或热用户)的实际流量与规定流量数值的一致性。

8.3.12　水力平衡度　degree of hydraulic balance

热水供热系统运行时供给各热力站(或热用户)的规定流量与实际流量数值之比值。

8.3.13　一致水力失调　monotonous hydraulic misadjustment

同一热水供热系统中热力站(或热用户)的水力失调度都大于1(或都小于1)的水力失调。

8.3.14　等比水力失调　equal proportional hydraulic misadjustment

同一热水供热系统中的热力站(或热用户)水力失调度都相等且不等于1的一致水力失调。

8.3.15　不等比水力失调　nonequal proportional hydraulic misadjustment

同一热水供热系统中的热力站(或热用户)的水力失调度不相等的一致水力失调。

8.3.16　不一致水力失调　nonmonotonous hydraulic misadjustment

同一热水供热系统中热力站(或热用户)的水力失调度有的大于1，有的小于1的水力失调。

8.3.17　热力工况　thermal regime

热水供热系统中供热负荷的分布状况。

8.3.18　热力失调　thermal misadjustment

热水供热系统单位时间内供给热力站(或热用户)的实际热负荷偏离规定热负荷的现象。

8.3.19　热力失调度　degree of thermal misadjustment

热水供热系统热力失调时，供给热力站(或热用户)的实际热负荷与规定热负荷之比值。

8.3.20　供热管网热力失调　thermal misadjustment of heating network

热水供热管网供给各热力站(或热用户)的实际热负荷偏离规定热负荷的现象。

8.3.21　热用户热力失调　thermal misadjustment of heat consumer

热用户中散热设备(或换热站换热设备)实际获得的热负荷偏离规定热负荷的现象。

8.3.22　热用户垂直热力失调　vertical thermal misadjustment of heat consumer

同一热用户内上下不同楼层散热设备之间的热力失调。

8.3.23　热用户水平热力失调　horizontal thermal misadjustment of heat consumer

同一热用户内水平方向不同立管及其所连接的散热设备之间的热力失调。

8.3.24　一致热力失调　monotonous thermal misadjustment

同一热水供热系统中热力站(或热用户)的热力失调度都大于1(或都小于1)的热力失调。

8.3.25 等比热力失调 equal proportional thermal misadjustment

同一热水供热系统中的热力站(或热用户)热力失调度都相等且不等于1的一致热力失调。

8.3.26 不等比热力失调 nonequal proportional thermal misadjustment

同一热水供热系统中的热力站(或热用户)的热力失调度不相等的一致热力失调。

8.3.27 不一致热力失调 nonmonotonous thermal misadjustment

同一热水供热系统中热力站(或热用户)热力失调度有的大于1,有的小于1的热力失调。

9 施工验收、运行管理与调节

9.1 施工及验收

9.1.1 明挖法 opcn cut method

由地表面垂直向下挖开地层形成基坑,然后直接埋设管道或者修筑管沟、检查室后安装管道的施工方法。

9.1.2 暗挖法 undercutting method

不开挖地面,而在地下水平向前开挖和修筑衬砌的施工方法。

9.1.3 顶管法 pipe jacking method

将钢筋混凝土管或钢管等预制管涵节段顶入土层中的暗挖施工方法。

9.1.4 盾构法 shield driving method

用盾构为施工机具修建隧道和大型地下管道的暗挖施工方法。

9.1.5 浅埋暗挖法 shallow mining method

采用锚杆和喷射混凝土为主要支护手段,充分利用围岩的自承能力和开挖面的空间约束作用的暗挖施工方法。

9.1.6 冷安装 cold installation

安装和焊接管道时的管道温度为环境温度的安装方式。

9.1.7 预热安装 preheating installation

将直埋敷设供热管道加热到预热温度伸长后,再进行焊接的预应力安装方式。

9.1.8 一次性补偿器安装 one-time compensator installation

回填后将直埋敷设供热管道加热到预热温度,用一次性补偿器吸收预期的热伸长量,并实现整体焊接的安装方式。

9.1.9 接口保温 joint insulation

焊接相邻直埋敷设保温管或管路附件管端的工作钢管后,再完成保温层及保护层的操作。

9.1.10 压力试验 pressure test

以液体或气体为介质,对供热系统逐步加压,达到规定的压力并保持压力一定的时间,以检验系统强度或严密性的试验。

9.1.11 水压试验 pressure test by water

以水为试验介质进行的压力试验。

9.1.12 气压试验 pressure test by air

以气体为试验介质进行的压力试验。

9.1.13 强度试验 strength test of pipe

为检查管道、管路附件或设备的强度进行的压力试验。

9.1.14 严密性试验 leakage test of pipe

为检查管道、管路附件及设备的密封性能,在其全部安装完毕后进行的压力试验。

9.1.15 管道清洗 purging of pipe

为去除在安装和检修过程中遗留在供热管道内的杂物，用较大流速的蒸汽、压缩空气或清洁水等对管道进行的连续吹洗或冲洗。

9.1.16 试运行 trial operation

在供热管网全部竣工，总体试压、清洗合格，热源具备供热条件下，供热系统正式运行以前，维持一定时间的运行。

9.2 运行管理

9.2.1 调度管理 dispatching management of heating network

协调供热系统的各个环节，适应和满足热用户要求，实现其安全、可靠与经济运行的管理工作。

9.2.2 事故调度 accident dispatching

在事故工况下，在安全可行条件下最大限度减少事故损失和影响的紧急运行调度。

9.2.3 供热系统监控 monitoring and control of heating system

对供热系统各组成部分(包括热源、供热管网、热力站以及其他一些关键部位)的运行状态及参数实行监测与控制。

9.2.4 供热系统优化运行 optimum operation of heating network

在保证供热质量、安全可靠和节能环保等条件下，供热系统的经济运行。

9.2.5 联网运行 joint operation of heating networks

多热源供热系统的供热管网互相连通的运行方式。

9.2.6 解列运行 separate operation of heating networks

多热源供热系统的供热管网，分解为2个或多个供热系统分别运行的方式。

9.2.7 运行巡视 operational inspection

巡回检查供热管网运行期间的工作状况。

9.2.8 供热管网维修 repair and maintenance of heating network

通过对供热管网设备、管道及其附件的检查、养护、修理、更换，保持其正常运行状态的工作。

9.2.9 供热管网大修 major repair of heating network

对由于超过自然寿命和其他原因已失去原有性能，不能保证正常运行的设备、管道及管路附件和构筑物的修复或更新。

9.2.10 供热管网中修 medium repair of heating network

由于供热管网设备、管道及其附件损坏需供热管网停运检修，但检修规模在大修标准以下的修理。

9.2.11 热用户室温合格率 eligibility rate of room-temperature installation

采暖期供热系统室内温度达到规定要求以上的用户数与系统所供用户总数的百分比。

9.3 供热调节

9.3.1 调节 regulation

供热条件变化时，为保持供热负荷与需热负荷之间的平衡对供热系统供热介质的流量、温度以及运行时间等进行的调整。

9.3.2 初调节 initial regulation

为保证供热系统运行工况符合设计和使用要求，在投入运行初期对系统进行的调节。

9.3.3 运行调节 operation regulation

供热系统在运行过程中进行的调节。

9.3.4 集中调节 centralized regulation

在供热系统热源处进行的运行调节。

9.3.5 局部调节 localized regulation

在热力站、热力入口或热用户内进行的运行调节。

9.3.6 质调节 constant flow regulation

室外温度变化时，保持供热管网流量不变，改变供水温度的集中调节。

9.3.7 量调节 variable flow regulation

室外温度变化时，保持供热管网供水温度不变，改变流量的集中调节。

9.3.8 质量调节 integrative flow regulation

室外温度变化时，同时改变供热管网供水温度和流量的集中调节。

9.3.9 等供回水温差的质量调节 variable flow regulation of equivalent temperature difference

室外温度变化时，保持供热管网供回水温差不变，而改变流量的集中调节。

9.3.10 分阶段调节 regulation by steps

按室外温度高低把供暖期分成几个阶段，在不同的阶段采用不同的调节方式的综合集中调节。

9.3.11 分阶段改变流量的质调节 centralized regulation with flow varied by steps

在室外温度较低阶段采用较大流量，在室外温度较高阶段采用较小流量，在每一个阶段内保持流量不变而改变供水温度的分阶段调节。

9.3.12 间歇调节 regulation by intermittent operation

在室外温度较高时，保持供热管网的流量和供水温度不变，而改变每天供暖小时数的调节。

9.3.13 分时调节 time regulation

每天分时段改变供热管网的供水温度和(或)流量的调节。

9.3.14 间歇运行 intermittent mode operation

供热系统在设计工况下(最冷时)每天也只运行若干小时(不足 24 h)的运行方式。

9.3.15 水温调节曲线 temperature adjustment curve

供热系统运行调节过程中供、回水温度随室外温度变化的曲线。

9.3.16 流量调节曲线 flow adjustment curve

供热系统运行调节过程中流量或相对流量随室外温度变化的曲线。

附录A 中文索引

C

D

E

F

G

H

J

K

L

M

N

P

Q

R

S

T

W

X

Y

Z

附录B 英 文 索 引

A

B

C

D

E

F

G

H

I

J

L

M

N

O

P

R

S

T

U

V

W

Y

中华人民共和国行业标准

供热术语标准

CJJ/T 55—2011

条文说明

修 订 说 明

《供热术语标准》CJJ/T 55—2011 经住房和城乡建设部 2011 年 7 月 13 日以第 1064 号公告批准、发布。

本标准是在《供热术语标准》CJJ 55—93 的基础上修订而成，上一版的主编单位是哈尔滨建筑工程学院，参编单位是清华大学、建设部城市建设研究院、沈阳市热力工程设计研究院、北京市煤气热力工程设计院，主要起草人员是邹平华、王兆霖、盛晓文、李国祥、廖嘉瑜、吴玉环。标准编制组对我国供热术语的发展进行了总结，对上一版标准进行了修订。

为便于广大设计、施工、科研、院校等单位有关人员在使用本标准时能正确理解和执行条文规定，《供热术语标准》编制组按章、节、条顺序编制了本标准的条文说明，对条文规定的目的、依据以及执行中需注意的有关事项进行了说明。但是，本条文说明不具备与标准正文同等的法律效力，仅供使用者作为理解和把握标准规定的参考。

1 总　　则

本术语标准适用于供热及有关领域。

本标准的颁布实施将规范供热术语及其定义，促进专业术语的标准化。对发展供热技术和增强国内外交流起积极作用。

各术语的定义力求通俗易懂，避免歧义，对于容易含混和产生不同理解的条目将在本条文说明中加以解释。

2 基本术语

2.1 供　热

2.1.3　集中供热是相对分散供热而言的，是指具有一定规模的供热系统。但是多大的规模属于集中供热对不同的国家、不同的时期都会有差别，作为一个术语没有给出其数量的概念，只指出其基本特征。

2.1.4　分散供热是相对集中供热而言的，是指规模较小的供热系统。

2.1.6　城际供热是一个以上城市共用一个或多个热源、供热管网可以连通运行的大型集中供热系统。

2.1.7　热电联产采用的动力设备有供热汽轮机、燃气轮机、燃料电池等。其中用得最普遍的是供热汽轮机。供热汽轮机组包括抽凝式机组、背压式机组、抽背式机组、两用机组和由凝汽式机组改造的供热汽轮机组。近年来燃气轮机的应用有所增加。热电联产采用的动力设备，必须在生产电能的同时，向外供给热能的工况下运行，才称为"热电联产"。

2.1.8　热电分产是由汽轮机等动力设备只生产电能、锅炉只生产热能的生产方式。

2.1.9　热化一词来源于前苏联。原苏联国家标准 ГОСТ 1943—84 中"热化"的定义是"在一个热力循环中生产热能和电能的集中供热"。因此热化是指有热电厂为热源的集中供热，不包括仅有锅炉房为热源的集中供热。

2.1.10　热化系数是热电厂重要的技术经济参数之一。它是热电厂汽轮机抽汽和(或)排汽的额定小时供热量(热电联产小时供热量)与区域最大热负荷之比。优化热化系数是提高热电联产技术经济性的重要途径。热电厂锅炉生产的蒸汽经减压减温器降低温度和压力后，用于供热的热量不能算作热电联产供热量。

2.1.11　供热规划应根据城市建设发展的需要和城市总体规划按照近远期结合的原则，兼顾供热现状、确定集中供热分期发展规模和制定建设规划和步骤。

2.1.12　供热系统或供热设备向热用户供热，可以用"供热功率"来定义供热能力。

2.1.13　供热半径定义中水力计算时热源至最远热力站的管道沿程长度是对间接连接供热系统的一级网而言的；水力计算时热源至最远热用户的管道沿程长度是对直接连接供热系统或间接连接供热系统的二级网而言的。水力计算时热源至最远热力站(或最远热用户)的管道沿程长度，一般是水力计算时的最不利管路。对单热源、枝状管网最不利管路一般也是指从热源到最远热力站(或最远热用户)的管道沿程距离，供热半径相对容易确定。多热源、环状管网的供热半径是指从热源经环形干线到某热力站平均比摩阻最小的管道沿程距离。供热管网的水力计算从供热半径所指示的管线开始，然后再计算其他并联管路和确定循环水泵的扬程。通常对供热半径有两种解释：(1)热源至最远热力站(或最远热用户)的管线沿程距离。(2)热源至最远热力站(或最远热用户)的直线地理距离。其中第(1)种解释适用于单热源、枝状管网。在以往大多数管网为单热源、枝状管网时是可以采用和接受的。采用水力计算时热源至最远热力站或热用户的管道沿程长度的定义，则不仅适用于单热源、枝状管网，也适用于多热源、环状管网。由于大多数供热系统中热源不在供热区域的中心位置，第(2)种解释无实际意义。上述说明中凡涉及热力站(或最远热用户)之处，其用意可见2.2.4的条文说明。

2.1.14 在一些统计资料中常采用供热面积这一术语采说明城市集中供热的发展速度和规模，虽然冠以供热两字，但它仅指需要供给采暖热负荷的建筑物的建筑面积。包括民用建筑、公用建筑和工业建筑的采暖建筑面积。生产工艺热负荷与工艺性质和规模等有很大关系，无法用供热面积来统计。

2.1.15 在一些统计资料中常采用集中供热普及率这一术语来说明城市集中供热的发展状况。与供热面积一样，虽然该术语中包括供热两字，但它只涉及具有供暖负荷的供暖建筑物，反映已实行集中供暖的建筑物在需要供暖的建筑面积中的比例。

2.1.16 供热成本是企业经营的重要基础数据之一，是确定热价的重要指标，通过计算得出的单位供热成本，可反映供热企业涉及人力和物力资源以及能源消耗等方面的经营管理水平。

2.1.17 供热标煤耗率可用采反映供热企业特别是热电厂生产和输配热能过程中消耗的能量和有效利用的能量之间的关系，即能源的利用效率。用标准煤来计算消除了使用燃料种类和发热值不同对燃料用量的影响。

2.1.18 热价分为购热价格和售热价格。购热价格指热能经营企业从热能生产企业购买单位热量的价格，一般用“元/GJ”计取。售热价格指热能经营企业(或热能生产企业)向终端用户按计量单位销售热量的价格。售热模式分由热能生产企业直接向终端用户售热和热能生产企业通过热能经营企业向终端用户售热两种。售热价格一般可用单位热量的价格(元/GJ)或单位供热面积的价格(元/m^2)计取。在热计量供热系统中，又将热价分为基础热费和计量热费，或称为固定热费和变动热费。

2.2 供热介质及其参数

2.2.2、2.2.3 各国低温水与高温水的分界点不同，本标准中按国内习惯采用100 ℃来分界。本来还可以称作低温热水和高温热水，考虑习惯说法和简洁采用低温水和高温水来表达。

2.2.4 对直接连接热水供热系统，从热源直接供给热用户热量；对间接连接热水供热系统，热源向热力站供热，然后由热力站向热用户供热。供水可以指供给热量的供热介质——供水；可以指从供热管网向热力站或热用户供给供热介质(水)的过程——供水；可以用来作为从供热管网向热力站或热用户供给供热介质(水)的管道或设备的定语，例如：供水管等。

2.2.5 从热用户返回热力站或热源以及从热力站返回热源的热水都是回水。一个热用户回水供给另一个热用户。对前一用户为回水，对后一用户为供水。对直接连接热水供热系统，水作为供热介质，在热用户用热后返回热源；对间接连接热水供热系统，水作为供热介质，在热用户用热后返回热力站、由热力站返回热源。与第2.2.4条一样，回水可以指释放热量后的供热介质——回水；可以指从热用户或热力站向热源返回供热介质(水)的过程——回水；可以用来作为从供热管网向热力站或热用户返回供热介质(水)的管道或设备的定语，例如：回水管等。

2.2.6 生活热水是指满足民用及公用建筑日常生活需用的热水，如盥洗、洗涤、沐浴等，但不包括饮用的开水和工业生产中使用的热水。

2.2.12 由于水的温度降低、系统漏水和热用户用水，热水供热系统内的水量不足，为了保持系统内的压力和正常运行，需从外界向供热系统补充水。由于热用户用水而进行补水的情况是对有热水供应热用户的热水供热系统而言的。

2.2.13 供热介质参数有压力、温度、焓、比熵和比容等。流量不能算作供热介质参数。

2.2.14 供水温度可指供热系统中热源或热力站的设备或管道中供出的热水温度；供给热力站或热用户的热水温度。

2.2.15 回水温度可指供热系统中返回热源或热力站的设备或管道中的热水温度；从热力站或热用户返回的热水温度。

2.2.25 供水压力可指热源、热力站和热用户供水管道和用热设备进口等处的压力。

2.2.26 回水压力可指热源、热力站和热用户回水管道和用热设备出口等处的压力。

2.2.33 供汽温度是蒸汽的介质参数。对饱和蒸汽，供汽温度与供汽压力以及其他参数是对应的。对过热蒸汽，除已知供汽温度外，还需知道供汽压力，才能确定它的其他参数。供汽温度既可指蒸汽供热系统供汽管道中任何一点的温度，也可指热源设备蒸汽出口、热用户或用汽设备入口处的蒸汽温度。

2.2.34 供汽压力既可指蒸汽供热系统供汽管道中任何一点的压力，也可指热源设备蒸汽出口、热用户或用汽设备入口处的蒸汽压力。

2.3 供热系统

2.3.2 热电厂供热系统是以热电厂为主要热源的供热系统。由热电厂和供热锅炉房等组成的多热源供热系统是提高供热经济性和可靠性的主要措施之一，是大中型供热系统的发展模式。定义中主要两字，指的是一个供热系统中可以有多个热源，只要热电厂供热所占的份额较大，仍称为热电厂供热系统。第2.3.3～2.3.7条的定义中主要两字的含义类似，也是指某一种热源为主。

2.3.3 锅炉房供热系统定义中的供热锅炉房包括利用燃煤、燃油、燃气、生物质等多种能源用于供热的锅炉房。可以是一个或多个供热锅炉房、利用一种或多种能源的锅炉房。

2.3.8 热泵供热系统中的热泵根据低温热源的不同，分为地源热泵系统和空气源热泵系统。

2.3.10、2.3.11 闭式与开式热水供热系统主要是针对热水供应热负荷而言的。热水供应热用户通过换热器获得热能，而不取用供热管网的热水是闭式热水供热系统；热水供应用户直接取用供热管网的热水是开式热水供热系统。只有供暖热用户的热水供热系统一般都是闭式热水供热系统。既有供暖热用户，又有热水供应热用户的热水供热系统可能是开式热水供热系统或闭式热水供热系统。热水供热系统中有关开式系统与闭式系统的概念与空调水系统中的概念有不同之处。

2.3.12、2.3.13 低温水供热系统与高温水供热系统是按热源的设计供水温度的数值是在高温水还是低温水的范围来划分的。有关低温水和高温水的定义见本规程第2.2.2条和第2.2.3条。

2.3.14 随着变频技术和自控技术的发展，近年来分布式水泵供热系统在国内得到发展。分布式水泵供热系统是除了可在热源设置循环水泵之外，还可在若干热力站或热用户处设置循环水泵的供热系统。在热力站或热用户处设置变频循环水泵，用以代替阀门（调节阀）调节用户流量，减少了阀门的无效节流损失。热力站或热用户水泵除承担各热力站或热用户的阻力损失之外，还要承担热用户及部分干管的阻力损失。热源循环水泵只承担热源和其余部分干管的阻力损失或仅承担热源的阻力损失。

2.3.15 具有两个或两个以上的多热源的供热系统一般都是大中型供热系统，供热系统中的多个热源可互为备用，提高供热安全可靠性和经济性。

2.3.16 蒸汽供热系统是指热源生产蒸汽的供热系统。

2.3.18 凝结水回收系统中只要有一处与大气相通，就是开式凝结水回收系统。一般是在凝结水管路上或凝结水箱上设置空气管与大气相通。

2.3.19 闭式凝结水回收系统的管理比开式系统复杂，但由于可减少空气进入系统，减缓了系统的腐蚀，减少了跑冒滴漏现象，从而提高了凝结水回收效率和节能效果。

2.3.20 余压凝结水回收系统定义中疏水器背压是指疏水器出口的压力。

2.4 供热可靠性

2.4.2 《可靠性、维修性术语》GB/T 3187—94中定义可靠性为："产品在规定的条件下和规定的时间区间内完成规定功能的能力"。《可靠性维修性保障性术语》GBJ 451 A—2005中定义可靠性为："产品在规定的条件下和规定的时间内，完成规定功能的能力"。供热可靠性参照这些标准中有关可靠性的术语定义拟定。

2.4.7、2.4.9 供热系统故障是指供热系统出现不正常工作的事件，经处理可以在短时间内恢复供热。由于建筑物有热惰性，这类事件对热用户的供热不产生重大影响。供热系统事故是指由于供热管网管道或设备严重损坏，使供热系统完全丧失或部分丧失完成规定功能，在短期内难以修复而严重影响供热。与供热系统故障相比，发生事故时停止供热，用户室内温度大幅下降，有可能导致供热管道和设备冻坏。供热系统故障与供热系统事故是根据某一准则人为认定的，例如以事故终结时热用户的室内温度水平来认定。

2.4.8 故障率是一定条件下，元部件发生故障次数的统计平均值。

2.4.14 双向供热是对环形管网或有连通管的枝状管网而言的。环形管网干线为环形；有连通管的枝状管网，连通管接入运行时干线也可改变干线内的水流方向。对上述管网，从环形干线或有连通管的枝状管网接出的支干线或支线在不同工况下有可能从与干线相连接点的两个方向得到热媒，称之为双向供热。它是提高供热管网可靠性的有效途径。双向供热可减少系统在事故工况下被关断用户的数量，从而降低事故影响范围，降低事故损失。

3 热负荷及耗热量

3.1 热 负 荷

3.1.1 热负荷包括供暖热负荷、通风热负荷、空调热负荷、生产工艺热负荷和热水供应热负荷等。

3.1.2 设计热负荷定义中“给定的设计条件”，对不同的热用户是不同的。对供暖热用户，给定的设计条件是指冬季供暖室外计算温度。对通风热用户，给定的设计条件是指冬季通风室外计算温度。对空调热用户，给定的设计条件是指冬季空调室外计算温度。供暖热负荷、通风热负荷、空调热负荷就是设计条件下的最大热负荷，简称设计热负荷。热水供应系统有平均热负荷与最大热负荷之分，分别用于不同的设计场合。

3.1.3 最大热负荷指由于某些因素使热负荷超过设计热负荷的情况。如：室外温度长时间低于室外计算温度时出现的供暖（通风、空调）热负荷、热水供应和用热水的工业用户用水高峰的小时用水量、生产工艺热用户的最大小时用汽量等。

3.1.4 实时热负荷对热源及设备为实际发生的单位时间内的供热量；对供热管网为实际发生的单位时间内输送的热量；对热用户为实际发生的单位时间内的需热量或耗热量。

3.1.11 第3.1.1条已经对热负荷做了定义。这里只需对供暖进行定义而把热负荷引用到本定义中不再做解释。考虑到习惯用法以及已经出版发行的标准、规范等的影响，并列了同义词采暖热负荷。并且认为对采暖热用户称采暖热负荷，对热源称供暖热负荷更合理。本标准中其他术语中凡涉及供暖、采暖时做类似的考虑。例如：3.1.11 供暖设计热负荷；3.1.13 供暖期供暖平均热负荷；3.2.8 供暖年耗热量；6.3.2 供暖热用户等条目中都给出了同义词。凡术语或定义中有供暖字样者，对热源而言；有采暖字样者，对热用户而言。

3.1.13 供暖期供暖平均热负荷的定义中包含两种概念。前半部分“供暖期内不同室外温度下的供暖热负荷的平均值”是指整个供暖期内总的需热量（耗热量）对供暖期总的延续时间的平均。后半部分“供暖期室外平均温度下的供暖热负荷”是指某一确定温度（供暖期室外平均温度）下的供暖热负荷，但由于供暖期平均温度也是按供暖期内逐日温度统计平均得出的。因此，从这两个不同的角度得到的供暖期供暖平均热负荷在数值上是相等的。

3.1.14 通风热负荷定义中“加热从通风系统进入室内的空气的热负荷”，将采暖系统加热从门窗缝隙渗入和侵入室内的冷空气所耗热负荷与其分离开来。

3.1.18 空调冬季设计热负荷是指用空调系统满足建筑物冬季室内温度、湿度和空气质量等要求所消耗的热量。由于室外温度低于室内，空调系统所提供的热量应满足采暖和处理新风的要求。《采暖通风与空气调节设计规范》GB 50019—2003 中规定冬季空气调节室外计算参数：冬季空气调节室外计算温度采用历年平均不保证1天的日平均温度；冬季空气调节室外计算相对湿度采用累年最冷月平均相对湿度。

3.1.19 空调夏季设计热负荷是指采用吸收式制冷机组以及空调系统的其他空气处理过程所要消耗的热量，用以满足空调系统冷负荷要求。空调夏季设计冷负荷包括围护结构传热冷负荷、室内热源散热引起的冷负荷、湿负荷和新风负荷等。《采暖通风与空气调节设计规范》GB 50019—2003 中规定夏季空气调节室外计算参数：夏季空气调节室外计算干球温度采用夏季室外空气历年平均不保证 50 h 的干球温度；夏季空气调节室外计算湿球计算温度采用室外空气历年平均不保证 50 h 的湿球温度。

3.1.21 常年性热负荷是常年都需要的热负荷。这一点有别于季节性热负荷。但常年又区别于全年，不一定是在一年 365 天都需要。例如某些生产工艺热负荷与原料来源有关，不一定全年生产。因此，不再用全年热负荷的称法而改成常年热负荷。与气象条件关系不大是指与气象变化基本无关，但不是一点关系没有。比如热水供应热负荷，原则上常年都应供应，但在夏季自来水温度升高，而且人们习惯用较低温度的热水以及使用热水量相对较少，热水供应热负荷较低。而冬季则正好相反。使得冬夏两季的热水供应热负荷有差别，这当然是与气象条件分不开的。因此，不能说完全与气象条件无关。

3.1.22 生产工艺热负荷指生产过程中用于加热、烘干、蒸煮、清洗、熔化等工艺用热设备或作为动力用于驱动机械设备（汽泵、汽锤等）用热的热负荷。

3.1.23 热水供应热负荷是指日常生活中洗衣、洗脸、洗澡等用热水的热负荷；公共浴池、公共洗衣房等服务行业集中用热水的热负荷；工农业生产过程中需要用热水的热负荷。

3.1.25、3.1.26 由于一周之内各日以及每日的不同时段的热水供应用水量都是不同的，设计计算热水供应系统时，要采用最大热负荷和平均热负荷的概念。由于采暖期比非采暖期热水供应用水量大，因此热水供应最大热负荷发生在采暖期，是指采暖期最大用水量日热水供应的最大热负荷。3.1.26 定义中平均日是指供暖期一周之内按 7 天平均确定的热水供应日用热量对应的 24 小时。与 3.1.25 一样，由于采暖期比非采暖期热水供应用水量大，因此热水供应平均热负荷是指采暖期一周之内平均日热水供应平均热负荷。

3.2 热指标和耗热量

3.2.1 热指标用于概算设计热负荷。对不同的概算方法和不同的对象，热指标的数值和单位不同。热指标定义是针对不同的热指标给出的。其中单位建筑面积的设计热负荷是对供暖面积热指标而言的；单位体积与单位室内外设计温差下的设计热负荷是对供暖体积热指标而言的；按单位产品计算的设计热负荷是对生产工艺热用户的耗热定额而言的。热指标不仅包括热用户本身的耗热指标，还应考虑向这些热用户供热管网的热损失。

3.2.5 热水供应热指标的单位可为 W/m^2 或 L/(用水单位·日)。L/(用水单位·小时)中的用水单位可为人数，床位等，它比《城镇供热管网设计规范》CJJ 34—2010 中的生活热水热指标（W/m^2）范围更为广泛一些。

3.2.6 耗热量指在一定时间内消耗的热量。一定时间可以是年、月、日、小时或季节等，因此对应着年、月、日、小时或采暖期耗热量等。耗热量不仅包括热用户本身的耗热量，还应考虑向这些热用户供热管网的热损失。3.2.7～3.2.12 各术语有同样的含义。

3.2.8 供暖年耗热量定义中已明确在一个供暖期内的总耗热量，但考虑到习惯，也为了与其他耗热量叫法统一，该术语仍称供暖年耗热量或采暖年耗热量，而未称作采暖期供暖耗热量或采暖期采暖耗热量。

3.2.10 空调年耗热量指空调系统全年各运行工况下所消耗的总热量。一年内空调系统有供冷、供热和同时供冷和供热的工况。如采用溴化锂吸收式机组，在过渡季或冬季，朝向不同的、大型公用建筑内区和外区对供热或供冷有不同要求时，会出现同一建筑同时供冷和供热的情况。

3.3 热负荷图和热负荷延续时间图

3.3.1～3.3.4 热负荷图中横坐标为时间（或年、月、日），纵坐标为与时间对应的热负荷。

3.3.5 热水供应日耗水量图中横坐标为小时(时间),纵坐标为小时耗水量。

3.3.6 热负荷延续时间图由互相联系的两部分构成。图中纵坐标的左侧为热负荷随室外温度变化的曲线图。右侧为全年或供暖期内不同室外温度对应的热负荷延续时间曲线图。右图曲线下的面积表示全年或供暖期的总耗热量。

4 供热热源

4.1 供热热源

4.1.5 工厂自备热电厂可以设置在厂区内,也可以设置在厂区外。可以只给本厂供电、供热,也可以在优先保证向本厂供电、供热的条件下向外供电、供热。

4.1.7 通常用于供热的核供热站的载热介质压力不超过 2.5 MPa,温度不超过 200 ℃即可满足供热需要。核电站为了提高效率,载热介质的压力可达到 16 MPa,温度可达到 300~320 ℃。用于供热的低温核反应堆有低压压水堆、有机载热型及游泳池型等。水为载热剂的堆芯出口温度可为 200 ℃、198 ℃、115 ℃,可作为热源,相应地供热管网供回水设计温度可为 150/70 ℃、120/70 ℃、95/60 ℃等。游泳池式小功率低温供热堆为常压,堆芯出口温度为 80 ℃(最高不超过 100 ℃)。

4.1.8 工业余热来源于工业生产过程有关的各个环节。其中从排放物的角度而言,工业生产过程中的排放物包括固体物料、液体物料及气体物料。因此相应的工业余热包括固体物料工业余热、液体物料工业余热及气体物料工业余热。

4.1.9 地热介质有蒸汽和热水等。地热水根据其温度又可分为:高温(150 ℃以上)、中温(150 ℃以下 90 ℃以上)和低温(90 ℃以下)。地热能的开发利用包括发电和非发电利用(直接利用)两个方面。

4.2 锅炉房

4.2.1 根据所采用的能源,供热锅炉有燃煤锅炉、燃气锅炉、燃油锅炉以及电锅炉等多种。供热锅炉除了向民用建筑、公用建筑供热之外,还向工农业等各生产部门供热。

4.2.9 锅炉给水泵用于补充蒸汽供热系统中凝结水回收系统未能回收的水量及其他原因散失的水量。

4.2.11 热水锅炉循环水泵的作用是增强锅内水循环,保证锅炉必要的循环倍率。在自然循环锅炉中水靠自身的重力作用已能满足锅内水循环要求,不需要设锅炉循环水泵。一般强制循环或复合循环热水锅炉需要配备锅炉循环水泵。

4.3 热电厂

4.3.1 涡轮机亦称透平,是叶轮式动力机械、汽轮机、燃气轮机、水轮机、风轮机的通称。

4.3.6 抽汽式汽轮机可调节抽汽口抽出蒸汽的流量和压力可调,以满足供热系统调节的要求。

4.3.7 抽汽背压式汽轮机相当于抽汽式汽轮机与背压式汽轮机的组合。

4.3.8 燃气轮机是以天然气、液体燃料或煤(气化)为工质,由压缩机、燃烧室、透平、控制系统及辅助设备所组成的。空气在压缩机中被压缩后,进入燃烧室与喷入的燃料掺混燃烧。所产生的高温高压气体在透平中膨胀,把部分热量转换为机械能。目前燃气轮机只能燃用天然气(包括焦炉煤气和高炉煤气)或液体燃料。

4.3.14、4.3.15 恶化真空运行和打孔抽汽都是将凝汽式轮机改造为供热式汽轮机的措施。

4.3.16 燃气—蒸汽联合循环是燃气在燃气轮机中作功,再利用燃气轮机的排气作为热源加热汽轮机系统的给水,产生高温、高压蒸汽,驱动汽轮机作功的热力循环方式。上述两种循环叠置组合成一个总的循环系统,可以提高循环效率。燃气—蒸汽联合循环有三种主要形式:不补燃的余热锅炉型、补燃的余热锅炉型和增压锅炉型。

4.4 其他热源及设备

4.4.3 地热井有勘探井、生产井和回灌井三大类。查明地下热水埋藏条件、运动规律、水的流量、温度和压力以及水文地质情况的地热井称为勘探井；抽取地热热水用于发电、供暖、工农业应用和生活的地热井称为生产井；将利用后的地热水注还地下热储层的地热井称为回灌井。

4.4.8 地源热泵通常是由水源热泵机组、地热能交换系统、建筑物内系统组成的供热空调系统。根据地热能交换系统形式的不同，地源热泵分为地埋管地源热泵、地下水地源热泵和地表水地源热泵。

4.4.9 空气源热泵通常有空气/水热泵、空气/空气热泵等形式。

4.4.11 蓄热器是热源的产热量与热用户的需热量不平衡的调节设备。可蓄存和释放热量。可用于各类热源，可安装于供热系统的热源、供热管网或热用户处。

5 供热管网

5.1 供热管网

5.1.1 供热管网简称热网，也称热力网。供热管网输送的是热能，当作为动力时也称热力。考虑到多年来的习惯用法，仍给出其同义词热力网。供热管网定义的范围为热源出口至热用户(或热力站)入口。

5.1.5 蒸汽供热管网的制式，取决于热源供应几种蒸汽参数，不计及凝结水管，也不论及蒸汽管的根数。单制式蒸汽供热管网是指从热源供出单一参数的蒸汽供热管网。如向同一组热用户引出两根相同蒸汽压力的蒸汽管也应看作单制式蒸汽供热管网。即制式不是指管道的根数。因此，用单制式比单管式更恰当。

5.1.6 双制式蒸汽供热管网经常是用供汽压力较高的供汽管满足高参数生产设备用汽要求；用供汽压力较低的供汽管满足较低参数蒸汽用户的用汽要求。有关制式的概念见5.1.5的条文说明。

5.1.7 多制式蒸汽供热管网是从热源引出多种供汽压力的供汽管，分别向多个用汽压力不同的热用户供热。有关制式的概念见5.1.5的条文说明。

5.1.9 与蒸汽供热管网不同，热水供热管网的制式是指同时存在供水干管和回水干管而言的。单管制热水供热管网是开式系统，只有从热源引出的供水管，无返回热源的回水管。具体有两种类型：一种是只有供水管通向所有热用户的供热管网，有些小型的热水供应系统采用这种型式；另一种是仅仅输送干线只有供水管的供热管网，当热源离热用户较远、输送干线较长、采暖回水量与热水供应用水量相当时，回水被热水供应用户取用，可以采用后一种型式。单管制热水供热管网只有供水管，为了提高可靠性亦可采用两根并行的供水管。

5.1.10 实际工程中大量采用的是双管制热水供热管网。

5.1.11 多管制热水供热管网有两种基本类型。一种是以考虑正常工况为主的多管制。在这种型式下，有三管制与四管制等。三管制可为两根供水温度不同的供水管和一根回水管，四管制可为两根供水温度不同的供水管和两根回水管。不同温度的供水管满足不同热用户的要求。另一种是为了提高可靠性、应对事故工况设置的多管制。在这种型式下，三管制可为两根供水温度相同的供水管和一根回水管或者为一根供水管和两根回水管。发生事故时关闭两根供水管(或两根回水管)中的一根管道，另外两根管道形成一供一回的环路可以维持运行、供给热用户限额流量。四管制可为两根供水温度相同的供水管和两根回水管。发生事故时关闭任何一根管道，系统可以维持运行。

5.1.12 一级管网的定义适用于设置一级换热站的供热系统，一级管网与二级管网的分界点是换热站。由热源至换热站的供热管网是一次管网。随着供热行业的发展，供热系统的规模和型式有了很大扩展，目前有些工程经过两级或三级换热将热能传给热用户。在多级管网供热系统中，由热源至第一级换热站的供热管道系统称为一级管网。无换热站的供热系统，无一级管网和二级管网之分。

5.1.13 二级管网的定义适用于设置一级换热站的供热系统，一级管网与二级管网的分界点是换热站。由换热站至热用户的供热管网是二次管网。在多级管网供热系统中，由第一级换热站至第二级换热站的供热管道系统称为二级管网。在多级管网供热系统中，有的热力站主要起隔绝和降低供热介质压力的作用，称作隔压站。

5.1.14 在多级管网中，由热源至第一级换热站的供热管道系统称为一级管网；由第一级换热站至第二级换热站的供热管道系统称为二级管网；由第二级换热站至第三级换热站的供热管道系统称为三级管网。以此类推。

5.1.15 管网选线定义中的各种条件是指供热管网布置时应考虑热源位置、热负荷分布、各种地上和地下管道及构筑物的交叉与道路、铁路、河流等的关系以及水文、地质和环境等多种因素，经技术经济比较确定。

5.2 供热管线

5.2.1 供热管线与供热管道的区别在于前者不仅包括管道，而且还包括沿线管路附件(阀门、补偿器，支座、支架等)及附属构筑物(管沟、检查室等)。

5.2.2 供热管路附件是管道、阀门、管件及其他附件的总称。管件包括三通、弯头、异径管、管堵、法兰、垫片等。其他附件包括补偿器、支座(架)和器具等。

5.2.3～5.2.6 本术语标准中把通往一个热力站(或一个热用户)的管线定义为支线(有时支线又称为户线)，考虑到如果间接连接时一个热力站可向多个热用户供热，在这种情况下该热力站的管线称作户线不妥，所以建议称为支线更好。除了支线则全为干线，这样分类的好处在于概念比较明确。干线可分为主干线和支干线。主干线的定义适用于间接连接与直接连接系统。对间接连接供热系统而言，主干线是由热源至最远热力站分支管处的干线，分支管处是指热力站支线与干线的连接点；对直接连接用户而言，主干线是由热源至最远热用户分支管处的干线，分支管处是指热用户支线与干线的连接点。支干线是除主干线以外的干一线。从而将支干线与干线、支干线与支线加以区别。干线、主干线、支干线和支线又常称为干管、主干管、支干管和支管，见图1。

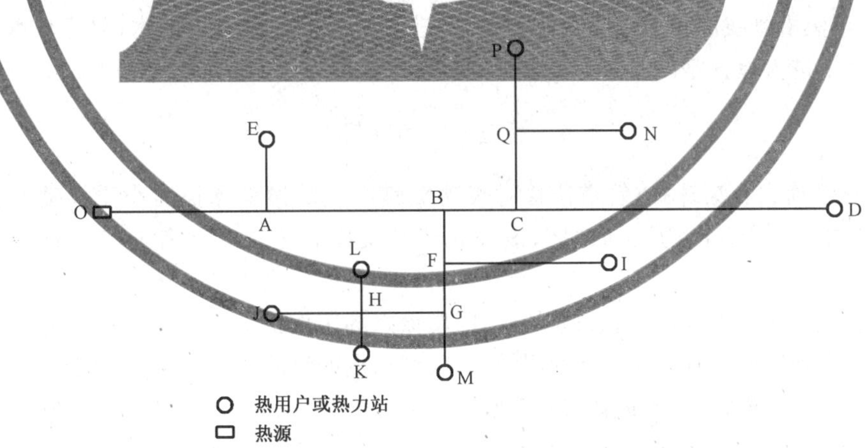

图1 主干线、支干线、支线说明简图

图中：分支管处：A、B、C、F、G、H、Q

主干线：O—A—B—C

支干线：CQ、BF、FG、GH

支线：CD、AE、FI、GM、HK、HL、HJ、QN、QP

5.2.9 供热管网连通管线一般是指连接同一供热管网或不同供热管网中不同干线的管道。有双连通管和单连通管之分。双连通管指同一地段的连通管为两根并行的管道，其中一根用于连通供水干管，另一根用于连通回水干管。单连通管指同一地段的连通管为一根管道，通过阀门切换既可用于连通供水干管，又可连通回水干管。此连通管不是指热用户入口供回水管的连通管。

5.2.11 管线沿途排水管是利用渗流原理降低供热管道所在地点地下水位的措施。

5.2.12 供热管道的放水装置包括除污短管、放水管、放水阀以及将这些部件连成整体后与供热管道线相连接的管路附件。

5.2.13 供热管道的放气装置包括集气罐、放气管、放气阀以及将这些部件连成整体后与供热管道线相连接的管路附件。

5.2.14 蒸汽管道的疏水装置包括集水短管、疏水管、疏水阀、关断阀、检查阀等以及将这些部件连成整体后与供热管道线相连接的管路附件。

5.3 供热管道敷设

5.3.10 隧道敷设的定义中参照《中国土木建筑百科辞典》（工程施工卷）中隧道的定义："隧道是修建在岩土层内各种工程结构物的总称"。隧道有市政隧道和其他用途的隧道。供热管线遇到铁路、公路、河流及其他不可敞沟开挖的地段，可采用隧道敷设。在管道安装前完成隧道结构施工，隧道内部尺寸不仅应能满足供热管道及其管路附件的运输、安装、检修、更换需要，有的还要敷设其他工程管线及提供各种交通车辆和行人的通道。

5.3.11 套管敷设时套管的尺寸稍大于供热管道敷设要求。不考虑在套管内检修管道，在套管两端应有抽管检修和施工的空间。可采用钢管、钢筋混凝土管或其他材质的成品管道作为套管。

5.3.13 管沟埋设深度指管沟垫层底部至地面的距离；检查室埋设深度指检查室垫层底部至地面的距离；直埋管道埋设深度指保温结构外底至地面的距离。以上结构均不包括结构以下的地基处理层及垫层。

5.3.17 管沟安装孔的尺寸应满足安装、检修或事故抢修具有一定长度的、最大直径的管道和管路附件以及最大外形尺寸设备进出通行管沟、半通行管沟的空间要求。安装、检修和事故抢修时不需揭开管沟盖板，而只需打开安装孔的盖板即可进行操作。

5.3.18 集水坑常设置于检查室内。若维修或发生事故时管道要放空，管内的水汇集到集水坑。对管沟敷设集水坑还用于汇集沿管线的积水以及从地表、地下进入管沟和检查室内的水；对直埋敷设集水坑还用于汇集从地表、地下进入检查室内的水。集水坑位于较低位置处，以利于积水和用排水设备抽出。

5.4 管道支座和支架

5.4.4 滚动支座分滚轴式和滚珠式，管道位移时滚动支座产生的滚动摩擦力小于滑动摩擦。滚轴式滚动支座仅管道轴向相对位移时为滚动摩擦；滚珠式滚动支座管道在水平各向相对移动时都为滚动摩擦。

5.4.7 内固定支座是工作钢管与外护管的固结点，限制该点的工作钢管与外护管之间的位移。

5.4.8 外固定支座是钢质外护管与固定墩的固结点，限制该点的钢质外护管与土壤之间的位移。

5.4.9 内外固定支座是工作钢管、外护管与固定墩固结点，限制该点的工作钢管和钢质外护管与土壤之间的位移。

5.4.20 刚性支架的柱脚与基础的连接在管道的径向和轴向都是嵌固的。支架的刚度大，柱顶的位移值甚小，不能适应管道的热变形。因而所承受的水平推力就很大。因此，它是一种靠自身的刚性抵抗管道热膨胀所引起的水平推力的支架。

5.4.21 柔性支架的下端固定，上端自由。支架沿管道轴线的刚性小（柔度大），柱顶依靠支架本身的柔度，允许发生一定的变形从而适应管道的热膨胀位移，使支架承受的弯矩较小。柱身沿管道横向刚度较大，可视为刚架。

5.4.22 铰接支架柱身可随管道的伸缩而摆动，支柱仅承受管道的垂直荷载。因而柱子横断面和基础尺寸可以适当减小。

5.4.25　梁式支架可分为单层和双层，单梁和双梁等。

5.5　保温和防腐

5.5.1　保温定义中的供热管道包括补偿器、阀门等管路附件。

5.5.7　预制式保温定义中包含两种预制式保温。一种是在工厂生产保温材料预制品，现场将其捆扎或粘接于管道(或设备)外表面形成保温层的方式；另一种是将保温结构与管道一起在工厂制成预制保温管的方式。

5.5.10　可拆卸式保温结构的保护层和保温层可分离，保温层与管道不粘接，拆卸后便于恢复。用于供热管道上需要经常维修、更换的管路附件处。常用于地上敷设和管沟敷设的供热管道。

5.5.12　在异材复合保温结构中，界面温度必须控制在低于或等于外层保温层材料安全使用温度(以摄氏度计)的90%以内。

5.5.13　对保温材料的性能要求是多方面的，定义中只列举了最主要的技术要求。除此外还应有无毒、无害、使用寿命长等要求，未逐一列出。

5.5.14　工作管如采用钢管时，也常称为工作钢管。因近年来出现多种新型管材，它们也有能用于供热的。为了应用面更广，本术语定为工作管，而未强调其材质。工作管中的供热介质可以是蒸汽或热水。

5.5.15　保温层定义中的空气层是指复合保温结构中的空气层或真空层。

5.5.16　保护层是指保温层外的材料层，用以阻挡外力和环境对保温材料的破坏和影响。

5.5.17　外护管是直埋预制保温管的保温结构中的保护层。套在工作管外，外护管与工作管之间有保温层。外护管可采用钢管、高密度聚乙烯塑料管和玻璃纤维增强塑料管等。

5.5.18　排潮管用于输送高温供热介质的预制保温管的保温层中，用于排除工作管与外护管之间保温层内的水汽，以防止保温层的性能减退。其外护管可以采用钢管或玻璃纤维增强塑料管。排潮管可设置在临近预制保温固定支座或适宜的预制保温管段上。排潮管设置在临近保温固定支座处，可减少排潮管的位移和受力。但由于排潮管直径小，并且外护管不直接承受供热介质的内压，所以在实际工程中也往往将排潮管设置在预制保温管段上的其他适宜位置。

5.5.19　辐射隔热层是为了减少辐射换热量、提高保温效果而设置的结构层。常用铝箔作辐射隔热层材料。

5.5.23　防腐层可采用多种材料，目前直埋管的外护管所用材料见5.5.17的条文说明，当外护管为钢管时，由于钢管的抗腐蚀能力差，预制直埋保温管外护管的外壁一定要另有防腐层；当外护管为高密度聚乙烯塑料管和玻璃纤维增强塑料管时，由于这些材料的抗腐蚀能力较强，保温管的外护管外壁无防腐层。

5.5.27　防水端封由工作管、保温层、外护管和保温层端面密封环板组成。

5.5.30　穿墙套袖有刚性与柔性之分，有防水与不防水之分；用于室外供热管道的多为防水穿墙套袖。

5.5.35　局部热损失单独提出是因为管路附件形状各异，其面积比所在的等长直线管道要大，保温质量又难以保证，所以其热损失要比相应直管大。

5.6　热　补　偿

5.6.12　波纹管补偿器包括外压轴向波纹管补偿器、铰链波纹管补偿器与复式拉杆波纹管补偿器等多种类型。其中，外压轴向波纹管补偿器通过外管直接承受土壤的压力并减轻土壤对波纹管的腐蚀，又称为直埋式补偿器(分全埋式与半埋式两类)；铰链波纹管补偿器一般3个一组安装，单式铰链波纹管补偿器可补偿单平面弯曲管段位移，万向铰链波纹管补偿器可补偿多平面弯曲管段位移。铰链能够起限制波纹管轴向位移和承受介质产生的内压推力的作用；复式拉杆波纹管补偿器通过拉杆限制波纹管轴向位移和承受介质内压产生的推力的作用。

5.6.14　球形补偿器本身除了沿轴线旋转任意角度外，还可以向其他任何方向折曲，其折曲角不大于

30°,球形补偿器必须由两个以上成组使用。

5.6.15 旋转补偿器需两个以上组对成组安装。

5.7 阀 门

5.7.7 分段阀间隔一定距离设置在干线上。分段阀不包括从干线分出的支干线和从干线和支干线分出的支线处设置的关断阀门,尽管这些阀门在维修和发生事故时也能切除部分管段,但一般不能算做分段阀。

5.7.17 流量调节阀通过控制调节压差来控制流量"恒定",实际上是将流量控制在某一水平,在该水平上下较小的范围内波动。

6 热力站与热用户

6.1 热力站与中继泵站

6.1.1 热力站连接供热管网与热用户。不同的系统中,热力站功能不同,但总归要具备转换供热介质种类、改变供热介质参数、分配、控制及计量中的某些功能。蒸汽供热系统中,热力站可起转换供热介质种类和改变供热介质参数的作用。热水供热系统中,间接连接的热力站与直接连接的热力站作用又不同。热力站包括换热站、混水热力站、用户热力站等。

6.1.3 民用热力站服务对象包括民用建筑和公用建筑。其热负荷可有供暖、通风、空调和热水供应等。

6.1.4 工业热力站服务对象为工业建筑及其辅助建筑。其热负荷可为生产工艺、供暖、通风、空调和热水供应等。工业热力站服务的工业企业,只有供暖、通风、空调、热水供应热负荷时,由于工业企业用热的时间和规律与民用建筑不同,仍划为工业热力站服务对象。

6.1.5 中继泵也有称为加压泵的,采用加压两字意义不明确,因为热源循环水泵、热用户入口处的循环水泵都有加压作用,考虑到与其他规范协调以及使定义更加确切,本标准中称中继泵。

6.1.7 混水装置是起混水作用的设备或器具。常用混水泵和水喷射器等。

6.1.12、6.1.13、6.1.19 及第6.1节中其他术语都可在热源和热力站中采用。本标准中将其放在第6.1节中,其定义不随使用位置而变化。分水器、集水器和分汽缸构造相同。用于热水系统时称为分水器或集水器;用于蒸汽系统时称为分汽缸;设置于供水管上称为分水器;设置于回水管上称为集水器。如连接两条分支管,采用一般的三通即可实现连接,无需分水器、集水器和分汽缸。所以定义中明确分水器、集水器和分汽缸用于连接三条及三条以上分支管路。

6.1.14 均压罐又称为平衡罐、水力平衡器等,可设置在热源和热力站(或热用户)处。设热源(或热力站)所在的环路为上级环路;热力站(或热用户)所在的环路为下级环路。在上、下两级环路中分别设置循环水泵。上级环路循环水泵克服锅炉(或热力站)所在系统阻力,下级环路循环水泵克服热力站(或热用户)的阻力,通过均压罐将两级环路的供回水管直接相连,均压罐所在处供回水管的压差为零。

6.1.24 开式凝结水箱可在其箱顶盖上或凝结水管的某处设空气管,使凝结水系统与大气相通。

6.1.25 闭式凝结水箱设安全水封等装置,使凝结水系统与大气隔绝。

6.2 换 热 器

6.2.11 管壳式换热器种类繁多。根据其管板、管束的结构特点可分为固定管板式(管束两端的管板与外壳固定在一起),浮头式(管板之一与外壳固定,另一个带有封头,可以与壳体发生相对运动)、U形管式(管弯成U形,管端全部固定在一个管板上)、分段式(若干个直的管壳与相应数量的弯管串联在一起)和波节管式(由呈波节形状的管道组成管束)等类型。

6.2.13 板式换热器根据其结构特点可分为板框式(由平行的波纹板及板间密封垫组合在一个框架上,

俗称为板式)、板片式(平行排列的板片焊接在一起,装在一个壳体内)和螺旋板式(两张平行的长板卷成螺旋状)等类型。

6.2.14　热管是一种高效的传热器件。主要由管壳、管芯和工作流体三部分组成。管壳是金属制成的封闭壳体,管芯是由金属制成的多孔毛细结构构件,并紧附在管壳的内壁上。管芯浸透着工作流体。工作流体因工作温度的不同可用各种物质(水、汞、钠等)。在热管同热源接触的一端内,工作流体因吸热而蒸发。蒸汽流向温度较低的另一端并在凝结过程中放出热量。工作流体连续循环,不断地将热量从热源端传递到用热端。

6.2.19　目前换热机组中的换热器多采用板式换热器。因该换热器体积小,可使换热机组比较紧凑。

6.3　热用户及其连接方式

6.3.1　供热系统由热源、供热管网和热用户组成。即热用户是供热系统必不可少的组成部分。根据热负荷性质可并列派生供暖热用户、通风热用户、空调热用户、热水供应热用户和生产工艺热用户。

6.3.4　空调热用户由热源供给蒸汽或热水作为溴化锂吸收式冷水机组的动力源以及空气的加热、加湿过程都要直接或间接地消耗热量。

6.3.7　热力入口除包括管道和管路附件之外,还包括设置在热用户与供热管网相连接处的水泵、混水装置和换热设备等设施。

6.3.9　直接连接的定义对蒸汽供热管网和热水供热管网都适用。

6.3.11　根据混水装置的不同,混水连接可以分为混水泵连接和水喷射器连接。前者依靠外力(水泵)实现混水,后者依靠流体本身的能量来实现混水。

混水连接可用于供热管网和热用户入口,其定义是针对这两种情况而言的。

6.3.13　间接连接有时又称为隔绝式连接,因为间接连接时,热用户与供热管网连接处有表面式换热器,使供热管网的供热介质不直接进入用户,因而其压力不作用到热用户设备上,可减少供热管网的失水率及便于集中控制等。对蒸汽供热管网和热水供热管网都可采用间接连接的方式。

7　水力计算与强度计算

7.1　水力计算

7.1.3　动态水力计算是考虑供热系统的工况随时间变化所进行的水力计算。动态水力计算有三种情况:(1)只考虑工况变化前、后的情况,按常规水力计算方法进行;(2)按慢变过程考虑,在水力计算时要加入惯性水头项;(3)按急变过程考虑,在水力计算时要考虑工质的可压缩性,按水击公式计算。

7.1.7、7.1.10　比摩阻与比压降在实际使用时常常混淆。实际上,“比摩阻”指单位长度管道的沿程阻力损失;“比压降”则指单位长度管路的总阻力损失。总阻力损失包括沿程阻力损失和局部阻力损失。

7.1.11　水力汇流点是对供水管而言的。环状供热管网或多热源枝状供热管网中存在水力汇流点,水力汇流点位于支干线(或支线)与干线的连接点。

7.1.12　水力分流点是对回水管而言的。环状供热管网或多热源枝状供热管网中存在水力分流点,水力分流点位于支干线(或支线)与干线的连接点。

7.1.13　枝状热水供热管网计算主干线的定义是针对单热源枝状热水供热管网而言的。对于单热源枝状热水供热管网,一般计算主干线为热源至最远热力站(或最远热用户)分支管处的串联管线,专指首先开始进行水力计算的那条管线,由于管长最长,其平均比摩阻最小。对于多热源枝状热水供热管网,由于其存在水力汇流点,因此多热源枝状热水供热管网的计算主干线的定义参照7.1.12。定义中的热源至最远热力站分支管处的管线是对间连系统的一级管网而言的;热源至最远热用户分支管处的管线是对直连系统或间连系统的二级管网而言的。

7.1.26、7.1.27 为了保持热水供热系统内的压力水平和正常运行，补水量应等于失水量。失水率和补水率这两个术语是从不同角度给出的。

7.1.32 凝结水回收率定义中凝结水回收系统回收的凝结水量与其从蒸汽供热系统获取的蒸汽流量之百分比是对蒸汽供热系统而言的；热用户（用汽设备）回收的凝结水量与其从系统获取的蒸汽流量之百分比是对热用户（用汽设备）而言的。

7.1.33 当管道全部断面被乳状的汽水混合物充满时应属于两相流，不能当作满管流。

7.1.35 物质的单一状态有固态、液态和气态，在两相流体力学中相应的称为固相、液相和气相。两相流有气固两相流、液固两相流、气液两相流、液体气泡两相流等等。供热系统凝结水管路中蒸汽和凝结水共存的流动状态属于两相流。

7.2 供热管道强度计算

7.2.1 按《城镇供热管网设计规范》CJJ 34—2010 条文说明，管道应力计算的任务是验算管道由于内压、持续外载作用和热胀冷缩及其他位移受约束产生的应力，以判明所计算的管道是否安全、经济、合理；计算管道在上述荷载作用下对固定点产生的作用力，以提供管道系统承力结构的设计数据。

7.2.3 失稳分为轴向失稳和环向失稳。当长直管道受轴向压力时，可能发生细长压杆的轴向失稳。当薄壁管道受侧向外压时，可能发生横截面的环向失稳。

7.2.4 稳定性验算的定义是针对轴向失稳和环向失稳而言的。

7.2.5 水平布置的管道和垂直布置的管道其轴向荷载不同。水平管道轴向荷载包括：摩擦力、内压力不平衡力、补偿器反力等；垂直管道轴向荷载主要是管道自重和其他外荷载在管道轴向的分力。

7.2.7 管道垂直荷载与敷设方式有关。对地上敷设管道垂直荷载除自重外，还有其他外荷载。其他荷载指风、雪荷载等；对直埋敷设管道垂直荷载除自重外，其他外荷载指管上土体荷载。

7.2.15 考虑作用力抵消系数可客观地减少固定支座所受的力及其尺寸，对地上、直埋与管沟敷设管道受力计算时，都要用到作用力抵消系数。

7.2.18 应力分类法将管道中的应力分为一次应力、二次应力和峰值应力。

7.2.19 一次应力是由荷载作用而引起的应力。

7.2.20 二次应力是由变形受约束而引起的应力。

7.2.22 热应力是由温度变形受约束而引起的应力。热应力属于二次应力。

7.2.23 钢材许用应力的取值按《火力发电厂汽水管道应力计算技术规程》DL/T 5366—2006 规定，根据钢材的有关强度特性取列三项中的最小值：

$$\sigma_b^{20}/3;\sigma_s^t/1.5 \text{ 或 } \sigma_{s(0.2\%)}^t/1.5;\sigma_D^t/1.5$$

式中：σ_b^{20}——钢材在 20 ℃时的抗拉强度最小值，MPa；

σ_s^t——钢材在设计温度下的屈服极限最小值，MPa；

$\sigma_{s(0.2\%)}^t$——钢材在设计温度下残余变形为 0.2%时的屈服极限最小值，MPa；

σ_D^t——钢材在设计温度下的 10^5 h 的持久强度平均值，MPa。

7.2.25 按《城镇直埋供热管道工程技术规程》CJJ/T 81—1998 条文说明，当量应力是指将结构内实际的多向应力按一定的强度理论，折算成单向应力形式，可与单向应力试验结果进行比较，使转换前后对结构破坏的影响能达到等效的应力量。

7.2.26 许用外载综合应力定义中的外载负荷包括管道自重和风、雪荷载等。

7.2.28 按《城镇供热管网设计规范》CJJ 34—2010 规定，蒸汽管道取用锅炉、汽轮机抽（排）汽口的最高工作温度作为管道工作循环最高温度；热水管道工作循环最高温度取用供热管网设计供水温度。

7.2.29 按《城镇供热管网设计规范》CJJ 34—2010 规定，管道工作循环最低温度，对于全年运行的管道，地下敷设时取 30 ℃，地上敷设时取 15 ℃；对于只在采暖期运行的管道，地下敷设时取 10 ℃，地上敷设时取 5 ℃。

7.2.30 安装温度与计算管道位移量有关，按《城镇直埋供热管道工程技术规程》CJJ/T 81—1998 规定，直埋敷设管道在进行受力计算和应力验算时，计算安装温度取安装时当地的最低温度。

7.2.37～7.2.44 参考《城镇直埋供热管道工程技术规程》CJJ/T 81—1998 确定。

8 热水供热系统水力工况与热力工况

8.1 热水供热系统定压

8.1.3 定压压力分为系统停止运行时的定压压力和系统运行时的定压压力，一般可根据热水供热系统中循环水泵停止工作和运转时管路和直接连接热用户（或换热站）内部不发生汽化、倒空、超压、气蚀并留有一定安全裕量来确定。一般应按运行时满足上述要求确定定压压力的数值。

8.1.11 旁通管定压的定压装置主要是补给水泵，因此经常称为补给水泵旁通管定压，但这样一来容易使人理解成补给水泵旁通管上设定压点，因此，改称旁通管定压更准确一些。该定压方式是在循环水泵进出口之间设置旁通管，但定压点是在循环泵入口和出口之间的旁通管上。

8.2 水 压 图

8.2.1 水压图是表示热水供热系统运行或停止工作时管道内各点的测压管高度的图线。完整的水压图，除了静水压线、动水压线以外，还反映用户的地形高度、建筑物高度等，水压图上的压力都是相对基准面的相对压力，用米水柱表示。对蒸汽供热管网的蒸汽管无水压图之说。

8.2.11 充水高度的定义中水柱高度指热用户（或热力站）充满水时时热用户（或热力站）的顶部相对于某一基准面的水柱高度。热用户（或热力站）的高度不一定等于建筑物高度。例如：大多数工业建筑的建筑物高度大于热用户系统的高度。

8.2.14 倒空是避免与热用户系统相连接的供热管道的测压管水头低于热用户系统的充水高度，热用户系统中水不能充满，进入空气的情况。因此，为了保证系统正常运行，采暖期无论是运行还是静止时，供热系统内都应充满水。为了防止倒空，热用户为上供下回式采暖系统时，要保证与热用户相连接的供水管测压管水头高于热用户系统的充水高度；热用户为下供上回式采暖系统时，要保证与热用户相连接的回水管的测压管水头高于热用户系统的充水高度。

8.3 水力工况与热力工况

8.3.17 热力工况是指供热系统中供热负荷的分布状况。水力工况是研究热力工况的基础。热力工况的变化除与水力工况有关之外，还与热用户用热情况有关。热力工况与管道的保温有一定的关系，但热力工况不是指管道保温的优劣和热损失的大小。

9 施工验收、运行管理与调节

9.1 施工及验收

9.1.2 暗挖法主要有顶管法、盾构法、浅埋暗挖法等。

9.1.3 顶管方法是暗挖施工方法之一，操作时将钢筋混凝土管或钢管等预制管涵节段放入工作坑中，通过传力顶铁和导向轨道，用高压千斤顶，将预制管涵节段顶入土层中。

9.1.5 浅埋暗挖法通过对围岩变形的量测及监控，采用锚杆和喷射混凝土为主要支护手段。对围岩进行加固，约束围岩的松弛和变形，使其与围岩共同作用形成联合支护体系，以充分利用围岩的自承能力和开挖面的空间约束作用的暗挖施工方法。浅埋暗挖法又称为松散地层的新奥法。

9.1.13 强度试验定义中的“压力试验”可采用水压试验或气压试验。其中水压试验简便、安全、检漏容易,因而用得较多。

9.1.14 严密性试验可采用水压试验或气压试验。严密性试验是在管道系统安装工程全部完成后进行的总体试验。

9.2 运 行 管 理

9.2.5 联网运行是指根据正常供热或事故供热的需要,将各自能够独立运行的供热系统联合成一个大供热系统共网的运行方式。联网运行的供热管网可以是多热源枝状管网或多热源环状管网。联网运行可以提高供热系统的供热质量、经济性和应对事故的能力。

9.2.6 解列运行是指根据正常供热或事故供热需要,关闭多热源供热管网上的某些阀门,分成为两个或多个供热系统的运行方式。各供热系统有独自的热源和供热管网,相当于两个或多个供热系统分别运行。根据供需情况,解列运行可以是部分解列和整个系统全部解列。

9.3 供 热 调 节

9.3.1 调节定义中对供热介质的流量、温度以及运行时间等进行的调整是调节的手段。对运行时间进行调整是指间歇调节和分时调节等调节手段。调节的目的是为了保持供热量与需热量之间的平衡。

9.3.10 分阶段调节按室外温度高低把供暖期分成几个阶段,在不同的阶段可采用质调节、量调节和质—量调节等几种调节方式组合的调节方式。

9.3.15 水温调节曲线以采暖室外温度为横坐标,供、回水温度为纵坐标。质调节、分阶段改变流量的质调节和量调节这几种调节方式,都分别有不同的水温调节曲线。对前两种方式,供、回水温度同时随室外温度改变。对后一种方式,供水温度不变,回水温度随室外温度改变。

9.3.16 流量调节曲线以采暖室外温度为横坐标,流量或相对流量为纵坐标。

中华人民共和国行业标准

CJJ 88—2014
备案号 J25—2014

城镇供热系统运行维护技术规程

Technical specification for operation and maintenance of city heating system

2014-04-02 发布　　　　2014-10-01 实施

中华人民共和国住房和城乡建设部　发布

中华人民共和国住房和城乡建设部

公　　告

第355号

住房城乡建设部关于发布行业标准《城镇供热系统运行维护技术规程》的公告

现批准《城镇供热系统运行维护技术规程》为行业标准，编号为CJJ 88—2014，自2014年10月1日起实施。其中，第2.2.6、2.2.9、2.2.10条为强制性条文，必须严格执行。原行业标准《城镇供热系统安全运行技术规程》CJJ 88—2000同时废止。

本规程由我部标准定额研究所组织中国建筑工业出版社出版发行。

中华人民共和国住房和城乡建设部
2014年4月2日

前 言

根据住房和城乡建设部《关于印发〈2008年工程建设标准规范制订、修订计划(第一批)〉的通知》(建标[2008]102号)的要求,规程编制组经广泛调查研究,认真总结实践经验,参考有关国外先进标准,并在广泛征求意见的基础上,编制本规程。

本规程的主要内容:1.总则;2.基本规定;3.热源;4.供热管网;5.泵站与热力站;6.热用户;7.监控与运行调度。

本次修订的主要内容为:

1 增加了燃气锅炉、直埋管道、热计量、变频调速技术等方面的相关内容;

2 增加了系统运行维护、检修、保养以及应急预案和备品备件等相关内容;

3 增加记录及资料保存相关内容。

本规程中以黑体字标志的条文为强制性条文,必须严格执行。

本规程由住房和城乡建设部负责管理和对强制性条文的解释,由沈阳惠天热电股份有限公司负责具体技术内容的解释。执行过程中如有意见或建议,请寄送沈阳惠天热电股份有限公司(地址:沈阳市沈河区热闹路47号,邮编:110014)。

本规程主编单位:沈阳惠天热电股份有限公司

本规程参编单位:北京市热力集团有限责任公司

唐山热力总公司

北京特泽热力工程设计有限责任公司

沈阳皇姑热电有限公司

本规程主要起草人员:孙　杰　栾晓伟　宁国强　汪　瑾　刘　荣　李孝萍　徐金锋　安正军

周建东　钱争晖　孟　钢

本规程主要审查人员:张建伟　陈鸿恩　杨良仲　李春林　方修睦　鲁亚钦　何宏声　于黎明

张书忱　廖嘉瑜　李永汉

1 总 则

1.0.1 为提高城镇供热系统运行、维护技术水平，实现城镇供热系统安全、稳定供热，制定本规程。

1.0.2 本规程适用于城镇供热系统的运行和维护，其中热源部分适用于燃煤层燃锅炉和燃气锅炉。

1.0.3 城镇供热系统的运行和维护除应符合本规程外，尚应符合国家现行有关标准的规定。

2 基本规定

2.1 运行维护管理

2.1.1 城镇供热系统的运行维护管理应制定相应的管理制度、岗位责任制、安全操作规程、设施和设备维护保养手册及事故应急预案，并应定期进行修订。

2.1.2 运行管理、操作和维护人员应掌握供热系统运行、维护的技术指标及要求。

2.1.3 运行管理、操作和维护人员应定期培训。

2.1.4 城镇供热系统的运行维护管理应具备下列图表：

1 热源厂：热力系统和设备布置平面图、供电系统图、控制系统图及运行参数调节曲线等图表；

2 供热管网：供热管网平面图和供热系统运行水压图等图表；

3 热力站、泵站：站内热力系统和设备布置平面图、供热管网平面图及水压图、温度调节曲线图、供电系统图、控制系统图等图表。

2.1.5 热源厂、热力站、泵站应配置相应的实时在线监测装置。

2.1.6 能源消耗应进行计量，材料使用应进行登记。对各项生产指标应进行统计、核算、分析。

2.2 运行维护安全

2.2.1 锅炉、压力容器、起重设备等特种设备的安装、运行、维护、检测及鉴定，应符合国家现行有关标准的规定。

2.2.2 检测易燃易爆、有毒有害等物质的装置应进行定期检查和校验，并应按国家有关规定进行检定。

2.2.3 热源厂、泵站、热力站内的各种设备、管道、阀门等应着色、标识。

2.2.4 当设施或设备新投入使用或停运后重新启用时，应对设施或设备、相关附属构筑物、管道、阀门、机械及电气、自控系统等进行全面检查，确认正常后方可投入使用。

2.2.5 对含有易燃易爆、存储有毒有害物质以及有异味、粉尘和环境潮湿的场所应进行强制通风。

2.2.6 锅炉安全阀的整定和校验每年不得少于1次。蒸汽锅炉运行期间应每周对安全阀进行1次手动排放检查；热水锅炉运行期间应每月对安全阀进行1次手动排放检查。

2.2.7 设备启停开关、机电设备外壳接地应保持完好。

2.2.8 设备操作应符合下列规定：

1 非本岗位人员不得操作设备；

2 操作人员在岗期间应穿戴劳动防护用品；

3 在设备转动部位应设置防护罩，当设备启动和运行时，操作人员不得靠近转动部位；

4 操作人员在现场启、停设备应按操作规程进行，设备工况稳定后方可离开；

5 起重设备应由专人操作，当吊物下方危险区域有人时不得进行操作；

6 机体温度降至常温后方可对设备进行清洁，且不得擦拭设备运转部位，冲洗水不得溅到电机、润滑及电缆接头等部位。

2.2.9 用电设备维修前必须断电，并应在电源开关处悬挂维修和禁止合闸的标志牌。

2.2.10 检查室和管沟等有限空间内的运行维护作业应符合下列规定：

1 作业应制定实施方案，作业前必须进行危险气体和温度检测，合格后方可进入现场作业。

2 作业时应进行围档，并应设置提示和安全标志。当夜间作业时，还应设置警示灯。

3 严禁使用明火照明，照明用电电压不得大于 36 V；当在管道内作业时，临时照明用电电压不得大于 24 V。当有人员在检查室和管沟内作业时，严禁使用潜水泵等其他用电设备。

4 地面上必须有监护人员，并应与有限空间内的作业人员保持联络畅通。

5 严禁在有限空间内休息。

2.2.11 消防器材的设置应符合消防部门有关法规和国家现行有关标准的规定，并应定期进行检查、更新。

2.3 运行维护保养

2.3.1 运行维护人员应按安全操作规程巡视检查设施、设备的运行状况，并应进行记录。

2.3.2 对供热系统应定期按照操作规程和维护保养规定进行维护和保养，并应进行记录。

2.3.3 设施、设备检修和维护保养应符合下列规定：

1 设施、设备维修前应制定维修方案及安全保障措施，修复后应即时组织验收，合格后方可交付使用；

2 设施、设备应保持清洁，对跑、冒、滴、漏、堵等问题应即时处理；

3 设备应定期添加或更换润滑剂，更换出的润滑剂应统一处置；

4 设备连接件应定期进行检查和紧固，对易损件应即时更换；

5 当对机械设备检修时，应符合同轴度、静平衡或动平衡等技术要求。

2.3.4 对构筑物、建筑物的结构及各种阀门、护栏、爬梯、管道、井盖、盖板、支架、栈桥和照明设备等应定期进行检查、维护和维修。

2.3.5 构筑物、建筑物、自控系统等避雷及防爆装置的测试、维修方法及其周期应符合国家现行标准的有关规定。

2.3.6 高低压电气装置、电缆等设施应进行定期检查和检测。对电缆桥架、控制柜(箱)应定期清洁，对电缆沟中的积水应即时排除。

2.3.7 对各类仪器、仪表应定期进行检查和校验。

2.3.8 阀门设施的维护保养应符合下列规定：

1 阀门应定期保养并进行启闭试验，阀门的开启与关闭应有明显的状态标志；

2 对电动阀门的限位开关、手动与电动的连锁装置，应每月检查 1 次；

3 各种阀门应保持无积水，寒冷地区应对室外管道、阀门等采取防冻措施。

2.3.9 当运行维护人员发现系统运行异常时，应即时处理、上报，并应进行记录。

2.4 经济、环保运行指标

2.4.1 当热用户无特殊要求、无热计量时，民用住宅室温应为 18 ℃±2 ℃，热用户室温合格率应达到 98%以上。

2.4.2 设备完好率应保持在 98%以上。

2.4.3 故障率应小于 2‰。

2.4.4 热用户报修处理即时率应达到 100%。

2.4.5 锅炉在设计工况下运行时的热效率不宜小于设计值的 95%。

2.4.6 燃煤锅炉实际运行负荷不宜小于额定负荷的 60%。

2.4.7 锅炉的能耗指标应符合下列规定：

1 燃煤锅炉煤耗应小于或等于 48.7 kg 标煤/GJ，耗电量应小于或等于 5.7 kWh/GJ；

2 燃气锅炉标准燃气耗量应小于或等于 32 Nm^3/GJ(低热值 35.588 MJ/ Nm^3 计)，耗电量应小于或等于 3.5 kWh/GJ。

2.4.8 燃煤锅炉炉渣含碳量应小于 12%。

2.4.9 直接连接的供热系统失水率应小于或等于总循环水量的 1.5%；间接连接的供热系统失水率应小于或等于总循环水量的 0.5%；蒸汽供热系统凝结水回收率不宜少于 80%。

2.4.10 烟气排放应符合现行国家标准《锅炉大气污染物排放标准》GB 13271 的有关规定。

2.4.11 锅炉水质应符合现行国家标准《工业锅炉水质》GB/T 1576 的有关规定。

2.4.12 噪声应符合现行国家标准《声环境质量标准》GB 3096 的有关规定。

2.5 备品备件

2.5.1 运行维护应配备下列设备、器材：

1 发电机；

2 焊接设备；

3 排水设备；

4 降温设备；

5 照明器材；

6 安全防护器材；

7 起、吊工具等。

2.5.2 运行维护应配备备品备件。备品备件应包括配件性备件、设备性备品和材料性备品。具备下列条件之一的均应属备品备件：

1 工作环境恶劣和故障率高的易损零部件；

2 加工周期较长的易损零部件；

3 不易修复和购买的零部件。

2.5.3 检修用备品备件应符合下列规定：

1 特殊备品备件可提前购置，易耗材料及通用备品备件应按历年耗用量或养护、检修备件定额配备；

2 加工周期较长的备品备件应提前考虑。

2.5.4 备品备件管理应严格按照有关物资管理的规定执行，并应符合下列规定：

1 备品备件应符合国家现行有关产品标准的要求，且应具备合格证书，对重要的备品备件还应具备质量保证书；

2 备品备件的技术性能应满足设计工作参数的要求；

3 除钢管及弯头、变径、三通等管件外，当备品备件存放时间大于 1 年时，应进行检测，合格后方可使用。受损的备品备件，未经修复、检测不得使用。

3 热 源

3.1 一般规定

3.1.1 运行、操作和维护人员，应掌握锅炉和辅助设备的故障特征、原因、预防措施及处理方法。

3.1.2 热源厂应建立安全技术档案和运行记录，操作人员应执行安全运行的各项制度，做好值班和交接班记录。热源厂应记录并保存下列资料：

1 供热设备运行情况报表；

2 锅炉运行记录；

3 锅炉安全门校验和锅炉水压试验记录；

4 燃气调压站、引风机运行记录；

5 给水泵、循环泵、水化间，以及炉水分析运行记录；

6 缺陷记录及处置单；

7 检修计划和设备检修、验收记录；

8 热源存档表。

3.1.3 燃料使用应符合锅炉设计要求。

3.1.4 燃煤宜采用低硫煤；当采用其他煤种时，排放标准应符合现行国家标准《锅炉大气污染物排放标准》GB 13271 的有关规定。

3.1.5 热源厂的运行、调节应按调度指令进行。

3.1.6 热源厂应制定下列安全应急预案：

1 停电、停水；

2 极端低温气候；

3 天然气外泄和停气；

4 管网事故工况。

3.1.7 新装、改装、移装锅炉应进行热效率测试和热态满负荷 48 h 试运行。运行中的锅炉宜定期进行热效率测试。

3.1.8 热源厂应对煤、水、电、热量、蒸汽量、燃气量等的能耗进行计量。

3.1.9 热源厂的运行维护应进行记录，并可按本规程附录 A 的规定执行。

3.2 运行准备

3.2.1 大修或改造，以及停运 1 年以上或连续运行 6 年以上的锅炉，运行前应进行水压试验。

3.2.2 新装、改装、移装及大修锅炉运行前，应进行烘、煮炉。长期停运、季节性使用的锅炉运行前应烘炉。

3.2.3 季节性使用的锅炉运行前，应对锅炉和辅助设备进行检查。

3.2.4 燃煤锅炉本体和燃烧设备内部检查应符合下列规定：

1 汽水分离器、隔板等部件应齐全完好，连续排污管、定期排污管、进水管及仪表管等应通畅；

2 锅筒(锅壳、炉胆和封头等)、集箱及受热面管子内的污垢、杂物等应清理干净，无缺陷和遗留物；

3 炉膛内部应无结焦、积灰及杂物，炉墙、炉拱及隔火墙应完整严密；

4 水冷壁管、对流管束外表面应无缺陷、积灰、结焦及烟垢；

5 内部检查合格后，人孔、手孔应密封严密。

3.2.5 燃煤锅炉本体和燃烧设备外部检查应符合下列规定：

1 锅炉的支、吊架应完好；

2 风道及烟道内的积灰应清除干净。调节门、挡板应完整严密，开关应灵活，启闭指示应准确；

3 锅炉外部炉墙及保温应完好严密，炉门、灰门、看火孔和人孔等装置应完整齐全，并应关闭严密；

4 辅助受热面的过热器、省煤器及空气预热器内应无异物，各手孔应密闭；

5 汽水管道的蒸汽、给水、进水、疏水、排污管道应畅通，阀门应完好，开关应灵活；

6 燃烧设备的机械传动系统各回转部分应润滑良好。炉排应无严重变形和损伤，机械传动装置和给煤机试运转应正常；

7 平台、扶梯、围栏和照明及消防设施应完好。工作场地和设备周围通道应清洁、畅通。

3.2.6 燃气锅炉内部检查应符合下列规定：

1 炉墙、锅炉受热面、看火孔应完好，不应出现裂缝和穿孔；

2 燃烧器应完好；

3 汽包靠近炉烟侧和各焊口或胀口处应无鼓包、裂纹等现象；

4 汽包外壁和水位计、压力表等相连接的管子接头处应无堵塞；

5 汽包内的进水装置、汽水分离装置和排污装置安装位置应正确，连接应牢固。

3.2.7 燃气锅炉外部检查应符合下列规定：

1 燃烧室及烟道接缝处应无漏风；

2 看火孔、人孔门应关闭严密；

3 防爆门装设应正确；

4 风门和挡板开关转动应灵活，指示应正确。

3.2.8 风机、水泵，输煤、除渣设备检查应符合下列规定：

1 设备内应无杂物；

2 地脚螺栓应紧固；

3 轴承润滑油油质应合格，油量应正常；

4 冷却水系统应畅通；

5 电机接地线应牢固可靠；

6 传动装置外露部分应有安全防护装置。

3.2.9 锅炉安全附件、仪表及自控设备检查应符合下列规定：

1 锅炉的安全阀、压力表、温度计、排污阀，超温、超压报警及自动连锁装置应完好；

2 蒸汽锅炉的水位计、燃气锅炉燃烧器气动阀门、燃气泄漏、熄火保护等安全附件和仪表应完好，并应校验合格；

3 二次仪表、流量计、热量计等计量仪表及自控设备应完整，信号应准确，通讯应畅通、可靠。

3.2.10 锅炉辅助设备应符合下列规定：

1 水处理设备应完好，调控应灵活；

2 除尘脱硫设备应完好严密；

3 除污器应畅通，阀门开关应灵活；

4 设备就地事故开关应可靠。

3.2.11 锅炉试运行前，锅炉、辅助设备、电气、仪表以及监控系统等应达到正常运行条件。

3.2.12 锅炉安全阀的整定应符合下列规定：

1 蒸汽锅炉：

1） 蒸汽锅炉安全阀的整定压力应符合表3.2.12的规定；

2） 锅炉上应有一个安全阀按表3.2.12中较低的整定压力进行调整。对有过热器的锅炉，过热器上的安全阀应按较低的整定压力进行调整。

表3.2.12 蒸汽锅炉安全阀的整定压力

额定蒸汽压力 P(MPa)	安全阀整定压力
$P\leqslant 0.8$	工作压力+0.03 MPa
	工作压力+0.05 MPa
$0.8<P\leqslant 5.9$	1.04倍工作压力
	1.06倍工作压力

注：1 表中的工作压力对于脉冲式安全阀是指冲量接出地点的工作压力，对于其他类型的安全阀是指安全阀装置地点的工作压力。

2 热水锅炉：

1） 热水锅炉安全阀的整定压力应为：1.10倍工作压力，且不小于工作压力+0.07 MPa；1.12倍工作压力，且不小于工作压力+0.10 MPa；

2） 锅炉上应有一个安全阀按较低的压力进行整定；

3） 工作压力应为安全阀直接连接部件的工作压力。

3.2.13 风机、水泵、输煤机、除渣机等传动机械运行前应进行单机试运行和不少于 2 h 联动试运行，并应符合下列规定：

1 当运转时应无异常振动，不得有卡涩及撞击等现象；

2 电机的电流应正常；

3 运转方向应正确；

4 各种机械传动部件运转应平稳；

5 水泵密封处不得有渗漏现象；

6 滚动轴承温度不得大于 80 ℃，滑动轴承温度不得大于 60 ℃；

7 轴承径向振幅应符合表 3.2.13 的规定：

表 3.2.13 轴承径向振幅

转速 n(r/min)	振幅(mm)
$n\leqslant 375$	≤0.18
$375<n\leqslant 600$	≤0.15
$600<n\leqslant 850$	≤0.12
$750<n\leqslant 1\,000$	≤0.10
$1\,000<n\leqslant 1\,500$	≤0.08
$1\,500<n\leqslant 3\,000$	≤0.06
$n>3\,000$	≤0.04

3.2.14 压力表、温度计、水位计、超温报警器、排污阀等主要附件，应符合现行标准的有关规定。

3.2.15 燃气锅炉的燃气报警、熄火保护、连锁保护装置运行前，应经检验合格。

3.2.16 燃气系统检查应符合下列规定：

1 燃气管线外观应良好，不得有泄漏；

2 计量仪表应准确；

3 点火装置、燃烧器应完好；

4 快速切断阀动作应正常、安全有效；

5 安全装置应完好；

6 调压装置工作应正常，燃气压力应符合要求。

3.3 设备的启动

3.3.1 锅炉启动前应完成下列准备工作：

1 电气、控制设备供电正常；

2 燃煤锅炉煤斗上煤，或燃气锅炉启动燃气调压站，且送燃气至炉前；

3 仪表及操作装置置于工作状态；

4 锅炉给水制备完毕；

5 除尘脱硫系统具备运行条件。

3.3.2 锅炉注水应符合下列规定：

1 水质应符合现行国家标准《工业锅炉水质》GB/T 1576 的有关规定；

2 注水应缓慢进行。当注水温度大于 50 ℃时，注水时间不宜少于 2 h；

3 热水锅炉注水过程中应将系统内的空气排尽。蒸汽锅炉注水不得低于最低安全水位。

3.3.3 补水泵在系统充满水，并达到运行要求的静压值后，方可启动热水锅炉。

3.3.4 热水锅炉的启动与升温应符合下列规定：

1 燃煤锅炉启动应按循环水泵、除渣设备、锅炉点火、引风机、送风机、燃烧设备的顺序进行；

2 燃气锅炉启动应按循环水泵、燃气调压站、引风机、送风机、排烟阀门、炉膛吹扫、锅炉点火、检漏、燃烧设备的顺序进行；

3 热水锅炉升温过程中，应按锅炉厂家提供的正压/负压控制炉膛压力。升温速度应根据锅炉和管网的设计要求进行控制。锅炉点火后，锅炉的升温、升压应符合制造厂家提供的升压、升温曲线。

3.3.5 蒸汽锅炉的启动与升温升压应符合下列规定：

1 燃煤锅炉启动应按给水泵、除渣设备、锅炉点火、引风机、送风机、燃烧设备、并汽的顺序进行；

2 燃气锅炉启动应按给水泵、燃气调压站、引风机、送风机、炉膛吹扫、锅炉点火、检漏、燃烧设备、并汽的顺序进行；

3 蒸汽锅炉的升压应符合下列规定：

1) 蒸汽锅炉投入运行，升至工作压力的时间宜控制在 2.5 h～4.0 h；

2) 蒸汽锅炉在升压期间，压力表、水位计应处于完好状态，并应监视蒸汽压力和水位变化；

3) 当锅炉压力升至 0.05 MPa～0.10 MPa 时，应冲洗、核对水位计；

4) 当锅炉压力升至 0.10 MPa～0.15 MPa 时，应冲洗压力表管；

5) 当锅炉压力升至 0.15 MPa～0.20 MPa 时，应关闭对空排气阀门；

6) 当锅炉压力升至 0.20 MPa～0.30 MPa 时，应进行热拧紧，对下联箱应全面排污；

7) 当锅炉压力升至工作压力的 50％时，应进行母管暖管，暖管时间不得少于 45 min；

8) 当锅炉压力升至工作压力的 80％时，应对锅炉本体、蒸汽母管、燃气系统进行全面检查，对水位计应再次冲洗校对，并应做好并汽或单炉送汽准备。

3.3.6 蒸汽锅炉并汽应符合下列规定：

1 并汽前应监视锅炉的汽压、汽温和水位的变化；

2 当锅炉压力升至小于蒸汽母管压力 0.05 MPa 时，应缓慢开启连接母管主汽阀门，并应监视疏水过程。与蒸汽母管并汽完毕后，应即时关闭疏水阀门。

3.4 运行与调节

3.4.1 锅炉运行应符合锅炉制造厂设备技术文件的要求。

3.4.2 热水锅炉投入运行数量和运行工况，应根据供热运行调节方案和供热系统热力工况参数的变化进行调整。蒸汽锅炉投入运行数量应根据管网负荷情况确定。

3.4.3 燃煤锅炉给煤量和燃气锅炉给气量应根据负荷调节。锅炉给水泵、循环水泵、补水泵，风机、输煤、除渣等设备的运行工况和调整应满足锅炉运行和调节的要求。

3.4.4 燃煤锅炉应进行燃烧调节，并应符合下列规定：

1 炉膛温度应为 700 ℃～1 300 ℃；

2 炉膛负压应为 20 Pa～30 Pa；

3 室燃炉炉膛空气过剩系数应为 1.10～1.20，层燃炉炉膛空气过剩系数应为 1.20～1.40；

4 锅炉及烟道各部位漏风系数应符合表 3.4.4 的规定；

表 3.4.4 锅炉及烟道各部位漏风系数

锅炉部位		漏风系数
燃烧室和过热器		0.10
省煤器	蛇形管	0.02(每一级)
	铸铁	0.10

表 3.4.4（续）

锅炉部位		漏风系数
空气预热器	板式	0.07(每一级)
	管式	0.05(每一级)
	铸铁	0.10(每一级)
	回转式	0.20
烟道		0.01(每 10 m)
除尘器	电气	0.10
	其他	0.05

5 排烟温度应符合设计要求。

3.4.5 燃煤锅炉应定期清灰。有吹灰装置的锅炉应每 8 h 对过热器、对流管束和省煤器进行 1 次吹灰。当采用压缩空气吹灰时，应增大炉膛负压，吹灰压力不应小于 0.6 MPa。

3.4.6 锅炉排污应符合下列规定：

1 热水锅炉：

1） 排污应在工作压力上限时进行；

2） 采用离子交换法水处理的锅炉，应根据水质情况决定排污次数和间隔时间；

3） 采用加药法水处理的锅炉，宜 8 h 排污 1 次。

2 蒸汽锅炉：

1） 排污应在低负荷时进行；

2） 宜 8 h 排污 1 次；

3） 当排污出现汽水冲击时，应立即停止；

4） 应根据水质化验结果，调整连续排污量。

3.4.7 蒸汽锅炉水位调节应符合下列规定：

1 给水量应根据蒸汽负荷变化进行调节，水位应控制在正常水位±50 mm 内；

2 锅炉水位计应每 4 h 进行 1 次冲洗，锅炉水位报警器应每周进行 1 次试验。

3.4.8 除尘器的运行维护应符合下列规定：

1 湿式除尘器应保持水压稳定、水流通畅、水封严密；

2 干式除尘器应严密，并应即时排灰；

3 除尘系统的工作状态应定期进行检查。

3.4.9 脱硫系统的运行维护应符合下列规定：

1 加药应平稳，水流应畅通；

2 应定期检查脱硫系统的工作状态和反应液的 pH 值。

3.4.10 自动调节装置运行维护应符合下列规定：

1 锅炉自动调节装置投入运行前，应经系统整定；

2 每班对自动调节装置的检查不得少于 1 次；

3 当自动调节装置故障造成锅炉运行参数失控时，应改为手动调节。

3.4.11 燃气系统维护应符合下列规定：

1 应保持锅炉燃气喷嘴的清洁；

2 应保持过滤网清洁，过滤器前后压力压差不得大于设计值；

3 管线各压力表读数与控制系统显示压力值应一致；

4 每班应对室内燃气管线密闭性进行检查，不得有泄漏；

5 应定期检查燃气泄漏报警系统的可靠性，出现问题应即时修复。

3.5 停止运行

3.5.1 锅炉的停炉可分为正常停炉、备用停炉、紧急停炉。

3.5.2 燃煤热水锅炉停炉应按停止锅炉给煤、停止送风机、停止引风机的程序，并应符合下列规定：

1 当正常停炉时，循环水泵停运应在锅炉出口温度小于 50 ℃时进行，并应根据负荷变化逐台停止循环水泵；

2 当备用停炉时，应调整火床，并应预留火种；

3 紧急停炉：

1） 应迅速清除火床，并应打开全部炉门；

2） 应重新启动引风机，待炉温降低后方可停止；

3） 当排水系统故障时，不得停运循环水泵。

3.5.3 燃煤蒸汽锅炉停炉应符合下列规定：

1 正常停炉：

1） 应逐步降低锅炉负荷，正常负荷降至额定负荷 20％的时间不得少于 45 min；

2） 当锅炉负荷降至额定负荷的 50％时，应停送二次风，并应解列自动调节装置，改为手动；

3） 当锅炉负荷降至额定负荷的 20％时，应停止炉排及送、引风机的运行；

4） 停炉过程中，应保持锅炉正常水位。

2 备用停炉：

1） 停炉程序应按正常停炉执行；

2） 当待备用炉压力小于系统母管压力 0.02 MPa 时，应关闭锅炉主蒸汽门；

3） 应打开炉排阀，并应保持正常水位；

4） 应调整火床，并应预留火种。

3 紧急停炉：在不扩大事故的前提下，应缓慢降低锅炉负荷，不得使锅炉急剧冷却。

3.5.4 燃煤锅炉停炉后锅炉的冷却应符合下列规定：

1 停炉后应关闭所有炉门及风机挡板，12 h 后应开启送、引风机挡板进行自然通风；

2 锅炉应在温度降至 60 ℃以下时方可进行放水。

3.5.5 燃气锅炉停炉前应对锅炉设备进行全面检查，并应记录所有缺陷。

3.5.6 燃气热水锅炉正常停炉程序应符合下列规定：

1 应将燃烧器由自动改为手动，并应停止燃气供给；

2 应停止风机；

3 应根据负荷变化逐台停止循环水泵，当锅炉出口温度小于 50 ℃时，应停止全部循环水泵运行；

4 应停止燃气调压站等其他附属设备运行；

5 应关闭锅炉出入口总阀门。

3.5.7 燃气蒸汽锅炉正常停炉程序应符合下列规定：

1 应逐步关闭燃气调节门，正常负荷降至 20％额定负荷的时间不得少于 45 min；

2 当锅炉负荷降至额定负荷的 50％时，应停送二次风，解列自动调节装置改为手动；

3 当锅炉负荷降至额定负荷的 20％时，应停止燃烧器运行；

4 炉膛吹扫完毕后，方可停止风机的运行；

5 停炉过程中应保证锅炉正常水位；

6 应根据调度指令关闭锅炉进出口总阀门；

7 应关闭炉前燃气总阀门。

3.5.8 燃气热水锅炉紧急停炉程序应符合下列规定：

1 应停止燃烧器和送风机运行；

2 应打开全部炉门；

3 待炉温降低后，应停止引风机运行；

4 当排水系统故障时，不得停运循环水泵。

3.5.9 燃气蒸汽锅炉紧急停炉程序应符合下列规定：

1 应停止燃烧器运行，并应关闭炉前燃气总门；

2 应将炉膛剩余燃气吹扫干净；

3 待炉温降低到100 ℃后应停止引风机运行；

4 应关闭锅炉主蒸汽阀门，并应打开排气门；

5 开启省煤器再循环阀门，关闭连续排污阀门；

6 应根据情况确定保留锅炉水位。

3.5.10 燃气锅炉热备用停炉程序应符合下列规定：

1 应根据负荷的降低，逐渐减少燃气的进气量和进风量，并应关小鼓、引风挡板，直到停止燃气供应；

2 炉膛火焰熄灭后，应对炉膛及烟道进行吹扫，排除存留的可燃气体和烟气；

3 应根据负荷降低情况，减少给水量，保持汽包正常水位；

4 当负荷降低到零及汽压已稍小于母管气压时，应关闭锅炉主汽阀或母管联络气阀；

5 与母管隔断后，应继续向汽包进水，保持最高允许水位，不得使锅炉急剧冷却；

6 停炉后应关闭连续排污阀；

7 应有专人监视水位及防止部件过热。

3.5.11 燃气锅炉停炉后锅炉的冷却应符合下列规定：

1 当正常停炉时，停炉后应关闭所有炉门及风机挡板，12 h后应开启送、引风机挡板进行自然通风；

2 当紧急停炉时，视故障情况，可进行强制冷却；

3 锅炉放水宜在炉水温度降至60 ℃以下后进行。

3.6 故障处理

3.6.1 锅炉及辅助设备出现故障，应判断故障的部位、性质及原因，并应按程序进行处理。故障处理完毕后应制定预防措施，建立故障处理档案。

3.6.2 当锅炉爆管时应按下列方法处理：

1 紧急停炉；

2 更换炉管；

3 检测水质；

4 调整燃烧。

3.6.3 当超温超压时应按下列方法处理：

1 紧急停炉；

2 蒸汽锅炉与外网解列；

3 排气补水。

3.6.4 当蒸汽锅炉水位异常时应按下列方法处理：

1 当轻微满水时，退出自动给水，手动减少给水，并加强排污；

2 当严重满水时，紧急停炉，停止给水；开启紧急放水门，关闭主蒸汽阀门，开启过热器出口集箱疏水阀门，加强排污；

3 当轻微缺水时，退出自动给水，手动增加给水；

4 当严重缺水时，应紧急停炉，停止给水；关闭主蒸汽阀门，开启过热器出口集箱疏水阀门及汽包排气阀门。

3.6.5 当蒸汽锅炉汽水共腾时应按下列方法处理：

1 降低锅炉负荷；

2 增加连续排污量，加强补水、监视水位；

3 开启过热器出口集箱疏水阀门及蒸汽母管疏水阀门，加强疏水。

3.6.6 当锅炉房电源中断时应按下列方法处理：

1 开启事故照明电源；

2 将用电设备置于停止位置；

3 将自动调节装置置于手动位置；

4 迅速打开全部炉门，降低炉膛温度；

5 开启引风机挡板，保持炉膛负压；

6 热水锅炉应迅速开启紧急排放阀门并补水；

7 蒸汽锅炉应关闭所有汽、水阀门，即时开启排气门，降低锅炉压力，尽量维持锅炉水位。当缺水严重时，应关闭主蒸汽阀门；

8 蒸汽锅炉与外网解列并补水。

3.6.7 燃气泄漏应按下列方法处理：

1 当轻微泄漏时，应加强检测，开启通风机，停炉后方可检修处理；

2 当严重泄漏时，应立即启动所有排风装置，紧急停炉，并立即关闭泄漏点前一级的进气阀门，开启燃气放散装置，排放管道内的燃气；

3 保护好现场及防火工作。泄漏处和燃气放散处周围不得有明火。

3.7 维护与检修

3.7.1 热源厂停热后应对锅炉及辅助设备一次进行全面的维护和检修。

3.7.2 锅炉停止运行后应进行吹灰、清垢。

3.7.3 停热期间锅炉及辅助设备应每周检查1次，并应即时维护、保养，不得受腐蚀。

3.7.4 锅炉及辅助设备的检修间隔宜按表3.7.4执行。

表3.7.4 锅炉及辅助设备的检修间隔

检修类别	检修间隔(采暖期)
小修	1
中修	2
大修	3

3.7.5 燃气锅炉的燃气系统的检修应由具备相应资质的人员实施。

3.7.6 燃气系统的检修应符合下列规定：

1 检修前应关闭前一级进气阀门，对检修设备或管道应用氮气进行吹扫，当排放口处燃气含量达到0% LEL时方可进行检修作业；

2 当对燃烧器检修时应进行清理积炭、调整风气比等相关工作；

3 检修完毕后应用氮气进行严密性试验。

4 供热管网

4.1 一般规定

4.1.1 供热管网的运行、调节应按调度指令进行。

4.1.2 供热管网设备及附件的保温应完好。检查室内管道上应有标志，并应标明供热介质的种类和流动方向。

4.1.3 供热管网的运行维护应进行记录，并可按本规程附录B的规定执行。

4.2 运行准备

4.2.1 供热管网投入运行前应编制运行方案。

4.2.2 新建、改扩建的供热管网投入运行前应进行清洗、吹扫、验收，并应按现行行业标准《城镇供热管网工程施工及验收规范》CJJ 28的有关规定执行。

4.2.3 供热管网投入运行前应对系统进行全面检查，并应符合下列规定：

1 阀门应灵活可靠，状态应符合要求，泄水及排气阀应严密；

2 仪表应齐全、准确，安全装置应可靠、有效；

3 水处理及补水设备应具备运行条件；

4 支架、卡板、滑动支架应牢固可靠；

5 检查室内应无积水、杂物；

6 井盖应齐全、完好；

7 爬梯、护圈、操作台及护栏应完好。

4.3 管网的启动

4.3.1 供热管网的启动操作应按批准的运行方案执行

4.3.2 供热管网启动前，热水管线注水应符合下列要求：

1 注水应按地势由低到高；

2 注水速度应缓慢、匀速；

3 应先对回水管注水，充满后通过连通管或热力站向供水管注水；

4 注水过程中应随时观察排气阀，待空气排净后应将排气阀关闭；

5 注水过程中和注水完成后应检查管线，不得有漏水现象。

4.3.3 当供热系统充满水达到运行方案静水压力值时，方可启动循环水泵。

4.3.4 供热系统升压过程中应控制升压速度，每次升压0.3 MPa后，应对供热管网进行检查，无异常后方可继续升压。

4.3.5 当供热管网压力接近运行压力时，应试运行2 h。试运行的同时应对供热管网进行检查，无异常方可启动热力站。

4.3.6 蒸汽供热管网在启动时应进行暖管，暖管速度应为2 ℃/min～3 ℃/min。蒸汽压力和温度达到设计要求后，宜保持不少于1 h的恒温时间，并应检查管道、设备、支架及疏水系统，合格后方可供热运行。

4.3.7 供热管网升温速度不应大于10 ℃/h，并应检查管道、设备、支架工作状况。温升符合调度要求后方可进入供热状态。

4.4 运行与调节

4.4.1 运行调节方案应根据气象条件、管网和热负荷分布情况等制定，并对调节情况进行记录。

4.4.2 供热系统运行初调节宜在冷态运行条件下，根据运行调节方案和实际情况进行。

4.4.3 采暖负荷调节可采用中央质量并调、分阶段改变流量质调节或中央质调节，也可采用兼顾其他热负荷的调节方法。

4.4.4 蒸汽供热管网应保持温度、压力稳定，宜根据用户需求进行量调节。

4.4.5 当供热管网设置两处及以上补水点时，总补水量应满足系统运行的需要，补水压力应符合运行时水压图的要求。

4.4.6 供热管网系统应保持定压点压力稳定，压力波动范围应控制在±0.02 MPa以内。

4.4.7 供热管网的定压应采用自动控制。

4.4.8 供热管网投入运行后应定期进行下列巡检：

1 供热管网应无泄漏；

2 补偿器运行状态应正常；

3 活动支架应无失稳、失垮，固定支架应无变形；

4 阀门应无漏水、漏汽；

5 疏水器、喷射泵排水应正常；

6 法兰连接部位应热拧紧；

7 热力管线上应无其他交叉作业或占压热力管线。

4.4.9 供热管网巡检每周不应少于1次。当新投入的供热管网或运行参数变化较大时，应增加巡检次数。

4.5 停止运行

4.5.1 供热管网停止运行前应编制停运方案。

4.5.2 供热管网停运操作应按停运方案或调度指令进行，并应符合下列要求：

1 非采暖季正常停运应根据停运计划进行；

2 带热停运应沿介质流动方向依次关闭阀门，先关闭供水、供汽阀门，后关闭回水阀门。阀门关闭时间应符合表4.5.2的规定；

表4.5.2 供热管网阀门关闭时间

阀门口径 DN(mm)	关闭时间(min)
<500	≥3
≥500	≥5

4.5.3 供热管网降温过程中应对系统进行全面检查。

4.5.4 停止运行的蒸汽供热管网应将疏水阀门保持开启状态，再次送汽前不得关闭。

4.5.5 停止运行的热水供热管网宜进行湿保护，每周应检查1次，充水量应使最高点不倒空。

4.5.6 长时间停止运行的管道应采取防冻措施，对管道设备及其附件应进行防锈、防腐处理。

4.6 故障处理

4.6.1 供热管网和辅助设施发生故障后应即时进行检查、原因分析和故障处理。

4.6.2 供热管网应按下列原则制定突发故障处理预案：

1 保证人身安全；

2 尽量缩小停热范围和停热时间；

3 尽量降低热量、水量损失；

4 避免引起水击；

5 严寒地区防冻措施；

6 现场故障处理安全措施。

4.6.3 故障处理现场应设置围挡和警示标志，无关人员不得进入。

4.6.4 故障处理后应进行故障分析和制定预防措施，并应建立故障处理档案。

4.7 维护与检修

4.7.1 维护检修前应编制检修方案，并应制定检修质量标准。

4.7.2 维护检修的安全措施应符合下列规定：

1 检修管线应与供热管网断开；

2 检查室井口应设置围栏，采取防坠落措施，并应有专人监护；

3 起重设备等应检查合格，作业过程中应有安全措施；

4 不得将重量加载至供热管道或其他管道上；

5 高空检修过程中应采取安全保护措施，作业人员应系安全带或安全绳；

6 检修电源、供电线路及用电设备应检查合格，且应由专人监管；

7 当检修环境温度大于 40 ℃时，应有降温措施。

4.7.3 供热管网检修前应解列运行管段与检修管段，检修管段内介质应降至自然压力后方可进行检修操作。

4.7.4 供热管网维护检修应符合下列规定：

1 管道和管路附件的维护检修操作应符合现行行业标准《城镇供热管网工程施工及验收规范》CJJ 28的有关规定；

2 管壁腐蚀深度不应大于原壁厚的 1/3；

3 管道及其附件的保温结构应完好，保温外壳应完整、无缺损；

4 土建结构外表面应无破损，检查室、管沟等内部应无杂物，不得有渗漏、积水泡管等现象；

5 更换后的管道，其标高、坡度、坡向、折角、垂直度应符合原设计要求；

6 管沟盖板、检查室顶板及沟口过梁不得有酥裂、露筋腐蚀和断裂等现象；

7 检查室的井盖应有明显标志，位于车道上的检查室应使用加强井盖；

8 当井盖发生损坏、遗失时应即时更换，更换的井圈宜高出地面 5 mm；

9 当检查室爬梯出现腐蚀、缺步、松动时应即时更换，爬梯扶手应牢固、无松动，不得使用铸铁材质。

4.7.5 钢支架的维护、检修应符合下列规定：

1 固定支架应牢固、无变形、无腐蚀。钢支架基础与底板结合应稳固，外观应无腐蚀、无变形；

2 滑动支架的基础应牢固，外观无变形和移位。滑动支架不得妨碍管道冷热伸缩引起的位移，并应能承受管道自重及摩擦力；

3 导向支架的导向接合面应平滑，不得有歪斜卡涩现象。

4.7.6 阀门的维护检修应符合下列规定：

1 阀门的阀杆应灵活无卡涩歪斜，阀体应无裂纹、砂眼等缺陷；

2 填料应饱满，压兰应完整，并应有压紧的余量。螺栓受力应均匀，不得有松动现象；

3 法兰面应无径向沟纹，水线应完好；

4 阀门传动部分应灵活、无卡涩，油脂应充足；

5 阀门液压或电动装置应灵敏。

4.7.7 补偿器的维护检修应符合下列规定：

1 套筒补偿器：

1） 外观应无渗漏、变形、卡涩现象；

2） 套筒组装应符合工艺要求，盘根规格与填料函间隙应一致；

3） 套筒的前压紧圈与芯管间隙应均匀，盘根填量应充足；

4） 螺栓应无锈蚀，并应涂油脂保护；

5） 柔性填料式套筒填料量应充足；

6） 芯管应有金属光泽，并应涂油脂保护；

7） 当整体更换，应符合原设计对补偿量和固定支架推力的要求。

2 波纹管补偿器：

1） 外观应无变形、渗漏、卡涩和失稳现象；

2） 轴向型补偿器应与管道保持同轴；

3） 焊缝处应无裂纹；

4） 轴向型补偿器同轴度应保持在自由公差范围内。内套有焊缝的一端宜安装在水平管道的迎介质流向，在垂直管道上应将焊缝置于上部。

3 球型补偿器：

1） 外观应无渗漏、腐蚀和裂缝现象；

2） 两垂直臂的倾斜角应与管道系统相同，外伸缩部分应与管道坡度保持一致，转动应灵活，密封应良好；

3） 检修过程中辅助设施应牢固。

4.7.8 法兰与螺栓的维护检修应符合下列规定：

1 法兰密封面应无裂痕，结合面应无损伤；

2 凸凹法兰应自然嵌合，螺纹应无损伤；

3 螺栓和螺母的螺纹应完整，丝扣应无毛刺或划痕；

4 螺栓和螺母拧动应灵活，配合应良好。

4.7.9 检修后的管段应进行水压试验，水压试验应按现行行业标准《城镇供热管网工程施工及验收规范》CJJ 28的有关执行。当不具备水压试验条件时，焊口应进行100%无损探伤。

4.7.10 供热管网及其附属设施维护、检修后应进行验收，合格后方可投入运行。

5 泵站与热力站

5.1 一 般 规 定

5.1.1 泵站与热力站内的照明等设施应齐全、完好。地下泵站与热力站应有应急照明、通风、排水等设施，并应有人员疏散通道等安全设施。

5.1.2 泵站与热力站运行、操作和维护人员，应掌握设备的操作方法、故障特征、原因、预防措施及处理方法。

5.1.3 泵站与热力站应建立运行维护技术档案。操作人员应执行安全运行的各项制度，做好运行维护记录。泵站与热力站运行维护记录可按本规程附录C的规定执行。

5.2 运 行 准 备

5.2.1 泵站与热力站运行前应进行检查，并应符合下列规定：

1 电气设施工作环境应干燥无灰尘；

2 阀门应开关灵活、无泄漏，除污器应无堵塞；

3 仪器和仪表应齐全、有效；

4 水处理及补水设备应运转正常；

5 当水泵空载运行时，进口阀门应处于开启状态；

6 安全保护装置应灵敏、可靠；

7 换热器的状态应正常。

5.2.2 当发生下列情况之一时，不得启动设备，已启动的设备应停止：

1 换热器及其他附属设施发生泄漏；

2 循环泵、补水泵盘车卡涩，扫膛或机械密封处泄漏；

3 电动机绝缘不良、保护接地不正常、振动和轴承温度大于规定值；

4 泵内无水；

5 供水或供电不正常;

6 定压设备定压不准确,不能按要求启停;

7 各种保护装置不能正常投入工作;

8 除污器严重堵塞。

5.3 泵站与热力站启动

5.3.1 当热力站及有水处理设备的泵站启动时应先运行水处理设备。

5.3.2 补水泵充水应符合下列规定:

1 打开进口阀门向泵体内充满水,并应进行排气;

2 非直连水泵启动前应先盘车,直连水泵应进行点动试车;

3 打开补水泵出口阀门向系统充水,并应进行排气;

4 观察水泵电流,不得超电流运行。

5.3.3 充水完成且定压符合要求后方可启动泵站与热力站设备。

5.3.4 循环水泵的启动应符合下列规定:

1 应符合本规程第5.3.2条的规定;

2 水泵不应带负载启动;

3 水泵应分阶段开启,每阶段压力升高值不应大于0.3 MPa,流量不应大于上一阶段的100%。每个冷态试运行中间阶段时间宜大于8 h,正常流量和压力下的冷态试运行时间宜大于24 h。

5.3.5 泵站的启动应符合下列规定:

1 热源循环水泵运行后,方可启动泵站内水泵;

2 水泵启动的数量、运行参数应符合热源厂循环泵和热网运行的要求;

3 水泵投入运行后应关闭泵站内主管道的旁通阀门。

5.3.6 热力站的启动应按下列程序进行:

1 间供系统:

1) 水/水换热系统启动流程:启动二级网循环水泵,开启一级网回水阀门,打开供水阀门,关闭站内一级网连通阀门,进行冷态试运行和系统升温;

2) 汽/水换热系统启动流程:启动二级网循环水泵,使二级网冷态试运行,进行蒸汽暖管,开启蒸汽阀门;

3) 生活热水供应系统启动流程:启动循环泵,开启一级网回水阀门,打开供水阀门,关闭一级网连通阀门,调整一级管网供水阀门,控制生活用水水温。

2 混水系统:

混水系统启动流程:依次打开一、二级网回水阀门和供水阀门,关闭一级网连通阀门并网运行,启动混水泵,调整混合比,进行冷态试运行和系统升温。

5.3.7 泵站与热力站启动后应做好供热系统的排气、排污。

5.4 运行与调节

5.4.1 泵站与热力站的运行、调节应按调节曲线图表、最不利环路热用户资用压差和调度指令进行;热用户入户口的调节应满足热力站的运行与调节。

5.4.2 泵站的运行与调节应符合下列规定:

1 水泵的参数应根据系统运行调节方案及末端用户资用压差的要求进行控制;

2 水泵吸入口压力应大于运行介质汽化压力0.05 MPa,且应满足系统定压要求;

3 不得使用水泵的进口阀门调节工况。

5.4.3 热力站的运行与调节应符合下列规定:

1 应根据室外温度的变化进行调节，并应达到调节曲线要求的运行参数；

2 应定期对站内设备和供热系统的运行情况检查，检查周期不应大于 24 h；

3 二级网供热系统宜采用分阶段改变流量的质调节及质量混合调节方式；当热负荷为生活热水时，宜采用量调节；

4 热力站局部调节应按下列方式进行：

1） 间供系统：

水/水换热系统被调参数应为二级系统的供水温度或供、回水平均温度，调节参数应为一级系统的介质流量；

汽/水换热系统被调参数应为二级系统的供水温度或供、回水平均温度，调节参数应为蒸汽量；可采用减温减压装置，改变蒸汽温度，调节参数为蒸汽温度和蒸汽量；

生活热水供应系统被调参数应为二级系统的供水温度和流量，调节参数应为一级系统的介质流量。

2） 混水系统：

被调参数应为二级系统的供水温度、供水流量，调节参数应为流量混合比。

3） 水/水换热系统不宜采用一级系统向二级系统补水的方式进行调节。

4） 室内为单管串联供热的系统还应控制二级系统的回水温度。

5.5 故障处理

5.5.1 泵站与热力站的故障处理应正确判断故障部位、原因，即时处理。当故障危及安全时应停止运行。

5.5.2 当电源中断时，故障处理应按下列程序进行：

1 开启应急照明；

2 关闭水泵出口阀门；

3 启动应急补水；

4 将用电设备置于停止位置；

5 即时对电源系统进行检修。

5.5.3 当热源或一次网出现故障造成系统供热量或流量不足时，泵站与热力站的运行应符合下列规定：

1 应按调度指令调节运行自动控制参数，或将自动控制改为手动控制；

2 不宜改变热用户入口阀门的调节状态。

5.5.4 当二次网出现故障时，应按下列规定进行处理：

1 当二次网回水压力过低时应加大补水量，并应即时查明失水点；

2 当二次网供水压力超高时应泄水，并应停止补水；

3 当二次网供水温度超高时应调节一次网阀门；

4 当二次网补水箱水位过低时应加大软水制备。

5.5.5 泵站与热力站设备出现故障应即时启动备用或进行更换，并应对出现故障的设备即时进行修复。

5.6 停止运行

5.6.1 泵站与热力站停止运行的各项操作应按停止运行方案及调度指令进行。

5.6.2 泵站的停止运行应符合下列规定：

1 一级网的供水温度小于 50 ℃，且热源停止加热后，系统转入冷运阶段，直至系统停运。进入冷运状态后，水泵的停止应符合停运方案和调度指令的要求；

2 冷运阶段水泵运行状态应满足热源循环泵的运行工况；

3 泵站的水泵应在热源循环泵完全停止之前停止运行。

5.6.3 热力站的正式停止运行应符合下列规定：

1 间供系统：

1） 水/水换热系统：在一级网转入冷运后，应逐步降低一级网的流量直至停运。热源循环泵应在二级网循环泵停运前停止运行；

2） 汽/水换热系统：应逐步降低蒸汽管网的蒸汽量直至全部停止，并应逐步降低二级网的流量直至停运；

3） 生活热水供应系统：应与一级管网解列后停止生活水系统水泵。

2 混水系统：

当一级网的供水温度小于 50 ℃时，应停止混水泵运行，并应随一级网停运而停止。

5.6.4 钠离子水处理设备停运前应进行再生处理，停运后应对树脂进行养护。

5.6.5 当泵站与热力站在运行期间检修时，应逐台设备解列检修，当需要时可采取临时停止运行进行检修时，并应符合下列规定：

1 泵站的临时停止运行：

1） 应打开泵站内主管道的旁通阀门，并应逐台停止水泵运行；

2） 水泵完全停止后应将主管道与泵站内的设备解列。

2 热力站的临时停止运行：

1） 应停止站内循环水泵，关闭二级网的供水阀门、回水阀门，将二级管网系统或生活水系统与热力站解列；

2） 应关闭一次网的供水阀门、回水阀门，并应使热力站与一级管网解列。

3 补水泵站的临时停止运行：

1） 应调整其他补水点及定压点的补水量；

2） 应将补水系统与管网解列后停止补水泵及水处理等设备的运行。

5.7 维护与检修

5.7.1 泵站与热力站的检修应按预定方案进行，检修后的设备应达到完好。

5.7.2 泵站与热力站的检查维护应符合下列规定：

1 供热运行期间：

1） 应随时进行检查，检查内容应包括温度、压力、声音、冷却、滴漏水、电压、电流、接地、振动和润滑、补水量及水处理设备的制水水质等；

2） 运转设备轴承应定期加入润滑剂；

3） 设备及附属设施应定期进行洁净。

2 非供热运行期间：

1） 应保持泵站与热力站的设备及附属设施洁净；

2） 电气设备应保持干燥；

3） 供热系统湿保养维护压力宜控制在供热系统静水压力的±0.02 MPa。

6 热用户

6.1 一般规定

6.1.1 用热单位应向供热单位提供下列资料：

1 供热负荷、用热性质、用热方式及用热参数；

2 供热平面位置图；

3 供热系统图。

6.1.2 热计量应采集用热量、供热或供暖面积等数据，对居民用户，还应记录户型朝向等数据。

6.1.3 热计量数据的保存周期不得少于5年。

6.1.4 未经供热单位同意，热用户不得改变原运行方式、用热方式、系统布置及散热器数量等。热用户不得私接供热管道和扩大供热负荷。

6.1.5 热用户不得从供热系统中取用热水，不得擅自停热。

6.2 运行准备

6.2.1 在运行前应对系统中的阀门、过滤器、管道、各种连接件、散热器及保温等进行全面检查，对系统进行检修、清堵、清洗、试压，应经供热单位验收合格，并提供相应技术文件后方可并网。

6.2.2 供热单位应即时处理热用户发现的问题，系统启动前，所有问题应处理完毕。

6.3 系统的启动

6.3.1 系统启动前应检查阀门的状态，使其处于正确位置。

6.3.2 系统运行前应即时通知热用户注水时间及报修联系方式，注水期间系统的高点排气应有专人负责。注水期间热用户应留人看守。

6.3.3 系统冲洗后应与热源一起进行冷态调试。恒流量运行方式的系统冷态调试应保持用户入口处压差一致。

6.3.4 系统启动应根据热用户系统情况，确定系统升温速度。系统热态运行后应即时检查和排气。

6.4 运行与调节

6.4.1 供热单位应根据热用户需求适时调节。

6.4.2 系统运行后应进行热态调节，根据热用户系统型式选择运行调节方式。

6.4.3 热用户入口的调节应符合下列规定：

1 供热单位应根据管网水力计算结果，制定运行调节方案；

2 初调节宜在冷态运行条件下，根据供热管网运行调节方案和实际调节情况进行。

6.4.4 热用户系统应按管网水力工况和热负荷进行调节。

6.4.5 除用户以外的热计量设备应定期进行检查，检查周期宜为15 d。

6.5 故障处理

6.5.1 当发生故障时应采取有效、影响小的隔断措施，即时通知相关单位，制定故障处理方案。

6.5.2 故障处理方案应确定处理时间、运行方式和防冻措施，并应即时通报热用户。

6.5.3 故障处理完毕后，经检查合格后方可恢复供暖。

6.6 停止运行

6.6.1 停运前应对系统进行检查。

6.6.2 热用户系统停止运行应符合供热单位的管理要求，不得擅自关断系统的阀门。

6.6.3 无法采用湿保养的用户，系统泄水后应对系统进行封闭。

6.7 维护与检修

6.7.1 非采暖季，热用户系统宜充水湿保养。对于采用钢制散热器的热用户系统，在水质满足要求的前提下，应进行充水湿保养。

6.7.2 停运期间应对系统进行下列检修：

1 对阀门加压填料，并定期对螺栓涂机油、润滑脂等；

2　检查、清洗过滤器，当损坏时应更换滤网或过滤器；

3　对用户系统油漆脱落部位除锈、防腐处理。对保温层修补保持干燥、完好；

4　对腐蚀严重或已损坏的管道、管件、阀门及集气罐等进行更换；

5　根据供暖期的检查、故障、抢修和用户反馈记录，逐一检查、修理。

6.7.3　分户计量、分室控温供热系统应定期对热计量装置进行维护与校验，当热计量装置大于使用年限时应进行更换。

6.7.4　供热结束后应对热计量记录即时分析，当本供热周期的热计量数据与上一年差值大于±20%时，应对热计量设备进行检查，并应即时更换不合格的热计量装置。

6.7.5　热分配表的数据读取和蒸发管的更换应在供暖期结束后的1个月内完成。

6.7.6　热计量设备的更换应符合设计要求，不得随意改动。

7　监控与运行调度

7.1　一般规定

7.1.1　检测与控制装置宜采用可在线检修的产品。当信号或供电中断时，自动调节装置应能维持当前值。

7.1.2　供热系统宜采用计算机自动监控系统。常规自动监控仪表宜以电动单元组合仪表和基地式仪表为主。

7.2　参数检测

7.2.1　供热系统检测参数应包括压力、温度、流量及热量等。检测重点应包括热源、泵站、热力站、热用户以及主干线的重要节点。

7.2.2　热水供热系统，热电厂、热源厂应满足检测要求。热源出口处应检测、记录下列主要参数：

1　供、回水温度和压力；

2　供水、补水流量；

3　循环泵进出口压力；

4　补水点压力；

5　除污器进、出口压力；

6　供热量。

7.2.3　蒸汽供热系统，应在热源出口处检测、记录下列主要参数：

1　供汽压力、温度及流量；

2　供热量；

3　凝结水温度和流量；

4　凝结水箱液位；

5　循环泵进、出口压力；

6　补水点压力。

7.2.4　流量检测仪表应适应季节流量的变化，根据不同季节负荷应安装适应的仪表。

7.2.5　热源出口处应建立运行参数计量站。

7.2.6　供热系统泵站应检测、记录下列主要参数：

1　供热管道总进、出口的压力、温度和流量；

2　水泵进、出口压力；

3　除污器进、出口压力；

4 水泵轴承温度和水泵电机的定子温度。

7.2.7 热力站应检测、记录下列主要参数：

1 直接连接方式应检测供、回水温度及压力，以及供水流量、供热量；

2 混水连接方式应检测一、二级系统的供、回水温度，压力和流量，以及混水泵的进口压力、混水后温度和流量，并宜检测供热量；

3 有供暖负荷、生活热水负荷的间接连接系统，应检测供暖、生活热水的一、二级系统的供、回水温度和压力，以及换热器的进、出口压力、温度，并宜检测供水流量和供热量；

4 蒸汽系统，应检测供汽流量、压力、温度。当有冷凝水回收装置、汽/水换热器时，应检测一、二级系统的压力、温度、流量和汽/水换热器进出口压力、温度及水位，并宜检测凝结水回水流量及温度；

5 除污器进、出口压力；

6 水泵轴承温度和水泵电机的定子温度。

7.2.8 当采用计算机监控时，在热源、调度中心及热力站应检测室外温度。

7.3 参数的调节与控制

7.3.1 供热系统流量应按运行调节曲线调节与控制。

7.3.2 当系统运行工况与设计水温调节曲线不符时，应根据修正后的水温调节曲线进行调节。当采用计算机监控时，宜根据动态特性辨识指导系统运行。

7.3.3 当室内供暖系统采用热计量和温控阀时，宜采用质量综合调节；当未采用热计量和温控阀时，二级网系统宜采用定流量(质调)调节。

7.3.4 当供热系统改变流量时，宜采用变速泵控制流量。

7.3.5 热力站一次侧入口或分支管道的调节控制装置，应根据水力工况进行调节。

7.3.6 系统末端供、回水压差应满足最不利用户资用压头。

7.3.7 热力站补水泵定压应保持压力稳定。循环泵应根据变流量调节曲线，调整变频调速装置。

7.3.8 公建调速泵频率宜按分时控制，当采用用户主动调节时应由供暖系统的供、回水压差控制，压差控制点应选在末端建筑的入口，当条件不允许时可用热力站内供、回水压差代替。

7.3.9 当热力站有多个供暖系统时，应合理分配供热负荷。

7.3.10 生活热水系统应根据生活热水温度或时间来控制循环泵的工作状态。

7.3.11 设置室外气候补偿器的热力站，宜采用回水温度对热力站各系统的控制调节。

7.4 计算机自动监控

7.4.1 供热系统宜采用分布式实时在线计算机监控系统。监控系统应具备下列功能：

1 检测系统参数，调节供热参数；

2 当参数超限和设备事故时，自动报警并采取保护措施；

3 分析计算和优化调度，调配运行流量，指导经济运行；

4 系统故障诊断；

5 健全运行档案，实现远程监控。

7.4.2 计算机运行管理人员应经专业培训，考核合格方可上岗。

7.4.3 计算机监控系统在停运期间应实行断电保护。

7.5 最佳运行工况

7.5.1 直接连接、混水连接、间接连接等运行方式的供热系统，应根据供热计划制定阶段性运行方案。

7.5.2 多热源、多泵站供热系统应根据节能、环保及温度变化，进行供热量、供水量平衡计算，以及关键部位供、回水压差计算，制定基本热源、尖峰热源、中继泵、混水泵等设备的最佳运行方案。

7.5.3 多类型热负荷供热系统应根据不同连接方式，制定相应的运行调节方案。

7.5.4 地形高差变化大的供热系统，不同静压区的仪表、设备应可靠、安全运行。

7.5.5 大型供热系统应进行可靠性分析，可靠度不应小于85%。当供热系统故障时，应按应急预案进行运行调节。

7.6 运行调度

7.6.1 供热系统宜实行统一调度管理。调度中心应设供热平面图、系统图、水压图、全年热负荷延续图及流量、水温调节曲线图表，并应采用电子屏幕显示供热系统主要运行参数。

7.6.2 调度管理应包括下列内容：

1 编制运行、故障处理和负荷调整方案，以及停运方案；

2 指挥、组织供热系统运行和调整，以及故障处理和故障原因分析，制订提高供热系统安全运行的措施；

3 参与拟订供热计划和热负荷增减的审定；

4 参与编制热量分配计划，监视、控制用热计划执行情况；

5 提出远景规划和监测、通信规划，并参加审核工作。

7.6.3 运行调度指挥人员应能即时判断、处理可能出现的各种问题。

7.6.4 供热系统调度应符合下列规定：

1 应使供热系统安全、稳定和连续运行、正常供热；

2 应发挥供热设备的能力；

3 应使供热质量达到设计要求；

4 应合理使用和分配热量。

附录A 热源厂运行维护记录

A.0.1 锅炉安全阀校验记录可按表A.0.1的要求填写。

表A.0.1 锅炉安全阀校验记录

位置		编号		试验类别	检修□ 定期□ 排放□	
日期	起跳压力（MPa）	回座压力（MPa）	密封性	调试人	负责人	备注

A.0.2 锅炉水压试验记录可按表A.0.2的要求填写。

表A.0.2 锅炉水压试验记录

设备名称				编号			
日期	开始时间	终止时间	初始压力（MPa）	终止压力（MPa）	试验结论	负责人	备注

A.0.3 燃煤蒸汽锅炉运行记录可按表A.0.3的要求填写。

表A.0.3 燃煤蒸汽锅炉运行记录

锅炉编号		表编号							
班次：		年　月　日							
班长：		司炉：							
累计给水量(t)									
累计耗煤量(t)									
累计蒸汽量(t)									
项　目		时　间							
汽包水位(mm)									
蒸汽流量(t/h)									
给水流量(t/h)									
给煤量(t/h)									
给水压力(MPa)	调节阀前								
	调节阀后								
给水温度(℃)									
汽包压力(MPa)									
煤层厚度(mm)									
炉膛出口烟气温度(℃)									
排烟烟气温度(℃)									
省煤器入口烟气温度(℃)									
省煤器出口烟气温度(℃)									
空预器出风口温度(℃)									
空预器入口风压(Pa)									
空预器出口风压(Pa)									
炉膛负压(Pa)									
省煤器出口负压(Pa)									
空预器出口负压(Pa)									
除尘器后负压(Pa)									
炉排转速(r/min)									
炉排电流(A)									
除尘器出口烟器温度(℃)									
除渣机电流(A)									
送风机电流(A)									
送风机频率(Hz)									
吸风机电流(A)									

表 **A**.0.3（续）

项目		时间							
吸风机频率(Hz)									
送风机轴承温度（℃）	前								
	后								
吸风机轴承温度（℃）	前								
	后								
分汽缸压力(MPa)									

A.0.4 燃气蒸汽锅炉运行记录可按表 A.0.4 的要求填写。

表 A.0.4 燃气蒸汽锅炉运行记录

锅炉编号		表编号							
班次：		年 月 日							
班长：		司炉：							
累计给水量(t)									
累计耗气量(t)									
累计蒸汽量(t)									
项目		时间							
汽包水位(mm)									
蒸汽流量(t/h)									
给水流量(t/h)									
燃气流量(m^3/h)									
给水压力（MPa）	调节阀前								
	调节阀后								
给水温度(℃)									
汽包压力(MPa)									
燃烧器负荷（%）	左								
	右								
燃气温度(℃)									
燃气总管压力(MPa)									
燃气调节阀阀后压力(kPa)									
炉膛出口烟气温度（℃）	左								
	右								
鼓风风压(Pa)									
省煤器前烟气温度（℃）	左								
	右								

表 A.0.4（续）

项目		时间							
吸风机进口烟气温度(℃)									
空预器出风口温度(℃)	左								
	右								
炉膛出口负压(Pa)									
省煤器后烟气压力(Pa)	左								
	右								
引风机进口烟气压力(Pa)									
烟气含氧量(%)									
送风机电流(A)									
送风机开度(%)									
吸风机电流(A)									
吸风机开度(%)									
送风机轴承温度(℃)	前								
	后								
吸风机轴承温度(℃)	前								
	后								
分汽缸压力(MPa)									

A.0.5 燃煤热水锅炉运行记录可按表 A.0.5 的要求填写。

表 A.0.5 燃煤热水锅炉运行记录

锅炉编号	表编号							
班次：	年 月 日							
班长：	司炉：							
累计给水量(t)								
累计耗煤量(t)								
累计热量(GWh)								
项目	时间							
出口水温(℃)								
回水水温(℃)								
进口水压(MPa)								
出口流量(t/h)								
总出口流量(t/h)								
总供水温度(℃)								
总回水温度(℃)								

表 A.0.5（续）

项　目	时　间							
炉膛温度(℃)								
炉膛负压(Pa)								
煤层厚度(mm)								
给煤量(t/h)								
汽包水位(mm)								
蒸汽流量(t/h)								
给水流量(t/h)								
省煤器入口烟气温度(℃)								
省煤器出口烟气温度(℃)								
空预器出风口温度(℃)								
空预器出风口风压(Pa)								
除尘器出口烟气温度(℃)								
除尘器入口烟气压力(Pa)								
除尘器出口烟气压力(Pa)								
鼓风风压(Pa)								
炉排转速(r/min)								
炉排电流(A)								
炉排频率(Hz)								
碎渣机电流(A)								
鼓风电流(A)								
鼓风频率(Hz)								
引风机电流(A)								
引风机频率(Hz)								

A.0.6　燃气热水锅炉运行记录可按表 A.0.6 的要求填写。

表 A.0.6　燃气热水锅炉运行记录

锅炉编号	表编号
班次：	年　月　日
班长：	司炉：
累计给水量(t)	
累计燃气量(m^3/h)	
累计热量(GWh)	

表 A.0.6（续）

项　　目		时　　间							
出口水温(℃)									
回水水温(℃)									
进口水压(MPa)									
出口水流量(t/h)									
进口水流量(t/h)									
总供水温度(℃)									
总回水温度(℃)									
炉膛温度(℃)									
炉膛压力(Pa)									
燃烧器前燃气压力(kPa)	1								
	2								
	3								
排烟温度(℃)									
燃气过滤器压差(kPa)									
给水流量(t/h)									
省煤器入口烟气温度(℃)									
省煤器出口烟气温度(℃)									
空预器出风口温度(℃)									
空预器出风口风压(Pa)									
NO_X 含量(mg/m^3)									
CO 含量(mg/m^3)									
烟气含氧量比(%)									
压缩空气压力(MPa)									
空气流量(Nm^3/h)									
送风机	电机电流(A)								
	电机温度(℃)								
	风门开度(%)								
锅炉循环泵	频率(Hz)								
	流量(m^3/h)								

A.0.7　燃气调压站运行记录可按表 A.0.7 的要求填写。

表 A.0.7　燃气调压站运行记录

编号：								
日期：								
值班员：								
燃气流量累计值(m^3)								
当日燃气用量(m^3)								
项　目	时　间							
流量计流量(m^3)								
过滤器进口燃气压力(MPa)								
过滤器出口燃气压力(MPa)								
过滤器差压表值(MPa)								
调压器进口燃气压力(MPa)								
调压器出口燃气压力(MPa)								
燃气温度(℃)								
泄漏报警器情况								
其他需要说明的情况								

A.0.8　燃气调压站运行记录可按表 A.0.8 的要求填写。

表 A.0.8　给水泵运行记录

编号：									
日期：									
值班员：									
编号及项目		时　间							
1#	压力(MPa)								
	电流(A)								
2#	压力(MPa)								
	电流(A)								
3#	压力(MPa)								
	电流(A)								
4#	压力(MPa)								
	电流(A)								
5#	压力(MPa)								
	电流(A)								
6#	压力(MPa)								
	电流(A)								
7#	压力(MPa)								
	电流(A)								

表 A.0.8（续）

编号及项目		时间							
8#	压力(MPa)								
	电流(A)								
9#	压力(MPa)								
	电流(A)								
10#	压力(MPa)								
	电流(A)								
需要说明的情况									

A.0.9 锅炉水分析记录可按表 A.0.9 的要求填写。

表 A.0.9 锅炉水分析记录

编号：										
日期：										
锅炉编号：										
编号及项目			时间							平均
炉水		磷酸根(mg/L)								
		pH 值								
		碱度(mel/L)								
		氯根(mg/L)								
给水	中压	pH 值								
		碱度(mel/L)								
		硬度(mel/L)								
		氯根(mg/L)								
	低压	pH 值								
		碱度(mel/L)								
		硬度(mel/L)								
		氯根(mg/L)								
溶解氧(μg/L)		中压								
		低压								
饱和蒸汽	中压	pH 值								
		氯根(mg/L)								
	低压	pH 值								
		氯根(mg/L)								
排污率										
化验员签字										
需要说明的情况										

A.0.10 循环泵及水化间运行记录可按表 A.0.10 的要求填写。

表 A.0.10 循环泵及水化间运行记录

日期：									编号：		
时间	循环泵电流(A)				循环泵出口压力(MPa)				回水压力(MPa)	回水温度(MPa)	备注
	1号	2号	3号	4号	1号	2号	3号	4号			
0											
1											
2											
3											
4											
5											
6											
7											
8											
9											
10											补水总累计： t
11											本班水累计： t
12											回水 pH 值：
13											补水硬度： mel/L
14											班长：
15											值班员：
16											
17											
18											
19											
20											
21											
22											
23											

A.0.11 引风机运行记录可按表A.0.11的要求填写。

表A.0.11 引风机运行记录

日期：						编号：				
时间	引风机电流频率			引风机油位			引风机轴温℃			备 注
	1号	2号	3号	1号	2号	3号	1号	2号	3号	
	A/Hz	A/Hz	A/Hz	前/后	前/后	前/后	前/后	前/后	前/后	
0										
1										
2										
3										
4										
5										
6										
7										
8										
9										
10										
11										班 长：
12										
13										值班员：
14										
15										
16										
17										
18										
19										
20										
21										
22										
23										

A.0.12 缺陷及处置记录可按表A.0.12的要求填写。

表A.0.12 缺陷及处置记录

缺陷		发现部门	
缺陷描述： 填写人：　　　　日期：			
缺陷处置意见	1.蒸　　汽：□让步放行　□通知各厂调整　□暂停采热 2.热　　水：□让步放行　□通知各厂调整　□暂停采热 3.施工工程：□返工　□返修　□报废 附加说明：		
执行处理记录	记录人：　　　　日期：		
执行后验证	验证人：　　　　日期：		

A.0.13 设备检修记录可按表 A.0.13 的要求填写。

表 A.0.13 设备检修记录

车间：		日期：
项目名称：		设备型号：
检修人员：		检修工时：
材料记录	工艺记录	
	检修前设备状况：	
	检修记录：	
备注：		

A.0.14 设备检修验收记录可按表A.0.14的要求填写。

表A.0.14 设备检修验收记录

设备名称：	
安装地点：	
验收时间：	
验收内容	验收结果
设备整体验收结论：	
验收人员：	

附录B 供热管网运行维护记录

B.0.1 供热热水管网运行记录可按表B.0.1的要求填写。

表B.0.1 供热热水管网运行记录

管线名称：								年 月 日				
小室编号	O_2	CO	H_2S	EXP	温度℃	设备及附件	土建结构	井盖	水情	抽水情况	管丝占压	缺陷等级
						□完好	□完好	□完好	□无	□已抽	□无	□无 □重大 □紧急
						□完好	□完好	□完好	□无	□已抽	□无	□无 □重大 □紧急
						□完好	□完好	□完好	□无	□已抽	□无	□无 □重大 □紧急
						□完好	□完好	□完好	□无	□已抽	□无	□无 □重大 □紧急
						□完好	□完好	□完好	□无	□已抽	□无	□无 □重大 □紧急
缺陷说明：												
运行人员				作业负责人				所负责人				

B.0.2 供热蒸汽管网运行记录可按表B.0.2的要求填写。

表B.0.2 供热蒸汽管网运行记录

管线名称：									年　月　日					
小室编号	O_2	CO	H_2S	EXP	温度℃	设备附件	土建结构	井盖	水情	抽水情况	管丝占压	输水器开启	架空管线滑托、支架	缺陷等级
						□完好	□完好	□完好	□无	□已抽	□无	□开 □关	□正常	□无 □重大 □紧急
						□完好	□完好	□完好	□无	□已抽	□无	□开 □关	□正常	□无 □重大 □紧急
						□完好	□完好	□完好	□无	□已抽	□无	□开 □关	□正常	□无 □重大 □紧急
						□完好	□完好	□完好	□无	□已抽	□无	□开 □关	□正常	□无 □重大 □紧急
						□完好	□完好	□完好	□无	□已抽	□无	□开 □关	□正常	□无 □重大 □紧急
缺陷说明：														

运行人员		作业负责人		所负责人	

B.0.3 供热管网检修记录可按表B.0.3的要求填写。

表B.0.3 供热管网检修记录

管线名称						日期				
小室编号	项目	检修设备及附件规格型号	单位	数量	检修单位	检修人员	竣工日期	验收单位	验收人	验收日期
维护检修情况说明：										

B.0.4 供热管网设备检修记录可按本规程表A.0.13的规定执行；供热管网设备检修验收记录可按本规程表A.0.14的规定执行。

附录C　泵站、热力站运行维护记录

C.0.1　泵站、热力站运行值班记录可按表C.0.1-1和C.0.1-2的要求填写。

C.0.1-1　泵站、热力站运行值班记录之一

站房名称：						日期：					
时间	室外温度℃	一次线参数				二次线参数				补水量(t)	值班人员
		压力(MPa)		温度(℃)		压力(MPa)		温度(℃)			
		P_{1g}	P_{1h}	T_{1g}	T_{1h}	P_{2g}	P_{2h}	T_{2g}	T_{2h}		
0：00											
1：00											
2：00											
3：00											
4：00											
5：00											
6：00											
7：00											
8：00											
9：00											
10：00											
11：00											
12：00											
13：00											
14：00											
15：00											
16：00											
17：00											
18：00											
19：00											
20：00											
21：00											
22：00											
23：00											
平均											

表 C. 0. 1-2 泵站、热力站值班记录之二

站房名称：					值班人员：										日期：	
系统名称	循环泵运行情况				换热器运行情况									补水(t/h)	其他	交班事项
	编号	电流值(A)	压力(MPa)		编号	一次参数				二次参数						
			进口	出口		压力(MPa)		温度(℃)		压力(MPa)		温度(℃)				
						供水	回水	供水	回水	供水	回水	供水	回水			
																☐设备保养润滑
																☐设备擦拭
																☐设备保养润滑
																☐设备擦拭
																☐设备保养润滑
																☐设备擦拭
																☐设备保养润滑
																☐设备擦拭

C.0.2 泵站、热力站检修记录可按表 C.0.2 的要求填写。

表 C.0.2 泵站、热力站检修记录

站房名称：								
项目	设备型号	单位	数量	检修人员	竣工日期	验收单位	验收人	验收日期

C.0.3 泵站、热力站设备检修记录可按本规程表 A.0.13 的规定执行；泵站、热力站设备检修验收记录可按本规程表 A.0.14 的规定执行。

本规程用词说明

1 为便于在执行本规范条文时区别对待，对要求严格程度不同的用词说明如下：

1） 表示很严格，非这样做不可的用词：

正面词采用“必须”，反面词采用“严禁”。

2） 表示严格，在正常情况下均应这样做的用词：

正面词采用“应”，反面词采用“不应”或“不得”。

3） 表示允许稍有选择，在条件许可时首先应这样做的用词：

正面词采用“宜”或“可”，反面词采用“不宜”；

4） 表示有选择，在一定条件下可以这样做的用词，采用“可”。

2 条文中指明应按其他有关标准执行的写法为“应符合……的规定”或“应按……执行”。

引用标准名录

1 《工业锅炉水质》GB/T 1576
2 《声环境质量标准》GB 3096
3 《锅炉大气污染物排放标准》GB 13271
4 《城镇供热管网工程施工及验收规范》CJJ 28

中华人民共和国行业标准

城镇供热系统运行维护技术规程

CJJ 88—2014

条 文 说 明

修 订 说 明

《城镇供热系统运行维护技术规程》CJJ 88—2014，经住房和城乡建设部 2014 年 4 月 2 日以第 355 号公告批准、发布。

本规程是对《城镇供热系统安全运行技术规程》CJJ/T 88—2000 进行修订，上一版本的主编单位是沈阳惠天热电股份有限公司，参编单位是清华大学、北京热力公司、唐山热力总公司、城市建设研究院，主要起草人员是王安荣、孙杰、宁国强、丁子祥、石兆玉、张裕、吴德君、杨时荣、李国祥。

为便于广大设计、施工、科研、学校等单位有关人员在使用本标准时能正确理解和执行条文规定，《城镇供热系统运行维护技术规程》编制组按章、节、条顺序编制了本标准的条文说明，对条文规定的目的、依据以及执行中需注意的有关事项进行了说明，还着重对强制性条文的强制性理由做了解释。但是，本条文说明不具备与标准正文同等的法律效力，仅供使用者作为理解和把握标准规定的参考。

1 总　　则

1.0.1　本规定作为供热系统的运行维护标准，涵盖供热热源、管网，换热站、热用户及系统运行控制和计量的整个供热系统，内容除包括安全要求外，还包括系统的启动、运行、控制、停车、故障处理及运行后的保养和维护的技术要求，并增加热力网的变流量运行、热计量、直埋管道等新技术的管理要求，以及节能减排、环保等方面的相关技术要求。

1.0.2　由于目前国内集中供热系统热源多以燃煤为主，但是一些地区如北京等城市出现以燃气为主的供热系统，故本规程以燃煤热源和燃气热源作为重点分别规定。对其他热源(如燃油，地热，核供热等)，要执行相应热源的有关规定。

1.0.3　在本规程编写前，国家已颁布《热水锅炉安全技术监察规程》(劳人锅字[1997]74 号)，《蒸汽锅炉安全技术监察规程》(劳人锅字[1996]276 号)，《锅炉房安全管理规则》(劳人锅字[1988]2 号)，《中小型锅炉运行规程》(79)电生字 53 号，《工业锅炉水质》GB/T 1576，《锅炉大气污染物排放标准》GB 13271—2001，《城市热力网设计规范》CJJ 34，《特种设备安全监察条例》中华人民共和国国务院令[第 373 号]，《锅炉压力容器压力管道特种设备事故处理规定》(令[第 2 号]，《特种设备作业人员监督管理办法》经 2004 年 12 月 24 日国家质量监督检验检疫总局，《压力管道安全管理与监察规定》(劳部发[1996]140 号)，《小型和常压热水锅炉安全监察规定》(国家质量技术监督局局令 11 号)等，因此城镇供热系统的安全运行，除应符合本规程外，还应符合国家现行有关强制性标准的规定。

2 基 本 规 定

2.1　运行维护管理

2.1.1　随着城镇供热系统的发展，为了保证其正常安全运行，制定各种管理制度、岗位责任制、安全操作规程、设备及设施维护保养手册是十分必要的，并制定突发事故的应急预案，将事故的影响降低到最小。而供热质量的提高、供热设施的完善，也需要不断定期修订管理制度、岗位责任制、安全操作规程等。

2.1.3　运行管理、操作和维护人员定期培训对提高员工业务水平有着重要的作用，也是加强员工工作责任心和安全意识的重要手段，特别是在有关规章制度修订或系统工艺改变、设备更新等情况下，要即时对相关人员进行培训。

2.1.4　必要的图表是运行管理及操作和维护的重要依据。因此，要求城镇供热系统热源厂、供热管网、热力站、泵站均要具备相应的图表。

1　热力系统图：标明设备名称、型号、介质流程、管道走向等；

2　设备布置平面图：标明设备的名称、型号及位置等；

3　供电系统图：标明电源、电器设备名称型号、位置及线路走向等；

4　控制系统图：标明传感器的型号、线缆规格型号、接线位置、编号及线路走向等；

5　运行参数调节曲线图表：反映本地区室外温度变化的规律；

6　供热管网平面图：标明所供的热用户位置、名称、井室的位置、编号、作用类别、管道管径、走向及热用户的供热面积和总供热面积。

2.1.5　实时在线监测才能随时掌握热源厂、热力站、泵站的重要运行参数，才能分析、确定系统是否正常工作。

2.1.6　能源的消耗包括热、煤、电、水等的消耗，热源厂、热力站等热耗、煤耗、电耗、水耗计量要准确，并能够根据能耗进行分析、核算，确定系统是否正常运行。

2.2 运行维护安全

2.2.5 在城镇供热系统中，一些作业环境由于环境密闭或通风不畅，易积聚有毒有害、易燃易爆气体，粉尘浓度大，如果不进行强制通风，对作业人员人身会产生伤害；或环境潮湿，对机电设备存在安全隐患。

例如，较长时间未进入的供热管网地沟、检查室易产生易燃、易爆及有毒气体，所以在未检测前，未保证安全，不得使用明火，且要在通风确认安全后方可进入。检测的主要气体为：含氧量、CO、H_2S、其他可燃气体。

其他环境有：

1 锅炉运行间、风机间；

2 地下泵站或换热站；

3 施工中的锅筒或大口径管道内；

4 锅炉紧急停炉后炉膛和烟道内。

2.2.6 锅炉安全阀是锅炉最重要的安全设备，直接关系到锅炉的安全运行。定期整定和校验方可保证其有效性，满足安全放散的压力要求。定期整定和校验周期是根据《热水锅炉安全技术监察规程》（劳人锅字[1997]74号）和《蒸汽锅炉安全技术监察规程》（劳人锅字[1996]276号）制定的。由于安全阀只进行周期整定和校验，在一个整定和校验周期内也可能失效，锅炉运行期间进行手动排放检查是对安全阀进行自检的重要措施。整定、校验安全阀专门机构确认安全阀质量和设定值合格，是安全的基础条件。但整定和校验不能确保安全阀在使用中不会失效，锅炉运行中对安全阀进行手动排放检查是对安全阀进行动态检查，是锅炉安全运行的重要环节。锅炉安全阀由当地质量检测部门进行整定及校验，运行单位要做好整定及校验记录，并对整定及校验资料存档。季节性运行的锅炉房，安全阀的整定及校验一般在供暖期开始前进行，由锅炉房负责人负责实施，上级单位对其进行检查。手动排放检查的人员及要求要在岗位责任制、安全操作规程中明示。手动排放检查由锅炉房负责人负责实施，具体操作可由运行人员进行。手动排放检查完成后做好检查时间、人员及检查结果等的记录，上级单位对手动排放检查记录进行检查或抽查。

2.2.9 用电设备带电维修，不但直接关系到维修人员的安全，而且极有可能损害被维修的设备本身、其他设备及电气系统。在电源开关处悬挂维修和禁止合闸的标志牌，是防止人为误操作的常用和有效方法。断电维修，并在电源开关处悬挂维修和禁止合闸的标志牌，不存在技术问题，关键在维修人员的安全意识。对用电设备维修时，维修人员要首先检查是否断电，并自查是否悬挂禁止合闸标志牌。

2.2.10 有限空间是指封闭或部分封闭，进出口较为狭窄有限的工作场所，自然通风不良，易造成有毒有害、易燃易爆物质积聚或氧含量不足的空间。热力检查室和管沟属于有限空间。在有限空间作业发生安全事故的案例不少，本条根据运行维护中的经验教训，制定了安全防范措施。

1 有限空间内通风不良，作业条件和作业环境差，因此要事先制定实施方案，包括安全技术措施、紧急预案等，在确保安全的前提下方可进入有限空间进行作业。由于有限空间易造成有毒有害、易燃易爆物质积聚或氧含量不足，因此进入有限空间前要先进行气体检测。未经检测，作业人员进入有限空间后吸人有毒有害气体可能会造成中毒、窒息等后果；易燃易爆物质在有限空间动火作业时可能会引起爆炸，造成安全事故和财产损失。

2 围档，并设置提示和安全标志一方面是为了保证作业人员的安全，同时对来往车辆和行人具有警示作用，保证交通参与者的安全。夜间作业时设置警示灯，能大大提高其安全性。

3 供热管网检查室、地沟内均较潮湿，并有介质泄漏的可能，当工作人员在地沟、检查室内进行作业时，若使用36 V以上的电压，一旦用电设备发生漏点，将危及操作人员的人身安全。使用潜水泵等用电设备可能会发生漏电事故，因此当有人员在检查室和管沟内作业时，不能使用潜水泵等用电设备。

4 地面设置监护人员十分重要，主要负责地面和操作人员的安全，当出现安全隐患或发生安全事故时，可即时提醒和进行处置，防止事故的发生或扩大。监护人员与操作人员保持联络畅通，是为了保证双方能即时进行沟通,包括监护人员对操作人员安全提示和询问,操作人员求助等。

5 防止有限空间内环境发生变化,产生影响人员安全的有毒、有害气体或高温高湿环境对人员造成伤害。

根据有限空间作业的安全防范重点制定安全技术措施和紧急预案,并在作业的过程中严格执行。运营主管单位制定进入有限空间作业的管理制度和安全操作规程,并对相关人员,特别是作业班组的负责人进行培训,提供符合要求的通风、检测、防护、照明等安全防护设施、个人防护用品等,提供应急救援保障。

2.3 运行维护保养

2.3.4 供热系统除运行设备外,建筑结构、各种阀门、护栏、爬梯、管道、井盖、盖板、支架、栈桥需保证安全牢固,照明设施保持完好,上述设施的状态直接关系到操作人员的人身安全和设备的安全,需要定期进行检查维护和维修。

2.3.8 阀门是城镇供热系统中最常见、最关键的设施之一,是进行供热系统运行调节的重要设施,要确保开关灵活、开启正常。

2.4 经济、环保运行指标

2.4.4 依据《评价企业合理用热技术导则》GB/T 3486 制订。

2.4.5 锅炉热负荷在总负荷的70%以上连续运行时,经济效益较明显。

2.4.6 依据国家二级企业验收标准。

2.5 备品备件

2.5.2 配件性备品是指主要设备(主机和辅机)的零部件;设备性备品是指主机以外的其他重要设备;材料性备品是解决主机设备事故检修时和加工配件备品所需的特殊材料。

2.5.3 按照状态备品备件可分为两种:

1 常用备品,故障较多的部件或使用最多的更换品。

2 非常用备品,主要是指那些几乎不突然发生故障的定期更换品。

从经济的角度来看,最好是不储备非常用备品。但为了缩短突然发生故障造成的停机时间,有必要储备一些常用备品,非常用备品则可减少。当然,如果有集中检修公司进行服务(例如专门针对大型电厂的检修公司),企业备品备件的储备压力可以大大减少。

3 热源

3.1 一般规定

3.1.1 热源厂安全运行制度一般包括锅炉房及辅机操作制度、巡回检查制度、水质管理制度、清洁卫生制度、交接班制度、安全保卫制度及维修保养制度等。操作人员一方面要按制度进行运行管理,另一方面要即时做好各项值班和交接班记录。各项记录不但是为运行维护具有可追溯性,加强操作人员的责任心,更重要的是通过记录的各项数据,可统计水耗、能耗指标,计算单位电耗量、单位燃煤(燃气)耗量、单位补水量等指标,分析、评估设备的运行状况。

3.1.3 不同的锅炉对燃煤的热值和成分要求不同,当实际燃煤与设计燃煤存在较大差异时,会恶化燃烧工况,影响锅炉热效率,降低锅炉使用寿命。锅炉燃煤在投入使用前,一般要进行工业分析,检验燃煤是否符合锅炉设计煤种的要求。

3.1.4 低硫煤指的是含硫量在0.51%~1%之间的煤。燃料中的硫燃烧或高温下,形成的三氧化硫 SO_3

可与烟气中的水蒸气形成硫酸蒸汽，烟气中只要有 0.005%左右的硫酸蒸汽，烟气露点可达 150 ℃，使得低温受热面在壁温小于露点以下部分有硫酸蒸汽凝结，引起该处受热面腐蚀。

另外，二氧化硫和三氧化硫排入大气造成大气污染，在一定条件下，二氧化硫还会形成亚硫酸，是酸雨形成的主要原因，腐蚀程度极为严重，危害附近生物。

3.1.7 新装、改装、移装锅炉应进行热效率测试和热态满负荷 48 h 试运行。运行中的锅炉宜定期进行热效率测试。锅炉热效率是锅炉运行经济性的重要指标，也是判断锅炉是否正常运行的指标之一。锅炉在不同负荷下热效率差别较大，运行中对锅炉定期进行热效率测试，掌握锅炉在不同负荷下的热效率的规律，对节能运行和判断锅炉运行是否正常有积极的意义。

3.2 运行准备

3.2.1 锅炉在大修、改造中由于受压部件的更换，而停运 1 年以上的锅炉、连续运行 6 年以上的锅炉，由于受压部件的磨损和腐蚀，因此对其进行水压试验，以校验有关部件的承压能力。

3.2.2 新装、改装、移装及大修或长期停运的锅炉，炉墙内含有大量的水分，如不经烘炉或烘炉达不到要求，炉墙与高温烟气接触后，水分急剧蒸发，易损坏炉墙，造成裂纹甚至倒塌。烘炉是提高炉墙强度和保温能力的有效措施。新装锅炉或受压部件经过大修、改造的锅炉，运行前要进行煮炉，煮炉宜采用化学法；煮炉要达到金属内表无锈斑，锅筒、集箱无油垢。

3.2.3 由于供暖系统为季节运行，锅炉及辅助设备在夏季长期停运，各种设备容易造成自然失灵，所以停炉后的维护保养和运行前的全面检查，都是不可忽视的重要环节，是确保安全运行的前提条件。本条款锅炉部分适用于层燃锅炉。

检查完毕后，有省煤器的锅炉，把省煤器的烟道挡板关闭，开启其旁路烟道挡板。如无旁路烟道时，开启省煤器再循环管的阀门。

点火前将过热器出口集箱的空气阀、放水阀及省煤器的进、出口阀全部打开，中间集箱和入口的疏水阀也打开。

3.2.4 传动机械是保证供热系统运行的重要辅助设施，由于磨损、高温等恶劣工作环境，也是故障易发部位，运行前要验证其工作可靠性，进行试运行。

3.2.5 锅炉投入运行前，水处理、除氧设备要先投入运行；同时对锅炉房电气系统进行全面检查，安全附件要经检验，锅炉辅助设备要进行试运转。上述设备，计算机系统及仪表均达到正常运行条件后，锅炉方可投入运行。

3.3 设备的启动

3.3.2 锅炉上水时，要将锅炉顶部集气罐上的排气阀门开启，排除空气。当锅炉上水温度大于 50 ℃时，严格控制上水速度，避免造成锅炉内管束膨胀不均，产生热应力。

3.3.4 控制温升速度，是为了保持炉内温度均匀上升，承压部件受热均衡，膨胀正常。

3.3.5 蒸汽锅炉炉内的压力不能升得太快，这是因为：

1 压力升高太快，汽温上升太快，热应力急剧加大；

2 炉水、受热面、炉墙的储热需要一定的时间；

3 炉内燃烧稳定也需要一定的时间；

4 需保证水循环的稳定性。

3.3.6 蒸汽锅炉并汽过程中若发生水击，要立即停止并汽，减弱燃烧，加强疏水及检查，待恢复正常后重新并汽；并汽时，要严格监视锅炉及蒸汽母管的压力，防止出现水击。

3.4 运行与调节

3.4.2 水泵，补水泵运行参数的调整可以通过调整运行台数，阀门开度和变频实现；风机运行参数调整可以通过调整挡板开度和变频实现。

3.4.3 此规定依据《评价企业合理用热技术导则》GB/T 3486 制订。

3.4.4 表 3.4.4 参考《中小型锅炉运行规程》制订。

3.4.5 锅炉过热器和省煤器等受热面，其表面沉积烟尘时，由于烟尘的导热能力只有钢材的 1%～2%，若不即时清除烟尘，将严重影响锅炉的热效率；吹灰通常用蒸汽或空气进行，压力不小于 0.6 MPa。除灰时提高炉膛负压，目的是为了提高除尘效率和保证吹灰操作人员的安全。

3.4.6 排污要缓慢进行，防止水冲击。如管道发生严重震动，需要停止排污，待排除故障后再进行排污。

3.4.7 水位报警试验时，需保持锅炉运行稳定。水位计的指示要准确。

3.4.8 目前使用的湿式除尘器，还有相当部分采用金属结构，若水膜水 pH 值小于 7，将导致金属设备产生腐蚀现象，影响使用寿命；

实践证明，当干式除尘器漏风量达 5%时，其除尘效率将下降 50%；当漏风量达 15%时，除尘效率将下降到零；除尘器若不即时清灰，尘粒将会随除尘器中的烟气从出口飞出，严重磨损除尘器，降低除尘器效率。

3.4.9 目前烟气脱硫一般采用湿式脱硫除尘器或者两级式脱硫除尘，采用脱硫塔进行脱硫，这两种方式都需要反应液配备时，使溶液呈碱性，pH 值保持在 10～12，使烟气中的二氧化硫与吸收液进行化学反应后，生成亚硫酸钙或硫酸钙，沉淀于灰浆中，并一起排出，从而达到脱硫目的。因此需要定期检查反应液的 pH 值。

3.5 停止运行

3.5.1 1 正常停炉：供热负荷减少或不需要继续供热而停止燃烧设备运行。正常停炉需要注意：

1） 逐渐降低供热量，停止给煤、送风、减弱引风；

2） 停止引风后，关闭烟道挡板，清除炉内未燃尽燃料，关闭炉门和灰门，防止锅炉急剧冷却；

3） 锅炉停运后，不能立即停止循环泵，待水温降至 50 ℃以下时方可停泵，避免造成局部汽化；停泵时要缓慢关闭阀门，防止发生水击。

2 备用停炉：当暂时不需供热时，将锅炉停止运行；而当需要供热时，再恢复运行。实践证明：锅炉压火频繁，易造成热胀冷缩而产生附加应力，导致金属疲劳，影响设备使用寿命。

备用停炉需要注意：

1） 压火后要关闭风机挡板和灰门，并打开炉门，若能保证燃煤不复燃，可关闭炉门；

2） 压火后要注意锅炉压力和温度变化；压火后一般不能停止循环水泵，防止锅水汽化及管道冻结。

3 紧急停炉：指遇到将发生事故，为避免事故的发生，或发生事故时，为阻止事故扩大而采取的紧急措施。

3.5.2 热水锅炉遇有下列情况之一时要紧急停炉：

1） 因水循环不良造成锅水汽化，或因温度超过规定标准；

2） 循环水泵或补水泵全部失效；

3） 补水泵不断向锅炉补水，锅炉压力仍继续下降；

4） 压力表，安全阀全部失灵；

5） 锅炉元件损坏，或管网失水严重，危及安全运行；

6） 燃烧设备损坏，炉墙倒塌或锅炉架烧红严重威胁锅炉安全运行；

7） 其他异常运行情况，超过安全运行范围。

紧急停炉要注意：

1） 不可向炉膛内浇水；

2） 不可停止循环水泵，因循环水泵失效而紧急停炉时要对锅炉采取降温措施。

3.5.3 蒸汽锅炉遇有下列情况之一时要紧急停炉：

1） 锅炉水位低于水位计最低可见边缘；

2） 不断加大给水及采取其他措施，但水位仍继续下降；

3） 锅炉水位超过最高可见水位（满水）标志，经放水仍不能见到水位标志；

4） 给水泵全部失效或给水系统故障，不能向锅炉给水；

5） 水位计或安全阀全部失效；

6） 锅炉元件损坏，或管网失水严重，危及安全运行；

7） 燃烧设备损坏，炉墙倒塌或锅炉架烧红严重威胁锅炉安全运行；

8） 其他异常运行情况，超过安全运行范围。

3.5.4 停炉后关闭所有炉门即风机挡板，其目的是防止锅炉急剧冷却，引起金属脆性破坏。

锅炉放水温度超过60℃可能造成烫伤；锅炉放水后要即时清理水垢、泥渣，以免冷却后难以清除。

3.5.8 燃气锅炉运行过程中，遇有下列情况之一时，要紧急停炉：

1 锅炉严重满水；

2 锅炉严重缺水；

3 锅炉爆管不能维持水位时；

4 锅炉发生炉墙有裂纹并有倒塌危险及炉架、横梁烧红时；

5 锅炉所有水位计损坏，无法监测水位；

6 主蒸汽、给水管道破裂严重泄漏时；

7 天然气管路、阀门严重漏气时；

8 其他异常情况危及锅炉运行。

3.6 故障处理

3.6.2 锅炉爆管：

1 事故现象：

1） 炉膛内有汽水喷射响声，产生蒸汽；

2） 燃烧不稳定，排烟温度下降；

3） 系统压力下降，补水量增大；

4） 炉膛正压，向外冒烟；

2 事故原因：

1） 腐蚀严重；

2） 管内壁结垢；

3） 水循环不畅；

4） 受热不均。

3.6.3 超温超压

1 事故现象：

锅炉运行中压力表、温度计指示值迅速上升，超过允许上限。

2 事故原因：

1） 安全阀失灵；

2） 炉膛温度超高；

3） 突然停电；

4） 热负荷突然减少；

5） 热水锅炉局部汽化；

6） 水系统故障；

7） 误操作。

3.6.4 蒸汽锅炉水位异常：

1 事故现象：锅炉水位超过正常水位上下限。

2 事故原因：

1） 水位计失灵；

2） 水位报警器失灵；

3） 自动给水装置运行异常；

4） 供热负荷突然变化；

5） 运行人员疏忽。

3.6.5 蒸汽锅炉汽水共腾：

1 事故现象：

1） 锅炉水位急剧波动，水位计水位显示不清；

2） 过热蒸汽温度急剧下降；

3） 蒸汽管道内有撞击声；

2 事故原因：

1） 炉水质量不符合标准，悬浮物或含盐量超标；

2） 未按规定排污。

3.6.6 热水供热系统，当锅炉房动力电突然停止，如不即时采取安全措施，将发生水击现象，造成系统设备管道及热用户散热器爆破。

由于停电，锅炉炉内正常水循环被破坏，炉内水受炉膛高温加热持续升高，如处理不当，易造成锅炉汽化事故。因此当锅炉房动力电中断时，要适当开启锅炉紧急排放阀门，迅速采取紧急措施，降低锅炉炉膛温度，同时与外网解列，利用事故补水装置向炉内补水，开启排污阀排出热水，使炉内水温迅速下降。

3.6.7 由于燃气泄漏会发生爆炸等危险，因此本条给出不同燃气泄漏情况下正确的操作步骤，目的是将危险降低到最小。

3.7 维护与检修

3.7.3 锅炉停止运行后，要即时清理受热面和烟道中沉积的烟垢和污物，将锅炉内的水垢、污物、泥渣清除。

锅炉停运后，要对锅炉采取防腐措施。实践证明，由于氧腐蚀的作用，在相同时间内，停用锅炉比运行锅炉的腐蚀更严重，因此，停运锅炉要根据停运时间来确定采取适当的防腐措施。长期停运的锅炉，对附属设备也要进行养护，并定期对锅炉内部进行检查，以保证防腐措施的有效。

冬季采取湿法保养的锅炉，还要采取防冻措施。

4 供热管网

4.1 一般规定

4.1.2 供热管网设备及附件的保温保持完好，目的是减少热损失，防止烫伤。

4.2 运行准备

4.2.1 根据投入运行供热管网的具体情况、人员、设备配置、供热管网运行水压图等编制运行方案。

4.2.2 为保证供热管网的安全运行，要避免管线未经验收直接移交管理单位。

新投入运行的蒸汽供热管网一般由设计、施工、管理等单位制定包括技术、安全、组织等较完善的清洗方案，并在吹扫前暂不安装流量孔板、滤网、调节阀阀芯、止回阀阀芯、温度计等易被损坏或堵塞的设备，待吹扫合格后再安装。在暖管过程中要注意速度，并即时排除管道内凝结水，防止水击，当压力升至0.2 MPa时，要对附件进行热拧紧，当压力升至工作压力的75%时，即可进行蒸汽吹扫。

4.3 管网的启动

4.3.2 供热管网启动时，给水量严格按照调度指令进行，阀门的开启度按所给的最大补水量执行，不能开启过大以免造成管网压力失调，开启阶段需缓慢进行。

在充水的过程中需要随时观察排气情况，并随时检查供热管网有无泄漏的情况，放风见水后关闭放风门并用丝堵拧紧。充灌水后对管道及设备附件进行运行检查，确认管道运行状态良好无泄漏。

4.3.5 一次网升压试验中不带热力站，进入升温阶段带热力站试运行。

4.3.6 要根据季节、管道敷设方式及保温状况，严格控制暖管时的温升速度，暖管时要即时排除管内冷凝水并检查疏水器的工作状态是否正常。冷凝水排净后，要即时关闭放水阀。当管内充满蒸汽且未发生异常现象后，再逐渐开大阀门。暖管的恒温时间一般不小于1 h。

4.4 运行与调节

4.4.1 供热管网初调节和供热调节方案是指导供热管网经济运行的依据，其调节方案的编制要根据当地气温变化规律，并结合供热系统的负荷变化、检修情况、上个采暖季的供热管网调节实际情况，对重点支、干线进行水力计算，以此结果作为制定初调节、运行调节方案的依据。

4.4.6 热水供热管网系统恒压点波动范围过大，将导致系统局部用户超压或倒空。

4.4.7 热水供热管网的定压自动控制，有利于供热管网的安全、稳定、经济运行。

4.4.8 运行经验证明，对供热管网进行全面检查，是防止供热管网运行事故隐患，确保安全运行的必要手段，特别是对新投入的供热管网的检查，作用更明显。

4.4.9 夏季做好防汛检查工作；冬季做好防冻检查工作，避免架空管道放风阀因存在积水而冻裂。

4.5 停止运行

4.5.1 供热管网的停止运行要有组织、有计划地按程序进行。停运方案要明确停运时间、操作方法及主要设备、阀门的操作人。

4.5.2 供热管网停止运行包括非供暖季正常停运和带热停运两种情况。

4.5.4 目的是避免蒸汽管道内留存大量凝结水，造成再次送气时的汽水冲击。

4.5.5 供热管道停用期间，如不采取保护措施，空气就会进入系统内部，使管道内部遭受溶解氧的腐蚀。停止运行的供热管网要保证系统充满水，进行湿保护。

4.6 故障处理

4.6.1 供热管网的故障处理过程中，要对故障和故障处理情况做好记录，故障情况包括必要的数据、照片；处理方案包括技术措施和安全措施；故障处理总结包括处理结果及故障带来的启示等。

4.6.2 供热管网突发故障应急处理预案的制定，要避免用户停热范围和停热时间长，造成不良的社会影响。

4.7 维护与检修

4.7.1 维护、检修工作人员需经过技能和安全培训合格后方可上岗，以保证维护、检修质量。

4.7.2 规定检修时要注意的安全要求，是保证检修工作安全进行的重要依据。

5 泵站与热力站

5.1 一般规定

5.1.1 根据现行行业标准《城市热力网设计规范》CJJ 34—2002，泵站和热力站要有良好的照明和通风，尤其当地下泵站和热力站排气不好，空气湿度大，会造成电机设备运行的安全隐患。

5.2 运行准备

5.2.1 泵站与热力站运行前检查规定。

1 避免电器在夏季受潮后启动时出现故障。

4 钠离子水处理设备需放尽进水管道中的死水，以避免死水中铁锈引起树脂铁中毒，加入的还原盐粒度要根据使用说明书按具体操作要求添加。

5.2.2 换热器其他附属设施严重泄漏将使一、二级网不能正常运行且危及站内用电及人身安全；供水不正常不能保证供热系统及冷却系统等正常运行。

5.3 泵站与热力站启动

5.3.1 安装有钠离子水处理补水系统的泵站在热力站启动前要先进行制水。

5.3.2 不同型号的水泵要根据使用说明书按具体操作规程进行启动。将进口阀门处于开启状态可防止水泵发生气蚀，保证水泵安全运行。

5.3.4 循环水泵的启动规定。

2 避免过载损坏电气设备，带有变频器的水泵因启动时电机频率、水泵转速、电机电流均为逐渐增大，可在泵进、出口阀门同时打开时启动。

3 多台水泵运行的供热系统启动时，泵站和热力站内的水泵要分阶段开启，每个阶段宜开启1台水泵，直至达到正常运行的流量和压力。

5.3.5 泵站的启动规定。

1 保证系统循环水运行正常，避免因热源厂内部管路不通出现水泵长时间空载运行。

5.3.6 热力站的启动规定。

1 按各自不同系统制定的具体操作规程操作，换热器要严格按照使用说明书具体操作，以避免单面受压或压差过大而造成损坏，保证系统运行安全。

2 根据一级网系统的不同，混水泵的安装位置可在二级网的供水管或回水管上，也有安装在供回水间的连通混水管上的，调整混合比时要根据一级网系统和具体的使用要求进行调整。

5.4 运行与调节

5.4.2 泵站的运行与调节规定。

2 防止发生气蚀，保证水泵和供热系统的安全运行。

5.4.3 热力站的运行与调节规定。

2 远程监控的热力站可依据运行管理的实际状况适当延长设备检查时间间隔。

3 对于用户不能进行自主调控的二级网供热系统，宜采用分阶段改变流量的质调节方式运行；对于用户可以进行自主调控的二级网供热系统，宜采用质量并调的方式运行。采用变流量方式运行时，要根据室外温度、最不利环路热用户入口的压差及允许用户的最高、最低室温，确定供热系统的流量、最高供水温度和最低回水温度；当热负荷为生活热水时，运行调节要保证水温符合现行国家标准《建筑给水排水设计规范》GB 50015。

4 热力站局部调节方式。

3） 一级系统不宜向二级系统补水以保证一级系统的供热运行安全。当由一级系统向二级系统补水时要按调度指令进行，并要严格控制二级管网的失水量；

4） 以保证底层用户的室内温度。

5.5 故障处理

5.5.1 运行人员要根据故障的不同情况分别采取紧急解列、紧急停止运行、监护运行、临时处理、运行状态调整等方法进行处理；不同设备故障的处理要根据说明书的具体要求进行。

5.5.2 电源中断后要做好恢复供热运行的各项准备。

5.5.3 热源或一次网出现故障会造成系统供热量或流量不足，泵站与热力站按事故工况运行，保障供热管网不出现局部运行温度过低、平衡供热量和保障重要用户的供热。

5.6 停止运行

5.6.2 泵站的停止运行规定。

1 系统转入冷运状态后使热网由正常运行时的高温、高压状态逐步适应热网的停运状态，以保证管道及其附件的安全。热源每次降低流量的时间间隔需保证一级网内的水循环一遍，使系统温降较均匀。

停止水泵运行时，要逐渐关闭出口阀门直至关死，再停止电机运转，保证水泵运行安全。

2 使系统充分散热。

5.6.3 保证管网中的热量通过一、二级网的冷运即时散出。

5.6.4 不同的水处理设备的停运要根据说明书的具体要求进行操作。钠离子水处理设备停运后对设备及树脂的保养要按说明书的要求进行，以保证设备运转正常、树脂有效。

5.6.5 临时停止运行进行检修的规定。

1 泵站内停止中继泵时，2 台泵停止运行的时间间隔宜大于 1 h。

2 热力站停止运行时要注意换热器两侧的压力，避免压差超过允许压力。

3 根据系统的失水量和补水能力，其他补水点需提前进行制水，并调整补水量，以满足系统要求。

5.7 维护与检修

5.7.2 泵站与热力站的检查维护规定。

1 供热运行期间：

1） 为保证供热系统运行正常，要对运转设备的电机、轴承的温度、声音、震动和润滑，用电设备的电压、电流、接地，对系统的温度、压力、补水量，水泵、电机的冷却状况、滴漏水等进行全面检查，确保系统安全、稳定运行。

2） 加入润滑油或润滑脂的频次及种类要根据说明书的具体要求进行。

6 热用户

6.1 一般规定

6.1.1 热用户作为供暖系统的用热终端，用热型式多样，用热设备多样，数量多而且分散，供热单位和热用户共同重视热用户系统运行、调节及维护、维修，是提高热用户满意度，保证供暖安全、稳定、节能运行的关键。

6.1.2 供热或供暖面、户型朝向等记录可大致判断计量设备是否正常运行，也可做为出现收费争议时参照收费的依据。

6.1.4 供热管网的改变将影响系统运行的水力工况,供热负荷的改变既影响供暖系统的热力工况也影响其水力工况,因此在发生上述改变时,热用户要通知供暖单位,供暖单位根据情况,校核其热源设备,管网是否能满足要求,决定热用户是否可以进行相应更改。

6.1.5 从供暖系统中放水用作其他用途是主要的非正常使用的途径,但也出现了一个用户在室内供暖系统末端加换热器用以加热生活用水的现象,需引起各供暖企业的高度重视。

6.2 运行准备

6.2.2 近年室内供暖系统新技术、新设备不断得到应用,随着计量收费、分室控温的应用,热用户供暖系统的可调节性增强,供暖系统较为复杂,而目前一般热用户并没用供暖系统的使用说明,因此为保证用户的供暖质量,并实现节能目的,供热单位要根据热用户系统的情况,向热用户提供热用户系统的检查及操作指引,切实保障热用户的利益。

6.3 系统的启动

6.3.2 由于供暖系统季节运行,因供暖季运行前注水过程中,经常发生热用户系统漏水现象,给热用户造成财产损失,并与供暖企业产生经济纠纷,因此,为切实保护热用户的利益,在供暖注水前要通知热用户上水时间及报修联系方式,要求热用户在上水期间留人看守室内系统。

系统注水期间,有效的放风、排气是保证供暖初期供暖质量的关键,在注水期间,采取有效措施减少系统内存气,也可以大幅降低工人劳动强度。

6.4 运行与调节

6.4.2 供暖系统热态调节,是提高供暖质量,实现节能的一个重要手段,各供暖企业要加以高度重视。

在分户计量分室控温的变流量的热用户系统中,禁止使用自力式流量调节阀及手动调节阀等调节阀门,要采用温控阀和自力式压差控制器等调节元件,同时系统循环水泵采用变频等调速装置。

非分户计量分室控温的供热系统一般采暖恒流量纯质调节方式运行,供水温度根据室外温度确定;室内水平双管系统或低温热水地板辐射采暖系统的分户计量、分室控温供热系统,本质上说是以用户调节为主的纯变流量系统,但考虑到在不同的室外温度下,如果保持供水温度不变,那么可能导致在初寒期,流量在用户调节设备可调节范围外,而在严寒期可能会导致流量不足,因此,要根据热用户调节装置及系统设计能力,采取分阶段改变供水温度的量调节方式。室内水平单管跨越式系统的分户计量、分室控温供热系统,在热用户调节过程中,流量发生小的变化,通过回水温度的变化,调节热用户的耗热量,因此可以按设计流量运行,根据热用户调节设的调节范围及回水温度,分阶段确定供水温度。

6.5 故障处理

6.5.1 热用户室内系统的事故处理一般采用事故段隔离,停止供暖并进行局部泄水处理,严寒期,事故处理时间较长时,需采取将排空事故段水等防冻措施。热用户室外管网事故处理期间采用的运行方式根据事故状况确定,一般可采取降温运行、降压运行、降温降压运行,或事故段隔离,停止运行并进行泄水等方式。可以在事故的不同处理阶段采取不同的方式,以尽可能减小对热用户的影响。

6.5.3 热用户系统故障及事故处理完成后,通知相关单位恢复供暖,进行系统注水、排气,恢复系统正常运行,并做好记录,则故障处理流程全部完成。

6.6 停止运行

6.6.3 无法进行湿保养的系统,泄水后要保证系统封闭,将系统与外部空气隔绝,降低系统内部氧腐蚀程度。

6.7 维护与检修

6.7.1 供暖企业需对系统失水量、运行费用与系统维修、改造等费用进行经济比较，确定是否采用热用户系统充水湿保养。采用钢制散热器的热用户系统，要进行充水湿保，并保证水质合格。

6.7.2

2 随着低温地板辐射采暖等技术的应用，热用户入户系统均安装过滤器，过滤器的堵塞是产生热用户供暖质量问题的主要原因之一，因此，需加强过滤器的清洗、排污工作。

4 供暖企业要加强对热用户系统的检查，尤其是立管系统，一般都暗装在管道廊内，出现泄漏不易发现，造成整个立管的外表面腐蚀，降低系统使用寿命。

7 监控与运行调度

7.1 一般规定

7.1.1 由于供热系统（尤其是一级管网）的负荷和水力工况会经常变化，所以安装在管道上的检测与控制部件有时需要调整，采用不停热检修产品会简化调整的过程。

在供热系统正常的情况下，由于线路故障而导致的信号中断或供电中断，会使电动的自动调节装置误操作，改变管网的水力工况，产生水力失调，甚至发生供热事故，所以自动调节装置要具备在以上情况发生时维持当前值的功能。

7.1.2 由于供热失调而造成用户冷热不均的问题，在供热系统中是普遍存在的，供热规模越大，越容易失调。因此检测、记录运行参数，才能以此为依据进行分析、判断，并根据分析结果设置必要的装置，控制运行参数，调节水力工况。

7.2 参数检测

7.2.3 流量和热量不仅是重要的运行参数，而且是供热系统中各环节间热能贸易结算的依据，要尽量提高检测精度。如作贸易结算用，应执行国家有关规范。

7.2.4 部分热力站的供暖季负荷和非供暖季负荷差别很大，如果仅按供暖季流量选择检测仪表，当进入非供暖季后，其流量过小而超出了仪表的量程，难以保证计量精度，所以必要时可安装适应不同季节负荷的两套仪表。

7.3 参数的调节与控制

7.3.1 热力站一次侧加装调节装置，便于一级网运行调节。

7.3.3 室内供暖系统型式与运行调节方式有关，室内供暖系统变流量，要求二级网采用质量综合调节。

7.3.6 最不利用户资用压头是末端用户是否满足供热要求的条件。

7.4 计算机自动监控

7.4.1 供热系统的运行参数数量大，要求监控系统不仅能够显示检测数据，还要实时记录，以备计算分析，所以建立计算机系统进行实时控制非常有利于供热系统的运行调度。

7.5 最佳运行工况

7.5.2 多热源联合供热是经济、节能的供热系统。但是要根据实际情况，优化运行方案，才能达到节约能源、降低成本的目的。

7.5.5 大型供热系统任何一个地方故障，不能影响85％～90％的用户供热，严寒地区取高限，其他地区取低限。

7.6 运行调度

7.6.1 供热系统相关的图表是统一调度管理的依据，因此需设供热平面图、系统图、水压图、全年热负荷延续图及流量、水温调节曲线图表。

7.6.3 运行调度指挥人员要具备一定的专业知识和运行经验，这样才能即时判断、处理可能出现的各种问题。

中华人民共和国行业标准

CJJ/T 241—2016
备案号 J 2285—2016

城镇供热监测与调控系统技术规程

Technical specification for monitoring and controlling system of urban heating

2016-11-15 发布　　2017-05-01 实施

中华人民共和国住房和城乡建设部　发布

中华人民共和国住房和城乡建设部
公　告

第 1362 号

住房城乡建设部关于发布行业标准《城镇供热监测与调控系统技术规程》的公告

现批准《城镇供热监测与调控系统技术规程》为行业标准，编号为 CJJ/T 241—2016，自 2017 年 5 月 1 日起实施。

本规程由我部标准定额研究所组织中国建筑工业出版社出版发行。

中华人民共和国住房和城乡建设部
2016 年 11 月 15 日

前　言

根据住房和城乡建设部《关于印发〈2013 年工程建设标准规范制订、修订计划〉的通知》（建标[2013]6 号）的要求，规程编制组经广泛调查研究，认真总结实践经验，参考有关国际标准和国外先进标准，并在广泛征求意见的基础上，编制本规程。

本规程的主要技术内容是：1. 总则：2. 术语；2. 基本规定；4. 监控中心；5. 本地监控站；6. 通信网络；7. 施工、调试与验收；8. 运行与维护。

本规程由住房和城乡建设部负责管理，由北京市热力集团有限责任公司负责具体技术内容的解释。执行过程中如有意见或建议，请寄送北京市热力集团有限责任公司（地址：北京市朝阳区柳芳北街 6 号，邮编：100028）。

本规程主编单位：北京市热力集团有限责任公司
北京市热力工程设计有限责任公司

本规程参编单位：太原市热力公司
唐山市热力总公司
北京特衡控制工程有限责任公司
北京硕人时代科技股份有限公司
中国中元国际工程有限公司
北京市煤气热力工程设计院有限公司
北京豪特耐管道设备有限公司
北京博达兴创科技发展有限公司
大连博控科技股份有限公司
沈阳佳德联益能源科技股份有限公司

本规程主要起草人员：刘　荣　王嘉明　李伯刚　张立申　牛小化　张书臣　董恩钊　董维敏　于春来　贾玲玲　朱　江　宋玉梅　甘春红　张瑞娟　周抗冰　张　辉　曾永春　王魁林

本规程主要审查人员：李德英　赵　捷　于黎明　李先瑞　方修睦　李连生　刘洪俊　史继文　陈　萍　鲁亚钦　刘晓军

1 总　则

1.0.1 为规范城镇供热系统的监测与调控技术，保障城镇供热系统安全、经济、节能、环保运行，提高城镇供热系统运行管理水平，制定本规程。

1.0.2 本规程适用于城镇供热监测与调控系统的设计、施工、调试、验收和运行维护。

1.0.3 城镇供热系统的监测与调控除应符合本规程外，尚应符合国家现行有关标准的规定。

2 术　语

2.0.1 监测与调控系统　monitoring and controlling system

对供热系统各组成部分（包括热源出口、管网、热力站以及其他一些关键部位）的主要参数及设备的运行状态实行采集、监视、调节和控制的软件系统及硬件设施。

2.0.2 监控中心　monitoring center

按一定应用目的和规则对各本地监控站上传的信息进行采集、处理、存储、传输、检索、显示，并将监控指令下达至各本地监控站的监测与调控核心枢纽。

2.0.3 本地监控站　local monitoring and controlling station

实现本地数据采集、监视、控制、通信的系统。

2.0.4 通信协议　communication protocol

双方实体完成通信或服务所必须遵循的规则和约定。

2.0.5 控制策略　control strategy

为达到控制目的所采取的不同控制规则或对策。

2.0.6 工作站　work station

由计算机和相应的外部设备及应用软件组成的信息处理系统。

2.0.7 工程师站　engineer station

维护工程师与监控系统的人机联系设备，用于调试、修改程序等，也可具有操作员站的功能。

2.0.8 操作员站　operator station

运行值班人员与监控系统的人机联系设备，用于监视与控制。

3 基本规定

3.0.1 城镇供热监测与调控系统应包括监控中心、通信网络和本地监控站。

3.0.2 监测与调控系统的设置应满足运行管理的要求。

3.0.3 监控数据的单位和有效位数应统一。

3.0.4 监测与调控系统的网络安全应符合下列规定：

1 监控中心通信网络应采取安全隔离措施，网络出口应设硬件防火墙；

2 监控中心和重点本地监控站通信网络应采用冗余设计，并应设置备用通道；

3 监控中心通信网络应对系统管理员、操作人员进行身份鉴别和分级管理，并应对系统管理员的操作进行审计。

3.0.5 新建供热工程的监测与调控系统应与供热主体工程同时设计、同时施工、同时调试。

3.0.6 城镇供热监测与调控系统的密码使用和管理，应符合国家密码管理规定。

4 监控中心

4.1 一般规定

4.1.1 监控中心应根据供热规模、管理需求等因素分级设置。

4.1.2 监控中心机房的设置应符合现行国家标准《电子信息系统机房设计规范》GB 50174 的有关规定。

4.2 功　　能

4.2.1 监控中心应具备下列功能：

1 监控运行；

2 调度管理；

3 能耗管理；

4 故障诊断、报警处理；

5 数据存储、统计及分析；

6 集中显示。

4.2.2 监控运行模块应具备下列功能：

1 显示工艺流程画面及运行参数；

2 实时监测本地监控站的运行状态；

3 实时接收、记录本地监控站的报警信息，并能形成报警日志；

4 支持多级权限管理；

5 支持符合标准的工业型数据接口及协议，并能实现数据共享；

6 采用 Web 浏览器/服务器的方式对外开放；

7 自动校时。

4.2.3 调度管理模块应具备下列功能：

1 制定供热方案；

2 设定系统运行参数及控制策略；

3 预测供热负荷，制定供热计划，优化供热调度；

4 进行管网平衡分析及管网平衡调节；

5 根据气象参数指导供热系统运行。

4.2.4 能耗管理模块应具备下列功能：

1 能源计划管理，可按日、周、月、供暖季及年度等建立能源消耗计划，并应能支持修改、保存和下发；

2 能耗统计分析，可按生产单位统计水、电、热及燃料等的消耗量，建立管理台账，统计分析历年能源消耗量，生成报表和图表；

3 能耗成本统计分析，可按统计台账中能耗数值所对应的成本生成报表和图表，进行统计分析；

4 能效分析，可对系统、主要设备等的能效进行分析。

4.2.5 故障诊断、报警处理模块应具备下列功能：

1 参数超限报警和故障报警，当发生报警时，应有声、光提示；

2 显示设备和通信线路运行状态；

3 故障原因诊断。

4.2.6 数据存储、统计及分析模块应具备下列功能：

1 对运行工艺参数、设备状态信号、报警信号等进行存储；

2 对工艺参数、运行工况、供热质量等进行统计分析；

3 对运行数据进行运行趋势和供热效果分析；

4 按日、周、月、供暖季及年度等形成多种格式的报表，定期生成报表和运行趋势曲线图；

5 生成温度、压力、流量和热量分配的图表，对同类参数进行分析比较和预测；

6 数据共享；

7 打印报表和运行趋势曲线图。

4.2.7 集中显示宜具备下列功能：

1 供热系统运行状态的显示，包括：供暖区域、热源厂、一级管网、中继泵站、热水储热器和储水罐、热力站等；

2 集中显示内容的预览、切换；

3 远程视频监控。

4.3 配 置

4.3.1 监控中心硬件应由服务器、工作站、集中显示系统、电源系统和网络通信设备组成。

4.3.2 服务器配置应符合下列规定：

1 应采用独立的服务器，不得与其他系统共享；

2 备份数据的存储设备应与监控中心物理隔离；

3 服务器的数量应按监控点数、数据处理量和速度等需求确定；

4 服务器宜采用冗余设计；

5 服务器 CPU、内存占用率应小于 75%，存储空间应满足 3 个供暖季的数据存储。

4.3.3 工作站配置应符合下列规定：

1 工作站 CPU 和内存占用率应小于 75%；

2 工作站数量不应少于 2 台；

3 应能通过不同管理权限设定工程师站和操作员站。

4.3.4 集中显示系统可采用液晶拼接屏、投影、3D 全息等形式。

4.3.5 电源系统应符合下列规定：

1 电源系统应采用双重回路，经不间断电源(UPS)后送入监控中心；

2 UPS 供电时间不应小于 2 h；

3 电源系统容量不应小于服务器、工控机、通信设备等设备负荷之和。

4.3.6 网络通信设备应符合下列规定：

1 宜由路由器、网络交换机、硬件防火墙、网络机柜等组成；

2 应支持 DDN 专线、DSL、LAN、无线公网等接入方式，并应能支持 VPN 远程访问技术及相关加密协议；

3 宜采用冗余模式。

4.3.7 监控中心软件应安全、可靠，且兼容性及扩展性好，并应由系统软件、应用管理软件与支持软件组成。

4.3.8 监控中心实时数据库点数应留有余量，且不宜小于 10%。

4.3.9 本地监控站与服务器之间应采用客户机/服务器结构。服务器与远程客户端应采用浏览器/服务器结构，服务器应支持 Web 服务器。

5 本地监控站

5.1 一般规定

5.1.1 本地监控站的监测与调控系统应能独立运行。

5.1.2 本地监控站应具备下列功能：

1 工艺参数、设备运行状态采集及监测；

2 工艺参数超限、设备故障报警及联锁保护；

3 工艺参数、设备运行状态的调控；

4 数据存储、显示及上传。

5.1.3 本地监控站的硬件应由控制器、传感器、变送器、执行机构、网络通信设备和人机界面组成。

5.1.4 本地监控站的仪器仪表应符合下列规定：

1 仪器仪表选型应根据工艺流程、压力等级、测量范围及仪表特性等因素综合确定；

2 仪器仪表的精度应符合现行国家标准《工业过程测量和控制用检测仪表和显示仪表精确度等级》GB/T 13283 的有关规定。

5.1.5 热源厂、中继泵站、热水蓄热器本地监控站应配备 UPS。

5.1.6 本地监控站的软件应符合本规程第 4.3.7 条的规定。

5.1.7 本地监控站的数据存储应符合下列规定：

1 热源厂、中继泵站、热水蓄热器本地监控站应满足 3 个供暖季的在线数据存储要求，并应每年进行备份；

2 其他本地监控站应满足 1 个供暖季的数据存储要求，并应每年进行备份。

5.1.8 本地监控站宜对下列环境进行监测和报警：

1 入侵报警；

2 地面积水；

3 烟感信号；

4 室内环境温度。

5.1.9 本地监控站内控制器与其他智能设备之间应采用工业通用标准协议。

5.1.10 隔压站本地监控站的设置可按本规程第 5.2 节和第 5.6 节的有关规定执行。

5.2 热 源 厂

5.2.1 锅炉房本地监控站不宜接受上级控制系统的远程控制。

5.2.2 锅炉房本地监控站应对下列工艺参数进行采集和监测：

1 锅炉房供水和回水总管的温度、压力、流量；

2 锅炉房外供瞬时和累计热量；

3 锅炉房热力系统瞬时和累计补水量；

4 锅炉房瞬时和累计原水流量；

5 锅炉房生产和生活用电量；

6 进厂燃料量和入炉燃料量；燃气和燃油锅炉房燃料的瞬时流量和累计流量；

7 每台热水锅炉的进、出水温度和压力，出水流量，热水锅炉产热量（瞬时和累计）；

8 锅炉的排烟温度；

9 锅炉烟气的污染物排放浓度；

10 锅炉紧急（事故）停炉的报警信号，热水锅炉出水温度超高、压力超高超低的报警信号；

11 燃油、燃气锅炉房可燃气体浓度报警信号。

5.2.3 锅炉房本地监控站对锅炉及辅助设备的监测和调控应符合现行国家标准《锅炉房设计规范》GB 50041的有关规定。

5.2.4 锅炉房的环保监测应符合下列规定：

1 锅炉房烟气排放系统中监测点的设置，应符合现行国家标准《锅炉大气污染物排放标准》GB 13271的有关规定；

2 应连续监测烟气中烟尘、NO_x、SO_2 排放浓度；

3 应根据当地环保部门的要求上传监测数据。

5.2.5 锅炉房本地监控站应设置下列工艺参数的超限报警及设备故障报警：

1 锅炉出口水温高限值、水压限值报警；

2 煤粉、燃油和燃气锅炉炉膛熄火报警；

3 燃气锅炉燃烧器前的燃气压力限值报警；

4 锅炉炉排故障报警；

5 给煤(粉)系统故障报警；

6 煤粉锅炉制粉设备出口气、粉混合物温度高限值报警；

7 煤粉锅炉炉膛压力限值报警；

8 循环流化床锅炉炉床温度高限值报警；

9 循环流化床锅炉返料器温度高限值报警；

10 循环流化床锅炉返料器堵塞故障报警；

11 自动保护装置动作报警；

12 锅炉房室内空气中可燃气体浓度或煤粉浓度限值报警；

13 循环水泵、风机故障报警；

14 循环水系统定压限值报警；

15 各类水(油)箱液位限值报警。

5.2.6 锅炉房本地监控站应设置下列联锁保护：

1 锅炉进口压力低限值、出口温度高限值、循环水泵骤停，应自动停止燃料供应和鼓、引风机运行。

2 煤粉、燃油或燃气锅炉应设置熄火保护装置以及下列电气联锁装置：

1) 引风机故障时，应自动切断鼓风机和燃料供应；

2) 鼓风机故障时，应自动切断燃料供应；

3) 燃油、燃气压力低于规定值时，应自动切断燃油、燃气供应；

4) 室内空气中燃气浓度或煤粉浓度超出规定限值时，应自动切断燃气供应或煤粉供应并开启事故排风机。

3 层燃锅炉的引风机、鼓风机和锅炉抛煤机、炉排减速箱等加煤设备之间应装设电气联锁装置。

4 制粉系统各设备之间，应设置电气联锁装置。

5 连续机械化运煤系统、除灰渣系统各设备之间应设置电气联锁装置。

6 运煤和煤的制备设备应与其局部排风和除尘装置联锁。

5.2.7 锅炉房本地监控站应具备下列控制功能：

1 热水系统补水自动调节；

2 燃用煤粉、油、气体的锅炉燃烧过程自动调节；

3 循环流化床锅炉炉床温度控制，并宜具备料层差压控制；

4 燃用煤粉、油、气体的锅炉点火程序控制；

5 真空除氧设备水位自动调节和进水温度自动调节；

6 解析除氧设备的反应器温度自动调节；

7 电动设备、管道阀门和烟风道门远程控制。

5.2.8 供热首站本地监控站应对下列工艺参数进行采集和监测：

1 蒸汽的瞬时和累计流量、温度和压力；

2 凝结水的瞬时和累计流量、温度和压力；

3 供水总管的瞬时和累计流量、温度和压力；

4 回水总管的瞬时和累计流量、温度和压力；

5 瞬时和累计供热量；

6 单台汽—水热交换器凝结水和供水的温度和压力；

7 原水总管的瞬时和累计流量、压力，软水器进、出水的瞬时和累计流量，管网补水的瞬时和累计流量；

8 除污器前后的压力；

9 各类水箱的液位；

10 生产和生活耗电量。

5.2.9 供热首站本地监控站应对下列设备状态信号进行采集和监测：

1 水泵转速、轴承温度、泵轴温度、电机轴温度、电机线圈温度；

2 变频器运行参数及故障信号、变频器柜内温度；

3 液力耦合器进口和出口油温、油压和转速；

4 电动阀的运行状态。

5.2.10 供热首站本地监控站应设置下列工艺参数的超限报警及设备故障报警：

1 原水水箱、软化水水箱和凝结水水箱、管壳式换热器内的凝结水液位限值报警；

2 蒸汽、一次水压力和温度限值报警；

3 水泵故障报警；

4 变频器故障报警；

5 电动阀故障报警。

5.2.11 供热首站本地监控站应设置下列联锁保护：

1 蒸汽、一次供水和回水压力高限值联锁自动保护；

2 一次供水压力低限值、温度高限值联锁自动保护；

3 凝结水箱、管壳式换热器内凝结水液位低限值与凝结水水泵的联锁保护；

4 断电保护。

5.2.12 供热首站本地监控站应具备下列控制功能：

1 供水流量、温度自动调节；

2 定压自动调节；

3 供水和回水压差自动调节；

4 减压减温装置蒸汽压力和温度自动调节。

5.3 中继泵站

5.3.1 中继泵站本地监控站应对下列工艺参数进行采集和监测：

1 前端热源厂出口压力、流量、温度、管网末端最不利点压差值等参数；

2 中继泵站进口和出口压力；

3 中继泵进口和出口压力；

4 中继泵站的配电柜综合电参量；

5 水泵间、变频柜间、变配电室的环境温度和相对湿度。

5.3.2 中继泵站本地监控站对设备状态信号进行采集和监测应符合本规程第5.2.9条的规定。

5.3.3 中继泵站本地监控站应设置下列工艺参数的超限和设备故障报警：

1 中继泵站进口和出口压力、压差限值报警；

2 中继泵故障报警；

3 变频器故障报警；

4 断电报警。

5.3.4 中继泵站本地监控站应设置下列联锁保护：

1 工作泵与备用泵自动切换；

2 当中继泵站设有循环冷却水系统时，循环冷却水泵工作泵与备用泵自动切换；

3 中继泵的进口和出口压力异常联锁保护。

5.3.5 中继泵站本地监控站应具备下列控制功能：

1 控制中继泵维持供热管网最不利资用压头为给定值，并应具备自动/手动切换功能；

2 控制电动阀门的运行。

5.4 热水蓄热器

5.4.1 热水蓄热器本地监控站应对下列工艺参数进行采集和监测：

1 热源厂进口和出口压力、流量、温度等参数；

2 热网供水和回水压力、压差；

3 蓄热温度、回水温度、水位、瞬时和累计流量、瞬时和累计热量等；

4 蒸汽发生器水位、温度、压力；

5 蓄热器顶部蒸汽压力或氮气压力、顶部温度；

6 放热泵吸入口压力、蓄热泵吸入口压力；

7 水泵间、变配电室等环境温度和相对湿度。

5.4.2 热水蓄热器本地监控站应对下列设备运行状态进行监测：

1 热水蓄热器蓄热运行、放热运行状态；

2 蓄热泵、放热泵的启停状态和手动、自动状态；

3 蒸汽发生器、蒸汽发生器水泵的启停状态和手动、自动状态；

4 电动阀门的开关状态、开度和手动、自动状态。

5.4.3 热水蓄热器本地监控站应设置下列工艺参数的超限和设备故障报警：

1 热网供水和回水压力、压差限值报警；

2 热水蓄热器温度限值报警；

3 热水蓄热器液位限值报警；

4 蓄热泵、放热泵故障报警；

5 电动阀门故障报警；

6 变频器故障报警；

7 断电报警。

5.4.4 热水蓄热器本地监控站应设置下列联锁保护：

1 蓄热泵、放热泵的进口和出口超压联锁保护；

2 蓄放热状态切换过程中，水泵和电动阀门的联锁保护；

3 热水蓄热器的温度联锁保护；

4 热水蓄热器的液位联锁保护。

5.4.5 热水蓄热器本地监控站应具备下列控制功能：

1 蓄热泵和放热泵的启停、蓄热和放热速度；

2 蓄热控制阀、放热控制阀、热网关断阀、蓄热泵旁通阀等设备的运行；

3 给水、补水系统的启停和流量。

5.5 储水罐

5.5.1 储水罐本地监控站应对下列工艺参数进行采集和监测：

1 热网供水和回水压力、压差；

2 储水罐液位高度；

3 储水、放水瞬时和累计流量；

4 储水温度。

5.5.2 储水罐本地监控站应对下列设备运行状态进行监测：

1 储水罐储水运行、放水运行状态；

2 储水泵、放水泵启停状态和手动、自动状态；

3 电动阀门的开关状态、开度和手动、自动状态。

5.5.3 储水罐本地监控站应设置下列工艺参数的超限和设备故障报警：

1 热网供水和回水压力、压差超限报警；

2 储水罐温度超限报警；

3 储水罐液位超限报警；

4 储水泵、放水泵故障报警；

5 电动阀门故障报警；

6 断电报警。

5.5.4 储水罐本地监控站应设置下列联锁保护：

1 储水泵、放水泵的进口和出口超压联锁保护；

2 储放水状态切换过程中，水泵和电动阀门的联锁保护；

3 储水罐的温度联锁保护；

4 储水罐的液位联锁保护。

5.5.5 储水罐本地监控站应具备下列控制功能：

1 储水和放水泵的启停、储水和放水速度；

2 电动阀门的开关状态及开度。

5.6 热力站

5.6.1 热力站本地监控站应对下列工艺参数进行采集和监测：

1 一次侧总供水和回水温度、压力；

2 一次侧总瞬时和累计流量、热量；

3 二次侧总供水温度、压力；

4 二次侧总回水温度、压力，二次侧各分支回水温度；

5 供暖系统二次侧各分支回水压力；

6 蒸汽压力、温度、瞬时和累计流量；

7 凝结水流量；

8 总凝结水温度；

9 总补水量、各系统补水量；

10 室外温度。

5.6.2 热力站本地监控站宜对下列工艺参数进行采集和监测：

1 一次侧各分支回水温度；

2 一次侧各分支凝结水温度；

3 二次侧供水或各分支流量、热量；

4 热力站动力电和照明电耗电量。

5.6.3 热力站本地监控站应对下列设备运行状态进行监测：

1 变频器启停状态和频率反馈信号；

2 电动调节阀阀位；

3 自来水箱和软化水箱液位限值。

5.6.4 热力站本地监控站应设置下列工艺参数的超限和设备故障报警：

1 一次侧回水温度限值报警；

2 二次侧供水温度、压力限值报警；

3 蒸汽温度、压力限值报警；

4 定压点压力限值报警；

5 自来水箱、软化水箱水位限值报警；

6 变频器故障信号报警；

7 电动调节阀故障信号报警。

5.6.5 热力站本地监控站应设置补水泵与软化水箱水位超低联锁保护。

5.6.6 热力站本地监控站应具备下列控制功能：

1 供暖系统供热量调节；

2 供暖、空调系统二次侧循环水泵变频调速和补水自动调节；

3 空调、生活热水及游泳池系统二次侧供水温度定值自动调节；

4 生活热水循环泵应根据生活热水回水温度或设定时间间隔实现自动启停。

5.6.7 热力站本地监控站宜具备下列控制功能：

1 一次侧总供水和回水压差、流量调节功能；

2 公用建筑供暖系统分时控制功能。

6 通信网络

6.0.1 监控中心与本地监控站之间应采用专用通信网络。

6.0.2 通信网络应符合下列规定：

1 应具备数据双向传输能力；

2 通信网络应符合实时性要求；

3 通信网络的带宽应留有余量，且余量不宜小于20%；

4 具备备用信道的通信网络应采用与主信道性质不同的信道类型。

6.0.3 通信网络宜选用基于TCP/IP协议的网络。

6.0.4 通信网络宜提供静态IP地址的接入。

6.0.5 监控中心与本地监控站的数据通信宜采用国际标准通用协议。

6.0.6 监控中心与本地监控站之间宜采用统一的通信协议。

7 施工、调试与验收

7.1 一般规定

7.1.1 建设单位应在施工前组织设计单位、监理单位、施工单位及系统承包商进行监测与调控系统施工图纸会审。

7.1.2 设备及材料进场时应进行质量检查和测试。

7.1.3 当施工中出现工程变更、设备及材料代用或更换等情况时，应由原设计单位确认，并应符合有关程序。

7.2 施 工

7.2.1 监测与调控系统仪表的施工应符合现行国家标准《自动化仪表工程施工及质量验收规范》GB 50093等的有关规定。

7.2.2 通信网络应根据设计文件确定的通信方案建设，信号质量应符合专业技术要求。

7.2.3 不间断电源及其附属设备安装前，应依据随机提供的数据检查电压、电流、输入及输出特性等参数，并应符合设计要求。

7.2.4 电磁兼容装置和屏蔽接地线应按设计文件的要求安装。

7.2.5 室外温度传感器应安装于建筑背阴侧远离门窗、距离地面一定高度的位置，并宜安装在空气流通的百叶箱内。

7.2.6 热量表的安装应符合下列规定：

1 积算仪的安装位置应便于操作与读数，外接电源及网络通信应按产品说明书的要求接线。

2 流量传感器的安装应符合下列规定：

1) 流量传感器前后直管段长度应符合产品要求；

2) 流量传感器前后连接管道应保持同心；

3) 水流方向应与流量传感器上箭头方向一致。

3 温度传感器应按设备技术要求安装。

4 热量表使用前，应对可拆卸部件进行铅封保护。

7.2.7 入侵报警设备、地面积水检测传感器、烟感信号传感器的安装位置应依据设计文件及产品安装要求确定。

7.3 调 试

7.3.1 调试应在供热工程具备验收条件后，由施工单位提出申请，并应由建设单位组织各相关方参加。

7.3.2 调试应由专业技术人员根据设计文件、招标文件和产品技术文件的要求进行。

7.3.3 调试前应制定完整的调试方案并确定调试目标，调试结果与调试目标一致视为合格。

7.3.4 调试应包括下列内容：

1 单项设备安装完成后，应进行设备自身功能的调试；

2 设备调试完成后，应进行本地监控站的系统调试；

3 应对通信设备、通信线路进行调试；

4 应对监控中心硬件和软件进行调试；

5 监测与调控系统安装完成后应进行联网运行和联机调试，并应测试相关软件功能。

7.3.5 调试记录应完整，并可按本规程附录 A 的格式填写。

7.4 验 收

7.4.1 验收应在监测与调控系统调试完成并连续无故障运行 168 h 后进行。

7.4.2 验收应按设计图纸、技术方案、合同的要求进行。

7.4.3 验收应进行综合测试，并可按本规程附录 B 表 B.0.1～表 B.0.7 的格式填写测试记录。测试结果应符合下列规定：

1 设备及附件应满足系统运行要求；

2 软件系统运行应稳定、可靠；

3 通信网络应畅通。

7.4.4 竣工验收资料应包括下列内容：

1 设计单位资料应包括竣工图、技术说明书、变更通知单、整改通知单、监控信息参数表、设备和电缆清册等；

2 设备出厂资料应包括设备和软件技术说明书、操作手册、软件备份、设备合格证明、质量检测证明、软件使用许可证和出厂试验报告等；

3 施工单位资料应包括合同技术规范书、设计联络和工程协调会议纪要、出厂检验报告、现场安装接线图及原理图、现场施工调试方案、调整试验报告等；

4 综合测试记录表。

7.4.5 竣工验收合格后，参与竣工验收的单位应签署竣工验收文件。

7.4.6 竣工验收合格后，系统承包商应在规定时间内向供热管理单位提供纸质和电子版竣工资料。

8 运行与维护

8.1 一般规定

8.1.1 监测与调控系统应制定相应的运行管理及维护制度。

8.1.2 监测与调控系统应明确专责维护人员。

8.1.3 监控中心服务器机房应建立人员进出登记制度。

8.1.4 运行维护人员发现故障或接到设备故障报告后，应及时进行处理。

8.1.5 监测与调控系统升级改造时，应以经批准的书面通知为准，作重大修改时应经技术论证。

8.1.6 监测与调控系统的运行维护尚应符合现行行业标准《城镇供热系统运行维护技术规程》CJJ 88 的有关规定。

8.2 运 行

8.2.1 运行人员应在供热前对监测与调控系统进行检查，并应符合下列规定：

1 控制柜内设备工作应正常；

2 网络传输应正常；

3 电动阀门、水泵等设备调控应正常；

4 热量表、温度变送器、压力变送器等仪表工作应正常。

8.2.2 监测与调控系统的运行模式应符合供热运行的要求，并应符合下列规定：

1 供热运行初期，本地监控站宜采用手动控制模式，供热升温后应逐步切入自动控制模式；

2 自动控制模式宜采用全网平衡模式，也可采用单系统的自动控制或远程手动控制模式。

8.2.3 监测与调控系统应对运行参数进行分析，指导供热系统的运行及调节，并应对控制曲线进行修正。

8.2.4 监控中心的运行应符合下列规定：

1 应根据控制曲线，对本地站下发控制指令；

2 应对本地监控站的上传数据的准确性进行核查，并应对异常数据进行处理；

3 应确认与处理报警信息；

4 应记录并备份每日运行数据、报警信息处理记录等。

8.2.5 本地监控站的运行应符合下列规定：

1 应对各种仪器仪表等硬件设备的运行状态进行检查；

2 应对就地显示数据与上传数据进行核查，并应填写运行记录；

3 应分析与处理现场报警故障。

8.2.6 运行人员应在供热运行期间对本地监控站的上传数据的准确性进行核查，并应对异常数据进行处理。

8.2.7 运行人员应对无人值守热力站本地监控站定期巡查，巡检内容应符合本规程第8.2.5条的相关规定。

8.2.8 监测与调控系统的报警处理应符合下列规定：

1 运行人员应及时对报警信息、异常数据进行核实、处理，并应将结果上报至监控中心；

2 当运行人员不能自行排除故障时，应及时逐级上报，并应按上级指令进行应急处理。

8.2.9 当监测与调控系统出现系统控制功能失效时，应按下列程序进行处理：

1 各本地监控站应不间断有人值守；

2 立即查找控制功能失效原因；

3 对相关设备或软件进行维修；

4 系统恢复控制功能前，按监控中心的指令进行手动调节；

5 利用备份资料对软件系统进行修复，对数据进行恢复。

8.3 维　　护

8.3.1 监控中心的硬件维护应符合下列规定：

1 应定期检查、维护硬件设备和设施；

2 应定期进行UPS电源断电保持测试。

8.3.2 监控中心的软件维护应符合下列规定：

1 应定期检查软件系统的运行状态；

2 应定期进行病毒查杀与安全漏洞排查，定期进行杀毒软件病毒代码库升级；

3 应定期备份应用系统软件；

4 应定期维护和备份系统数据库；

5 系统新模块开发、调试及投入运行不应影响原系统正常运行。

8.3.3 本地监控站的硬件维护应符合下列规定：

1 本地监控站的硬件应处于良好的运行状态，停止运行的供热系统，本地监控站设备宜每月通电运行1次，通电时间不应小于2 h；

2 应建立设备运行状态台账，并应确保其时效性与完整性；

3 温度、压力等就地指示性仪表应按国家现行标准的规定定期进行检定与校准。

8.3.4 本地监控站的软件维护应符合下列规定：

1 软件的安装应由专业技术人员完成，并应做好相应记录；

2 软件的修改、升级应报有关部门，同意后方可实施；

3 监控运行模块应集中备份、定期整理，并应做好更新时间记录。

8.3.5 通信网络维护应符合下列规定：

1 应定期检查通信设备、设施，保证运行完好；

2 应定期检查通信线路，保证线路通畅。

8.3.6 本地监控站应建立监测与调控系统的IP地址明细表，IP地址更新前应进行备案。

附录A　系统调试记录

A.0.1　设备外观检查记录可按表A.0.1的格式填写。

表A.0.1　设备外观检查记录

设备名称	设备编号	安装地点	检查内容	检查结果	备　注
检查人：				检查日期：	
现场代表：					

A.0.2 网络连通性测试记录可按表 A.0.2 的格式填写。

表 A.0.2 网络连通性测试记录

设备名称	测试节点	测试手段及过程	测试结果	备　注
测试人：			测试日期：	
现场代表：				

A.0.3 路由器和交换机测试记录可按表A.0.3的格式填写。

表A.0.3 路由器和交换机测试记录

设备名称及编号	测试过程	测试结果	备　注
测试人：		测试日期：	
现场代表：			

A.0.4 上位机系统测试记录可按表 A.0.4 的格式填写。

表 A.0.4 上位机系统测试记录

测试项目	测试对象	测试过程	测试结果	备 注
测试人：			测试日期：	
现场代表：				

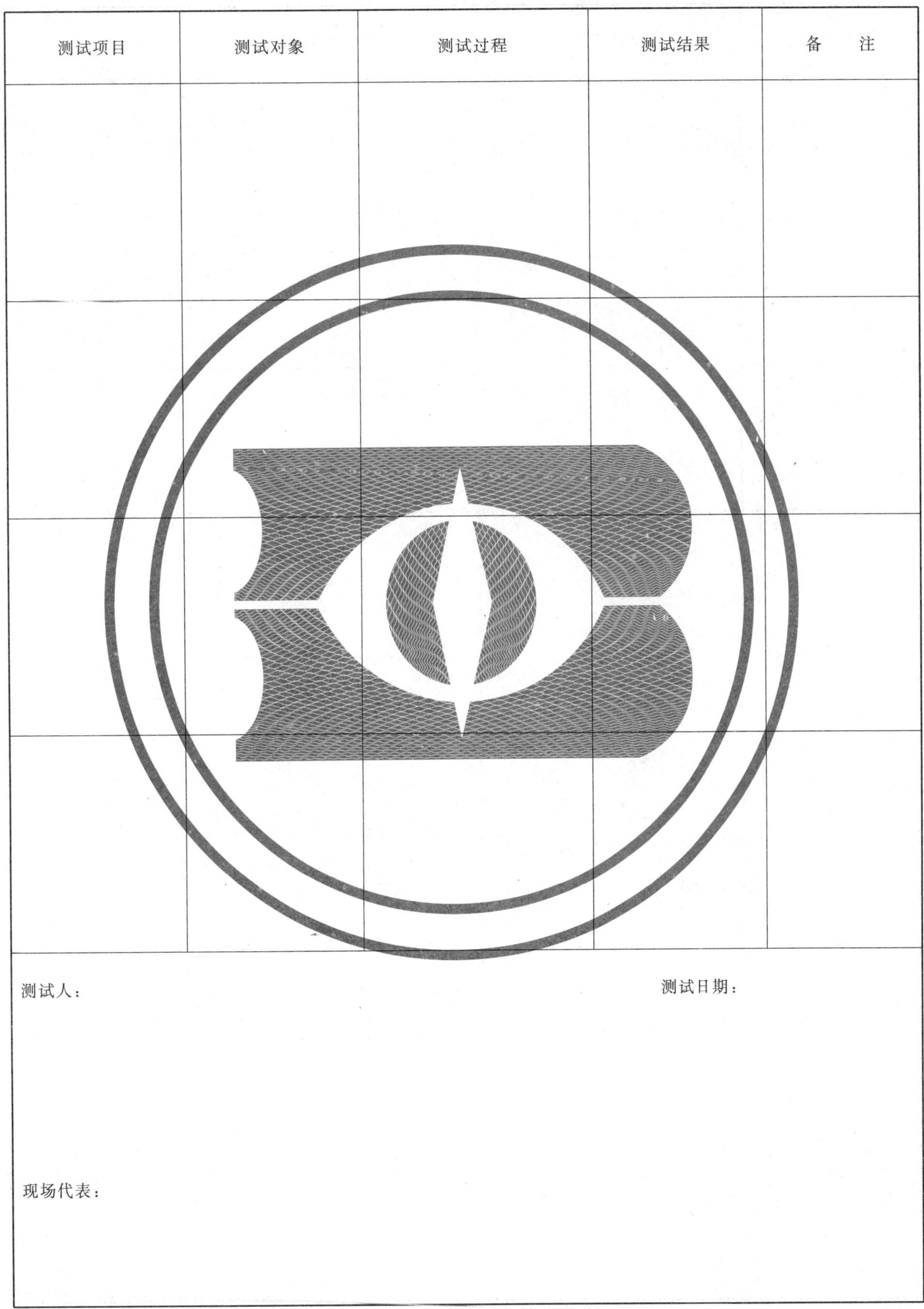

A.0.5 PLC 性能测试记录可按表 A.0.5 的格式填写。

表 A.0.5 PLC 性能测试记录

控制器编号	检测过程	检测结果	备　注
测试人：		测试日期：	
现场代表：			

A.0.6 数字输入、输出回路模拟测试记录可按表A.0.6的格式填写。

表A.0.6 数字输入、输出回路模拟测试记录

序号	位号	描述	HMI地址	PLC地址	信号输入（输出）	测试结论	备 注
1					0		
					1		
2					0		
					1		
3					0		
					1		
4					0		
					1		
5					0		
					1		
6					0		
					1		
7					0		
					1		
8					0		
					1		
9					0		
					1		
10					0		
					1		
11					0		
					1		
12					0		
					1		
13					0		
					1		
14					0		
					1		

测试人：　　　　　　　　　　　　　　　　　　测试日期：

现场代表：

A.0.7 模拟量输入回路测试记录可按表 A.0.7 的格式填写。

表 A.0.7 模拟量输入回路测试记录

<table>
<tr><th rowspan="2">序号</th><th rowspan="2">位号</th><th rowspan="2" colspan="2">属性</th><th rowspan="2">HMI 地址</th><th rowspan="2">PLC 地址</th><th colspan="2">标准信号</th><th colspan="2">站控显示</th></tr>
<tr><th>上行</th><th>下行</th><th>上行</th><th>下行</th></tr>
<tr><td rowspan="5">1</td><td rowspan="5"></td><td>单位</td><td></td><td rowspan="5"></td><td rowspan="5"></td><td>0</td><td>100%</td><td></td><td></td></tr>
<tr><td rowspan="4">量程</td><td rowspan="2"></td><td>25%</td><td>75%</td><td></td><td></td></tr>
<tr><td>50%</td><td>50%</td><td></td><td></td></tr>
<tr><td rowspan="2"></td><td>75%</td><td>25%</td><td></td><td></td></tr>
<tr><td>100%</td><td>0</td><td></td><td></td></tr>
<tr><td rowspan="5">2</td><td rowspan="5"></td><td>单位</td><td></td><td rowspan="5"></td><td rowspan="5"></td><td>0</td><td>100%</td><td></td><td></td></tr>
<tr><td rowspan="4">量程</td><td rowspan="2"></td><td>25%</td><td>75%</td><td></td><td></td></tr>
<tr><td>50%</td><td>50%</td><td></td><td></td></tr>
<tr><td rowspan="2"></td><td>75%</td><td>25%</td><td></td><td></td></tr>
<tr><td>100%</td><td>0</td><td></td><td></td></tr>
<tr><td rowspan="5">3</td><td rowspan="5"></td><td>单位</td><td></td><td rowspan="5"></td><td rowspan="5"></td><td>0</td><td>100%</td><td></td><td></td></tr>
<tr><td rowspan="4">量程</td><td rowspan="2"></td><td>25%</td><td>75%</td><td></td><td></td></tr>
<tr><td>50%</td><td>50%</td><td></td><td></td></tr>
<tr><td rowspan="2"></td><td>75%</td><td>25%</td><td></td><td></td></tr>
<tr><td>100%</td><td>0</td><td></td><td></td></tr>
<tr><td rowspan="5">4</td><td rowspan="5"></td><td>单位</td><td></td><td rowspan="5"></td><td rowspan="5"></td><td>0</td><td>100%</td><td></td><td></td></tr>
<tr><td rowspan="4">量程</td><td rowspan="2"></td><td>25%</td><td>75%</td><td></td><td></td></tr>
<tr><td>50%</td><td>50%</td><td></td><td></td></tr>
<tr><td rowspan="2"></td><td>75%</td><td>25%</td><td></td><td></td></tr>
<tr><td>100%</td><td>0</td><td></td><td></td></tr>
<tr><td rowspan="5">5</td><td rowspan="5"></td><td>单位</td><td></td><td rowspan="5"></td><td rowspan="5"></td><td>0</td><td>100%</td><td></td><td></td></tr>
<tr><td rowspan="4">量程</td><td rowspan="2"></td><td>25%</td><td>75%</td><td></td><td></td></tr>
<tr><td>50%</td><td>50%</td><td></td><td></td></tr>
<tr><td rowspan="2"></td><td>75%</td><td>25%</td><td></td><td></td></tr>
<tr><td>100%</td><td>0</td><td></td><td></td></tr>
<tr><td rowspan="5">6</td><td rowspan="5"></td><td>单位</td><td></td><td rowspan="5"></td><td rowspan="5"></td><td>0</td><td>100%</td><td></td><td></td></tr>
<tr><td rowspan="4">量程</td><td rowspan="2"></td><td>25%</td><td>75%</td><td></td><td></td></tr>
<tr><td>50%</td><td>50%</td><td></td><td></td></tr>
<tr><td rowspan="2"></td><td>75%</td><td>25%</td><td></td><td></td></tr>
<tr><td>100%</td><td>0</td><td></td><td></td></tr>
<tr><td colspan="2">备注</td><td colspan="8"></td></tr>
<tr><td colspan="10">测试人：　　　　　　　　　　　　　　　　　　测试日期：
现场代表：</td></tr>
</table>

A.0.8 模拟量输出回路测试记录可按表 A.0.8 的格式填写。

表 A.0.8 模拟量输出回路测试记录

序号	位号	属性		HMI 地址	PLC 地址	信号给定		信号接收	
						上行	下行	上行	下行
1		单位				0	100%		
		量程				25%	75%		
						50%	50%		
						75%	25%		
						100%	0		
2		单位				0	100%		
		量程				25%	75%		
						50%	50%		
						75%	25%		
						100%	0		
3		单位				0	100%		
		量程				25%	75%		
						50%	50%		
						75%	25%		
						100%	0		
4		单位				0	100%		
		量程				25%	75%		
						50%	50%		
						75%	25%		
						100%	0		
5		单位				0	100%		
		量程				25%	75%		
						50%	50%		
						75%	25%		
						100%	0		
6		单位				0	100%		
		量程				25%	75%		
						50%	50%		
						75%	25%		
						100%	0		
备注									
测试人：						测试日期：			
现场代表：									

A.0.9 调节型受控设备测试记录可按表 A.0.9-1 和表 A.0.9-2 的格式填写。

表 A.0.9-1 调节型受控设备测试记录(表一)

______状态反馈测试

序号	位号	描述	PLC 地址	MMI 地址	站控显示	备　注
1						
2						
3						
4						
5						

______手动控制模式测试

序号	位号	描述	PLC 地址	MMI 地址	信号给定		设备动作反馈	
					上行	下行	上行	下行
1								
2								
3								
4								
5								

______控制模式切换测试

序号	模式切换		现场设备动作			备　注		
1								
2								
3								
4								
5								

测试人：　　　　　　　　　　　　　　　　测试日期：

现场代表：

表 A.0.9-2 调节型受控设备测试记录(表二)

<table>
<tr><td colspan="6">调节性能测试</td></tr>
<tr><td rowspan="2">调节方式</td><td colspan="4">调节参数</td><td rowspan="2">备注：</td></tr>
<tr><td>K_p=</td><td>K_i=</td><td>K_d=</td><td>D_b=</td></tr>
<tr><td></td><td colspan="5">调节趋势图</td></tr>
<tr><td rowspan="3"></td><td colspan="4">调节参数</td><td rowspan="2">备注：</td></tr>
<tr><td>K_p=</td><td>K_i=</td><td>K_d=</td><td>D_b=</td></tr>
<tr><td colspan="5">调节趋势图</td></tr>
<tr><td colspan="6">测试人：　　　　测试日期：

现场代表：</td></tr>
</table>

A.0.10 SCADA系统冗余测试记录可按表A.0.10的格式填写。

表A.0.10 SCADA系统冗余测试记录

设备名称及编号	测试内容	测试过程	测试结果	备　注
测试人：			测试日期：	
现场代表：				

附录 B 系统测试记录

B.0.1 集中监控中心及通信网络综合测试记录可按表 B.0.1 的格式填写。

表 B.0.1 集中监控中心及通信网络综合测试记录

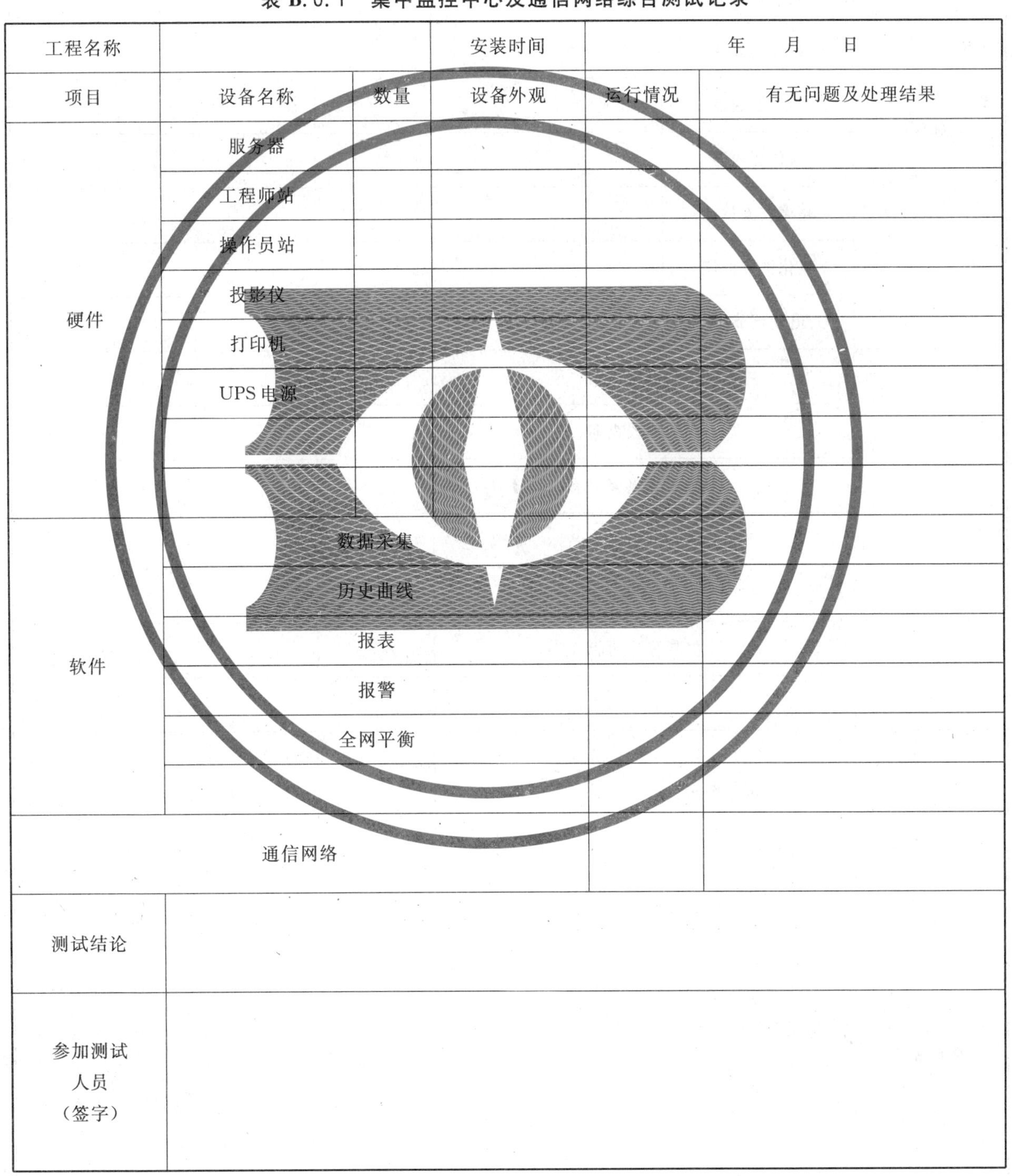

工程名称			安装时间	年 月 日	
项目	设备名称	数量	设备外观	运行情况	有无问题及处理结果
硬件	服务器				
	工程师站				
	操作员站				
	投影仪				
	打印机				
	UPS 电源				
软件	数据采集				
	历史曲线				
	报表				
	报警				
	全网平衡				
通信网络					
测试结论					
参加测试人员（签字）					

B.0.2 热源厂及通信网络综合测试记录可按表 B.0.2 的格式填写。

表 B.0.2 热源厂及通信网络综合测试记录

热源厂名称			安装时间	年 月 日	
项目	设备名称	数量	设备外观	运行情况	有无问题及处理结果
硬件	控制系统				
	客户机				
	一体化温变				
	压力变送器				
	液位变送器				
	超声波流量计				
	氧化锆分析仪				
	电动调节阀				
软件	厂内数据采集				
	历史曲线查询				
	故障声光报警记录				
	工艺画面确认				
	报表打印功能				
	能耗统计功能				
通信网络					
测试结论					
参加测试人员（签字）					

B.0.3 首站及通信网络综合测试记录可按表B.0.3的格式填写。

表B.0.3 首站及通信网络综合测试记录

<table>
<tr><td>热力站名称</td><td colspan="2"></td><td>安装时间</td><td colspan="2">年 月 日</td></tr>
<tr><td>项目</td><td>设备名称</td><td>数量</td><td>设备外观</td><td>运行情况</td><td>有无问题及处理结果</td></tr>
<tr><td rowspan="9">硬件</td><td>控制柜</td><td></td><td></td><td></td><td></td></tr>
<tr><td>一体化温变</td><td></td><td></td><td></td><td></td></tr>
<tr><td>压力变送器</td><td></td><td></td><td></td><td></td></tr>
<tr><td>液位变送器</td><td></td><td></td><td></td><td></td></tr>
<tr><td>孔板流量计</td><td></td><td></td><td></td><td></td></tr>
<tr><td>电动调节阀</td><td></td><td></td><td></td><td></td></tr>
<tr><td>热量表</td><td></td><td></td><td></td><td></td></tr>
<tr><td>电表</td><td></td><td></td><td></td><td></td></tr>
<tr><td></td><td></td><td></td><td></td><td></td></tr>
<tr><td rowspan="5">软件</td><td colspan="3">站内数据采集</td><td></td><td></td></tr>
<tr><td colspan="3">故障报警记录</td><td></td><td></td></tr>
<tr><td colspan="3">自动补水</td><td></td><td></td></tr>
<tr><td colspan="3">运行数据上传</td><td></td><td></td></tr>
<tr><td colspan="3"></td><td></td><td></td></tr>
<tr><td colspan="4">通信网络</td><td></td><td></td></tr>
<tr><td>测试结论</td><td colspan="5"></td></tr>
<tr><td>参加测试人员（签字）</td><td colspan="5"></td></tr>
</table>

B.0.4 中继泵站及通信网络综合测试记录可按表B.0.4的格式填写。

表B.0.4 中继泵站及通信网络综合测试记录

中继泵站名称			安装时间	年　月　日	
项目	设备名称	数量	设备外观	运行情况	有无问题及处理结果
硬件	控制柜				
	一体化温变				
	压力变送器				
	电动阀门				
	电表				
软件	站内数据采集				
	历史曲线查询				
	故障声光报警记录				
	工艺画面确认				
	报表打印功能				
	中继泵自动控制				
	电动阀门自动控制				
	自动补水控制				
通信网络					
测试结论					
参加测试人员（签字）					

B.0.5 热水蓄热器及通信网络综合测试记录可按表B.0.5的格式填写。

表B.0.5 热水蓄热器及通信网络综合测试记录

热水蓄热器站名称			安装时间	年　月　日	
项目	设备名称	数量	设备外观	运行情况	有无问题及处理结果
硬件	控制柜				
	一体化温变				
	压力变送器				
	液位变送器				
	电动阀门				
	热量表				
	电表				
软件	站内数据采集				
	历史曲线查询				
	故障声光报警记录				
	工艺画面确认				
	报表打印功能				
	能耗统计功能				
	蓄热泵自动控制				
	放热泵自动控制				
	电动阀门自动控制				
	自动补水控制				
通信网络					
测试结论					
参加测试人员（签字）					

B.0.6 储水罐及通信网络综合测试记录可按表B.0.6的格式填写。

表B.0.6 储水罐及通信网络综合测试记录

<table>
<tr><td>储水罐站名称</td><td colspan="2"></td><td>安装时间</td><td colspan="2">年 月 日</td></tr>
<tr><td>项目</td><td>设备名称</td><td>数量</td><td>设备外观</td><td>运行情况</td><td>有无问题及处理结果</td></tr>
<tr><td rowspan="8">硬件</td><td>控制柜</td><td></td><td></td><td></td><td></td></tr>
<tr><td>一体化温变</td><td></td><td></td><td></td><td></td></tr>
<tr><td>压力变送器</td><td></td><td></td><td></td><td></td></tr>
<tr><td>液位变送器</td><td></td><td></td><td></td><td></td></tr>
<tr><td>电动阀门</td><td></td><td></td><td></td><td></td></tr>
<tr><td>超声波流量计</td><td></td><td></td><td></td><td></td></tr>
<tr><td>电表</td><td></td><td></td><td></td><td></td></tr>
<tr><td></td><td></td><td></td><td></td><td></td></tr>
<tr><td rowspan="9">软件</td><td colspan="3">站内数据采集</td><td></td><td></td></tr>
<tr><td colspan="3">历史曲线查询</td><td></td><td></td></tr>
<tr><td colspan="3">故障声光报警记录</td><td></td><td></td></tr>
<tr><td colspan="3">工艺画面确认</td><td></td><td></td></tr>
<tr><td colspan="3">报表打印功能</td><td></td><td></td></tr>
<tr><td colspan="3">储水泵自动控制</td><td></td><td></td></tr>
<tr><td colspan="3">放水泵自动控制</td><td></td><td></td></tr>
<tr><td colspan="3">电动阀门自动控制</td><td></td><td></td></tr>
<tr><td colspan="3">自动补水控制</td><td></td><td></td></tr>
<tr><td colspan="4">通信网络</td><td></td><td></td></tr>
<tr><td>测试结论</td><td colspan="5"></td></tr>
<tr><td>参加测试
人员
（签字）</td><td colspan="5"></td></tr>
</table>

B.0.7 热力站及通信网络综合测试记录可按表B.0.7的格式填写。

表B.0.7 热力站及通信网络综合测试记录

<table>
<tr><td>热力站名称</td><td colspan="2"></td><td>安装时间</td><td colspan="2">年　月　日</td></tr>
<tr><td>项目</td><td>设备名称</td><td>数量</td><td>设备外观</td><td>运行情况</td><td>有无问题及处理结果</td></tr>
<tr><td rowspan="9">硬件</td><td>控制柜</td><td></td><td></td><td></td><td></td></tr>
<tr><td>一体化温变</td><td></td><td></td><td></td><td></td></tr>
<tr><td>压力变送器</td><td></td><td></td><td></td><td></td></tr>
<tr><td>液位变送器</td><td></td><td></td><td></td><td></td></tr>
<tr><td>超声波流量计</td><td></td><td></td><td></td><td></td></tr>
<tr><td>电动调节阀</td><td></td><td></td><td></td><td></td></tr>
<tr><td>热量表</td><td></td><td></td><td></td><td></td></tr>
<tr><td>电表</td><td></td><td></td><td></td><td></td></tr>
<tr><td></td><td></td><td></td><td></td><td></td></tr>
<tr><td rowspan="5">软件</td><td colspan="3">站内数据采集</td><td></td><td></td></tr>
<tr><td colspan="3">自动补水</td><td></td><td></td></tr>
<tr><td colspan="3">一次网流量控制</td><td></td><td></td></tr>
<tr><td colspan="3"></td><td></td><td></td></tr>
<tr><td colspan="3"></td><td></td><td></td></tr>
<tr><td colspan="4">通信网络</td><td></td><td></td></tr>
<tr><td>测试结论</td><td colspan="5"></td></tr>
<tr><td>参加测试
人员
（签字）</td><td colspan="5"></td></tr>
</table>

本规程用词说明

1 为便于在执行本规程条文时区别对待，对要求严格程度不同的用词说明如下：

1） 表示很严格，非这样做不可的：

正面词采用“必须”，反面词采用“严禁”；

2） 表示严格，在正常情况下均应这样做的：

正面词采用“应”，反面词采用“不应”或“不得”；

3） 表示允许稍有选择，在条件许可时首先应这样做的：

正面词采用“宜”，反面词采用“不宜”；

4） 表示有选择，在一定条件下可以这样做的，采用“可”。

2 条文中指明应按其他有关标准执行的写法为：“应符合……的规定”或“应按……执行”。

引用标准名录

1 《锅炉房设计规范》GB 50041
2 《自动化仪表工程施工及质量验收规范》GB 50093
3 《电子信息系统机房设计规范》GB 50174
4 《锅炉大气污染物排放标准》GB 13271
5 《工业过程测量和控制用检测仪表和显示仪表精确度等级》GB/T 13283
6 《城镇供热系统运行维护技术规程》CJJ 88

中华人民共和国行业标准

城镇供热监测与调控系统技术规程

CJJ/T 241—2016

条 文 说 明

制 订 说 明

《城镇供热监测与调控系统技术规程》CJJ/T 241—2016，经住房和城乡建设部2016年11月15日以第1362号公告批准、发布。

本规程编制过程中，编制组进行了广泛的调查研究，总结了我国城镇供热系统监测与调控的实践经验，同时参考了国外先进技术法规、技术标准，总结了城镇供热系统监测与调控的技术要求。

为便于广大设计、施工、科研、学校等单位有关人员在使用本规程时能正确理解和执行条文规定，《城镇供热监测与调控系统技术规程》编制组按章、节、条顺序编制了本规程的条文说明，对条文规定的目的、依据以及执行中需注意的有关事项进行了说明。但是，本条文说明不具备与规程正文同等的法律效力，仅供使用者作为理解和把握规程规定的参考。

1 总 则

1.0.1 监测与调控系统的设置是为了对整个供热系统运行调节进行监控，以保证供热系统的正常运行，实现生产管理较高水平的自动化。

1.0.2 目前，国内尚没有一个完整的标准用以规范供热系统的监控调节，指导供热系统安全、经济和节能运行工作。本规程的编写是在对国内外城镇供热系统的监控技术进行调研和梳理的基础上，总结归纳出适合我国国情的城镇供热系统的监控技术规程，对供热监控系统的规划和设计提出原则和具体要求，对监控设备提出选用和安装技术要求，对监控系统的施工、验收、运行与维护进行规范指导，从而系统地解决现有供热工程中监控系统各个环节存在的问题，提高城镇供热系统监测与调控的管理水平。

1.0.3 城镇供热系统的监测与调控综合了自动化控制、通信工程、计算机、仪表等多个专业，是在供热系统的基础上建立起来的监控系统。本规程重点规定了监控系统的配置及功能要求，对于系统中涉及的设备及设施，如控制设备、网络通信设备、计算机及仪表等，国家已经制定了完善的标准，工程建设中应遵守相关标准的规定。有些供热工程的设计、施工及验收等相关标准对监控系统的设置也进行了规定，也应遵守。

3 基本规定

3.0.1 城镇供热系统主要包括热源、一级供热管网、热力站、二级供热管网和户内系统等。本地监控站是对供热系统的某一区域进行监控，监控中心是对整个供热系统进行整体监控。

3.0.2 从运行管理的角度，设置监测与调控系统的目的是为了辅助供热系统的运行管理，可根据管理单位的自身需要和供热系统的规模灵活设置监控中心与本地监控站。

有些规模较小的供热系统，可将监控中心与本地监控站合二为一，既具备监控中心功能，又能实现本地监控。例如，只有1座锅炉房供热的小区供热系统，可在锅炉房内设置一套监控系统，把本地和中心两级监控合为一体，也可实现供热运行管理的监控。监控中心如果设在系统的某一本地监控站内，也可与本地监控站合并建设，但该合并监控站要具备监控中心和本地监控站各自应实现的功能。其他类似情况可参照本规程相关章节规定执行。

3.0.3 本条规定可保证数据采集和显示的一致性，便于数据的统计分析。

3.0.4 监控中心网络安全可执行的标准有：

《信息安全技术　信息系统等级保护安全设计技术要求》GB/T 25070

《计算机信息系统　安全保护等级划分准则》GB 17859

《信息安全技术　信息系统通用安全技术要求》GB/T 20271

《信息安全技术　网络基础安全技术要求》GB/T 20270

《信息安全技术　操作系统安全技术要求》GB/T 20272

《信息安全技术　数据库管理系统安全技术要求》GB/T 20273

《信息安全技术　服务器安全技术要求》GB/T 21028

《信息安全技术　终端计算机系统安全等级技术要求》GA/T 671

《信息安全技术　信息系统安全管理要求》GB/T 20269

《信息安全技术　信息系统安全工程管理要求》GB/T 20282

《信息安全技术　信息系统安全等级保护基本要求》GB/T 22239

《信息安全技术　信息系统安全等级保护定级指南》GB/T 22240

《信息安全技术　信息系统安全等级保护基本模型》GA/T 709

《信息安全技术　应用软件系统安全等级保护通用技术指南》GA/T 711

《城镇供热系统运行维护技术规程》CJJ 88

《互联网安全防护要求》YD/T 1736

《互联网安全防护检测要求》YD/T 1737

《信息安全等级保护管理办法》(公通字[2007]43 号)

1 制定本条的目的是为了有效防范数据泄露、病毒入侵等威胁。

2 重点本地监控站是指热源厂本地监控站和热力站本地监控站;采用冗余方式的目的是为了保证通信的畅通和安全;备用通道可以采用两种不同的通信方式,当一种通信故障时,自动切换到备用通道。

3 安全管理是通过系统管理员对系统资源和运行进行配置、控制和管理,包括用户身份和授权管理、系统资源配置、系统加载和启动、系统运行的异常处理、数据和设备的备份与恢复以及恶意代码防范等。对系统管理员进行身份鉴别,只允许其通过特定的命令或操作界面进行系统管理操作,并对这些操作进行审计。

审计管理是通过安全审计员对分布在系统各个组成部分的安全审计机制进行集中管理,包括根据安全审计策略对审计记录进行分类;提供按时间段开启和关闭相应类型的安全审计机制;对各类审计记录进行存储、管理和查询等。对安全审计员进行身份鉴别,并只允许其通过特定的命令或操作界面进行安全审计操作。

3.0.5 制定本条的目的是为了使新建供热工程的监测与调控系统与供热主体工程同时投入使用,从而发挥其节能降耗、提高集中供热管理水平的作用。

4 监控中心

4.1 一般规定

4.1.1 规模较小单热源的供热公司,只设一级监控中心即可。对于实行区域化管理或者分类管理的供热单位,宜设立集中监控中心和区域(或分类)监控中心两级监控。譬如:一些供热单位下设管网分公司、热源分公司及热力站分公司,则根据系统可设置管网监控中心、热源监控中心和热力站监控中心;而一些根据供热区域设置分公司的供热单位,则分公司管辖的供热范围内,设置自己的监控中心,而供热单位则要设置总的监控中心。一般情况下,供热单位设置的监控中心叫一级监控中心,负责整个供热系统,各分公司设置的区域(或分类)监控中心叫二级监控中心,负责各区域内或某一类供热系统。

4.1.2 监控中心机房环境需满足计算机长期工作的要求,现行国家标准《电子信息系统机房设计规范》GB 50174 对机房的环境要求、建筑与结构、空气调节、电气技术、给水排水、消防进行了规定。

4.2 功 能

4.2.1 从运行管理的角度,监控中心最基本的功能是监控整个供热系统的正常运行,其中监控运行和故障诊断、报警处理 2 个模块是最根本的模块;调度管理和能耗管理是更高一层次要求的模块。除本条中要求的功能外,各供热管理单位可根据自身管理需求添加其他可选的功能,如热计量管理、用户管理、设备管理、视频监控等。

4.2.2 监控运行模块功能要求。

3 形成报警日志,是为了便于事后查询报警的处理情况,分析报警形成的原因;

5 支持标准工业通用数据接口及协议,如 MODBUS、TCP/IP 等,使系统具备可扩展性;

6 采用 Web 浏览器/服务器的方式对外开放,支持用户使用手机、平板电脑等移动终端在有互联网的场所进行访问。

4.2.3 调度管理模块功能要求。

1 供热方案可根据气象条件、热源供热能力、供热面积、用户热负荷指标等制定。

2 为了保证设备或者系统安全，需要对温度、压力、液位等运行参数进行限值设置，出现超温、超压、欠压、液位过低要及时进行报警处理。一般的控制策略有：固定温度、固定压力、固定流量/热量及设定气候补偿曲线，使系统根据设定自动运行。

3 结合室外天气预报，预测未来一段时间的供热负荷、所需供水和回水温度、流量等运行参数，形成调度方案，得到授权后把方案下发给监控管理软件实现联动。

4 分析热力站、楼栋、热用户的回水温度、瞬时流量、热量和室温等，计算管网的失调度，形成图表；结合管网平衡分析，自动调节管网电动调节阀开度或水泵频率，保持管网按需供热。

4.2.4 能耗管理模块功能要求。

1 能源部门制定能源计划，传送给生产、调度部门；

2 可以按照热源厂、分公司、热力站等进行能耗统计分析，主要对水、电、热及燃料的单耗、累计单耗进行分析，生成能耗日报表、能耗月报表等报表和图表；

3 通过能耗成本统计分析，掌握水、电、热及燃料各个部分在成本中的百分比，制定相应的能耗计划和节能措施；

4 对供热管网输送效率、供热管网的水力平衡度、锅炉、水泵、换热器等设备的能效进行分析。

4.2.5 故障诊断、报警处理模块功能要求。

1 参数超限报警包括超温、超压、高水位或低温、低压、低水位等报警，通过设定超温、超压、高水位或低温、低压、低水位数据报警值，当温度大于设定超温值、压力大于设定超压值、水位高于水位设定值，或温度小于设定低温值、压力小于低压设定值、水位低于水位设定值时进行报警；故障报警包括水泵、变频器、阀门等设备故障报警；对报警根据严重情况进行分级，对一般的通信故障、超温、超压、低压宜发出语音提示，对于严重超压、严重超温、水泵故障、水箱液位过低等宜发出语音提示，并发出声、光报警；

2 监控画面能够显示各个终端的通信线路状态，如通过指示灯显示通或断等。

4.2.6 数据存储、统计及分析模块功能要求。

3 运行趋势分析包括分析室外温度、供水和回水温度、管网压力、流量、热量以及阀门开度、水泵频率的变化趋势等；供热效果分析包括分析平均室温和室温分布及变化趋势等；

5 通过温度对比，可了解各个热力站的供热状态；通过压力对比，可了解管网的安全性，有无漏水；通过流量对比，可了解管网水力平衡状态；

6 数据共享要根据供热运行管理及其他应用系统的需求确定。如：供热监控系统存储了大量的运行数据，宜提供通用接口，与企业的经营、财务或客户管理部门实现数据共享。

4.2.7 集中显示模块功能要求。

1 以地图或管网图等真实反映供热系统运行状态，包括热源厂、中级泵站、热水储热器、储水罐以及热力站的分布，可反映供热运行参数及设备状态等。集中显示的内容可包括本条中列举设备及设施的运行参数、设备状态、管理信息等内容，具体可参见本规程第5章。

3 远程视频监控主要有三种方式实现，分别为硬盘录像机、网络视频服务器、网络摄像机。随着热力站无人值守运行管理模式的推广，监控中心通过远程视频监控系统对所属热力站或重要场所进行实时图像监控，可以实时查看设备运行情况、防火防盗、积水报警等信息，使供热系统调控运行更为安全、可靠。

4.3 配　　置

4.3.1 监控中心硬件配置的基本要求。服务器用于数据存储；工作站按照用户角色可分为操作员站和工程师站。

4.3.2 对服务器配置的要求。

1 独立服务器可保证服务器数据安全，服务器性能不受服务器其他应用软件的影响；

2 设置物理隔离是为了使监控中心网络与互联网分开，保证内网数据安全；

3 在监控点数较少的情况下，可以把数据处理和服务放在一个服务器上，当监控点数比较多时，要根据不同功能设置不同的服务器；比如：通信服务器、数据服务器、Web 服务器等；

4 为了保证服务器的处理数据性能和系统的可扩展性，服务器采用冗余设计；

5 为使系统稳定运行时有足够的数据处理能力，服务器 CPU、内存占用率需要小于 75%，3 个供暖季的数据将实现数据可追溯性，便于数据分析、对比。

4.3.3 对工作站配置的要求。

2 设置 2 台工作站，一台作为操作员站，一台作为工程师站；

3 操作员站用于监控系统运行、处理调控和报警等信息；工程师站用于维护、更新、备份监控系统。

4.3.4 液晶拼接屏组成部分包括：大屏幕显示单元及底座、拼接处理器或图像处理器、矩阵切换器（视频矩阵、VGA 矩阵）、控制主机（电脑）、信号线缆（视频线、VGA 线）、通信线缆（串口线、网线）。

投影显示是将一组投影机投射出的画面进行边缘重叠，并通过融合技术显示出一个没有缝隙、更加明亮、高分辨率的整幅画面，画面的效果就像是一台投影机投射的画面。利用投影的无缝融合技术可实现画面的统一整体。

3D 全息是采用 LED 光源或者投影作为反射光源，利用全息膜进行反射成像，形成全息立体的图像。3D 全息立体感强，形象逼真。

4.3.5 电源系统包括供电系统和 UPS。由于监控中心需完成对现场信号的实时监测和控制，因此要求配带 UPS，以保证监控系统在外部供电意外断电时由 UPS 提供应急供电，进行部分操作，并将重要信息进行存储、传输、打印，以便及时分析处理。本条对 UPS 供电时间 2 h 的规定，是根据供热企业运行经验值确定的。供热单位也可根据当地实际供电情况，切换到备用供电线路，或者启用备用发电机，保证系统供电的连续性。

4.3.6 网络通信设备是设置在监控中心的网络终端设备，是监控中心与网络运营商的接口。当前通信网络主要形式有 VPN、DDN 专线、DSL、LAN、无线公网等，采用的设备要与网络形式匹配，以便接入网络即可实现通信功能。

4.3.7 系统软件是指 Windows、Linux 等支持其他软件运行的操作系统；应用管理软件包括监控运行软件、数据分析软件、能耗管理软件、调度管理软件和其他业务软件；支持软件包括业务支撑平台和数据管理平台。监控中心软件结构见图 1。

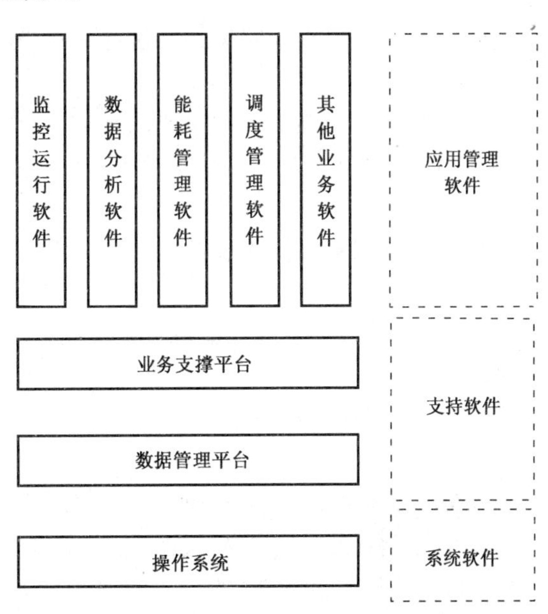

图 1 监控中心软件结构

4.3.8 制定此条的目的是为了实现软件的可扩展性，防止实时数据库点数考虑较少而增加二次费用。

4.3.9 客户机/服务器结构即 C/S 结构，是建立在局域网基础上，适用于专用网络或中小型网络环境。

浏览器/服务器结构即 B/S 结构，是建立在广域网基础上，可以借助公共通信网络，比 C/S 有更广的适应范围；服务器支持用户 Web 服务器，方便用户随时上网对系统进行监控和管理。

5 本地监控站

5.1 一般规定

5.1.1 独立运行是对本地监控站的基本要求，以保证在监控中心或通信网络出现故障时能够对本地供热系统进行调控。

5.1.2 本地监控站要具备向监控中心上传数据的能力，上传的数据要满足监控中心对监控数据的要求。监控中心对监控数据的要求指数据格式、数据种类、数据的采集周期、上传周期等。

5.1.3 本地监控站的硬件配置中，各部分要求如下：

1 控制器和计算机要采用国际通用的开放的通信协议和标准接口。控制器宜采用模块式结构，各种输入、输出模块需具备光电隔离、过压保护、自检和故障诊断等功能。

2 传感器感受到被测量的信息，将信息按一定规律变换成为电信号的信息输出，主要有热电阻传感器、温度传感器、压力传感器、液位传感器等。

3 变送器是把传感器的输出信号转变为可被控制器识别的信号的转换器，变送器主要有温度变送器、压力变送器、流量变送器、电流变送器、电压变送器等。

4 执行机构是通过电机把阀门驱动至全开或全关，一般分为电动执行机构和气动执行机构。

5 本地监控站与数据传输相匹配的数据传输终端、网络设备或通信载体包括 DTU、无线路由器、数字电台、电话线等。

6 锅炉房控制室内设置上位管理计算机，其他本地监控站可根据工程规模和管理单位的要求确定是否设置计算机。

5.1.4 温度仪表宜选用测量和变送一体化的温度变送器。测量元件要选用分度号为 Pt100 的铂热电阻，热电阻允差等级和允差值需符合现行行业标准《工业铂、铜热电阻检定规程》JJG 229 中关于 AA 级或 A 级的有关规定。

5.1.5 控制器配置不间断电源，在主电源掉电后，能够维持控制器运行，同时控制器向监控中心发出掉电报警信息。

根据现行国家标准《锅炉房设计规范》GB 50041 的相关要求，热源厂作为供热系统的重要热源提供单位，随着锅炉房运行大量采用计算机系统控制，为确保系统的可靠性和稳定性，要设置不间断电源，且不间断电源功率要保证系统 30 min 以上的运行。

此外，因对中继泵站和热水蓄热器系统的可靠性要求较高，也需设置不间断电源。

对于其他本地监控站，根据供热企业的经验，设置不间断电源供电后虽然可以在一定程度上提高系统可靠性，但增加了维护工作量和维护成本，各企业可根据自身需求选择性配置。

5.1.7 本条是对本地监控站数据存储的规定。

1 本地监控站数据存储要支持 3 个供暖季在线数据，每年可对在线数据定时导出保存，以便以后查询。

5.1.8 本条中的各安全报警信号，供热管理单位可根据企业实际要求进行设置。

1 对于无人值守的热力站等设置入侵探测器可以对非法进入热力站的情况报警；

2 随着城市建设的发展，越来越多的热力站被设在建筑物的地下室，设置地面积水监测可在建筑物发生跑水或热力站发生管道泄漏时及时报警，通知运行管理人员及时处置。

5.1.9 工业通用标准协议主要有 MODBUS 和 MBUS 协议。MODBUS 协议为目前应用最广泛的通信协议，支持传统的 RS-232、RS-422、RS-485 和以太网设备。MBUS 为供热行业应用较多的仪表总线协议，两者之间可以通过转换设备实现兼容应用。

智能设备一般包括PLC、DCS、变频系统以及智能电表、智能水表等，都可以使用Modbus协议作为相互之间的通信标准协议进行数据的交互。

5.1.10 因隔压站的运行管理归属、调节运行方式要根据工艺和运行管理单位的要求单独设计，因此，本规程并未对其监测、调控要求作具体规定。

5.2 热源厂

5.2.1 锅炉属于特种设备，热源厂配套系统也较复杂，根据《特种设备安全监察条例》、《锅炉安全技术监察规程》TSG G0001等有关法规、标准的规定，锅炉房要有人值守，持证上岗，有完善的巡视、化验、交接班、安全管理等制度。上级控制调度中心可以向锅炉房下达调度指令，但不能直接控制锅炉房的运行。

5.2.2 城镇供热系统的最终用户均采用热水作为供热介质，在供热系统的热源侧——锅炉房采用热水锅炉生产高温热水对外供热是合理的、节能的。所以，本规程仅对热水锅炉相关监测和控制内容进行规定。本条第1、2、3、4、5款是以锅炉房为单位向监控中心传输的涉及供热品质和供热经济性、安全性的参数，依据这些参数监控中心可以评价锅炉房的供热质量，分析其运行成本，提出优化方案，挖掘节能潜力；其中第4款中的原水是指自来水、江河水及地下水水源。锅炉是锅炉房的核心设备，本条第6、7款列出上传锅炉的相关参数，以便监控中心掌握锅炉的运行状况，计算分析锅炉热效率，除上述参数外，燃料的低位热值是计算锅炉热效率的重要原始数据，需经实验室实验得出数据后输入监控系统；另外，第8款锅炉的排烟温度也可以反映出锅炉的运行效率。第9款是顺应国家环保要求提出的相关参数。第10、11款是锅炉房安全运行的参数，监控中心可以第一时间掌握锅炉房运行的安全状况。

5.2.3 锅炉房本地监控站对锅炉及辅助设备的监测和调控除应符合现行国家标准《锅炉房设计规范》GB 50041的要求外，还应符合《锅炉安全技术监察规程》TSG G0001的相关规定，上述两标准中对锅炉房各锅炉类型(燃料、结构形式、燃烧方式、规模、参数等)及配套辅助系统、设备的监测和控制有明确详细的规定。

5.2.4 本条是针对目前越来越严格的环保政策，提出环保方面的要求。

5.2.5 本条列出城镇供热用热水锅炉房所需的基本的报警信号。

5.2.6 本条列出热水锅炉房安全运行所需的基本联锁保护的项目。

5.2.7 本条列出热水锅炉房安全经济运行所需的基本自动调节和控制的项目；本条仅列出对真空除氧和解析除氧自动调节的要求，若采用其他除氧方式，按除氧方式的特点采用合适的调节方式；本条的第7款对电动装置提出在本地监控站完成远程控制要求，以提高自动化水平，降低劳动强度。

5.2.8 换热首站设在热电联产厂区内，为汽一水换热。上述参数是按满足安全、经济运行的目标设定的。也可根据项目具体情况增加部分参数，如果是无人值守还需增加设备状态、视频监控系统等参数。供热首站要对每台泵的电量分别设置计量装置。

5.2.9 对电动设备的状态信号进行采集，便于掌握设备运行状态，及时进行保养和维护维修，保证安全经济运行。

5.2.10 为保障换热首站安全运行要装设报警装置。报警信号分为参数超限信号(过高或过低)和设备故障信号。

1 水箱水位过低将影响供热首站运行，水位过高又会造成溢流浪费，因此要求设置水位报警，本款中原水是指自来水、江河水及地下水水源；

2 蒸汽压力过高、一次水压力过高容易造成安全生产事故；

4 对变频器故障信号的监测包括过电压故障、过电流故障、超温故障、接地故障等。

5.2.11 本条是对联锁保护提出的要求。

3 凝结水箱和管壳式换热器设置水位信号器，可以通过电气控制回路控制凝结水泵的启停。

5.2.12 本条中所列控制功能是满足换热首站安全、经济运行的必要功能，可根据项目具体情况增加功能，如远程操作、一键启动等。

5.3 中继泵站

5.3.1 中继泵站本地监控站工艺参数采集和监测要求。

1 受条件限制不能监测管网末端最不利点压差时，可根据工艺要求监测管网上某个固定点的供水和回水压差；

4 中继泵站配电柜综合电参量包括电压、电流、功率、功率因数、峰谷平电量等。

5.3.2 中继泵站的主要设备包括水泵、变频器、液力耦合器、电动阀门等，与供热首站相同，故此条中需要监测的设备状态信号内容与供热首站一致。

5.3.3 为保障供热管网安全运行要装设报警装置，报警信号分为参数超限信号和设备故障信号。

5.3.4 中继泵站本地监控站的联锁保护要求。

1 大型供热系统输送干线的中继泵一旦发生故障，若不能通过联锁控制装置自动启动备用泵，易导致大范围停热，因此要求当中继泵的工作泵故障时，需自动启动备用泵，但要采取水泵自动启动时不会伤及泵旁工作人员的措施；

2 对于水冷方式工作的中继泵，循环冷却水泵的工作泵一旦发生故障，若不能通过联锁控制装置自动启动备用泵，中继泵的电机温度过高会使其绝缘老化缩短电机寿命，甚至导致绝缘破坏发生事故，因此当循环冷却水泵的工作泵故障时，要自动启动循环冷却水泵的备用泵，但要采取水泵自动启动时不会伤及泵旁工作人员的措施；

3 中继泵入口和出口的压力异常联锁保护是降低非正常操作产生压力瞬变的有效保护措施之一，可避免发生汽蚀和超压，确保中继泵和供热管网安全。

5.3.5 中继泵站本地监控站的控制功能要求。

1 本条规定是为了确保中继泵不发生汽蚀并满足一级管网工况要求，根据监测泵站中继泵吸入口压力值和管网末端最不利点压差（或管网上某个固定点的供水和回水压差）控制变频器的输出功率，调整水泵转速，使一级管网最不利点压差维持在允许值范围内，满足用户正常运行需要，这种控制方式在满足用户正常运行的条件下可最大限度地节约水泵能耗。

5.4 热水蓄热器

5.4.1 本条所述参数是按满足供热系统安全运行要求列举的必要监测参数，可根据工艺或管理要求视项目具体情况增加其他参数。

5.4.2 热水蓄热器的蓄、放热运行状态可根据各水泵、电动阀门的运行状态，结合工艺流程进行判断，热水蓄热器本地监控站要监测并直观显示出来。

5.4.3 热水蓄热器温度过高会导致热水汽化，酿成事故，浪费能源，因此要装设超温报警信号，及时提醒运行人员。

5.4.4 热水蓄热器本地监控站的联锁保护要求。

1 蓄热泵、放热泵入口和出口的压力异常联锁保护可避免发生蓄热泵或放热泵的汽蚀和超压，确保蓄热泵或放热泵和供热管网的安全；

2 蓄热泵、放热泵与各电动阀门之间的联锁保护要符合工艺要求，使蓄热、放热状态的切换稳定可靠；

3 蓄热器的温度联锁保护是为了防止热水蓄热器温度过高导致热水汽化，避免发生事故；

4 蓄热器的液位联锁保护是为了使热水蓄热器系统正常运行，并防止热水溢流，节约能源。

5.4.5 热水蓄热器本地监控站的控制要符合工艺要求，满足安全运行要求，保障供热管网压差稳定及热用户用热需要。除此以外，热水蓄热器的蓄、放热控制还要充分发挥经济运行的特点。城镇供热系统应用热水蓄热器的经济性取决于热电联产供热与尖峰锅炉房供热热价之差、电力峰谷电价、蓄热器使用频率、蓄热器回水温度、热价与燃料价格等诸多因素。

5.5 储 水 罐

5.5.1 监测储水罐液位高度可计算出储水罐运行实时储水量，参与储水、放水运行控制；防止储水罐液位过低时启动放水泵，造成放水泵设备损坏；同时也可防止液位过高时，大量的溢流造成水量和热量的损失。

5.5.2 储水罐的储水、放水运行状态可根据水泵、电动阀门的运行状态，结合工艺流程进行判断；储水罐本地监控站要能监测并直观显示出来。

5.5.3 储水罐是缓解供热管网压力波动的重要设备。装设报警装置可及时提醒运行人员进行相应处理，从而保证管网系统的正常运行。

5.5.4 储水罐本地监控站的联锁保护要求。

1 储水泵、放水泵入口和出口的压力异常联锁保护可避免储水泵或放水泵的汽蚀和超压，确保储水泵或放水泵和供热管网的安全；

2 储水泵、放水泵与各电动阀门之间的联锁保护要符合工艺要求，使储水、放水状态的切换稳定可靠；

3 储水罐的温度联锁保护是为了防止储水罐温度过高导致热水汽化，避免发生事故；

4 储水罐的液位联锁保护是为了保证储水罐的正常运行，防止水溢流，节约资源。

5.5.5 储水罐作为紧急补水装置，其本地监控站的控制要符合工艺要求，在一定时间内保障供热管网压力稳定，同时保证储水罐系统自身的安全运行。

5.6 热 力 站

5.6.1 热力站本地监控站工艺参数采集和监测要求。

3 二次侧是指供暖系统二次水、空调系统二次水、生活热水系统二次水及游泳池系统等二次水的统称。

10 监测室外温度的目的是为了在通信发生故障或通信系统尚未建立时，热力站的二次供水温度仍能根据室外温度进行调节。

5.6.2 根据运行管理需要确定是否需要在供暖和空调系统二次侧总管或二次侧分支上安装热量表。

5.6.3 热力站本地监控站要监测的设备运行状态。

1、2 监测变频器和电动调节阀的反馈信号是为了满足闭环控制的需要。

3 水箱水位过低将不能满足热力站的补水要求，水位过高又会造成溢流浪费，因此要对水位进行监测。

5.6.4 监测热力站补水压力以保证热力站的运行安全；监测一次侧回水温度以满足节能和电厂运行要求。

5.6.5 本条规定是为了确保水泵安全，避免发生汽蚀。

5.6.6 热力站本地监控站控制功能要求。

1 目前供暖系统供热量调节各地控制要求各不相同，各地可根据供热系统及热用户情况，采取相应的调控手段。

2 采用循环水泵变频调速装置既可以适应热力站供热规模逐年变化的需求和满足用户最不利资用压头的要求，又可以修正在供热系统设计中，热指标值偏高、管网阻力偏大及多个环节的裕量系数所造成的循环水泵流量偏大、扬程偏高、电机功率偏大的问题。通过采用变频调速装置可以根据实际运行工况降低水泵的转速，达到降低电能消耗量的目的。压差测点优先选在末端建筑的入口，条件不允许时可用热力站内二次侧供水和回水压差替代。

4 生活热水回水温度或时间控制程序可以把管网中长时间未被利用的水重新加热，避免了这部分水资源的浪费。

5.6.7 热力站本地监控站控制功能要求。

1 压差调节是为了保证管网系统合理的运行压差;流量调节是为了在向全部热用户供热时,对热用户合理用热量进行调控,或者实现二者功能合一。各地可根据实际运行要求确定采用何种调节装置。

2 分时控制功能是在温度控制回路中加入时间程序、假日程序等控制方式,以达到节约能源的目的。

6 通信网络

6.0.1 专用通信网络是指专门服务于特殊部门或群体的通信网络体系,不对全民开放。专网一般采用VPN组网技术,通过公用网络服务商所提供的网络平台建立起的专用虚拟网络,安全性更高。

6.0.2 对通信网络提出了具体要求。

1 为了实现监控中心与本地监控站之间的数据交互,整个系统要具有完备的双向数据传输能力,把数据源所产生的数据准确地传输到数据宿。监控中心与本地监控站都可作为数据源和数据宿。

2 通信网络的数据延迟一般小于 20 s,监控数据上传时间间隔可根据生产运行自行设定,一般为5 min～10 min。

3 带宽就是单位时间内的最大数据流量,用户可根据当地网络运营商服务和实际需要确定通信网络的带宽,同时为保证系统的后期维护和可扩展性,通信网络的带宽需要留有 20%的余量。

4 制定此款的目的是为了保持通信网络的畅通稳定,当一个信道出现问题时,备用信道不受影响。

6.0.3 TCP/IP 协议是目前应用最为广泛、便捷的协议。

6.0.4 提供静态 IP 地址的接入是为了使整个系统的网络构架规范化,具体实施可根据本地网络现状选择性采纳。

6.0.5 采用国际标准通用协议,如 MODBUS TCP/IP 协议,可提高系统兼容性和扩展性。

6.0.6 监控中心与本地监控站之间采用统一的通信协议可保持整个通信网络的一致性。

7 施工、调试与验收

7.1 一般规定

7.1.1 目前城镇供热监测与调控系统大多采用系统总承包模式,同时自控技术日新月异,更新很快,因此系统承包商在项目施工过程中要全程指导(包括交货、指导安装、设备调试、系统联调、验收、技术培训等),以达到预定的系统功能。

图纸会审要有会审纪要,包括时间、地点、参加人员、会审内容等。参加单位要签字、盖章,作为施工图的补充。

7.1.2 工程所用设备和材料的质量与性能是影响工程质量的决定因素。工程所用材料要有产品合格证,特殊材料需出具国家认可的检测机构的检测报告或认证书,以保证工程质量。设备进场时检查其包装及密封状况是否良好,开箱进行外观检查,清点数量与供货清单是否相符,检查规格型号与设计要求是否一致,附件及备件是否齐全,有无产品说明书及质量证明文件等,并做好开箱记录。每块仪表的附件、说明书资料等要妥善保管,以备交工。仪表安装前要经有相应资质单位检定,并在显著部位粘贴合格证;电缆要进行外观检查和导线电阻、线间绝缘测试。

7.1.3 施工单位无权修改已经批准的设计文件。由于现场条件的变化以及设备、材料及新产品的出现等情况,施工单位可对设计文件和材料代用提出建议,经建设单位认可、设计单位确认后,再按修改后的设计文件进行施工。

7.2 施　　工

7.2.1 监测与调控系统仪表的施工及验收除执行本规程外，还要执行的现行国家标准，包括：

1 《自动化仪表工程施工及质量验收规范》GB 50093；

2 《数据中心基础设施施工及验收规范》GB 50462；

3 《建筑电气工程施工质量验收规范》GB 50303；

4 《电气装置安装工程电缆线路施工及验收规范》GB 50168；

5 《电气装置安装工程接地装置施工及验收规范》GB 50169；

6 《安全防范工程技术规范》GB 50348 等。

其中，现行国家标准《自动化仪表工程施工及质量验收规范》GB 50093 规定了取源部件安装、仪表设备安装、仪表线路安装、仪表管道安装、脱脂、电气防爆和接地、防护、仪表试验、工程交接施工与验收等内容。现行国家标准《数据中心基础设施施工及验收规范》GB 50462 规定了室内装饰装修、配电系统、防雷与接电系统、空调系统、给水排水系统、综合布线及网络系统、监控与安全防范系统、电磁屏蔽系统、综合测试、竣工验收等。

7.2.2 当信号强度达不到技术要求时，需做信号外移。通常做法是在通信信号覆盖达到要求的地点安装信号外移箱，按照设计图纸要求将监控箱与信号外移箱进行连接。

7.2.3 不间断电源的整流、逆变、静态开关等各个功能单元都要单独试验合格，才能进行整个不间断电源试验，并要符合工程设计文件和产品技术条件的要求。

7.2.4 屏蔽壳体要按设计进行良好接地，接地电阻要符合设计要求。

7.2.5 室外温度传感器的安装高度依据设计文件确定，一般距离地面 2.5 m 以上。室外温度传感器的安装还要注意远离有可能造成空气扰动的地方，避免干扰。

7.2.6 热量表的安装规定。

3 温度传感器安装还要注意不能将配套提供的温度传感器拆散混用，不可将厂家预装的传感器电缆劈开、缩短或延长；宜使用厂家配套的保护套管及安装配件；

4 可拆卸部件包括温度传感器、流量传感器与管道连接处、积算器接线端口、电源模块、部分整定按钮或触点以及热量表面板等。

7.2.7 一般情况下热力站内的地面积水检测传感器安装在站内最低点，距地面 50 mm 处；热网检查室内的地面积水检测传感器一般安装在距地面 250 mm 处。

7.3 调　　试

7.3.1 参加调试的各相关方包括：设计单位、施工单位、监理单位、系统承包商、管理单位等。

7.3.2 调试是在监测与调控系统的各项施工完成后，通过现场试验，检验各种设备本身、各个设备之间以及整个系统是否达到了应该具备的功能，并调整设备的有关参数与整个系统相匹配。自控系统调试工作是专业技术非常强的工作，国内外不同厂家的产品系统组成不尽相同，因此本条明确规定了调试人员由专业技术人员担任，一般可由厂家的工程师（或厂家委托的经过训练的人员）来担任。

7.3.3 调试方案包括调试时间、参加调试人员、调试顺序、调试内容等。由于当前仪表及控制系统种类繁多，而且每个系统的硬件体系结构和软件体系结构也不尽相同，因此某个具体监测与调控系统的调试方案需参照生产厂家提供的产品手册及有关的详细设计文件来制定。

7.3.4 调试包括：设备调试、本地监控站调试、通信网络调试、监控中心调试及系统联调。调试的具体内容及要求包括：

1 设备调试：对测量仪表进行检定与校准；对执行器和仪表控制系统进行检查和维护；检查现场取源部件、测量仪表、执行器和仪表的运行状况；检查仪表设备动力源、仪表管线和仪表线路的技术状况；查看重要参数测量仪表的指示值；对电磁阀的绝缘、密封和阀芯状况进行检查；电动执行机构运行检查项目包括阀位控制和反馈信号的校准，以及密封、润滑、内部件外观和行程开关状态等内容。

2 本地监控站调试：热源厂、热力站和泵站等的联机调试。系统接线完成后要对所有模拟回路和联锁报警、控制回路进行联调，并对系统PLC各通道使用标准信号发生器进行测试；检查控制室内计算机设备、仪表、UPS电源和通信接口设备的运行状况；通过操作员站查看仪表自动化系统的运行情况、同管段上下游仪表的示值差、盘装显示仪表与计算机显示的示值差，发现和处理仪表超差故障等内容。

3 通信网络调试：通信网络方式一般采用公共通信网络，因此要由通信运营商完成通信网络的调试，包括通信速率、抗干扰调试等内容。

4 监控中心调试：包括服务器、工程师站、操作员站、投影仪、UPS电源等的调试。监控中心的软件调试与系统联调可结合进行；对计算机和受控设备进行联动试验，不具备联动条件的要进行模拟测试；对各站和全线的自动联锁和保护程序进行模拟测试；对各站调节回路的"手动—自动"切换、手动输出和PID参数设置等进行检查；对PLC(RTU)模拟量输入模块每个通道的0、50%、100%三点的准确度进行校准；通过测试程序检查PLC(RTU)开关量输入模块的动态响应状态；通过测试程序检查PLC(RTU)开关量输出模块的动态响应状态；对PLC(RTU)其他输入类型输入模块进行测试；检查现场仪表显示与计算机显示的一致性；检查计算机系统的显示、报警、记录、打印和通信等功能；进行热备冗余计算机设备和通信信道的切换实验，记录切换时间，检查系统运行状态；检查各种硬件设备和PLC(RTU)模块的指示灯和表面温度状态；检查机房内环境温度、湿度和接地电阻的阻值，并对空调机、加湿机和干燥机进行维护保养；检查不间断电源断电后的持续供电时间，当持续供电时间低于设计要求时更换整套电池组；紧固机柜内所有接线端子的螺纹和清除灰尘等。

5 系统联调：对监测与调控系统的完整性和准确性进行校验，在系统联凋前，要对系统的各项接地、屏蔽连接进行严格的测试。

7.3.5 调试记录可根据工程的具体情况以及合同要求选定。

7.4 验 收

7.4.1 根据现行行业标准《城镇供热管网工程施工及验收规范》CJJ 28，系统试运行72 h后即可进行验收，但是考虑到监测与调控系统调试在不同地区、不同运行条件下负荷率不同，不可能实现所有设计条件下的参数调试，因此要求执行更为严格的验收条件，即在连续正常运行168 h后进行。

7.4.2 验收内容包括设备符合性、安装规范符合性、工艺要求符合性和竣工资料符合性等。

7.4.3 综合测试是在单机试运行合格的基础上，对系统内所有设备进行联动试运行，以检查系统内所有仪表设备是否符合设计和安装要求，运行参数是否符合设计要求，特别是检查仪表设备的自控操作是否符合设计要求。通过综合测试，可对系统不合格项分析原因，及时整改，从而使工程顺利验收。

综合测试主要包括回路模拟测试、下位机系统测试、上位机系统测试、网络系统测试以及系统冗余测试等。

7.4.4 本条规定了监测与调控项目竣工验收资料的收集要求，为以后工程维护及改造提供详细资料。

7.4.5 竣工验收文件是对项目设计、施工、设备等质量及参数的确认，确保工程符合各方要求，这也是所有工程竣工验收的基本要求。

7.4.6 为实现监测与调控系统工程质量的可追溯性，便于运营管理，结合各地情况，规定了系统承包商要向供热管理单位提供竣工资料用于存档，具体时间可根据供热管理单位要求确定。

8 运行与维护

8.1 一般规定

8.1.1 运行管理及维护制度包括运行值班和交接班、机房和设备管理、停复机管理、缺陷管理、安全运行管理、新设备移交运行管理,巡检制度、设备维护制度等。

除以上制度外,还包括各类相关记录如运行值班与交接记录、机房管理记录、缺陷管理记录、安全运行管理记录、新设备移交运行管理记录、巡检记录、设备维护记录等。

8.1.2 专责维护人员负责设备的日常巡视检查、故障处理、运行日志记录、信息定期核对等。专责维护人员主要工作内容如下:

1 运行值班人员,负责调度管辖范围内监测与调控系统和设备的日常运行工作;

2 网络管理员,负责网络管理;

3 软件管理员,负责应用软件的日常运行维护工作;

4 系统运行管理员,负责系统功能的调试、运行维护管理及统计分析等工作。

8.1.3 为了保障监控中心安全运行,与监控中心运行无关的人员不能出入服务器机房,且要对出入服务器机房的人员建立登记制度。登记制度包括钥匙存放管理、出入人员及时间记录、进入机房工作内容记录等。

8.1.4 故障处理后要详细记录故障现象、原因及处理过程,必要时写出分析报告,并向对其有调度管辖权的管理部门备案。

8.1.5 监测与调控系统的设备、数据网络配置、软件或数据库等作重大修改时要经过技术论证,提出书面改进方案,经主管部门批准和监控中心确认后方可实施。技术改进后的设备和软件要经过3个月的试运行,验收合格后方可正式投入使用。

8.1.6 《城镇供热系统运行维护技术规程》CJJ 88—2014第7章中对供热系统的运行维护进行了较为基础的规定,本规程要符合相应的要求。

8.2 运 行

8.2.1 由于供热的季节性,在非供暖季,无生活热水供应的供热系统基本上不运行,经过一段时间的闲置,可能有些设备、阀门、连接线缆等会出现问题。为避免运行时出现问题,要求在供热开始前,对监测与调控系统进行全面检查。

8.2.2 不同企业有不同运行模式,可根据自身具体情况选择适合企业生产要求的运行模式。

8.2.3 供热系统的热用户随扩供、减供及既有建筑节能改造等原因造成供热区域内的供热热负荷发生变化时,要及时根据供热负荷及建筑物的围护结构等情况对现有供热系统的控制曲线进行修正,以满足供热需求和实现节能供热、经济运行,及时发现运行中存在的缺陷并进行调整,实现供热系统稳定和安全运行。

8.2.4 监控中心的运行规定。

2 供热运行初期,要及时对监控中心接到的远程本地监控站数据进行核查与处理,确保其准确性与有效性。保持远传数据与现场数据的一致性和准确性,以便正确反映实际运行工况,便于调度和调控。

3 监控中心对报警信息进行确认处理,需现场巡视人员去现场核实处理时,要及时把信息转给巡视人员。

8.2.5 本地监控站的运行规定。

1 仪器仪表包括:温度变送器、压力变送器、热量表、流量计、电动执行单元等;

2 本地监控站运行人员要定时核查就地显示与上传数据的一致性,出现不一致的情况时,要立即组织相关人员进行分析和处理。

8.2.6 由于监控仪器、仪表的老化、接线的松动等原因,监控系统显示的数据有可能与实际数据有较大偏差,进行准确性核查以便校正异常数据,保证上传数据的可靠性。

8.2.7 监测与调控系统的设置主要是为了远程监测与调控系统的运行,减少人力投入,在正常情况下,不需要人为干预。无人值守热力站的监测与调控均可由监控中心控制,但是为了系统的正常运行,需要对现场监测及调控设备及附件进行检查维护,以防出现问题,根据部分供热管理单位的运行经验,要定期进行巡查。

8.2.8 及时查明报警原因，有针对性地进行快速恢复解决。

8.2.9 主要查找计算机硬件、软件及网络存在的问题。

8.3 维 护

8.3.1 进行硬件维护的设备，包括配件更换、设备除尘等，一般维护时间要求为：

1 常规每月1次；

2 根据UPS充放操作手册确定时间。

8.3.2 监控中心的软件维护要求。

3 监控系统应用系统软件备份的时间周期要视系统可靠性确定，但要求小于系统出现故障的时间周期。软件无修改者，一年备份一次；软件有修改者，修改前后各备份一次。

4 数据库等系统数据至少每月备份一次；重要数据需要及时备份。

8.3.3 本地监控站的硬件维护要求。

1 非供暖期，特别是在夏季汛期，由于空气湿度大，在停运的设备中可能产生结露现象。这种状况对电气设备很有可能造成短路故障，烧毁电气设备。给电气设备通电就是为了防止电气设备内产生结露现象，保证设备电气性能良好。

2 建立设备运行状态台账的目的是为了保持供暖期硬件设备良好，设备台账要及时更新，做到账物相符。

3 为了确保仪器仪表的溯源性和运行的稳定性，要定期对监控系统的仪器仪表进行检定。双金属温度计的检定应符合《双金属温度计检定规程》JJG 226的相关规定；一般压力表的检定应符合《弹性元件式一般压力表、压力真空表和真空表检定规程》JJG 52的相关规定；热能表的检定应符合《热能表检定规程》JJG 225的相关规定。

8.3.4 本地监控站的软件维护要求。

1 监控运行模块的专业性较强，要由专业技术人员正确安装和进行条件设置，以保证软件正常运行；

2 软件修改、升级不当会对整个监控系统造成较大的影响，因此需要相关部门批准，并做好系统备份和应急准备。

8.3.5 通信设备要求防水和防尘。潮湿和灰尘对通信设备损害大。

8.3.6 IP地址明细表需内容全面，及时更新，备注历史IP地址，并注明更新时间。

中华人民共和国行业标准

CJJ/T 247—2016
备案号 J 2269—2016

供热站房噪声与振动控制技术规程

Technical specification for noise and vibration control of heating station

2016-08-08 发布　　2017-02-01 实施

中华人民共和国住房和城乡建设部　发布

中华人民共和国住房和城乡建设部
公　告

第 1225 号

住房城乡建设部关于发布行业标准
《供热站房噪声与振动控制技术规程》的公告

现批准《供热站房噪声与振动控制技术规程》为行业标准，编号为 CJJ/T 247—2016，自 2017 年 2 月 1 日起实施。

本规程由我部标准定额研究所组织中国建筑工业出版社出版发行。

中华人民共和国住房和城乡建设部
2016 年 8 月 8 日

前　言

根据住房和城乡建设部《关于印发〈2013年工程建设标准规范制订修订计划〉的通知》(建标[2013]6号)的要求，规程编制组经广泛调查研究，认真总结实践经验，参考有关国际标准和国外先进标准，并在广泛征求意见的基础上，编制了本规程。

本规程的主要内容是：1.总则；2.术语和符号；3.基本规定；4.材料与设施；5.设计；6.施工；7.工程验收；8.运行维护。

本规程由住房和城乡建设部负责管理，由主编单位北京市热力工程设计有限责任公司负责具体技术内容的解释。执行过程中如有意见或建议，请寄送北京市热力工程设计有限责任公司(地址：北京市朝阳区幸福二村37号楼；邮编：100027)。

本规范主编单位：北京市热力工程设计有限责任公司

本规范参编单位：北京市热力集团有限责任公司

中国环境保护产业协会噪声与振动控制委员会

北京世纪静研噪声振动控制技术有限公司

北京市劳保所科技发展有限责任公司

本规范主要起草人员：董乐意　张玉成　牛小化　梁　义　邵　斌　崔　宇　卢岩林　刘艳芬　董淑棉　张瑞娟　梁景军　麻桂荣

本规范主要审查人员：程明昆　李先瑞　张国京　刘智敏　邵　弘　张　翔　陆景慧　陈鸿恩　吴守晔　郭　华　于黎明

1 总　则

1.0.1 为有效控制供热站房噪声与振动对人及环境的影响，规范降噪和减振的设计、施工、验收和运行维护，制定本规程。

1.0.2 本规程适用于供热站房噪声与振动控制工程的设计、施工、验收和运行维护。

1.0.3 供热站房的噪声与振动控制应与供热工程同时设计、同时施工、同时验收。

1.0.4 供热站房噪声与振动控制的设计、施工、验收和运行维护，除应符合本规程外，尚应符合国家现行有关标准的规定。

2 术语和符号

2.1 术　语

2.1.1 供热站房 heating station

生产供热介质或转换其种类、改变供热介质参数或分配、控制及计量供给热用户热量的设施及场所，包括锅炉房、中继泵站、热交换站等。

2.1.2 厂界 boundary

由土地使用证、房产证、租赁合同等法律文书中确定的业主所拥有使用权或所有权的场所或建筑物边界。

2.1.3 等效声级 equivalent sound pressure level

在规定测量时间 T 内 A 声级的能量平均值。

2.1.4 倍频带 octave band

上限频率与下限频率之比等于 2 的频带。

2.1.5 倍频带声压级 octave band of sound pressure level

采用倍频程滤波器测量的频带声压级。

2.1.6 倍频带中心频率 octave band center frequency

每个倍频程的上限与下限频率的几何平均值。

2.1.7 Z 振级 vibration level Z

全身振动 Z 计权因子修正后得到的振动加速度级。

2.1.8 昼间/夜间 day-time/night-time

昼间是指 6:00 至 22:00 的时段；夜间是指 22:00 至次日 6:00 的时段。

2.1.9 空气声 air-borne noise

建筑中经空气传播的噪声。

2.1.10 结构噪声 structure-borne noise

建筑或设备经过固体（结构）传播扩散的机械振动所引发的二次辐射噪声。

2.1.11 平均吸声系数 average sound absorption factor

同一材料对不同频率吸声系数的算术平均值。

2.1.12 隔振器 dashpot

用来减少和消除设备传递到基础振动的装置。

2.1.13 参振质量 mass of vibration

隔振体系中参与同步振动的总质量，包括被隔振对象和隔振质量。

2.1.14 减振支（吊）架 damping hanger

使设备和管道产生减振效果的悬挂式支承构件。

2.1.15 消声器 muffler

降低气流噪声的部件。可作为管道的一部分,在内部进行声学处理后减弱噪声,但允许气流通过。

2.1.16 隔声量 sound reduction index

墙或间壁的一面入射声功率级与另一面的透射声功率级之差。

2.1.17 固有频率 natural frequency

系统自由振动时的频率。

2.1.18 阻尼比 damping ratio

阻尼系数与临界阻尼系数之比。

2.1.19 吸声量 equivalent absorption area

与某物体或表面吸收本领相同而吸声系数等于1的面积。一个表面的吸声量等于它的面积乘以其吸声因数。一个物体放在室内某处,吸声量等于放入该物体后室内总吸声量的增加。

2.1.20 吸声系数 sound absorption factor

材料吸收的声能与入射到材料上的总声能之比。

2.1.21 A声级 A-weighted sound pressure level

用A计权网络测得的声压级。

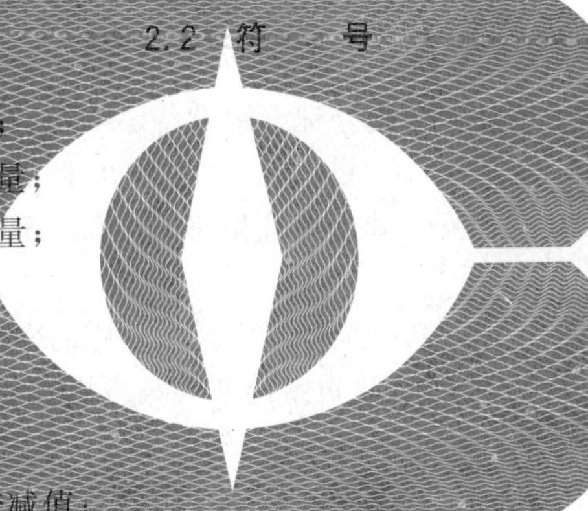

2.2 符号

A——室内特定频率总吸声量;

A_1——吸声处理前室内总吸声量;

A_2——吸声处理后室内总吸声量;

f——隔振对象的工作频率;

f_0——隔振体系的固有频率;

g——重力加速度;

IL——隔声罩的插入损失;

Δi——相应的A计权网络的衰减值;

k——隔振体系的总刚度;

k_i——所选用的单个隔振器的刚度;

L_A——对应频率A计权声压级;

L_{p1}、L_{p2}——罩内外声压级;

$\overline{\Delta L_p}$——室内平均降噪量;

L_{pi}——第i个倍频程声压级;

m——隔振体系总质量;

N——隔振器数量;

NR——降噪衰减量;

P_d——作用在隔振器上的干扰力;

P_i——单个隔振器容许承载力;

R_1——隔声罩的隔声量;

s_0——局部隔声罩开口面积;

s_1——罩内表面积;

s_2——室内表面积;

S_i——室内不同表面的面积;

T——室内混响时间;

T_1——吸声处理前室内混响时间；
T_2——吸声处理后室内混响时间；
V——房间内容积；
W——噪声源的声功率；
W_r——透过隔声罩辐射出来的声功率；
α_1——罩内表面积的平均吸声系数；
α_2——室内表面积的平均吸声系数；
α_i——不同表面特定频率的吸声系数；
$\overline{\alpha}$——室内特定频率的平均吸声系数；
$\overline{\alpha_1}$——吸声处理前室内平均吸声系数；
$\overline{\alpha_2}$——吸声处理后室内平均吸声系数；
β——隔振效率；
μ——振动传递率；
τ_1——隔声罩的透射系数。

3 基本规定

3.0.1 供热站房应采取噪声与振动控制措施，并应由专业单位进行设计和施工。

3.0.2 供热站房在设计时应按源强控制原则合理选用设备。

3.0.3 噪声与振动的监测内容、点位设置、监测频次、测量时间、评价方法及质量保证和质量控制等应符合国家现行标准《环境噪声监测技术规范　城市声环境常规监测》HJ 640 和《城市区域环境振动测量方法》GB 10071 的有关规定。

3.0.4 居住和公共混合的建筑应按使用功能执行国家现行相应的噪声振动控制标准。

3.0.5 供热站房运行期间，居住建筑和公共建筑室内结构噪声排放限值应符合表 3.0.5 的规定。

表 3.0.5 居住建筑和公共建筑室内结构噪声排放限值

建筑类型	时段	房间类型	噪声排放限值(dBA)
居住建筑	昼间	A 类房间	40
		B 类房间	45
	夜间	A 类房间	30
		B 类房间	35
公共建筑	昼间	A 类房间	45
		B 类房间	50
	夜间	A 类房间	35
		B 类房间	40

注：A 类房间指以睡眠为主要目的，需要保证夜间安静的休息，包括住宅卧室、医院病房、宾馆客房等；B 类房间指主要在昼间使用，需要保证思考与精神集中、正常讲话不被干扰的房间，包括学校教室、会议室、办公室、住宅中起居室等。

3.0.6 供热站房运行期间，室内倍频带中心频率的噪声排放限值应符合表 3.0.6 的规定。

表 3.0.6 室内倍频带中心频率的噪声排放限值

建筑类别	时段	房间类别	噪声排放限值(dB)				
			31.5*	63*	125*	250*	500*
居住建筑	昼间	A 类房间	79	63	53	45	39
		B 类房间	85	71	61	54	47
	夜间	A 类房间	72	55	44	35	29
		B 类房间	76	59	48	40	34
公共建筑	昼间	A 类房间	83	67	57	49	44
		B 类房间	86	71	61	54	49
	夜间	A 类房间	76	59	48	40	34
		B 类房间	79	63	53	45	39

注:“*”值为类别频率(Hz)。

3.0.7 供热站房厂界环境噪声排放限值应符合表 3.0.7 的规定。

表 3.0.7 供热站房厂界环境噪声排放限值

厂界外声环境功能区类别	噪声排放限值(dBA)	
	昼间	夜间
居住建筑	55	45
公共建筑	60	50

3.0.8 城市各类区域铅垂向 Z 振级标准限值应符合表 3.0.8 的规定。

表 3.0.8 城市各类区域铅垂向 Z 振级标准限值

敏感点类别	铅垂向 Z 振级标准限值(dB)	
	昼间	夜间
居住建筑	70	67
公共建筑	75	72

4 材料与设施

4.0.1 噪声与振动控制工程应根据工作环境选用耐温、耐酸碱、抗腐蚀、阻燃的环保材料。

4.0.2 噪声与振动控制设施应包括橡胶隔振器和阻尼弹簧隔振器、减振支(吊)架、橡胶或金属软接头、吸声体、隔声门窗、消声器、隔声罩等。

4.0.3 橡胶隔振器应符合现行行业标准《环境保护产品技术要求 橡胶隔振器》HJ/T 380 的有关规定,并应符合下列规定:

1 工作环境温度宜为-15 ℃~65 ℃;

2 宜选用耐油、抗老化性能好的橡胶材料;

3 在额定荷载下产生的变形量允许偏差应为±10%;

4 在参振质量下,沿弹性主轴方向的系统固有频率允许偏差应为±15%;

5 橡胶件表面应无瘤块、飞边、裂痕、砂眼、气泡等表观缺陷;

6 表面的局部粗糙纹、斑痕深度或宽度均不应大于 0.5 mm。

4.0.4 阻尼弹簧隔振器应符合现行行业标准《环境保护产品技术要求 阻尼弹簧隔振器》HJ/T 381 的有关规定,并应符合下列规定:

1 轴向静刚度或在额定荷载下产生的变形量允许偏差应为±10%；

2 在参振质量下沿弹性主轴方向的系统固有频率允许偏差应为±15%；

3 阻尼比不应小于0.05；

4 应有最大允许变形标记；

5 金属表面应无裂痕、变形及其他机械损伤，并应进行防腐处理。

4.0.5 减振吊架应符合下列规定：

1 弹簧减振吊架应符合国家现行标准《可变弹簧支吊架》NB/T 47039和《圆柱螺旋弹簧设计计算》GB/T 23935的有关规定；

2 连接螺杆与套筒轴心线应保持同心，弹性受力杆件不应与底孔或框架刚性接触；

3 减振吊架实测荷载力值不应小于额定荷载理论值，且不应大于理论值的10%；

4 弹簧减振吊架内部应设置防止高频失效功能的隔离结构；

5 减振吊架应有最大允许变形标记。

4.0.6 管道减振支架应符合下列规定：

1 减振支架强度应能承受设备运行后的管道重量及冲击力；

2 减振支架中的橡胶隔振垫应采取限位措施。

4.0.7 管道软接头应符合下列规定：

1 可曲挠橡胶软接头的外观、质量及物理机械性能等应符合现行行业标准《环境保护产品技术要求 可曲挠橡胶接头》HJ/T 391和《可曲挠橡胶接头》GB/T 26121的有关规定。

2 可曲挠橡胶软接头两端内部钢丝圈应圆整，不应有明显变形。

3 可曲挠橡胶软接头的试验压力不应小于工作压力的1.5倍，爆破压力不应小于工作压力的3倍。

4 橡胶接头变形量允许值应符合表4.0.7-1的规定。

表4.0.7-1 橡胶软接头变形量允许值

类别	公称直径（mm）	轴向伸长（mm）	轴向压缩（mm）	横向位移（mm）	偏转角度（°）
同心同径，法兰连接，单球可曲挠橡胶接头	32～50	6	10	10	15
	65～100	8	15	12	15
	125～200	12	18	16	15
	250～400	14	22	20	10
	500～1 600	16	25	22	5
	32～80	30	50	45	40
	100～150	35	50	40	35
	200～300	35	60	35	30

5 金属软接头钢丝或丝带网套的断（缺）丝总根数应符合表4.0.7-2的规定。

表4.0.7-2 金属软接头钢丝或丝带网套的断（缺）丝总根数

公称尺寸（mm）	网套长度＜500 mm	网套长度≥500 mm
4～32	≤3	≤4
40～100	≤6	≤8
125～800	≤9	≤12

6 金属软接头的密封表面不应有裂纹、擦伤、毛刺、砂眼、焊渣等缺陷。软管内外表面应清洁干燥，不应有锈蚀、铁屑等残余物存在。网套与波纹管应贴合，波纹管表面不应有碰伤、焊渣等缺陷。

4.0.8 吸声体宜采用金属吸声板，并应符合下列规定；

1 金属穿孔板的强度、精度、表面质量、规格应符合现行行业标准《金属吊顶》QB/T 1561 的有关规定；

2 金属穿孔面板静载荷能力不应小于 160 N/m^2，最大弹性变形量不应大于 10 mm，塑性变形量不应大于 2 mm；

3 金属面板吊挂件承载能力不应小于 150 N，且应无明显塑性变形；

4 条板形、块板形、格栅形的面板棱边应平直，最大弯曲度不应大于 3‰；

5 金属面板内填充的超细玻璃棉性能应符合现行行业标准《吸声用玻璃棉制品》JC/T 469 的有关规定。

4.0.9 供热站房隔声门窗应符合下列规定：

1 隔声门应符合现行行业标准《环境保护产品技术要求　隔声门》HJ/T 379 的有关规定；

2 隔声窗应符合现行行业标准《隔声窗》HJ/T 17 的有关规定。

4.0.10 供热站房消声器应符合现行行业标准《通风消声器》HJ/T 16 和《风机用消声器　技术条件》JB/T 6891 的有关规定，并应符合下列规定：

1 消声器的设计流速宜为 4 m/s～8 m/s；

2 锅炉烟囱的消声器应选用耐温、耐腐蚀材料；

3 燃气锅炉房烟囱应安装冷凝水疏水结构。

4.0.11 隔声罩应符合下列规定：

1 隔声罩可按现行国家标准《声学　隔声罩和隔声间噪声控制指南》GB/T 19886 的规定执行；

2 隔声罩应具有阻燃、无毒、防潮、抗老化特性，不得选用易燃或可散发有毒气体以及会造成环境污染和危害人体健康的材料；

3 结构设计应便于拆装，并应有足够的组合强度，隔声板、观察窗和隔声门等与框架接合面处应具有气密性；

4 隔声罩内应设置通风散热系统。

4.0.12 隔振台架应符合下列规定：

1 规格、型号应符合设计要求。

2 外形尺寸允许偏差应为±5 mm。

3 水平翘曲允许偏差：当边长大于 1 000 mm 时，允许偏差应为±3 mm；当边长不大于 1 000 mm 时，允许偏差应为±2 mm。

5 设　　计

5.1 隔　　振

5.1.1 隔振系统的固有频率应按设备工作频率和隔振效率确定。

5.1.2 隔振器总承载力和数量的确定应符合下列规定：

1 隔振器总承载力应符合下式要求：

$$N\times p_{i}\geqslant m\times g+1.5p_{d} \quad (5.1.2\text{-}1)$$

式中：N ——隔振器数量（个）；

p_i——单个隔振器容许承载力（kN）；

m——隔振体系总质量（t）；

g——重力加速度（m/s^2）；

p_d——作用在隔振器上的干扰力（kN）。

2 隔振器数量应按下列公式计算：

$$N \leqslant \frac{k}{k_i} \tag{5.1.2-2}$$

$$k = m(2\pi f_0)^2 \tag{5.1.2-3}$$

$$f_0 = f\sqrt{\frac{\mu}{1+\mu}} \tag{5.1.2-4}$$

$$\mu = 1-\beta \tag{5.1.2-5}$$

式中：k——隔振体系的总刚度(kN/m)；

k_i——单个隔振器、隔振吊架的刚度(kN/m)；

f_0——隔振体系的固有频率(Hz)；

f——隔振对象的工作频率(Hz)；

μ——振动传递率；

β——隔振效率。

5.1.3 隔振系统布局方式应根据设备重心位置确定。

5.1.4 供热站房的锅炉、供热机组、水泵等设备应在底部进行隔振处理，隔振系统的隔振效率不应小于90%，系统阻尼比应为0.05～0.10。隔振系统安装后，工作状态下的基座允许振动速度不应大于10 mm/s。

5.1.5 当隔振系统设置配重底座时，配重底座内填充物密度不应小于30 kN/m^3。

5.1.6 管道的支(吊)点宜采用减振支架或减振吊架，静态压缩量宜为25 mm～35 mm，隔振效率不应小于85%。

5.1.7 所有管道支(吊)点处应进行隔振处理，隔振效率不应小于85%。管道支架与管道间宜安装不少于2层的橡胶隔振垫或隔振器。

5.1.8 水泵进出口处应安装可曲挠橡胶软接头或金属软管，管道应进行隔振处理，隔振效率不应小于80%。

5.1.9 供热站房内及其邻近楼层的管道穿墙处应使用隔振垫或其他隔振材料进行包裹，管道不得与墙体刚性连接。穿墙处套管直径应比工作管大两级，填充材料厚度不应小于20 mm。

5.2 降噪与隔声

5.2.1 供热站房宜有完整的建筑围护结构，围护结构的隔声量应符合现行国家标准《民用建筑隔声设计规范》GB 50118的有关规定。

5.2.2 室内吸声总量应根据室内的吸声降噪要求确定，并应按下列公式进行计算：

1 供热站房室内平均降噪量可按下列公式计算：

$$\Delta \overline{L_p} = 10\lg \frac{\overline{\alpha_2}}{\overline{\alpha_1}} \tag{5.2.2-1}$$

或

$$\Delta \overline{L_p} = 10\lg \frac{A_2}{A_1} \tag{5.2.2-2}$$

或

$$\Delta \overline{L_p} = 10\lg \frac{T_1}{T_2} \tag{5.2.2-3}$$

式中：$\Delta \overline{L_p}$——室内平均吸声降噪量(dB)；

$\overline{\alpha_1}$——吸声处理前室内平均吸声系数；

$\overline{\alpha_2}$——吸声处理后室内平均吸声系数；

A_1——吸声处理前室内总吸声量(m^2)；

A_2——吸声处理后室内总吸声量(m^2)；

T_1——吸声处理前室内混响时间(s)；

T_2——吸声处理后室内混响时间(s)。

2 室内特定频率总吸声量和平均吸声系数应按下列公式计算：

$$A=\sum_{i=1}^{n}(S_i\times\alpha_i) \tag{5.2.2-4}$$

$$\bar{\alpha}=\frac{A}{\sum_{i=1}^{n}S_i} \tag{5.2.2-5}$$

式中：A——室内特定频率总吸声量(m^2)；

S_i——室内不同表面的面积(m^2)；

α_i——不同表面特定频率的吸声系数；

$\bar{\alpha}$——室内特定频率的平均吸声系数。

3 室内混响时间可按下式计算：

$$T=0.613\frac{V}{A} \tag{5.2.2-6}$$

式中：T——室内混响时间(s)；

V——房间容积(m^3)。

4 对应频率A计权声压级可按下式计算：

$$L_A=10\lg\left[\sum_{i}10^{(L_{pi}-\Delta i)/10}\right] \tag{5.2.2-7}$$

式中：L_A——对应频率A计权声压级；

L_{pi}——第i个倍频程声压级；

Δi——相应的A计权网络的衰减值，不同频率的A计权修正见表5.2.2。

表5.2.2 不同频率的A计权修正

中心频率(Hz)	A修正(dB)	中心频率(Hz)	A修正(dB)	中心频率(Hz)	A修正(dB)
25	44.7	250	8.6	2 500	−1.3
31.5	39.4	315	6.6	3 150	−1.2
40	34.6	400	4.8	4 000	−1.0
50	30.2	500	3.2	5 000	−0.5
63	26.2	630	1.9	6 300	0.1
80	22.5	800	0.8	8 000	1.1
100	19.4	1 000	0	10 000	2.5
125	16.1	1 250	−0.6	12 500	4.3
160	13.4	1 600	−1.0	16 000	6.6
200	10.9	2 000	−1.2	20 000	9.3

5.2.3 供热站房内墙体及吊顶应安装吸声体。墙面吸声体距地面宜为200 mm～500 mm。

5.2.4 供热站房应安装隔声门窗。

5.2.5 消声器设计应同时考虑频带消声量和阻力损失的影响。

5.2.6 消声器的消声性能不宜小于16 dB(A)。当对阻力损失有要求时，应控制消声器最大阻力损失。

5.2.7 供热站房内的风机应进行隔声及消声处理。消声器的消声量和阻力损失应满足整体设计要求。

5.2.8 锅炉烟道应安装消声器。消声器应具有低频消声、外壳隔声、耐高温和疏水性能。

5.2.9 烟囱消声器应考虑烟囱位置，以及风载、雪载等环境因素的影响，烟囱消声器应采取固定措施。

5.2.10 隔声罩的隔声效果可通过室内混响声场噪声衰减和插入损失确定。

5.2.11 隔声罩宜采用推拉式整体拼装结构，内部应预留维修空间，净宽度不应小于 500 mm。

5.2.12 锅炉燃烧器应设置隔声装置。当采用隔声罩时，应采用全封闭或半封闭结构，并应预留观察窗。

5.2.13 隔声罩主材以及隔声罩内吸声材料应通过对隔声罩隔声量确定，并应按下列公式进行计算：

1 室内混响声场的噪声衰减量应按下列公式计算：

$$NR = L_{p1} - L_{p2} \tag{5.2.13-1}$$

或

$$NR = R_1 - \lg \frac{s_1}{s_2 \times \alpha_2} \tag{5.2.13-2}$$

式中：NR——噪声衰减量(dB)；

L_{p1}——罩内声压级(dB)；

L_{p2}——罩外声压级(dB)；

R_1——隔声罩的隔声量(dB)；

s_1——罩内表面积(m^2)；

s_2——室内表面积(m^2)；

α_2——室内表面积的平均吸声系数。

2 室内混响声场隔声罩插入损失应按下列公式计算：

$$IL = 10\lg\left(\frac{\alpha_1 + \tau_1}{\tau_1}\right) \tag{5.2.13-3}$$

或

$$IL = R_1 + 10\lg(\alpha_1 + \tau_1) \tag{5.2.13-4}$$

式中：IL——隔声罩的插入损失(dB)；

α_1——罩内表面积的平均吸声系数；

τ_1——隔声罩的透射系数。

3 局部隔声罩隔声效果应按下列公式计算：

$$IL = 10\lg\left(\frac{W}{W_r}\right) \tag{5.2.13-5}$$

$$W = \frac{s_0}{s_1} + \alpha_1 + \tau_1 \tag{5.2.13-6}$$

$$W_r = \frac{s_0}{s_1} + \tau_1 \tag{5.2.13-7}$$

式中：W——噪声源的声功率(W)；

W_r——透过隔声罩辐射出来的声功率(W)；

s_0——局部隔声罩开口面积(m^2)。

5.2.14 噪声与振动控制工程设计应有详细的节点做法图。

6 施 工

6.1 一 般 规 定

6.1.1 施工前应进行设计交底和施工组织设计，并应对施工人员进行安全培训。

6.1.2 设施材料进场时应出具相关产品的合格证、说明书和检测报告，并应经检查验收合格后方可进行安装。

6.1.3 施工前应对施工所涉及的结构、设备和管道采取安全保护措施。

6.2 隔振设施

6.2.1 钢制隔振台架安装前应对钢材表面先做防锈处理，待底漆完全干燥后再喷涂两遍面漆。

6.2.2 隔振系统安装的水平度允许偏差应为±5%。

6.2.3 当采用橡胶隔振垫与隔振器串联使用时，应根据承载重量在隔振器下安装不少于2层以上条形隔振垫，且层间应采用钢板隔开，钢板厚度不应小于3 mm。

6.2.4 供热设备安装后测量每个隔振器的压缩量应一致。

6.2.5 隔振系统安装孔应与水泵安装孔的位置一致。安装孔应采用钻床钻孔，不得使用气割开孔。钻孔完成后应去除毛边。

6.3 减振支(吊)架

6.3.1 减振吊架的螺纹表面及转动零件的连接面应进行防锈处理。防锈处理时不得破坏减振吊架的螺纹部分，防锈处理完成后应涂覆润滑油。

6.3.2 减振吊架安装时，应按设计要求先进行预压缩。减振吊架压缩量应在10 mm～20 mm之间，弹性托架压缩量平均每层应在2 mm～3 mm之间。

6.3.3 减振吊架安装完成后应进行调试，合格后方可使用。

6.3.4 减振支架与管道之间应加装供热管道滑靴。

6.3.5 减振支(吊)架的焊接应符合现行国家标准《钢结构焊接规范》GB 50661的有关规定。

6.3.6 减振吊架的吊杆孔应大于吊杆直径2级。

6.3.7 减振吊架的吊架框焊接完成后应对表面进行打磨处理，表面应光滑、平整，不得有夹渣和咬边现象。

6.3.8 减振支架的布置应考虑与机房内其他机组、通道等的位置，留有维修通过和维修空间。

6.4 软接头及法兰

6.4.1 软接头安装后的扭曲、压缩、拉伸变形量应符合本规程第4.0.7条及产品说明书的要求。

6.4.2 法兰凹槽应与软接头卡槽锁紧并应对齐。

6.4.3 法兰安装应符合现行行业标准《钢制管法兰》HG/T 20592的有关规定。

6.5 吸声体

6.5.1 吸声体的安装应符合现行国家标准《建筑装饰装修工程质量验收规范》GB 50210的有关规定。

6.5.2 轻钢龙骨紧固材料应符合设计要求及构造功能。轻钢骨架安装时应保证刚度，不得弯曲变形。

6.5.3 阴阳角处理应平直，吊顶与墙体交接处应密实，不得有缝隙。

6.5.4 当扣板与减振吊架、管道、丝杆、穿线桥架等障碍物交叉时，扣板开孔应整齐、平整。当扣板开孔大于80 mm时，应进行翻边处理。

6.5.5 不得使用吊架、桥架等代替龙骨托吊扣板。

6.6 隔声门窗

6.6.1 门窗安装应符合现行国家标准《建筑装饰装修工程质量验收规范》GB 50210的有关规定。

6.6.2 隔声门的开启方向应与疏散方向一致。

6.6.3 门窗表面应平整、光滑，色泽应一致，漆膜或保护层应连续，不应有锈蚀、划痕、碰伤等缺陷。

6.6.4 门窗开关力不应大于100 N。

6.6.5 门窗框与墙体之间的缝隙应填嵌饱满，并应采用密封胶密封。密封胶表面应光滑、顺直、无裂纹。

6.6.6 门窗扇的密封条应安装完好，不得脱槽。

6.6.7 门窗的排水孔应畅通,位置和数量应符合设计要求。

6.6.8 门窗安装的留缝限值、允许偏差应符合设计要求。

6.7 消 声 器

6.7.1 焊接消声器的钢板和焊缝应符合设计要求。焊缝不应存在气孔、夹渣、虚焊、烧穿、咬肉等缺陷。碑接时不得烧损吸声材料,焊渣与飞溅不应堵塞孔板穿孔。

6.7.2 采用铆接制作时,双边铆合处应平整贴合,铆钉不得有偏头歪斜现象。铆钉孔直径不应大于铆钉直径 0.5 mm,铆接总厚度不应大于铆钉允许连接厚度,铆钉间距宜为 80 mm～120 mm。

6.7.3 当采用咬口工艺制作时,折方或卷圆后的板料应采用合口机或手工进行合缝,端面应平齐。操作时,用力应均匀,不宜过重。板材咬合缝应紧密,宽度应一致,折角应平直,咬口宽度应符合表 6.7.3 的规定。

表 6.7.3 咬口宽度

板厚 δ(mm)	平咬口宽度(mm)	角咬口宽度(mm)
$\delta \leqslant 0.7$	6～8	6～7
$0.7 < \delta \leqslant 0.85$	8～10	7～8
$0.85 < \delta \leqslant 1.2$	10～12	9～10

6.7.4 消声器安装应牢固,水平误差不应大于 5 mm,垂直误差不应大于 3 mm。

6.7.5 消声器应做防腐处理。

6.8 隔 声 罩

6.8.1 隔声罩外表面的固定铆钉及自攻钉应与钢结构连接牢固,间距应均匀,整体应在一个水平面上,并应横平竖直。

6.8.2 隔声罩护面板及压条铆接应牢固、间隙均匀。

6.8.3 隔声罩接缝处应密实,不得漏声。

6.8.4 隔声罩金属结构应做防腐处理。

6.8.5 当隔声罩安装在户外时应做防水处理。

7 工程验收

7.1 一般规定

7.1.1 工程整体验收顺序应按检验批验收、工程预验收、环保验收、竣工验收进行。

7.1.2 各个验收环节应做好相应验收记录。

7.2 检验批验收

7.2.1 噪声与振动的控制设施与材料验收应符合表 7.2.1 的规定。

表 7.2.1 噪声与振动的控制设施与材料验收

设施与材料	合格证	检测报告
隔振台架	√	—
橡胶隔振器	√	√

表 7.2.1（续）

设施与材料	合格证	检测报告
弹簧隔振器	√	√
减振支(吊)架	√	√
金属软接头	√	√
橡胶软接头	√	√
橡胶隔振垫	√	√
吸声体	√	√
隔声门窗	√	√
消声器	√	√
隔声罩	√	√

注：表中“√”表示需提供，“—”表示不需提供。

7.2.2 检验批的合格判定应符合下列规定：

1 主控项目经抽样检查全部合格；

2 一般项目经抽样检查 80％以上的检测点合格，其余不应有影响使用功能的缺陷；

3 应具有明确的施工操作依据和质量验收记录。

7.3 工程预验收

7.3.1 工程预验收前，应对检验批质量验收记录进行检查。

7.3.2 噪声与振动的控制设施安装完毕后，应由监理单位组织建设单位、设计单位、施工单位进行预验，并可按本规程表 A.0.2 的格式填写预验收单。

7.3.3 隔振系统验收应符合下列规定：

主 控 项 目

1 橡胶隔振器表面不应有裂纹。

2 弹簧隔振器和隔振系统面漆应厚度均匀，不得有蜕皮、起泡、流淌和漏涂等缺陷。

3 隔振器载荷适用范围、额定载荷、最大载荷、轴向动刚度应符合设计要求及本规程的规定，并应具有产品技术资料。

检验数量：进场时和使用前全数检查。

检验方法：外观检查，检查产品合格证。

一 般 项 目

4 隔振系统尺寸应符合设计要求。

5 隔振器在额定载荷下的变形量应符合设计要求和本规程规定，并应小于产品技术资料中的相应限值。

检验数量：进场时和使用前全数检查。

检验方法：外观检查，钢尺检查。

7.3.4 橡胶、金属软接头验收应符合下列规定：

主 控 项 目

1 橡胶软接头质量验收应符合表 7.3.4 的规定。

表 7.3.4 橡胶软接头质量验收

项　目	外胶层	内胶层	检验方法
起泡脱层	面积不大于 100 mm^2，两缺陷间距不小于 500 mm，需经一次修理完善	不允许有	外观检查
杂质	厚度不大于 0.5 mm，且不多于 2 处，需经一次修理完善	不允许有	外观检查
外界损伤	深度不大于 0.5 mm，面积不大于 100 mm^2，且不多于 2 处，需经一次修理完善	不允许有	外观检查
修理痕迹	不多于 2 处的轻微痕迹	不允许有	外观检查
增强层脱层、破裂、针孔海绵	不允许有	不允许有	外观检查

2 金属软接头的密封表面不应有裂痕、擦伤、毛刺、砂眼、焊渣等缺陷。

3 网套与波纹管应贴合，波纹管表面不应有碰伤、焊渣等缺陷。

4 法兰表面不应有裂缝、焊渣等缺陷。

检验数量：进场时和使用前全数检查。

检验方法：外观检查。

一 般 项 目

5 橡胶软接头的横向位移、轴向位移及偏转角度应符合设计要求和现行行业标准《环境保护产品技术要求　可曲挠橡胶接头》HJ/T 391 的有关规定。

6 金属软接头爆破压力应符合现行国家标准《波纹金属软管通用技术条件》GB/T 14525 的有关规定。

检验数量：全数检查。

检验方法：检查产品合格证及检测报告。

7.3.5 减振支(吊)架验收应符合下列规定：

主 控 项 目

1 减振支(吊)架数量和型号应符合设计要求及本规程第 4.0.5 条和第 4.0.6 条的规定。

2 减振支(吊)架面漆厚度应均匀，且不得有脱皮、起泡、流淌和漏涂等缺陷。

3 减振吊架弹簧不应有裂痕、擦伤等缺陷。

检验数量：全数检查。

检验方法：外观检查，按图纸进行型号、数量检查，检查产品合格证。

一 般 项 目

4 减振支(吊)架安装应符合现行国家标准《钢结构焊接规范》GB 50661 的有关规定。

5 减振支(吊)架安装完成后压缩量应符合设计要求及本规程第 4.0.5 条和第 4.0.6 条的规定。

检验数量：安装总量的 80%。

检验方法：外观检查，钢尺检查。

7.3.6 吸声吊顶、墙体验收应符合下列规定：

主 控 项 目

1 吊顶和墙面材料及安装应符合现行国家标准《建筑装饰装修工程质量验收规范》GB 50210 的有关规定。

2 吊顶和墙面标高、尺寸、起拱和造型应符合设计要求。

3 饰面材料材质、品种、规格、图案和颜色应符合设计要求。

4 暗龙骨吊顶工程的吊杆、龙骨和饰面材料的安装应牢固。

5 吊杆、龙骨材质、规格、安装间距及连接方式应符合设计要求。金属吊杆、龙骨应经过表面防腐处理;木吊杆、龙骨应进行防腐、防火处理。

检验数量:吸声体总量的80%。

检验方法:检查产品合格证,钢尺检查,平整度检测尺。

一 般 项 目

6 饰面材料表面应洁净、色泽一致,不得有翘曲、裂缝及缺损。压条应平直、宽窄一致。

7 饰面板上的灯具、烟感器、喷淋头、风口蓖子等的位置应合理,与饰面板的交接应吻合、严密。

8 金属吊杆、龙骨的接缝应均匀一致,角缝应吻合,表面应平整,不得有翘曲、锤印,木质吊杆、龙骨应顺直,不得有劈裂、变形。

9 吊顶内填充吸声材料品种和铺设厚度应符合设计要求,并应有防散落措施。

检验数量:吸声体总量的80%。

检验方法:外观检查。

7.3.7 隔声门窗验收应符合下列规定:

主 控 项 目

1 隔声门窗的隔声量应符合设计要求及本规程第4.0.9条的规定。

2 门窗品种、类型、规格、尺寸、性能、开启方向、安装位置、连接方式及铝合金门窗型材壁厚应符合设计要求。门窗防腐处理及填嵌、密封处理应符合设计要求。

3 门窗框和副框安装应牢固,预埋件数量、位置、埋设方式、与框的连接方式应符合设计要求。

4 门窗扇应安装牢固,并应开关灵活、关闭严密,不得倒翘。推拉门窗应有防脱落措施。

5 金属门窗配件型号、规格、数量应符合设计要求,安装应牢固,位置应正确,功能应满足使用要求。

检验数量:全数检查。

检验方法:外观检查,检查产品合格证,钢尺及声学检测报告。

一 般 项 目

6 门窗表面应洁净、平整、光滑、色泽一致,不得有锈蚀;大面应无划痕、碰伤。漆膜或保护层应连续。

7 门窗框与墙体之间的缝隙应填嵌饱满,并应采用密封胶密封。密封胶表面应光滑、顺直,不得有裂纹。

8 门窗扇的橡胶密封条或毛毡密封条应安装完好,不得脱槽。

9 有排水孔的金属门窗,排水孔应畅通,位置和数量应符合设计要求。

检验数量:全数检查。

检验方法:外观检查。

7.3.8 消声器验收应符合下列规定:

主 控 项 目

1 焊接消声器所选钢板应按设计厚度采用符合国家现行标准的板材,全部焊缝均应符合国家现行标准的有关规定。焊缝不应存在气孔、夹渣、虚焊、烧穿、咬肉等缺陷。焊接时不得烧损吸声材料,焊渣与飞溅物不得堵塞孔板穿孔。

2 当使用抽芯铆钉连接时，双边铆合处应平整贴合，不得有偏头歪斜现象。

3 消声器安装应牢固，水平度的误差不应大于 5 mm。垂直度的误差不应大于 3 mm。

4 消声器消声量应符合设计要求。

检验数量：全数检查。

检验方法：外观检查，检查产品合格证，钢尺及声学测量。

一 般 项 目

5 消声器外板和消声片的平整度应符合设计要求。

6 消声器表面应洁净、平整、色泽一致、无腐蚀，无明显划痕、碰伤。

7 金属消声器和消声片表面及框架应做防腐处理。

检验数量：全数检查。

检验方法：外观检查，水平尺检查。

7.3.9 隔声罩验收应符合下列规定：

主 控 项 目

1 隔声罩外形尺寸和罩外维修通道尺寸均应符合设计要求。

2 隔声门和隔声板表面应平整，密封良好。

3 隔声性能应符合设计要求。

检验数量：全数检查。

检验方法：观察，检查产品合格证，钢尺及声学测量。

一 般 项 目

4 隔声罩外板和孔板的平整度应符合设计要求。

5 隔声罩表面应洁净、平整、色泽一致、无腐蚀，应无明显划痕、碰伤。

6 金属隔声罩和孔板表面及框架应做防腐处理。

检验数量：全数检查。

检验方法：外观检查，水平尺检查。

7.4 环 保 验 收

7.4.1 环保验收应在工程预验收后，且供热站房内设备可正常运转时进行。检测内容应包括受噪声振动影响的室内结构噪声排放值、室内频带中心频率的噪声排放值、供热站房厂界环境噪声排放值、铅垂向Z振级标准值。

7.4.2 环保验收应出具专业检测报告，检测报告可按本规程表 A.0.3 的格式填写。

7.4.3 环保验收条件应符合下列规定：

1 供热站房应在正常运行工况下进行环保验收，验收内容应包括声源与敏感点关系、设备开机台数、噪声排放特征等；

2 验收检测前、后应对检测仪器进行校准；

3 验收检测现场应排除其他声源干扰。

7.4.4 验收监测应符合下列规定：

1 当供热站房建设在独立结构内时：

验收标准：应符合本规程第 3.0.7 条的规定。

测点位置：应在供热站房厂界线外 1 m，高度 1.2 m 处进行测量。

测量时间：应根据供热站房设备运行情况（昼间/夜间），稳态声源取测量时间 1 min。数据读取等效声级 dB(A)。

2 当供热站房建设在公共建筑或居住建筑结构内时：

验收标准：应符合本规程第 3.0.5 条及第 3.0.6 条的要求。

测点位置：应选取人员休息区域内的卧室及客厅。

测量时间：当供热站房中的设备噪声为稳态噪声时，应根据运行工况（昼间/夜间）取测量时间 1 min，每次记数时间宜为 5 s～15 s。数据读取为等效声级。必要时加测 1/1 倍频程。

3 Z 振级振动测量应符合本规程第 3.0.8 条的规定：

测点位置：应取建筑物室外 0.5 m 以内振动环境敏感处，建筑物室内地面中央。

测量时间：10 s 内平均读数为 1 次，并以垂向 Z 振级计(dB)。

7.5 竣工验收

7.5.1 工程竣工验收应在环保验收后，且系统运行工况达到设计指标 70%以上时进行。

7.5.2 工程竣工验收前，应将噪声与振动的控制设施和材料的合格资料、检验批验收单、工程预验收单及噪声振动检测报告提交验收单位。

8 运行维护

8.0.1 噪声与振动控制设备应进行日常维护。采暖季运行的供热站房应在采暖季开始前进行检查，全年运行的供热站房应每半年检查 1 次。

8.0.2 当噪声与振动控制设备更换时，应及时到设备管理部门进行登记备案。

8.0.3 噪声与振动对环境的影响宜每 2 年检测 1 次。

8.0.4 噪声振动检测结果不合格的供热站房应及时进行维修或改造。

8.0.5 隔振系统运行维护应包括下列内容：

1 检查橡胶隔振器是否出现裂纹；

2 检查隔振台架与隔振器连接是否紧固。

8.0.6 软接头、法兰运行维护应包括下列内容：

1 检查软接头气密性是否完好；

2 检查橡胶软接头表面是否有起泡、裂痕等现象；

3 检查法兰焊口处是否完好。

8.0.7 减振支(吊)架运行维护应包括下列内容：

1 检查弹簧吊架簧丝是否有裂纹；

2 检查减振支(吊)架使用的橡胶件是否有起泡、老化、裂痕等现象；

3 检查减振支(吊)架固定是否牢固。

8.0.8 吸声吊顶、墙体运行维护应包括下列内容：

1 检查面板是否完好，有无缺失、损坏；

2 检查吊顶吊丝与主龙骨、楼板连接是否紧固；

3 检查吸声墙体龙骨是否紧固无松动。

8.0.9 隔声门窗运行维护应包括下列内容：

1 检查隔声门窗的密闭性是否完好；

2 检查隔声门窗开启是否正常；

3 检查隔声门窗与墙体连接是否牢固无松动。

8.0.10 消声器运行维护应包括下列内容：

1 检查消声器密闭是否完好；

2 检查消声器与烟道或风道连接是否牢固；

3 检查消声器内孔板是否有堵塞；

4 检查消声器金属部件是否有锈蚀。

8.0.11 隔声罩运行维护应包括下列内容：

1 检查隔声罩密闭是否完好，有无漏声处；

2 检查隔声罩安装是否牢固；

3 检查隔声罩内孔板是否有堵塞；

4 检查隔声罩金属部件是否有锈蚀。

附录A 施工质量验收记录表

A.0.1 施工质量验收记录可按表A.0.1的格式填写。

表A.0.1 施工质量验收记录

<table>
<tr><td colspan="3">工程名称</td><td colspan="3"></td></tr>
<tr><td colspan="3">验收部位</td><td colspan="3"></td></tr>
<tr><td colspan="3">施工单位</td><td></td><td>项目经理</td><td></td></tr>
<tr><td colspan="3">施工质量验收标准
名称及标准</td><td colspan="3"></td></tr>
<tr><td colspan="3">检验项目</td><td>施工质量验收标准的规定</td><td>施工单位检查记录</td><td>监理(建设)单位验收记录</td></tr>
<tr><td rowspan="6">主控项目</td><td>1</td><td></td><td></td><td></td><td rowspan="6"></td></tr>
<tr><td>2</td><td></td><td></td><td></td></tr>
<tr><td>3</td><td></td><td></td><td></td></tr>
<tr><td>4</td><td></td><td></td><td></td></tr>
<tr><td>5</td><td></td><td></td><td></td></tr>
<tr><td></td><td></td><td></td><td></td></tr>
<tr><td rowspan="6">一般项目</td><td>1</td><td></td><td></td><td></td><td rowspan="6"></td></tr>
<tr><td>2</td><td></td><td></td><td></td></tr>
<tr><td>3</td><td></td><td></td><td></td></tr>
<tr><td>4</td><td></td><td></td><td></td></tr>
<tr><td>5</td><td></td><td></td><td></td></tr>
<tr><td></td><td></td><td></td><td></td></tr>
<tr><td colspan="3">施工单位检查评定结果</td><td colspan="3">项目专业质量检查员：
年 月 日</td></tr>
<tr><td colspan="3">监理(建设)
单位验收结论</td><td colspan="3">监理工程师(建设单位项目专业技术负责人)：
年 月 日</td></tr>
</table>

A. 0.2 噪声与振动控制预验报告单可按表A.0.2的格式填写。

表 A.0.2 噪声与振动控制预验报告单

<table>
<tr><td>工程名称</td><td colspan="5"></td></tr>
<tr><td>建设单位</td><td colspan="5"></td></tr>
<tr><td>设计单位</td><td colspan="5"></td></tr>
<tr><td>监理单位</td><td colspan="5"></td></tr>
<tr><td>施工单位</td><td colspan="5"></td></tr>
<tr><td>项目经理</td><td></td><td>项目技术
负责人</td><td></td><td>项目质量
负责人</td><td></td></tr>
<tr><td>开工日期</td><td colspan="2"></td><td>完工日期</td><td colspan="2"></td></tr>
<tr><td colspan="6">验收范围：</td></tr>
<tr><td colspan="6">发现的问题：</td></tr>
<tr><td colspan="6">对工程质量的评定及一致意见：</td></tr>
<tr><td colspan="2">监理单位(公章)
项目负责人
年 月 日</td><td colspan="2">设计单位(公章)
项目负责人
年 月 日</td><td colspan="2">施工单位(公章)
项目负责人
年 月 日</td></tr>
</table>

A.0.3 噪声与振动控制检测报告单可按表A.0.3的格式填写。

表 A.0.3 噪声与振动控制检测报告单

<table>
<tr><td>检测类型</td><td colspan="7"></td><td>检测性质</td><td></td></tr>
<tr><td>工程名称</td><td colspan="9"></td></tr>
<tr><td>建设单位</td><td colspan="9"></td></tr>
<tr><td>施工单位</td><td colspan="9"></td></tr>
<tr><td>检测方法</td><td colspan="9"></td></tr>
<tr><td>检测仪器及编号</td><td colspan="9"></td></tr>
<tr><td>检测时间</td><td colspan="9"></td></tr>
<tr><td rowspan="3">测点编号及主要声源</td><td colspan="7">测量值(dB)</td><td rowspan="3">周期</td><td rowspan="3">说明
(气象条件)
(测点情况)</td></tr>
<tr><td>频率</td><td>A声级</td><td>31.5 Hz</td><td>63 Hz</td><td>125 Hz</td><td>250 Hz</td><td>500 Hz</td></tr>
<tr><td>标准值</td><td></td><td></td><td></td><td></td><td></td><td></td></tr>
<tr><td>1</td><td></td><td></td><td></td><td></td><td></td><td></td><td></td><td></td><td></td></tr>
<tr><td>2</td><td></td><td></td><td></td><td></td><td></td><td></td><td></td><td></td><td></td></tr>
<tr><td>3</td><td></td><td></td><td></td><td></td><td></td><td></td><td></td><td></td><td></td></tr>
<tr><td>4</td><td></td><td></td><td></td><td></td><td></td><td></td><td></td><td></td><td></td></tr>
<tr><td>5</td><td></td><td></td><td></td><td></td><td></td><td></td><td></td><td></td><td></td></tr>
<tr><td>6</td><td></td><td></td><td></td><td></td><td></td><td></td><td></td><td></td><td></td></tr>
<tr><td>7</td><td></td><td></td><td></td><td></td><td></td><td></td><td></td><td></td><td></td></tr>
<tr><td>8</td><td></td><td></td><td></td><td></td><td></td><td></td><td></td><td></td><td></td></tr>
<tr><td>检测结论</td><td colspan="9"></td></tr>
<tr><td>编　制</td><td colspan="9">年　月　日</td></tr>
<tr><td>审　核</td><td colspan="9">年　月　日</td></tr>
<tr><td>检测单位
(公章)</td><td colspan="9">年　月　日</td></tr>
</table>

本规程用词说明

1 为了便于在执行本规程条文时区别对待，对要求严格程度不同的用词说明如下：

1） 表示很严格，非这样做不可的用词：
正面词采用"必须"，反面词采用"严禁"；

2） 表示严格，在正常情况下均应这样做的用词：
正面词采用"应"，反面词采用"不应"或"不得"；

3） 表示允许稍有选择，在条件许可时首先应这样做的用词：
正面词采用"宜"，反面词采用"不宜"；

4） 表示有选择，在一定条件可以这样做的，采用"可"。

2 规范中指定应按其他有关标准、规范执行时，写法为"应符合……的规定"或"应按……执行"。

引用标准名录

1 《民用建筑隔声设计规范》GB 50118
2 《建筑装饰装修工程质量验收规范》GB 50210
3 《钢结构焊接规范》GB 50661
4 《城市区域环境振动测量方法》GB 10071
5 《波纹金属软管通用技术条件》GB/T 14525
6 《声学 隔声罩和隔声间噪声控制指南》GB/T 19886
7 《圆柱螺旋弹簧设计计算》GB/T 23935
8 《可曲挠橡胶接头》GB/T 26121
9 《环境保护产品技术要求 可曲挠橡胶接头》HJ/T 391
10 《钢制管法兰》HG/T 20592
11 《通风消声器》HJ/T 16
12 《隔声窗》HJ/T 17
13 《环境保护产品技术要求 隔声门》HJ/T 379
14 《环境保护产品技术要求 橡胶隔振器》HJ/T 380
15 《环境保护产品技术要求 阻尼弹簧隔振器》HJ/T 381
16 《环境噪声监测技术规范 城市声环境常规监测》HJ 640
17 《风机用消声器 技术条件》JB/T 6891
18 《吸声用玻璃棉制品》JC/T 469
19 《可变弹簧支吊架》NB/T 47039
20 《金属吊顶》QB/T 1561

中华人民共和国行业标准

供热站房噪声与振动控制技术规程

CJJ/T 247—2016

条文说明

制 订 说 明

《供热站房噪声与振动控制技术规程》CJJ/T 247—2016 经住房和城乡建设部 2016 年 8 月 8 日以第 1225 号公告批准发布。

本规程编制过程中，编制组对全国供热站房中的减振降噪材料和施工方法进行了研究，通过工程实验和试验数据，对减振降噪的材料、施工、验收及噪声振动排放限值作出相应规定，为本规程的编制提供了依据。

为便于广大设计、施工、科研、院校等单位有关人员在使用本规程时能正确理解和执行条文规定，《供热站房噪声与振动控制技术规程》编制组按章、节、条顺序编制了本规程的条文说明，对条文规定的目的、依据以及执行中应注意的有关事项进行了说明。本条文说明不具备与标准正文同等的法律效力，仅供使用者作为理解和把握标准的规定。

1 总 则

1.0.1 供热站房是供热系统中与用热单位关系最紧密的一个环节。供热站房内设备所产生的噪声和振动会给周围的用热单位带来不小的影响。为了提高环境质量,供热质量,本规程对供热站房噪声和振动的排放限值、控制设计、工程施工、工程验收以及运行维护作出相应要求和规定。

1.0.2 供热行业中供热站房一般包括换热站、锅炉房、中继泵房等。

1.0.3 噪声与振动控制与供热站房同时设计、同时施工、同时验收,可以保证工程质量达到运行使用要求。

1.0.4 本规范未规定的内容应按照国家现行相关标准执行。

2 术语和符号

2.1 术 语

产品行业标准与国内相关技术标准进行横向对比,经综合分析后确定。这样,不仅对不同标准中,对同一物品不同称呼进行了统一,从而避免了相互之间重复与混杂。

各种产生噪声的固定设备的厂界为其实际占地的边界。

等效连续 A 声级的简称,用 $L_{\mathrm{Aeq,T}}$表示,(简写为 L_{eq}),单位 dB(A)。除特别指明外,本标准中噪声值均为等效声级。

倍频带声压级应符合现行国家标准《电声学 倍频程和分数倍频程滤波器》GB/T 3241 的有关规定,其测量带宽和中心频率成正比。

Z 振级应符合现行国家标准《城市区域环境振动测量方法》GB 10071 的有关规定。

根据《中华人民共和国环境噪声污染防治法》确定昼间/夜间时间段。

阻尼比是表达结构体标准化的阻尼大小。阻尼比是无单位量纲,表示了结构在受激振后振动的衰减形式。可分为等于 1,等于 0,大于 1,0~1 之间 4 种,阻尼比为零即不考虑阻尼系统,结构常见的阻尼比都在 0~1 之间。

2.2 符 号

本节所列符号完全采用噪声与振动相关规范和《噪声与振动控制工程手册》中的统一规定。

3 基本规定

3.0.1 噪声与振动控制工程实施单位应具备 5 年以上减振降噪专业设计及施工经验。

3.0.2 源强控制是指加强噪声源、振动源的控制措施,从源头降低噪声和振动的影响,结合噪声、振动的传播途径治理,形成完整的噪声、振动控制措施。供热站房在设计时要合理选用低噪声设备。

3.0.3、3.0.4 进行供热站房噪声振动监测时,应严格执行国家标准的相关规定,监测单位应具备国家颁布的相应监测资质,最终出具的监测报告需要有相应资质签章。

3.0.5 对室内结构噪声排放限值规定,是参考环保部和建设部颁布的相关标准而制定,即《民用建筑隔声设计规范》GB 50118 和《社会生活环境噪声排放标准》GB 22337 等。中国环境保护部在 2011 年对安徽环保厅《关于居民楼内设备产生噪声适用环境保护标准问题的请示》作出回复:

1 《中华人民共和国环境噪声污染防治法》未规定由环境保护行政主管部门监督管理居民楼内的电

梯、水泵和变压器等设备产生的环境噪声。处理因这类噪声问题引发的投诉，国家法律、行政法规没有明确规定的，适用地方性法规、地方政府规章；地方没有明确做出规定的，环境保护行政主管部门可根据当事人的请求，依据《中华人民共和国民法通则》的规定予以调解。调解不成的，环境保护行政主管部门应告知投诉人依法提起民事诉讼。

2 现行国家标准《工业企业厂界环境噪声排放标准》GB 12348 和《社会生活环境噪声排放标准》GB 22337都是根据《中华人民共和国环境噪声污染防治法》制定和实施的国家环境噪声排放标准。这两项标准都不适用于居民楼内为本楼居民日常生活提供服务而设置的设备（如电梯、水泵、变压器等设备）产生噪声的评价，《中华人民共和国环境噪声污染防治法》也未规定这类噪声适用的环保标准。

供热站房噪声振动影响仍处于无法可依的状态。因此，本规程对供热站房噪声与振动排放限值做出相应规定。

3.0.6 室内倍频带中心频率的噪声限值的规定参考噪声评价参数见表 1。噪声评价数（Noise Rating Number，简写 NR）是国际标准化组织（ISO）推荐的一组曲线，用于评价噪声的可接受性以保护听力和保证语言通信，避免噪声干扰，是评价噪声烦扰和危害的参数。

表 1 倍频带中心频率噪声评价参数

倍频程中心频率（Hz）		31.5	63	125	250	500
基于 NR 噪声评价曲线（dB）	NR25	72.4	55.3	43.8	35.3	29.2
	NR30	75.8	59.2	48.1	39.9	34
	NR35	79.2	63.2	52.5	44.6	38.9
	NR40	82.6	67.1	56.8	49.2	43.8
	NR45	86	71.1	61.2	53.9	48.6

现行国家标准《工业企业厂界环境噪声排放标准》GB 12348 和《社会生活环境噪声排放标准》GB 22337中对室内结构传声的要求较高，即采用 NR20 曲线作为噪声评价曲线。根据大量的工程实例，室内倍频带中心频率治理后的噪声值很难达到 NR20 曲线的要求。本规程以 NR 噪声评价曲线为依据，结合下列工程实例，制订出本规程中室内倍频带中心频率的噪声限值，即采用 NR25 曲线作为噪声评价曲线。

1 一类供热站房工程实例：包括居民楼地下一层热力站，独立热力站及改造站房。

工程概况：某小区热力站位于居民楼地下一层，噪声严重影响居民正常生活。热力站采取的噪声治理措施有：

1） 热力站内水泵系统底部安装双层减振系统，隔振器采用阻尼弹簧隔振器以消除振动的影响；
2） 管道各吊点处安装弹簧减振吊架，部分吊点改为弹性支撑；
3） 水泵进出口处安装可曲挠双球体橡胶软接头；
4） 热力站内墙体及吊顶采用吸声体，进行吸声处理；
5） 热力站内管道穿墙处做穿墙隔振处理；
6） 热力站安装隔声门，空气声计权隔声量 R_W>35 dBA；安装隔声窗，空气声计权隔声量 R_W>30 dBA。

热力站经过上述措施治理，效果显著。该热力站噪声治理前后，居民室内各频带噪声测试值见表 2。

表 2 居民室内各频带噪声测试值

频率（Hz）	31.5	63	125	250	500	1 000	2 000	4 000	8 000	A 计权
治理前（dB）	72.34	55.45	42.38	36.74	50.49	40.19	37.58	34.21	31.62	49.03
治理后（dB）	55.34	49.82	34.19	28.96	19.28	18.65	17.25	16.56	15.28	28.51

2 二类供热站房工程实例：二类热力站包括地下二层以下(含地下二层)和其他热力站。

工程概况：某小区热力站位于某商业办公楼地下二层，噪声严重影响办公人员正常办公。二类热力站采取的治理措施有：

1) 水泵系统在水泵底部安装减振系统，采用橡胶隔振器；
2) 各管道吊点处安装弹簧减振吊架；
3) 水泵进出口处安装金属软接头；
4) 热力站内墙体及吊顶安装吸声体，进行吸声处理；
5) 热力站内管道穿墙处做穿墙隔振处理；
6) 热力站安装隔声门，空气声计权隔声量 $R_W>35$ dBA；安装隔声窗，空气声计权隔声量 $R_W>30$ dBA。

热力站内经过上述措施治理，效果显著。该热力站噪声治理前后，办公室内各频带噪声测试值见表3。

表3 办公室内各频带噪声测试值

频率(Hz)	31.5	63	125	250	500	1 000	2 000	4 000	8 000	A计权
治理前(dB)	57.11	53.21	45.41	51.71	41.37	39.68	36.14	29.08	25.36	46.43
治理后(dB)	49.29	48.38	38.31	28.55	23.61	23.82	17.51	13.89	14.96	26.65

3 锅炉房工程实例：

某小区锅炉房位于小区内地下二层，噪声严重影响业主的正常生活。锅炉房采取的治理措施有：

1) 水泵系统在水泵底部安装减振系统，采用橡胶隔振器；
2) 各管道吊点处安装弹簧减振吊架；
3) 水泵进出口处安装金属软接头；
4) 锅炉房内墙体及吊顶安装吸声体，进行吸声处理；
5) 锅炉房内管道穿墙处做穿墙隔振处理；
6) 锅炉房内门口安装隔声门，空气声计权隔声量 $R_W>35$ dBA；窗口安装隔声窗，空气声计权隔声量 $R_W>30$ dBA；
7) 锅炉燃烧机头安装可移动式隔声罩；
8) 锅炉房泄爆口消声隔声处理；
9) 锅炉主管道安装烟囱消声器；
10) 在烟囱出口处及楼顶部安装出口消声器。

锅炉房站内经过上述措施治理，效果显著。锅炉房噪声治理前后，居民室内各频带噪声测试值见表4。

表4 居民室内各频带噪声测试值

频率(Hz)	31.5	63	125	250	500	1 000	2 000	4 000	8 000	A计权
治理前(dB)	48.6	61.5	43.5	31.4	23.3	—	—	—	—	45.98
治理后(dB)	46.4	36.7	32.9	28.4	23.2	20.4	13.9	12.5	12.7	26.42

3.0.7 供热站房厂界环境噪声限值参考现行国家标准《工业企业厂界环境噪声排放标准》GB 12348 的有关规定制定。

3.0.8 铅垂向Z振级限值参考现行国家标准《城市区域环境振动测量方法》GB 10071 的有关规定制定。

4 材料与设施

4.0.1 噪声与振动的控制设施和材料在选择时，要充分考虑供热站房内的使用环境，如高温、潮湿，且材料应满足供热站房的防火要求，选取有相对抗性的环保材料进行设计、施工。

4.0.2 供热站房内按要求安装噪声和振动的控制设施，能有效地降低供热站房噪声和振动的影响。为满足本规程对噪声和振动的要求，个别供热站房还需增加其他噪声和振动的控制设施，如液体消声器等。

4.0.3 橡胶隔振器不可使用再生胶产品，成品外观应符合相应规定。每批次橡胶隔振器均要抽样做承载力试验，保证隔振器满足设计承载力。橡胶隔振器的变形量限值及隔振系统的固有频率偏差限值均由实验而得。

4.0.4 弹簧隔振器的变形量限值、隔振系统的固有频率偏差限值以及阻尼比均由实验而得。弹簧漏振器的防腐方法为：金属结构涂刷一遍防锈漆，两遍面漆。待防锈漆完全干燥后，再进行面漆处理，面漆为烤漆。

4.0.5 弹簧材质严格按照国家标准选取合格产品，并按批次抽样检验。弹簧吊架上下吊杆选用国标产品，并符合相应管道的承载要求。

4.0.6 减振支架不宜对管道有任何摩擦、位移等损害。橡胶隔振垫不应与结构固定，防止橡胶隔振垫产生位移影响管道安全和减振降噪要求，需对其采取相应的限位措施，且橡胶隔振垫材料应耐酸碱、抗腐蚀。

4.0.7 可曲挠橡胶软接头设计使用寿命不低于3年；金属软接头设计使用寿命不低于5年。

4.0.8 吸声体所用面板、龙骨以及玻璃棉应符合设计要求。吸声体包括金属吸声板、吸声涂料、木质吸声板、纤维吸声板等，要根据供热站房需求选取合适材料。

4.0.9 隔声门、隔声窗的防火、气密、水密及保温性能应符合国家现行标准的有关规定和设计要求。

4.0.10 消声器选用板材以及消声片规格应满足设计要求，还应具有相对抗性，如抗腐蚀、防火等。

4.0.11 隔声罩的通风散热系统应具有与隔声性能相匹配的消声量，且便于日常清洗、排水、排油及消防后的排污处理。

4.0.12 隔振台架外形尺寸偏差限值及水平翘曲偏差限值均通过多年供热站房实践经验而确定。

5 设　　计

5.1 隔　　振

5.1.1 隔振设计的一个原则就是降低隔振系统固有频率。从隔振原理可看出，只有当扰力频率大于系统固有频率的2倍时，隔振系统才起到隔振的作用。系统固有频率越低，隔振效率越高。降低隔振系统固有频率的方法一般有两种：第一种是增加设备的重量，通常可采用设置混凝土基座（或称混凝土惰性块）的方法实现；第二种是减小隔振器的刚度，即选择更柔软的隔振器，使得在同样荷载下产生更大的压缩量。

5.1.2 设计计算中，可根据下列步骤计算出隔振器的总数量：

1 根据实际工程需要确定振动传递率；

2 由振动传递率求出隔振体系的固有频率；

3 根据实际情况，确定隔振体系总参振质量（包括机组及台座等）；

4 通过隔振体系的固有频率，求出隔振体系总刚度；

5 由隔振体系总刚度及单个隔振器刚度（由隔振器厂家提供），求出隔振器数量；

6 最后核算隔振器的总承载力。

5.1.3 通过振动试验确定隔振系统的隔振效率以及阻尼比,供热站房中使用满足规程要求的隔振系统。隔振系统安装后均匀测试设备工作状态下基座允许振动速度,测试数值符合本规程相关规定。隔振系统的隔振效率和阻尼比均由实验数据结合工程经验而确定;工作状态下允许振动速度由实验数据确定。锅炉宜安装弹簧隔振器,供热机组、水泵宜采用弹簧隔振器或橡胶隔振器。

5.1.4、5.1.5 水泵隔振系统视其扰力大小和额定转速确定配重底座。配重底座内填充物密度限值由实验数据结合工程经验而确定。

5.1.6、5.1.7 管道支(吊)点静态压缩量和隔振效率由工程经验确定。

5.1.8 橡胶软接头目前针对噪声振动控制专业而言,尚不构成统一规格,具体工程中可参考本规程第4章中材料限值要求。

5.1.9 穿墙隔振施工时要使管道与墙体的连接点完全断开,管道套筒内的隔振材料要保持密实、完好。

5.2 降噪与隔声

5.2.1 供热站房建立完整的建筑围护结构,以实现充分的空气隔声。

5.2.2 对供热站房室内顶棚、墙面等部位进行适量的吸声处理,可增加室内总吸声量、减少混响反射,从而降低室内混响声场区域内的噪声级。供热站房内墙体及吊顶需满铺吸声体,以达到供热站房的降噪要求。

通常根据室内墙壁、门窗、顶棚、地面等不同表面的面积和对应频带的吸声系数,可以计算出吸声处理前室内总吸声量或对应频率的室内平均吸声系数,再根据新增吸声材料的面积和对应频带的吸声系数,计算出吸声处理后室内总吸声量或对应频率的室内平均吸声系数;通过两者的比值即可计算出对应频率下的室内平均降噪量。室内平均降噪量还可以通过实测或计算的吸声处理前、后室内混响时间的比值得出。室内平均降噪量与室内平均吸声系数 $\bar{\alpha}$ 和总吸声量 A 成正比,与混响时间 T 成反比。供热站房常用吸声材料吸声性能见表5。

表5 供热站房常用吸声材料吸声性能

名称及构造尺寸(mm)	厚度(mm)	倍频带中心频率(Hz)					
		125	250	500	1 000	2 000	4 000
		吸声系数					
玻璃棉,距墙40	80	0.27	0.25	0.72	0.90	0.79	0.93
玻璃棉,紧贴墙	100	0.34	0.40	0.76	0.98	0.97	0.98
玻璃棉,距墙40	100	0.35	0.40	0.96	0.95	0.98	0.98
玻璃棉(面密度 8 kg/m^2)	30	0.07	0.18	0.58	0.89	0.81	0.98
玻璃棉(面密度 8.2 kg/m^2)	50	0.08	0.24	0.75	0.97	0.97	0.96
玻璃棉(面密度 2.5 kg/m^2)	30	0.07	0.15	0.43	0.89	0.98	0.95

室内混响时间计算在有条件的情况下以实测为准。

工程中也时常根据整体降噪需要和可行性,先确定适当的预期室内平均吸声降噪量,然后以选定吸声材料不同频带的吸声系数,根据公式(5.2.2-1)～公式(5.2.2-6)反算得出所需的吸声面积;或者以限定的吸声体材料敷设面积,根据公式(5.2.2-1)～公式(5.2.2-6)反算得出所需吸声材料不同频带的吸声系数,作为选择吸声材料的设计依据。

室内实际吸声降噪量与噪声源频谱有关。在实际工程中大多以A声级作为噪声评价量,因此需要从倍频程声压级或1/3倍频程声压级各中心频率的减噪量求出对应频带降噪后的声压级，再按公式(5.2.2-7)合成降噪后A计权声压级，从而评估A声级吸声降噪量。

5.2.3 墙体吸声材料距地200 mm～500 mm以下时要采用具有防水性能的材料。供热站房内的吸声材料要选用容重不小于32 kg/m^{3}高品质玻璃棉或性能相当的成熟环保产品。供热站房内吸声体的平均吸声系数及护面板穿孔率均通过工程经验确定。吸声体的平均吸声系数不能小于0.65，护面板穿孔率不宜小于20%。

5.2.4 供热站房内隔声门、隔声窗，不仅需要考虑隔声性能，还要能满足供热站房的防火要求，并符合国家对于防火门的相关标准及规定。本条根据现行行业标准《环境保护产品技术要求隔声门》HJ/T 379及《隔声窗》HJ/T 17的相关规定确定。隔声门窗的空气声计权隔声量不小于30 dB。

5.2.5 消声器各频带消声量要满足供热站房降噪要求；消声器阻力损失要按照相关公式进行计算，确保阻力损失对设备正常运行不会造成影响。

5.2.6 A声级插入损失，即消声量。用于通风换气系统低压风机配套消声器的总压力损失应小于风机全压10%。当风机全压不大于300 Pa时，消声器总压力损失允许超过10%，但最大值不大于49 Pa。用于电站锅炉送风风机配套消声器的总压力损失应小于风机全压5%，并且其最大值不超过490 Pa。用于高炉送风中高压风机配套消声器的总压力损失应小于风机全压3%，并且其最大值不应超过800 Pa。消声器最小消声量由实验数据结合工程经验而确定。

5.2.7 风机隔声罩的设计需要考虑散热要求，必要时设置进、排风口，为满足隔声罩的隔声量要求，进、排风口处建议设计进、排风消声器。消声器的设计需严格依照排风量要求计算消声器的有效通风面积、阻力损失等相关数据，避免消声器给整个排风、排烟系统带来安全隐患。通过供热站房的工程经验以及实验数据，隔声量不小于15 dB(A)方可满足供热站房的隔声需要。

5.2.8 消声器设计时不仅考虑消声量，还要考虑锅炉的排烟量，消声器的压力损失等参数。

5.2.9 考虑锅炉烟囱消声器的特殊性，设计时要与结构设计单位及时沟通，确定所装消声器满足结构承载要求，安装后不会对结构产生负面影响，同时满足锅炉排烟要求。

5.2.10 隔声罩的三种基本状态：

1 隔声量：表示构件本身固有的隔声能力，通常在符合规范要求的实验室测定；

2 噪声衰减：现场测定的实际隔声效果，它不仅是结构本身的衰减，还包括现场声波吸收及侧向传声、结构传声的影响；

3 插入损失：现场测定的某一特定点，在隔声结构设置前与设置后的声压级差，它不仅包括现场条件方面的影响，还包括了设置隔声结构前后声场的变化带来的影响。

5.2.11 隔声罩拼接处要设计密封处理，整体结构刚度需满足供热站房日常使用。

5.2.12 隔声罩需预留观察窗，以便于正常工作时观察燃烧器运行状况。隔声罩设置为可移动式，是为了便于正常维修。

5.2.13 隔声罩一般按下列步骤进行设计：

1 了解和测量噪声源的声级和频谱；

2 根据噪声源的声级、频谱和环境安静要求的指标值，确定声级的衰减量和各频段(1/3或倍频程)的隔声量；

3 利用公式(5.2.13-1)～公式(5.2.13-7)挑选适合的隔声材料。

隔声罩设计的注意事项有：

1 为避免罩壁受声源激发而产生共振，罩的内壁面与机器设备间需留有较大空间，通常需留设备所占空间的1/3以上，内壁面与设备间的距离不小于10 cm；

2 隔声罩要有良好的吸声处理；

3 隔声罩与声源设备不能有任何刚性连接，并且两者的基础中有一个作隔振处理，以免引起罩体振动，辐射噪声；

4 在使用金属薄板制作隔声罩时，金属板上要涂敷一定厚度的阻尼材料，防止罩壳产生共振；

5 在设计隔声罩时要注意防止缝隙孔洞漏声，做好结构上节点的连接；

6 对于一些有动力、有热源的设备，隔声罩要考虑通风散热的问题；

7 根据隔声罩所采用的隔声材料计算确定罩体的透射系数 τ_1。

5.2.14 供热站房内的节点图中要对安装方法及材料提出明确要求。

1 供热站房噪声与振动控制示意图见图1。

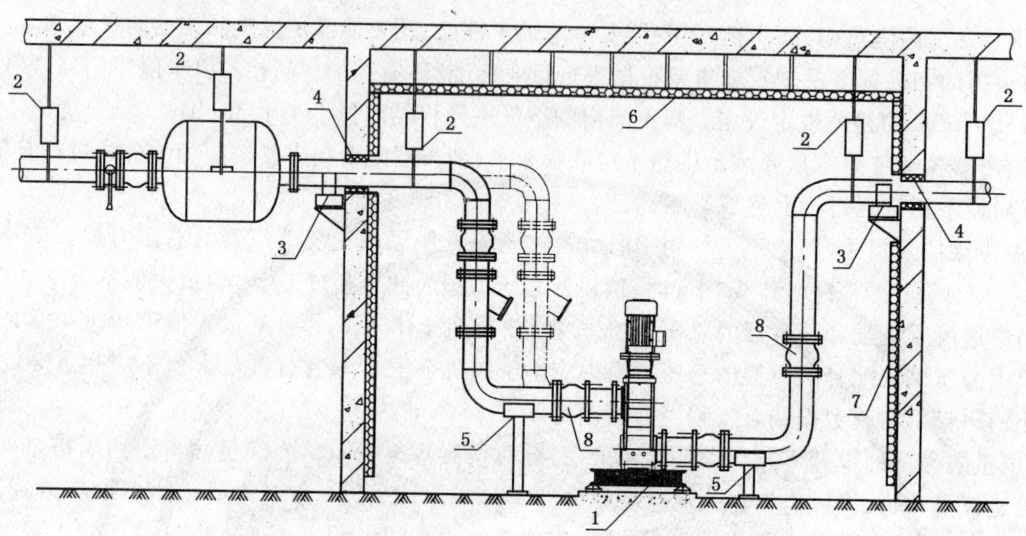

图1 供热站房噪声与振动控制示意图

1—水泵隔振系统；2—管道吊架隔振系统；3—管道托架隔振系统；
4—管道穿墙隔振系统；5—管道支撑隔振系统；6—供热站房吊顶吸声系统；
7—供热站房墙体吸声系统；8—管道软接头

2 水泵隔振系统做法见图2。

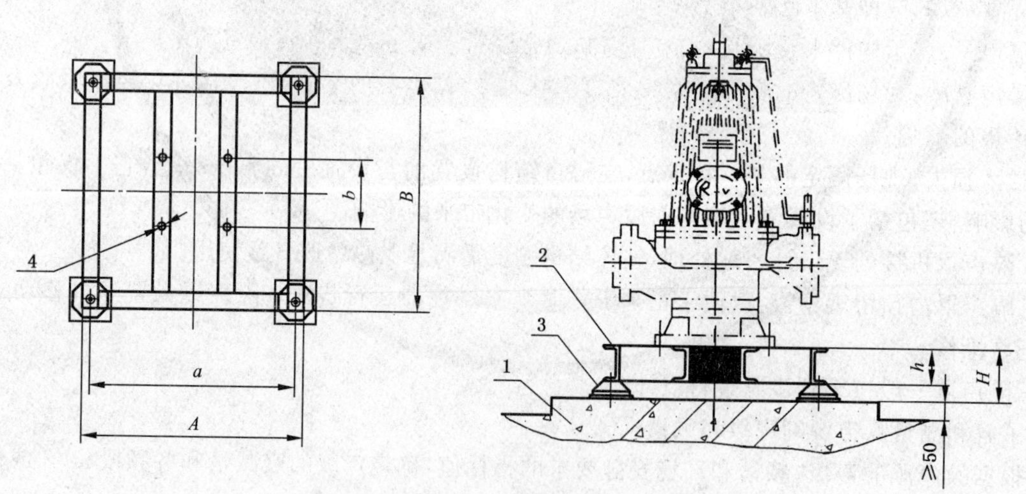

图2 水泵隔振系统安装节点图

1—混凝土基础；2—隔振台架；3—隔振器；4—与泵座的连接孔

3 管道隔振吊架系统做法见图3。

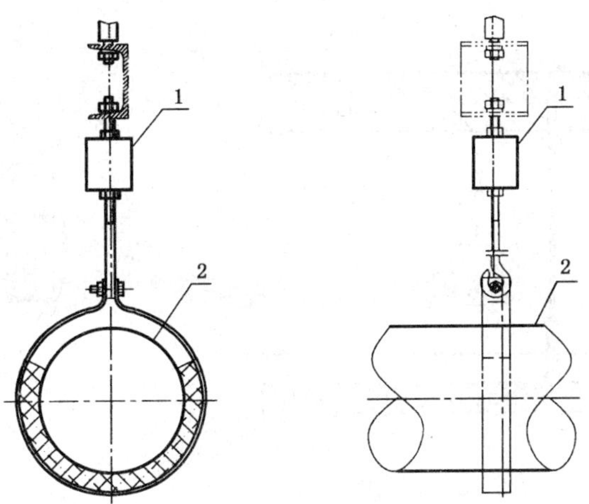

图 3　管道隔振吊架系统安装节点图

1—弹簧吊架；2—管道

4　管道托架隔振系统做法见图 4。

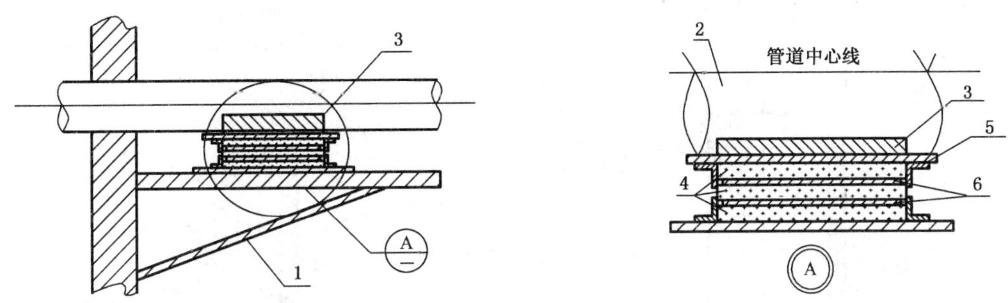

图 4　管道托架隔振系统安装节点图

1—托架；2—管道；3—角钢托架；4—隔振垫；5—角钢；6—钢板

5　管道支撑隔振系统做法见图 5。

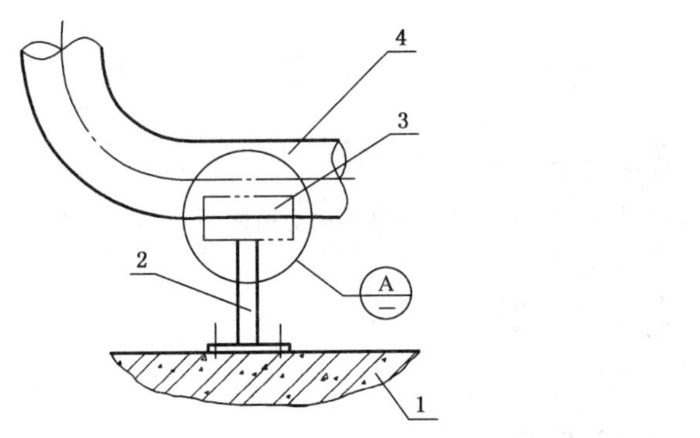

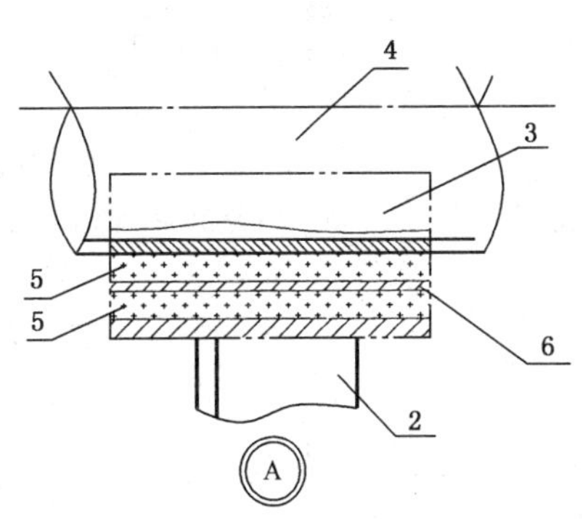

图 5　管道支撑隔振安装节点图

1—混凝土基础；2—托架；3—托板；4—管道；5—橡胶隔振垫；6—钢板(厚度≥3 mm)

6　供热站房吸声吊顶系统做法见图 6。

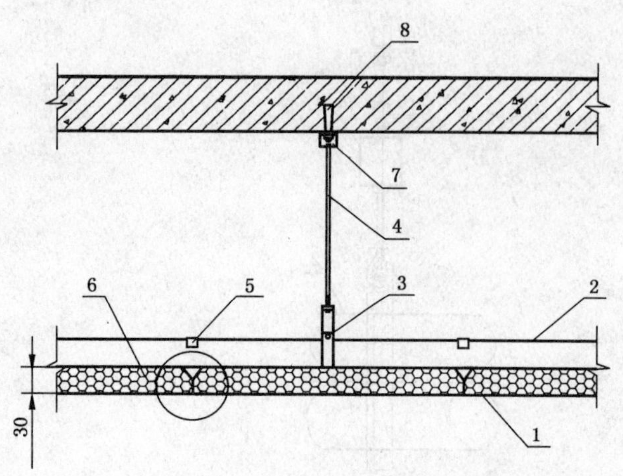

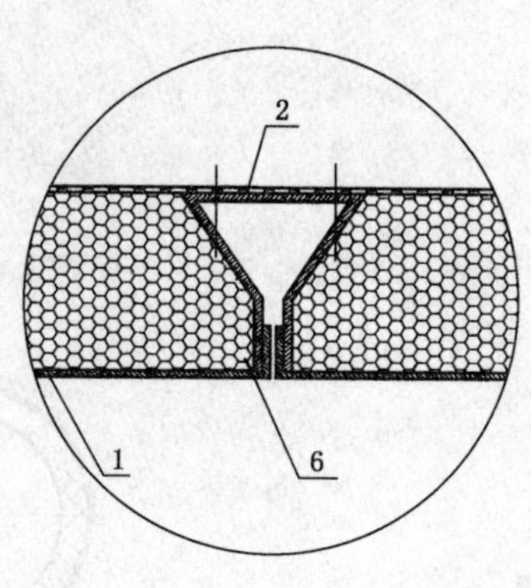

图6　吸声吊顶安装节点图

1—铝合金穿孔板；2—轻钢龙骨；3—承载龙骨吊卡；4—升降吊杆；

5—平吊；6—离心玻璃棉；7—角钢；8—膨胀螺栓

7　供热站房吸声墙体做法见图7。

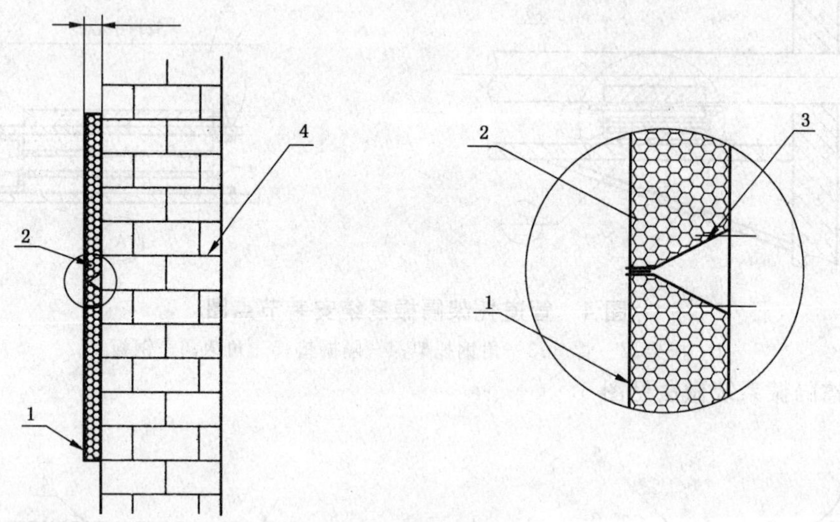

图7　吸声墙体做法

1—铝合金穿孔板；2—离心玻璃棉；3—轻钢龙骨；4—供热站房墙体

6　施　　工

6.1　一般规定

6.1.1　开工前，建设单位要组织相关单位和部门召开工程协调会，明确工程性质、开竣工日期及施工中需要配合的事项，明确工程施工要求、注意事项等，便于施工中的协作。

6.1.2　噪声与振动的控制设施材料的检测单位要具有相关检测资质。

6.1.3　采取施工安全保护措施的目的是为了有效控制施工过程中的安全，减少轻伤事故，杜绝发生重大事故。

6.2 隔振设施

6.2.1 钢材防锈方法:

1 表面清洁:清洗必须依被防锈物表面的性质和当时的条件,选定适当的方法。一般常用的有溶剂清洗法、化学处理清洁法和机械清洁法。

2 表面干燥清洗干净后可用过滤的干燥压缩空气吹干,或者用 120 ℃～170 ℃的干燥器进行干燥,也可用干净纱布擦干。

涂敷防锈油的方法:

1 浸泡法:一些小型物品采用浸泡在防锈油脂中,让其表面粘附上一层防锈油脂的方法。油膜厚度可通过控制防锈油脂的温度或黏度来达到。

2 刷涂法用于不适用浸泡或喷涂的室外建筑设备或特殊形状的制品,刷涂时既要注意不产生堆积,也要注意防止漏涂。

3 喷雾法一些大型防锈物不能采用浸泡法涂油,一般用大约 0.7 MPa 压力的过滤压缩空气在空气清洁地方进行喷涂。喷雾法适用溶剂稀释型防锈油或薄层防锈油,但必须采用完善的防火和劳动保护措施。

6.2.2 通常调整设备的水平度可以通过以下两种方法:

1 水位校正法(常规):采用水平尺、两端开口的水管等工具利用水位持平校准。

2 直角垂线校正法(非常规):用软线吊重物,使线垂直下垂,并将直角尺的一条直角边保持与垂线平行,另一直角边与校正目标的水平面保持平行,可校正目标是否水平。

6.2.3 隔振垫与隔振器间使用钢板分隔,为了使集中荷载均匀地分布在隔振垫上。

6.2.4 供热设备安装后要逐个测量隔振器的压缩量,不一致的要用相应钢板找平,使每个减振器受力均匀,卧式泵和机组等设备重心不一致时要调整中间隔振器的位置,使每个隔振器均匀受力。隔振系统安装的水平度限值及使用的钢板厚度均通过多年供热站房实践经验确定。

6.2.5 气割开孔最大的问题是孔径控制不严格,因为标准螺栓在使用时的受力与孔径有一定关系的,孔过大螺栓承担拉力的能力就下降了。如果用大垫圈过渡,那么垫圈也会因孔径过大,在受拉时变形,如遇循环应力,很容易造成螺栓松动。

另外气割出的孔,内表面不规整,当螺栓受到剪切力时,表面的不规整使得螺栓的抗剪能力也大打折扣。

6.3 减振支(吊)架

6.3.1 减振吊架的螺纹部分要进行特殊保护,以防损坏。

6.3.2 减振吊架安装时要考虑管道的位移,防止由于管道位移而引起弹簧吊架的失效。

6.3.4 减振支架与管道之间要加装供热管道滑靴,为满足管道应有的位移要求。

6.3.5 减振支架制作和安装时要使用固定结构以限制其位移;固定结构需预留空间防止发生短路,使弹性支撑失去作用。

6.3.6 减振吊架吊杆孔大于吊杆直径两级,以防发生短路。

6.4 软接头及法兰

6.4.1 除设计要求预拉伸(压缩)或"冷紧"的预变形量外,不能用软接头(压缩、拉伸、偏移、扭转)的方法来调整管段的安装偏差,以免影响软接头的正常功能,降低使用寿命和增加管系、设备及支架的荷载。建议管系上的一个配对法兰保留到就位后焊接。

6.4.2 安装时如果需要焊接,必须保护波纹管表面,防止焊接飞溅物和引弧烧伤波纹管,通常可用中性湿石棉保护。

当软接头被正确固定和导向后，拆除软接头上用于安装运输的辅助定位构件及紧固件或按设计要求将限位装置调到规定位置。

补偿器所有活动元件不能被外部构件卡死或限制其活动范围，软接头的波间不应有防止其变形的异物。

6.4.3 软接头法兰焊接需内外满焊，连接螺栓要与孔径相符合且紧固。

6.5 吸 声 体

6.5.1 吸声体面板一定要按设计要求和现行国家标准规定采购。非标准的板材由于厚度不够安装后会引起吊顶变形、平整度不够、接缝容易开裂等质量问题。

6.5.2 吊顶轻钢龙骨、吊杆及相关配件要按设计要求和现行国家标准规定采购。非标的材料安装后不是龙骨松动就是吊杆松动，不好调平，影响面板安装的平整度。

6.5.3 安装主龙骨吊杆：在弹好吊顶标高水平线及龙骨位置线后，确定吊杆下端头的标高，按主龙骨位置及吊挂间距，将吊杆无螺栓丝扣的一端与楼板预埋钢筋连接固定。主龙骨安装间距一般为 100 mm，主龙骨离墙边距离应不大于 300 mm。

6.5.4 安装副龙骨

1 按以弹好的副龙骨分档线，卡放副龙骨吊挂件。

2 按设计规定的副龙骨间距，将副龙骨通过吊挂件，吊挂在主龙骨上，设计无要求时，一般间距为 400 mm～600 mm。

3 当副龙骨长度需多根延续接长时，用副龙骨连接件，在吊挂副龙骨的同时相连，拉通线调直调平固定。当有预留孔洞时应用副龙骨进行加固边框。

6.6 隔声门窗

6.6.1 隔声门窗框型材规格、数量符合国家标准。铝型材的外框壁厚不得小于 2.4 mm。塑钢窗料厚度不得小于 2.5 mm。

6.6.3 检查塑料型材外观，合格的型材为青白色或象牙白色，洁净、光滑。质量较好的要有保护膜。下料前注意配料颜色，避免色差大的材料用在同一门窗上。

6.6.5 隔声门窗框与墙体不得用水泥砂浆嵌缝。应弹性连接，用密封胶嵌填密封，不能有缝隙。

6.6.7 隔声门窗外框、下框和轨道根部要钻排水孔。

6.6.8 隔声门窗框与洞中留有 50 mm 以上间隙，使窗台能做流水坡。

6.7 消 声 器

6.7.1 各种板材、型钢应具有出厂合格证明书或质量鉴定文件。除上述证明文件外，还需要进行外观检查。板材表面应平整，厚度均匀，无凸凹及明显压伤现象，并不得有裂纹、分层、麻点及锈蚀情况。型钢应等型，不应有裂纹、划痕、麻点及其他影响质量的缺陷。吸声材料应严格按照设计要求选用，并满足对防火、防潮和耐腐蚀性能的要求。其他材料不能因具有缺陷而导致成品强度的降低或影响其使用效果。

6.7.2 各种金属板材加工应采用机械加工，如剪切、折方、折边、咬口等，做到一次成型，减少手工操作。镀锌钢板施工时，应注意使镀锌层不受破坏，尽量采用咬接或铆接。

6.7.3 消声器框架应牢固，壳体不得漏风。阻性消声器在加工时，内部尺寸不能随意改变。其阻性消声片内填超细玻璃棉等吸声材料，外包玻璃布等覆面材料制成。在填充吸声材料时，应按设计的容重，厚度等要求铺放均匀，覆面层不得破损。

6.7.4 消声器等消声设备运输时，不得有变形现象和过大振动，避免外界冲击破坏消声性能。消声器在安装前应检查支、吊架等固定件的位置是否正确，预埋件或膨胀螺栓是否安装牢固、可靠。支、吊架必须保证所承担的荷载。消声器、消声弯管应单独设支架，不得由风管来支撑。消声器支、吊架的横托板穿吊杆的螺孔距离，应比消声器宽 40 mm～50 mm。为了便于调节标高。采用双螺母加以固定。消声器的安装方向要正确，与风管或管件的法兰连接要严密、牢固。当通风、空调系统有恒温、恒湿要求时，消声器等消声设备外壳与风管同样作保温处理。消声器等安装就位后，可用拉线或吊线尺量的方法进行检查，对位置不正、扭曲、接口不齐等不符合要求部位进行修整，达到设计和使用的要求。

6.7.5 消声器制作所运用的材料，应符合设计规定的防火、防腐、防潮和卫生的要求。

6.8 隔 声 罩

6.8.1 罩体与声源设备及其机座之间不能有刚性接触，以避免声桥出现，使隔声量降低，同时隔声罩与地面之间要进行隔振以杜绝固体声。

6.8.2 构件安装时，要防止密封不严等现象造成隔声罩漏声，面板与压条间应锚固均匀、牢固。

6.8.3 尽可能减少在罩壁上开孔。对于必需的开孔以及罩壁的构件相接处的缝隙，要采取密封措施，以减少漏声。

6.8.4 在设计隔声罩时，要注意满足工艺和维修的要求，有时要采取防止油污、粉尘和腐蚀等措施。隔声罩外表面安装时需平整无凹凸，外表面喷漆处理要均匀一致。

6.8.5 材料设计时充分考虑防水，在淋雨环境中其吸声性能不受影响，构造中已设置排水措施，避免构件内部积水。微穿孔共振空腔在淋雨环境中吸声性能不受影响且针对中低频降噪特别明显。

7 工程验收

7.1 一 般 规 定

7.1.1 本节对噪声与振动的控制设施和材料的质量管理体系和质量保证体系提出了要求。施工单位要推行生产控制和合格控制的全过程质量控制。

7.1.2 对施工现场质量管理，要求有相应的施工技术标准、健全的质量管理体系、施工质量控制和质量检验制度。

7.2 检验批验收

7.2.1 检验批是工程质量验收的基本单元。检验批通常是按下列原则划分：

1 检验批内设施和材料质量均匀一致，抽样要符合随机性和真实性的原则；

2 贯彻过程控制的原则，按施工次序、便于质量验收和控制关键工序质量的需要划分检验批。

7.2.2 各专业施工质量验收规范中对各检验批中的主控项目和一般项目的验收标准都有具体的规定，但对有一些不明确的还需进一步查证，在施工图纸中查明，施工图中无规定的，要在开工前图纸会审时提出，要求设计单位书面答复并加以补充，供日后验收作为依据。

7.3 工程预验收

7.3.1 工程预验收是工程完工后在竣工验收前要进行的一项工作，是为竣工验收做准备。

7.3.2 预验收由项目总监理工程师主持，参加的单位包括施工承办单位和监理单位，还邀请项目业主、设计单位参加，有时甚至邀请质量监督部门参加。工程实体的验收一般要在竣工资料验收合格后进行。

7.3.3～7.3.9 噪声与振动的控制设施和材料的合格质量主要取决于主控项目和一般项目的检验结果。主控项目是对设施和材料的基本质量起决定性影响的检验项目，这种项目的检验结果具有否决权。由于主控项目对工程质量起重要作用，从严要求是必需的。对于噪声与振动的控制设施和材料检验的一般项目，也不得有严重缺陷。

7.4 环保验收

7.4.1 为了保证供热站房的噪声与振动的噪声值满足本规程的规定限制，工程完工后要进行环保验收。

7.4.2 为避免法律纠纷等问题的出现，环保验收要严格按本规程中的规定执行，且保证数据的真实性。

7.4.3 测量仪器精度为2型及2型以上的积分平均声级计或环境噪声自动监测仪器，其性能需符合现行国家标准《电声学 声级计》GB 3785的有关规定，并定期校验。测量前后使用省校准器校准测量仪器的示值偏差不得大于0.5 dB，否则测量无效。声校准器应满足现行国家标准《电声学 声校准器》GB/T 15173对1级或2级声校准器的要求。测量时传声器要加防风罩。

7.4.4 测量时气象条件要在无雨雪、无雷电天气、风速5 m/s以下时进行。

7.5 竣工验收

7.5.1 竣工验收是以所含各分项工程验收为基础进行的。

7.5.2 各分项工程已验收合格且相应的质量控制资料齐全、完整。此外，由于各分项工程的性质不尽相同，因此作为竣工验收不能简单地组合而加以验收，尚须进行以下两类检查项目。

1 涉及安全、节能、环境保护和主要使用功能的分部工程要进行有关的见证检验或抽样检验。

2 以观察、触摸或简单量测的方式进行观感质量验收，并由验收人的主观判断，检查结果并不给出“合格”或“不合格”的结论，而是综合给出“好”、“一般”、“差”的质量评价结果。对于“差”的检查点要进行返修处理。

8 运行维护

8.0.1～8.0.4 产品使用年限依据施工单位所提供的产品合格证及检测报告上所说明的产品使用周期；每次更换，施工单位均需提供新的产品合格证和检测报告。需在48 h内完成维保工作，确保供热站房的正常运行。

8.0.5 橡胶隔振器及隔振垫表面保持干燥，避免受潮加速橡胶老化，且要及时更换已老化橡胶隔振器及隔振垫。

8.0.6 橡胶软接头，要加强日常观察监测，且宜在使用年限达到其标称年限的80%时提前更换。

8.0.7 减振支(吊)架金属件部分每两年进行防锈处理1次。

8.0.8 吸声吊顶为非承重吊顶，不能悬挂任何重物；吸声墙体要避免其他外力挤压。

8.0.9 隔声门、隔声窗要避免外力冲撞及硬物剐蹭。

8.0.10 定期对消声器内部进行清理，发现锈蚀金属部件需及时更换。

8.0.11 隔声罩需定期更换老化橡胶密封条，并及时更换锈蚀金属部件，表面定期进行防锈处理。

广告目录

《供热技术标准汇编》热力卷》（第3版）

正文前

正文后

天津太合节能科技股份有限公司

天津太合节能科技股份有限公司（原天津市管道工程集团有限公司保温管厂）隶属于天津市管道工程集团有限公司，注册资金3亿元。是国内一家技术开发、生产预制直埋式保温管的专业厂家，自1986年投产以来，品牌“太合”历经32年，引领供热供冷技术，开发聚氨酯喷涂聚乙烯缠绕保温管、电预热补偿安装技术、环戊烷发泡工艺等高新技术，年产口径DN25-DN1600的保温管800km，行销全国各地，努力为客户提供绿色节能环保的集中供热供冷产品和方案。

主营：

节能技术开发；

保温管及管件制造（喷涂缠绕保温管、环戊烷发泡保温管、蒸汽保温管）；

市政工程、管道工程、水利水电工程、防腐保温工程。

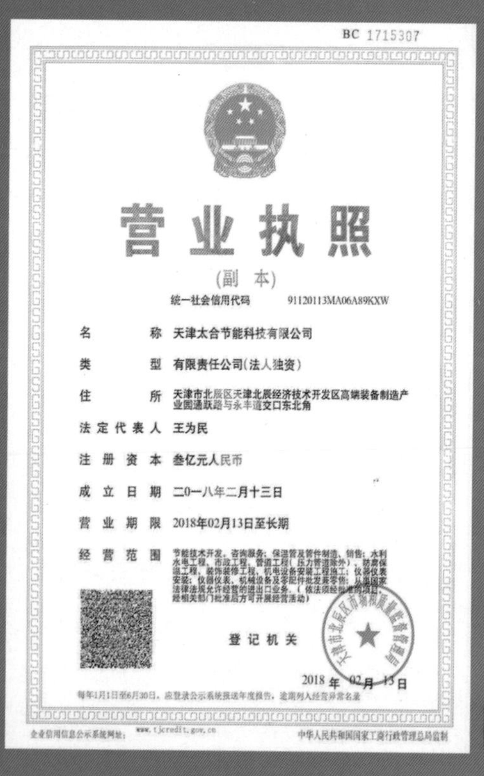

BC 1715307

营业执照

（副本）

统一社会信用代码　91120113MA06A89KXW

名　　称	天津太合节能科技有限公司
类　　型	有限责任公司（法人独资）
住　　所	天津市北辰区天津北辰经济技术开发区高端装备制造产业园通跃路与永丰道交口东北角
法定代表人	王为民
注册资本	叁亿元人民币
成立日期	二〇一八年二月十三日
营业期限	2018年02月13日至长期
经营范围	节能技术开发、咨询服务；保温管及管件制造、销售；水利水电工程、市政工程、管道工程（压力管道除外）、防腐保温工程、装饰装修工程、机电设备安装工程施工；仪器仪表安装；仪器仪表、机械设备及零配件批发兼零售；从事国家法律法规允许经营的进出口业务。（依法须经批准的项目，经相关部门批准后方可开展经营活动）

登记机关

2018年02月13日

每年1月1日至6月30日，应登录公示系统报送年度报告，逾期列入经营异常名录

企业信用信息公示系统网址：www.tjcredit.gov.cn

中华人民共和国国家工商行政管理总局监制

地址：天津北辰经济技术开发区高端装备制造产业园通跃路与永丰道交口

邮编：300402　电话/传真：022-26391184

邮箱：market@taihepipe.com

网址：www.taihejieneng.com

高新企业

特种设备许可

国家专利

注册商标

德士达（天津）管道设备有限公司

公司简介

德士达（天津）管道设备有限公司是各种管道防腐保温设备的主要提供商，公司生产的全新专利产品有聚氨酯浇注保温管生产线、浇注式保温管生产线加热系统、单枪式连续聚氨酯喷涂聚乙烯缠绕生产线、双枪式连续聚氨酯喷涂聚乙烯缠绕生产线、移动撬装式连续喷涂缠绕生产线。我们根据客户的基本情况及实际要求，结合自身的先进技术为客户量身定做各种类型的生产线。技术的不断突破创新使我们在管道防腐保温行业中处于领先水平并得到国内外专家一致好评。我公司已获得国家实用型及发明专利 20 余项，并于 2017 年被评为天津市高新技术企业及国家级高新技术企业。

专利证书

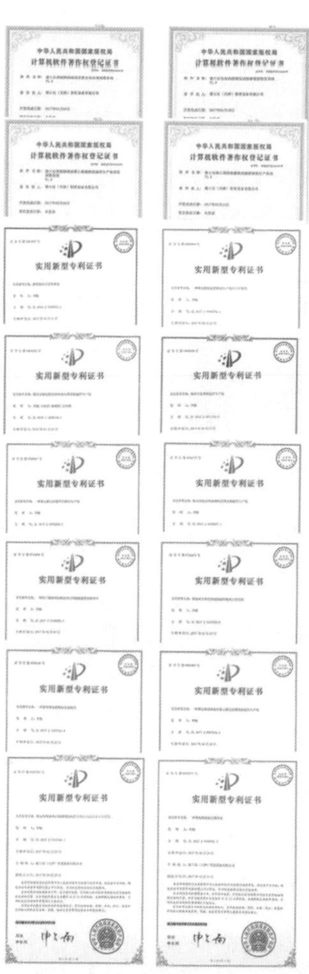

生产线及产品

聚氨酯单喷涂连续生产线

聚氨酯双喷涂连续生产线

聚乙烯连续缠绕线

DN1400 成品管堆放

DN1400 成品管

DN1400 半成品保温管

联系方式　电话：13132018389　传真：022-26863296　邮箱：linan5885@126.com

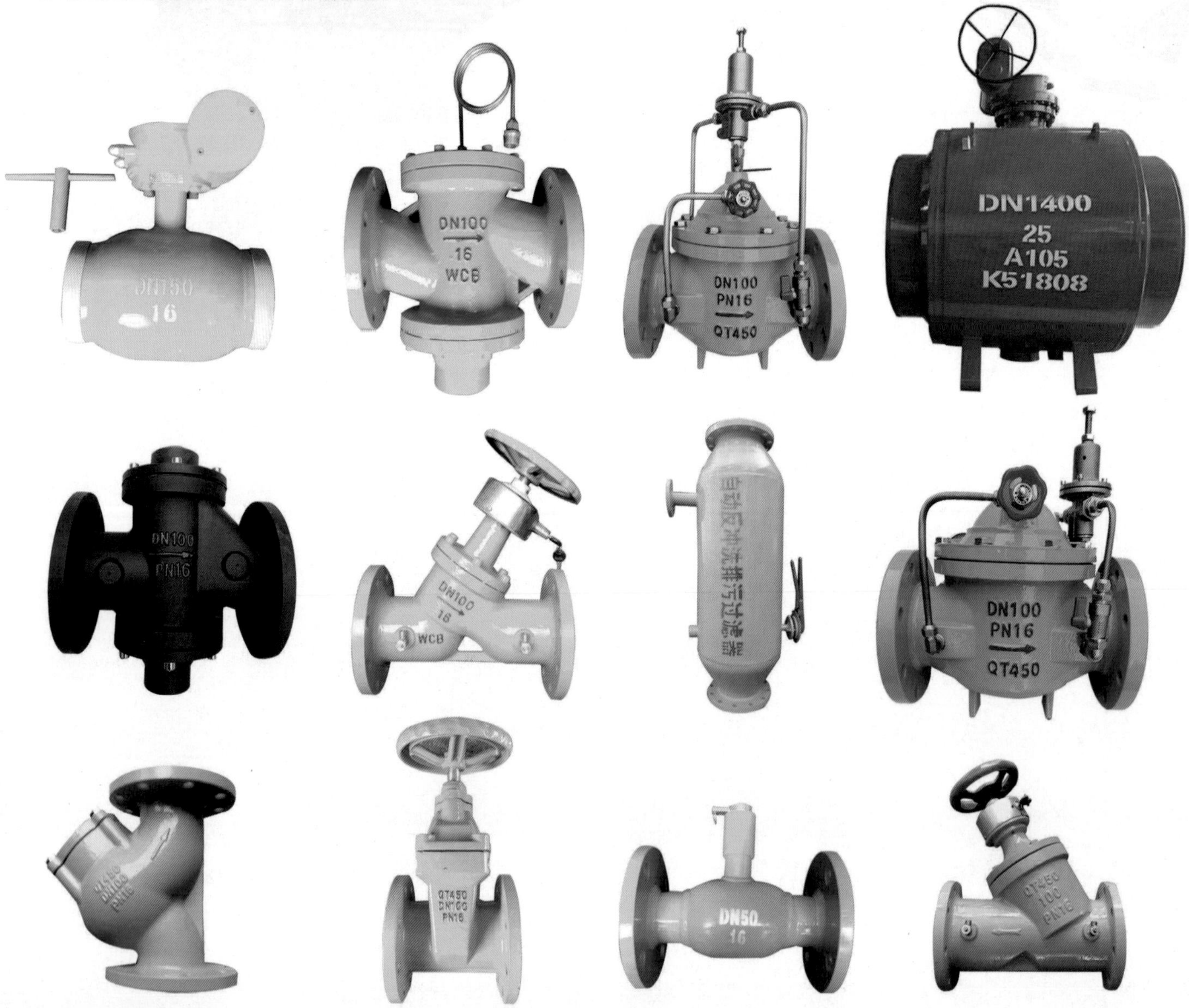

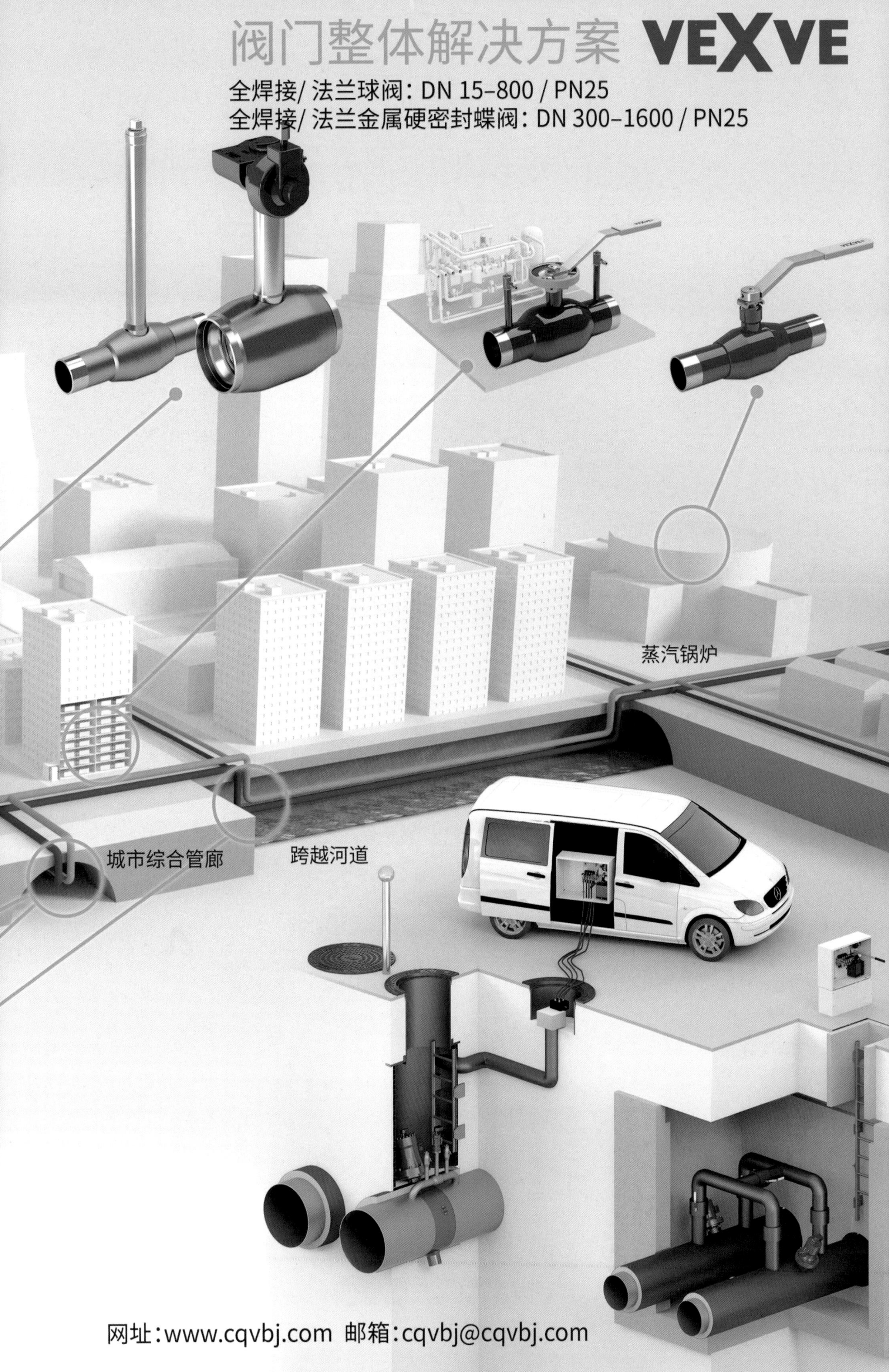
阀门整体解决方案 VEXVE
全焊接/ 法兰球阀：DN 15–800 / PN25
全焊接/ 法兰金属硬密封蝶阀：DN 300–1600 / PN25
蒸汽锅炉
城市综合管廊
跨越河道
网址：www.cqvbj.com 邮箱：cqvbj@cqvbj.com

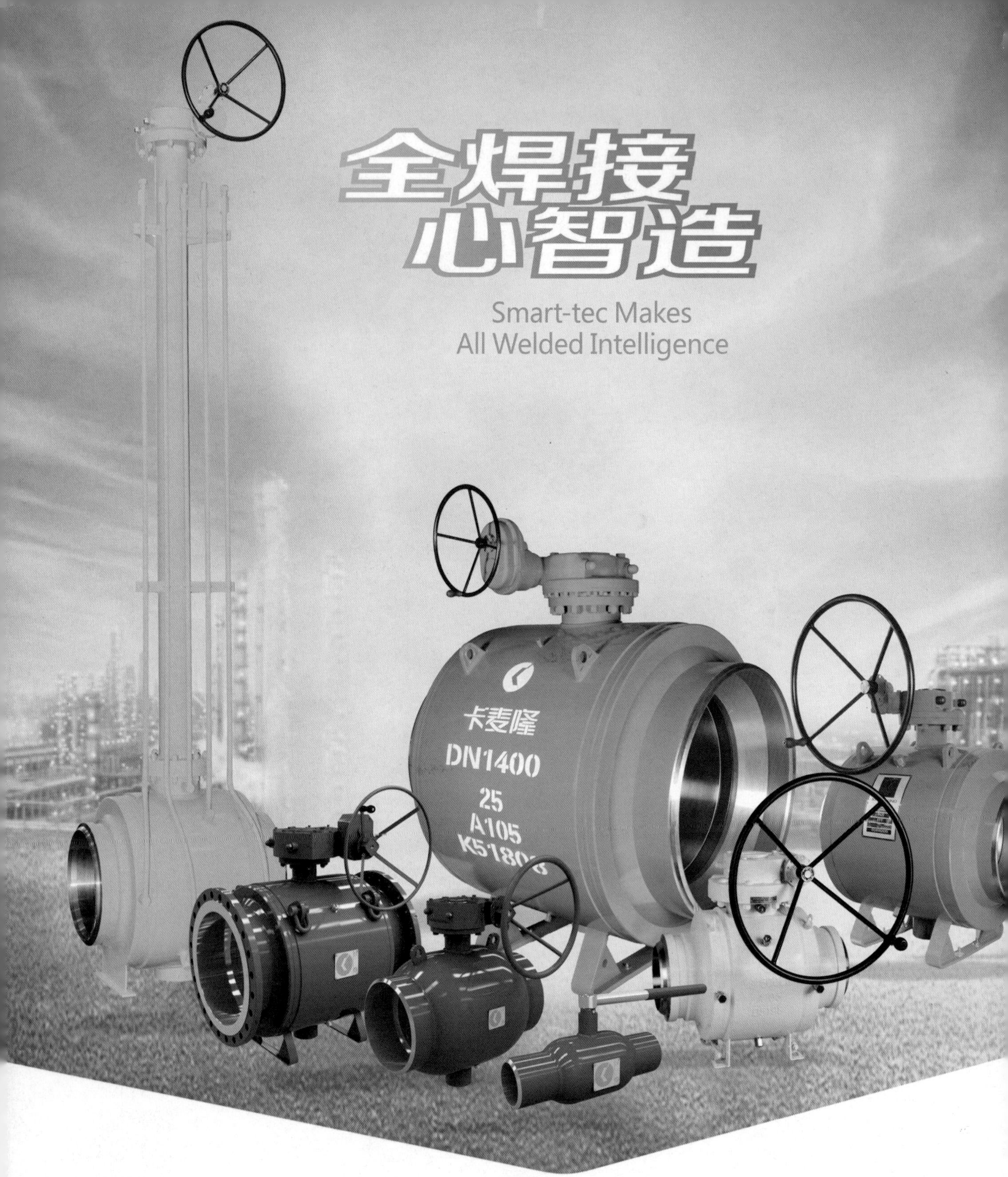
全焊接
心智造
Smart-tec Makes
All Welded Intelligence
卡麦隆
DN1400
25
A105